U0162926

勒·柯布西耶：
理念与形式

国家自然科学基金资助项目（51778425）

勒·柯布西耶：理念与形式

（原著第二版）

Le Corbusier Ideas and Forms

[英] 威廉·J·R·柯蒂斯　著
钱 锋 沈君承 倪佳仪　译

中国建筑工业出版社

I

夏尔·爱德华·让纳雷的成长岁月

（1887—1922年）

II

建筑理想与社会现实

（1922—1944年）

III

古老的感受：后期作品

（1945—1965年）

IV

法则与转化

第一版 序言

要理解20世纪的建筑，我们首先需要回顾勒·柯布西耶（Le Corbusier，1887—1965年）的一生。从巴黎（Paris）到拉普拉塔（La Plata），再到旁遮普（Punjab），我们都可以发现柯布西耶的建筑，他在全世界范围内影响了至少4代建筑师。柯布西耶的城市方案充满了对于工业化进程所带来的希望、失望与危机的思考。诸如普瓦希（Poissy）的萨伏伊别墅、朗香教堂，或是位于昌迪加尔（Chandigarh）的国会大厦等建筑杰作，同任何时代的建筑作品相比较都毫不逊色。除了建筑师身份之外，柯布西耶也是一位画家、雕塑家、城市规划师以及作家，他甚至是一位思考现代人类生存状况的哲学家。就如同弗洛伊德（Freud）、乔伊斯（Joyce）或是毕加索（Picasso）那样，柯布西耶将他的观点和发现以一种普适性的语言表达出来，从而赋予新时代的思想和感觉以物质实体。无论我们是否喜欢，这些发现已经成为传统的一部分。

柯布西耶于1965年去世后，许多人都认为他应该被视作世界建筑师的领袖。自那以后，柯布西耶这个名字所象征的意义同时受到了崇敬与诋毁。尊崇柯布西耶的人将他的地位捧得很高，将其建筑视为智慧的典范。怀疑论者则开始摧毁偶像，他们较少关注柯布西耶的作品，而是针对他的城市规划思想中的决定论方面以及专制方面进行抨击。当我们带着偏见和个人观点来看待柯布西耶对于其他建筑师的影响的"好的方面"和"不好的方面"时，这个问题就成了一个非常复杂的问题。任何根据精确信息而非当代怪异批判的判断都是最好的。柯布西耶是一个拥有独特历史维度的人物，对于他的评价需要从长远的角度来看待：他是一位改变了自身所处的历史领域中的基本论断的罕见人物。

现在正是产生一种新假设的正确时机，因为已有的不多的论述柯布西耶价值的书已经被勒·柯布西耶基金会档案文件中的大量新发现所淹没。在过去的十年中，许多学者的工作大多与图纸、信件以及草图本紧密相关，进而能够更深层次、更准确地透过某些主题来了解更多的信息。旧的学术架构终将过去，许多优秀的学术研究成果被闲置，亟待融入一种新的普适性架构中。柯布西耶需要这种打破重组，因为在更早一代的建筑师中有一种趋势，即将他视为一种未经检验的生活事实。从现在的角度来说，我们可以将他视作一种历史的事实——作为一个不断影响着现在的建筑师，当然也作为在艺术史上可以与帕拉第奥（Palladio）、锡南（Sinan）、伊克蒂诺（Ictinus）相提并论的重要创造者。

围绕着像柯布西耶这样一位复杂而涉猎广泛的人，我们有许多不同的书可以写。这本书的书名是《勒·柯布西耶：理念与形式》（Le Corbusier: Ideas and Forms），因为这本书主要关注建筑师将许多层面的意义浓缩到他的各个建筑中的方式，将这些建筑作为一种更加宏大的世界观的象征性标志或微观宇宙。这些书总结了各种常用的主题，并采用了建筑师在各种不同的全新场合中所延伸和转化的典型元素。这些书中的语汇如果脱离了柯布西耶作为画家、雕塑家、城市规划师、作家所参与的社会活动，以及他对于社会、自然和传统的态度，这些语汇便不能被很好地理解。柯布西耶将历史、"拾得之物"（objets trouvés）以及思想通过筛选，在他自己的思维框架中赋予它们以新的身份。我们需要将他的建筑理解为现实世界的一种虚幻的变形。

当然，我们也必须将柯布西耶的建筑视为对一系列社会问题、现实问题、技术问题、表达问题以及象征问题的解决方式。为了更加恰当地了解这些建筑，我们需要重新建构柯布西耶在设计这些建筑时所遇到的设计条件和限制条件。图纸、草图以及信件使我们能够重新建构起整个设计过程、客户与建筑师以及建筑师与合作者之间的创造性的交流过程。它们使我们更加了解艺术家的思想、每个作品背后的设计意图、理想化的愿景与限制性现实之间的对峙。它们的出现使我们避免了一种简单的社会决定论或是简单的形式决定论所带来的限制。

柯布西耶在所有媒介中所采用形式的部分真实性来源于道德与政治信仰，来源于一种社会愿景、一种对于事物运作规律的思考。尽管他从未完全实现他的理想城市，但他确实将每一个建筑当作城市规划思想的宣言。柯布西耶同时也认为探究建筑项目中更深层次的人类意义并形成一种思想体系是建筑师的部分工作。如果柯布西耶没能成功将他的社会理论转化为给人强烈共鸣的建筑的话，我们或许就不必如此麻烦地去处理他对于城市的态度。然而，如果柯布西耶的建筑没有超越社会内容的话，那么他的建筑或许不可能产生如今的力量。柯布西耶不仅仅是一位思想家，也不仅仅是一位唯美主义者：思想促进形式，形式反过来促进思想。为了理解这种内部反应过程，我们必须在这两者之间的困难区域来回游走。

柯布西耶在整个职业生涯中都不断地试图通过他从自然和历史上的伟大作品感知到的某种“基本”法则，来创造某种象征性的标志。当柯布西耶宣称历史是他“唯一真正老师”[1]的时候，我们开始认真地研究他。柯布西耶寻找历史上不同风格的建筑物中所潜藏的共同主题，并将这些主题混合在一起，依照他自己的设计意图进行转化。柯布西耶在草图本上同时画下英雄式的建筑和朴素的建筑，从中提取出一些本质性或非同凡响的特征，然后让这些印象浸没在他的记忆中，不同的思想在他的记忆中经过多年之后发生了巨大的变化。柯布西耶试图从传统中提取设计法则，并将这些法则加以升华，然后融入一套具有自身适宜性法则的形式系统。

在进入这样一个充满丰富想象力的世界之前，我们最好脱离那些关于形式起源的过于简单化的理论。柯布西耶艺术中的部分张力来自于其融合了许多矛盾和极性。作为一名关注未来的乌托邦主义者，柯布西耶从历史中寻找灵感；作为一名理性主义者以及一名热衷于对不同体系进行分类的爱好者，柯布西耶神奇地领略了这个世界全部的独特性；作为一名个人主义者，柯布西耶试图在他所笃信的“不变的”自然法则中融入现代技术的无政府主义式的力量；作为一名国际主义者，柯布西耶对于地域之间的差异保持敏感的态度。不同主题之间的两极化有时候会体现在一种形式的对比之中，这种情况会给那些看起来十分普通的设计带来丰富的暧昧性。柯布西耶是一位伟大的形式辩证家，他将矩形与曲线对比、将开放与封闭对比、将中心性与线性对比、将平面与容积对比、将体块与透明性对比、将网格与物体对比、将物体与环境对比。柯布西耶的建筑形式混合了感觉与抽象、物质与精神、热情与讽刺。柯布西耶从立体主义中学到了所有的东西，不仅仅是它的造型语言，也包括它带给世界的颠倒的秩序。

像其他许多19世纪晚期出生的艺术家那样，柯布西耶将自己视为一位预言家，向他的同行们揭示“时代的本质”。历史主义的、进步的以及理想化的思考方式深深地嵌入柯布西耶的观点之中；这些思考方式更接近“现代”建筑思想的本质。柯布西耶拒绝简单的复兴主义以及唯物的功能主义。他从崇高的，甚至精神层面看待建筑。柯布西耶纠葛于古老的人类问题和艺术问题，引用赖特所说的“所有伟大的建筑中都存在着某种基本法则和秩序”。[2]他意识到全新的杰作必须来自古代的杰作。柯布西耶是一位传统主义者，同时也是一位现代主义者；他意识到，通过他所处时代的方法来净化建筑或许也会将现代建筑带回它最初的形态根源。

早期现代建筑历史学家笔下的“现代主义大师”的作用对于柯布西耶的影响从未能充分地揭示其作品中形式的复杂性以及隐喻的复杂性。[3]历史学家所写的影响遗漏了他的历史想象力、地域主义作品与古典形式作品、中年时期的原始主义、城市主义思想矛盾等各个方面的绝大部分领域。甚至20世纪20年代的“白色派建筑”（这一时期的许多作品实际上是由多种颜色组成的）也经历了被归类于充满争议的“国际式风格”头衔之下的情况。要呈现某个时代的某种同一风格，我们有必要将柯布西耶的如画式别墅与那些少数的、忠实披着由独立支柱支撑的方盒子以及条形窗所构成的时代外衣的别墅作品区别开来。当今的后现代主义，似鬼神学一样，把民俗风情转变成了陈规陋习：现代建筑通过拒绝过去有价值的文化而寻求无所依托的贫瘠的功能主义世

[前图]
勒·柯布西耶，国会大厦，
昌迪加尔，印度，1951—1965年

[右图]
夏尔·爱德华·让纳雷（勒·柯布西耶），
选自1920年出版的“新精神”第一期：
基本体量、
古罗马以及圆柱体——关于基本法则的
研究。

界，最终犯下了错误。现代主义大师的作品与任何古老的玻璃盒子毫无差别地放在一起。聪明的学者没有必要遵循建筑潮流。那些晦涩难懂的现代主义以及后现代主义式的隐喻没能真正了解诸如赖特、密斯、阿尔托、路易·康这些建筑师所感兴趣的东西，这其中当然也包括勒·柯布西耶。

没有人公开建立一种柯布西耶学派。足够多的此种学派早就已经存在，他们的技巧平庸，充满着狂热的实践。如果柯布西耶能够为未来的人传授知识的话，那么这些人或许不会仅仅模仿其建筑风格的外表，而是模仿他的建筑原则以及转化过程。即使有人声称柯布西耶对于现代情况的分析已经不再有关联（这点是有争议的），但是他的作品已经开始融入历史，成为一种重要的贡献力量。任何有深度的建筑都能经受住形成它的文化、矛盾以及传统的考验。当然，在任何艺术造诣中都存在着一种超越简单的时代关注而与媒介的基本法则相联系的品质。这就是柯布西耶在《走向一种建筑》（中译本名为《走向新建筑》）中所说的：“建筑与各种各样的风格无关。”

那些试图探究柯布西耶身上具有的永恒价值的历史学家们，吸收了过去几十年来的许多人的见解，特别是（我认为）斯坦尼斯劳斯·冯·莫斯（Stanislaus von Moos）、彼得·谢雷尼（Peter Serenyi）、雷纳·班纳姆（Reyner Banham）、柯林·罗（Colin Rowe）以及阿兰·科洪（Alan Colquhoun）等人对于柯布西耶的解读。我在文本、注释以及人物传记等方面获得了特别的学术上的支持，但是我同样希望感谢爱德华·塞克勒尔（Eduard Sekler）以及德尼斯·拉斯登（Denys Lasdun），前者在大约15年前告知我柯布西耶是一位值得仔细进行艺术史研究的建筑师，后者则多年向我分享他对于柯布西耶这样一位对他自身成长起到重要作用的建筑大师的理解。我同样在与蒂莫西·本顿（Timothy Benton）、帕特里夏·塞克勒尔（Patricia Sekler）、耶日·索尔坦（Jerzy Soltan）、保罗·特纳（Paul Turner）、罗焦·安德烈尼（Roggio Andreini）、查尔斯·柯里亚（Charles Correa）以及瓦尔马（PL Varma）等人的交流中获得了信息。最后，我想要感谢拉绍德封（La Chaux-de-Fonds）市立图书馆的弗赖（Frey）夫人和勒·柯布西耶基金会的大力合作，以及Phaidon出版社[特别是伯纳德·多德（Bernard Dod）]的出版工作。

早在我第一次听到“艺术史”这个词之前，柯布西耶就已经进入了我的想象世界中。我在15岁那年在学校图书馆中偶然看到了《勒·柯布西耶作品全集》这本书，便立刻被书中所呈现的白房子以及巨大的黑色汽车、混凝土铲子、金属丝钢笔以及墨水涂鸦的奇妙世界所吸引。我决定亲眼去看看真实的事物。柯布西耶的建筑在当时（现在仍旧是）萦绕着神秘的气息。他的建筑拒绝华而不实的分类，它们有其自身的宁静生活。如果我能够在这本书中通过一种清晰明了的形式并加入一些新鲜的观点，来成功地展示目前为止所知的关于柯布西耶的一切，那么我将十分满意。因为你无法过于“准确地”去描写这样的建筑师。

这本书是在米迪（Midi）北边的一个高低不平的场地中构思出来的，从房间的窗户中能够看到远处的柏树和松树。这种景观正是艺术家们喜欢并时常描绘的，我发现这里正是一个思考柯布西耶与古老地中海世界渊源的好地方。我所居住的地方距离柯布西耶所设计的2/3的建筑之间的距离只有几小时车程，因此我经常去拜访这些建筑。将想法写下来的任务多亏了布尔内的雷蒙德（Raymond）夫妇的热情帮助以及我的妻子凯瑟琳（Catherine）的不断鼓励才得以顺利地完成。我的妻子陪伴着我走过印度的沙尘、僧人的打坐石窟以及罗马遗迹等一系列对于柯布西耶作品的追寻：我将这本书的成功归功于她。

威廉·J·R·柯蒂斯
法国布尔内，1985年10月

« Tout est sphères et cylindres. »

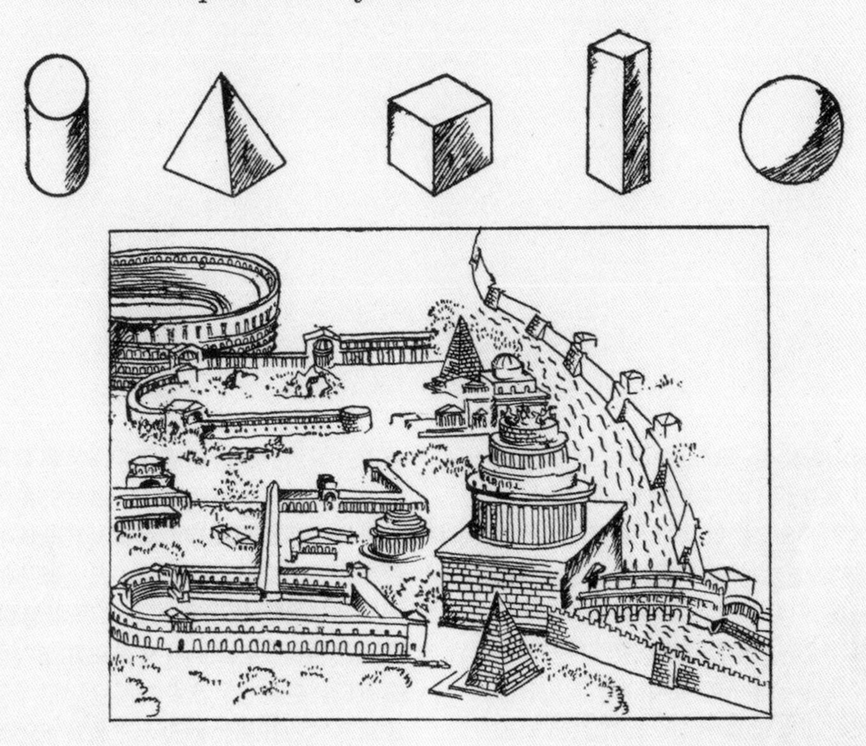

Il y a des formes simples déclancheuses de sensations constantes.

Des modifications interviennent, dérivées, et conduisent la sensation première (de l'ordre majeur au mineur), avec toute la gamme intermédiaire des combinaisons. Exemples :

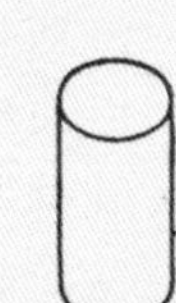

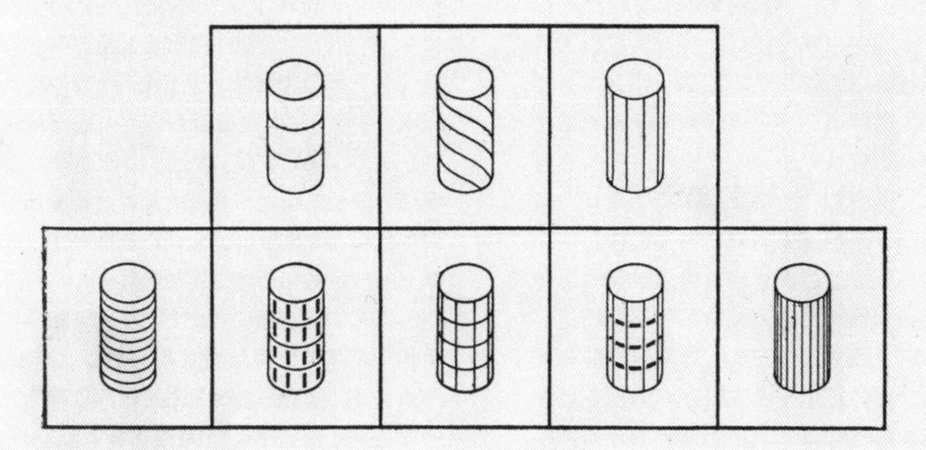

第二版 序言

距离这本书首次出版已经过去近25年。本书受到了读者的一致好评，被重印了无数次并被翻译成多国语言。但是现在，我们有必要将我自己的以及其他人的研究发现成果进行一些修改。自从第一版出版之后，无数关于柯布西耶生平、思想以及建筑的专著、展览名录和文章相继推出。研究者们从各类档案中挖掘出许多新的信息，其中的许多还需要经过一系列的转译。我们有必要透过这些庞杂的细节重新绘制一张更大的蓝图。这本书主要是对柯布西耶的各类活动的综述，但主要的关注点还是在他的建筑上。第二版保留了书中的核心主题，同时根据新的知识对这些主题进行了发展。第二版加强了本书的最初创作目的。

本书继续探索柯布西耶建筑中的理念与形式之间的相互作用。我使用“理念”这个词并不仅仅指理论与文章中抒情式的表达方式，同样也包括图纸、绘画和建筑中的视觉概念。柯布西耶拥有一项罕见的能力，即能在设计过程中想象空间以及将建筑思想和直觉物化到现实中的建筑和项目之中。这些作品本身就像一种文件，我们能够通过解密这些文件来找出隐藏着的设计意图以及控制性的图像。这些作品中蕴含着许多层次的意义，其中的一些意义被隐藏了起来。第二版比第一版更加深入地探究柯布西耶的创作与转化过程，探索了柯布西耶的建筑思想。第二版花了更多篇幅来传达柯布西耶建筑的体验、它们的空间和材料特性、社会文脉以及技术实现方式。之前对于柯布西耶建筑语言的推测得到了进一步发展。本书现在更深层地去挖掘艺术家的思想体系、他的形式设计语言以及他创造性思维中丰富的象征主义。

在写《勒·柯布西耶：理念与形式》第二版之时，我敏锐地观察到时光的流逝以及对于主题的不断变化的观察视角。撰写历史的过程包括一系列假说的建构和验证。随着过程的进一步推进，早期阐释中的一部分内容获得了有力的证实，而另一部分则被证实是不可靠的。所有的现存章节都通过一些方式被拓展或是修改，来进一步分析建筑作品、囊括更多的历史细节或是修正某些不准确之处。书后的参考文献注释为第二版提供了更加翔实的基本原理并使之与不断发展的柯布西耶研究领域相联系。各个章节的新注释为我自己的研究年表以及我对其他著作的引用提高了准确性。我采用了最新的参考书目并加入了更多的插图来重新设计整本书。这些插图唤起了人们对于柯布西耶建筑的体验并和他的灵感来源进行了类比。新的设计依赖于一种现代却又古典的情感。

解释第二版与第一版的区别的最简单方式是列举出一些主要的变化。引言部分以及开篇章节增加了对柯布西耶的设计过程以及他的成长过程的描述。关于纯粹主义、经典住宅、城市主义以及公共建筑的叙述在意义与批判性上更加翔实。新增的第8章“意图的架构：萨伏伊别墅”特别关注这个关键性的项目，并展示了想法如何从结构、材料以及细部等方面得以实现。第9章“集体主义的示范：救世军总部大楼和瑞士学生宿舍”，关注乌托邦类型转化为特定住宅的方式。之前的第9章（现在的第10章）被重新命名为“机器化、自然和‘地域主义’”，研究在这重要的10年过渡阶段的连续性和变化。那些介绍柯布西耶晚期作品的章节现如今更多地讲述柯布西耶的空间、几何以及象征主义的概念，特别是在他的宗教和纪念性建筑中。

本书新增的第Ⅳ部分“法则与转化”，打破了按年代记述的方法，研究了柯布西耶建筑和城市主义中一直存在并反复出现的主题。第17章“建筑理念的领域”，关注了建筑师的视觉思考和空间想象。第18章“形式的起源”，探索了柯布西耶的创造技巧、他的设计过程以及思想的物化过程。第19章“独特性和典型性”，分析了柯布西耶建筑语言中的基本元素和类型、作品中长期不变的主题以及他的风格背后的潜藏结构。第20章“勒·柯布西耶的转化”，思考了柯布西耶对于其他建筑师的影响、他所建立的设计原型的力量、现代传统的发展。第21章扩大讨论了柯布西耶的乌托邦观点、对于光线和空间的处理，以及探索自然和传统中“不变的常量”。

这本书第一次出版的时间距离柯布西耶去世仅仅只有20年。那时，他的声望正处于短暂的低谷。柯布西耶受到了后现代主义敌对者的妖魔化以及新现代主义伙伴的过于简单化的解释，他几乎成了一幅讽刺画。在那时，将人们对于柯布西耶的了解从短暂的感知中解救出来并将他放置在一个更加长远和广泛的历史视角中解读是十分必要的。在关注柯布西耶的单个建筑作品的同时，我试图揭示出柯布西耶作品中反复出现的主题、基本的类型以及指导性的法则。他的建筑被置于他所参与的社会和文化项目的背景之中，和他的一般性的社会、历史、自然等概念联系在一起。第一版由这样一句宣言结尾：“柯布西耶本人是传统的一部分，他改变了人们对于遥远历史的观点。随着他逐渐地淡入历史之中，他的现代性问题变得越来越无关紧要：正是他艺术中永恒不变的部分给予了未来更多的价值。”

如今，在过了25年之后，尽管在建筑中存在许多“重新阅读”以及转化其设计作品的方式，但是柯布西耶对于建筑界的持久影响已经不再被质疑。如果说有什么不同的话，现在的问题来自毫无批判地盲目接受。柯布西耶被学术界和博物馆界的现代文化机构推崇为一位无可争议的圣人。如同毕加索那样，柯布西耶被博物馆长们作为一种娱乐形式推广开来。柯布西耶建筑的有组织的游览大多带有一系列固定的标签，同时那些例如模度理论、假日住宅以及有角镶边的玻璃等一系列特征在一座现代主义主题公园中成了道具。“勒·柯布西耶”这个牌子对于家具产业以及设计行业具有极大的商业价值。柯布西耶绘画作品中的一些平常之作被忽视，来表明一种对于简单故事的喜好，甚至用来迎合那些缺乏评判性鉴赏能力的艺术市场。至于说在建筑学领域中，这样做具有陷入一系列重复的诠释性的陈词滥调的危险之中。这种轻率的圣人传记将柯布西耶与现实以及历史对他的影响相隔离，最终将柯布西耶的生平简单化。

荒谬的是，所有这些关注并没有最终形成对柯布西耶作品的更充分阅读。对于那些需要快速写下一篇文章或论文，并配上从网上下载的图片以及快速复制那些从档案中得到的文件的人来说，勒·柯布西耶自然是一个容易的选择。所出版的柯布西耶设计过程草图（如今可以储存在光盘上，但缺乏合理的目录排列方式）常常缺乏对草图本身所展现出的信息的深入见解。在某种程度上，勒·柯布西耶一直是他自己所取得的成功的受害者，他执着于为子孙后代保留下每一封信、每一幅画以及每一张照片。但是信息的数量是一回事，历史写作的质量又是另一回事。在本书的第一版中，我们有必要暂时忘记我们熟悉的柯布西耶，并离开典型的现代神话以及后现代论战的圈子，重新认识柯布西耶。第二版中，我们有必要透过许多有时候看似不相关的细节，重新将我们的注意力转移到作品本身，对其展开深入阅读，更加深入地探索这些作品的设计意图以及思想方法。这本书比以往要更加关注形式的起源问题。

关于勒·柯布西耶创作活动的大量史料伴随着一股历史潮流的转变，即热衷于通过媒体的手段接受柯布西耶的建筑及这些建筑的模仿品。在研究过程中存在着一种对于模仿作品的热衷而忽视对原初作品的研究。所有的专题著作都致力于对各个项目的详细探讨，而忽略了对建筑本身的研究。各类传记都没能令人满意地解决个性与艺术之间的复杂联系。柯布西耶在这个世界上生活着，对于社会持有自己的政治观点，画画、写书，但是他首先，也是最重要的，是一位杰出的建筑设计师；他的建筑一直是这项研究的主要关注点。了解到了这一点，《勒·柯布西耶：理念与形式》的第二版花费了更多的精力来挖掘作品本身的视觉与物质属性，包括他们与场地和景观的关系。最早的历史照片有些是由我自己拍摄的。这些研究方式加在一起，展现出看待柯布西耶建筑的不同方式。本书强调对于草图的分析，不仅仅是因为他们所提供的证据，同时也因为他们作为文献所具有的视觉属性。

[右图]
勒·柯布西耶，昌迪加尔国会大厦草图，将议会大厅与发电站的冷却塔相比较，创作于1953年。收录于尼沃拉专辑II（Album Nivola II）中。
用钢笔在笔记本上绘制，21cm×17cm（$8^{1/4} \times 6^{2/3}$英寸）。

建筑无声地诉说着自己的语言，从各种层面触动人们的思想和感觉。照片无法捕捉人们在穿越各种不同强度的空间时的感觉、材料的触感或是视觉的呈现。当历史学家们开始习惯于简单的定义时，他们同时也就容易被建筑领域中出人意料的发现所震撼。这么多年来，我总是不断回访柯布西耶的建筑，对着它们沉思，被它们所惊讶，总是在它们身上发现一些新鲜的、出乎意料的东西。有多少次我独自一人徘徊在瑞士学生宿舍的柱子下、走上萨伏伊别墅的坡道、被拉图雷特修道院的神秘光线所打动，或是震撼于从马赛公寓屋顶平台上所看到的景观和远处的地平线。我如何能够忘记重新拜访艾哈迈达巴德（Ahmedabad）的萨拉巴伊住宅的通风大厅，或是一次又一次爬上昌迪加尔纪念碑顶的超现实的屋顶。对于我来说，柯布西耶的建筑就像是老朋友，一直向我展现他们新的一面，一直变化着，但在某些方面又是一直不变的。

在这里，谨慎的态度是十分必要的。事物不总像它们看上去的那样恒常不变。有一段时间，柯布西耶被神化为一位举足轻重的人物，他的一些建筑遭受了一系列诸如拆除、不恰当的城市发展、老化，或是其他不当的“修复”以及加建的威胁。例如，位于艾哈迈达巴德的纺织协会总部大楼（1951—1954年）就受到了来自开发商的拆除的威胁，日益受到高层建筑的包围。要恰当地理解这座建筑，我们需要重新创造出半个世纪前的场景，那时，这座独立场馆的两侧布满了树木，直接朝向萨巴尔马蒂河（River Sabarmati）。柯布西耶在规划昌迪加尔首都时遭受了不恰当的干预，特别是在国会大厦的室内设计中。朗香教堂因为最近一次山坡基地的不幸干预而被破坏。在我写到拉图雷特修道院的时候，这座建筑已经经过了几年的修复，但在忠实保存柯布西耶设计意图的问题上遇到了困难，即他所关注的“音乐节奏的窗棂”。建筑师自己曾经这么说道：建筑是一个精确至毫米的问题，如果没有正确地处理某件事情，那么这件作品的精神便会永远地失去。[1]

每一代人都从柯布西耶身上发现不同的东西。柯布西耶向那些追随者们展示出新的可能性，而他的追随者们通过他们自己的作品和重新的诠释，转而影响了柯布西耶被世人看待的方式。除了审美标准之外，不断变化的社会现实和经济现实同样在影响着我们对于柯布西耶作品的解读和评价。40年前，人们习惯于以柯布西耶的城市方案与传统城市的形式相冲突为由来抨击他的城市主义。现在，随着农村和城市之间的界限逐渐消失，柯布西耶关于广泛的大空间集合住宅以及城市之间的线性联系的观点又有了新的关联。曾经，柯布西耶关于工业文明需要缓和与“自然”的关系的主张被认为是过时的以及浪漫主义的。现在，随着人们越来越意识到生态危机的严重性，他的这些主张开始有了新的重要意义。这并不是说我们应该直接复制柯布西耶的处理方式，但是这些作品确实为我们提供了一面镜子，透过这面镜子，我们能够看到其折射出的不同的当代现实。研究的目的不是直接模仿建筑形式，而是转化其中潜藏着的设计原则。

历史学家在遇到意义深远的建筑谜题时必须保持谦卑的态度。而对于像柯布西耶这样一位建筑师，要完成他的一部完整作品是不可能的。但是人们仍然能够继续验证那些历史假说。本书的第二版不只是一部略微调整的作品。整本书的各个方面都经过了严格的重新思考、重新修订以及重新设计，但仍然坚持了最初的设计目的。第二版的创作对于所有的相关人员来说都是一项重要的任务：作者、出版商、编辑、图片查找者以及设计师。写作的时机正是合适的时候。这本书有着良好的口碑，但我们仍然从中发现了需要修正的地方。这个项目如果没有编辑比费（Valerie Buffet）和麦克劳德（Virginia McLeod）的才能、Phaidon出版社的支持，特别是出版商泰拉尼（EmiliaTerragni）的帮助的话，就不可能顺利地进行下去。我同样希望感谢托马斯（Isambard Thomas）找到了一个符合作者指导思想的视觉呈现方式，以及对于丰富的图像资料的敏锐回应。同样也要感谢勒·柯布西耶基金会主席理查德（Michel Richard），以及勒·柯布西耶基金会图书管理员和档案保管员德塞利（Arnaud Dercelles）在我无数次拜访巴黎的拉罗歇住宅时所给予的热情和帮助。最后，我要感谢我的家人，凯瑟琳、路易斯和布鲁诺，他们怀着和我一样对于建筑的热情，多年来一直支持我对柯布西耶的痴迷。

威廉·J·R·柯蒂斯
2014年12月于法国卡雅克（Cajarc）

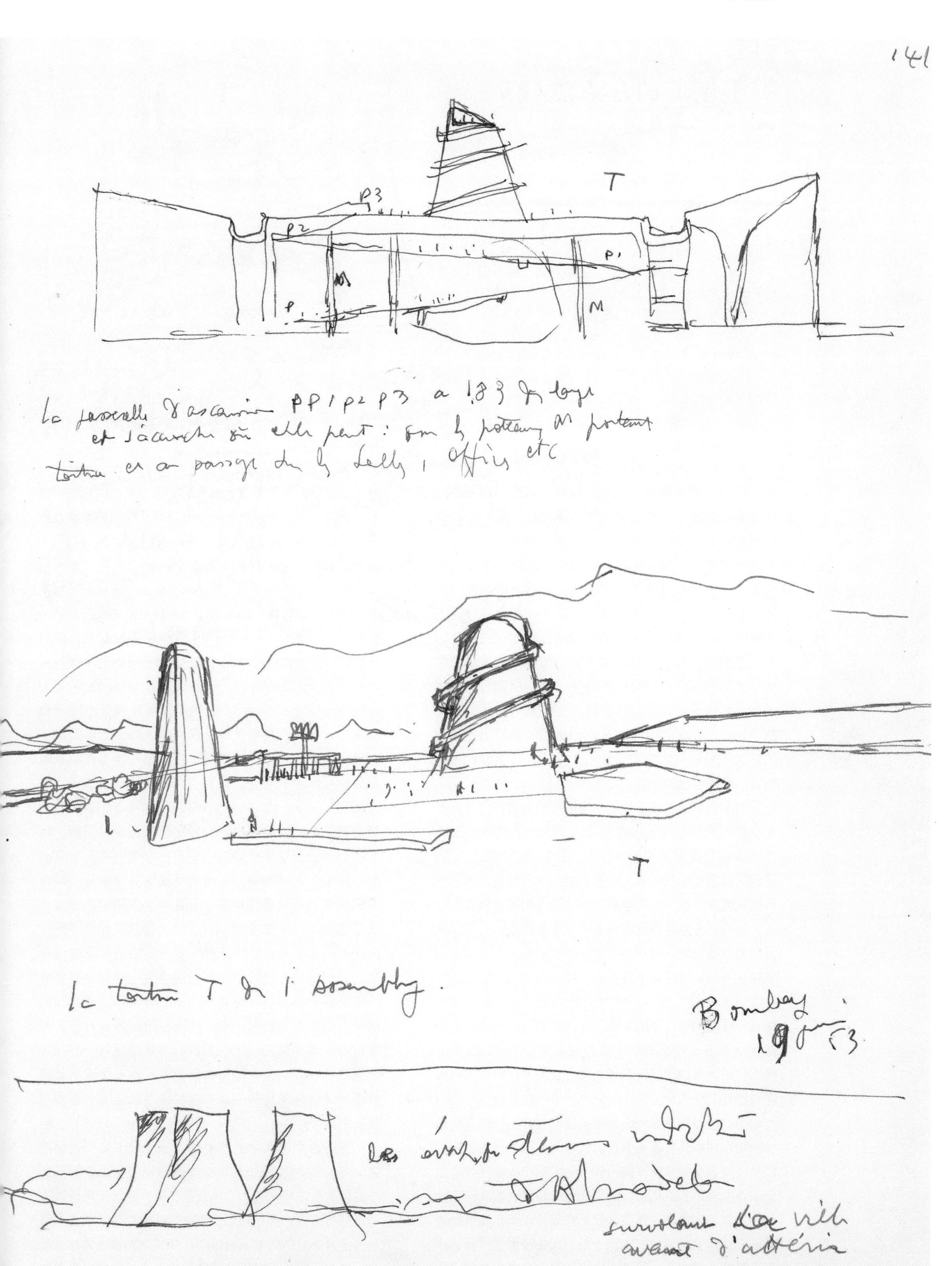
141
P3
P2
T
M
T
Bombay

引言：
关于创造的几点注释

"设计的首要条件是了解我们要做什么；了解要做什么就是产生一个想法；为了表达这个想法，我们必须有一系列的设计原则以及一个形式，那就是语法和语言。"

尤金·维奥莱-勒-迪克（Eugène Viollet-le-Duc）[1]

要了解柯布西耶的神秘世界不存在唯一的方法。除了是一位建筑师以及城市规划师，柯布西耶还是一位画家、雕塑家、作家以及家具设计师。他是现代建筑的奠基人，不断受到自然和传统的启发。他的建筑通过对形式、空间、光线、材料以及比例来直接感动我们，同时也在其中浓缩了一种设计观。柯布西耶的建筑就像历史上的那些神话，将对未来的乌托邦式的愿景与对一种理想化过去的怀旧结合起来。柯布西耶是一个拥有多种历史维度的人物，他向人们展示了他的各个侧面和身份。他的作品是一个包括理念和形式的世界的可视化片断。每一代人都能从柯布西耶的创造中发现新的东西，同时这些创造通过各种出人意料的方式不断被后人解读。他的人格榜样和训诫持续激励着其他来自世界各地的建筑师。

柯布西耶的建筑在被世人理解之前，首先与世人产生交流。大多数来过朗香教堂（1954年）的人们在离开时都会被建筑中的无形存在，它的室内光影，它所呈现的凹凸变化的形式，它和景观与地平线的对话等一系列的因素所触动。甚至那些从《勒·柯布西耶作品全集》中的黑白照片中了解柯布西耶建筑的人们，在亲身见到他的建筑时，也不得不改变他们的看法。没有什么照片或图纸能够代替亲身通过各种不同性质的空间、光线以及透明度而登上萨伏伊别墅（1929年）的通道的体验，或是悬浮在周围环境之上的感受。仅仅通过复制模仿是无法了解昌迪加尔首都规划（1951—1965年）是如何将巨大的印度天空和大地合二为一、将视线引向喜马拉雅山脉的。

为了恰当地理解柯布西耶，我们有必要找到其建筑中所蕴含的特殊秩序与建筑体验之间恰当的平衡关系，以及那些启发建筑创作的一般法则：在个人陈述与类型之间存在着不断的摇摆。例如萨伏伊别墅，它是一件独一无二且无法模仿的作品，但是它同样浓缩了建筑师对于现代住宅的想法；它实际上是对柯布西耶的"新建筑五点"的一个宣言，就像一座提取了古典主义某些精华的机器时代的神庙。瑞士学生宿舍（1931年）就是一座用立柱支撑起来悬浮于地面的学生公寓，但它同样也是一份城市宣言，就像从柯布西耶的乌托邦城市设计方案"光辉城市"中的集合住宅的一个缩影。柯布西耶永远都在尝试从各个尺度上定义"标准"，从日常事务到建筑和城市：他希望通过某种具象的形式来体现时代精神。他的某些创作，例如在1914年提出的由预应力混凝土制成的多米诺（Dom-ino）骨架体系，是他的建筑语言的基础，之后成了现代建筑集体无意识的一部分。

柯布西耶将他的一生比作"悉心地探寻"（recherche patiente）。在他的绘画、雕塑、建筑以及城市设计中，柯布西耶一次又一次地回到有限的一小部分类型和母题，这些类型和母题在柯布西耶探索新形式和内容的组合的过程中经历了不断的转化。柯布西耶定义了一套设计元素语汇，这套语汇能够融入新的整体中，以回应每一个特定作品的设计意图。柯布西耶的创造性设计过程包括了一个在理性与直觉、感知和抽象之间的摇摆。对于他来说，绘画是一种深入探究事物内在运作规律以及各种现象精神的方式，这些事物与现象如此繁杂，包括了建筑、船只、云、贝壳、树、手、机器以及器官等。在绘制草图过程中所捕捉到的特定观察发现和看法会逐渐转化为象征性的母题和空间想法，有助于他的所有创作活动。绘画是柯布西耶每天都做的事，他通过绘画探究外部的感官世界以及内部的记忆、图像以及梦想世界，寻找形式生成的根源。柯布西耶希望理解自然界中隐含着的秩序，通过抽象化的方式将这种秩序转化融合进他的建筑中。[2]

柯布西耶的艺术主要受到了从立体主义到超现实主义等一系列20世纪艺术发展的影响。毕加索对于柯布西耶的影响极为巨大，特别是在碎片化、空间模糊性和拼贴等方面。柯布西耶从世界中汲取灵感，通过类似于炼金术变化的方式，将这些灵感转化为想象素材。粮仓、汽车以及轮船在不知不觉中走入了纯粹主义美学的范畴以及20世纪20年代机械形式的作品。在一座山坡上偶然发现的树根会逐渐转化为画中的牛头，然后重新以木质雕塑的形式再次出现，只是通过另一种建筑形式呈现出来。一幅柯布西耶年轻旅行时画的罗马草图[哈德良离宫中的塞拉比尤姆（Serapeum）]一直埋藏在他的记忆中，40年之后在设计朗香教堂顶部采光塔时又被重新调用出来。柯布西耶比任何其他现代建筑师都要更多地与历史产生关联，但是他通过一系列令人惊讶的方式将历史加以转化。转化变形是柯布西耶观察、思考以及发明的核心方式。柯布西耶草图中的线条能够同时暗示出不同的物体：乐器、瓶子、女人、景观、建筑。但它们作为抽象的象形文字同样拥有自己的生命。柯布西耶通过看似简单的形式将复杂的思想加以浓缩。

柯布西耶去世后，他留下了他的作品集、文章、大量的说明，以及笔记本、草图、信件等一系列遗产，他一定知道这些最终将补充对他过于简单的认识。许多（虽然不是所有）真迹被收藏在位于巴黎的勒·柯布西耶基金会，这个基金会在20世纪70年代早期开始向建筑学者开放。整理并复制32000份草图以及出版那些受到严格保护的草图本，需要很长的时间，但是效果是极其显著的，因为这项工作使我们更加准确地理解建筑师如何思考和工作。那些写在所有材料出版之前的严肃的历史性叙述有赖于建筑本身，有赖于为数不多的了解柯布西耶第一手资料的人，有赖于那些偶然出版的草图或图纸，有赖于许多柯布西耶自己出版的、不同版本的著作。没有人会想到柯布西耶由于许多片面的阐释而开始成为一个纪念性的陈词滥调的象征。

没有新鲜的研究视角，历史就会退化为一种枯燥的经院哲学，甚至更糟的是成为匆匆而过的时尚的影子。由关于柯布西耶的大量信息所带来的挑战是了解该问什么问题。经过了许多年，柯布西耶逐渐摆脱了贴在他身上的标签以及早期现代建筑历史学家对于他的过于简单的阅读。最初的意识框架逐渐瓦解，为后来人的研究提供了一个更加长远的视野。现代建筑在柯布西耶去世后很快便出现了一段短暂的低迷，在那时的后现代主义争论中，柯布西耶被当作应该为所有现代主义错误负责的恶魔式人物。柯布西耶作为一个超越积极画面和消极画面的更加复杂的人物的建立，在很大程度上是由于对基金会中所藏的大量图纸档案以及文献档案的研究所致。对于柯布西耶的研究涵盖了极其广泛的范围，从设计过程的详细重建、专题著作的研究、后人对于柯布西耶进行研究之后所写的论文，再到传记式草图的研究，甚至包括对带有大量图片的书籍的研究。但是能将柯布西耶视为一个整体加以研究的出版物的数量却极其有限。通常这些书籍只是一个展览目录，包括了由许多研究者提供的论文。能提供对柯布西耶作品的整体性综合并由单独一位作者写成的著作少之又少。

在档案馆未向外界开放之前，学术界对于柯布西耶的研究缺少可靠的基础文献资料。而现在又出现了一个与之相反的问题——信息过度；这些信息缺乏对于历史事件和建筑形式的重要意义的深刻观点。艺术史学研究通常包括在解释与事实、理论和证据之间不断往复的过程，但是任何方法都无法取代对于作品本身的深入阅读。柯布西耶的建筑本身就是基础文献资料，研究者们能够通过深入挖掘展现出作品隐含着的思想结构和想象内容。我们需要围绕着某件作品从委托、创作到验收等一系列过程，来重新建构起作品的设计条件、惯例以及设计概念。我们同样有必要唤起建筑本身的存在，阐明建筑各个层面的含义，表明建筑与历史的关系并揭示出设计意图如何通过形式、材料和细部建构起来。建筑思想拥有它们自己的性格特质，不同于字面上的含义。我们要理解他们，需要理解建筑师的内心活动、他的空间及视觉思考模式。深入剖析这样一个世界的过程本身就是一项艺术。

本书将主要关注点放在柯布西耶的建筑作品在各自物质和文化背景中的起源，关注形式和意义等方面，探究建筑师的设计过程从而更加生动地展示他的设计风格。本书研究柯布西耶的创造性设计方法、他的思考方式以及他的设计技巧。本书分析柯布西耶建筑中长期存在的设计主题以及重复出现的设计类型，探究柯布西耶在设计中的转化过程。对于未加约束的建筑才能的狂热崇拜对像柯布西耶这样的艺术家是不公平的。如果人们了解到柯布西耶是如何根据不同的客户要求、场地和建筑任务采取不同的处理方式，如果人们能够感受到他是如何诠释不同的文化和社会，如果人们能够设身处地地还原柯布西耶在妥协现实和理想之间的关系时所做的挣扎，如果人们能够至少理解其中一些他所考虑到的设计意图和备选设计方案，如果人们能够亲眼看见他是如何与他人合作并通过使用结构手段的建造方式实现建筑思想，那么柯布西耶的建筑将会变得更加有趣。

档案馆中的图纸和文献对于本书的写作起到了有价值的帮助。它们不仅详细记录了每一个设计过程，同时展现了一般性的设计主题以及根据不同类型所提出的不同解决方案是如何在不同的项目背景中重复出现的。柯布西耶在解决问题时通常会采用从一般到特殊，再从特殊到一般的设计方法。柯布西耶的脑中储存着丰富的想法、设计策略、配置布局以及意象图，这些丰富的储备都是从传统、绘画、直接的观察，当然也包括从他自己的早期作品（包括理想化的项目）中收集起来的。要深入剖析柯布西耶的设计风格就必须了解主宰形式与形式、形式与功能、形式与思想之间关系的恰当性的内部法则，也必须了解为何一种布局取代另一种的原因。

当接到新的设计任务时，柯布西耶习惯于让问题在他的潜意识中酝酿一段时间。人们只能够猜测“柯布西耶思想中的形式生命力”。或许新的问题早已被归入某种已经设计好的图解之中。旧的元素和新的元素结合在一起成为某种混合物，围绕在尚未成形的设计意图周围。柯布西耶的设计意图有时通过几种不相干的现象之间的类比性跳跃式思考而得以阐发，例如当他发觉冷却塔和昌迪加尔国会大厦之间的相关性，或是蟹壳与朗香教堂屋顶的相关性的时候。设计意象会在正确的时刻浮出水面，建筑师通过草图将它们捕捉、浓缩并外化为某种形式。[3]对于柯布西耶来说，直觉在建立每一个新项目的基本法则以及赋予建筑以生命力等方面起到了核心的作用。当然，理性分析与合作者的投入同样起到了部分作用。

柯布西耶的建筑语汇由独立支柱、坡道、遮阳构件等元素组成，这些元素在柯布西耶的建筑中一次又一次地反复出现。这些元素转而又由诸如“新建筑五点”这样的系统性语法构成体系的总体布局所支配。在另一个层面上，柯布西耶偏好某些特定的形式图案——例如组织曲线、矩形以及网格的方式，这些将有助于开辟一条通向终点目的地的道路。艺术家个人内化的风格正是使得他能够在分析问题时加以选择的重要方式：同时，这种方式也限制了艺术家提出一种新的想法的可能性。通过草图的帮助来深入探究建筑师的设计过程，就是感知旧的形式如何能够被消解从而形成新的结合体，就是见证建筑语汇如何以及为何会有新的突破；同时也是感知不同层面的意义是如何通过一种巧妙的方式加以浓缩的。当我们领悟到柯布西耶在一系列作品中常用的设计模式的时候，就能够概括出建筑师通过象征性形式来体现自己世界观的方式。从通过诗意的神话所表达出的意识形态到一种具体形式的过程并不是直接的。

勒·柯布西耶的草图是从两种空间体验维度出发的高度浓缩的抽象，而柯布西耶希望的则是四种。围绕、进入、通过建筑的运动是柯布西耶思考的核心内容。“形式”对于柯布西耶来说是一种活跃的、不稳定的、富有生命力的力量，这种力量使得整个结构系统富有生机，建筑的每一个部分都充满了张力和复杂性，统一于一个由主导性完形控制下的紧密体量之中。在《走向一种建筑》一书中，柯布西耶提出“调整平面就是产生想法”[4]，一个好的平面就是一种抽象、一种思想形式结晶体、一个浓缩了多种意义的象征符号。但是调整一个平面同样也是一个浓缩多种形式层面、通过适合于设计意图的方式组织层与层之间层级关系的一种方式。正是因为这个原因，人们感觉到柯布西耶的建筑迸发出一种内在的生命力，一种张力，通过细部和整体布局展现出来。就如同在一曲音乐中，主题升起、降落、重复、加强，在永远变化着的并置中被人们感知。在柯布西耶的建筑中游走就是去感知各种不同的秩序组合是如何互相协调同时仍然对内部主导性场景产生影响的。

对于勒·柯布西耶来说，草图是了解世界并分析所见之物的一种手段。它同样也是一种捕捉世界中有价值的事物并将它们通过柯布西耶的创造性思维加以转化的方式。对于形式的探索过程包括了逻辑和想象力。在设计一座建筑时，柯布西耶能够通过一种单一的组织结构将几种思想融合起来，这种组织结构或许会以平面、透视、剖面、表意文字、鸟瞰图或是在一张图纸中结合以上所有的表现图的方式加以呈现。柯布西耶不断地在画家与建筑师两种身份之间来回转换，他具有通过简洁的草图直达项目本质的某种不可思议的能力。他的部分设计过程草图表明了某种潜在意象以及隐含的另一半意义。事实上，这些草图就像破解勒·柯布西耶精神世界的密码。在《艺术中的形式生命》(The Life of Forms in Art)一书中，亨利·福西永(Henri Focillon)探索了草图在创造过程中所起到的探究性作用：

> “这些快速变化的、急躁的变形，加上艺术家所给予的热切关注，最终在我们的眼皮底下发展出了一件艺术作品——但它们又给予我们什么了呢？时间中的参照点？一种心理学的观点？一种连续性意识状态的混乱的地形学？远不止这些：在这里，我们所拥有的正是创造形式生命本身的技巧，形式本身的生物学发展。”[5]

如果设计过程提供了关于形式起源的线索，那么它同样为建筑师和客户提供了交流的场所。柯布西耶建筑中关于社会内容的问题无法脱离客户的目标和意识形态设想来单独考虑。融入建筑之中的设计理念有赖于将设计任务目标（其中的许多未提及）转译为艺术家本身的社会观点的术语；建筑师和资助者的价值判断有时甚至会产生冲突。柯布西耶的客户对象多种多样，从拉绍德封当地的钟表匠到时髦的巴黎上层中产阶级，从苏维埃政府到天主教堂，从救世军到哈佛大学。理解这些人从柯布西耶身上所看到的东西，以及柯布西耶从他们身上所看到的东西，这点极为重要。柯布西耶的建筑策略除了从实用主义角度回应了人类需要之外，还是对社会制度的一种理想化。这些建筑策略实际上是柯布西耶自己的乌托邦式梦想的一部分，是柯布西耶对于人、机器以及自然之间新的和谐关系的一种期望。

柯布西耶对于理想的追求主要通过未来主义和怀旧体现出来。柯布西耶的社会观点无法融洽地适应任何一种意识形态类别。它融合了理想与现实、独裁主义与平等主义、诗意与实际。这种观点包括了对人类内心的道德良善的卢梭式概念，带有一种对生命无常的悲观情绪。这种观点赞同社会进步需要通过几个世纪的发展的历史学观点，以及一种对于制度背后的原型的痴迷。它暗示了某种天真的环境决定论，好像正确的建筑能够依靠自身对人类产生改善。从这种观点出发，艺术家将起到一种非常崇高的作用。就像柏拉图被称为“哲人王”一样，柯布西耶应该通过一种完美的城市形式来创作出一幅理想国度的蓝图。

我们或许有必要在柯布西耶的“幻想式政治”——其建筑中的乌托邦成分，和他的政治归属活动之间加以区分，因为这两者之间存在着一些矛盾。20世纪20年代中期对于资本主义的短暂推崇之后产生了对于国际左翼的暧昧、由资本主义到工团主义的转换以及20世纪40年代早期对极右的不恰当的亲近。在战后的岁月中，柯布西耶欣然接受对位于昌迪加尔的印度新民主机构的建设，在朗香教堂和拉图雷特修道院的设计中抓住了基督教信仰的本质。柯布西耶有时的一些左右摇摆或许带有一定的投机主义色彩，但是柯布西耶世界观的核心，是对一种更好文明的一幅必然的蓝图；这种方案的固有品质将会超越任何因为必要的实现而作出的政治折中。柯布西耶认为结果比方式更重要。

为了将柯布西耶的一系列观点整合在一起并展示观点是如何融入形式之中，我们首先应该从他早期的个人传记以及他获得对事物认识的观点并在建筑传统中获得特别的创作灵感开始。故事开始于19世纪末的瑞士，之后，年轻的夏尔·爱德华·让纳雷（Charles Edouard Jeannert）（他的真名）开始到土耳其、希腊以及意大利等古代遗址旅行，到巴黎、柏林、维也纳等各种现代艺术城市中心进行交流，他逐渐掌握了他所肩负的历史任务的真正侧重方面，故事在空间和时间两方面扩展。柯布西耶开始学习建筑的时间是十分关键的。此时是世纪的转折点：工业主义迅速改造着景观与城市，但是独特的地方文化仍然存在着，至少在欧洲南部。对于让纳雷来说，拉绍德封是他建筑生涯的一部分起点。在那里，他感受到了自己在法国、地中海以及德国文化传统之间的摇摆不定。柯布西耶在拉绍德封也体验到了各种19世纪的思想（特别是理想主义）以及一系列包括汝拉（Jura）地域主义以及新艺术运动在内的艺术运动。在旅行至许多主要的城市中心时，柯布西耶转而理解了理性主义思想，更加坚定地朝着一种抽象化的古典主义迈进，拒绝19世纪的复古主义以及新艺术运动中更繁复的部分。

柯布西耶的成形期在第一次世界大战末期结束，在这一时期，我们在巴黎后立体主义的先锋派中能够看到他的身影，我们也能发现柯布西耶的信仰以及多年的自主学习通过对纯粹主义的整合、《走向一种建筑》以及一种新建筑的形成等一系列现象，最终得到了回报。绘画、理想主义式的世界观以及对机器的狂热迷恋结合在一起形成了一种观点，即无论如何都试图转化历史上的基本的、普适性的法则。1920—1922年这段时间是十分关键的：柯布西耶在雪铁汉住宅（Maison Citrohan）以及在当代城市方案中为现代城市所设计的理想蓝图，为他的日后的住宅语言打下了基础。本书的第二部分研究了柯布西耶在第一次世界大战与第二次世界大战之间的时间从事的所有活动，从绘画到宏伟城市方案，从艺术性的住宅项目到巴黎郊区的项目。本书详细研究了20世纪20年代的一系列经典住宅，包括在理想化的设计意图与实际的限制条件之间所作出的折中。本书同样对建筑师在现代运动中的地位做出了评价。我们认为在柯布西耶作品中出现的基本主题以及形式类型一直指引着柯布西耶的建筑活动，并在之后的几年经历了转化。建筑师的建筑语汇在他处理过国家再现（State representation）问题、联合国总部大楼以及苏维埃宫设计、公共集体建筑（瑞士学生宿舍、救世军总部大楼、光辉城市以及阿尔及尔城市规划）等一系列的设计实践之后得到了拓展。

柯布西耶的设计风格可以用许多方式表达出来。我们能够通过遵循某个单一的想法或母题来绘制出一张他所做过设计的垂直列表，可以发现这些想法或母题不断地重现和转化。或者我们能够采用艺术家传记这种更加传统的方法，这种方式按照时间顺序将项目一个一个记录下来。本书试图将两种方法结合起来，偶尔关注某个建筑，抑或是回到起点，观察广泛的城市性或意识形态式的主题。如果脱离开建筑师的设计意图与外部限制条件之间无止境的冲突，我们便无法恰当地了解柯布西耶的创作。柯布西耶建筑在形式上的变化通常由内部的情感和信仰的变化、外部刺激和启发、当然也包括不断变化的社会需求所引起。

这些评论特别适用于柯布西耶在1930—1945年之间的重新思考，在此期间，他发明了遮阳板来解决炎热气候中的遮阳问题，探究了超现实主义与原始主义的表达可能性，重新研究了乡村中的乡土建筑并对地域主义作出了全新的诠释。柯布西耶在这段时期同样提出了许多城市规划主张，包括阿尔及尔、莫斯科和巴塞罗那，以及与巴西、美国等国家间的交流。在面对这段时期的政治与经济危机时，柯布西耶仍然坚持认为：这些“方案”，他的关于机器时代社会的再生计划将会在某些情况下、在某些地方得以实现。这种宏大的计划最终没有在任何地方实现，但是它的确在纸上建立起了一整套关

［背面］
萨伏伊别墅，“光年时间”（Les Heures Claires），
普瓦希，法国，1928—1929年。

于城市重建的设想，甚至包括更大的范围，这将会深刻影响到其他地区，或许好或许坏。对于柯布西耶自己来说，乌托邦式的方案就像普遍意义上的原型，他时常在设计单个建筑时会提及。

这些创作倾向在第一次世界大战结束之后得到了实践，从马赛公寓的素混凝土形式、印度昌迪加尔的纪念碑、拉图雷特修道院，再到朗香教堂。20世纪20年代的机器时代的精确性被抛诸脑后，转而开始追求建筑体块的英雄式感觉以及一种古老的情感。柯布西耶探索神圣与世俗的界限，研究象征性形式中的宏大维度，追求“不可言说的空间”中的诗意维度。同时，柯布西耶扩展了他的建筑词汇范围，为自由平面找到了新的可能性，为自由立面创造出新的元素。然而当我们透过风格上明显的不同，我们依旧能够在新的建筑外表之下找到一直存在着的新的图式。其中一种思考柯布西耶那融合了不同形式“层面”的建筑语汇的价值在于使我们能够深入剖析内部结构，追踪创作来源，因此也就能够直接更好地欣赏他的整合能力。柯布西耶的晚期作品具有惊人深度和丰富性的历史拼贴。他的印度建筑受到东西方纪念性传统的启发，柯布西耶甚至探究了两者的共同基础。

本书的结论部分着重研究“法则与转化”。主要研究柯布西耶作品中的崇高主题、他的思考模式、元素、建筑语言的组合方式、柯布西耶创造性思维中的理念和形式之间的相互作用。对于他来说，创造不仅仅包括解决设计问题，同时也包括将经验转化为艺术。他将各种不同的现象记在脑海之中，并从中形成形式与内容的相互关系。柯布西耶总是不断地从各个尺度上创造理性“体系”，例如从建筑到城市；但是他同样对非理性的事物以及“艺术中的精神”领域有着浓厚的兴趣。柯布西耶通过一种直接的、神话式的方式来体验世界，从外表中发现恒常不变的元素。对于柯布西耶来说，建筑是“一种艺术”，提升人们的精神境界，暗示着事物的另一种存在方式，揭示出新的空间维度。除了现实和对现代新纪元的渴望之外，柯布西耶也需求某种原型，并通过一种原始的方式进行重新诠释。假如柯布西耶的作品真的拥有如此持久的力量，那么在某种程度上是因为他不断吸收长久以来的建筑价值以及建筑史上反复出现的象征性主题。

柯布西耶的建筑和项目一直充当着全世界几代建筑师的模板并为后来者持续提供着启发。为了正确定义柯布西耶的历史贡献，我们更加有必要来衡量他的作品是如何被其他人所解读和重新解读的。柯布西耶的作品充当着一面镜子，同样也是一面透镜：帮助后来的建筑师发现自我并找到他们自己的合适方向；提供一种对于建筑问题类型以及相关解决方式的关注。无论是创造一种适合于混凝土的建筑语言、设计集合式住宅、建造纪念碑，还是重新创造建筑中的神圣性，柯布西耶建立起了许多无法逃避的示范作用。

每个人在这些基本的陈述中都能发现新的东西，每一个人都继续或肤浅或深入地对其加以转化。柯布西耶的建筑与其他多种多样的现代传统之下的“典型作品”放在一起，这一传统仍然在不断被拓展和发展。这一过程具有不确定性，包括不断地重新诠释以及数十年的回转。

要正确理解柯布西耶，最重要的是保持一种历史的视角，因为柯布西耶是一位改变了建筑自身基本法则的艺术家。他提供了许多现代性的观点以及看待历史的新方式。柯布西耶的建筑一直萦绕在我们周围，关于他的神话故事永远充满了想象空间。但我们深入艺术家的潜在思想和意象时，最好能够了解到其作品中范围庞大的主题。随着柯布西耶渐渐淡入历史之中，他似乎依旧还有许多事情需要我们来发现，更需要一种公平客观的评价。为了能够成功解读柯布西耶，历史学家们应该同时从事件的内因和外因出发，认同演员本身，同时保持一种客观的立场。在这本书中，我尽最大努力将事实和解释清晰地区别开来，通过一种直接的方式提供批判性评价。勒·柯布西耶现在成了我们历史的重要组成部分。他站在我们与更加遥远的历史之间。我们应该在神化他、贬低他或抛弃他之前，首先理解他的作品背后的建筑原则。

夏尔·爱德华·让纳雷的成长岁月

（1887—1922年）

第1章
家庭基础

“艺术家并非源于他们的童年的经历，而是源于与他们前辈所取得成就的冲突；并非源于他们自己无定型的世界，而是来自于与他人施加在生活中的形式之抗争。”[1]

——安德烈 · 马尔罗（André Malraur）

[前页]
法莱之家，拉绍德封，1905—1906年夏尔·爱德华·让纳雷、勒内·查帕拉兹和他们的合作伙伴设计：根据对针叶树母题以及岩石构造形式的抽象所形成的装饰细部。

一位艺术家在何时何地进入他的领域，学习其职业，并以某种方式与传统相遇，注定会影响到他早期的选择。勒·柯布西耶于1887年出生于瑞士拉绍德封（La Chaux-de-Fonds）。这个偏僻的城市位于今天与法国交界之处的汝拉山脉，在19世纪时曾部分处于普鲁士的控制之下。拉绍德封地处海拔约1000米（3300英尺）的一个浅谷，周围是低矮的山脉、树木繁茂的坡地和深陷的山谷，具有独特的地质特征。它位于勒洛克（Le Locle）、比尔（Biel）和纳沙泰尔（Neuchâtel）和贝尔福（Belfort）的交界处。1794年，古老的市中心被烧毁，几乎没有留下什么具有悠久历史或较高质量的建筑遗迹。19世纪城市迅速发展，遵循了一个不太尊重地形的新的网格规划大纲。先前存在的乡村文化以一种独具地方乡土特色的农舍和谷仓的形式，在周围的景观中留下了自己的印记。从一个理性规划的城市向周边引人入胜的自然环境之间迅速过渡，是勒·柯布西耶童年对地理状况的主要认识。[2]

汝拉的这部分山脉群大致由东北向西南呈平行带状排列。冷杉树林和开阔的草甸覆盖着群山。在北面，高山景观突然被杜河（River Doubs）的石灰岩峡谷截断。这里冬天极冷，从乡村建筑那陡峭的、防护性的屋顶和封闭的北立面中可以感受到处理大雪的必要性。在1794年的大火之前，拉绍德封是一个由分散的村子和农庄所组成的社区的中心小镇。在19世纪的进程中，它逐渐被工业化。1835年的规划设置了一个实用型的网格布局，目的是使交通合理化、减轻清理雪的负担，以及让更多的光和空气进入市中心。[3]甚至在冬日太阳入射角很低、白天很短的日子里，城外北面的坡地仍然具有良好的南向景观和丰富的日光。就在这里，沿着森林的边缘，勒·柯布西耶用一种汝拉的地域方式建造了他的第一座房屋。这种汝拉地域方式受到了当地风土建筑以及岩层和针叶林等自然形式的影响。柯布西耶在他后来的生命历程中，一直着迷于南向的景观、太阳轨迹和角度，以及光、空间和绿色植物所产生的生机勃勃的效果。

19世纪末的拉绍德封远异于图画明信片中任何版本的典型瑞士小镇。拉绍德封那规制严格的房屋和单调的路网使它获得了“美国城镇”（la ville Americaine）的称号。怀着实用主义的精神，拉绍德封是当时重要的手表与钟表设计制造中心。拉绍德封引进材料和机械零件并将其转换成精确的机械，随后这些机械被出口到五湖四海。1857年铁路铺设到这里之后，这种交换过程得到了极大的促进。甚至在工业革命之前，汝拉的钟表就已享有国际声誉。17、18世纪时，拉绍德封漫长冬季中土地被数英尺厚的积雪所覆盖，当时兼作熟练手工艺人的农民们，制作出了摆钟式钟表。他们发展起了专门技能，例如将金属齿轮、轮盘、弹簧、杠杆和传动装置等预制构件组装成精确的计时仪器。19世纪早期，制造过程被分解成一条生产链中分离的步骤。在卡尔·马克思的《资本论》（Das Kapital）中，马克思拿出一整个章节介绍拉绍德封的工业，将其作为连续性生产和劳动力分配的一个案例进行研究。[4]

时间是一种普遍的事物，时间的精确量度也是一种普世的需要。通过专攻一种有广泛全球需求的单一产品，这个地处瑞士偏远地区的制表业企业家们成功地架立起通向更广阔世界的联系桥梁。位于汝拉的高原上，拉绍德封这个边陲小镇拥有国际视野，这相对于一个如此小规模的偏僻城镇来讲是很不寻常的。尽管官方上是瑞士法语区（Suisse Romande）的正式部分，但它产生于法国、德国和瑞士的政治文化影响范围的重叠部分。1848年革命中，拉绍德封从普鲁士王国独立，成为瑞士纽沙泰尔州（Neuchâtel）的一部分，但是它一直将自己视为横跨瑞士、法国交界的汝拉的一部分。这种长期缺乏对单一国家的依附，增长了该地区对差别概念的渴望，也增强了更大的邻国所谓“普世文化”的吸引力。

19世纪后半期的拉绍德封经历了一个从乡村到城市实体，从手工业到工业，从地方主义到世界主义的剧烈转变。在整个19世纪，农民逐渐被吸纳到城镇中。

到勒·柯布西耶出生那一年（1887年），人口达到了27000人。他们为了在作坊里工作而放弃了土地。在小作坊里他们进行手表的设计、制造和装饰。许多外国移民加入了他们的队伍，促成了技术劳动力的大量聚集，这有助于新的城市社会中规模逐渐增大的公司经济的增长。尽管工人们中形成了一种比较强烈的内向团结氛围，但家庭手表产业的拥有者和管理者往往在看法上就是现代、外向的。其中有几家犹太企业家开办的公司。这些来自阿尔萨斯（Alsace）的犹太人迅速抓住了国际市场营销对他们经营贸易的重要性。这就是勒·柯布西耶的一些早期顾客所属的阶层——这个阶层富裕，有足够的技术能力，而且在文化上有抱负。

到20世纪初，拉绍德封成了制表行业的世界领导者，主导了全球半数以上的市场。尽管此时大批量生产正在形成，个体手工工艺仍然被高度重视，特别是手表表壳的设计和装饰。当地的资产阶级将重视设计教育视作在手表贸易中不落后于外国，以及国际钟表贸易潮流的方法。由此一种具有复杂度的世界性艺术文化得以繁荣。勒·柯布西耶早年接触了设计中众多的“世纪末趋势”（*fin-de siècle* tendencies）——从工艺美术运动到新艺术运动——而且他也与伦敦、巴黎、都灵和维也纳有所接触，这些地方正是举办国际展览之处。柯布西耶的成长岁月伴随着感知的重大变化，这些变化在抽象绘画和雕塑中可能达到了极点，甚至在他自己的教育中也有这种反对学术和现实主义倾向的痕迹，这种教育强调表现“基本”形式语言之概念。他的第一次建筑经历开始于十几岁后期二十岁出头，是一个结合了基本形状的追求和沉浸于“杉树的民间传说”的地域主义作品。它在很大程度上是在19世纪成形的小镇里对迅速消失的农民价值的怀旧。勒·柯布西耶出生时间足够晚，使他能够越过浪漫主义的迷雾，去回顾当地的“山地”根源。

当地神话的另一个方面是一种在政治反叛和宗教独立的立场之上的骄傲感。在整个12世纪和13世纪的“清洁教派”（Catharis）[或者说是“阿尔比教派”（Albigensian）]兴起的时候，被迫害的难民从法国西南部朗格多克（Languedoc）涌入了汝拉山谷。1685年法国南特敕令（Edict of Nantes）废除后，法国新教徒在这一地区寻找他们的天堂。19世纪50—70年代，出现了宗教和社会的改革者皮埃尔·库莱勒里（Pierre Coullery），一位瑞士社会主义的创立者，他居住和生活在拉绍德封。同样的还有俄国无政府主义者皮得·克罗波特金（Peter Kropotkin），他欣赏汝拉制表业工人的平等主义精神。勒·柯布西耶喜欢想象自己具有自由思考的能力。他感到特别骄傲的是他的家族在反抗普鲁士人的斗争中所发挥的作用。他的祖父在1848年革命中几乎单枪匹马攻陷了纽沙泰尔城堡而“未曾流血”。他还有一个家族传奇将他的祖先联系到朗格多克的神秘宗教组织“清洁教派”。勒·柯布西耶在成长中对这个

［下图］
拉绍德封，瑞士，20世纪初期

所谓的联系非常依恋，他在后来的生活中阅读了他能找到的关于这个教派的所有书籍，以了解他们神秘的二元论信仰。这个信息的重要性在于柯布西耶决定用这些已有的片段和回忆来为自己构造谱系。这让我们能够了解他如何看待自己。或许他同情和认同那些坚持自己精神理想而反抗官方宗教攻击的受迫害的少数教派，将自己看作他们中的一员。也正因如此他认为自己具有地中海世界的深刻根源。

拉绍德封独特视觉遗产的缺乏，鼓励了这里的艺术精英到别处寻找传统，甚至虚构当地历史。围绕勒·柯布西耶成长的地域主义是一种面对破碎的地区传统的调和。可能他一直在探寻自己的文化身份，所以他在数年中多次往返柏林、维也纳、巴黎、地中海地区和他的小枢纽拉绍德封。他在33岁定居巴黎并对自己的道路感到自信之前，并未使用"勒·柯布西耶"这个名字（这个名字是他从他母亲那边的名为"Lecorbesier"的祖先那里借鉴而来）。就好像是他蹒跚的早期努力（事实上许多是值得称赞的）必须被压制并且被一个新的人物角色取而代之。在同样的面纱下，柯布西耶几乎没有发表他任何早期的建筑，除非它们符合他喜欢去相信的一种他自己的模式。仅仅在过去的几年里，他早期的相对于其他作品自我感觉较弱的作品以及初期试验的特性，才被进行仔细的学术研究。可能柯布西耶喜欢那种被认为他的天才突然就完全成熟了的神话。但我个人猜测，这种对于早年困惑岁月的避而不谈也说明了艺术家想排除自己特征中不稳定的方面。

勒·柯布西耶的本名是夏尔·爱德华·让纳雷，但是他经常被人叫作"爱德华"。他于1887年10月6日出生于拉绍德封的拉塞尔（La Serre）三十街他自己家里，他在这里度过了他前30年的大部分时间。他的父亲乔治·爱德华·让纳雷-格里斯（Georges Edouard Jeanneret-Gris）是一个手表上釉工人。他的母亲玛丽·夏洛特·阿梅莉（Marie Charlotte Amelie）[娘家姓佩雷（Perret）]是一个钢琴家兼音乐老师，她的活动为家庭的经济预算做出了贡献。阿尔伯特（Albert），爱德华的哥哥，比他年长19个月，注定要成为一个音乐家。让纳雷一家相对温和，但很重视文化。让纳雷先生显示了城市手工匠人对精确度和手工卓越的关心。爱德华的母亲拥有更高贵的出身，提倡一种音乐家的机敏以及更抽象深奥的追求。爱德华这个小男孩就在这个中产阶级的家庭中成长起来。他通过一种放荡不羁的处世态度，通过接触富裕者所提供的更广阔的可能性，最终找到了一种方法以脱离这种有点限制的家庭环境氛围。柯布西耶最终的成长远离了他父亲的工匠文化，这在他们之间造成了某种程度的紧张。

让纳雷父母尽其所能地发展两个儿子艺术方面的感知能力。1891年，当爱德华4岁生日的时候，他和哥哥阿尔伯特就已被送入路易斯柯林（Louise Colin）的麦尔特别学校（L'Ecole particulière de Mlle）学习。这是一所运用福禄贝尔（Fröbel）视觉和手工教育的幼儿园。[5]在这一体系下，每个孩子都被鼓励玩简单几何木块，将它们拼成使视觉和触觉愉悦的形体，对应广泛的主题。19世纪20年代，福禄贝尔声称儿童内在的天性可以被发掘出来，并且是和事物的精神呈现有关。形式、感觉、想象和手的协调是这一方法的中心，儿童可以将标准体块组合成各种不同的实和虚的图案（pattern）。人们无法确切知道这两年爱德华到底受到了怎样的影响。过分重申这一事实看来似乎有点傻，但是柯布西耶后期迷恋于组合一些纯粹几何形体如立方体、圆柱体和球体，在这一点上福禄贝尔幼儿园教育可能为他的视觉思考和手工协作提供了重要基础。与他类似，弗兰克·劳埃德·赖特（Frank Lloyd Wright）也在他早年的岁月中接触过这些福禄贝尔的"礼物"（gifts，人们这么称它）。柯布西耶和赖特都对形式和空间的"语法"感兴趣，对从自然世界中发现的这些结晶形式感兴趣。赖特称这一过程为"象征手法化"（conventionalization），他通过将自然现象抽象和转化为几何形式以承载某种精神内容。[6]

在这个家庭中，技术、知识和美学的能力都被珍视。为引起父母注意，兄弟们之间会有些相互的竞争。幼儿园之后，他们都被送入小学，在那里他们都表现得很好。不过在中学阶段，爱德华松懈了，因为他对传统学习越来越不感兴趣。他们很早就展现了各自的艺术天资。一张爱德华和他哥哥的童年照片上，兄弟俩和他们的堂兄妹们都穿着盛装围绕着一张桌子或坐或站。阿尔伯特在胳膊下面随意地夹着一把小提琴，并且故意去看一本他的堂姐妹们打开的书。年轻的爱德华手里拿着一支笔坐在桌子的另一端，他除了显现出顽皮的神情之外，可能还正在画画。在一个这样的家庭里，长子继承了母亲的艺术天分，而艺术和工艺能力被认为是核心，我们能够猜想到爱德华觉得展示他的能力和兴趣会有多重要。作为一个孩子，他常常从学校放学回来就一直不停地作画。他甚至请求用他母亲的晾衣绳来晾干水彩画。正如柯布西耶在许多年以后表述的那样：

> "这是一种在棋盘上占领一个特殊位置的事情：一个音乐家的家庭（我的整个年轻时代都在听音乐），对绘画的热爱，对造型艺术的热情……以及试图钻研事物核心的性格特征。"[7]

让纳雷夫人显示了她是孩子们主要灵感的启发者。

［下图］
夏尔·爱德华、他的哥哥阿尔伯特以及堂兄妹；
爱德华坐在最右边，阿尔伯特拿着小提琴站在他左边。

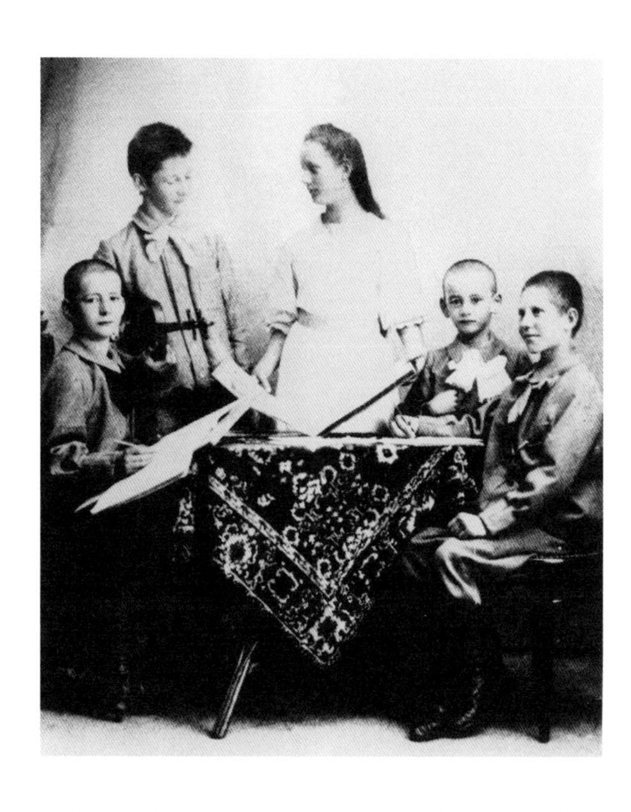

她是一个新教徒，性格投入、严谨。她似乎已向她的孩子们传输了纪律的重要性、对原则的坚持，以及出色完成工作的自豪感。在后来的人生中，柯布西耶喜欢引用她的话："无论你打算做什么，确保你真的在做这件事。"[8]尽管柯布西耶不遵循任何特定的宗教信仰，但他似乎有一些源自于他母亲的某种较高的道德使命感。在他童年时，他的姨妈波利纳（Pauline）也和他的家庭一起生活过；她对自己家族的传奇同样虔敬并且感兴趣。爱德华的母亲活了快100岁（她于1960年去世），在他的一生中她一直是一个重要的人物。他们一直通信，在信中讨论他的个人思想、感受和志向。在她的鼓励下，他度过了他职业生涯中的许多危机和挫折。爱德华没有像他的哥哥阿尔伯特一样跟随她的脚步成为音乐家，但他仍然对音乐和谐和建筑秩序之间的关系感到好奇。

让纳雷先生在爱德华早年的岁月里是一个比较模糊的存在。柯布西耶在他后来的人生中提到父亲的次数远少于母亲。从他自己的日记里可以看出他是一个谨小慎微和有些郁郁寡欢的人。乔治可能想当然地认为他儿子的绘画天资会让他自然地进入家族行业中。为了从长时间集中精力于工作台中解脱出来，乔治把他大部分空闲时间奉献给了春天和夏天的徒步旅行和登山，他是当地高山俱乐部的主席。爱德华有时候跟随他参加这些旅行。他在早年岁月里就被鼓励去对自然做认真努力的观察。在手表行业里对机器结构的仔细观察，与从观察植物和岩石中受到启发的艺术很一致，这些观察都是让纳雷先生闲暇生活的一部分。在他二十多岁的最后几年，爱德华也知道了本地区地质和植被的密切关系；事实上这些在他的早期设计中担当了重要角色。森林和山顶都很令人难忘，这些都是特别棒的地方，在大自然宏伟和史诗般的力量前，这些场所给年轻的让纳雷提供了内心解放的时刻。他在许多年后回忆道：

> "我们一直在顶峰；无边无际的地平线对我们来讲相当常见。当云海伸展到无限，就特别像是大海——在那时我从未见过真正的大海。这是最壮观的景象"。[9]

从他5岁离开福禄贝尔幼儿园，到14岁半离开公立高等中学（Lycée），爱德华所受的教育是传统的。但是1902年他加入了拉绍德封的"艺术学校"（Ecole d'Art），由此他向着一个手表錾工的方向迈出了第一步。学校成立于1873年，为青年人提供应用艺术的训练。一份写于1887年的报告中谈到了这种提高未来的手表装饰工人的"创新精神、纯净口味和装饰知识"的需要，以及对"艺术完美"与"高质量"协调的要求。[10]让纳雷进入这所学校的时候有365名学生，这里有一套精心设置的课程，尝试将实践和美学以一种平衡的方式结合起来。美学方面包括素描、油画、雕塑和几何学、人体、对自然的素描、旅行学习以及艺术史课程；实践方面包括金属制作和雕刻的技术与职前培训课程。

在这个阶段（以及接下来的几年里），夏尔·莱普拉特尼耶（Charles L'Eplattenier）担任爱德华的导师。他的课程有一种独有的特征与启示。莱普拉特尼耶相信最重要的美学原则建立在对自然的理解上，不是肤浅的模仿，而在于内部结构的层次上。他鼓励学生抽象出他们要画的任何东西的最重要的几何特征，并且把产生的形式转译成遵循简单组合规则的象征性模式。莱普拉特尼耶曾经在布达佩斯、巴黎美术学院和装饰艺术学校受过训练。他对当时的美学思想以及抽象的潮流趋势有广泛的掌握。这或许是他意图模仿维克托·普鲁伟（Victor Prouvé）在南希（Nancy）的应用艺术学校，他似乎很赞赏这个学校。通过一个英国朋友希顿（Clement Heaton），他接受了来自威廉姆·莫里斯（William Morris）的工艺美术运动的理念，并且是约翰·罗斯金（John Ruskin）思想的狂热崇拜者。莱普拉特尼耶以一种启示性的氛围赋予了一个省级艺术学校有限目标，在这种氛围下他让学生们通过将从上帝的创造物——大自然那里学来的法则转译成具有高外观品质的人工制品，来提高社会的道德进程。当时这是一件令人陶醉的事并吸引了年轻的让纳雷，他的成长中似乎需要一个在此领域的艺术

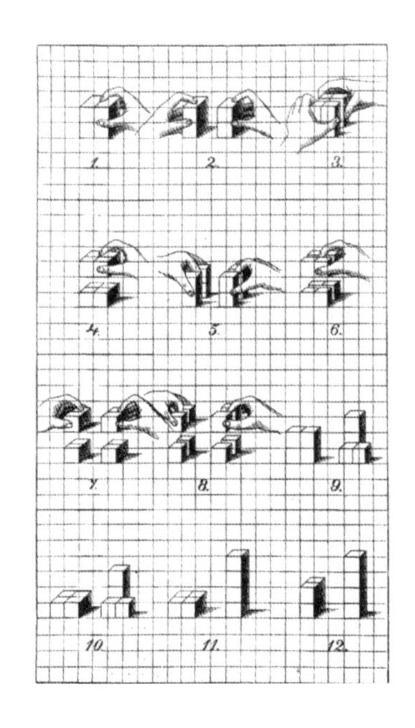

领袖。

莱普拉特尼耶也被欧文·琼斯（Owen Jones）的《装饰法则》（The Grammar of Ornament）（1856）所影响，这本书勒·柯布西耶记得他曾在艺术学校的图书馆里热情地研究过。琼斯曾经认为建筑形式和装饰主题真正的基础在于对乡土和自然特征的转化上。比如埃及的柱子，是对尼罗河谷的植物如莲花和纸莎草的模仿。莱普拉特尼耶认为，汝拉地区的正确形式可能会来自于从岩层和针叶树林抽象而来的形式。他对研究当地地质的热情十分高涨：他会在隆冬季节攀爬到杜河（River Doubs）的河床上速写岩石的裂缝及突出部分。他对于冷杉木和松树很感兴趣，从它们的整体形式、结构层次，到分枝、树叶和球果，都一样的狂热。帕特丽夏·塞克勒尔表达过，莱普拉特尼耶和他的学生们当时被罗斯金的《绘画要素》（The Elements of Drawing）（1857）一书中关于画树的详细观察报告所引导。莱普拉特尼耶和他的圈子开发了一个完整的“冷杉民俗学”（“folklore du sapin”），应用了它那直立的姿态及其尖锐的三角形轮廓，以激起公正的道德寓意。

艺术家并非以被动的方式来利用自然获得灵感。可能有直接的直觉理解，感到某种物体神奇的吸引力。但是知觉也同样被范畴和理念所引导。从罗斯金那里，爱德华学会了详细地观察自然；从莱普拉特尼耶那里，学会了尝试概括所看到东西的结构；并且从二者那里领会到自然生物界揭示了一种精神的秩序，而且这种秩序是应该努力去在设计中仿效的。当然也不要忘记福禄贝尔积木对他的教育。在这个时期他的许多画作都是对树、岩石和景观的研究，在这些事物中，形式之间的空间就像形式本身一样积极。在一些涂鸦画作中，他渐渐地将他最初涂刷的形象转化和简化成了某些象征和抽象的模式。一个例子是他大约在18岁时设计的手表，这个手表采用类似板状的地质条纹、旋涡和植物曲线装饰，中间嵌入一个带翅的昆虫。主题表达很简洁：“岩石、带有飞虫和几滴露珠的苔藓。”[11]这个精致的物件由金、黄铜、银、钢和钻石制成，需要有很高程度的刻、凿手工技艺。层叠的矩形形态可能暗示了拉绍德封的徽章，上面栖息的一只蜜蜂则象征了社区的集体劳动。他童年的个人世界是这样的，在青年时期又被引导至一种地域主义的意象以及一个与简化新艺术有联系的阶段性风格——甚至可能是麦金托什或维也纳分离派。让纳雷就像任何学设计的学生一样，有时也会翻看国际杂志。

制表界，或者说是时钟和手表制造界，需要通过学徒学习来获得专业技术诀窍、灵活的动手能力、精确的工程制作、品质设计以及技能传播。爱德华所受的艺术训练目标旨在准备将他训练成类似于他父亲所从事的职业，但此时手表制造和装饰面临被大规模的生产方式所革新，所以呈现专业技师——手表表壳的雕刻工和抛光工（graveurs and polisseurs de boites）——贵重的手表表壳设计和雕刻的早期技艺越来越过时了。这个严酷的现实慢慢地降临到让纳雷家。20世纪的前十年中，他的父亲乔治有时不幸失业，健康也因此受到了不良影响。我们今天可以猜测爱德华承担了怎样的压力。在后来的生命历程中，柯布西耶往往展现的是自己那史诗般的故事，而这些都脱离了他的早期经历。一方面，他可能要赞扬“机械”是精确和秩序的一种典范，是一种改造社会的工具。另一方面，他可能惋惜于个体手工工艺和当地建筑传统的一并消失。仅有当工业化以某种方式与自然取得“和谐”的时候，才能获得进步。

手表雕镂对于爱德华脆弱的视力显然过于繁重，到1905年这一情况已十分明显。不管如何，莱普拉特尼耶当时已下定决心，这个他最有天赋的学生具有建筑师的素质。家庭和学校最终赞同了他的意见，爱德华自己也最终同意了，虽然他一直倾向于认为自己是个画家。他继续跟随同一个导师学习，只是绘图替代了雕刻。但是拉绍德封艺术学校没有能力提供结构、建筑材料与工程方面的训练。莱普拉特尼耶信奉从做中学习，并想尝试为他的学生搞到设计委托。[12]在1905—1907年之间，他和一组学生加入到一个位于拉绍德封的为“青年基督

［最左边］
福禄贝尔体块体系案例，基本几何形式的组合。

［左图］
夏尔·爱德华·让纳雷在1905年制作的一块怀表

［右图］
欧文·琼斯（Oven Jones）的《装饰法则》（1868年版）
中的插图：根据自然界中的植物形式所创造出来的埃及母题，例如莲花的形式。

［下图］
夏尔·爱德华·让纳雷，松果速写草图，1906年。
铅笔和钢笔创作于水印纸上，21.3cm×27.4cm（$8^{2/5}$×$10^{3/4}$英寸）

［左图］
法莱之家，拉绍德封，1905—1906年。
夏尔·爱德华·让纳雷、勒内·查帕拉兹和他们的合作伙伴设计，南立面图：“与冷杉相关的民俗传统”。

徒联盟”所做的称为“美景庄园”（Beau Site）的项目（项目最终未能实现）；以及为莱普拉特尼耶的邻居马泰-多雷特（Matthey-Doret）所做的音乐间设计；重新装修位于方丹默隆（Fontainemelon）附近某礼拜堂室内的委任；以及为一位艺术学校监管委员会成员，小规模钟表制造商——小路易·法莱（Louis Fallet）设计和装修一座房子。[13]

尽管有别人参与了装饰方面的创作，法莱项目的委托仍然留给了让纳雷，一个称作勒内·查帕拉兹（René Chapallaz）的当地建筑师（他的工作风格基于当地风土建筑的先例）被请来帮助这位早成的少年将他的想法付诸实践。被选中的基地位于拉绍德封北面，超出网格规划仅几百米的地方，这里的丘陵向着普伊雷勒（Pouillerel）森林的方向倾斜，从而提供了回瞰城镇和山谷的远距离视野。该地区的特点是具有乡俗性，甚至直到今天也仅仅是半郊外。莱普拉特尼耶就居住在附近一座由查帕拉兹设计的房子里，并且当时他可能将这个区域视为艺术家的聚居地。考虑到法莱对艺术学校尤其是对莱普拉特尼耶的支持态度，这显然是一个尝试对汝拉的地域主义做试验的机会。

法莱之家（The Villa Fallet）应用了源自当地乡土的装置，例如用陡峭出挑的屋顶来保护房子远离雪的困扰，使用突出地面的石基础，以及通过调整深深的檐部来排除夏季热浪和引入冬季日照。乡村意象与最新的世界性理念相融合，例如双层高的楼梯井（平面图上标记的“厅堂”），可能受到赫尔曼·穆特休斯（Hermann Muthesius）的《英国住宅》（*Das englishche Haus*，1904）一书的影响，其中的立方石材支架看起来似乎也有维也纳分离派的影子。但是这个设计的真正意义在于，将汝拉的地域符号转译成整体的形态、轮廓、细节和装饰。屋顶的折线仿效松树和冷杉的轮廓，椽的锯齿端模拟毛茸茸的叶子，窗花象征着树杈的分支，石头雕刻的细节映射着爱德华设计钟表上的地质层次。土地的颜色和赭石色的拉毛粉刷主题与自然环境相和谐。然而法莱之家避免仅仅是对度假小木屋的模仿，它的形式通过抽象的规则和思想理念融入紧张的生活。这座卢梭风格的小屋渗透了罗斯金式的道德规范，[14]工艺美术运动的理念和地域主义的象征主义。如果将其与同时期查帕拉兹的房子相比较，我们必然会得出这样一个结论——是小让纳雷的雕塑意识造就了这个杰作。

[右图]
夏尔·爱德华·让纳雷，总督府拱廊草图，威尼斯，意大利，1907年。
铅笔与钢笔绘制于象牙纸，24.5cm×32cm（9 3/4×12 1/5英寸）。

爱德华留下了一些法莱别墅设计过程的草图，其中包括一幅水彩画研究，图上用亮红色、黄色和蓝色描绘了一些相互交织的三角形，其背景是深绿色的冷杉树。在一张早期的规划图中，他试图将一个斜的入口插入到屋顶的陡峭金字塔组合中，但后来他放弃了，代之以一个从旁边进入的直接入口。[15]之后他一直努力去探索如何将细节、装饰与建筑主导的三角形、树木及地质主题相融合的问题。在南立面，三角形参差的锯齿状装饰与圆锥形轮廓和阶梯图案相叠合。装饰物和地面交织在一起，形成生动的图案。这种图案模式令人想起纺织物的设计，并且展示了如何用一个单一的形状来同时唤起树木、云、石头、球果、光线和爆炸式生长的感觉。事实上，法莱别墅的设计同时运用了两种本地区的重要景观特征，并且将它们综合到一种几何结构形态中，这两种特征就是针叶林和岩层。在当时，这种将本地景象（在这里是汝拉地域主义）作为首要关注点的现象绝不是孤立的。同时代的“民族浪漫主义”建筑师们，虽然远至西班牙的加泰罗尼亚和芬兰，也同样热衷于本民族身份象征，这些象征据推测就源自他们各自的风土特色，源自他们本地景观的经典特征。[16]

法莱之家的图案模式使我们想起琼斯的《装饰法则》一书的某些板块，但可能也反映了尤金·格拉塞（Eugène Grasset）的《组合装饰方法》（Méthode de composition or nementale）（1905年）一书的影响。它们提出了一个完整的装饰系统的概念，而这个系统基于对自然形式的几何化与简化。它阐述了点、线、面、正方形、三角形、菱形、圆、椭圆和多边形是如何依据特定的重复、减少、转化的法则来组合并重组的。我们猜测当时这必定感染了让纳雷对数学与音乐的灵感，并且它引导我们将法莱之家视为一个小型的田园交响乐。格拉塞反对温和的折中主义，而且声称这种几何精神将产生一种“与自然类似且遵循同样的法则”的秩序。以这种适度的方式，法莱之家类似于几乎同时代的某些路易斯·沙利文（Louis Sullivan）和弗兰克·劳埃德·赖特的手法，以形成某些建筑语法对自然形式进行抽象，这些自然形象包括种子、树叶、树枝和树木等。这也符合19世纪末“总体艺术”（total work of art）的思想，即建筑、工艺和家具统一于共同的主题，并预示了一个整体社会的和谐。工作于普伊雷勒坡地的手工艺者的年轻一代事实上被有关于道德诚信和强烈的罗斯金谱系的思想所引导；甚至被材料的“真实”表现之想法所引导。这座房屋建设完成后（它建于1905—1907年），让纳雷从国外致信莱普拉特尼耶，信中总结了他认为这个设计背后的自然哲理：

> “你在拉绍德封发起了一个艺术运动……从本质上讲，一方面基于自然，另一方面基于诚实地使用材料。一个基本的逻辑支配着它，即生命的逻辑：生命起源于胚胎，发展至根、茎、叶直到花朵。这种逻辑的必然结果支配着各种思想的实行。石头的外表本身反映了它的真实结构，木头本身表达了它的装配组合，而屋顶本身就是用来遮风挡雨的。”[17]

然而后来的柯布西耶绝非一个一成不变的建筑理论家，他对于各种思想热情迷恋。阅读对他思想的形成有很大的影响，就如同对他的家庭文化影响一样，他们常常要度过拉绍德封长达几个月大雪覆盖的寒冬。[18]约翰·罗斯金、尤金·格拉塞和欧文·琼斯都是学校教学内容的组成部分；因此夏尔·勃朗（Charles Blanc）可能也是其中一部分，他的《绘画艺术法则》（Grammaire des arts du dessin）（1867年）一书中，将建筑描绘为艺术的母亲，而且他并非将历史看作一系列为了简单复兴而罗列的菜单，而是看作转化为新建筑的丰富思想。让纳雷同样在年轻时代就开始构建自己的书库。他热情地去阅读，经常在文章上标注评论。正如保罗·特纳所言，一个对于艺术和艺术家高度理想主义的观点被一些几乎不知不觉的好奇而强化，就如同对于亨利·普罗旺萨尔（Henry Provensal）的《明日之艺术》（L'Art de demain）（巴黎，1904年）一书。这本书的副标题是“和谐的融合”——这种术语是让纳雷自己后来会用到的词。[19]在某处，普罗旺萨尔谈及建筑是“……思想的立体而和谐的表达”，这与15年后《走向一种建筑》中表达的某些观点有类似的预示。他也建议建筑师研究矿石世界的结晶以及地质的形成作为空间和几何的灵感。从思想史的长期视野来看，普罗旺萨尔只是德国理想主义传统的一个小小的脚注；但让纳雷却认为这些是普罗旺萨尔内心十分确定的强烈直觉。爱德华·许雷（Edouard Schuré）的《伟大的开创者们》（Les Grands Initiés）（1889年）一书可能有着相似的作用，此书是莱普拉特尼耶在1907年交给让纳雷的。该书的基本主题是伟大的精神领袖在复兴文明中所扮演的角色（罗摩Rama、摩西Moses、毕达哥拉斯Pythagovas、柏拉图Plato和耶稣Jesus都被提到）。许雷明确感觉到在唯物主义和实证主义哲学的影响下，现代文明正在衰败。他有很多理由说明出现新领袖的必要——灵性知识的始作俑者——这个领袖能够领导复兴和重整。让纳雷似乎对于毕达哥拉斯和数字命理学有着特别的兴趣。

1907年9月，怀揣着法莱之家的设计费，让纳雷携带希波吕特·泰纳（Hippolyte Taine）的《意大利之旅》（Voyage erv Italie）（1866年）和约翰·罗斯

金的《佛罗伦萨的晨祷》（Les Matins à Florence）（1906年）动身去意大利。在此之后的岁月里，他倾心于将这次旅行（他的首次独行之旅）看作是孤独的精神旅程。事实上，他并不是一个人旅行，与他一起旅行的是他在艺术学校的密友莱昂·佩林（Léon Perrin）。他寄回家和寄给莱普拉特尼耶的信中充满了有趣的旅途插曲和一些对艺术的敏锐观察。在帕多瓦（Padua）看过曼泰尼亚（Mantegna）的作品之后，柯布西耶写道："思想太少而刻画过多。"（trop de dessin pour trop peu d'idee）[20]他们一共造访了16个主要的意大利北部城市，包括锡耶纳（Siena）、佛罗伦萨（Florence）、威尼斯（Venice）、拉韦纳（Ravenna）、帕多瓦和比萨（Pisa），然而他们的旅途却并未延续到罗马（Rome）。一路上，让纳雷很多时间都在画水彩，画草图，做镶嵌画和雕刻。他着迷于乔托（Giotto）的小礼拜堂，多纳太罗（Donatello）在帕多瓦的作品伊娃加塔梅拉塔骑马像（Gattamelata），以及拉韦纳的装饰品。[21]

爱德华的建筑草图经常是装饰和细节的特写：罗斯金式的细致渲染，不时附有详细分析的注释。锡耶纳的教堂立面描绘得令人想起石工的色彩条纹。比萨大教堂和斜塔分析了一些拱券体系的细节，事实上让纳雷本打算4年后（东方之旅快结束时）按照抽象的体量再次描绘它。他在一封信件中抱怨佛罗伦萨市西格诺利亚广场（即市政广场）太过巨大和抽象以致无法了解它的整体。他花费了几年的时间逐渐发展出一种用以捕捉建筑整体组织的图解速记法。事实上旅行是让纳雷所受教育中不可缺少的一部分，它使得柯布西耶能够直接面对历史的实物。草图和水彩使得他能够捕捉过去并且将他们转译成他自己的专业术语。在随后的日子里，观察和创新，表达与法规的处理一直在持续——而草图是实现这一转换的基本工具。书面描述也在加深印象中起了一定作用。在意大利的旅途中，他给莱普拉特尼耶写了几封长信——那是一些滔滔不绝地抒发着能够唤起建筑和场景感觉的散文诗。

关于柯布西耶旅行的另一个引人注目的特征是他对古典或者文艺复兴时期的建筑明显缺乏兴趣。当他和佩林经过维琴察（Vicenza）的时候，他们甚至没有下火车去看一眼帕拉第奥，这是个不同寻常的忽略，如果注意到这位建筑师后来对于数学的抽象和古典主义秩序方法的热情。柯布西耶通过罗斯金的眼睛在华丽多彩的装饰方面认识了威尼斯，光、影和开裂石头上的肌理，以及渗漏出乡愁的片段。在他研究的最细致的部分中，其中一个是公爵府上的拱廊。这种现实主义的细节伴随着一种更加抽象的研究，即试图表达砖石建筑的节点连接，就像他早年用绘画研究树的分枝一样。旅行打开了他对新事物的视野，但是他所受训练的偏见迫使他对某些建筑的关注比其他的要多一些。如果当时让纳雷转身

[右图]
加尔都西修道院俯瞰图，加卢佐，艾玛山谷，多斯加尼，意大利（14—18世纪）。

[对页图]
夏尔·爱德华·让纳雷，艾玛山谷修道院中的一间典型修士房间的平面和剖面草图，1907年。
钢笔绘制于草图本，18cm×12cm（7×4 3/4英寸），记录在一页纸上的细节图。其中一句题词这样写着："艾玛山谷中的沙特勒兹修道院中的一间修士房间，它能够出色地应用于工人住宅中。"

去看看，他本可以对河对面帕拉第奥的圣乔治大教堂有一次激动人心的一瞥。可惜这个教堂位列于罗斯金的"黑名单"上，正如多数文艺复兴建筑一样。

有一栋建筑因为其整体的秩序和特征，当时确实对柯布西耶产生了巨大影响。这栋建筑是靠近佛罗伦萨的艾玛山谷（Val d'Ema）中，加卢佐（Galluzzo）附近山顶上的加尔都西修道院（Carthusian monastery）。甚至从远处观察也可以辨别出教堂部分较大的体量与容纳着修士们单人间的整齐成排的个人住房之间的对比。爱德华尤其对这座建筑表现出的个人与公共之间的平衡方法很感兴趣。他对能够俯瞰绿色景观的框景的双层高的单人间非常欣喜。而且，在一张纸中带有注释的两幅画上，他已抓住了这种布置方式的本质。其中一张是典型单元的平面图，另一张是剖面图。剖面图展示出拱廊外的上层入口，双层高的公寓和供俯瞰陡坡视野之用的平台，陡坡下面是松柏树林。[22]1907年9月，他给父母的信中说道：

> "昨天我去拜访了加尔都西修道院……在那里我发现了一种解决工人居住问题的独一无二的方法。但是那里的景观将很难复制。哦，那些修道士，他们是多么幸运。"[23]

对于一位本身就认为自己是一个用近乎宗教的方式去追求真理的艺术家而言，修道院的纯净和对戒律的服从这种吸引力是绝对压倒性的。艾玛修道院将自己嵌入到让纳雷的潜意识中成为一种他个人的原型。柯布西耶在需要组合私人与公共空间的方案设计时，往往会再次追溯到艾玛修道院的原型。在一个私人花园中一个双层高的单人间里往下看到托斯卡纳绿荫图案的记忆，可能持续萦绕着他。而对于艾玛修道院剖面的回应，则可以在柯布西耶之后的很多设计中被发现，从1922年未建成的"不动产别墅"（Immeuble Villas）一直到20世纪50年代所建的联合住宅。在个人作品之上的是勒·柯布西耶探寻了他后来以各种不同方式来转换的原则和类型。

柯布西耶和佩林二人于11月离开意大利前往维也纳，在途中经过布达佩斯。莱普拉特尼耶曾引导他们去相信奥匈帝国的首都也是现代建筑的中心，这一主张也被杂志所支持，这些杂志所附的图片很像奥托·瓦格纳（Otto Wagner）、约瑟夫·霍夫曼（Josef Hoffmann）或者约瑟夫·玛利亚·奥尔布里希（Josef Maria Olbrich）的风格。在1895年瓦格纳出版了《现代建筑》（Moderne Architektur）一书，该书批判了肤浅的复古主义并且阐明需要一种新的建筑来表达"现代生活"，并且运用现代建造方式。瓦格纳设想了这样一种风格，其所应用的形式忠实地使用了工业材料，而且他在1905年建造的邮政储蓄银行大楼中展示了自己的想法。在作品中，瓦格纳将建筑内部对钢结构和玻璃的展示，以及建筑外部的石片覆层和钢铁螺栓的精巧节点二者结合起来。事实上他大胆借鉴了工程学语言，并将其进行转化，使之适合一种新的建筑观。

奥尔布里希和霍夫曼专注于装饰艺术的改革，前者在路德维希大公（Grand Duke Ernst Ludwig）的达姆施塔特（Darmstadt）的艺术家之村，后者在1903年开业的维也纳艺术与手工艺中心进行。阿道夫·路斯（Adolf Loos）在那时也在维也纳，不过看起来柯布西耶直到几年之后才知道他1908年发表的关于装饰的著名文章（"装饰与罪恶"）；如果他知道任何一个路斯的设计，那他就是在这个主题上保持沉默了。可能人们会假设未来的勒·柯布西耶（他最终在20世纪20年代成为现代建筑运动的领导者）于1907—1908年在维也纳找到了他实现自我抱负的重要跳板，可事实并不是这样。让纳雷很难找到被告知是重要的例子，当他找到时，也经常是彻底否定。他给莱普拉特尼耶的信中诉说自己缺少对自然的感受，建造的不诚实，细节的粉饰（他不喜欢霍夫曼的外饰），也抱怨在材料的使用中的野蛮和理智的冷漠，它们让他联想到浴室。

让纳雷做出这些彻底批判的标准（后来他颠覆了这

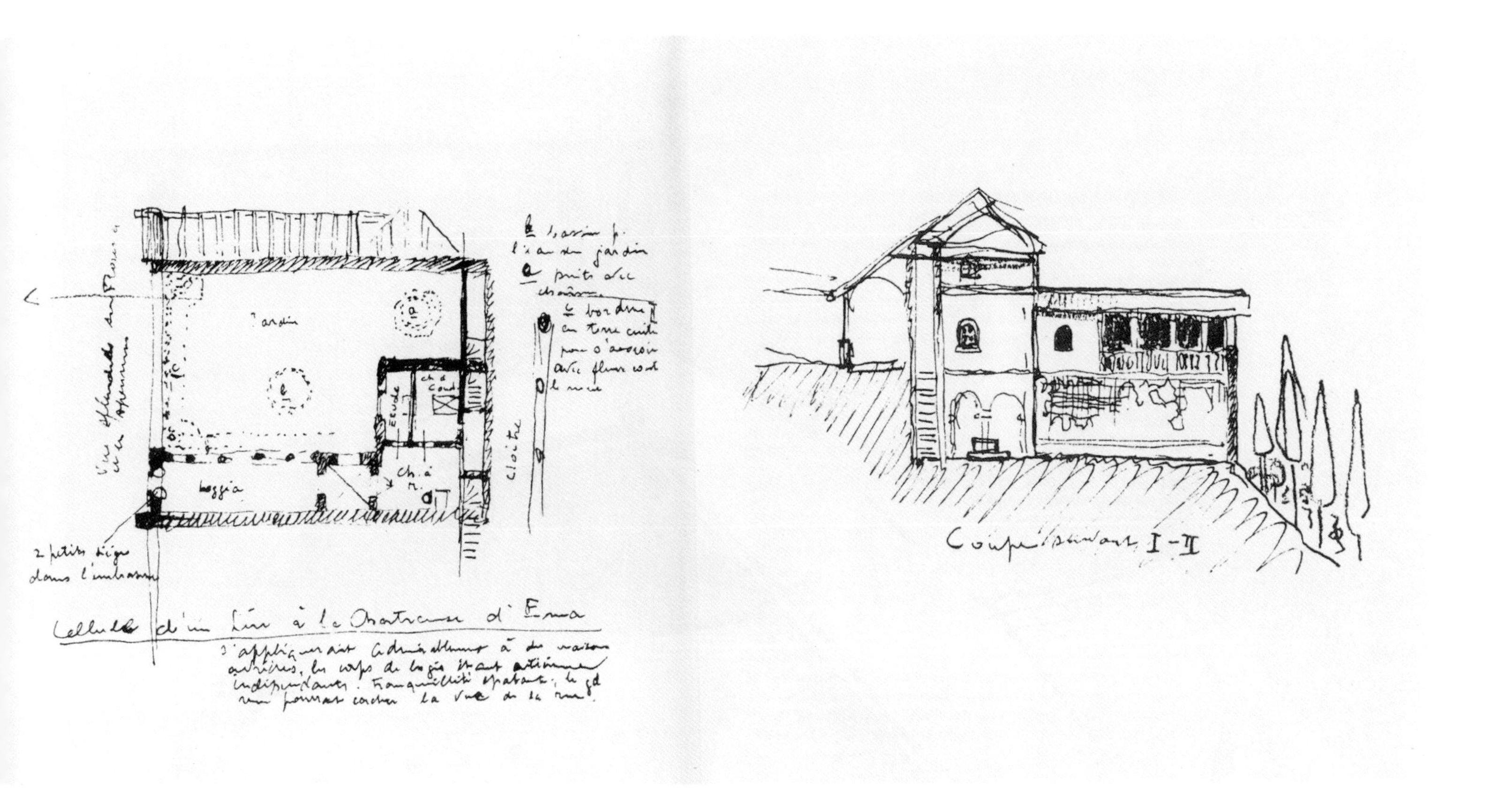

些标准），同时来自于莱普拉特尼耶的地域主义训练和他近期对于意大利杰出艺术的感悟。也许这位乡村少年是出自对于大都市复杂品位的自我防御。他的过度反应也源自于对怎样更好地延续自己教育的困惑。很明显，他感觉到了他缺少技术知识并且怀疑正规的学校教育可能不是他所寻找的答案。不过他的德语不好，对于数学也仅有基本的领悟。最后，他花了四个半月留在维也纳，住过各种陈设的房间，写反省性的信件，并又为拉绍德封设计了两座房子：雅克梅（Jaquemet）别墅和施特策（Stotzer）别墅。[24]尽管他有时会花时间去享受戏剧和音乐会，但是他为这些忙碌着而将自己置于相对远离维也纳文化的位置。

当这两项家乡的任务还不太确定时，莱普拉特尼耶可能做了一些基础工作。雅克梅是路易·法莱的姐/妹夫，阿尔伯特·施特策所娶的妻子也来自法莱家族，并且两人都属于不断进取的中产阶级钟表商。前者是“表壳抛光者”，后者是拉绍德封钟表学校机械学老师。甚至这两所新别墅的基地都与法莱住宅的基地相似：与普伊雷勒朝南的斜坡只有一步之遥。但是这两个项目并不相同；这两所房屋原本都打算各自包含两套公寓，但却都给人以独户住宅的印象。柯布西耶用相似的方式组织了两所房屋的室内，都在北部设置出入口，离开场地的最高点，并且将楼梯紧紧地塞进轴线上一个狭窄中心的位置。起居室/餐厅（结合在一起）和主卧放置在房屋的南部，最大限度地利用阳光和景观。厨房、浴室和书房被藏到了东西两边的尽头，带有盔顶的弓形窗强调出十字形轴线。这两所房屋——如同法莱别墅一样——首层都被建在粗凿基础上的门廊进行拓展。在施特策别墅中，一个形似于松果的弧形窗整齐地安装在山墙下，平台由拱券上的侧楼梯进入，这可能是柯布西耶在汝拉的旧农舍曾见过的一个细节。

雅克梅和施特策别墅的设计当时对柯布西耶来讲并不容易，他在给父母的信中向父母吐露了自己的怀疑。他还给莱普拉特尼耶写了相当长的信表达了自己的建筑意图。除了一些画，柯布西耶用黏土模型来研究这两个建筑的体量、比例和外观，特别是屋顶上交织的斜坡。莱普拉特尼耶和查帕拉兹接到设计图和模型的信件，再将其转给承建者，然后将批评和建议回复到维也纳。尽管此时柯布西耶已经在他的最终研究中说明了细节和材料，然而他还是得依靠查帕拉兹的专家意见来确定哪些绘制的图纸可以建成，以及准备好申请施工许可所需的文件。两座建筑的最终平面图上面署有两个签名：“塔文讷（Tavannes），勒内·查帕拉兹，1908年2月”和“维也纳，夏尔·爱德华·让纳雷”。尽管距离很远，但此时柯布西耶作为一个年轻的艺术家，正被迫与建筑实践中的某些强硬的现实进行妥协。

雅克梅与施特策住宅呼应了法莱别墅的地域主义，但是这两者更直白，体量更大，材料和结构得到了更大胆的表达。这些建筑由巨大的平行墙体支撑起混凝土楼板，支撑体和悬臂结构被线脚所强调；粗糙的支架回应了让纳雷在佛罗伦萨的中世纪建筑速写中的那些细节。施特策别墅早期计划中的屋顶是一个引人回忆的曲线形轮廓，它暗示柯布西耶可能对奥尔布里希在达姆施塔特的设计有一定的了解，但是这种形式也有可能受到几年前做的对叶子和松果的研究所启发，如同在法莱住宅立面上五彩拉毛装饰上的那些形式一样。曲线屋顶必须被简化成一种两边都是直边的形式，因为让纳雷的最初想法难以建造。雅克梅与施特策别墅展现了总体体量和细

［左图］
雅克梅别墅，拉绍德封，瑞士，1907—1908年。

［右图］
夏尔·爱德华·让纳雷，雅克梅别墅研究，1908年。
2月10日，比例1：50。铅笔与炭笔绘制于描图纸，39cm×91cm（$15^{1/3}$×$35^{3/4}$英寸）。

节之间明确的层级关系，但是这两座建筑的装饰却稍显有些缺乏生命力，尤其是拿法莱别墅的装饰与之进行对比的时候。如果那时让纳雷能够在现场监督建造，可能建成的建筑会更符合他的意图。

这两个位于森林边缘普伊利瑞尔（Pouillerel）斜坡上俯瞰拉绍德封的建筑是年轻让纳雷的民俗路线之终点，他此时已经对莱普拉特尼耶教的某些东西产生了质疑。在他寻找合适的案例和导师之时，他也在寻找自己的哲学根基，并且在开心与沮丧以及热情与轻蔑之间摇摆。1908年初整个冬季的时间里，他写给莱普拉特尼耶的信件中充满了抱怨、怀疑和犹豫。他想知道他是否应该在奥地利或德国入学？或是他是否应该尝试与一个建筑师合作？除了这些更早的疑虑，他还在3月初向约瑟夫·霍夫曼毛遂自荐，霍夫曼称赞了他的画作并给了他一个工作。但似乎他拒绝了，因为在两周以后，尽管莱普拉特尼耶建议他应该在德累斯顿（Dresden）学习（德累斯顿是德国的城市而霍夫曼在奥地利），他再次与佩林结伴出发去旅行。他们穿过慕尼黑，在这里让纳雷与查帕拉兹对雅克梅与施特策住宅的实施计划进行了简短的商议，然后继续旅行到纽伦堡，在这里他着迷于博物馆里中世纪的防御工事和哥特时期的家具。几个月以后，让纳雷寄出了一些纽伦堡的照片，附上了一张说明“摄于纽伦堡逃离维也纳监狱的路上”[25]。到他写下这些话之时，他已经安顿在了一个城市，他认为这个城市会提供给他下一个阶段的教育并且注定会成为他的精神家园：巴黎。

尽管让纳雷此时有些反对拉绍德封和莱普拉特尼耶，事实上他深深受益于二者。这位未来的勒·柯布西耶很早就在他的家乡及其环境景观中奠定了坚实的基础。某些他后来两极化的方面，早已在此有所埋伏：他父亲的手工工艺，他母亲的音乐抽象思维能力；工业化网格的空寂，周边大自然那令人陶醉的力量；地方神话和国际主义的力量。更重要的是，莱普拉特尼耶引导他接触了19世纪的哲学遗产，设计的精神思想以及绘画的概念，并以此为手段去看透现实表面下所隐藏的东西。

“我的导师曾经说过：‘只有自然是启发性的并且是真实的；只有自然可以成为人类产品的支撑。但是一定不能像风景画家那样来描绘自然，这样只能展示其外表面。要洞察它的起因、它的形式和至关重要的发展；通过创造装饰物来对它进行综合。’他对装饰有一个提升的概念，他希望装饰物应是一种微观的小世界。”[26]

如果装饰可以是“微观小世界”（microcosms），那么在后来的历程中，绘画、房屋和城市规划也同样可以是“微观小世界”。爱德华此时已经学会了透过偶然去感受典型，并且将道德关注转化为成抽象几何体。“冷杉民俗学”（folklore du sapin）可能逐渐消退为无意义——新艺术运动的一个小小的地方性小插曲——但是这种将潜藏的自然结构转化成符号性形式的方法，可能一直存在于成熟的勒·柯布西耶的意识里，伴其一生。

[下图]
夏尔·爱德华·让纳雷，雅克梅别墅南立面习作，1907年。水彩绘制于纸上，52.0cm×31.5cm（$20^{1/2}$×$12^{1/2}$英寸）。

[右图]
夏尔·爱德华·让纳雷，斯道泽别墅，拉绍德封，瑞典，1907—1908年。

第2章
探索个人准则

"风格是一种建立在某种准则之上的理想的表现形式。"[1]

——尤金·维奥莱-勒-迪克

［前图］
帕提农神庙，雅典，希腊（公元前447—432年）：勒·柯布西耶对于杰出建筑的测绘。

在他早年思想成型的岁月里，勒·柯布西耶逐渐超越了拉绍德封那一方天地，拓展了自己的视野。在20到24岁之间，他在自己的家乡和一系列首都城市之间来回，这些城市包括维也纳、巴黎、柏林、伊斯坦布尔以及雅典。他在不同的建筑事务所中获得工作经验，而且面对建筑学和其他艺术的新兴趋势开阔了思想。在此期间，他通过阅读，参观博物馆，研究建筑，探究古今，继续坚持自我教育。在这位年轻建筑师思想成形的过程中，旅行是一个不可或缺的部分。柯布西耶重视对建筑、城市、景观和对象物体的亲身体验，这些他都通过速写和绘画的手段来分析和“捕捉”。柯布西耶在对外部世界作出反应的同时，也在继续寻求一种内部的“真”。他通过反思前辈大师们的世界观来定义他自己的身份。当选定前辈大师作为自己精神导师的时候，柯布西耶总是深深地自省，在给朋友们的那些长信中他吐露了自己的希望与疑问。

就探寻他自己的发展方向而言，未来的勒·柯布西耶在寻找他所需要的人和物方面有一种不可思议的能力。他还足够幸运，能设法出现在合适的时间与地点。回顾让纳雷将巴黎作为自己下一阶段教育的这个抉择，考虑到我们所知的这个城市在20世纪第一个十年间的先锋派活力，这看起来似乎理所当然。但是这个年轻的瑞士外省人在他到达巴黎之前几乎对这里一无所知，并且在他长达14个月的停留时间中，与这些崭露头角的现代倾向，例如野兽主义、立体主义或者是未来主义，都没有任何接触。从1908年他的观点来看，巴黎可能甚至还是学院派文化的堡垒。在后来的生活中，他不经意地提及，当时是（在维也纳看到的）歌剧《波西米亚人》中的表演说服他卷起铺盖卷，走向阁楼和咖啡桌——追求艺术家的自由生活。

维也纳已经是他的一个失败，但是他仍然寻求一个大型艺术中心的刺激，并且他在公然离开莱普拉特尼耶为他制定好的路线而尚无所展示的情况下，也不会想回到拉绍德封。此外，巴黎使得让纳雷能够讲自己的母语，继而开阔了他的知识领域。可以想象，他被新艺术运动深深吸引，新艺术运动将关注现代材料和自然形式的抽象结合了起来。这样的话，他也不会急于找到一个合适的学徒工作了。在他到达巴黎的数周后，接触了佛朗茨·茹尔丹（Frantz Jourdain）——萨玛丽丹百货公司（La Samartaine department store）的建筑师。他在这座建筑中大胆地运用了铁和玻璃。茹尔丹赞扬了柯布西耶的旅行速写，但是没有空闲职位提供给他。因此爱德华去了夏尔·普吕梅（Charles Plumet）那里，之后又拜会了亨利·绍瓦热（Henri Sauvage）［后来的阿米拉克斯（Amiraux）大街上的阶梯式公寓设计者］。绍瓦热有个装修的职位，但是让纳雷没有接受。爱德华正在追寻着某种他也还不太明确的东西。当他追踪到尤金·格拉塞之时，突破出现了。格拉塞是位已经在拉绍德封艺术学校受到尊崇的装饰理论家。格拉塞对柯布西耶进行了一长段的说教，内容是关于近期工作的衰退，以及对核心问题考虑的缺乏。之后格拉塞告诉他，有一位叫奥古斯特·佩雷（Auguste Perret）的人正在做着有意义的事情——试验钢筋混凝土。

佩雷兄弟事务所位于第16区富兰克林大街25号一个公寓楼的一层，这座建筑是1902年由奥古斯特·佩雷亲自设计的。建筑由钢筋混凝土框架构建，在那个时代，对于任何一个习惯于传统砌体砖石构造建筑的人来说这无疑是一种相当惊人的创新。佩雷长柯布西耶14岁，他似乎立即喜欢上了这个年轻人，他赞赏了柯布西耶的旅行速写，并且告诉爱德华可以做他的“得力助手”。让纳雷被设定为每天工作5个小时，这个安排允许他有学习的时间。佩雷事务所使他认识了钢筋混凝土结构的技术，领他进入了一个基于前景良好的建筑哲学的现代建筑实践。不仅如此，佩雷事务所使他处于一些严谨的建筑准则的影响之下。奥古斯特·佩雷对他的新助手的教育饶有兴趣，向他推荐一些东西让他看，并且坚持认为他应该学习数学和结构。不过事实上爱德华对此二者几乎都没有做到。逐渐地，佩雷取代莱普拉特尼耶成为让纳雷的主要导师。

佩雷还引导柯布西耶向着尤金·维奥莱-勒-迪克的理性作品（他自己的“圣经”）方向发展。理性主义更多

［下图］
奥古斯特·佩雷，富兰克林大街25号公寓，巴黎，法国，1902年。

的是一种对设计的态度，而不是某种特定风格的规定。最重要的是，理性主义强调在建筑形式形成时结构的首要作用。[2]维奥莱-勒-迪克拒绝19世纪中叶肤浅的复古主义，宣称新风格的制定必须基于一定的基础——即对结构和过程的"真实"，必须建立在挑战传统砖石材料的新型工业材料如铸铁等知识的基础上。过去不能被直接模仿，而需要理解它们和转化它们。维奥莱个人更偏好于中世纪建筑，特别是那些展示出一种清晰结构逻辑的建筑。但在另一方面，佩雷曾经在于连·加代（Julien Guadet）掌管的巴黎美术学院学习过，加代曾展示古典传统如何被转译来解决现代问题。佩雷此时的目标是将当代的设计逻辑、混凝土的结构和表现潜力，以及古典设计的比例与程序三者协调起来。

爱德华每天去工作的建筑——富兰克林大街25号——是一个该方向很具说服力的试验作品。建筑建立在外观清晰可辨的矩形混凝土框架之上，尽管垂直和水平构件被用瓷砖所覆盖。重量并非集中在厚厚的石墙上，而是集中于一些细长的支撑体上。混凝土框架允许开放式的平面和立面上宽敞的门窗洞口。在建筑的顶端，混凝土平屋顶被转化为一个花园式露台。替代了常见的埋藏在石头堆后面的采光天井的是前面的一个U字形空间，它可以增强日光并将景观视野最大化。矩形美学强调主要的直线，克制使用的陶瓷装饰区分了框架和填充板。在顶端，这种结构骨架冲破了建筑主体结构的藩篱，成为一种支撑纤细过梁的独立支柱。事实上，突出墙壁的壁架、滴水槽、支架和凹槽都是古典线脚的简化版本，都反映了佩雷对17世纪先例的着迷。通过冷静的比例和对古典组织原则的直观掌握，结构被转化成为艺术。

从佩雷那里，让纳雷学到了在直角框架方面像木材一样去考虑混凝土。事实上混凝土是一种灵活的材料，它依赖于浇筑模具的形状。爱德华肯定知道阿纳托尔·德·博多（Anatole de Baudot）用强化水泥而建的圣让蒙马特尔教堂（St-Jean-de-Montmartre，1897

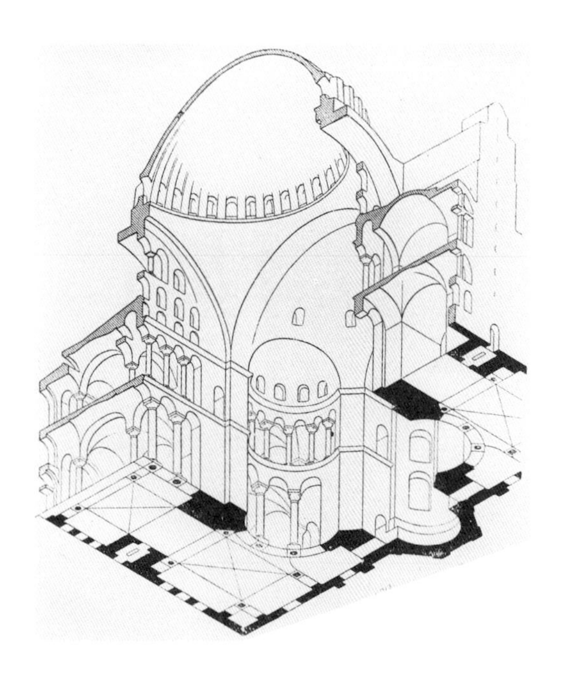

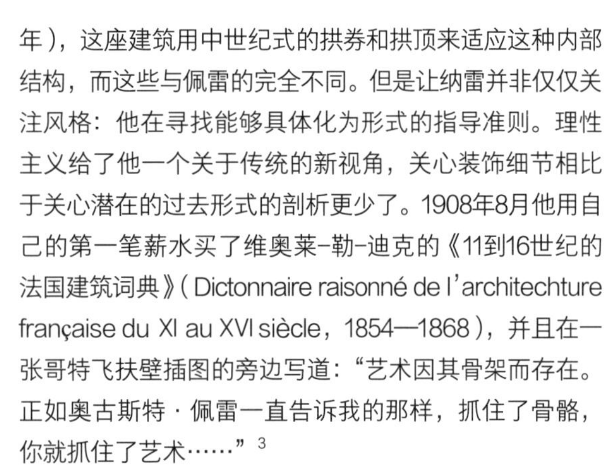

年），这座建筑用中世纪式的拱券和拱顶来适应这种内部结构，而这些与佩雷的完全不同。但是让纳雷并非仅仅关注风格：他在寻找能够具体化为形式的指导准则。理性主义给了他一个关于传统的新视角，关心装饰细节相比于关心潜在的过去形式的剖析更少了。1908年8月他用自己的第一笔薪水买了维奥莱-勒-迪克的《11到16世纪的法国建筑词典》（Dictonnaire raisonné de l'architechture française du XI au XVI siècle，1854—1868），并且在一张哥特飞扶壁插图的旁边写道："艺术因其骨架而存在。正如奥古斯特·佩雷一直告诉我的那样，抓住了骨骼，你就抓住了艺术……"[3]

让纳雷报名参加了巴黎美术学院的艺术史课程，并且沉浸于爱德华·科鲁瓦耶（Edouard Corroyer）的《古罗马建筑》（L'Architeeture romane）（巴黎，1888年）。这本书呈现了罗马建筑的墙体、柱子、拱券和穹隆的建筑语法，并且展示了这些简单的结构元素如何被组合及再组合以创造出不同的建筑样式。后来柯布西耶还研究了奥古斯特·舒瓦西（Auguste Choisy）的《建筑史》（Histoire de l'architecture）（1899年）一书，这本书坚持用理性主义传统，通过建筑的深层结构与几何来分析各个时期不同文明的建筑。对于柯布西耶来说，这无疑印证了佩雷的建筑观：认为建筑是基于结构语言的诗。舒瓦西书中的案例通常用轴测投影的方式展示出它上面的体量、空间、墙体、柱子、拱券、帆拱和穹隆等，将其从平面上直接矗立起来——真正将平面作为发生器。他那些精确的分析图与罗斯金式描绘光影和装饰的微观水彩画相去甚远。它们更像是阐释机械相关零件的工程技术图纸。舒瓦西强调他的绘画将建筑凝缩成单一图像，让读者能够同时从内部和外部认识它。[4]他的简练的绘图似乎是从某本几何定律教科书或生物分类图表中取出似的。让纳雷正在接触图解的方法来"抓住骨架"以及将建筑作为三维总体来剖析建筑。他毫不犹豫地从《建筑史》（*Histoire de l'architecture*）中借用某些简洁的剖视分析图用于自己后来的出版物中。

让纳雷租住的小屋位于圣米歇尔（St-Michel）大道3码的位置，到拉丁区（塞纳河南岸的大学区）和西岱岛的交通都很方便。柯布西耶完全没有就此放弃对中世纪建筑的迷恋，而是花费很长时间爬上巴黎圣母院的屋顶去速写那些怪兽滴水嘴和扶壁。毫无疑问佩雷鼓励他同时也要去考察古典传统的重要作品：毕竟距离凡尔赛宫（后来柯布西耶在《走向一种建筑》中选取凡尔赛宫来作为插图）、加布里埃尔（Gabriel）设计的小特里阿农宫（Petit Trianon 1764年）只有很短的一段火车旅程。白天，他在佩雷工作室那些混凝土的标杆作品中学习现代实践技术；晚上，他在拉布鲁斯特（Labrouste）设计的圣热纳维耶芙（Ste-Geneviève）图书馆那些细长的铸铁柱子之间学习研究；另外他还抓住了工业化和建筑的问题。他徘徊漫步于巴黎，当然包括游览埃菲尔铁塔，巴黎火车站的钢铁和玻璃的列车车库，市外郊区那些汽车库和工厂的混凝土坡道与金属玻璃。当看到一架飞机环绕埃菲尔铁塔飞行的时候，他回想起一个"现代生活的诗篇"的小片段。巴黎，"整个19世纪的中心"，雄踞于一个世界性帝国中心的文化大市场，储藏了太多能充实思想的有价值的物品。他在卢浮宫写生，在人类学博物馆里穿行，在塞纳河边的书摊上挑选各种文艺书籍。

这是让纳雷第一次长期居住在一个具有如此大规模和复杂性的城市，这肯定使他思考这样一个问题：现代化大都市生活中的积极与消极特征。[5]他的视角很边缘化，具有波西米亚式的意味。他是这样认识小阁楼和咖啡桌的：它们就像舞台边的位置，被用来观察街道上的生活。我们可以把爱德华想象成一个永远放浪形骸的人，他的幻想曲融合了电车的叮当声，拱廊的反射玻璃，片段式的偶然事件，以及从移动的地铁上瞥到的印制广告。在某些时候他会从高档资本消费的巴黎一直漫步到1908年不知名的巴黎地区，那里有臭烘烘的排水沟，泥泞的走道和疾病。柯布西耶同时注意到这座城市的色情方面，在门廊里徘徊着的妓女，以及一些更破旧

[最左图]
位于土耳其伊斯坦布尔的圣索菲亚教堂轴测投影图，取自奥古斯特·舒瓦西的《建筑史》(1899年)。

[左图]
夏尔·爱德华·让纳雷作为巴黎式的波希米亚人在他的公寓中，1909年。

[右图]
汝拉地区的农舍，烟囱从室内房间中伸出。

区的阴暗面。巴黎给柯布西耶展示了一个城市是怎样成为能力的集中地，富人与穷人共处的戏剧般场景，集体记忆的储藏库，以及如何成为一个秩序与国家荣耀的精神展示。这个城市给了他如此多的其后来城市主义的要素——具有轴线的古典景观，笔直的林荫道，曲线形路径的公园，自由独立的纪念物，以及不同层面的交通路线，这恰恰有助于他关于都市的思想。

让纳雷在巴黎居住期间留下了有限的一些照片，他戴着蓬松的帽子，穿着艺术家罩衣，似乎是十足的唯美主义者。但事实上他此时正处于混乱时期，摇摆于自己担当奥林匹亚式角色的确定性和深深的自我怀疑之间。他躲回自己的阁楼阅读了尼采(Nietzsche)的《扎拉图斯特拉如是说》(Thus Spake Zarathustra)(1883—1885年)，以及恩斯特·勒楠(Ernest Renan)的《耶稣的一生》(Vie de Jésus)(1863年)，并开始依据预言的救赎使命来思考他自己的未来。让纳雷以自己新的理性主义建筑信念为支撑，于1908年下半年写信给莱普拉特尼耶，责备这位自己早年的导师在当时教育中的种种不切实际。[6]他用来自佩雷和维奥莱-勒-迪克的惯用说法，宣称过去的伟大建筑都是对其同时代的社会状态、技术和建筑材料的直接表达。这种对19世纪那些决定论的重复，伴随着广泛的个人主义者对于被艺术预言者所感知的“更高真理”的声明。让纳雷的信件掺入了对艺术家的“神圣自我”，“存在的深刻原因”，以及在伟大艺术的创作中所需要的忍耐。

让纳雷很显然抓住了内心的魔，并且开始意识到他必须追求非凡的天命。内心的伟大抱负不允许他再次沉迷于他人对生活和建筑所定义的舒适中。与此同时，他非常悲伤地认为，自己并没准备好成为一个尼采所说的“历史性的世界人物”的使命。他会在一种对确定性的极度渴望的需求中去理解他的导师们，并尽其最大可能去学习，然后反过来责备课程的不完美之处，这正是其心理模式的一部分。这种模式已经在莱普拉特尼耶身上发生，并且将会在佩雷和阿梅代·奥赞方(Amédée Ozenfant)身上重演。因为他尚未找到在世的拥有合适和相当能力的导师，所以让纳雷开始在历史中搜寻自己心仪的导师。对于有这种艺术水准的个人来说，传统的经典作品扮演了宣传者的角色，来帮助这些人找到自己的标准。

但是让纳雷并没有完全抛弃更早时期在拉绍德封的自我，以及属于拉绍德封的美学和哲学构想。在1909年11月，他离开巴黎回到了汝拉，提前宣布自己将在一个乡村度假地的一间旧农舍里度过整个冬天，它位于距离拉绍德封有一段路程的拉科尔尼(La Cornu)。这里的冬天凛冽寒冷，老旧的汝拉农庄大都有个围绕着火炉的漏斗形房间，任何人都可以爬进房间里取暖。纵观柯布西耶的一生，他自始至终都保持着对这种物体之中涵盖物体的建筑思想的着迷，而且在柯布西耶1951—1957年设计的昌迪加尔议会大厦的漏斗形式中，我们可能会发现一种对年轻时代记忆的呼应。[7]

爱德华很快重新融入艺术学校中，特别是跟一组他昔日的伙伴们在一起，他们自称为“艺术联盟工作室”(Ateliers d'art réunis)。莱普拉特尼耶给他们布置了任务：新邮局大厅的装修、火葬场、纽沙泰尔天文台里的希尔施(Hirsch)馆的入口大厅。让纳雷设计了一个方案，想在拉绍德封的老消防队员大街给这个工作室设计一个建筑。这些单人工作间沿着四边间隔着个人花园而环绕组团(艾玛修道院僧侣的单人间与钟表匠的小屋二者的融合)，其中心是覆盖着一个金字塔形屋顶的“课程大厅”(salle du cours)。这个项目平面呈正方形，四角有塔，隐约有一种模糊的宗教祭祀建筑的特征，有点像清真寺，毫无疑问这个设计十分适合工作室的目标：文化崇高。立方体形体的组合可能回应了晶体的几何形(勒·柯布西耶在普罗旺萨尔的笔记中所迷恋的方式)，或者甚至是柯布西耶的幼儿园训练中的福禄贝尔积木。它与18世纪晚期的“大革命时期的古典主义”[部雷(Boullée)，以及勒杜(Ledoux)等人]有某些类似之处，不过这些类似之处可能是巧合。

[下图]
夏尔·爱德华·让纳雷，艺术家工作室项目，拉绍德封，瑞典，1910年1月。墨水、彩色蜡笔以及炭笔绘制，每一页纸的尺寸为31cm×40cm（12×15¾英寸）。

[右图]
夏尔·爱德华·让纳雷，火车站广场设计，拉绍德封，瑞典，1910年。取自让纳雷寄给拉普拉特尼亚的一封信。

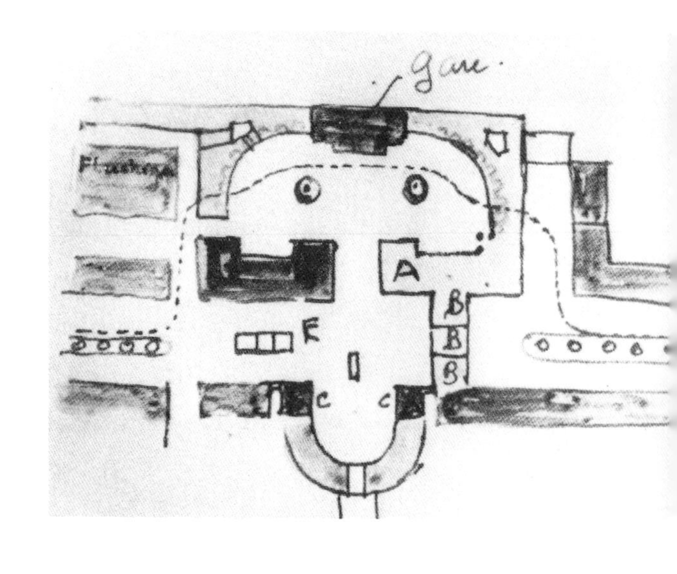

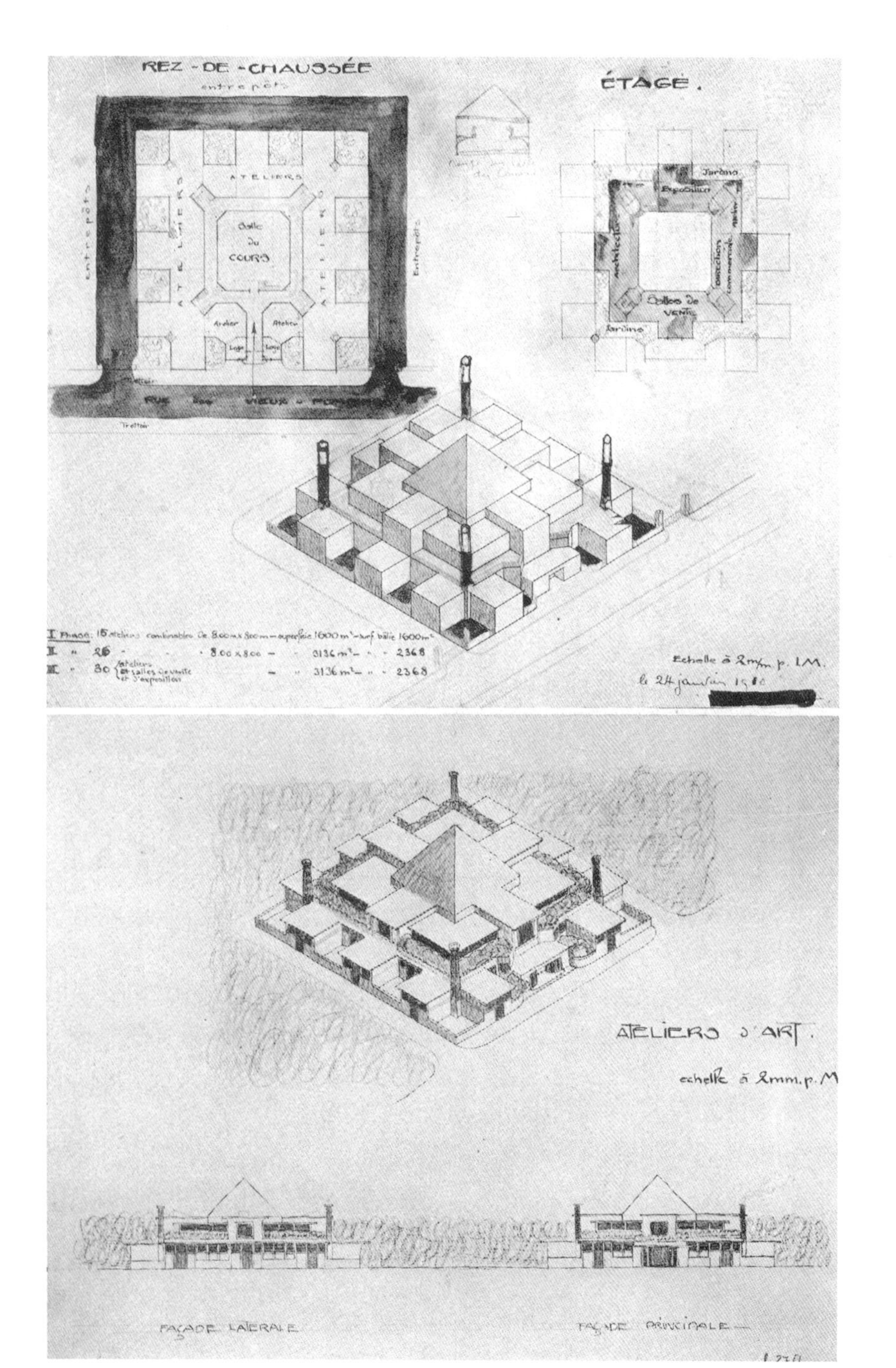

在乡村度假休息的时候，[8]爱德华开始写他的第一本书《城镇之建造》（La Construction des villes）。在未来的一年中，这占据了他很多时间，后来随着他思想的改变这本书经历了数次修改，但这本书好像从未能看到出版的哪怕一点希望。在某种程度上这是对柯布西耶那乏味的家乡的批判：网格状、单调的一排排公寓建筑，几乎不能给予城市以多样性和丰富性。但是这本书也概述出了让纳雷的雄心，他想超越个体建筑的范围，将空间和街道，甚至是整个城市都作为一个整体。许多这种想法源自卡米洛·西特（Camillo Sitte）1889年的《城市建筑》（Der Städtebau nach seinen künstlerischen Grundsätzey），这本书强调在建筑、广场和街道的布置上对密切的复杂性的需要，并且这本书还着重列举了来自中世纪意大利的很多例子。考虑到成熟后的柯布西耶后来对于壮丽的巴洛克式景观，轴线以及巨大开放空间的热爱，我们非常惊讶地发现原来柯布西耶在形成自己城市规划准则的早期尝试中竟然遵循着与之相反的指导方针。并不能说他提出的仅仅是如画一般，它们也被片段式的古典愿望所引导。我们可以在1907年的两个项目中看出这一点：一个是让纳雷为利奥波德罗伯特大街（Avenue Léopdd Robert）东北端所设计的草图，另一个是1910年为拉绍德封火车站（de la Gare）广场设计的草图。后者独创性地解决了以下问题：将主绿荫大道的轴线偏转，在城镇的网格中融入了一个十字交叉轴线，并且给车站提供了一个名为“荣誉广场”（Cour d'honneur）的车站前庭。让纳雷装饰设计的图底关系之精妙处，在这里以城市规模出现。

在1910年春天，带着在德国工作以及学习更多设计和科技方面最新趋势的模模糊糊的想法，让纳雷离开瑞士去了德国。当他在慕尼黑的时候，勒·柯布西耶被介绍给了威廉·里特尔（William Ritter）[9]——他在接下来的年份里将成为柯布西耶的一位重要导师。里特尔集音乐家、艺术批评家、小说家、水彩画家、世界主义审美家、社交名流等才能于一身。里特尔年长勒·柯布西耶

［右图］
彼得·贝伦斯，德国通用电气公司透平机车间，柏林，德国，1909年。

［右下图］
彼得·贝伦斯，为德国通用电气公司设计的灯，1906年。

18岁，他很快就发现自己这个徒弟身上潜藏着巨大的天赋和潜能。作为一个公开的同性恋者，里特尔喜欢嘲弄社会传统习俗。里特尔身上具有一种世界主义的堕落和优雅的玩世不恭，这种气质使他完美地平衡了勒·柯布西耶父亲的小资产阶级现实主义和莱普拉特尼耶的美学地方主义。在后来的岁月里，每当爱德华仍在寻找他的“正确”方向，他就会将里特尔当作一种回应板来测试这种想法。作为长者，里特尔常常给他鼓励和准确的批评。

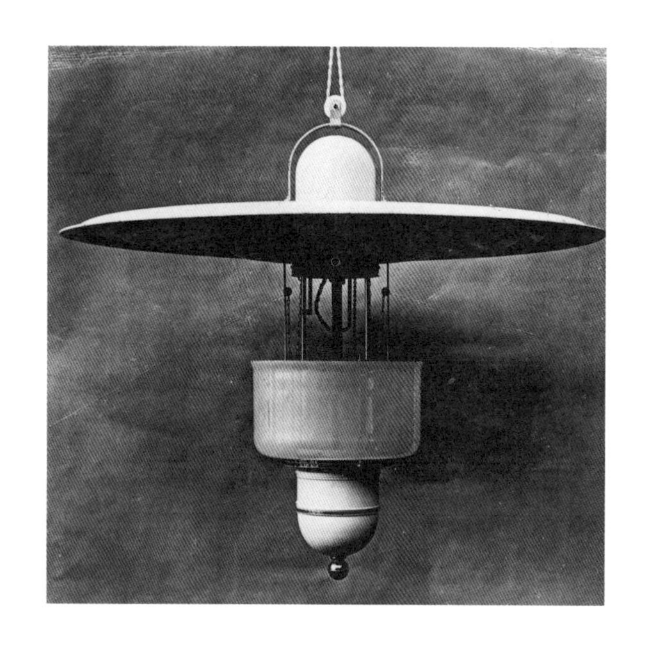

尽管如此，柯布西耶仍然受到他在拉绍德封的前任导师的恩惠。在国外两个月之后，他才知道对他无限诚恳的拉普莱特尼耶已经为他申请了一笔资金去德国作一篇关于德国装饰艺术的研究。这给22岁的年轻柯布西耶带来了半官方的身份，他可以充分利用这个身份去参观学校、工厂和车间，并且和德国的建筑精英们熟识。1910年6月，柯布西耶参加了在柏林举行的德意志制造联盟（Deutscher Werkbund）代表大会，在那里他听到了特奥多尔·菲舍尔（Theodor Fischer）和卡尔·恩斯特·奥斯特豪斯（Karl Ernst Osthaus）发表的关于“材料与风格”的讲座。这转变了结构技术与形式之间的互相依存的问题：

> “我们发现又一次面对着新风格的问题。是什么创造了风格？是艺术家通过想象力创造形式，随后开始寻找相应的材料和技术？还是技术创新本身就是提供给艺术家的材料，允许他利用相应形式自由地发挥想象力？”[10]

这种表达风格问题的方式反映了对19世纪理论家们的知识传承，这些理论家如戈特弗里德·森佩尔（Gottfried Semper）和阿洛伊斯·里格尔（Alois Riegl），他们分别都以自己的方式深入思考了材料和结构对过去形式的有关影响。卡尔·恩斯特·奥斯特豪斯特别关注钢筋混凝土给予当代建筑师的挑战与机遇。就在柯布西耶跟随佩雷的日子里，他在所熟悉的领域里处理类似的问题，让自己努力去调和结构理性主义和形式

[右图]
一幅位于巴尔干地区的住宅的照片，或许是在保加利亚的大特尔诺沃，1911年。(由夏尔·爱德华·让纳雷拍摄)

[对页图]
位于巴尔干地区科散立克（Kosanlik）的一座木制住宅的草图，关注于木制框架和纱窗，1911。
以黑色蜡笔、石墨以及水墨绘于纸上，12.6cm×19.8cm（5×7³/⁴英寸）。

的理想主义设想。在他关于德国状况的报告中，柯布西耶插入了自己的意见，强调美学意向和技术手段应当协调起来，建筑师和结构工程师应当团结协作如一人。

> “我相信如果我们真想最终得到一个属于我们时代的建筑风格，艺术家必须在通晓材料相关知识的基础上逻辑性地开发形式……这些是形成他自己建筑语言的词汇，他诗意表达的物质载体。”[11]

1910年11月前夕，他进入了彼得·贝伦斯（Peter Behrens）事务所（在这之前，为了帮助莱普拉特尼耶进行“共和国纪念碑”项目的装饰工作，柯布西耶回了一次拉绍德封）。让纳雷似乎拥有一种不可思议的奇妙本领，能让自己进入那群注定会产生重要历史影响的人物中间。在柏林的经历给了让纳雷一个对于设计的相当新的视角。贝伦斯此时正尝试将工程化的理性主义和抽象的古典主义二者融合起来用于AEG（德国通用电气公司）的工业建筑设计中，而且这关联到更广泛的为德意志国家界定一种新的文化和谐。这种姿态被1908年柏林AEG透平机车间很好地表现出来，这座建筑的形式将一种对大型组装工厂的结构起重机架功能的关注，与一座抽象的古典神庙的尊贵和均衡这二者结合起来。贝伦斯事务所设计了范围宽广的一系列工业化产品——包括灯具，商标以及简单的功能物品——而这给了让纳雷深刻的印象，尽管他大部分时间都在忙着给柏林城富裕的客户们设计一些富丽堂皇的比较隐蔽的古典房屋。这个来自汝拉的瑞士小伙子并不精通于这个日耳曼环境。柯布西耶发现贝伦斯本人脾气粗暴，而他的员工也大都端庄而冷漠。尽管他钦慕其工作室中技术组织的极高水准，并称赞贝伦斯的建筑是“我们本时代创造力之集合”，他还是感觉贝伦斯的建筑冰冷而没有人情味。在关于应用艺术的报告中，他把这个差异归结于国家性格方面：“如果巴黎是艺术的中心，德国则依然是巨大的生产场地”。

尽管对于德国文化，柯布西耶有这些批判和犹豫（这趋向于确认他自己对法国的拥护和忠诚），他还是遇上了一桩不错的事。他与德意志制造联盟有了更多的接触，特别是跟这个团体中的“古典派别”有了联系，这个派别一方面反对唯物论式的功能主义，另一方面反对随意而过度的表现主义，其目标是创造出现代使用和生产过程都经得起检验的样式，近似于柏拉图式的思想。数学比例和模数系统是为了在设计中产生秩序。这是一种崇高的建筑观，其中，辛克尔（Schinkel）是它的中心人物，而黑格尔（Hegel）是它的哲学之祖。赫尔曼·穆特休斯——德意志制造联盟的主要理论家之一，写道：

> “远高于物质的是精神；远高于功能、材料和技术的是形式。这三个物质方面可能被无可挑剔地运用，但是，如果形式没有被正确操作，我们可能仍然只是生活在一个粗野的世界里”。[12]

从德意志制造联盟那里，让纳雷学习到了一种思想：建筑必须通过大规模生产类型的精神化，在工业化社会中承担主要的文化使命。这种思想将在10年后成为纯粹主义的核心。在一封于1910年12月28日写给里特尔的信中，让纳雷概述了自己崇高的建筑理想：“我所设想的建筑师，首先必须是一个思想者——他的艺术由抽象的关系构成。只有通过象征性，这种抽象关系才能被描述或预测。”

在这个时期，路德维希·密斯·凡·德·罗（Ludwig Mies van der Rohe）以及瓦尔特·格罗皮乌斯（Walter Gropius）二者也都曾经与贝伦斯事务所有联系，但是没有证据表明他们和让纳雷之间有什么联系。正巧弗兰克·劳埃德·赖特此时也在柏林的瓦斯姆特出版社（Wasmuth publishing house）审查他的作品集出版：《弗兰克·劳埃德·赖特的建筑与设计作品集》（1911年）。这些绘画和图版插图可能对欧洲的现代建筑发展产生了重大影响，尤其是在荷兰，亨德里克·彼得鲁斯·贝尔拉赫（Hendrik Petrus Berlage）盛赞赖特是当代首屈一指的大师。特别是在用黑白照片表达的时候，赖特的草原住宅宣告了一种新的建筑语言：抽

象、矩形体块、悬浮的平面以及流动空间，任何一个超越了新艺术运动的绚丽和过度装饰的建筑师团体，都不可能不受到影响。目前还不能确定赖特的作品于何时进入柯布西耶的意识，但是他可能到1914年时已对赖特有了一定的了解：不管是多米诺住宅项目，还是施沃布（Schwob）住宅，都受到了赖特案例的影响。[13]

书写有关于“运动”（movement）的建筑史有很多危险因素，其中之一是假定互相独立的推动力在时代中共同运行，并因此过于简化了个人的天资与时代风格的关系。对于像勒·柯布西耶这样的重要人物，是在一个没有很强的舆论共识，没有对前辈的抗争过程，没有适应初期意愿的那些模式，没有界定个人风格内核的时代里进入了传统，其中包括了犹豫、批判与退缩。在未来非常重要的思想，往往需要很长的时间以进入柯布西耶的大脑，并且将再现于后来的创造性行动中。在柏林的最初几个月，随着冬季的迟延，让纳雷并没有特别意识到一种新的机器时代建筑的必要性。事实上，此时他正沉迷于为自己的家乡——汝拉设计一种地方风格，但同时也要基于地中海根源。将完全分隔的地区嫁接为一体是个不太可能完成的任务，这种嫁接的想法受启发于一本柯布西耶从日内瓦一家书店特别订购邮寄过来的书，他在1910年11月阅读了这本书：亚历山大·辛格里-范尼瑞（Alexandre Cingria-Vaneyre）的《鲁埃别墅的典藏:瑞士法语区造型艺术的对话随笔集》（Les Entretiens de la Villa du Rouet，Essais diglogués sur les arts plastiquesenen suisse romande）（1908年）。[14]

这本书是美学家之间的一系列对话，这些人有时间可以经常光顾一座佛罗伦萨别墅，为“瑞士罗曼”制定了一个艺术身份——这涵盖了部分位于纽沙泰尔和日内瓦周围包括拉绍德封的瑞士法语区。这本书的作者猛烈抨击德国的“文化统治”，认为本地区真正的精神应该属于“地中海”，并且暗示：一旦这种古典精神被激发，将会出现一次文艺复兴。它将这里的景观与希腊以及靠近伊斯坦布尔地区的景观进行对比——它们之间有某种类似性，也让人联想起莱芒湖（Lac Léman）或者纽沙泰尔湖北的南向葡萄园斜坡的感觉，但这对于拉绍德封来说几乎完全不可行。这些细节并没有阻止夏尔·爱德华·让纳雷，他已非常熟悉此类的神话，也更加证实了这个柯布西耶自己家族所宣称的具有“地中海根源”的个人幻想。

辛格里-范尼瑞明确地规定了适于地区性复兴的建筑。这可能与瑞士山间小屋或者杉树并无关系，但却可能基于一种“希腊——拉丁形式准则”：平静，具有规则体块的建筑，建在坡地的背景上——在颜色上是象牙白，橄榄绿，赭色或者是奶油色——坡地可以用它优美的曲线来抵销占有优势的矩形的坚硬。可以这样设想，勒·柯布西耶——这个莱普拉特尼耶的明星学员，沉迷于罗斯金、中世纪风格以及“冷杉民俗学”——被震惊了。这是柯布西耶受到欧洲建筑的古典价值的新浪潮影响的一个例证，而这也正是他所喜好的。他兴奋地涂写道，这些想法“完全

适用于高地上的汝拉”。在这本书的最后，他甚至写了一篇专业告白，所署日期是1910年11月23日：

> “……这本书出现的时机正合适，它能帮助我完成自己的目标。它激发了一种审慎，常规、清晰、有见识的推论；它从我身上解开了德国人的枷锁。在罗马，通过一年的时间，我将再次阅读它，并且通过速写，我将创立我的汝拉风格，以及纽沙泰尔准则。”[15]

让纳雷几乎在当天就想去实现自己一年后要置身于罗马的雄心壮志。1911年春天，他离开了贝伦斯，完成了他对德国应用艺术的研究报告[《关于德国装饰艺术运动》(Etudy sur le mouvement d’art décoratifen Allemagne)，1912年于拉绍德封]，并且跟随一个叫奥古斯特·克里普施泰因(August Klipstein)的朋友前往旅行——后者正在写一篇关于埃尔·格列柯(El

［左上图］
描绘伊斯坦布尔地形以及清真寺剪影轮廓的草图，1911年。墨水绘制于蓝色的纸张上，9cm×30cm（$3^{1/2}\times11^{3/4}$英寸）。图上写有“从我们的房间看到的风景”。

［左下图］
苏里曼清真寺铅笔草图，伊斯坦布尔，土耳其，1911年。软性铅笔、石墨以及彩色蜡笔绘制在草图本上，12.5cm×20.3cm（5×8英寸）。

［右图］
苏里曼清真寺照片，伊斯坦布尔，土耳其，1911年。

Greco）的论文，需要造访布加勒斯特和布达佩斯。最终克里普施泰因被说服，与勒·柯布西耶一起进行一次可能持续6个月的旅行，这个旅行将带他们经由维也纳和布拉格横穿巴尔干半岛，沿着奥匈帝国和奥拓帝国的边界，到达土耳其和希腊，然后再去意大利；爱德华当时可能还梦想着一个能到黎凡特和埃及的更长的旅行。为了帮这次冒险筹措到更多经费，勒·柯布西耶安排好为拉绍德封一份名为《资讯之叶》（Les Feuilles d'Avis）的报刊写一系列文章。连同速写、照片、明信片以及后来的回忆，这些东西完整地提供了一份勒·柯布西耶旅程的图像记录。在他去世后，这些文章被结集为《东方之旅》（Le Voyage d'orient）出版，这些文章显示出爱德华努力用这些记录的文字将他的思考渗入于那些场所和建筑之中。[16]

东方之旅处于一种重要的北欧人的浪漫主义传统之下。他们向南旅行到地中海之滨，去寻找西方文明的根，以及获得一种内心的解放，对于柯布西耶来说，是时候去体验第一手的古典主义杰出作品了，而不仅仅是通过书本。所有的这一切都远远超出了他父亲所能接受的范围，老让纳雷抱怨他的儿子们从不安定下来生活（勒·柯布西耶之兄——阿尔伯特，也同样一直在外旅行），而且他也从未真正忘怀一件事：他的小儿子已脱离了自己家族的传统行业。这位老父亲后来用讽刺的语言挖苦他的儿子，说勒·柯布西耶的这些报告给那些打算成为建筑师的人讲述有关房子的事太少。而让纳雷夫人则与之相反，她希望儿子有更好的前途。对此，阿尔伯特与他们母亲保持了态度的一致：

> “他正在做的事情是其他人毕生所梦想之事，并且他还在年轻阶段，这是能完成此事唯一可行的时期。他远比其他人有更多的胸怀和决心去生活；我们必须给他以温暖的鼓励。”[17]

一个月后的1911年6月，勒·柯布西耶给父母寄了一张卡片，卡片上表达了他自己的观点：

> “对于我来说，我确实不赞同这种观点，说一个人在25岁之前在生活中必须要有一个职业。我倾向于一种束缚更少的生活理念……不是像钟表的嘀嗒声，而更像一场交响乐。”[18]

旅行的第一环节是沿着多瑙河走，然后穿越罗马尼亚以及巴尔干半岛，在那里让纳雷着迷于现存的民间传统，比如音乐、织物、舞蹈以及风土建筑。对他来说这是一个充满魔力的世界，让他远离北欧工业化的空虚与凄冷。他将农民理想化为一种可能遵循大自然韵律的生活，他写道：“大众波普艺术压倒更高的文明。”后来勒·柯布西耶表示他的旅行揭示了“在种族的多样性中人类本性的基本统一”。他对手工业、工具和物件的喜爱一点不比对建筑环境少，他甚至收集了一些盆盆罐罐并在后来把它们运回了拉绍德封。尽管让纳雷和克里普施泰因将手工艺和斯拉夫农民生活（里特尔非常喜爱的主题）浪漫化，但是这两位年轻人毫不犹豫地利用现代化交通方式，一路上在多瑙河乘轮船，在陆地上则搭乘火车。回顾往事，勒·柯布西耶尝试赋予自己1911年在北欧及南欧的调查以一个研究项目所具备的严肃性，其方式是通过三个标题来讨论这件事，这三个标题分别是：“工业、民俗、文化。”[19]这么做使得作品听起来比实际情况更有预先计划性和系统性。至于“东方之旅”，也是一次个人的冒险之旅，是一次发现自我的内心之旅。他在给朋友如里特尔的信中，记录了自己的思想波动状况。

和平常一样，爱德华将很大重点放在绘画上，以此作为聚焦自己的发现以及储存印象的一种方式。在东方之旅中，他还用新得到的一架相当复杂的照相机拍摄了很多的照片，这架照相机被命名为丘比特80（Cupido 80），使用9厘米×12厘米（3.5英寸×4.75英寸）玻璃底片。他所拍的这些照片绝非被动的旅行记录，而是经过非常仔细构图拍摄的景观、城市、街道、遗迹、建筑和细节的照片。柯布西耶拍的照片，连同他的速写、明信片和文字一起贡献于他个人的想象力博物馆——他在后来的生命历程中多次回到自己的这个灵感之源。在巴尔干半岛，他描绘

［左图］
帕提农神庙照片，雅典，希腊，1911年（由夏尔·爱德华·让纳雷拍摄）。

［右图］
雅典卫城草图，由卫城山门斜视帕提农神庙，1911。软性铅笔与石墨绘制于草图本上，12.5cm×20.3cm（5×8英寸）。

和拍摄了一些穿过花园围墙的葡萄藤和绿廊的令人回忆的视图。在特尔诺沃（Tirnovo），这里带有宽广开口的木构建筑吸引了他的注意力。在匈牙利，他赞美农民住宅的半围合露台，他将其称为“夏季房间”。在他对建筑、社会和自然世界的仔细观察和思考中，景观是无时无刻不存在的。柯布西耶在分辨乡土建筑的特征方面眼光十分敏锐。他的感知超越了具体实例，领会到了乡土建筑的类型及其地方性变化。

到1911年7月底前，让纳雷和克里普施泰因已经到达伊斯坦布尔，他们在这里的一间墙面被粉刷成白色（这个细节很明显让他感到喜悦）的房子里居住了2个月。在此之前，他曾接触的伊斯兰建筑并不多。他从许多角度来描绘清真寺，关注他们的基本几何关系。他从空中鸟瞰视角速写锡南所设计的苏里曼清真寺（Süleymaniye Mosgue）（1558年），展示了平台、平面上体量的堆叠操作，还有对穹顶几何体的思想的层级表达。很明显，舒瓦西关于建筑组合的总体性方法对勒·柯布西耶来讲并没有忘记。与他1907年冬天的旅行速写相比，勒·柯布西耶在1911年的画作显得坚定而自信。他此时正从建筑的根本特征来观看历史。在一个注释中他写道：“在一座石头筑成的城市中，白色的圣所将它的穹隆堆放到巨大的石质立方体上。基本的几何控制着这些体块：正方形、立方体，还有球体。”[20]在这里作画变成了一种工具，用来看透潜藏在过去建筑下的意图，以及将图解储存于记忆库中，在那里这些图解会成熟并能转译成艺术家自己想象力的素材。莱普拉特尼耶曾经告诉他“看透大自然背后隐藏的起因”，现在柯布西耶正在对历史对象做同样的事。在后来的生涯中，柯布西耶写道：

> “当我们旅行并用视觉事物、建筑、绘画或者雕塑进行工作时，我们用眼睛和绘画来观察，目的是为了让事物成为一个人自身经历的一部分。一旦事物被手中的笔捕捉到，它们就被内化为生活，被登记，被镌刻……画自画像，追踪轮廓，占用表面，记录体量……首先就要去看，准备好去观察，或是主动去发现……然后灵感会发生于其间。发明、创造，一个人的整个存在都在付诸行动，正是这种行动起了作用。其他人只是漠不关心地站立着……但是你看到了……”[21]

勒·柯布西耶着迷于圣索菲亚大教堂（537年）宏伟的内部，他对穹顶看起来飘浮在光束之上的方式反应强烈，在他后来的生命中，当他设计纪念性和神圣的空间时，这种影响将一直伴随着他。除了重要的标志性建筑物外，他速写并拍摄了街道、广场、温泉和简陋的民居，其中民居所带的花园隐藏在墙后面。和平常一样，他研究风土，描绘木构架房屋的内部，注意它们细长的支撑物、隔墙以及水平窗。此外，在伊斯坦布尔的停留提供给这位年轻建筑师以一种增进他对城市的本性、过去及现在思考的机会。柯布西耶记录了地形，特别是由植被覆盖的逐次降低到博斯普鲁斯（Bosphorus）和金角湾（the Golden Horn）的坡地，制作了钢笔淡彩画和水彩画来描绘从水的对岸看伊斯坦布尔这座千年古都那令人难以忘怀的城市轮廓。他发展了这种用快速线条勾画城市整体形象的艺术，这门技艺将在未来很好地为他服务。爱德华还尝试用书写的方式来捕捉场所的无形精神，有时候借助的是东方学家的语调：

> 然后，在伊斯坦布尔的月下黑夜里，当宣礼员们站在高高的尖塔上歌唱赞美诗，宣讲那祈祷的虔诚时，我的耳朵充满了……那些波动起伏的朗诵声。巨大的穹隆围合出了大门紧闭之空间的神秘感，尖塔则耀武扬威地向天空高耸着。以高墙的白色粉刷墙面为背景，深绿色的柏树有节奏地晃动它们的顶部，庄严肃穆地像是它们已经在那里矗立了几个世纪。视野里可以看到一小片海洋。雄鹰在头顶上翱翔，在清真寺的几何形顶上画出了一轮轮完美的圆形，在空中镌刻出一个个想象中的水平圆盘。[22]

然而，这些在梦中沉思才有的美景却在严酷的现实面前烟消云散——一场大火爆发，毁灭了城市的整个区域，包括一些他十分欣赏的木构房屋。爱德华在给家里的信件以及所拍摄的被烧毁木构架的照片中记录了这次灾难。在这种情况下，他不得不将伊斯坦布尔看作一个有实际问题的现代大都市，而不仅仅是一个充满了来自过去的异国风情刺激的历史大市场。

在他们待在土耳其的日子里，让纳雷和克里普施泰因还短途旅行到马尔马拉海（Marmara Sea）对岸参观布尔萨市（Bursa）的“绿色清真寺”。在这个案例中，它的室内由引入光线激活的体量序列打动了让纳雷。他评论了入口的紧密和接踵而至的内部空间的扩张，在一张速写中总结了它的总体组织形式。在夏季之前，他们再次向西行进，穿过色雷斯（Thrace）地区到圣山

（Mount Athos），他们在那里的修道院中度过了3个星期。二人从海上到达这处难以进入之地，在陆上则是骑驴到各处旅行。勒·柯布西耶早年对于归隐和修道院戒律的精神价值的热情并没有遗弃（尽管有一系列的肠胃不适，勒·柯布西耶将其归咎于僧侣们在厨房里不讲卫生的习惯）。对于一个有新教徒背景的人来说，流行的神秘主义和黑暗的小教堂里发出微弱光芒的圣像可能看起来有些过度。但是爱德华认同于“所谓祈祷的慢性麻醉”，这引发了一种“静默，近乎超人地与自己进行斗争”。[23]某些圣山的修道士栖居于岩石之上，这些岩石具有平坦的顶面，有不规则低落的阶梯面，以及建在景观之上的露台；40多年后，当他必须自己设计一个修道院的时候，这种布置形式是他所不能忘怀的。勒·柯布西耶描绘再现了这种感觉：横穿过一个庭院，进入一个小房间，打开百叶窗，在远处发现有着令人惊奇的海平面景观，这是他“绝对的衡量准则”[24]。

但是整个旅行中最深刻的建筑体验当数在雅典卫城。爱德华在三周中每天都造访帕提农神庙，在变化的光线中，从许多不同的视角来描绘帕提农神庙。他着迷于穿过山门列队行进的行走路线，对角线形状的入口通路，以及人从另一端进入神庙的实际情况[舒瓦西在他的《建筑史》中指出的“建筑漫步”（*a' promenade archietecturale*）]。在勒·柯布西耶的速写中，他努力准确描述这座建筑生动的雕塑般的外观效果，它那空间的紧张跨越，柱子上那微妙的收分曲线，柱础上那轻微的弯曲，山与海那绵长悠远的装饰图案的轮廓特写，那种将视线投向视平面的感觉，这是建筑史上的一个受崇敬的作品。它超越了所有有关“古典主义”的已经凝固了的陈词滥调，触动了勒·柯布西耶内心最深处的那根弦，而且它阐述了普世的建筑价值。

勒·柯布西耶随身带有一本勒南写的小册子《卫城之石》（Prière sur l'acropole）（1883年），这本书以崇高的方式称帕提农神庙是“由大理石构成的建筑的智慧结晶”[25]。勒·柯布西耶着迷于比例问题，他记录说，这是“最高级的数学”的实例，并且把它那严谨的逻辑规则比喻成一台机器。[26]他并未尝试将这座建筑限制在枯燥无味的结构逻辑的理性主义范畴内，而是集中精力关注在生动的雕塑性的形式下对思想的精确表达。帕提农神庙将一种难以捉摸的绝对准则具体化，而这种绝对准则将继续萦绕影响他的余生。10年以后，在《走向一种建筑》一书中，勒·柯布西耶用这座建筑来证明“建筑，纯净的思想创新”的概念：

> “雅典卫城上的希腊人建立了神庙，这些神庙都被一个唯一的想法推动而建立，这就是将神庙周围环绕着的荒凉景观收集到同一组合之中。因此在这种视角下的任何一点来看，这种想法都是唯一的。正是由于这个原因，除此之外并无其他建筑作品之规模如此宏伟。我们能够讨论“多立克”的前提是当人怀着高贵的目标，以完全牺牲艺术中所有的偶然性，而达到更高等级的思想层次：严谨。”[27]

未来的勒·柯布西耶似乎意识到了他在帕提农神庙前所受到的启示在他还不明朗的命运中是一个关键的事件。克里普施泰因拍摄了一些他有些不自然的摆拍照片，照片以多山的希腊景观为背景，照片中勒·柯布西耶身着正装注视着

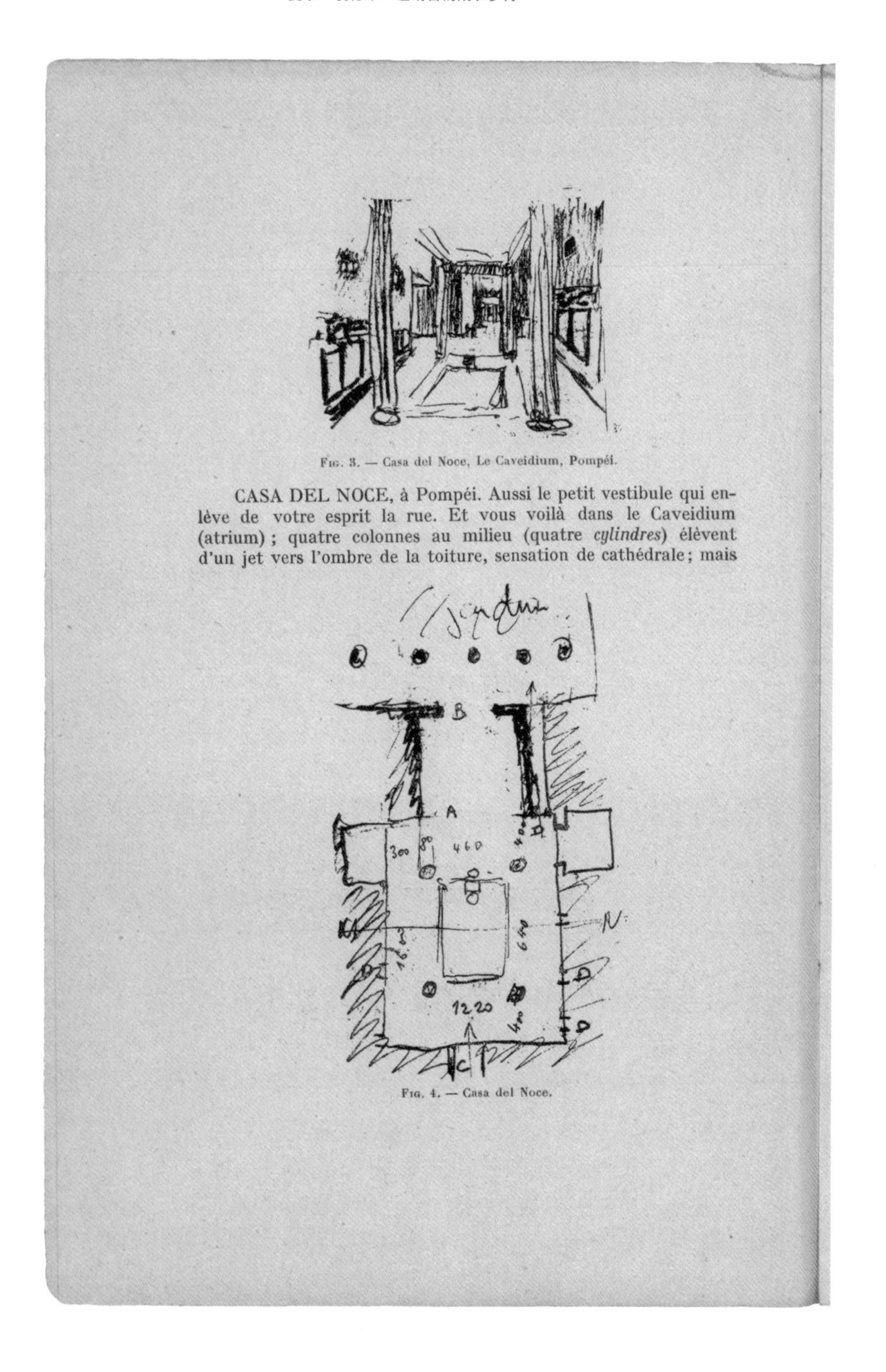

Fig. 3. — Casa del Noce, Le Caveidium, Pompéi.

CASA DEL NOCE, à Pompéi. Aussi le petit vestibule qui enlève de votre esprit la rue. Et vous voilà dans le Caveidium (atrium) ; quatre colonnes au milieu (quatre *cylindres*) élèvent d'un jet vers l'ombre de la toiture, sensation de cathédrale; mais

Fig. 4. — Casa del Noce.

［左图］
夏尔·爱德华·让纳雷，银婚之殿平面图与透视图，庞贝，意大利，1911年东方之旅期间绘制，1923年在《走向一种建筑》一书中重新绘制。勒·柯布西耶在文章中关注“中间的四根柱子（4个圆柱体）”。

［右图］
夏尔·爱德华·让纳雷与雅典卫城的四根毁坏的柱子的合影，由奥古斯.克里波斯坦于1911年拍摄。

残破的柱子和柱头的碎片。照片传达的信息已足够清晰：这是一个年轻的艺术家在深入思考古代的石头，研究自己艺术的基本原理，有点像现代的歌德（Goethe）。让纳雷对雅典卫城上的纪念物的“阅读”和运用，整体揭露了他对过去的态度。对他来说，对一件建筑作品的直接体验对于理解其形式、材料、色彩、空间、选址、序列、景观和指导性设计意图来说都是至关重要的。绘画是一种记录、分析和吸收同化所看和所感受的事物的方式。一旦用这种方式将一个作品深入内心，它就将继续在他的记忆和想象中被“重新思考”，之后会重新出现于书中，出现在自我对话中，甚至下意识地再现于他们自己的建筑设计中。在这个质变的过程中，最初的第一印象逐渐被提炼浓缩并在他内心的结构中转化，最终造就出他自己的形式谱系。[28]柯布西耶从历史中借用思想观点，然后按照自己的意图来运用它们。[29]

在1911年10月初，这两位旅行者穿越亚得里亚海（Adriatic）去意大利的布林迪西（Brindisi），在去希腊出海港口的途中曾短暂停留于德尔斐（Delphi）。爱德华对于返回到可能他认为是“西方”的欧洲地界很不高兴。[30]他错过了上古建筑那坚硬、多岩石的景观，那光线，还有那神秘：“在我看来我痛恨待在这里。那些东西一下突然就被抛在了后面。”但是第一次对庞贝古城（Pompeii）和古罗马的观察很快恢复了他的精力，他所用的独特视角来自之前首次对古希腊建筑之观察。在庞贝，他速写了那里的广场、悲剧诗人堂、银婚之殿（柯布西耶称之为“婚礼之宫”）。在庞贝的房子里，他关注于带有四根柱子的前厅，屋顶上矩形的天井开口，收集雨水的方形蓄水池。勒·柯布西耶被这些与古典学术方法没有任何关系的精妙的不对称和轴线的变化所打动。他记录了经过粉刷的墙壁的梦幻效果和室内凹陷的地平面。在他的钢笔速写平面图和透视图中，勒·柯布西耶尝试提炼出对空间、光线、结构和行进的体验。超越单个案例的是，他尝试抓住古罗马建筑的一般特征。

一位著名的文艺复兴建筑史学家曾经说过，“每个艺术家都会找到他自己的古代建筑。”[31]就在庞贝的建筑物中，夏尔·爱德华·让纳雷，这个未来的勒·柯布西耶，现代建筑运动的领导者，发现了一些建筑原型，这些原型会深刻影响到他整个余生对于住宅，对于整个建筑的思想。“古典”这个词语再一次被赋予了新的“生命力”，它与“矫揉造作”这个词相距甚远——勒·柯布西耶曾将这个词与巴黎美术学院（过于简单化地）联系起来。在后来的《走向一种建筑》中，他写道：

> “再一次出现了小门廊，它将人从街道带入到室内。然后你会发现自己处在中庭里；中间的四棵柱子（四个圆柱体）拔地而起直冲进屋顶的暗影中，给人一种压迫感以及对力量方式的见证；然而在较远端，穿过列柱围廊看到的是花园的壮观，列柱围廊以其巨大的态势延伸了这束光线……造就了一个宏伟的空间。在这二者之间是工作室，就像照相机镜头一样缩进视线……[32]威严的壮丽、秩序、辉煌的广阔空间：这些都告诉你，你正在一个古罗马人的家里……在20个世纪后，不需要任何历史参考，你就已然知悉了当时的建筑……”

遗迹激发了勒·柯布西耶的想象力，给他提供了光秃秃裸露着的电机转子形的石质遗址，他可以在此之上提出自己的建筑思考。勒·柯布西耶对蒂沃利（Tivoli）的哈德良离宫（Hadrian's Villa）的速写描绘了空白墙面上的光影效果，室外空间的序列，以及穿过屏障和矩形开口看到的景观视野。这座被摧毁的考古遗址，以及蜿蜒围绕着柱网的矮墙揭示出了古代建造体系的骨架，在这个骨架体系中，韵律和塑形的变奏是在标准化的基础上产生的。毫无疑问，勒·柯布西耶掌握了混凝土和这些用带有花纹的砖建成的穹隆技术，半圆形后殿和拱顶能保留到现在，最终他会将混凝土作为自己的材料来使用。我们只能猜测爱德华对于古罗马帝国庄严建筑的复杂性之反应，这些建筑以其凹凸的体量，魔幻般地使人产生空间幻觉。在哈德良离宫的塞拉比尤姆神庙，勒·柯布西耶描绘了圆拱形曲线的半圆形后殿，他关注于隐蔽的顶部采光所产生的激动人心的超自然效果——这同样迷住了皮拉内西（Piranesi）。他还注意到大殿尽头有一个长方形的阴影，一个神秘的洞。40年后，他将把这种布置方式的特征转化到朗香教堂的曲线形耳堂和采光塔的设计中。

很显然，让纳雷以自己有选择的方式来观察认知古罗马遗迹，关注于基本的形式和结构要素，而忽略大理石贴面与装饰。在对本质的探求中，柯布西耶并不想要或需要古典装饰的堂皇霓裳。远非局限于外表，让纳雷努力探寻深层的几何形、基本类型，以及背后驱动它的建筑思想。古罗马大斗兽场、罗马广场、塞斯提伍斯金字塔（Pyramid of Cestiuis），以及起伏于光影中的浴场里的那些朴素的砖块体量——这些引起了他对三角形体量、庄严和比例的喜好。勒·柯布西耶描绘并拍摄了带有三个巨大拱券的马克森提乌斯-康斯坦丁（Maxentius-Constantine）巴西利卡，这个案例将在40年后他全神贯注于解决昌迪加尔项目的纪念性的问题时重新浮现在他的心里。至于罗马万神庙，他以自己的方式来"观察"它，关注于粗壮的圆柱形石鼓座、穹顶，以及从上面穿过顶部圆洞照射到下面阴暗空间的那束戏剧性的光柱：一个行星运行范围的微观小世界。同类似上述这些主要的作品相比，很久之后的古典主义看起来只能是微不足道。威特科尔（Wittkower）对帕拉第奥的描述同样可以适用于勒·柯布西耶："古代遗迹是他永恒价值判断的标准。"[33]

这些第一流的古代遗物给柯布西耶判断后来古典主义的转化设立了标准，他发现后者对古典的转化非常不到位。在对罗马的漫游中，他似乎对大多数的文艺复兴和巴洛克建筑视而不见，而且他惊骇于那些被过度装饰所包裹

[左图]
罗马广场照片，背景为马克森提乌斯-康斯坦丁巴西利卡，1911年。
（由夏尔·爱德华·让纳雷拍摄）。

[右图]
万神庙中的穹顶及穹顶壁上的凹孔，罗马，意大利（公元前27年—125年）。

起来的19—20世纪的古典复兴建筑。但他却惊讶于米开朗琪罗，米开朗琪罗具有神奇力量的雕塑式语言，超越了对古典语言的单纯再利用的局限性。[34]最重要的是，“圣彼得大教堂的半圆形后殿”以及“关系和谐的巨大几何体”给让纳雷留下了深刻的印象。这些所体现出的崇高的“令人敬畏的力量”，足以与帕提农神庙相提并论。勒·柯布西耶认为，帕提农神庙的卓越成就主要源自雕塑家菲迪亚斯（Phidias），而两千年以后，在这里（意大利）的是另一位伟大的雕塑家——米开朗琪罗，他给石头注入了一种高品质的戏剧效果。我们看了可能会私下里猜想：这两位艺术家，早已远逝于历史中，竟然成了勒·柯布西耶创造力的导师，并成为他的美学道德守护者。

对于勒·柯布西耶直觉地认为什么是永久价值的直接理解，释放出了他思想中不同寻常的影像激流，这与在新时代中去重新思考古代遗址的这项任务有关：

> “我的宗教信仰现在已经倒下并正在腐烂，意大利就是它的墓地。所有那些我曾经引以为乐的小摆设（biec-à-brac），现在都使我充满了恐惧；我诉说着基本的几何体，我拥有白色、立方体、球体、圆柱体还有三角锥体。棱柱上升并且相互平衡以形成韵律……在正午的阳光下，许多立方体展开成一个平面，到黄昏之时，看起来有一条彩虹在这些形式中升起。在清晨它们是真实的，塑造光影并勾勒出其轮廓……”[35]

紧跟着这种对理想几何体和基本精神形式的梦境般的论述的，是一种勒·柯布西耶后来的城市规划乌托邦的预见性一瞥。其中参考了“直行道路”，“在树丛和花丛中的屋顶上的路”，“无装饰”以及“让人能深呼吸的广阔的开放空间”。《走向一种建筑》以及勒·柯布西耶作为建筑师后来作品的一个基本前提在他24岁的时候就已清楚地讲明：过去创作的伟大，不应该通过模仿来重复，而是应该在现代的角度下，通过一种对常量的重复，并在现代角度下去探求同样的壮丽辉煌。

> “我们不应当单纯地作艺术家，而更应该看透这个时代，与时代相融合直至不可区分。然后，我们应当把古罗马大斗兽场与大浴场，以及雅典卫城与清真寺抛于我们身后，而且我们汝拉的山脉会为此给我们提供一个美如大海的场景。相比于过去的时代，我们同样杰出、伟大且有价值。我们甚至可以做得更好，这就是我的信念……”

让纳雷想象这种地中海文化的复兴会在一个瑞士小省区发生，想到这里我们可能感觉有些滑稽，因为很明显他的目标仍然是致力于为汝拉探寻出一种古典主义；事实上，勒·柯布西耶的雄心是如此之大，他需要的是一个世界舞台。当他写出上面文字的时候，他已经踏上了此次旅行的返程。莱普拉特尼耶写信告诉勒·柯布西耶，艺术学校可能会有个职位，而且勒·柯布西耶的母亲也传来了信息，告诉他她很想见他，但同时又警告儿子，在经历了令人惊奇的探险过后，他可能会发现在拉绍德封这方天地的生活过于狭隘。勒·柯布西耶通过参观他最喜爱的两组意大利建筑组群而强化了自己的认识——艾玛的修道院，以及坎波（Campo）广场——然后，在1911年11月，他回到拉绍德封，正好赶上汝拉那漫长而寒冷的冬天。

早在东方之旅动身之前，柯布西耶就给里特尔的信中设想了一种迷人的场景：深蓝色地中海背景衬托下与之形成对比的纯白色大理石建筑。一年以后的现在，勒·柯布西耶已经直接体验了古代世界的名胜古迹。勒·柯布西耶可以将前四年的回顾作为与大学教育等同的独特教育，在这个过程中他将技术、洞察力、原则，以及第一印象都收集在一起，以帮他明确自己的建筑之路。这位特立独行的年轻建筑师的描写具有深刻的见解，而这种深刻见解将让他耗费好几年甚至几十年，以在建筑和城市规划的形式中实现自己的想法。其核心之处，都是对重大历史使命的逐渐洞悉，似乎与发现一种适用于现代时代却又根植于古代遗产之永恒价值的建筑有关。东方之旅赐予了24岁的柯布西耶检验一座建筑是否为杰作的新的试金石，判断的标准就是：超越而并非模仿。

第3章 汝拉古典主义

"使我的故乡与它自身相和谐是我的一项使命，它就这样抓住了我。任何会使我脱离南方，脱离罗马和地中海的事情都已被我克制：这是对古典文化的救赎。"[1]

——亚历山大·辛格里-范尼瑞，1908年

[前图]
法夫雷-雅科别墅，利洛克，瑞士，
1912年：带有简化古典元素的南立面。

在后来的生活中，勒·柯布西耶可能这样回顾“东方之旅”：年轻时期寻找基本准则的一次探索。根据他自己的传奇一生，他是现代时代的倡导者，为了创造新建筑而回归地中海文明根源。他觉得自己已看透了过去历史中建筑作品的内在精神，勒·柯布西耶多次提及回到关键事件。他那些深刻的对雅典卫城，对土耳其的清真寺，对庞贝古城的房屋，以及对艾玛修道院的速写（这里只列举一部分）绝非仅仅是对旅行的记录：它们同时也属于一种创造性的想法和计划，通过这种创造性的想法与计划，这位年轻的建筑师发现了他自己所用方法的精华。它们捕捉到所描绘事物的气质并且对发现的第一感受进行再创造，这些作品不断增添到他的建筑知识库中。这些画作如同心智地图一般，将外部世界与想象力的内部范围都记录下来。渐渐地，这些互相之间共鸣的图像和空间思想转化成为记忆，变成这位建筑师创造力世界的一部分。纵观他的一生，勒·柯布西耶都在直接感知事物与将它们抽象为普遍形式和类型两者之间摇摆。

1911年末，当24岁的夏尔·爱德华·让纳雷回到拉绍德封的时候，他距离这种宏大的必然之事还很远。此时他处于一种动荡的状态中，仍然在寻找他的正确方向，仍然在接受或拒绝导师们对他的影响。在工业化的欧洲、巴尔干半岛以及地中海世界的旅行期间，他收集了大量对建筑的印象和想法，但是却不确定该怎么使用它们。勒·柯布西耶需要找到这样一种方式，既能挣钱维持生计，同时还能给他在建筑和城市规划的思考留出充分的空间。勒·柯布西耶在佩雷和贝伦斯那里的学徒经历使他面对了不同的对工业时代建筑的定义。他已将法国的艺术精美与德国的功能效率之间的竞争了然于心，并且感觉到作为对抗新艺术运动美学主义的一部分反映在一些欧洲艺术中心里古典价值的复兴——并且引申出反对他自己培植的汝拉地方主义（冷杉民俗学）。[2]他或直接或间接地从包括理性主义和理想主义的各种知识传统中吸收其思想。问题是如何在一种合适的当代表达中，聚拢所有的这些现代和古代的印象。

柯布西耶内心世界的这些剧本终结于他家乡所能提供的极其有限的操作剧场——一排排单调的公寓楼，网格状的街道，以及冬天的短暂白天。让纳雷夫人的担忧是正确的：对她儿子来讲，回到拉绍德封的那片狭小天地，不啻为一个冰冷的打击。勒·柯布西耶这样描绘他的故土：“严酷的故乡”，“不可置信的黑暗”，“周围的杉树‘友好’得像一把锯子一样随时准备将你切成两段……视野比你的鼻子还要低”。[3]但是，回到家乡是他自己的决定，在接近5年多的时间里，他将以此为基地。在伊斯坦布尔的时候，他曾经偶然遇到了奥古斯特·佩雷，佩雷给他提供了一份在香榭丽舍大街剧场里的工作，但勒·柯布西耶并没有接受这个回到巴黎的机会。或许勒·柯布西耶想开始创立他自己的实践，并感觉也许在熟悉的环境中才是最安全的；或许他确实考虑为瑞士浪漫主义激发出一个新的古典主义的“汝拉原则”是很有可能的。

莱普拉特尼耶向来都如此可靠，他在艺术学校的“新部门”给勒·柯布西耶预留了一个教师的职位。这是对之前“高级课程”的继续，仍然致力于建立一种将源自当地自然现象的装饰图表作为所谓文化重生的基础这个广泛的目标。一张1912年的入学简介显示了同样的母题：松果、树木和动物都被抽象为几何象形图片。莱昂·佩林（即此前1907年与柯布西耶同行至意大利等地的那位同窗）以及乔治·奥贝尔（Georges Aubert），也同样受邀在学校任教，所以勒·柯布西耶将在老朋友们中间工作。在经历了欧洲大都市的游历以及他那史诗般的旅行之后，在他看来这个地方该是多么偏狭。回乡之后的前一两年中，勒·柯布西耶都在探寻一种可行的古典式地方主义，他努力地去将古代设计原则与各种世界性的来源相融合，包括（真够讽刺的）维也纳以及德国的那一些。

年轻的勒·柯布西耶刚从地中海世界回归，他洋溢着对古典的热情，并渴望在当代设计中以某种方式将其包含在内。在1912年初，勒·柯布西耶很幸运地得到了两个建筑设计任务，这使他能给予自己的新构思以实现的机会。第一个项目是为他父母设计一个新家。他父母在蒙塔涅（Montagne）大街靠近普伊雷勒森林的地方获得了一块地，这块基地就位于从法莱别墅、施特策别墅和雅克梅别墅沿着坡地向上一些的位置。沿着山坡向上漫步，可以看到从这三个作品的赭色石头与乡村气息变成了让纳雷别墅那纯净的白色形式，规则的几何体以及都市气息，这让我们明白了勒·柯布西耶作为艺术家观点中的一个重大转变。[4]让纳雷之家很正式，甚至是豪华的，它具有相对简单的立方体、角锥体和曲线的体量，强烈的轴线，在一个花园柱廊下的支撑基座，强调转角与边缘的雨珠状线脚，以及简化了的山花。上面的窗户被条状设置在陡峭的屋顶的檐盖下面，并且由当地植被装饰起来的支柱明确有力地表达出来。这些支撑体具有明显的曲度，令人回想起古典柱式的收分曲线。

这里有对德国建筑师海因里希·特森诺（Heinrich Tessenow）、贝伦斯，或许甚至是对霍夫曼的效仿呼应。但是因为它的轴线，餐厅尽端的半圆形体量，以及对称的结构，这个设计也有一种模糊的教会式特征。这个建筑是这样进入的——从花园门口通过一个迂回的路线，向上到达平台并绕着它到达建筑背面：与围绕帕提农神庙列队行进的视角是一样的。建筑规模不大—— 一个中等大小的家，带有为父亲让纳雷先生准备的地下工作室以及为母亲让纳雷夫人准备的底层音乐间——但是爱德华决心将一种高贵的古典感觉融入他的第一个重要项目中。一进入建筑是一个门廊，然后是主要的起居室与餐厅，以及一个朝向正南视野的横向轴线。早期的一个没有陡峭的屋顶的方案类似于他旅行中速写的某些土耳其房屋，但也让人想起他最近在罗马的贾尼科洛（Gianicolo）看到的兰特（Lante）别墅（16世纪早期）。让纳雷善于将不同的来源结合成一个新的整体，他似乎已经接受了辛格里-范尼瑞提议的关于汝拉与地中海世界之间的联系。

［下图］
让纳雷-佩雷别墅预备草图，为其父母设计的别墅，拉绍德封，瑞士，1912。石墨绘制于草图本上，21.5cm × 17.4cm（$8^{1/2}$ × $6^{3/4}$英寸）。

让纳雷·佩雷别墅坐落于一个水平的平台上，与之共用这个平台的是一个正式的绿廊与屏障的阳台——一个拥有穿过景观的室外空间——这是勒·柯布西耶作品中后来一些屋顶花园的一个始祖。布朗什（Blanche）别墅（正如它被知晓的那样）原来的颜色最近被修复了：廊架的墙上那些鲜明的蓝色矩形，主要

[左图]
让纳雷-佩雷别墅，底部观察视图。

[右图]
让纳雷-佩雷别墅透视图，1912年。
铅笔与炭笔绘制，58.5cm×82.8cm
（23×32$^{1/2}$英寸）。

房间里的庞贝式红色条纹与饰带——或许是对古罗马壁画的回应。首层的平面有客厅、餐厅、游戏室以及直接通往平台的通道，在感觉上非常开放而且采光良好。墙纸印着工艺美术运动的玫瑰和植物的花式图案。客厅为小型的音乐聚会提供了高贵而且欢乐的充足空间。除了夏洛特·阿梅莉的大钢琴，还有让纳雷亲自设计的新古典主义的家具，包括几把扶手椅，一个带有绿色天鹅绒衬垫的长靠椅，以及一座执政内阁样式的特别为他母亲制作的写字台。这座别墅有一种19世纪早期的氛围：一个中产阶级的住宅，却配有一种有教养的上层阶级的身份象征。对于勒·柯布西耶的父母来说，他们的儿子对“汝拉古典主义”的试验是向上提升的一个步骤，包括提高社会声望，以及改良自己那在城镇中心位置的相当狭小公寓的居住条件，但是最终这座建筑被证明远远超越了他们的想象。

浏览勒·柯布西耶在东方之旅中拍摄的照片集，可能会暗示出对这座别墅的影响，但是这种逐字的资料搜索有着将这位建筑师精致的折中主义琐碎化的风险，而这种折中主义目的正是阐释一座建筑的意义所在。在平面的中心有4个稳固的石制支柱支撑着金字塔形的屋顶，减少了压在墙上的荷载，并且允许在内部空间设计中有一定程度的开放。[5]这里有一个思想超越了实用性的考虑—— 一种对秩序的基本设计，即用4根他在庞贝所看所画的柱子来呼应门廊。支柱是不可见的，因为他们被埋在墙壁里，但是在花园门廊里，这个主题由一个绿廊中被显示为一个小型建筑物的4个支撑体所重申。这座建筑的支柱、壁柱、线脚，以及类似于山花的山墙构成了一个简化的古典建筑语法，这种建筑语法跟随着高雅和风土之间的微妙联系来起作用，甚至能体现出对本原的思考。在勒·柯布西耶想法的背后，可能1829—1833年弗里德里希·辛克尔（Friedrich Schinkel）的波茨坦（Potsdam）园丁之家是他的思想原型，辛克尔的这个设计探索了古典和原始之间的类比，同时顺便暗指了例如别墅、绿廊、神庙还有棚屋的基本类型。[6]

让纳雷在1912年初的另外一个重要项目来自社会阶层的最高等级：手表业巨头，乔治·法夫雷-雅科（Georges Favre-Jacot）。法夫雷-雅科有着传奇式的成功故事，到1901年他已拥有600名雇员，每年生产超过10万只“真力时”（Zenith）牌手表。他的经营基于勒洛克勒（Le Locle），一个位于拉绍德封与法国国境线之间交界部位的城镇。这个项目内在就具有某种对于高贵品质的要求。法夫雷-雅科需要这样一个别墅：它拥有所有最新式的便利设施——要完全不输给在柏林、维也纳以及巴黎制造的顶级产品，但它又同时要与汝拉本地景观相和谐。这是法夫雷-雅科喜好冒险以及判断力准确的证据，即他竟然雇用了一个像勒·柯布西耶这么年轻的人来担任建筑师。[7]场地位于南向坡地一片狭长的平台上，俯瞰由法夫雷-雅科的工厂与仓库组成的小型产业帝国，可以沿着一条长长的倾斜的小路经过一个必须保留的马厩建筑到达这里。勒·柯布西耶设计了一个帕拉第奥式设计的变形：一个用延展的曲线双翼怀抱着一个“荣誉广场”（cour d'honneur）的椭圆形。为了给法夫雷-雅科的汽车留出转弯半径（环行的驾驶路径同样象征了手表的外观），勒·柯布西耶调整了前院的广场。建筑的主要体量必须被歪曲以产生一个假对称，而且曲线双翼必须被变形，一方面适合厨房的体量，另一方面为车库留下一个小而低的车道。

他巧妙地运用一个作为枢纽的圆形柱廊，解决了一条应对建筑自身轴线的进入建筑的倾斜路径、圆形的驾驶车道以及转弯的问题。这当然模仿了贝伦斯曾用于1909年的库诺（Cuno）住宅的一个类似的装置，或者甚至是模仿了17世纪巴黎的博韦西旅店（Hôtel de Beauvais）的列柱围廊。这个圆形柱廊暗示了后面内部圆形几何体的变形。每个到达法夫雷-雅科住宅的客人，将穿过一个低洼的前区进入一个双层高的圆柱体，内有前厅以及紧紧地围绕着它的楼梯：到花园的视野会将他吸引到朝向阳台的客厅：并且在原来的设计中，同一根轴线会一直延续到花园将圆形的池塘一分为二。侧向动作被处理得同样巧妙。在左边，也就是南面，是一个为法夫雷-雅科先生设计的图书馆与小房间，带有一个能供他俯瞰自己商业帝国的凉廊。在另一边，也就是右边，路线被引导向西北角，在这里餐厅被包含在一个略微向花园伸出的亭子里，而且它的轴线与主轴线平行。此处地上是一间工作室，此工作间俯瞰绿廊面向后面的正式花园，而且被一个简化的山墙所强调。

法夫雷-雅科住宅最明显的借鉴再一次地来自贝伦斯和霍夫曼。暗淡的土地，粉红的颜色，以及简单又高贵的体量符合辛格里-范尼瑞所指出的瑞士罗曼古典主

[下图]
让纳雷-佩雷别墅，从花架向后部入口看去，勒·柯布西耶的父母站在前景中，他们的儿子们站在背景中，这张照片大约拍摄于1917年。

[右图]
让纳雷-佩雷别墅，从沙龙-音乐室看向餐厅，可以看见位于左侧的建筑师母亲的钢琴。

义，正如通过走道以及平台的正式花园一样。让纳雷设计了一个高度简化的线性的山墙、凹槽、面板、壁柱的古典装饰，柱头融合了松果和其他阿尔卑斯山植物图案。后面阳台上独立的支柱柱头运用了连锁的鸽子的形式。这种想象力的腾飞受一个明确的总体秩序所制约，在这种秩序中，墙体、开口、柱墩以及柱子都与建筑的主要体量、方向以及主题相和谐。例如，主立面上凹进墙壁的角柱并未严格地表达结构，但却给人一种负荷与支撑的视觉感受。它们这种被简化以及被一道凹槽与墙体表面分隔开来的方法，使人回想到勒·柯布西耶早年在柏林研究过的辛克尔的（1823—1829年）柏林老博物馆中精炼的转角节点。法夫雷-雅科别墅的设计证明了柯布西耶在建筑总体比例，建构表达以及细节控制方面对建筑古典语言的精通。

柯布西耶在法夫雷-雅科别墅设计中吸收了很多其他建筑的特点。为了适应场地的扭曲而做出的对曲线的精巧运用，显示出一座洛可可式私人府邸的柔和感，另外圆形的前院貌似效仿了拉斐尔在罗马设计的马达马别墅（Villa Madama），同时轴线与视线之间的和谐结合可能是借鉴了庞贝的建筑。事实上，首层平面参照了勒·柯布西耶提取古罗马住宅基本类型的速写：从规则的街道上行进，穿过一个狭窄的入口，横穿过一个四方形的中庭，迈向列柱围廊与花园，通过侧向移动进入躺卧餐厅（古罗马围绕餐桌摆放3个躺椅的经典房间布局）或餐厅，到达建筑后面。在法夫雷-雅科别墅设计中，勒·柯布西耶将汽车入口、穿越建筑的序列、车道、路径以及平台都视为一个个独立的想法。椭圆形的体量用来与场地轮廓相对立，曲线用来引导外部和内部的运动。许多这种设计将会在柯布西耶20世纪20年代设计的别墅中得以重现，到那时它们都将被重新改进，所运用的是一种吉他形状、自由平面分区的纯粹主义语言，而且“路径”将会被称为“建筑漫步”。在他对古典语言创造性解读的另一面，这位24岁的建筑师事实上此时正在研究一些基本问题，这完全超越了对风格式样的研究。在1913年，柯布西耶为法夫雷-雅科的另一处产业——一处叫作迪亚布勒住宅的老汝拉农场——提出建议，包括用覆盖着绿色植被的平坦的屋顶平台来替代传统的屋顶。这个创意思想同样将成为后来勒·柯布西耶建筑词汇的核心。

1912年2月，爱德华在拉绍德封的尼马德罗兹（Numa Droz）大街54号开设了自己的工作室。他将一组字母组合成环形以吸引客户。这表现出他最中意的形式，以及他认为的能强调本地市场的最佳方式。他强调自己“对当下需求的理解”以及（带有一点夸张）他“在最有声誉的建筑师们身边……长达6年的工作实践”：

> “我能处理别墅、乡村房屋以及所有的工业建筑（特别是钢筋混凝土）的设计和结构的创新，以及出租住宅，商店的安置、维修及改造，此外还有室内设计以及园林建筑。
>
> 作为主要设计人员，我曾在巴黎的佩雷兄弟公共与私人建筑事务所（擅长钢筋混凝土设计）拥有两年的学徒经历，而且在柏林的彼得·贝伦斯教授（德国通用电气公司AEG的艺术与建筑顾问）手下也做过学徒，贝伦斯教授将我引入到最现代化的设计流程中。”[8]

让纳雷的广告中对钢筋混凝土的强调非常引人注目。在此时，工程师弗朗索瓦·埃内比克（François Hennebique）和罗伯特·马亚尔（Robert Maillart）二者业已建立起适应瑞士情况的钢筋混凝土结构，前者在工业结构中运用直角矩形框架，后者在一系列大跨度桥梁中将混凝土抛物线形拱与纤细、瘦长的横梁结合起来。马亚尔的桥梁设计将结构经济与形式优雅地统一起来，并且通过展示混凝土拥有自身内在故有的美而不再需要石工掩饰，形成了对传统美学的挑战。运用最少的材料，它们就像是飘浮在场地之上的抽象雕塑，是跨越河流以及高山峡谷的理想类型。在让纳雷的布告中，他可能回应了当地手表行业不断变化的需求，此时当地的手表行业需要新的工厂来适应大批量生产的方式：而混凝土可以提供宽广的跨度，灵活的内部，玻璃的立面，并能有效防止火灾。早在1907年，勒内·查帕拉兹就已在拉绍德封设计过此类型的工业建筑。但是让纳雷自

己却没那个运气去商业部门推广自己在钢筋混凝土方面的专长：他的提议仍停留在理论，或者说未建成阶段。例外的作品是施沃布别墅——当然是家用而非工业所用——但即便如此，这也是4年以后的事情。

勒·柯布西耶从起步就有一个相当好的开头，但是随着1913年建筑行业的衰退，他的态度随之迅速转变。他开始梦想摆脱现实，梦想着去巴黎，梦想着加入“冉冉升起的现代艺术大厦”。他在艺术学校的教学越来越脱离“冷杉民俗学”。勒·柯布西耶让他的学生们基于基本几何体，基于简单的比例体系来开展工作。他们的

方案显现出一种当时最时髦的带有某些维也纳或德国的特征。但是当他们的“新部门”受到攻击之时，让纳雷选择维持与莱普拉特尼耶以及他的同事们所组成的统一战线。[9]城镇中顽固的手工艺人声称“新部门”威胁到了他们的生存：社会主义者认为“新部门”最终会将对工业没有用处的人们都撵走；学校里其他的教职员工因为嫉妒“新部门”兴盛的缘故也不遗余力地想要去破坏它。尽管他自己也有疑问，但是让纳雷获得了国际上来自尤金·格拉塞、彼得·贝伦斯、赫克托·吉马尔德以及一系列其他名人的支持。然而“新部门”最后还是分崩离析，而莱普拉特尼耶也于1913年辞去了职务。让纳雷企图逃离现实回归自我，他在远离城镇的郊区租赁了另一间农舍，在那里他可以集中精力于自己那脆弱的奥林匹亚式的使命。他正日益远离自己往日的老师，同样

［左上图］
法夫雷-雅科别墅剖面图以及基地平面图，利洛克，瑞士，1912年。钢笔粗线绘制，32cm × 71.5cm（$12^{1/2}$ × 28英寸）

［左下图］
法夫雷-雅科别墅，利洛克，1912年。由南侧看到的位于自然景观中建筑整体。

［下图］
法夫雷-雅科别墅，利洛克，主立面与主入口前的圆形广场和车行道。

被超越的还有他过去的项目。随着手表行业里越来越趋向于自动化生产，莱普拉特尼耶的思想看起来也越来越过时。让纳雷工作室的广告对新的现实情况有了更加直率的评价，即在新的现实情况下，混凝土工厂将替代小型的手工业生产作坊。

纵观此时期，柯布西耶依靠他与艺术工作室的联系来获取收入。他设计了一种条式古典风格的家具，并受雇担任室内装修顾问，有时候受委托应顾客需求而学习古风。[10]他建立了与当地资产阶级的富裕阶层的社会联系，有一些家族来自于犹太家族网络，其中包括施沃布家族以及铁达时（Ditisheims）家族。1913年，爱德华对阿纳托尔·施沃布（Anatol Schwob）的室内进行了重装修，并以一种呼应一个世纪前的比德梅尔（Biedermeier）时期的风格，设计了几把椅子和几件橱柜。此外，他还基于“执政内阁风格”样式为他母亲打造了一个写字台。这些单件作品显示出勒·柯布西耶作为一个手工艺人的技巧和知识，但是它们也构成了小规模的古典语言的运用，组合了简化的线脚、檐口、面板、托架以及支撑。然而所有这些，都距离他要开创一个新的艺术运动这个抱负相距甚远，但勒·柯布西耶继续修改他的书《城市之建造》，偶尔造访巴黎并于图书馆内做调查研究。同时他还得到了来自威廉·里特尔的鼓励，里特尔将勒·柯布西耶介绍给了当地“瑞士罗曼区”的知识分子精英阶层的成员，其中就包括辛格里-范尼瑞本人，而他们是因为一种十分有讲究的称为“团圆筵”（一种基督教徒的友好聚餐）的宴会而相遇的。很奇怪的是，在让纳雷生命的这个阶段，并没有提过任何有关女朋友的事情。他心中有关这一方面，或者神秘，或者随意，或者并不存在。

如果说里特尔为勒·柯布西耶开启了通往知识阶层的社会，那么马克斯·迪布瓦（Max Dubois）则给勒·柯布西耶提供了事业上的帮助，特别是钢筋混凝土的商业可能性。迪布瓦是瑞士苏黎世联邦理工学院工程学的一名毕业生，而且他已于1909年将埃米尔·默施（Emil Mörsch）的书《实用建造混凝土》（Eisenbeton Bau）翻译成法语版本的《钢筋混凝土》。1912年，在一个为杜河而建的发电厂项目上，他和勒·柯布西耶考虑一起工作。这是另一个棘手的工作，但是这种综合了形式与工程的经验，从长远来看被证明十分有用。在1913年，勒·柯布西耶给铁达时商店和仓库提出了建立于拉绍德封市中心的建议：用钢筋混凝土对府邸样式进行重新阐释，将高高的拱券用于商店的窗户，并将主要楼层拉伸以容纳上面的储藏室的凹进楼梯。这种构成被四周圆滑的转角支柱构建起来，并且用简化的檐口给建筑压顶，更像是让纳雷同时代的家居设计。而来自佩雷、贝伦斯，甚至有可能是路易斯·沙利文或者说是芝加哥学派的思想都被结合起来。新艺术运动以及工艺美术运动似乎都已远远地消逝于勒·柯布西耶的过去。以其自身朴实无华的方式，铁达时设计（不幸的是最后未建）在同时进行的“去古典主义”的类似试验中占据了一席之

［左图］
夏尔·爱德华·让纳雷，铁达时商店和仓库项目，拉绍德封，瑞士，1913年。炭笔画于康颂画纸上，47cm×68cm（$18^{1/2}$×$26^{3/4}$英寸）。

［右图］
夏尔·爱德华·让纳雷，为费利克斯·克里普施泰因设计的住宅的一张草图细节，劳尔巴赫附近，德国，1914年。蜡笔印绘，34.5cm×31.5cm（$13^{1/2}$×$12^{1/2}$英寸）。

地，此时“去古典主义”的倾向在美国及欧洲逐渐走向第二次世界大战的这些年代里一直在展开着。[11]

在后来的生活中，勒·柯布西耶有意压制了自己早期在古典主义上的试验，原因是担心这一系列试验会让自己看起来像是一个逆时代潮流的建筑师。事实上，他对古典原则的掌握十分广泛，并且涵盖了从普通房屋到纪念性建筑，从城市到乡村的不同规模尺度的建筑类型的多种等级层次。1914年，勒·柯布西耶报名参加了“纽沙泰尔州立银行”竞赛，这是一个纪念性尺度的充分古典化的设计，暗示参赛者以一种足够而又不过于创新的方式，通过抽象几何体表达出古典柱式与柱廊。[12]在同一年，他还为费利克斯·克里普施泰因（Félix Klipstein）设计了一座房屋，基地位于德国劳尔巴赫（Lauerbach）城外的一处乡村场地。在这个案例中，他以一种乡村的粗野方式展开设计，意图唤起对一个这样的农庄的想象：它有一个深深的支柱的外廊，一个长长的抬高了的步道，提供了穿过种满柏树和橄榄树丛的地中海景观的视线。还有对艾玛修道院的遥远记忆，甚至还有来自法国西南部的乡土来源的记忆，但是这种乡村之梦从来没有实现过。不管怎样，勒·柯布西耶越来越关心工业主义以及可能适合工业化的各种形式。

在某种程度上，这是一种对拉绍德封市技术迅猛变化的回应；在另一种程度上讲，这又是一种认识，即在对现代建筑的需求下，整个建筑学科正在朝着一种对技术的更为直率的表达而转变。明确整个新的方向的关键作品之一，是1914年德意志制造联盟科隆展的德意志制造联盟展馆，它由瓦尔特·格罗皮乌斯设计，让纳雷于同一年夏天参观了整座建筑。[13]该展馆是对德意志制造联盟的学说的一种复杂的回应，混凝土、玻璃、砖以及钢按照一种轴线的、暗含着古典的设计而展开。螺旋玻璃楼梯以及多伊茨（Deutz）汽车馆（在内部，柴油发动机如崇拜符号一样地展示）是透明性和机械化意象的精心杰作。在主立面上，水平方向上的比例和空中的悬臂结构有许多对赖特的效仿。在这次展会上，布鲁诺·陶特（Bruno Taut）的玻璃展馆运用玻璃砖、钢和彩釉，创造出了一种透明水晶般的表现主义艺术家的幻想，模模糊糊犹如一座圣殿。从勒·柯布西耶的备注和通信中可以清楚地了解到，他早年对德国技术统治论的疑虑，如按照一种有关于机器时代的历史主义者和进步思想的方式，已经让位于对某些思想，例如统一形式、工业化技术以及社会符号等的积极肯定的接受。

详细准确的影像和书面文本在定义这种新的视觉规范上起了一定的作用，通过这些事物，这种新兴的“现代”建筑思想才有可能被展现出来。让纳雷得到了德意志制造联盟1913年的年鉴，上面有对谷仓、工厂和战舰的激发性描述，以及格罗皮乌斯所写的讨论工程学中美学形式的文章。这篇文章将加拿大和美国的谷仓与古埃及的纪念性建筑相对比，驳斥了“符合历史性的乡愁”并且提倡一种基于大体块，清晰比例以及简单形状的新样式。格罗皮乌斯宣称：“新的时代需要它自己的表达。现在已有的定型的形式缺乏偶然性、明确的对比、不同组成部分的秩序，缺乏相似的序列中合理的安排，以及形式和颜色的统一……”对基本几何体的强调很大程度上与勒·柯布西耶的美学见解相符，甚至与他对古典传统的深层结构的直觉认识相符合。尽管是这种情况，简单的工业形式作为与所谓的时代精神相和谐的一种样式，还是被赋予了一个特定的“现代”含义。

1914年夏天，勒·柯布西耶还去了里昂，在那里他会见了建筑师托尼·加尼耶（Tony Garnier），“工业城市”（1917年）的规划者和设计者。1914年，在里昂的社会主义者市长爱德华·埃里奥（Edouard Herriot）的资助下，勒·柯布西耶得以将一部分自己的理想城市思想转变成为现实。加尼耶从1901年开始便一直在制定他的城市原则，在“工业城市”中他尝试将其中“最普遍的情况”的所有问题及其解决办法都详细列举出来。他用一个合理化的分区体系来区分居住区与工业区，而且将城市想象成一个由轴线和规则的几何图形连接而成的巨大的公园。市民活动区域靠近市中心，小型的家庭

住宅沿着两边栽满树木的街道排布。还有屋顶呈阶梯形的平顶式公寓建筑。钢筋混凝土被广泛地应用。关注自然的卫生方面作用的花园城市原则被重新反思，思考方式变为勇敢面对技术、可能性以及工业化社会的价值，但是从整体看来却渗入了隐藏的古典感，而且郊区设计唤起了对一种希腊式别墅的梦想。曼弗雷多·塔夫里（Manfredo Tafuri）曾经指出加尼耶的“工业城市”为“一种新的希腊式”：“对他（加尼耶）来说，未来建立在一种被描绘为‘黄金时代’的过去的基础上，相信未来能够重拾昨日的辉煌。”[14]

到1914年，勒·柯布西耶《城市之建造》（La Constructiondes villes）手稿的“西特式”（卡米洛·西特）版本看起来无望出版了，但是他并没有放弃他去制定普适性的城市规划学说的抱负。从德国和里昂回来之后不久，他很快就写信给迪布瓦：

> “我准备了一个关于“超现代主义”建筑的小册子：混凝土、钢铁、美国建筑、佩雷兄弟、托尼·加尼耶、里昂、钢筋混凝土大桥、纽约、有轨电车，等等。我感觉我自己有这个能力在某一天成为一个重要的人。我着迷于大体量、有用而且尊贵的建筑，因为这就是建筑的一切。”[15]

渐渐地，勒·柯布西耶开始放弃他早先的城市构思模型，并用国际化的工业新技术及基础设施的模型来替代它们。在这里，美国城市是一个关键的参考。勒·柯布西耶从一些出版物描述的内容而对此获得了解，这些内容包括：用钢铁构架的高层建筑、不同层级的铁路，以及垂直的电梯，这些全都类似于一架机器。勒·柯布西耶对美国资本主义大城市还有它的摩天大楼、街道的网格、地铁、高架列车以及公共公园的迷恋并非仅仅是个人的某种心血来潮。他确信这一切都是未来不可避免的建筑样式和城市形式，而且他相信我们应该努力理解它们，以求通过对城市规划的矫正来使它们变得“文明”。[16]

再者，在对像是纽约和芝加哥这样的城市的兴趣上勒·柯布西耶并不孤单，但他只能通过书面的文字描述、艺术家的印象以及拍摄的照片来获得第二手的了解。在当时，这些横跨大西洋彼岸的神话式的图像十分常见。一些受到广泛阅读的杂志，例如《插画》（Illustration）就刊载文章赞颂了美国城市的活力与令人惊讶的美，原因是美国城市拥有在傍晚时刻冲破迷雾的摩天大楼，还有如潮水般蜂拥出入各级铁路客站的人群。在拉绍德封（要知道，拉绍德封有一个外号叫“美国城市”），管理阶层的一个部门着迷于美国的技术、商业方法，以及产品的大批量生产。在另一方面，像是辛格里-范尼瑞这样的学者却憎恶美国所代表的任何事物，并将其视为对“旧大陆”文化的直接威胁，而在此时的欧洲，此种观点也同样屡见不鲜。让纳雷对于大西洋彼岸的资本主义社会的态度是深深矛盾的，直到1935年他才第一次踏上那里的土地，而这种矛盾的心理却一直留存下来贯穿了他的一生。因为对唯物主义无限的创新能力印象深刻，勒·柯布西耶对此（唯物主义）也是大吃一惊。尽管他对美国城市图解式的清晰很有兴趣，他仍然发现它（美国城市）死气沉沉，而且在发展的优先顺序上受到了误导。通过分析几个城市模型，选取其最佳特征，排斥其最差状况，勒·柯布西耶希望能构想出一个新的综合体。

勒·柯布西耶对纽约、钢筋混凝土大桥，以及“超现代建筑”（ultra-modern architecture）的评论是一种明确的未来主义者的腔调。意大利未来主义者们将工业化大都市、机械化、速度以及活力进行浪漫化处理，对于所有的这一切，他们都尽力用文字和视觉的形式来表达。菲利波·托马索·马里内蒂（Filippo Tommaso Marinetti）所著的第一份未来主义者宣言已于1909年2月在法国巴黎费加罗报（Le Figaro）上发表，尽管我们不能确定勒·柯布西耶当时是否阅读过这份宣言，但此时的勒·柯布西耶恰好在巴黎佩雷事务所工作。后来绘画和雕塑方面的未来主义者宣言在

[左图]
托尼·加尼埃，“工业城市”方案中的住宅插图，1917年。

[右图]
瓦尔特·格罗皮乌斯，德意志制造联盟展馆，科隆，德国，1914年。

1912年和1913年间开始出现在法国，而安东尼奥·圣埃利亚斯（Antonio Sant'Elias）的一组“新城市”画作于1914年在米兰出版，随之还附有一份《宣言》（Messaggio）——这份宣言对钢铁、混凝土和玻璃建造的新建筑有着深切的渴望，它将所有过去的传统都抛于身后，表达出了一个新的机械化的时代精神。这份《宣言》想象出一种新型的城市，它在圣埃利亚斯的某些绘画中被描绘出来：

> “我们必须开始创造和重建我们的现代城市，它就像一个巨大而纷乱的船坞，活跃、可变，到处都充满活力，而且我们要建的现代建筑就像一架巨大的机器……电梯必须如玻璃和钢铁的长蛇一般爬上建筑的立面。房屋由水泥、钢铁和玻璃组成，没有了雕刻或绘画的装饰，却仅仅富含内在的美，比如它的线条和造型，以及于其机械式的朴素中那超乎寻常的粗野……（现代建筑）必须从那狂暴深渊的边缘冉冉升起；街道自身不再像跟门槛等高的门垫那样平坦地躺着，而是突然下降深入到地底的层面上，集合起大都市的交通……我们必须用一种不借助于剽窃中国、波斯或者日本的照片的方式，也不用会使我们变得愚钝的维特鲁威式的条例来解决现代建筑的种种问题，而是用科学技术文化武装起来的智慧做出成功的创举……”[17]

在即将迎来第一次世界大战的那几年里，未来主义在许多激进的先锋趋势中留下了它的宝贵遗产。以让纳雷的情况为例，它有助于他对理想的工业化城市会不断涌现的设想，尽管在他的说法中，机械化将会被自然所缓和。1915年，在他的一本速写本里，勒·柯布西耶画出这样一个由摩天大楼组成的城市，大楼周围树木围绕，互相之间有交通联系——1922年勒·柯布西耶“当代城市”的雏形。这是他摩擦出那些后来会发展更充分的灵感火花的经典方式。[18]事实上，勒·柯布西耶对于“机器”的吹捧采用的是一种与未来主义者的狂热设想形成对比的形式。在1917年他移居巴黎与阿梅代·奥赞方创立《新精神》（L'Esprit Noureau）杂志之后，通过纯粹主义来解决的学术问题旨在将对“科学技术的文化”的赞扬与德意志制造联盟的理论中高度开阔的思想，以及来自古典传统的永恒价值的直觉知识三者相结合。对立的思想将被集合成一个文化更新的综合体。

第一次世界大战于1914年8月爆发。勒·柯布西耶迅速领悟到，这次战争很可能意味着旧秩序的终结以及新世界的产生，而现代建筑有可能成为新世界的核心。他在中立的瑞士边境观察到，机械化，这一所谓解放的推动力，在前线中被用于大规模屠杀。勒·柯布西耶曾梦想法国的文明和德国的效率之间会达成某些协约，恰恰相反，他看到了“施利芬计划”（Schlieffen Plan），开动着日耳曼工业深入佛兰德省（Flanders）和马恩省（Marne）。他天真地想象这场战争将会在几个月之内结束，然后被摧毁区域的重建工作就可以随之开始。出于这个意图，他提出了一种基于造价低廉而标准化的混凝土骨架系统的可以快速建设的住宅体系，运用碎石瓦砾来填充墙体，大批量生产窗户、门以及固定装置。这些房屋可以用正式的模式尾对尾地布置出来，它们当中的某些房屋围绕着覆盖有草地的公共区域。美学效果将会来自于规则的体量，简单的线脚，线形的檐口以及简单开口的比例关系。勒·柯布西耶将这种体系称为“多米诺”，一个借用Domus（拉丁语的房屋）和多米诺游戏所组成的名字：在平面上，构成一个长方形的那6处支撑结构确实组成了一个规则的多米诺游戏薄片。

让纳雷引发了佛兰德议会中某些成员对他设计的兴趣，但是战争正在长期艰苦地进行。尽管如此，作为一个规划师和建筑师，多米诺试验在他自己的思想演变中具有重大影响。他对花园郊区的设想很正式，和加尼耶的设想有些类似，而更少一些希腊特点。在式样上，这些建筑回应了拥有平屋顶、开放阳台以及斜叶饰的土耳其木构架建筑。这里借鉴了很多东西，有他最近在抽象古典主义上的试验，有格罗皮乌斯的德意志制造联盟展览馆，甚至还有赖特的一些简单的混凝土住宅项目。当时，勒·柯布西耶也同样研究了伯努瓦·莱维（Benoit

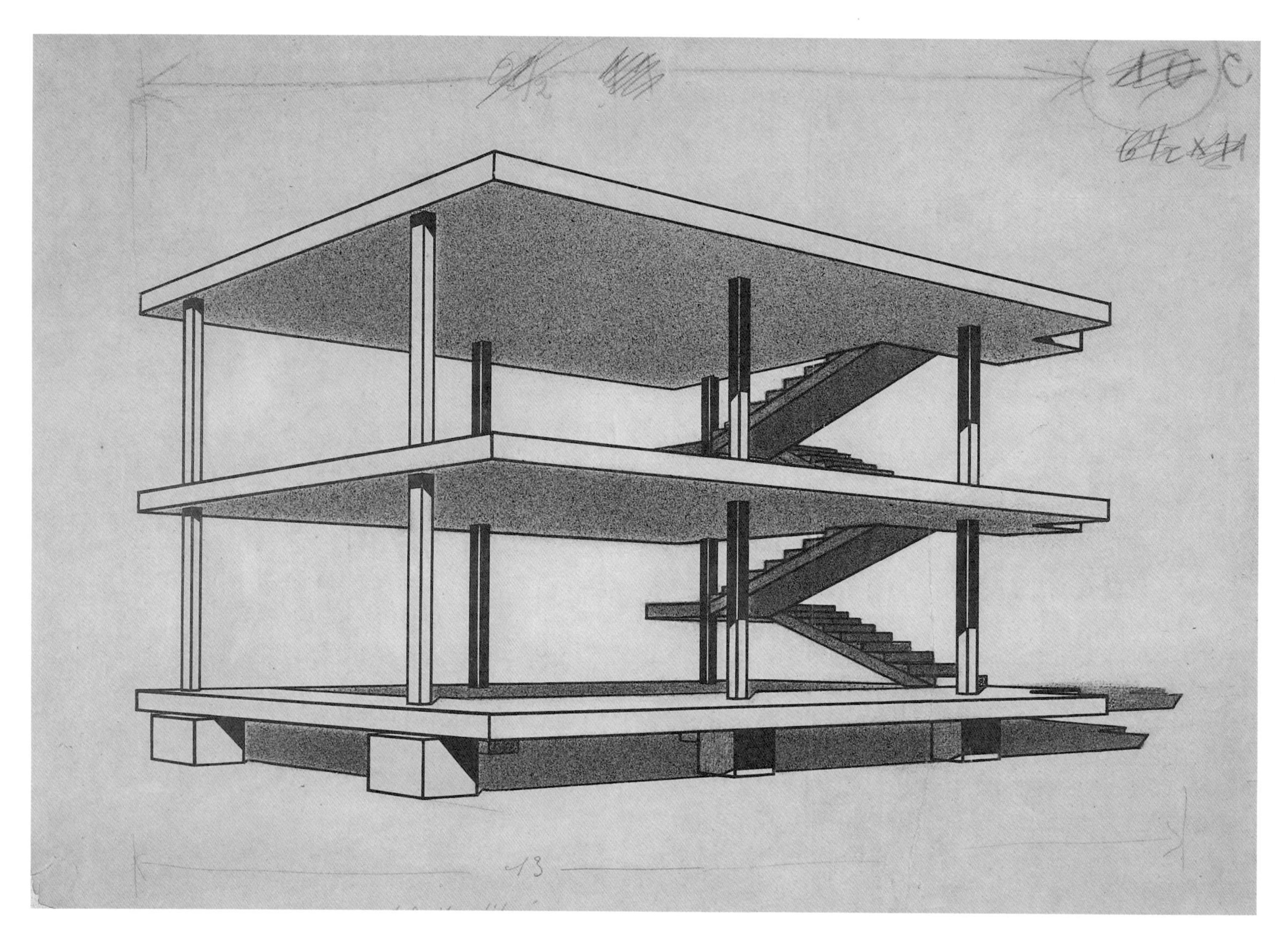

30289
FONDATION LE CORBUSIER

[左上图]
多米诺骨架，1914—1915年。
钢笔粗线绘制，47.8cm×57.4cm（$18^{3/4}$×$22^{1/2}$英寸）。

[左下图]
多米诺体系住宅方案，1914—1915年。
水彩绘制于明胶打印纸，46.5cm×97cm（$18^{1/3}$×38英寸）。

Levy）有关花园城市的理论，这些理论都坚持认为城市的形式应当被视为对时代的表达。[19]在多米诺住宅的设计中，他采取了一种基于钢筋混凝土多种可能性之上的简化的、当代的式样。这里有对水平向的突出强调，特别是屋顶的悬挑式结构。

对于让纳雷后来的发展来说，多米诺结构骨架甚至比建筑本身更重要。它的构成来自由6根细长的支柱支撑起来的三块规则的水平薄板，每一个支柱的平面都是正方形的。底下的平板坐落于一些块上；不同层级之间由楼梯连接。这里没有柱头或者是横梁：板的上下面都是平滑的。这些板用由钢铁加固的瓷砖制成，在由钢铁"T"字梁支撑起来的可移动的模板的帮助下建造起来。让纳雷一直在这个体系的技术方面苦苦挣扎，直到他得到了来自迪布瓦的帮助，甚至还有一些来自佩雷的启示。佩雷运用木构架内填充面板，而多米诺体系的思想与它完全不同，因为现在板独立地悬臂于建筑的边缘外面，让内部的垂直件来完成结构作用。[20]

勒·柯布西耶做了许多此类的"力量分离"的尝试。从结构的限制条件中解脱出来，建筑的表皮现在就可以应美学或气候的需要而组织起来，或者是为符合构成或视线的标准而组织表皮。内部可以独立于网格来划分，而且外部的墙体甚至可以被全部移除，使得建筑由水平空间组成的夹层构成。诚然多米诺建筑仅略微运用了这些可能性中的很小一部分（只有一两个方案的窗户被大胆地放置在转角处），但它们将在勒·柯布西耶20世纪20年代提出的"新建筑五点"（底层架空、自由平面、自由立面、横向带状长窗，以及屋顶平台）中占据相当核心的位置，而且它们也将成为勒·柯布西耶城市规划提议的基础。"抓住骨架"，佩雷曾这样启发过柯布西耶，"你就抓住了艺术"：现在勒·柯布西耶就是在做这件事情，并且发现这正是他后来建筑语言的核心所在。

15年以后，在作品集的第一卷，勒·柯布西耶公布了他的多米诺骨架。到此时，多米诺骨架已经担负起了现代建筑的标志的重要地位。后来被称为（具有一定的误导性）"国际式"的形式特征——悬浮的水平体量，整洁的表皮，支撑体的规则排布——都基于类似的混凝土或钢铁的体系。可能就像是特纳曾经说的那样，多米诺是两种独立思想传统的综合，而勒·柯布西耶一直都在致力于融合二者，这便是理性主义和理想主义。作为一种生产性的结构手段，它回应了佩雷、舒瓦西以及维奥莱-勒-迪克；作为一个纯净的概念与形式的图解，它具体体现了普罗旺萨尔对要素的探究，以及德意志制造联盟对理想形式的构思。多米诺体系是板柱式，其基本形式——纯净的柱子加纯净的平板——是一种可能等同于马克-安托万·洛吉耶（Marc-Antoine Laugier）长老的原始茅屋的工业化等价物。勒·柯布西耶的传奇经历中，有一段关于他在墙上将一张多米诺的照片和帕提农神庙的照片相邻排布的陈述，我们对此并不感到惊讶：二者都是他毕生作品的核心，而且都体现出了他视为准则的那些概念。多米诺骨架甚至可以被解读为对起源的回归，可能回应了新石器时代的那种支柱支撑平台的住宅，在史前时代，它们曾矗立于某些瑞士的湖泊周边。[21]

多米诺骨架是一个基本的结构思想，它是一个新的空间构想。它就像是勒·柯布西耶全部作品的一个建筑原型，而且勒·柯布西耶毕其一生之功来探寻它所包含的意义中那些永不过时的层面。如果没有多米诺体系，萨伏伊别墅（1929年）将会不可思议，25年后印度艾哈迈达巴德的肖特汉（Shodhan）别墅也是如此：一个是来自"机械"阶段，另一个是后期一个粗糙混凝土作品，二者都源于同样的理论基础。从结构工程的视角来看，多米诺骨架并无特殊创造性，但是它确实为空间组织和建筑思维提供了基础。它提出了一个基于瘦薄的支撑体和垂悬的悬臂结构的新美学，与石结构的厚重墙体相对比，而且同时也是社会改革的一种手段。这是勒·柯布西耶的一种经典方式，即借助相对普通的技术工具，然后赋予它新的意义，有时候探寻例如古典柱式

[右图]
夏尔·爱德华·让纳雷，位于阿旺什的罗马剧场草图，瑞士，1915年4月30日绘制。
软性铅笔及彩色蜡笔绘制于草图本上，14.8cm×20.8cm（$5^{3/4}$×8英寸）。

[下图]
夏尔·爱德华·让纳雷与马克斯·迪布瓦，日内瓦附近的罗纳河上的桥墩方案，1915年。
炭笔打印在厚纸上，64cm×122cm（25×48英寸）。

[对页图]
夏尔·爱德华·让纳雷，勒·穆利内别墅，1915年。
水彩绘制于明胶打印纸上，16.4cm×35.1cm（$6^{1/2}$×$13^{3/4}$英寸）。

和额枋，或者是印度传统中构成建筑的抬梁式构架的历史对比关系。多米诺骨架是他多次回归时代的基本参考点：它距离勒·柯布西耶的现代建筑的构思更近了。

而且，多米诺骨架还清楚地说明了城市规划中新的可能性。它使得单体建筑，甚至整个城市，都被纤细的支撑体支撑起来，底下是交通和公共空间穿行其间。1915年——同一年他概述了前面提及的草图中由高塔组成的城市法则——勒·柯布西耶还提出了底层架空住宅以及用混凝土支撑体（底层架空）抬起的城市，一个看起来借用了美国城市的典型剖面但是又在改良主义者的角度重新说明的概念。在《走向一种建筑》中勒·柯布西耶回归了这个思想，他曾经在一幅画中阐明了这一点：在建筑底下有许多层次的交通，在建筑顶上的屋顶平台上有广泛的种植。图片说明解释了这种设想的基本原则：

“1915年，莱斯省的底层架空别墅。城市的地面抬起4~5米，而底层架空，充当了建筑的基础。城市的地面是一种提升起来的平板，街道和人行道如同桥梁一样。在平板下面，直接可以进入的，是到目前已被埋于地下的不可进入的设备机关，如：水煤气、电力、电话、冷气、排水沟、市政集中供暖等。”[22]

当勒·柯布西耶在他的速写本上倾诉着自己的那番宏大思想时，他却继续在实践中受挫。他和迪布瓦一起参加了靠近日内瓦，横跨于罗纳河（Rhône）上的比坦（Butin）桥设计竞赛，这个设计基于支撑着上面铁路沿线站台的3个石质拱形结构。[23]让纳雷大胆绘出的透视图，展示出如何赋予功利主义以一个纪念性的形式，

而且这幅画反映出勒·柯布西耶对古代范例的赞美，例如：尼姆（Nîmes）附近的加尔（Gard）输水渠，以及罗马城内马克森提乌斯—君士坦丁（Maxentius-Constantine）巴西利卡的巨大拱门。他仍然着迷于瑞士浪漫主义的古典根源这个主题，而且在他众多速写簿中的一本中，描绘了在阿旺什（Avenches）靠近纽沙泰尔湖畔的罗马圆形剧场遗迹。他于1915年的一个为被称为“勒·穆利内”（Le Moulinet）别墅的未建项目，展示了倒立的锥形柱子，一个简化的山墙，框景的景观视野，以及将阳台视为被树藤覆盖的格子架和绿廊所界定出来的室外空间。这是田园生活模式下的古典主义。甚至当他满腔热情地书写有关于由钢铁和混凝土造就的城市和“超现代建筑”之时，他继续将古典的古代遗迹进行浪漫化处理。

虽然瑞士在第一次世界大战中是中立国，但是它的经济受到了损害，其国际手表贸易显著下降。这个矛盾给勒·柯布西耶带来了他个人努力的头等事情：调和德国和法国的影响（他甚至就此问题于1916年写了一份未公布的手稿）。尽管战火向北方肆虐，但是他继续探索如何调和他所信奉的古典价值和现代建筑的新思想。同样是在1916年，勒·柯布西耶设计了拉绍德封的斯卡拉（Scala）电影院的外部，在怀疑的情况下还是借鉴了查帕拉兹的方案。他的立面解决方案是个复杂的思想叠加，这些思想来自贝伦斯、勒杜、沙利文的奥瓦通纳银行（Owatonna Bank），以及［正如H. 艾伦·布鲁克斯（H Allen Brooks）所说的］贾科莫·德拉·波尔塔（Giacomo della Porta）的位于弗拉斯卡蒂（Frascati）的阿尔多布兰迪尼别墅（Villa Aldobrandini）：我们还

可以提起帕拉第奥在威尼斯的教堂立面。无论来源的范围是什么，它们被综合到一个构图中，带有山墙、一个中心空白的嵌板，以及三段式的立面。[24]尽管这种布置与电影院的布局很协调，它似乎对柯布西耶有更整体的吸引力。在后来的作品中，他运用了中心嵌板的主旨，而且这个主题的一个变形在1916—1917年的施沃布别墅中被再次采用。

施沃布家族在拉绍德封的手表制作产业中建立了一个王朝，生产“塔瓦纳手表”（Tavannes）以及“西马手表”（Cyma）。[25]他们是犹太人（源自阿尔萨斯和俄国），资助当地犹太教堂，在艺术方面怀有积极兴趣。这个家族的一个成员对柯布西耶父母的住宅印象很深。根据其中一个版本，据说是阿纳托尔·施沃布的目光聚焦于勒·柯布西耶作品集中佩雷的一个设计[所谓的“布泰耶（Bouteille）住宅”]，要求他做一个相似的作品。这个建筑需要一个尊贵的外表，以配得上施沃布家族在当地的显赫地位。基地位于网格最西边尽头处的杜河大街上，足够靠近其他的豪华住宅来满足其城市礼仪的层次，而位于郊区是能够使人想起城郊的面貌。一条倾斜的街道切掉了这块基地的一角，而这块基地从北向南突出。基地在山这边足够高，可以提供俯瞰下面的河谷和景观的南向视野。而面向街道的冰冷的北边和面朝花园和太阳的温暖的南边之间存在着二元对立性。

让纳雷的第一想法是设计一座对称的建筑，在中心有一个两层高的起居室，其侧面是同样大小的半圆形后殿，在它的前面是一个门厅：他父母住宅的同系列版本，但却有一个柯布西耶原来就想做的平屋顶。在北面，建筑面朝迪布瓦大街呈现了一个空白的立面，但是在花园一侧，它安置了一个两层高的玻璃窗。从一开始，勒·柯布西耶就以砖芯砖皮的钢筋混凝土框架的角度来思考这座建筑。4个主要的混凝土支柱位于大空间的侧面，它们承受了绝大部分重量。一个次级的格架旨在承载砖或玻璃的双层表皮，在冬天的时候热空气以机械方式排放入二者之间。平屋顶略微向里倾斜以排掉融化的冰雪。管道贯穿于建筑的内部以避免冻结。陡峭的双坡屋顶这种传统的汝拉解决方法被抛弃，让纳雷决定采用一种能够给予建筑以更纯净的体量以及可用的屋顶平台的现代建筑装置。在他的画中，让纳雷在屋顶上做了许多绿化，将植被视为居于建筑顶端的檐口的必要组成部分。

随着设计的进展，它变得更加复杂化。委托方坚持将厨房提升以脱离底部，所以让纳雷将厨房放在一边侧翼上。幸运的是，最后得出的不对称性，在处理靠近基地的倾斜街道这方面具有一定用处。此外，这些附加物可以在一段长长的花园墙下面掩盖起来。但是其他的复杂性来自建筑师的雄心意图。最后他获得了一个委任，而且他决定尽最大可能地利用它。施沃布别墅是让纳雷近期所迷恋的事物的直接反映，从混凝土到古典主义，从佩雷到帕拉第奥。它既是郊区别墅，也是现代化居住机器（用于居住的机器）。但是尽管在里面浓缩了过多的思想，尽管具有复杂的折中主义，但是它成功地将这些思想结合起来成为一个有说服力的造型统一体，而且成为朝着个人风格前进的一个新的突破（尽管有不得当的地方）。

主立面充满了戏谑式的矛盾。从下往上看，中央体块好像安置在顶棚的纤细支撑体上，相对于上面的负荷它们看起来太细了，一道阴影将柱头和平板分离开来。在牛眼窗和规则的中心平板之间，比例上突然有了急剧的跳跃。这座建筑有一种神秘的气息，就像是神秘世界的小屋，而且它的两个门的处理一点也不清晰，我们可能认为这两个门很明显是一样的，但是事实上其中一扇门通往厨房而另一扇门通往大厅。对立面的阅读，它不仅是花园墙体的一种延伸，而且是两边相互收缩的体块的序言部分。贯穿整座建筑的设计，他都在努力将钢筋混凝土结构的现代科技与一种新的古典主义解释二者调和在一起。这座建筑探索了实体和虚体、曲线和规则、墙体和构架之间的对比。

我们想进入建筑时需要离开主轴线，这是此项设计中许多以侧面为重点的第一个方面。一旦我们进入建筑里面，轴线立即就在大厅中被重新发现。进入双层高的起居室的过渡，则用一个小小的中间的门来处理。空间

［左图］
夏尔 · 爱德华 · 让纳雷与勒内 · 查帕拉兹，斯卡拉电影院，拉绍德封，瑞士，1916年。

［下图］
施沃布住宅，拉绍德封，瑞士，1916年。从西北角观察到的景观。

[上图]
施沃布住宅研究草图，1916年。铅笔绘制，21cm×51cm（$8^{1/4}$×20英寸）。

[左图]
施工期间的施沃布住宅。

[右图]
施沃布住宅南立面，建筑建成后不久。

[下图]
施沃布住宅，二层通高沙龙空间室内。

向上朝着阳台迅速扩张，向外则朝着双层高的窗户、园林、太阳和景观迅速扩张。与厚重的外部相对比，内部则空气通畅而且充满阳光。向前走几英尺，我们就明白了半圆形后殿内部的交叉轴线，这些后殿中一个包含着餐厅，而另一个则容纳了游艺室。就在背面的大玻璃前面，对侧面的强调以一种低调的方式重复着：一侧是一个图书室，另一侧则是壁炉边上一个隐蔽的角落。建筑和花园坐落于一个平台上，而且是一个单一思想的组成部分。在一个设计中，让纳雷设想沿着轴线两端从后面的阳台开始布置下降坡道，还有位于场地拐角的展馆：都是文艺复兴的连接方式。从后面，建筑呈现出一面在墙板和半圆形后殿之间的巨大而形状规则的玻璃：机器和古风的一种好奇的碰撞。它远远超越了一座建筑的概念：它分明就是一座纪念碑。

在施沃布住宅中，许多不同的来源与时期的影响被融合到一起。对佩雷和德意志制造联盟的借鉴相当明显，在平面上还有来自赖特的影响，在檐口处有来自霍夫曼的阿斯特别墅的影响。在让纳雷自己毕生的作品中，这是1912年之前对多米诺的研究以及简化的古典主义中的各种类型的主题的结合。甚至他最早期的具有

［下图］
施沃布住宅，一层平面图，1916年9月8日绘制。打印于康颂纸上，比例为1：50，70cm×82cm（$27^{1/2}$×32英寸）。

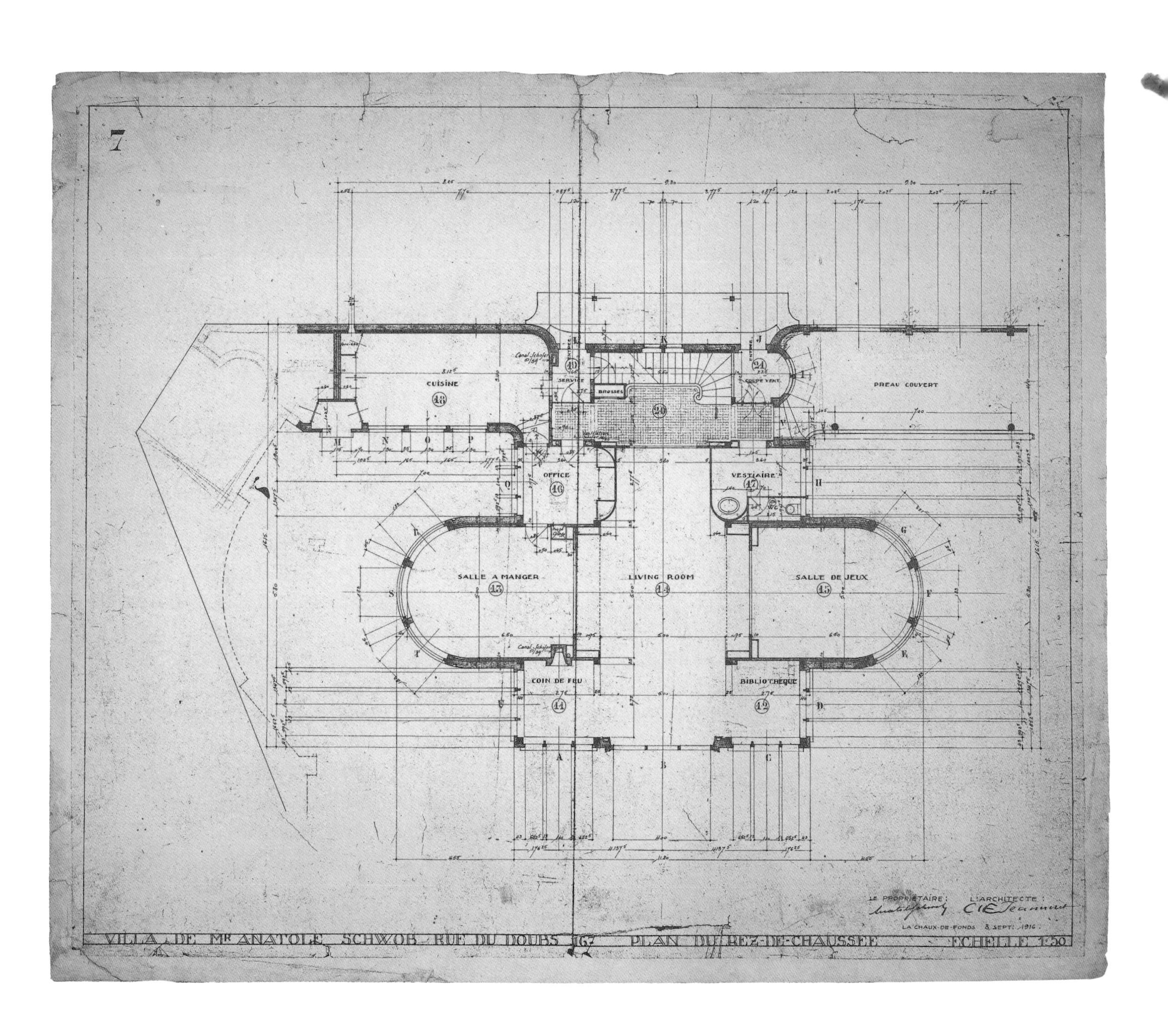

农舍特征的建筑运用了交叉轴线，侧面的突出物以及开放的南向来最大限度利用冬天的阳光。在施沃布住宅，这些地方主义的回应与文艺复兴建筑类型之间相互交叉结合。正规的街道立面是20世纪版的宫殿立面，柯林·罗将其与帕拉第奥在维琴察的小科弋洛宫（small Casa Cogolo）联系起来。[26]双层高的中心空间，高贵的比例，延伸的侧厅以及有对称的花园阳台和坡道的转角处展馆，激发了许多的别墅实例。20世纪20年代，“一栋住宅，一座宫殿”（“Une Maison，un Palais”）成为勒·柯布西耶的口头禅，意指通过数学的控制和纪念性的力度，使住宅变得高贵。在施沃布住宅，这个主题已经很明显，然而它却是为“汝拉古典主义”服务的。

在施沃布住宅中，勒·柯布西耶设计出一套详尽精致的装饰语言。轮廓夸张的混凝土檐口回应了米开朗琪罗在罗马圣彼得教堂的半圆形后殿的分层的线脚，1911年勒·柯布西耶曾经赞美过它并且拍下了照片。在外部有不得当的细节冲突，它的外部有可能被误读为试图手法主义的处理，但它有可能是因为未能解决主要体量之间种种联系的结果。爱德华作为家具设计师的经验在很多地方得到了体现：转角、镶边、框架还有面板的处理，它们几乎都

［右图］
施沃布住宅，主立面及半圆形后厅细部。

被阅读为大型的细木家具。他的创作反复地游离于抽象和表现之间。原来悬挂在主轴线客厅的吊灯，在微观上重现了建筑的平面，同时在一层平面凹进去的入口处，一个三角形的建筑元素有趣地暗指山花。拥有新古典主义的家具（让纳雷设计）以及精美的材料，施沃布住宅呈现出十分正式的气氛，它提高了业主的身份地位。作为建筑师，勒·柯布西耶告诉阿纳托尔·施沃布，这座建筑将成为一座“满足您的价值观，适合您成为伟大人物”的建筑。

许多非古典的来源也与这座建筑之间有着密切的关系。空白的中心嵌板带有侧面的小入口，这种主题能够在柯布西耶旅行至伊斯坦布尔花时间拍摄的一个喷泉照片中找到。顶棚下面纤细的锥形柱子出现在他的速写本中，直接改编自迪厄拉富瓦（Dieulafoy）的《波斯古代艺术》（L'Art antique de la Perse）（1884年）一书。位于主立面下端那种一分为二的窗户十分稀奇，这种窗很接近于勒·柯布西耶1907年在纽伦堡所绘的窗户。带有中心矩形的平面以及延伸出去的半圆形后殿，回应了许多拜占庭或威尼斯的教会案例以及布尔萨（土耳其西北部城市）的“绿色清真寺”。同样，还有对土耳其住宅的中心“长椅”的回应。像上述这些一样，在施沃布别墅，线性的线脚和倾斜的檐口都在《东方之旅》中有所描绘，而且很明显勒·柯布西耶意欲让这座建筑被绿色植被所覆盖，正如他在巴尔干半岛和土耳其所注意到的那些建筑一样。在他的旅行照片中的一张显示：一道与立面高度齐平的花园围墙，穿过花园围墙到达另一端的引人注目的藤蔓——这种效果在迪布瓦大街的立面上重复出现，在那里，藤架高出边框之上。

施沃布别墅支撑在4个主要的钢筋混凝土支柱上，它们位于中心空间的侧面。尽管勒·柯布西耶并未直接地表达结构，但是他确实运用了混凝土的强度来使室内开放。中心部位双层高的体量，其两端是半圆形室内的伸展，而其南向的末端则安装了巨大的玻璃面，这个体量被体验为单一而统一的被光线激活的空间。白色的表皮开有洞口而提高了整体的光感。背面更低的窗户像是横向水平的帘幕遮蔽了拐角，具有某些多米诺住宅的设计意向（或者是弗兰克·劳埃德·赖特的草原住宅），这种重量被减轻的感觉由悬浮在阳台上的悬臂结构所强化。[27]让纳雷越来越从空间的角度来思考而不仅仅是体块，而且在这种感觉下，他已预见到了自己20世纪20年代的“现代”住宅。施沃布住宅使这位建筑师想起了对布尔萨“绿色清真寺”的描述：

> “……一个巨大的充满了光的白色大理石空间，“在这座建筑中”你会完全被一种知觉上的韵律感（光线和体量），以及对其比例和尺寸的有可能的运用……所迷住。”[28]

让纳雷能够将自己的观察浓缩并且将其转化到新的形式中去，而且到他设计施沃布住宅的时候，某些从传统获得的关键模式越来越明显地成为他自己的一部分。穿过别墅的纵向剖面回应了他画的艾玛修道院剖面图，有一个双层高的单元俯瞰自然，而这正是理想生活的象征。它的平面，以及穿过封闭的街道立面，经过紧实的门廊，然后进入到有4根支撑体的中心空间的序列，提炼出了带有中厅以及4根柱子的古罗马房屋的常见原型。例如庞贝古城的悲剧诗人堂（勒·柯布西耶已经在速写中详细分析了这座建筑），有可能体现出在勒·柯布西耶想象中住宅的一种地中海建筑原型。施沃布方案有双层高的室内和走廊，有正式的入口立面，以及更开放的背立面，建立在施沃布方案上的各种变体将在勒·柯布西耶后来的很多作品中使用，比如住宅、别墅以及城市规划。在这里，让纳雷正在展示他的某些能力：看透传统的深层结构，然后运用、浓缩并融合这些合成的类型，使之成为新的综合体——这种流程在勒·柯布西耶的创新方式中相当基础。如果他不能够将各种来源转化为深深融入自己的神话、思想体系和人生哲学的象征形式，这种流程的结果将是对其引用来源的肤浅拼贴。

施沃布住宅有可能很好地树立起让纳雷在汝拉的建筑声誉；而事实上，施沃布项目却差点毁了他的建筑名声。他的预算计算方法十分马虎，而且结构花费大幅度增长。为反对他而制造出来的诽谤，以及在费用问题上所发生的争吵，这些都逐渐恶化为法律案件。[29]这是他忍耐力的最后极限，勒·柯布西耶选择离开这里到巴黎去。作为“土耳其式别墅”，施沃布住宅进入了拉绍德封的民俗。尽管有种种的这些不幸，但是成熟后的勒·柯布西耶将会骄傲地回顾这座建筑。在他所有的早期试验中，这是一个他很乐意拿来与后来的作品相联系的作品。勒·柯布西耶将其放在《走向一种建筑》书中与“基准线”相关的章节里，用于展示其和谐的比例是如何从黄金分割得来的，然后他将施沃布住宅收录于自己作品全集的第一卷。施沃布住宅不仅仅是那些主导了勒·柯布西耶年轻岁月的探险和发现的主题和热爱的一个综合体，而且还是勒·柯布西耶探求一种基于古代建筑原则的一种真实的现代建筑中的一次重大突破。正如朱利安·卡隆（Julien Caron，其实就是勒·柯布西耶的朋友奥赞方）将在20世纪20年代早期的《新精神》杂志中写的那样：“……它（施沃布住宅）构成了我们这个时代的建筑美学的指路明灯……这座柯布西耶设计的别墅不仅仅是一所住宅（house），它是一座建筑（architecture）。”[30]

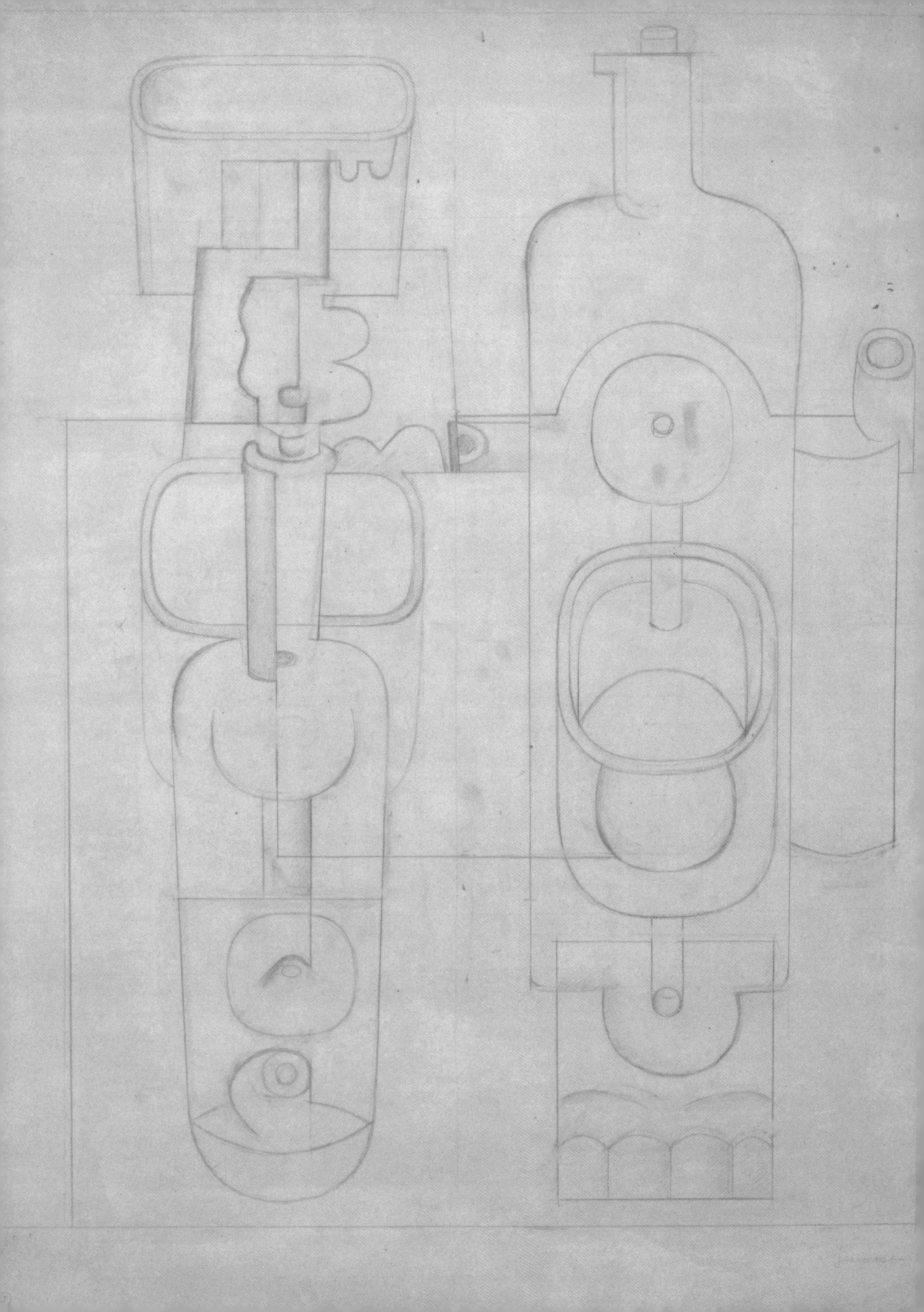

第4章 巴黎、纯粹主义和《新精神》

“古典主义——它深藏于每一次变革之中，小心翼翼地潜藏着，但却总是存在其中，它是一种永恒的形式。”[1]

——阿梅德·奥赞方

[前图]
巴蒂诺尔街，酒瓶素描习作二，1926年。标准尺寸纸张及卡纸（裁切），109.4cm×91.5cm（43×36英寸）。

个体的艺术家创造艺术运动，但是运动同样给个体展现新的可能性，到1916年，勒·柯布西耶非常渴望与法国先锋派思想进行接触。接下来的6年是思想结晶的过程，在这段时间，勒·柯布西耶将许多这种主题制定于画作、建筑、城市规划中，以及那些将指导他毕生作品的理论。勒·柯布西耶与立体主义的接触以及他与阿梅德·奥赞方的思想交流使他确定了一个方向。但是让纳雷过着一种双重人格的生活。在外表看来，他是一个挣扎奋斗中的浪子，用一系列的工作和不稳定的商业投机来养活自己；在内心里，他却有一种新的社会秩序的宏大眼界，而这种新的社会秩序包含在乌托邦式城市规划以及纯朴的建筑形式中。由于没有重大的项目委任，他被迫将自己的梦想转移到素描、绘画和理论中。

爱德华于1916—1917年冬天搬到巴黎，而没有受到施沃布住宅烂摊子的太多阻碍。马克斯·迪布瓦让他与一个“钢筋混凝土应用公司”保持接触，这个公司安排运用钢筋混凝土的范围广大的各种工作，勒·柯布西耶于1917年1月开始在那里工作。[2]这里有实现某些多米诺思想的一线希望，但是这并没有发生。在他担当顾问工作的第一年，勒·柯布西耶在波尔多（Bordeaux）附近的波当萨克（Podensac）设计了一个水塔，在一个兵工厂设计了一个水力发电厂，还在沙吕伊（Challuy）为一个工业化屠宰场设计了一个项目。在这个项目中，简单的功能体块沿着一条戏剧化的倾斜坡道的传送轴线排布。混凝土的蘑菇式柱子和坡道运用于室内。勒·柯布西耶还为桑特斯（Saintes）的郊区以及迪耶普（Dieppe）附近的圣尼古拉·达列蒙（st-Nicdas-d'Aliermont）设计了职工住房，其中在前者转化了某些多米诺思想，在后者他尝试将当地的风土类型转化为花园城市布局（事实上并没有建造）。他在贝尔曾（Belzune）大街开设了自己的工作室，这里主要充当了个人思想的实验室。此时并非开始实践的最佳时期：因为战争结果还不确定，客户不愿意在一座新的建筑物上冒风险。为了支付各种账单，让纳雷经营了一个砖厂，后来被塞纳河洪水淹没并最终破产。

当勒·柯布西耶还是个青年人时，曾梦想成为一名画家。在1918年，当他遇到了奥赞方，这个抱负遂被重新点燃；奥赞方是巴黎上流社会的常客，他经营着一家时装店，对现代绘画和摄影十分感兴趣，而且还涉足诗歌、人类学和哲学。他（奥赞方）的父亲为弗朗索瓦·埃内比克经营着一家特许经销店，埃内比克是钢筋混凝土结构的先锋之一，所以他（奥赞方）懂得这种材料的种种潜质，以及它所引起的美学挑战。不仅如此，奥赞方对“工业和艺术应当找到某些共同的主题”这个概念十分感兴趣。奥赞方对西班牙-瑞士汽车以及亨利·伯格森（Henri Bergson）的“绵延”学说都一样精通，他向这位疑心重重的瑞士侨民（即勒·柯布西耶）介绍了后立体主义先锋者的思想、形式和性格，包括纪尧姆·阿波里奈（Guillaume Apollinaire）和费尔南·莱热（Fernand Léger）。尽管现代化武器造成的战争浩劫正在巴黎的周边如火如荼地进行，勒·柯布西耶和奥赞方在某些模糊的期望中形成一派，他们期盼一个新时代的降临，在这里机械化将会成为善行的推动力。对于那些在大街上展示的被俘的德国火炮，他们二人甚至敢于赞扬这些火炮的“严谨”与“精确”。

通过奥赞方，勒·柯布西耶接触了立体主义的遗产；不仅如此，他必须面对感觉的完全转变，而这种转变由以下两者造成：塞尚（Cézanne）对大自然的几何形基础构造的洞察，以及象征主义“艺术作品应当直接遵照感受而不借助愚钝的再现”的思想。莱普拉特尼耶的训练使让纳雷对这些观点早有准备，但却没有对立体主义复杂的造型句法以及对未来主义的机械化浪漫主义的准备。从未来主义一系列宣言和展览开始直到第一次世界大战之前的岁月中，用一种有节奏的抽象的而不仅仅是现实主义的对现代生活诗学的召唤，巴黎先锋已经尝试过去将来自布拉克（Braque）和毕加索的经验融合在一起。在这个时期过渡中的核心人物，有德洛奈（Delaunays）、杜尚（Duchamp）、梅青格尔（Metzinger）、格里斯（Gris）和莱热。格里斯吸收了黄金分割画派（Section d'Or）对比例体系和象征数学的兴趣。[3]这些高瞻远瞩的关注与现代的各种片段结合在一起。莱热用形式、三原色和金属照明特效的大胆对比，传达出机械的影响。到1917年，他多变不安的战前风格已被一种静态的纪念性所替代，类似《城市》（The City）这样的绘画很好地表现出了这种转变，在《城市》中纯色的边缘与工业场地的装饰图案结合起来。格里斯和莱热都展示给世人：用古代神圣风格的形式来作为未来主义构想的象征符号是可行的。

从踉跄的汝拉地域主义转变到巴黎先锋派的感知，对于让纳雷来说是一种震惊，他在方向上向奥赞方看齐，而后者看起来是那么的自信。奥赞方事实上只是略微年长一些，但是他推动着勒·柯布西耶并鼓励他作画。1918年秋天，就在停战协议之后，他们在托马斯画廊举办了联合展；或者更精确地说，在奥赞方许多张画作的边上，挂着来自让纳雷的两块画板。二人自称为“纯粹主义者”，而且目录命名为“后立体主义”（Apres le Cubisme），这是他们共同努力的结果。这是一个宣言，它抨击了立体主义的不规则和装饰性这两个方面，赞扬了逻辑、纯净、朴素和平静的秩序。绘画中的各种古典传统成谱系地被绘入画中：乔治·皮埃尔·修拉（George Pierre Seurat）、多来尼克·安

[下图]
“静物与堆积的餐盘”，1920年。油画绘制于画布上，81cm×99.7cm（$31^{3/4}$×$39^{1/4}$英寸）。
纽约现代艺术博物馆，梵高购买基金。

格尔（Dominique Ingres）、尼古拉·普桑（Nicolas Poussin）、皮耶罗·德拉·弗朗切斯卡（Piero della Francesca），以及柏拉图式的美学理论，都在《纯粹主义者的万神庙》中描绘体现出来。古典主义被视为一种更高的形式价值的知识宝库，而不是一种直接的题材来源。这种精神被以下的见解传达出来：

> “艺术品绝对不能是偶然的、例外的、仅凭印象的、非有机的、表示抗议的以及如画式的。而恰恰与之相反，是普遍化的、静态的、具有表现力的不变衡量。”[4]

这次展览中的画作并未完全发挥这个知识体系的价值。奥赞方的画作仅仅是对布拉克和格里斯的延伸，而勒·柯布西耶的画作《壁炉》是张古怪的静物画，描绘了一个位于壁炉台上的白色立方体，它看起来可以由任何有才能的专心于形式简化的现实主者完成（尽管他后来宣称这张画受到帕提农神庙的启发）。但是到1920年，爱德华即能绘出《静物与堆积的餐盘》，这是一张有着惊人的集中力量的精彩画作。在这张画中，早期立体主义那令人不解的支离破碎的世界被重组、机械化、打磨圆滑，而且还具有静态的、数学上的精确性。老一

［下图与右图］
《新精神》杂志，1920年开始出版、以数字一到五为封面。

L'ESPRIT NOUVEAU

REVUE INTERNATIONALE D'ESTHÉTIQUE

PARAISSANT LE 15 DE CHAQUE MOIS DIRECTEUR : PAUL DERMÉE

ESTHÉTIQUE EXPÉRIMENTALE
PEINTURE SCULPTURE ARCHITECTURE
LITTÉRATURE MUSIQUE
ESTHÉTIQUE DE L'INGÉNIEUR
LE THÉATRE LE MUSIC-HALL LE CINÉMA LE CIRQUE LES SPORTS
LE COSTUME LE LIVRE LE MEUBLE
ESTHÉTIQUE DE LA VIE MODERNE

1

N°

DANS CE NUMÉRO
50 photogravures et deux reproductions aux trois couleurs,

SOMMAIRE

Voir au dos les avantages et les primes réservés aux Abonnés.

PRIX NET : 6 francs français POUR TOUS PAYS

ÉDITIONS DE L'ESPRIT NOUVEAU
SOCIÉTÉ ANONYME AU CAPITAL DE 100.000 FRANCS
13, QUAI DE CONTI
PARIS (VI°)

套的，以及日常可见的物品都被简化成最普遍化的曲线和矩形，然后被处理成与图面平行的平坦的面。图片的构思并非为中心透视，而是类似于一张工程图纸，物体的立面与平面可能都包含在同一张纸面上。融合不同视角的立体主义原则处于被规则化：例如，瓶子顶端被视为一个纯粹的圆。物体和表面都一起包含于它们的轮廓中，并且在扁平的层次上用纯抽象的形状连接在一起。颜色也同样被边界所约束，而且是轮廓在画中被固定后才涂上颜色，然而在分析性立体主义中，这种方法是整体性的，即去掉颜色后，就什么都没有了。纯粹主义者的用色范围包括各种铁蓝色、亮灰色、粉红色、赭色、土红色、绿色、黑色和白色。光线均衡平和，有着珍珠般的光泽，发出乳白色的光。

勒·柯布西耶的绘画词汇库——就像他的建筑词汇库一样——将许多来源整合到一起。尽管用的是反立体主义的修辞，作品中图与底之间的部分张力却源自他对立体主义空间的含糊不清的理解。他致力于发现潜藏在当代存在物下面的一种静态秩序，这方面抱负要归功于修拉。像修拉一样，勒·柯布西耶和奥赞方以准科学的角度来看待绘画，探索颜色和光的理论，同样还探索这种思想：某些比例与几何可以保证美。这两位纯粹主义者还研究文艺复兴，特别是皮耶罗·德拉·弗朗切斯卡，他是运用数学形式和浪漫照明的大师。我们不知道他们是否还了解文艺复兴的绘画理论。在莱昂·巴蒂斯塔·阿尔伯蒂（Leon Battista Alberti）的著作中，他们有可能已经发现了对Disegno（指通过绘画来设计）的强调，这应该使他们对自己的概念更加坚定，即绘制的草图应当承载一种形式思想的本质特性。

这两位纯粹主义者认为，不管是人体形态或者是景观都与他们的目的没有什么关系，而且他们还质疑蒙德里安（Mondrian）的非客观性绘画。他们希望描绘熟悉的每天可见的物品，通过提取它们最一般性的特征将其提升到象征的层次。静物——学术中最低层次的类型——被提升以发挥作用，它使得现代生活的豪言壮语得以具体化。在他们对形式的看法中，二人展现出一种理想化的谱系，因为他们认为绘画能够看透一种超越外观的更高的思想。他们对"典型"的痴迷还回应了德意志制造联盟为新的机器时代文明所做的关于大规模生产产品的理论，而且在这个方面，画中的瓶子、管子和玻璃之间有一种深层的联系，勒·柯布西耶后来的建筑中的各种要素之间，比如底层架空、水平长窗、摩天大楼等都有一种深层的联系，这些要素自身都是工业化的具体表现。他们写道：

> "……物体趋向于某些类型，类型由功效最大化的理想以及制造中节约经济的必要性之间的形式进化所决定，而制造中的经济节约必然遵照于自然法则。这种双重法则创造了一定数量的物，而这些物可被称为标准化。"[5]

纯粹主义绘画在其他方面对建筑也同样重要；它提供了一种同时可以回应个人直觉和现代性的视觉语言，同时，它还能触及勒·柯布西耶对普遍性的深切赞同。纯粹主义绘画中的矩形、曲线、比例、空间，以及颜色可以融合进一座建筑的平面、剖面、立面或者室内。这不是一个从画架抄袭至画板上的情况，而是将绘画当成了一种实验室，在其中形式可以在外观上显露出来，而这种外观

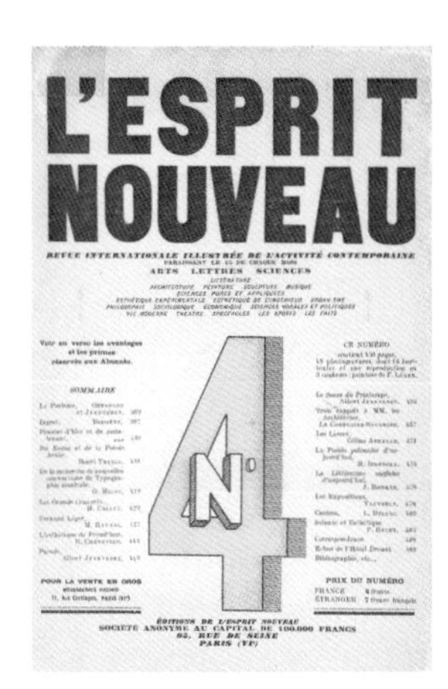

可以使得建筑具有一种分离却有联系的创新过程。[6]更确切地说，正如拉绍德封装饰是地域主义的“微观缩影”，纯粹主义绘画是让纳雷为和谐的时代——机器文明所创造出的新的、奥林匹亚式的理想的“微观缩影”。

除了这两位纯粹主义者，将绘画视为通往新建筑的关键的人大有所在。在荷兰，风格派运动正在尝试从蒙德里安和凡·杜斯堡（Von Doesburg）的直线形和精神性的抽象概念中提取一整套的设计词汇。在俄国，建筑先锋们吸收加博（Gabo）的构成试验，卡西梅尔·马列维奇（Kasimir Malevich）的至上主义抽象，以及埃尔·利西茨基（El Lissitzky）的要素主义绘画的经验用于探寻一种后革命时代的象征主义。在包豪斯（特别是1922年以后），教学大纲将绘画和雕塑合并作为基本的设计法则。一个共同的主题出现了：时代的本质将在一种无修饰而且统一的几何语言中展示出来，而这种几何语言通过机械化，与乌托邦式的拯救感相融合。纯粹主义在战后的先锋派范围内占据了一个特殊的地位，意指通过工业化来达到文化更新，但又排除构成主义的革命性策略，并完全避免达达主义者的战后玩世不恭。它主张一种超越了阶级和政治意识形态的混乱冲突的准精神运动，而且在某种程度上甚至是重新确立的。正如冯·莫斯（Andre Von Moos）所说：

> “它荣耀了逻辑，文化和科技的发展……时代朝着一个战后重建的新时代前进，而所有领域的重建都基于理性和理想主义。”[7]

1917—1923年间，让纳雷忙于他的第一个巴黎建筑项目任务，我们对于他的这段奋斗岁月所知甚少。他此时经常缺钱，住在拉丁区高耸于雅各大街上的一个小公寓里，这并非是完全出自对波西米亚方式的一种尊重。在1918年，他暂时丧失了一只眼睛的视力，这次外科创伤，对于勒·柯布西耶的艺术具有一些我们未知的影响。或许单眼的视角部分解释了他的画作和建筑中奇怪的不明确性。对于他和女性的友谊方面，尽管他与他未来的妻子伊冯娜·加力斯（Yvonne Gallis）可能在1918年左右就遇见过，但是我们对于直到20世纪20年代他与伊冯娜·加力斯组建家庭（伊冯娜出生时名为让娜·维多琳·加力斯，Jeanne Victorine Gallis）之前的信息还一直一无所知。对于勒·柯布西耶的严肃，她是完美的解药。作为一个来自摩纳哥的女装商人和服装模特，伊冯娜·加力斯皮肤黝黑，活泼而又不羁于旧习，她迎合了勒·柯布西耶性格中那放荡不成体统的一面。在他们相遇之前，作为一位年轻的艺术家，勒·柯布西耶貌似过着一种受限制的性生活，其中包括偶尔造访妓女那里。他1917年左右的速写本内含有几张俗丽的妓院的图画，奥赞方称这几张画为“滑稽的水粉画、漫画，在腔调上有点威尼斯风格，而且极具巴洛克特色……的妓院景象，充满了女人丰满的躯体。”[8]

然而，这些放纵在勒·柯布西耶细心安排的伪装外表下被很好地掩饰掉。佩雷将他描述为一位怪诞的家伙，他貌似从来都身穿黑色牧师式的外套，容貌瘦削跟鸟儿一样，而且永远戴着一副金属眼镜。迪布瓦为他的老朋友让纳雷安排了很多次引见和介绍，特别是在巴黎的瑞士人圈子。用这种方式，让纳雷遇到了拉乌尔·拉罗歇（Raoul La Roche），作为一个银行家的拉罗歇对艺术有极大兴趣，他会在这些纯粹主义者的出版投机中帮他们，购买他们的画作。拉罗歇甚至雇他们去著名的坎魏勒（Kahnweiler）拍卖会上喊价，他在拍卖会上得到了一批立体主义和后立体主义的极品收藏。正如我们会看到拉罗歇后来会有一座爱德华设计的房子，现代建筑将于混乱的资产阶级城市的缝隙中萌发，此时让纳雷已经在与可能成为自己客户的社会地位较高者取得联系。随后在这座法兰西之都，有一种战后岁月的不可捉摸的风气：心理宽慰自己的胜利，却伴随有痛苦的空虚；感觉旧秩序被一扫而空，却渴望有价值的事物来替代它。

1920年，让纳雷和奥赞方创办了《新精神》杂志。在接下来的5年中一共出版了28本，它们全都致力于“生活美学”的主题。[9]里面刊登了诸多文章，作者包

[对页左上图与右上图]
《走向一种建筑》(1923年)一书中通过神庙和汽车描绘标准的演化过程的页面。

[对页左下图]
《走向一种建筑》中收录的邮轮照片。

[对页右下图]
《走向一种建筑》中通过凡尔赛的小特里阿农宫(17世纪)以及来自《走向一种建筑》一书中关于施沃布别墅的立面研究，阐述控制线法则。

括安德烈·萨尔蒙(Andre'Salmon)、特奥·凡·杜斯堡(Theo van Doesburg)、路易·阿拉贡(Louis Aragon)、让·科克托(Jean Cocteau)，以及夏尔·亨利(Charles Henry)——法国巴黎美术学院感知研究所最后一位主管。他的理论致力于展示内在思考中，某些线段、比例、形式和颜色以及结构之间有直接的联系；这感染了勒·柯布西耶，使他相信形式背后的“恒定常量”。这份杂志标志着“回归秩序”(Rappel a l'order)，它出版了很多国际人物的著作(里面有1908年阿道夫·路斯批判装饰的文章，以及风格派的一些宣言)，而且它还起到了这两位纯粹主义艺术家自己的喉舌的作用。他们以笔名出版。奥赞方选择了他母亲的娘家名字“苏格尼尔”(Saugnier)，但是让纳雷母亲的娘家名字是“佩雷”(Perret)，所以为了避免混淆，他们想了一个主意——用一个来自法国西南的原始祖先的名字“Lecorbusier”(勒柯布西耶)。在奥赞方的建议下，这个名字变成了给人印象更加深刻的“Le Corbusier”(勒·柯布西耶)。这个名字不仅借鉴了“corbeau-raven”(乌鸦-大乌鸦)——勒·柯布西耶与这种鸟长得很像，而且回应了一些法国艺术大师的高贵遗产，例如勒·布伦(Le Brun)、勒·诺特(Le Nôtre)等。这个名字有一种认可的但却又客观的语气，好似是这个名字借鉴的是一种历史现象，而不仅仅是一个普通的个人。

《新精神》(L'Esprit Nouveau)是20世纪早期流通的几本先锋派杂志之一，这些杂志包括《荷兰风格派》(Dutch De Stijl)，特里斯坦·查拉(Tristan Tzara)在瑞士苏黎世编纂的《达达》(Dada)，以及德国期刊《G》和《ABC》。它由此促成了一个对包括现代视觉文化的可能发展方向的广泛意见进行根本性思考的国际论坛。《新精神》创立了一种独特的排版和布局方式，粗体的铅字与视觉影像引人注目地拼贴结合起来使用，其中某些借鉴了当代广告，其他的取自于物品使用手册，各式各样的物品中甚至包括照明灯泡和火花塞。杂志编者这样做的意图就是使读者们受到震惊，从而意识到当代工业世界充满了司空见惯的物品和可复制的图像，这些物品和图像揭示了一个新的现实。与达达主义者相似的是，勒·柯布西耶和奥赞方对工业化“现成物品”和自然而成的物品感兴趣，采用了某种视觉双关；但是与之不同的是，他们相信一种文化合成的发展程式，在这种程式中先锋派会以某种方式与工业化结合在一起来创造一个新的世界。事实上，《新精神》杂志自身在财政上依赖于产品广告，而且让纳雷随后不久就将利用这些社会关系来推销他自己的建筑和出版业。《新精神》在现代观察方式上提供了一种训练演习，但它却伴随有一种围绕着观察的“恒常”与传统中的“不变量”的修辞。

《新精神》杂志的第一版宣称“有一种新的精神……这是一种由清晰概念所引导的结构与综合的精神”[10]。随后的多篇文章都是关于建筑的，最后勒·柯布西耶将其集合成册并发表，即为《走向一种建筑》(Vers une architecture)。在英文的版本中，这个题目有时候被冠为《走向新建筑》，但这说明了一种错误印象，即误以为原作者(勒·柯布西耶)仅仅关注于现代：

事实上，他也同样关注于重述来自过去的经验教训。《走向一种建筑》并非尝试以一种直接性、逻辑性的方式来为其自身命题提出赞成的理由，截然不同的是，《走向一种建筑》证明自己论点的方式其一是通过精炼的格言，其二是通过对完全不相干的事物之间那使人吃惊的视觉类比来说明问题，勒·柯布西耶拿来作对比的事物包括神庙与汽车、宫殿与工厂、汽车广告、学术图解与徒手草绘。这本书图解说明了勒·柯布西耶作为艺术家的创造性之虚构的试金石与嗜好；它就像是想象力的某些复杂心理场地的映射。这本书呈现了勒·柯布西耶的建筑哲学，展示了他的一些项目(这里有他意图吸引顾客的效果)。此外，本书还确立了勒·柯布西耶在国际先锋派中与类似特奥·凡·杜斯堡、埃尔·利西茨基和瓦尔特·格罗皮乌斯此类人物相比肩的地位。在机械化和通用形式价值之间的宏大综合，这个深层主题涉及一种普遍风气。

在这本书的开头，列举了其中一个主要思想：当代建筑正处于衰退状态中，它深埋于风格化的轻率之下，并丧失了与体块的那些重要的价值关系，这些重要价值包括：光线、比例、适应于设计意图，以及移动空间序列方面清晰的平面思想之表达等。本书认为一种新文化正在产生，它基于机器，但却并未发现其正确的建筑和城市形式。“新时代的第一批成果”给予勒·柯布西耶以正确的现代语言发展方向的启示，这些新成果包括仓库、工厂、轮船、飞机和汽车；给他以启发的甚至包括一些物品，比如文件柜、圆顶礼帽和烟斗管。如果没有所有这些适度的和谐，这些物品就将缺乏“建筑的纯净思想创造”。然后，下一步任务就是将体现机器时代下的时代精神的图像与提取自例如帕提农神庙和罗马万神庙等过去的伟大作品的“恒常精神”(constants)二者进行协调。如果不达成一种恰当的综合，结果将是城市无序、社会混乱，甚至爆发革命。而如果让《新精神》的精神深入绘画、家具、房屋直至城市——事实上是新时代的所有知识技能——然后和谐才会在人、机器和自然之间盛行。

《走向一种建筑》曾被称为“20世纪所有建筑文学

106 VERS UNE ARCHITECTURE

Paestum, de 600 à 550 av. J.-C.

Le Parthénon est un produit de sélection appliquée à un standart établi. Depuis un siècle déjà, le temple grec était organisé dans tous ses éléments.

Lorsqu'un standart est établi, le jeu de la concurrence immédiate et violente s'exerce. C'est le match ; pour gagner, il faut

Cliché de *La Vie Automobile*. Humbert, 1907.

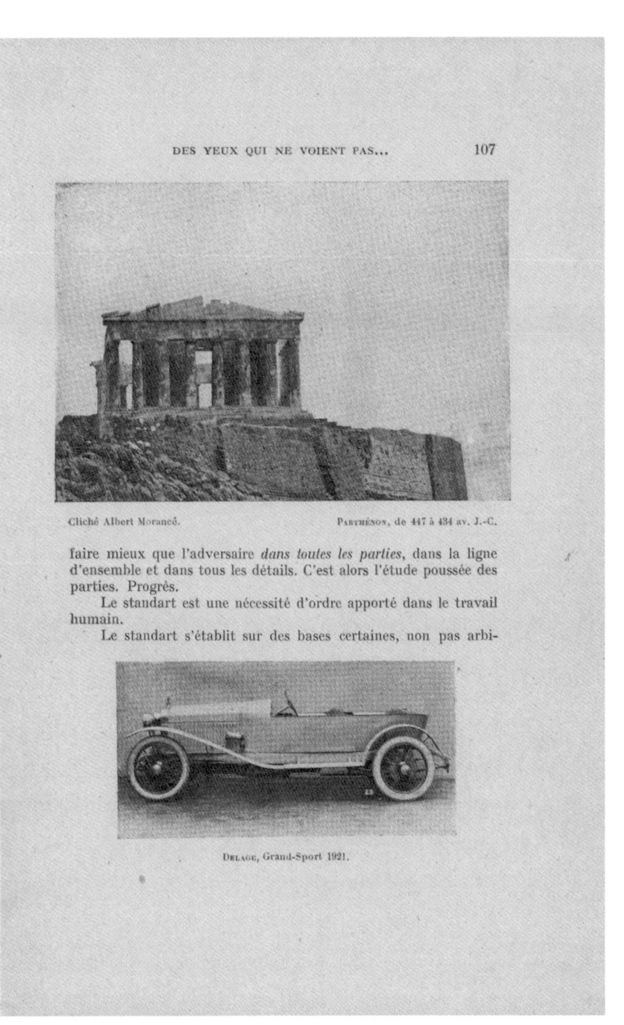

DES YEUX QUI NE VOIENT PAS... 107

Cliché Albert Morancé. Parthénon, de 447 à 434 av. J.-C.

faire mieux que l'adversaire *dans toutes les parties*, dans la ligne d'ensemble et dans tous les détails. C'est alors l'étude poussée des parties. Progrès.

Le standart est une nécessité d'ordre apporté dans le travail humain.

Le standart s'établit sur des bases certaines, non pas arbi-

Delage, Grand-Sport 1921.

L'*Aquitania*, Cunard Line.

A MM. les Architectes : Une villa sur les dunes de Normandie, conçue comme ces navires, serait plus utile que les grands « toits normands » si vieux, si vieux ! Mais vous pourriez me dire que ceci n'est point du style maritime !

L'*Aquitania*. Cunard Line.

Aux architectes : La valeur d'un long promenoir, volume satisfaisant, intéressant ; l'unité de matière, le bel agencement d'éléments constructifs, sainement exposés et assemblés avec unité.

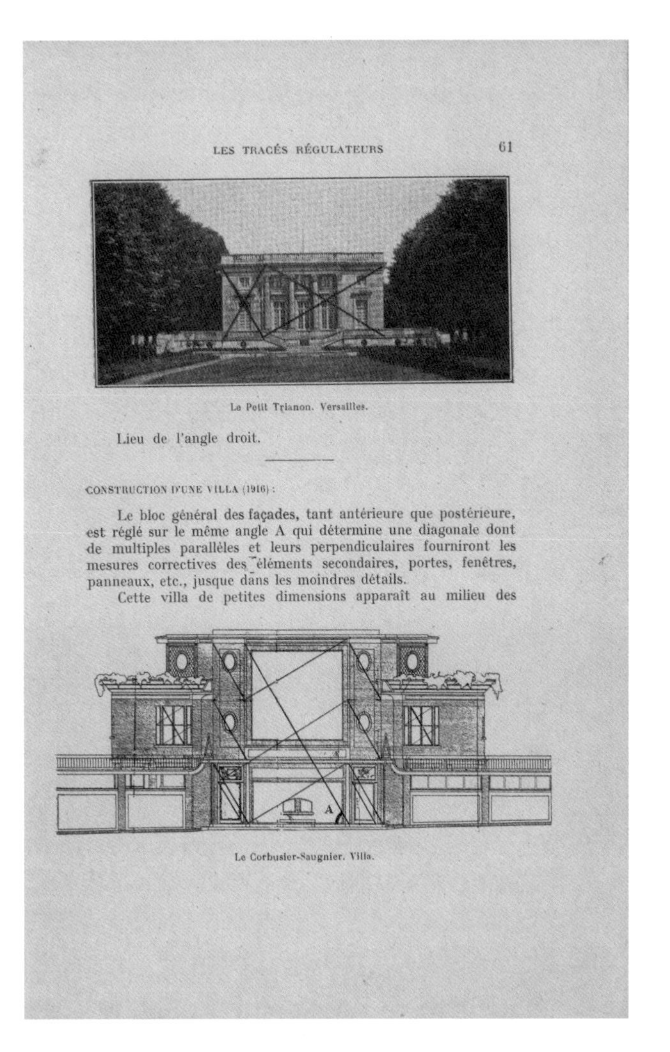

LES TRACÉS RÉGULATEURS 61

Le Petit Trianon. Versailles.

Lieu de l'angle droit.

CONSTRUCTION D'UNE VILLA (1916) :

Le bloc général des façades, tant antérieure que postérieure, est réglé sur le même angle A qui détermine une diagonale dont de multiples parallèles et leurs perpendiculaires fourniront les mesures correctives des éléments secondaires, portes, fenêtres, panneaux, etc., jusque dans les moindres détails.

Cette villa de petites dimensions apparaît au milieu des

Le Corbusier-Saugnier. Villa.

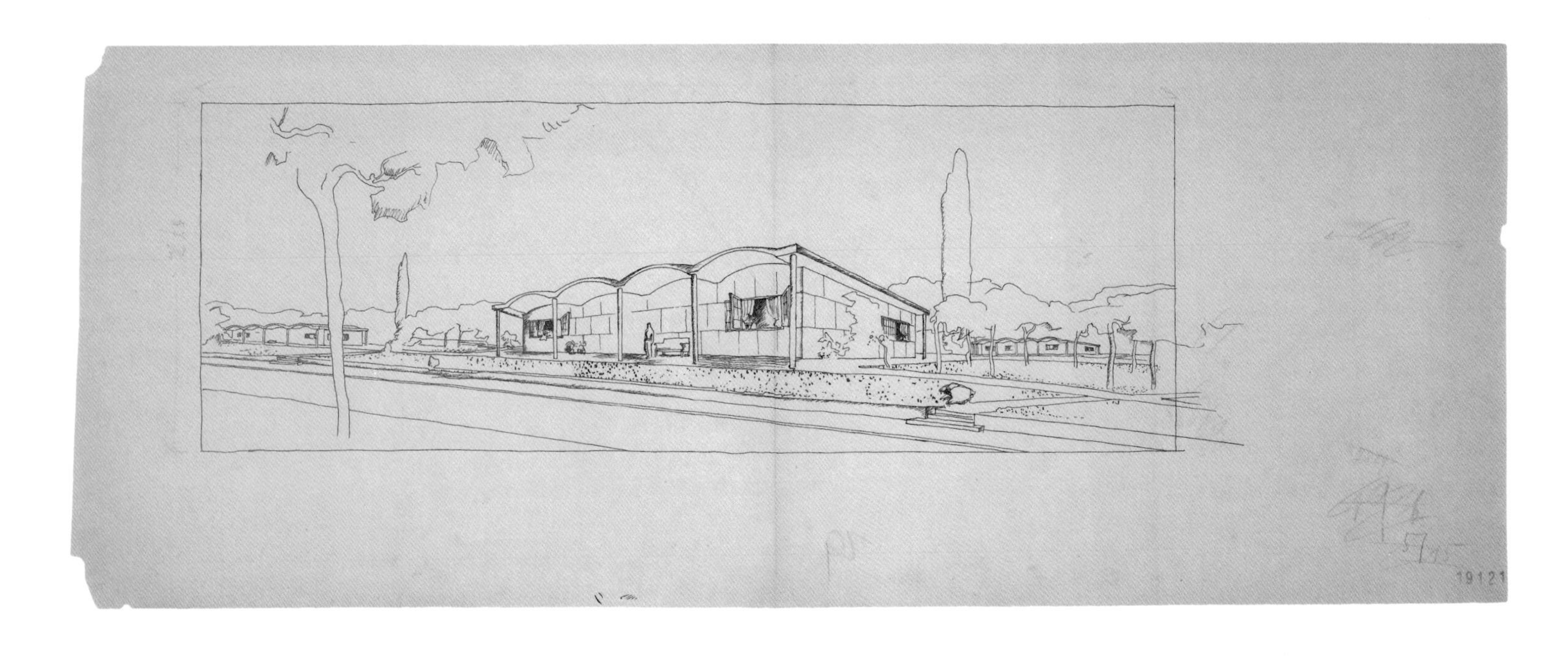

作品中最有影响力，阅读范围最广，而被理解得最少的一部著作”[11]。它不仅仅是一本理论作品，也并非仅仅是一个宣言，而是二者的融合，而且它将勒·柯布西耶作为建筑师成长过程的不同阶段连接到一起——对普罗旺萨尔、佩雷、德意志制造联盟理论、旅行经历等的回应，此外我们可以发现其自始至终贯穿着纯粹主义。《走向一种建筑》也并不是一本如某些人努力鼓吹的说它是一本宣扬建筑实用主义的册子：勒·柯布西耶说得很清楚，对程序和结构的扎实理解仅仅是通往更高的建筑雄心抱负的先决条件，“与意识有关……与结构问题无关，超越了这类问题”。他用崇高的词汇来定义建筑，这些词语回应了纯粹主义理想美学和他早期的阅读。

> “建筑就是在阳光下组合在一起的体量所进行的精巧、正确、壮丽的表演。我们的眼睛生来就是在阳光下看到形式……立方体、圆锥体、球体、圆柱体或四方椎体是伟大的基本形体，是阳光衬托出了它们的优美……这就是造型艺术的特征。”[12]

“各位先生、建筑师的三个提示”，包括“体块”表面”和“平面”，都与统一和融合的问题相关，它们被各种不同历史案例所充分阐释。舒瓦西的画，其中印度神庙、圣索菲亚大教堂和雅典卫城的画作，尤其强化了勒·柯布西耶“平面作为发生器”的思想；比例性的“基准线”概念由几何构筑物所阐明，这些几何构筑物可以溯源到对比雷埃夫斯（Piraeus，希腊东南部港口城市）的兵工厂大门的含糊性重构、对阿契美尼德王朝（Achaemenian）的圆顶（追踪到迪厄拉富瓦）图解、巴黎圣母院立面、罗马卡比多宫、小特里阿农宫，以及勒·柯布西耶自己的施沃布住宅。后面这三个案例被归入一类，好像是为了说明跨越多个世纪之间古典所产生的共鸣。然后，在本章的最后，勒·柯布西耶加上了自己的两个当代项目：奥赞方的工作室兼住宅，以及拉罗歇让纳雷别墅。从他沉迷于罗斯金学说的日子以后，这时很明显勒·柯布西耶完全改变了自己的立场，倾向于赞扬几何体伟大的基本价值。因此，他开始赞扬古埃及、古希腊、古罗马遗迹的实例，而哥特大教堂（除了巴黎圣母院）则被他降低一层打入二流。还值得注意的是，他对于地域主义、气候或来自自然的启示方面几乎没有太多关注。此时，他正渴求于探寻一种想象中通用性的设计语法，超越于场所和时间。

勒·柯布西耶感觉到古典秩序已经死亡，这是个已不复存在的符号系统，所以需要为机器时代设立新的一套习惯来替代古典的那一套。但是他当然不提倡将传统完全丢弃。事实上，他甚至认为对机器的净化就在于以一种新的语言去理解古典的基本原则，如比例、和谐、思想与形式的紧密结合。《走向一种建筑》含有很多对机器的隐喻和类比。“机器”成为一种思想，一种世界进步的重要工具，成为一种时代精神的标志。在这里，勒·柯布西耶用长时间的哲学传统来将宇宙的运行比喻为机器的运行，其运行所依据的是精确的运行法则，这并不是像一只手表或时钟那样简单。与之类似，“房屋是居住的机器”的思想并非意指将住宅缩减到一个仅仅是功利性的物体，而是将对实物的考量升华到对宇宙秩序进行类比的层次。

如同阿道夫·路斯声称的工程师是一种高贵的野蛮人，他们用桥梁和工具创造出自然却真实的当代时代的民俗，勒·柯布西耶将轮船、飞机和汽车视为对时代更真实的表达，而远甚于官方建筑局限于风格范围之内的表现。《走向一种建筑》书内的标题将轮船的原始形式与效率和纯净等的道德价值联系在一起。他赞扬飞机是应对新问题下运用现代手段的严谨解决方案，另外他还将汽车视为房屋设计师的参考案例，原因是汽车基于类型元素或是概念清晰、功能适宜、可大量生产的“标准”之上。这里有对战前德意志制造联盟的思想与想象的回应（事实上《走向一种建筑》某些关于仓库的阐释摘自《德意志制造联盟1913年年鉴》，勒·柯布西耶将其润色修正使其看起来更简单）。正如贝伦斯曾做过的

[左图]
莫诺尔体系住宅透视图，1919年。
钢笔绘制，38.7cm×100cm（$15^{1/4}$×$39^{1/3}$英寸）。

那样，勒·柯布西耶强调将机器和古典二者相融合的重要性。

《走向一种建筑》书中最引人注目的一系列对比中，有一组是这样展开的：在上方，左图是相对粗糙的帕埃斯图姆巴西利卡（Paestum，公元前6世纪），右图是相对更精致的帕提农神庙（公元前5世纪），在下方，头对头分别摆放着的是左边的一辆1907年款亨伯汽车（Humber，英国一汽车公司）和一辆在右边面对着它的1921年款杜拉捷（Delage，1905年创立于法国）运动跑车，在这里勒·柯布西耶将它们放在一起进行对比。这样做起到了双重的效果，一是示意基于标准的形式不可避免地朝着完美进化（勒·柯布西耶的历史思想充满了达尔文主义学说的进化论思想），二是暗示一座神庙的成套构件（柱子、三陇板、线脚等）与一辆汽车的成套构件（轮子、底盘、前灯等）之间的某些必要联系。勒·柯布西耶希望机器时代建筑的组成要素将有类似的明确定义，建筑也将同样朝着完美进化。

> "那就让我们将帕提农神庙和汽车放在一起展示，所以很清楚地看出这是个不同领域的两个选择出来的产品，其中一个已经达到其顶点而另一个正在蓬勃发展。这就使汽车显得高贵起来。那下一步呢？好吧，下一步，继续利用汽车作为对我们的房屋和伟大建筑的一种挑战。就是在这里，我们到了终止的尽头：'什么都行不通。'这里我们没有帕提农神庙。"[13]

现代和古代的交织是《走向一种建筑》的基本思想之一，在对想象中机器的道德价值进行了很长的说教后，勒·柯布西耶进入了另一章节，简单地冠以"建筑"之名，该章节分为三部分："罗马的教训""平面的错觉"以及"建筑，纯净的思想创造"。其主要主题是回归传统基础，他用一系列作品来支撑该主题，包括《东方之旅》中对古代建筑的速写，以及一系列极好的书写对庞贝古城的房屋、土耳其布尔萨的清真寺、罗马万神庙、圣彼得广场的半圆形后殿等的再现。勒·柯布西耶抓住所有机会来诋毁主要是后巴洛克和19世纪时代形成的"令人反感的罗马"，他同样不遗余力地攻击罗马的法兰西学院这个"毒瘤"。尽管通过佩雷、加代（Guadet）和加尼耶，他事实上已经从巴黎美术学院吸收了一些思想，但是他还是在书中引入巴黎美术学院并进行反复批判。

"罗马的教训"这一部分的主要观点是为了显示官方的建筑无法达到勒·柯布西耶从旅行中感受理解到的古典感觉。本章节最生动的图片之一是一张描绘古罗马的徒手草图，包括罗马万神庙、罗马大角斗场、克斯提乌斯金字塔等，其中描绘得很精确的是圆柱体、棱锥体、立方体、椭圆形和圆形的基本形体。本章节看起来举例说明了第二章末尾处提到过的年轻让纳雷非同寻常的白日梦想（当时他看到了罗马阳光光谱的景观），以及纯粹主义者的想象力将重新发现的持久的价值。同样，它借鉴了文艺复兴对古罗马的视图，例如皮罗·利戈里奥（Pirro Ligorio）的《古代乌比斯地图》（1561年）。不管勒·柯布西耶知不知道，他的小图解将他置于对一个古典思想的宏大远景中，这些古典思想通过部雷和勒杜延伸追溯到帕拉第奥和阿尔伯蒂，并由克里斯托弗·雷恩（Christopher Wren）很好地阐述出来，他写道："美有两个起源——自然和习俗——几何图形自然地就比不规则图形要美……"[14]在同样的精神下，《走向一种建筑》中勒·柯布西耶的"原始神庙"是一种几何抽象（并不是像洛吉耶长老的原始木屋），可以推测是模仿了自然秩序的数学和谐。

名为"平面的错觉"的章节批判了巴黎美术学院体系，批判其用三轴坐标和轴线来玩弄一些图像的把戏，不是从真实的意图出发去创作平面。勒·柯布西耶将一个好的平面视为一个有意义的思想层次，投射到空间和体量中，产生一种体验上的"建筑漫步"，这种体验与建筑的意义相联系。在它的各种范例中，当然有雅典卫城，雅典卫城的视觉序列逐渐展现出建筑的雕塑实物，还有它那辐射向环境的体量与外轮廓。勒·柯布西耶用提取自舒瓦西的透视和平面图来举例说明这一点。《走向一种建筑》全书的高潮无疑是"建筑，纯净思想的创造"这一章节，作者将本章节几乎全部贡献给了帕提农神庙，勒·柯布西耶用一组令人惊愕的近景与远景的拼贴来描绘它[某些照片来自科利尼翁（Collignon）和布瓦索纳（Boissonnas）1910年关于帕提农神庙的书]。[15]这些图像和图片说明的效果几乎就像是一部电影——类比于从不同视角观察一座建筑的动态体验，视觉效果等同于当艺术家回忆起他某一次最深刻的建筑体验的时候其思想与感觉的流露。

甚至当他1911年第一次看到帕提农神庙的时候，爱德华就已将其比作一架机器，并宣称畏惧于这座建筑神圣的数学运用。《走向一种建筑》将线脚比作"抛光的钢铁"，赞扬"目标的统一""精确的关系"以及"牺牲了所有偶然性的东西"。勒·柯布西耶抵制的仅仅是过于强调结构作用的理性主义理论，他贬低有时候在柱子和树木之间进行的比较，并嘲笑那些浮夸的学术权威人士，认为他们并未讨论过帕提农神庙杰出的雕塑优点就将其视为一个规则化的作品。与之相反，勒·柯布西耶因其是一个纯精神的创造而赞扬它，帕提农神庙每一根线条，每个线脚，每处轮廓，每片阴影都充满了生机活力。其设计主导思想通过每一个部件和细节展示出它的

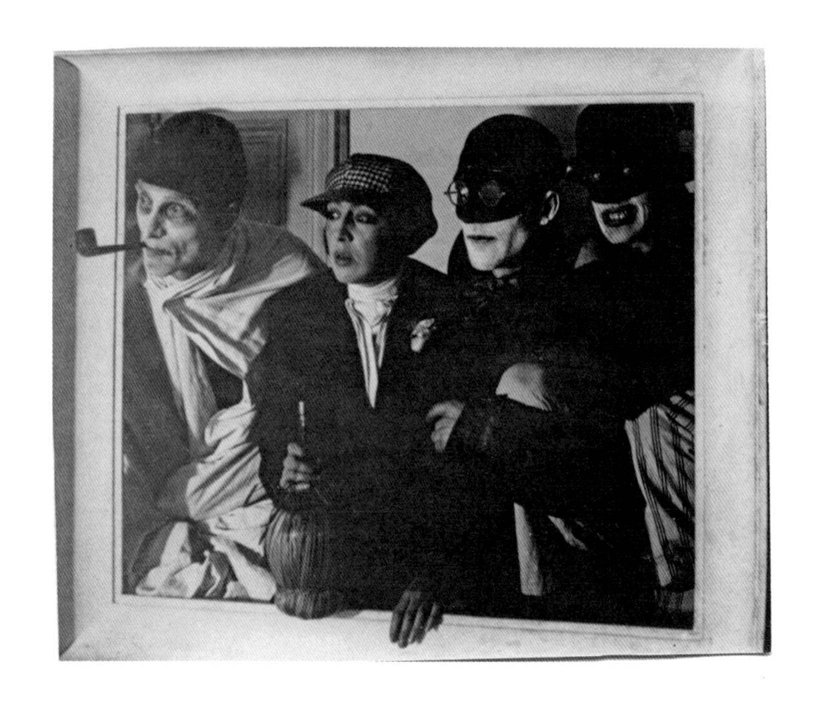

［左图］
阿梅德·奥赞方与他的妻子、勒·柯布西耶以及伊冯娜·加力斯（勒·柯布西耶未来的妻子）在20世纪20年代的一张照片。

［对页左图］
雪铁汉住宅，1921—1922年。底层立柱支撑方盒子方案的模型。

［对页右图］
勒·柯布西耶与皮埃尔·让纳雷，比思南斯别墅，沃克雷松，法国，1922—1923年。沿街立面。

［对页下图］
勒·柯布西耶，经过调换位置以及调整以适应位于地中海边的基地（或许是蔚蓝海岸），1924年。彩色蜡笔绘制，21cm×27cm（8¼×10⅔英寸）。

设计方式，看起来甚至是将景观、海洋和地平线纳入构图中。帕提农神庙是勒·柯布西耶所渴求的典范，他以一段专业告白作为本章节的开头：

> “啊，你运用了石头、木头和混凝土材料，你用这些材料建起了房屋和宫殿：这就是构筑。精巧的设计在其中起作用。
>
> 但是，突然之间，你就这样打动了我的心，你对我好，我满心愉悦，所以我说：这就是美，这就是建筑，艺术也在其中……
>
> 这些形体在阳光下清晰地相互关联。它们之间的关系，与什么是实用的什么是描述性的都没有任何必要的关系。它们就是你思想里的数学创造。它们是建筑的语言。
>
> 通过平凡材料的运用，并从或多或少带点功利性的状态作为出发点，你将会建立起某种关系，而激发起我的感情的正是这种关系。这就是建筑。”[16]

到目前为止，从本书我们可能认为勒·柯布西耶已经完全忘记了他成长岁月的理性主义主题。但是在整本《走向一种建筑》书中，简单地认为一个人必须先界定适于现代工业状态的任务和技术然后再去寻找正确的形式这个步骤是理所当然的。因此，关于“平面”（plan）的早期部分，包括加尼耶的“工业城市”和勒·柯布西耶自己的一些关于高层建筑的城市规划概念，暗示当下需要解决新的文明下的“平面”，该书的最后一部分却完全给了“大规模生产的建筑”，其表现为“危险脱节了”的社会的一种救赎方式。作为更近期的试验，多米诺住宅在书中讲得相当详尽，例如1919年拱形石棉和混凝土材料建成的莫诺尔体系住宅（Monol Houses，由板状屋顶的连续与支撑的墙壁构成的体系），以及1920—1922年白色粉刷的立方体形状的雪铁汉住宅。这些插图主要展示了工业化的花园郊区，但是正如将在下一章的内容，勒·柯布西耶已经以更宏大的角度来进行思考。

“雪铁汉”（Citrohan）是雪铁龙（Citroën）的一个双关语——一座像是汽车的房屋。[17]勒·柯布西耶希望通过类似于正在汽车工厂里使用的泰勒式的方法，来大规模生产建筑物构件。在战后的法国，住宅短缺是一个紧要的问题，作为建筑师的勒·柯布西耶将自己的思想像对待私人客户一样地同样地对待政府机构。他的立场——像许多其他的关于《走向一种建筑》的一样——回应了德意志制造联盟的思想：定义出一种风格式样，通过它的适宜性和有克制的美，来促进社会生活的稳定。雪铁汉住宅体现了“住宅是居住的机器”的概念——这个具有实用意义的工具，通过合理的比例、精致的空间，以及除去无目的的装饰和无益的传统习惯，被提高到了艺术的层次。这是一种对现状的乌托邦式的挑战。

雪铁汉住宅呈立方形，带有一个扁平的屋顶，一个双层通高的起居室和一大片工厂式的玻璃面；在后面的版本中，这个盒子被支柱架起抬高以解放出下面的底层空间用于停车，同时暗示独立于地形。空空的内部响应了“居住手册”（《走向一种建筑》的一个小节）中列出的各种需求：健康、光线良好的空间，与自然的联系，以及严格制定出的平面。与纯粹主义对于普遍性之主张一样，雪铁汉住宅设计意图就是适合任何地点任何人：一个超越了地域差异性的技术抽象产品。事实上，看起来作者将其对准了艺术家僧人的习性，像是巴黎工作室风格的房子（带有大的北向玻璃）与艾玛修道院的小单人间二者的杂交品种。其白色粉刷的立方体具有地中海的寓意，甲板状的阳台中含有海洋的寓意，但是建筑有一部分将画廊悬挂在双层通高起居室的后面，这个部分同样还受到了巴黎的一间工人咖啡厅的启发。雪铁汉住宅的外部确实十分类似于雪铁龙汽车，20世纪20年代早期出的像盒子形状的A型雪铁龙汽车，该型汽车有一个垂直挡风玻璃，上面有一个水平的悬臂保护着。

雪铁汉思想一直萦绕在勒·柯布西耶整个20世纪20年代的住宅设计，它还为勒·柯布西耶1922年的“当代城市”（Ville Contemporaine）提供了公寓住宅的基本单元。在1922—1923年，他最终接到了能让他将自己

的假设付诸实践检验的任命。其中一个来自乔治·贝尼（Georges Besnus），他在1922年的秋季展中对一个雪铁汉住宅的模型产生了深刻的印象，他曾说过自己想要类似的东西。但是最后的基地位于巴黎西郊的沃克雷松（Vaucresson），这需要一种非常与众不同的解决方案，特别是因为它花园的一侧比街道的一侧高出了整整一层的高度。被称为“可卡瑞”（“Ker-Ka-Re”），这座为贝尼先生设计的房子是一座受限制的建筑，特征显得略微平淡。在这座建筑中，勒·柯布西耶试验了他的某些新的美学规则。与6年前的施沃布住宅相比，这是一个无装饰的建筑构思产物。他剪去或减少线脚，以增强对光滑的石膏涂白表面的强调。总体的线与钢质扶手使人脑海中想起了轮船。他将简单的工业窗户设置到与立面的面相齐平。屋顶是扁平的，这十分强化了矩形的建筑几何形体。[18]

沃克雷松的住宅表达了一种新的语言：无装饰的形体，抽象的形式和表面，以及简单的矩形开口。按照《走向一种建筑》书中的规定，实体和空间在“基准线”的帮助下构成。在设计的一个早期版本中，楼梯被表现为一个呈90度连接到建筑主体部分的曲线形体量。在注释中，勒·柯布西耶记录了许多自己的发现，他可以将要素进行转变并将其融入一个独立的统一的长方体中。尽可能地接近一个纯净的棱柱体，这很明显是他的抱负。最终的沿街立面运用前凸和后凹的面板将对称和非对称结合在一起。入口被一个悬臂式的混凝土阳台强调出来，此阳台承载着一条带有纤细钢管扶手的走道。动态多变的构成暗示了内部试验性的“自由平面”。一旦进入建筑，游客就会突然发现楼梯，然后沿着一个侧面的通路，通过一个中间是一个烟囱的开放的生活区域，到达背面的花园。面向花园的主要体块是对称的，大的中央窗户两边各有供摆放雕塑用的伸出墙面的平台。其中央的凹陷，两边的墙体和严谨的比例，使得这座建筑像是18世纪公园里一座古典宫殿的抽象版本一般。替代雪铁汉住宅，贝尼得到了一座“现代中产阶级版本的凡尔赛宫内的小特里阿农宫”。[19]

勒·柯布西耶1923年的其他任务来自他的朋友阿梅德·奥赞方，奥赞方对帮助勒·柯布西耶在实际建筑中实现自己的理想有一种既定的兴趣。“画家奥赞方别墅”（《勒·柯布西耶作品全集》中用的题目），将艺术家工作室和住宅结合起来，甚至包括一个小画廊，在那里奥赞方可以展示他的作品。平坦的体量，大面积的工业玻璃，混凝土的旋转楼梯，锯齿形的屋顶，这座建筑

[左图]
勒·柯布西耶与皮埃尔·让纳雷，画家奥赞方别墅，巴黎，法国，1922年。
铅笔、炭笔、彩色粉笔以及彩色蜡笔绘制，42.2cm×54.9cm（$16^{2/3}\times21^{2/3}$英寸）。

[右上图]
从奥赞方工作室向北由雷耶大街看向蓄水池。

[右下图]
画家奥赞方别墅，地下室平面详图，展现了车库以及室内螺旋楼梯，1923年。
钢笔、铅笔以及彩色蜡笔绘制，73.3cm×55.8cm（$28^{3/4}\times22$英寸）。

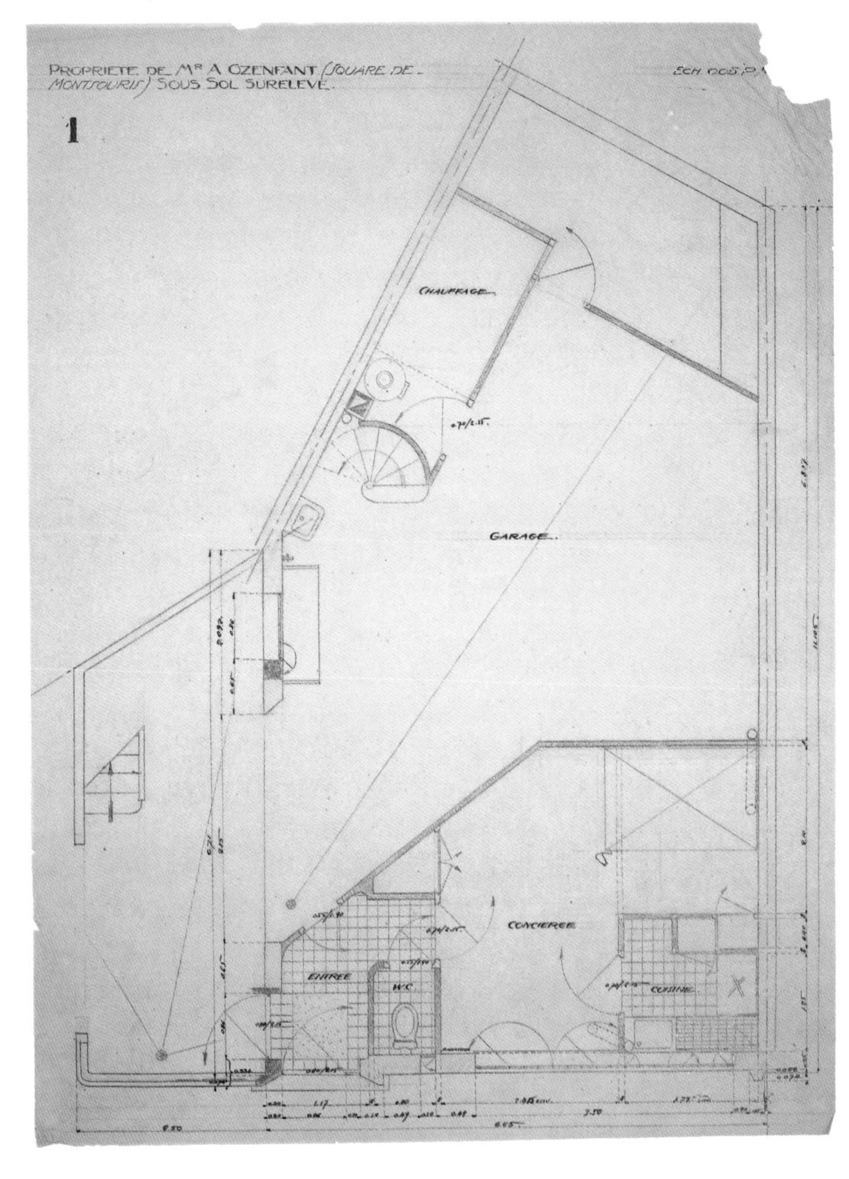

处于工业建筑和先锋派宣言二者之间。雪铁汉样式在这里被转变成与特定场地和任务相调和的一座独一无二的建筑。勒·柯布西耶将看门人的公寓和建筑的车库置于底层，家居功能放在二层，双层通高的工作室则布置在上面。这些功能上的变化通过不同的开窗样式而易于辨认：带有垂直窗框的窗户是街道标高上的工人阶层工作室的典型特征；水平窗位于起居层上；大面积的工业化窗户代表着双层通高的工作室；锯齿形的工厂天窗则在屋顶上。这些锯齿形的倾斜面甚至允许北向的光透过一块烟色玻璃顶棚射入下面的工作室内。

简洁又精确，奥赞方别墅的体量非常精细，目的是看起来几乎是无重量的。薄薄的墙板和玻璃薄膜被紧紧拉伸，覆盖在混凝土支架上。窗户的窗框被分解为许多线构成的网，给建筑提供了一个清晰的层次，并强调了处于转角的工作室的两大片玻璃表面的透明性。通过与突出墙体的平台与悬臂体投射的影子的接触，墙体灰白色的石膏表面变得有趣。基地位于巴黎第14区的雷耶（Reille）大街与蒙苏里广场（Montsouris）之间的一个转角处，朝北向和东向开放，这正是画家工作室所需求的理想自然光线采光。在大街的对面一侧，是一个大型蓄水池的高墙：奥赞方别墅从靠近蒙苏里广场的对角线方向进入，而蒙苏里广场排列着为艺术家和手工艺工匠所建造的工作室房屋。为了回应环境中的各种不同曲线，它灵活地勾勒了一条上升的路径。在内部，它将这些曲线转化成了一个上升到上面工作室的钢制旋转楼梯。结构变得不那么密集，并且更阐明了人应该继续向上走。

工作室是一个由玻璃和钢铁组成的薄膜界定出的统一的体量，它提供了跨过对面蓄水池表面的视野。在这个明亮的空间内，钢制的梯子和紧绷受拉的管状曲线扶手引导了弯曲的“建筑漫步”向上到夹层的楼梯平台，其中一个平台很像是轮船上伸出去的一片船桥（上面承载着一个图书室）。最后的一段上坡路向上通过另一架楼梯，通过一个舱门到达屋顶。工作室的早期照片显示

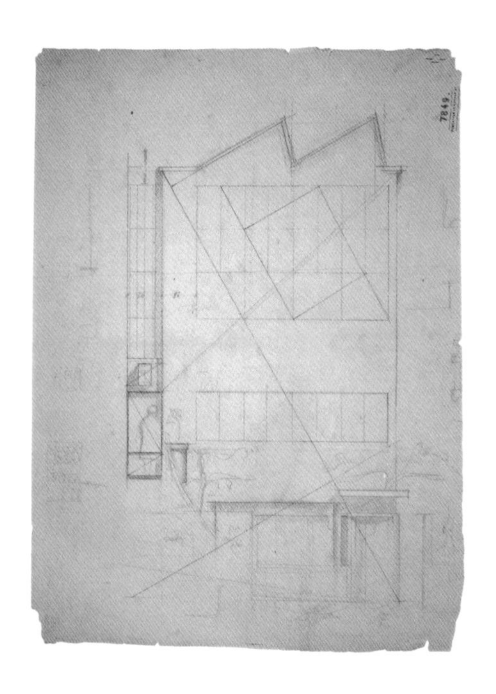

[左图]
勒·柯布西耶与皮埃尔·让纳雷，画家奥赞方别墅，立面中的"控制线"研究。钢笔以及彩色蜡笔绘制，72.1cm×53.2cm（$28^{1/3}$×21英寸）。

[右图]
勒·柯布西耶与皮埃尔·让纳雷，巴黎，法国，1923年：由东侧看到的视野。

出很少的家具，弯木制的索耐特座椅（Thonet），一个画家用的画架，一把吉他。勒·柯布西耶意识到他的朋友奥赞方将他前一个工作空间一直保持得像是一个科学实验室，这就是保留在这个去掉各种附属设备的室内的设计精神。抽象几何与机器参考的融合复制了纯粹主义绘画的策略，但现在操作的是实际空间的真实物体。沐浴在阳光中的弧线形体量，呼应了穿过自由内部的另一个弧线体量。伸向基地后面的对角线加入操作，增添了一种动态的效果。建筑的每一层都独立于其他层而布置出来，这是对"自由平面"的试验性探索。隔墙和楼梯被整齐地锁定在一起，就如手表中的齿轮和杠杆一样。

尖锐的轮廓，线性的细节，以及机器的暗示，画家奥赞方别墅激进地介入了巴黎的城市景观："一座居住的机器"形成了一种新的生活观与建筑观。在设计它的时候，勒·柯布西耶需要解决居住区域和工作间这两个实际问题，同时还要创造一种等同于新精神的诗意精神。奥赞方并不是一个普通的客户，似乎他提供了自己构思的某些大概想法，但是在他的回忆录中他坚持说这个真正创作构思属于爱德华，而结构的精妙设计则属于勒·柯布西耶的堂兄弟，皮埃尔·让纳雷（Pierre Jeanneret）。[20]一幅1923年的绘画展示了这座建筑的两张平面图，一条河与一座桥的远景，还有两个头像的画像，其中一张头像被页码的边缘所切断。这幅画有一种梦幻般的特性，上面漂浮着许多图像。其中一张平面图，可能是底层平面，展示了外部的旋转楼梯以及内部旋转楼梯的开端。另外一张遵循着同样的边缘。勒·柯布西耶此时正在构思一座坚固的垂直建筑，日常功能放在首层平面上，主要生活区置于二层，艺术家工作室则在更高的位置。这产生了实用性之感觉，但它还同时与勒·柯布西耶的理想剖面相符合，而在他的理想剖面中，常见的生活布置被完全颠倒过来，造成卧室位于一层，而更大的空间例如起居室和工作室则在更高的位置上。

一张后来的东立面尺规作图展示出勒·柯布西耶是如何利用"基准线"来建立整体的比例、窗框的尺寸，甚至是屋顶上天窗的角度。《走向一种建筑》中概述说，这种构成方法应该是通过永恒的数学法则来保证和谐。但是勒·柯布西耶认为是直接的感知，而不仅仅是抽象的几何达到了这种感觉。在奥赞方的设计中，某些线比其他的线更重要，其需要的不仅仅是通过比例得到的"基准"，而且还有感知的强调。这就是雕塑的天性直觉进入内心之处。在同一张画上，勒·柯布西耶用阴影突出了屋顶的轮廓线，强调这是一条悬臂伸出立面面板的连续的锯齿形混凝土带。这个屋脊，界定出了建筑远景生动的轮廓，强化了设计的中心图像。锯齿形的屋顶是对赞美光线领域的"工厂美学"的陈述表现。或许这还有对圣旺的巴黎精炼厂（Raffinerie Parisienne de St Ouen，巴黎北部，1894年）带有成角度天窗的锯齿形屋顶的致敬，这座建筑设计者是利用钢筋混凝土的先锋弗朗索瓦·埃内比克，而奥赞方家族与之有一定联系。

画家奥赞方别墅很明显远不仅仅是一个艺术家的住宅兼工作室那么简单：它是一次对建筑理想的实践证明，是一个对纯粹主义世界观的宣言。它将勒·柯布西耶的主导性主题在一个微观小世界里协调地结合起来，并显示出了他不断发展的建筑词汇。这里有一种非常明显的工业性的客观现实存在，而这种客观性却被抒情性和透明性所减弱。它具有一种脆弱的美，就像是一件用玻璃片做成的紧绷的器具或雕塑。奥赞方工作室接受结构的现实并在诗意的秩序思想上将其净化升华。[21]这是勒·柯布西耶的机器时代梦想的一个小片段：一个奉献给新精神的透明神殿。工业玻璃被专门用手工制造，以看起来像是大规模生产出来的。管状的扶手和金属升降梯使人回想起了蒸汽动力的时代。几把索耐特座椅和一张纯粹主义静物画，回应了简单的"物一类"（objects-type，典型物体）的道德清醒。通过一种极度的抽象，无修饰的工业现实被转化成了一种可变的生活方式的标志。奥赞方别墅证明，勒·柯布西耶最终有能力将他的一种新建筑观念转化为一个给人以强烈感受的有形之实物。

II

建筑理想与社会现实

（1922—1944年）

第5章
为新的工业城市定义类型

“建筑布局根据社会的特征和形式而变化，它们是社会的反映。在每个时代，它们都会表达出构成社会形态的基本因素……”[1]

——维克托 · 孔西代朗（Victor Considerant）

[前图]
新精神馆，巴黎，法国，1925：室内细部，展示室内装饰、绘画以及符合纯粹主义目标的日常物件。

[对页上图]
“三百万人居住的当代城市”平面，1922年。明胶打印，106.8cm×153.1cm（42×60 2/3英寸）。

[对页下图]
不动产别墅，各单元双层通高露台透视图。
钢笔绘制，41.7cm×53.6cm（16 1/2×21英寸）。

1923年时勒·柯布西耶已经成功地将成长岁月中的思想综合到他的个人建筑语汇中，他相信这些语汇根植于工业社会的状况。他在20世纪20年代早期的白色粉刷立方体别墅和工作室，以其大胆的几何造型、平屋顶、工厂式窗户、流动空间、彩色面板以及不加装饰的裸露构件，结合了强烈创新的新鲜性和坦率性。作为对城市景观的激进干预，它们与附近的建筑对比强烈而引人注目，向现状发起了挑战。在国际化的背景下，它们占领了一定地位，并与其他一些探索方案同期进行着，例如1922—1924年建成的格里特·里特维尔德（Gerrit Rietveld）的施罗德住宅（Schroder House）和鲁道夫·辛德勒（Rudolph Schindler）的洛弗尔海滨住宅（Lovell Beach House），1923年密斯·凡·德·罗的砖宅方案以及同年建成的格罗皮乌斯的魏玛包豪斯校长办公室室内。在一些历史学家的回顾中，这些开创性的作品被视为迈向“国际式”的早期步伐。

20世纪的建筑不能被简化为单独的方向，当然也不仅仅是风格的问题。当勒·柯布西耶与他同时代的人交换思想时，他给予别人的远超其所接受，并发展出了一套他自己的哲学和建筑语言。只阐述他与别人此时所共有的风格（例如水平长窗、架空体量以及平坦的表面等）其价值是非常有限的。每个建筑师都有他自己的血统、意识形态、社会环境和对传统的看法，而勒·柯布西耶的建筑具有一种独特的抒情性和力量。把他的设计仅仅视为在比例与立体派空间中的巧妙操作（就像很多形式主义批评家所说的那样）也同样是一种误导，因为这样会忽视了作品表面下多层次的象征内容。现代运动中这些影响深远的作品关注的是正确的生活方式。它们令人们回想起哲学家卡斯滕·哈里斯（Karsten Harries）的评价：“艺术的最高功能……不是娱乐或消遣，而是明确表达一种相应的世界观。”[2]

在勒·柯布西耶的案例中，这种世界观与对理想类型的定义有关，其目的是将工业城市从灾难中拯救出来。因为政治的制约，他无法实现大规模的住宅计划，无法像他在德国的同事们（他们得到了社会学家的赞助）以及在苏联的同事们（他们被号召去定义一种新的，后革命社会的形态）所做的那样。勒·柯布西耶因而将他的革新法则运用于有限尺度的建筑中——其中某些是私人住宅。若要理解这种将哲学理想转化成特定设计语言的转换过程，首先需要去理解他的城市理念。

甚至在最一般的形式中，勒·柯布西耶的城市方案都不可避免地与作为经济中心、国家首府和殖民体系核心的巴黎联系起来。巴黎为他提供了先锋派运动相关的背景，一个相对有冒险精神的顾客群，以及一个包含了更早的规划策略拼贴的城市实验室。它就像是一个巨大的重写本（palimpsest）和一个记忆的剧院。尽管勒·柯布西耶是移民身份，而且具有一些波西米亚精神，但是他吸收了中央集权、理性规划和技术统治论的法兰西式神话，作为指导国家运作的手段。他的假设主要针对法国战后几年中迫切的社会问题，包括：住房短缺，大量人口从乡村涌入城市，巴黎过度拥堵的交通，一方面需要振兴工业和吸引外资，另一方面还要适应激进的改革。

勒·柯布西耶针对当时世界性事件的背景来评价这些困境，尤其是法国的。第一次世界大战扫除了德国、奥匈帝国和奥斯曼土耳其帝国。紧随着俄国革命的是土地所有权被彻底改变，以及运用工业化来实现理想的运动朝着新社会迈进。甚至在欧洲，共产主义也已经成为一种重要的世界性力量。美国总统威尔逊（Woodrow Wilson）支持的“国际社会”（Society of Nations）的崇高理想已经在一定程度上被美国的孤立主义分子所渐渐破坏，但却鼓励了超越民族主义狭隘利益的创造性飞跃。勒·柯布西耶对这些引导世界进程的力量极其敏感，这促进了他自身向和谐时代的迈进。他的本能使他更趋向一种新的国际秩序，在这里资本家的智慧会以某种方式被引导来改善现代社会。这一目标的政治现实仍旧是模糊的，但他高度重视城市规划，似乎真正的计划具有提升人类个体和规范人

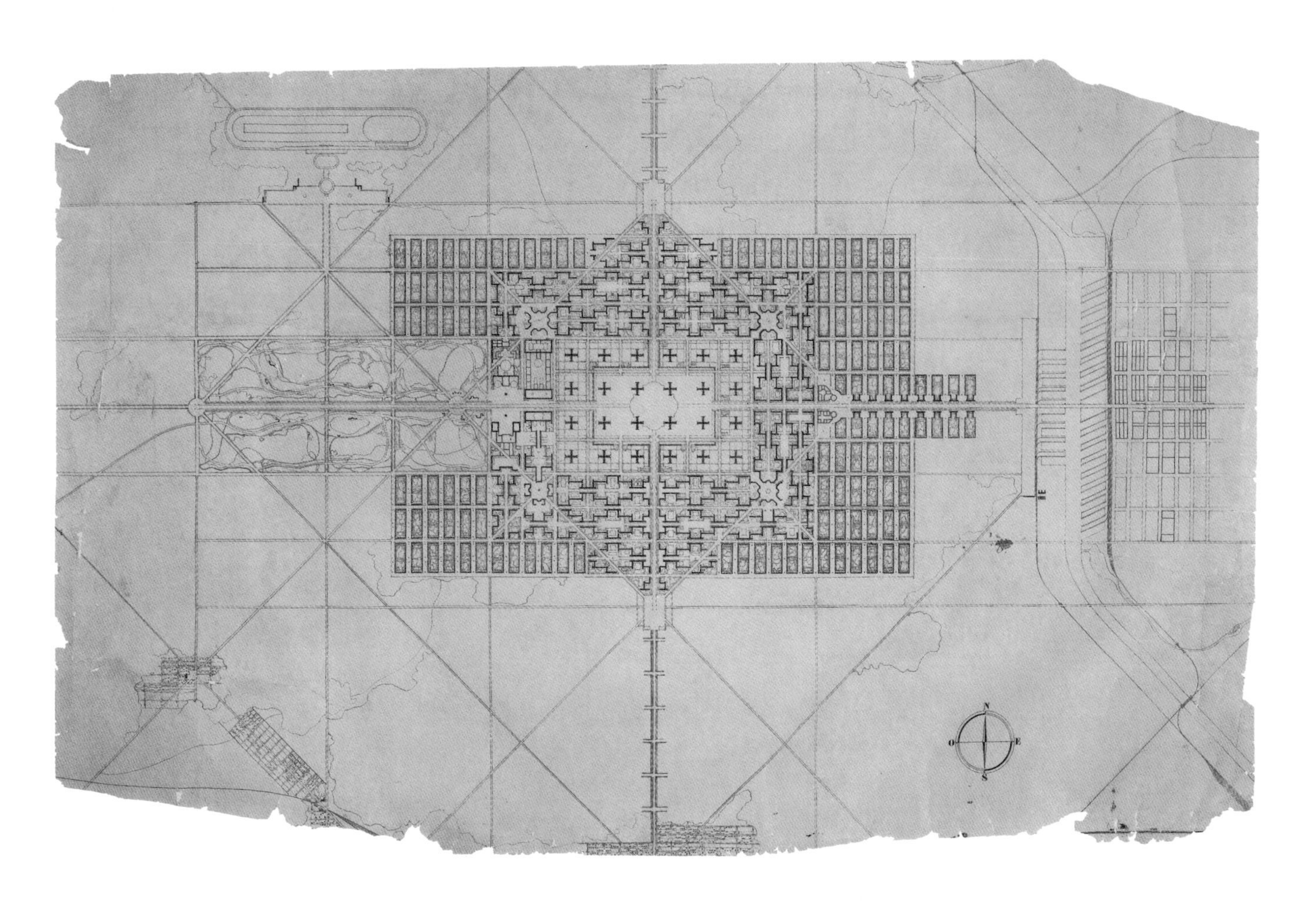

19069

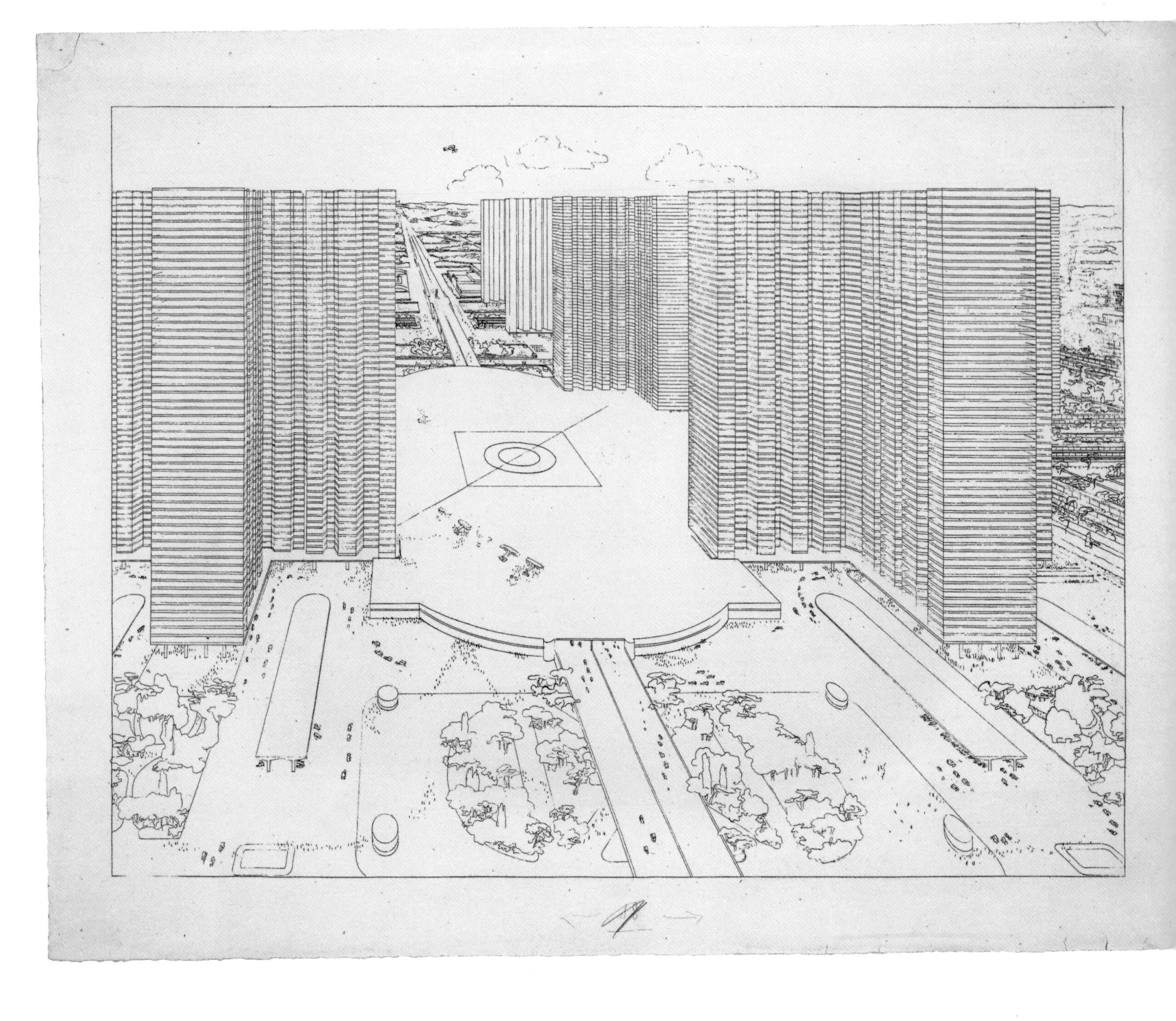

类行为的力量。“建筑还是革命”，他在《走向一种建筑》一书结尾写道：“革命是可以避免的。”

在1918至1921年间，勒·柯布西耶专注于研究控制绘画和建筑的一般性“法则”；他将相同的程序应用于城市，并把这看作一种能引导社会命运的类科学。[3]自他受到卡米洛·西特的手稿“城市之建造”（La construction des villes）影响之后，就已认为这是19世纪城市规划的主要改革范式，并开始对加尼耶的“工业城市”（Cite Industrielle）产生兴趣。他关于低成本住宅的设想驱使他研究美国工程师泰勒（F W Taylor）的理论，泰勒的理论有关大规模生产的效率，帮助他形成了“住宅是居住的机器”（machine a habiter）的概念。[4]他的很多想法来自于他对过去和现在城市的直接观察。勒·柯布西耶正试图寻找一种将所有这些因素都综合成一种可行原型的方式，这种原型可能与法兰西第三共和国在战后的混乱年间逐步形成的机构和社会精英阶层有关。

作为建筑师的勒·柯布西耶在1922年的秋季沙龙展上将这种城市原理的想法用一个模型和一些绘画展示出来。他把这个计划称为“300万人居住的当代城市”（A Contemporary City for Three Million Inhabitants）来强调它可以建成。它检验了一个工业城镇的一般情况，包括管理、制造、交通、居住和休闲，每种功能都有它自己的区域。较高的密度来自于用钢、混凝土和大规模生产技术造就的高楼。建筑之间的空间被用作通畅的交通和广阔的公园。因此阳光、空气和绿化这类“本质的愉悦”（essential joy）可以为所有人所得，而又不依靠乡村化和分散化，勒·柯布西耶认为乡村化和分散化是反城市的，浪费了优质的土地。“当代城市”是勒·柯布西耶对拥堵的19世纪城市的批判，但它仍旧追求政府、资金、资源和文化的集中化。

“当代城市”的图画显示了耸立于一片绿色而规则的景观层之上的玻璃摩天楼和中等高度的公寓楼。许多更早之前的城市类型都被融合在这个规划中：实用

［左图］
勒·柯布西耶与皮埃尔·让纳雷，瓦赞规划，1925年：理想工业城市核心的摩天大楼。

［下图］
不动产别墅，1922年。整体透视图。钢笔粗线绘制，70.5cm×119.7cm（$27^{3/4}$×$47^{1/4}$英寸）。

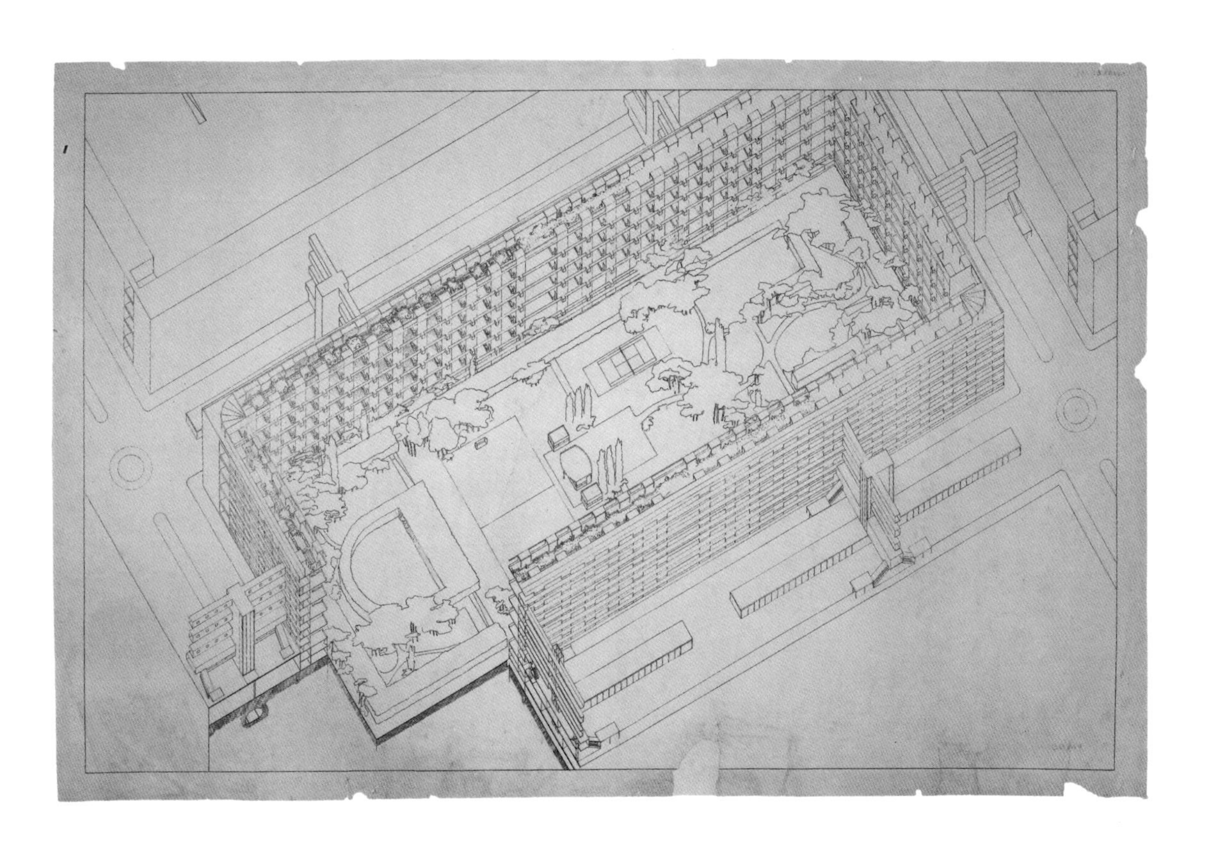

功能主义的网格（例如曼哈顿、拉德绍封）；传统层级制度的城市（例如巴黎，或者是伯纳姆1909年为芝加哥所作的布扎式规划），以及象征性城市、宇宙城市、几何城市（例如中国北京，甚至是文艺复兴时期的理想城市）。我们可以发现，在道路交叉口已不再是神庙或者城市纪念碑，而是一个7层高的交通枢纽，包括铁路、公路、地铁和最顶层的飞机场。交通枢纽被24层高，超过250米（800英尺）的玻璃摩天楼所包围，每栋楼都是十字形平面，成行排列以形成纪念性的总体效果。商业和交通是最显而易见的要素，勒·柯布西耶试图从中创造出一种正式的城市艺术。他将城市设想成一架巨大的机器，汽车飞驰于高楼间相联系的轴线上，或许回应了圣伊利亚（Sant'Elias）的"新城市"（Citta Nuova）；但这个所有事物所依靠的规划，富含学院派的设计策略，而且很强烈地继承了法国古典城市的传统，这可以追溯到从奥斯曼（Haussmann）的林荫大道到香榭丽舍大街，甚至到凡尔赛宫无限延伸的轴线上。在他1925年面世的书《明日之城市》（Urbanisme，英文版译为The City of Tomorrow and its Planning）中，勒·柯布西耶在书内包含的一幅画中展示了路易十四下令建造残废军人教堂的情景，"对一个伟大的城市规划者的敬意……他设想了宏伟的事物并实现了它们。"[5]

如果当代城市的平面几何和透视唤起了荣耀，依靠支柱架在多层交通上面的摩天大楼的剖面，则是对美国工业城市，包括地铁、街道和架在高楼之间层叠的高架铁路的更为整齐的版本。他自己1915年对"架空城镇"（Villes-Pilotis）的提议已经展望了这个系统的一种变体，其中建筑支撑在托柱上，交通和服务在下方穿梭，城市的基底变成了"升高的地面"。就个人来说勒·柯布西耶的玻璃塔楼和美国流行的折中主义塔楼几乎没有什么共同点——后者例如雷蒙德·胡德（Raymond Hood）和约翰·豪厄尔（John Howell）赢得的1922年芝加哥论坛报大厦竞赛的新哥特式方案。[6]它们也不

像佩雷的现代塔楼方案那样被装饰外壳包裹并用摇摇晃晃的桥连接起来。建筑表面竖向成排的间隔线条显示了19世纪90年代芝加哥学派的影响——比如1891年伯纳姆（Burnham）和鲁特（Root）的里莱恩斯大厦（Reliance Building）的透明盒子——尽管这种透明的特性也可能借鉴了密斯·凡·德·罗1919—1921年的玻璃摩天楼的形象。这两者都基于半透明的玻璃表皮，并依附于一个支柱和悬挑平板的结构骨架。勒·柯布西耶试图传达一种穿行于他的理想城市中的绿色空间中的感受：

> "你走在树荫下，巨大的草坪向四处延伸环绕着你。空气清新而纯净；这里几乎没有噪声。什么，你看不到建筑在哪里吗？视线穿过迷人的构思奇巧的枝干投向天际，你会看到那些空间广阔的水晶塔楼，它们比地球上任何尖顶都要高。这些半透明的棱柱似乎没有任何支撑地飘浮于空中，在夏日的阳光下闪烁，在冬季灰蒙蒙的天空下轻盈地闪着微光，在傍晚时分魔幻般地闪耀着……"[7]

密斯·凡·德·罗的现代玻璃摩天楼方案具有成角度的玻璃面和半反射的表皮，有一种德国表现主义的传统并具有一种"未来的水晶教堂"的气息。勒·柯布西耶的十字形棱柱与其相比更加克制和古典，它起源于纯粹主义的世界。它们图解性地阐释了设想中的城市主义的普遍原则。它们以一种"理性"的解决办法来应对拥挤的现代城市并且传达一种普遍性和秩序性的感觉，而这与产生曼哈顿和芝加哥混乱天际线的自由资本主义是完全不同的。当代的北美摩天楼以台阶型断面设计允许光线射入低处街道，它们通常装饰着带有多种历史参照的图案来强调其个性。与之相反，勒·柯布西耶希望能够定义最一般化的类型，来标准化和约束摩天楼，将它们作为一种提高密度同时释放空间和交通的城市工具来运用。他的十字形玻璃塔楼都同样抬升起来架在底层托柱上，如此底层平面、交通和城市的公共生活就可以在下面穿行。它们唤起的世界绝非华尔街或者那些无政府主义的混乱的自由企业。当代城市的玻璃塔楼成群地聚集起来，在主轴线上对称性地布置，暗示了某种中心化的、技术统治论的形式。

勒·柯布西耶的城市设想，带着对光和透明性的诗意想象，融入了乌托邦式的情绪但又有某种独裁权力控制的怪异感觉。当代城市是为白领阶层的工作者——管理者和官僚建造的，制造业以及低阶层被城市绿化带隔开于另一些区域。中产阶级的公寓楼包含两种类型：一种是锯齿状条形住宅，交错地凹进和凸出；另一种是"不动产别墅"，这一类型实际上由许多雪铁汉住宅围绕院子聚叠在一起而形成公共单元，看上去像是巨大的文件收纳柜。锯齿状的住宅让人想起凡尔赛宫的布局和某些其他巴洛克宫殿，并似乎有意唤起了19世纪早期夏尔·傅立叶（Charles Fourier）的法兰斯泰尔（phalansteres）。[8]不动产别墅可以肯定是以艾玛修道院为原型，在这里依照现代豪华酒店和远洋轮船的形式进行了调整，带有集中供给设施如暖气、水管、一个饭店及屋顶平台上的跑道。每个独立单元沿边界都有一个独享的两层高的私人庭院。勒·柯布西耶一定常常在他巴黎狭窄的阁楼里梦想着这种设计。不动产别墅返回了他自1907年拜访佛罗伦萨的卡特尔修道院后就一直萦绕于头脑中的问题：怎样将个体和社区，私人和社会生活，自然和城市进行最好的结合？

绿化是勒·柯布西耶城市理论中的一个重要元素：城市的大部分区域都用于草坪、花园、网球场、林荫大道和公园。经过他在拉绍德封拉斯金式的成长时期，他有了这样一种思想：认为树木是道德秩序的象征。他把城市中的公园称作"肺"，因为它使空间得以呼吸。自然为贫民窟和19世纪城市弥漫的煤烟提供了解决的良药，同时也是闲暇时的人间天堂。在城市和乡村之间寻找适宜平衡点的问题让19世纪政治和城市改革者投入了大量精力，包括夏尔·傅立叶、

[对页左图]
圣·伊利亚，“新城市”方案草图，1914年。

[对页右图]
威利·科比特，《未来的纽约》《摩天大楼之城》，1913年。

[左图]
密斯·凡·德·罗，弗里德里希大街摩天大楼方案，柏林，德国。
北侧外部透视图，1921年。
炭笔与石墨绘制于板上，173.4cm×121.9cm（68 1/4×48英寸）。

卡尔·马克思、约翰·罗斯金、埃比尼泽·霍华德（Ebenezer Howard）以及弗雷克里克·劳·奥姆斯特德（Frederick Law Olmsted）。勒·柯布西耶似乎是从加尼耶的工业城市的角度来看待这个问题的，这个城市本身就被构想为一个巨大的公园。加尼耶通过使用混凝土等现代材料、理性的分区以及古典的暗示给予了花园城市思想一种新的解释。勒·柯布西耶于1919年写信给加尼耶，用最热情洋溢的语句给工业城市以极高的赞誉。他自己的当代城市则关注类似的内容并达到更高的层次，其中通过并置和对比赋予机器、自然、集合和现代制度等基本要素以一种新的张力。

不同于那些崇尚传统的以街道和广场立面来界定城市景观的城市规划师，勒·柯布西耶试图让他的大多数建筑相互远离以留出空间使建筑得以呼吸。这里的隐喻是从拥挤的贫民窟以及传统道路的交通堵塞中的一种解脱。勒·柯布西耶几乎是从医学的角度看待这个问题，就好像在切除癌症肿瘤一样。20世纪20年代的巴黎仍旧存在臭气熏天的小巷和疾病滋生的区域。代替具有限制性的街道，他设想一种新的交通层次，其道路涵盖了从快速交通使用的高速公路，一直到居住区种植着成排树木的笔直道路。车行路和人行路尽可能地区分开来。在道路的十字交叉口设有环形路。勒·柯布西耶或许熟悉尤金·赫纳德（Eugene Henard）1903—1906年写的《对巴黎变化的研究》（Etudes sur les transformations de Paris），其中设想为马和马车设计类似的交叉路口，分层级的原则是19世纪很多城市都具有的状况。对于在传统城市肌理中开辟出宽大的林荫道以缓解交通、让空气和阳光进入、创造宏伟的视野，这类想法存在于奥斯曼（Haussmann）所规划的巴黎城。“当代城市”甚至在主要轴线的尽端设置凯旋门，并在一些十字交叉口矗立方尖碑。其中一个凯旋门之上是胜利女神像的复制物，也许是向第一次世界大战胜利后法国霸权主义者的抱负致敬。这些唤起国家荣耀的古典构筑物，伴随着一种对急速穿行于玻璃塔楼间的汽车的颂扬——事实上这种未来主义的场景已在1914年圣伊利亚的“新城市”中描绘过。勒·柯布西耶写道：“一个拥有速度的城市才会成功。”我们或许可以补充说，一个拥有很多成就的城市会烟雾缭绕。

尽管勒·柯布西耶声称他的城市基于洛吉耶的概念：“细节上统一，整体上无序”（Unity in detail, disorder in the whole），但是多数人将它看作“令人压抑的一致性”。他从早期沉醉于卡米洛·西特的日子里创作手稿“城市的结构”以来，已经完全改变了方向。现在的勒·柯布西耶鄙视曲线和蜿蜒的漫步为“驴径”，声称“人类笔直地行走是因为视野里有那么个目标”。显然，他吸收了巴洛克城市规划中的某些轴线的经验，他似乎研究了18世纪路易十五统治下帕特（Patte）的城市规划。[9]尽管在《走向一种建筑》中对学院派（Beaux-Arts）轴线式规划的虚假浮夸表示气愤，但他并没有寻找与精妙的“建筑漫步”（promenade architecturale）地位类似的城市空间：并没有像普南城（希波丹姆斯规划的希腊城市）或庞贝城广场那样的“室外居室”。勒·柯布西耶关注的城市规划的古典传统版本似乎是从法国巴洛克城市开始：准确来说是他停止对建筑仰慕的地方。[10]

勒·柯布西耶的“当代城市”将不同的来源、类型和模型融合成一个概念性图解，他认为历史会向前运动达到一个融合的点，在这里先前存在的冲突和矛盾都会得以解决。他的修辞“论点”以及视觉阐述都依赖于一种辩证的方法，通过这个方法，一种提议可以由它的对立面所补偿。着迷于曼哈顿的摩天楼和奥姆斯特德的纽约中央公园所提供的呼吸空间，勒·柯布西耶将这种状态进行了反转，在公园中布置城市。受整齐划一的工业化网格的启发，勒·柯布西耶加入了古典城市中的轴线和几何模式与之相对抗。他把精力专注于高层建筑，拒绝资本主义的投机而钟情于空间广阔的“垂直花园城市”。他痴迷于将城市看作一个机器的想法，同时也发展了对立面，一座被认为会与“大自然”重新结合的城市。

[右图]
勒·柯布西耶与皮埃尔·让纳雷，新精神馆，巴黎，法国，1925年。

“当代城市”就像是一座城市里的象征性地标。它融合了不同的景观样式，从不动产别墅平台上的不规则绿化到居住区之间的公园，再到主轴线上的广阔景观。城市中规则的部分以及它后退的远景是利用了很久以前从勒·诺特设计的维康府邸花园和凡尔赛宫花园传承而来的法国古典传统。[11]建筑和空间重叠的几何形暗示了装饰树篱和花坛的放大版本。就像一个尺寸巨大的地毯图案，这个城市规划甚至唤起了将勒·柯布西耶早期对拉绍德封的图像学研究中的图底关系结合的复杂技术。“当代城市”的一些透视图展示了一种升高的视角，就好像观察者是从一架飞机上，在开始冒险降落到摩天楼之间的中心机场之前，在接近这座城市时看到的景象。从这个角度来看，这座城市体现了圆形监狱的特点，从一个单一的控制性视点进行观察，同时逐渐远离的视线暗示了一个广阔的水平向无限延展的空间。制作透视和理想城市模型的目的是为了引出一种崇高之感。

当代城市聚焦的几何和放射性轴线清楚地说明了一种中央集权的意象。精英，也就是“国家的大脑”——哲学家和艺术家以及商人和技术统治者——在摩天高楼里工作，审视着围绕他们的剧场般的普通日常生活。在远处中心区域之外，可以看到工厂（设置于下风区），以及工人的花园城市。尽管工人被放逐于白领阶层的天堂之外，然而这里并没有阶级的冲突，每个工人都有一套体面的带有花园的家庭住宅——一套多米诺式住宅、莫诺尔式住宅或是雪铁汉住宅。指令向指定的方位点发出，同时人、思想、服务、货物和金钱聚集到位于中心的终端。毫无疑问这是某个国家的首都，尽管是哪个国家还不能确定。虽然它对世俗性的机构进行了颂扬，这个新的工业国家立足于一个类似于历史上宇宙帝都的理想几何平面上。这个平面使人想起了《走向一种建筑》“基准线”一章中围合起来的神庙。当代城市提出了一种社会更新的曼陀罗图示，在这里，领导者明白什么对大家是最好的。[12]

勒·柯布西耶相信精英式的技术统治论，他们的投资和能量被认为可以产生财富和就业岗位，但他们的教养和公益意识可以熏陶社会各个领域并限制“不干涉主义”引起的混乱。这种有趣的构想将19世纪圣西门（Henri Saint-Simon）的由哲学管理者领导新社会的思想要素，与夏尔·傅立叶的“牛顿式社会学”（Newtonian Sociology）中对抗势力通过正确的建筑改革寻找一种理想均衡的思想要素二者结合起来。[13]显而易见勒·柯布西耶在这里过于决定论了，好像他在暗示他的平面本身就可以带来有价值的和平革命。在这个方案中，规划者自己被给予了一种对于其他人生活的过度影响——就像是柏拉图的“哲人王”（Philosopher King），设想了理想国家的结构并在理想城市平面上描绘出这种图景。勒·柯布西耶的乌托邦思想是假设遵循正确框架的技术拥有力量可以将人与自然重新整合为和谐的整体。

在1925年的装饰艺术展上，勒·柯布西耶展示了他的下一个关于现代城市的观点，即“巴黎的瓦赞规划”（Plan Voisin pour Paris）。这些多样的国家展示馆在风格上是折中主义的。在这次展览上，“装饰艺术”对公众产生了影响，这是一种对异国来源，彩色装饰和消费主义的别致综合，在这个华丽的场景中有两座建筑显得与众不同。其中一座是康斯坦丁·梅尔尼科夫（Konstantin Melnikov）的苏维埃展馆（Soviet Pavilion）——一种“工厂美学”的动态展示，通过一个对角的斜坡进行切断，宣布了新革命主义社会的进步理想。另一座是勒·柯布西耶和皮埃尔·让纳雷设计的，作为纯粹主义生活方式范例的新精神馆（l‘Esprit Nouveau）。[14]展馆本身是“不动产别墅”的一个单元。它有一个两层高的平台，并且有一棵树穿过屋顶上的一个洞口；公寓的旁边沿着后部也有一个两层高的画廊，这里又一次重复了雪铁汉式剖面。展览的一个尽端处，摆放着当代城市和巴黎瓦赞规划的两个模型。二者互相面对，参观者被置于一个较高的位置以俯瞰这两个巨大的场景。这里所要传达的信息很清楚：当代城市展示了一般原则，而瓦赞规划则是在巴黎对这个案例的一种独特应用。

事实上，新精神馆展示了勒·柯布西耶对建筑、设计和城市的信条：他个人世界观的一个缩影。对于建立一个不同的尺度上（从物体到建筑和城市）的理想世界来说，“类型”的概念是至关重要的。平台便是这个思想的一部分：由铸铁建造的两层高的带有植物和标准花园用具的室外房间。这里给予观察者一个在不动产别墅中的高处花园，去欣赏框架式的视图。甚至有在轨道上滑动的钢制分隔以适应与外部的联系。这种公寓类型本身就是建筑师对于现代生活思想的提炼：开放平面，两层通高，沐浴在阳光中的光滑墙面，另有一个精致的钢管楼梯升至更高的一层。内部结合了内置的家具，例如一种有滑动门的橱柜，其独立构件包括一些桌子，这些桌子带有胶合板的顶面和覆盖铬合金的钢腿。通过这些完美设计的场景布置，勒·柯布西耶组织了一种产生于纯粹主义的“拾得之物”（objets trouves）的方案。

“住宅是居住的机器”的假想依赖于一种蒙太奇式的技术来同时探索对比与类比。廉价的索耐特弯木椅与优雅的枫树“俱乐部”皮革扶手椅并置在一起，粗糙的伯尔尼地毯对比于闪亮的金属表面，而普通的玻璃置于一幅包含有类似物品的莱热的静物写生前。这是一

种建筑内部形状和超出画面的表达二者之间的视觉双关。对比其他过度装饰的装饰艺术风格的展馆，新精神馆是克制的，甚至是清教徒式的。瓶子和器具是最简单的形式，就像奥赞方和让纳雷的画中那些被理想化的东西一样。替代那些柔和的拉利克（Lalique）容器的是取自化学实验室的瓶子和水罐。在他的《今日的装饰艺术》（L'Art decoratif d'aujourd'hui，1925）一书中，勒·柯布西耶批判批量生产的粗劣作品，倡导那种牙科医生用的椅子，折叠式的露营用具和实用性的仿真工具："所有时代的所有的人，都会为自己基本需求的物品而发明创造……与人的机体相关并帮助人去完成它。"出于同样的思想，新精神馆呈现了整个从酒杯到摩天楼的各种"净化的"现代类型的实景模型。

新精神馆是一个三维化的倡导新生活方式的宣言。"我们关注的问题绝不轻松肤浅。"勒·柯布西耶写道，"我们从日常的物品出发一直到大城市的城市化。"这里有一种假设，认为一种居住类型（logement-type）可以大量生产，既适用于像雪铁汉一样的独立别墅，又可以作为公寓楼中的单元。它被设想为"今天有教养的人"所居住的模型。这种尝试通过类型的理想化重新唤起战前制造联盟的理论，来调和文化和工业、艺术与日常事务的关系。艺术家作出一种时代精神预言者的姿态，认为可以识别出现代生活的"真正"维度，并揭示一种真实文化的形式。这种认为先锋派个人主义者可以设计一种理想模式用于大量性住宅的想法本身就是有问题的，因为他并没有考虑到公众流行品位多元化的问题。这个方案在美学方面可能是令人信服的，但是它对于对象和主题的选择比较单一和武断。勒·柯布西耶的

原型不太稳固地依附于他作为形式创造者的技巧，如果没有这一点，它们将丧失其大部分意义。

总之，如果我们要讨论新精神馆，那是因为这种暂时性的舞台布景被小心地保留在照片中，准确地传达了建筑师的观点。

在展览馆中展示的瓦赞规划的模型和绘画集中在巴黎到塞纳河以北的几平方公里范围内。成排的巨大玻璃摩天楼耸立于屋顶之上，在其间是公园和林荫大道。许多老巴黎原有建筑被简单地铲平，只是为了适应实际是当代城市对真实的城市和历史背景的强烈侵入。玻璃塔楼被设想作为新经济秩序的符号，同时也是时代精神的象征。勒·柯布西耶尝试提出每个时代都有它自己的类型，而现在是摩天楼的时代（非常讽刺的是他并未建造出一座摩天大楼）。他认为重大改变对于缓解巴黎的交通非常必要，他还声称玻璃摩天楼将会提高土地的价值并鼓励国际商人将投资和总部设在巴黎——“欧洲之眼”城市。勒·柯布西耶甚至提出，这可以降低另一次世界大战发生的可能性，因为经济界的领导者绝不会允许本国的政客们（发动战争）毁掉他们在巴黎的利益。

显然勒·柯布西耶超越了波西米亚式的文化界，在大公司和政治权威间进行活动。事前，他已经与像雪铁龙（Citroën）和瓦赞（Voisin）这样的汽车制造商进行了广泛的接触，还有米其林轮胎公司。不用说，他们都很高兴看到城市规划如此坚决地致力于为汽车考虑。加布里埃尔·瓦赞（Gabriel Voisin，他同样生产飞机并对大规模生产的住房感兴趣），将他的名字瓦赞和资金都借给了勒·柯布西耶的这个城市规划项目，而公共建设大臣（Anatole de Monzie）——建设部长则亲自参观了展览馆。勒·柯布西耶用《明日之城市》的出版来支持他的展览，这本书重申了当代城市背后的所有论证并试图解释这个原理对巴黎同样适用。他用历史上的崇高案例来支持他的观点，例如北京城和巴黎孚日广场（Place des Vosges），以及黑格曼（Hegemann）的《美国的建筑与城市》（Amerikanische Architektur und Stadtbaukunst，1925）中的多层交通的剖面图，但也聪明地利用了报纸上的卡通画来提醒巴黎普通民众每天在过于拥挤的城市中生活的沮丧。他画了一幅难懂的画，上面是不足的照明与通风很差的公寓，缺少足够的管道和下水道，每天在拥挤的地铁里浪费几个小时，并缺乏合理的运动、娱乐和休闲设施。他指向的是所有阶层。富人通过他们土地价值的提高会变得更富有。中产阶级则可以拥有带屋顶平台和花园的更好的公寓。而穷人——他们的命运就不那么确定了，因为在当代城市中，没有像田园城市那样设置这一类建筑。但是这座新的城市将会消除19世纪的灰尘和湿气，带来20世纪的

［左图］
巴黎中心排列着瓦赞规划中的摩天大楼的实体模型，1925年；
注意前景中的城市（取自《光辉城市》，1935）。

［右图］
勒·柯布西耶和密斯·凡·德·罗在德国斯图加特，1926年。

阳光和希望。“建筑还是革命?”瓦赞规划断言，革命是可以避免的。

关注巴黎衰败区域的建筑和街道是有价值的，提出一种替代物可以激发更高层次的灵感；但瓦赞规划的外科手术太过激烈以至于它可能会破坏掉它所自称要保护的城市体（以及城市精神）。[15]乌托邦式的整体——甚至是某些部分——无法与经历了许多世纪而发展起来的城市肌理很好地融合。勒·柯布西耶的机器式分区与巴黎的混合功能和混合收入的状况相矛盾，这些原有的混合状况产生了社会的复杂性和他所崇尚的城市性。他对于城市更新的过于简单的图示产生了尺度上的奇怪冲突，并破坏了之前的意义层次：比如巴黎圣母院，即使最近的摩天楼远在1公里之外，也会变得矮小。不仅如此，勒·柯布西耶为提倡公共卫生而着迷于摧毁古老的“街道走廊”，低估了街道作为社会机构的价值，就像他浮夸的交通动脉的植入误解了领域性的重要以及之前城市景观的历史记忆。他的观点会被轻易地滥用于生产房地产利润，其他的则所剩无几：我们永远不知道是否会这样，因为瓦赞规划并没有实施。

勒·柯布西耶的城市模型含有基本的缺陷是毫无疑问的，但是某些对危机的城市状况的替代物也是必要的。他对于未来将主宰工业城市景观的建筑类型和交通系统的预言，有着不可思议的精确性，并试图给予他们秩序和自然的丰富性。然而，可能人们会很容易指责他使得每一个平庸的现代市区都带有粗鲁的高层建筑，围绕以大片的停车场；房地产通过建设高层，不关心城市更新；大规模的交通计划切断了旧城市肌理来获取利润等——很明显，即便没有他这些事情也一定会发生。即使在勒·柯布西耶的影响很明确的案例中，他的原初理论的关键内容——例如私人平台，公共设施和公园——也经常被忽视。就像冯·莫斯指出的：“规划政策不是由单独某个建筑师的影响所能决定，即使他很‘伟大’。规划政策是由社会经济的力量和利益、制度模式以及意识形态而决定的。”[16]

勒·柯布西耶的城市计划过于专权主义和阶级分化，以至于不能迎合20世纪20年代法国左派的要求；而又因为过于革命性而不能迎合其他任何边缘性的右翼支持者。他夸大了新的财富创造者——汽车和飞机厂商、金属和玻璃生产商、工程师、房地产商和银行家，并将现代化、集中化和理性主义像永恒信条一般地看待。所有这些吸引了一支右翼团体“法兰西复兴”，一群“集智慧，才能和人格于一身的工业精英”，他们宣布支持勒·柯布西耶于1928年出版的《迈向机器时代的巴黎》（Towards the Paris of the Machine Age）。[17]他开始论及对一种新的“权威性”的需要——一个现代的科尔伯特（Colbert），可以将社会引向城市的真正形式。但即便是小规模的办公建筑或住宅，也没有一个资本家主动愿意当赞助人，而且伴随着1929年的美国股市大崩盘，勒·柯布西耶对资本主义越来越不抱希望。

如果勒·柯布西耶20世纪20年代期间在德国工作，他将会得到对公共房屋的大规模国家赞助，但是在法国并没有类似的资金或政策。无论左翼还是右翼法国政府都一直遵循1908年的《里博法案》（Ribot Law），法案规定，只要是依照各种概述详细的低成本住宅规范设计的工人住宅，将给予这些工人住宅的工业赞助者以优惠的贷款；而工人自身会得到非常有利的信贷利率从而获得属于自己的住宅。勒·柯布西耶曾详细地研究了这些规定，而且用一种被称为“里博住宅”（Maison Ribot）的雪铁汉住宅变体以遵循这些规定，并于1923年秋季沙龙上展出，这是一场由迈瑟斯（Messrs）推行的活动。一场由卢舍尔先生（Loucheur）和博纳韦先生（Bonnevay）所推动的内容是倡议在10年间建造50万种住宅单元的运动，于1921年由国民议会的副议长们（Chambre des Deputes）推行，但仍然在等待着1927年参议院的支持。同时在1919—1925年间，只有18707套满足法律要求的低收入住宅建成（与之形成对比的是德国有80万套，英国有60万套）。勒·柯布西耶将自己的愿景放在了错误的时间和地点上。

[右图]
1985年的贝沙克，展现出由居住者所做出的各种修改。

[下图]
勒·柯布西耶与皮埃尔·让纳雷，弗吕日现代社区，贝沙克，波尔多附近，法国，1924—1926年。

[对页左图]
奥德，露台住宅，魏森霍夫，斯图加特，德国，1927年。

[对页右图]
魏森霍夫住宅展明信片，斯图加特，1927年。
由密斯·凡·德·罗设计的整体建筑群以及平屋顶公寓街区。

勒·柯布西耶的一次将“大规模生产”住房理论付诸实践的机会获得了有限的成功。这就是靠近波尔多（Bordeaux）的佩萨克（Pessac）的弗吕日现代社区（Quartier Moderne Fruges），设计于1924—1926年间。[18]亨利·弗吕日（Henri Fruges）是一位投资房地产、糖果业和殖民地木材业的百万富翁。他想要给他的工人提供得体又能买得起的住房。他读了《走向一种建筑》并且看到了秋季沙龙上的里博住宅模型。弗吕日并非普通的商人：他创作音乐、绘画并设计织物，其中就有一件作品被勒·柯布西耶收入新精神馆中。他结合了家长式作风、冒险精神和艺术家天赋，成为勒·柯布西耶的理想客户。最初，弗吕日提出建造少量的示范住宅，但勒·柯布西耶很快劝说他变得更有野心，甚至诱导他买一部昂贵的英格索兰（Ingersoll Rand，美国一家公司名）喷枪，用于将混凝土喷于建筑表面。有了更大的规模，这个“社区”（Quartier）项目开始触及勒·柯布西耶宏大改革视野中的一个小小的乡村角落：他倾向于在靠近该地制造业厂区的地方建设花园城市，以此作为一种缓解大城市压力的方法，并且在越来越多的人离开土地的时候保持乡村经济的持续运转。在弗吕日现代社区中，每一户住家都拥有自己的花园以种植蔬菜，放松休息，并享受一种归属感。建筑师和客户都认为这种住房可以稳定工作人口。

佩萨克的问题非常巧妙地融入了激起勒·柯布西耶兴趣的一系列原型，这些原型自勒·柯布西耶1911年参观柏林附近赫勒劳（Hellerau）的工人住宅，学习花园城市思想，并吸收了加尼耶的工业城市思想之后就引起了他的兴趣。在1914—1915年，大约正是他准备多米诺的相关研究之时，他读到了福维尔（Foville）一本很有纪念意义的书——《对于法国居住条件的调查，住宅类型》（Enquete sur la condition de l’habitation en France，Maisons-tpyes，1894），书中用统计学和类型学方式分析了法国的地域性乡土建筑。尽管勒·柯布西耶不是有意要在佩萨克做出一份地方主义者声明，他依然试图去定义一整套相关的类型，因此他最终得出5米（相当于16英尺）的模度也就不足为奇了，因为这已经成为多数法国农村乡土建筑的凸线脚（thumb）度量规则。对于佩萨克，他视之为雪铁汉和里博住宅原型的变体，它们沿着种植树列的街道布置，并有着覆盖绿廊的屋顶平台花园（有的案例中如此）。基本的立方体块可以通过不同方式的堆叠来产生各种变化，成为两层联排式住宅，以及独立的4层高的公寓楼（被幽默地称为“摩天楼”）。

弗吕日知道西南部中世纪的那些巴斯蒂德（Bastide）城镇带有规整的街道和广场网格，以及低层的拱廊，并且坚持让勒·柯布西耶在某些住宅的一层布置店铺。将各种部件“标准化”的想法听起来十分明智，特别是当地的木材可以用作模具，但是混凝土喷枪却很难用。当地的承包人失去了耐心，转而采用更加昂贵的方法来建造墙体。大批量生产的窗户并未总能适合留在结构上的洞口，而且到1926年，很明显每座房屋的造价对于弗吕日的工人来说都过高了。更有甚者，地方当局拒绝给予其规划许可，理由是并未以正确方式从当地市政局获得许可。勒·柯布西耶试图通过更换当地承包商，并邀请建设部长（Minister de Monzie）参观场地（勒·柯布西耶确实这么做了，并真的使他印象深刻）来挽回局面，但是“标准化”背后的经济论点现在看起来很虚假。

除了这些实施方面的问题以外，作为一种强有力的建筑思想，佩萨克与欧洲的其他一些住宅试验同时进行，例如奥德（JJP Oud）在荷兰霍克（Hook）的实践，布鲁诺·陶特在法兰克福同时进行的住区（Siedlungen）规划等。似乎加尼耶的混凝土别墅被去除了所有装饰线条，只剩下裸露的白色立方形体：风土建筑的一种纯粹主义版本。事实上，因为纯白色似乎缺少变化，因此勒·柯布西耶决定在其表面涂以不同的颜色。到这时，他已吸收了荷兰风格派重视彩色

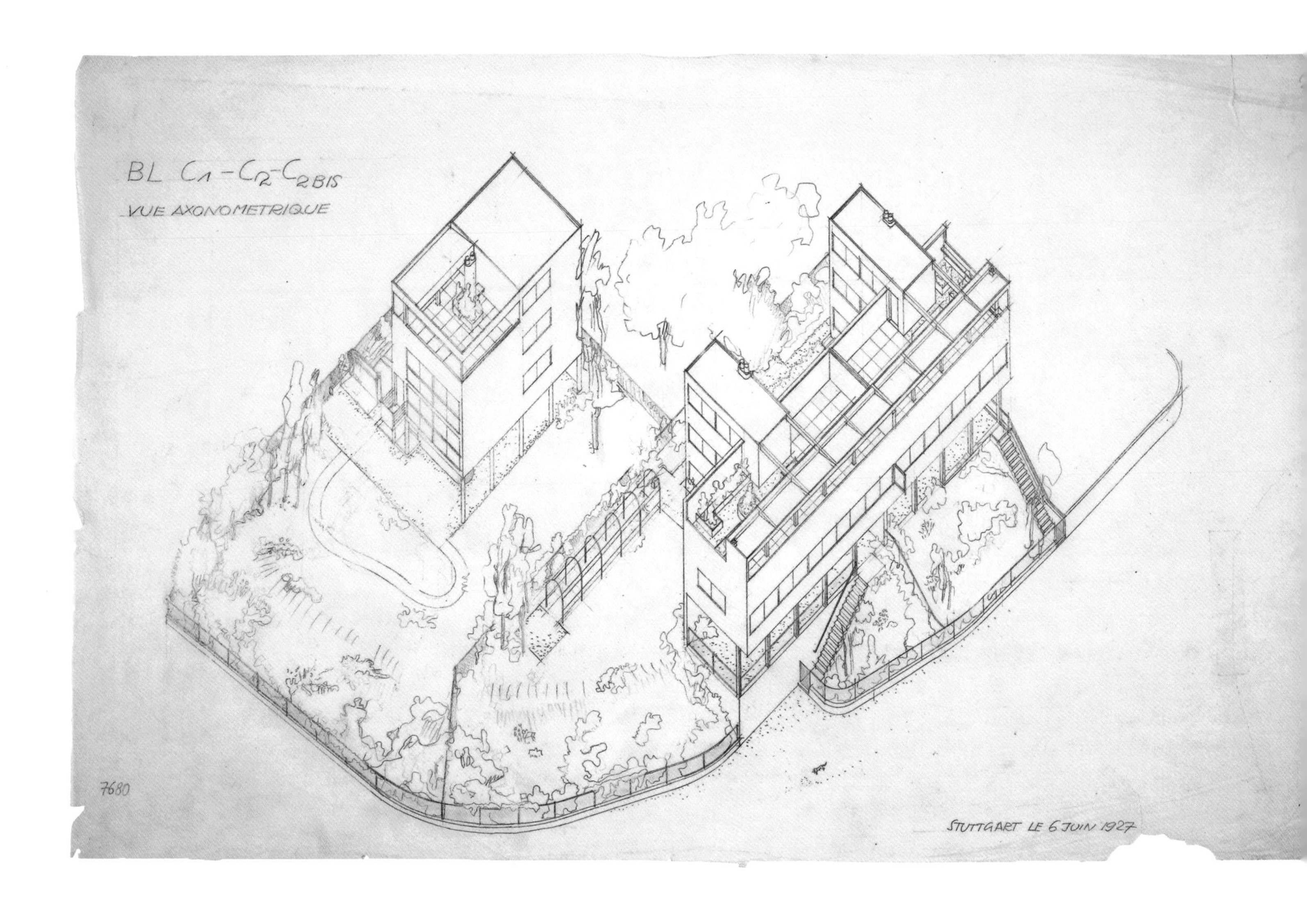

平面的思想。斯滕·艾勒·拉斯穆森（Steen Eiler Rasmussen），这位丹麦建筑师于1926年参观了这个场地并描写了其令人惊讶的效果：

> “在我看来，勒·柯布西耶在他最近的这个项目中最为清晰地表达了他的建筑思想：佩萨克居住区，位于波尔多附近，黑白插图只给予这个优美的世界以有限的模糊印象。房屋的基础是黑色的，墙体可以是赭石色、湖蓝色、明亮的宝石蓝、白色、亮黄色或者灰色。房屋的不同面采用不同的颜色；举例来说一面是深褐色的，另一面就是翠绿色的，并且这些颜色在转角处直接相碰撞；这也许是使墙体最强烈地表现出非物质感的方式。给人留下的印象是奇怪而不可思议，但却绝非混乱。所有这些高度色彩化的系统化的排布绿色植物表面，成排地沿着轴线布置和组织起来。所有的窗户都是标准化的，而且采用同样的材料。想象一下整个社区居住时的场景，屋顶花园种植着鲜活的植物，色彩鲜艳的晾晒衣服在服务庭院中随风摇摆，孩子们在其间奔跑玩耍。那么，这会不会就是明日之建筑?”[19]

佩萨克的试验揭示了，建造如此小规模的住宅不值得投入昂贵的机器（建成住宅少于100幢）。而且，建筑师和工程师都没有做出合适的排水系统，这花费了弗吕日更多的钱，给他带来了更多棘手之事。到20世纪30年代初，其中的一些房屋成为波尔多资产阶级的第二套住房。工人阶级的居民并不完全同意勒·柯布西耶对他们需求的理论分析，他们尤其拒绝要穿过厨房才能进入房间。颜色被改变了，金属窗户被替换掉，加上了四坡屋顶和装饰物。有些人将这些改变看作是建筑师最初想法的失败；其他人则认为这些房屋诠释了一种可以效仿的灵活性，而外部的形式原则提供了一种基本的结构，可以通过改建而方便地升高。但很明显，勒·柯布西耶做出一种“每个人”品位诠释者的姿态是非常有问题的。

1926年，勒·柯布西耶被邀请为魏森霍夫住宅展（Weissenhofsiedlung）提建议，展览于次年在斯图加特举办。[20]这次住宅展由德意志制造联盟发起，由密斯·凡·德·罗主持协调。他在一座俯瞰城市的山上规划展会布局。整体效果就像是要素主义的不同尺度矩形体块的抽象雕塑。展区以密斯自己设计的公寓体为支配，其平面紧凑而内部宽敞。在基地的端部，汉斯·夏隆的房屋采取了一种更具有表现主义风格的语言，而奥德创造了一种尺度适宜的联排行列，重复了一种简单的模度化设计。勒·柯布西耶负责在展会的东南角设计两座相邻的房屋。为此，他创造了两种新升级版雪铁汉住宅，一个是单户住宅，另一个是由两个单元并排组成的双户住宅。[21]前者由圆柱形混凝土托柱支撑，后者则架在较细的钢柱上，在房屋下面可以见到这些钢柱而且其长度夸张到了有些反常的程度。为了光线和视野的质量，勒·柯布西耶同样强调了条形窗和屋顶平台。两座

[左图]
魏森霍夫住宅上的单户宅与双户宅轴测草图，斯图加特，1927年6月16日，钢笔及铅笔绘制，71.2cm×83.2cm（28×32¾英寸）。

[左下图]
钢柱支撑的双户宅，魏森霍夫，斯图加特，1927年。

[右下图]
单户宅（雪铁汉住宅变体），魏森霍夫，斯图加特，1927年。

房屋的内部开敞，形成白天所用的整洁空间，夜晚则用隔墙分隔。相比于在德国提倡的“最低限度住宅”（Existenzminimum）设计，勒·柯布西耶设计的住宅提供了近乎奢侈的广阔感受。

勒·柯布西耶又一次利用了展览的机会，用一种说教的方式来阐述他的主导原则。魏森霍夫住宅展具有几种带有矩形体量和光滑表面的住宅范例，但是“独户住宅”仍然通过它的一些不同的特点从中区分出来，包括清晰的生活概念，它的底层架空，它的南向工作室大窗，它那宽敞的两层通高主空间，它的可用屋顶平台，以及它对灯光的抒情式运用。屋顶平台，作为勒·柯布西耶建筑原则的关键要素，在外部通过一个在两侧设置的宽大的水平向开口清晰地标明了出来。这个开口上方的横梁被视为邻近墙体表面的延伸，并在开放的转角处用细细的钢柱支撑起来。“双户宅”（Double House）在独户宅的旁边，二者成90度角，并从东面俯瞰斯图加特城。建筑的主要长条形盒子被架起在从顶到底贯穿整座建筑的支撑钢柱上，因此可以允许悬臂式的出挑，非常长的条形窗，以及一个顶部开放的构架，这个构架阐释了屋顶平台和绿廊的存在。这种开放的生活区域将自由平面发挥到极致。这里同样没有卧室，只有由可滑动隔墙和嵌入式衣橱松散地限定出的睡觉区，居民可在白天将他们的床收入到衣橱中。狭窄的过道激起了评论。勒·柯布西耶则回应说，这就像人们在火车的过道中行走，其实并不困难。准确来说他的意图是限制交通空间，为了享受阳光和视野而留下最宽敞的日常生活空间。

早期的关于魏森霍夫住宅展的照片给人留下的印象是所有的建筑都是白色的。事实上，勒·柯布西耶采用了好几种颜色，就像他在佩萨克中以及他在巴黎的工作室和住宅中那样。对于斯图加特，他主张采用清淡柔和的色彩，这些被神秘地贴上了“空间”、“天空”和“沙滩”的标签。在已经完成的“双户宅”中，地下室是灰色的，后墙和屋顶平台上的绿廊的支撑物是天蓝色的，而在起居空间，带窗的墙面则施以淡黄色，顶棚施以冰淇淋色，其他的墙面涂以灰色和红褐色。当组织者第一次看到勒·柯布西耶设计的表现画时，他们被它的抒情性而打动，声称在其中观察到了“独特的法兰西特质”。在后来现代主义的神话中，魏森霍夫住宅展被视为新建筑获得了国际性认同的标志事件。在当时，评论界的观察者敏锐地意识到勒·柯布西耶与其他人在方法上的不同，例如格罗皮乌斯的比较生硬的建筑，其他的一些德国人那比较约束的功能主义，以及汉斯·夏隆（Hans Scharoun）更自由的形式试验。

斯图加特的魏森霍夫住宅展在德国非常受欢迎，在仅仅几个月间就有几十万名游客慕名前来参观。勒·柯布西耶则有意地将他的两个展览建筑设计得向现状发起挑战，并激发人们对于其他生活方式的思考。它们成功地做到了这一点，引起了广泛的反应，包括从狂热的赞美一直到最尖锐的批评。汉斯·希尔德布兰特（Hans Hildebrandt）声称在其中看到了“关注岁月和民族特征的建筑”以及“指向未来的当代标志”。瑞士建筑师汉斯·施密特（Hans Schmidt），称赞了开放的平面，

[左上图]
双户宅屋顶平台的结构支撑与构架。

[左下图]
双户宅，复原后的室内装饰视景，展现出由骨架结构系统所限定的开放平面以及横向长窗。

但却怀疑内部可滑动的隔墙能否保证家庭的隐私性需求。他赞美形式的抒情性，但是觉得这些住宅可能在斯图加特的冬天不太适用。《形式》(Die Form)的主编，德意志制造联盟的官方记者，瓦尔特·里茨勒(Walter Riezler)，认为勒·柯布西耶的建筑是“展览会的最好作品，面对新的‘建筑态度’的唯一一个真正纯净的体现：是成熟，大胆，和真正现代精神的案例”。他同样也欣赏将上层建筑架在支柱上的概念：“这是一个非常具有智慧的想法，即利用今天所有可用的建造技术使房屋离开地面，并与阳光、景观和开放空间相连接，以形成一个全新的单元体。”

通常来讲，针对将魏森霍夫住宅展作为一个整体的批判的数量，比针对单体建筑特别是勒·柯布西耶的住宅的批判数量要多得多，并且他们大多以意识形态的口吻作为批判形式。韦策尔(Wetzel)教授称它是“一团裸露的立方体，没有任何一种从土地中生长出来的那种安宁，令人满意的感觉”。保罗·博纳茨(Paul Bonatz)，设计了斯图加特火车站的建筑设计师，进一步指出：“这是一种裸露的立方体堆积，令人不舒服地聚集在一起，在一系列的水平平台上抬升斜坡，看起来更像是耶路撒冷的郊区而不是斯图加特的住宅区。”来自德累斯顿的埃米尔·霍格(Emil Hogg)教授发挥了他非凡的智慧，同时用资本主义(受美国影响的机器化)和共产主义(布尔什维克的平等主义)的生产过量而定义了新的建筑。平屋顶，现代建筑的关键要素之一，因其不适应当地气候，且与德国国内观念不符而遭到否定。[22]作为战前德意志制造联盟一个重要成员的赫尔曼·穆特修斯(Hermann Muthesius)，我们本期望他会支持这种冒险，但他也只是看到了一种短暂而肤浅的现代性：

> “作为新建筑的一个重要特征的平屋顶，我们支持它的关键目的是什么，是因为它能节省开支吗？立方体建筑风格的本质与现实没有任何关系。材料和建造必须作为一种工具，为存在于人类脑海中的意图而形成形式；而不是其他方式。钢筋混凝土自身不能创造出一种新风格。恰恰相反，它只会使纯粹的人工创造陷入迷途，随处可见的悬臂出挑的薄板就是证明。鉴于这些怪异的东西，这些总会在转角处出现的窗户，这些前面带栏杆的平屋顶，非常不适应我们的气候，这种对于巨大玻璃面的夸张运用，我们只能说这是一种建造上的浪漫主义……最近得到积极传播的所谓‘新建筑’，只是一种暂时的风格，随着时尚的改变会自动消失。”[23]

勒·柯布西耶利用了斯图加特住宅展给他提供的机会来宣传他所称的“新建筑五点”思想。[24]这五点事实上早已隐含于多米诺骨架体系中，逐渐在20世纪20年代的住宅设计中被展现出来(特别是1926年的库克住宅)。但这是他的典型手法，他认为有必要以他近期的建筑发现为基础做出理论概括。第一点是底层架空，或者说钢或混凝土的垂直支柱，将盒子抬升到空中，释放出下面的地面用于交通和其他用途。第二点是平面的解放(自由平面)，凭借内部墙体可以自由布置来适应功能需求，引导流线，或者创造空间效果，因为此时已经由底层架空柱承担了重量。第三点，立面的解放(自由立面)，也一样由底层架空柱而产生，因为外表面的覆盖层摆脱了传统的承重作用的束缚，所以可以允许根据光线、视野、气候或者构成的需要，而自由地安排开窗位置。第四点，水平长窗，事实上是第三点的一小部分，因为水平长玻璃带也只是自由立面的一个版本。然而，这是勒·柯布西耶在20世纪20年代设计的别墅中经常喜欢使用的手法，用它来产生透明性或者让悬浮的玻璃带与光滑的水泥粉刷墙面进行对比。第五点，屋顶花园，带有面向阳光、天空、树木和景观的绿化，这一点补偿了地面土地的

[下图]
勒·柯布西耶，图解方法展示“新建筑五点”原则（1927年第一次提出），将新结构系统的轻盈以及空灵与传统石构建筑的幽暗和潮湿相对比（此图在《光辉城市》一书中重新出现，1935年），钢笔粗线绘制。

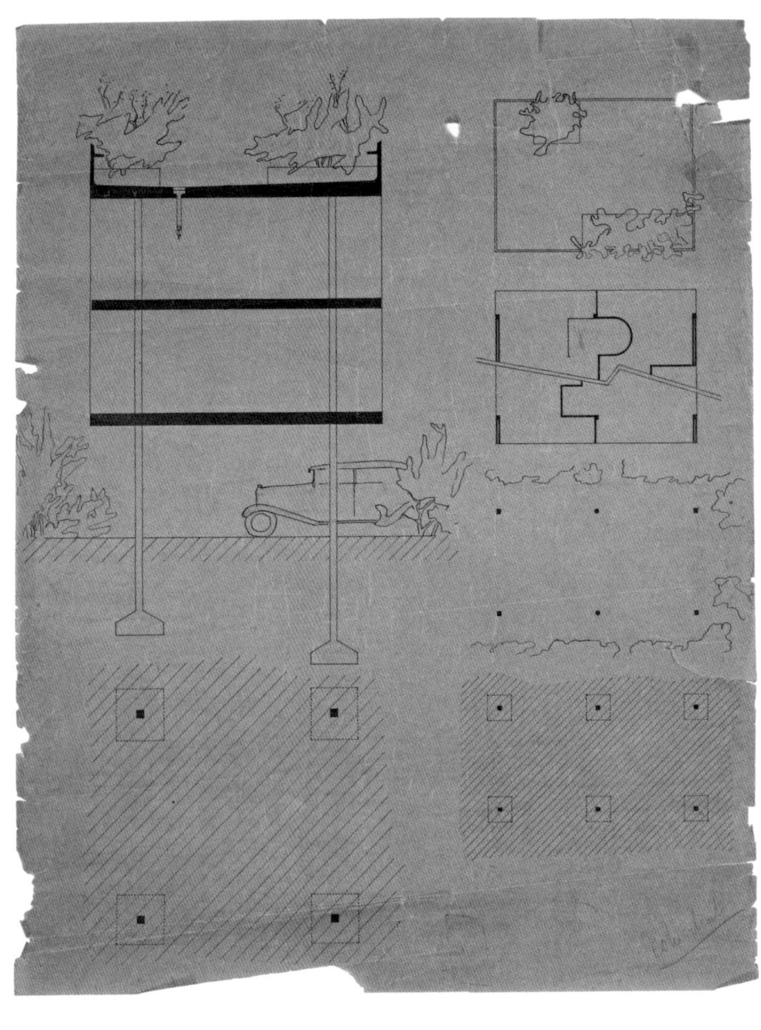

丧失。

当让纳雷在佩雷的指导下研究过理性主义历史学家，例如舒瓦西和维奥莱-勒-迪克之后，他形成了在混凝土骨架的基础上定义一种新的适合现代的建筑语言的个人抱负。对他来说，这些类似于潜藏在过去伟大风格之下的建造要素。我们猜测，对于新建筑五点的强调是刻意的，就好像他在推崇一种当今版本的古典建筑五柱式。[25]就像在《走向一种建筑》中所唤起的汽车和希腊神庙的“标准”，现在所定义的建筑中的要素可以被完善。他的系统将结构抬高到艺术的地位，将混凝土的骨架转变成一种社会变迁的器具，并在房屋或者城市的尺度上形成一种新的生活空间。在他所绘制的对新建筑五点的图解中，勒·柯布西耶主要将新系统的健康、光明以及效率的概念，与传统石结构房屋那黑暗的房间、潮湿的地下室和滋生害虫的阁楼进行比较。另一方面，从修辞学方面讲，悬浮在景观上面、架在底层架空柱上的长条形棱柱体是勒·柯布西耶的一个中心主题，这与他对理想社会的设想很接近：一种类型，可以被扩展，可以被增加，在他后期的作品中可以被转变。

魏森霍夫住宅展向世界展示了“这种建造及综合的新精神”是一种国际性事物。支持者们看到了泛文化理想的体现和时代精神的表达。但并不是每个人都很信服。批评家们厌恶这种工厂美学对家庭范围的入侵，并且不同意这种地域特点和国家特色的缺失。他们认为这不是一种健康的世界主义，而是一种毫无根据的外来干预，脱离了本土并忽视了乡土传统。最终，极端主义者们在明信片上将魏森霍夫这个地方描绘成一幅漫画，画面上是一个北非式的旧城区，阿拉伯人牵着骆驼，在平屋顶建筑之间漫步。这些充满敌对的反应，仅仅是对20世纪30年代极权主义时期针对包括非雅利安人和现代运动的种族主义式宣传的一种预示。[26]这些都是对先锋派的警告，告诉他们：这种有价值的意图并不一定会满足大众社会的愿望。

316 X6

第6章
住宅、工作室和别墅

“建筑不得不满足社会的需求，无论是富裕或是贫穷；遵循建造流程和气候；甚至在住宅的建造过程中也要对集体的需求负责。它满足旧的需求并且引起新的需求；它创造了一个属于它自己的世界。”[1]

——亨利·福西永

［前图］
斯坦因别墅，加歇，法国，1926年：从建筑北立面的车库望向主入口雨篷。

尽管勒·柯布西耶鼓吹大量性生产的住房以及现代城市转换的观点，他自身仍然很大程度上致力于为富裕阶层设计私人住宅、艺术家工作室和别墅。在20世纪20年代的法国，为大规模城市改革设立的机构很缺乏。甚至是小规模的佩萨克的实践似乎也说明了勒·柯布西耶的美学事实上相比于工人更适合“文化人”[就像拉斯穆森（Rasmussen）所指出的]：建筑师的普遍价值比他自己所希望的更多地受阶级制约。20世纪20年代的“新精神”相对于其他社会群体来说，在文化上更适合于波西米亚中上层阶级。

如果说环境迫使勒·柯布西耶从他本来指向的背景之外意识到他的关于国家的思想，这些环境并没有阻止他使用个人委托权作为涉及更广泛领域的建筑设备的实验室。这种房屋甚至也许是一种在微型规模中包含着关于新城市梦想的寓言。他的一个同事罗伯特·马来史蒂文斯（Robert Mallet-Stevens）指出，他的那些经典的住宅从来没有退化为风格化的“现代的”优雅。在特定项目的事实上总有一种重要的张力和斗争使其趋向乌托邦和理想的类型。在新的项目中要素被重复使用但不是退回到一种枯燥的公式。从贝尼（Besnus）别墅中四四方方的形式到四年后斯坦因-德·蒙齐（Stein-de Monzie）别墅中明确的抒情性见证了一种个人风格的发展，以及一套指导着勒·柯布西耶和后来几十年的现代建筑师们的原则。

勒·柯布西耶关于他的住宅、工作室和别墅的出版物，包括《勒·柯布西耶作品全集》第一卷、《精确性》（Precisions）、《一栋住宅，一座宫殿》（Une maison, un palais），都很关注“住宅是居住的机器”中的奥林匹亚式的教义——例如“新建筑五点”，或者“基准线”。甚至最临近的周围环境，在照片和图画中也经常被抛弃以呈现现代建筑的抽象特性。但是如果人们能够理解这些建筑并把它们作为针对特定项目流程、场地和预算问题的解决措施，那么勒·柯布西耶的语汇就可以更好地被理解。了解勒·柯布西耶的客户的野心、这位建筑师的精确意图以及他的设计方法是很重要的。图纸说明了概念如何形成以及怎样转化为解决办法。通过透彻了解其中的每个文脉，人们可以更好地理解这种普遍与特定的、理想与环境的相互交织。

勒·柯布西耶的建筑发明创作需要一种不同寻常的技术试验的等级。1922年之后他与他的侄子皮埃尔·让纳雷一同工作。后者是一位受过训练的工程师并且对实用性的认知更加充分，而且他刚刚为奥古斯特·佩雷工作过两年。他们在赛夫勒街（Sèvres）35号的一个老修道院的回廊中建立起了工作室，并在其中设置了一排绘图桌。一侧的窗户落地，可以看到种满树木的庭院，有时可以听见教堂里的唱诗班在歌唱。爱德华和皮埃尔逐渐聚集了一群助手，以及一个由工程师、声学家和承包商组成的圈子，向他们进行定期咨询——例如瑞士工程师乔治·祖默（Georges Summer），声学专家古斯塔夫·莱昂（Gustave Lyon），以及木匠拉斐尔·路易斯（Raphael Louis）。[2]1927年夏洛特·贝里安（Charlotte Perriand）加入了事务所并与勒·柯布西耶和皮埃尔·让纳雷建立了一系列现代家具原型。在1926—1929年间，随着事务所项目的急剧增多，以及工作室的名声传播至国际，来自许多不同国家的绘图员都想来为这位大师工作，即使只有很少的报酬。这个古怪的、落满灰尘的修道院回廊变成了一个培养几代现代建筑师的训练场，他们把勒·柯布西耶的信条传播到了全世界。

无论如何，想要建造房屋，一个建筑师必须拥有业主。勒·柯布西耶的许多早期的业主中，一部分是艺术界的生产商和消费者；一部分是没有根基的全球化世界主义者；还有一些是富有的美国人。他们并不局限在严格的等级制度以及法国社会的习俗中，并对试验抱有开放性的态度。他们将声望赋予新思想（有些是现代艺术的收藏者），并且愿意冒险举起现代建筑的圣杯。他们雇用勒·柯布西耶的个人动机既包括真正对他的思想感到兴奋，也包括模糊地认为通过他可以应对一些困难的要求。拉罗歇（La Roche）和斯坦因（Steins）这样的业主或许清楚地知道他们的房屋将会成为艺术史中的纪念物。财政方面的来源也是不同的。1924—1925年的里普希茨（Lipchitz）住宅和工作室花费了将近10万法郎。而1926—1927年的斯坦因-德·蒙齐别墅（考虑到通货膨胀）则至少是上述的十倍。爱德华和皮埃尔谈判达成了多种类型的合同，一些以费用的百分率为基础，另一些则以项目每个阶段的固定费用为基础。举例来说，里普希茨的项目，他们收了6%~7%的设计费。

勒·柯布西耶的思想中一直围绕着试图建立一种现代居住的理想模式，但是他的场地并非都标准化，同样他的雇主们也都是个体化的。一个比较极端的案例是普兰尼克斯（Planeix）项目的狭窄场地，夹在一条铁路线、巴黎一条繁忙的道路和界墙之间；另一个是贝佐（Baizeau）项目的广阔的海滨场地，包括远眺地中海和北非海岸线的长远的视角。如此多样的场地条件促使勒·柯布西耶仔细地调整他的类型学，但至少在20世纪20年代，他并没有被吸引回到明显的地域主义。他的大多数住宅、别墅和工作室都位于邻近巴黎的特殊形状的场地——它们之中很多位于西部的郊区，例如塞纳河畔的布洛涅（Boulogne-sur-Seine）或者沃克雷松（Vaucresson）。这些场地通常很狭窄，而且它们对于入口、日照、隐私和方向上的需求常常相互矛盾。勒·柯布西耶的一些基本信条，例如自由平面或者屋顶花园，通过将内部向阳光和空气开放，以及给予居住者们一个远离喧嚣街道的私密的世外桃源的做法，证明了它们的普适性。而另一方面，他的房屋立面有时会存在着裂缝，而他的平屋顶有时会漏水。

1923—1924年的拉罗歇-让纳雷住宅项目代表了一种对建筑师提出的特殊要求：这也是一种突破，就像是奥赞方的项目，发掘建筑的创意以保证之后住宅具有足够的复杂性。[3]场地被周围地产的后花园限制，占据了第16区被称为布朗什博士广场（square du Docteur Blanche）的一条尽端路底端的L形地块。设计的过程漫长而艰辛。在拉乌尔·拉罗歇和阿尔伯特·让纳雷（Albert Jeanneret，勒·柯布西耶的兄弟）被说服接受这个项目之前，存在着银行、土地所有者和潜在客户之间的岌岌可危的谈判。勒·柯布西耶经常担任自己的房地产经纪人，这样其实存在着很多风险。在1923年的某一个时刻，他似乎马上就可以得到这条尽端路北侧、尽端以及南侧的土地。他们已经形成了一个方案，包括两侧的住宅以及一个具有独创性的曲线位于其间。但是一些客户撤回了投资，最终留给建筑师的是现在那个尴尬的场地，以及两个和他关系比较密切的一直鼓舞着他的业主。

勒·柯布西耶试图利用“基准线”在一个系统性的对称立面背后统一多种多样的要求，但是方案在处理时总是不断出现各种尴尬和突兀的情形。他将拉罗歇的工作室放置在车道的末端，当时他充满智慧地设想将这个要素抬升至空中并使它的外表面弯曲。由此，人们的目光会立刻被这个悬浮的白色盒子吸引，包括它从一侧延伸至另一侧的整洁的条形窗，以及沿底层轴线排布的单层架空柱。与城市的理念相同（上层提供居住，底层留出交通空间），这个被抬高的曲线形的工作室一翼很流畅地通入住宅内部，并指引着内部漫步式的路线。细部是线形而精确的；玻璃与墙面齐平；给人的感觉是无重量的平面，而不是沉重的体量。

从外面看，这两个住宅结合成为一个单独的整体；在内部，它们则尖锐地对比着。让纳雷的那一半更加紧凑，比较传统一些的人会更加倾向于这种空间（有着较多的房间）。事实上，委托人是阿尔伯特的未婚妻洛蒂·拉芙（Lotti Raaf）（他们于1923年6月结婚，并一度分享爱德华在雅各街上的狭窄住所）。他们的要求是有一个客厅、餐厅、一些卧室、一间书房、一间厨房、一个保姆间和一个车库。因为场地面北，并且区划规范禁止将窗户开向周边后花园，因此有必要开设光庭院、平台和巧妙的天窗以引入尽可能多的阳光。最世俗的功能在地面层，而图书室，由一系列天窗照亮，被置于顶层。当人们穿过住宅向上移动时，空间似乎在尺寸上被扩展了。路线的高潮是屋顶平台，就像是一艘船的甲板。内部设置了简洁的嵌入式架子和金属家具。早期的照片显示了纯粹主义的图画，裸露的灯泡、索耐特椅和北非的地毯。这正是“新精神”的美学。

拉乌尔·拉罗歇是一位瑞士银行家，正如第四章中提到的，他对现代艺术非常有兴趣。他1918年在巴黎的瑞士晚宴上认识了爱德华，并由此开始大量收藏立体主义、后立体主义和纯粹主义的艺术作品，包括奥赞方和让纳雷的一些画作（勒·柯布西耶在给画作签名时一直使用他原来的名字）。事实上，当坎魏勒的收藏品在1921—1923年被拍卖掉时，两位艺术家都被拉罗歇雇来为坎魏勒的收藏竞标。作为一位乐于举办社交聚会的单身汉，他需要宽敞、安全并且光线良好的地方以陈列他的不断增值的收藏品。建筑师劝说他为满足这种目标建造一个纯粹主义版本的府邸。作为结果，拉罗歇住宅在内部空间的使用上与它周围的偏重于家庭生活的邻居相比更夸张且更具戏剧性。从一个三层高的大厅进入，一侧有平台，另一侧有一个突出的楼梯，以及一个在一层玻璃内的连接桥，将曲线形的工作室与住宅矩形部分连接起来。阳光从大窗户以及多种多样的天窗射入。大玻璃窗十分精细，使得表面内外流动，很像勒·柯布西耶在1920—1923年的绘画中难以捉摸的透明性。

外部的墙面最初像大多数内部墙体一样涂成浅米白色，特别是入口门厅陈列绘画的三层通高的体量。其他地方则是强烈的对比：一些较高的楼梯平台被涂成深棕色，餐厅涂成了粉色，工作室的一部分被涂成红棕色，拉罗歇的卧室被涂成冰淇淋和珍珠白色，地面层的一些服务区域被涂成苹果绿或者亮蓝色。1923年，在巴黎莱昂斯·罗森贝格（Leonce Rosenberg）的“现代成就美术馆”（Galerie de l'Effort Moderne）中举办了一个风格派建筑的展览，有可能勒·柯布西耶受到了荷兰新塑性主义（Neo-Plasticist）思想的影响，在纯色平面之间形成了对比和共鸣。但是荷兰建筑师们将自己限制在重叠的矩形和直线范围内，而柯布西耶这位纯粹主义建筑师则用曲线丰富了他的设计。[4]在拉罗歇住宅中，形式和色彩的对比因不断变化的视点和各种各样的光线强度变得戏剧化：一种穿过空间和体量的行进，勒·柯布西耶称之为“建筑漫步”。这个曲线形工作室如此有效地吸引了外部进入的轴线，其墙壁同时还沿着内侧表面引导了旁边的一个斜坡，并使其升至更高的楼层。这些动态的形式具有一种直接可感知的吸引力，将参观者从一处景观吸引至下一处，但是它们仍旧包含着运动的隐喻——斜坡、楼梯、连接桥，隐含了对于轮船和汽车的参考。这些都颂扬了现代生活的流动性。

拉罗歇住宅的内部简单而无装饰，但它们被色彩和

来自不同角度的光线赋予了生命力，包括来自顶部的光线。树木的阴影投射在外表面，上面同样没有装饰，但却有一种包括不同厚度的钢质竖框、楼梯和阳台上的细管扶手组成的细部纹理。灯泡是裸露的，位于主入口的钢制油印（Roneo）门传达了工厂美学，而且地面层的地板覆盖以白色小瓷砖，更高的楼层则覆以黑色小瓷砖。穿越楼层不断升高，感觉就像正在登上一艘船的甲板，正悬浮在连接桥和甲板的纯净表面之间。位于建筑顶部的平台将这个主题带向高潮。勒·柯布西耶在这座建筑建成6年后这样描述了这个花园：

> “青草在铺地的交接处生长，斑鸠们平静地踱来踱去；花园里种植了树木：金钟柏、丝柏、欧卫矛、桃叶珊瑚、中国月桂、水蜡树、罗望子等。6年过去了，绿植在屋顶比在花园中更加美丽……家庭的全部生活都更趋向于这座房屋的高处区域。平面发生了反转（内部被设置在了外面），人们逃离了街道，人们走向了阳光和新鲜的空气。”[5]

拉罗歇住宅平面的解放有赖于源自立体主义的一种空间感，以及钢筋混凝土在内部和外部可以形成悬浮体量的能力。结构其实是挺庞杂的，是一种墙体、柱墩和架空柱的混合物，使用了钢筋混凝土、陶片、灰泥和涂料。这是一种对于大量性生产房屋的设想，但显然不是事实。表面处理和细部设计共同唤起了“住宅是居住的机器”中洁净、精确和其他纯粹主义的品质。但是这些同样转换的场景和空间的爆发对于一些历史学家来说唤起了一些早期阶段的建筑想法。吉迪恩（Giedion）评论：“冰冷的混凝土墙被分开的方式……是为了允许空间从各个方面渗透进来”，他将这个方式与“一些巴洛克小教堂”相比较。[6]更近一些时候，库尔特·福斯特（Kurt Forster）指出了这个建筑与庞贝悲剧诗人住宅在总体平面方面有些相似的地方。[7]将拉罗歇住宅追溯到特定的历史来源是有风险的，因为勒·柯布西耶已经于1912—1916年从他的汝拉传统住宅的古代遗物中吸收了大量的经验。如果拉罗歇住宅重申了一些“罗马的经验”，那只是在一般意义上的，包括：一个穿过不同光线和亮度的空间序列，表面和深度的错觉，一个关于轴线和意图的清晰的等级序列。

彻底的简化宣告了一种关于净化形式的乌托邦思想，但这也是一种回归古代建筑裸露结构的方式。勒·柯布西耶崇尚抽象的几何学和古代废墟内部空间的复杂性，并且一些他早期的带有矩形小洞的围墙的旅行速写（例如哈德良离宫）似乎预言了他20世纪20年代的平坦表面。关于拉罗歇住宅，勒·柯布西耶做了这样的评价：“这里，在我们的现代视野之下重新复活的是那些来自历史的建筑事件。”拉罗歇自身也非常清楚与过去的更深层次的延续性。在1925年3月13日，这座住宅开放的后一天，他写信给他的建筑师赞美这种“多样的技术和设计创造”，并因其杰出的工作赠予他一台5马力的雪铁龙汽车。他继续写道，他很确信这座住宅将会“开创建筑历史中的一个新纪元”：

> “然而特别令我感动的，是那些可以在所有伟大的建筑作品中找到的不变的要素，但是在现代的构筑物中这些却很难看到。您将我们的时代与过去链接的能力是特别卓越的。您已经……创造了一件造型艺术品。”[8]

勒·柯布西耶与奥赞方在他们对于内部如何悬挂绘画（包括他们自己的绘画）产生不同意见时而分道扬镳。前者开始说服拉罗歇，为了建筑的效果，内部的墙面应该保持干净整洁。尽管发生了这次混乱以及一个暖气片的爆炸，拉罗歇始终支持他的建筑师，甚至坚持认为爱德华的绘画与他的建筑具有同样高的水平。作为回报，勒·柯布西耶赠予拉罗歇一本包含有他速写和绘画的纪念册，包括一些1922年他们一起去威尼托参观帕拉第奥的一些作品时完成的画作。拉罗歇将他住宅的名字“意大利化”为“拉罗卡住宅”（Villa La Rocca）。入住的两年后，这个主顾满意地写信给他的建筑师：

[左图]
拉罗歇别墅，巴黎，法国，1923—1924年：由汽车道望向弧形工作室一翼。

[下图]
拉罗歇别墅，艺术家工作室一翼的早期室内场景，室内遍布拉罗歇的绘画作品。

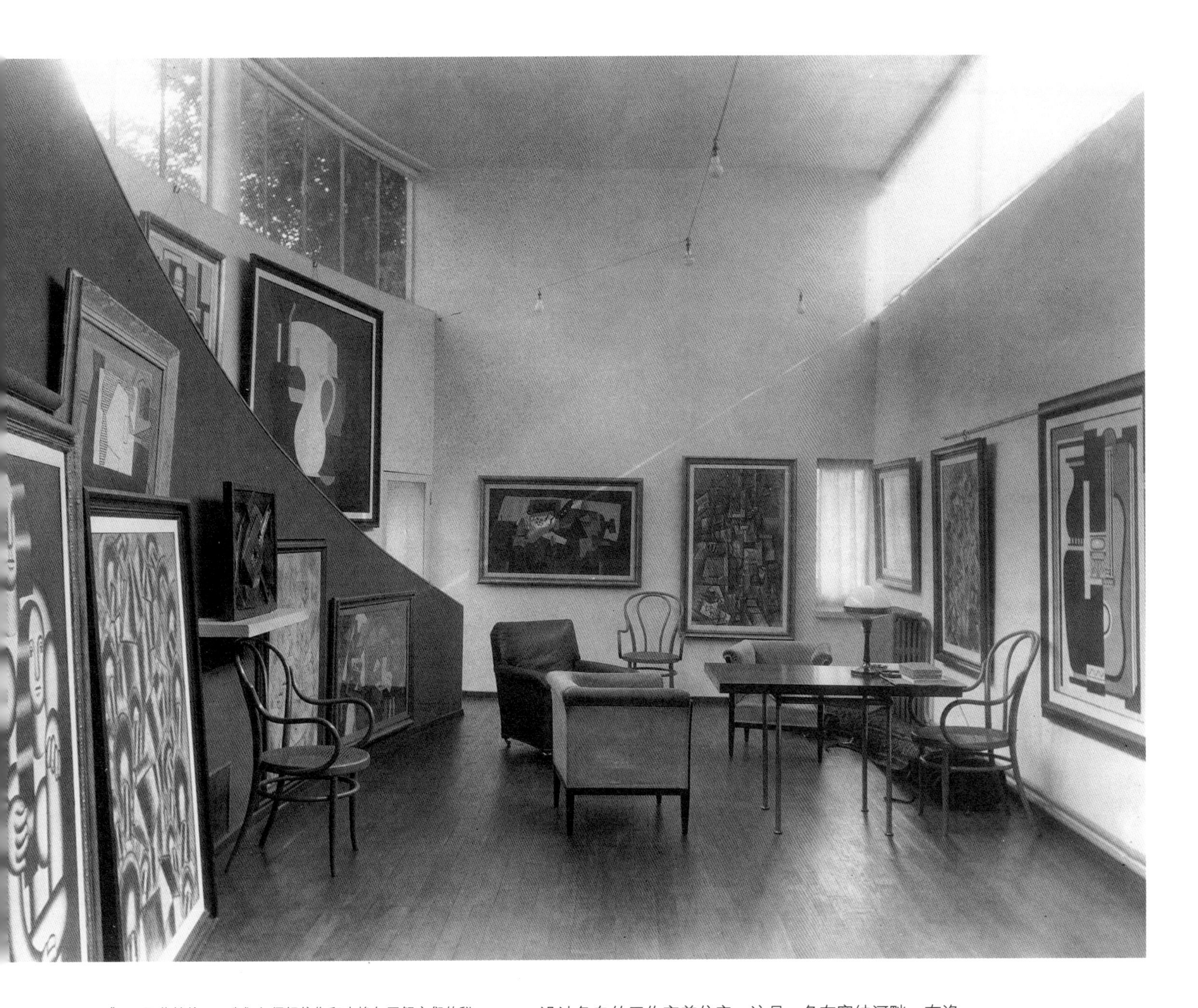

"啊！那些棱柱——我们必须相信您和皮埃尔了解它们的秘密，因为我在别处寻找它们而一无所获。多亏了你们，让我们了解了什么是建筑。"[9]

1923年后，战后经济有所改善，这无疑促使勒·柯布西耶的委托项目增多。《走向一种建筑》的出版提高了他的声望，而且《新精神》也持续出版至1925年。他还试图通过一年一度的秋季沙龙展与更广阔的公众领域取得联系。事实上，这个建筑师的最早的工作来自巴黎艺术界的一个小圈子，他们之中的很多人都互相认识。例如在1923年，他的两个雕塑家朋友雅克·里普希茨（Jacques Lipchitz）和奥斯卡·梅茨查尼诺夫（Oscar Miestchaninoff）邀请他在松树大街上为他们设计各自的工作室兼住宅，这是一条在塞纳河畔一布洛涅后面的一条安静的小街，他们设想在这里创造一个艺术家的小领地。勒·柯布西耶将雪铁汉住宅的常规做法反转过来，将住所放置在上面而工作室放在下面，因此沉重的物品可以用轮子推进推出。在场地转角的位置，勒·柯布西耶将其中一个立方体工作室的一边弯曲成弧线，并上升至顶部形成一个烟囱。本来还有第三个为卡纳莱（Canale）设计的单元，以及一个架空在柱上的桥将它们连接起来，但后来这个业主撤回了委托。相比于较早的轻巧的奥赞方的设计，这些建筑显得更加厚重和巨大，好像刻意要唤起立体主义雕塑的某些特征。

勒·柯布西耶的几个场地在形状上都比较难处理，需要有独创性的解决办法将矩形的体量和外部

[下图]
里普希茨和梅茨查尼诺夫别墅，布洛涅·比扬古，法国，1923—1925年。

[右图]
泰尔尼西安别墅，布洛涅·比扬古，法国，1924年。

的曲线联系起来，就像在拉罗歇-让纳雷住宅中一样[一种构成的类型，后来他描述其为如画式、多变的（picturesque,eventful）]。[10]1924年，勒·柯布西耶碰到了保罗·泰尔尼西安（Paul Ternisien），保罗是一位音乐家，他想要一个自用的练习室，一间他妻子的绘画工作室，以及一座他们两人的小住宅，这个设计位于一个楔形的场地，就在松树大街的另一端，与当费尔-罗彻劳大街（Denfert-Rocheraeau）斜交。勒·柯布西耶在设计中发掘了这些特质。这个设计就像一个由弧形和矩形组成的小步舞曲，又像是一种精神游戏，夫妇两人的活动形成对比，但却又围绕着一个规则形状的花园，将二人的活动统一起来，这个花园被一个环形的钢架穿越。泰尔尼西安夫人的工作室被嵌入一个矩形的体量，并由北面工厂式的玻璃引入光线。泰尔尼西安先生的音乐室则位于一个突出的尖角房间，一片直线墙面和一片曲线墙面以锐角相交。这很好地契合了紧缩的场地并巧妙地隐喻出一个乐器的形状，甚至是船头的形状（因此，对轮船的类比从里普希茨-梅茨查尼诺夫住宅设计就开始了）。

1923—1924年勒·柯布西耶在沃韦（Vevey）附近

的莱芒湖畔为他的父母设计了一座安度晚年的小住宅。[11]这片区域气候温和，其景观如柏树、葡萄园和石质平台令人回想起地中海地区。湖畔住宅［“Le Lac”，后世仅留名为‘珀蒂特住宅’（Petite Maison）]是一个带平屋顶的长长的矩形，位于湖边，穿过北部面向葡萄园的白墙可以进入它。建筑尺寸大致为15米（50英尺）长，只有4米（13英尺）宽，紧凑得就像是一个船舱或是铁轨枕木上的列车车厢，但却并不感觉狭窄。它同花园一起，建立了一个由平整的墙面所限定的领地，墙面开有一些洞口。一个11米（36英尺）长的水平窗户将景观框了出来，实际上将内部的私密活动与湖面广阔的空间和南面的群山联系了起来。运用最简单的手段，珀蒂特·梅森为日常生活建立了一个灵活的区域，同时加强了对场地与周边环境的体验。这座建筑在建造方面是未经雕琢的，甚至是粗糙的，但它在空间上是丰富的，并包含了几种核心思想的萌芽。它就像是一个‘极限住宅’的试验，利用长窗和屋顶平台揭示了构成景观的新方法。

在花园中，勒·柯布西耶在水边住宅的墙体上开了一扇小窗户。窗户并非水平拉长的而是近乎正方形，它对于参观者有一种特殊的效果，因为它更接近于一幅画的形式，像一幅韦杜塔（Veduta，一种描绘城市风光的景观画）或者景观画。这种策略也让人想起了勒·柯布西耶在罗马废墟上绘制的带孔围墙的速写。对于这个花园窗的研究，爱德华甚至包含了一些古代的典故，以唤起靠近地中海世界南部区域的神秘视野。架在细金属柱子上低矮的野餐桌或许是他对在艾玛修道院里看到的架在可折叠支架上木板桌的一种暗示。利用窗户在桌子上方作为框景并营造一种田园生活的幻想，这种想法将再现于迈耶住宅（1925年）和萨伏伊别墅（1928—1929年）的日光浴室中。一种变形甚至在25年后印度的纺织协会总部大楼（Millowners‘Association Building）斜坡顶层的勤杂工的窗户中出现。这是勒·柯布西耶从历史中吸取要素的典型方式，随后就在不同的建筑中不断地将其进行转化。

到1925年，勒·柯布西耶和皮埃尔·让纳雷已经拥有了足够的经验，可以将美学意图转化到受限制性的环境中，由此他们很好地完成了库克住宅。威廉·库克（William Cook）是一名记者并在业余时间里绘画，是那些认识格特鲁德·斯坦因（Gertrude Stein）并伴随着先锋派的边缘前行被称为“在巴黎的美国人”中的一员。他的场地仍旧位于布洛涅-索-塞恩，在距离松树大街只有一箭之地的当费尔-罗彻劳大街上。布洛涅森林公园就位于场地东北侧可以看到的对角线方向。该地块为房屋前后提供了足够的小花园空间。设计要思考沿着建筑红线的立面如何处理；接着要协调入口与隐私、起居室与卧室、汽车与花园，以及视野与围合之间的需求冲突。

勒·柯布西耶在不到一周的时间就基本解决了这些困难的需求，这说明了这些问题触发了他脑海中对理想住宅的构想图像。他将主要居住空间放置于一个简洁的盒子中，将其抬起于地面，架在两侧墙体和处在一条中心线上的三根圆柱上，在前面可以看到最前面的一根柱子。勒·柯布西耶反转了常规的设计，将卧室、更衣室、保姆房和卫生间都放在一层，而厨房、餐厅和起居室放在二层。最后一个空间（有时可以用作为画室）实际上有两层高并穿过屋顶花园层面，由一个小楼梯将它与毗邻平台上的书房相连接。这种“建筑漫步”以望向布洛涅森林里树木的优美视野作为收尾。就像勒·柯布西耶所说的：“你似乎不是生活在巴黎，而好像是生活在乡间。”[12]

完工的库克住宅接近于一个立方体，一个理想的建筑画面在《走向一种建筑》中被展示出来。建筑内部被塑造成在剖面和平面上被压缩和放大的空间序列。曲线的分割划定出特定的使用（举例来说，从紧凑的一楼平台进入的许多必要的口），引导了空间的流动，塑造了光和影。立面的薄灰泥被水平向的暗色半反射玻璃打断。主导的对称性被主轴线上的架空柱所加强，围绕

[左图]
湖畔住宅(珀蒂特住宅),科尔索,沃韦,法国,1923—1924,草图创作于1925年。

[右上图]
库克别墅,布洛涅·比扬古,法国,1926年。

[右下图]
库克别墅,立面图。钢笔、彩色蜡笔、粉笔和炭笔绘制,76.1cm×86.8cm(30×34英寸)。

着它的空间和实体,凸出和凹入的体量,前进和后退的面,都被组织在一种推和拉、不对称和次对称的微妙操作中。从外部看一个嵌入式的弧形在内部转换成一个悬浮的体量。在一种空间和光影的丰富互动下,外部变成了内部,内部变成了外部。库克住宅将雪铁汉住宅的意象、多米诺体系的原则、机器的类比[就像弧线形的门房中"引用"了法曼·戈利亚特(Farman Goliath)飞机的驾驶座舱]以及源自纯粹主义绘画的感知丰富性,共同结合在了一起。勒·柯布西耶总结了20世纪20年代中期的成就时说:"分别从混凝土和绘画衍生出来的建筑形式,它们之间现在形成了彻底的一致性。"[13]

不仅如此,库克住宅是"新建筑五点"的一次展示(因为它很快就被与魏森霍夫住宅展的建筑联系起来),当然也是勒·柯布西耶城市原则的一次演示。[14]底层架空柱——新建筑和新城市的发生器——被呈现为一种文化的象征,所有注意力的聚焦点,它将盒子体量升至空中。汽车在一侧行驶,行人在另一侧,并且为了区分二者,勒·柯布西耶使用了与他在"当代城市"(Ville Contemporaine)中相同的手段:笔直的道路用于汽车交通,曲线的道路用于行人。横向长窗和自由立面强烈地展现在观众眼前,通过几乎延伸至边缘的窗户强调出来,呈现为一种无重量的薄膜(a weightless membrane),并且通过柱子稍稍退后的方式,暗示了一种结构和表皮的分离。立面后混乱的体量足以提示一种内部的自由平面,屋顶平台在顶部被明显地标识出来。出于一些理由,建筑师声称:"这里最为清晰地运用了到目前为止的一些发现。"库克一家也同样对这个结果很满意:"我们非常高兴,充分意识到你不仅创造了一个伟大的住宅,同时也创造了一个非常漂亮的充满阳光和光线的住宅。"[15]

库克住宅体现了勒·柯布西耶在三维角度工作的能力,事实上是四维,因为它是一个需要经过时间的推延而逐渐体验到的一系列相互交织的体量的序列。钢筋混凝土骨架允许建筑师去发掘每层不同的自由平面。曲线被用来引导运动方向,来标志浴室或者楼梯,或者处理从一个空间到另一个空间的转换。从平面上看,库克住宅像20世纪20年代的其他住宅和别墅一样,类似一幅纯粹主义的绘画,在其中矩形轮廓框住了大量的相互重叠的曲线图形,其中一些仿佛让人想起乐器或者玻璃器皿,另一些则保持了单纯的抽象形式。勒·柯布西耶并非从绘画直接转化到建筑,反之亦然,事实上他深刻探索了不同媒介中视觉思考的内在模式,以及它们之间可能的联系。让纳雷作为画家的活动影响了他作为一名建筑师的形式操作,但并不是直接影响。他的建筑思想与其在建筑中实际通过时身体感受到的千变万化的光、空间和形式相协调。

在20世纪20年代,勒·柯布西耶和皮埃尔·让纳雷开发了一种工作方式,他们在每个设计主题正在形成的想法,以及逐渐选定的形式、材料和细部之间反复考虑。[16]他们还发明了一种绘画的风格和一种视图的方法来表达他们的意图,并与他们不断发展的建筑语言相匹配。每个项目的核心理念都由勒·柯布西耶提出,通常通过徒手草图表达。这些想法接下来在皮埃尔和工作室的其他成员的帮助下不断发展。在早期阶段,项目借助于透视图、平面图,甚至是模型表现出来。随着形式越来越精确,绘画也是如此。勒·柯布西耶发明了一种表现模式,使得对比例、外形和光线的研究成为可能。铅笔用来描绘主要的轮廓,米白色的水粉表明了粉刷过的表面,淡蓝色的蜡笔或是粉笔表示玻璃,绿色代表植物,棕色表明窗户的框线,深蓝色的影线则用来表现天空。灰色被加进来表现光和影的变化,并暗示空间的深度。这些绘画等同于建筑自身的纯粹主义美学的制图版,同样是清晰而精确的。

当勒·柯布西耶从一个设计进行到下一个的时候,会将新的发现加入他的创作储备中。其中一些仅仅是样式类型的变体,例如当他找到了一种新的使用架空柱的方法,或是发现了水平横向长窗中的某些意想不到的维度。另一些则产生于组构建筑过程中反复应用的方

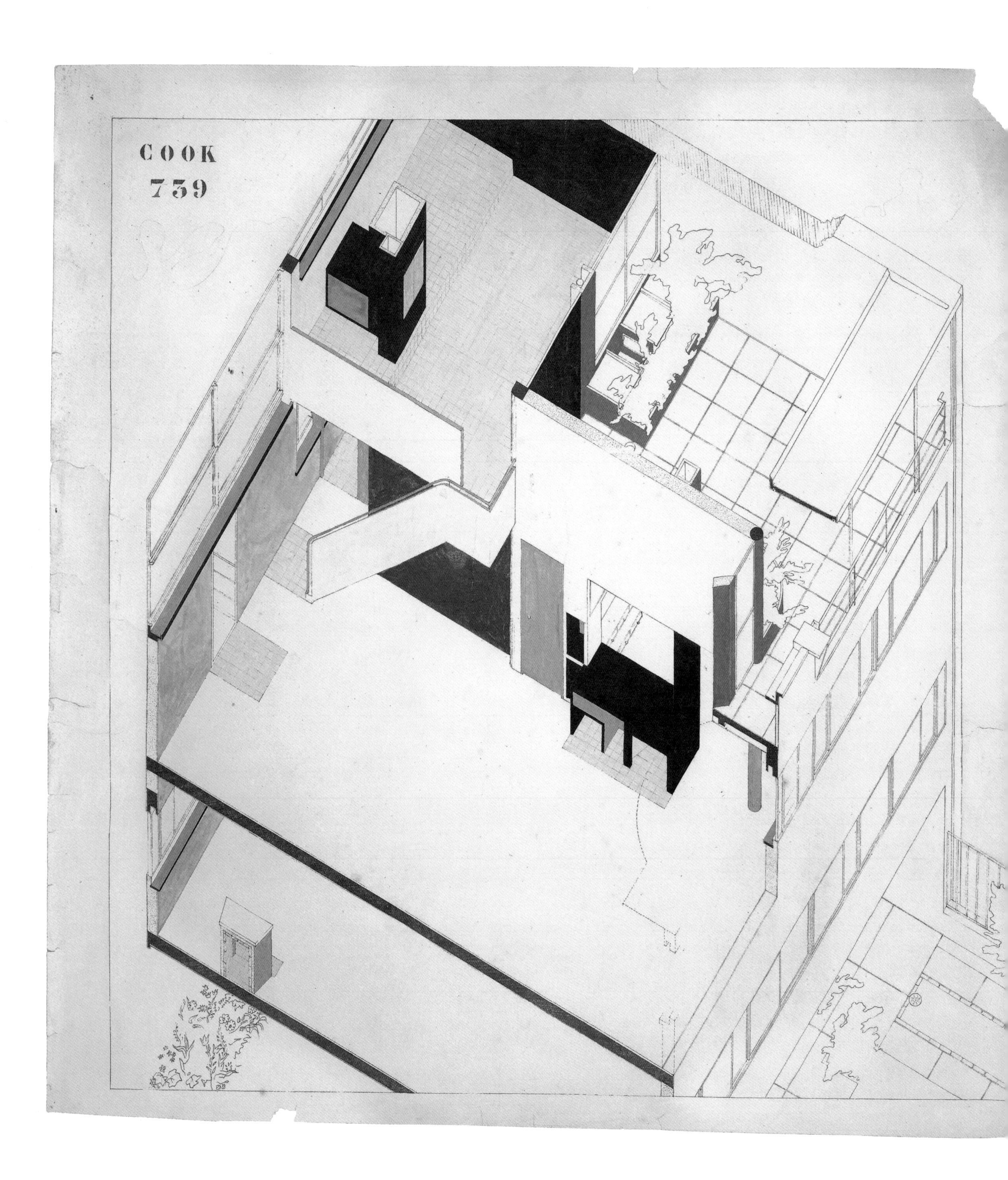
COOK
739

[左图]
库克别墅，顶层轴测剖面图。水粉绘制于明胶打印纸上，91.6cm×86.4cm（36×34英寸）。

[右图]
库克别墅，立面细部图，2009年。

式，例如利用坡道斜穿剖面，用网格来与曲线分隔进行对比，将不透明的街道立面与透明的后立面相结合，或是将小房间置于住宅的下面，而将大房间放在上面。接下来也一样，有一些常用的模式，例如曲线的烟囱形式（经常被用于楼梯间）或者架在细柱上的盒子体量。整体看来，这些揭示了一个逐步发展的个人风格中所结合的一些要素和规则，而且在1926年之后，这个建筑师对他的形式的含义有了更清晰的理解。这使他可以专注于新建筑五点的特定几点，并从中提炼出新的可能性。事实上他拥有一个非常灵活的系统，完全不是僵硬的，为研究和创造提供了一个框架。

在迦太基（Carthage）海边的贝佐海滨住宅（1927—1929年）中，勒·柯布西耶探讨了将混凝土骨架作为形式生成器的设想，不再将建筑作为一个盒子，而是更多地作为一个互相交织的水平板件组成的系统。[17]在第一个方案中，两层高和三层高的空间被拼接在一起，有些类似于鲁道夫·辛德勒1922—1924年在加利福尼亚的洛弗尔海滨住宅。设计委托人，吕西安·贝佐（Lucien Baizeau），是一位突尼斯企业家，他并没有被建筑师关于气候的应对措施所说服。这个设计经历了多方面的修正，其中一个是曲线形的分隔在水平悬浮的骨架板之间，在网格支撑的前后迂回穿梭。事实上这是“新建筑五点”的一种新的变形，创造了一个在顶部的防护阳伞，以及边缘的阴凉有遮蔽的凉廊或是游廊，这种设计的一个简化版本得以建造。勒·柯布西耶不断地寻找方法来适应并强调他的系统中的要素。贝佐住宅的设计回归了最初的多米诺体系的精神，却使其更加丰富。同时它包含了遮阳设施的萌芽，这样的设施后来被柯布西耶放大以应对炎热的气候：遮阳屏或遮阳板，以及防护的屋顶或遮阳伞。

屋顶花园是勒·柯布西耶语汇中的另一个“基本”要素，这与他将自然引入城市的思想有关。它可以被放置于建筑的顶部或者被嵌入作为一个两层高的空中平台，就像在不动产别墅（Immeuble-villas）中的做法一样。在讷伊（Neuilly）的未建成的迈耶住宅（Villa Meyer，1926年）方案中，主要体量是长方形的，建筑师将其描绘为“光滑而统一”，“像是一个比例良好的旅行箱”。这个相对中性的立面之后，是一系列房间和半围合的平台，提供了多变的内部视角和框景。在这个设计的第二个版本中，通向屋顶的主题被戏剧化了，而屋顶花园自身也带有一种体现疯狂年代（les annees folles，专指法国巴黎第一次世界大战和第二次世界大战之间的一段历史时期）的高品质生活的舞台化特征。勒·柯布西耶写了一封有些诱惑性的信给迈耶夫人，信上他用草图表达了当人们通过“建筑漫步”不断升高时所体会到的不同感受：

> “我们从女主会客厅（boudoir）来到屋顶，上面并不铺瓷砖或石板，而是一个日光浴室和游泳池，而铺路石之间的接缝处则长满了绿草。头顶之上是天空：四周是墙面，没有人能看见我们。夜晚，可以看到星星和圣詹姆斯区（Follie de Saint-James）树木昏暗的轮廓。利用滑动隔断，我们可以将自己与外界彻底隔开……就像在卡巴乔（Carpaccio）的绘画中一样……这个花园几乎不是法国式的，而是一个野生的灌木丛……”[18]

奢华的生活情趣因为文明的丢失而带有一种痛苦的怀旧：勒·柯布西耶的一幅草图上展示了一张装饰以大水罐，玻璃杯和水果碗的桌子，后面有一个窗洞口，透过洞口可以看到景观里的古典废墟——18世纪本身就是疯狂的。可以看到对面公园里，一座神庙被洞穴所吞没。这个带有古代碎片的虚构版本呈现了一种海市蜃楼的特征，好像是东方之旅中某些漂浮的罗马记忆。从古代遗物的世外桃源中寻找这些幻想是令人感觉有些奇怪的，而且是在一个巴黎郊区的时髦设计中突然出现。不过这里还有另一种暗示，说明在这个建筑师的想象中古典的传统是一种活的力量。

勒·柯布西耶对于古典建筑类型的运用显得不那么清晰，这是由于他自己对于这些术语的使用比较模糊。在20世纪20年代，他将他的许多建筑称为——不管在乡村、郊区或城市——“别墅”（Villas）。这是一种在那段时期随意重复使用的房地产术语，用于给予几乎任何一种房屋以吸引力。他也运用了术语“一栋住宅，一座宫殿”（*une maison,un palais*），但是，他这么做只是为了表达一些非常普遍的含义：通过比例关系获得纪念性，赋予基本的房屋以高贵的品质（例如雪铁汉住宅）。勒·柯布西耶当然明白历史中“别墅”和“宫殿”的区别。恰恰相反，他认识到它们在西方建筑传统中呈现了两种基本的类型，一种是乡村的，另一种是城市的。他似乎特别了解法国的版本：带侧翼的巴洛克宫

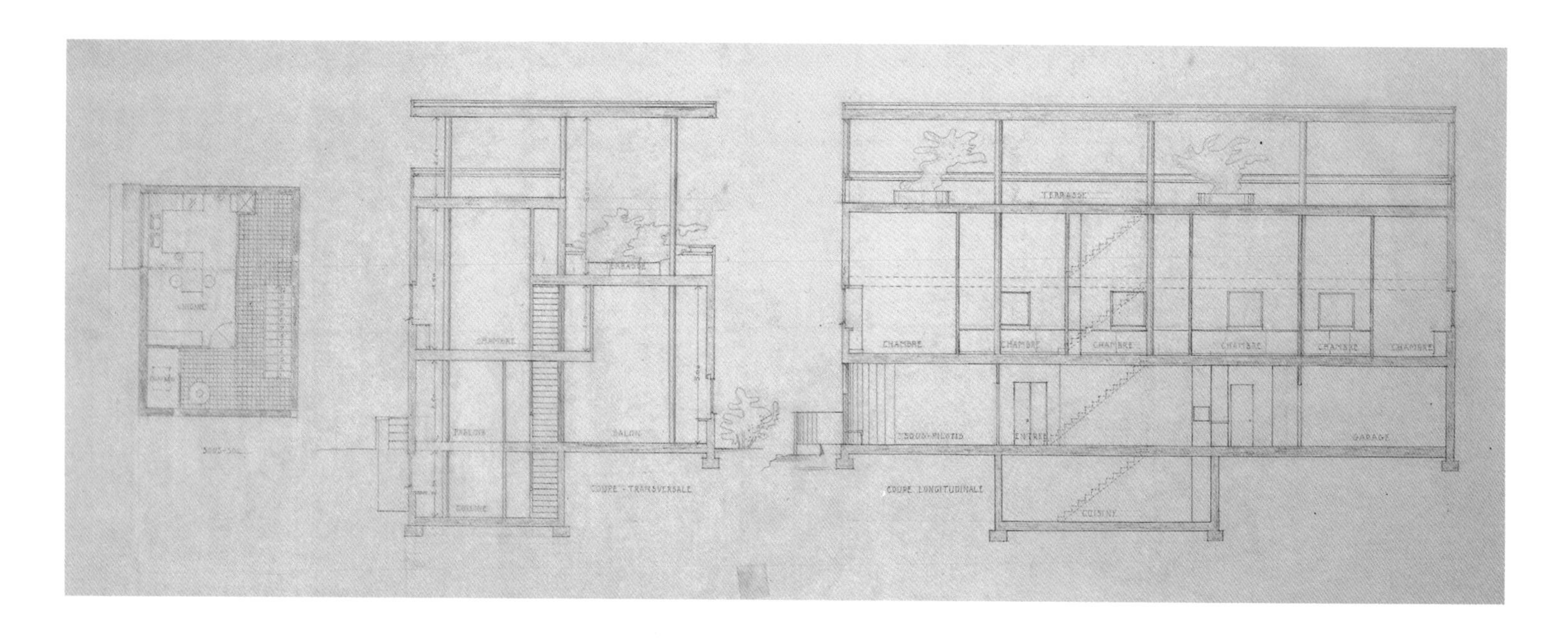

殿（例如凡尔赛宫），他将其转化为凹凸曲线形的住宅（*à redent* housing）；在街道立面后面带有洛可可曲线装饰的“特别大厦”（*Hôtel Particulier*，这个可能影响了他的一些住宅）；与郊区或乡村环境更有联系的，在一片规则景观中的优雅的宫殿（*pavillon*，例如像小特里阿农宫）。最后这个并不是一个完全意义上的“别墅”，但它运用了别墅的传统，并且确实赞颂了在一片田园风光的自然场地上的富裕生活的理念。

如果说勒·柯布西耶在20世纪20年代的住宅中有一个能真正符合“一栋住宅，一座宫殿”的描述，那一定是1924—1928年的普兰尼克斯（Planeix）住宅。这座房子建在马赛纳（Masséna）大街上，这是一条位于巴黎最东端的宽敞而喧闹的街道。它不管在事实上还是意图上都是一座微型的城市宫殿：带有一个规则对称的立面，一条入口轴线，一个主要楼层，一个被强调的地面层和抽象的檐口，甚至在设计的某个阶段中还有一个院子。场地很紧张，处在两面界墙之间的狭缝中，后方是一个抬高的花园和一条斜切的铁路，前面是马赛纳林荫大道——这个场地文脉使得一种具有防护性的外立面更为可取。安东南·普兰尼克斯（Antonin Planeix）本身就是一名艺术家、一名葬礼纪念碑的雕塑家，他积极参与了设计过程。事实上，他通过寄给勒·柯布西耶一幅展现他住宅的草图而发起这个设计，草图显示他的住宅具有三个开间的对称性三段式立面，当中的开间比两侧的得到了更多的强调。[19]

普兰尼克斯需要一个带有地面层入口的工作室，目的是可以用轮子运送沉重的石头雕塑进出。但他还需要一个居住的地方，问题就是要在一个有限的场地上将这两个功能联系起来。在几个月的时间里，勒·柯布西耶尝试了几种带有不同尺寸空间的套房的剖面，用一个平面将它们结合了起来，并使建筑的主要轴线穿过4根粗壮的柱子。蒂莫西·本顿详细研究了勒·柯布西耶所有的住宅设计，认为这座建筑使人想起帕拉第奥的《建筑四书》中的“四柱式庭院”（l'Atrio di Quattro Colonne）。不仅如此，这似乎也使我想起了这种布置方式的起源，罗马的中庭，特别是位于庞贝的“诺斯之家”（Casa del Noce），它的中庭带有4根升至屋顶的柱子，这在勒·柯布西耶的东方之旅中给他留下了深刻的印象。这种独有的在城市立面后的居住部分设置正方形庭院中心，并且通向一个更加开敞的花园立面的做法，10年前就已经在施沃布住宅中进行了尝试。事实上，普兰尼克斯住宅街道立面上单调的板上开设小窗口的手法也回应着施沃布住宅的立面以及它可能的帕拉第奥的来源。显然这与勒·柯布西耶的另一种形式构成装置的基本模式有关。巴黎先锋派的艺术鉴赏家或许也认识到了它对1926年阿道夫·路斯（Adolf Loos）在蒙马尔特（Montmartre）的查拉住宅中的回应，这里路斯运用了一个对称的立面，并为屋顶平台设置了一个洞口，而不是一个突出的平板。[20]

对称性立面的思想在勒·柯布西耶的脑海中——并且在古典的传统中——与一条指向至关重要的中心空间的轴线方法有关。在达阿弗雷城（Villa d'Avray）的丘奇别墅（Villa Church）（1927—1929年）就是一个例子。它将一个宾客侧翼和一个包括音乐室、舞厅和沙龙的展览厅，添加到一个已有的稳定的新古典主义楼房上。勒·柯布西耶使用规则和对称立面的策略来将注意力吸引到新的展厅中，展厅与老房子成一个角度，并通过一个穿越玻璃棱镜和开放平台的桥与它相连。芭芭拉（Barbara）和亨利·丘奇（Henry Church）是一对富裕的美国人，想要通过文雅的方式来款待宾客，并利用新的构筑部分来开办社交晚会。勒·柯布西耶为他们设计的作品介于一艘奢华的轮船和前面提到的展览类型之间：一个比例优美的体量，带有条形窗和一个屋顶平台。场地是田园风格的，带有阴凉的小路、花草，一条绿树成荫的车道引导了主路径。正式的入口两侧围绕着规则的景观，下客区通向一个门廊，接着是可以向上到达主要楼层的楼梯。在内部，透过窗户甚至是透过一个人为的画框，可以看到周围景色的小片段。在设计的过程中，勒·柯布

[左图]
地下室平面图，贝泽海滨住宅横向及纵向剖面图，迦太基，突尼斯，1927年。铅笔与蜡笔绘制，比例1：50。
54.4cm × 107.7cm（$21^{1/3}$ × $42^{1/3}$英寸）。

[右图]
勒·柯布西耶，描述迈耶别墅的未建成方案的草图与笔记，1926年4月18日绘制。钢笔与铅笔细线绘制，116.7cm × 62.0cm（46 × $24^{1/2}$英寸）。

[左图]
普兰尼克斯住宅，巴黎，法国，1925—1927年。

[左下图]
普兰尼克斯住宅草图，1925年。
铅笔绘制于横格纸上，27.3cm×21.6cm（$10^{3/4}\times8^{1/2}$英寸）。

[右上图]
丘奇别墅，阿弗雷城，法国，1928年：音乐厅入口。

[右下图]
丘奇别墅，室内家具设计由贝里安、勒·柯布西耶以及皮埃尔·让纳雷设计。

西耶试验了一些非常明显的古典策略，例如在轴线上比较正式的楼梯以及类似放射状花坛的花园。这些历史性的暗示被嵌入到一种融合了机器时代精确性、透明性以及微妙抽象性的形式思想中。

丘奇别墅的早期照片（后来被毁了）显示了其宽敞的内部，室内很好地配置了一排勒·柯布西耶、夏洛特·贝里安和皮埃尔·让纳雷于1928年设计的现代家具。[21]这些椅子是名副其实的“用来坐的机器”（machines for sitting in），由镀铬的精致钢管制作，并带有牛皮座椅或者抛光皮革作为缓冲垫。它们有几种不同的类型：用于餐厅和办公室的旋转座椅，坐在上面的人需要向上挺直身体；带靠背的椅子由轻质的底盘上的皮革条制作，为休闲使用；豪华舒适椅，一种很正式却又舒适的扶手椅，带有柔软的皮垫；还有躺椅，一种牙医用椅的优雅版，带有牛皮座位和管状的底盘，以弯曲的弧线以适合人体的要求。这一系列最后一件是由一根钢管和一个玻璃桌面组成的飞机的管式桌子（la table tube d’avion）。贝里安和勒·柯布西耶希望能成功劝说法国标致自行车公司（Peugeot）来生产这个系列，但是没有成功，反而是索耐特公司进行了小批量生产，产品在1929年的秋季沙龙上展出。与勒·柯布西耶将房屋建在底层架空柱子上的想法一样，这些作品也是架在细钢腿上脱离地面，这样便解放了周围的空间。

1926—1928年的斯坦因-德蒙奇别墅，又名特拉斯别墅（Les Terrasses），是勒·柯布西耶在20世纪20年代最具纪念性，最豪华的住宅。他将其描述为“一栋住宅，一座宫殿”，而它也确实是一座乡村别墅，一个陶冶身心的宫殿：远离城市的种种限制以获得田园乡村的宁静，却又不那么远以便可以继续沉迷于城市的乐趣。迈克·斯坦因（Michael Stein）是格特鲁德·斯坦因的兄弟，并且他是马蒂斯（Matisse）画作的主要收藏者；莎拉·斯坦因（Sarah Stein）是一名画家；他们的好朋友加布丽埃勒·德·蒙奇（Gabrielle de Monzie）是阿纳托尔·德·蒙奇（Anatole de Monzie）的前妻，她对佩萨克的项目感兴趣。斯坦因一家想要远离喧闹的巴黎市中心，来到更健康的环境，并且加布丽埃勒·德·蒙奇需要一个给自己和养女的新家。因此他们决定共同汇集起相当可观的财力资源，邀请他们所认为这一代人中最杰出的建筑师为他们设计一座房子。[22]

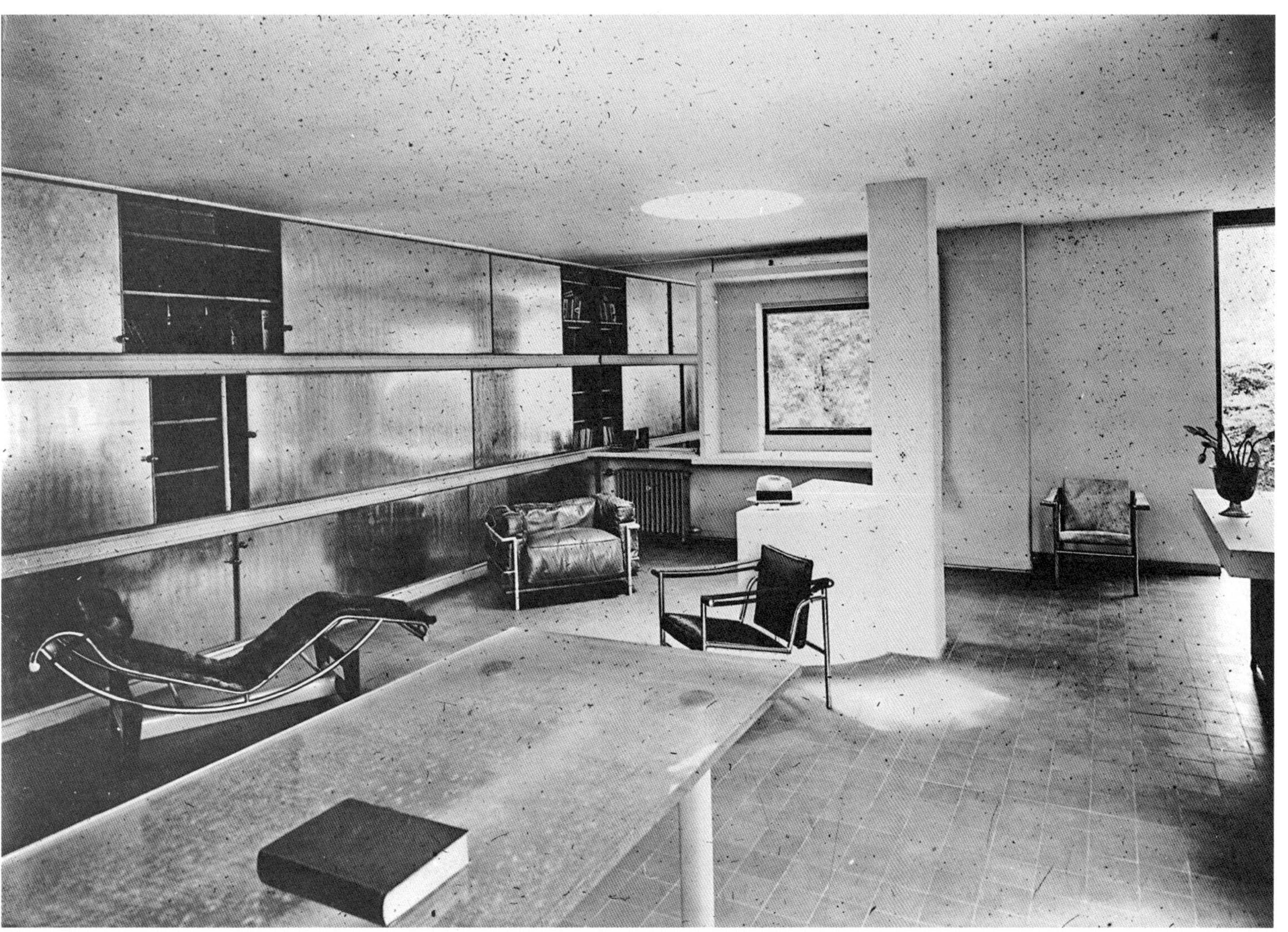

[下图]
勒·柯布西耶，斯坦因别墅，1926年7月。钢笔与铅笔粗线绘制，82.9cm×65.3cm（$32^{2/3}\times25^{3/4}$英寸）。

[右图]
斯坦因别墅，场地平面及景观设计方案，1926年11月13日绘制。钢笔及铅笔绘制，37.9cm×65.3cm（$15\times25^{3/4}$英寸）。

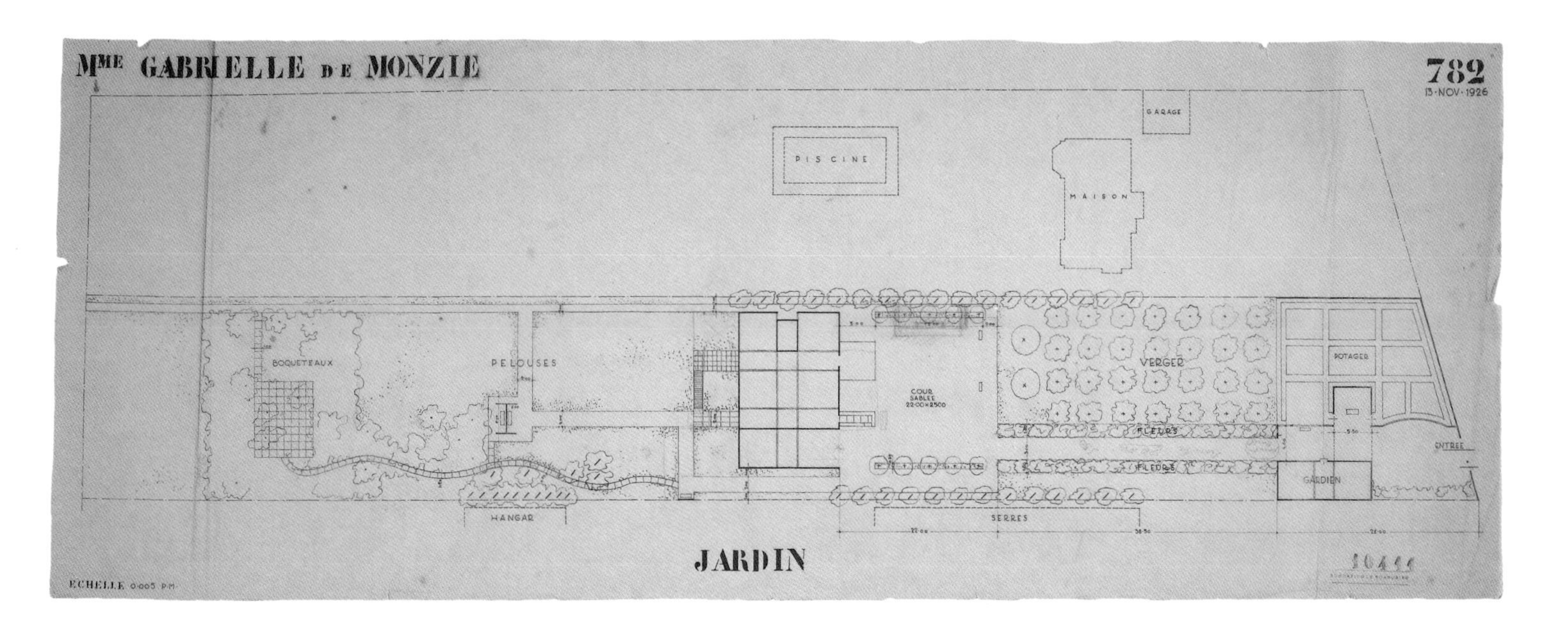

事实上，斯坦因-德·蒙奇别墅需要在一座建筑中结合两种生活方式，这或许暗示了这样的想法，即在建筑的某些部位需要围绕着中心轴线来平衡那些对比的功能。就像拉罗歇住宅，这座房子需要展示一批珍藏的现代绘画和雕塑，而其所在的场所本身也要成为最优秀的现代建筑的典范。业主们都希望自己成为主要的赞助人，建造一座整个巴黎的人（指巴黎上流社会）都会来参观的房子。[23]上层资产阶级的理想主义将会被转化为纯粹主义的作品，例如像1905年约瑟夫·霍夫曼（Josef Hoffmann）设计的布鲁塞尔的斯托克莱宫（Stoclet House）。加布丽埃勒、莎拉和迈克尔共同在各式各样的宏伟的乡村别墅中度过了许多个夏天。战前，斯坦因一家甚至经常出入佛罗伦萨城郊的一座文艺复兴别墅。我们不知勒·柯布西耶对这个背景是否有一定了解，因为他的解释触及了一些类似的古典乡村住宅的传统。然而，在对于内部设计的考虑上，斯坦因一家不像丘奇一家那么爱冒险。建筑师无法劝说他们放弃他们优美的文艺复兴式家具，这些家具最终会在白色细柱支撑的开放空间中显得格格不入，而且这些细柱旁排列的是马蒂斯和毕加索的绘画作品。

建筑师帮助他的业主们选定了靠近加歇（Garches）西郊的一处长条形基地。这个场地非常狭窄，呈南北纵向延伸。场地提供了足够多的空间，可以让勒·柯布西耶做一座显眼的建筑，他将它放置在离道路一定距离的位置。1926年春，工作室做了项目的最初研究，将车库和花园放于地面层，厨房、沙龙和带有阳台的餐厅放于一层，私密的套房则位于二层主轴线的两侧，还有一个屋顶平台，上面可达位于顶层的佣人房。在这个阶段，建筑是一个未经雕琢的长方形图示，而在5月和6月间出现了一系列带有中央大厅和对称侧翼的方案。在这些完全帕拉第奥样式的基础上，勒·柯布西耶设计了一个混凝土住宅，带有封闭的北立面和一些有绿色植物覆盖的悬臂平台的透明的南立面。7月，他将整个设计扩展到花园的场地，设计成一系列不对称的平台和露天的房间，并在重要位置展示雕塑。服务性的侧翼从主建筑向前伸出，自身就可以沿着正式的车行道进入。因而远洋班轮的甲板和长窗就融合到了一种空间的复杂性中，这种空间复杂性有两个来源，一是源自纯粹主义绘画，二是源自古代废墟，例如爱德华1911年在哈德良离宫绘制的草图中所展现的田园景观中的没有屋顶的房间。这是内部空间变成外部空间的另一个例子，反之亦然。[24]

这个解决办法在实践中出现了很多问题，而且似乎对于业主和建筑师来说都过于“如画式”和“多变的”，因此从1926年秋到1927年春（当时建造许可正在授予中），方案变得紧凑起来。最终的设计结合了由黄金分割控制的一个纯净体量的对称性和正式性，中间组织了漫步式非对称空间。结构的网格被安排成2：1：2：1：2的韵律，并考虑到了端部的墙体，狭窄的开间因拥有两个主入口及拥有楼梯而获得了运动感。在加歇别墅中，“新建筑五点”的参与是与仅出现在内部的支柱的另一种组合，在这里他们提出：“一种恒定的比例，一种韵律，一种静止的节奏。”自由平面上的曲线分隔像是人体的象形文字，包括木桶、浴盆、化妆间、门廊和旋转楼梯，与网格和外立面的抽象数学关系相对比。这种在矩形轮廓之内的曲线构成，让人想起了柯布西耶20世纪20年代中期的绘画，例如1923年的《多件物品的静物画》（*Still Life with Numerous Objects*），在其中艺术家成功地超越了早期纯粹主义作品的僵化刻板，而达到一种更复杂的语汇，包括重叠的色彩、颠倒的曲线以及模糊的透明性。

20世纪20年代，特拉斯别墅的场地仍旧处在城市和乡村范围之间。勒·柯布西耶敏感地意识到这块基地处于人工环境和自然环境之间的过渡状况，于是回应以规则和不规则住宅与花园要素的混合。在1926年11月的一个早期的景观提议中（从未完全实现过），房屋的网格被嵌入到一个更大的几何化的设计中，整体几何设计直至场地边缘，包括前面的车道以及后面的曲线小路。[25]

[前图]
勒·柯布西耶与皮埃尔·让纳雷，斯坦因别墅，加歇，法国，1926—1927年。由门卫室沿着车道望向主立面。

[左图]
斯坦因别墅，带有楼梯的入口门庭。

[右图]
斯坦因别墅，带有传统家具的一层沙龙，由楼梯顶层看去。

勒·柯布西耶在立面的“控制线”（tracés régulateurs）上运用了黄金分割，并将同样的比例系统应用至底层平面。前面花园的大部分用作果园，整齐地种植着果树，与笔直的碎石车道相平行。在后花园中，景观的设计规范从“规则式”转换为“如画式”，其蜿蜒的小路实际上是将自由平面的迂回路径延伸到外部。在加歇别墅中，勒·柯布西耶安排建筑漫步从前门处汽车道开始，随后上升并穿过内部成为一条人行路径，接着蜿蜒到后面的丛林果园处终结。

到1927年春天，施工图正在进行中。勒·柯布西耶似乎将他的精力集中在了处理客户和设计上；皮埃尔·让纳雷担任讨论的协调人以及监理人；工作室的其他设计师则帮助尝试不同的设想，并经常绘制精细的图纸来完成这项工作。但是勒·柯布西耶拥有最终决定权。在从图纸转变为物质建筑的过程中，许多其他人也参与其中。结构由乔治·祖默解决，他运用了混凝土制成的架空柱、平板与横梁。墙和隔断用粗砖块由水泥粘结而成，涂以灰泥和绘画以适当赋予其“机器时代”的平滑。圣戈班（Saint Gobain）玻璃公司生产的窗户将由木匠拉斐尔·路易斯（Raphael Louis）将其嵌入橡木框中。暖气片是标准化的，但许多其他的机器细部不得不单独定制以便看起来像大批量生产的，例如入口门房旁滑动轨道和钢制的门。说现代建筑完全拒绝装饰这种说法是错误的：它对其进行了再诠释。特拉斯别墅的细部设计非常强调形式的主要特征，并且强调了图像和相互之间的关联，以表达“住宅是居住的机器”的概念。在其建成25年后，詹姆斯·斯特林（James Stirling）描述了它的图像学精神：

> “……尽管加歇别墅并不是任何高性能机器的产品，但是建筑的整体精神表达了机器力量的本质。在一层可以见证到20世纪科技的芒福德式的终极产物。‘这座安静的，不需要工作人员的发电站。’铁路和蒸汽船设施的综合运用无疑是一种技术统治论……”[26]

勒·柯布西耶在1912年的法夫雷-雅科住宅中曾经用过这样的想法，一队汽车到达宏伟的立面，紧接着是一系列通向后面平台和花园的弧形与矩形的空间，这种想法在特拉斯别墅住宅中被再次使用。早期的照片制造了许多汽车和这个住宅的双关视觉图像，并且很明显，主立面分别有佣人入口和主入口的等级划分、轴线的轻微移动，以及对平面的巧妙压缩，它们这样设计首先是从汽车进入的角度出发考虑。它的主立面具有纪念性却又无重量感，包含着微妙的映射和视觉的模糊性：顶部的阳台，标志出了主轴线并形成一个祈祷的敞廊；主入口上方的雨篷，将吊桥和带支柱的飞机式侧翼组合起来；长条窗带从一角延伸至另一角，使立面像鼓面一样紧绷；在较低层面上的工厂式玻璃暗示了一种相对于乡村生活的20世纪的等价物。这些构件具有严格的比例、前进或后退的矩形视觉错觉，以及严谨的外轮廓。古典与机器、平面与深度、对称与非对称、在一种高度张力的状态下共存。

将特拉斯别墅的形式呈现在轴测图上，可以很快抓住每一层之间的区别，以及了解真实和错觉的平面是如何与弧形物体压缩在一起，形成了一个类似于纯粹主义静物的住宅。路径是另一个控制性要素，从汽车到门口到门廊，到楼梯，向上到主要楼层，在这里自由平面和斜向的视野扩展了朝向花园和平台的空间。门廊似乎重述了帕拉第奥的四柱式入口的思想；架空柱在截面上呈椭圆形，具有航空意象。柱子直线排列，将人引入建筑，接着将人引导至右侧上楼梯。在主要的生活楼层上，弧形的隔断也引导了路线，引导参观者将视线从一件雕塑品转向下一个物品。当对称的时候，这些弧形暗示了次要的轴线，例如位于一层的用餐空间，或者是二层上的两个相对的凹形隔断定义了整个建筑的轴线，就像塑造了一种洛可可式的门厅，如同斯坦因住宅或者蒙奇住宅。自由平面中的曲线包括楼梯和隐蔽性的私人空间，比如浴室，但是在屋顶上，这种弧形穿越凸出形成一种完全闭合的体量，就像是轮船的烟囱，最初还包含

了莎拉的工作室。从这艘宏伟的轮船甲板上，可以看到车道、小路和树木是怎样被整合到一种单一规则的景观思想中的：一边是庄重的汽车入口，汽车沿着直线行驶进入，另一边则是漫步的小路，从屋后平台延伸至花园中。接着，通过有意设置的观景窗，我们可以看到巴黎天际线的景观。

勒·柯布西耶经常这样布置他的建筑，以至于它们都有封闭的纯粹的前立面以及更加开放和透明的后部。特拉斯别墅中，花园立面的窗户相对于前立面更加宽敞，使阳光可以深入建筑内部，将面向花园的视野打开，并且通过悬挑平台和阳台将居住空间向自然延伸。现在看起来这些主题都被反转了：白色灰泥粉刷带与长条宽玻璃带相对比，替代了前立面的深色玻璃带与宽阔的白色灰泥粉刷表面的对比。动态的不对称性以及主平台的悬浮的彩色扁平板都显示出了风格派的影响[也许是里特维尔德（Rietveld），或者是杜斯堡]；同样，它们也有建造逻辑——一系列水平面板以及一条蜿蜒的路径从一个前面垂直的板上脱开——形成了一个清晰的解决方案。延伸的面板也重申了多米诺骨架具有形成一系列的图层叠加或重叠的潜力。平台的室外空间——一半是内部，一半是外部——带来了不动产别墅（Immeuble-villa）中将其带向辉煌高潮的抬升花园的思想，一种为夏日休闲或私人遐想所设置的舞台布景。

特拉斯别墅是勒·柯布西耶最具野心的实践项目：是一种引导他创造阶段的思想和形式的综合。勒·柯布西耶于1959年重新拜访这座建筑后，称其为“1918—1925年间努力的最终成果（谦虚而热烈），新建筑彰显的第一个阶段”。[27]建成后不久，这座建筑就为国际的建筑出版社广泛评论，传统主义者将它描绘为一种僵硬的奇怪事物，现代主义者则将其抬高到范式的高度。亨利·拉塞尔·希区柯克（Henry Russell Hitchcock），美国建筑史学家，将它称为“国际式”的杰作，并于1932年在现代艺术博物馆（MOMA）展出了它的照片，同时展出的还有其他一些现代建筑

[左上图]
夏尔·爱德华·让纳雷（勒·柯布西耶），“两只瓶子”，1926年。
石墨、炭笔以及彩色粉笔绘制，58.5cm×41.8cm（$23\times16^{1/2}$英寸）。

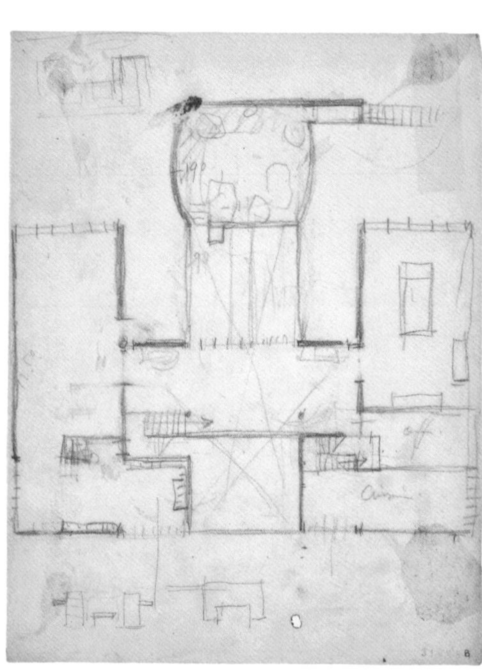

[中上图]
斯坦因别墅，一种对称形式方案的研究，1926年春天。
黑色蜡笔中线绘制，27.1cm×21.3cm（$10^{2/3}\times8^{1/3}$英寸）。

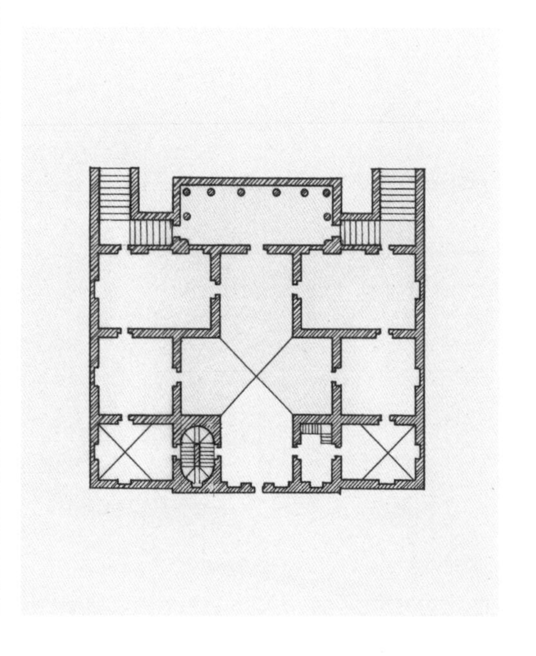

[右上图]
梅尔肯顿别墅，由帕拉第奥设计，1565年。一层平面或主层平面（《建筑四书》中重新绘制，1570）。

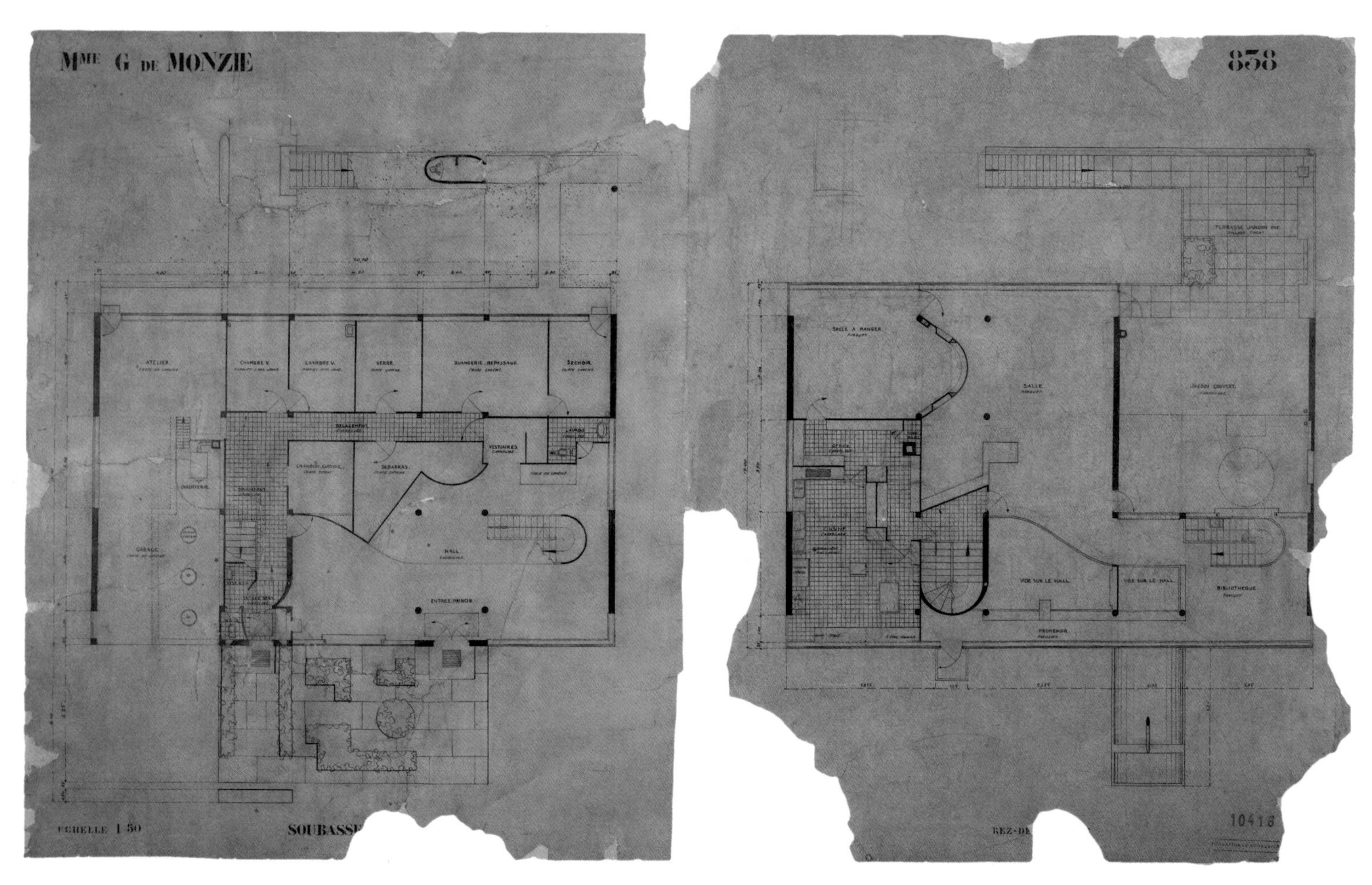

[下图]
斯坦因别墅，一层平面和二层平面，1：50比例。钢笔粗线绘制，64.0cm×106.1cm（$25\times41^{3/4}$英寸）。

[下图]
斯坦因别墅，南侧花园立面。

的重要作品，例如瓦尔特·格罗皮乌斯1926年设计的位于德绍的包豪斯校舍，以及密斯·凡·德·罗1929年设计的巴塞罗那展示馆。[28]斯泰因-德·蒙奇别墅同样推崇现代主义的思想，它重申了勒·柯布西耶所追求的历史传统中的永恒。业主的地位，他们的艺术抱负，慷慨的预算，以及有声望的基地都推动了仪式性的处理方式，而勒·柯布西耶也上升到了深奥和智慧的位置。20世纪30年代，他告诉一位南非建筑师雷克斯·迪斯汀·马坦森（Rex Distin Martienssen），他曾试图在20世纪20年代的住宅中重新创造一种"帕拉第奥精神"，1947年，柯林·罗注意到了特斯拉别墅和福斯卡里别墅（Foscari，即梅尔肯顿别墅，La Malcontenta）在比例系统之间的一致性，柯林·罗认为勒·柯布西耶和他16世纪的伟大前辈（即帕拉第奥）都在研究"理想别墅的柏拉图式原型……"[29]

勒·柯布西耶有着丰富的旅行速写，有着最早的古典主义经验，以及与佩雷、贝伦斯以及加尼耶共事的经历，更不用说《走向一种建筑》中的理论和一些图像，显然勒·柯布西耶的思想中储备来自很多时期的经验。他上下求索，徜徉在古典传统中以寻找深层结构、基本原则，也关注周期性的样式和不断变化的习俗。不管是古希腊还是加布里埃尔（Gabriel，小特里亚农宫设计师），庞贝还是帕拉第奥，贝伦斯甚至巴黎美术学院，其目的都是相同的：就是找到抽象原则，可以转换成他自己建筑语言中的要素、法则和层次等级。[30]勒·柯布西耶从一个又一个的背景文脉中不断转换模式，发现新的联系，并将思想和形式融合成新的结合物。[31]他的住宅、工作室和别墅的设计草图揭示了他的努力，他试图让古典对称性和自由平面的离散性相和谐，让前立面和混乱的内部事物相调和，使"住宅是居住的机器"和庞贝建筑原型相融合。他强调了帕拉第奥的精神而不是他明显的风格特性，因为，正如帕拉第奥，柯布西耶认为现代性只有根植于古代智慧之上才会有价值，而传统也只有通过不断的转译才可保持生机。

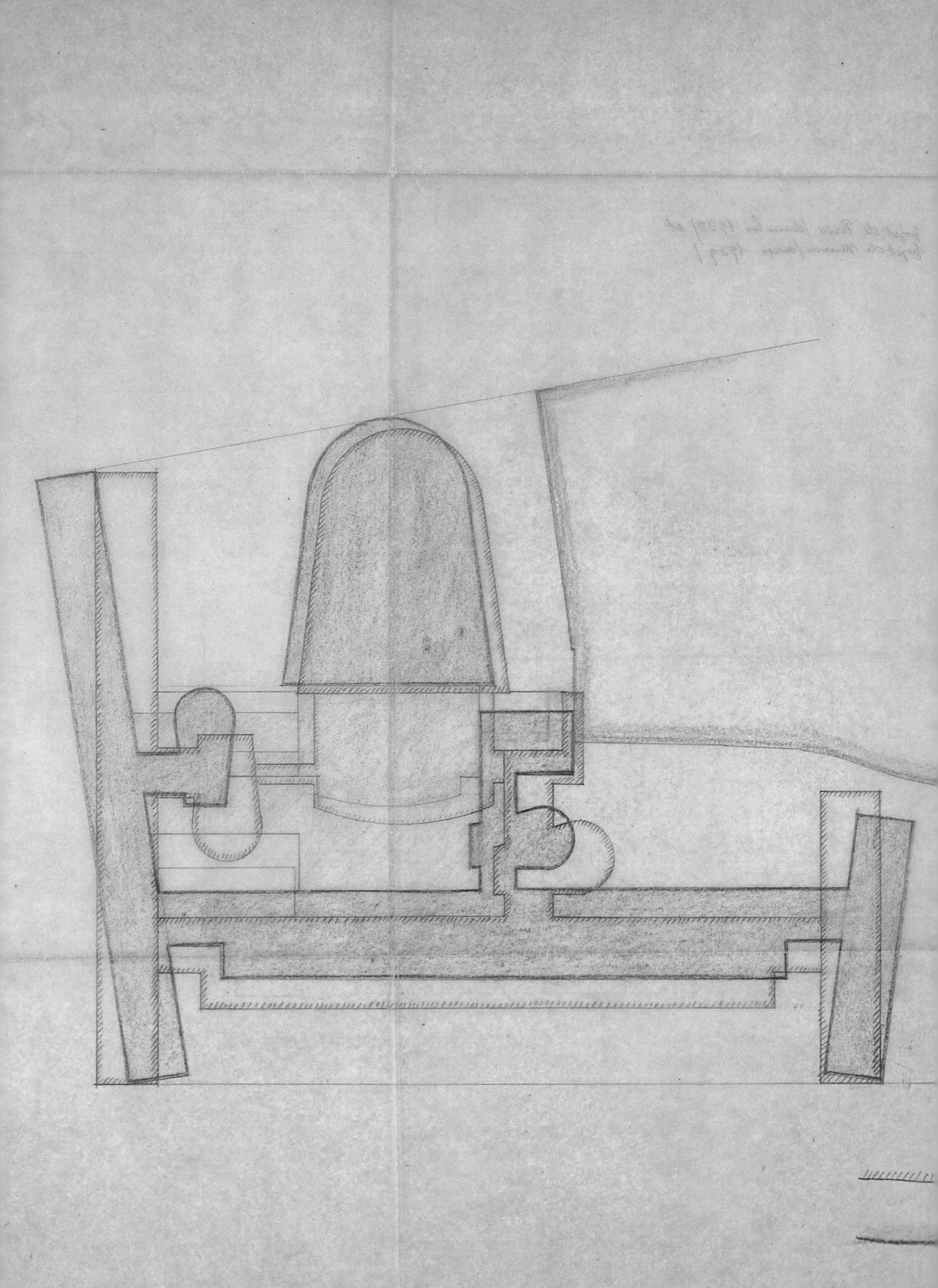

第7章 机器时代的宫殿与公共机构

"纪念性建筑是人们所创造的关于自身理想、目标和行为的象征物。它们建造的意图是为了比创造它们的时代存在得更加久远……它们构成了过去和未来之间的一种联系。"[1]

——西格弗里德·吉迪恩(Sigfried Giedion),1944年

勒·柯布西耶关于理想城市的设想颂扬了车间、集体住宅、汽车与飞机的运动、公园中的物质和精神娱乐，但是给予公共和市民机构的描述却不太确切。宗教和国家，似乎在他的城市中并未在公共面前呈现，在他的思想里也没有清晰的形态。也许这种拘谨，反映出缺少对任何一种特定的宗教或政治团体的承诺；或者也许这正是他希望隐含的意思：某种乌托邦会让这些事物都淘汰。可能他认为拥有许多宏伟玻璃摩天楼的交响乐般的“城市机器”，其自身就足以成为一种集体象征。

后来在20世纪20年代，公共机构多次出现在勒·柯布西耶的思想中。他根据历史上的神庙、清真寺和教堂来对过去做出判断，并希望新时代可以产生同样的建筑。尽管此时他对理想的规划是模糊的，特别是在一个碎片化的唯物主义时代，然而勒·柯布西耶仍旧坚信纪念性建筑的传统职能，作为一种象征性的艺术形式，可以给公共机构和人类信仰带来高贵和永恒。在他为重要公共建筑所做的设计中（很多并未建成），他在作为一名艺术家的个人神话和政治表达的需求之间探索出路。他的目的在于融合乌托邦式的愿望与历史性的暗示，协调工业化的技术与传统的形式。当定义政治集会的场所时，他将来自过去的基本类型，例如平台、广场、宫殿、柱廊大厅，以及剧场转化到现代建筑表达方式之中。

20世纪20年代的法国，大多数的大型公共建筑仍由巴黎美术学院（Beaux-Arts）建筑师设计。他们完全搬用了象征王权的古典语言，包括人像雕塑。其结果往往显得浮夸，而不是真正的纪念性——至少勒·柯布西耶是这样感觉的。当然最近在其他地方，有些建筑创造性地运用了历史，例如延森-克林特（Jensen-Klint）设计的哥本哈根附近的格伦特维大教堂（Grundtvig Church），贡纳尔·阿斯普隆德（Gunnar Asplund）设计的斯德哥尔摩公共图书馆，或者埃德温·勒琴斯（Edwin Lutyens）设计的新德里总督府。也有一些关于国家建筑的先锋式设想。例如，塔特林（Tatlin）1919年设计的第三国际纪念碑（未建成），他试图在一个螺旋形的抽象机器中将马克思主义意识形态具体化，表达辩证的有关过程和进步的现世信仰。但是即便它当时可以建造，由于对传统城市意象的抗拒，使它几乎无法与公众进行交流。

勒·柯布西耶希望可以避免这些不足。他希望能够为新时代定义出新的纪念性形式，这种形式能够传达关于公共机构的思想，却没有强力控制的形象或者明显的历史参照。他将这样的建筑看作是集体的引擎，在古典回忆和秩序手段的深层结构上颂扬现代生活的社会仪式和礼节。为了应对规模、等级和仪式的问题，他需要扩展他的建筑语言。但是在他对一种适宜而敬意的表达方式的探寻中，柯布西耶发现仅仅将家庭尺度上发现的策略进行放大是不够的。在这里，“一栋住宅，一座宫殿”的概念被证明是有相关性的。“宫殿”在这个例子中并非指一种围绕着广场的意大利式宫殿，而是某些更类似于卢森堡宫、卢浮宫或其他巴黎宫殿的建筑。它意味着一种可以适应标准化使用的狭窄的长条形建筑带（有些类似于“当代城市”中的条形住宅区），并在一些部位加进具有纪念性形象的处理。尽管这些建筑并非必须围合起来，但是这些翼形的建筑拥抱着一个由透视和轴线构成的比较规则的景观。

在他设计的个人住宅中，勒·柯布西耶趋向于在外部使用规则体量，内部则通过自由平面来处理其多样性。而在他的公共建筑中，他的做法几乎相反，首先定义不同的功能，然后使它们自由地立于空间中作为相互对比的雕塑性要素。[2]在这些集合体中，曲线形的构件和间隙的空间促成了至关重要的统一性。重要的房间用公共交通区域，以及确立出等级的轴线连接起来。在剖面上看，有一种在架空柱下方地面层的自由流动，然后通过斜坡和倾斜的地面上升。屋顶平台通常是一种私人式的世外桃源，可以作为向城市或自然开放的社会广场。效仿于古典理性主义者，勒·柯布西耶将现代的建筑转化为限定集会大厅或行进路线的抽象立柱。他将这

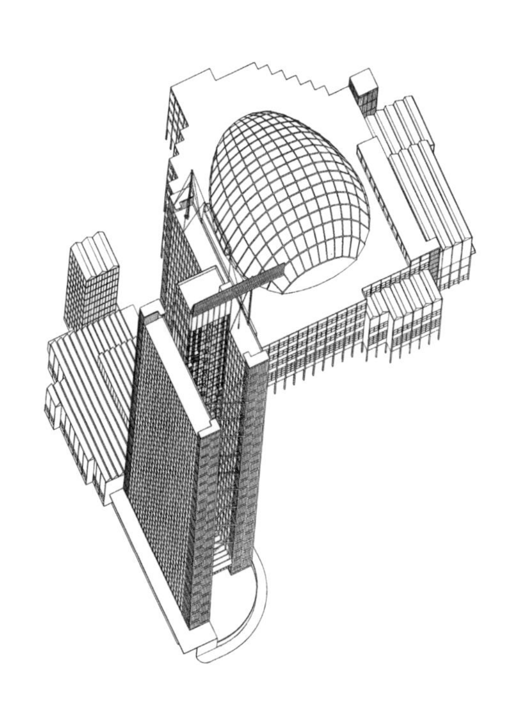

[前页图]
苏联消费合作社中心联盟，莫斯科，俄罗斯，测试建筑在场地上放置的不同角度，1928年12月及1929年3月。钢笔与彩色蜡笔绘制于两张相互重叠的纸上，47.5cm × 56.6cm（$18^{3/4}$ × $22^{1/3}$英寸）。7.2

[对页图]
国际联盟总部，日内瓦，瑞士，1927年：面向莱芒湖的建筑立面和纪念性柱廊。
铅笔与彩色蜡笔绘制，87.4cm × 173.3cm（$34^{1/2}$ × $68^{1/4}$英寸）。

[左图]
汉斯·迈耶，国际联盟总部方案，1927年。

[下图]
勒·柯布西耶与皮埃尔·让纳雷，国际联盟总部方案，1927年：场地平面轴测图。铅笔绘制，100.6cm × 141.0cm（$39^{2/3}$ × $55^{1/2}$英寸）。

些集合体与人体（其组织器官通过动脉循环获得营养）或者机器（其内部构件相互联系）相对比。他也同样将其与工业物品进行类比，例如工厂、飞机或是蒸汽轮船——那些他在《走向一种建筑》中挑选出的现代的代表性事物。

勒·柯布西耶将一座公共建筑设计为“机器时代的宫殿”的第一个重要机会伴随着1926年发布的国际联盟（League of Nations）总部设计竞赛而来。这片场地就位于日内瓦东侧珍珠湖公园（parc de la perle du lac）的一片树林地区，这块地区位于一块坡地，往下一直倾斜到莱芒湖畔，拥有南向远眺阿尔卑斯山的良好视野。总部大楼包括一个大型的集会使用的会堂（空间足够容纳2600名观众和媒体）、一个拥有550间办公室的秘书处、许多间会议室、一个餐厅、一个图书馆，以及精心设计的交通流线，可以引导代表、职务人员、显要高管和记者分别到达各自的区域。大多数人将乘坐汽车到此，因此入口和停车显得很重要。造价被限定于1300万瑞士法郎，截止日期是1927年1月底。除了这些日常性的要求之外，有必要为倡导国际和平、合作和公正的远大理想的国际议会建立一种适宜的特征。设计任务需要带有仪式性和代表性：即在象征性的形式下对机构进行诠释。

国际联盟建立于1920年，以应对第一次世界大战所带来的灾难，[3]其目的是建立一种普世权力的宪章，将其作为新的和平社会秩序的基础，从此以后，冲突可以通过外交和谈判来解决，而并非军事力量。1918年，伍德鲁·威尔逊总统（Woodrow Wilson）在他的“十四点”中提出：“一种普遍的国家联盟必须建立起来……为大国和小国共同提供相互间政治独立和领土完整的保证。”国际联盟的理想反映了当时国际主义者的抱负，但是从更长的时间段来看，却源自于启蒙运动的世界主义和普世主义。在《论永久和平：一个哲学构思》（《Perpetual Peace:A Philosophical Sketch》，1795）一文中，伊曼纽尔·康德（Immanuel Kant）

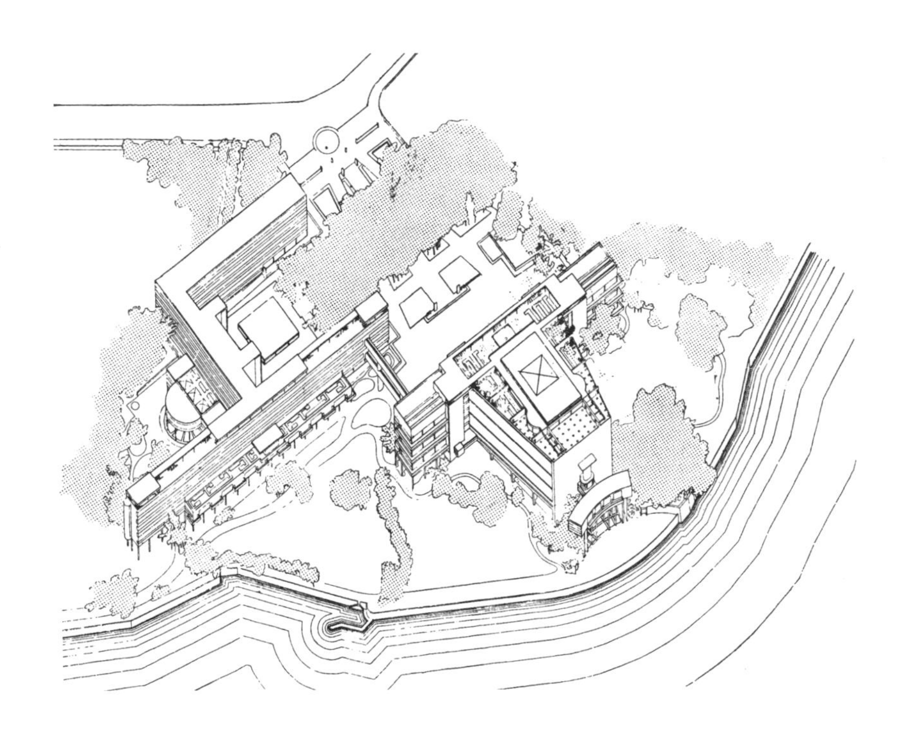

就已经提倡世界公民和全球政府的思想。至于国际联盟的适合地点，瑞士是一个中立国家，而且日内瓦已经是几个国际组织的故乡，尤其是其中的红十字会。甚至，这里的景观也含有这个新公共机构目标的关键点。竞赛的文本要求：“在处理国际维度的问题时需要平静的气氛”，也需要一处远离常见的政治压力的地方。拟定的田园式场地靠近莱芒湖，场地拥有茂盛的树木、绿草茵茵的坡地以及对面阿尔卑斯山脉的壮丽景色，似乎很适合培养这种平静超脱的气氛以追求人类普遍的和平。

国际联盟的竞赛吸引了世界上许多希望为理想事业而服务的建筑师。总共收到了375份参赛申请，远远超出了组织者和评审团的预期。它们分别代表了各种不同的建筑立场，从最学院派的巴黎美术学院古典主义一直到最彻底的功能主义。一些建筑采用了圆形几何形体来体现世界联合的思想，但这些方案没能很好地适应隆起

[下图]
勒·柯布西耶与皮埃尔·让纳雷，国际联盟总部方案，1927年：以蒙太奇手法绘制的从莱芒湖望向背景中的汝拉山脉。
黑色蜡笔与炭笔绘制于明胶打印纸上，75.7cm×188.6cm（$29^{3/4}\times74^{1/4}$英寸）。

的场地，而且其象征性过于明显。理查德·诺伊特拉（Richard Neutra）与鲁道夫·辛德勒设想将世界议会建成为一种悬浮于湖面的乌托邦式结构。奥古斯特·佩雷将项目分解为两个主要部分：一是集会中心，有一个设在阶梯金字塔形的纪念性屋顶下的巨大的中心会议室；二是秘书处，其重复排布的办公室围绕着一端面向湖面的荣誉广场（Cour d'honneur）。设计展示了建筑师惯用的古典原则以及轴线控制，但他似乎在放大钢筋混凝土常用语法以处理大尺度问题的过程中遇到的麻烦。

大多数参赛者将设计中代表荣誉和代表官僚机构的两部分进行了正式的划分。汉斯·迈耶（Hannes Meyer），这位带有坚定功能主义信仰的来自瑞士的德国建筑师，将秘书处放置于一座高层建筑中，而将集会中心放置在旁边的一个类似工厂的体量中，强调个体要素的对比与非对称。他让整个设计遵从一种标准化和重复性的结构模数。作为一名马克思主义唯物主义者，迈耶希望国际联盟去掉虚假的修辞和和精英式的"人道主义"。在他对公共机构的构想中，一点古典暗示都不能有，甚至潜意识中的也不行。装有玻璃的工业形式被认为可以唤起向所有人开放的人民议会的概念。而明亮则是为了提倡政治的透明性。迈耶将他的设计设想为一种工具，这种工具致力于国际无产阶级的进步和世界社会主义运动。他将国际联盟视为一个超越列强操纵之上的各国的讨论场。他建筑中的"新客观性"，试图传达一种人类事务的实事求是的观点。他启发性地直言道：

> "如果国际联盟大厦的意图是真挚的，就不能将一种新的社会公共机构强行塞入传统建筑的束缚中。没有为令人厌烦的君主式人物准备的带柱子的招待处，却有为忙碌的人民代表们准备的整洁卫生的工作室。没有为幕后外交准备的后走廊，却有为诚实民众进行公共商谈准备的玻璃房间。"[4]

勒·柯布西耶将国际联盟大厦设想为一个领导人组成的社会，致力于一种超越狭隘国家民族主义之上的新的全球共识。他在一个为精英阶层准备的透明的机器时代的宫殿中颂扬了这种观点，将"新建筑五点"原则与对古典设计策略灵活的重新诠释相结合，例如主轴线与次轴线、世俗与仪式的等级，以及某些立面令人印象深刻的对称性。[5]秘书处被布置在底层架空柱之上的细长条体块中，目的是在旁边创造跨越场地的一些绿港，使得斜向的坡地可以从下面穿过一直到达湖面。这些侧翼以及这样的景观回应了远处沿着河岸的国际劳工组织的开放U形体量。长长的水平和平行板依次提供了一种积极的空间前景，面向湖面以及阿尔卑斯山脉的史诗般的景观。一条穿过图书馆的次要轴线也同样排列在这个方向上，这座图书馆以其弧线的形状而引人注意。

然而这个设计中的焦点毫无疑问是集会大厅，这个

［下图］
勒·柯布西耶，国际联盟总部方案草图，展现了弧形的柱廊和雕塑群、主要大厅的室内空间、有顶棚的到达区域以及从屋顶平台看到的场景。
钢笔及铅笔绘制，67.6cm×61.9cm（$26^{2/3}\times24^{1/3}$英寸）。

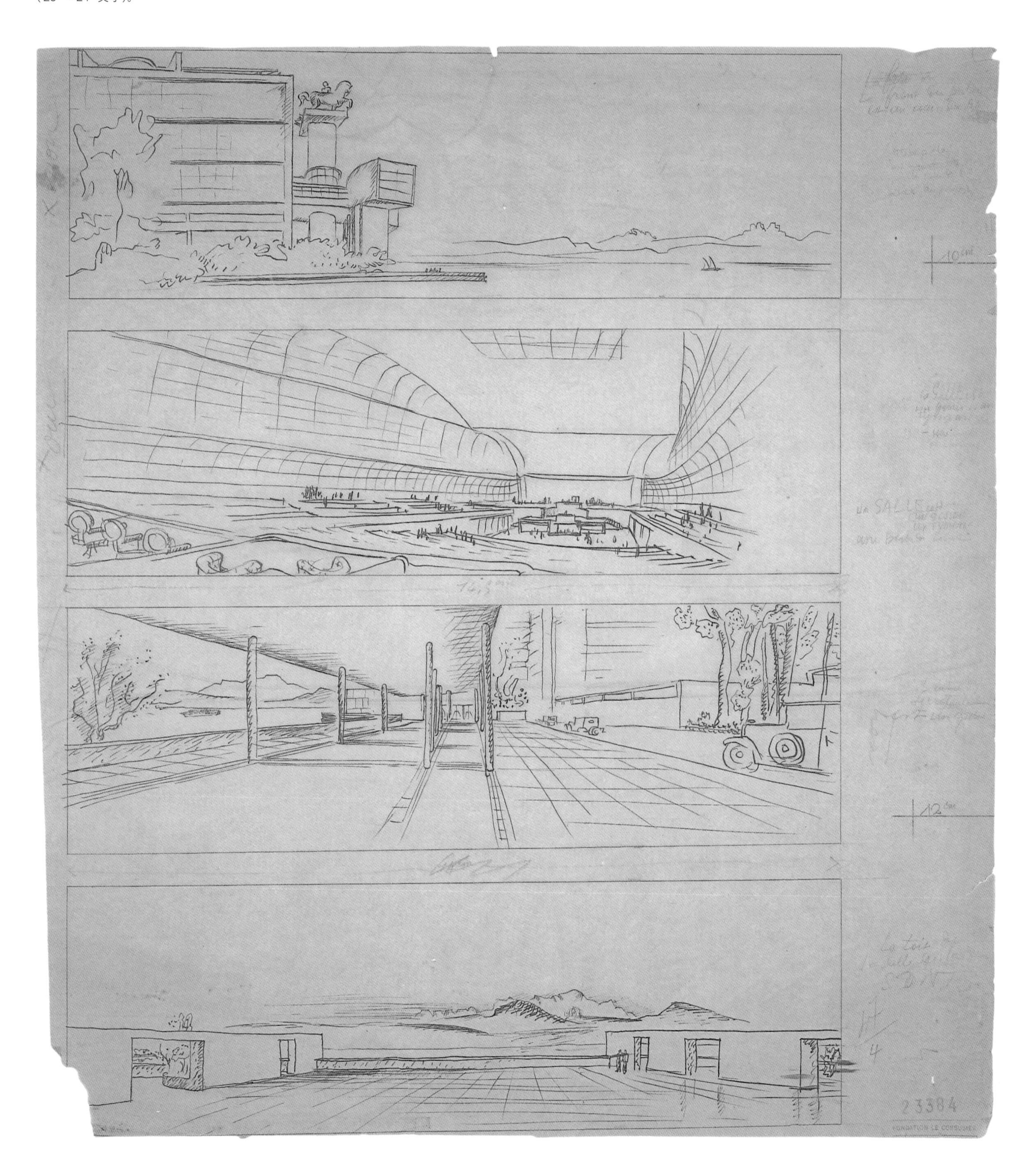

[右图]
勒·柯布西耶与皮埃尔·让纳雷，苏联消费合作社中心联盟，莫斯科，1928—1929年。

部分以其体积、对称性，以及中心化雕塑性的力量而与其他部分区别开来。它的曲线形剖面和锥形的平面受到了声学效果（这方面古斯塔夫·莱昂在起作用）、可见性和结构的影响。勒·柯布西耶设想的意图是让任何一名代表都可以不借助麦克风而让出席集会大厅的每个人都听到他的讲话。这是他对于一种用于讨论的民主式空间的想象，而且勒·柯布西耶将其定性为一种对古希腊剧场的重新诠释——而它现在覆盖着现代动感形态的屋顶。最终的体量干净利落地契合了向湖面突出的高地，可以将其解读为一个“象征性的头”，而秘书处则构成了“手臂”。勒·柯布西耶首先定义了主要的体块，然后通过中立性更强的长方体在一个清晰的等级下将各功能连接起来。他的这种技巧很明显，而整体设计也非常清晰。

集会大厅也同样被从中间穿过的南北向主轴线凸显强调。这条轴线起始于场地的车行入口，穿过规则的“荣誉广场”（cour d'honneur），在一个带有7个入口的停车门廊下进入前厅，接着是代表大厅——即主要的集会大厅——一个带有很强的向心性的弧形体量。在此之后，轴线重现，但却在湖的一侧，在主席们的房间下面。这个曲线形的主立面揭示了勒·柯布西耶对于制度性的诠释以及他将新的意义注入过去的修辞方法中的能力。整个形象是支撑在高大的底层架空柱之上的纪念性的门廊，这些柱子由混凝土制造，却覆盖以磨光花岗岩表面。这些抽象的柱列直接插入湖滨的一个小河湾中，或许这里暗示了他早期所见的立于木质支柱之上的湖滨住所。而支柱架在水中的姿态也同样给我们这样一种感觉，即建筑属于更广阔的世界，而不仅是它所在的这个海角。

在一个版本中，这个展厅被冠以纪念性的四匹奔马的雕像，就像威尼斯的圣马可广场一样。另一个版本是带有一些神秘性的研究，一个人和一匹马的旁边立着一头狮子和一只鸟，后者可能是鹰。这种雕塑群的意义并不清晰，或许其更多取自建筑师个人的联想，而不在于公共和政治范畴。[6]鸟投射的阴影像是一个巨大的祈祷的手势，就好像勒·柯布西耶希望找到一种很好的方法，将战争从和平中驱逐出去。展览厅的曲线轮廓也让人想到轮船的连接桥，好像要将联盟大厦比作一艘国家巨轮，正在驶向进步自由主义的和平未来。曲线的形状将代表大厅的力量集中到一个焦点上，紧接着将其引向远处的阿尔卑斯山脉，但是曲线形状同时也做了相反的事情，将场地吸引向建筑。这是一种史诗性的姿态，一种巨大的天线接收到各种信息，再将世界议会的决定传达给所有的国家。具有一种主席发布法令式的意象。

勒·柯布西耶的设计是一种对水平向的崇拜，特别是在湖对岸隔水观看它庄严的沿湖立面。景观在下面流动，而且在晴朗的天气可能会看到北部相交错的汝拉山脉，飘浮在屋顶严格直线的上方。在南边有日内瓦的景色以及勃朗峰连绵的群峰。水平的玻璃带和光滑的花岗岩创造了一种多变的韵律，在集会大厅雕塑般的体量周围逐渐增强。它们回应了湖面，并且表达了一种庄严的平静。水平暗示了平衡性、合理性，以及每个代表的平等地位。秘书处被冠以一个像轮船甲板似的长长的屋顶平台，代表们可以登上平台聊天，呼吸新鲜空气，并欣赏欧洲最壮观的景致之一，接着回到他们的办公室内。这里被装上了双层玻璃，延伸至建筑的整个长度，获得了最多的阳光和景色。

勒·柯布西耶将他的设计描述为一种“景观的思想”（une conception paysagiste, a landscape idea）。这点在许多尺度下起作用，从与基地自身的互动，到建筑之间的空间层面和间隙，到湖面的框景，直到向远处山峰的空间延伸。这种形式和结构是现代的，但是这个设计涉及集体主义的建筑原型，例如平台和剧院。水平线体现了几个层面的意义，它们将对景观的诗意回应，以及对国际联盟大厦的和平目的的象征性描述结合起来。勒·柯布西耶将建筑屋顶上连续的直线视为“一种单一的水平上限值，流畅而纯粹……描述了天空，并给直冲云霄的山峰以意义……一个抒情秩序的水平终端……”他转而指出对一种公共机构理想的表达：“这种清晰而肯定的线条是国际联盟大厦的象征：它比万神庙的山花或者古代的柱廊更能说明和平。”[7]

勒·柯布西耶喜欢将自己视为启蒙时代的让·雅克·卢梭（Jean-Jacques Rousseau，卢梭生于日内瓦，就葬在该基地对面的一个岛上）精神上的后裔，他对这种民主式的国家间集会的诠释，暗示了一种新的人类“契约社会”。这个设计的关键包括亮度和透明性——毫无疑问，这种隐喻是为了能清晰地产生文明进步的决定。集会中心的大会堂被隐藏于屋顶的钢架支撑起来，这使得大厅能拥有一个双层的半透明玻璃表皮。白天，阳光可以照射进来穿过整个空间，同时更集中的光线将会在顶棚上产生一种漂浮的飞碟似的神秘效果。或许勒·柯布西耶将这种世界事务中心的空间视为一种微观小宇宙，通过光线与行星领域相连接。在夜间会议时，综合集会大会堂的半透明墙体会映照于水面上，像是一个国际合作的可靠的指路明灯。勒·柯布西耶将他全部的理想主义，他对于人类胜利的光辉设想，他对新世界秩序到来的希望，都倾注到了国际联盟大厦的设计中，在新的世界秩序中人类法律将与自然法则相和谐。

国际联盟大厦设计竞赛的评审委员会包括了学院派建筑师，以及一些更容易与现代建筑产生共鸣的建

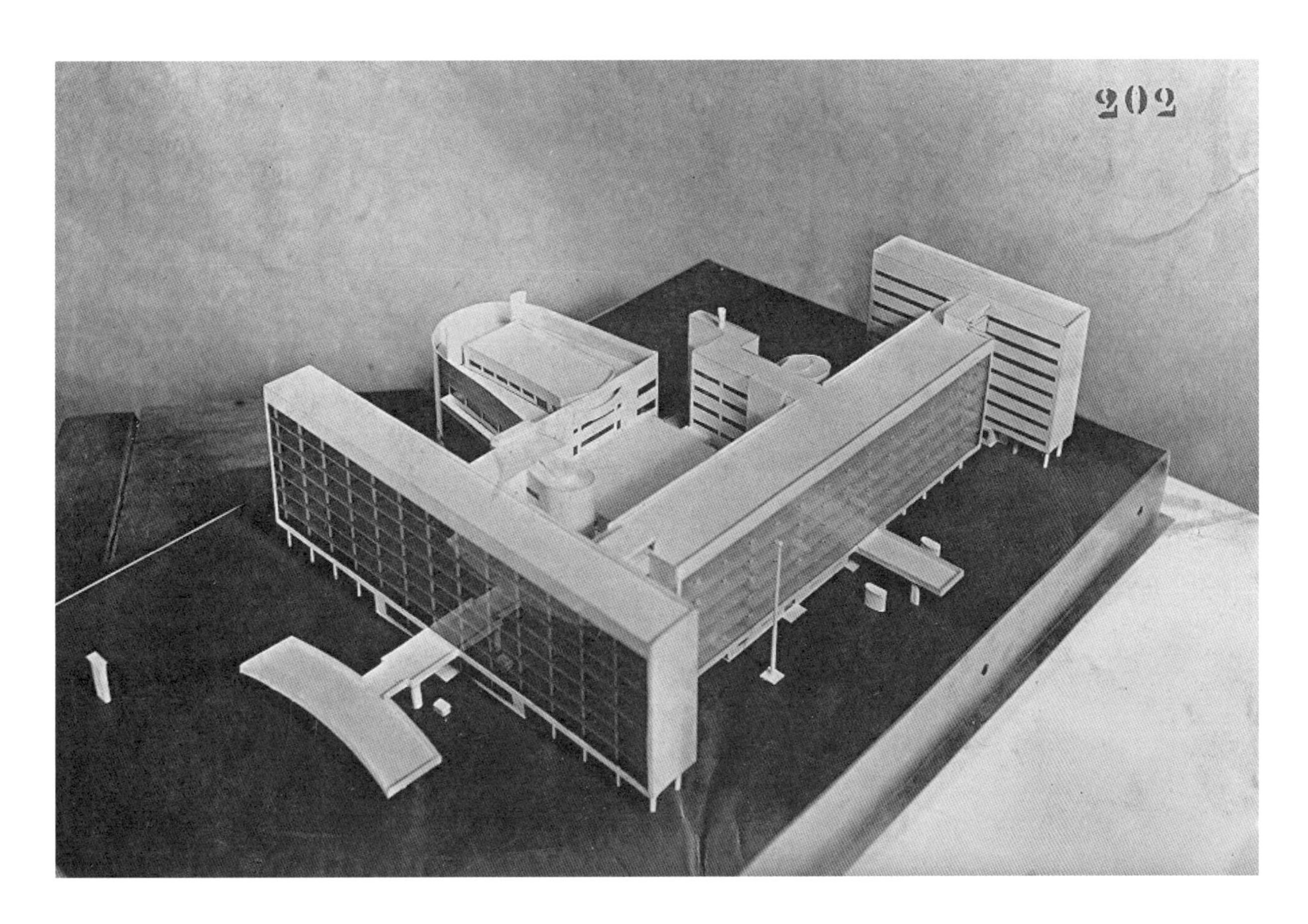

筑师，例如亨德里克·彼得鲁斯·贝尔拉赫（设计有阿姆斯特丹证券交易所），约瑟夫·霍夫曼，卡尔·莫泽（Karl Moser）以及新艺术运动大师维克托·霍塔（霍塔担任委员会主席）。勒·柯布西耶/让纳雷的参赛作品很快引起了大家的兴趣。经过6个星期的评审，勒·柯布西耶的设计与其他8个设计得分相当。接着夏尔·勒马雷基耶（Charles Lemaresquier），委员会的法国代表，指责勒·柯布西耶破坏竞赛规则，因为他提交的是印刷品而不是原来要求的墨画。他坚持要求取消柯布西耶的参赛资格。后来发生的一件事加强了因此而产生的骚动，大家发现勒·柯布西耶做到了比预算节省50万法郎的建造费用，而所有其他进入决赛的设计师都超出了预算限制，他们中的一些甚至增加了预算的百分之百。勒·柯布西耶用各种方法来发动媒体支持现代建筑的改革运动。1928年，他出版了《一栋住宅，一座宫殿》，解释了他思想背后的原则，并揭示了他的竞争者们的粗拙。[8]

更糟的事情就要到来。在接下来的混乱中，场地被移动到了阿丽安娜（Ariana）公园，并且项目被扩展了，要求包括一座世界图书馆，旋即宣布了限制性的角逐。这其实不过是政治阴谋的一个方面而已。暂定的胜出者，亨利-保罗·尼诺特（Henri-Paul Nenot，1877年获罗马大奖）和于连·富勒根黑梅尔（Julien Flegenheimer），被要求与另一队学院派建筑师一起深入这个设计：来自意大利的卡洛·布罗基（Carlo Broggi）、朱塞佩·瓦卡罗（Giuseppe Vaccaro）和弗兰奇（Franzi），来自法国的卡米尔·勒菲芙尔（Camille Lefevre）和乔治斯·拉布罗（Georges Labro）（二人都获得过罗马大奖），以及来自法国和匈牙利的约瑟夫·瓦戈（József Vágó）。勒·柯布西耶继续坚持为新的场地提出了一个修改方案。然后，令他惊讶的是，他发现官方的团队正在模仿他的设计思想，却没有任何的告知或理解。1931年，他提交了一份31页的诉讼，仅仅收到一份回复表述国联不承认任何个人形式的投诉抗议。官僚的失职摧毁了柯布西耶宏大理想的最后一丝幻想。20世纪30年代末，一个拙劣的新古典主义混合物在日内瓦建成了，而勒·柯布西耶的图纸则被尘封起来。

失掉国际联盟总部竞赛奖或许是勒·柯布西耶职业生涯中最严重的挫折，但所引起的抗议风潮却将柯布西耶和现代建筑置于世界舞台上。整个故事很容易被描述成一场过时的文化形式与未来必经之路之间的竞争。回顾起来，勒·柯布西耶的设计被视为是现代运动发展过程中的重要一步。这个设计与瓦尔特·格罗皮乌斯1926年的德绍包豪斯校舍，或马特·斯塔姆（Mart Stam）、约翰尼斯·布林克曼（Johannes Brinkman）以及佛洛格特·凡·德·乌璐格特（Leendert van der Vlugt）于1928年在鹿特丹设计的范内勒工厂（Van Nelle Factory）都具有同等的地位，是一个应对大型项目问题的重要范例。它将现代主义的可变平面和动态旋转平面，与一种轴线和线性路径的清晰的古典等级结合起来；它是一个场地中间的雕塑，完整地将景观场地和威尔逊总统滨河路的斜向路径引入其中，但它仍旧拥有立面。它结合了空间的层次与立体主义的模糊性，并与于连·加代（Julien Guadet）的学院派方法相融合，区分“流线”和“使用”部分表面“要素”的学院派方法。它展示了自由平面如何将内外相互转化，因此建筑就成为一个由转动轴连接着分离器件的引擎，或者成为一个由动脉提供养分的腺体组成的有机体。这个程序和策略将在20世纪20年代后期和30年代早期的其他大型设计中再次出现，甚至在勒·柯布西耶1946年的联合国总部方案中重现。

1928年初，苏联消费合作社中心联盟(Centrosoyuz)邀请勒·柯布西耶为其位于莫斯科的新总部大楼提交一个参赛方案。[9]经过三个阶段的过程，他赢得了这个委托。这个项目要求为3500名雇员提供现代化的办公室，还要求其他的公共设施，例如一个餐厅、一个演讲厅、一座剧场、一个俱乐部和一个健身房：工作与休闲在当时苏维埃先锋派所称的“社会容器”中得以结合。场地不规则，坐落于米迦斯妮斯卡娅（Mjasnickaya）大街上。勒·柯布西耶对中心联盟的最早研究，界定出了一块沿四周布置长方形办公楼的场地。在他后来的设计中，他将大楼抬起架在底层架空柱上，将地面解放出来作为社会空间。在这里有一种连续平面的公共建筑设计理念，从街道入口层通过连续的倾斜地面和坡道表面，到达高处的楼层。这种在动态雕塑形式中对运动的表达，被认为适合进步性的项目。事实上勒·柯布西耶借用了自由平面并将其扩展到外部，因此自由形式的曲线在外部被强调出来，而不仅仅是在内部。我们从一个模型中看到，中心联盟呈现出立体主义集合体的特征（甚至戴着一种原始的面具），在其中不同的片断相互碰撞并重叠，继而形成一个完整的统一体。在他这个时期的绘画中，柯布西耶不断发掘曲线体量和曲线平面更模糊的相互渗透。

勒·柯布西耶并非马克思主义者，但他却毫无疑问被苏联（USSR）战后的现代化的“伟大社会主义试验”所吸引。[10]他几乎没有任何困难地将他的技术统治论的概念从资本主义转换到社会主义中。中心联盟的各种设计唤起了技术进步和大规模合作的思想——通过精心布置的体量、玻璃立面，以及由螺旋形坡道连接起来的架空式开放广场等设计语言。就像在国际联盟总部的设计中一样，勒·柯布西耶将主会堂作为整个设计的“头部”，以一种立体主义拼贴的方式将周边其他功能结合起来，整体仿效了飞机延伸的侧翼和曲线顶棚的形象，并回应了街道的斜线。底层架空柱尺寸多变，在总体层次中强调不同的要素，而立面上则安装了双层玻璃，之间可以通过机械力实现冷热空气的推送。勒·柯布西耶将这种双层表皮系统称为“精确的呼吸系统”（respiration exacte），但是在莫斯科其运作却并不理想。中心联盟的墙体装有40厘米厚（16英尺）的红色石灰石板件。这些对于莫斯科夏天的高温和冬天的酷寒来说，都是很好的隔热和保温措施，并且给建筑以一种适度庄严的特征。

苏联消费合作社中心联盟（Centrosoyuz，中心联盟）设计中的动态特征与某些苏联先锋派最近的趋势非常契合。到1928年，抽象艺术和机器的现代建筑作为革命社会思潮的合适象征媒介在俄罗斯的某些城市建造起来，但同时也有很多竞争的思想和团体。新建筑师协会（ASNOVA group）——这个团体以1925年在巴黎的苏维埃展览馆的设计者，康斯坦丁·梅尔尼科夫（Konstantin Melnikov）为代表——更喜欢用一种能同时唤起民众能量和革命生机的动态性的表达方式。有时候他们过度使用机器隐喻、有张力的结构和从抽象画和雕塑中转换而来的动态形式。还有，莫伊谢伊·金茨堡（Moisei Ginzburg）和最后被称为奥萨（OSA）的团体抵制ASNOVA，认为它是资本主义美学的最后一次喘息；他们需要一种可能与社会的进程和纲领直接相关的更加客观而理智的语言。迈耶的国际联盟总部方案中的反纪念性立场来源于在德国被称为“新客观性”的类似观点。在20世纪20年代，勒·柯布西耶和苏联的设计师之间有很多思想交流。他自己的立场被认为是介于极端形式主义和极端功能主义之间，就像他所尊敬的一位苏联建筑师伊万·列奥尼多夫（Ivan Leonidov）的作品。

苏联先锋派试图为一个平等主义的工业化社会制定出一种建筑与城市的策略。勒·柯布西耶尤其为公共住宅设计所吸引，它区分了包含成排公寓楼的矩形板式楼，以及包含着像集体食堂和休息室等公共设施的辅助体量。康斯坦丁·尼古拉耶夫（Konstantin Nikolayev）1928年在莫斯科设计的学生宿舍就基本属于这种类型，而莫伊谢伊·金茨堡建于同年的纳康芬（Narkomfin）公寓楼（同样在莫斯科）则运用了一种独创性的上三下二式的剖面形式将大楼一侧宽敞的起居室与另一侧低一些的卧室拼接在一起。纳康芬公寓楼是一个架在托柱上细长的矩形板式楼，在较高的楼层中都有一条从一端延伸至另一端的内部“公共街道”。内部的组织在外部清晰地反映出来，而这种语汇很大程度上来自勒·柯布西耶的范例。然而，二者强调的重点有所不同，这个项目与莫伊谢伊·金茨堡对理想集体的社会观点相一致。长长的窗洞口连续不断地悬浮在空中，由混凝土边缘和窗台所强调，并强化了其极端水平的动态效果。[11]

勒·柯布西耶当然借鉴了纳康芬公寓楼设计。他不会忘记那互扣的剖面，以及将内部街道作为社区表达形式的思想，甚至在他20年后的马赛公寓人居单位中重新诠释了这些方法。但是在他与莫斯科签订第一批合同

[右上图]
世界馆草图，描绘了世界博物馆作为一个人造景观回应了莱芒湖南侧的处于背景中的阿尔卑斯山的自然景观。钢笔、铅笔以及彩色蜡笔绘制于中等尺寸的纸上，23.8cm×55.4cm（$9^{1/3}\times21^{3/4}$英寸）。

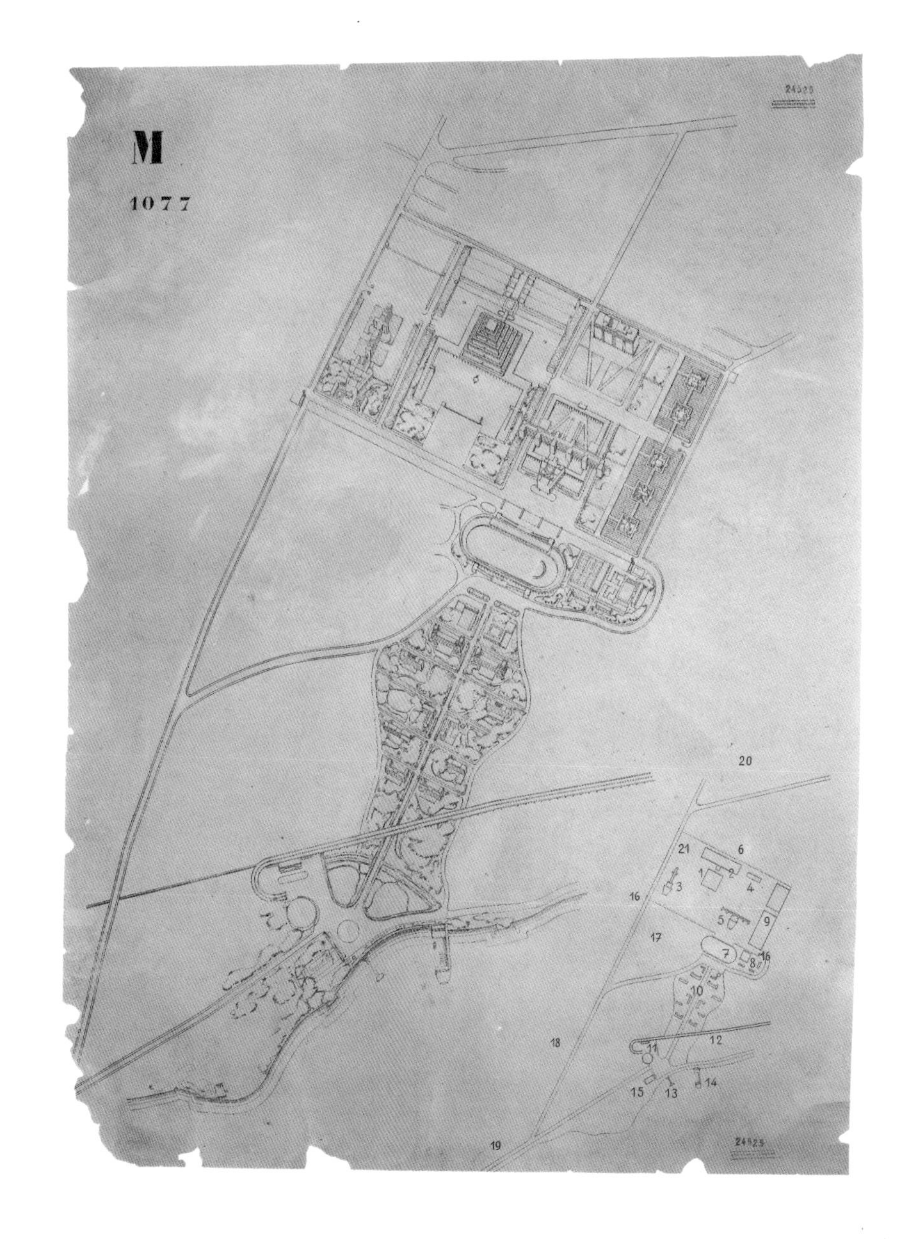

[右下图]
世界馆或是“世界城市”方案，日内瓦，瑞士，1928年7月：场地整体视图。钢笔与铅笔粗线绘制，139.1cm×102.9cm（$54^{3/4}\times40^{1/2}$英寸）。

之后，苏联的思想对他产生了更直接的影响，特别是在巴黎为两个公共机构所做的设计，这两个项目分别处于社会范围的两个对立端：巴黎救世军总部大楼（the Cite de Refuge for the Salvation Army，1929—1933年），以及在大学城中的瑞士学生宿舍（1930—1932年）。在某种意义上，这些住宅项目在概念上都是中心联盟（Centrosoyuz）的姊妹项目。他在这个住宅和办公楼中却采用板式楼与曲线形的公共区域并置，说明附有曲线的长方形体块是勒·柯布西耶建筑语汇基本思想中另外一个不限定于某个特定功能的形式。阿兰·科洪已指出，勒·柯布西耶频繁地在不同的文脉中运用同一种“类型”，而且，“这种类型的概念与一种神话的形式相关，而不是与解决特定问题的手段有关……就像运用外观形式或者音乐模式，许多不同的内容可以依附于同一种形式”[12]。

当勒·柯布西耶仍在为1929年的国联竞赛努力之时，国际联合委员会秘书保罗·奥特莱（Paul Otlet）接洽了他，保罗有个想法，在日内瓦设计一个世界文化中心。这是奥特莱的抱负，欲通过在所有知识领域中不同学科之间的跨学科交流来促进世界和平与进步；换句话说，是在政治机构的旁边创立一个思想上的国际联盟总部：“它是地球上一个特殊的地方，在这里世界的影像和意义可以被认知和理解……一个神圣的圣地，它能激发与整合那些伟大的思想以及高尚的行为。”[13]这种超越了国家、种族和教义的“世界人”思想激发了勒·柯布西耶，就像同样激发他的思想，将世界历史看作一个进步的统一连续体的思想。当然，这总体上是一种理论性的计划，但是他们确实选定了一块真正的场地：大萨孔内（Grand-Saconnex）的斜坡，这块场地俯视莱芒湖和整个日内瓦城——当然，也俯视着国际联盟总部。

勒·柯布西耶按照卫城和神庙的范畴来构思世界馆（The Mundaneum）。它围绕着世界博物馆展开，世界博物馆是一个在像古巴比伦庙塔和正方形螺旋斜

［下图］
世界馆，世界城市（世界博物馆）方案部分平面图、立面图以及剖面图，显示层层退进的楼层、倾斜的坡道、多柱厅以及中央的“神圣空间”，1928年7月绘制，1∶50比例。钢笔与铅笔粗线绘制，132.3cm×112.4cm（52×44 1/4英寸）。

［对页左图］
鲍里斯·M·伊凡以及伊万·V·卓洛托夫斯基，苏维埃宫，第二套方案，1934年。

［对页右图］
瓦尔德米尔·塔特林，第三国际纪念碑，1919—1920年。

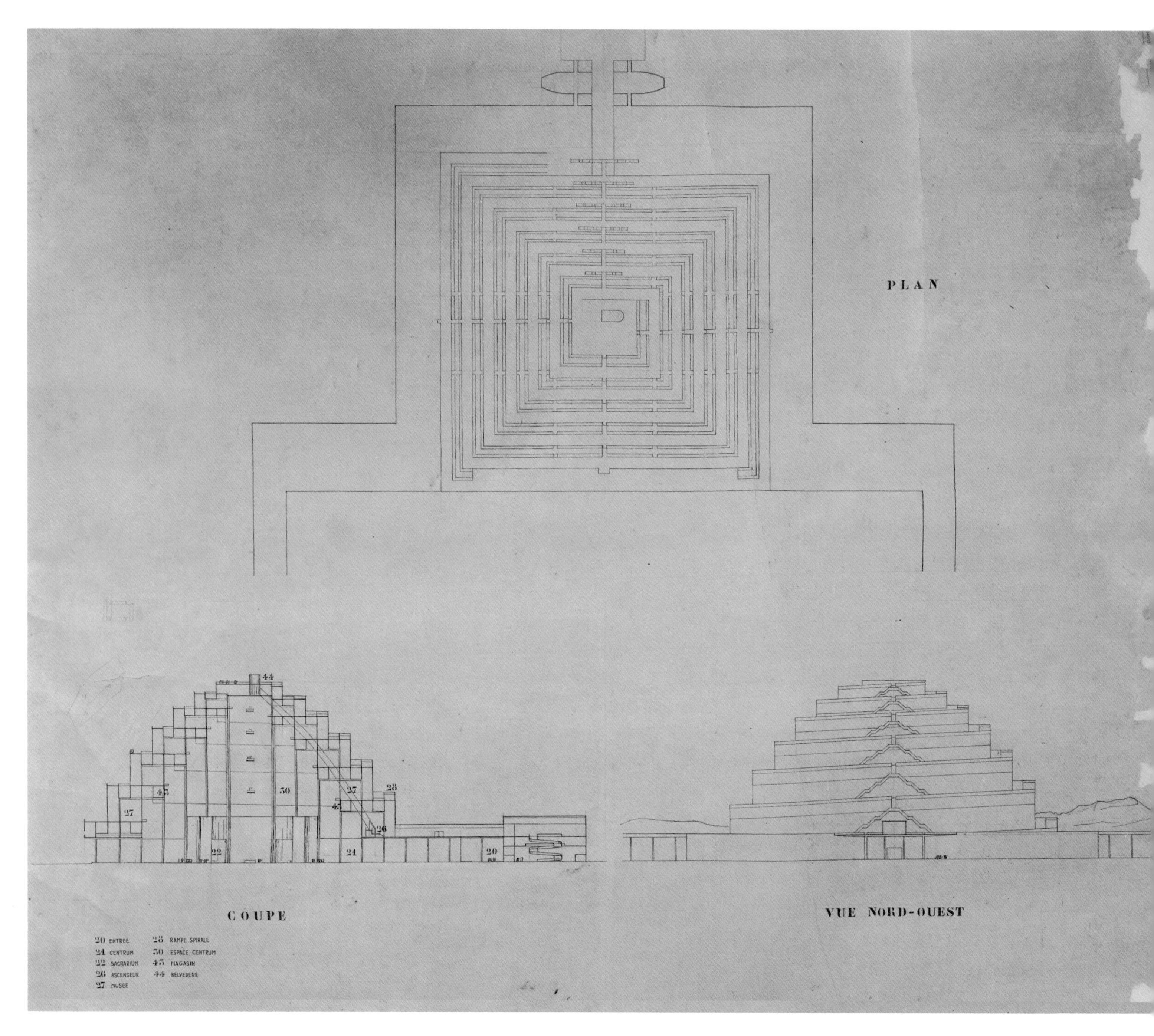

坡之间一个十字形建筑。在它的周围及下面，有一个国际大学研究中心，一个国际图书馆（馆藏有电影、照片、图书和资料），一个献给“生活在社会中的人，让自身服从于城市法规的人”的“洲、国家和城市的代表”[14]，一个议会大厅，以及许多其他的会议场所和宿舍。到这座“上层都市”，需要从湖边的一条庄严的道路延伸过来，穿过一个有层层平台、院落和斜坡的序列，在博物馆的“圣地”达到高潮。整体方案中的轴线层次，将会为任何一个受过学院派训练的建筑师带来荣耀，并且，就像冯·莫斯（von Moos）所指出的，其中与赫姆勒（Hemle）和科比特（Corbett）的所罗门王圣殿和城堡重建项目有着不可思议的相似之处，这个项目刊登在1925年美国的《铅笔尖》(Pencil Points)杂志上，并于1926年在德国展出。[15]不管他是否了解这个来源，非常清楚勒·柯布西耶的目的是回归纪念性建筑的原初，回到巴比伦或是尼尼微，或者甚至是塞加拉（Saqqara），西方建筑传统的原型——柱子、墙体、神庙、院落、多柱式神殿、阶梯状金字塔——在这里第一次被汇聚一起组合成一个宏伟的整体。世界馆借助于黄金分割比来进行排布，并被寄希望能体现那些理想和普世价值，而这些理想和普世价值正是所有传统、所有场所，以及所有时代的基础——也就是赖特所说的“内在于所有伟大建筑中的基本法则与秩序”[16]。

如果说这种布局包含了对于学院派的怀旧，而建筑本身却不包含这一点；它们是脱离了历史束缚的属于机器时代的光芒四射的纪念物，然而同时唤醒了古代的秩序组织结构。世界博物馆回归到了古代庙塔和所罗门神殿背后的原型，一个广阔世界中的山峰的形象。在这个案例中，转角指向主要的罗盘方位。人们可以乘坐电梯到达顶端，然后从稍稍倾斜的坡道序列中下行，在这个过程中感受从史前到现代的岁月流逝，而且在每个转弯处建筑变得更宽阔以容纳不断增长的知识体系。这种“漫步”被划分为三个平行的中殿，分别对应物体、场所和时间；艺术作品、科学仪器，以及文件资料，则依照社会文脉、自然文脉和历史文脉并置起来。这是一种可以看到人类发展历程的方法：“人类跨越数千年所取得的成就在这条知识链上展开。”和往常一样，勒·柯布西耶将历史进程的微观世界，以及与自然法则和数学有关的有机螺旋相融合。

国际联盟总部方案探索了水平运动和侧向运动的意义。与之相对比，世界博物馆则探究了一种垂直世界轴线的意义，方案中这条轴线由一个倾斜下行的方形螺旋和一条游行坡道环绕起来。当沿着坡道从一个层面下降到另一个层面时，（我们可以注意到）建筑师唤醒了远处景观连续舒展的视野，并且他描述出一种在人造山体上漫步的体验，在那座人造山上，由柱子组成的丛林在黑暗中升起，而一个圆柱形的神圣空间则标示出了设计的核心与基础。这座圣殿被称作“圣堂”(Sacrarium)，用于纪念世界历史上出现的杰出人物：伟大的开创者（les grands initiés），他们与人类分享了他们知识的秘密（这些人当中包括毕达哥拉斯，勒·柯布西耶最崇拜的人之一）。中心空间歌颂了“人类历史上伟大而无可争辩的重要时刻”。在离开这个圆柱形空间时，参观者会穿过天文馆的内部，凝视宇宙那群星璀璨的苍穹。勒·柯布西耶很可能对霍尔萨巴德的古波斯宫有了解，这座宫殿将神庙与天文台结合于一个阶梯形的庙塔形式中。对于广阔和崇高的兴趣，则使人回想起艾迪安-路易·部雷（Etienne-Louis Boullee）所幻想的纪念物，例如球形的牛顿纪念馆（1784年）。勒·柯布西耶在他的世界博物馆中，回归了古代纪念物的概念，即纪念物是一种宇宙秩序的象征性表达：一种反抗时光流逝的先验的思想。

这种趋向于一种记述着“人类精神”的世界史的宏大抱负，这种建筑中朝向“永恒”的雄心，并不能符合每个人的口味。虽然他与保守的学院派在国联总部竞赛上产生的小冲突［耐诺特（Nénot）刚刚控诉他是“野蛮人”］还是不久前发生的事，勒·柯布西耶如今发现他自己已经被国际上的左派妖魔化为一个倒退的先验论

形式主义者。1929年，勒·柯布西耶受到了他之前的一个伙伴的攻击，即苏联艺术家和激进分子利西茨基，他指责勒·柯布西耶过于实在地抄袭古代建筑的形式，并在他的“圣堂”中建造了一种法老王的坟墓，“一种供奉人类所有的神灵与偶像的神庙”。[17]利西茨基还在整体上批判了勒·柯布西耶建筑的唯美艺术，将他描绘成了一个同时脱离了社会主义和资本主义社会现实的资产阶级个人主义者。在建筑杂志《建筑7》(Stavba 7)中刊载的一篇经常被引用的评论文章中，捷克建筑师卡雷尔·泰格(Karel Teige)紧跟着抵制这座博物馆，称其为一种不现实的堆积，并指责勒·柯布西耶沉迷于一种毫无意义的极端保守的反动项目。卡雷尔·泰格不接受勒·柯布西耶声称的“更高价值”(就像我们可能料想到一个辩证唯物主义者会做的那样)，并谴责勒·柯布西耶脱离了功能主义的正确道路：

> “现代建筑师并非脱胎于抽象的投机，而是来自生活本身的实际需求，更不是由学院和政界所决定……现代建筑的任务和领域在于对于结构进行科学的、理性而精确的设计。在一个纪念性的作品中，寻求在艺术上解决形而上学、抽象，以及投机的任务，是一种错误的方式，这样做的危险就体现在世界展览馆中。”[18]

这绝对不仅仅是对一个单独的建筑物的批判；它攻击了勒·柯布西耶潜在的柏拉图主义：建筑应该通过触及精神层面来唤起一种更高的秩序，这是他的信仰。当泰格宣称对于勒·柯布西耶来说建筑的最终目标是创造一座神庙或是圣坛的时候，泰格可能比他自己意识到总结得更加精确。在一篇冠名为《建筑的守护》(Defense de l'architecture)的文章中，勒·柯布西耶通过控诉功能主义者(包括他们对于科学的所有无知讨论)未能超越建筑仅仅停留在实用的维度，并在事实上拒绝理解建筑艺术的抒情性的条件，以此来回应他的那些批评者们。当争论开始，不久便被很快地抛弃，起因是政治事件的转变，以及先锋派们对建筑在社会和国家中扮演角色概念越来越大的分歧，在这样的情况下，所有的现代建筑师——功能主义者、形式主义者，或是其他的——都有被一概而论和边缘化的危险。自由民主主义的领导者们在20世纪20年代还未准备好迎接现代建筑的到来，而苏维埃的共产主义很快就转变了原先支持先锋派的政策。纳粹主义和斯大林主义都不会在20世纪30年代广泛运用现代建筑。抽象对于极权主义者的大众宣传需要是不利的：而视觉艺术中的现实主义，以及建筑中一种古典主义的样式，则几乎同时为德国和苏联所拥抱。

斯大林主义政权的巩固伴随着与视觉文化有关的传统主义信条，这也包括建筑。到苏维埃宫竞赛开始第一阶段的1931年，对强调重点的重大转变已经在顺利进行中。尽管如此，一批精选的西欧现代建筑师被邀请提供方案，包括瓦尔特·格罗皮乌斯、奥古斯特·佩雷、埃里希·门德尔松(Erich Mendelsohn)、汉斯·珀尔齐希(Hans Poelzig)，以及勒·柯布西耶。这个项目要求由大厅、办公室、图书馆以及餐厅组成一个综合体。这里将有两个大礼堂，一个可以容纳15000座，另一个可以容纳6500座。这座建筑将被用来进行政治演说、集会以及大型演出。需要有一个可以容纳5万人的集会场所。大量人群的进进出出都要在考虑之内。在莫斯科城市的整个景观中这块场地显得很重要：在莫斯科河的一个转弯处，毗邻克里姆林宫(Kremlin)，此前这里是1832年由凯·顿(KA Ton)设计的救世主大教堂所在的位置。这座之前的纪念物于1929年被拆除，专门为苏维埃宫腾出地方，这是一种非常清晰的态度，意味着要毁灭古老的秩序而构建新的秩序。苏联人希望苏维埃宫能够显示第一个五年计划(1928—1933年)所取得的成就，并成为革命之后思想的纪念物。这次竞赛的组织者强调这座建筑应当体现出共产主义和苏维埃国家的胜利进展，并成为一个“无产阶级专政取得宏伟成就的象征性表达”[19]。

勒·柯布西耶从一种“人民的论坛”和一种赞颂

[左图]
勒·柯布西耶与皮埃尔·让纳雷，苏维埃宫方案：透视图显示出建筑与莫斯科天际线以及克里姆林宫穹顶的关系，1931。钢笔绘制，56.9cm×99.6cm（$22^{1/2}$×39英寸）。

技术成为改变社会历史工具的角度来解读这些象征性的意图。考虑到他与莫斯科打了多年的交道，还有他对苏联先锋派的了解，这种解读足够合理。自从1917年之后的动乱日子以来，苏联的艺术家们就开始试图表达革命后的社会思潮，基于马克思主义的信仰来展望社会。将开放的网格与螺旋相融合的设想（如塔特林的第三国际纪念碑）的未来主义形象，被机器的拼贴所强调，表达了在动态雕塑构成中存在的分离的功能要素[如维斯宁（Vesnin）兄弟的方案]。在1924年的劳动宫竞赛之后，斜梯形礼堂便有了一种作为社会焦点的容器的象征性特点［例如康斯坦丁·梅尔尼科夫1927-1928年在莫斯科设计的卢萨科夫工人俱乐部（Rusakov Workers'Club）］。在1927年的列宁图书馆方案中，伊万·列奥尼多夫（Ivan Leonidov）将阅览室置于一个玻璃球体中，并由拉索帮助将书架置于一个细长的塔中。一种功能主义的侧翼也同样出现于苏维埃建筑中，这是为了宣称简洁形式的实用建筑将最好地实现辩证唯物主义思想。

在他的苏维埃宫方案中，人们会有印象勒·柯布西耶试图综合这些不同的惯例和趋势，并且在他们的表现领域超越了他的苏联同事们：提升了一种实用性和结构性的原理（一种社会手段）以达到他所设想的苏维埃理念具有的崇高表现力。他的提案是一个关于雕塑动力学的试验，一个被交通、声学和结构需求所控制的闪亮的机器。在方案中，它唤起了一种机器的变体，有头、胳膊、肩膀、细长的腰部，以及腿部，即使不属于一种贾科梅蒂的超现实主义竹节虫状的人体雕像。带有动态轮廓的细长曲线屋顶的楔形（V字形）观众席（在古斯塔夫·里昂的咨询下设计）使音响效果和可见性达到最优，聚焦于内部的舞台，并与河道的转弯相契合。它们沿着主轴线排列，将场地的力量聚集起来，并将它们集中于设计的中心：歌颂了官方意识形态的大众集会的一个露天剧场，其一端有一个回响板，而莫斯科的天际线则是它的舞台背景。事实上，这是一个经过重新考虑的城市广场，一个通过斜坡直接与周围城市相连的仪式性平台。下面是列柱大厅——一块通过一片底层架空柱场地而得以侧向解放的宽敞空间——在图纸上标识为一个“集会广场”。这个巨大的公共大厅其地面是倾斜的，所以地平面可以流畅地上升到上面的楼层而没有任何阻碍。

观众厅的壳体从伸展的大梁上悬吊下来，就像20世纪版的飞扶壁，在更大的大厅中，这些梁被依次悬挂在系于抛物线形拱券的钢索上[受到尤金·弗雷西内（Eugène Freyssinet）设计的飞机库的启发]。勒·柯布西耶利用了机器的隐喻、动态的观众厅，以及受拉的结构，使代表着人民和国家的政治机构得以理想化。苏维埃宫不仅是前瞻性的，而且暗示了存在已久的集体秩序的政治与空间概念。这座建筑的剖面，实质上可以被消减为一系列的连锁相扣的平台，并有弧形的壳体漂浮于其上空。这种布置方式将政治集会的概念提炼为在共有土地上进行的会谈。同时，它还对声音流以及公共讨论的概念进行了图示性的表达，表达为一种反映了声学形式的交流。勒·柯布西耶将苏维埃宫视为一个连续剧场，包括有相互贯穿的平面，用于集体仪式的观众厅，作为无产阶级及其代表的聚集点的中心空间，一个等待被大众的政治活动充满的空间。合理组织交通的空间可以允许大量的人流来来回回，并能很好引导代表们、外交官们，以及记者们到达他们各自的区域。一些内部和外部的平台微微倾斜，可以方便增添和坡道间的联结。公共空间先穿过底层架空组成的巨大的多柱式大厅，再从连续的倾斜平面的中间穿行过去，这种不间断的空间流动，毫无疑问是一种对平等主义以及苏维埃社会活力的建筑学诠释。

尽管它的尺度很大，但是苏维埃宫方案非常令人惊奇地透明，它的拱券和钢索向上反抗着矗立在莫斯科天际线上的穹顶与尖塔——之前权力的象征。1934年勒·柯布西耶将平台上堆叠体量的思想与比萨大教堂广场相对比，比萨大教堂广场上的比萨斜塔，与一个巨大公共空间中自由伫立的洗礼堂和大教堂相抗衡。他在草图旁边加上了一段来自18世纪理论家洛吉耶的引文：在细节上统一，在总体上喧嚣（unity in detail,tumult in the ensemble）。勒·柯布西耶对苏维埃宫的设想，通过其雕塑性的优雅、结构的巧妙、对场地的回应，以及激活内部和外部的连续空间概念的动态平面与剖面，使之有别于其他入围竞赛的作品。其他参赛者有的将观众厅融合于一个巨大的体量内（例如埃里希·门德尔松）；有的将对称和非对称的运动进行对比（例如奥古斯特·佩雷）；也有一些人将主要体量处理成展开的、动态的雕塑[例如瑙姆·加博（Naum Gabo）]。但是勒·柯布西耶将它们分离开来，并使其穿过空间，成为一种在机器拼贴中独立存在的要素，形成了一个由动态曲线、互相交织的层面、倾斜的地面和坡道组成的城市剧院。[20]

通常在处理一个大型公共建筑时，勒·柯布西耶会将项目分解成相互独立的一些要素，接着寻找将它们组合成纪念性总体空间的方法。他通过后立体主义的视角看待城市，通过实体和空间、图底翻转关系的方式来观察城市。勒·柯布西耶布置重要部分的策略，来自于他的设计过程草图，以及对皮埃尔·让纳雷和工作室成员所制作绘画和模型的大量研究。定义了主要仪式区域的

［下图］
苏维埃宫场地平面，展现出建筑在莫斯科河以及周围街道之间的弯折，1931年。
钢笔、彩色蜡笔以及粉笔绘制，108.7cm×225.7cm（$42^{3/4}$×$88^{3/4}$英寸）。

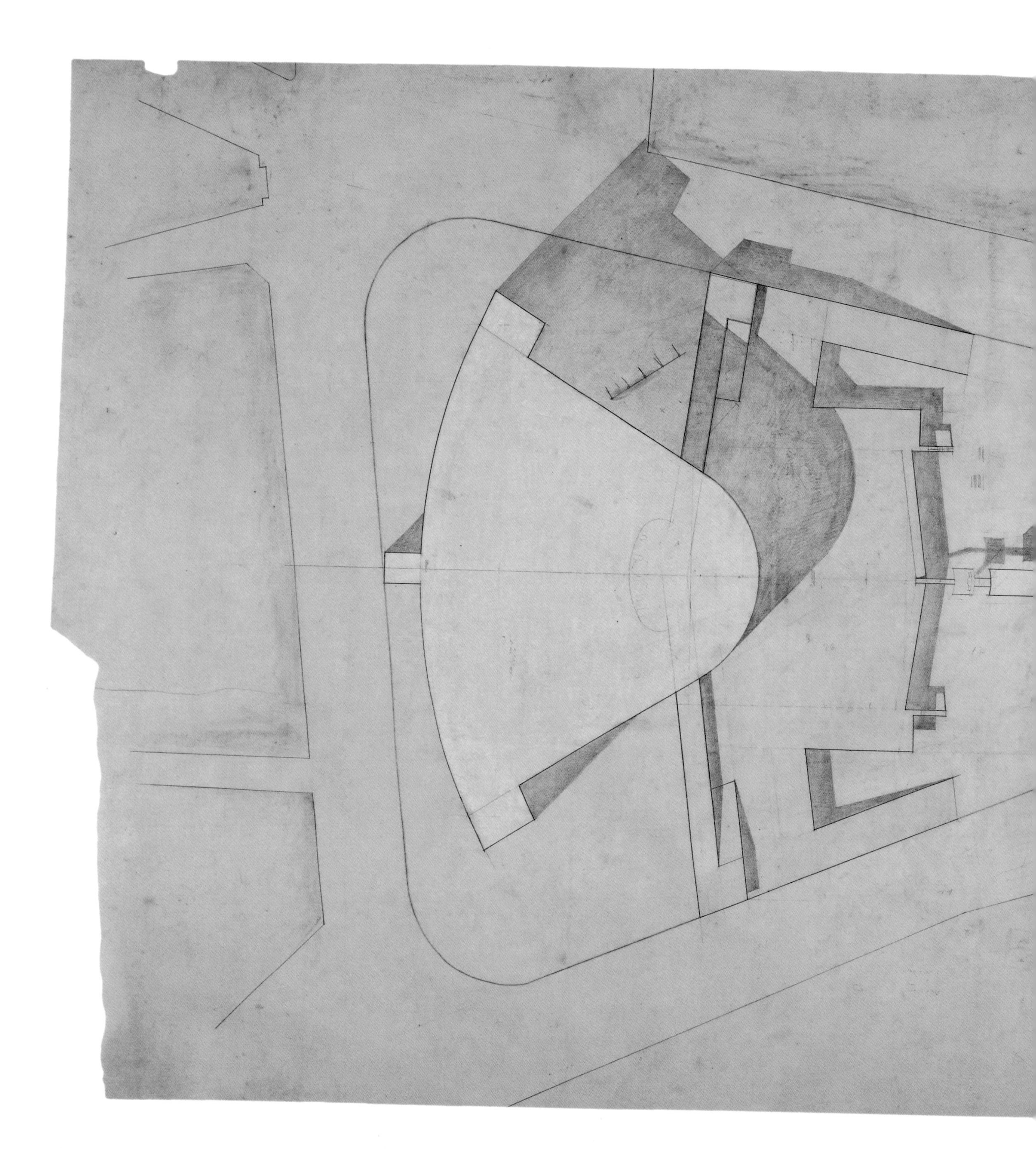

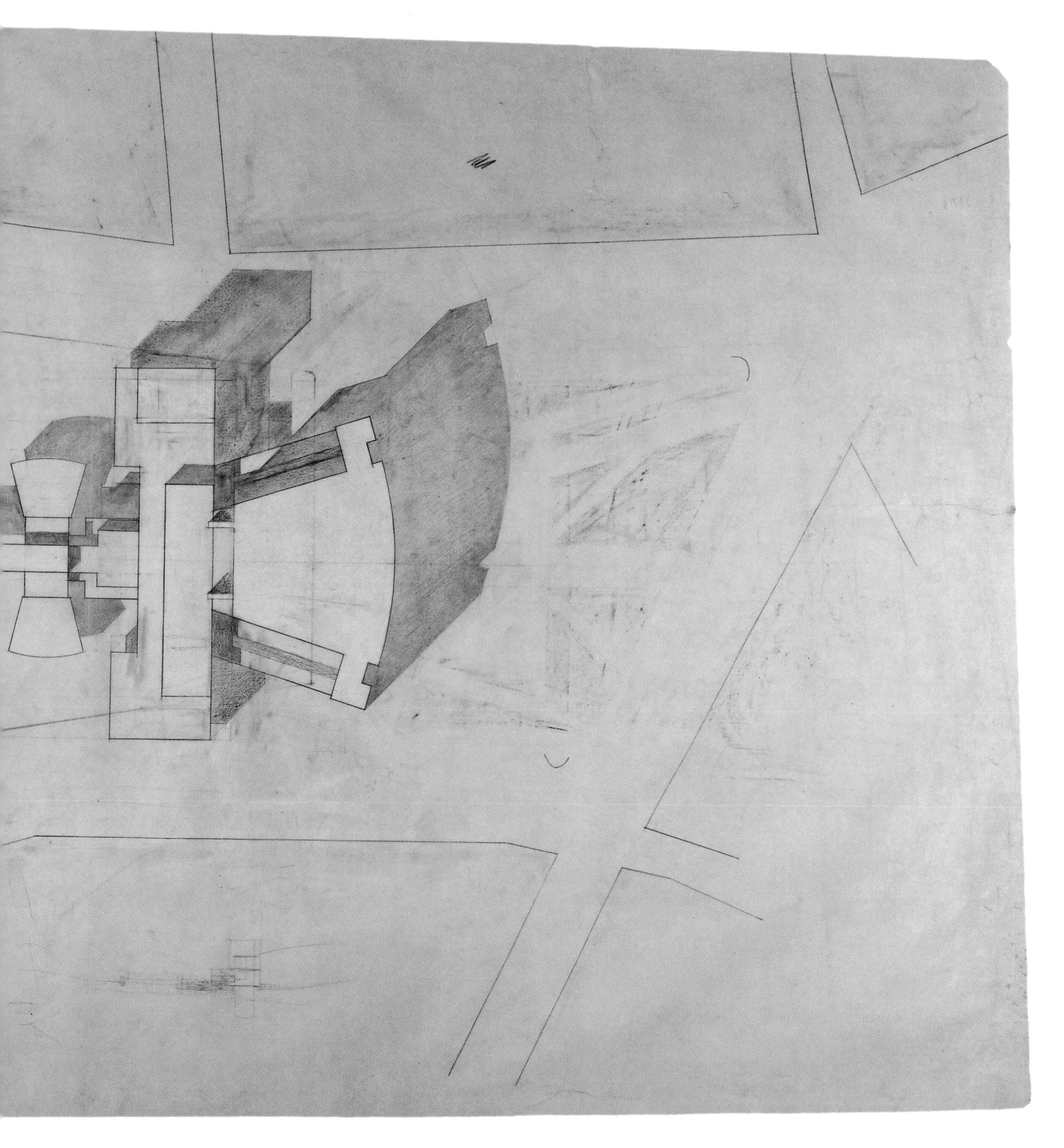

[下图]
苏维埃宫方案模型，建筑剖面展现出主要议会厅、室外剧场、平台以及倾斜楼板之间的交叉。

适宜形式后（例如大礼堂的设计），建筑师们研究出了几种可供选择的连接它们的方法。总的来说，在主轴线上制定最终的对称方案之前，通过这样或那样的方式，勒·柯布西耶试验了至少7种假定形式，采用不同的配置大礼堂的方式，以及一些不对称的构图形式，最后对称方案的主轴线连接了那些演讲台的焦点并同时与克里姆林宫形成了一条直线。在每一种假设中，勒·柯布西耶为了解决如城市的入口和布局、雕塑的连贯性，以及想法的适当性等问题，尝试了很多种方法。而将形式与内容相结合的果断飞跃则反抗了一步步的分析。勒·柯布西耶对国联总部大厦的说辞也同样适用于苏维埃宫：

> “然后整合的概念一举展现了自己，一座宏伟的构筑物，有能力……唤醒建筑的乐趣。这些乐趣存在于形式在阳光下的智慧、正确而壮丽的表演……起因与结果的关系揭示了意图……一种水晶般的单纯，它蕴含着被压缩的能量，既坚硬而又耀眼……这种手段决定了一种高贵的态度……清晰的意图以及一种纯粹的思想。这种清晰，这种纯净，难道它们不是现代的标志吗？”[21]

为了被建造起来，一座纪念物必须看起来能够体现社会中占主导地位的意识形态，而且需要权力部门的支持。对于勒·柯布西耶的苏维埃宫方案，一些人表示欢迎，而另一些人则批判它。他在苏联先锋派的论战中处于一个中间的位置，而正因为这个原因，他遭到了被极端分子攻击的危险。强硬的形式主义者排斥方案中的抒情性，与此同时，官方则反对它的工业美学，声称这座建筑看起来过于像一座实用性的工厂，不能成为国家的纪念物。专政制度需要借助于政治控制的传统符号来与大众进行交流。虽然有着交响乐般的力量和对构成主义的精妙暗示，勒·柯布西耶的方案最终被抛弃，官方倾向于一个由鲍里斯·M·伊凡（Boris M Iofan）和伊万·V·卓洛托夫斯基（Ivan V.Zholtovsky）提交的装饰有门廊、列柱和伟人雕塑的苏联方案。在晚一些的版本中（1934年），它变成了一个婚礼蛋糕状巨大而阴森的建筑物，带有高大的柱式，并在顶端树立了一尊列宁的巨幅雕塑。勒·柯布西耶这样写道：

> “一个像俄罗斯这样正处于开端时期的文明，需要为它的人民争取……具有诱惑力的美：雕塑、柱子和山花，比纯洁而完美的线条更容易被理解，而这些线条是由于应对技术威胁和之前未知困难的问题而产生的。”[22]

政权再也不需要先锋派的机器性空想：它需要回归到权威的传统图示来巩固它的控制力。[23]勒·柯布西耶对于苏联这个共产主义国家的热情至此终结，之后二者分道扬镳分别走上了各自不同的道路。

［上图］
穿过苏维埃宫的剖面，展现出大会堂座椅的情况，1931年。铅笔与黑色蜡笔绘制，23.5cm × 49.8cm（$9^{1/4}$ × $19^{2/3}$英寸）。

［下图］
苏维埃宫，带有倾斜以及相互连接楼板的“广场”或柱厅，1931年。钢笔粗线绘制，53.3cm × 106.4cm（21 × $41^{3/4}$英寸）。

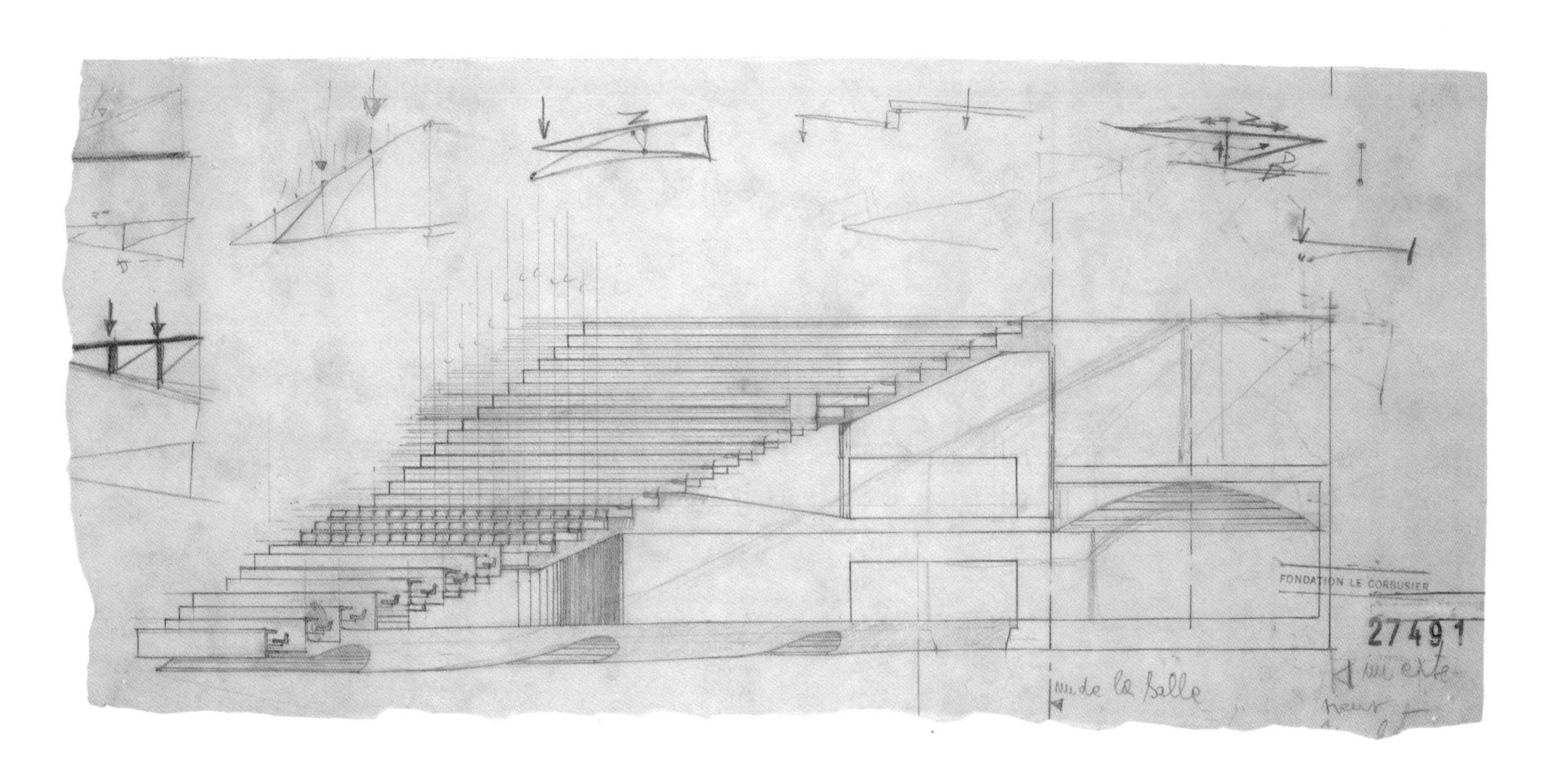

第8章
意图的结构：萨伏伊别墅

"今天我被指控为一名革命者。然而我承认只有一个大师——过去（the past）；并且只有一个准则——对于过去的研究。"[1]

——勒·柯布西耶

［前图］
克莱尔住宅，萨伏伊别墅，普瓦西，法国，1928—1929年。视线沿着坡道攀上三层日光室以及一个矩形的开口，为人们提供了一个面向西北方向景观的框景。

在20世纪20年代末期勒·柯布西耶扮演着他准备已久的角色，一个为了新建筑的改革者。每个项目就好像一本革命书籍的一个章节，揭示了“时代精神”的正确形式。1930年《勒·柯布西耶作品全集》第一卷出版，极具智慧地运用黑白照片来呈现学说的关键并给人留下这样的印象，早些年的作品是一种自我封闭的阶段，在其中理想的类型已经发展出越来越伟大的清晰性。战后时期的犹豫不决已经成为过去，而且勒·柯布西耶能够预见到从他的设想中产生的思想开始影响全球现实。在20世纪20年代末他的照片展示了他作为一个穿着紧身西装戴着领结和金属镜架眼睛的憔悴的技术性艺术家的形象。他像一只猫头鹰一样凝视着他周围的世界，非常清楚地知道按下快门的瞬间正记录着英雄的事迹。记录的人物有着在《走向一种建筑》末尾所有的经过艰难历练而达到的简单：勒·柯布西耶，作为机器时代的人的类型，始终摇摆在自我严肃和自我嘲笑之间。

1930年勒·柯布西耶已经获得了国际上的声誉。《新精神》杂志的传播建立了一个联系先锋派运动的网络，包括俄罗斯和拉丁美洲的一部分。《走向一种建筑》被翻译成多种语言。[2]魏森霍夫住宅展上，勒·柯布西耶的作品出现在荷兰和德国现代主义领导者的旁边。苏联消费合作社中心联盟（Centrosoyuz）委员会将他归类到苏联先锋派的计划之中。完全公之于众的国际联盟总部竞赛的惨败把注意力集中到他身上，作为一个新建筑的拥护者。1928年，CIAM在瑞士拉萨拉兹（La Sarraz）建立，勒·柯布西耶是最初的成员之一。[3]这个组织注定成为未来30年一个建筑和城市思想的论坛。勒·柯布西耶将利用代表大会来推进他自己的方案并宣传他自己的学说。

现代建筑当其处于“英雄阶段”之际，是宣传的或褒或贬的猎物。支持者们拥护新形式，将其作为时代的不可避免的表达，并掩盖了地位的主要不同。贬低者将现代建筑消减为一个单片的漫画，把它作为一种无灵魂和无根的“国际的功能主义”。这些策略在确切的编年史上留下印记，并趋向于参与“主义”（isms）的工作，而不是着眼于独立建筑的任何细节。1927年在斯图加特和1928年在拉萨拉兹聚在一起的建筑师，以及那些在约翰逊和希区柯克1932年出版的《国际式》中记录的建筑师，拥有着不同的意识形态状况，以及对待传统和形式语汇的态度。[4]在当时，减少这些区别是必要的，以保留一个统一战线来抵制敌对方。但是回顾来看，在这段时间建筑的质量和强度的多样性仍旧是令人震惊的。路德维希·密斯·凡·德·罗、勒·柯布西耶、赫里特·里特维尔德或是伊万·莱尼多夫（只提及4位）作品那诗意的力量使他们从带有条形窗的底层架空的常规盒子体量中脱颖而出，在当时这种方式是一种仅有的可以被接受的统一形式。更高级秩序的建筑需要从历史学家强加的种类中解放出来。

这毫无疑问就是勒·柯布西耶在这段时间里的三个杰出的作品：萨伏伊别墅（1928—1929年），救世军总部大楼（1929—1933年），瑞士学生宿舍（1930—1932年）。所有这些对于世界范围内至少四代建筑师的作品具有深远的影响，自然在未来的思想体系的畸变中成了频繁的猎物。它们完整地展示了勒·柯布西耶成熟的形式系统，并且具有充分理由地暗示了即将到来的风格上的变化。它们展示了建筑师如何从一个到另一个方案中“潜心探索”（recherche patiente），周而复始地在风格中提取了意义的崭新层面。救世军总部大楼和瑞士学生宿舍都是在地面层级上带有公共要素的玻璃平板的变形，并且与勒·柯布西耶对于住宅方案的思想相关联；这是在下一章会集中介绍的。萨伏伊别墅仍旧是雪铁汉住宅的另一个衍生并且是20世纪20年代其他典型房屋的类似物。这是一个包含着许多层含义的复杂作品，只有探究其在设计中包含的图示、思想和意图，才有可能最好地被理解。

萨伏伊别墅在书中有着辉煌的成绩而在现实中则经历了艰难的岁月。最初的雇主在20世纪30年代只是偶尔地使用这座房子，抱怨其漏水。在战争期间它沦为了纳粹的干草仓库，并且在1950年前基本处于荒废的状态。它曾遭受被拆毁的危险，但被第一任文化部长安得烈·马尔罗（Andre Malraux）救了下来。现在，它成为一个国家的纪念物，并没有人居住在里面：是勒·柯布西耶个人建筑的一个纪念馆。虽然有着这样一个具有争议性的发展历史，萨伏伊别墅仍然成为课本上的经典作品。

20世纪40年代西格弗里德·吉迪恩提到它时将其称为“精神结构”（construction spirituelle），一个“空间-时间”概念的具象化作品，他相信这表达了时代的精神。[5]在现代主义的神话中，它是“居住机器”的最为卓越的图示—— 一种原始的健康的房屋，向太阳、光照和绿色的景观开放。战后柯林·罗从象征性几何学和古典价值的方面复兴了萨伏伊，并将它与帕拉第奥的方形的圆厅别墅相比较。[6]勒·柯布西耶的杰作因此就拥有了现代范式和古典抽象的双重身份。关于这座别墅的许多经验都被大量地转换，但是这些却被新现代主义的混成作品在数量上远远超越，因此便使20世纪的语汇消减到一种琐碎的形式主义。

当《勒·柯布西耶作品全集》第一卷问世后，勒·柯布西耶的思想和形式就呈现出了一种新的姿态——平行于作品本身的独特的光环——在照片和绘画的领域。时至今日，仍有那些没有经过巴黎西边三十公里的行程

[下图]
萨伏伊别墅，从西面望向被塞进底层架空部分的入口大门。

来观看这座建筑本身的人将萨伏伊别墅奉为教皇。在《勒·柯布西耶作品全集》中，勒·柯布西耶创造了他自己对于历史的看法以及一种对于他的准则条约。每个建筑都从它的地理环境中抽象而来，并且与其他柯布西耶式的项目一起共同置于时间廊道中。克莱尔住宅（Les Heures Claires，就像已经被熟知的萨伏伊别墅）以绘画的形式出现于第一期的接近末尾处，而在第二期的起始处已经成为建成建筑。它与20世纪20年代的其他古典建筑有一定的距离，并正好处于20世纪30年代的更大的公共建筑之前。萨伏伊别墅永久地存在，在一个夏日午后的气氛中，光滑的平面悬浮在草地上方和树林前，地下室则在影子的裂缝中呈现出来。这幅黑白照片令我们进行一场想象中的漫步，穿过一个由透明的圆柱体和透过半反射的玻璃的仪式性的坡道所组成的世界。地面的高尔夫球杆和昂贵的手套暗示着一种时髦的运动生活，而在厨房中，面包碎块以及一个纯粹主义的咖啡壶则暗示着圣典礼仪。在景观上方架起的屋顶平台像是一艘富裕的邮轮的甲板。每一个小插曲都被小心地布置。

《勒·柯布西耶作品全集》利用照片、绘画以及文章来证明学说的关键点。萨伏伊别墅飘浮在风景中的图像重新确认了勒·柯布西耶对于建筑的定义，就像是“阳光下体量聚集在一起正确而壮丽的表演”，同时唤起了他对于与“自然”和谐相处的乌托邦的梦想。汽车进入通道的照片以及在坡道上行进的过程都使建筑漫步的中心思想变得戏剧化。室内选择性的视角强调了自由平面所带来的开放的空间和丰富的光线。这些照片也是带有说教意义的，展示了窗户如何横向地滑动，或是厨房和卫生间的固定装置如何将科学实验室中的高效应用于家庭环境中。日常事件的存在——开车、散步、站、坐、洗漱、烹饪、就餐、阅读、日光浴——都被赋予了一种仪式性的光环。《勒·柯布西耶作品全集》中的展示依赖于一种蒙太奇的图示而不是像电影中的一系列剧照，这些剧照场景被演员在不久前腾出。在视野中并没有人物，只有他们存在过的轨迹—— 一顶帽子、一副眼镜、一个插着花的玻璃瓶。这种缺席被始终存在并贯穿在开放的视野中的景观所补偿。从一开始，勒·柯布西耶就坚持这座建筑“四面开放”。

今天，当人们走近萨伏伊别墅时可以将它看作一个被小心修复的历史纪念物。场地比85年前更加受到限制，通向远处山脉的广阔视野以及到达西北部的视平线

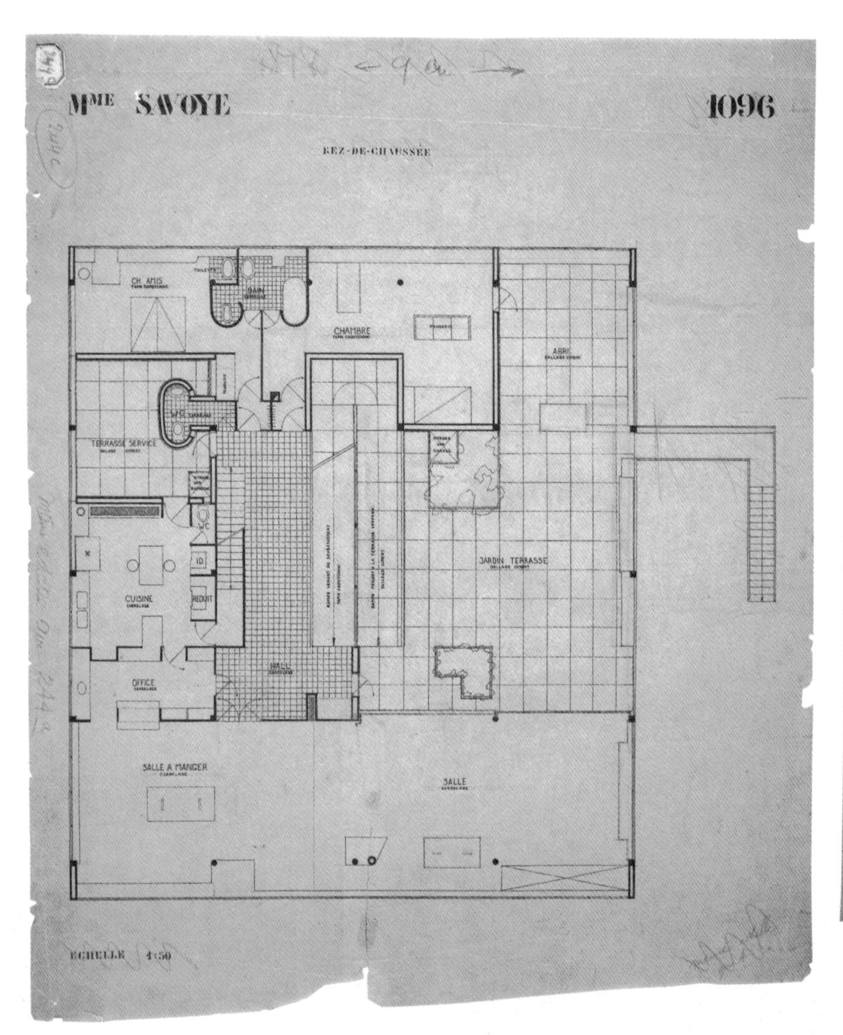
Mme SAVOYE
1096
REZ-DE-CHAUSSÉE
CH. AMIS
CHAMBRE
ABRI
TERRASSE SERVICE
CUISINE
OFFICE
HALL
JARDIN TERRASSE
SALLE A MANGER
SALLE
ECHELLE 1:50

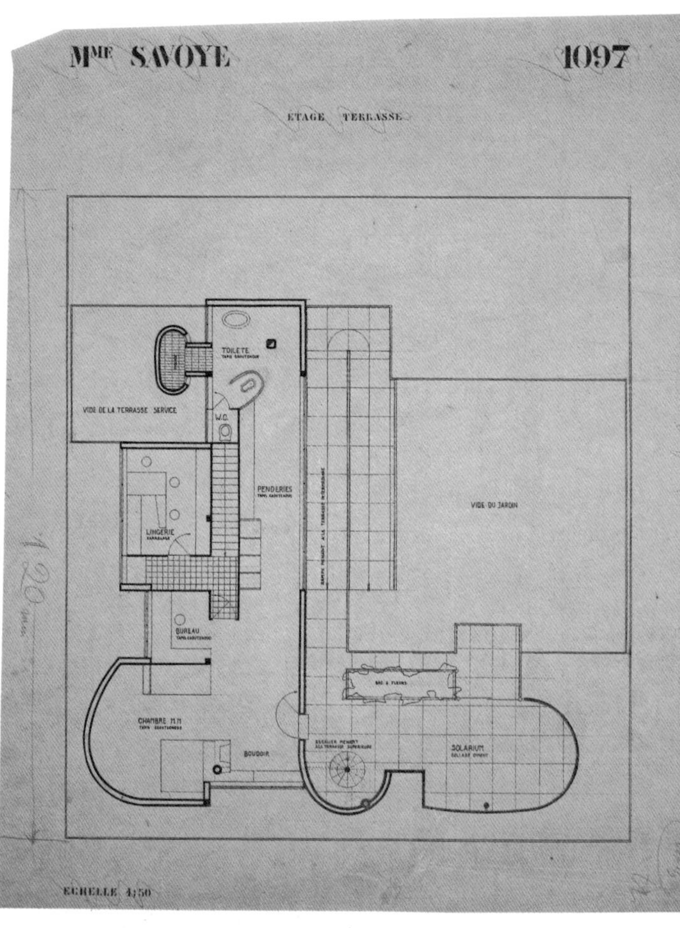
Mme SAVOYE
1097
ETAGE TERRASSE
TOILETTE
VIDE DE LA TERRASSE SERVICE
W.C.
PENDERIES
LINGERIE
VIDE DU JARDIN
BUREAU
CHAMBRE
BOUDOIR
SOLARIUM
ECHELLE 1:50

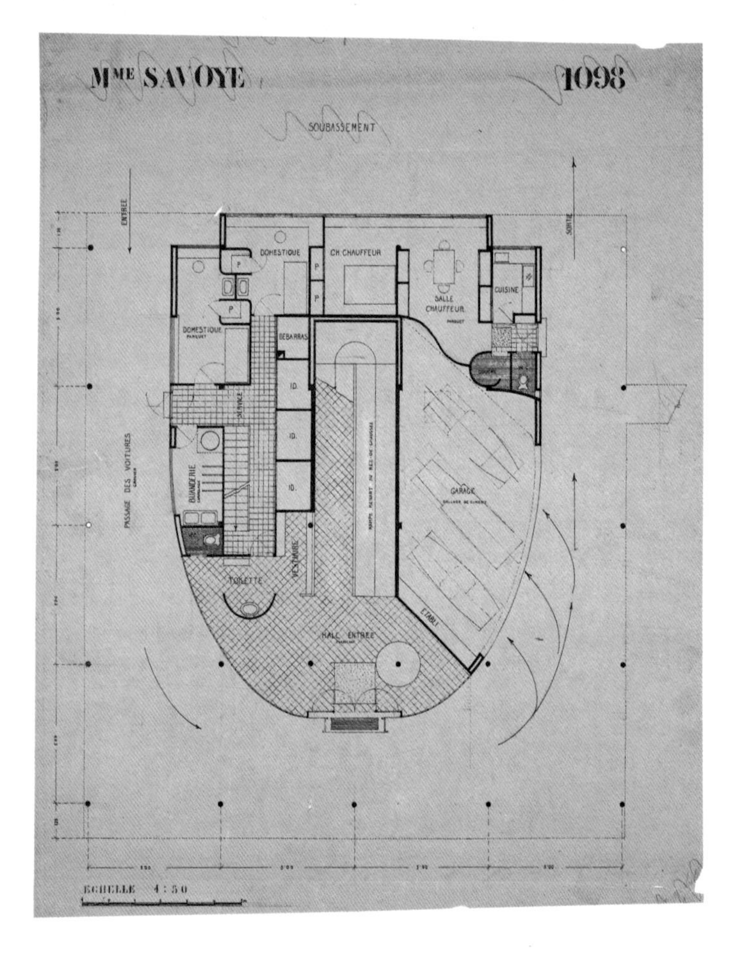
Mme SAVOYE
1098
SOUBASSEMENT
ENTRÉE
SORTIE
DOMESTIQUE
CH. CHAUFFEUR
SALLE CHAUFFEUR
CUISINE
DEBARRAS
BUANDERIE
PASSAGE DES VOITURES
GARAGE
TOILETTE
HALL ENTRÉE
ECHELLE 1:50

［左图］
萨伏伊别墅，1928年10月早期设计的方案平面图：一层入口、门厅、车库以及服务用房（底部），二层为主要的起居空间、大客厅和带有室外楼梯（左上）的露台；三层包括卧室以及顶层露台（右上）。钢笔粗线绘制，53.3cm×106.4cm（21×41$^{3/4}$英寸）。这个方案是一个修改后的版本，只用了一页纸绘制草图，1928年9月绘制（见178-179页）。这个方案包括了最后建成建筑中的许多核心思想，但是顶层最终单独保留为日光室、室外楼梯被移到了其他位置，另外还有许多其他的改进优化。

被后来的结构所打断。这座建筑不是单色的，而是充满了立体主义绘画的色彩。底层架空柱以及主要的盒子涂以白色，尖锐地凸现出来并与深绿色的下层墙面形成对比；顶部的曲线曾经一度是粉色和蓝色的。[7]面对车道的立面在其中部是落地的，这提供了一个强烈的正立面并通过架空柱后退的视角在两边形成渗透性。当人们驱车接近并在建筑下方穿过时（一种城市原则的展示），他们将清晰地被带入一种机器时代的仪式感中。引导进入建筑的曲面的工业制造的玻璃遵循着汽车运行的曲线。建筑的平面是方形的（《走向一种建筑》中的那些理想形式之一），曲线、坡道和结构的网格提供了周边的基本对位。剖面诠释了一种基本的划分：底层趋于基本的服务和流通空间，其上是主要层面，最顶部是日光浴室部分。这是勒·柯布西耶理想城市的截面类型的缩影。人们可以很好地想象作为汽车时代的萨伏伊别墅透过挡风玻璃所看到的场景。假定有一个司机，乘客在主要轴线上被放下，接着沿带有方向性的梁通过门廊架空柱进入地面层的主要大厅。车库和服务单元在这一层，通过一个螺旋楼梯升至上一层，似乎是无重量地上升，穿过水平板。一个独立的脸盆作为一个工业化的成品在攀登前接受洗礼。所有这些都是透明而清晰的，甚至是光线净化了形式。这个受人尊敬的路径被坡道标识出来，是全部想法的脊梁。勒·柯布西耶将“建筑漫步”的特定思想作为一种阿拉伯空间（Espace Arabe），甚至是对于照片细致的检查也不能期望重新创造这种空间的感受，这种上升并进入一个被照亮区域的感觉，或是透过层层半反射玻璃的充满阳光的几何形的强烈的抒情感受。这座建筑通过绝对的雕塑性力量赋予其自身秩序。进入就意味着迈进一个如画平面的奇幻世界。曲线暗示了轮船的烟囱，唤起了一种纯粹主义的瓶子的记忆，接着又是一个服务性的楼梯。窗户、瓷砖、架空柱，以及其他裸露的现实通过一种强烈的抽象被上升到一个新的层面。

坡道打断了建筑水平的层面并上升成为动态的之字形将楼层统一起来。阳光自广阔的外部从四面、从顶部经过多样的天际线流淌进来。当人们行进到第一层（也就是主要层）时，空间竖向和横向地延伸。这里是萨伏伊主要的家庭生活空间。在这里，围绕着屋顶平台，餐厅、浴室、厨房和其他生活单元被聚集到一起，这个平台向西南侧开放，并作为一个联系着天空的模糊的室外空间。这是房子的心脏，具有招待客人的作用，并通过一个巨大的靠机器滑动的窗户联系着沙龙室。框架上的矮桌让人想起在莱芒湖边他父母的住宅，而屋顶花园的屏风重申了最早的东方之旅中的住屋。均等地出现在外部的水平条形窗，掩饰了拼贴在平面上的多样的内部现实：在一些地方装有玻璃，其他一些地方则是开敞的。它们呈现出在草地和树木之上的超现实的拼贴图案。一种对于建筑师和雇主共同分享的健康的膜拜，通过浴室旁边的平铺躺椅和顶层的日光浴室表现出来。坡道继续上升到一个矩形的开放空间，被曲线的屏风打断，提供远处法兰西岛缓缓起伏的山脉的极好视野。第一眼看到的视图中的水平的主题，就像是在风景画中重新捕捉到一样。

勒·柯布西耶通过将它们嵌入每一个独特的项目秩序，赋予他的建筑语言中的标准“词汇”以鲜活的生命。[8]在萨伏伊别墅中，“新建筑五点”成为建筑的中心意象和它的原则性的形式主题。盒子被置于架空柱上，他思想中如此基础的部分，在这里调整发展为水平体量漂浮于景观之上的思想。四个立面的主要母题是长长的条形窗，但是每个开放处结构的接合点和支柱有少许的不同，并且这在整个作品中引起了视觉上的运动。底层架空柱几乎与建筑立面的边界持平，但是尽端隐藏在悬臂梁下，所以上层结构看起来有漂浮感，并将建筑引导向远处的景观。所有事情都在否定重力的感觉，一个凹处围绕着建筑主要部分的整个基础，看起来对抗重力并被提升到地面之上。外部的墙体阅读起来就像薄薄的挂在阳光下的白色平板：一个处在建筑内部边缘的凹槽颠覆了任何对于质量的可能性的阅读。主要层与深绿的墙体和入口层的玻璃形成对照并停留在投影和细长的白色支撑的虚空中。在这些比例与基础、

中间层、顶部的三分法中有一种潜在的古典主义，但是传统的下面是大型砖石的安排被反转了：萨伏伊别墅似乎是悬在空间中似的。[9]

就像在勒·柯布西耶早期的别墅，曲线抵消底层架空柱的网格以及主要体积的矩形边界。当在周围移动时，要素转换成新的关系，一个形式系统取代另一个。从外部看，萨伏伊别墅是一个矩形的盒子，但在内部混凝土的骨架处于支配地位并且主要是空间的感觉。空间是活跃的，而且边界通过透明的层面溶解掉。当沿着坡道升高，眼睛收入了远处的景色，甚至聚焦于近处的细节，景观也是被分割为图像的片段。表面由大胆的色彩带来生机，并且这些与白色的架空柱和墙面形成对比。多种多样的瓷砖、木头和油毡在地面上被应用。体积和平面被线条强调出来：旋转楼梯管状的钢扶手、窗户的最小框架、支撑混凝土平台的细腿。细节重新强调了设计中主要的运动。与入口相接的曲线玻璃被细钢框切割成垂直的平面，随着汽车沿着曲线转弯，玻璃面形成动态的波纹。建筑更深处的类似的支柱被水平地布置来回应坡道的方向和自由平面的侧向延伸。它们与平台其他面上条形窗相协调。前景和背景被聚集在一起并共存于张力之中。就像在一段乐曲中，主题会在一个小一些的段落中重申。

细节可以提供图解以及视觉和实践的功能，并且在萨伏伊别墅中它们增强了这座房屋作为居住机器的意象。工业化的引用和机器的类比是关于所谓的被“机器”所允许的自由存在性的一种更加晦涩的诗话视觉标志。除了这种对于“机器美学”和对于那些“新时代的第一个果实”的显而易见的提及——远洋班轮、航空器、工厂和发射井——还有汽车建立起来的情景，它的形式、它的运动、它的机器细节。雪铁龙-雪铁汉的类比在萨伏伊别墅中被充分地延伸和发展，不仅仅在外观的层面上，而且与汽车到达和穿越一个建筑的特定想法相关。在这里，人们完全进入艺术家的神话的领域。在《走向一种建筑》中，汽车被拿来与希腊神庙进行对比，来诠释“标准”的概念，这种概念一旦被定义，便可以被发展到一个完美的阶段。萨伏伊别墅确实是这个寓言的顶峰：一种机器时代的神庙，在其中，第一次在雪铁汉住宅中形成的语汇要素被纯化和提升到另一个层面上。[10]

勒·柯布西耶在他的纯粹主义绘画和新精神理论中的从普通物品到泛化类型的转换帮助他建立了在他建筑中的周围环境（mises en scene）。萨伏伊别墅通过利用工业制成品将使用者带入机械师的场景中。钢门和细窗框有一种正在工作的人的画室的粗鲁的直接表达。在走廊的手盆似乎既是一个标准的卫生器具，也是一个为

[左图]
二层的屋顶露台，看向客厅和日光室，
完成后不久拍摄。

[下图]
从客厅看向露台，完成后不久拍摄。

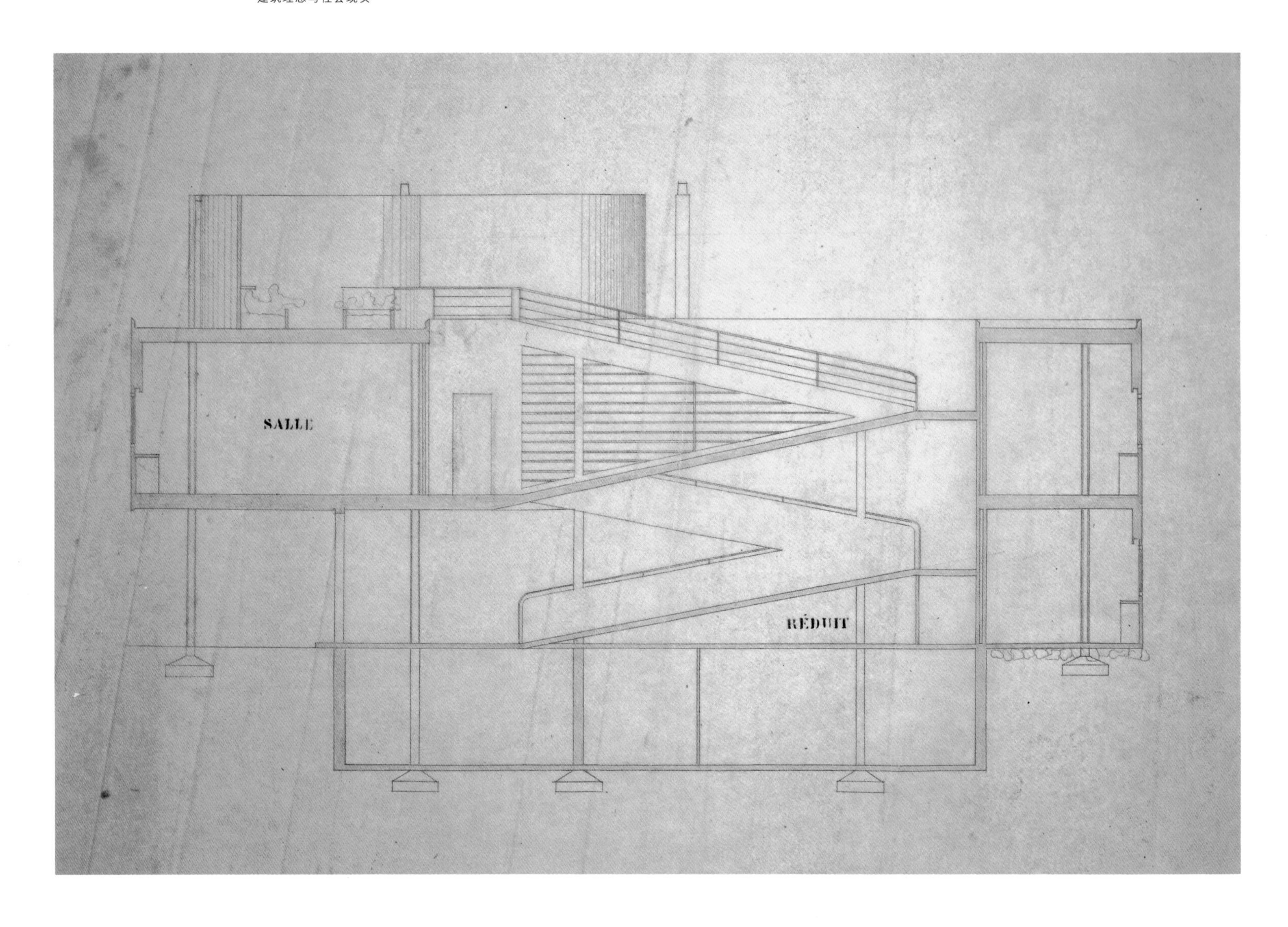

某些隐蔽的崇拜仪式性的洗礼盘（它也让人想起在庞贝看到的一个水池）。[11]坡道可能直接来自于工厂。白色或是黑色的地面砖引入了一种病房的标识。穿过这个别墅，人们可以被邀请来滑动窗户，点击把手，触摸光滑的表面，移动金属的部件并且享受唤起轮船的“客舱或者科学实验室”的空间感觉。但是所有这些直接的现代世界的“事实”都从它们最初的功能来陈列并被赋予神奇的诗意，因此它们具有了象征性的特征。这个过程在《走向一中建筑》中被提及：

> “建筑的抽象具有这种对于它自身的辉煌，然而它也根植于使其精神化的事实，因为赤裸裸的现实只不过是一个可能想法的具体化。这种现实是，思想的媒介只能通过应用于它身上的‘秩序’。”[12]

但是图像并不支配形式：参照物屈从于整体的秩序。对于勒·柯布西耶来说建筑是“一种艺术，一种情感的现象，在结构的问题之外并且高于它们”。[13]这首先是一个关系的问题。当一座建筑历经岁月，每个事件都促成了整体的形成。在他的立体主义绘画中勒·柯布西耶将再现与抽象以一种紧密和重叠的方式联系起来，而且这种视觉思考的模式影响了他想象建筑空间的方式。雷纳·班纳姆甚至将萨伏伊别墅的一层平面与一幅抽象绘画进行对比，并且远观这座带有日光浴室的建筑似乎有一种立体主义静物画的特点：

> “不仅是这些曲线，在平面上，就像在他的纯粹主义画作中找到的图形，而且它们的造型，在倾斜的阳光下，具有如同他的绘画中的瓶子和玻璃杯一样的微妙和非物质的气息，并且这些曲线形式，立在一个支撑在柱子上的方形板上，就像是一个桌子上的静物画。”[14]

将萨伏伊别墅的形式与这个建筑师的绘画进行比较，需要冒这些形式的出现过于简化的危险，它们事实上有着复杂的过程。这就是为什么钻研设计的过程以及建筑背后的意图是必要的。当勒·柯布西耶1928年第一次接手萨伏伊别墅的任务时，他已经达到了一种关于他语汇的构想的极度清晰的层面。他很好地被一种底层架空的思想武装起来，雄心勃勃地试图展示其中的准则。

场地是不寻常的开阔的：每一面都开放，而不是被周围的建筑所限制。从道路而来的路径线与远处风景的长长的视线相一致。事实上，这个地方准确来说作为博埃·里加德（Beau Regard）被熟知，因为它提供了西北方向塞纳河谷的全景。至于萨伏伊一家人，他们是富裕的并愿意做试验。他们想要一个享有名望的最新式的夏季和周末住宅的接待室，以及更衣室和浴室，同样包括一个为几辆车提供的车库，一个单独的卧室，一个看门人的门房。勒·柯布西耶几乎拥有了全权委托并需要自己确定限制条件。[15]

在萨伏伊别墅完成之前，勒·柯布西耶就发表了

[左图]
穿过坡道的纵向剖面，大约绘制于1928年12月。
钢笔与炭笔粗线绘制，42.7cm×53.0cm（$16^{3/4}$×$20^{3/4}$英寸）。
三层房间如今被移至下层，只留下建筑顶部的日光室：接近于1929年4月的最终方案。

[右图]
二层屋顶露台的水平开口。

[左下图]
穿过二层露台和坡道看向螺旋楼梯，展现出建筑中的透明效应。

[右下图]
从二层平台室内与室外坡道平台看向带有水平支撑的玻璃幕墙。

［下图］
从草地看向建筑西南立面，展现出建筑在1984年的色彩体系。

一篇文章《这个国家建筑和城市规划的精确性》(1930年)。他在潦草的平剖面图和一幅捕捉到建筑下方运动的感觉的俯瞰图中总结了整个组织，强调了平台的中心性，并展示了在太阳方向和远处视野方向之间的张力。

> “这个场地：一个巨大的，长满青草的绿地，像是个浅浅的穹隆。主要的景色在北边，因此背对着阳光……建筑被抬升于地面之上，被一个长长的水平窗户整个贯穿没有中断……在盒子周围接收到景色和阳光，不同的房间聚焦于一个悬浮的花园周围，就像是一个充足的光线和阳光的分配器……平面是纯净的，与需要相一致。它处于普瓦西乡村景观的合适的位置。”[16]

在他写的关于萨伏伊别墅的文章中，勒·柯布西耶唤起了“一个维吉尔式的梦想”(a Virgilian dream)。这个浪漫的视角说明了一个传承性的关系，关于别墅作为一种建筑类型可以追溯到古代。在《勒·柯布西耶作品全集》第二卷的一篇关于萨伏伊别墅方案的文章中，他返回到一种理想景色中的田园生活主题。他的描述表现了一座在乡村环境中的为城市居民建造的房屋——很明确是一座别墅而非一个农场——在其中一个热闹的家庭可以在距离城市不远的地方享受自然的美：

> “这座别墅十分简洁，脱离了雇主预期的想法：或者是现代或者是古代的。他们的思想是简单的：他们拥有一个由周围围绕着森林的草地的华丽公园；他们希望居住在乡村；他们与巴黎相距30公里的车程。”[17]

勒·柯布西耶强调了场地自然的美、汽车的仪式性的到达以及步行穿过内部的“建筑漫步”体验：

> “人们驱车到达建筑的门口，采用了汽车的最小转弯半径，这提供了这座房屋的特定维度……视野是非常美丽的，草地也是很美的，就像在树林中：人们将尽可能少地触碰这些东西。这座建筑将被放置在草地中间，就像一个物体一样，不会打扰任何事物……但是当他继续漫步……阿拉伯建筑教了我们宝贵的一课。通过脚和步行来欣赏；通过步行人们能看见建筑展开的关系……这是名副其实的‘建筑漫步’。”[18]

似乎勒·柯布西耶在1928年9月的一个最初方案中就已经提出了最终建筑的几乎全部的思想，但在几乎回到起点之前，在1928年秋天和1929年春天经历了一系列选择性的研究。[19]第一个方案画在一张包含着一系列徒手鸟瞰图、平面图、涂鸦和一个轴测图的纸上，展示

[左图]
萨伏伊别墅轴测草图，展现了太阳的投射方向以及汽车的行进路线（来自《精确性与当今的城市：建筑与城市规划》一书）。原稿来自1929年10月在阿根廷举办的一场讲座展示的一部分。
黑色蜡笔、炭笔以及粉笔粗线绘制，102.1cm×72.2cm（40×$28^{1/2}$英寸）。

[下图]
夏尔·爱德华·让纳雷（勒·柯布西耶），《多件物品的静物画》，1923。
油画绘制于画布，114cm×146cm（$44^{3/4}$×$57^{1/2}$英寸）。
勒·柯布西耶基金会。

[下图]
萨伏伊别墅早期的一些草图，1928年9月：“绘制平面的过程就如同产生想法”（《走向一种建筑》）。
铅笔、黑色蜡笔与彩色蜡笔绘制，52.4cm×112.8cm（$20^{2/3}\times44^{1/2}$英寸）。

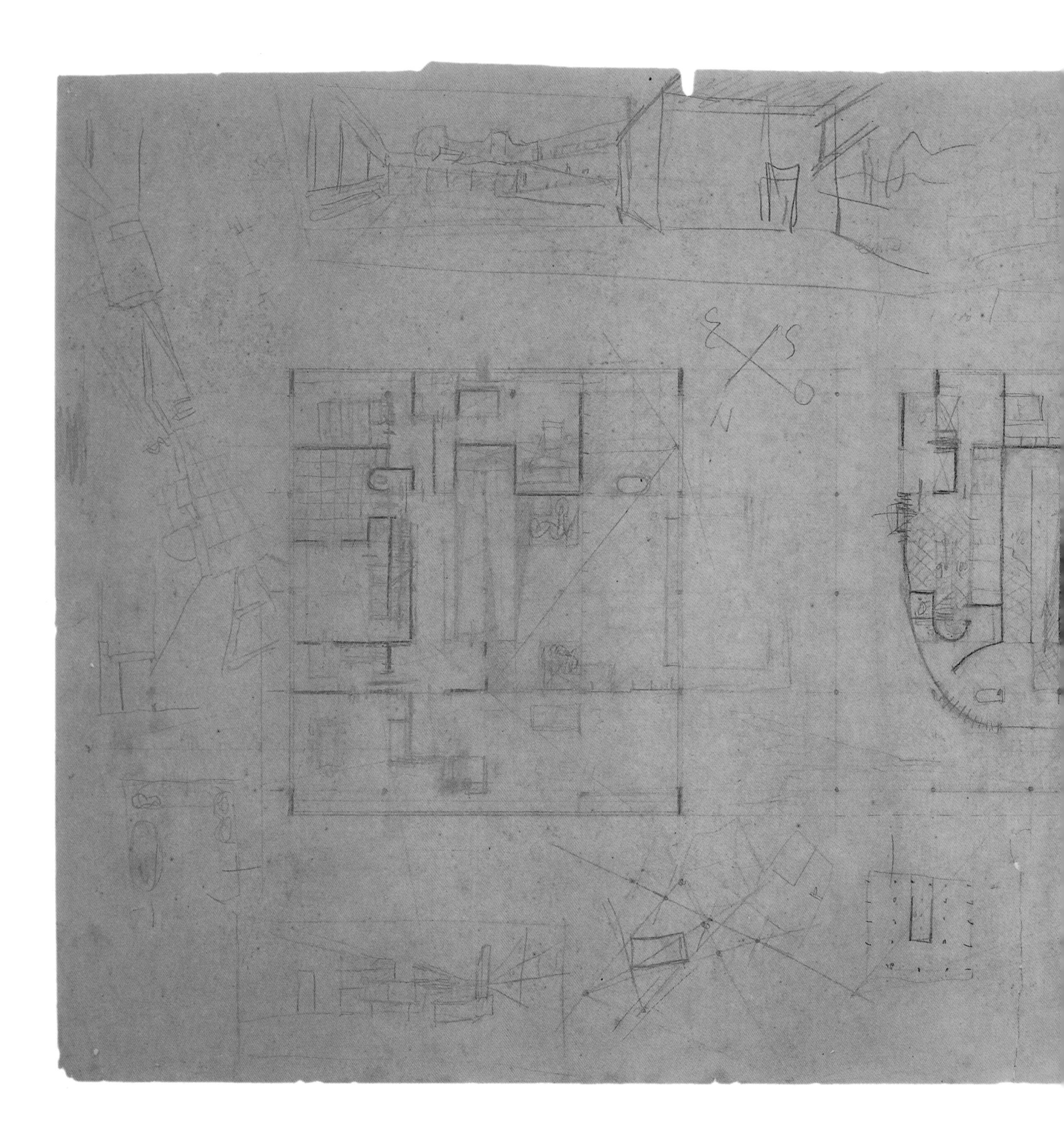

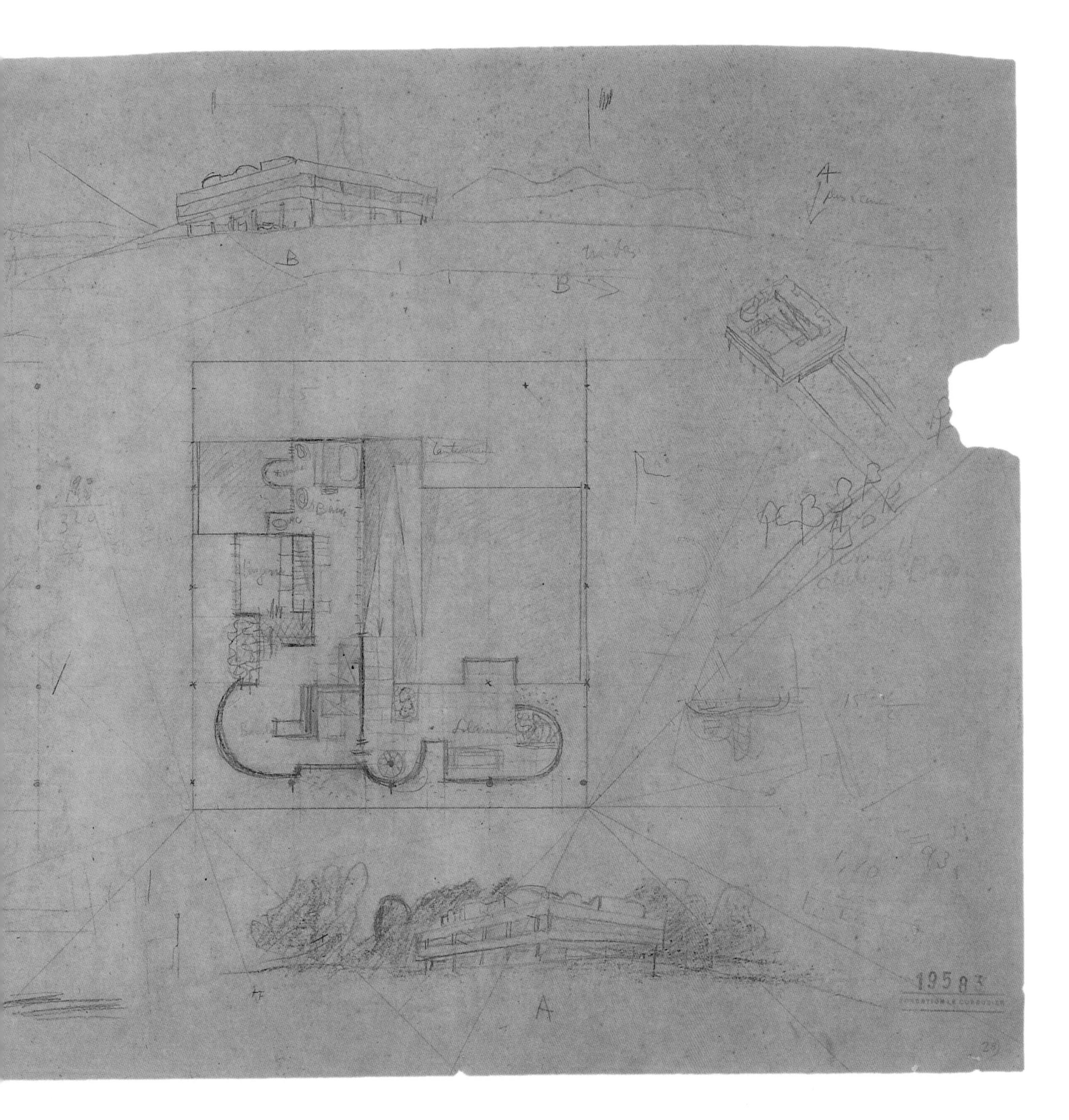

[下图]
萨伏伊别墅其中一种对称式构图方案的研究，1928年11月底。
铅笔、黑色蜡笔、蓝色和白色粉笔绘制，50.6cm×109.7cm（20×43英寸）。

[右图]
东南侧沿车行道方向的立面研究，展现出上下的水平条形窗。一层的水平长窗最终被横向窗棂取代。
铅笔、黑色蜡笔、白色粉笔绘制，72.5cm×109.7cm（$28^{1/2}$×43英寸）。

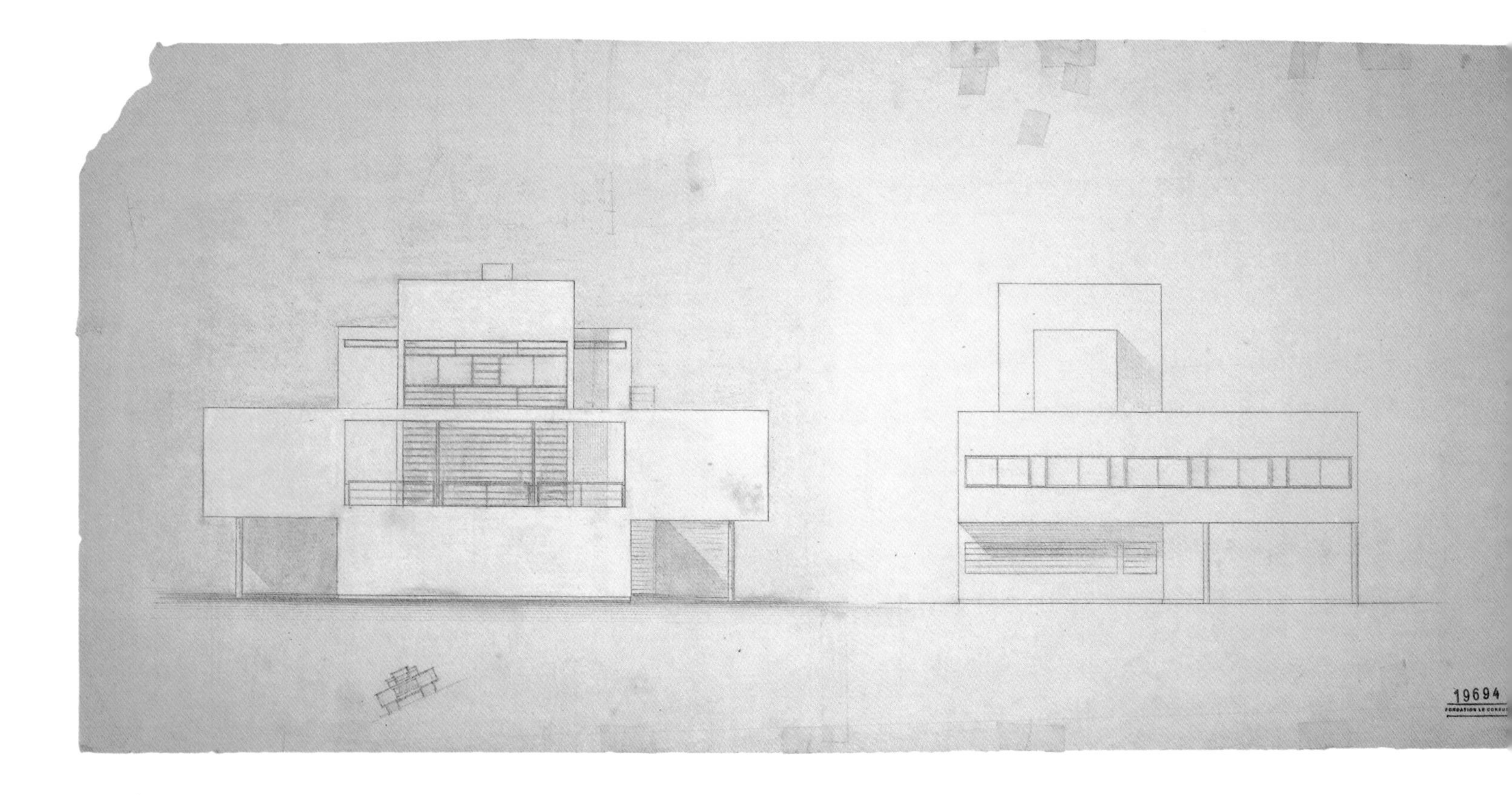

了车道从一边通向建筑，在另一边转向道路。鸟瞰图描绘了一个四边形建筑的思想，强调水平向，支撑在行列的架空柱上，上面有一些曲线的形态。一个内部透视图设想了屋顶平台的视野，而平面则检验了面向太阳的方向，结构网格对于分隔和四边形周边的关系，并且，在功能的布置方面，大致地对应建成房屋的布局。除了在这个最初的方案中，萨伏伊夫人的化妆室、卧室和日光浴室都被涵盖在顶层的曲线内，将自由平面延伸到空间中，而不是像在特拉斯项目中的堆叠。抒情的线条和重叠的轮廓回应了纯粹主义作品的不确定性，而在纯粹主义画作中，瓶子、玻璃杯还有吉他与那些自身拥有生命的形式相结合。

除了功能的布置以及思想的发掘，这些草图在汽车可达的程度上传达了几种尺度上的运动的感觉，经过坡道上升，以及在剖面和平面上体量和空间的动态演绎。通过将别墅置于场地的中心（共5公顷，$12\frac{1}{3}$英亩），勒·柯布西耶使建筑之间的张力、地形的限制，以及视野都达到最大化。他已经意识到了草地被树木限定。这个项目的四个面应对这些限制，而带形窗允许了近处和远处的压缩。在轴测图中，勒·柯布西耶采取了比以往更夸张的窗口长度，使其围绕着整座建筑且没有任何垂直向的打断。甚至转角处也是完全开放的。事实上整个一层被转换成一个平面框住远处的田园景观。悬臂层的水平表达让人想起多米诺

的骨架。勒·柯布西耶积极探索他的系统中表现力的限制，假使不是返回将柱子、板和梁结合起来的结构的基本思想，也是返回到它的基本原则。在乡村的别墅设计允许，甚至鼓励这样一种美学上的冒险。在所有的建筑类型中，这座别墅最能引起一种对于建筑起源、对于乡村和城市、自然和艺术之间的关系的思考。

萨伏伊别墅这张草图的形象化方法其本身是有趣的，因为它展示了勒·柯布西耶如何在一张纸上通过结合不同的方面来设想一个方案：平面、透视、示意图、一个轴测鸟瞰图。[20]在这些铅笔和蜡笔的充满动力而精美的线条中，人们可以感受到建筑师工作中的思想进程。它们揭示了手和脑、想象和记忆的互动，并显示了一条意识流的自由联想。这张草图纸不仅仅描画了方案的轮廓：它也唤起了无形的思想和想象，这给了一个建筑方案以它本质的生命。这些绘画提供了一个个人风格的横截面，并解释了建筑师如何将他的建筑语言的典型要素融合为一个新的整体。勒·柯布西耶知道如何在不同的尺度上设想一个方案，从整个场地空间到最精确的细节。有人怀疑他将萨伏伊的委任看作是这样一个机会，在一个独立设计中来重新开始他的许多核心的信念，去创造一个他的哲学象征以及一种对于他的建筑精湛技巧的演示。在《走向一种建筑》中勒·柯布西耶暗示了在一个设计背后的思想的复杂性以及“证明一个精确的意图”的需要。

> “设计一个平面就是决定某种思想，它必定拥有某种思想。这样整理这些思想就使它们变得可理解、可执行和可交流……一个平面在某种程度上是一个总结，就像一张分析性的内容表格。在一个表格中如此聚焦就像一种晶体，像一个几何图形，它包含着大量的思想以及一个强劲的意图。”[21]

萨伏伊一家似乎曾被劝说采用最初方案，但却又担心产生过高的费用，因此要求勒·柯布西耶和皮埃尔·让纳雷寻找一种方式来缩减项目的规模。建筑师因此尝试了一种更紧凑的平面类型。但是这种尺度上的缩减对许多核心思想是不利的，尤其是坡道就不再适用，因此这些都被舍弃掉并取代以一个直接抬升的楼梯来占用较少的空间。空间上的减少迫使他们放弃首个方案中的另一个关键特征：在地面层的对称的汽车转弯的弧线。更进一步，建筑的弧形居住空间现在变得头重脚轻并且被在周边的范围内压榨得非常不舒服。整个比例受到了非常不利的影响，而且作品显得越来越笨拙。一天之后，在1928年11月7日，勒·柯布西耶试图在一个甚至更小的平面尺度下转换这些相同的要素，而结果更加不好。这个方案严重脱离了建筑师仔细思索的意图以及优雅的第一方案。存在太多的未解决的冲突，以至于它险些崩溃。

在1928年11月末，曲线全部从方案中去除掉，取而代之的是一个几乎是帕拉第奥风格的平面，带有轴线上的楼梯，二层平面的侧翼，以及一个对称的体块从三层楼的中间竖起。然而这比它的那些先例更加规整，并且承认了在第一个方案中的某些秩序，它并没有令人满意地将“新建筑五点”或是地面层的交通与地上的自由平面彼此整合在一起。建筑师需要恢复最初想法中的流动性，同时仍旧要适应客户的缩减目标。这种妥协最终通过恢复第一个方案的主要特性但略有改动来实现，包括缩减尺寸以及将萨伏伊夫人的卧室和更衣室从上部的屋顶平台下移至主要平面层。在这里它们被挤入围绕着其他房间的空间中，并不得不减小尺寸以适应新的入口。移走了“建筑漫步”中的目的地可以说在某种程度上破坏了坡道的象征性力量，但是勒·柯布西耶为了自己“理想的”原因需要保留了这些曲线。它们是屋顶上生活娱乐的某种代码，并且就像是一种剖面类型的要素：交通在底部，生活在中间，世外桃源在顶部。它们同样是一种对于自由平面调和于许多内部压力和建筑雕刻般形式的运动的证明。在完成后的作品中，当人们转换方位，这些曲线表现成或凹面或凸面，或平面或带有体量感。它们同时帮助分解了不对称性并计划着将建筑

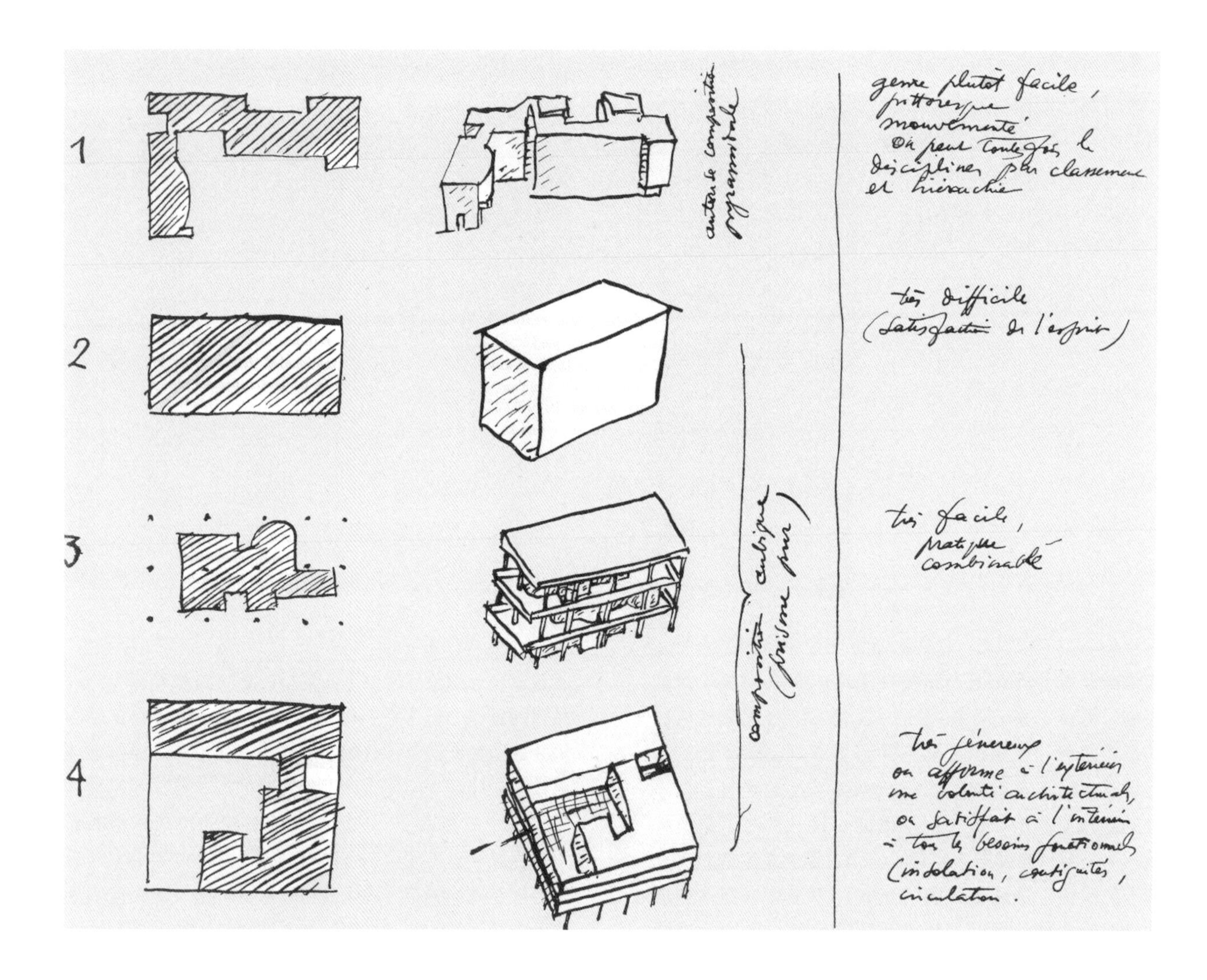

的精神予以实现。

萨伏伊别墅的设计过程——就像他的其他具有权威性的住宅的设计进程——揭示了勒·柯布西耶如何在探索一种统一的形式中将对比鲜明的图解拼接在一起。萨伏伊别墅是一个在常规体量中贯穿一条流线的案例，同时将不同尺度和强度的空间结合在一起。对称性结合着不对称，封闭性结合着透明性，稳定性结合着旋转性，一个结构的网格结合着空间，盒子的紧凑平面结合着感官上的曲线。所有这些都导致一种“新建筑五点”的新的结合。在20世纪20年代末，他画了一系列草图将萨伏伊别墅与拉罗歇-让纳雷住宅进行对比（标明作品的类型是“如画式的”和“多变的”），与迦太基的贝佐别墅进行对比（这个版本看起来像是多米诺的骨架并在内部带有曲线的分隔），以及加歇的斯坦因别墅（这是最“困难的”但也是最“令人满意的”，因为它是一种纯粹的棱柱体）。[22]萨伏伊别墅首先融合了非对称性，空间的戏剧性以及“建筑漫步”，其次融合了骨架性的特征，最后融合了几何的清晰性。它结合了空间、网格、轴线、正立面以及一种内部和外部空间和形式的融合的戏剧性；并且它设法在维持整体性、等级性以及一种适宜的细节层面将这些同时演绎出来。

从表面来看，萨伏伊别墅似乎暗示了一种底层架空的规律性的网格，一个方正的周边以及曲线的自由的平面形状。事实上网格在一些地方被更改了，墙体承担了一些结构性的作用并且柱子在尺寸和形状上也是多变的。在特拉斯别墅中底层架空柱被限制在室内，但在萨伏伊别墅中它们在内部和外部被演绎成多种不同的角色。它们将盒子抬升于景观上方，引导了汽车的运动并强调了主要的轴线。在边缘它们几乎与立面齐平，这给予了一种对于负荷与支撑的清晰的阅读。在正立面和背面，它们被隐藏在板后，这引起了一种悬浮的效果和水平的运动。在外部每个面有5根架空柱，这样其中一个就位于入口的轴线处。在内部这个网格立即被打破以容纳人行流线和坡道。2个圆柱形的支撑物位于门的侧面并且包括在一侧的一个方形的窗间壁和另一侧墙的转角。这仍是一个“四柱式”入口想法的衍生。在萨伏伊别墅中结构是屈从于建筑意图的。勒·柯布西耶将问题进行简洁地处理：“结构的意图是将事物结合在一起，但建筑的意图是使我们感动。”[23]

在《走向一种建筑》中，勒·柯布西耶论及“生成线条”可以通过实体和虚体的灵巧结合带来一个活跃的立面。在萨伏伊别墅的第一个方案中，水平的开放性彻底地围绕着建筑而不带有任何打断。在立面研究中，发现这种方法在结构上是不可行的并且在视觉上是令人不安的。而且仍旧存在着如何调整比例来强调最初的形式同时直观地回应方案的内部法则的问题。在主要的车行道立面处，一个在“窗口长度”左侧的垂直立柱打破了

[左图]
根据“新建筑五点”的句法结构所产生的若干种变体，出版于《勒·柯布西耶作品全集1910—1929》(1930年)的第一卷。从上到下：1.拉罗歇别墅；2.斯坦因别墅；3.贝泽别墅；4.萨伏伊别墅。

[下图]
建造期间的萨伏伊别墅，显示了混凝土框架与砌体填充墙的结合，1930年。

对称性并且暗示了在下方逆时针方向旋转的车行流线。在平台周围的水平开放空间，另一个微型的架空柱举起水平增强板，这些连接并支撑了窗洞(aperture)。从外部看，这些悬浮在一个模糊不清的位置上，看起来像是立面的一部分但同时又与建筑很好地衔接。事实上它们在平面上是椭圆形的：它们较为窄小的方向保留了平台的规模而它们较为宽阔的方向与其他支撑物相协调。同样细长的架空柱伴随着一种圆柱形的堆叠以及顶部背面的螺旋形楼梯形成韵律，但很难判断方向和距离。结构的事实与艺术上的错觉和谐一致。就像在帕提农神庙中，视觉矫正增加了整体形式中的张力和活力。

萨伏伊别墅建造于1929年夏天和1930年夏天之间。[24]主要的结构包括混凝土支撑、框架、板和梁，由内填充的小砖块筑成。复杂的剖面和为了天窗设置的开孔增强了任何涉及“标准化”错觉的独立解决方案。坡道打破了主网格上的圆柱形柱子并被隐藏的侧边梁和多种尺寸和形状的架空柱支撑。旋转楼梯被浇筑为一个单独的、自我支撑的混凝土体块，就像一座塔，接着被制作成似乎是从上面悬挂下来。科尔米耶(Cormier)建筑公司不得不在平屋顶的排水问题上做斗争，金属的窗框与周围的树木极不协调，管道和电线则与纯净的表面相冲突，同时自由平面曲线的砖墙结构事实表明过于单薄。与精确性以及勒·柯布西耶“机器美学”的轻盈联系在一起的光滑效果和萨伏伊别墅的白色墙面事实上是通过精巧的手工艺达成的，包括手工的石膏和油漆的应用。石头的外饰面(就像在加歇别墅中)在这里是被拒绝的，而采用从瑞士高价进口的一种“尤拉西特”(jurassite)水泥。至于用色，

甚至到目前为止仍旧是不确定的。1932年现代艺术博物馆展示的一个建筑模型，显示了在日光浴室采用了蓝色和粉色。在内部，一些在其他别墅中的相同颜色被采用，包括或许是庞贝红。

勒·柯布西耶总是将萨伏伊别墅设想成与更广阔的景观相联系，并作为一个人造的前景来增强周边的自然体验。他调整了场地周围的运动，压缩了建筑各处的空间，将其释放为其他，并且保持了一种与水平面的对话。他将这座建筑看作一种在城市的仪式性与乡村的非正式性之间的转换。场地是隐藏于高墙背后的被遗弃的果园，建筑师穿过这个来到最东边的角落通过一个门卫室的钢制门，就像是别墅本身的一个微小模型。这样整座房屋隐藏于一个树木的屏障后面，直到碎石车道在户外出现并向右转从一个轻微抬高的视角看到立面。勒·柯布西耶为在建筑下方从背后到前方的路线尝试了几种方案，包括一个正式的碎石行车道，在两侧终点带有转弯车道，边界由玫瑰灌木丛限定。这种古典式样的安排强烈地突出了与周围场地以及边界树木看起来原生态的对比。在屋顶平台上，一些种在种植盆（常常遮挡住天窗）中的常绿灌木丛为构成水平开口的背景中的不规则的大自然建立了一个种植的前景。景观视野被看作在一种抽象构成中的挖空的部分，就像一种立体主义的拼贴。萨伏伊别墅中的水平构成要素鼓励了一种与远处西北方向地平线的联结，而屋顶平台的灌木丛则与场地周边的树梢共同形成韵律。周围环境就这样被引入内部体验中，效果暗示了一种类比于日本的“借景”原理（shakkei）。[25]

萨伏伊一家在1930年夏天搬入他们的乡村新居，而麻烦几乎是马上就开始了。整个工程的费用几乎是双倍的，而业主花费了一些时间来支付建筑师的最终费用。接着，大量问题出现在漏水方面，特别是屋顶平台和天窗处的漏水。当萨伏伊一家试图在冬季月份使用别墅时，他们发现供热系统不充足，吸引了如此众多国际关注的富有名望的建筑的光亮和空间流动的效果，付出的却是寒冷的代价。萨伏伊夫人逐渐越来越多地在投诉信中提出问题，而勒·柯布西耶回应的语气则越来越冷漠。他不仅仅是这一个作品无法处理雨水和气候的问题。经过20世纪30年代，萨伏伊家的儿子身体变得不好，以至于他们一家无法再使用这座别墅，特别是在潮湿的季节中。到20世纪30年代末他们几乎遗弃了他们的“大师作品”。具有讽刺意味的是，同样在这些年间，萨伏伊别墅被载入历史和评论文献中，成为现代建筑中具有权威性的作品之一。

对勒·柯布西耶建筑的评论的收集其自身就是一个研究主题。勒·柯布西耶的支持者们涵盖非常广泛，一路从现代主义的辩护者如吉迪恩，他在《艺术》(Cahiers d'Art）杂志中称赞萨伏伊别墅并重申许多这位建筑师自己的观点，到哲学家拉菲尔（Mas Raphael），他称赞这位建筑师的关于全面的文化性方案的理想主义并赞美了他的“新的空间观念”。[26]在萨伏伊别墅建成时，建筑师受到了反对派的攻击：那些谴责他为缺乏灵魂的功能主义者的学术传统主义者和那些指控他为资产阶级功能主义者的强硬派功能主义者则沉湎于对毫不相关的理想主义者的关注。他甚至受到了赖特的批判，认为“居住的机器”以及纯粹主义者的词汇是肤浅的骗局，脱离了“最初的”现代建筑的真正轨迹。赖特谴责这种“人造的新型‘表面和体量’美学错误地声称法国绘画是其来源，并反对在现代主义盒子式的建筑中空间感觉的缺失”，尽管他从未亲自感受一座勒·柯布西耶的建筑。[27]这些多样的赞同或反对的评判就像这些工作本身一样，告诉我们尽可能多的被批判和被接受的观点，特别是在那些辩论性的宣言决心定义和使现代建筑的“正确道路”合法化的一段时期内。

在20世纪30年代早期，策展人和编纂人员着手涉入他们对前十年的现代建筑过于简单的定义，并且勒·柯布西耶发现他自己——以及他的萨伏伊别墅作品——被归纳为“国际式”的视觉规则——体量取代体块、平面的均匀整齐、装饰的减少。[28]这种以失去个人

[左图]
密斯·凡·德·罗，巴塞罗那展览馆，
巴塞罗那，西班牙，1929年。

[下图]
原始木屋作为建筑学古典语言的一种原型。
来自威廉·钱伯斯，《关于民用建筑的论文》中关于建筑起源的论述。

作品的独特性和对他们意图的剖析为代价的对形式特性的关注，却几乎没有抓住要领。它也忽视了潜在的民族精神和象征性的内容。如果萨伏伊别墅仅仅作为一个形式的精湛技艺的展示，它并不会触及富有感染力的深度。这座建筑的张力依附于一种对乌托邦理想的迫切表达。这是新时代的标志，就像远洋班轮和混凝土结构；与纯粹主义绘画衍生的形式相混合。中上层社会的存在被翻译成一种理想的现代生活的寓言，甚至触及了柯布西耶式的理想城市的设想：人和汽车的分层，向天空开放的屋顶平台，用坡道歌颂运动。这种幻想被转译成惯例规则，避免了任意性并揭示了勒·柯布西耶想要创造一种逻辑、秩序和真理概念的等价物的野心，这些来自于他对历史伟大形式的直觉。理性主义是一个出发点，但并不是目的。他希望重新注入已经被相对主义和唯物主义摧毁的理想的内容。

1929年，这一年萨伏伊别墅在建设中，勒·柯布西耶宣布“过去”是他“唯一真正的导师”。这对于那些指责他没有根基的机器主义的人来说是个挑战。尽管他的建筑似乎很现代，但仍旧基于历史的经验。在20世纪30年代时，这就已经被其他人认识到了。在一封与南非建筑师马廷森（Rex Distin Martienssen）的交换信中，勒·柯布西承认他试图设计“帕拉第奥精神”的房子。[29]意大利理性主义者朱塞佩·特拉尼（Giuseppe Terragni），科莫法西斯宫（Casa del Fascio，1934）的设计师，被勒·柯布西耶对传统古迹的原型和地中海传统的转换所激励。1933年，艺术史学家考夫曼（Emil Kaufman）出版了一本带有暗示性标题的书《从勒杜到柯布西耶》（Von Ledoux bis Le Corbusier，1933），试图为18世纪“革命性的古典主义”的现代建筑师建立一个系统，并基于超越时间反复出现的纯净形式和风格提出充分的理由。[30]这些主题中的一些被柯林·罗在《理想别墅的数学》（1947年）中所采用，并指出与帕拉第奥和意大利文艺复兴时期的和谐比例更多的相似之处。[31]无疑地人们可以引用其他那些可能影响了勒·柯布西耶的古典参照，比如小特里阿农宫或是庞贝的建筑，但将他成熟的建筑追溯到单独的“来源”是很冒险的，特别是那些他在很多年前所吸收的来源。

通过一种对乌托邦理想和新的空间概念的解释，萨伏伊别墅给予古代主题以新的生命：这座别墅就像是一个乡村庇护所，城市居民在这里享受着艺术和自然之间的对话。无论人们将这个住宅看作一个在阿卡迪亚（Arcadian）景观上的“立方体住宅”，或者是一种在田园的场地上的抽象古典展示馆，它都规避了过分简化的定义，同时触及了几种过去的类型和传统但不是直

接的模仿。萨伏伊别墅的“古典主义”——像特拉斯别墅——是一种广义的类型：没有瑕疵的比例，部分和整体的和谐，静止的感觉，一种单纯的等级意义。架空柱呈现了一种简化的柱列的定义。伴随着它的漫步流线，在阳光中的纯净形式以及古朴的柱廊，萨伏伊别墅无疑唤起了勒·柯布西耶对于帕提农神庙的痴迷，就像它简洁的轮廓和理想的比例让人联想起“多立克道德”（Doric morality）和古希腊的理想典范。[32]《走向一种建筑》中“建筑，纯粹的思想创造”这一章提炼出勒·柯布西耶对雅典卫城的印象，并几乎应用于他自己

[下图]
萨伏伊别墅，沿主要车行道的建筑立面。

[右图]
萨伏伊别墅，现代形式中的古典主义本质。转角细部展现出锐利的退进关系以及阴影是如何增加建筑悬浮于地面的感觉的。

在普瓦西（Poissy）的“机器时代的神庙”中。[33]

> “情感是从哪里来？从明确定义之间的确定关系之中：圆柱，甚至是一个门，墙面。从那些组成场地的东西之间明确的和谐性中来。从作品中每个部分传播其影响的一种可塑的系统而来。从用于普遍的轮廓的一致性中的材料而来。”[34]

密斯·凡·德·罗的巴塞罗那展览馆（1929年）无疑可以称得上是萨伏伊别墅真正的堂兄弟。具有铬钢柱和立在石灰石矮墙墩上的玛瑙隔墙，这件大师作品同样暗示了神庙思想，并将很广泛的事物从抽象艺术发展到机器主义，到空间新概念。非常古典的比例被抽象在悬浮式的现代形式中，而基座、柱廊和檐口的三重主题通过现代的技术被重新诠释。横梁式结构在简化的柱、板、墙和开放空间中被给予一种新的要素定义。萨伏伊别墅和巴塞罗那展馆都依赖抽象来发掘开端，回溯像“原始住屋”这种古典语言中的所谓的原型。[35]甚至在萨伏伊别墅最初的草图中，勒·柯布西耶似乎就挖掘了一种在“新建筑五点”、多米诺骨架、古典主义要素和梁柱结构的最初声明（类似新石器时代湖滨住屋的木筏）的中间地带。[36]在普瓦西、居住的机器与“自然住屋”的主题相重叠，这是一种为20世纪卢梭的“自然人”的再生所形成的理想框架。萨伏伊别墅是那些少数的与起源思想相融合的建筑之一。它是激进的，它在整体意义上体现了革命性这个词语，却又回归到根源。

萨伏伊别墅建成40年后，班纳姆提出它是“具有圣礼拜堂或圆厅别墅秩序的大师作品”，并且这件作品的地位“在于权威和幸运”，因为它表达出了“人与所处环境的关系的视角”。[37]人们不必分享萨伏伊别墅所带有的勒·柯布西耶的乌托邦思想，也不必停留在由建筑师的原始意图所定义的环境中。主要建筑作品通过复杂的方式适应历史。它们在合并更长的进程的同时，直接回应它们的时代并揭示未来的新的可能性。萨伏伊别墅迅速被任何一种现代主义者推崇为一个基本的借鉴，但它从未契合于强加在它身上的有限的历史叙述。它充满着隐藏的暗示，这些在当时从来没被发掘，并且现在仍旧在等待被发现。[38]这座别墅是一种对于很多已经消失了的事物的非凡的综述，并且是一个对一种类型的总结，但当萨伏伊一家搬到他们的房子中时，他们的建筑师已经去追求自己作品中的其他方向了。它逐渐从它的创造性状态中分离出来，转向更长更宽广的历史廊道中。随着时间的推移，对萨伏伊别墅的新的阅读成为可能，并且在形式的领域中具有了从未有过的独立生命。

第9章
集体主义的示范：救世军总部大楼和瑞士学生宿舍

“所以说在1929—1934年这些年间我们成就了什么？一些建筑作为开端，然后是许多重大的城市问题研究。这些建筑扮演着实验室的角色。”[1]

——勒·柯布西耶

[前图]
瑞士学生宿舍，国际大学城，巴黎，法国，1930—1931年：以粗混凝土制成的、带有凹凸表面的底层立柱支撑起石材覆盖的上层钢结构。

萨伏伊别墅已经成为迄今为止现代建筑的伟大形式创造者之一。我们可以从东京一直到美国纽约长岛发现对它的模仿。在20世纪30年代它迅速确立了权威作品的角色并被主要的现代主义者奉为圭臬。但如果它为后继者标志了一个新的开端，那么也便是它的创造者这条路线的终结，他不会再通过这种方式使用悬浮的白色形式、纤细的圆形架空柱和带形窗。甚至在这个工程完成之前，他就已经着手于普罗旺斯的曼德洛特（Mandrot）住宅了——带有粗糙的石墙并且暗示了当地的建筑语汇——以及巴黎大学城的瑞士学生宿舍，并发掘了机器主义和自然之间的二元性。在20世纪30年代早期，勒·柯布西耶从形式上和哲学上开始追求新的方向，发掘一种模糊不清的原始主义，重新考虑地方性的角色，重新评价他自己的建筑语言。对于原始形式和自然类比的研究伴随着对钢结构以及平板玻璃表面的研究。“新建筑五点”尽可能地被使用和延伸来应对在一个大尺度上的集合建筑，而自由立面也被修正来处理太阳的直射光。已经完善的要素例如底层架空柱被用于意想不到的形式中，并且新的创造如遮阳板进入了语汇中。

然而，20世纪30年代对于勒·柯布西耶来说是一段再定位的时期。在表面之下，他进行了建筑的更深层结构思考。在某些层面上是创造，而其他一些方面则是延续。中心性的原则被延伸，并在新的形式中被重新思考。一些在20世纪20年代别墅中的发现仍然作为他后期作品中坚持的设计规则。独立的元素被不断地重新思考并结合成新的整体。诸如自由平面等的空间概念揭示了意义的新可能性。在勒·柯布西耶全部作品中，存在着重复的主题，这些在他一生的不同时间段采用了多种形式。基本的类型，例如雪铁汉住宅剖面（带着对艾玛修道院的回应），拱形的莫诺尔住宅（Maison Monol，提出一种工业化的乡土形式）或是抬升于底层架空柱上的板式建筑（包括它所有的公共的和乌托邦式的暗示）持续被转换以适应不断变化的环境和意图。运用类似的方法，勒·柯布西耶将他的探索延续到城市中，修改他的理想平面来应对特定的环境，并研究可供替代选择的建筑类型，如摩天楼或集合住宅。

勒·柯布西耶相信他的解决方法具有普遍的参考价值，从未停止通过文章、绘画、著作、演讲、展览、城市规划以及建筑来宣传和展示他的学说。他感觉他自己像是一个可以凭直觉了解“现代”真正本质的先知，并且能够定义以及解决全球规模上现代化进程中的固有问题。他在20世纪20年代末和30年代初的各种活动与此密切相关。勒·柯布西耶对于一系列城市如巴黎、巴塞罗那、里约热内卢、布宜诺斯艾利斯、阿尔及尔和莫斯科的都市计划揭示了他对于当代城市（Ville Contemporaine，1922）或光辉城市（Ville Radieuse，1930）的“理想城市”平面中制定出的普遍原则充满信心。他继续保持这种假设，他对于城市空间、高速公路、公园、摩天楼和集合住宅的布置思想在某种程度上是奥林匹亚式的真理，可以通过形而上的方式表达出来，然后在不同的环境中进行调整。这个“平面”是为了帮助产生一个新的机器时代的社会，或者说它的作者相信那样。这是个乌托邦主义者的经典案例，他保持着这样的幻想，认为他可以将他思考的秩序强加在历史的复杂发展上。

勒·柯布西耶没有能够成功地整体构建出他的城市平面，只能满足于零星地实现或者寓言式地展示。而所必需的社会、政治和经济条件是缺乏的，特别是一直延续至20世纪30年代的世界危机。当建筑师/规划师反复考虑不同的国家和意识形态框架，他的具有魅力的想象停留在纸上，在这里他们建立了一个他们自己的神话现实作为幻想中的乌托邦。对于它们的创造者来说它们就像是具有普遍意义的假设，当他进行单体设计时可以作为参考。甚至在小尺度的私人住宅中，勒·柯布西耶也能够赋予他的解决方案以一种批判性的张力。他的建筑就像是微观世界或构造的神话来歌颂一种新的生活方式或者指出这个世界可能会是怎样。它们包含着许多思想并且有时具有宣言的特质。甚至是像萨伏伊别墅这样如

［下图］
勒·柯布西耶与皮埃尔·让纳雷，巴黎救世军总部大楼，巴黎，法国，1929—1933年。
入口层平面，1∶100比例，1933年12月6日绘制。
钢笔粗线绘制。53cm×104cm（20¾×41英寸）。

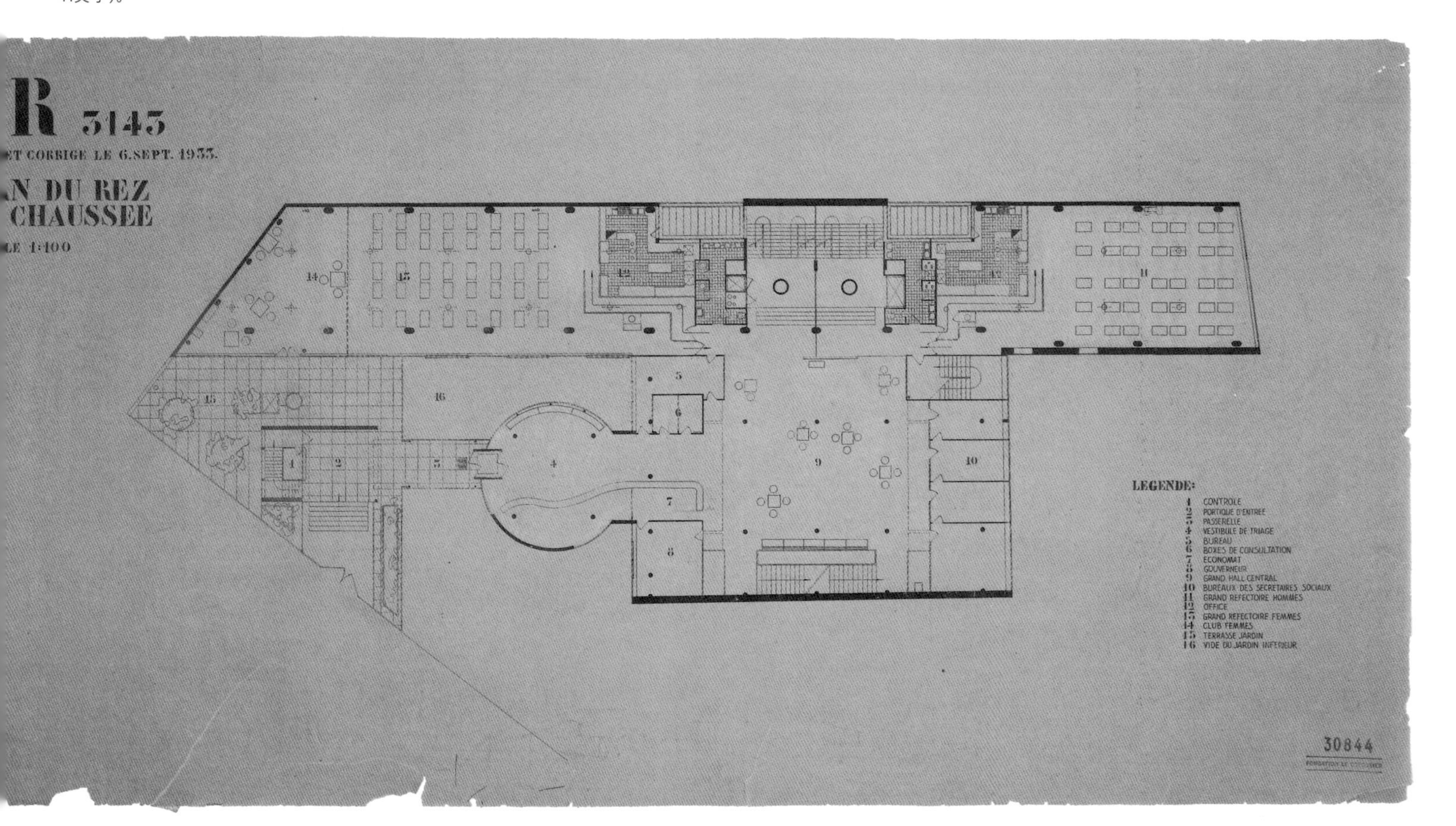

同独立诗篇般的作品也可以从多个层面进行解读。它将独特性和典型性融合在一起，涉及勒·柯布西耶理想城市中的其他东西。柯林·罗指出："一个建筑作品通常很可能是一个非正式的宣言。"[2]

勒·柯布西耶总是寻找机会来定义居住的原型，使标准化和大量生产成为可能。在20世纪20年代后期他频繁地与工业精英往来（所谓的大企业的首脑），他们对泰勒化科学管理方法（Taylorization）以及亨利·福特汽车的大批量生产感兴趣，将其作为解决日益紧迫的大量性住房的问题。1928年的卢舍尔法（Loucheur Law）使更多的资金可以精确地用于这类操作，并且试图去复活衰落的钢铁工业，同时也为大量人群提供价位适中、可以负担得起的住宅。勒·柯布西耶曾设想另外一种原型来产生影响，就是所谓的卢舍尔住宅（Maison Loucheur），结合了钢骨架结构，标准化构件和地面之上的砌筑墙体。[3]房子从地面被抬升起来立于钢支柱和石墙上，石墙作为毗邻居住者的分隔体。每部分被大量生产接着进行组装，就像是一辆汽车或飞机。卢舍尔设计没有实现，但对于预制装配和钢框架的研究，在日后的项目中被证明是有用的。

然而，1929—1931年间，勒·柯布西耶和皮埃尔·让纳雷接到了几个大型居住建筑的委托并将其实现，在其中有位于巴黎东部一个工人阶级区域的为救世军建造的救世军总部大楼，以及瑞士学生宿舍，一个位于城市南部边缘国际大学城的公园似的场地中的宿舍楼。尽管社会用途和场地完全不同，这两个项目都提出了在个人和集体之间取得平衡的类似问题。这两幢大楼都是基于原始的、机器时代的带有南面全玻璃立面的板式建筑的变体，都提出将传统城市向一种新的都市秩序开放，都在发掘现代技术改变社会的潜力。事实上，它们都是实验室。但是并没有这类建筑统一的定义，它们都遵循着建筑师的研究路线。它们是苏联消费合作社中心联盟（Centrosoyuz）或是国际联盟总部大楼项目在类型上的延续。这两个项目的典型特点是具有标准化的平板样式、交通要素以及仪式性的焦点。最后当然还有建筑师对于喜爱的集体原型的保留：修道院、法兰斯泰尔式（phalansteres）的乌托邦社区、远洋邮轮、近期的苏维埃住宅方案，以及在他自己的理想城市平面中的条形住宅。

但如果认为勒·柯布西耶在设计建筑时只是简单地应用了底层架空柱的思想就太过天真了。救世军总部大楼和瑞士学生宿舍的绘画揭示了其尽可能地调解理想主义和实用主义，普遍的类型和个体理念，整体的形式和特定的细微差别。对适宜形式的探索包含在理性和

［下图］
巴黎救世军总部大楼，建筑完工后不久拍摄的照片。

直觉之间，标准定义和新的冲击之间的持续性的进退。勒·柯布西耶提出了令人吃惊的创造，但仍旧带有个人风格的原则，一种带有它自身的语法和秩序感觉的建筑语言。不可避免地，在他通常的阶段性转变和不断出现的意义模式之间存在着张力。有时，他已有一些系统，比如“新建筑五点”，在它们被迫要进行重新配置时就出现了危机。勒·柯布西耶试图从对立的两极来进行思考。比如，他痴迷于机械化，但他仍旧受到建筑应与“自然”相和谐思想的影响。每个新的设计进程都是竭力去综合对立面，特别是在勒·柯布西耶一生的这个时期，他试图调解在他建筑观和世界观上的二元性。

如果要理解救世军大楼的设计和意象，抓住使它建立起来的组织教义是必要的。[4]救世军19世纪60年代在英国由威廉·布斯（William Booth）建立来帮助社会贫困地区的重建。19世纪后期法国发展起新教赞助运动，到20世纪20年代早期负责国家不同地区的大量医院和收容所。在1926年勒·柯布西耶为巴黎考德里亚斯（Cordeliers）街人民宫的组织进行了扩建设计，在20世纪晚期他从事路易·卡特琳（Louise Catherin）的工作，这是一艘被修复的大船，来为塞纳区无家可归的人提供夜间住宿。建筑师与社会机构保持密切的联系，甚至认识埃尔宾·佩荣（Albin Peyron）上校本人，他是法国救世军分支的委员。救世军是不具革命性的改革者，它混合着对道德的关注、慈善，以及对“有用的”社会规范的修正。这些都吸引着勒·柯布西耶关于通过提供“正确的”环境类型来促进人类进步的思想。

救世军大楼位于靠近火车站铁道线的第13区的坎塔格瑞尔（Cantagrel）街上。这个场地被围在多样尺寸的建筑之间并嵌在一个拥挤和不规则的街道平面中。最开始，勒·柯布西耶设想切开这个古老的城市肌理，将场地向阳光和空气开放，并建立两个对立的几何体。这个设计包含着为男子和女子提供的夜间住宿，为单身或者结婚的工作母亲提供的儿童托儿所，为收容所和临时参观者设置的食堂和为劳动训练提供的工作室。这

［右图］
巴黎救世军总部大楼，入口处的廊桥和雨篷。

座建筑具有一种机构的性质并需要反映出捐赠者的慈善。这些工作的首领是温纳莱塔·辛格（Winnaretta Singer），波利尼亚克的公主，辛格（Singer）缝纫机企业的美国继承人，她在1926年就已经聘用勒·柯布西耶为一所住宅提供建议（她并没有实施）。一天晚上当她从剧院返回的路上目睹塞纳河桥下的流浪汉和穷困潦倒的人时被深深地触动了，并且正是这个经历促使她为救世军做出了一份重大的捐赠。这位公主是为数不多的能够连接先锋派沙龙和穷困社会这两个世界的慈善家之一。

这种类型的建筑并没有固定的惯例，因此勒·柯布西耶将基督教慈善的精神和道德改良转译到他自身对于现代城市的渴望的术语中。他曾试图劝说住房部长路易·卢舍尔（Louis Loucheur）先生将救世军作为一个重要的公共建筑类型的资助人，但并没有成功。这个位于坎塔格瑞尔街上的场地提供了一个展示的机会，可以进行彻底的外科手术式的操作，将令人窒息的老结构切开，并引入一个新的机器装置来产生光、空间、绿化、人类幸福和道德的提升。这是勒·柯布西耶第一次有机会在一个大尺度上处理都市贫困问题，并开始将救世军大楼思考为类似于苏维埃社会集合住宅的建筑。这个项目本身暗示了需要重复的宿舍区域和需要一种对比表达的公共领域的严格的区分。1929年夏天的第一个方案是一对矩形体块（一个为男性，另一个为女性设计），抬升于底层架空柱上面并通过一个凹陷的花园和连接桥与周围环境分离。一个楔形的弧线背面的礼堂标志着入口并协调了街道的几何形态与板状侧面。这些空白的端墙面对着南侧，而西侧则是全玻璃的立面。这个新的易碎的居住机器与周边衰落的建筑进行着博弈：勒·柯布西耶将它定义为usine du bien——“一个生产善（goodness）的工厂”。[5]

1930年春天，一部分因为回应设计所需的改变，一部分为了有一个更清晰的概念，这两个体块被旋转90度，合并为一个单独的长条形，南面是一个巨大的玻璃幕墙。勒·柯布西耶植入一个带有呼吸作用的双层表皮来采暖和通风。这种对于全玻璃的痴迷唤起了这个建筑师对于鹿特丹的范内勒工厂中“由透明玻璃和灰色金属组成的纯净表面”的热情，他认为这“去除了早前所有的有关无产阶级这个词所带来的绝望含义”[6]。在这个案例中，玻璃毫无疑问有其他含义，与救世军总部大楼作为一个良好管理机构的特点相关。这座建筑为实现社会监督和发展带有圆形监狱的特性。勒·柯布西耶说教式的技术统治论很奇怪地非常适合这个社会机构的目标。但是对于居住者来说就是另一码事了：人们可以想象大多数巴黎的流浪汉在他们公园长椅上或是塞纳河岸边的生活中已经拥有了足够的阳光、空间和绿化，他的确更喜欢打开的窗户。

大楼的入口序列就像是救世军队伍的图解一样，由一系列独立物体标识出来，在光滑的平板背景前形成了一幅拼贴画。进入的道路由一组台阶标识出，通向一个双层高的小建筑内，它带有鲜艳的红色、蓝色和黄色的瓷砖，形成了一种开放、庇护和接纳的意象。在这里，居住者注册后通过一个倾斜钢棚下的桥进入，然后到达一个像诊所的覆盖着白色瓦片、带有玻璃砖和垂直的工厂窗户的圆形大厅。这条道路采用了另一种版本的四根支柱的方式，但因为稍稍偏离了中轴线，因此人们将沿着对角线走向右侧存放物品的柜台。柜台是一个长长的弯曲形状，将人们引导至大厅，通过大厅人们可以到达公共休息室，或是通过电梯和楼梯到达男女生的宿舍。在这里性别之间有着清晰的划分，通过两个对称于轴线的区域分开。从街道到达卧室的通道具有一种仪式性的特征：检查、忏悔、接纳、调解——以及救赎。

救世军总部大楼给予板式建筑以新的含义。公共区域就像是之前自由平面中的片段被放置到了建筑外部。它们就像是被拆解的机器上的活塞和阀门。建筑师（勒·柯布西耶）在法夫雷-雅科住宅中采用了圆柱形的要素来引导交通流线，而救世军总部大楼的序列，事实上是一个对学院派建筑仪式性路线的智慧性的再诠

［右上图］
建造细部，展现了一张楼板截面以及圆柱形立柱截面和拉长截面立柱剖切图。

［右中图］
建造期间的巴黎救世军总部大楼，展现了混凝土骨架结构以及悬挑楼板。

［右下图］
剖面C蓝图2416，1930年。展现了混凝土骨架与逐层收缩的楼板之间的关系。

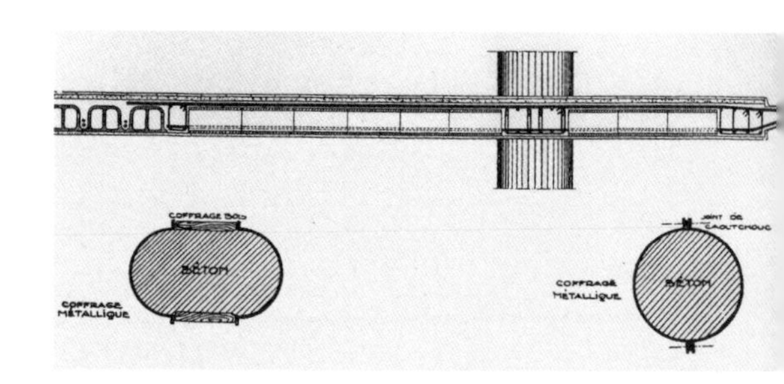

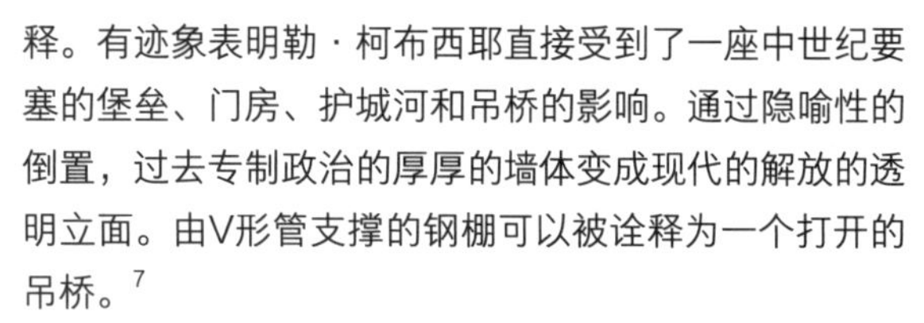

释。有迹象表明勒·柯布西耶直接受到了一座中世纪要塞的堡垒、门房、护城河和吊桥的影响。通过隐喻性的倒置，过去专制政治的厚厚的墙体变成现代的解放的透明立面。由V形管支撑的钢棚可以被诠释为一个打开的吊桥。[7]

另一个更为确定的参照是轮船。在1929年他从南美洲乘坐路提西亚（SS Lutetia）号返回欧洲，他被这种具有国际化概念、漂浮的并充满了健康、规范和清晰的城市概念所震撼。关于航海的暗示在救世军总部大楼长长的平板和尖尖的端部、在多层堆叠中、在平台上和其他很多东西上表现出来。[8]大概这里包含着另一个隐喻：一艘“救赎的轮船”，营救社会中被遗忘的“遭遇海难的人”。对这座新开放的建筑，一位评论家捕获了这种航海的感觉：

> “这座大厦，首先立面看起来像一个巨大的玻璃窗，在入口上方有着下列题词：‘辛格波利尼亚克避难所’，通过它建造者希望提醒我们记住波利尼亚克公主，她捐赠了300余万法郎，使救世军士兵可以帮助这些流浪汉，深刻地消除了他们在冬夜的危难……它的建筑师，勒·柯布西耶和让纳雷先生，他们丰富的独创性已经为我们所熟知，给予这座建筑以美丽的轮船的外观，每一处都干净、舒适、实用并且愉悦——在入口处可以转换心情，不开心的人可以在长长的柜台上放置他们的悲伤，就像富有的人可以在银行里放置他们的财富。小办公室就像是忏悔室，他们信赖不分昼夜值班的工作人员。在这样一个‘中央社会性的车站’或是“洁净的房屋”中，有人将会指引他们前进的方向……”[9]

救世军总部大楼这样一种对穷困者来说乐观并又像庇护所的意象通过不同的方式得以加强，玻璃被用于建筑的内外。[10]立面被设计成完全透明的幕墙，上面有纤细的网格状窗棂。光亮的窗格与楼板齐平但通过阴影的切口分离。平板玻璃被安装成具有“呼吸”作用的双层表皮，中间夹层的空气可以流动。这种双重系统强调了透明层之间暧昧不清的感觉。立面成为独立的生命体，

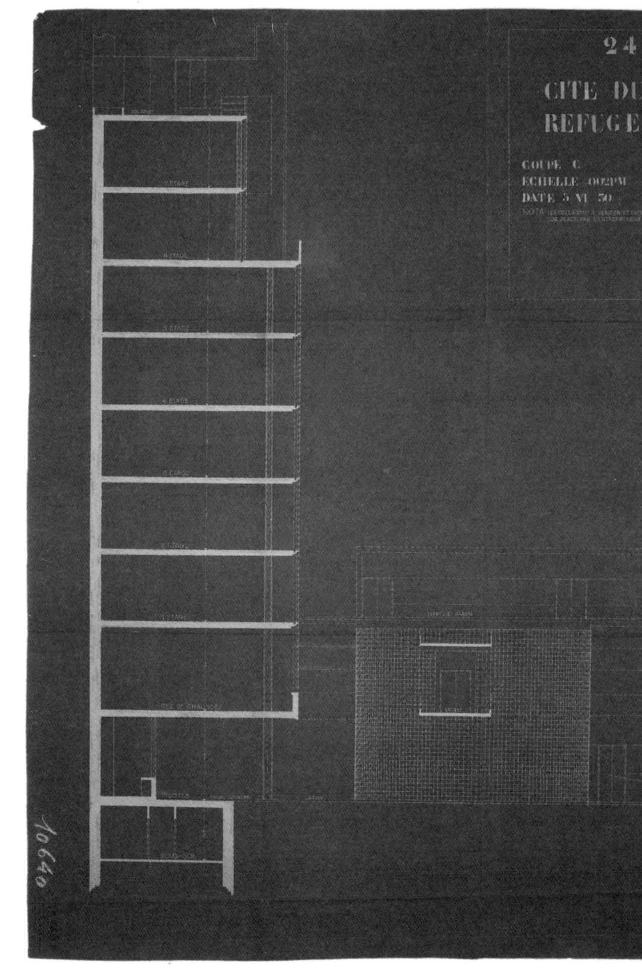

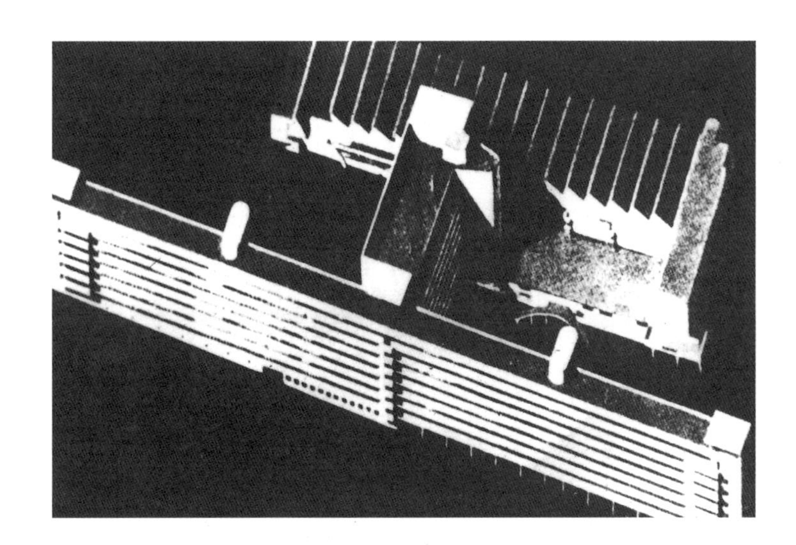

［左图］
康斯坦丁·尼古拉耶夫，学生公寓，莫斯科，1927—1929年。模型。

［下图］
巴黎救世军总部大楼初步方案，1929年夏天。
铅笔与蓝色粉笔绘制，95.1cm × 72cm（$37^{1/2}$ × $28^{1/3}$英寸）。

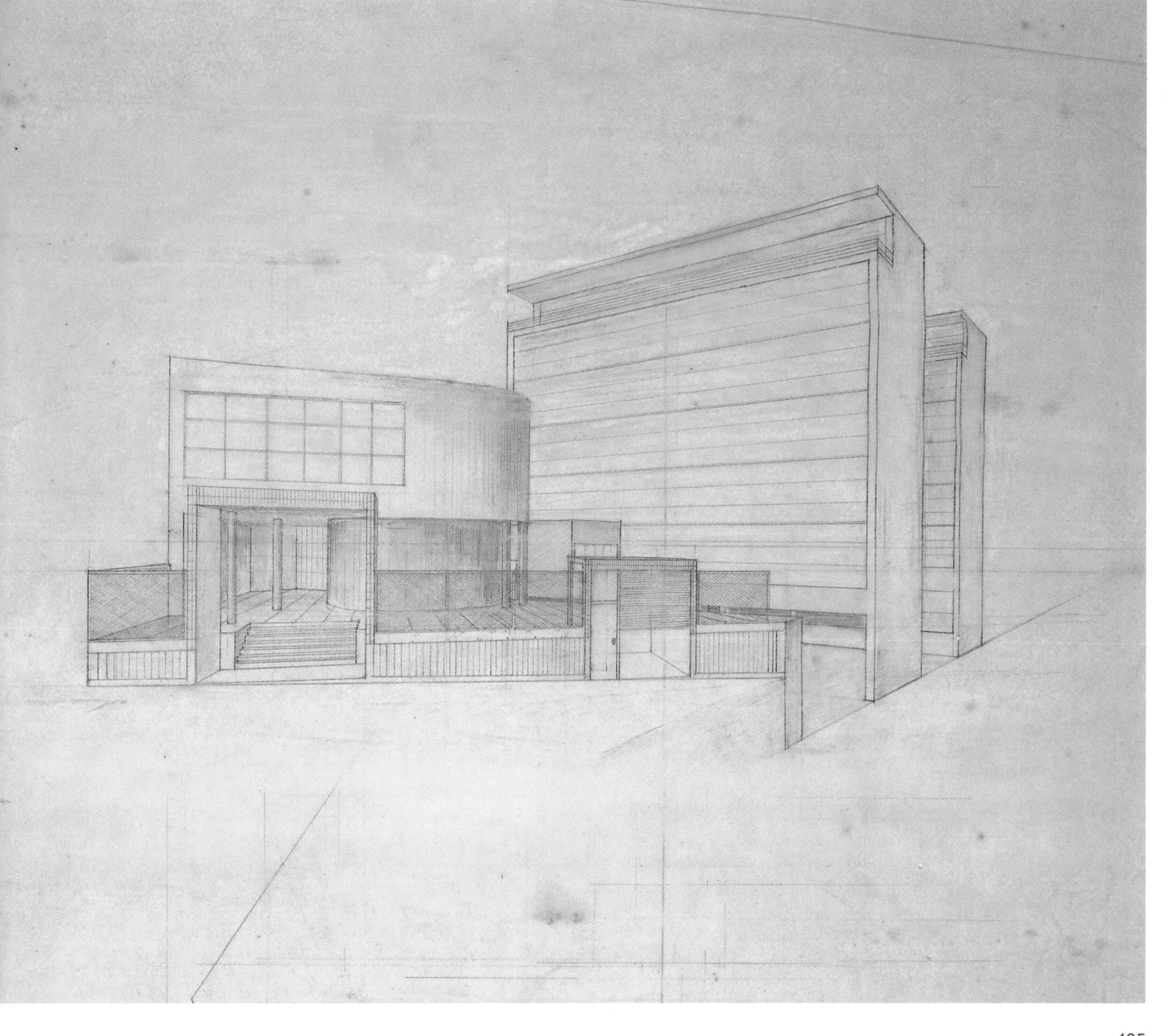

［右图］
巴黎救世军总部大楼，整体视图：立面彩色栏板上的遮阳百叶增加于20世纪50年代。

［最右图］
巴黎救世军总部大楼，由圆柱形门厅看向入口廊桥和雨篷：玻璃砖在室内的效果。

［下图］
巴黎救世军总部大楼，底层细节，展现了悬挑部分的玻璃面板与玻璃砖和立面表面齐平。
底层用于汽车通行。

就像一个巨大的半反射表面，带有轻微的光泽。完成后的作品充满了视觉的张力。沿着建筑底部，玻璃墙依靠在一个突出的边缘，看起来像是悬浮在一个由隐藏在阴影中的深色板和玻璃砖组成的地下室之上。石造的古典宫殿可以压在一个粗琢的基座上，但救世军总部大楼正相反，否定体块和重量，似乎飘浮在空中。为了处理令人讨厌的分区要求，勒·柯布西耶使主要立面倾斜，因此它在顶部比在底部向后倾斜40厘米（16英寸），声称这将加强光照的感觉。这个移动使悬浮的壁架贴着上部边缘，就像檐口的意象。事实上这个立面是基座、中部和顶部三重古典组织的另一个例子，只是将负荷和支撑倒转了过来。

在救世军总部大楼中，勒·柯布西耶将玻璃视为混凝土骨架中一种具有逻辑性的填充，以及一个将阳光带入建筑深处的手段，但是透明性和反射依旧包含着道德和卫生的关联，这与他将阳光视作社会解放工具的理念密切相关。这也是一种对“自由立面”原则的重新定义，现在成为一个连续的玻璃表面而不是在石膏白墙上的水平带形窗。圆柱形和长方形的接待厅，运用带有浅旋涡透镜的内华达（Nevada）玻璃方砖，制造出一种半透明的效果，同时保证了街道上看过来的隐私。如果说玻璃提供了救世军总部大楼的表皮，那么底层架空柱和板就提供了它的结构骨架。这种混凝土的骨架被采用以应对多变的结构需求及适应整个建筑意图。架空柱的尺寸和形状根据它们所承受的重量来进行调整。在主要的宿舍楼中，支撑物形状沿纵向为平面而在端头为弧形。在门廊、大厅和礼堂中它们为圆柱形，更加纤细并且布置成网格状，引导了入口的人流并旋转90度到达电梯和楼梯。所有的支撑物都落到埋入地下15米（50英尺）的桩上，因为底部结构面临着塞纳河水渗透的威胁。与他的一般准则相一致，勒·柯布西耶为了服务和车辆流通，使用混凝土支柱来解放建筑底层区域。救世军总部大楼的剖面重申了勒·柯布西耶1915年在笔记本的草图中第一次宣布的都市原型——底层架空的城市。

[右图]
勒·柯布西耶与皮埃尔·让纳雷，瑞士学生宿舍，大学城，巴黎，法国，1930—1931年：南立面视图（20世纪60年代修改使用窗帘）。

为了与这个剖面的思想以及其背后的城市原则相协调，勒·柯布西耶将救世军总部大楼的屋顶视为一个特殊的区域。在玻璃立面之上，有着雕塑般的群体，是包括独立房间的宿舍和一个托儿所。为母亲和儿童安排的斜向角度的成排房间引入了一系列对角线，以区分这些功能，并为整座建筑形象赋予活力。主要的玻璃立面需要清洁，因此设计了一个特殊的滑行机架，可以从一边移到另一边，同时安排了一个可以到达任何要求高度的穿有绳子的平板。这个小机器装置完全符合救世军总部大楼的美学。贯穿整个建筑，内和外、底层架空柱、栏杆、窗台支柱以及瓷砖和玻璃的表面都处理得极为精确，并且有助于形成一种为了社会进步的集体机器的意象。拥有当时最新型的食堂和厨房，以及现代化电梯，这里的设备质量对于一座这种性质的建筑来说是很高的。甚至在入口大厅的顶部有一个图书馆，可以到达入口圆柱体上方的屋顶平台。这里种植了几何形式的低矮灌木，从上面宿舍可以看到。似乎每件事情都被考虑到了。

救世军总部大楼在1933年12月7日举行了盛大的开幕典礼，出席的显要人物包括共和国的总统，阿尔伯特·勒布伦（Albert Lebrun）。但是入住了几个月后，便出现了关于“精确的呼吸系统”双层玻璃方面的问题。预算不允许安装制冷系统。1934年的夏天尤其炎热，南向玻璃幕墙产生了危险的温室效应，使得一些室内空间成为无法使用的烤炉。[11]收容者和工作人员试图在格子窗上开洞甚至想要引入普通的可开启窗户。但是勒·柯布西耶不同意，并且在一系列武断的信件中坚持他的“解决类型”是不容责备的，如果这座建筑没有正确运转并不是他的过错。他指责他的批评者们带有“固定的想法”，并从更高层面宣称“我们的职责不用在意他们，只需沉着地追求我们的积极和科学的研究”[12]。

对于救世军总部大楼玻璃幕墙的争议一直持续到1935年，每一方都列出他们的“专家们”来证明这个通风系统能或不能成功运行。最终地方管辖区判定要求建筑引入开放窗户，建筑师必须遵从。这个事情揭示了勒·柯布西耶愿意突破实用性限制来推行技术的试验，以牺牲感觉的舒适以坚持某种教条。瑞士学生宿舍南面玻璃也出现类似的问题，而最终不得不为这两座建筑制作遮阳设施。但是勒·柯布西耶执着于这个想法，即公共住宅的玻璃板面必须是统一的，即使这意味着需要等待环境技术的改进以跟上其步伐。1932年9月，他甚至想象出一种救世军总部大楼的衍生物叫作“城市住宅”（Cite d'Hebergement），它将玻璃板状建筑延伸成折线形态，就像他同时为光辉城市（Ville Radieuse）研究的曲折形态的住宅。

瑞士学生宿舍的设计与救世军总部大楼的中期阶段同时进行。[13]这座建筑通过《勒·柯布西耶作品全集》第二卷中的照片和绘画，使得许多未去过巴黎的人也熟知。书中它出现在萨伏伊别墅之后，占了好几页，在20世纪30年代早期城市设计之前。它们至今仍是另一个成熟准则的体现。周围的建筑不被考虑，强调了场地的绿化，以及柔和的阳光，对比巴黎人的现实情况，与地中海的神话有更多的联系。建筑师向我们呈现了一个具有良好比例的钢和玻璃的盒子，架在粗水泥支柱上，面向南侧一个将来的运动场地。学生房间被设想成勒·柯布西耶非常崇尚的邮轮客舱和修道院小房间。穿带袖衬衫的一些年轻男子被精心地安置在支柱之下，隐喻性地展示给我们一种健康身体和思想的理想世界的黑白画面，其中机器和自然和谐地运作，同时这些关于阳光、空间和绿化的“本质的愉悦”为所有人可得。

如果人们今天参观这个场地，那么这幅画面就会显得更加生动起来。瑞士学生宿舍并不是一个孤立的建筑，而是一个巨大总体的终端——也就是被称为大学城的在巴黎南部的国际公园。它位于20世纪20年代的“国家”意象中一些令人不舒适的片段中。一条斜向道路从背后到达，它的弧形转向呼应着包含休息室底层的碎石弧面墙。除此之外，另一个凹形体块包含着楼梯塔，为容纳学生房间的主要盒子服务。石头饰面被大面积使用（它们也许可以比白色粉刷更好地应

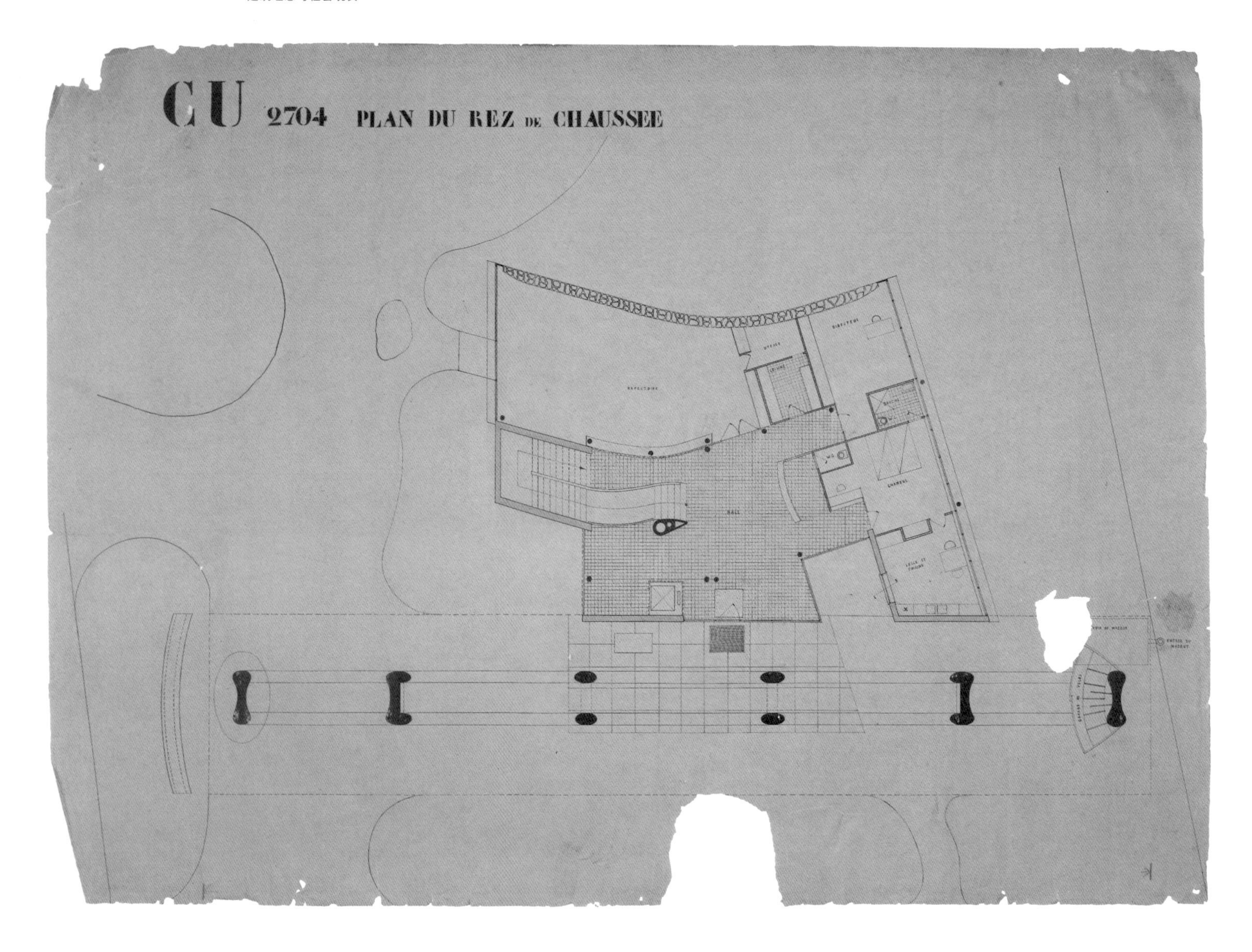

对天气），而房间自身通过全玻璃立面朝着南面，正对运动场（在勒·柯布西耶的想法中，这是毫无疑问的），同时面对着太阳的健康照射。进入建筑之前，人们要从下面穿过，在路上享受树木的框景，然后回转进入入口的方向。这种建筑漫步将使进入者看到底层架空柱，它们与萨伏伊别墅的细长白色圆柱是不同的，由裸露的混凝土制成，具有极为厚重的体量：在平面上它们就像是狗骨，恰如它们在赛夫勒街35号工作室中被称呼的一样。它们将建筑的主要体量提升至空中并为下面提供了一个适宜尺度的空间。

公寓楼的中心线稍稍偏移了入口轴线，由此产生了建筑两个主要部分之间的某种张力。到达路径这样就在中间四个主要支撑物之间的对角线上，在平面上稍微弯曲来指引流线。当人们进入瑞士学生宿舍底层，内部溶解在透明的层面中。在外部凹陷的表面在内部变成凸面。自由平面的不规则曲线在旁边延伸，通过巨大的窗洞和玻璃进入环境中。并且它们引导流线经过内部到达楼梯处，通过两次折线提升到更高的层面。楼梯平台是薄薄的混凝土平板悬浮在空中，为进入上面的宿舍楼层做准备。在第一层，踏步从混凝土变成钢制，标志着结构和功能的转变。整个瑞士学生宿舍的上部结构是钢框架，其中学生的房间就像预制构件单元一样插入其中，单元之间设置了有效的隔离。通过简单的家具布置，这些现代的僧侣式的细胞单间可以通过南向宽阔的玻璃面来享受日光和广阔的视野。下方的浇筑混凝土与上部装配式钢和玻璃的对比是技术的真实体现，但也强调了地面层公共区域与上部学生房间的私人领域之间的对比。

瑞士学生宿舍的形式在各部分都保持着张力。大楼的轮廓是清晰而精确的，让人想起勒·柯布西耶的绘画。平面本身是一种建筑张力的有力声明—— 一个“包含许多思想的晶体”。但它就自身而言也是一个令人信服的图形，通过它的矩形平面和不均匀的弧线，它令人想起立体主义的静物画，在其中乐器的轮廓与抽象的形状相融合。约翰·萨默生（John Summerson）指出了它与毕加索作品的相似之处：

> “很难说勒·柯布西耶作为一个建筑师的成长受到多少现代绘画的影响，但对我们来说，似乎他的一些平面本身便有一种抽象画的品质……如果我们看他最原创性的代表作品之一——‘巴黎大学城瑞士学生宿舍’的平面，我们看到了一种自身具有紧张感和精妙美感的图式，从它暗示的三维结构中分离出来，如果我们将它与毕加索的绘画相对比，我们会发现类似的曲线张力和那些

[左图]
瑞士学生宿舍，一层平面图，钢笔粗线绘 制，76.1cm × 106.1cm（30 × $41^{3/4}$英寸）。

[下图]
瑞士学生宿舍，刚完成不久的由北侧通往建筑的道路。

[下图]
来自《勒·柯布西耶作品全集1929—1934》中的一幅照片，表明了底层立柱是如何解放建筑底层空间从而满足车行以及社会活动的需要。这幅图片在《勒·柯布西耶作品全集》中的文字说明令人回想起“底层架空”这一勒·柯布西耶十几年建筑活动中的核心原则，同样也对他的城市规划思想至关重要。

[右图]
瑞士学生宿舍的初步方案，钢柱支撑建筑整体，1931年1月（裁剪后）。
打印在厚纸上，76.9cm×115.1cm（$30^{1/4}$×$45^{1/3}$英寸）。

奇怪的不和谐，它们具有一种从未有过的相互冲突性，给予绘画和平面一种爆发感，由此产生了令人着迷的美。”[14]

在《勒·柯布西耶作品全集》中的瑞士学生宿舍的照片登载了很多面对景观的南向玻璃面以及架在底层支柱上的盒子。这里也存在着常见的底层交通、中间生活楼层，以及屋顶平台之间的区分。石头覆盖的建筑边缘形成了一个可见的框架，其中插入玻璃立面。就像在救世军总部大楼中，自由立面被发挥到极致，大胆安装了从地板至顶棚的全玻璃窗，但在水平窗的下部是不透明的平板。这些前面所说的长条窗的透明幽灵融入了玻璃的表皮中。在学生房间的三层楼中，中间的一层通过颜色的改变给予了水平方向的强调。在窗棂的分隔和排布上有着轻微的变化，并且这些引起了立面上微妙的动感。主管部门和公共屋顶平台在建筑顶部石材表面被一个长长的开口标识出来。就像与它类似的救世军总部大楼，瑞士学生宿舍运用了新建筑五点的原则，但给予它们新的形式。它同样具有基座、中部和顶部区分的古典秩序的图示。

主要的底层架空柱是裸露的混凝土，并带有垂直模板的印迹。它们在平面上发展了多样的“狗骨”形状，它们之间塑造的空间让人直接联想起身体。它们的压缩感唤起了原始多立克柱子人神同形同性论，但它们也在上方的混凝土梁做了转换，显得非常轻巧和优雅，就像是带有精确节点的抽象雕塑。在瑞士学生宿舍后面的曲线碎石墙重申了古典主题中粗琢的基座，但又推翻了它，因为这根本不是真正的石墙，而是在钢架上的贴面。甚至那些直立的灰浆接缝都表明了其轻薄的特性，就好像是立体主义拼贴中的一片墙纸。但它通过暗示质朴和“自然”，与建筑其他部分中工业的精确性相对比，传达了其辩证性的目的。当瑞士学生宿舍第一次开放时，同一墙体内侧的曲线（属于大厅）覆盖着逼真的地质结构和矿物标本的放大照片，这是一个混凝土和钢结构的建筑对体现石材意象的又一次有趣的游戏。

想理解瑞士学生宿舍，需要将它放置在国际大学城的整体文脉中。大学城1921年建立，为巴黎的留学生提供合适的住所。这个方案的灵感来源于一种明确的慈善国际主义，相信未来知识领导者的融合可以来避免当时席卷欧洲的这类冲突。每个国家都有一个国际联盟总部大楼空间的微缩版。巴黎城市提供的条形地带是一个位于蒙苏瑞（Montsouris）公园南侧的封闭区域，这里曾经建有防御工事。大学城是一个结合着运动场地和公园的校园，可以由火车和汽车通向例如索邦（Sorbonne）的学习中心。这里存在着一种卫生和正直道德的隐约气氛，就像外国年轻人需要从肮脏的阁楼和巴黎更黑暗和罪恶的地方解放出来一样。巴黎大学的校长保罗·阿培尔（Paul Appell）表达了大学城将通过为来自全世界的学生提供书籍、阳光和新鲜空气，在具有意义的竞赛中，为这所欧洲最古老的大学培育“一种新的法国的和人文的文化”。在这个理想的场地中，他们可以“为了身体和精神和谐的理想，为了科学进步和国家和谐而共同工作”。[15]

1929年12月巴黎的瑞士殖民地大学城基金委员会提出建议，设计一个建筑“为学生提供一个费用合理的休息场所，在这里他们可以发现一种道德的、安全的并且可靠的气氛，一个令人愉悦的居住环境，同时还有良好的食物。所有这些都在最好的卫生和健康的条件下”。这个报告声称巴黎南部的大小都会（toute une petite ville cosmopolite）将变成现实，并强调了瑞士学生宿舍在“未来知识精英的构成”中将会扮演的角色。[16]这种国家声望和国际理想主义的混合必然会吸引委员会为这项工作决定的建筑师，也就是勒·柯布西耶。他在1930年6月被富埃特（M.R. Fueter）任命，他是苏黎世的数学教授以及负责掌管这个项目的理事

[左图]
建造期间的瑞士学生宿舍，钢龙骨网架支撑于混凝土筏和底层立柱之上。

[右图]
瑞士学生宿舍，剖面图显示立柱支撑于桩基础上，桩基础通过一座地下采石场遗址，1932年4月。铅笔与彩色蜡笔绘制，104cm×66cm（41×26英寸）。

会的成员之一。在幕后，勒·柯布西耶由一个委员会支持，包括卡尔·莫斯（Karl Moser，瑞士建筑师），吉迪恩（历史学家和现代主义的推动者）以及拉罗歇（Raoul La Roche，巴黎的银行家，勒·柯布西耶的朋友和前雇主）等人。这个团队毫无疑问了解勒·柯布西耶最近在国际联盟总部大楼竞赛中的失败，并意识到他们正在与一个国际声望日益增长的瑞士伙伴合作（尽管实际上他将国籍改为法国）。这里没有瑞士乡土建筑或其他民族主义、地域主义的考虑，业主在这些出现之前就已委托了此项目，主要是出于现代建筑的原因。

挑选的场地位于国际大学城的最东南端。它形成了一个建成区域的边界，和其他一些建筑并排，如隔壁的丹麦宿舍，它看起来有些像北欧宅邸。主要的进入路径沿着从西北方向来的斜向道路。建筑前后存在着模糊性，以及哪里更适合于入口。场地的地下部分是废弃的采石场，在这里结构和基础值得特别关注。建筑主要需要独立的学生房间，以及诸如入口大厅和提供早餐的休息室之类的公共设施（主餐在国际食堂提供），一个管理部门和一个保安的区域。勒·柯布西耶和皮埃尔·让纳雷开始工作，非常仔细地研究这块场地并集合了主要功能。与这个分析同时进行的是对于这个项目和它的重要性的直觉阐述。勒·柯布西耶有他的一般性准则，但问题是寻找到已知和未知之间的恰当平衡，并为创新的火花留出空间。[17]

瑞士学生宿舍的第一个方案在1930年秋天完成，并在1931年1月进行完善和发表。整个建筑由一个钢框架构成，通过细钢柱架于地面之上。学生的房间被置于一个东西向的长条矩形中，而一个休息室，早餐厅和健身房（并没有要求）在一个笨拙地抬起的盒子里，放在矩形体块上。这个方案给予了“新建筑五点”以新的强调：水平条形窗不再是在白色粉刷墙上的暗色带，而是混入在南向全玻璃立面中的条状。地面层通过曲线的全玻璃的入口让人想起萨伏伊别墅的底层。公共和私人区域的划分让人回想起救世军总部大楼或者苏维埃的公共原型，即使不是精确的形式。支柱上的盒子是一般性的柯布西耶式主题，在这里进行了扩展以传达一种漂浮在周围绿化上的理想社区的意象。地面层又一次被解放以允许建筑下方的流动通道，以及与更广泛景观的联系。

钢制支柱极为纤细并且数量很少。它们为落水管提供了凹槽，成排立在建筑下方被遗弃的采石场中。它们或许显露出了皮埃尔·夏洛克同时期韦尔（de Verre）住宅的影响（勒·柯布西耶对其很欣赏）。在这一阶段，“原始主义”的碎石曲墙和最终建筑的粗壮混凝土支柱还没有出现。富埃特教授肯定了这个方案，称赞其“统一体的概念”，并声称它显示了勒·柯布西耶的“对于引人注目潮流的掌控能力”。[18]委员会同意将学生宿舍置于一个优雅的钢和玻璃的盒子里，但不喜欢将公共空间置于空中，暗示它们应该被拿下来放在地上。他们也希望去掉任务书中没有要求的健身房。客戈（Jungo）先生，联邦制造的主席，抨击了底层架空柱和全玻璃立面，指责前者在结构上是不充分的（而且毫无意义），而后者不足以对抗气候。委员会请求来自苏黎世联邦理工学校（Ecole Polytechnique Federale）的里特尔博士提出第二个方案。他更加震惊于底层架空柱，补充道它们不能很好地应对风荷载。他认为这个方案“以它现有的形式是毫无用处的”。[19]这些严厉的批判被富有外交手腕的菲特教授转告给了建筑师（柯布西耶）。

到1931年1月底，勒·柯布西耶已主动将公共的功能置于地面上，并发现它们僵硬的矩形形态无法很好地适应场地。1月31日，他尝试使用凹凸曲线来设计建筑的这个部分。[20]这些可以更好地协调入口的对角线，引导内部和外部的流线。曲线和矩形之间的对比强调了建筑的地面部分和那些飘浮在空中的部分。在联合国总部大楼以及苏联消费合作社中心联盟（Centrosoyuz）中的板式建筑和附加体“声学”形状之间的二元性在这里已经有所尝试，它们伴随着勒·柯布西耶最近绘画中日益增加的生物形态（例如耳朵的形状），被给予了关于意义

CU 2901
15374C

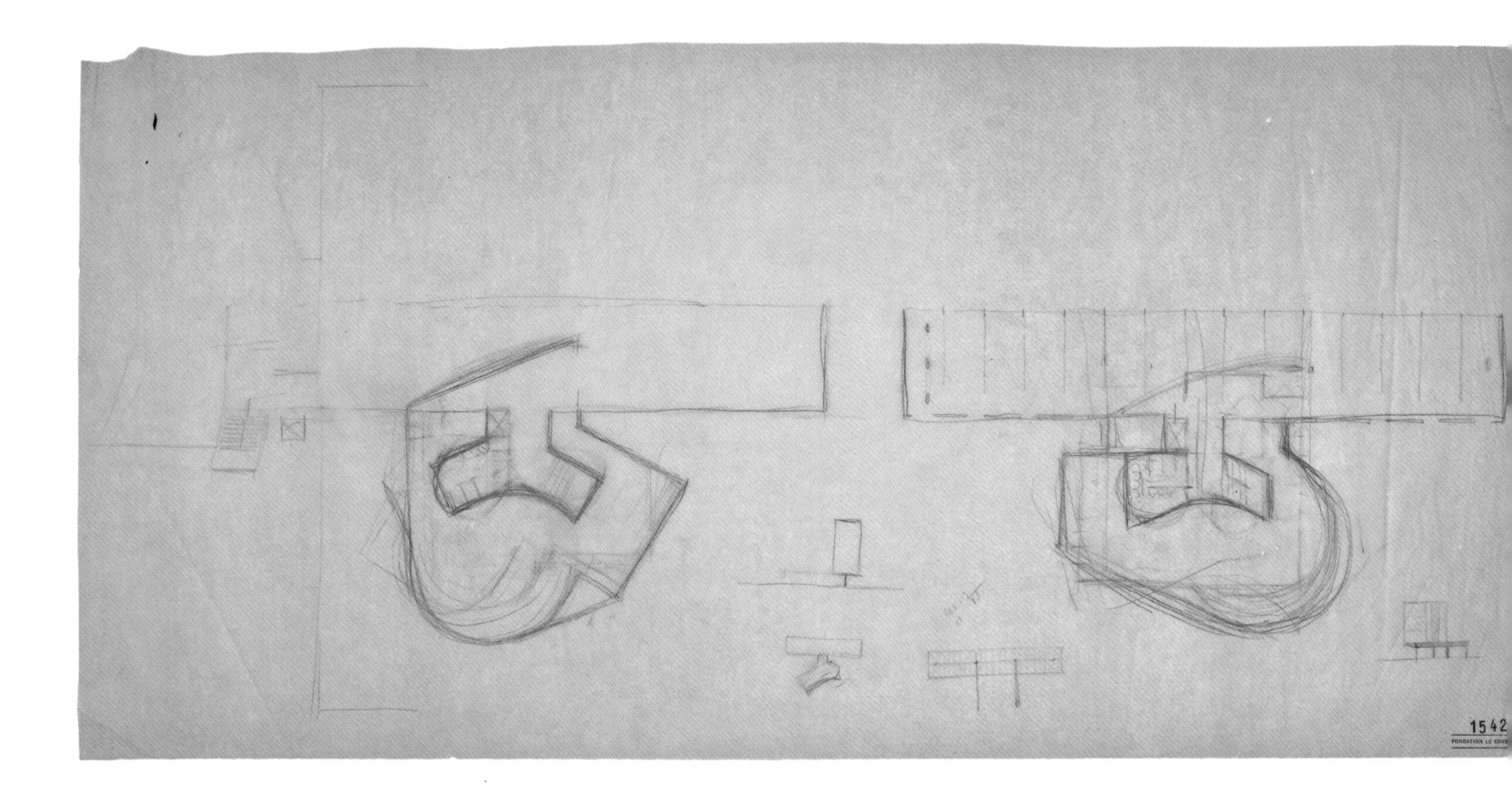

的额外的复杂性和丰富性。这种新的主题展现了一种功能和流线、稳定和运动、个人的和集体、机器和自然之间的争论。由此，在架空柱上的纯粹居住板式体的理想类型被修正，以回应特殊的需求和特定场地的压力。

1931年1月31日的草图仍旧表现了细长的钢柱。经过1931年春天的几个月，勒·柯布西耶通过尝试一些其他的混凝土结构方案来回应那些批评，试图加强稳定性并回应他的新弧线。他尝试了不同的形状、尺寸和分类：16或是32根细柱网、倾斜的腿、脊椎似的带着横梁的大梁，甚至平面类似字母“M”的矮胖柱子。[21]但是这个公寓楼看起来非常可笑地置身于一片火柴棍的森林中，并且笨拙地坐落在各种尺寸的支撑物上。在1月的方案中，实用性牺牲给了形式的效果，而这些研究则相反。勒·柯布西耶需要一个解决方式，使得富有感觉的形式更具结构作用，以解决风荷载问题，为排水管留出空间，并在形式上适应整个建筑的整体意图。他要求架空柱排列在板的中间，数量上是双数，保证侧面的稳定性并可以引导视线。它们需要在立面上看起来相同，但在近处看会有变化，例如在入口前。它们需要给予荷载和支撑正确的感觉，同时流线要与新的有机曲线相和谐。

这个形似“狗骨”变体的底层架空柱的决议最后在1931年夏天通过。这使得他们的结构从各方面看起来都很合理，同时又在上层宿舍区之下创造了一个良好的空间。底层架空柱在形式上倾向于男性化，健壮并稳定。他们的凹凸几何调和了不同方向的流线。他们使那些关心稳定性的结构工程师和那些关心概念、外形、细部和材质的雕塑师/建筑师都很满意。这个新的底层架空柱尽管在形式上多种多样，但都具有同样的宽度，都是从相同的基本理念转化而来。最外层的底层架空柱在平面上像数字8；接下来的一对像字母“E”；那些最接近入口的底层架空柱相互分离，形成了4根独立支撑。这些独立柱子好像是从建筑端部的古老树干上劈离出来的。在平面上它们被轻微变形以引导至入口的对角路径。这些底层架空柱支撑着双梁，之上立着钢结构的建筑体和外部上倾的混凝土筏。这些负载和支撑、重力和悬浮的力量，可以通过移情作用很直接地感受到。瑞士学生宿舍的底层架空柱有助于形成一个具有统一感的结构整体。它们也成为一个重要的发明，后来在马赛公寓中发展成为更加宏伟的底层架空形式。

通常有几个层面的意义同时发挥作用。“狗骨”这个词在工作室里被用于描述新形式的底层架空柱并不是偶然的，因为在这个时期，勒·柯布西耶痴迷于大自然中的“带有诗意的物品”（objets à reaction poétique），例如那些他提及的具有诗意的物体：卵石、贝壳、骨头。[22]在他的骨头图画中，他同时探索了外表面凹凸和内在结构的层次。经过一定的时间，这些

[左图]
草图显示瑞士学生宿舍一层平面突出的曲线的设计过程，1931年1月。
铅笔与黑色蜡笔绘制，51.9cm × 110.7cm（$20^{1/2}$ × $43^{1/2}$英寸）。

[右下图]
瑞士学生宿舍，底层立柱和西南侧的入口区域，背景为带有大玻璃的门厅。

[右底图]
勒·柯布西耶与皮埃尔·让纳雷，混凝土立柱研究，这种形式的立柱在他们的工作室中常常被戏称为“狗骨头”。
黑色和红色蜡笔中线绘制，49.3cm × 77.4cm（$19^{1/2}$ × $30^{1/2}$英寸）。

图像和形状自动存入他的参考世界中。瑞士学生宿舍不仅使许多想法具体化，它同时也使对比和对立愉悦化。当钢框架的上层建筑代表了机器的精确性，而有着巨大底层架空柱和大体量假墙体的一层平面则逐渐发展成一系列对矿物结构和有机形式的暗示。类似的形状、质感、意义上的对比可以在柯布西耶的现代绘画中发现。在他的绘画中一个图像与另一个相融合，机器物体面对自然物体。在某种程度上，他重新创造了立体派艺术家拼贴的原则，即同时呈现几个物象，而并没有突出其中哪一个。这个新的底层架空也如此，在深层结构中被嵌入了多重形式和意义。

瑞士学生宿舍的设计进程暗示着创作意图的多层次性，即一些想法比另外一些更重要。[23]勒·柯布西耶已经可以容忍移动他设计中的公共区域，甚至允许试验不同形状的支撑体，但他对于应该完全废除底层架空柱的说法是怀疑的。在支柱上的板式建筑主题中，甚至在当时接二连三相当合理的批评下，他也并没有妥协。底层架空接近于他的中心哲学和象征性目标，是他超越特定情况的普遍性意图。《勒·柯布西耶作品全集》里瑞士学生宿舍的照片进一步展示了人们在这个建筑下或站，或坐，或走动的情景。其中一个标题写着：

> “缺乏想象力的人依然不断地提出问题：‘那些架空柱到底是用来做什么的?’在1933年的苏黎世大学庆祝典礼上，法兰西科学院院长莫兰教授对勒·柯布西耶说：‘我参观过巴黎大学城内的瑞士学生宿舍，你难道就不认为你的架空柱可以为一个大城镇的交通提供一种最佳的解决方案么?’莫兰教授作为一名习惯于在实验室里工作的物理学家，自然而然地发现了这一城市和建筑学的原理，而这一原理已经被勒·柯布西耶持续地在他所有的作品和著作里阐释了十年。”[24]

像勒·柯布西耶设计的几个早期和晚期的作品一样，瑞士学生宿舍是一种对城市原则的体现。委员会被

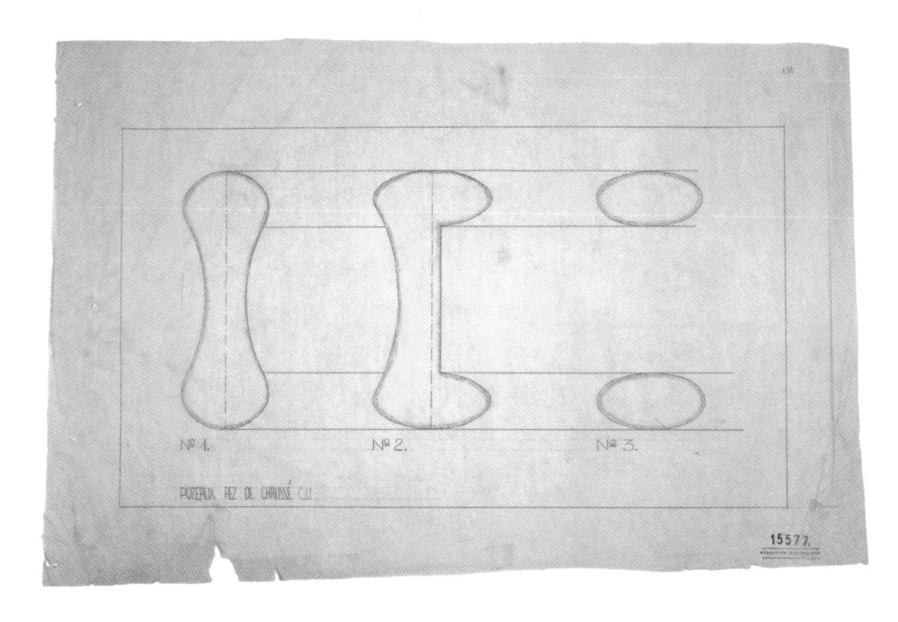

[右图]
瑞士学生宿舍，沙龙大厅外墙粗凿毛石和突出灰泥粉刷的起伏的表面。

引导将之作为巴黎大学城的建设理念，暗含了对于为国外学生提供惯常的巴黎式棚户区住宿的一种批判，这一具有树木和南边运动场的特殊基地出奇地类似于勒·柯布西耶理想城市——"光辉城市"的神秘景观。[25]这种光辉城市的住宅（勒·柯布西耶1931年研究）构想用架空柱支撑起南面有大玻璃窗的连续条状体，在设计瑞士学生宿舍期间，勒·柯布西耶似乎从这种住宅原型中取出一片，将它转化为独特的雕塑般的建筑作品。《勒·柯布西耶作品全集》第二卷导言中暗示了这一方法，他指出20世纪30年代早期是"一个思考大型作品的时代，这里城市主义成为主要关注问题"，解释说"那些建筑起到了实验室的作用"。[26]

业主可能不知道这位建筑师给了他们一些自己乌托邦思想的片段，但他们当然意识到了这一新建筑含有的重要文化意义。委员会的最后报告提及瑞士学生宿舍对于建造手段表达的真实性，以及它表达"对于趋向于新的理想时代的渴望"这一理念的方法。[27]富埃特教授（正确地）预测了这座建筑将标志着"一个人类发展的时代"，同时给予整个国家以巨大的荣耀。当他看见瑞士学生宿舍完工时，写了一封相对私人的信件给勒·柯布西耶，信中说他被瑞士学生宿舍震撼了，认为瑞士学生宿舍在每一个方面都很完美，同时他觉得其拥有"巨大的艺术价值"。[28]

虽然这个新建筑在美学方面很成功，但在实际使用上离完美还很远。这个干式装配建筑的墙体隔声效果不好。作为乌托邦式信念示范的大玻璃表面在冬天太冷而在夏天又太热。瑞士学生宿舍和救世军大楼都存在的气候问题使勒·柯布西耶意识到他关于建筑表面的激进革新同时失去了传统墙体的一些保温隔热性能，他也意识到他需要重新寻找一些方法以保护玻璃来对抗极热环境。20世纪30年代他发明了遮阳板以解决一些问题，尤其是在更南面一些的非洲中部、北部地区的炎热气候中，这些问题更加明显。救世军大楼和瑞士学生宿舍都是示范性建筑，他们都挑战了现状并推动了技术发展到极限，有时甚至超越了其合理范围。他们把理想放在实用之前，把另一种社会愿景放在日复一日的现实之前。这既是他们的优势也是他们的弱点。

瑞士学生宿舍聚集了勒·柯布西耶的很多指导思想，并给了它们一个新的表达。它是20世纪20年代纯粹主义作品和20世纪30年代出现的有机和原始主题之间的关键转折点。建筑下面的流动空间显示了重叠层的复杂秩序，这个重叠层回归了早期立体派绘画的基本特点并使他们的建筑语言再生。[29]"新建筑五点"原则被重新使用，但被赋予了新的含义。底层架空柱被转变成一个可以用来激活周围空间的雕塑体。矩形板式建筑和外伸流线元素的结合打开了通向同类后期作品的道路。覆盖着碎石或者平滑石材的不均匀弯曲墙体暗示着自由平面的新的可能性。柯布西耶通过减弱其几何性、研究其视觉和物理效果增加了曲线设计方法。毛石块图案的后部凹墙是塑造空间的一种建筑元素，它们在建筑师们看来"给了小体量建筑一种极大的延伸暗示，目的是为了通过凹形的表面来应和外部的景观，以建立一种超越结构本身边界的具有延展性的关系。"[30]这里出现了20年后朗香教堂的曲线墙体的萌芽，后者显示了"在形式领域中具有声学特点的组成部分"，它向周边传递着能量。

总之，救世军大楼和瑞士学生宿舍的设计进程展现了勒·柯布西耶在成熟时期内心作品的大量词汇，两件作品都在当时建筑师仍然确信机器时代正在来临的时候被构思出来。这些形式都由社会愿景力量和定义理想形式的雄心所维持。建筑师（勒·柯布西耶）通过拓展和进行多次试验的方法为每一座建筑找到正确的形式。然而新的任务、基地和意图使他面临前所未有的冲突和刺激，让他扩展设计方法以揭示新的矛盾。这些都通过发明新形式，或至少是变更旧形式的方法解决了。即使这样，进一步修正也是必要的，因为个体元素需要被调整去和建筑的各层面指导思想相和谐，与后来被勒·柯布西耶称为新创造性有机主义的"游戏法则"相协调。[31]这里必须要创造一种新秩序，它将部分与整体、内容与形式融合为一个新的不可分割的统一体，由此它已远不仅仅只是一个早期规则的附加物。

10

第10章 机器化、自然和“地域主义”

“它主要包括解决不带个人色彩的国际化与标准化的建筑，与地域化乡土建筑二者之间的争论……但是接下来这两种趋势真的就是对立的吗?”[1]

——马尔切洛 · 皮亚琴蒂尼（Marcello Piacentini）

[前图]
赛克斯坦特住宅，巴尔米拉，马赛斯，
法国，1935。

20世纪30年代对于现代建筑和勒·柯布西耶来说是一个喜忧参半的沉浮十年。这种新形式跨越国境线一直传播到远至墨西哥、南非、日本、芬兰、美国和英国等国家，但同时它也跨越进入了靠近这些形式发源地的集权主义高墙之内，尤其是在德国和俄罗斯。纳粹主义者的评论将现代主义运动视为对种族主义的一种反抗，并将其与国际共产主义运动的侵蚀性效果等同起来。而意大利的法西斯主义之所以能容忍这种新建筑这么长时间，是因为它服从于意大利的民族风格和古典传统。斯大林主义者的拒绝方式是用漫画将抽象化的形式讽刺为“资产阶级形式主义”的实例。集权主义需要纪念性建筑的艺术性来为它的国家制度服务，而且，至少在德国，集权主义者支持一种明显的地域主义来表达血统和土地的神话。

国际上信仰形态的这些转变在很多方面影响了勒·柯布西耶。苏维埃宫的竞赛选择了一个笨拙的古典设计作为获胜者，这释放了一个强烈的信号说明俄罗斯当时现代建筑的终止。批评家亚历山大·冯·森杰（Alexandre von Senger）直接将其定义为共产主义，他对勒·柯布西耶的批判是对这种风格的一种警告，后来纳粹对现代主义的批评也将采用这种方式。[2]甚至在自由的民主国家中，新古典主义仍为官方项目和国家项目所偏爱。勒·柯布西耶的机会被经济大萧条所削弱，这场大萧条尤其对1935年左右的法国建筑工业造成了最巨大的影响。那个时候，位于赛夫勒大街35号工作室的委托数量也大量减少。柯布西耶几乎就要彻底关门，不得不越来越多地依赖出书的版税、演讲费以及卖画维持生计。

尽管勒·柯布西耶忍受着这些窘境，但他的国际声望仍在提升。作为CIAM的一个领军人物，他与国际上的现代建筑精英们保持着联系。1935年，他受到现代艺术博物馆（MOMA）的邀请去美国做演讲，被视为一位现代主义的英雄，但他此时仍旧没有在建的项目。勒·柯布西耶把他的精力投入到空想性的对世界性城市的都市问题研究，例如布宜诺斯艾利斯、巴黎、安特卫普，以及阿尔及尔，继续向一步步不可避免陷入战争的世界宣扬他的光辉城市所设想的普世价值。经过20世纪30年代早期一段时间与工团主义运动的政治约定，在接下来十年的初期，柯布西耶被大胆而危险的右翼思想所吸引。

积极的一面是他与伊冯娜于1930年成婚（伊冯娜出生时名为让娜·维多琳·加力斯）。[3]事实上他们在整个20世纪20年代的大多数时间都生活在一起。伊冯娜来自摩纳哥，一个遥远的地中海世界，与勒·柯布西耶的背景相隔甚远。这是一种对立物的吸引。伊冯娜相对来讲比较实际和直率，她迫使爱德华将他的抱负、成功和失败保持在某种人类的视角内。她那反常的幽默感极端到将橡皮虫放到尊贵客人的盘子底下。伊冯娜的健康很脆弱，而且在这些年间变得越来越糟，但勒·柯布西耶始终悉心照料她，有时对待她就像对一个孩子。他们的关系始终保持非常亲密，并很好地与勒·柯布西耶的艺术家角色分离开来。没有人知道勒·柯布西耶与伊冯娜分享了多少内心的沉思，但她确实在勒·柯布西耶生命中最困难的15年里给他提供了一种精神支柱。我们并不知道他们为何没有孩子。或许，以勒·柯布西耶像僧侣一样对艺术全身心的投入，可能没有留出给孩子的位置；而且，伊冯娜在他们结婚的时候已经有30多岁，接近40了。

艺术家内心充满想象力的生活与外在事物之间的关系绝非直截了当。将勒·柯布西耶的私人生活或20世纪30年代动荡的事件与他建筑中形式强调点的转换之间直接画等号并不准确。他回应了某些刺激源而不是其他的刺激源，而且并不总是马上就会产生影响。假日里构思的一幅仙人掌、一件艺术作品、搭乘一次轮船、一次浪漫幻想、一个政治概念——其中每个或者全部都可能在形式生成机制中引发震动。在勒·柯布西耶20世纪20年代晚期的一些绘画中，一种从机器形态到生物形态的转换已经非常明显，并毫无疑问地反映了现代艺

［左图］
勒·柯布西耶和伊冯娜在法国南部。20世纪30年代早期。

术中方向的转变，特别是在毕加索的作品中。大型的设计项目迫使柯布西耶扩充他早期建筑语言的某些层次，就像在瑞士学生宿舍和救世军总部大楼的设计进程中表现出来的那样，而且甚至产生了新的创造。

勒·柯布西耶认为没有必要继续使用20世纪20年代别墅的设计方法，而这种方法是接下来几十年他的模仿者一直所做的。他的“潜心探寻”（recherche patiente）找出了一些弱点——例如石膏墙上的条纹和裂缝——而且这让他找到了新的更好的解决办法。在20世纪30年代初，勒·柯布西耶在许多公寓楼设计中拓展了瑞士学生宿舍的钢架建筑语言，这些设计起到了光辉城市（Ville Radieuse）住宅思想的实验室的作用。碎石墙和骨架形底层架空柱促进了一系列具有自然材料的建筑。与乡村场地、炎热气候，以及“精确的呼吸系统”（respiration exacte）中的缺陷这三者的联系，迫使勒·柯布西耶重新考虑他的全玻璃立面的技术教旨。他又一次回到了地域主义的老问题上，以一种新的眼光来重新定义它，并转向一种从青年时期就很熟悉的启发点——农民乡土建筑。厚草坡屋顶、丰满的支柱，以及保护性的石墙，就像深遮阳板一样在他的语汇中占据了一席之地。在这里有一种转换，即离开了20世纪20年代的整洁表皮和悬浮的体量，向20世纪50年代更肌理化的立面和更巨大化的体量进行转变。[4]

早期的现代建筑史学家从未给予20世纪30年代以公正的评价，他们过于关注新建筑的普遍性特征，却损害了单个建筑作品的价值以及发展的多条主线。[5]例如希区柯克就太过致力于“国际式”的概念，却未能给予那些脱离了这种白色粉刷灰泥抹面的统一立面的其他建筑以适当的关注。准确来说，是因为柯布西耶在20世纪30年代的过渡性转变期的作品在官方的长篇累牍和现代主义的神话中被削弱，因此评论家深深地为20世纪50年代中期的朗香教堂所震撼，他们指责柯布西耶放弃了自己的立场；他们将此“立场”与柯布西耶20世纪20年代的建筑联系起来，而且未能意识到柯布西耶在1930年已经抛弃了其中的某些内容。想要恰当地理解勒·柯布西耶的晚期作品，有必要详细地探究他在20世纪30年代的创造，包括未建成的方案、绘画作品以及建成建筑。

20世纪30年代的十年在现代主义者的陈词滥调中占有自己的一份，但是这个阶段更为深刻的潮流为建筑所展现，这些建筑延伸了新建筑的发现及其核心准则，同时响应了社会现实的转变。1929年经济大萧条的一个后果便是对于机器主义乌托邦与日俱增的怀疑。先前对技术的痴迷越来越多地被“自然”的概念以及对乡间传统的一种重新审视所缓和。例如，这种转变可以在阿尔瓦·阿尔托（Alvar Aalto）的作品中感受到，阿尔托在20世纪30年代中期的作品依赖于自然材料、有机形式和乡土的参照。远非仅停留在一种肤浅的国际准则之上，更多这个时期热衷探索的建筑师寻求将现代主义与各种各样的本土条件相结合。这有时候包含了将“普遍性”的技术（例如钢或混凝土框架）与假设的国家或地域的特征融合起来。事实上，随着20世纪20年代的延续方法在远至芬兰、巴西和日本的地方被发展和改进，一种“现代传统”在一些地方被建立起来。

尽管勒·柯布西耶具有某些这个时代的固有观念，但是他对实际形势中变化的现实的术语的定义还是遥遥领先于同时代人。在他的世界观中，“自然”的概念总是占有一席之地，但是在他20世纪30年代的绘画、建筑和城市中，他探索了机器与自然、现代与原始、工业化与乡土、普世性与本土之间的辩证关系。20世纪30年代在勒·柯布西耶的发展过程中被认为是一段“重新思考”的时期。[6]基本的类型与心理结构继续被发展，但却带有了一些意义上的新变化。就当20世纪20年代白色别墅被推崇为现代主义圣经的一部分之时，他事实上已经在探索新方向，并深刻地重新思考内含的主题。在某些层面上是创新，其他层面上则是延续。

绘画继续以一种将外部世界转换成个人象形系统的

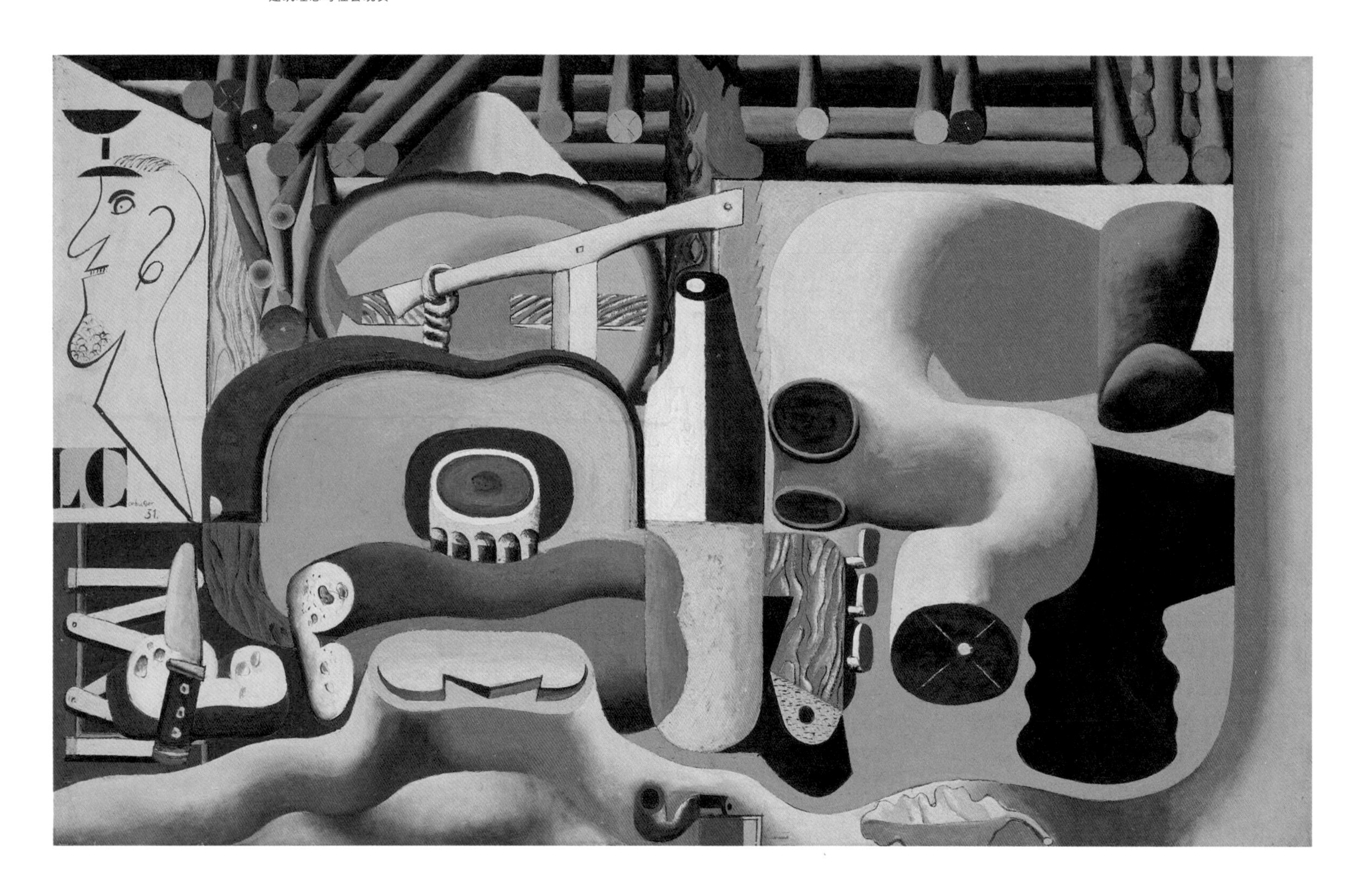

方式供给着勒·柯布西耶。这使得他可以去探测自己的内在力量，并从潜意识中发掘出意象。在20世纪30年代，形式变得更加复杂和难懂，边界和轮廓开始呈现它们自己的生命。在整个20世纪20年代，一种转换已经开始了，其轮廓变得更加自由。超越了早期纯粹主义僵硬刻板的重大转变似乎发生在1927年左右，包括引入了有机形式、人体形态，以及这种“带有诗意的物品”（*objets à reaction poétique*），如骨架、贝壳和鹅卵石。渐渐地，这些带有某种奇妙共鸣的对象伴随或取代了机器主义的“物一类”（*objets-type*）。探究自然构造的神奇秘密对于一个莱普拉特尼耶的学生来说绝不是什么新鲜事，在很多年前他就在其绘画中仔细研究过松果、树木和化石。超现实主义向勒·柯布西耶展现了一种新的奇异模式，就像毕加索和莱热那样，在对更大范围的情感和刺激的处理中开启了单色画和纪念性的力量。

到20世纪20年代末，勒·柯布西耶绘画中的物体不再拘泥于受比例控制的平面的紧凑层次：它们到处胡乱堆放在一个更丰富的空间中，在一种匪夷所思的并置中相互碰撞。[7]例如，人们可以从一幅1929年的绘画《裸体雕塑》（Sculpture et Nu）中看到这一点，画中有一个玻璃杯，一根骨头，一个火柴盒，以及一个女人丰满的裸体，这些物体以一种奇怪的大小冲突，一个连一个地排成一队。每件物品都被抽象到刚好足以抓住人物和杯子轮廓之间的纯视觉双关，但是图像仍足以让人感受到机器和自然之间的冲突性对比。一种20世纪20年代最受欢迎的主题——带手柄的玻璃杯——现在被描绘为一个压扁的椭圆形，具有充气的特质，然而在纯粹主义的经典时期，它却被视为在一个立体形状之上的环，像是一幅整齐的机器制图。这种变形令人想起那些别墅的圆柱体底层架空柱与瑞士学生宿舍蜿蜒双曲线形的底层架空柱。1931年在伐木工（Le Bûcheron）那里，勒·柯布西耶探究了带有凹凸轮廓的物体与形状之间的相似类比。他以一种略带幽默的方式将他主题的粗野特征纪念化，同时利用了原木和条形面包之间的视觉双关。

勒·柯布西耶通常随身携带小小的口袋大小的草图本、笔记本充当私人日记、旅行记录，甚至是创造形式的实验室。[8]建筑项目的最初想法都是意外地发现于对古建筑的涂鸦、对轮船的速写、构造细节详图，或者是对云层构造的奥林匹亚式的观察。不幸的是，直到1930年的草图本几乎丢失殆尽，但在此之后的草图则给我们提供了对勒·柯布西耶私人世界的深入洞察，它们甚至给我们暗示出他的创作过程。有时候是自由的联想，例如当他看到一棵大树的扭曲形式，似乎它就神奇地变形为一个女性裸体上那突出的胸部和性感的曲线。1930年，像往常一样，勒·柯布西耶和伊冯娜在波尔多西面的大西洋沿岸靠近阿卡雄湾（Arcachon）的一个渔村的木屋里度过了夏天的一段时光，而且画了许多沿着海滩奔跑的人像，（我们猜想）其中并不是没有借用毕加索处理类似主题的某些手法。同样在这段时期，他开始用电影进行试验，当他将沙滩场景、绳子、船只、贝壳、机器部件以及沙

[左图]
夏尔·爱德华·让纳雷（勒·柯布西耶），伐木工，1931年。
油画绘制于画布之上，97cm×146cm（38×$57^{1/2}$英寸）。
勒·柯布西耶基金会。

子中留下的手和脚的印记的一帧帧电影画面并置在一起的时候，很可能这种媒介鼓励了他以蒙太奇的方式来进行思考。

勒·柯布西耶从最早期开始就喜欢视觉双关与视觉类比，将各种特性融合于一个形象中，创造那些暗示着多种可能性诠释的形式。[9]在他20世纪30年代的绘画中，我们发现他正在绘于一张纸上的两张草图中寻找划艇的外壳（装饰的花结）与沙滩上的贝壳（贝壳形花饰）的一致性，或者是一片骨头切片与一个牡蛎的褶皱的凹凸形式之间的对应性。类似这样的物品被从世界中搬来，在艺术家的脑海中被赋予了新的特性，在这里它们通过一个提取和抽象的过程经受了更进一步的转换。有时它们成为勒·柯布西耶的绘画中可以识别的图案；有时它们不那么明显地出现在柯布西耶建筑的形式语言与空间语言中。在草图中通过联想而建立的联系被隐藏了很多年，渗入潜意识的层面，却再度出现成为建筑创作的一部分，例如，船和贝壳，似乎有助于促成了20年后朗香教堂的曲线形屋顶的形式。

勒·柯布西耶创造性的普遍形式，可以启发人以思想，而思想又可以启发形式。他喜欢使用等高线、回路线，以及凹凸形状来描绘象征或非象征形式。20世纪30年代，他的曲线变得比以往更加自由，有助于形成一种大型的书法形态，其中嵌入色彩区域。柯布西耶组构了一个豪华的证券交易所，其形状几乎都呈现出其自己的生命而独立于任何描述性和功能性的目标。他的视觉思考依赖于有限数量的视觉词语（mots plastiques），其总体效果可以围绕一种中心意图来构成。[10]超现实主义思想鼓励他创作一种煞费苦心的“双关”，在这种双关中，一条曲线可能同时参照了一个女人和一处景观的轮廓。从绘画转换为建筑，还是和以前一样绝非直接的转换，绘画句法增加的复杂性当然允许建筑师勒·柯布西耶在他的建筑中创造更大胆的并置，以及更流畅的转换。这同时还帮助他在自己的建筑中成功运用对比、风趣和讽刺的手法。

与超现实主义之间的密切关系在贝斯特古公寓（Beistegui apartment）中成为一个完全成熟的事物，贝斯特古公寓于1929—1931年间建于香榭丽舍大街（Champs Elysees）的一个屋顶上。这是纯粹主义风格最后一次华丽的喘息。贝斯特古（Beistegui）是一个喜欢玩乐的百万富翁，他想要将这处最上等的巴黎房产改造成一个奢侈的公寓，而且他想找一位已取得国际声望的建筑师，在这位建筑师的帮助下完成这个项目。1929年7月5日，在对这位客户最初想法的回应中，勒·柯布西耶写道：“我搞建筑竞赛活动已经有20年了。今天，它胜利了。我已经受到了承认，而

[下图]
勒·柯布西耶，牡蛎和骨髓草图，1930年。
铅笔和石墨绘制于笔记本上，27cm×21cm（$10^{2/3}$×$8^{1/4}$英寸）。

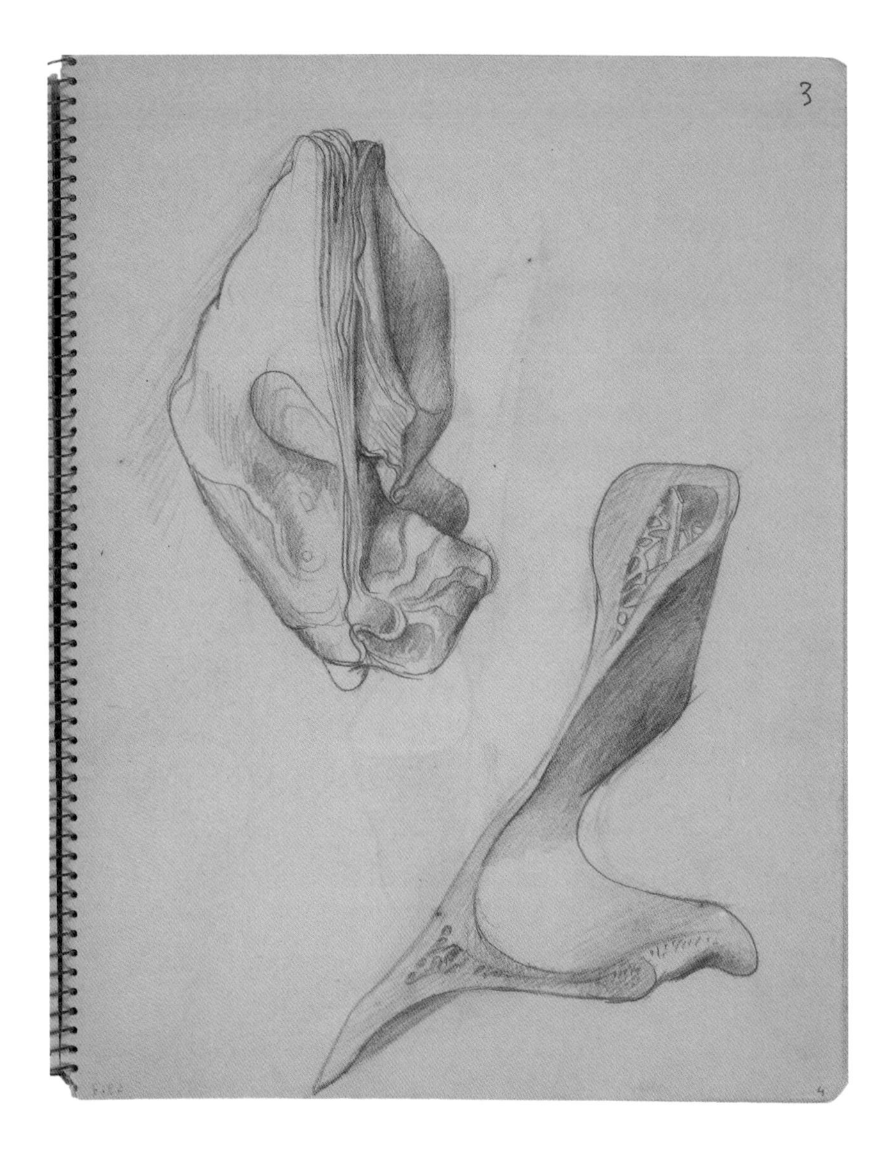

且人们也知道我在做什么。”[11]他补充到，这是一种“明星式”的委托项目：一种“著名”的任务——为一位热衷于收集时尚先锋创作的客户做一个“勒·柯布西耶式的建筑”。

对此，建筑师以20世纪20年代别墅发现的回顾性评价作为应对。主要的主题是一种沿着螺旋楼梯向上到一系列屋顶平台的“建筑漫步”，这些屋顶平台为高墙所限定，使得最重要的巴黎地标建筑如埃菲尔铁塔只出现在女儿墙的顶上。“居住的机器”的概念则被转换为一个微妙的游戏，其树篱由发动机供电进行上下滑动，此外还有一个从烟囱形状中伸出来的旋转的潜望镜，目的是可以对巴黎进行一种偷窥式的观察。还有其他的一些精巧装置，包括一个自动弹出式电影放映机和装在滑轮上的屏幕，以及一个围绕着玻璃螺旋形柱子展开的旋转楼梯。屋顶平台被布置为一个室外空间。“绿色植被”（Verdure）——勒·柯布西耶的理想城市规划的伟大精神象征——在这里成为一个铺在草地中的荒诞的地毯。

［左图］
贝斯特古公寓，巴黎，法国，1929—1931年：屋顶露台，背景是凯旋门。

［右图］
光明公寓，日内瓦，瑞士，1931—1933年。从楼梯井向上看。

［下图］
光明公寓，悬挑阳台。

在一个尽端有一个假的洛可可式壁炉，在其壁炉架上方似乎矗立着一个凯旋门。当贝斯特古那些老于世故的客人们拿着酒杯来到屋顶的时候，马上会认识到这里有对于玛格丽特（Magritte）的超现实主义绘画的参照。

贝斯特古的顶层公寓对纯粹主义语言进行了手法处理，将它具有代表性的元素加上了讽刺性的引号。乌蒂住宅（Maison Outil），指向了10年前大规模住宅的问题，使其最终成为一位富豪的玩偶。勒·柯布西耶曾希望将他的理想城市的核心注入巴黎，现在也在反向嘲讽——它的历史纪念物变成了壁炉架上的装饰物。乌托邦变成了一种对于它自身意义的内向性评论：机器时代的救赎图像沦落为优雅的衰亡。这是对建筑师自身未能将其设计贯彻到公共领域的讽刺性评论，还是对将改革性批判的标准削弱到时尚消费标准的社会道德观念的讽刺性评价呢？或许这种模仿将其削弱得更深，它再次提醒理想城市的碎片其自身注定会成为一种历史拼贴的元素。

相比起来，1931年日内瓦的光明（Clarté）公寓大楼最为重要。[12]它带有钢结构、复式公寓和水平平台，它从老街道的图景中升起，就像一艘搁浅的远洋轮船。它的顶上是一个视野朝向湖泊与山脉的屋顶平台。底层的商铺和矩形的入口通道采用了一种令人满意的街道尺度。楼梯平台的钢制楼板上的玻璃砖将自然光透入楼梯间。带有可伸缩帆布遮阳篷的悬臂式平台提供了荫凉，同时发展了5年前国联总部秘书处所宣布的水平分层主题。这个项目的委托人，埃德蒙·瓦内（Edmond Wanner），是一位日内瓦的实业家，同时还是一名承包商。埃德蒙·瓦内的公司专门研究金属建筑部件的设计、装配与构造，例如推拉窗，这确保了高质量的产品，特别是对钢的电气焊接。光明公寓大楼用标准钢制构件建成——是一个真正的工业化建筑——然而相对于20世纪20年代标准化更低的别墅，其在标准化典范上做出的纪念性宣言更少，更不用说那些更能引起辩论的类似作品，如瑞士学生宿舍和救世军总部大楼。

另一个重要的公寓项目始于1933年：这座建筑包

[右图]
莫利托公寓，依盖瑟和库里大街，布洛涅比扬古，巴黎，法国，1931—1933年。

[最右图]
依盖瑟和库里大街，勒·柯布西耶的工作室，展现了毛石墙面以及多种不同的光源。

[下图]
依盖瑟和库里大街，勒·柯布西耶和伊冯娜的公寓位于建筑最顶上的两层。

［下图］
位于依盖瑟和库里大街的公寓的剖面研究，展现了每层端头的拱形空间。
黑色与彩色蜡笔中线绘制，34.4cm×65.5cm（$13^{1/2}$×$25^{3/4}$英寸）。

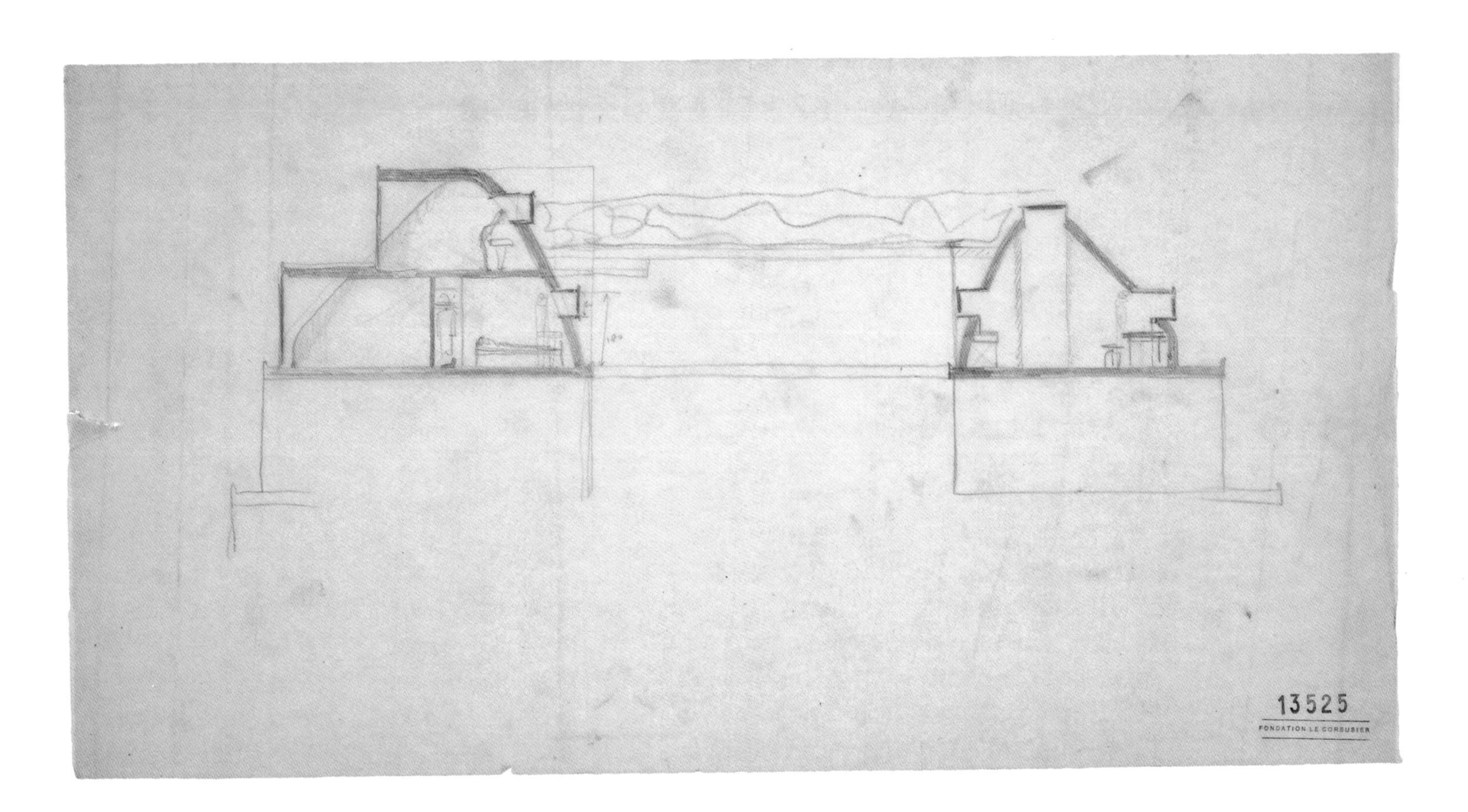

括在巴黎的靠近莫利托门站（Porte Molitor）的依盖瑟和库里大街（Nungesser-et-Coli）勒·柯布西耶自己的公寓。在这个案例中，基地被间隔在高高的立面中间，对面有一个运动场地。就像瑞士学生宿舍一样，这座建筑提醒了我们“光辉城市”的条件，而且他利用这个项目来研究玻璃和钢的建造与装配的相关技术。为了创造最佳视野，勒·柯布西耶将这座建筑作为一个放大很多的库克住宅来考虑，围绕着中心的底层架空柱，同时延伸了混凝土楼板。不再在立面上用灰泥粉刷（这时已经很明显可以看到，20世纪20年代制定的标准受气候影响，材料腐蚀很快），他应用了内华达玻璃砖以及大面的平板玻璃窗。用这种方式，光线可以深入照射到每一户公寓中。勒·柯布西耶受到了皮埃尔·夏洛（Pierre Chareau）和伯纳德·毕吉伏（Bernard Bijvoet）的韦尔住宅的影响，这座建筑于1929—1931年为让·达尔萨斯（Jean Dalsace）医生而设计，在其中诗意地运用了类似的材料。[13]莫利托门站（Porte Molitor）的项目是一个房地产投机项目，它位于巴黎一个扩张迅速的区域，这个区域十分令人满意，因其新鲜的空气、阳光、接近运动场、高效率，有良好的地下停车。勒·柯布西耶本人参与了运作，而且他在《勒·柯布西耶作品全集》中宣称：“这座建筑只要一开盘，房客就会自发地宣布，由于玻璃墙和某些公共服务设施，他们即将开始自己的新生活。”[14]

在建筑的顶部，作为一个分离出来并形成对比的部分，其自身几乎就是一个小房子，勒·柯布西耶在这里为他自己和伊冯娜布置了一个公寓。这被组织在曲线拱顶下面的两层中，带有一个屋顶平台，楼上有一间小客房，公寓的主体部分位于下面。厨房、起居室、用餐空间和卧室被放置在建筑的背部，向西面透过一个阳台，可以看到远处的瓦伦汀山（Mont Valentin）。床甚至被高度不合理的床腿垫起，以获得这个令人激动的最大的景观。勒·柯布西耶的工作室被嵌在另一边，建筑最东端的天井上面。它位于一个由倾斜的梁支撑的高高的拱顶下面，光线从顶部经天窗洒入，又从侧面经烟色玻璃渗透进来。多处存在的透明板提供了朝向巴黎天际线的框景。界墙由砖和碎石材料砌成，它与建筑其余部分那机械化的钢块和玻璃体形成了奇异的对比，这极有可能是一种类似于瑞士学生宿舍中将碎石墙和玻璃体并置的做法。[15]

勒·柯布西耶在他的公寓中采用混凝土拱顶来使可用空间最大化，同时遵循分区法控制屋顶轮廓，但忽略了实际上对于一种主题追求的需要。这间工作室是他在1919—1920年间设想的“家庭艺术工作室”的放大版，是对1929年的一个项目的重新诠释，这个项目被直接地称为玛宅（Ma Maison），在其中工作室采用了带有

［下图］
曼德洛特别墅，勒普拉代，土伦附近，法国，1929—1932年。

［右图］
曼德洛特别墅，用来探究关于石造结构与混凝土骨架相结合的建造细节的图纸。
铅笔与彩色蜡笔绘制，60.4cm×11.2cm（23 3/4×43 3/4英寸）。

罩盖的拱顶。同样地，也可以回溯到1919年的莫诺尔住宅。这位建筑师又一次游走在工业乡土形式（可以在混凝土的工厂和仓库中看到）和那些在乡村案例中所看到的农村形式之间。通过勒·柯布西耶公寓的断面暗示了另一个世界，在两个拱顶下流动的空间包含了他和伊冯娜的领域。他的巨大旋转门后面的绘画工作室成为他的私人休息室。栖息于巴黎上空，他可以使思维自由地驰骋，并可以专注于广泛的原则而避免被华丽分散注意力。每天勒·柯布西耶会连续的几个小时绘画、沉思和速写。接着他会穿过巴黎来到位于赛夫勒大街35号的狭窄工作室来参与他的助手和合作者们的设计进程。

工作室早些时候的照片显示了杂乱无章的画架、绘画、罐子、笔刷以及被偏爱的“带有诗意的物体”，它们与后面的钢和玻璃平面以及粗糙的砖石墙形成对比。1935年艺术收藏家路易·卡瑞（Louis Carré，住在下面的一间公寓里）在这个空间举办了一个主题为“原始艺术展”（Exposition d’Art dit Primitif）的展览。这一类的非洲雕塑激发了毕加索和布拉克（Braque），以及一个夸张的古代希腊肖像的石膏模型“Calf Bearer”，它和现代绘画放在一起。这种将古代与现代，乡村与工业进行对比的行为代表着勒·柯布西耶在20世纪30年代的辩证方式。瑞士学生宿舍通过其形式、材料、结构和意义上复杂的两极性为其扫除了障碍。在20世纪30年代，这位建筑师继续研究他使用钢、混凝土和砖石的混合建造系统。1928年的卢舍尔住宅（Maison Loucheur）原型已经推进了这个想法，将大量工业生产的钢铁集装系统与类似于在场地周边找到的石材结合起来。勒·柯布西耶没有成功实现他的大量性生产住宅新类型的建造：于是他回归到一个某种程度上比较奢华的想法，在个人委托项目中采用低成本的建造思想的老方式。

非常合适地，客户是曼德洛特夫人，1928年她曾在她位于瑞士拉萨拉兹的城堡中举办了第一届CIAM会议。她想要建一座靠近法国南部土伦（Toulon），在勒-普拉代（Le Pradet）外面场地上的一个度假屋。她在1930年找到了勒·柯布西耶。[16]场地位于一座小山上，被葡萄园围绕，距离南侧的地中海不到1公里，并且在北侧的远处具有山脉的视野。一个白色的立方体可能会侵犯这片场地的精神。无论如何，勒·柯布西耶脑海中已经有了其他想法来更好地协调材料和这个地区的建筑景观。临近的建筑位于离这里有些距离的其他的低矮山坡上，并且大多数由当地的石材建成。勒·柯布西耶将它组织成一个在底座上的长方体，在南边带有一个平台，在北边有一个被漫步式的楼梯穿透的透明立面。他在平面的一个角上设置了一个小会客间，这某种程度上提供了一种围合感。这是一种柯布西耶式的旧主题，平台作为一个室外的房间来欣赏周围的景色。建筑师由混凝土骨架的帮助开放了平面和立面。没有墙体支撑的剖

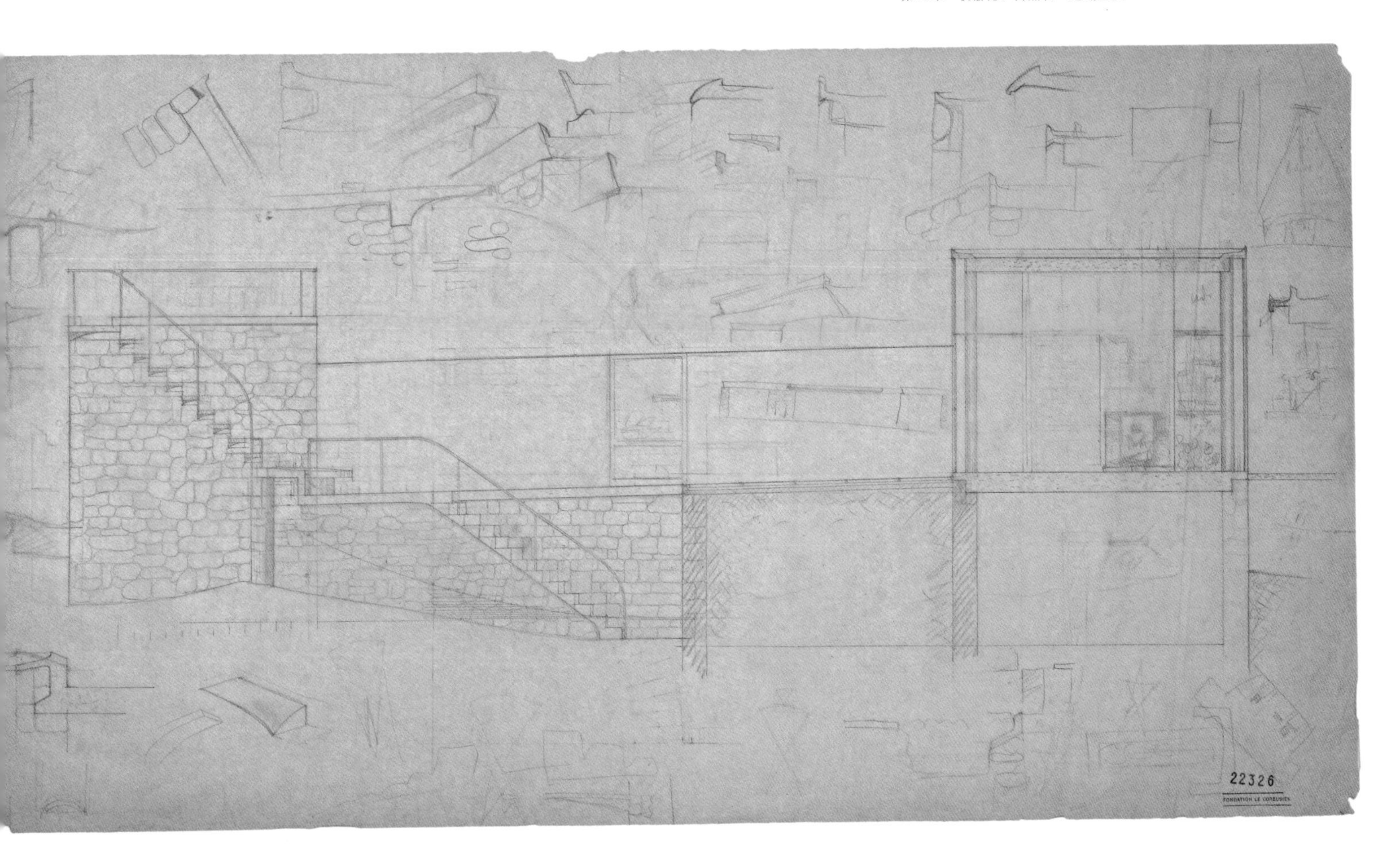

面由钢骨架构成，填充着灰泥或玻璃。在南立面上，透明的、半透明的和不透明的平板组合在一起，由此，光和景观以多样的方式被“过滤”进来，而可伸缩的帆布百叶窗在夏天的阳光下保护着窗户。为了可靠和保护的感觉，并以节约的名义，建筑师遵循了邻居们的示意并采用了石墙体。

曼德洛特别墅是一座富人的度假屋，用于营造“简单生活”。这是一个久经世事的艺术品收藏家的房子，充分考虑了乡村和自然。通过他对房子的描述，勒·柯布西耶在人们出北门从台阶上逐步下行的过程中发掘了多种视野景观，在这里里普希茨（Lipchitz）的一个雕塑与远处的山峦剪影相互呼应。在内部，碎石墙被刷上石灰，楼板铺上当地的瓦片，顶棚安装自然色的胶合板。有一些家具是瑞内·哈伯斯特（René Herbst）设计的，其他的是由曼德洛特（Helene de Mandrot）自己设计的。壁炉在平面中占据显著的位置，这在20世纪20年代的别墅中是很罕见的。在曼德洛特别墅中，勒·柯布西耶抽象和转化了一种当地的类型：普罗旺斯农舍，它带有朝向南边开放的庭院，北边的墙主要用来抵御恶劣的北风，密史脱拉风。在这个独具匠心的“地域主义”作品中，大量生产的物品从室外被带入室内，并与具有当地传统的惯用物品并置在一起。曼德洛特别墅创造了一个工业美学与原始风格的丰富的拼贴。

勒·柯布西耶宣称这座别墅将会“从内到外地使它自身从整个景观中获益”，并以一种哀伤的笔调写到“普罗旺斯美丽的石头”……“全部以水晶点缀”，并通过高质量的节点给予其真正的价值。[17]他通过一种方式使用当地的石头，显示其结构和空间上的分解是现代的。细节说明结构由混凝土骨架、钢框架和作为薄板的粗石墙组成。这些并不是传统的在门窗上方带有过梁的厚重的承重墙。这些石头是小巧和不规则的，水泥接缝很宽，隐藏的钢梁跨越在洞口之上。在普罗旺斯的这个区域，无论如何，墙体通常附以沙色的粉刷或者抹灰（事实上勒·柯布西耶的接缝让雨水流入）。远非直接参照一种当地的语言，建筑师似乎正在引用石制品作为一种乡村和风土的广泛意义的标志——几乎作为一种拼贴中的要素。曼德洛特别墅带有一种批判性的立场来面对那种模仿性的地域主义以及正在流行的，特别是新普罗旺斯的多样性，包括它显而易见的民俗特色。然而，它仍旧在流传中提出了那个时代更基本的问题：怎样将当地的与普世的联系起来？怎样将乡村风土的经验与抽象的语言以及现代建筑的工业化技术联系起来？[18]

1930年，勒·柯布西耶设计了另一个度假住宅，伊拉祖瑞兹住宅（Maison Errazuriz），这一次的客户来自智利而且场地俯瞰太平洋。[19]建筑师从未参观场地，并且项目也没有建成，因此它是通过《勒·柯布西耶作品全集》中的绘画被大家熟知。建筑坐落于一个基座上，一面对着海，另一面对着山脉。因为缺乏现代材料，因此建筑没有使用机器时代的形象。勒·柯布西耶不得不根据当地的石材、木材、气候和主要景观来思考。他给予圆柱支撑、屋顶和内部自由平面以一种全新的粗犷和实体感，发掘他常用的底层架空柱和板的结构语言与传统结构之间的共鸣，这些传统结构包括碎石、木梁、去皮并涂以白色的原木等。斜坡

采用当地的卵石，砌成倾斜的几何形，侧面的石墩增加立面的深度来保护内部抵御自然环境。虽然勒·柯布西耶坚持这种“乡土材料”不会“以任何方式阻碍一种清晰的平面和现代美学的表达”，他仍然没有采用常用的平屋顶，而是采用向中心排水管倾斜的表面覆以传统瓦片的屋顶。三角形的轮廓呼应了内部坡道的倾斜以及远处山脉戏剧性的剪影。屋顶既不是一种通常乡土形式的模仿，也不是一种严格的机器主义水平线条的重复，而是一种创造，唤起了一种现代主义的乡村小木屋意象。[20]

勒·柯布西耶对于“农民主义”和原始的研究触动了那个时代很多的情感，因为它们揭示了将乡土传统和现代形式结合起来的可能的方法。尽管伊拉祖瑞兹住宅并没有建成，但很快在日本由雷蒙德（Antonin Raymond）设计的一个木屋中被模仿出来，他是赖特之前的一个同事。这或许是一个现代建筑和日本传统木结构的综合体，但是勒·柯布西耶不这么看：他将其看作是一种抄袭。雷蒙德直接复制了许多原型的特征，包括V形的屋顶，却覆盖以草皮而不是瓦片。20世纪30年代，在所谓的“国际风格”基础上有许多条道路，并且其中的一些涉及回顾乡村的风土建筑，甚至在那些对于风土的地域主义的转译中。它们通过抽象的方法来实现，这是现代主义的一项发现。阿尔瓦·阿尔托的玛利亚别墅（1938年）在一些拼贴中将一系列的传统和现代的特征融合在一起，包括对生物形式的自然类比。这是勒·柯布西耶的“自由平面”、地中海的绿廊，以及北欧现代主义的回应。桑拿房的一翼采用了原木支撑和草皮屋顶的想法，同时暗指了芬兰农房和传统日本建筑。“地方认同”自相矛盾的实践更容易去利用广泛的世界资源。

勒·柯布西耶对于适用于石头和木材的现代语言的发掘进一步在赛克斯坦特（Le Sextant，1934—35年）住宅中运用起来。它位于大西洋沿岸靠近马特斯（Mathes）的帕尔米拉（La Palmyre）。这仍旧是一个并没有视察场地而在工作室设计的度假住宅。预算是有限的，并且又一次聘用了当地的承包商。沙丘和松木的照片被送至巴黎，勒·柯布西耶决定在一个位置和方向上提供最好的视野，同时提供遮盖来抵御大西洋的盛行风和雨水。赛克斯坦特住宅主要为夏季使用，同时使用者以及客人会希望坐在外面并在有遮挡的平台上就餐。下面个人卧室的私密性与上面更具社会性的平台之间具有某种平衡。内部和外部依靠主要的粗石墙相互结合，一个由木柱、楼板、梁、窗和走廊组成的次级系统插入其中。同时存在着一个由嵌入式家具和细木工制品组成的第三级系统，想法是每一个层面都可以被分别地组装。屋顶被做成斜坡，向内的排水沟朝向V形的中心

[左图]
伊拉祖瑞兹住宅，智利，1930年。
钢笔粗线绘制，43.9cm×68.6cm（$17^{1/4}$×27英寸）。

[下图]
赛克斯坦特住宅，巴尔米拉，马赛斯，1935。

线，并由波状石棉制成。这个显然很简单的遮盖物通过比例、材料和节点的精心控制被赋予了一种明确的尊严。“于是，一座房子被一个小乡村承包商诚实并且尽责的，并以一种难以置信的预算创造出来。既没有监理，也没有出错。”[21]

这样谦逊的宣言模糊了赛克斯坦特住宅的智慧和复杂性。绘画揭示了对于粗石房屋小型开放空间的深度、太阳高度角的变化以及从地面层卧室和浴室望向松木林的私密视角的仔细的研究。夏洛特·贝里安、皮埃尔·让纳雷和日本建筑师板仓准三（Junzo Sakakura）都参与了这个项目。贝里安有她自己的对于度假露营建筑以及“自然主义”的想法，类似于勒·柯布西耶的带有户外生活、日光浴、午休和露台就餐的海边住宅。爱德华非常熟悉大西洋的海滨，经常在阿尔卡雄（Arcachon）附近度假，并且他喜欢简单的小木屋，在那里可以找到渔船的结构。这些的草图甚至出现在他的书《一栋住宅，一座宫殿》（Une Maison，Un Palais）中，作为基本的案例。板仓准三利用了他对于日本传统建筑使用梁柱结构的知识。当建造赛克斯坦特住宅时他致力于木材的等级划分、节点的分隔，以及椽的递减。这个方案的优雅产生于对石墙、木框架、细栏杆以及双侧垂直支撑的布置。

“诚实并且谦逊”是指当地的承包商，但同样也用来描述对待材料的态度，特别是20世纪20年代的别墅通过它们的水泥和绘画的掩饰来进行巧妙的伪装。在马赛斯住宅中，勒·柯布西耶让石头、木材和玻璃自己说话。罗斯金的形式记忆似乎再一次浮现：总而言之，拉绍德封最早的住宅就已经试图将木材和粗石墙以一种直接并且诚实的方式联系在一起。这种在曼德洛特、伊拉祖瑞兹（Errazuriz）和马特斯（Les Mathes）项目中回归到将墙体作为空间的容器是继20世纪20年代大多数住宅中混凝土架空柱、板和带形窗之后所强调构件的重要转变，但是这些坚固的侧墙被处理成抽象的板，以一种与艺术与手工艺运动中早期住宅对于阿尔卑斯山和地质学的参照使用完全不同的方式。马赛斯住宅的图解（它潜在的类型）十五年后在印度重新出现，凹面屋顶出现在昌迪加尔的高等法院中，并且墩座阳台（pier-veranda）的概念在萨拉巴伊（Sarabhai）住宅中被重新思考。

勒·柯布西耶的检测方法对于一种经过验证的形式逐步进行了试验。在他的语言中，一些层级转化了，其他的保持不变，并且有时他甚至回到早期的语言来重新在一种完全不同的文脉中思考旧的类型、装置或者要素。在诠释一个又一个场地的过程中，“基础结构”

[下图]
周末别墅，塞勒·圣·克劳德，法国，1935年。

[右图]
“光辉农场”方案，展现出农场现代化的农居室内环境；在背景中能够看到由拱券覆盖的钢结构的谷仓，1934。
钢笔和蜡笔粗线绘制，50.8cm×91cm（20×35¾英寸）。

（substructure）的概念被赋予了新层面的意义和对于未来使用的新可能性。有时勒·柯布西耶会回归到一种多年前绘制的但从未被建成的方案中的一种形式或是思想，接着重新赋予它生命。以同样的精神，他经常在旅行中随身携带老的草图和涂鸦来进行绘画，这些都是他灵感的出发点。

1935年在塞勒-圣克劳德（Celle-St-Cloud）的珀提特周末别墅是对1919年莫诺尔主题的重新建造，当时的房屋是一种低矮的拱形结构。大量性生产的住宅如今变成一种在巴黎西部乡村场地上为小康主顾实现的田园牧歌式的建筑。建筑具有复杂的原始主义，从混凝土和玻璃砖这样的现代材料中创造出了洞穴感。从地面攀爬而上的厚草皮屋顶、堆叠的粗石烟囱、花园里的原始石环，以及内部朴素的木板，这些都强化了洞穴的感觉。平面似乎包含着某种隐藏的性欲意象：汽车库的碎石墙毫无疑问就像是子宫。房屋自身形式来源于膨胀的曲线。勒·柯布西耶根据性别对比了“雪铁汉”带角状的形式以及“莫诺尔”类型中的曲线：“一种是形式强大的客观性……男性化的建筑；另一种是无限的主观性……女性化的建筑。”[22]

勒·柯布西耶和夏洛特·贝里安在20世纪20年代晚期设计的家具已经呈现出对于优雅的喜爱，以及超现实主义者对于机器性的钢管、抛光铬合金以及粗糙牛皮革的抵制。贝斯特古公寓从对自然和人工轻松的反转产生它的部分魅力。20世纪30年代早期的绘画使骨头和瓶子、粗糙和光滑、“原始的”和“现代的”进行碰撞。周末别墅将这些相互冲突的暗示联系在一起成为一种具有张力的操作，文森特·斯库里（Vincent Scully）很形象地将这座建筑描述为“优雅的洞穴，这座具有反讽性的半地下的人工洞穴”。

“说它带有讽刺性是因为它保留了一种思想上的差异，特别是在家具之中，它们呈现出大众化、原始性、高技术和系列化之间绝妙的相互作用。这段时期，弗兰克·劳埃德·赖特的建筑也在有意识地展现异域和原始的特征，他的做法比较直接和严肃；而勒·柯布西耶的作品更加带有批判性，也更具绘画特征，这里延续了一种讽刺剧的感觉……”[23]

周末别墅在《勒·柯布西耶作品全集》中的照片已经小心地暗示出方案中明确的意图。内部形成了大部分的可视性“双关语”以及在工业物品和手工艺物品之间的对比。半透明的内华达玻璃砖与烟囱的粗糙的砖形成对比；一个现代的玻璃细颈瓶与黏土罐形成对比；一个小心放置的由钢丝网制成的废纸花托与一个传统的稻草花篮形成对比。在最显著的位置上，围绕着大理石桌子的弯木索耐特椅拟人化的形式呼应着木条拱顶的“韵律”以及在花园中被树木围绕着的独立的混凝土小型建筑物。或许这里存在着一种对于“原始小屋”概念的暗示。一个古代希腊肖像或青年雕塑的放大照片被插入到沙龙背面的窗侧。周末别墅采用了建筑起源于原始遮盖物的想法，只是突然出现在20世纪一个具有张力的设计中。

伊拉祖瑞兹、马赛斯以及曼德洛特项目都是为了乡村场地而设计，在其中可以使用当地的材料。周末别墅的原始主义立场——在塞勒-圣克劳德别墅中——距离斯坦因-德·蒙奇别墅几公里——具有很直接的意识形态的表达：通过机器时代类型的一种普遍应用的理想表达变化的确定性。从他的旅行草图和手稿中可以看出勒·柯布西耶着迷于北美、西班牙和希腊的民族形式。1931年他访问了摩洛哥和阿尔及利亚，特别是米萨伯（Mzab）。在这里，他感受到了人类、建筑和景观之间的和谐，他深深被乡土建筑在应对当地材料和炎热天气所表现出来的独具匠心所吸引。低矮的房屋与它们的自然环境相融合，使用了带有遮蔽的庭院、通风洞、厚泥墙，为避免炫光和热量而精心选择了方向。1933年，建筑师来到了希腊岛，他喜欢这里白色粉刷的立方体和拱顶住宅，沿着山脉如瀑布般串联而下，就仿佛站在地中海文明遥远的根基面前。1935年他甚至写道：

“我被事物的自然法则所吸引……我从城市生活飞来，最终达到这样的地方，这里的社会仍在组织进程中。我发现了原始的人类，不是因为他们的野蛮，而是因为他们的智慧。”[24]

这并不意味着勒·柯布西耶要退回到沙漠或者对于农村工艺的崇拜中，但这意味着他需要将旧与新、普遍与本土相混合，同时也要避免伪造民俗和不合适的现代性方式。地域主义是一种在20世纪30年代被大量讨论的问题，但通常仅仅退化为一种对乡土图示浮于表面的操作——四坡屋顶、木梁、深屋檐等——并信仰这些可以引领一种“流行的”意象。很多纳粹的地域主义都是这一类，并将其与国家主义的故乡风格（Heimatstil）合并，作为一种对于“无根基”的现代主义的矫正方法。但是同样在法国，存在着一种表面上复制当地文化的流行趋势。勒·柯布西耶对待这个问题的方式是更加深刻的。他意识到乡土风俗所产生的每一点类型形式都像《新精神》中所歌颂的那些一样严格，通过一种适应传统的进程，他需要寻找合适的方式来混合乡土的基础结构（它们组织的原则）以及他自己词汇中的准则。

像往常一样，勒·柯布西耶将一个私人的委托作为普遍应用的尝试。周末住宅低矮的覆盖玻璃的地下室就是研究乡村与城市关系的一部分。1934年建筑师提出了“光辉农场”（Ferme Radieuse）。[25]名义上来说是为萨尔特（Sarthe）的一群农民进行的土地改革项目，实际上这是一个在普遍意义上农业群体的重新操作的一种假设：换句话说，这是一种类型。他设想了一种合理化的、多产的景观，带有精心设置的土地、果园、道路、粮仓、畜棚和房屋。农庄根据标准化的金属飞机库被重做，带有覆盖以草皮的极薄混凝土拱顶用来隔绝外部。为那些理想化的农民，勒·柯布西耶规划了在卢舍尔住宅类型基础上的变形，并在工厂里预先制造。平面是开放的，只通过架在金属轨道上的隔墙进行分隔，透视图上多是在厨房和餐厅之间的直接联系，农民们厚重的肩膀，狗无精打采地坐在地板上，背景中地平线上是架在支柱上的拱形谷仓。光辉农场是“一种为乡村采用的工具，在其中，进步提供了所有的资源”并且“农民以一种现代的方式”生活。勒·柯布西耶尖锐地意识到真正的农民传统已经衰亡消失，而其中一个主要的原因便是工业化。在他的观点中，乡村基础的重新振作只能从城市中来。

但是城市同样也会吸收乡村的特征。1933年，勒·柯布西耶为巴塞罗那的居住区开发了一个项目，主要为了接收来自像莫西亚（Murcia）和阿拉贡（Aragon）这样的省的移民者——一群没什么城市生活经验的农民。[26]再一次，他定义了一种基本的单元或居住类型。这个案例有三层楼高并在地面层有一个深深的地下室——事实上是一个带有顶棚的为家庭活动和储藏的露台。结构基于砖墙和金属横梁，屋顶通过草皮隔热。每个单元都有各自的露台，栏杆和水平通风口都带有金属防护物，将立面定义为一种分离的屏幕。楼梯通过构造上的伞状物来远离日晒，剖面被设计成为可以让风自由穿梭内部的形式。事实上，这些单元是乡村类型到现代形式的一种转译。它们沿着荫凉的街道被布置成为低层砖平台住宅。这些条形住宅分布在一个每边400米（1300英尺）的网格中。空间提供给蔬菜园和果园，因此这些前乡村人可以培育他们自己的食物。勒·柯布西耶在这里回归到他的长期存在的对于在农民风土类型和工业化标准类型之间寻找平衡的兴趣。他寻找两者的融合来解决远不止是乡村浪漫主义的问题：考虑的是乡村的大量移民以及工业化的恶劣影响。

另一个现代技术和乡村智慧、国际和本土的解决方

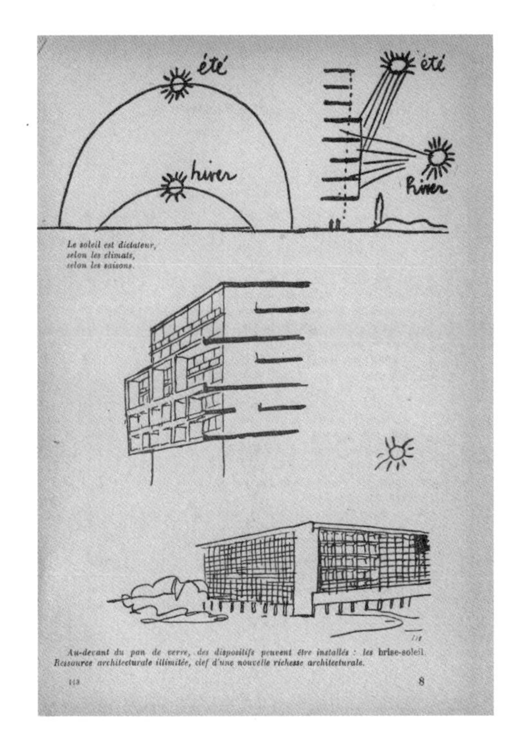

式的杂交结果，便是遮阳板（brise-soleil）。[27]勒·柯布西耶关注到炎热的气候，以及救世军总部大楼和瑞士学生宿舍中环境的失败。这些迫使他重新考虑关于玻璃立面的问题。为图尼西亚（Tunisia）设计的贝佐别墅揭示了多米诺骨架体系如何转化成可以为一个架在柱子上的建筑提供悬挑板的结构，形成边缘带有遮挡的走廊以及顶部的阳伞。

寻找可行的遮阳要素在建筑师20世纪30年代早期多次到北非旅行的过程中被提出来。1933年在阿尔及利亚山地上的未建成的彭泽西（Ponsich）公寓，显示了在北立面和东立面采用玻璃、在南立面和西立面采用蜂巢保护面的特点。在这个创造中，勒·柯布西耶小心地保护了他的框架语言的完整性，发掘了一种类比于阿拉伯的玛西拉比亚（mashrabiyas）木质挡板或者他在摩洛哥看到的砖通风屏障的现代等价物。他写道：

> “……由于不可避免的当地条件的简单和差异，一种北非建筑类型出现了……还记得摩洛哥的窗户开启时被组织成像是一堆以直角竖立在墙体深处的卡片：同样的雕塑和建筑的结果可以通过现代技术达到。统一的，地域的类型……”[28]

这样，一个新的元素被添加至自由立面中，尽管它的地域类型在普遍意义上讲似乎与炎热的气候有更大的关系，而不是任何特定的当地文化。对于勒·柯布西耶来说，在巴西里约热内卢的教育卫生部中鼓励使用遮阳板（brise-soleil）几乎是在同一时期。这个摩天楼项目由卢西奥·科斯塔（Lucio Costa）和奥斯卡·尼迈耶（Oscar Niemeyer）设计，勒·柯布西耶担任顾问。整个北立面（在南半球面对着太阳）采用了防晒的百叶窗或者遮阳板。这是典型的勒·柯布西耶的方法，他已经逐渐从他的新“建筑词语”中挖掘出更多的意义。在为奈莫尔（Nemours，1934年）设计的多用途大楼里，遮阳板具有了深凹凉廊的特点，释放了立面。在阿尔及尔的法院大楼（1938年）中，这种充满雕塑重量的新感觉既赋予了公民纪念性，同时具有人类的尺度。在为阿尔及尔的海军社区（Quartier de la Marine）（1938年）设计的巨大摩天楼中，遮阳板被整合成立面上的垂直薄片和水平壁架。它们强调内容多样化，以表达内部的等级制度，提供并激活韵律和尺度的多重构成，并给予一种光和影的起伏纹理。所有这些经验在10年后的马赛公寓中被证明是有用的，并且当然同样在印度的作品中，遮阳是一个首要考虑的因素。遮阳板的试验有助于一种从20世纪20年代的失重性的表皮到20世纪50年代深走廊和雕塑性立面在类型上的明显转变。像往常一样，这些创造发生在柯布西耶词汇完善的规则背景下。

勒·柯布西耶使用并重复使用标准化的解决办法，有时采用在两个不同的类型和组织的主题之间的令人意想不到的类比。如果探寻他的多样的博物馆项目，就可以发现这种从一个文脉到另一个文脉的创造性转换。1931年，他给克里斯丁·泽尔沃斯（Christian Zervos），《艺术》杂志的编辑写了一封信，解释了他现代艺术博物馆的想法。[29]这或许最开始作为一个小小的内核，随着需求的增多和资金的允许，逐渐在尺度上成为一个不断膨胀的系统，以模度为基础的大厅。事实上，这是1928年世界博物馆的一个平面化的版本，但它同时暗示了与自然生长进程的类比。20世纪30年代，勒·柯布西耶被马迪拉·基卡（Matila Ghyka）在自然现象中的集合和比例思想所吸引（《黄金分割比》1931年）。看起来他似乎也了解汤普森（D'Arcy Thompson）的古典作品《关于生长和形式》（1917年），其中以数学术语描述了自然的生长和转换。在“无限生长的博物馆”（1939年）项目中，通过一个方

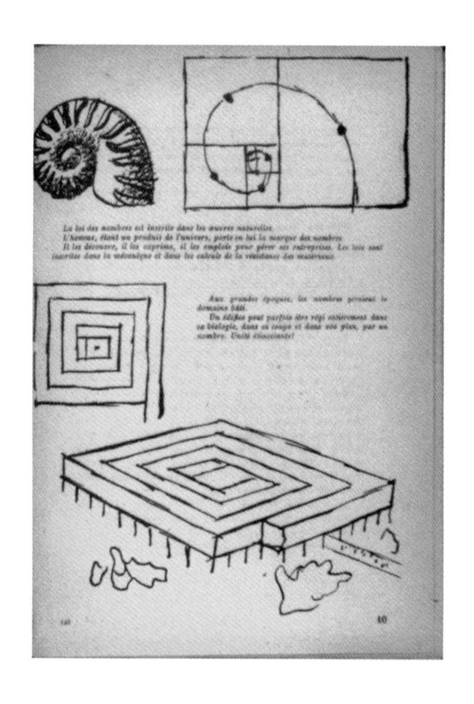

形的螺旋平面将通常的结构系统、吊窗和顶部照明整合到一起：事实上这是一个蜗牛壳的几何形状，或者也许是鹦鹉螺，用矩形的方式重新表达出来。

1935年，勒·柯布西耶提交了为巴黎市博物馆设计的平面，在塞纳河右岸稍稍后退的地方。在这个项目中，带有平行展览系统的通用类型在另一个方向上被更改，使之适应一个精确的城市场地。勒·柯布西耶回归到世界博物馆剖面的最初一步，但将其转换来适应新的环境。展示大厅被放置在抬高的庭院下方两侧，庭院提供了通向埃菲尔铁塔的视野并因此呼应了旁边陶卡德罗（Trocadero）主要大楼之间的类似舞台的空间。平面同样使人想起旁边的侧翼和罗马米开朗琪罗的卡比多广场，而底层架空柱被放大成为纪念性的柱子。这些多样的古典暗示并不足以保证勒·柯布西耶的这个官方委托，然而关于博物馆的类型思想（idée-type）并没有离开他。在勒·柯布西耶20世纪50年代为艾哈迈达巴德，昌迪加尔和东京设计的博物馆中，他回归到无限生长博物馆的范式中，转换它的基本准则以及典型要素来应对不同的场地、计划、气候和结构系统。

1937年，大型的“现代国际艺术与技术博览会”在巴黎举行，这是一个不同国家用它们各自的展览馆建筑来向世界展示自身的场合。占据着陶卡德罗下方广场的重要位置，在埃菲尔铁塔的轴线上，是第三帝国和苏维埃共和国的两个纪念性的展览馆——尽管具有鲜明对比的意识形态，但都取材于笨重的古典主义。在展览会的别处，则是更多的将现代建筑的抽象与国家传统的暗示相联系的巧妙的展示。板仓准三（曾经与勒·柯布西耶共事）设计的日本展示馆运用木框架，发掘了在钢结构和传统日本建筑之间的类比。阿尔瓦·阿尔托设计的芬兰馆在它的木杆和建筑中暗示了森林和北欧的地方特色。泽特（Josep Luis Sert），克莱佛（Josep Torres Clave）和苏比拉纳（Joan Baptista Subirana）设计的西班牙馆则将钢框架普适的技术与西班牙当地的方言结合，例如带顶棚的天井、遮阳板、朴素的农村草席以及西班牙共和国国旗的颜色。这座建筑是西班牙共和国的官方展示，在当时它陷入了内战。同时它也是毕加索格尔尼卡的展览地，这幅画绘制的是因为抵制法西斯被轰炸具有相同名字的村庄。[30]

勒·柯布西耶的作品“新时代”（des Temps Nouveaux）在展览会同时建造，但分开建在马约门站（Porte Maillot）。这座建筑采用了一个巨大帐篷的形式，借助于钢桅杆和缆绳，包括一个由细立柱、平台和相互联系的坡道组成的次级钢结构。展览馆有最新的左翼流行前线的支持，而且被认为是一种教育大众了解现代都市主义问题的宣传鼓动工具，包括对于巴黎重新规划的建议。勒·柯布西耶利用这次机会来传播CIAM的法则，这样就拥有了一支左翼、社会主义政府暂时性的支持。就像泽特在西班牙馆所做的，他运用了大量的照片蒙太奇以及平面图来向大街上的人们传递他的改革派信息。帐篷自身是一种基于缆绳和倾斜梁的结构，透明的编织物在内部投射了均匀的光线。参观者在一个悬挑顶棚下进入，让人想起一个飞机的机翼，并经过碎石楼梯行进到展览厅。物体和板似乎漂浮在空间中，在这些之中一个展示在垂直杆上的飞机的模型则作为一种“新时代”的图腾。勒·柯布西耶希望他这个“教育大众”的工具可以被卸下并重新竖立在法国的不同城市中，但这是不可能的。且不说它的技术实力，“新时代”的确重新回到《走向一种建筑》中所阐释的荒野中的帐篷，他将其作为房屋、避难所和神庙的原型。[31]

随着第二次世界大战的爆发，很显然对于勒·柯布西耶来说，他的关于一种“和谐的新时代”的言论变得没有意义，同时“流行前沿”所呈现的最后希望也已经几乎蒸发了。紧随着1940年6月法国的沦陷，出现了从巴黎到南部乡下的难民离潮，他们之中的很多人都无处可去。因此勒·柯布西耶萌生了快速建造的想法，自行建造的结构取材于触手可及的材料。被称为“穆容仃住宅”（Maisons Murondins）（murs指墙，rondins指

[前左图]
乡村移民低成本住宅，巴塞罗那，西班牙，1933年。遮阳百叶嵌入骨架系统，附着于立面之上。
钢笔粗线绘制，54.2cm × 106.4cm（$21^{1/2} \times 41^{3/4}$英寸）。

[前中图]
图示说明遮阳百叶原理的草图，20世纪30年代晚期。

[前右图]
科斯塔、尼迈耶与勒 · 柯布西耶，教育卫生部，里约热内卢，1936年。北立面遮阳百叶细部。

[最左图]
草图将无限生长博物馆中不断扩大的方形螺旋线和蜗牛壳的几何生长作对比。

[左图]
无限生长博物馆方案，1939年。

[下图]
“新时代”展览馆，巴黎，法国，1937年。拼贴照片展现了帐篷的室内，以及城市规划展览中展出的飞机和结构骨架。

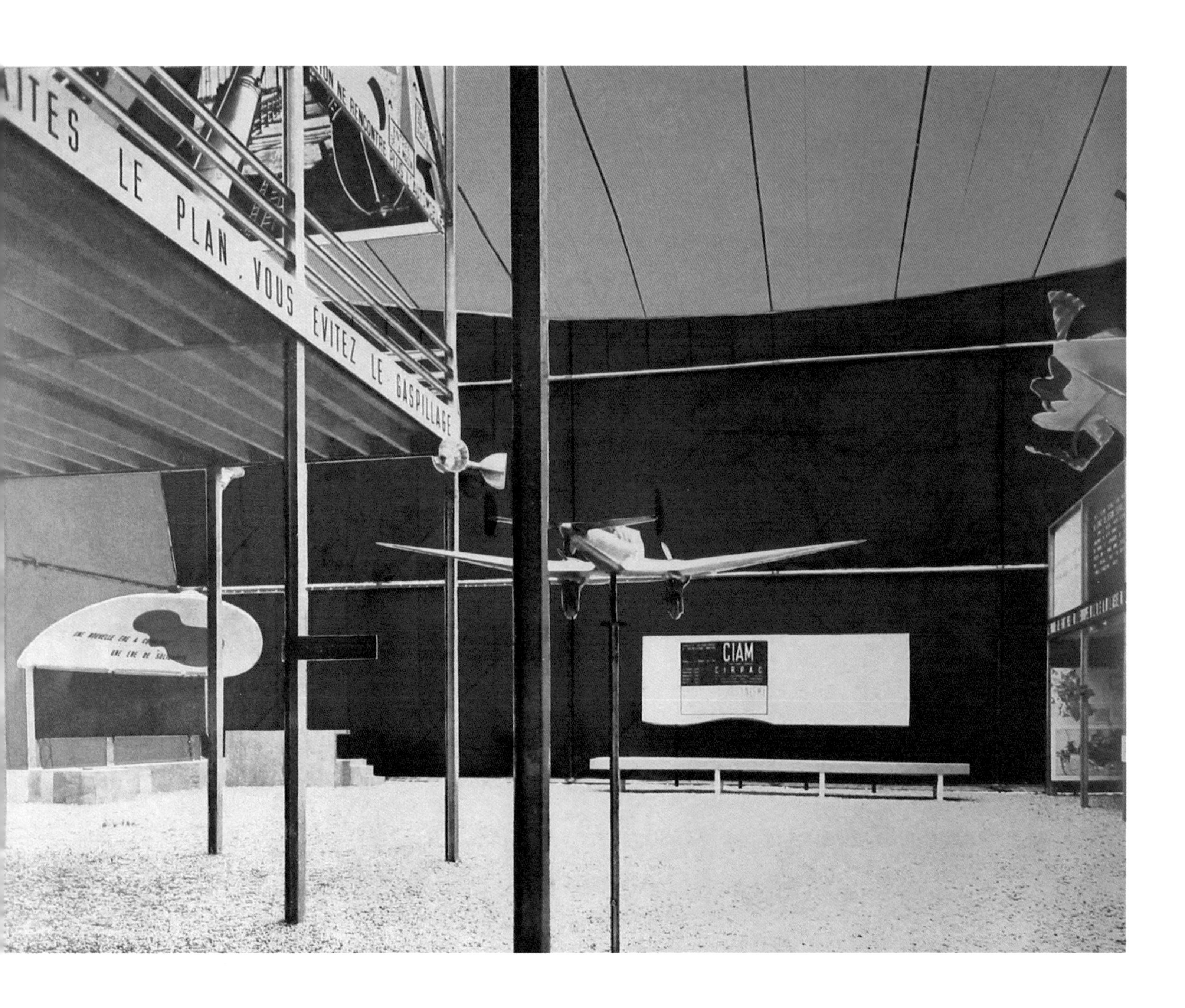

[右图]
勒·柯布西耶，“原始神庙”，被解释为一座位于几何形围墙之内的帐篷；处于一片神圣领域内的高度发达神庙的假想原型（《走向一种建筑》中的一幅插图，1923年）。

[下图]
“新时代”展览馆，初步立面图、平面图以及剖面图。
钢笔中线绘制，61.1cm×73.3cm（24×28$^{3/4}$英寸）。

[对页图]
“新时代”展览馆，带有缆绳的帐篷结构。

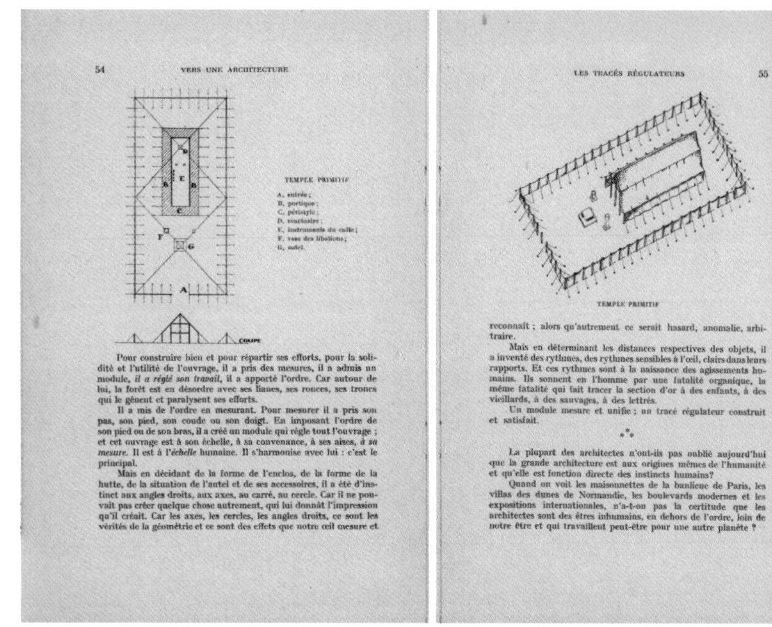

54 VERS UNE ARCHITECTURE

TEMPLE PRIMITIF

A, entrée;
B, portique;
C, péristyle;
D, sanctuaire;
E, instruments du culte;
F, vase des libations;
G, autel.

COUPE

Pour construire bien et pour répartir ses efforts, pour la solidité et l'utilité de l'ouvrage, il a pris des mesures, il a admis un module, *il a réglé son travail*, il a apporté l'ordre. Car autour de lui, la forêt est en désordre avec ses lianes, ses ronces, ses troncs qui le gênent et paralysent ses efforts.

Il a mis de l'ordre en mesurant. Pour mesurer il a pris son pas, son pied, son coude ou son doigt. En imposant l'ordre de son pied ou de son bras, il a créé un module qui règle tout l'ouvrage ; et cet ouvrage est à son échelle, à sa convenance, à ses aises, *à sa mesure*. Il est à l'*échelle* humaine. Il s'harmonise avec lui : c'est le principal.

Mais en décidant de la forme de l'enclos, de la forme de la hutte, de la situation de l'autel et de ses accessoires, il a été d'instinct aux angles droits, aux axes, au carré, au cercle. Car il ne pouvait pas créer quelque chose autrement, qui lui donnât l'impression qu'il créait. Car les axes, les cercles, les angles droits, ce sont les vérités de la géométrie et ce sont des effets que notre œil mesure et

LES TRACÉS RÉGULATEURS 55

TEMPLE PRIMITIF

reconnaît ; alors qu'autrement ce serait hasard, anomalie, arbitraire.

Mais en déterminant les distances respectives des objets, il a inventé des rythmes, des rythmes sensibles à l'œil, clairs dans leurs rapports. Et ces rythmes sont à la naissance des agissements humains. Ils sonnent en l'homme par une fatalité organique, la même fatalité qui fait tracer la section d'or à des enfants, à des vieillards, à des sauvages, à des lettrés.

Un module mesure et unifie ; un tracé régulateur construit et satisfait.

⁂

La plupart des architectes n'ont-ils pas oublié aujourd'hui que la grande architecture est aux origines mêmes de l'humanité et qu'elle est fonction directe des instincts humains?

Quand on voit les maisonnettes de la banlieue de Paris, les villas des dunes de Normandie, les boulevards modernes et les expositions internationales, n'a-t-on pas la certitude que les architectes sont des êtres inhumains, en dehors de l'ordre, loin de notre être et qui travaillent peut-être pour une autre planète ?

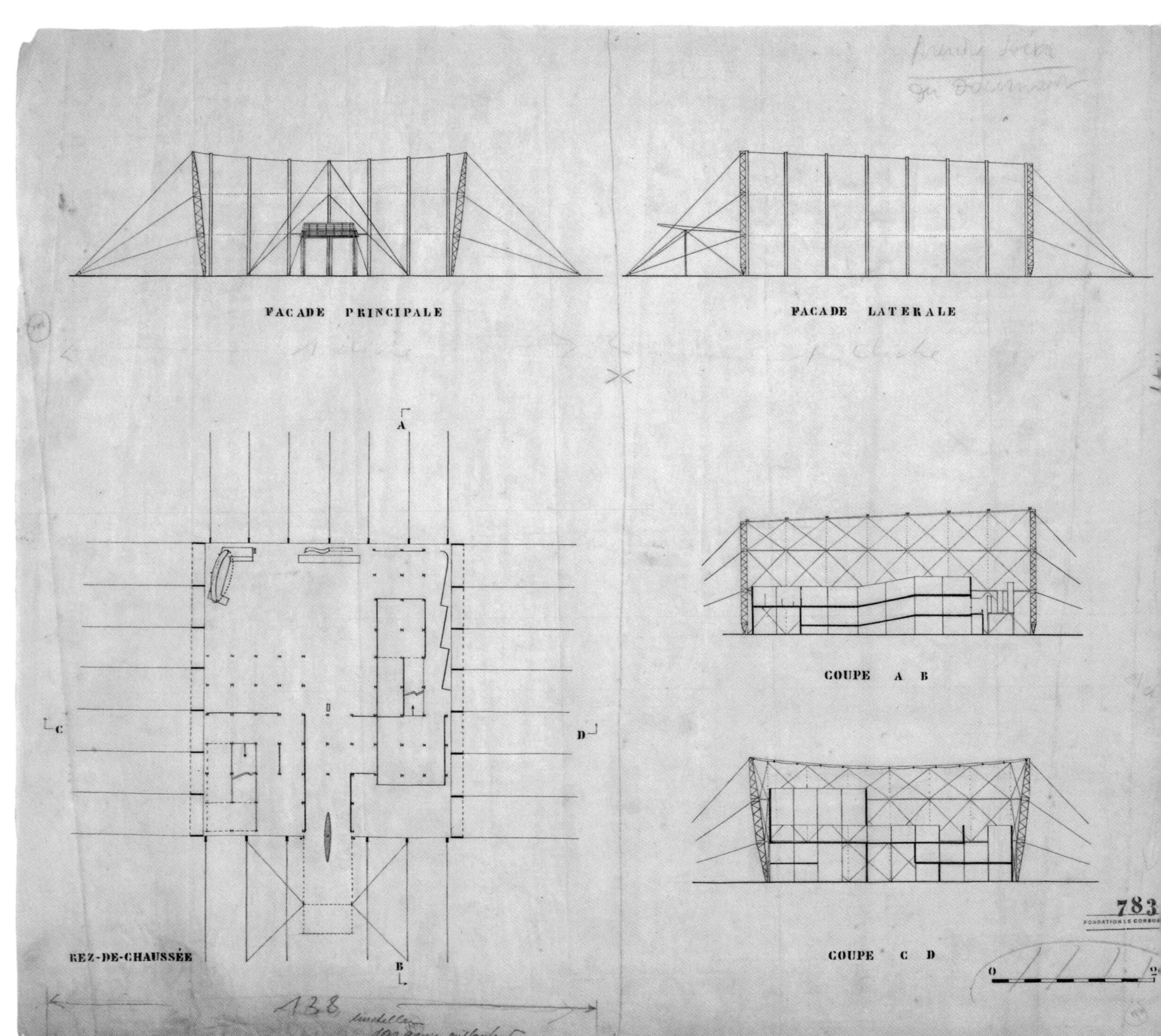

原木），这些简易的庇护所被设想成带有空心砖或者夯实泥土的墙，倾斜依靠在树干做成的屋顶旁，覆盖以细枝和树杈。现实的必要性在这里与一种模糊的原始主义相重叠，一种回归简单生活的动力。在勒·柯布西耶的草图中，这些房子被聚集在一起，就像是一个夏天的露营地并在附近带有社区建筑或者学校，它们同样通过最简易的材料建成。随着维西政体的建立，传统主义的情绪覆盖了法国文化的很多区域，包括建筑学，它被认为不管怎样应该更加根植于国家的土地。在这种氛围下，非常容易产生一种对本土类型的民俗模仿的回归。再一次，勒·柯布西耶反对这样一种轻率的地域主义，而提倡一种在现代形式中对于过去的更加广义的阅读。

勒·柯布西耶在舍尔沙勒（Cherchell）为佩里萨克（Monsieur Peyrissac）设计了“农村地产中的居住区”项目（北非，1942年），便是他对于其称为“一种被动的，后退的地域主义”的回应。[32]它阐释了“一座适应于周边环境和当地材料的建筑的可能性”。这个项目运用了建筑师对于拱形机构和农村乡土的研究，同时涉及他对于古代形式的兴趣。这些快速绘制的钢笔草图描绘了一个带有棕榈种植园、树林和几何布置的土地的农村景观。在中心是一个有遮阳并带有围墙的院落区域，有水渠穿过其中。与这些室外空间相互交织的是拱形的室内空间，在北边有通向地中海、在西边有舍奴瓦（Chenoua）山的视野。建造舍尔沙勒项目，无法引进复杂的工业技术（特别在战争环境下），因此尽可能运用了手边的本土材料。结构限于砌筑墙壁、粉刷拱顶以及质朴的木板楼梯。玻璃板插入木隔断中并隐藏起来以避免太阳照射。像在乡土建筑中一样，标准化的吊窗和模度被重复使用，它们采用了一种复杂空间秩序的方式。通过它的格子框架、结构和拱顶在两个方向的排列暗示了一种城市结构的抽象物或者一种强化了的解决办法的设想。勒·柯布西耶写道：“用一种现代的方式建造，可以发现与景观、气候和传统之间的和谐”。

尽管从未建成和为人所知，仅仅是通过一些徒手绘画，舍尔沙勒项目在思想上是非常丰富的。在要素限制的基础上，勒·柯布西耶完整地将一个复杂的单双层体量、室内室外空间、实体和虚体编织在一起。吊窗和拱顶发生变形以回应盛行风并促进自然通风，在最炎热的季节创造阴影，并且聚焦于海面、地平线和山峦的视野。勒·柯布西耶诗意地回应这片土地的精神，华丽的植被、花园里的水渠围绕着北非的光照。在迎合法国殖民秩序的同时，这个“农村地产内的居民区”同样唤起

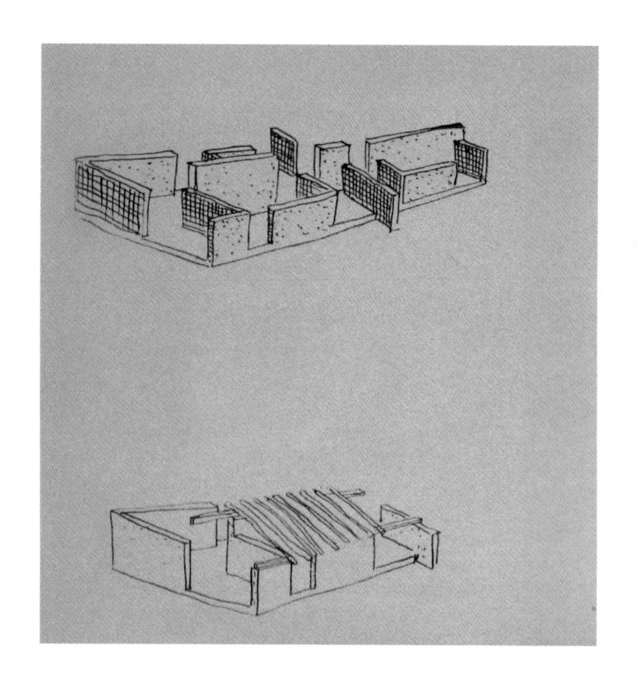

[左图]
穆容仃住宅方案，泥土墙以及由原木制成的屋顶横梁，1940年。

[右图]
农学家庄园方案，舍尔沙勒，北非，1942年。
蓝色钢笔绘制，27.9cm×20.8cm（11×8英寸）。

了过去的文化以及珍贵的土地占有的记忆（Tapasa的古玩城废墟就在旁边）。这有对于“光辉农场”（Ferme Radieuse）的回应，但是重铸于传统材料并融合了一系列的原型，例如四合院、罗马别墅、阿拉伯水院、坚固的宫殿以及带有室外空间的城市迷宫。勒·柯布西耶提出一种对于“地中海传统基本形式”的回归。加泰罗尼亚由瓦片覆盖的平行拱顶序列（建筑师曾在巴塞罗那的工业仓库中见过）暗示了一系列关于建筑师热情的类比——罗马市场的混凝土拱顶，柏柏尔人的粮仓的曲面泥土屋顶或者古希腊岛上部落的筒拱。出于它的本土回应，舍尔沙勒项目召唤了一个泛地中海的梦想。

如果说20世纪20年代早期是一个创造性的时间段，在期间勒·柯布西耶实现了很多想法和形式并将会引导他生命中作品，那么20世纪30年代就是一个转变的时期，他提交这些早期的建筑发现来进行严格的评估。当设施紧缺的时候，它们就被放弃或者更改，或者找到取而代之的新设施。但是这些发明仍旧不得不通过基本的语法进行概念上和形式上的混合，并使人满意，同时建筑师将其视为自然的和无懈可击的。勒·柯布西耶的建筑语言拥有深层次的结构及其自身内在的规则。在他的设计中，他在个人立场和普遍类型之间来回进退，并且一个使另一个增强。他的形式可以一次性混合多种设想，通过一种能产生共鸣的抽象：一个阿拉伯图腾也许可以同时暗指一个人类特征和一个景观；一个拱顶可以同时唤起一种乡土的原型和一种改进的农业。在这个时期，建筑师一直在不断地寻找方式来通过自然调和机械化，在所有的尺度上，从建筑到城市到更大的景观。他思想中的对立性包含在多种形式中。

在20世纪30年代中，勒·柯布西耶将中心准则扩展至新的具有表现力的领域，甚至应对关于时间的通用问题，例如在乡村和城市之间的平衡，或者普遍与本土的相互作用。尽管他的许多关键性思想仍然停留在纸面上，它们在战后被振兴的同时发挥了世界范围内的影响。他的研究仍旧致力于建立老的元素和定义新的元素同时探究两者之间的关系。人们可以在这里看到一种富有想象力的领域，被概念性和形式化的分子充满，同时经历不同的反应来创造新的复合——或者，来使用一种生物学的隐喻——一个发展着的物种不断适应环境变化的需求，就像遮阳板的发明使自由立面的原则在一种炎热的气候下得以成立。20世纪30年代是一个转变的重要时期。期间，勒·柯布西耶的晚期作品建成。1919年莫诺尔住宅到它的继承者——1951—54年的萨拉巴伊住宅之间的距离被1935年的周末别墅很大地缩短了；超现实主义的绘画和涂鸦包含了朗香教堂形式的种子；未建成的阿尔及尔的编织图案化的塔楼是通向战后马赛公寓和昌迪加尔遮阳板立面的钥匙。但仍旧存在着这种转换的另一把钥匙：20世纪30年代的城市创造，同样地，延伸和转换了20世纪20年代的城市创造。

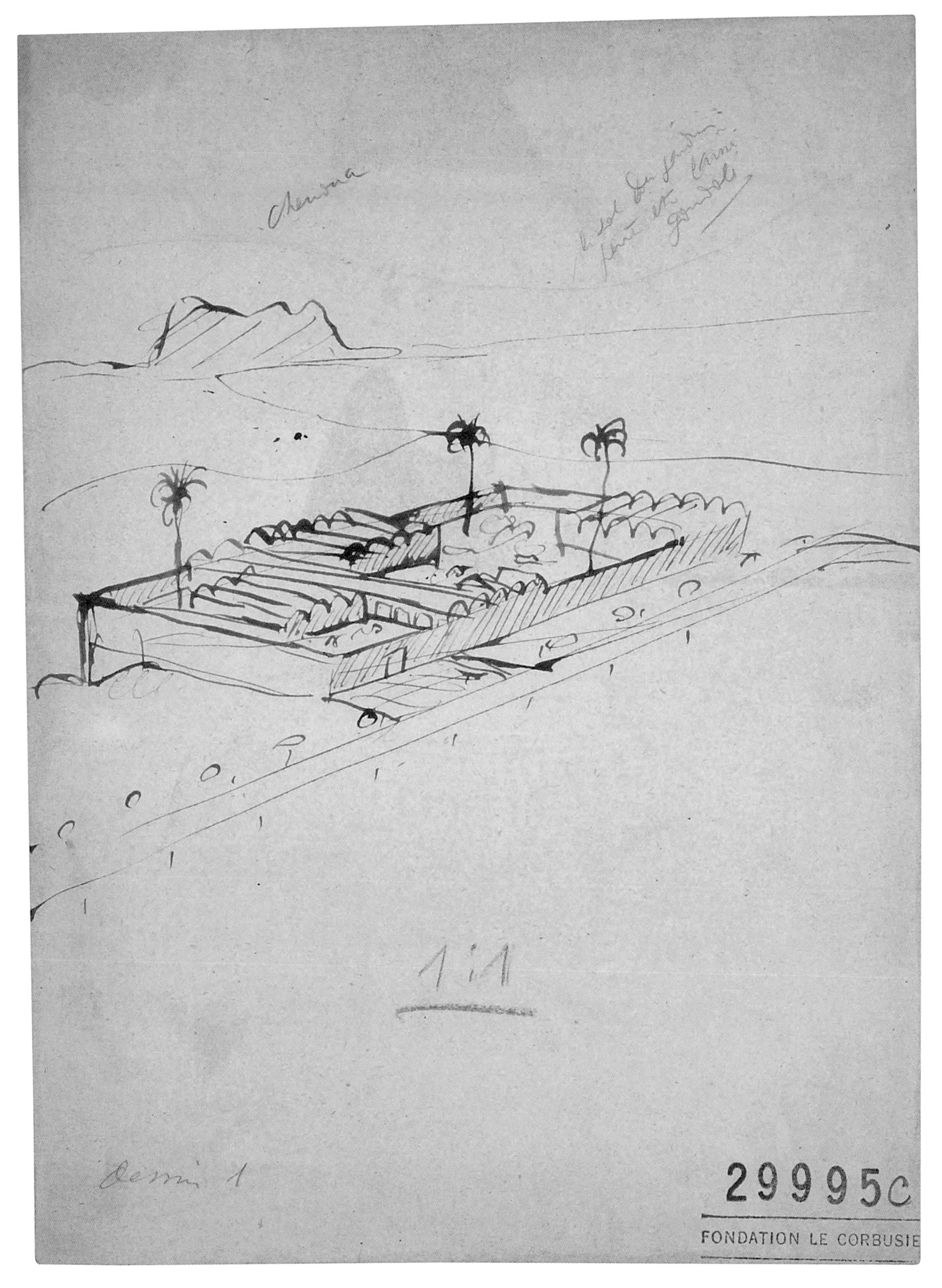
29995c
FONDATION LE CORBUSIE

32091

11

第11章
政治、城市化和旅行

"在自然及政府中，富有创造性的艺术家总是最合格的领导者，他们也是我们所选择生存的任何社会秩序里，对于其可见形式的天生的诠释者。"[1]

——弗兰克·劳埃德·赖特

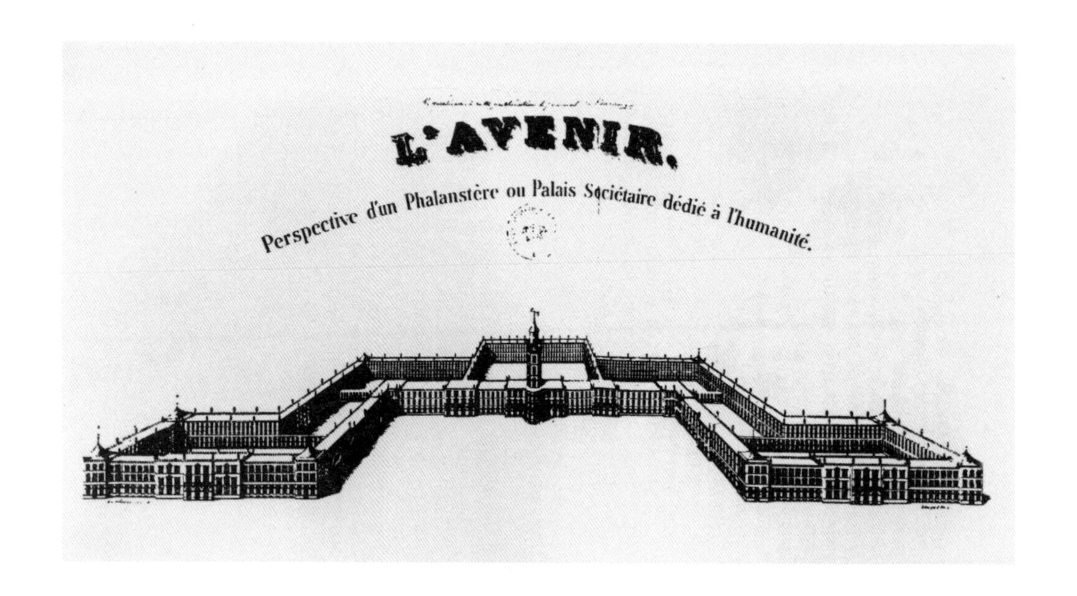

当勒·柯布西耶1922年展示“当代城市”的时候，他只是一个来自拉丁区的不出名的艺术家，试图通过一个理想城市的图像来吸引巴黎大众的注意。法国在第一次世界大战可怕的影响后正在努力使自己重回繁荣。建筑师给予资本主义极度信任并将其作为一种创造更好未来的手段。十年后勒·柯布西耶发现他正在为另一个乌托邦集中这些模板和文本，那就是光辉城市（Ville Radieuse）。他在1935年出版了同名的一本书。他现在是一位国际现代主义运动的知名领导者，从南美到苏联都有熟识的人。他甚至在建筑中建造了他理想城市的片段，例如瑞士学生宿舍。法国正在遭受全球经济萧条带来的影响，左翼和右翼的极端主义者正在摇摇欲坠的议会系统之上相互辩驳叫嚣。法西斯主义在意大利得到巩固，纳粹主义在德国持续高涨，而斯大林主义则控制了俄罗斯。勒·柯布西耶已经放弃了宣传册和街道政策画板式的安全做法：1930年他成为工团主义运动中的积极成员。“光辉城市”现在被推荐作为一个彻底的社会改革的蓝本，来应对彻底的衰落。

从“当代城市”（Ville Contemporaine）到“光辉城市”的转换受到柯布西耶与其他规划者交流的影响，特别是在德国和苏联。1928年在洛桑附近拉萨拉兹的曼德洛特夫人的城堡中，CIAM建立，其中勒·柯布西耶，卡尔·莫泽，西格弗里德·吉迪恩和瓦尔特·格罗皮乌斯成为高级会员。[2]这个建筑骑士的圆桌预示着一场通过大规模的理性规划来改善现代城市的集体十字军东征。基础文件声称建筑正在回到“它真正的范围内，这是经济的、社会学的并全部都在人类的服务中”。1929年CIAM会议在法兰克福举行，这是一个支持了公共住房的城市。会议主题是“最小居住空间”（Existenzminimum）。次年在布鲁塞尔，CIAM第三次会议主要关注了高密度和中等密度住房的价值问题。

20世纪20年代晚期，勒·柯布西耶持续与莫斯科进行交流。不可避免地，他被卷入了推崇中央集权城市和致力于“逆城市化”两派的纷争之中。他更加赞同前者，但是一个理性分权的模型却吸引了他，这就是线形城市。它在19世纪晚期由阿图罗·索耶·马塔（Arturo Soriay Mata）第一次提出，接着在20世纪20年代被苏联的规划者尼古拉·米留金（Nikolay Milyutin）转换作为共产主义的法则。线形城市呈连续带状，包含着平行的公路和铁路，沿着它的长度建有住房、工厂和航空站。它带给国家和城市极大的均质化，避免了任何权力的中心核，并且是可延伸的。因此这似乎对于一个正在经历快速增长的平等主义城市来说是一个合适的比喻。在其中废除农民阶级和工人阶级之间的差异是他们一个公开声明的目标。

苏联的逆城市主义者抨击勒·柯布西耶20世纪20年代的规划是根植于阶级差异的资本主义暴力机器。1930年柯布西耶写了一篇回复文章，名为《回应莫斯科》（Reponse a Moscou），在其中他竭力阐明他的规划是为所有人的利益着想。他通过17个插图解释了他的文章，展示了为“当代城市”所做出的大量改进的布局。这是他的新的理想城市：光辉城市。[3]高密度中的自由流通和绿化的基本概念仍旧占据主导地位，并且构成类型仍旧是摩天楼和集合公寓住宅，但平面不再是中央集权的曼荼罗。取而代之，它通过一个人体的抽象图形将一个可延伸的线形城市拼接在一起：头、肋骨、手臂和身体。“当代城市”中的摩天楼被重新布置在远离市中心的“头部”，“身体”由大量凹凸曲线形态（à redent）的住宅布置在不同层级的平面上，来产生半围合的庭院以及包含网球场、休闲场地和小路的集中绿地。

这些建筑都通过玻璃立面面向南边，就好像很多瑞士学生宿舍首尾相连。它们都建在架空柱上，因此整个城市的表面就是一个共同扩展的、完全公共的空间。这里统一提供儿童看护中心、公共食堂、中央供暖和管道系统。在屋顶上，建有跑道、沙滩和游泳池。勒·柯布西耶在1929年游览南美时被一艘豪华游轮的甲板深深打动，并且在他的书《光辉城市》

［前图］
里约热内卢鸟瞰草图，弧形高架桥蜿蜒地穿梭于山脉、海湾以及大海之间，1929年。从整个区域尺度上进行规划。炭笔和彩色绘制于厚纸（裁剪）。76.7cm × 73.1cm（30 × 28³/⁴英寸）。

［左图］
夏尔 · 傅立叶，法兰斯泰尔，维克多 · 康西德仁绘图，1834年。

［右图］
勒 · 柯布西耶正在检查凹凸曲线形态的住宅模型。

［下图］
光辉城市平面，1930（来自《光辉城市》一书，1935年）。

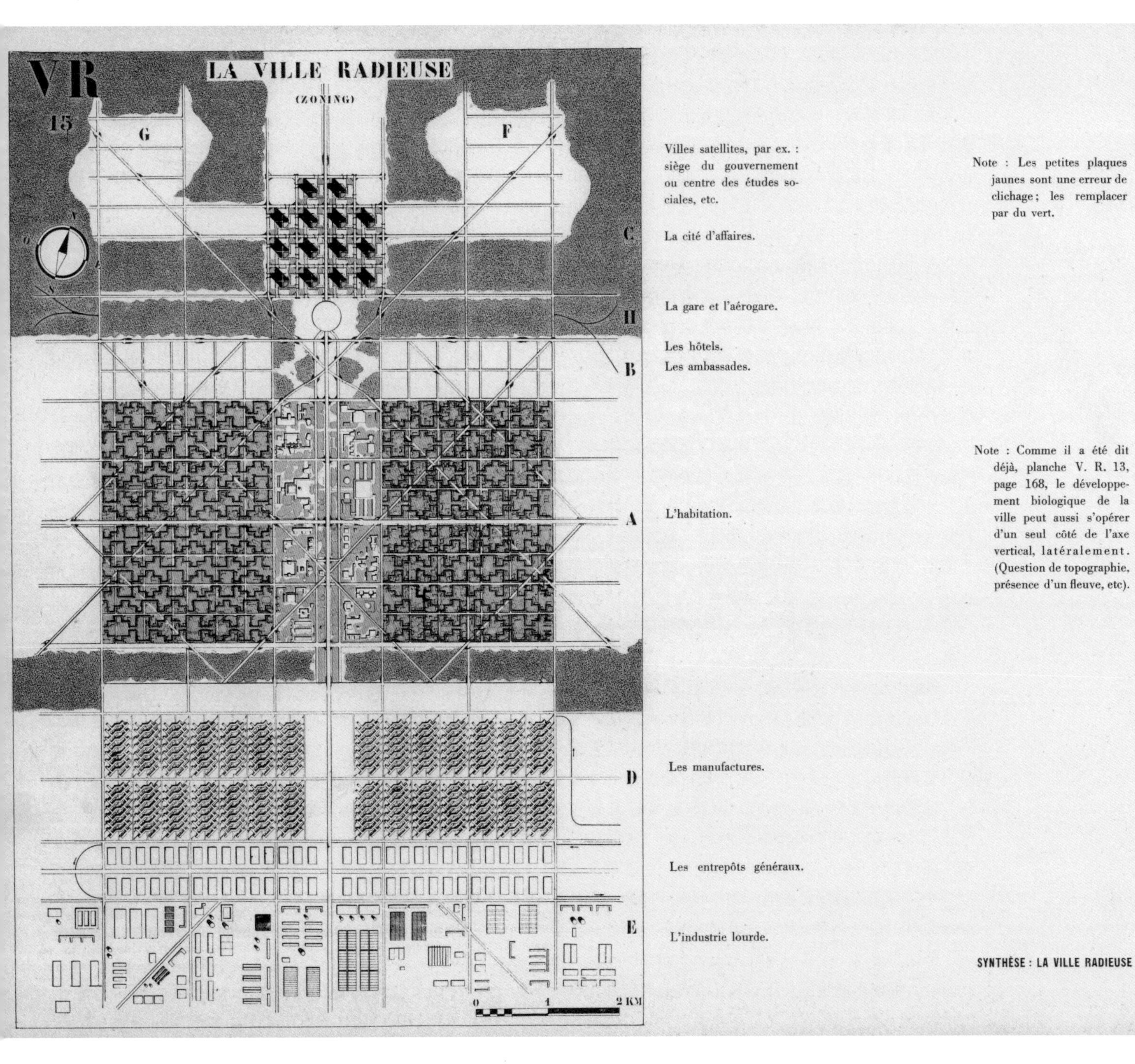

Villes satellites, par ex. : siège du gouvernement ou centre des études sociales, etc.

La cité d'affaires.

La gare et l'aérogare.

Les hôtels.
Les ambassades.

L'habitation.

Les manufactures.

Les entrepôts généraux.

L'industrie lourde.

Note : Les petites plaques jaunes sont une erreur de clichage ; les remplacer par du vert.

Note : Comme il a été dit déjà, planche V. R. 13, page 168, le développement biologique de la ville peut aussi s'opérer d'un seul côté de l'axe vertical, latéralement. (Question de topographie, présence d'un fleuve, etc).

SYNTHÈSE : LA VILLE RADIEUSE

中提倡在现代住房中提供类似的功能。这些公寓单元引导了一种在豪华的公寓别墅和在德国和俄国提出的“最小居住空间”之间的中间路线。每个人都居住在相同类型的建筑中：在财产的领域内并不存在阶级区别。这种凹凸曲线形态的住宅将轮船，法兰斯泰尔（phalanstere）和乌托邦的建在支柱上的玻璃盒子的主要形式相融合，共同存在于为了某种社会所建立的想象中。这个社会崇尚的是平等主义，而事实上是技术统领的。“光辉城市”致力于通过寻找一些平衡，如：个体、家庭和国家秩序之间的平衡；建造形式和开放空间的平衡；城市和自然之间的平衡来在工业主义中建立和谐。

这里引入平等主义和可扩展性可能是试图吸引苏联的关注，使勒·柯布西耶能够获得城市规划的机会。到1930年时，成群的西欧规划师涌向东边去帮助建造“五年计划”城市。而1930年同样也是勒·柯布西耶加入工团主义运动的一年，他的“光辉城市”新的重点阐释了工团主义法则的一些方面——也是勒·柯布西耶自己理解它们的一种奇特的方式。[4]工团主义诞生于19世纪80年代和90年代，作为一种无政府主义和社会主义联盟，在法国工会运动中扮演了重要角色。工团主义与资本主义的中央集权相对立，但是并不与工业化对立。他们拒绝议会民主政治，将其作为一种逝去的自由时代的陈旧遗物，但还是一个有价值的代表。他们设想出一种精英体制，就像一座金字塔，车间和农田作为基础，选举的管理集团作为中间部分，而选举的领导干部则作为顶尖部分。普遍的罢工，而不是总体改革，成为其改变的工具，并且一个目标是生产手段的集体控制。到20世纪20年代后期，工团主义对于那些见证资本主义衰落的知识分子是具有吸引力的，他们害怕法西斯主义，但同时也畏惧“无产阶级专政”的思想。勒·柯布西耶便是他们中的一员。

20世纪20年代晚期，勒·柯布西耶对一个名为“法国反议会运动”（Redressement Français）的右翼组织有过短暂的兴趣，他们将独裁和技术倾向结合在一起。每周他都会与其中的一名成员打篮球，一位皮埃尔·温特博士（Dr Pierre Winter），这或许影响了他对于运动、阳光和新鲜空气的痴迷。另一名成员是乔治·瓦卢瓦（Georges Valois），他是一名法国的法西斯分子，公开崇拜墨索里尼。勒·柯布西耶被一种想法深深吸引，即一个强大的领导者能够保证规划的真正实现，但他又被这个系统有可能摧毁个人自由所困扰。与此同时，他也不能接受共产主义，或许是感觉到它有可能干涉他作为一个哲学艺术家的精英立场，并且有可能不允许他所珍爱的城市思想繁荣发展。勒·柯布西耶与不同政治派别的互动，让人回想起他在1930年写给曼德洛特（Hélène de Madrot）的一封信，在其中他将自己视为一个具有行动力和理想的人。而对于政治，他则含糊其辞地回应道：

> “政治？我没有特别的定义，因为吸引我们想法的队伍是‘法国反议会运动’（Redressement Français，如资产阶级军事家利奥泰）、共产主义者、社会主义者和激进主义者路肖尔（Loucheur）、国际联盟、保皇党以及法西斯分子。就像你所知道的，如果你将所有的颜色混合就会得到白色。因此，除了谨慎、中和、净化以及探索人类真理之外再没有任何东西。”[5]

如果勒·柯布西耶想要建立“光辉城市”，他需要接近权力，或者潜在的权力（考虑到他的失败）。对此，工团主义似乎提出了一些承诺。它的准则是一种精英主义和平等主义、技术管理和有机体、保守主义和先进思想的折中混合。在1930—1935年间，勒·柯布西耶是两家工团主义杂志编辑人员中的一名活跃分子，这两家杂志是：《序曲》（Prélude）和《计划》（Plans）。它们充满了对于建立一种“新型欧洲秩序”的需要以及一种基于“自然法则”的社会的模糊概念。工团主义提供给勒·柯布西耶一个模糊的政治框架，并恰如其分地解决了那些已经彻底嵌入在他大量信仰和准则中的矛盾。

“光辉城市”是一个为平坦的场地做出没有任何特别之处的宏伟定论，但它却只是这个建筑师在20世纪30年代早期建立的规划模型之一。1929年，为了应对像里约热内卢和蒙得维的亚（Montevideo）这样的丘陵港口，他开始做出一种完全不同的配置，这些都基于线性的高架桥，他将其作为巨型景观雕塑。勒·柯布西耶作为洛斯·阿米戈斯·戴尔阿特（Los Amigos del Arte）的客人去南美旅行时，被巴西壮丽的山脉和甜美的植被所震撼，特别是当他可以从一架齐柏林式飞艇（zeppelin）和飞机上感受这些的时候。鸟的视角鼓励他根据“第五立面”的想法来设想城市主义。他在1935年撰写了一本小小的书《飞机》，讲述了通过飞机所揭示的新世界。[6]他同琼·梅尔莫兹（Jean Mermoz）和圣埃克苏佩里（Antoine de Saint-Exupéry）一同在亚马逊上方飞行（后者是一位飞行员兼作家），并速写了下方蜿蜒的河流带。这次飞行在一种地质褶皱和碧波荡漾的海岸线广袤背景下展示了人类的成果。他将他的景观研究诠释为一种简单的，曲折的象形做法：“蜿蜒的法则”。

随着腹地的资源被开发，像圣保罗、蒙得维的亚和里约热内卢这样的城市正在以令人震惊的速度发展：

勒·柯布西耶的高架桥理论试图吸收不断增长的人口压力并促进快速流动的人流和货流。他为毗邻山脉的港口设想了一种城市主义的新类型。“从远处，我在脑海中看到了巨大并且壮观的建筑带，水平向被一个山脉之间的超级高速公路所跨越，并从一个港湾延伸到另一个港湾”，这是他对里约的回应。公寓被插入到公路下方的“构建场地”中，而办公建筑则被加入作为沿路的小插曲。通常，这个概念混合了一系列的资源。1910年，埃德加·钦布勒斯（Edgar Chambless）曾提出了“公路城镇”（Roadtown）的概念，在基础上是一种连续的蜿蜒的带有铁路的宅邸，中间层面是住宅而顶部则是公路。勒·柯布西耶在都灵被马泰·特鲁科（Giacomo Matte Trucco）的菲亚特工厂所吸引，它的屋顶具有汽车测试跑道；同时也被米留金（Milyutin）的线形城市概念吸引。在南美提出的建议重新平衡了他自己的城市主义的片段——高速公路、住房带、摩天楼——成为一种雕塑并同时唤起了他蜿蜒的景观草图以及一种机器时代罗马高架桥的想象。多米诺骨架的原则现在被应用在了一个巨大的尺度上。

1929年12月，勒·柯布西耶在海上乘坐鲁特西亚（Lutetia）游轮回欧洲。一间豪华的客舱由他随意使用，他在里面展出了他演讲期间绘制的速写。他参加了一个化装舞会，并坐在约瑟芬·贝克（Josephine Baker）旁边，她穿着华丽的裙子；他将她画在邀请函的背面并以里约的天际线作为背景。勒·柯布西耶在旅行中经常随身携带口袋尺寸的草图本。他常将它用作沿途所见的日志和记录。发明的片段常常就出现在其中的电话号码以及对植物、人和船的涂鸦之间。1929年他的一个草图本的一页上他画了约瑟芬·贝克的裸体。[7]在另一页上他用蓝色蜡笔匆匆记下了他对新里约的看法：一条高速公路从树木繁茂的斜坡飞跃到山上，在前景处是下了锚的游轮。勒·柯布西耶所设想的在海岸线上升起蜿蜒的高架桥的想法并不仅是一个随意的个人幻想，这是一个对于里约热内卢连接城市不同部分的运输的真实需求的回应，这些部分被延伸至海边的山脉所切断。除此之外，他希望插入这个结构的高密度住房可以分担城市其他部分的压力。

勒·柯布西耶利用回家的航程来构思一本书《建筑与城市规划当前状态的详细信息》（Précisions sur un état present de l'architecture et de l'urbanisme，1930），这本书基于他最近的演讲。这里总结了类似于“新建筑五点”的普遍准则，支柱上的盒子以及解放绿化的高层城市的思想，同时包括了对于南美的充满诗意的回忆，包括它的风景和人民。通过轮船所提供的活动的悬浮性，他也以一种抒情的描述唤起了萨伏伊别墅的回忆，并沿着一座摩天楼的结构框架绘制了一座远洋邮轮、一个巴洛克的宫殿和国际联盟总部大楼。人们可以从这里看出勒·柯布西耶的一种不寻常的变形能力，他能以魔术师般的才能来呈现一个“拾得之物”（objet trouvé），接着将它转换成为他自己幻想的术语。轮船的形象——在纯粹主义形式和《走向一种建筑》的背景中已经非常重要——现在则与理想的社区图案联系起来。在“光辉城市”中，他使用明信片衬底来与凹凸曲折形态的住宅进行类比，并且甚至包含了从丘纳德海报（Cunard poster）上截取的一艘蒸汽轮船的一部分形象。

由此，1933年的主题为“功能城市”的CIAM会议在邮轮SS帕特立斯号（Patris II）上举行便是很合适的了，这艘船从马赛驶向希腊并返回。与伯罗奔尼撒半岛的背景相对，这个队伍由少数的，更加开明的欧洲城市主义者讨论和制定决议。轮船停靠在雅典，接着他们上岸向帕提农神庙致敬。除了建筑师和规划师，还有如佛尔南德·莱热和莫霍伊-纳吉（Laszlo Moholy-Nagy）这样的画家，克里斯丁·泽尔沃斯这样的艺术评论家[《艺术手册》（Cahiers d'Art）的主编]，西格弗里德·吉迪恩这样的现代主义运动的未来半官方的历史学家。这里有不同国家的代表团，许多正式的代表团为主要城市做分析和现代规划。但是非正式的交流也是同样重要的。在轮船上，有许多来自不同国家和学校的建筑师和设计者，包括阿尔瓦·阿尔托、朱塞佩·特拉尼和贝里安。勒·柯布西耶当然重新参观了雅典卫城。在主要的会议之后，他又开始了一段去希腊岛屿的行程，那里的常见要素例如墙体、庭院、拱顶和圆屋顶的风土建筑给他留下了深刻的印象。SS帕特立斯号上CIAM航行的照片捕捉到了既欢快又严肃的氛围。政治上的不同似乎被暂时地放在一边，大家更关注地中海的新鲜空气以及一种模糊的国际理想主义。

起初，会议准备在莫斯科举行，然而斯大林的苏联转向了传统主义倾向，使之不再可能，因为任何流派的现代建筑师都会被作为资本主义世界的产物而被自动拒绝。CIAM第四次会议选择“功能城市”的题目存在着某种历史性的讽刺，因为那些强硬的功能主义立场的新客观主义（neue sachlichkeit）建筑师几乎很少出现。勒·柯布西耶在会议进程中扮演了重要的角色，而且他的一些城市思想被不加批判地接受了，并且危险地离开了它们原来从属于诗意的角度。看起来似乎他的规划思想中更加图解化和专制的方面传播给了他的同事们，其中许多思想后来被融入雅典宪章（1943）中，这是一份勒·柯布西耶自己主编的文件，对于第二次世界大战后的规划思想和行动产生了巨大的影响。[8]此外，1933年的讨论似乎集中于自由伫立的板式住宅——从而忽略

了多种多样的平台、院子以及凹凸曲线形态的住宅类型，这些在之前的十五年间曾经被欧洲的先锋派建筑师采用。雷纳·班纳姆推测了这种排它的方式可能产生的影响：

"地中海航行……对于这些欧洲建筑师来说显然是一次颇受欢迎的解脱，他们可以暂时远离欧洲日益恶化的局面，脱身于严峻的现实生活。在这样的情况下，这些的代表们产生了CIAM历史上最为奥林匹亚式（Olympian）的、最富于修辞性的、而最终来说也是最为破坏性的文献。……它的普遍适用性的色彩，隐藏了一种非常狭隘的对于建筑和城市规划的概念，并使得CIAM毫不含糊地与下列一些观点结合在一起：（a）城市规划中严格的功能分区，不同功能的区域之间用绿化带分割；（b）单一类型的城市住宅，在宪章中表达为'凡有需要容纳高密度人群的区域，则设置高层且大间距的公寓住宅'。当时它拥有摩西训诫般的威力，极大阻碍了对其他住宅类型的探索。"[9]

当没有城市的另一种的意象给予支持的时候，CIAM的宣言冒着被片面理解的风险。不仅仅只是"理论"以及列举的规则，勒·柯布西耶的城市规划宣称要使现代化的理念具体化。它们中的部分力量依靠他令人吃惊的能力，他可以在绘画中或是建筑中，为他的理念赋予某种令人信服的图形和形态。他自己的关于城市规划的书，例如《明日之城市》以及《光辉城市》（1935年）都是修辞性的文件，混合着争论和劝导，广泛地使用照片拼贴、科学的图解、草图和甚至是来自报纸的漫画，来表明他的观点。勒·柯布西耶的关于他的理想城市的绘画和模型是引人注意的。它们提出了对于现存问题的似乎是真正的解决办法，而事实上它们依然是乌托邦式的。它们呈现了一个关于现代世界的视角，它们是如此令人信服，以至于一些人认为它们是未来不可避免的景象。勒·柯布西耶的信条的传播依赖于他的个人魅力，也依赖于理性的展示。他将自己呈现为一个艺术家、技术员和先知的奇怪的混合体，来揭示机器时代的真正本质。这是一场高空走钢丝的表演，包含着对于工业主义有些实施过度的批判，同时他宣称如果按照他的规划，技术的使用将会是积极的。[10]

远非被限制在一种单一的住宅类型中，勒·柯布西耶为现代城市蓝图调查了许多类型，包括带有屋顶平台和庭院的不动产别墅以及定义了介于住宅之间区域的凹凸曲线形态的建筑类型。这里更不用说像佩萨克那样被实际建成的项目，它是一种花园城市的更新版本，以及瑞士学生宿舍，这是一种城市主义以及学生社区的宣言。在20世纪30年代，他探索了相互对照的模型，从里约和阿尔及尔的蜿蜒的高架桥主题，到为巴塞罗那（Barcelona）的移民工人提供的低层平台住宅解决办法（1933年）。他在这段时期尝试了大量城市方案，试图将他抽象的类型学修改成一种多样的地形和城市（尽管这些规划没有被实现）。1932年，在与约瑟·路易·泽特（Josep Luís Sert）和GATEPAC集团的合作中，他为巴塞罗那进行了规划，即马西亚（Macia）规划，尝试用普遍的规则适应地中海的气候，植被和城市文脉。[11]事实上，勒·柯布西耶针对普遍的现代城市问题形成了一定数量不同类型的解决办法，接着他在距离遥远的城市中尝试这些方法，并总是徒劳地希望能够赢得委托。

在北非的内穆尔（Nemours，1933年），勒·柯布西耶提议18个居住单位楼（取代凹凸曲线形态的带状建筑）南北向排列，与山脉的背景相对；公路将它们连接至港口，在底下的基础部分则被雕塑成曲线的网络。在捷克斯洛伐克的兹林（Zlín，1935年），他设计了巴塔（Bata），作为一种线形城市的变形，而1938年在布宜诺斯艾利斯，他试图引用一系列汇聚于一点的轴线来缓解拥堵并且将全部的压力集中于一个在海港上的平台，在那里他设置了一个具有纪念性的摩天楼的集合。在20世纪30年代期间，工作室对于像安特卫普（Antwerp），巴黎和蒙德维的亚等多样的城市进行了详

[左图]
从轮船甲板上看到的里约热内卢的草图，山脉通过线形高架桥连接，1929年。炭笔以及彩色粉笔绘制于厚纸上，43.8cm × 75cm（$17^{1/4}$ × $29^{1/2}$英寸）。

[下图]
草图显示了游轮、摩天大楼以及宫殿在国联总部大楼方案（《精确性》，1930年）的背景下被转化的过程。原稿由勒·柯布西耶在1929年10月5日在拉丁美洲巡回演讲过程中绘制。
炭笔绘制于厚纸上，101cm × 71.1cm（$39^{3/4}$ × 28英寸）。

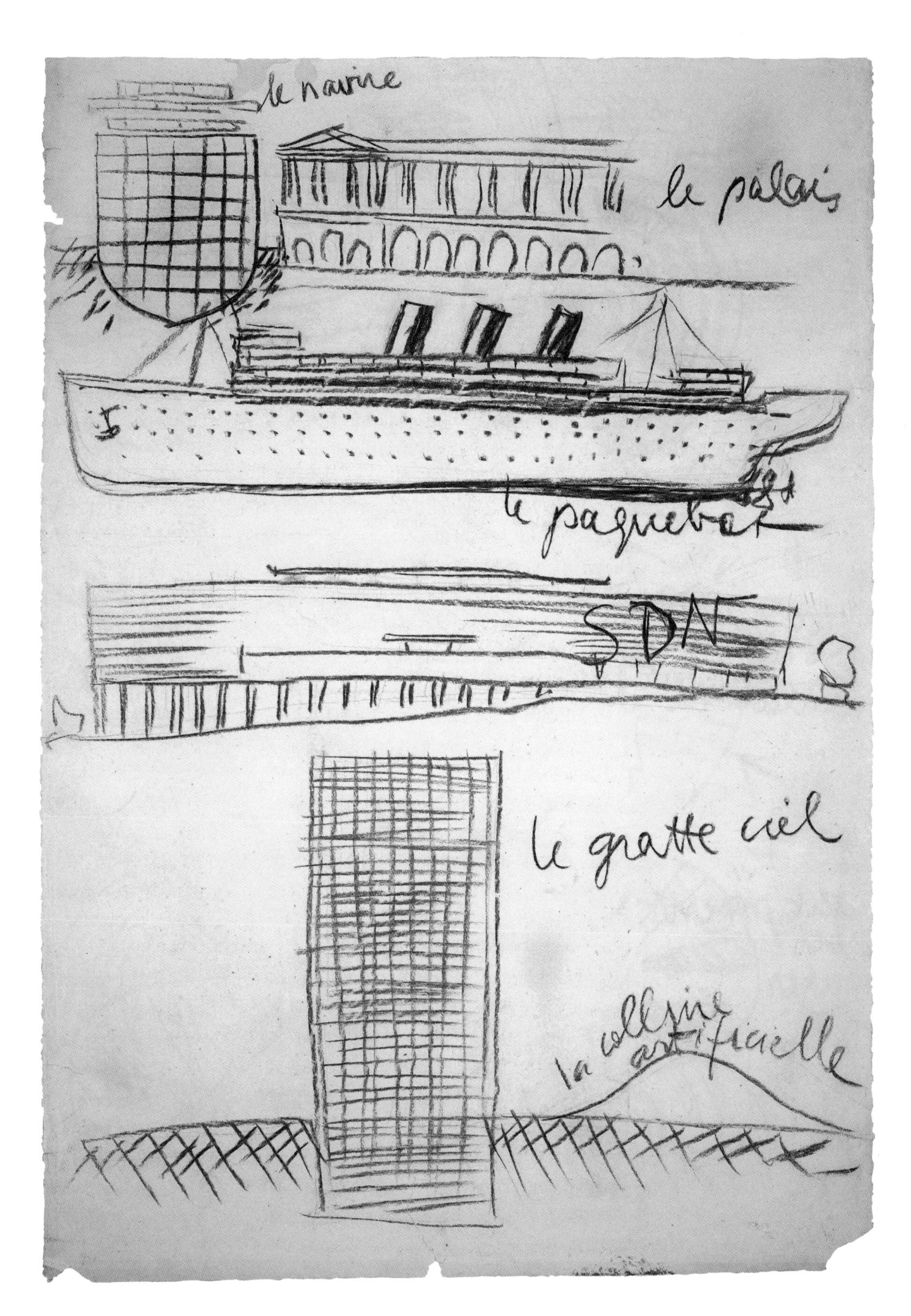

[右图]
勒·柯布西耶，海边的游艇以及戴面纱的女人的草图，阿尔及尔，来自草图本C10，1936年。铅笔绘制于纸上，18cm×10.4cm（7×4英寸）。

细研究，但从不征求城市当局的意见。显然勒·柯布西耶希望自己被雇用，但是他的平面如此极端以至于在政治上几乎成了烫手的山芋，即使是对于那些对这位建筑师非常有好感的人也不敢轻易接受。尽管如此，这些活动依旧刺激了当地的团体并为未来的活动打下了基础。现代运动的传播远不仅仅只是一种“国际式”的表达：它以一种普遍性的深度提出了现代化的模型，它可以被改变以适应当地的条件。同时它也导致了都市和社会学批评的植入，这在第二次世界大战后的变化的全球环境中发挥了作用。

勒·柯布西耶在家乡接受的房地产委托越少，那么他在国外所扮演的救世主的角色就越多。但是他的福音并没有获得多少成功。他在20世纪30年代与意大利的对话在这方面是具有启示性的。像朱塞佩·特拉尼（Giuseppe Terragni）这样的理性主义者欣赏勒·柯布西耶的建筑和写作，并且赞同他的认为现代性根植于过去的概念。传统主义者拒绝他的形式但是仍旧能够感受到它们所具有的古典基础。像奥列维蒂（Olivetti）这样的工业主义者则欣赏他的城市思想以及他对现代技术的应用，他寄希望于从工商业部门那里得到委托。而对于法西斯政权，勒·柯布西耶被其强大的领导力以及他们的国家在区域现代化中的地位所吸引。他尝试在不同的时机通过在平面中包含对于未来的想法来吸引墨索里尼以及他的精英，但最终都没有成功。[12]建筑师试图寻找一个强大的政权来实现他的“独裁计划”，但显然受制于这些所要承担的政治和道德妥协的风险。或许他对于在一种独裁关系中工作的意愿反映了他在自由民主中的挫败，事实上在大多数的政治系统中都是如此。他在国际联盟大厦中的纠葛令他感到沮丧。他在莫斯科某种程度的失败后也并没有重新振作。他似乎不断地在意识形态的高脚凳上跌落。20世纪30年代，勒·柯布西耶徒劳地希望寻找一位现代的哲人王可以实现他的宏伟规划。

这位建筑师在南非的项目更有希望，特别是在巴西。[13]自从1929年与这个国家的第一次接触，勒·柯布西耶在1936年重返那里，致力于里约热内卢教育健康部的设计。最初这个委托是交给传统主义建筑师的，但是陪审团的决定被教育部长古斯塔佛·卡帕尼玛（Gustavo Capanema）截留了下来，他将这个关键的具有象征性的任务转交给一支由现代建筑师组成的团队包括卢西奥·科斯塔、奥斯卡·尼迈耶、乔治·马查多·莫雷拉（Jorge Machado Moreira）以及阿方索·艾德罗·雷迪（Alfonso Eduaro Reidy）。他们邀请勒·柯布西耶作为顾问建筑师。这是一个完美的机会来设计一种架在柱子上的全玻璃摩天楼并且提供一种带有遮阳板（Brise-soleil）的保护屏（在北立面，因为里约低于赤道）。同时，塔楼展示了结构骨架如何可以像自然通风的骨架一样运作。这个部门在一个快速现代化的国家里是一个公共纪念物，它的国际形象通过当地的花岗岩楼板、外墙蓝色和白色的陶片，以及性感的曲线来进行修饰，这些曲线暗示了自然形式和巴西式的巴洛克风格。架空柱将上层建筑抬升至10米高（33英尺）的空中，保证空气在建筑下方的流通并且赋予了建筑一种崇高的古典感觉。在广场上和低一些的建筑屋顶平台上的热带景观由罗贝托·比勒·马科思（Roberto Burle Marx）设计，采用了一种混合了生物形态抽象性和当地植物多样性的风格。

在巴西回应气候、植被和景观的“热带现代主义”的概念呈现出了政治的和文化的弦外之音。社会进步的理想[部分源自于法国实证主义者古格斯特·康特（Guguste Comte）]与“民族起源”的问题相联系，不是通过复制历史，而是复兴与热带气候和茂盛景观相呼应的基本模式。自然被选择来适应民族主义的理想。巴西应该拒绝19世纪引入的“外国”形式（指学院派的模型），寻找它真正身份的想法在20世纪20年代十分流行，特别是在吉尔伯托·弗雷尔（Gilberto Freyre）的写作中，他倡导一种真正的巴西的呈现，这种呈现基于对集体心理和国家生活形式的正确理解。现代建筑作为一种普遍化的影响，进入了这种神话场景，它打破了形式主义，但仍旧需要适应当地的条件。勒·柯布西耶在巴西的介入（他同时设计了一个里约热内卢大学城，但没有建成）达到了重要的时刻。当时，几个拥有杰出才能的巴西建筑师受到了官方的支持，以实现文化和政治方面的计划。他们向他请教并将他的范例转化成他们自己的技术，然而他也向他们学习。事实上他在巴西的事务丰富了他自己的词汇并且激发了他的思想，如何最好地将他的基本原型适应于不同的气候和景观，以及如何转化当地形式的遗产。

20世纪30年代最吸引勒·柯布西耶注意的城市是阿尔及尔（Algiers），在1931—1942年间他为其提出了一系列城市规划建议，但没有一个建议被实施。1931年他受莱萨米达吉尔（Les Amis d'Alger）邀请至那里，进行一系列关于城市主义的演讲来纪念殖民百年（Colonial Centennial）。这里已经发生了一些重大变化，并且大家还在讨论着重新规划。勒·柯布西耶做了两次演讲，其观众包括进步的阿尔及尔市长夏尔·布鲁奈尔（Charles Brunel）。建筑师延长了两星期的停留来了解城市和土地的形态。在当时阿尔及尔拥有25万人口，2/3是欧洲人，1/3是穆斯林。它是法属北非的行政首府和工业中心。包括两个分开的区域：老的土耳其

原住民区，大多数的阿拉伯人住在这里，以及拥有可能来自南法的有着宽阔林荫大道和建筑的新城。勒·柯布西耶将这片土地称为“世界上最美丽的”。背倚腹地卡比利亚和阿特拉斯山脉，阿尔及尔沿着海岸线延伸出一条柔美的曲线。一个焦点被原住民区、高档住宅区域“帝王城堡”（Fort de l'Empereur）和海港后面堆叠的建筑和山脉创造出来。

尽管勒·柯布西耶没有被官方邀请提交阿尔及尔的规划，他决定试试自己的运气，因为他非常清楚市长是感兴趣的，同时其他的建筑师也想要谋求一些位置。主要的变化需要容纳不断增长的人口以及贸易的流通。问题是要去定义一种足以进行增长和变化的秩序，但同时需要带有一些特定的具有纪念性的固定点。这些点要能适合于阿尔及尔在法国殖民秩序中不断提升的重要性。同样重要的是要和原住民（一些欧洲人想要废除他们的领地）和预计人口会增长的穆斯林达成协议。勒·柯布西耶在一封写给市长布鲁奈尔（Brunel）的信中展示了他的对于阿尔及尔作为一个首府城市的未来角色的史诗般的视角，其中包含了一种地方工团主义的假设，即一种新的地中海文化正在发展起来：“您治理一个高密度的城市……不同的种族、方言，一个可以回溯一千年的文化……它们真正是一个整体。”他阐释了他的观点，阿尔及尔作为一个世界事件的支点，通过建立一个P,B,R和A的图解——巴黎、巴塞罗那、罗马和阿尔及尔——暗示着“阿尔及尔将不再是一个殖民城市”。具体这些怎样或何时会发生他没有提及，不过他提及了一些新的，模糊的政治团体：

> “……阿尔及尔成为非洲大陆的首府，一座都城。这意味着一个伟大的任务等待着她……同样等待她的还有一个壮丽的未来。这意味着新的城市规划在阿尔及尔就要发生。”[14]

这个时刻确实来临了，1932年12月，当勒·柯布西耶在莱萨米达吉尔（Les Amis d'Alger）组织的展览上揭开了他的“奥伯斯（Obus）计划”的面纱。奥伯斯意为“炸开的贝壳”，平面类似于炮弹射击的弧形轨道，沿着海岸线呈平滑曲线，接着在老城和山脉周围爆炸成碎片。奥伯斯包含四个主要的部分，组合成一个雕塑性的整体：水中的办公大楼（cite d'affaires）是一对巨大的锯齿形的板式建筑；在名为“帝王城堡”（Fort de l'Empereur）的斜坡上是为中层阶级设计的带有凹凸形态的公寓楼的飞地；一条抬起的公路呈南北向轴线连接这两个殖民地，并且在原住民区上方越过，既可保留他们也可进行俯瞰；另外还有一条长长的蜿蜒的高架桥沿着海岸线延伸几公里并在顶部有一条高速公路。这座高架桥高50米（164英尺）并且带有人行道、商店，以及为不富裕的人设计的细胞式的小房屋，这些小房屋插入了它的多米诺结构。为了强调住房解决方式的多元化，勒·柯布西耶展示了马蹄形拱的立面以及与周围现代风格在一起的摩尔式（Moorish）的细节。

奥伯斯计划是光辉城市在一种特定的文化和景观背景下的转换，在其中有必要强调在一种细胞模数下的有机增长的概念。摩天楼、高速公路以及凹凸曲线形态的住宅现在与一种线形城市和来自南美项目的蜿蜒的高架桥思想相融合。严格的、正交的几何形被一种蜿蜒的景观和女性轮廓的抽象所代替，有些像躺椅的轮廓，但同样让人想起20年前法夫雷-雅科基地平面上起伏的挡土墙。1931年勒·柯布西耶完成了关于原住民区两个裸体女人的精确的、情色的绘画，并且后来他将这些转化为相互交织的线条，类似于蜿蜒的河流和山脉。它们在几年后重新出现在他在马丁岬（Cap Martin）画的一幅壁画中。

勒·柯布西耶将原住民区里的“有效的平台分层”与光辉城市中的平坦大道进行对比，并指出港口旁有房屋插入的拱廊。1931年夏天，他参观了撒哈拉埃米撒伯（Mzab）的绿洲城市，他被它们紧密结合的一致性和与气候和自然环境的和谐所打动。他似乎一直在寻找一种象征来包含阿尔及尔感性的、富饶的魔力，并且他的草图中神秘的笔迹（类似于阿拉伯的脚本）现在被压缩在奥伯斯规划中。像一首对地中海梦想的狂喜的赞歌，勒·柯布西耶的阿尔及尔方案唤醒了一种新的社会

[左上图]
阿尔及尔的奥勃斯规划，1932年。透视图显示了一条弧形的高架桥，私人公寓和中间层走道嵌入结构骨架中，以及顶部的一条机动车道。
钢笔与铅笔粗线绘制，28.5cm×68cm（$11^{1/4}$×$26^{3/4}$英寸）。

[左下图]
勒·柯布西耶与皮埃尔·让纳雷，阿尔及尔的奥勃斯规划，1932年。线性城市的其中一种蜿蜒形状的版本，以适应周围自然景观。

[右图]
爱德加·钱伯雷斯，“路城”（*Roadtown*），1910年。

秩序，在其中据说人类可以解放出来与自然相融合。玛丽·麦克劳埃德（Mary Mcleod）似乎刚好见证了这里地域性的工团主义乌托邦的一种理想化：一种完整的社会正在宣告“人类、建筑和景观的整体共生”。[15]

然而在这种泛神论的背后则是关注阶级机构和殖民主义的冷酷现实。奥伯斯在它们华丽的曲线堡垒中颂扬精英，它们的汽车总是为快速到达办公室做好准备，阿拉伯人则在下方保持着一种安全距离。在长长的脊柱上的每一个细胞仅仅14平方米（150平方英尺），而在“帝王城堡”（Fort de l’Empereur）高档住区中的豪华公寓则是其4倍的大小。图像是聚集性的，道路则是为了快速控制和同样快速地运送由廉价劳动力带来的货物和材料。轴线向南延伸，越过不平坦的地形以寻找矿物财富及探索贸易往来。原住民区将会被保留，但是作为一种满足民俗学家的好奇心而存在。对于所有这段时期赞同“整合”以及两种文化“联合”的修辞，对于所有勒·柯布西耶的在两个社会团体之间的办公大楼（cite d’affairs）的象征主义，奥伯斯规划提出了一种强加性的外来秩序，就像北非过去的罗马城市一样清晰。

为了有机会实现奥伯斯规划，勒·柯布西耶需要当权者的支持。在幕后他接近马歇尔·莱奥提（Marshall Lyautey）和布鲁奈尔市长，请求一种“简单的权威决策”。布鲁奈尔指出他正想获得超越于财产和市民权利之上的独裁力量。但是殖民者的大多数人把柯布西耶的奥伯斯视作一种难以置信的白日梦，拒绝了这个方案。尽管没有被任命或是采用，这位建筑师仍旧带回来一个修改的版本，奥伯斯B，在其中曲线的高架桥被取消，办公大楼（cite d’affaires）变得更有纪念性：一个坐落在巨大的混凝土结构和H形的平面上的摩天楼。奥伯斯C在1934年春天接着被提出，这一次只有摩天楼，但是在它的东边带有一个市民中心的轮廓。让·考特里尔（Jean Cottereau），一位记者，将之称为阿尔及尔的一次新的轰炸。[16]勒·柯布西耶尝试了所有他力所能及的方法来宣传这个平面以及其所谓的可行性，但是在

1936年布鲁奈尔被击败，同样奥伯斯规划也一样。一位右翼的市长奥古斯丁·罗西（Augustin Rozis）接管阿尔及尔。

在20世纪20年代勒·柯布西耶将现代交通的意象——汽车、飞机、轮船、旅行箱、铁路卧铺车——转译到他建筑的形式和细节之中。在20世纪30年代，他将飞机和轮船作为提供城市形态的一个特殊的手段。航空同时提供了对于未来的奥林匹亚式的视角，以及对于人类聚居点和自然力量的洞察力。轮船允许了一种不一样的戏剧效果，在其中一个城市的意象可以从整体被捕捉。一些勒·柯布西耶最为出色的关于阿尔及尔和里约

[左上图]
1938年绘制于别墅E-1027墙壁上的裸体人物壁画

[左下图]
裸体草图，阿尔及尔，1931。
铅笔、石墨以及粉笔绘制于笔记本册中，27cm×36.5cm（$10^{1/2}$×$14^{1/3}$英寸）。

热内卢的草图都在航行中完成，前景中带有吊艇架，中间常常是海岸线，而城市背景部分是起伏的山脉。因此这种方式在1935年他第一次游览美国时再一次重现。他当时描绘了轮船驶入海港时，曼哈顿摩天楼粗野的轮廓在晨雾中升起。[17]在每个新的地方，勒·柯布西耶的城市原型的另一个方面就会成为焦点。在美国，摩天楼作为城市的工具成为主要的因素。

勒·柯布西耶在美国的演讲旅行由当代艺术博物馆部分地发起，这个组织曾在1932年汇集举办了名为“国际式”的展览。这次展览以及其附属目录更多的是使欧洲的现代主义运动适应于美国公众，它关注于建筑美学和风格化的方面而不是社会内容。1932年一篇关于勒·柯布西耶城市思想的文章在《纽约时报》上出现，但是在这里将这位建筑师作为未来主义的乌托邦，一个对新型摩天楼感兴趣的梦想家。“国际式”开始在美国流行，甚至出现了像由豪（Howe）和理查兹（Lescaze）在费城设计的PSFS摩天楼这样的优雅建筑来验证它。从东海岸小圈子的观点来看，赖特以及西海岸的建筑师，像鲁道夫·辛德勒和理查德·诺伊特拉，是有价值的但并不是一种新精神的中心。不管他自己是否清楚，勒·柯布西耶是作为一个欧洲现代主义的名人被邀请，一个文化的英雄，来鼓舞学生群体和博物馆组织，并被设想可能激发在建筑学校中的一种“现代风格”。

这并不是勒·柯布西耶——“旧世界的科尔伯特”脑海中所想的。他来到美国是为了通过《光辉城市》的圣经来推动对于过度资本主义的救赎。他的美国神话始于他对曼哈顿和地铁的早期阅读，并且希望通过那些“新时代的果实”——仓库和混凝土工厂来建立未来。这是欧洲先锋派的希望之土，包括它的摩天楼和高速路穿越绿地并被称之为“林荫大道”。这是一个工业化的国家，运用所有正确的设备来建造“光辉城市”，但却带有错误的思想，因为它缺少规划。在美国的数月中，勒·柯布西耶参观游览了曼哈顿和芝加哥并且受到这些摩天楼都市的惊吓和震惊，包括它们庞大的铁路轨道和公路网络，蔓延数公里至乡村。他在一本书《当大教堂还是白色的》（1937）中表达了他的矛盾心理，提到纽约作为既是一个“新时代的工厂”又是一个“仙女的灾难”。

勒·柯布西耶到达纽约后立刻成为头条新闻，他声称这些摩天楼太小并且彼此之间太过紧密。他之后解释道郊区是美国最大的问题，因为它用低密度的楼房吞噬了有用的土地，在庞大的道路和铁路系统上浪费了时间和能源，然而并没有制造出期望中的“世外桃源”（Arcadia）。这个分析肯定对于美国中产阶级来说是新奇的，他们热衷于隐居、绿地以及精美的建筑，就像在温内特卡（Winnetka）或是靠近芝加哥的“河岸森林”（River Forest）。无论如何，弗兰克·劳埃德·赖特和勒·柯布西耶的许多最好的房屋都是为乡村建造的。

虽然如此，勒·柯布西耶推崇中心高密度城市的价值。他意识到凹凸曲线形态的模型与美国土地的价值无法相协调，他建议使用巨大的玻璃摩天楼来容纳公寓和办公室。建筑周围将会存在巨大的空间，这样公园、高速公路以及高速交叉口可以被加入。已经见证了在新的综合体例如在洛克菲勒中心成功运行的空调系统后，勒·柯布西耶设计了巨大的玻璃幕墙。他将这种类型称之为“笛卡尔式摩天楼”。在平面上，它就像是一只母鸡的脚掌，带有三个主要的侧翼来捕捉光线和日照。这将是一个令城市呼吸的方案，并且通过吸引乡村人口重新返回城市中心来允许乡村回归市中心。勒·柯布西耶对于美国城市的涂鸦来自美国城市的问题，例如大量的拥堵，每个路口带有信号灯的峡谷街道所形成的后退的摩天楼（浪漫主义的）所产生的混乱，以及乡村的“癌症”等。这种“笛卡尔式摩天楼”将会通过一种单一的外科手术解决这些疾病。[18]

美国人毫无疑问地被这位衣冠楚楚的来自法国的绅士所吸引，他的角质架眼镜，他的草图卷轴（就像他所说的他使用带颜色的蜡笔绘制），他充满智慧的概要以及他听起来很不切实际的建议。东海岸的保守派坚持将勒·柯布西耶仅仅看作是一名建筑师，并且（有人猜想）或许可以对他们自己的领域有一点保护作用。勒·柯布西耶并没有会见弗兰克·劳埃德·赖特，后者在之后便提出了相反的观点，即“广亩城”的分散模型，不过也没有在劝说权威者严肃地对待这点上取得成功；同时，人们知道柯布西耶也没有直接与公共工程部门的罗斯福总统的“新政策管理部门”联系。现代欧洲规划的改革内容与美国政府的改革政策之间具有潜力的联系已经不再存在了。对于私人部门——房地产创始人以及大企业客户——这种“笛卡尔式摩天楼”的思想一定是站不住脚的，因为它为了“无用的”公园丢弃了如此多的潜在的有利可图的土地。

在他的北美之行中，勒·柯布西耶和玛格丽特·杰德·哈里斯（Marguerite Tjader Harris）分享了他复杂的意见，她是一位富有的离婚者，每年不同的时期分别住在康涅狄格州的一处海滨房产以及欧洲的多处住址。他们第一次在瑞士见面，当时他为她在靠近莱芒湖的地方设计了一座房子，他有些问题问她，之后他们之间就建立了一种亲密的关系，直至后来的生活中。玛格丽特相比于爱德华的妻子伊冯娜更加复杂，并且在他停留期间能在他不熟悉的方面引导他。勒·柯布西耶不断

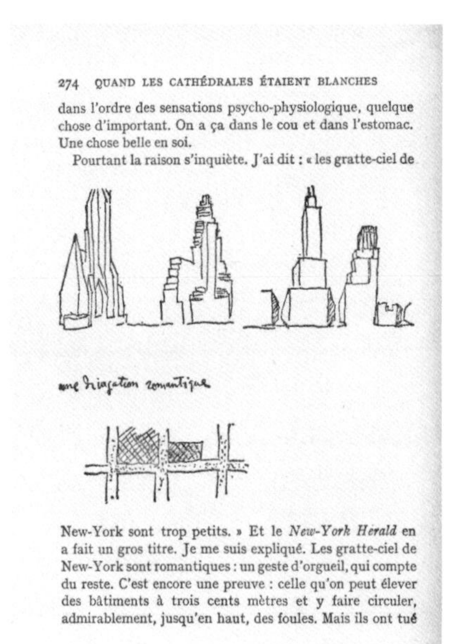

274 QUAND LES CATHÉDRALES ÉTAIENT BLANCHES

dans l'ordre des sensations psycho-physiologique, quelque chose d'important. On a ça dans le cou et dans l'estomac. Une chose belle en soi.

Pourtant la raison s'inquiète. J'ai dit : « les gratte-ciel de New-York sont trop petits. » Et le *New-York Hérald* en a fait un gros titre. Je me suis expliqué. Les gratte-ciel de New-York sont romantiques : un geste d'orgueil, qui compte du reste. C'est encore une preuve : celle qu'on peut élever des bâtiments à trois cents mètres et y faire circuler, admirablement, jusqu'en haut, des foules. Mais ils ont tué

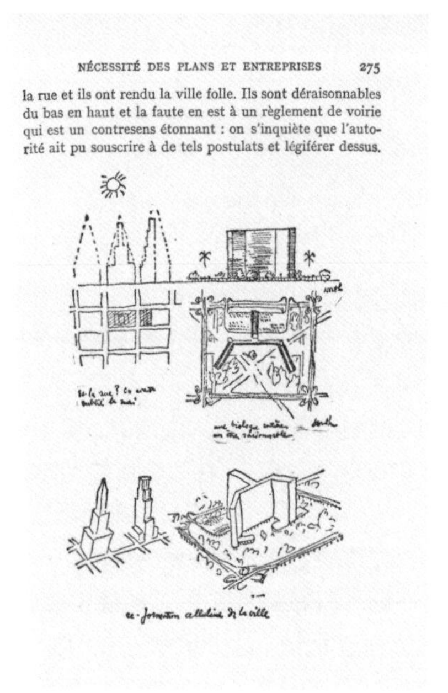

NÉCESSITÉ DES PLANS ET ENTREPRISES 275

la rue et ils ont rendu la ville folle. Ils sont déraisonnables du bas en haut et la faute en est à un règlement de voirie qui est un contresens étonnant : on s'inquiète que l'autorité ait pu souscrire à de tels postulats et légiférer dessus.

[右图]
笛卡尔式的摩天大楼，作为一种北美城市的解放象征；《当大教堂还是白色的》中的对开页，1937年。将已经存在的摩天大楼及街道图案与勒·柯布西耶城市规划中对城市空间及绿化空间的开放相比较。

地寻找可能解释美国社会特点的标志，并且对于每件事进行精辟的观察，从女人的时尚到心理分析，从纽约林荫大道到普尔曼（Pullman）的火车。他被大学校园所吸引，世外桃源式的景观令他想起光辉城市。但是他经历了24场演讲以及上千公里的旅行后，只接到了一个委托，为一名在中西部的大学校长设计住宅。其草图显示了设计有些接近于9年前的加歇别墅。[19]但是这最终也未成功。苏联已经表示他的规划毫无价值；1934年意大利人曾表示出对其规划短暂的兴趣，之后他们也退却了；现在美国资本主义的民主似乎也出现了同样的问题。勒·柯布西耶与美国没有维持交流，两边的信息都被误解了。

建筑师空手回到一个深深陷入危机之中的欧洲，而它似乎不可避免地要走向战争。1936年，法国人民阵线（Popular Front）掌权。因为这支左翼联盟致力于议会民主制，工团主义发现他们被靠边了。《序曲》（Prélude）在几年前停止了出版并且勒·柯布西耶已经从他之前的委托中退出。他处在一个越来越紧张的角落，没有真正的委托，他的城市规划也越来越无法实现。他很幸运地在新时代馆（Pavillon des Temps Nouveaux，1937）中得到了人民阵线的官方支持，但他在展览中所包含的城市信息似乎并没有人理睬。他梦想建立一个“为10万人准备的集体节日国家中心”——一个面向舞台的巨大场馆——但是在其中举行何种集会，庆祝什么仍旧模糊不清。1938年，勒·柯布西耶为保罗·佛朗·库特叶（Paul Vaillant-Couturier）设计师设计一个纪念碑，他是福城（Villejuif）左翼的一个重要成员。作品是一个巨大的平板支撑起一个半身雕塑，并带有一本打开的书和同志般友谊式的手势。这是他最接近社会主义现实主义的时刻，尽管这种张开的手势将会重现——以一种非常不同的形式和意义——在昌迪加尔。

同时勒·柯布西耶并没有忘记阿尔及尔。事实上他将越来越多的想法放入其中。通过皮埃尔·昂德·埃梅尔（Pierre-André Emer，他的一个合作者）以及乔治·惠斯曼[Georges Huismann，美术学院（Ecole des Beaux-Arts）的负责人]的努力，他在1938年2月被阿尔及尔区域规划委员会任命。他提出的奥伯斯D规划，或多或少与C类似，但带有一个Y形摩天楼。在1939年3月他公布了奥伯斯E规划，带有遮阳板肌理的摩天楼。这座楼坐落于海军住区，它的窄边面向大海和陆地，南北朝向。[20]平面是菱形的，这是一种可以很好地容纳一个电梯核的形状，同时也给予建筑一个机翼的特征，或者甚至是一个船头，在它的船尾低一些的市民中心建筑位于水边。建筑低层的公共部分在一系列的平台上与倾斜陆地相遇，这些平台穿透基础，引入了不同的交通。

这个基础上，巨大的窗户和纪念性的混凝土遮阳板在尺度上被放大，在它之上建筑主体呈现三条横带状。建筑再一次被这些遮阳板保护起来，其立面成为一个巨大的带有不同尺寸的网格，表达了内部多样的功能。遮阳板创造了凉廊以及办公室边缘的平台，并且以一种新的方式提供了视野。它们的进深被设置成可以保证冬日（但是排除夏日）的阳光。在外部它们给予摩天楼一种强有力的可塑性和纪念性，多重的韵律和尺度。这里或许受到了美国学院派摩天楼的影响，例如阿尔伯特·康（Albert Kahn）1922年的位于底特律的第一国家银行大楼[勒·柯布西耶在《今日的装饰艺术》（L'Art decoratif d'aujourd'hui）中曾经诠释过这个例子]，但是阿尔及尔的摩天楼不仅仅只是一种表面的图案。勒·柯布西耶将核心筒、结构楼板、网格框架和较小的遮阳板的等级性与一棵冷杉树的树干、树枝、细枝和树叶相对照。又一次我们看到他在寻找一种最初原型时回归到他在拉绍德封的日子。为海军住区设计的摩天楼是这个国家的一个强有力的意象，并且它的穆斯林式凉廊的语言仍旧在邻里公共结构中延续了一种较小的尺度，作为一种新的公民语言。他把这个称为一种“纯粹的北非建筑”，“一座宫殿并且不再是一个盒子—— 一座有

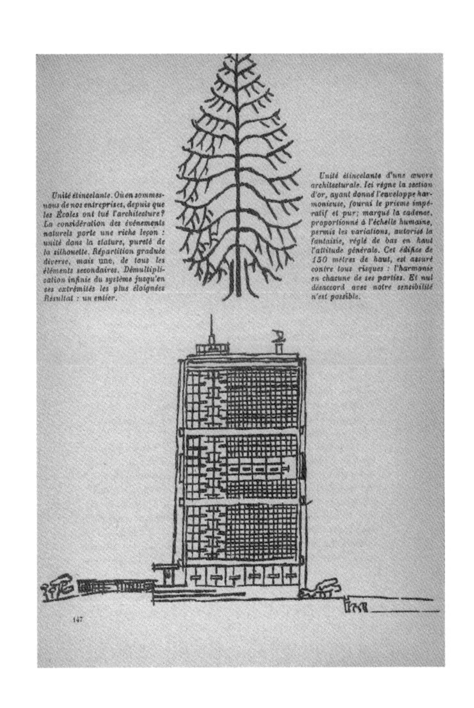

［左图］
探究杉树和带有遮阳百叶的摩天大楼之间的类比关系的草图，在阿尔及尔的项目中提出，1938—1939年。插图来自于德·皮埃斐和勒·柯布西耶所写的《人们的房子》，1942年。

价值的统领景观的宫殿”。然而，这个方案被否决了。[21]

1938年勒·柯布西耶发表了一个关于大量性生产的和平使用的申请，标题为《大炮，军队？不，谢谢，请建设住房》（Des Canons,Des munitions?Merci, Des logis S.V.P.）。[22]1939年秋天，就在宣战之后，他最终接受了一个来自法国政府的委托——不幸的是一个军火工厂。当法国1940年6月落败后，勒·柯布西耶和他的妻子逃到比利牛斯山（Pyrenees），在那里他们落脚在乌纵（Ozon）的一个小镇中。他在20世纪30年代已经成为法国公民，但是他的视力缺陷以及年龄（52岁）为他免除了兵役。那么他仍旧有可能以一种局外人的角度来看待法国的命运吗？像其他很多人一样，他并不悲伤于见证第三共和国的崩塌，尽管一种纳粹欧洲的观点一定对他有所影响。他面临一系列道德的抉择，包括逃离国家或者最终卷入抵抗之中。皮埃尔，他的伙伴和表亲，最终选择了后者。爱德华感到他最初的责任与建筑和城市紧密相关。随着停战之后的“自由法兰西”的出现，他从“法国反议会运动”（Redressement Français）和工团运动中寻找到那些老朋友，他们现在被安排在维希政府的马歇尔·贝当（Marshall Pétain）之下。这个团体中包括技术专家，他们梦想着一种新的国家经济计划，但不得不与旧权力的成员相斗争，他们试图恢复一种法国中世纪公司和行业协会的思想。几个月中，勒·柯布西耶发现他自己身处于一个委员会中[与他的朋友弗朗索瓦·德皮埃斐（Francois de Pierrefieu）一起]，这个委员会试图以法国所留存重新开创法国和帝国的城市和建筑。

在维西政府的怪异氛围中，这位建筑师开始设想一种新的规划等级制度，这种制度以一个带有巨大权力的单独个体来控制法国建筑命运。[23]他在1941年的两本书中构想了他的想法，《巴黎的命运》（Destin de Paris）和《四种道路》（Sur les quatre routes）。他总是说，他被柯尔伯特（Colbert）的阴影所笼罩，并且现在这个阴影带有不祥的预感。带着这些夸大的妄想，他试图推动他的阿尔及尔规划，但很快失去了朋友的支持并且惹恼了维西政府的官员。1941年7月他被通知不再需要其服务。但他并没有放弃，尝试与贝当直接对话（但是他并没有得到接见），接着他继续进行阿尔及尔的最终规划——“主导规划”（Directeur plan）。

这个计划摒弃了奥伯斯·A泛地中海的神话，而关注于将阿尔及尔作为一个欧洲和穆斯林文化的“相遇地点”。这座带有肌理的塔楼被转换到东边面对15号堡垒（Bastion 15），它明确地表示出了周围欧洲住区的优势。海军住区和原住民区域附近低矮一些的建筑包含了一个穆斯林文化中心。在随之而来的文本中，勒·柯布西耶检验了这座城市的历史并展示了它未来几十年的情况，并以一种民族主义的方式称它为“法兰西的凤凰”。这种多少有点虚假的爱国主义很快被亚历山大·冯·森杰的一篇文章所攻击，它在1942年春天被重新发表在阿尔及尔的报纸上（首次是在1934年出现），[24]将勒·柯布西耶与布尔什维克主义（Bolshevism）以及一个国际的犹太反派联系起来。他对“主导规划”进行了否决。勒·柯布西耶返回维西政府，打包行李并在比利牛斯山退休。

将勒·柯布西耶在阿尔及尔的表现作为直接的机会主义，将会丧失他的实际处境和动机的复杂性。当然他想要建造更多建筑，因为他现在已经50岁了，并且在十年间没有一个主要的委托。然而他的行动同样受到他作为一个先知的自我意象的影响，他大胆的环境决定论，以及他的历史信仰，即认为在经过“麻烦的时代”（大萧条）与“第一机器时代”的混乱之后，一个新的时代——“第二机器时代”将要开始。在这种乌托邦的价值尺度中，首要的责任在于规划的实现，因为这是为了更大的社会利益：对于勒·柯布西耶来说，他不认为一种与魔鬼的条约会玷污他以及他的建筑。罗伯特·费舍曼（Robert Fishman）解释得非常清楚：

“……这种在规划中的自我关注……是他的完整性——同样也

[右图]
海滨社区中的一座摩天楼方案，阿尔及尔，1938—1939年。
铅笔中线绘制，91.5cm×113.4cm（36×44 2/3英寸）。

是他的失败之处。他在规划中将政策缩减至只有一个简单的对或错，并且他愿意支持任何赞同他的政体……在他对于这个行政国家的关注中，他早已失去了与这个正义国家的接触。”[25]

人们好奇，勒·柯布西耶在1942—1944年之间在山中隐居期间是否让这些麻烦的想法侵入了他的潜意识。他将自己投入在绘画和写作中，在1943年出版了《人们的房子》[La Maison des hommes，与德·皮埃斐（de Pierrefieu）一起]，雅典宪章以及《与建筑系学生的谈话》（Entretiens avec les etudiants des ecoles d’architecure）。1944年他出版了《三种人类的居住》（Les Trois Etablissements humains）和《有关城市主义》（Propos d’urbanisme）。[26]这些书本包含了对于一系列对象的看法，从农村乡土建筑到在新欧洲中线形城市的角色。勒·柯布西耶同时也找到了时机在ASCORAL（Assemblee des Constructeurs pour la Renovation Architecturale，一个CIAM的分属研究机构）委员会作主持，在其中以未来的眼光细致地验证了很多法国城市。现在越来越清楚的是，盟军（Allies）将会赢得战争，同时在政治和经济领域会有大量的重建任务。但是对于他的全部规划领域，勒·柯布西耶将永远不再会以同样的自信来认为一个整体城市，一个艺术的工作，可能带来一个和谐的新时代。光辉城市已经划入历史，成为另一个乌托邦的文本。在他的绘画和雕塑中，这位艺术家多次回到他的“乌布王”（Ubu Roi）的主题中——阿尔弗雷德·雅里（Alfred Jarry）的荒谬的，自负的国王，没有人会很严肃地对待他。

AL
3517
PARIS, 1/2 1939
14594
FONDATION LE CORBUSIER

古老的感受：后期作品

（1945—1965年）

12

第12章 模度、马赛以及地中海神话

“在过去的这些年里，我发现自己变得越来越像个属于世界各地的人，但是我始终保持着和地中海的紧密联系：她拥有在阳光下完美的形式。我被和谐、美以及可塑性的法则所主宰。”[1]

——勒·柯布西耶

［前图］
勒·柯布西耶与ATBAT工作室设计的马赛公寓居住单位，法国，1947—1953年：屋顶露台、托儿所边的水池、开敞的天空以及与周围景观——地中海梦想的互动。

贯穿整个20世纪30年代，勒·柯布西耶一直坚持一个想法，那就是历史正朝向一个平衡的新时代发展。而真实的情况恰恰相反，现在这个世界经历了政治混乱、破坏和战争。他的乌托邦主义情节甚至将他带入了一个道德的僵局。1945年，欧洲处于一片废墟之中。伪宗教的“进步”和对机器的狂热崇拜逐渐冷却下来。然而有一点却被人们忽略了，那就是在战争结束时已届中年（57岁）的勒·柯布西耶其实早在和平到来之前的25年前就已经提出一种“建造与综合的新精神”。

勒·柯布西耶的城市规划被认为是创造新文明的手段，并且依赖于资本主义、激进改革以及自然和艺术这三者虚无缥缈的结合。他们的自由理想主义在一个政治极端化的时代显得毫无意义：对革命者而言过于保守，而对于保守派来说又太过革命。因此勒·柯布西耶孤立无援，只能紧紧抓住意识形态这根救命稻草。然而这种情况在战后完全不一样了。现代主义运动在各地风起云涌，现代建筑作为自由民主国家和福利国家的象征被人们广为接受。随着1947年马歇尔计划的实施，大量资金投入欧洲的战后重建。CIAM的老成员们怀揣着理想时刻准备着登上历史舞台，他们想要实现理性主义和人道主义情感的正确融合。但是这些在废墟上建立起来的成排简陋板式住宅却经常被用于嘲笑勒·柯布西耶所支持的所有观点。勒·柯布西耶关于城市愿景的完整性，事实上很不牢靠地依赖于他富有诗意的情感和秩序感。一旦没有了这些，光辉城市就会变成一个官僚主义者和交通工程师的平庸的固定模式：图解概念而并非一个真实的城镇。

在战争期间，格罗皮乌斯、密斯·凡·德·罗以及其他欧洲移民都使现代主义运动在美国保持着生机。但是形式的流传已经改变了它们原本的意义，20世纪50年代早期国际式风格已经流行开来。资本主义满足于吸收其华丽的文辞，甚至是其现代主义的形象，吸收其自然、改革及艺术这些在它原本法则中可有可无的元素，只要它服务于商业实用性目的。于是现代建筑轻而易举地沦为功利主义盒子上的一层薄薄的表皮，或是开发人员的金融计算手段。即使社会最终准备好大规模地接受现代建筑，它们的价值其实还是被低估了。

现代主义的敌人曾经是虚假的复兴主义，而现在变为虚假的现代主义了。勒·柯布西耶晚期作品的任务是重新确认一种价值观，这种价值观从开始就指引着他，但形式上又要与战后的现实相适应。在早先的15年内，勒·柯布西耶潜心地发展出大量新的解决方法，让他超越了纯粹主义，现在他准备要将此付诸实践。他探索出一种新的古老的心境（a new archaic mood），并且感受到它与遭到战争破坏的法国存在状态的关联。和同时期的阿尔瓦·阿尔托一样，勒·柯布西耶希望研究出现代的真实（modern probity）与古代的感觉（ancient sense）相重叠的部分。而在《走向一种建筑》中一直备受强调的对常量（Constants）的探索，现在却比以往追求机器主义意象的时候关注得少多了。[2]

勒·柯布西耶创作的第一阶段处于刚刚赢得第一次世界大战胜利的法国。这时法国是个强大的帝国，创造了先锋派一度繁荣的条件。1945年的法国则完全不一样，它正努力摆脱战争带来的失败、被占领、腐败的统治以及严重的轰炸。法国的国际地位正在削弱，各方面的措施也都要权衡美国和苏联这两个新兴的超级大国。勒·柯布西耶之前工作所处的法国殖民体系也面临崩溃。未来10年之内，将会出现大量的独立国家。这种情况下，后殖民身份的问题对于建筑来说将非常重要。和往常一样，勒·柯布西耶迅速把握住了大方向。

20世纪40年代后期，法国的战后重建在勒·柯布西耶看来是最为重要的，这种想法在战争胜利之前已经存在一段时期。在战争前期，他就已经提出一种以泥和原木建造的“穆容仃住宅”（Murondins）来解决房源紧缺的问题。在1943年及1944年的书中，勒·柯布西耶开始在全欧洲的范围内进行规划，在主要人口中心城市巴黎和莫斯科之间设想了一系列带状城市。在《三个

［下图］
处在修道院式的走道中的工作室，位于赛夫勒大街35号，巴黎，20世纪50年代早期。

人类住区》一书中，分析重点转向农业单元、线形工业城镇以及充满文化和政治权利的“广播中心”（radio-centric）城市。即使在战事不止时，ASCORAL也坚持在法国的城镇收集数据。停战到来时，勒·柯布西耶已经准备好要离开。

勒·柯布西耶并不知道建筑师该如何避免合作可能带来的指责——可能他被维希的拒绝也是一件幸事——但是在解放之后的几个月内他就受到战后重建部部长拉乌尔·道特里（Raoul Dautry）的邀请，委托其为马赛进行“居住单位”的研究，希望能在此基础上，为法国之后的群众住房建立相关的原型。马赛公寓花了7年时间才完成，其中包含了建筑师大量的城市哲学，以及遮阳板和粗混凝土等全新设施。回顾过去，人们意识到，马赛公寓和密斯的非常不同却几乎同时代的钢和玻璃的大楼一起，都是战后现代主义运动的主要根源建筑之一。马赛居住单位倾注了勒·柯布西耶对理想社区的毕生研究，但这些深刻见解却在勒·柯布西耶20世纪40年代后期的其他试验中表达出来，表现在他作为画家、雕塑家、理论家、建筑师以及规划师的各个方面。在详细看马赛公寓之前，需要先将其他这些研究记在脑海中。

战争期间，勒·柯布西耶几乎没怎么来过巴黎。战争胜利之后，他最为紧急的任务是重新整理他的家和工作室。当爱德华和伊冯娜重返巴黎依盖瑟和库里（Nungesser et Coli）大街时，梧桐树已经从种植箱中探出了枝丫，蔷薇花在花园的金属椅上也盘绕了数圈。巴黎赛夫勒大街35号的图纸寄存处显示着勒·柯布西耶的到访止于1940年6月。波兰建筑师耶日·索尔坦于1945年8月开始在勒·柯布西耶工作室工作（并待了4年之久），他记录下了对工作室的印象——那座老耶稣会修道院，那个庭院，那部通往二层的潮湿楼梯，那扇通往勒·柯布西耶世界的小门：

> “这间工作室长80~90英尺，宽10~15英尺，它其实是一个白色长走廊的尽端。一边是整排的大窗户，另一边是一堵白墙……有时候……可以听见巴赫赋格曲或格列高利圣歌（a Gregorian chant）从教堂飘过来。老的制图桌、破旧的凳椅、嘎吱作响的画架、破旧和半旧的不同比例的建筑模型、一卷卷画作，以及各式各样的画图工具——这一切都充斥着这个空间……当然，覆盖着所有物品的是一层厚厚的灰尘。从战争之初，灰尘已经落满这里，使得画室逐渐沦为一座库房。而在此时，面对战后的崭新生活，它终于苏醒了过来。”[3]

1945年间，在工作室里工作的几个助手都是兼职的，他们薪水很少或几乎没有。战后，勒·柯布西耶和皮埃尔·让纳雷由于政治观点不同而分手。没有他这个远房堂弟来指导贯彻项目，勒·柯布西耶就像失去了自己的左膀，因而他迫切地需要经验丰富，并能理解他的意图的长期合作伙伴。Des Batisseurs（ATBAT）工作室的成立填补了这一空缺，它最初是借鉴了ASCORAL的人员与工作研究模式。Batisseurs意味着

[右图]
勒·柯布西耶：模度人。

“建造者”：强调建造的艺术和技术。[4]ATBAT的使命是实现建筑与工程，研究与实施，理论与实践的一体化。在接下来的几年里，它证明了自己的价值，尤其是在巨大而特别复杂的马赛公寓的设计与建造中。勒·柯布西耶作为建筑思想的创始人，一直在ATBAT组织中表现得最活跃。他的创造性举措在团队解决建筑、技术和管理方面的实践中被发展。各个地方的年轻建筑师，如来自遥远的墨西哥和日本，都慕名前来与大师一起工作。安德烈.沃根斯基（Andre Wogenscky）在20世纪30年代中期首先来到工作室，他负责监督项目。弗拉基米尔.博迪安斯基（Vladimir Bodiansky）是一名俄罗斯的工程师和前飞机设计师，他专注于结构设计。

形式与技术的结合长期困扰着勒·柯布西耶，这一点可以追溯到他在佩雷工作室的日子、德意志制造联盟的理论争论与他和迪布瓦在多米诺体系设计上的合作。在1942年的《人类的居所》（La Maison des Hommes，与德·皮埃尔夫合著）中，勒·柯布西耶发表了一幅图，大概是象征着建筑与工程这两个领域的活动的统一性与依赖性。建筑师等同于想象力和美，而工程师等同于数学计算和自然法则。勒·柯布西耶象征性的浮圈图中，充满了一种神秘的氛围，其双螺旋抛物线和手写咒语在物质变换中调用了精神的干预。这些都是令人兴奋的想法，让人想起中世纪的石匠大师的秘密公式，但事实的残酷在于：1945年的法国处于经济的低谷，它受到战争和缺乏重建所需的工业原料的双重打击。例如，钢铁是很难获得的，这一事实无疑影响了勒·柯布西耶从事钢筋混凝土研究的决定。

1946年，当勒·柯布西耶接到拉·罗谢尔（La Rochelle）市和圣迪耶（St-Dié）项目的时候，他位于赛夫勒大街的工作室的情况有所好转。圣迪耶是法国东部的一个小镇，在德国撤退时遭到了大量破坏。勒·柯布西耶提议将8栋“居住单位”（Unité d'Habitation）置于公民中心的周边，布局类似卫城的形式，中心包括一座博物馆以及一些行政办公楼等。这仿佛是将世界馆（Mundaneum）方案分解并用于一个小镇社区。尽管这个城市规划的方案并没有实施，但它却让勒·柯布西耶试验了城市纪念物和封闭的市民空间，这两个议题在雅典宪章中已被简要提及，并在20世纪40年代后期以及50年代初期占据了CIAM的大部分注意力。此外，勒·柯布西耶还接到了一个来自雅克·杜瓦尔（Jean-Jacques Duval）委托设计的新工厂项目，杜瓦尔是圣迪耶市的一位制衣厂商。这是勒·柯布西耶十年以来的第一个建设项目。工厂是一个简单的矩形盒子，包括一个楼梯塔和内部一套架在托柱上的结构网络，类似于瑞士学生宿舍。工厂包括为工人服务的社会部分，做得像一个社区的组成部分。外部则如同阿尔及利亚某些项目中显示的那样，立面上附着遮阳板，混凝土表面直接裸露或涂刷成明亮的颜色，并且勒·柯布西耶还创造出一套新的比例系统，即“模度”。

模度是“一个符合人体尺度的和谐的尺寸系列，普遍适用于建筑和机器。”[5]一个6英尺的高举起手臂的男人被放在一个正方形内，这个正方形根据黄金比例进一步依次划分，然后根据斐波那契数列生成一套小尺寸，之后形成两套螺旋交织的尺寸（即红尺和蓝尺系列）。模度将和谐比例赋予所有事物，小至门把手的高度，大到城市空间的宽度。勒·柯布西耶甚至希望能鼓励工厂用模度进行标准化生产。他很喜欢引用爱因斯坦曾和他说的话“这个尺寸系统，可以使事情不容易做坏，而更容易做好”。[6]而实际上，他在遇到视觉上感觉正确但不符合模度的情况时，从未犹豫去忽略模度。并且在发现工作室有些缺乏天赋的员工通过所谓“模度”做出一些非常野蛮的东西时，勒·柯布西耶会感到非常愤怒，甚至一度曾有几个月严令禁止使用模度。[7]

模度，将纯粹主义者探索定义于绝对美的方法，和建筑是数学主宰下自然法则的缩影的思想结合在一起。它精心设计的和谐体系可能提供了一种等同于音乐的具有实体感觉的物品。毫无疑问，这种动态、灵活的比例非常适用于模糊空间、复杂的曲线和韵律，以及勒·柯布西耶后期富有质感的立面风格。直到战后，勒·柯布西耶才开始使用术语“不可言说的空间”（ineffable space）来表达抽象比例和崇高比率在伟大建筑中的迷人效果。[8]此外，模度还将他所感兴趣的其他一些事物结合在一起，从类型的标准化到他浪漫地称之为“伟大的开创者”（grand initié）的毕达哥拉斯（年轻时他读过爱德华·许雷的书），他为基础的世界揭示了一个更高的秩序。通常来说，奥林匹亚式的夸耀都是富有幽默感的。模度人，如同一个希腊青年雕塑，有着发达的大腿肌肉以及纤细的腰部，他显然刚从屋顶健身跑道跑了几圈回来。他也可能是从一则法国广告里跑出来的，因为他和比他更胖的汽车亲戚——米其林人实在太像了。

学术界对勒·柯布西耶的出版文章《模度》（1948）和《模度Ⅱ》（1957）的高度关注，使他感到受宠若惊。1951年在米兰关于“神圣比例”的研讨会上，勒·柯布西耶听到一些历史学家的观点，如鲁道夫·威特科尔对维特鲁威人、文艺复兴以及其他一些比例系统的研究。[9]当然很早以前勒·柯布西耶就知道达·芬奇绘制的维特鲁威人（内切于一个圆内），并且至少在直观上理解过去建筑通过宇宙几何表达象征性含义的概念。如同勒·柯布西耶很多后期的发明一样，模度综合了他很

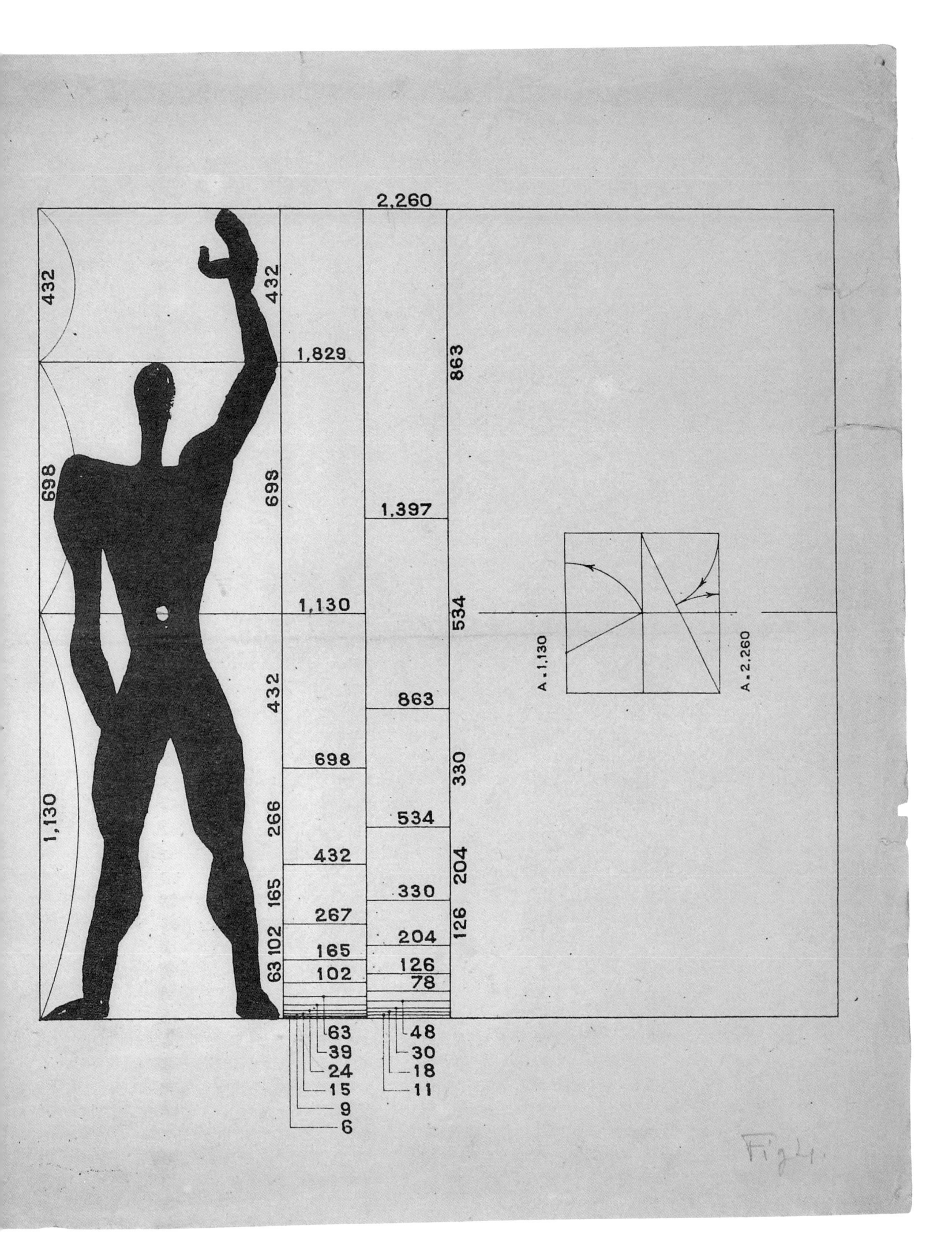
2,260
432
432
1,829
863
698
698
1,397
1,130
534
A.1,130
A.2.260
432
863
698
330
1,130
266
534
432
204
165
330
267
126
102
204
165
126
63
102
78
63
48
39
30
24
18
15
11
9
6
Fig 4.

［下图］
勒·柯布西耶（与奥斯卡·尼迈耶合作），联合国大楼方案23-A，美国纽约，1947年。

多早先的各种研究。模度系统在第一次世界大战前曾被德意志制造联盟的理论家研究，试图作为一个工具去使那些大批量生产的无理性行为更加文明。在《新精神》和《走向一种建筑》中，勒·柯布西耶已经将几何作为通往更高秩序的钥匙。20世纪30年代，勒·柯布西耶对马蒂拉·盖卡（Matila Ghyka）关于数学的有些神秘的解释（Le Nombre d'or, 1930）十分沉迷，并伴随着以自然为基础的结构的新兴趣。这些都让人想起他年少时在拉绍德封的罗斯金式的课程。模度不仅仅是一个工具，它还是勒·柯布西耶承诺找到等同于自然法则的建筑秩序的哲学象征。他关于模度理论的突破点发生在一场几乎是尼采式的风暴背景中。当时是1946年，他乘坐班轮（SS Vernon S. Hood），船行驶至大西洋中部时忽然遇到了大风。由于他经常随身带着绘有试验性模度比例的小纸条，于是他决定好好利用在船上的这段时间。就在这次行程中，他在速写本上勾勒出了一幅草图，一个举起手臂的模度人。

这是勒·柯布西耶在设计命运坎坷的联合国总部

大楼时众多旅行中的一次。[10]早些年，勒・柯布西耶被法国政府邀请去参加一个会议，探讨将要设在美国的联合国总部大楼的方案。勒・柯布西耶立刻飞往纽约。相对于法国的阴暗和定量配给，曼哈顿既富有又繁华。勒・柯布西耶在RKO大楼的21层建立了一个工作室。他开始和其他建筑代表一起探讨问题，其中包括奥斯卡・尼迈耶。尼迈耶是勒・柯布西耶十年前在巴西里约做国家教育部大厦时的助手。为了追求一种类似于联合国小镇的感觉，他们考虑了大量靠近旧金山和纽约的基地。勒・柯布西耶开始思考包括一个螺旋体的世界博物馆在内的方案，因为他嗅到了20年前在国际联盟竞赛中错失的大好机遇 [20年前，他没能实现世界馆（Mundaneum）的方案]。之后，洛克菲勒家族获得了靠近纽约东河岸，处于曼哈顿旁40大街上的几英亩地。

很明显联合国总部大厦应该是一个高层建筑方案，勒・柯布西耶迅速对新的条件做出反应，并于1947年冬季至春季期间在他随身的笔记本中绘制了厚达61页的一系列草图。他将秘书处设在底层架空的平顶摩天大楼里，它看起来像是一个忧郁的守护和平的哨兵，无声对抗着疯狂曼哈顿的背景轮廓线。议会大厦设于旁边一个弯曲的“听觉容器”（acoustic volume）中，连接它们的是长长的沿河的水平体量，内部包含休息室和新闻记者席。一般代理部门被设置在基地北侧尽端的附属楼中。勒・柯布西耶认为各建筑之间的空间应该像公园一样种满植物，秘书大楼应该设有符合模度的遮阳板。这个方案中包含了勒・柯布西耶早年的一些研究，1927年日内瓦国际联盟总部方案中的绿港、阿尔及尔的海军部大楼以及1936年在巴西和科斯塔（Costa）、尼迈耶一起设计的遮阳摩天大楼。“23-A方案”（勒・柯布西耶是这样称呼它的）向美国人展示了光辉城市的原则，也是一个他们认为正确的摩天楼形式的范例。

勒・柯布西耶认为他应该会被聘用，然而23-A方案却归一个技术委员会所有，最终由华莱士・哈里森（Wallace Harrison）去实现该方案。之后勒・柯布西耶声称自己在波士顿时，一本画满61页资料的速写本被偷了。无论真假，勒・柯布西耶看起来似乎就是被盗窃了方案。它的方案由尼迈耶做了一些修改，他建议调整板状体，使其可以向更大的广场开放。事实上最终建造的方案几乎都建立在勒・柯布西耶整体概念、平面要素和布局的基础上，而不可避免地在转化过程中品质有所下降。那栋屹立在东河岸旁的建筑是对勒・柯布西耶设想的苍白模仿，尽管它们有着富于肌理的绿色幕墙等非常精致的细部。联合国总部大厦被尖酸地描述成“国际酒店风格”的始祖，大堂尤其充满了陈词滥调。整体方案缺少了一种勒・柯布西耶可以赋予的形式力量和庄重感。

如果23-A方案按照勒・柯布西耶所设想的来建造，那么在遮阳方面，它可能会显示出一系列新的有关环境的且具雕塑形态感的设计。这也正是美国将要在国内外兴起空前的摩天楼建设狂潮的时候。当时，密斯的钢和玻璃的准则战胜了一切，成为跨国公司的标准意象。在建造联合国总部大厦的那几年内，S.O.M.（斯基德莫尔、奥因斯以及梅里尔）设计了派克大街上的利华大厦，这是一个改善后的矩形大厦，底层架空并带有屋顶花园（这个想法显然受到勒・柯布西耶的启示）。勒・柯布西耶受尽磨难之后返回欧洲，而战后的欧洲显然无法使用钢铁这种材料。在法国和印度，勒・柯布西耶一直使用粗混凝土、砖以及具有原始力量的形式去定义一种新的古老的精神。人们设想如果他当时被授予了联合国总部大厦的工作，那么对美国以及对他自己后期的风格而言，事情可能都会不太一样。

勒・柯布西耶后期工作中表现出的原始主义风格，其实早在20世纪30年代就已经有所反映，但是在战后这种思想在他绘画、雕塑以及挂毯和壁画的设计经验中得以进一步强化。在比利牛斯山（Pyrenees）多年的空闲生活中，由于战争破坏带来的无力感，勒・柯布西耶深深陷入沉思以寻找图腾的形象。“乌布”（Ubu）系列绘画就体现了这种怪诞和荒谬的感觉，此时他所画的“开放的手”表达了战后对和平与合作的愿望。勒・柯布西耶放任他的思想自由驰骋。有一天勒・柯布西耶在比利牛斯山上（1942年或1943年）看见窗户外有一只公牛在来回走动，于是他画了一次又一次，将其与最近捡来的一根树根以及一个水沟里的卵石这些能“唤起诗意的物体”相融合，最终形成“公牛”（Taureau）绘画。[11]如同毕加索的米诺陶洛斯（Minotaurs）一样，“公牛”后来成为勒・柯布西耶印章、绘画和草图中常用的主题，在后来的昌迪加尔建筑设计中，公牛的形象抽象成为建筑形式。

勒・柯布西耶似乎在进行某种构成形式的设想时，都带有很深的情感诉求，这些可以帮助他再现不同的主题，甚至他可以同时借鉴一系列的形象。20世纪50年代初期，有一次勒・柯布西耶坐飞机去印度，膝盖上放着一本自己早期的画册。然后他低头看到一副画着瓶子和玻璃器皿的静物画（完成于20世纪20年代）。从他的角度上看，画面最初表达的造型现象已经消失，但其轮廓线却让他想起“公牛”系列绘画，于是一种新的变体（瓶子变成了牛角和牛头）显现在他的脑海中。形式到思想，以及思想到形式的转变，反映出想象力可以在形态和图像间取得类似的惊人飞跃。爱德华・塞克勒尔已经向我们揭示了1929年的“构成，对数螺旋线”

［下图］
20世纪50年代早期，勒·柯布西耶在他的工作室中，可能在重新创作“多件物品的静物”，(1923)。

［右图］
勒·柯布西耶和约瑟夫·萨维纳，木雕，“水、天空、土地”14号，1954年。
勒·柯布西耶基金会。

［对页图］
夏尔·爱德华·让纳雷（勒·柯布西耶），“公牛II”，1953年。
油画绘制于画布，162cm×114cm（$63^{3/4}$×45英寸）。
勒·柯布西耶基金会。

（Composition, Spirale logarithmic）的轮廓线逐渐演变的过程。经过多年之后，形成了一种运用不同媒介的一门完全不同的学科：即20世纪40年代后期的木雕“图腾”（Totem）。这位艺术家描述了使用和再使用形状的方式：

> “勒·柯布西耶一直保持着10年、15年、20年甚至更久之前的关于形式（‘可塑性’）属性的想法，这些想法都体现在他的绘画和速写上。这些绘画和速写装满了他家中的抽屉，有些他在旅途中随身携带。通过这种方式，得以迅速建立起新阶段和之前的联系。”[12]

勒·柯布西耶之前在阿尔及尔曾经以自然主义的方式画过很多女性题材的绘画。1931年，他用墨线的方式重新勾画出这些女性曲线交织的轮廓。在1939年前后，他将这些转译成一副大型单色壁画，留存于E-1027别墅的一层平台上。这座别墅由艾琳·格雷（Eileen Gray）1927年为她自己和让·巴德维希（Jean Badovici）设计，建筑位于罗克布伦-马丁岬（Roquebrun-Cap-Martin）的蔚蓝海岸（Côte d'Azur）。这种将图形与背景含混融合的方式，和不朽的人物风格一样，大多归功于毕加索的格尔尼卡。战后，勒·柯布西耶在罗克布伦马丁岬（Roquebrun-Cap-Martin）小木屋旁的室外墙壁上继续研究类似的主题。被勒·柯布西耶挂在住所餐桌上好多年的阿尔玛·里约（Alma Rio，1949），也是吸收了旅行经历的一手材料而来。1936年的第二次南美之旅中，勒·柯布西耶绘画中的环形曲线其实吸收了很多内容，包括从空中看到的南美的河流形态、1929年蜿蜒曲折的高架桥方案，以及他倾慕的女性肩膀的优雅曲线。在看似象形文字的表层下，实则隐藏了很多他想保持并使之“客观化”的抽象形式的个人记忆。这种混合记忆方法，事实上也运用在勒·柯布西耶的建筑作品中，并且是他的创造能力的核心部分，可以以此转化前人作品，生成新的秩序。[13]

1949年，勒·柯布西耶在巴黎大学城瑞士学生宿舍内完成了一副巨大的壁画，绘制了很多神话人物以及女神的形象，包括来自法国诗人马拉美的诗句“将我的翅膀，安放在你的手中”的意象。同样的羊头女神的形象还出现在勒·柯布西耶的薄薄的小册子《阿尔及尔的诗歌》（Poésie sur Alger，1950年）的封面上。勒·柯布西耶对原始图腾的迷恋重复出现在各种规模以及新的媒介上，如20世纪50年代初期勒·柯布西耶受到皮埃尔·博杜安（Pierre Baudouin，奥布松的一位编织专家）的邀请去设计挂毯。勒·柯布西耶认为：“挂毯是游牧民的壁画。”于是20世纪30年代早期的沉重体量风格开始转向大量色彩并结合阿拉伯式花纹的样式。这些线形的象形图案很容易转移到搪瓷、挂毯、集成照片，甚至混凝土浅浮雕上。勒·柯布西耶的目标似乎已经将绘画当作一种关乎建筑的公共艺术，从而赋予了其新的活力。在昌迪加尔时，勒·柯布西耶为高等法院设计了

Le Corbusier
28/53

[下图]
勒·柯布西耶，库鲁切特别墅，阿根廷，1949年。剖面。
蓝色蜡笔明胶打印，1:50比例，31.1cm×73.8cm（$12^{1/4}$×29英寸）。

[右图]
勒·柯布西耶及其工作室成员，罗克和罗伯假日住宅，马丁岬，法国，1949年12月。
明胶打印，36.4cm×56.4cm（$14^{1/3}$×$22^{1/4}$英寸）。

一张宇宙主题的巨型挂毯，悬挂在议会大楼的搪瓷钢板门上。[14]

1944年前后，勒·柯布西耶开始与约瑟夫·萨维纳（Josef Savina，一个布列塔尼的木匠）合作，创造一种基于生物形态绘画的多彩木雕。[15]这些木雕各个部位的刀法都极为粗粝，且刻迹明显，形成一种相互碰撞冲突的奇异的集合体。有些看起来像幻想中的带有豆荚和茎的蔬菜，其他的看起来则像是超现实主义的雕刻研究模型，似乎是某些比例失衡的腺体，具有某种荒诞不经的感觉。1946年的“乌纵”（Ozon）雕塑像是一只巨大的膨胀的耳朵，急于扑向周围的空间。勒·柯布西耶将之解释为“在形式领域中探索听觉的成分”，从而使得这些集合体既可以“倾诉”，又可以“聆听”。他在朗香教堂的光塔以及昌迪加尔的翻翘屋顶中都使用了类似的形态。雕塑粗犷的表面同时展现着粗犷肌理的价值，勒·柯布西耶在后期作品中大量运用了清水混凝土以及粗砖成品。

但是我们显然不能将勒·柯布西耶的形式从赋予它们象征意义的联系网中分离。1947—1953年，勒·柯布西耶耗时五年完成《直角之诗》（Le poème de l'angle droit），这是一首散文诗，将大量勒·柯布西耶最为迷恋的事物与自然力量——如太阳、月亮、水、阴影等一起交织转变为神话。文本对称排列，犹如一幅圣屏的图案，其模糊的十字形图案就像一棵抽象的生命之树。[16]处于顶层的是：S形符号代表着太阳的升起和落下，波浪形的曲线代表“蜿蜒的法则”，以及白天和黑夜、工程师和建筑师、阴影和光线的相互作用。由此往下一级，便出现了模度，旁边是一个混凝土骨架以及马赛公寓的剖面。马赛公寓的剖面上画出了太阳在冬至和夏至点，及春分、秋分时的抛物线形路径变化，由此

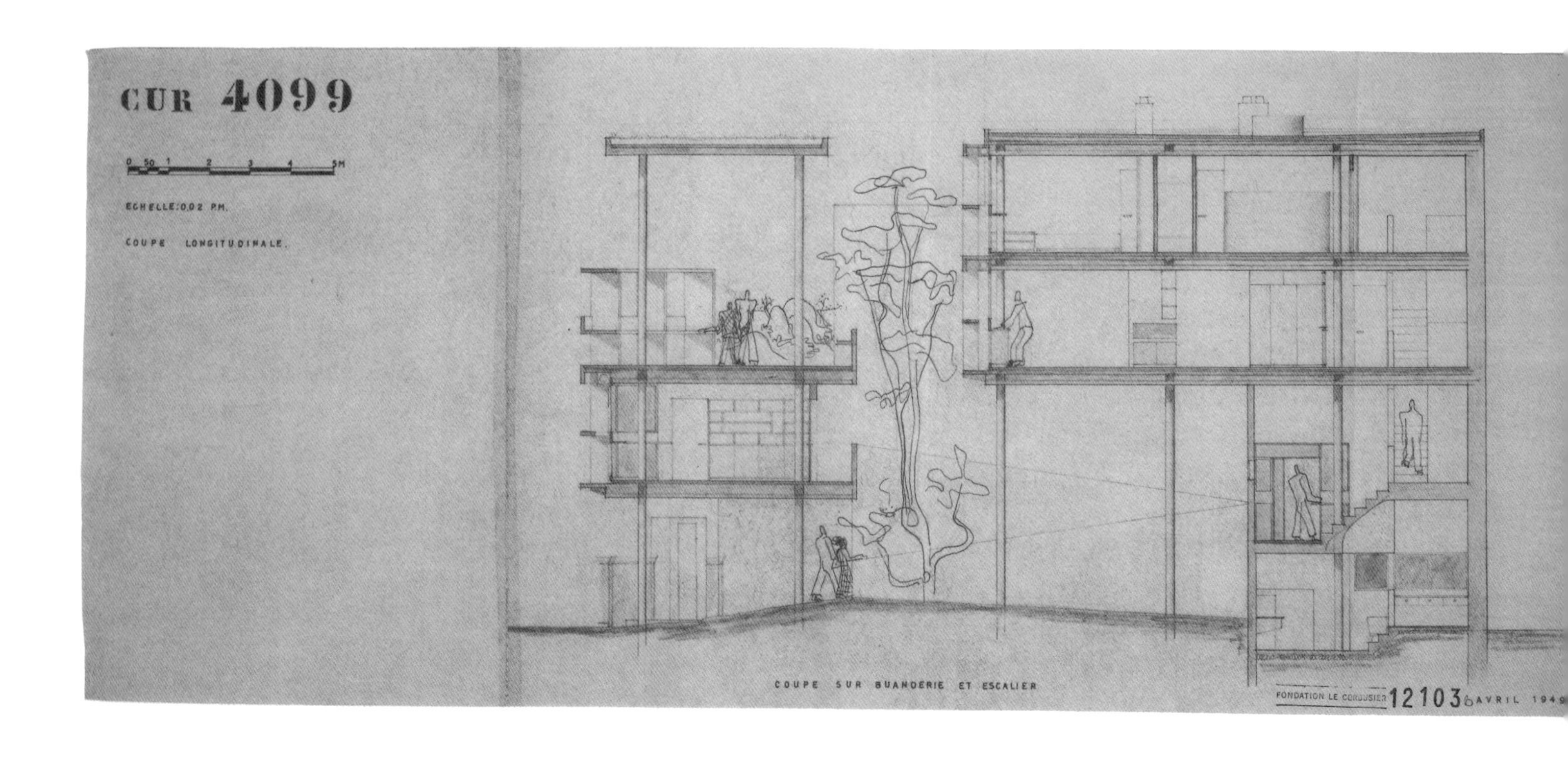

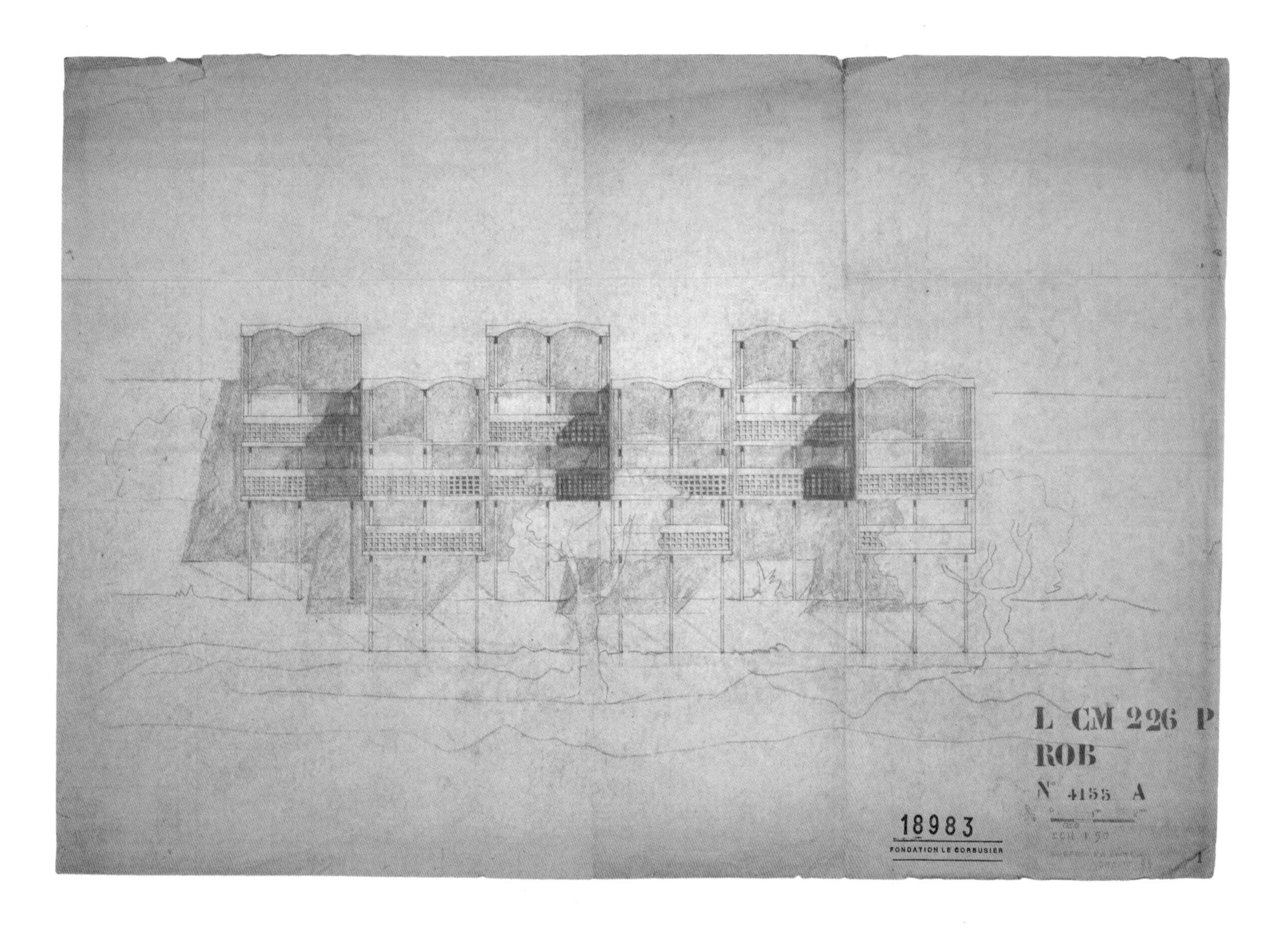

论证了遮阳板可以在夏天阻挡太阳的直射，而在冬天可以引入足够的光和热。除此之外，还有一排图案暗指世间的灵性或女性原则，以及一张独立的“张开的手”。这本诗集运用对立面的对比，其实勒·柯布西耶早在《人类的居所》（La Maison des hommes）一书中[1942年，勒·柯布西耶与德·皮埃尔夫（F.de Pierrefeu）共著]的绘画上就有所预期：其一边是一个扮鬼脸的美杜莎，另一边是一个光芒四射的太阳。这样的符号属于勒·柯布西耶的私人宗教世界，也许它们是勒·柯布西耶的一种痛苦但很有意识的尝试，试图去呼应他清洁教派（Catharist）祖先的奇特异教。

到了1948年，巴黎赛夫勒大街35号的整个工作室重归马赛公寓的全力设计中。此时工作室从南美那边接到了一项新的任务，为阿根廷拉普拉塔的库鲁切特先生（Dr Pedro Domingo Curutchet）设计一栋住宅兼诊所。[17]基地位于城市边缘，该区域的肌理是矩形网格中穿插一条斜向道路。建筑面北朝向太阳（这是在南半球），旁边邻接一座完好的新古典主义建筑，对面有一座公园。库鲁切特是一位理想的业主：学识渊博，很专业，具有世界主义的特点，对“现代”思想很有兴趣，愿意为之进行试验。他在他的领域是一位先锋，曾发明了新的外科技术和器械。库鲁切特在一封长信中提出了他的要求，并且附上了基地照片。勒·柯布西耶用绘画和模型研究了这个项目，并提出了方案：不同楼层相互连接的内庭院之前，设置幕布一样的遮阳板立面，从入口处开始上升的坡道将一层的外科工作区域和二层的居住区域联系起来，由此可以进入一系列室内和室外的平台。剖面上，方案使上升的“建筑漫步”戏剧化了；在平面上，它同时应对了基地的斜线和矩形几何网格，将它们引入建筑内部，并在它们之间创造了一种强烈的空间张力。索尔坦（Soltan）回忆了在这个设计中试图协调相互冲突的要求的努力：

［下图］
勒·柯布西耶与ATBAT工作室，马赛居住单位，法国，1947—1953：类似公园背景中的建筑整体。

> “这个设计将空间（开放的和围合的）分布在无数的层面上，通过坡道和楼梯连接，并覆以不同类型的屋顶和顶棚，吊顶成为空间游戏的主题。实和虚、正交和倾斜之间的关系非常复杂，使得采用标准投影技术在纸上探索这些关系几乎不可能。”[18]

库鲁切特住宅的遮阳幕板保护它避免了眩光，引入了新鲜空气，遮蔽了平台，为对面的公园提供了装饰图案，其庄重的立面也和旁边新古典主义建筑的比例和节奏取得了和谐的关系。幕板顶部的悬臂构件投下矩形的阴影，使得屋顶带有抽象檐口的意象。架在底层托柱上，上部纤细的横向和纵向线形框架犹如飘浮在空中。它很像爬满了绿色植物的格架。从外面可以看到后退的平台和内部通透的空间，可以感受到它们之间的相互作用。建筑中心部分是一个开敞的狭窄庭院，其中一棵树向上升入那一方小小的天空——这是一个现代版的庭院（Patio），周围由空中的花园和蔓延的植物所界定。坡道切入这一空间，在不同层面前后穿越，不断展现内部和外部意想不到的透视景观，迎向一个接一个的不同建

［左图］
勒·柯布西耶在位于罗屈埃布兰·马丁岬的地中海边工作，20世纪50年代。

［下图］
勒·柯布西耶，位于马丁岬的“海滨小屋”；注意观察垂直方向的通风槽。

筑方向。外科工作部分和居住部分是相互分开的，像悬置在内部的小型建筑。勒·柯布西耶并非第一次采用室外空间室内化和室内空间室外化的处理手法。除了混凝土和玻璃，建筑师运用的主要材料还有光、影、空间、微风、绿化和景观。

库鲁切特住宅是一个展示协调对立要素的案例。它应对基地的特点，将冲突的几何转变成美学上的优势，完美地解决了这一问题。它面对业主工作和家庭两方面的不同需求，做了很好的应对。它创造了一种空间虚实关系的戏剧化处理方式，经久不衰。这一建筑还融合了勒·柯布西耶背景中的截然不同的主题：多米诺的骨架结构体系和雪铁汉的互锁剖面；贝佐别墅带有遮荫的平台和萨伏伊别墅的坡道；库克住宅（Maison Cook）的中心托柱和20世纪30年代未建项目的格架似的遮阳板。这些早期的项目手法都被库鲁切特住宅完全吸收。但即使如此它们也是新时期的创作，增强了作品的共鸣。虽然有很多新创造，勒·柯布西耶也常常回顾他自己的整体作品。在后期他从事的诸多印度项目中，也运用了类似的新与旧的融合，他将注意力集中于此。事实上这将成为他后期一些作品的标志。库鲁切特住宅帮助勒·柯布西耶凝练了他战后的思想状态，在其中他发掘出新方法，用混凝土骨架来调整空间，强化了感受并提升了自然的呈现。

如果说库鲁切特住宅是绿色植物的一个大型格架，那同时期未能实现的圣鲍默（Sainte-Baume）以及罗克和罗伯（Roq et Rob）方案则是洞穴主题的变异。前者据说是抹大拉的玛丽亚度过晚年的圣地。勒·柯布西耶将这片神圣之地组织成一个通过采光井进行顶部采光的地下洞穴，呼应了洞穴和地下墓室，甚至古代遗迹（令人想起哈德良离宫的塞拉比尤姆陵墓）。参观者通过一条专门路径到达这个圣地，经过景观地，越过黑暗和阴影，然后再次出现在另一端的日光中，可以远眺海平面的景观。朝圣者的房子像穴居者的住所，但弯曲的分隔墙又让人联想起史前的建筑类型。

罗克和罗伯方案是为了蔚蓝海岸（Côte d’Azur）的旅馆而设计的。勒·柯布西耶的草图激发了脑海中关于依山而建的原始定居点的画面。这个想法最初是为了解决人口密度激增引起的郊区蔓延问题，但在某种程度上也协调了该地区。罗克和罗伯类似台阶状的“居住单位”（Unité），跟旧城区的类型很像，但运用的是新材料。每个居住单位都结合了珀蒂特周末住宅式的拱顶以及勒·柯布西耶青睐的2∶1的剖面比例。互锁的建筑和天井让人想起未建造的舍尔沙勒项目，室内以钢桁架支撑在立方体块上，屋顶覆以草皮和蔓延丛生的地中海植物。这个方案带有某种地域主义色彩：不但结合了新与旧，还回应了气候、基地、植物、视线以及当地建筑等各方面因素。勒·柯布西耶解释了方案背后的意图：

> “……要保护看见的景色，绝不能随意地建造。方案应该提供丰富的自然资源：创造具有高度造型价值的建筑形式。位于海滨高处的古老小城提供了优秀的范例，那里的住宅都聚集在一起，但它们的眼睛（窗）都望向无限的海平面。”[19]

[左图]
罗马剧场，奥朗热，法国，公元1世纪。

[右图]
勒·柯布西耶与ATBAT工作室，马赛居住单位，1947—1953年。西立面。

在这些意图背后深藏着勒·柯布西耶对地中海的热情，这反过来又与地中海更为广阔的神话相联系。这种热情是在东方之旅中由农民们的民间传说和临海的废墟而首次激发出来的。勒·柯布西耶对地中海祖先的痴迷促使地中海神话成为其创造的重要题材，就像辛格里-范尼瑞（Cingria-Vaneyre）的写作一样。在勒·柯布西耶早期的旅行中，庞贝展现了住宅的原型，帕提农神庙是他的精神理想，圣山和艾玛修道院启发了他关于集体生活的理想化意象。20世纪20年代他的很多住宅都与南方息息相关，无论是光线下的白色形式还是开放平台，抑或是透过水平长窗中看到的古代遗迹。20世纪30年代，由于访问希腊一些岛屿以及在太阳之城阿尔及尔的风流韵事，勒·柯布西耶对地中海的热情再次加强。舍尔沙勒项目运用了一些基本类型，诸如庭院和阿拉伯水花园，以及既有地方性又有罗马特色的筒拱，勒·柯布西耶认为这是“地中海传统的最基本的形式”。20世纪40年代以及50年代，“地中海主义”同时包含了对古老文明的喜爱以及某种对太阳异教的信仰。在这方面，塞尚、马蒂斯以及毕加索已经提供了一条非常可贵的谱系，他们可以将神秘的古典景观转化成现代的形式。

由于勒·柯布西耶夏季定期去马丁岬（与摩纳哥相距不远）游览，他和地中海的联系进一步加强。[20]勒·柯布西耶在这里为他自己、伊冯娜和他们的狗潘索（Pinceau）建造了一座小木屋，以及旁边另一间用来沉思和绘画的小屋。这个海边的基地提供了朝向海平面的广阔景观，是一个艺术家可以休息的退居场所，住宅下面波浪拍打岩石的声音让居住者获得某种安抚感。远离工作室的压力，他可以集中思想，任由想象力驰骋。勒·柯布西耶将这座小屋看成微型试验住宅，在其中对家具和建筑细部尝试了一些新想法：“通风机”（aérateur）—— 一种装有纱窗的绕轴旋转的通风门（后期的一些作品中都曾运用到）就在这里发明的。小屋外部的原木是具有欺骗性的，因为实际的结构是金属框架，并且看似“简单”的内部事实上是由复杂的模度比例组成的。勒·柯布西耶每年一个月，在马丁岬过着高贵野蛮人的生活：每天游几次泳、晒日光浴、绘画以及在茹布塔托（Rebutato）的“海星”餐厅（L'Etoile de Mer）里吃新鲜的鱼。爱德华的朋友记得他总是穿着短裤和一件瘦瘦的棉衬衫，一手握着法国茴香酒，口中兴奋地讨论着早晨看到的清澈海底世界，说着一些荒谬可笑的故事，或者争论着模度的一些细节。在马丁岬时，所有的苦难和防卫都被暂时搁置一旁，取而代之的是亲密的友谊。

20世纪40年代后期，勒·柯布西耶工作室完全忙碌于马赛公寓的大型项目。[21]他们的初步研究提倡在老港口（一块受到纳粹严重轰炸的地区，之后1944年盟军在此登陆）附近的拉·马德拉克（La Madraque）建造三座单独的建筑。1945年，勒·柯布西耶调查了“舒适尺寸的人居单位”（unité de grandeur conforme），由此形成一套标准尺度。这是一个抽象的原型，包含了最适宜的人群数（大约1600人）、各种不同的房间尺寸、建筑中间层的商业街以及其他的社区设施，如带有运动场和托儿所的公共屋顶平台等。这种假说反映了勒·柯布西耶关于集体生活的多年思考，是一个展示“垂直花园城市”（Vertical Garden City）理论的机会。勒·柯布西耶在个人、家庭、大型社区、城市和自然世界之间寻找一种平衡。为了实现这一想法，他设计出一个17层的建筑体，其中基于基本户型有23种不同的变体，一端两层高，另一端一层高。两部分户型在剖面上交错互扣，使得每户都有两边的景观，每三层才有一个入口走廊。项目定义了从整体尺寸到窗台高度的每一个细节，也很好处理了技术方面的问题，如结构、服务设施、机械装置、垃圾处理设施和各种管道。这正是勒·柯布西耶从ATBAT想要获得的：对原型的所有要素进行定义，将理想转变成现实所必需的实践技术。

这个基本原理显示出一种长条形体块架在强壮托柱上的形式，很像放大版的瑞士学生宿舍，但支撑结

[前图]
马赛公寓屋顶平台，作为一座卫城和人造景观与周围的山川、岛屿、地平线产生共鸣。

[左图]
马赛公寓中间层的室内商业街。

[右图]
马赛公寓中的其中一个双层通高起居室以及私人露台，作为家庭的延伸。

构的体量更大。马赛公寓综合了很多早期方案，包括不动产别墅和光辉城市中的凹凸折线形住宅。升起的走道呼应了阿尔及尔的高架桥，荫蔽的阳台则让人想起同一城市的富有肌理的摩天大楼（1938—1942年）。富有独创性的交叉剖面很可能最初受到了苏联“社会容器”的启发，例如1928年莫伊谢伊·金茨堡的纳康芬大楼。马赛公寓的想法很多来自更早原型的集合：如傅里叶的法兰斯泰尔（phalanstère），带有公共性的街道和周边的自然环境；艾玛修道院（协调隐私和集体、建筑和景观的范例）；当然，还有远洋轮船（勒·柯布西耶曾经花了近25年时间对其研究）。在马赛公寓的协调组织上，以上这些图解被融合得如此完美，以至于过多的思考和分辨它们显得没有意义。然而，带有烟囱、甲板、船舱以及公共走廊的轮船的意象，似乎在马赛公寓中体现得最多。

1946年，勒·柯布西耶被要求在米什莱大道旁（普拉多的东南面）进行单个居住单位的研究。基地上仍然有着卵石、柏树和橄榄树。建筑的巨大板式体量与街道成一定角度，由此纵轴线刚好是南北走向。每套公寓都有着东西两个方向的外立面，因此住户可以同时享受清晨的日出和东面的景观，以及傍晚的日落和西面的大海。遮阳板的深度经过精心细算，可以阻挡炎夏的烈日，也可引入寒冬的暖阳。这个建筑经过精心设计，无论从近处还是远处看，公共和私人领域的不同层次都可以清晰地看到，私人空间部分有效参与形成了一个和谐的整体。设计者对马赛公寓的立面研究了好几个月，以运用“模度”的方法。最终形成的作品是不透明和透明、沉重体量和漂浮平面的精妙融合。阳台上三原色的运用以及不同肌理的清水混凝土更增添了作品的丰富性。马赛公寓运用了标准化的元素，但它们以雕塑的方式融合在一起，具有某种独特的秩序和自身的特点。

住宅的公寓单元提供了安静和私密、新鲜的空气、光和景观。它们试图在拥挤而又具灵活性的室内协调家庭成员的不同要求。每个双层的起居/餐厅区域都直接通往阳台，放大了空间的感受，特别是在地中海式的气候下。成人的睡觉区域设置在夹层之上，厨房在其下面。儿童区域在后面，夜间可以通过滑动分隔分离出来，而白天则对外开敞。主要由夏洛特·贝里安设计的开放型厨房布置了U形吧台，主妇在做饭时可以很方便地和其他家庭成员聊天。对于20世纪50年代的法国来说，这些室内设计的想法是非常革命性的，它们打破了旧的传统，在城市生活方面引入了新鲜和轻松的概念。贝里安评价双层处理整合了内部空间和亲密性，这种“居住类型”令人回想起她、勒·柯布西耶和皮埃尔·让纳雷1929年提出的“最小住宅”（Maison Minimum）。[22]事实上，马赛公寓来自一些类似的源头：轮船的客舱、修士住所、工人阶级的咖啡厅以及火车卧铺车厢。

勒·柯布西耶将马赛公寓的结构概念比作一个酒瓶架，标准的酒瓶都可以塞进去。公寓单元都由干作业组装，内衬铅垫保证隔声，然后通过吊车升起置入结构框架中。他原本想在马赛公寓中使用钢材，但是这种材料在战后的法国十分短缺，所以他决定用混凝土来浇筑整个建筑。主要建筑框架设计成一个支架安放在混凝土筏上，下面由巨大的锥形托柱支撑。这种

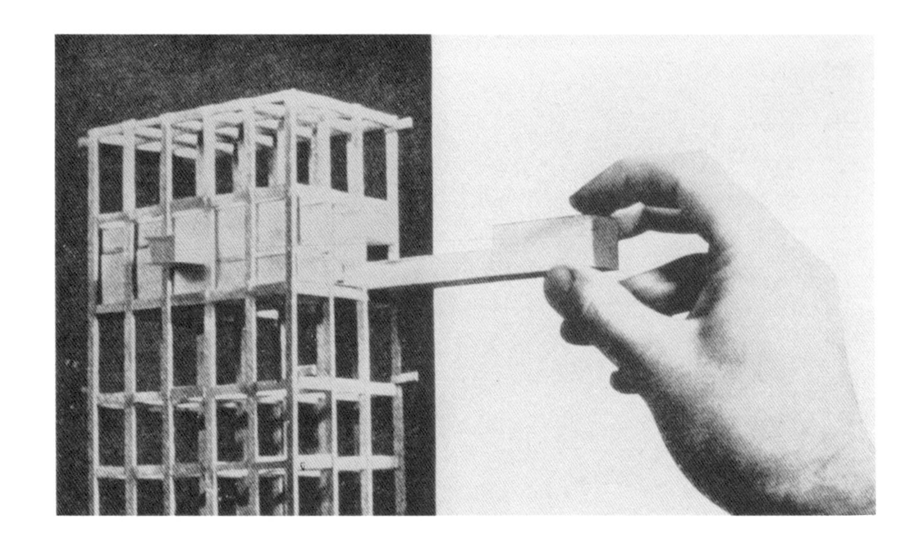

方式有些像瑞士学生宿舍，管道和电线绕过筒体，经过混凝土筏，通过结构支撑柱通入地下。水平向的楼板层由巨大的穿过屋顶的矩形竖向塔楼进行锚固。容纳了机械设施的两座塔像雕塑形态的通风烟囱，矗立在屋顶平台两端。它们很容易让人想起远洋班轮上突出甲板升起的烟囱，虽然它们粗混凝土的倾斜和起伏的形态暗示了原始图腾，或至少有某种有机的意象。除了建筑下方具有托柱外，建筑可能回应了安东尼·高迪半个世纪前在巴塞罗那设计的住宅。

以上这些都是集体的“居住机器”技术方面的事实，一部分是出于必要，一部分是设计出来的。建筑呈现出一种几乎是古老的特征。勒·柯布西耶发现想要建造马赛公寓，就必须雇用很多不同的承包施工队，有些工作可能会很粗糙，因而想在混凝土工程中获得平滑的效果显然是不可能的。[23]他因此决定将粗糙作为一种美学品质，充分利用模板的印迹和纹理，使它们看起来像是萨维那（Savina）雕塑的雕刻痕迹一样。素混凝土（Béton brut），正如它的名字一样，对光线和阴影都有极好的敏感度，并且可以被雕塑，为整个建筑提供一种英雄般的力量，如同帕埃斯图姆的神庙或其他古代废墟。勒·柯布西耶向罗焦·安德瑞尼（Roggio Andréini）吐露说，他想最大化地对比素混凝土和机器时代的材料：如钢和玻璃。他将素混凝土当作一种如同石头的天然材料。粗野主义的一代建筑师大量运用了粗混凝土，将之变成了沉闷的陈词滥调，但是马赛公寓却是充满生机的。它的轮廓线的张力、精确制作的节点无一不体现着这点。1962年勒·柯布西耶回顾了马赛公寓的试验，揭示了他为何用素混凝土的一些原因：

“素混凝土是在马赛公寓的居住单位中产生的，这里有80个承包者，这么大量的混凝土难以想象可以用抹砂浆的方法过渡。于是我决定：不做外抹灰。我称之为‘素混凝土’（Béton brut）。英国人看到这个作品后立刻将我（例如朗香教堂和拉图雷特修道院）看作‘粗野主义’（Brutal），于是有了这个名字‘素混凝土’，考虑到所有的东西，勒·柯布西耶是粗野的。他们把那叫作‘新粗野主义’（the new brutality）。我的朋友们和崇拜者这么看我是因为素混凝土的粗野的质感！”[24]

勒·柯布西耶自己对素混凝土的运用远不像他的追随者们那么教条。素混凝土不一定是粗糙的，它只是意味着混凝土直接用模板塑形。在他后期的作品中，他探索了一系列不同面层和相关构件的效果，从拉图雷特修道院粗糙表面的“高贵的贫穷”的方式，到卡彭特视觉艺术中心的精确光滑的表面。每个作品都有自己的意图和建造逻辑。[25]在马赛公寓中，混凝土以多种方式运用和表达，增加了作品的整体性。矩形遮阳板表面为粗卵石骨料的预制板，暗示了预制装配的单元构件如何被安装在一起。阳台外层薄薄的带有洞口的壁板呈现出一种从上向下悬挂的巨大矩形幕布的效果。底层托柱、混凝土筏、端墙、屋顶平台、服务塔和建筑其他公共部件都用现浇混凝土，运用了粗木板和螺丝固定在一起的模板。[26]所形成的凹凸不平的表面对光线极度敏感，反过来强化了形体的塑性感。百叶窗的样式很多，强化了设计的主要方向。建筑底层巨大的托柱表面有着条纹肌理，强化了它们的雕塑形态和力量感。建筑底部的斜面有着深深的构件交结点，使得建筑如同漂浮在阴影之上，它的巨大结构体如身躯般升向高空。

从远处看，马赛公寓像一座巨大的、富有肌理的悬崖，很好地呼应了前景中的石头以及背景中崎岖的普罗旺斯山脉。[27]地中海式的设置在公共屋顶平台达到了顶峰。这里很明显涉及一些航海的元素——烟囱、栏杆、甲板游戏等。栏杆的高度刚好可以遮挡城市环境，又可以揽阔海景片段、港口旁一连串的岩石岛以及后面的山峦。一些位置的台阶提供了从相对封闭到无限空间感受的突然转变，后者主要通过将视线扩展向海平面而产生。马赛公寓屋顶有些类似于贝斯特古（Beistegui）寓所的屋顶平台，但前者的尺度明显更大，并且以荷马式（Homeric）的粗混凝土浇筑而成。这里甚至有一些

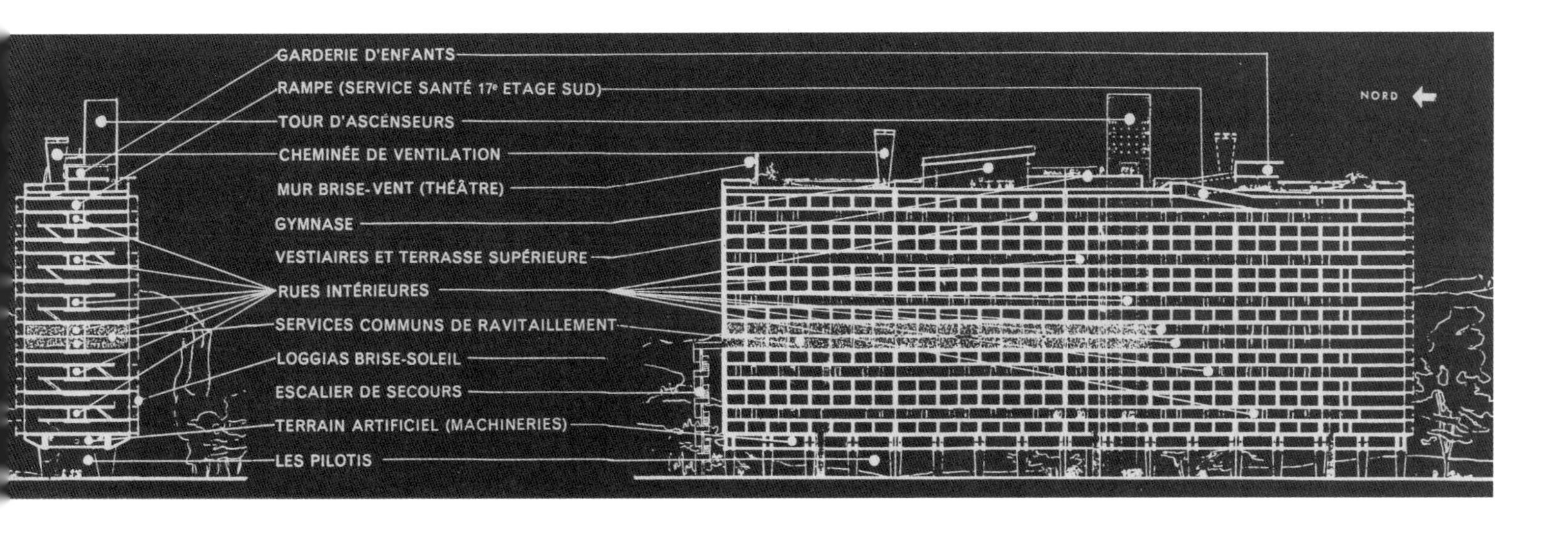

混凝土浇筑的小型假山，与15公里（9英里）之外的峭壁遥相呼应。体育馆的体量像一艘翻转的船。通风的烟囱呼应了建筑底层的托柱，儿童活动室是典型的勒·柯布西耶式的小体块，架在细细的柱子上，通过坡道走上去。儿童活动室凌空于半个游泳池上，由此儿童们可以在阳光下或阴影里泼水嬉戏。整个全景是非常令人愉悦的，和蓝天和大海的直接接触也同样如此。一条跑道环绕着整个屋顶平台，像是甲板活动和古代体育场的结合。在基督及其宗教被罗马帝国接受之前的几个世纪里，马赛一直是希腊的殖民地。因而勒·柯布西耶关于地中海神话的古典含意在此语境下并不令人陌生。

马赛公寓的屋顶平台总结了勒·柯布西耶将机器与自然的崇高秩序相融合的整体意图。它是一个象征性的景观，融合了之前丰富的谱系，如萨伏伊别墅的日光室、贝斯特古（Beistegui）公寓的超现实主义屋顶、国际联盟大厦的公共屋顶平台及其可以看到的阿尔卑斯山脉全景画。屋顶花园是新建筑五点之一，这一普遍规则可以以不同的形式和尺度作再创作。在马赛公寓中，屋顶平台具有社会剧场的特征，带有周边景观作为背景。除了轮船甲板的意象，它也令人想起一些其他的柯布西耶所迷恋的事物：罗马的广场（他在庞贝曾做过速写）；阿道夫.阿庇亚（Adolphe Appia）的具有启发性的像抽象废墟一样的舞台设计；当然还有雅典卫城。勒·柯布西耶将最后这个事物神秘地与纯粹主义的开始联系起来：我1918年的第一幅绘画作品“壁炉”（La Cheminée），画的就是雅典卫城。那么我的马赛公寓呢？它是其延伸部分。在这个奇幻的世界里，壁炉台上的一个立方体可以唤起岩石平台上希腊神庙的意象。多年以后，它变形为屋顶平台支承着一堆奇异的“拾得之物”——原始烟囱、混凝土小丘、像船体一样的曲线屋顶。

马赛公寓体现了一种普遍的法则，一种类型，但它也是一件个体建筑作品，具有独特的抒情的秩序。它的部分力量来自这种张力和模糊性。它作为一种概念提出了某种范式，之后将被用作其他基地。但马赛公寓的独特案例与它所在的场所和地貌是十分协调的。屋顶平台像一个室外的房间，引发参观者感受到周边的景观。勒·柯布西耶唤起了一种带有魔力的效果：从距离地面56米（180英尺）高的空中，看到的景观是世界上最宏伟、最打动人的；大海和岛屿、圣西尔（St Cyr）山脉群、普盖特山头（Tête de Puget）、圣博姆山、圣维多利亚山（Montagne St Victoire），马赛公寓和贾尔德圣母院（Notre-Dame-de-la-Garde, L'Estaque）。[28]这首献给“地中海胜景”（hauts lieux du Midi）的赞美诗让人想起勒·柯布西耶对塞尚和毕加索的迷恋，普罗旺斯的景观对于这后两位艺术家都具有非常传奇的重要性。勒·柯布西耶特别自豪的是毕加索参观了马赛的建筑基地。有几张他们的合影，都穿着夏日的白衬衫，在巨大的底层托柱间一起散步。这些柱子刚刚建成不久，看起来很像古代希腊纪念建筑中的巨型构件。[29]人们也许会设想是否这位创作了女祭司（maenads）和米诺陶洛斯（minotaurs希腊神话中人身牛头怪物）的绘画者在这些沐浴着阳光的素混凝土形象中产生了对于古代世界的联想。

1952年10月，历经了政府的10次变化，重建部部长也几乎换了10届，马赛公寓终于正式交付。从一开始，其他建筑师就攻击勒·柯布西耶，嫉妒他可以违反建筑规范。其他的群体还声称建筑会引起心理疾病（直到今天，有些马赛人还称马赛公寓为疯人院）。但是，在交付仪式上，勒·柯布西耶被授予法国荣誉军团勋章，并由当时的重建部部长，同时也是他的朋友——欧仁·克罗迪尤斯-珀蒂（Eugène Claudius-Petit）颁发。1953年，CIAM在艾克斯·恩·普罗旺斯（Aix-en-Provence）开会时，马赛公寓的屋顶平台上还举行了更为盛大的活动。宴会是一场狂欢，有穿着皮衣的吟游诗人，还有一场精心设计的脱衣舞（后者震惊了在场的过于拘谨的荷兰成员，他们走了出去）。也许这让年长的成员们回想起20年前的帕特里斯（S.S.Patris）号——在那次航行中，他们的脑海中孕育了一些想法，

[前页左图]
丘纳德轮船公司的一幅邮轮剖面图的海报，勒·柯布西耶将这幅图重新用来解释集体生活。

[前页中图]
勒·柯布西耶用这张图来诠释预制装配2-1公寓单元是如何像酒架中的酒瓶一样严丝合缝地滑入混凝土框架中。

[前页右图]
马赛居住单位，法国，横向与纵向剖面图（《勒·柯布西耶作品全集1946—1952年》）。

[右图]
马赛居住单位，从地面眺望粗混凝土建造的立柱和地下室。

也就是后来的雅典宪章。马赛公寓犹如一场传授教义的问答，为世界增添了一种无可比拟的审美形式。马赛公寓粗糙的语汇同样吸引了年轻一代的建筑师，他们对“官方现代建筑”的图解平面感到厌烦，希望能形成一种反映新的、战后心境的形式。

马赛公寓甚至在完成之前，就已经开始影响世界各地的建筑师。[30]其中不乏精彩的模仿之作，如伦敦附近的罗汉普顿住宅（Roehampton Housing）；以及卓越的批评作品，德尼斯·拉斯登的贝纳斯绿地（1954）。高密度、现代设施、新鲜空气以及理想社区的这些意象被接受，但代替专制的大厦，采用了一种更适合的形状与现存的城市相结合。“小组十”的理论家和实践者也建议了相似的策略，他们在20世纪50年代取代了CIAM。他们认为，马赛公寓所呈现的道德立场，以及其中很多新发明的设施应该予以保留，但要将它们和当地的类型学和语境结合起来。举个例子，何塞·路易斯·泽特设计的哈佛大学皮博迪公寓（1961—1963年，研究生宿舍），基本重申了勒·柯布西耶的原则，如混凝土塔、屋顶平台、复杂的剖面、中层的街道以及遮阳板，但是在某种程度上，又与大学的庭院传统、原有的颜色以及弯曲河流的独特肌理相融合。这个项目论证了如何在既不贬低又不盲目复制的前提下，很好地延伸勒·柯布西耶的想法。

但是更为常见的却是无端冒出的“私生子”。世界各地突然出现了好多公共住宅大厦，除了密度和少量其他东西可以夸耀之外，几乎一无是处：没有公共区域，没有绿化，没有平台，没有规模，甚至没有建筑。诚如班纳姆所说：“这些庸俗的结果已经成了现代建筑失败的笑柄之一。”[31]但是责备这些模仿原型的做法太庸俗，可能过于轻率：如果按照这种逻辑，人们可能也要责备帕拉第奥在古典城郊住宅中运用了假柱子和山花。马赛公寓理论的评估需要我们记住，暴行和精美的住宅都可能从这个特定的思想集群中发展而来。即使是马赛公寓的精确模型——即底层架空、带有屋顶平台和花园的板式高层——也只在某些环境下才适用。[32]

对于米舍莱大道上尤其独特的马赛公寓，也必须要在它特定的条件以及作为范例的角色下进行评判。事实上，批评最多的就是公寓房间太过狭长，走道太过昏暗，中层的街道阻隔了社区与外界的联系等。当然现在还要加上的一点就是屋顶平台在海风的侵蚀下风化得过于厉害。但是，这栋建筑现在的居民看起来已经克服了上述这些问题，他们认为这是一个宜居的住所并自愿住进来。马赛是一个拥挤、嘈杂的城市，存房量也一直在下降。马赛公寓临近市中心，却没有相应的弊端。如若不然，居民们就得搬去郊区。在这方面，勒·柯布西耶伟大的“垂直花园城市”理论远比想象的还要符合当地的情况。公寓周边的公园、山峦和海洋的景观深得住户的喜爱。他们主动成立了一个合作组织来维持这栋建筑的活力，并表达了一种居住在勒·柯布西耶设计的住宅中的自豪感。这看起来可不像是重大失败的迹象。

建筑从其创造者身旁悄悄溜走，逐渐呈现出一种属于它们自己的语境和生活。在温暖的秋季下午五点至六点去参观马赛公寓是一件很有趣的事情。人们下班或放学归来涌入大楼，他们将小车停在树荫下，漫步在长满松树的堤岸上，或者打打网球，又或者在上面的街道购物。屋顶平台上，邻居们谈笑风生，享受着夕阳的最后一丝余晖，身边的孩子们在游泳池里嬉戏打闹。几公里外的悬崖峭壁，看起来好像是悬浮于平台栏杆之上的模型，它们的影子从塞尚蓝渐渐转变为深紫红。一艘轮船从港口驶离，闪烁的大海映衬着它黑色的船身，如同勒·柯布西耶在阿尔及尔的绘画一般。这个充满质感的长方体块像一座悬浮在树上的古老的高架桥，它沉重的体量和粗壮的支柱让人联想起位于奥朗热（Orange）的罗马剧场背后的城体。而对它的一些庸俗的模仿则缺少了它所拥有的哲学及诗歌的韵味。马赛公寓耐心地实现着它的城市理论，并为该理论建立了一种“地中海式梦想”的术语。

13

第13章
神圣的形式、古老的联系

“我们必须回归起源，回归原则，回归类型。”[1]

——里巴尔·德·沙穆斯特（Ribard de Chamoust）

[前图]
勒·柯布西耶和工作室的同事，朗香教堂，法国，1951—1954年：向上望去的红色礼拜空间之上的光塔的室内视角。

[右图]
勒·柯布西耶、库蒂里耶神父以及伊冯娜在依盖瑟和库里大街的公寓中，巴黎。背后的画是"阿尔玛·里约"，1949年。

[对页上图]
朗香教堂，从东南方向远眺。

[对页下图]
朗香教堂，基地平面。
钢笔与彩色蜡笔绘制，73.8cm × 108.7cm（29 × 42$^{3/4}$英寸）。

马赛公寓不但展示了勒·柯布西耶的住宅理论，也提出了他后期风格中的一些元素。素混凝土用于建造巨大的形体、富有肌理的立面以及复杂弯曲的轮廓；模度的抽象化与粗野的原始主义综合在一起；20世纪30年代的一些探索，如超现实主义的屋顶平台以及作为凉廊的遮阳板，都赋予了形体有力的雕塑感；建筑单体经过精心设计，和周围景观的广阔空间融合得非常好。1950—1955年期间，勒·柯布西耶终于接到大量工作，因而他拥有充分的机会去进一步推广这些手法。这一时期的作品都带有一种古老的气氛。1949年的罗克和罗伯住宅揭示了他后期的特点：在古老的地中海环境中，莫诺尔住宅和周末住宅这些以前的想法又被重新思考。

1951—1954年间的雅乌尔（Jaoul）住宅，位于塞纳河畔的讷伊。同样也反映了勒·柯布西耶对建筑乡土根源的迷恋，并且运用了莫诺尔住宅的类型。这是两个乡村住宅，主人们彼此相邻。在一片群树环绕的十分紧凑的基地上，通过对地下车库的灵活穿插，以及同样巧妙的入口处理来保证私密性。窗上厚重的木质板条以及赫斯基砖（husky brick）的极致运用（"十分亲和人体的材料"），更加确认了勒·柯布西耶在20世纪30年代的一系列地方性试验的方向。混凝土框架的大胆表达，加泰罗尼亚拱顶以及人为的不规则的触感，使得这座建筑（史密森指出）处于"粗野主义的边缘"。英国建筑师詹姆斯·斯特林在比较了雅乌尔住宅和加歇别墅后，概述了来自建筑师团体的困惑："后者是一座纪念碑，它不是献给已经死去的时代，而是献给一种尚未广泛来临的生活方式；前者是根据和为了现状而设计和建造。"他赞美加歇别墅中的蒸汽动力的意象和航海细节设计，悲叹雅乌尔住宅中浪漫主义的手工艺："阿尔及利亚的劳工都配有梯子、锤子和钉子。"因而，机械化参与度的匮乏显得有些问题。事实上，这些在意识形态和象征意义上都在勒·柯布西耶的近期创造中有所弱化。[2]

虽然勒·柯布西耶舍弃了一些对机器的信仰，但是这并不意味着退却到一种为艺术而艺术的状态。后期作品中体现的原始主义需要从道德的角度来理解。他试图寻找建筑的根源，尝试触碰心理体验的基础，以及以往对与自然和谐相处的迷恋。勒·柯布西耶在20世纪50年代早期接到的委托进一步激发了这些想法。印度唤醒了神秘主义的心境，并使勒·柯布西耶面对很多生动的民间传说。与此同时，拉图雷特修道院和朗香教堂迫使他去反映"神圣"在过去和今天的建筑中所扮演的角色，并用一种古老的谱系穿透不同"类型"的制度基础。由于这两个建筑都在遥远的乡村，因此勒·柯布西耶对自然的热情可以完全自由地去探索。

朗香教堂位于孚日山脉丘陵地带的小山顶上，与汝拉山脉相距不远，从几英里外就可以看到。白色的拇指形塔楼直冲天际，黑色的屋顶凌驾于常绿植物之上，建筑的曲线与附近山脉的褶皱和轮廓相呼应，这一效果在朝圣者从山底通往山顶的路上看更加强化；北面和西面的墙体为闭合的凹面，南面和东面则向内弯曲，保证了光线和辽阔悠远的视线。正如平面所示，三个半穹顶塔楼（hooded tower）与弯曲的墙体混合。墙面向内再向外弯曲，形成顶部采光的小礼拜堂，以及狭长的圣器收藏室和忏悔室。虽然整个建筑非常复杂，但是形式化手段竟出人意料地经济：类似形状的凹凸部件或并列，或混合，或分离，创造了现代主义时期无与伦比的神秘的内部空间。人们不得不追溯到波洛米尼，甚至哈德良离宫的浴场去寻找某些相似性。

当人们围绕它移动时，建筑逐渐展现出来。像墙、半穹顶塔楼、弯曲的混凝土屋顶以及不同尺寸的孔洞这些最基本的元素，都沉浸于不断变化的复杂性和矛盾性的相互作用中。南面的墙（上山的路径上首先能看到）和主要塔楼（从这个角度上看体量十分突出）处于紧张的对立中；很快这面墙又被看成环绕着内凹空间的薄壁。墙体本身有白色粗糙的表面，通过和主入口的瓷漆门的对比，呈现出一种厚重和大体量的感觉。然而在接

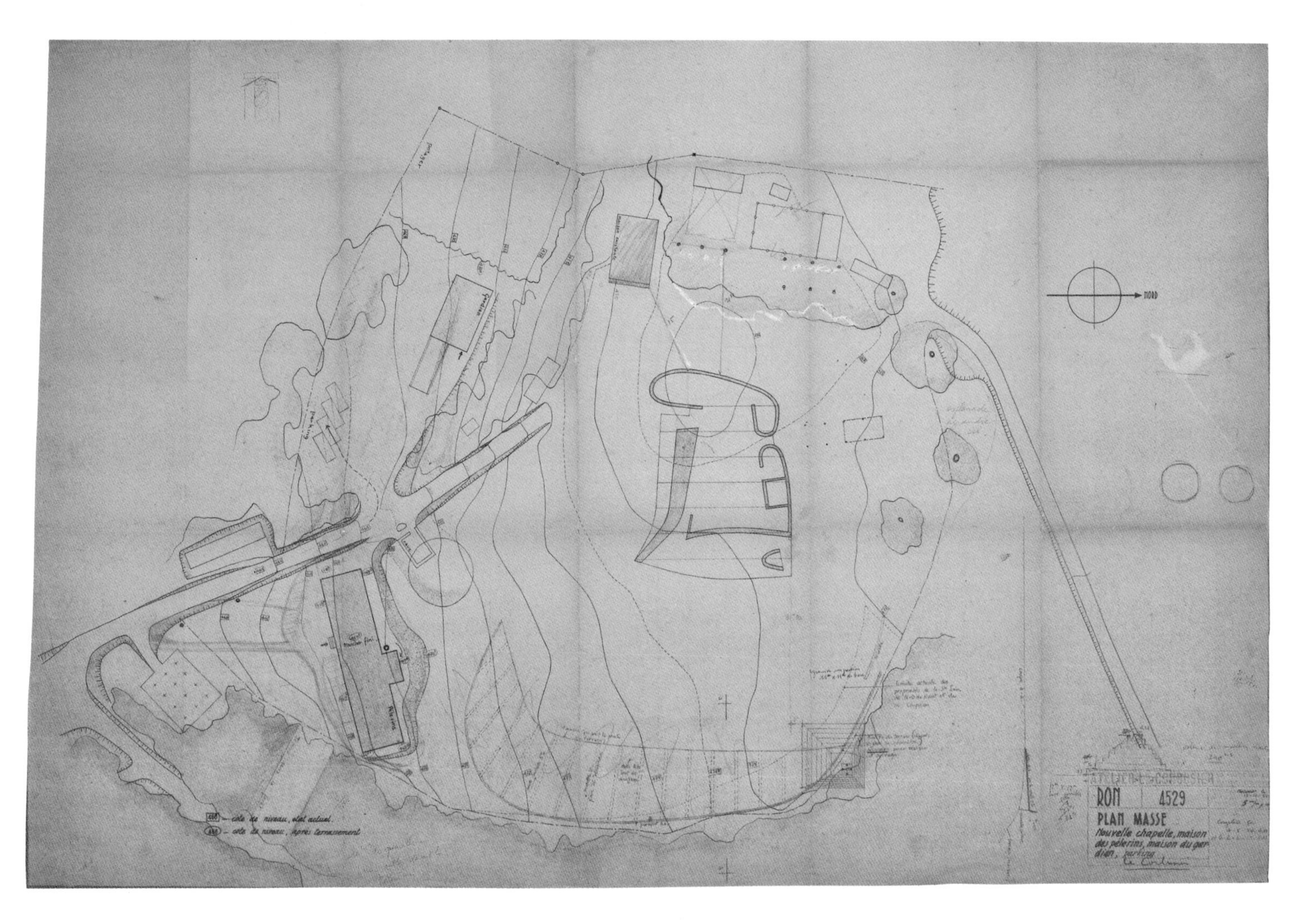

近屋顶的地方，又处理得十分轻薄。倾斜墙上尺寸和深度不一的孔洞让人联想到中世纪城堡的射箭孔。它们看起来分布十分随机，但其实是通过模度比例来布置的。他们持续着肯定与否定的游戏，一方面加强墙体的厚重感，一方面又强化其平面性。

沿着小礼拜堂的西侧墙面顺时针移动，可以发现屋顶从视线中消失了，但顶部的女儿墙中却探出一个滴水，通过内孔槽向装有素混凝土棱柱体的水槽里传输雨水。这面墙随后向上弯曲形成另一个塔楼（通过表面的接缝进行区分），在北立面上和它的双胞胎塔楼背靠背。这两个垂直的塔楼形成了一条主要的裂缝并标志出一般入口所在。粗糙的白色墙面，由石灰、水泥和鹅卵石混合之后喷涂而成——用来掩饰各种各样的混凝土结构框架以及填充其中的碎石——竟奇特地像极了蛋糖饼。建筑内部也使用了同样的墙面。由此强化了统一的主题，室内变成了室外，室外亦变成了室内。剩余的北

墙面开了更多的狭孔，并设有一段细长的带有钢铁扶手的楼梯，使得这面粗野感十足的墙体产生了少许机械化的拼贴艺术感。当北墙面移至转角处时，屋顶又一次出现，从建筑东面的尽端悬挑出来。在这里，凹面再一次成为主导，营造了一个带有覆盖的室外礼拜堂——包括祭坛和讲坛。

进入室内的过渡是非常戏剧性的。人们走进一个超世俗的洞穴，一个地下墓穴。勒·柯布西耶将这座教堂称为“冥想的容器”。[3]光线从南墙面的开口、东墙面的孔洞，以及高塔的顶部穿透其中，触碰粗糙的曲面、敦实的木制长凳以及祭坛踏步处光滑的石头。影子退却到角落里，将沉思的意象洒向墙面。随着眼睛适应了微弱暗淡的光线，人们会发现室内并无严格的对称。那些墙、长凳、祭坛还有屋顶都处于动态、对角线的张力之中。室内空间由中心化教堂和纵向教堂两方面压缩在一起。在倾斜地板的符合模度的线条中，就有轴线的暗示。屋顶向下凹陷呈弯曲状，像一顶沉重的帐篷。将人们的视线聚焦到东面尽端的祭坛和木质十字架处。但是，沿着墙体的最上方有一道光的缝隙，使得原本厚重的顶棚看起来像悬浮在空中一样。而在室内顶棚与塔楼相交处，它切入了塔楼：这里又是一种反转的做法，即在室外看，是塔楼穿过了屋顶。空间和实体相互作用，重力和无重力彼此对抗，空间本身感染着从中穿过的参观者。朗香教堂运用了隐藏的秩序营造了一个神圣的场所。

圣母玛利亚的雕像嵌在祭坛之上东墙的一个装有玻璃的壁龛中，周边的一些小孔投进光线，形成星星点点的效果，让人联想起星星，也许还有“海洋之星”（Star of the Sea）和“天国之母”（Queen of Heaven）等设想。这是一个双面的壁龛，里面的雕像可以旋转而朝向外面。因此成千上万的朝圣者们在每年两次的朝拜中（庆祝8月15日的“圣母升天节”和9月8日的“圣母诞生日”），可以在绿草如茵的室外平台参加露天弥撒时看到圣母玛利亚的雕像。此处，凹进的东墙面显示了它的意图，它可以使观众的注意力更聚集于室外祭坛，并将牧师的声音传播出去；与此同时，它聚集周围环境的能量并将朗香教堂与远处的山坡联系起来。这也正是勒·柯布西耶在谈起瑞士学生宿舍时的想法，他指出建筑弯曲的墙面“给出了一个广阔的暗示，通过凹进的表面，似乎要接纳整个周边景观”；这同样也解释了

[左图]
朗香教堂，东立面前的室外礼拜堂和祭坛。

[右上图]
朗香教堂，一层平面图，展示了地面的模度图案，1953年8月16日到1954年6月25日期间绘制。1：50比例打印，76cm×105.7cm（30×41 2/3英寸）。

[右下图]
朗香教堂，东立面前处于草地平台的室外体量，远处的景观和地平线成为背景。

勒·柯布西耶的雕塑中称之为“声学形式”的含义。它“既述说，又倾听”。[4]室外礼拜堂的其余“墙体”则是地平线本身。室内、室外的转换渐入高潮，不仅传达出早期基督教徒聚集在一片景观之中做仪式的感受，同时触碰到勒·柯布西耶内心深处对神秘自然的崇拜。

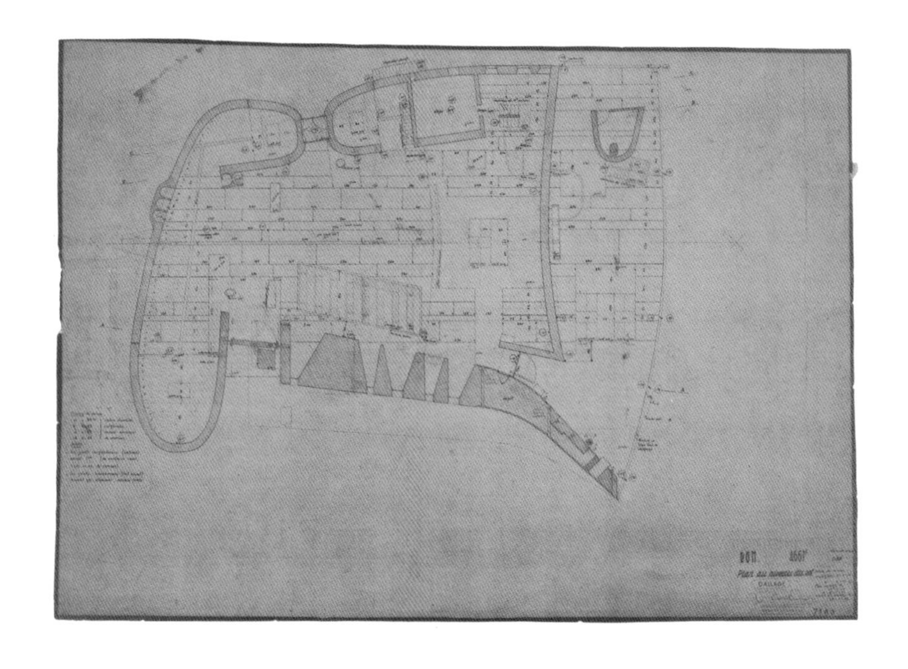

在室外祭坛的一侧尽端，一个混凝土墩柱支撑起转角的屋顶，似乎暗示了真实的结构。它从一个弯曲的组件处升起，好似被切开的塔楼，又如同整栋建筑的空间方向舵，阐述了平面和体量之间的模糊性。东墙继续弯曲成为南墙内表面的一部分，裂开一条细长的间隙形成第三个入口，联系了室内外礼拜堂。屋顶和墙面停止博弈，最终共同形成建筑的尖峰。在整个过程中，朗香教堂弯曲的墙面论证了它们并非任意的图形游戏，它们在三维空间中（实际上是四维）体现了建筑师的意图，拥有着张力和精确性。这些墙面回应了地平线，塑造了光和影，引导了室内外活动并化解了建筑内部和外部的压力。在勒·柯布西耶的早期作品中，曲线通常和矩形网格共存并相互作用，这里他们获得了自己的生命力。

20世纪50年代中期，当建筑师和批评家汇集至此，看到竣工的朗香教堂，回去后纷纷抱怨道这是“一个新的巴洛克建筑”“丧失理性”等。尼古拉斯·佩夫斯纳，著有《现代设计的先驱者》）（1936）的著名历史学家，对此感到十分困惑，认为这偏离了现代主义的正确方向。斯特林也写道：“现代建筑运动的基本原理和最初原则……开始变得矫揉造作，并且向有意识的非完美主义转变。”[5]朗香教堂被人们既和勒·柯布西耶早期那些被认定为“理性主义”的作品相比较，又和20世纪50年代拥有机械精确性与工业化标准的美国现代建筑作比较，尤其是起源于密斯·凡·德·罗的建筑案例。这些反应也许更多反映出人们对那个时段的关注，而非朗香教堂本身。朗香教堂远非一个彻底的改变，它扎根于勒·柯布西耶早期的绘画、雕塑、建筑以及城市项目中，同时来源于他对远东的一系列乡土及纪念性建筑的分析。

[右图]
朗香教堂，朝向祭坛的室内视角，显示了光从南立面投射进来。

勒·柯布西耶最早接触朗香教堂设计是在20世纪50年代早期，由神父阿兰·库蒂里耶（Alain-Couturier）大力推荐，来自贝桑松宗教委员会的教士勒德尔（Ledeur）向勒·柯布西耶发起设计邀请。[6]勒德尔和库蒂里耶都是复兴教堂艺术和建筑的先驱者。库蒂里耶是《神圣艺术》杂志的编辑，该杂志自20世纪30年代起发表了很多改革主义观点。他们认为传统的图像和类型已经处于衰败的状态，因此教堂必须通过最具活力的创造者——现代艺术和建筑来获取新生。他们也有这样的观点：回到本源。《神圣艺术》有时会刊登一些遥远山区的罗马风教堂的图片，以传达"高贵的贫穷"的含义。现实主义者反对抽象艺术，而表现主义者反驳道：强烈的形式安排可能会刺激精神的高度集中，因此提升和基督教徒交流的质量。库蒂里耶声称："通过形式上的卓越品质，神圣的宏伟建筑在其本质上已经是神圣的。"[7]库蒂里耶也参与了委托给马蒂斯的旺斯玫瑰园小教堂（Chapelle du Rosaire in Vence）项目，同时他还将拉图雷特修道院的设计委托给了勒·柯布西耶。即使在朗香教堂因非正统的设计而招来质疑的情况下，库蒂里耶一直支持着该建筑和建筑师，与流言蜚语对抗。

第一次接触朗香教堂的委托时，勒·柯布西耶是拒绝的，他声称教堂是一个"死气沉沉的机构"。这个反驳可能是因为他还在为不久前的圣博姆教堂方案被当地教会机构否决一事深感不快。圣博姆位于普罗旺斯省的艾克斯市附近，该圣地被认为是抹大拉的玛丽亚安度晚年的地方。他是一个从未在城市设计中设想过教堂位置的建筑师；并且尽管他自己对修道院有着极其浪漫的想法，但仍对官方神职人员持怀疑态度。因此，对于这样的建筑师，这是人们能猜想到的正常反应。然而，虽然勒·柯布西耶没有特别的宗教信仰，但他并非对"崇高"毫无知觉。他作为新教徒被养大，并且他的母亲和阿姨波利娜都十分虔诚。因而对道德和精神问题的感受逐步转化成罗斯金式的诗学语言和理想主义哲学，以及通过改进环境来达到社会和道德进步的想法。勒·柯布西耶坚信人性本善以及和谐的自然法则，这些都促使他与基督教的信条"人类的堕落"以及"原罪论"相抵抗。但是勒·柯布西耶并非一个唯物主义者，他倾向于将自然和建筑秩序视为材料表现出的一些定义模糊的精神现象。当被问道他对朗香教堂的信仰时，勒·柯布西耶回答道："我没有感受到信仰的奇迹，但是我经常感受到不可言说的空间的奇迹。"[8]

当勒·柯布西耶于1950年第一次参观基地时，他便迅速掌握了关于这个场所的很多层回忆。罗马人，以及在他们之前的太阳崇拜者就已经让朗香山变成一方圣地。中世纪时，人们认为圣母玛利亚的雕像拥有神秘

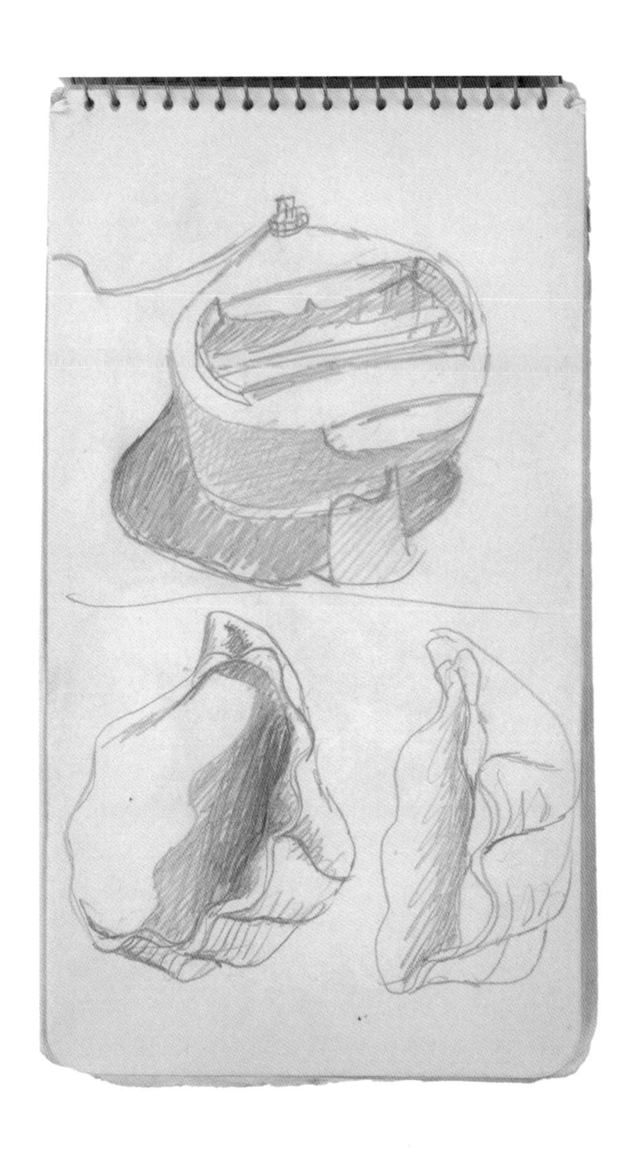

[对页图]
朗香教堂，西北侧视角

[左图]
勒·柯布西耶，船与贝壳的草图，草图本B6，1931年。
铅笔绘制，18cm×10cm（7×4英寸）。

[下图]
勒·柯布西耶，朗香教堂屋顶和礼拜堂排水沟草图。
草图本E18，1951年2月20日。

[底图]
采光系统、塞拉比尤姆神庙、哈德良离宫、蒂沃利公园草图，20世纪50年代，根据1911年东方之旅过程中初次完成的草图进行绘制。

的力量，对其崇拜也进一步发展。宗教改革期间，这些力量被认为阻止了从东方传来的异教。（讽刺的是，勒·柯布西耶的祖先也是这些异教徒之一。更为讽刺的是他甚至热爱他与早期清洁教派的联系。）1944年，这座山在德军从法国撤退时受到了轰炸，朗香自此和自由法国军队以及解放紧紧地联系在了一起，因此这座教堂的重建不无爱国主义色彩。勒·柯布西耶对库蒂里耶给他的一本关于天主教礼拜仪式的书籍印象深刻，并开始回顾历史上曾有的令人激动的宗教场所。但最后仍是场所精神（genius loci）本身，这个地方的神圣性以及它和周围环境独特的联系主导了勒·柯布西耶的想象力：尤其是他在地平线上感受到此处山坡和远处山脉产生的共鸣。

两个星期前，他乘坐火车经过朗香时，瞥见老教堂的遗址，于是便在速写本书里记录道：新建筑的形体应更小一些，并与山体相互协调。勒·柯布西耶思考这些景观的时候，他可能想起了年轻时与莱普拉特尼耶一起在阿尔卑斯山脉漫步的情景。他们甚至有趣地设想在汝拉山脉的顶部建造一座神庙，献给对神秘大自然的崇拜。毫无疑问，勒·柯布西耶肯定还回想起雅典卫城上山的游行路径，斜前方看到的帕提农神庙，通往后方入口的迂回的游行路径，以及弯曲收分的柱基和柱子如何将建筑的轮廓与远处的山脉联系起来。勒·柯布西耶最

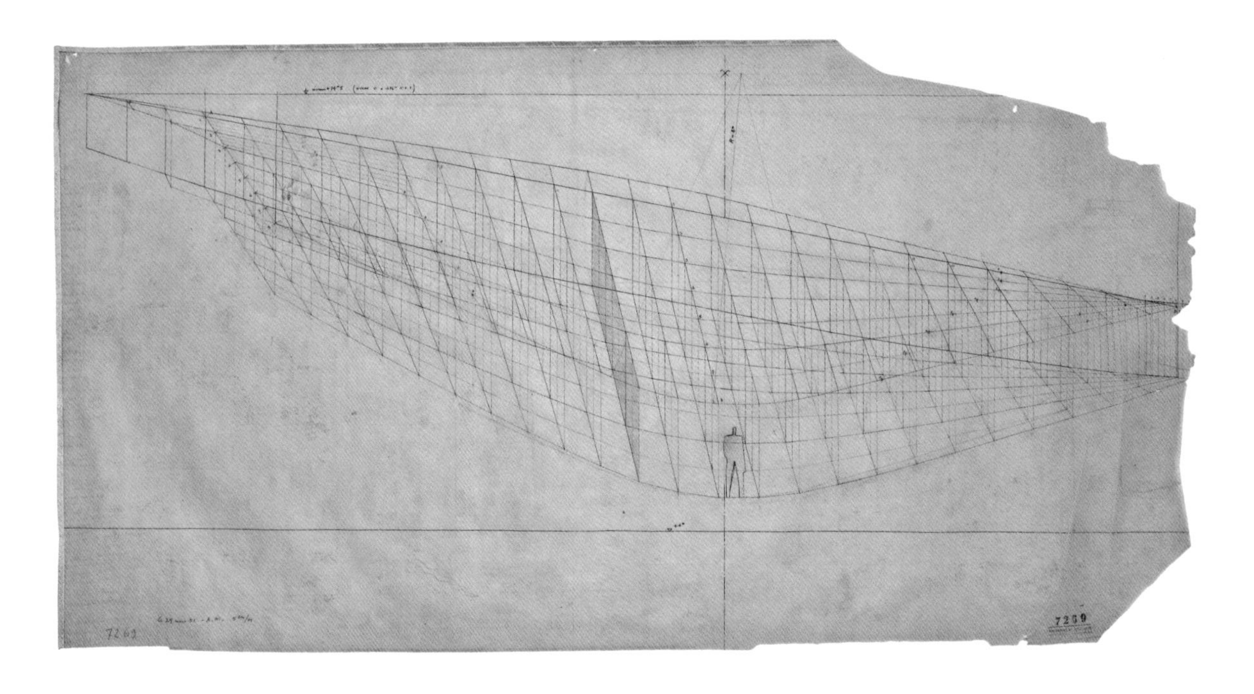

早的速写涂鸦（现在已经丢失）中，就处理了场地和四个方向地平线以及太阳路径的关系。这种形而上的反思由实际需求进行补充。基地没有多少水源，因此蓄水装备是必需的（最终的蓄水屋顶回应了这一需求）；由于山坡不易攀登，对老教堂的碎石进行再利用也十分合理。

勒·柯布西耶的设计过程并非是纯理性、线性的。他在普遍性的理念和特殊的观察中来回游移。思想上的类似跳跃在创造假设中至关重要，形式与形式、形式与思想、思想与思想之间的很多联系都是经过一段时间酝酿后无意中创造的。关于整个设计过程，勒·柯布西耶写道：

> "当一项工作被交到我手中，我会将它收藏到我的记忆里，并且好几个月内不允许自己做任何草图。这也正是人类大脑形成的方式：它有一定的独立性。它像一个盒子，你可以以任何方式放入问题的一些要素，然后放任它们'漂浮''激化''发酵'。然而有一天，脑中开始自发运动，你突然涌现了一个想法；你拿起一支铅笔、一根木炭、一些彩色蜡笔……你赋予了这张纸生命，这个想法出现了……它诞生了。"[9]

1950年的晚春，朗香教堂的想法诞生于勒·柯布西耶的速写本上。接下来的一系列钢笔画（其中一张落款于6月）已经在一些细节上预示了完成的形式。它们暗示了一个涌动的立体雕塑从周围环境中收集能量。同时在勒·柯布西耶早期风格和各种历史资源中，可以看到这个新想法的形成来源。也许勒·柯布西耶没有关于教堂的固定概念，他的客户也不鼓励他直接回到对称的传统布局方式。但是勒·柯布西耶在最近的圣·博姆方案中设计了一个宗教空间。这是一个朝圣者的地下洞穴，顶部有天光洒入。室内有一条仪式性的道路，前端突然展开面向地中海的广阔景观。在其他的作品中，礼堂和集会大厅通常包含在声学的曲线中，这些曲线用来塑造声音和表达功能。[10]然而最早预示了朗香教堂平面的是20年前的阿尔及尔公寓项目中和地形相呼应的凹凸的曲线。像"乌布"（Ubu）和"乌纵"（Ozon）系列中的雕塑一样，勒·柯布西耶晚期的绘画也有同样的类比。当他公布朗香教堂方案时，他沿着这些声学形态去拍照，来加强这种类比联系。和往常一样，自然也是建筑的一部分：很多关于朗香教堂墙体的速写都表明了在自然的参与下，外表面变成了内表面，内表面成为外表面。

无论在处理新问题上，还是使用象形文字系统（hieroglyphic system）吸收和转化"拾得之物"[11]，勒·柯布西耶的方式都为他提供了大量的方法。朗香教堂的屋顶为这种转译提供了例子。它可能受到以下事物的启发：从长岛拾起的一只蟹壳、船的外壳、关于水闸和滑雪道的记忆、墓石板，以及飞机机翼的轮廓和结构。在勒·柯布西耶想象的内部景观中，变化多样的事物中存在着诗意的对应关系。有些联系可能和功能的类比有关（如屋顶和蟹壳），又或者和水流有关（船、水闸以及蟹壳）。其他的联系则可能起因于形式和结构的类似。甚至于语言的共鸣也有一定作用：在法语中coquille意为蟹壳，coque意为船的外壳。在他1930年早期的一本速写中，就通过小木船和贝壳探索了这种类比形式。这如同在梦中，奇异的联系实际上可能构成了一个新的事实的结构，那些深奥的含义也会结合在其中。在勒·柯布西耶的脑海中，这些资源之间可能存在着相互的联系，共同围绕着"冥想的容器"这个统一的思想。它如同一个精神的容器，一艘救赎的轮船，驶过一波又一波的景观。

朗香教堂的光塔还有一个有趣的起源。哈德良离宫的塞拉比尤姆或克诺珀斯（Canopus）的顶光系统对它影响很大，40年前勒·柯布西耶在东方之旅时就有所描绘，上翘的屋顶面对不同的方向以"倾听"周边的景观，让人联想起勒·柯布西耶在他的书《飞机》（Aircraft）中描绘的一种军事监听设施的多方位聚声凹板。它们也像撒丁岛（Sardinia）的石墓碑。外形巨大、半穹顶形状、并在顶部开有十字形光槽的主塔使人回想起20世纪30年代，建筑师在西班牙旅行时描绘的

[左图]
朗香教堂，复杂屋顶几何体轮廓投影图（由安德烈·梅索尼埃绘制），1951年3月29日。
钢笔与铅笔粗线绘制，68.7cm × 110.6cm（27 × $43^{1/2}$英寸）。

[下图]
朗香教堂，南立面图，研究开口、阴影和混凝土百叶窗的比例，1954年。
钢笔与铅笔粗线绘制，74.5cm × 143.5cm（$29^{1/3}$ × $56^{1/2}$英寸）。

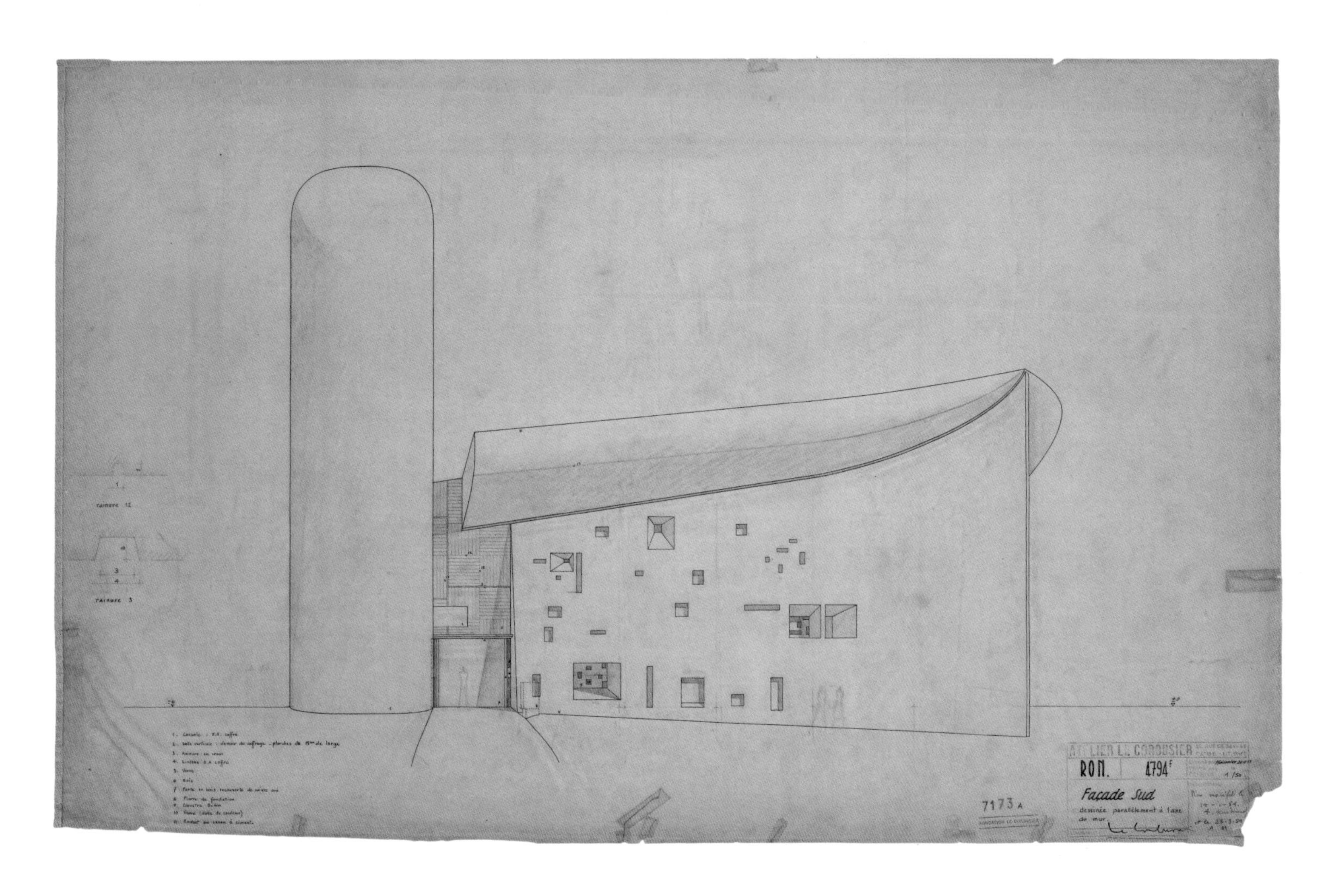

一个小型乡村教堂。南面多孔的墙体似乎可以追溯到西迪·普拉姆（Sidi Brahim）的清真寺[位于米萨伯的阿推夫（El Atteuf，Mzab），阿尔及利亚市中心]，勒·柯布西耶曾在同一时期游览过此地，他也被白色弧形墙或沙漠村庄的黏土建筑深深吸引。可能希腊岛屿的地域建筑也起到了一定的作用。北墙上的光槽像是要塞的枪孔——也许是在苦笑着提醒人们铭记朗香经受的第二次世界大战，但是采用了蒙德里安式的图案。还有很多起源可以追溯，并且都有充分的史料支撑。只是这种方法可能会人给留下一种印象，即创造是由很多有趣的片段简单地混合拼贴而成。朗香教堂中的引人注目的事物，又或者在这方面任何一件成功的作品，都是将这些影响转化为一个新的形式和意义复合物的方式，若减少它的任何一种元素都会破坏其整体性。

若追溯勒·柯布西耶从1950年中旬到1953年间的一系列绘画和模型，（此时朗香教堂也开始建设），可以看到勒·柯布西耶和他的工作室是如何探索一种合适的方式去表达他的主题思想。他们用弯曲的金属丝研究结构和复杂的曲率，然后用木模型研究实体和空间的组构。南墙面的设计协调了几个不同的坡度、角度和厚度，室内外的最终轮廓由倾斜表面的投影几何学来确定。勒·柯布西耶再利用了老教堂废墟中的石材，将它们嵌入隐藏的钢筋混凝土构架中。不同尺寸的洞口巧妙地安排在框架之间的缝隙处。它们的深度不同，以透过不同强度的光线，引起有趣的深度方面的模糊感。模度比例通过尺规作图进行过仔细的研究，虽然最后的判断仍然要通过直觉来确定。朗香教堂的开有洞口的南墙面，在三个维度上倾斜弯曲，是一项非常独特的发明，但它仍然经过了多年对砌体和骨架结构的思考。从更久的历史来看，它则来自于瑞士学生宿舍的弯曲和缩进的带有毛石面层的墙体。

墙体表面采用压力喷射的白色涂料，由大块卵石、石灰和水泥混合而成，但是屋顶采用了灰色的浇筑在曲面木模板上的混凝土壳体。这个中空的外壳由七个边梁支撑，很像划艇的横向构件或翅膀中的支撑骨架。整个建筑由一些组成框架结构的纤细的钢柱支撑，它们都嵌在墙内，因此看不见。屋顶看起来好像是独立漂浮在下面的教堂空间之上。同时屋顶也需要承接雨水并将它导入较低的西端，在那里它通过一个突出的滴水嘴流出。建筑的屋顶好像一个水闸，建筑师在他的一幅草图中将

[左图]
朗香教堂，视线穿越室外礼拜空间和祭坛，望向南面的天际线。

水流和水坝的出水进行比较，在另一幅速写中（在飞往克里特岛的途中完成），他将汹涌的水流比作滑雪的动作。这座献给自然的教堂需要太阳、光、风和雨去赋予它浓厚的宇宙色彩。西墙面的滴水也经过精心设计，类似他的神秘绘画“公牛”（Taureaux）的鼻孔，滴水下面的雨水池设有三角棱柱，象征着一些神秘的水生世界符号。

将需要的屋顶形状与所有的实用需要和隐喻，以及下部教堂的复杂布局进行协调，不仅需要雕塑家的感觉，还需要数学家的将形式转化为实用几何的能力。[12]在这一阶段，勒·柯布西耶可以依靠他一位助手安德烈·迈索尼耶（André Maisonnier），他有着相当好的数学能力。虽然有着看似怪异的形态，但这屋顶的形状与圆锥相交形成的曲面却非常和谐。它是画法几何的杰作，令人想起造船工匠计算船体不同曲率轮廓的手艺。它在建造时，浇筑的模子甚至很像船板，一些令人印象最深刻的施工照片展现了木匠们拿着锤子和钉子攀爬在凹形木料表面的周围。在用相对比较粗野的方法获得粗糙效果的背后，存在着非常精致的抽象秩序，将不同层面的形态思考和或展现或隐藏着的意义层次相结合。

朗香教堂在抽象和表现之间来回游移，对这些复杂的形态只作某一种解读显得有些傻，因为它们运用了部分难以被证明的内在意图，甚至是一些对象征事物的无意识的融合。[13]《神圣艺术》团体的人希望天主教义的内容可以不用肤浅的图像便能交流。在教堂中，勒·柯布西耶设计了祭坛、十字架、讲坛和其他教堂家具，但给了这些传统的物件新鲜的阐释。现存的圣母像是关键，她被放置在东墙的方形洞口中，从内外都能看到。她是一种象征，给了这个场所以荣耀。勒·柯布西耶除了这些容易理解的图像之外，还在彩色玻璃中做了一些神秘的片段化的隐喻，尤其是朝圣路线尽端、只在特殊场合下打开的瓷漆大门。这里的示意形象除了别的之外，还暗指圣母领报。通过两只手传达出来，一只是加百列天使（Archangel Gabriel）的手，另一只是玛利亚的手，正在接受她神圣的使命。进入教堂的道路暗示了玛利亚的故事，以入口领报为开始，到圣母升天而告终，后者通过东墙面上漂浮的被星星围绕的神秘形象而体现。

那些想在朗香教堂上寻找到圣经旧约典故的人将建筑视为搁浅在山顶的诺亚方舟，或是野地里一个固化的帐篷。这体现了勒·柯布西耶的清洁教派（Cathars，他骄傲地宣称为祖先的某种受迫害的异教）二元论思想。清洁教派将教堂看作他们最后的据点和要塞的再现：郎格多克（Languedoc）的蒙特塞居（Montségur）山顶领地，有着厚重的墙体和透入光线的小窗洞。那些坚持神秘事物和几何象征的人将令人怀疑的图示加在教堂平面上。朗香教堂可能有着一些这方面的意思，但它们离不开建筑师可能的思想来源。勒·柯布西耶在他的建筑中融合了不同层面的含义，他的建筑的力量在于其含混性，在于其拒绝直述的方式。他自己宣称一件作品可能“充满了隐藏的含义”。除了符号（sign）之外，勒·柯布西耶还不断寻找蕴含于生命形式的有关象征。

无论朗香教堂和过去有多大的联系，它都是一个坚决的现代建筑。朗香教堂表面上看和20世纪20年代一些表现主义的作品有相似之处，但要避免夸大其词：它的形式非常紧凑，精确的曲线体现着张力。朗香教堂和同时代艺术家的图腾抽象画也有相似之处，如罗伯特·马瑟韦尔（Robert Motherwell）或雕塑家大卫·史密斯（David Smith）的作品。和勒·柯布西耶一样，他们也运用潜意识来搜寻图像，试图将超现实主义对魔力的诉求和来自于立体主义绘画的形象结合起来，其核心的联系是20世纪30年代的毕加索，他向他们展示了生物形态抽象的可能性。但是朗香教堂还源于勒·柯布西耶自己相当早期的发现，它甚至可以回溯到在莱普拉特尼耶指导下的罗斯金式的教育（只有自然才是真实的），以及瓦格纳总体艺术下的一个世纪末幻想：一件

［右图］
勒·柯布西耶与工作室成员创作的拉图雷特修道院，阿尔布莱斯勒的埃沃，法国，1953—1957年。从西北方向穿过草地望向建筑。

总体艺术作品，是由绘画、雕塑和建筑整合成的、一种对统一社会理想的表达。勒·柯布西耶主张朗香教堂的小山坡上还应设有电子音乐（electric music），在每天特定的时间段鸣动，发出奇怪的声音。朗香教堂首先是一个景观的概念，与周边的环境紧密呼应。[14]

尽管对原型有很大的抱负，朗香教堂却并没有获得完全积极的反响。保守的牧师们认为该建筑与宗教标准相差甚远。更近的时期，"进步"的观点开始反抗"基督教美学"，认为朗香教堂是极端唯心主义。[15]当然，朗香教堂存在一些童话剧式的（pantomime aspect）的细节，如过度甜美色彩的玻璃装饰。但是对于这个形式，最直接的感受在于它的场景、光与影的交替，以及具有张力的室内。这些效果与费里神父（Abbé Ferry）的赞美是一致的：

> "20世纪中期，教堂转向表现基督教神秘性的总体……人们在其中可以发现以前各个时代的感人氛围，如墓穴、古代的巴西利卡，以及我们古老的罗马风教堂。"[16]

建筑刚完成时，勒·柯布西耶自己用常用的术语描述了它：

> "……这是妙不可言的作品，是一个2000年之前的奇特景象，来自罗马时期的基督教。"[17]

当朗香教堂还在设计的后期阶段时，勒·柯布西耶收到了多明我会的拉图雷特修道院的设计委托。基地位于一个斜坡之上，在阿尔布莱斯勒的埃沃（Eveux-sur-l'Arvresle）附近，距里昂的西部只有几英里远。库蒂里耶教父又一次在促成这个项目中扮演了重要角色，并向勒·柯布西耶解释了修道院生活的基本原理。鉴于他早期对艾玛修道院的浓厚兴趣，勒·柯布西耶接受这个项目并不需要太多的鼓励：

> "让勒·柯布西耶意识到了个人生活和集体生活相互作用而产生的和谐，每一方面都对另一方面产生作用，个体性和集体性被理解为基本的二元性。"[18]

尽管拉图雷特修道院是指定为多明我会而建，库蒂里耶仍鼓励勒·柯布西耶去参观和研究位于普罗旺斯勒·托罗那（Le Thoronet）的西多会修道院，并声称这是对修道院理想的经典表达。他甚至暗示不同时期的情况没有太大变化——对"永恒"的暗示肯定吸引了勒·柯布西耶。在他的信中（写于1953年7月），库蒂里耶附上了一幅典型的西多会修道院平面的简图，公共设施依附着回廊庭院，而这个庭院又处于一个长方形教堂的一侧。[19]

勒·柯布西耶1953年夏季访问了拟建拉图雷特修道院的基地，他立刻被其坡地地形和远眺西部群山和峡谷的景色深深打动。与朗香教堂一样，他关注地平线和太阳的轨迹。[20]在一个示意剖面图中，他建议建筑应该从基地的最高点进入，顶部应该是平的，让低一些的层次呼应坡地。他也似乎建议从入口区域设置一个坡道到达屋顶平台，穿过教堂。继续深入设想的任务交给了伊阿尼斯·泽纳基斯（Iannis Xénakis），一位希腊工程师和音乐家，他注定要在工作室中承担重要的角色，特别是在诠释比例和音乐的和谐理论方面。一幅早期的拉图雷特修道院的轴测图显示了一个带有庭院的建筑架起在柱子上，北端是教堂体块，一个有遮盖的坡道升起到达建筑的顶部，一个十字形步行道在庭院上方连接了主要功能区，修士的居住单元沿着顶部两层分布。在更详细的研究中，伊阿尼斯·泽纳基斯为教堂建议了一些菱形形状的反声板，屋顶设置一个巨大的凹形铲子似的构件（scoop）用来将声音传播到山谷。虽然其中的一些想法被拒绝了，整体的布局和许多场地策略仍然被保留了下来。

要想理解勒·柯布西耶对拉图雷特修道院的意图，以及他对修道院原型的提炼，我们需要在脑海中设想拉

图雷特修道院完成时的样子。通常的途径设在北面，第一眼看到的便是教堂一侧的空白矩形混凝土墙。墙顶树立了一个十字架，墙面下方被弯曲的突出物贯穿，其一侧是礼拜堂。耳朵的形状以及倾斜的墙面使人回想起朗香教堂，但在这里，光通过一系列倾斜的“采光筒”从顶部洒入。对一个封闭和排外的机构来说，空白的墙面是一种有力的、神秘的表达。只有当人们走近这面墙，并将视线斜向牵引至西面的山谷和丘陵时，才能意识到这个垂直面与斜坡多么精妙地相抗衡。事实上，屋顶也并非水平，而是向东端倾斜，引起一种压缩透视的幻觉，同时又为教堂内外的体量增添了活力。柯林·罗在这面墙前沉思时获得了暗示：“一个伟大的大坝，将整个水库的精神能量都聚集在一起。”[21]

人们穿过教堂，便会发现在教堂和其他建筑物之间的矩形景观小品。勒·柯布西耶再一次在设计中应用了在水平线上的开放运动。修道院呈U字形，包围着中间的一个庭院，连接着混凝土体块的教堂：它的勒·托罗那（Le Thoronet）的图解再次解释了这一大胆的、几乎是有些粗野的现代形式。但是拉图雷特修道院都是小室（而非一个公共的宿舍），并且这里没有从回廊可达的宜居的庭院。过去的类型被重塑成一个平顶的公共的混凝土码头（jetty），设计在由柱墩支撑的倾斜区域之上。勒·柯布西耶的这个理想社区将修道院场地和悬浮于地形之上的结构结合在一起。修士居住的院子安排在水平的混凝土框架中，让人想起多米诺骨架；而教堂被容纳在一个竖直的长方形体块中，表面由粗糙的浇筑混凝土板制成。拉图雷特修道院保留了一开始的水平板式体悬挂各功能块的想法，以多样的方式和下部不规则的地面联系。主要的形态是一个矩形庭院，穿插了玻璃走道、天窗以及柱状体。

开窗方式、雕塑重量以及通透性的变化标志着使用方式的不同。修士的私人小室分布在顶部两层，沿着建筑的外边缘布置，像某种檐口。每个小室都设有一个凹阳台遮阳，由粗砂预制板组成。狭窄的房间十分紧凑，它们朝向独立的平台，并提供了树木、群山和天空的框景。建筑入口处于两层修士小室的下方，由一个独立的混凝土门廊标识出来。参观者通过一座小桥从世俗的世界转换进入神圣的领地。这让人回想起勒·托罗那修道院的类似设计以及救世军大楼的入口序列。拉图雷特修道院将成为多明我会的教学机构；相应地，入口层处理成一种向外开放的姿态。入口通道和马赛公寓的空中街道十分相似，但是此处的通道沿着庭院的内边缘布置，并且采用了一种复杂的模式：由玻璃和不透光的面板共同组成。最公共的功能，曲线形的接待室安排在入口处，新教徒的图书馆和研讨室就在这一层，演讲室也同样，采用了立方体上设金字塔的形态。

在拉图雷特并没有完整意义上的院子/修道院：场地并不允许花费昂贵的开发。在建筑顶部的屋顶平台和低一些的通道（被设置在一种交叉的形式中）为冥想散步和办公阅读留出空间。上部建筑的每层走廊都被一个狭窄的水平窗户照亮，窗户在视线的高度从内院透入光线并提示他走出了自己的小单元，他属于整个社区并服从于修道院的法规。当太阳散发出长长的光线投射在地面上，这些玻璃裂缝通过规律间隔的混凝土石块被穿透，这些石块玩笑般地暗示表面的结构框架并使建筑水平层次的堆积和集合变得戏剧化。在拉图雷特，快乐被带到建造的机构中，以及水平和竖直开放的对比中。建筑西端公共部分和研讨室采用落地窗，由间距不一的混凝土窗棂分割，称之为“波动的玻璃墙面”（ondulatoires）。有些地方还设置了可转动的折叠铝制通风门，即“通风机”（aérateurs）。工程师-音乐家泽纳基斯通过模度比例设计了竖向构件间不同的间隔，创造了“音乐感的窗节奏”。[22]

拉图雷特修道院的平面展示了建筑是怎样由性格迥然各异的层面组合起来的。它们以水平向扩展开来，提供了路径、插入的场景和焦点。这些层面由楼梯间、天光和中空剖面竖向连接，自由的平面勾画出这一封闭机构的生命。它的孤寂的单人小间和正式的聚会空间之间

[最左图]
拉图雷特修道院，地窖礼拜空间的弧形一侧，凸出于教堂北侧的墙壁，不同角度的圆柱形“光炮”朝向地平线。

[左图]
拉图雷特修道院，鸟瞰图。

[左下图]
拉图雷特修道院，教堂层平面。

[右下图]
12世纪的西多会修道院-勒·托罗那平面图。

[底图]
拉图雷特修道院，伊阿尼斯·泽纳基斯绘制的轴侧图，1954年3月30日。
铅笔与彩色蜡笔绘制，60.8cm×143.5cm（24×56$^{1/2}$英寸）。

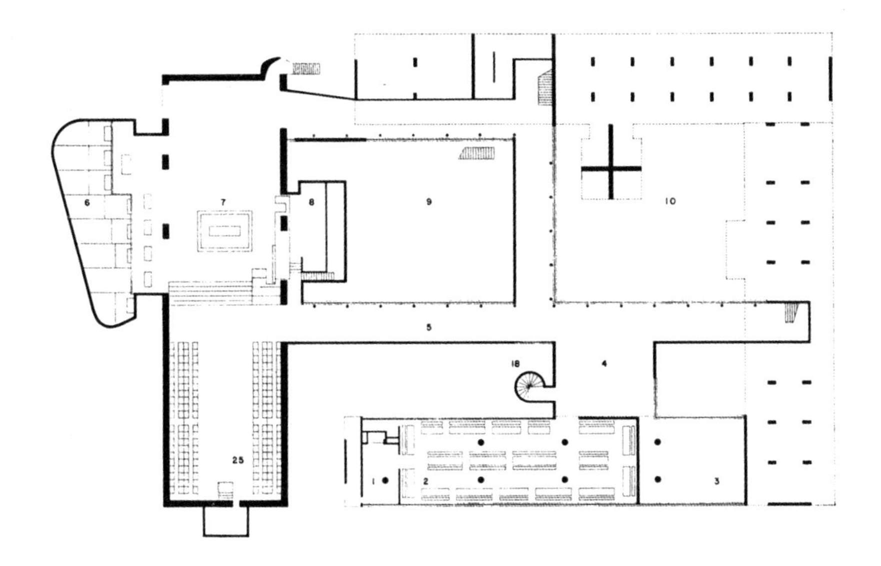

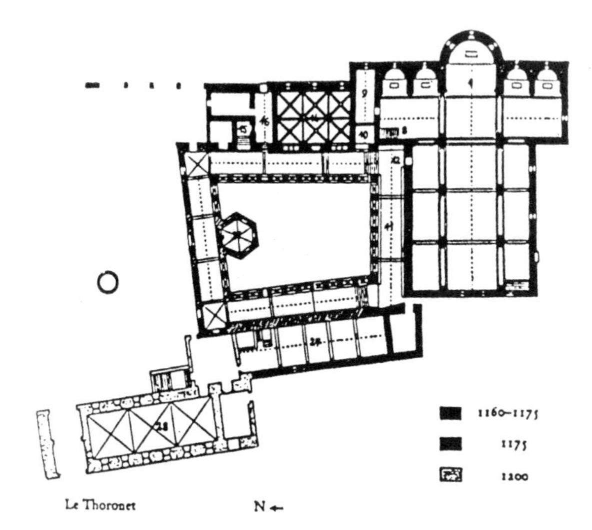

[下图]
拉图雷特修道院，教堂室内，从祭坛往西看向唱诗席。

[左下图]
勒·托罗那修道院，望向洗礼堂带有锥形屋顶的回廊。

[右下图]
拉图雷特修道院，从入口看向庭院：小礼堂屋顶的金字塔。

跌宕起伏，修士共享的和个体的祈祷空间之间起承转合。拉图雷特修道院的序列使参观者通过一系列不同心理感受的空间，从小金字塔形演讲空间的封闭神秘感到开敞光亮的内庭院，从阴影中的倾斜步行坡道到坚固的教堂矩形体块。集会场所诸如餐厅、教士会礼堂和教堂是正式而对称的。食堂由一根轴线在四根坚固的柱子之间穿过，后者提供了两边桌子的位置。所有的成员都聚集在这里用餐，以远处的景观为背景。地平线透过“音乐节奏”玻璃窗的通透间隙可以被重新发现，拉图雷特修道院比例的安宁和面层的朴素是有着道德含义的。

勒·柯布西耶善于对理想类型表现的秩序进行变形、转换甚至是反转。当俯瞰整个拉图雷特修道院时，你会发现形式的奇异并置：祈祷室上方的金字塔插入庭院之中，和中庭上部的倾斜屋顶相和谐的“中世纪”旋转楼梯的圆柱体呼应了现代工厂的对应物——厨房烟囱，并与古怪的、弯曲的访客入口门房产生共鸣；圣器收藏室的低矮体块及其上方一排“采光枪”（light guns）与教堂的墙面相冲突，并与十字形的走廊相对抗。与整体的拼贴策略相一致，各处体块的尺寸、重量和质感都不一样。最终的结果是不同形状、特性和联系的结合。但是这些对比和另一冲突相比都是次要的，即水平层的修道院和垂直向的教堂体块之间的冲突。最终产生的张力，在人们从草地看拉图雷特修道院时尤为明显。主要体块和空间的对抗、光和影的对抗都在具体而细微的细节中，通过不同深度、肌理和透明度之间的小比例和间隔得到加强。个体和集体之间的相互作用——勒·柯布西耶思想的关键——都被带入到更小的细部之中。

拉图雷特修道院体现了一种勒·柯布西耶过去主题的变化：架于支柱上的盒子，但是运用了不同的柱墩和支撑来做主要结构。圆柱形的支柱解放了公共空间，如食堂和教士会礼堂，而教堂和修士小室则按照矩形房间处理。自由立面的概念扩大至包括波动的玻璃墙面和通风装置：固定玻璃板用于采光、旋转门用于通风，他为每种功能寻找了一种独特的形式。它们将窗（fenêtreenlongeur）和遮阳板结合起来，用理性主义的类型策略使开窗结合钢筋混凝土骨架。当勒·柯布西耶不辞辛苦地发明新元素时，往往都是因为过去的已经不适用了，或是因为他遇到了一个前所未有的局面。自20世纪30年代早期开始，他就在处理全玻璃、封闭的立面时遇到了困难。它们不能很好地解决日晒问题，也没有足够的通风。遮阳板解决了一些日晒问题，它结合了波动的玻璃墙面和通风装置，通过将它再定义为一种窗棂和间隔的节奏序列，穿越了不同的空间并引入了新鲜的空气，进而保留了自由立面的原则。

拉图雷特修道院的基本想法——顶部悬挑的修士小室、下面是支柱，中间是公共空间——需要一种转换过渡的肌理，这是平板玻璃所无法提供的。泽纳基斯和勒·柯布西耶的创新性的开窗法很适合于用在不同的尺度，可以同时表达竖直和水平的方向。反过来这个有

［左图］
拉图雷特修道院，食堂对面走道边音乐节奏波动的窗棂。

［下图］
西立面窗棂图纸，伊阿尼斯·泽纳基斯根据的模度比例创作的间隙变化研究，1955年。
铅笔与彩色蜡笔绘制，60.8cm×84.8cm（24×$33^{1/3}$英寸）。

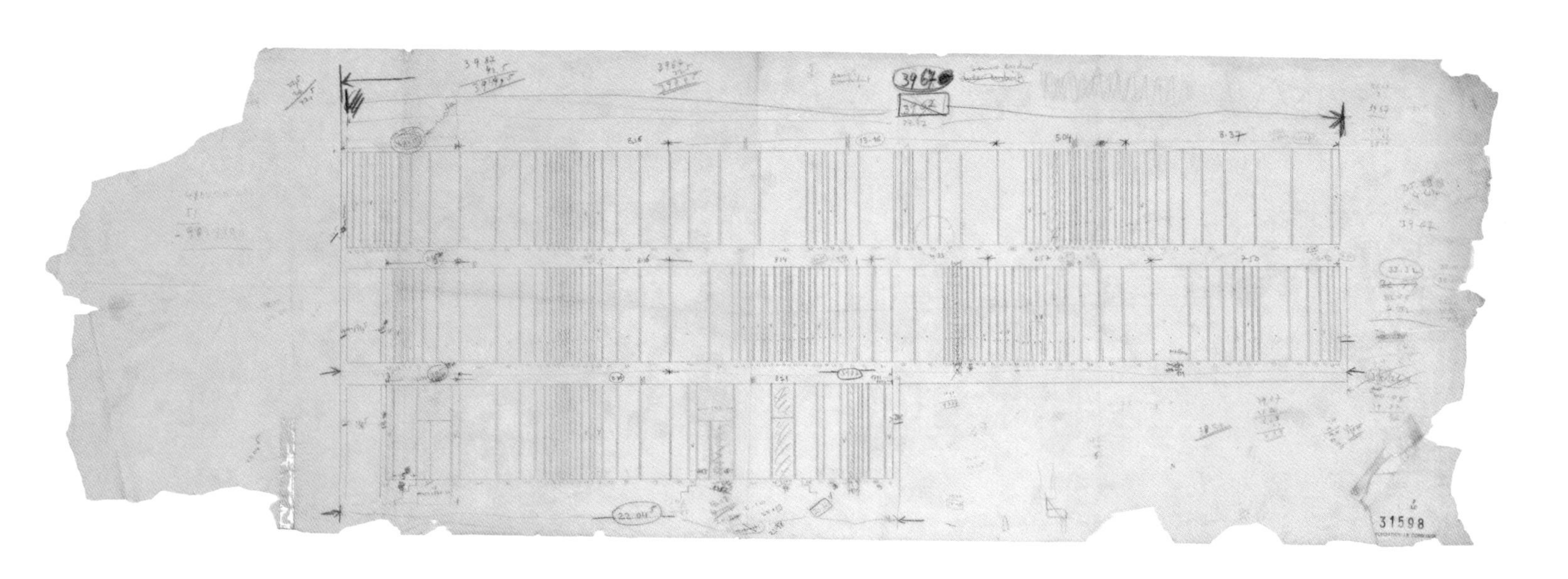

节奏的开窗法强调了楼板，并强化了水平悬浮层向地平面伸展的中心主题。波动的玻璃墙面通过一种形而上学的比例暗示，实现了这个作品的深层意图。泽纳基斯帮助发明了这个新系统，叙述了定义这些间隔和比例的困难，它们要满足室内需求，与整个形体和谐，也要符合模度的数理关系。从室内看，波动的玻璃墙面将人们的视线切分成一幕幕有趣的片段，并提供了一种围合的深度。感受从其中透过的光线，它们产生了一种开窗方式的神秘的不透明感，甚至令人想起古典建筑的构件，如希腊神庙里成排支柱上的凹槽。结合高悬的修士小室的“檐口”，以及柱墩强有力的可塑性，拉图雷特修道院的波动的玻璃墙面暗示了一种谨慎的古典主义：“精神的机器”，这也正是勒·柯布西耶对帕提农神庙的简洁精炼的外形的称赞。[23]

波动的玻璃墙面不同尺寸的片段由纤细的涂黑铜条进行固定，它们标示出次级的韵律，带来了深度方面的模糊性。凸出和凹进的线条令人想起蒙德里安绘画的网格，金属交接点暗示了教堂窗户的意象。多重尺寸的波动的玻璃墙面由光产生生命力，它们舞动的图案由于影子投在地板上而进一步增强，它们也由模度比例进行切割。所有这些叠加的秩序系统、一些材料和非材料的结果，是一种重叠了各种尺度和间隔的视觉复调音乐，是一种强化了空间感觉的能量的振荡。和谐的开窗方式（fenestation）完全进入了它下面的层次，那里有修道院自己的集体功能，如教士会礼堂，食堂和通向教堂的装有玻璃窗的走道。波动的玻璃墙面在这些透明的走廊中使它们背后的活动更加戏剧化，当人走过时会感受到雕塑般流动的效果。从斜向看过去，它们令人想起传统修道院回廊中退隐的光线和投影面。混凝土形式有紧凑的比例，呼应了前往一个石制纯粹抽象体的古老感受:光、音乐和数学被西多会运用作为接触神圣的手段。

拉图雷特修道院有着对立元素戏剧性的展开：垂直和水平，紧密和通透，重和轻，粗糙和光滑，明亮和黑暗。空间被包含在里面，然后随着人们的四处移动散开，水平向被重新发现作为关键点。材料以朴素诚实的方式运用，强调了功能、结构和形式的变化:教堂的粗混凝土，修道院单元的裸露框架，填充墙体的石灰和卵石粉刷，阳台的粗糙黑色骨料，大窗户的预制混凝土支架，条状玻璃和铝板。内部的处理同样很直接：各种管道都直接裸露，楼板是有肌理的清水混凝土，刻有模度的矩形，墙面表层是水刷卵石或者涂成鲜亮的颜色，就像昌迪加尔和马赛公寓中一样。这种功能主义的简朴可以解释为修士的，但也不要忘记拉图雷特修道院的经费曾被削减将近一半。简单的描述无法传达变换的光影，冥想的氛围，建筑秩序的体会和悬浮于景观之上的感觉。拉图雷特修道院用混凝土创造了一种中世纪的场

［右图］
穿过祭坛旁边的钢十字架向西望向教堂内部的唱诗席和管风琴箱的黑暗处。

所：一个封闭的城市，在其中精神由自然的绝佳景观得到提升。建筑平面由多明我教派的规则确定，其日常活动有着历史悠久的规定。

> "我一直尝试着创造一个场所，供多明我会的修士们冥想、学习和祈祷。人们的需求指引了我的工作……我想象了形式、联系以及路线这些非常必要的元素，以便于人们在这个建筑中安心地祈祷、做礼拜、冥思以及学习。我的工作就是为这里的人提供住处，这是一个有关修士居住并给他们创造宁静与和平的问题，这些对我们今天的生活来说都如此重要。修士们……在这份宁静之中向上帝祈祷。这个素混凝土的修道院是一件充满爱的作品。它不炫耀卖弄——它来自内在的生活，在内部其核心价值得到了体现。"[24]

从外面的世俗世界进入拉图雷特修道院，越过小桥，穿过新信徒区域（the novice's zone），向下进入公共区域，再进入教堂，最终到达举行弥撒仪式的地下室，（第一眼看到的就是这个弧形的凸起物）这里是非常重要的成为教士时需要通过的仪式道路。教堂由一条步行斜坡到达，通过一扇巨大的钢门，它有一个很省力的铰链。这是一个庄严肃穆、具有力量和纪律感的空间，在《勒·柯布西耶作品全集》中被描述为"完全的贫穷"（of a total poverty）。[25]在这里修道院的水平向、照明和波浪状的透明性让位给了巨大的拥有竖向比例的矩形体量，一个高敞的大厅，其素混凝土墙面沐浴着浓密的阴影。唱诗班席位占据了西面尽端；一些公共的教区居民的位置位于东端；祭坛位于二者之间一个高起的平台上。素混凝土的表面和黑色的影子加强了一种思想的内向感。光，从唱诗班后面的低矮缝隙中（亮度竟意外地足够阅读）、从主轴线上部的矩形天窗中、从西端屋顶和墙体的间隙中、从靠近祭坛多样的角窗，比如那些光筒处悄然而至，它们也照亮了下面的祭坛。

在教堂中，这种沉寂几乎是可触及的，好像是人进入墓穴的感觉。空间回应着，等待由音乐和人的声音唤起活力。比例和材料直接将这种感觉表达出来。第一眼就能看到的教堂的倾斜顶部显示了它的内在力量，屋顶不是水平的，它压向下部倾斜的地面。这里专注于一种对重和轻的强烈感受。内聚和扩张、重力和漂浮的力量，通过移情作用可以体会到。整个教堂的体量似乎悬浮在有色光线的水平层面上，这些光线向下环绕着唱诗班区域。它们斜向划过了墙面，使得涂成红色、黄色、绿色和白色的内表面看不见，但是通过反射增加了光线的颜色。这些教堂侧壁的斜射光线在阴影中神秘地发光。唱诗班轴线上方高处的矩形窗洞引入白色的光线，看起来几乎像一方天堂，而射向祭坛侧面的椭圆形的天光在蓝色的顶棚上呈现出红色、黑色和白色，它们若隐若现、飘忽不定的形状是斜切圆柱形采光筒的直接结果。南部圣器收藏室上方黄色顶棚中更小的三角形窗洞和太阳在春分/秋分时的角度平行，它们将光线引入祭坛的周围。

毫无疑问祭坛是教堂的焦点和枢纽。勒·柯布西耶自己将它称作这个建筑的"重力中心"。它是一个非对称基座上的浅色琢石，升起在磨光黑色石质地板平台上，这里就是进行"弥撒（Mass）"典礼的地方。[26]教堂由一条地面上的黑色宽线一分为二，黑线一直延伸到唱诗班之间的祭坛台阶。它指向西墙面上漂浮的正方形阴影盒子，这里放置着风琴，另一种"神秘的空"（voids of mystery），它在勒·柯布西耶观察废墟时深深吸引了他。这个关于"空"的黑色矩形体块就像令人沉思的抽象绘画，它也为神父主持弥撒仪式的时候提供了从观众席向前看的框景。这里有一种越过西墙的无限感，好像教堂的室内成了室外，墙面自身是某些另一端未知空间的立面。地面上的黑色长条暗示了一种隐藏的区域，而方块中的阴影显示了一个另外的世界。在东端，地板上的黑线由另一道横线切入，暗示了十字的轨迹。当神父主持弥撒仪式时，教众可以感受到他在西端远远的黑色矩形体之前的身影。在这个有利的位置，白色的光线穿透了顶棚，好

[左图]
教堂地下室顶部的"光炮"。

像悬浮在他的头上，犹如某种神圣精神的潜在体现。

当拉图雷特修道院第一次投入使用的时候，多明我教会成员仍然穿着白色的服装，站在混凝土表面前很有戏剧性的效果。在教堂的早期照片中，修士们对称站满唱诗席内外，或拜倒在中心线两边的地面上。勒·柯布西耶对这种仪式充满警觉，他似乎思考了弥撒仪式、基督教的至上神秘性，将其看作一种戏剧化的场景、一种神圣的干预。这个纪念性空间的所有力量都集中向祭坛，在这里面包和葡萄酒被转化为基督的身体和血液。在这同一个平台上，还有一个用扁钢制成的十字架，它旁边是弧线形的凳子，面对活动的中心，就像沉默的证人。建筑元素的布置和象征暗示着在基督受难（Calvary）山上再次创造基督的热情与受难情景的意图。穿过教堂的黑色带可能让人想起基督死去的时刻，这时神庙的面纱（Veil of the Temple）"从上到下裂成两半"，大地也同样地裂开。[27]圣器收藏室之前的倾斜的红色墙体暗示了一条血流成的河。在早期的研究中，祭坛被放在一个高高的平台上，有人担心它可能会暗示一种异教徒的牺牲。在其最后的完成形态中，平台和祭坛保持了一种悲剧的感觉，带有适合于弥撒含义的崇高仪式性:死亡、转变、复活、和赎罪。这好像是一段极其重要的时刻被固化在了建筑中。

拉图雷特修道院体现了勒·柯布西耶的"不可言说的（ineffable）空间"的概念，它也从不同阶段的历史建筑中提取了记忆，形成抽象的形式。主要的矩形体量是勒·柯布西耶的"奇妙的盒子"（box for miracles）和完全是来自中世纪或更早时候的教堂室内。像朗香教堂一样，它暗示回到起点。它直接采用粗糙的形象，似乎是一个工业构筑物，但是这些通过几何和光线得到升华。在《走向一种建筑》中，当讨论希腊圣母堂（Santa Maria in Cosmedin）时，勒·柯布西耶表达了"早期基督教堂的原始性"：

> "一个为穷人而建的教堂……建于奢华的罗马时期，表明了数学的高贵盛况，比例的不容置疑的力量，以及相互关系的至高无上的说服力。这个设计只是普通的巴西利卡，谷仓和飞机棚就是在这个形式的基础上建立起来的。"[28]

在精神和形式方面，拉图雷特的教堂实现了库蒂里耶（Couturier）神父通过回到本源复兴神圣建筑的任务。1950年7月，就在勒·柯布西耶要进行这个项目之前，库蒂里耶神父在《艺术》杂志上写了一篇文章，运用了暗示的题目"贫穷的政权"（Au régime de la pauvreté）：

> "如果人们确实想要从过去学到长久和平静的教训，他们将发现通常贫穷是完美和力量的直接准则……今天，如果想要一座教堂是真实的，那它只需要一个平屋顶架设在四面墙上。但它们相互的比例、体量和光影的分布需要非常纯净、紧凑，使得任何进入的人都会感受到精神的高尚和庄严。上帝的荣耀并不存在于富庶和浮夸，而在于纯粹作品的完美。"[29]

拉图雷特修道院的最终目的地是曲线形的较低处的地下小教堂（chapel or crypt），需要从圣器收藏室向下通过一个经过教堂主体底端的地道到达。一个南北向的剖面图展示了这个做法的力量，好像神职人员的权力和规则被赋予一个更古老的地府般的灵性和神启。这无论如何可能是勒·柯布西耶的个人思考，他想起是多明我教徒协助压制了他祖先清洁教派（Catharist）的"异端邪说"。地下室（crypt）暗示了洞穴或岩洞，它的素混凝土墙面倾斜，并像连续波浪一样流动，它的素混凝土地面就像固化的熔岩，它的7个祭坛位于小型平台上，这是唯一水平向的物体。但是用原始和地下这些术语描述这个空间忽视了其表达方式的现代性——这些片段化和弯曲的表面之间的冲突和相互作用，高悬的椭圆形天窗，对角线的涂成黑色的混凝土墙面不稳定地向主墙面蜿蜒的曲线倾斜。好像中世纪的教堂后殿或圆室，带有它们的放射形小圆殿和独立的祭坛，经过了关于声

[左图]
拉图雷特修道院的一张草图细节，让人想起希腊圣山的山顶修道院，勒·柯布西耶曾经在1911年拜访并记录下了这座教堂，1954年5月17日。
钢笔绘制，27.4cm×21.1cm（$10^{3/4}$×$8^{1/3}$英寸）。

[右图]
南立面修士住房阳台和波动的窗棂，指向西侧地平线。

学曲线“耳朵”的再思考，结合了波浪形的几何形式和动态的、后立体主义的空间。

拉图雷特修道院将勒·柯布西耶的一些固定的主题进行了融合:如架于支柱之上的盒子，平屋顶的城市结构凌驾于山坡之上[例如：蒙得维的亚（Montevideo），1929]，以及更多的近期发明如内部街道、素混凝土和有质感的立面等。它也结合了一些记忆中的修道院原型：艾玛修道院为勒·柯布西耶提供了长久的借鉴，当他考虑将个体和集体结合在一起的时候。而勒·托罗那修道院提供了一个案例，展示了西多会修道院的类型如何经过调整以适应地形的特殊情况。勒·柯布西耶并没有直接模仿他的原型，而是经过了转变，保持了那些他认为有效和具备价值的因素。整个勒·托罗那修道院经过了重新发现，形成了拉图雷特修道院的新形态，一些细部如坡道回廊和不同层次的教堂地面也是如此。[30]被勒·托罗那修道院喷泉的突出多边形体量吸引，勒·柯布西耶做了类似断音的物体和金字塔形的演讲室，以及螺旋楼梯。需要将神圣空间和世俗空间连接，他朴实地运用了桥的理念，不过是用混凝土而不是石材来做它。从深层来说平静的西多会建筑体现了一种形态表达的基本纯粹感，超越于时代和样式之上。拜访了一座由秩序（Order）建造的教堂后，他写作了关于“这个具有真理、宁静和力量的建筑”中光与影的诗。[31]

有关一个理想的社区悬浮于田园诗般的景观之上的概念，是勒·柯布西耶乌托邦理想和栖息于圣山的修道院记忆的混合物，后者他曾于40年前在东方之旅时拜访过。这些建筑的屋顶通常是平的，底部突然下降以连接下面不规则的坡道，表现了在不可思议的高度伸出单元小室的托梁。圣山修道院从后面的高处地面进入，它们的庭院内散布着小礼拜堂和圣坛。它们的隐秘的集会场所隐藏在高墙之后，年轻让纳雷以自己的语言捕捉到了其典型布局：

> “一个巨大的，迷人的围墙……一座四边形的建筑建在广阔的水平面上，将人们的视线引向远处的大海……修士小室和它们的走廊都面朝大海，高悬于空中。”[32]

在拉图雷特修道院的设计过程中，勒·柯布西耶做了速写，以研究建筑和景观的整体关系。其中有一副涂鸦，画着圣山修道院栖息在一块岩石之上，它的上层具有突出的阳台。也许他想起了他在东方之旅期间的重要经历，那时他打开修道院单元小间的百叶窗，看到了远处十分壮观的地平线景象？

和马赛公寓类似，拉图雷特修道院也从勒·柯布西耶年轻时的地中海情结中获得寄托。空白的北墙和庭院使人想起古老的欧洲宗教，甚至与地中海的地方模式产生共鸣。无窗的北面墙体能够抵御密史脱拉寒风的凛冽（法国地中海沿岸地带的一种干冷北风），屋内可以保留充足的阳光。勒·柯布西耶一直希望将这种理想生活的理念带入现代城市，但现实却只能实现零碎的居住单位，并且看着它们城市价值的贬低，逐渐沦为奇形怪状的遍及世界的板式住宅。在某种程度上，它造成了勒·柯布西耶的困境，因为他关于和谐社会的愿景必须规避大众社会去保持完整性；而这个愿景也必须实现于遥远的村庄，服务于修士们的社群。如果勒·柯布西耶回到过去的修道院中寻找了拉图雷特修道院的形式，它显然也不是直接模仿，而是洞悉了这一建筑类型的基本品质。在他对于这一机构的诠释中，他找到了永恒的特征和人类的本质维度，这使他感到制定出了古往今来修道院的生活。他做了深入的探索，以发现意义的层次，它们只能通过建筑的方法进行表达。像朗香教堂一样，拉图雷特修道院依靠了对于空间的现代感受，以回到起源并唤起神圣的建筑原型。

14

第14章
勒·柯布西耶在印度：昌迪加尔的象征主义

"建筑有其公共用途，公共建筑作为一个国家的外貌而存在：它建立了一个国家，吸引着人群和商业，使人民热爱他们自己的国家。而热情正是一个共和国里所有重大举措的根源。"[1]

——克里斯托弗·雷恩

［前图］
勒·柯布西耶、工作室员工以及皮埃尔·让纳雷，昌迪加尔，印度，1951—1965年。国会大厦。

［右图］
昌迪加尔，印度，1951—1965年。从东南方向穿过国会看向国会大厦以及远处的秘书处。

勒·柯布西耶将西方世界作为其建筑信条的主要传输地，然而他最重要的纪念性设计作品以及最完整的城市规划，却在远离西方工业国家的地方得以实现，这与柯布西耶晚期建筑生涯的其他转变与悖论是一致的。无论是美国或是法国，这些看起来最有可能实现的国家，都没有给过柯布西耶任何一个重要的公共建筑设计，而在国联总部上的惨败只能让他业已形成（其理由十分充分）的对公共赞助的怀疑更加坚定。相比之下，印度——贫困、技术落后，独立后正要迈出试探性的第一步——敞开双臂，以涉及广泛的任务来欢迎柯布西耶：昌迪加尔（Chandigarh）的城市规划，包括议会大厦、高等法院、两座博物馆在内的四座重要的政府大楼，以及艾哈迈达巴德（Ahmedabad）的许多机构和本土项目。除了这两处印度城市，就只有在巴黎和拉绍德封可以看到如此多的柯布西耶式建筑，而昌迪加尔的议会大厦无疑要算作柯布西耶最杰出的作品之一。

勒·柯布西耶的印度建筑作品与其同时代的欧洲项目有很多相似性。它们都具有类似的雕塑性力量与张力，包括对光和空间的运用；作为图像基础的自然类比于宇宙主题；运用了砖和清水混凝土等一类粗糙的材料，试图去激发与古代原始主义的联系等。立面在模度控制的间距下倾向于高度和谐统一，而新元素如切入的深遮阳（brise-soleil）、波动的玻璃墙（ondulatorie）、通风机（aerateur）等都和厚重的隔墙一同运用。雕塑性的形式呼唤朝向景观的感觉和姿态，但是柯布西耶并非有意要输出一种全球性的法则：他通常的类型解决方式都得到修改以适应当地技术的限制、地方手工艺的力量，以及当地酷热气候的需求。柯布西耶意识到，他要处理的是一个迅速向现代化民主发展的古老文明，这个古老文明在经历了漫长的殖民期后，又努力地想重新探索属于自己的根源。肤浅的现代性与无病呻吟式的怀旧都一样要避免。这种情况需要投入慷慨的付出、想象，以及洞察，以寻找与印度历史上的精神与物质相关的东西。

虽然在我们的回顾中，印度和勒·柯布西耶看起来彼此之间十分适合，但是他们最初的会合却一点也不直接。昌迪加尔诞生于大屠杀、悲剧和希望中，它见证了分裂和巴基斯坦的创立。1947年7月独立法案（the Independence Act）达成，英国在印度的统治随之走到了尽头。当第二年巴基斯坦成立，旁遮普省（Punjab）被分成两部分，数以百万的难民同时向两个方向逃窜，一时间流血漂橹，而分治前的旁遮普省省城拉合尔（Lahore）被划分在了巴基斯坦那一侧。临时的商业被移到了西姆拉（Simla）——英国人的山间避暑地，但它从实用或象征意义上都显得捉襟见肘。很明显，必须要建立一个新的城市来稳定局势，并给难民们一个家[其中很多都是印度教徒（Hindu）或锡克教徒（Sikh）]。旁遮普省首席总工程师P·L·瓦尔马（P L Varma）与国家公共工程管理员P·N·塔帕尔（P N Thapar），他们二人考虑了许多场址后最终定址于两条河谷之间的一个地方，此处位于德里（Delhi）通往西姆拉的主要通路附近，与巴基斯坦之间有一段安全距离，大平原正是由这里开始折入喜马拉雅山山麓。现实的考虑包括：交通、水、原材料、处于整个省的中心位置。但是P·L·瓦尔马一贯强调，对于场所精神的直觉应该发挥其作用。这个地方感觉非常吉利：他们以印度的力量之神“昌迪”（Chandi）之名为此地命名。[2]

昌迪加尔绝不仅限于是其本地的一次冒险，这点从一开始就很清楚。贾瓦哈拉尔·尼赫鲁总理（Jawaharlal Nehru）和印度中央政府深切地感受到了旁遮普省的灾难，并意识到在恰当的位置建立新的机构和住区的重要性。同时他们也明白，在为这个新建立的共和国规划出一幅新图景中，这个工程将以其现代化动机与不朽价值在这个过程中起到重要的象征性意义。新德里同意承担初始费用的1/3，尼赫鲁本人亲自推荐由阿尔伯特·迈耶（Albert Mayer）担纲规划新城市的任务，阿尔伯特·迈耶是一位美国规划师，二人于战时相识。马修·诺维茨基（Matthew Nowicki）是一位年轻有为的建筑师，他曾经与柯布西耶一起工作，这次选他来专门负责建筑事务，包括议会大厦上的重要民主机构的设计。政府设想将其建设为一座现代而高效的城市，它拥有最新式的市政设施，最先进的下水道系统与交通系统。尼赫鲁称赞干净而开放的空间会将印度人民从过度拥挤和肮脏的城市中解放出来，从农业乡村生活的限制中解放出来。于是，昌迪加尔将成为国家经济与社会发展的一个有形而具有说服力的手段，这与尼赫鲁的信念相一致：国家必须要工业化，否则将会毁灭。昌迪加尔将成为受自由与进步庇护的样品，而尼赫鲁将随后称赞它是一座“新印度的神庙”。[3]

迈耶1950年的规划将整个城市组织到一个个分区中，周边围绕着有层次的绿色草地和弯曲道路。商业区处于中心，工业区位于东南，议会位于顶部或向东北向的尽头处，远离居住区，在开放乡村的边缘。马修·诺维茨基（Matthew Nowicki）现存很少的速写显示，他将议会大厦构思为一系列的实体，之间用宽阔而开放的空间进行间隔。他开始试验在某些建筑中采用柱子和隔墙的建筑语汇。议会大厦被表现为一个螺旋金字形神塔，模仿了柯布西耶1929年的世界馆（Mundaneum）项目。迈耶是美国建筑师中“花园城市”的重要倡导者，他的如画式道路与绿色空间围绕着低层建筑而展开，而且他将英国的城郊居住区的传统延伸用在许多印

度城镇的郊区上。但是迈耶规划的整体形状以及将城市政治事务区作为一个单独分开的“头部”，也隐隐让人联想到柯布西耶的光辉城市（Ville Radieuse）。

然而天有不测风云，1950年春，马修·诺维茨基（Matthew Nowicki）受命运捉弄，不幸在埃及因空难离世。P·N·塔帕尔和P·L·瓦尔马不得不再次开始寻找新的总建筑师。他们还是觉得在印度没有人可以胜任操作这样一个项目（在英国统治下只允许印度人接受工程师训练而禁止接受建筑师训练）。于是，P·N·塔帕尔和P·L·瓦尔马二人去了伦敦，并与简·德鲁（Jane Drew）和麦斯威尔·弗里（Maxwell Fry）进行讨论，这两位建筑师具有在热带地区做设计的经验，但是简·德鲁和麦斯威尔·弗里十分犹豫要不要接下整个项目，也是这两个人推荐了勒·柯布西耶。[4]命运的天平戏剧性地将这个项目转向了柯布西耶。然而当代表团马不停蹄地赶到巴黎，却受到了柯布西耶的拒绝，尤其是当他听到印度人想让他搬到印度去住，同时意识到设计费会有多低的时候。但是柯布西耶逐渐改变了主意，条件是要求必要的工作可以主要在巴黎完成。最后，他答应担任整座城市的建筑顾问和议会大厦的设计者。勒·柯布西耶接受了相对微薄的月薪，并同意每年去印度造访两个月。简·德鲁和麦斯威尔·弗里将被聘用3年，集中负责为居住部门设计所有的设施，然后负责组织由年轻印度建筑师组成的团队在将来继续这项工作。皮埃尔·让纳雷也参与其中，最终接手担任整个建设期的现场主建筑师，而且必须搬到印度去住。事实上这为爱德华和他的侄子皮埃尔在战时分裂后提供了和解的契机。可怜的迈耶将继续规划师的工作，然而他将无法对抗柯布西耶更为强大的人格，毕竟柯布西耶已经深入思考城市的特征长达40年之久，他并不认为建筑师和规划师在功能上有什么真正的划分，此时他正坚决要去发号施令。

1951年春，勒·柯布西耶来到印度，在去西姆拉途中的一家客栈里与团队相会，他们在这里共同工作了大约4个星期之久。但是新昌迪加尔规划的指导原则只用了4天就确定了。大致上还是遵从迈耶的图解，正如合同中所规定它应该是的样子。然而，麦斯威尔·弗里和勒·柯布西耶都发现道路的弯曲几何形并无活力，因此勒·柯布西耶又重新回到一种正交的网格，这种网格被建立得过于死板。最终，主要的侧向道路略微弯曲以回应远距离的地形，同时弗里悄悄地设计了几条其他的横向曲线以求多样性。新规划中的拟人化图解——头、身体、手臂、脊柱、腹部等——通过向中心交叉的主轴线道路得以加强；它向着更加接近光辉城市的形式进行回归。但是，这些组成元素却十分不一样。在头部，民主的避难所替代了技术统治论者的摩天大楼，在主要躯体上，公共的凹凸曲线形态的小高层住宅被渐变的不同住宅类型所替代（最终共14种形式），以满足从社会底层的体力劳动者到社会顶层的法官和高级官员。将会有连栋住宅以及高贵的现代印度平房（bungalow）的变体，但是他最终才决定不用高层住宅。柯布西耶意识到他通常的住宅模型在此处会受到限制，这里土地极多而且人们习惯于半室外的生活。他在草图本中透露，印度城市的基本单元是“星星下面的床”。[5]

昌迪加尔的每个矩形区域尺寸是800米×1200米（874码×1312码），将被视为一个很大程度上自给自足（设备齐全）的都市社区。每个区域相互联系又相互分离——通过由不同尺度道路组成网格，道路从区域内的小自行车道，到居住区干道，高速公路，最终到宏伟的贾恩·玛格大道（Jan Marg），贾恩·玛格大道从城市中心向北直达议会大厦。总共制定出了7种主要的交通类型；很典型，它们被推崇为“七种道路”（les sept Vs）。很明显，勒·柯布西耶此时是在预先谋划着，印度总有一天会以机动交通工具作为其主要交通方式。在其他方面，这个规划还是非常遵从了以前柯布西耶式的惯例：居住、工作、交通、游憩的分区相互分离；通过种植和提供树木与公园，来实现城市与乡村的融合；严格的几何控制，壮丽景色与行进轴线的趣味；一种开放

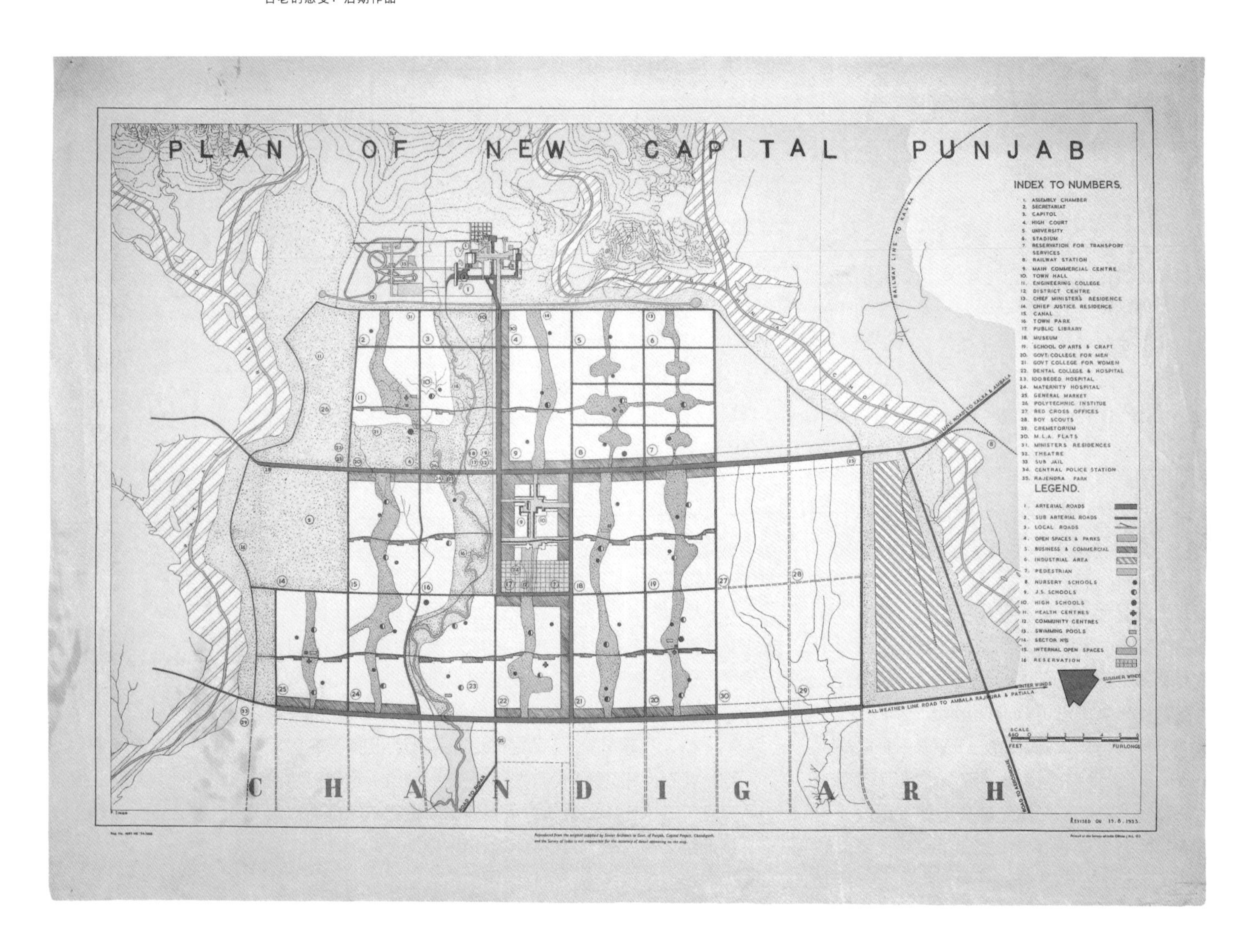

感，而非封闭感；城市的秩序在后来可能会带来社会更新的长远希望。

这个规划中有许多违反了当时对规划的态度，当时的规划对任何环境决定论的形式都过于谨慎，对任何宏大的规划都感到紧张。昌迪加尔开放的视野和独立的物体都受到了批判，因为它们缺乏空间围合，它们完全一致，而且它们偏执于几何形体。但是，在不久之前的规定强加于昌迪加尔之前，就应该在头脑中有这样的想法：即对这种秩序的大胆声明正是柯布西耶客户的实际需求，而这种秩序体现了一种有利而稳定状态的秩序。柯布西耶受到的委托在某种程度上来自尼赫鲁，尼赫鲁后来这样谈论昌迪加尔："超越了那些老城镇和旧传统存在的障碍"，"我们的创造精神的首次大规模表达，而这种创造精神建立在我们新近得来的自由之上"。[6]在这个愿景中，没有多少余地留给甘地的纺车或他的理想化村庄作为印度生活的道德核心而存在；事实上，昌迪加尔的建设引起了许多村庄的毁灭。

当然并没有什么神圣的规矩规定网格和轴线是政府的理性与现代化力量的唯一适合的隐喻，但是在柯布西耶的脑海里，这样的联系可能真的存在。这就像是他希望将等同于新德里的统治的象征性等价物赋予新的印度一样。柯布西耶研究并敬佩新德里城市的宏大轴线和拉加帕特街（Raj Path），以及通往鲁琴斯总督府（Lutyens's Viceroy's House）的纪念性通道。就像他的英国前辈一样，柯布西耶也希望通过一种现代愿景的表达，将古典主义和印度传统综合起来。但是很显然，为一个自由而民主的社会确立一种民族精神，与表达外国统治和帝国力量之间差异很大。

柯布西耶认为城市作为一个整体应该承载某些象征价值，这种信念带他回到了古老魅力中：凯旋门和卢浮宫之间的轴线；古代北京城规划的图像；或许甚至还有古印度与城市有关的理论文本希尔帕斯（shilpas），书中的城市有时被描述为向心性的图示，道路布置在网格中。我们并不确定柯布西耶是否研究过这些印度的理论准则，但是他肯定知道对其进行一种相对现代的吸收：18世纪早期的城市斋浦尔（Jaipur），用宽阔道路组成的网络进行布局，并基于九个正方形区域组成宇宙曼陀罗图式（Mandala）。他为一系列的纪念性天文仪器预留了其中一个正方形区域，一般认为这些天文仪器将城市的命运联系到了行星的领域。如果柯布西耶对昌迪加尔商业中心的城市品质具有更大兴趣的话，他可能从斋浦尔发现一些经验教训，特别是公共庭院之间的庇荫连接；但是很不幸，他并没有这样做。

因此，尽管尼赫鲁立下了豪言壮语，但在昌迪加尔历史却并没有被摒弃；相反，历史被批判性地观察，以用于相关方面的组织经验。弗里（Fry）、德鲁以及皮埃尔·让纳雷设计的房屋采用了混凝土、砖和现代的水管与设备，但这些建筑师同时也在住宅平面设计上努力尊

［左图］
昌迪加尔，城镇规划总平面图，1955年。

［下图］
从国会大厦看向高等法院。

重当地的习俗和种姓制度，并试图将乡土建筑原型转化到门廊、平台、界墙和遮阳的设计中。柯布西耶的印度写生簿中洋溢着对乡村的热情。他描绘了农民那简单而古老的工具，一次又一次地追溯到牛车的粗野形式以及牛角的形态。甘地（Gandhi）暗地里悄悄地潜入到柯布西耶的个人思想深处，因为甘地陶醉于乡村风俗，以及人、事物、动物和自然之间的明显和谐。因此，这位老练的外国原始主义者凭直觉感知到在他自己人为的泛神论和印度古代宗教中根深蒂固的宇宙神话之间的联系：即“印度哲学之乐趣”和“宇宙与生物之间的友爱”。[7]而与现代工业生活毫无活力、微不足道的价值相比较，这一切似乎看起来都很充实、丰富并充满活力。渐渐地，柯布西耶脑海中的印度是这样一个国家，它必须避开“第一机器时代”贪婪的工业主义，方法是通过在坚实的道德基础上锻造一个新的文化，这个道德基础包括机械化与乡村，世俗与神圣，当地与普世之间的均衡。

在勒·柯布西耶吸收昌迪加尔问题的人性内容的同时，他还在思考处理猛烈的阳光，极热天气和雨季的最佳方法。他或研究或速写乡土的结构，殖民式的阳台，莫卧儿（Mogul）皇宫的敞廊，以及印度教寺庙区域的荫蔽走道，他还尝试着从它们当中提炼出其基本知识。[8]转而他也力图依次将这些基本知识与他自己建筑体系的基本原则相融合：多米诺体系骨架，或莫诺尔体系低矮的拱顶。在他探索一个基本的现代印度建筑语法过程中，他在20世纪20年代、30年代到40年代的北非项目很明显相关度很高，尤其在处理太阳的问题上。在他的印度作品中，勒·柯布西耶极其了解诸如日照、降雨、风吹等自然现象的强大力量，而且他考虑了给建筑提供穿堂风的各种方式。他延伸了之前对于处理炎热气候的发现——遮阳板（brise-soleil）的板条、游廊、立柱、水平板件——伴随着对预制混凝土立面、悬挂式平台、被深邃阴影所切分的伸展柱廊所具有的诗性与纪念性的可能性的更深入理解。

勒·柯布西耶对总督府、高等法院、议会大厦以及秘书处的指导思想以惊人的速度发展，这些都记录在他可移动的办公室——他的速写本和笔记本中。[9]首府统一的主题和主调被确定为支撑在拱券、支柱或底层架空柱之上的遮阳伞（parasol）或防护物，悬挂式屋顶。这种设施可以保持边缘部位开放以捕捉凉爽的微风

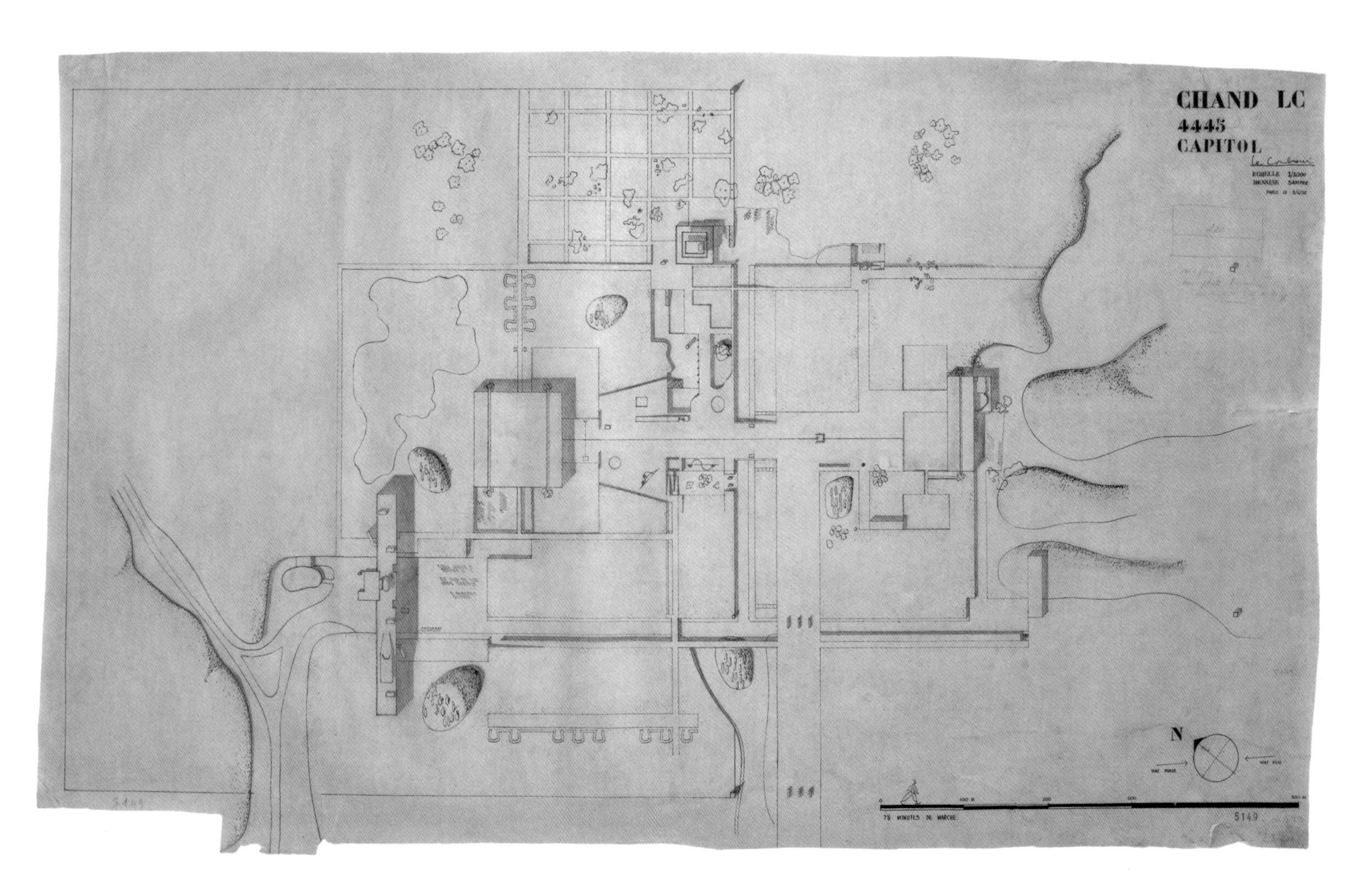

并获得框景，与此同时庇护建筑免受太阳和雨水的破坏。遮阳伞（parasol）同时还具有多重含义，而且在他的速写本中可以看到水从屋顶溢出洒向水池，勒·柯布西耶很快就从中发现了诗性和宇宙的可能性。遮阳伞（parasol）的想法可以转而被修改用来创造凉廊、阳台、水斗、门廊，以及悬浮在阴影形成的深邃地下室之上的曲线形或矩形的屋顶。不同类型的遮阳板（brise-soleil）可以干挂、粘贴或组装在前面，作为开口及入口。视线可以透过这些开口进入建筑的深处，或者甚至可以超越建筑看到远处的山脉和天空。勒·柯布西耶还将揭示遮阳伞能跨越时间引起共鸣，使人回想起许多印度建筑史上的象征性图案。

勒·柯布西耶将首府布置在与城市其他部分相分离的一个区域，整座城市总体就像是一个巨人面对着天空和喜马拉雅山麓。这些纪念性的建筑都被作为一个象征性景观的组成部分，这个象征性的景观将人造的假山与山谷、各种水体、露台与平台都结合在了一起。他的总体规划使这个省的机构之间的关系有了一个连贯地粘在一起的形状。他将总督府置于首府的头部，将议会和高等法院放在层级较低的位置上互相面对，但却又稍微偏离了彼此的轴线；它们侧向面对总督府，表现出了平衡司法权和行政权的思想。遍视整座首府，到处都有对立面模棱两可的解读：我们可以从正前方解读也可以从对角线上解读，在这种情况下它们产生了透视的效果。秘书处被置于后面，处在议会大厦这个巨大神圣的盒子的一侧，柯布西耶将其设计成一个长椭圆形，就像是一个马赛公寓的官僚化版本。在首府的总体布局上，似乎勒·柯布西耶从他多年前的国联总部设计的装置和策略

[左图]
国会大厦早期规划图，展现了国会大厦屋顶形态出现之前的屋顶平面，1952年6月5日，1：1000比例。
钢笔与铅笔绘制，98.3cm×55.7cm（38 3/4×22英寸）。

[上图]
国会总体规划立面图以及剖面图，1957年4月23日绘制。
炭笔明胶打印，43.5cm×396.6cm（17×156英寸）。

中，对其进行了改造，使其能够重新适应对仪式和政府日常事务方面的区分，但却是通过一个巨大的平台对其进行了分解。

纵观其演变过程，首府规划绝对不输给蒙德里安早期绘画里矩形和边缘的张力，亦不亚于莫卧儿的皇宫或花园中滑动的物体和微妙的轴向偏移。在勒·柯布西耶最早的印度速写中，有一些描绘了位于皮恩乔雷（Pinjore）17世纪的花园，这些花园聪明地运用了视错觉，将水的平台和景观的崎岖轮廓巧妙地压缩在了一起。[10]首府设计利用了几十年时间对建筑与自然环境之间相互作用试验，而且给人感觉与马赛公寓的屋顶平台有些相似。在这个过程中，勒·柯布西耶将数种景观概念和模式结合在一起，包括在某些区域采用规则种植而在其他区域采用生物形态的土地形式。首府设计的木质模型甚至呼应了20世纪30年代初期贾科梅蒂（Giacometti）的超现实主义（Surrealist）雕塑。随着勒·柯布西耶对纪念性建筑之间的空间的理念日益进步，他将小山丘、车辆动线的壕沟、水池，以及（最终）一些符号与标志（它们能阐释出潜藏在城市背后的哲学）合并起来。他将这些东西全都协调地结合成一个动态的组合，在这个组合里，他把前景和后景巧妙地进行压缩来创造出大小和尺度异乎寻常的奇异错觉。

事实上，首府设计是一个宇宙性及政治性的景观，它将抽象形式与某些代表性图像进行结合：这是一种史诗式的叙述，它有关于勒·柯布西耶的虔敬希望，他期盼一种后殖民主义的秩序能够以某种方式在现代化进程与自然世界之间达到和谐。[11]但是，从概念到形式和材料的这种转译需要对场地及其周边具有深入的理解。勒·柯布西耶从不将首府仅仅视作一个广场或是公共走廊。而是将其视为一个建立在一种巨大尺度之上的类似交响乐一样的构成，几乎可以称为一块超越其时代的“大地景观”。他重新考虑了地平层的意义，保留了建筑顶部的平台以作为公共聚集场所。从一开始，勒·柯布西耶就着迷于将纪念性建筑及建筑之间的空间与行星的周期性节律，与遥远的喜马拉雅山山麓联系起来。在勒·柯布西耶《模度》一书上记载着这样一段话，他在这段话中揭示了自己的伟大雄心，以及他测量与协调建筑空间的方法。

> “我们处在一大片平地上；喜马拉雅山山脉壮丽地与景观相交在北方。最小的建筑也看起来既高大又威严。政府建筑彼此之间以一种高度和尺寸上的严格比例相互结合……第一次，我们尝试按比例分配场地。总督府的转角处都用黑白色的柱子固定起来。我们发现这样做会使建筑之间的间隔过大。当需要在这种巨大而无限制的地面上做决定时会有焦虑和苦恼。这是一种可悲的自言自语！我必须独自做出估量和决定。遇到的问题不再是推理问题而是感觉问题。昌迪加尔并非是一个由领主、王子或国王组成的城市，被限制在邻里们拥挤着的高墙里。这个城市的问题是如何占据空地。几何的问题，其实是由智力构成的雕塑。你手里没有陶艺家用的黏土可供试验，没有能够对做决定起到真正帮助作用的初步模型。其本质是一种数学上的焦虑，只有当建筑完工才能获得收益。正确的观点，正确的距离……我们慢慢探索着让柱子之间的距离更近一些。这是一种发生在思想内部的空间斗争。算术，比率，几何……当整体完成之时，这些全部都会在其中显现。现在，农民驱赶着公牛、母牛和山羊穿过那片太阳炙晒的土地。”[12]

当勒·柯布西耶在仔细思考首府的整体形状时，他还同时试着去为每个机构创制合适的形式和标志，并总是基于遮阳伞的基本主题。在总督府（1951—1954年）的项目中出现了一种变体，但最后并未建成，因为尼赫鲁认为它显得不民主。总督府应从远处控制整个基地，这一方式通过其复杂的轮廓在山上蓝色薄雾的反衬下显得十分醒目。建筑的前方是坡道、水池和凹陷式花园，人们可以开车沿着河谷线脱离轴线进入建筑；所有建筑都被制定了类似的进入方式。意象由向上翘的新月形顶部所主宰。这个顶部由4根支柱支撑起来，这样就在上方产生了一个用于夜间活动的小剧院，另在下方产生了一个用于午后接待的遮蔽处。

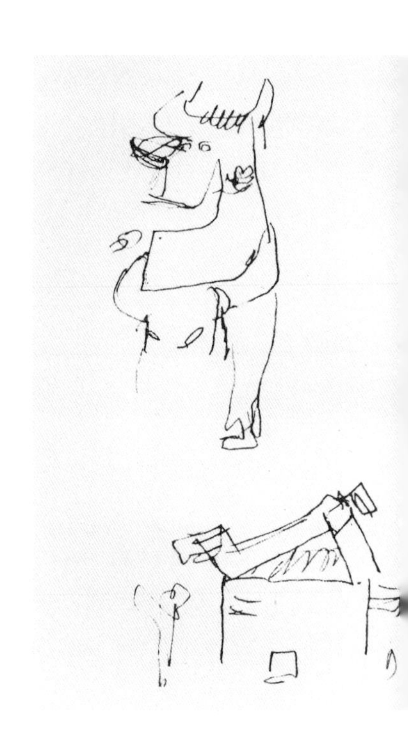

这种形状看上去像是朝着星空方向向上的手势，同时与相邻结构的类似形式相符。建筑中浓缩了柯布西耶的很多意象。在柯布西耶的旅行速写中，可以发现一些将公牛角与在边缘处开放让空气通过的倾斜屋顶相比较的图。在勒·柯布西耶的画中，公牛和古老的万物有灵的主题被联系起来[最终源于对米诺陶洛斯牛头人（Minotaurs）的超现实主义沉迷]，另外或许还和印度图腾有关，因为公牛南迪（Nandi，意为神牛）是湿婆（Shiva，印度教主神之一）的坐骑。在这个案例中，当然，这种意象可能还必须与柯布西耶朦胧中的坚信有关，即他相信印度的未来在于对传统乡村价值与现代先进价值二者的融合之中——在总督府的另一部分他布置了一个奇怪的雕塑，这个雕塑将公牛的角和飞机螺旋桨融合在一起。但是遮阳伞转而成为一种国家权威的古老象征，它被发现于佛教窣堵波的顶部，以及伊斯兰古迹中更晚出现的圆顶或拱券的形式中。在柯布西耶的画中，将总督府描绘在路径和水池的尽头，在天空的映衬下戏剧性地显现出轮廓，同时曲折地与其周边环境进行互动，这里再一次体验了位于法塔赫布尔·西格里古城（Fatehpur Sikri）的贵宾觐见宫（Diwan-I-Khas）的某些精神，而法塔赫布尔·西格里古城是莫卧儿帝国阿克巴大帝（Akabar）在16世纪所建造的城市综合体，以此作为一种对新的、包容性的、可能通用性的社会秩序的维护——这个场所为柯布西耶仰慕已久。在这个例子中，遮阳伞上的圆顶（chatris）或穹顶上的变体被支撑在屋顶轮廓线的四角上，支撑的柱子非常纤细，通过它们可以看到天空。[13]

毫无疑问，柯布西耶肯定知晓一处更晚期、效果更好的帝国折中主义尝试：位于新德里（New Delhi）的勒琴斯（Lutyens）总督府。通过对佛教窣堵坡和古典穹隆的融合，这座建筑的主穹隆宣示着权力及其统治的宽容，更像新德里城市规划是通过小心地与古德里的种种对齐的方式来宣告它对历史的尊重。这顶至高无上的帽子随后在这座建筑的其他部位翻转过来头朝下，变成了一个水斗或者水池；在后面的花园里，有一个漂亮的英王爱德华七世版本的莫卧儿（Mogul）景观持续着水上的主题。但是，穹顶对昌迪加尔来说也并不会成为一个合适的象征，尽管柯布西耶并没有认为这种形式已经消失。因此穹顶被转化成了一种反转的形状。这种形式将力量不是向下压缩，而是向上聚集，开放，自由。这个形式能够象征新的、民主的、自由的而且解放了的印度——这个形状呼应了“张开的手”的手势，这是勒·柯布西耶对国际和平，超越政治、种姓、宗教、种族的象征。“张开的手”正是柯布西耶希望竖立在总督府旁的那个标志物，这样两个轮廓就可以同时被欣赏到。在印度传统范围内对某些建筑的转化中，柯布西耶并不希望有对特定理念与阶段的明显参考，而是创造一种涉及普世人类主题的真正多元论的意象。在这个情况下，外国与本土、新与旧都在为着新的印度身份而融合在一个理想的意象中，涉及与专制君主式相反的泛文化设想。柯布西耶运用抽象来压缩意义，并不用直接参考事物就能对某些事物进行暗指。

遮阳屋顶概念的变体也同样用在了其他建筑上。例如高等法院，柯布西耶将其构想成一个巨大的一侧开口的盒子，盒子的上面是一个由“巨柱式”的混凝土柱支撑着的巨大屋顶。这些形成了一个门廊，它标出了不对称的入口，这些柱子在平面上略微弯曲，使人想起瑞士学生宿舍底层架空柱和马赛公寓下方雄壮的支撑体的巧妙之处。凹面以一种符合物理规律的方式塑造了中间空间。最高法庭（Supreme Court）独自位于入口的左面，而其他的法庭都散布在右边，位于遮阳伞下面，遮阳格栅的一个辅助系统后面。巨大的坡道以之字形从建筑的侧面穿过连接到上层办公室的结构，而且能够透过其支柱的间隙看到远处议会大厦的一部分（最终，入口处的

［对页左图］
卡拉支提大厅，印度，公元前1世纪：佛教阳伞。

［对页中图］
贵宾觐见宫，法塔赫布尔·西格里古城，印度，16世纪晚期。

［对页右图］
勒·柯布西耶，牛角和倾斜屋顶草图，来自印度草图本F26，1952年。
钢笔绘制，13.5cm×8.5cm（$5^{1/3}×3^{1/3}$英寸）。

［下图］
昌迪加尔，总督府项目草图，1952年4月。
尼沃拉专辑，钢笔与彩色蜡笔绘制于草图本上，16.3cm×12.5cm（$6^{1/2}×5$英寸）。

［下图］
昌迪加尔高等法院，1951—1955年。

［对页左图］
罗马康斯坦丁-马克森提广场和巴西利卡，夏尔·爱德华·让纳雷在东方之旅过程中拍摄的照片，1911年。

［对页右图］
听众大厅，红堡，德里，印度，17世纪早期。

三根支柱被涂成了红色、黄色和绿色）。强有力的形式在活跃了周围空间的同时，向外与周边的景观相接触。它们被倒映在水池中，而水池则增添了一种漂浮和湮没的奇妙效果。

高等法院最早期的草图强调了屋顶作为一个将雨季的雨水排到下面水池里的巨大泄水道的作用。V字形的剖面有一条在中间部位向下流水的沟槽，令人想起了1935年位于马特斯的赛克斯坦特住宅（Le Sextant）。和通常一样，勒·柯布西耶将多种思想和形式融合在一个单体形状中，其中涵括了从飞行器的翼展剖面到钢筋混凝土大坝的各种形式。高等法院粗壮的工程结构被赋予了一个手势形雕塑的特性。强有力的形式将粗野的直率和高雅二者相结合，特别是在细薄的边缘与精确的轮廓处。遮阳伞的下面用拱券连接起来，其连接形式呼应了勒·柯布西耶40年前在罗马的康斯坦丁（Constantine）巴西利卡所做的绘画及拍摄的照片。开放型司法大厅的主题可能整合了柯布西耶对公共听众大厅（Diwan-I-Am）的兴趣，而公共听众大厅正是他在德里（Delhi）的红堡（Red Fort）所看到并仰慕的类型。这些又反过来令人回想起皇家营地中的帝国住宅的意象。勒·柯布西耶的解释因此涉及几种与司法公正概念有关的建筑原型。高等法院的巨大遮阳伞的意图用来传达“庇护、威严，以及法律的力量”。[14]在入口下面，柯布西耶设置了一具古怪的蛇形雕塑，这条蛇从一个水池中向上升起：他自己的深奥解释说这条盘旋的蛇体现了精神力量的源泉。

如果勒·柯布西耶并未掌握一定的方法，可以将各种想法转化为拥有惊人力量和风采的雕塑形式，那么他对宇宙学的涉足和对传统的研究将会是徒劳的。从一开始，他就想到了裸露的钢筋混凝土的形式。这种材料因为会储存并辐射热量，所以在较高的温度下远不能达到完美，但是必需的原材料就在手边唾手可得。皮埃尔·让纳雷在将意图转化到结构、形式和细部中起到了至关重要的作用。其建造过程将是劳动力密集型的。多

［下图］
昌迪加尔国会大厦，1951—1965年。

年以来，勒·柯布西耶作为“机器时代的先知”可以看到这样的一幕，数以百计的印度男男女女蜂拥到用绳索固定的木质脚手架前，或沿着不太稳固的坡道将极小的混凝土块用轮子推上去，再对粗糙的木板中间的空隙进行填充。结果产生的粗糙感在生产过程中转化成了丰富性，由此赋予了建筑一种古老的感觉，这一点非常符合柯布西耶的意图。如果粗野和有力的形状呼应了马赛公寓和拉图雷特修道院，这些形式也同样可以从靠近昌迪加尔的本地黏土建筑中看到，而这种黏土建筑正是柯布西耶所钦羡的。寻求将民间工艺的活力与宫廷纪念性传统的抽象形态相结合，这是柯布西耶的常见做法。混凝土允许柯布西耶能用被阴影洞口划破的宽阔的赭色面层来塑造形体。柯布西耶1951—1953年的速写进行了一个大胆的创造性举动，一种新的纪念性语言被创造出来，它很好地超越了国际式风格的单薄的限制，同时又未倒退到虚假历史主义中。完工的昌迪加尔纪念性建筑给人一种已经矗立了许多个世纪的建筑的感觉：即一种“永恒而属于其自身时代”（timeless but of its time）的建筑。[15]

高等法院是首府第一座建起来的建筑，并因此起到了实现柯布西耶想法的试验的作用。与此同步，勒·柯布西耶将国会大厦的设计演化至最复杂，它也被称为议会大厦。议会大厦以一个巨大的、内旋式的隐蔽盒子面世，主厅嵌入其中成为不规则的曲线形体量。它前面是一些纪念性的拱券，以及一个更大的拱形柱廊。古罗马的种种起源再一次出现在他的脑海中[加尔引水桥（Pont du Gard），各种巴西利卡]。但是渐渐地，这个想法被简化成一个矩形的横梁式的结构，其侧面被配置在遮阳板后面。其正面由一段很长的柱廊支撑，横跨过主广场，从剖面看好像是被勺子挖进去了一块一样。这看起来像是从远处跨越首府指向高等法院的形状，同时还扮演着在雨季蓄水的巨型水沟的角色。高等法院的平面拓展了一种很久的勒·柯布西耶模式：支撑体组成自由的平面网格，主要的功能部件弯曲地置入其中。勒·柯布西耶密切注视着仪式，并寻求体现集会和辩论的思想。他希望使集会大厅（Assembly Chamber）的主导作用以及集会大厅和参议院之间的对话更加条理地成型。公共参与可以通过多柱大厅内四周的广场，以及通过作为荫蔽敞廊与环境相联系的柱廊在暗中体现出来。在这里，古代纪念性建筑原型又一次被转化到了一种暗示着民主参与思想的现代语言中。

正如在朗香教堂继而拉图雷特修道院一样，勒·柯布西耶在议会大厦的设计中探索了光线和黑暗的神秘特性。他的早期速写展示了日光和月光以一种戏剧性的方式透入被遮挡的室内；甚至模糊地涉及“夜间活动的节日”（nocturnal festivals）。随着集会大厅采光和

［左上图］
昌迪加尔国会大厦平面。

［左中图］
申克尔的柏林老博物馆平面图，1827年。

［左下图］
象岛石窟平面图，孟买，印度，大约公元7世纪。

［右图］
用来检验以柱廊和遮阳伞作为昌迪加尔雨季的闸门的想法的早期草图。
勒·柯布西耶的标注用来表示他经历过的倾盆大雨。1951年3月26日。
尼沃拉专辑，蓝色钢笔绘制于草图本上，21.22cm×16.6cm（$8^{1/3}$×$6^{1/2}$英寸）。

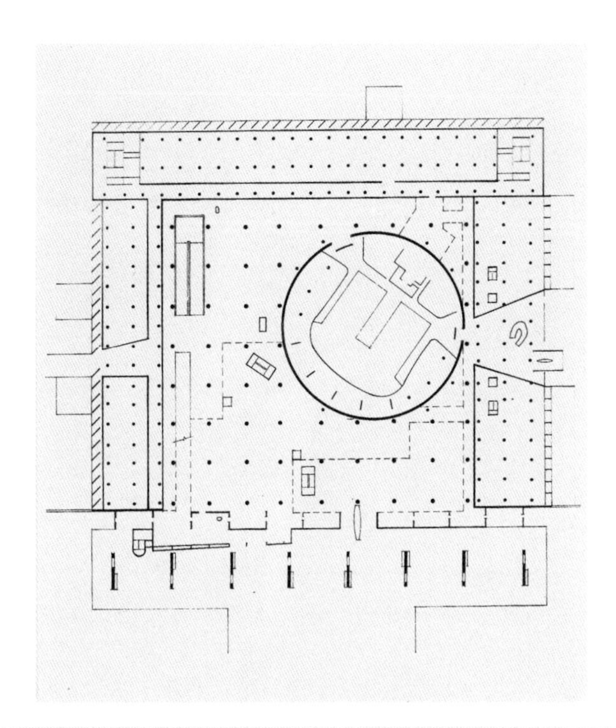

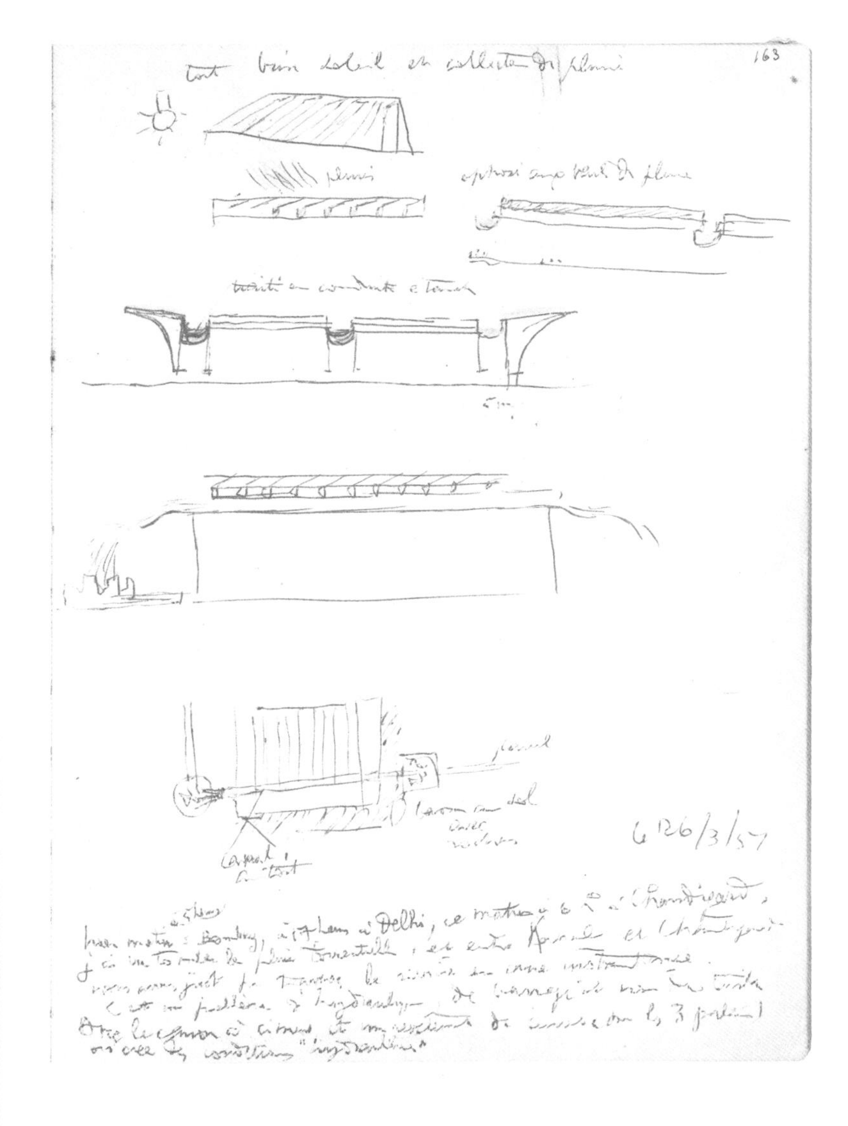

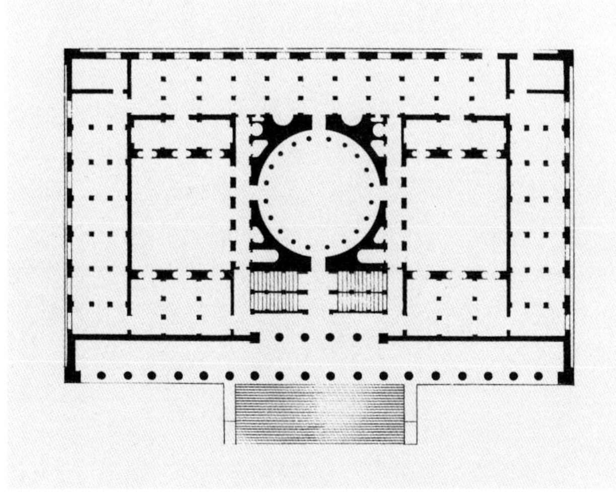

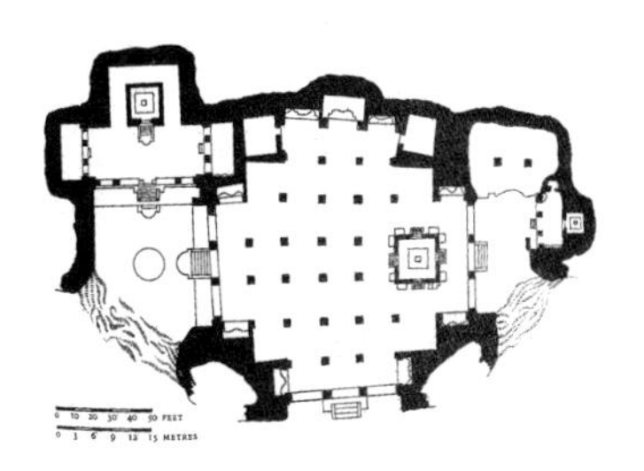

[下图]
国会大厦，柱厅。

[右图]
带有“大片”声学板的主要集会大厅的室内。

［下图］
国会大厦会议大厅剖面图，1955年9月20日，1：100比例（梅森尼耶）。
铅笔与彩色蜡笔绘制，57cm × 75.7cm（$22^{1/2}$ × $29^{3/4}$英寸）。

［对页左图］
会议大厅小草图，暗示了罗经点以及光线射入空间，1957年4月8日。
铅笔与彩色蜡笔绘制。

［对页右图］
赛夫勒街35号工作室内的会议大厅的结构模型。

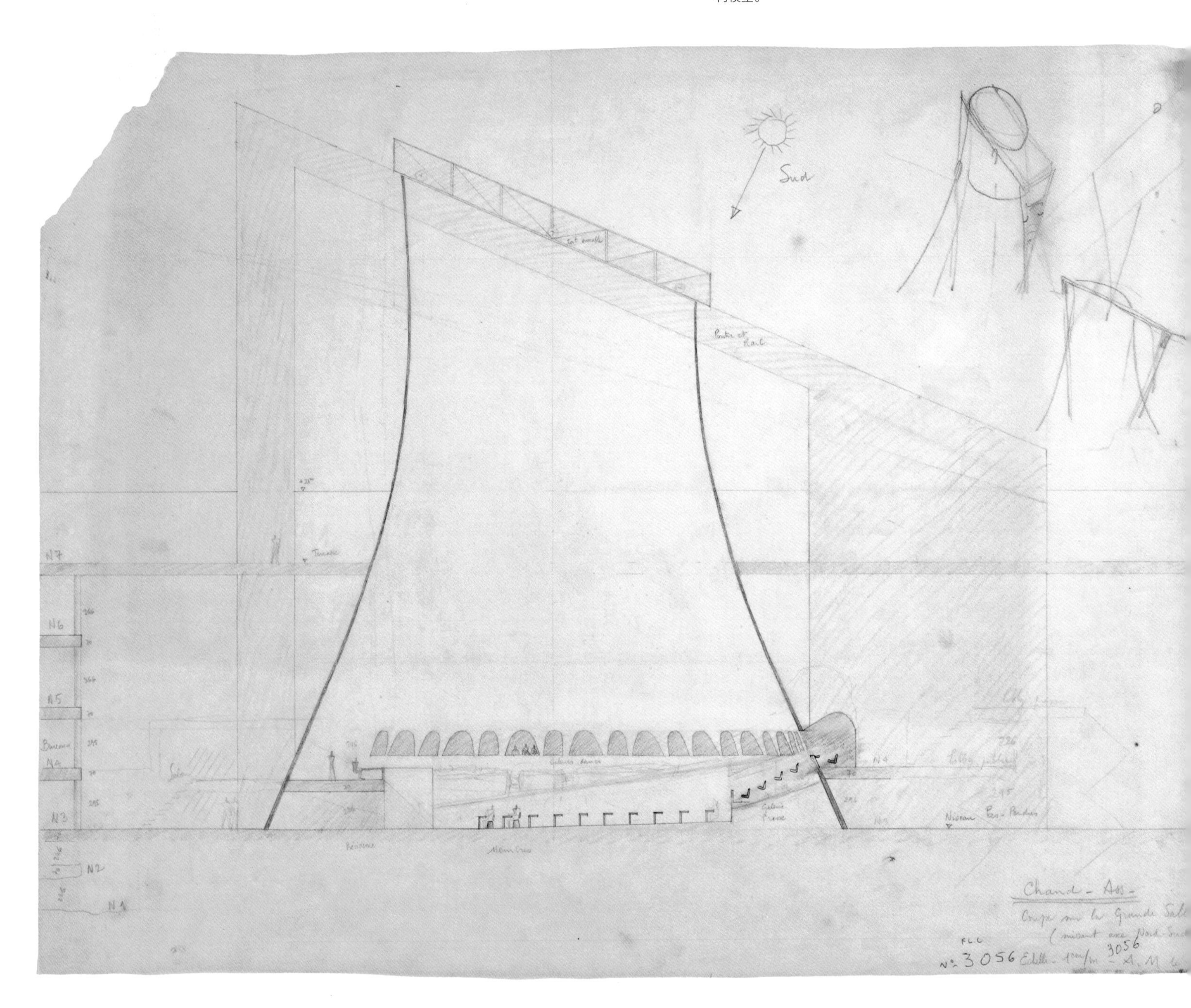

通风的问题逐渐涌现，柯布西耶打破房间，向上透过屋顶成为一个塔。这是一种很老的主题，即一个物体套在另一个物体立面，只不过这次规模更大了。在一个版本中，他专门为窗户清洁工们增添了一个螺旋步道当楼梯用，但这肯定也同时具有某种象征意义。螺旋暗示着成长与渴望，间接涉及模度，或许还呼应了塔特林的第三国际纪念碑（1919年）。尽管并没有直接向宗教借鉴的意图，它还是不可避免地呼应了建筑史上各种崇敬的尖塔[如：萨马拉（Samarra），伊拉克城市，伊本图伦清真寺（Ibn Tulun）]。后来，塔被修改成一个具有双曲面的几何体，这受到了柯布西耶在艾哈迈达巴德（Ahmedabad）所见的冷却塔的启发。在他对这些政府机构的不朽特性了解清楚的同时，他还在尝试着去探索一种崇高的维度。对于主要的柱子大厅，柯布西耶意图采用侧向隐藏来源的渗入的冰冷而平坦的日光，但是对于主要的大厅，他寻求一种更爆炸性的顶部采光的效果，光线通过各种不同形式的天窗引入。

观察议会大厦的设计过程，就是在看柯布西耶建筑词汇中的常用元素被赋予新的意义层次。对冷却塔的参考可以被视为一个适合于尼赫鲁的现代化及工业化政策的合适意象，但是这些20世纪的神话是和古老的神圣意象融合在一起的。在柯布西耶的一些速写中，他将集会厅空间比作圣索菲亚大教堂（Hagia Sophia）的悬浮穹隆，圣索菲亚大教堂的穹隆四周的光束从上而下注入建

筑。[16]一个构思强化了柯布西耶新构想的穹隆的神圣内涵，即在国会年度开幕典礼的场合上，让一束光线照射到演讲台上的一棵阿育王柱上（Ashoka，印度的第一个帝王）。他将房屋的轴线与基本方位基点（即罗盘上的东西南北四方位）相对齐，并从建筑及城市的主导几何中扭转而来。这些向阳的姿势被认为或许是在提醒人们他是“太阳之子”。[17]这里有对万神庙的一个呼应——这是一个通过穹隆的圆孔来与行星秩序联系起来的微观世界——但这种通过一束光线给黑暗带来重生的力量并照射到一列石头的想法，在印度教神庙中也同样可以发现。在议会大厦中，穿过主要仪式大门的通路带着人们穿过过渡区进入一个柱厅，随后绕着集会厅大烟囱的基础沿顺时针方向前进，这使人想起古印度宗教建筑内的仪式性绕行。在他寻求宗教集会的适当意象的探索过程中，另外一个心理联想可能同时浮现在他的脑海中：勒·柯布西耶年轻时汝拉地区的农舍中的漏斗形烟囱，全家人可以一同攀登这种大烟囱。[18]通过抽象的非凡作用，旧与新被一起压缩在一个单一的象征形式中。

一种类比和转化的相似过程在烟囱顶部的设计中也可以被感知到，烟囱顶部具有倾斜的饰板、向上的新月和向下的弯曲。柯布西耶让人们知道，他想让顶部具备“光的游戏”（the play of lights），以及他将其看作一种天文台。这显示柯布西耶可能已经受到了斋浦尔的天文台部门或者位于德里的简塔·曼塔天文台（Jantar Mantar）的同类建筑的非凡抽象构筑物的启发，这促使他在速写本中宣称：“德里的天文仪器……它们指出了方向：重新将人与宇宙联系起来……形式和有机体对太阳、雨、空气等的精确适应。这将维尼奥拉（Vignola）抛弃……”[19]我们可以发现行星的新月形轨迹被描绘在这些原型的石头上。新月的曲线经历了一些变形：它呼应了张开的手（Open Hand）、总督府的轮廓、公牛的角，以及将行星留在其循环轨道上的底盘。勒·柯布西耶还在速写本中一再地追溯到牛车的车轮的形式，上面带有挂在轮子中心的新月状挂钩。和遮阳伞类似，“法律转轮”（wheel of the law）也是一种复杂的宗教与政治意义的古老意象，它触及到了宇宙和太阳的主题。这个转轮同时也是一个现代印度民族主义的象征，它将对甘地自由运动的手纺车的暗示与对比鲜明的尼赫鲁对现代工业的倾向二者结合了起来。事实上，在印度国旗上就能找到这个转轮的符号。

议会大厦的平面是一个充满丰富内涵的表意符号。勒·柯布西似乎已经设想了一个柱子大厅支撑着一个悬挂的顶面，以此作为对集会的理想隐喻，体现了“理解”的概念。两个主要的大厅——为代表们和参议院所用——被嵌入这个空间的地面却偏离了轴线，并处于与矩形几何体的动态张力中。有可能这里有对辛克尔的柏林老博物馆的回应；两者都是在一种基本类型之上的变体，即通向穹隆空间的前面有一个柱廊作为过渡，并且仪式空间和位于边缘的更世俗一些的功能（昌迪加尔的办公室）之间的等级关系被明确标明。[20]但是勒·柯布西耶拒绝新古典主义的拘束，倾向于在对称与不对称、矩形与曲线、烟囱与金字塔、箱体与网格之间的强烈对比。远非独裁式的是，从不同视角来感知的形式操作暗示了在探寻一致过程中活跃着的参与性。替代了严格的神职命令，它显示出了现代民主生活必不可少的互相交流。屋顶的体量标识出那些主要大厅——一个夸张的抛物线形漏斗用于代表们的集会，以及一个倾斜的金字塔用作参议院——进入一种伸向山脉和天空的空间对话中。在内部，它们与网格做斗争，以一种不可思议的超越立体主义造型方法对空间进行了压缩。

正规的日常入口设置在秘书处一侧，位于广场层的下两层（一块凹陷容许这些建筑在下面有额外的容纳空间）。坡道在剖面上来回切割，使得烟囱的对角线视图向下延伸到了多柱式大厅中，多柱大厅的混凝土蘑菇柱在神秘的侧向光线照射下，显得十分肃穆。顶棚被涂成黑色，看起来就像是漂浮在液体空间之上的光线中。任何照片都无法传达这些室内空间的物理张力，这些室内空间可以通过共鸣直接感染人的情绪。他削弱了柱子并

让其相对纤细，这样可以传达一种雄心万丈的感觉，而不是压迫和专治的沉重感。参观者围着主议会大厅环绕而行，然后从对角线穿过主议会大厅，会发现它被定位在一个几何体当中，这个几何体与结构网格相互冲突却与二分点（春分点和秋分点）相符。空间向上朝着天空扩张，但柯布西耶采取的方式却并没有减弱空间的功能与焦点。朝着收缩的体量的顶部，用于引入日光的可调节式开口被支撑在一个钢制架子上。巨云形式的隔声板强化了"大世界中的小世界"的感觉：一种行星领域的微观宇宙。

这种光线透入位于纪念性建筑物中心的会堂的主题，回应了勒·柯布西耶1928年为世界馆（Mundaneum）所做的项目中的圣坛，其中也包含有一个柱子大厅。议会大厅中一排排的纪念性柱子令人回想起《勒·柯布西耶作品全集》中更早期的结构网格。从多米诺骨架的发明开始他采用了不同形式的混凝土柱进行试验，并于1920年在一个工厂的设计中设想出带有蘑菇形柱头的圆柱体柱子。很有可能他还知道皮耶尔·路易吉·奈尔维（Pier Luigi Nervi）在1942年为一个地下蓄水池所做的一个项目，它由混凝土柱林从内部支撑起来，这些柱子带有向外展开的喇叭状顶部。勒·柯布西耶当然不会忽视弗兰克·劳埃德·赖特于1926年所做的约翰逊制蜡公司大楼，其纤细的混凝土莲花形柱子组成网格，这些柱子支撑着一个漂浮的顶棚，并在下部创造了一个欢乐的社交空间。赖特和勒·柯布西耶二人都唤起了一种建筑原型，它为几大历史文明所共有：多柱式大厅，通常用于正式的或者神圣的纪念性功能。在勒·柯布西耶所收集的明信片中，有一张印度的从岩石中挖掘出来的寺庙照片，其图像被许多涂画的线条盖住了。很有可能他参观了孟买（Mumbai）附近17世纪的象岛石窟（Elephanta Cave），其内部的"子宫大厅"（womb chamber）庇护着"林伽"（lingam），它被非对称式地布置在一个布满了柱子的交叉轴线上，这些柱子都带有像柱头一般的垫石。[21]有可能勒·柯布西耶在议会大厦中秘密地重新建造了一个寺庙。正如在他的宗教作品中，勒·柯布西耶被事物的本原以及某种原始的空间品质所吸引。

首府的纪念性建筑物向外与其周边相接触，好像在其形式中体现了人类的行为。伟大的雕塑性力量的作品，它们曲线的外轮廓横跨空间作互相呼应，并回应了勒·柯布西耶的钢笔画作品的精致线形。议会大厦的门廊将新月形主题与蓄水池和山墙的功能融合起来，同时暗示了公牛角的抽象形象，曲线化地置于顶上，它似乎希望运动。新月形状的手势动作再一次显示出其深入广阔距离的能力，这里它呼应了400米距离（1/4英里）开外的高等法院。倾斜地看过去，它指向山脉。迎面看过去，混乱突然停止，变成了一片宽阔、低矮的水平线。正如朗香教堂一样，议会大厦也是一个立体的雕塑，从不同的角度看散发出完全不一样的感觉。它前面的入口不太有古典门廊的特点，而更接近于勒·柯布西耶在德里（Delhi）和阿格拉（Agra）两地的红堡（Red Forts）所看到的公众大厅（Diwan-I-Am）这种类型。这些都被支撑体网格所限定，其在边缘开放，目的是获得穿堂风，以及通过悬臂挑檐来遮阳和避雨。勒·柯布西耶以同样的仪式回应了类似问题，但却是在他的新"印度语法"专业术语中进行的。他在探寻一种适合的民主化纪念性过程中，沟通了古代与现代、东方与西方之间的隔阂，探索了它们之间在原则上的相似性。

在他为首府所做的设计中，勒·柯布西耶遵循了一条位于现代工程的客观性和令人瞩目的规模与那些源自《走向一种建筑》所赞扬的古代遗迹之间的永恒价值之间的道路。议会的烟囱采用了从电厂设计中复制过来的技术建造而成。然而，在与参议院大厅的三角形屋顶的结合中，它还回应了勒·柯布西耶所描绘的遗迹和基本立方体的抽象图解。尽管其回应的是宇宙尺度下的更广阔的景观，主要纪念性建筑之间宽广的地形完全可以说像是飞机跑道。建筑物自身就包含了对巨型构建的

[前图]
国会大厦主立面，展现了与会议大厅漏斗顶部的行星月牙形有关的、带有太阳和宇宙符号的珐琅制成的大门。

[左图]
杰辛格王公，简塔曼塔天文台，新德里，印度，18世纪早期。

[右上图]
国会大厦屋顶形态。

[右下图]
勒·柯布西耶，牛车车轮草图，草图本K45，1956年。
钢笔绘制，13.5cm×8cm（$5^{1/4}$×$3^{1/4}$英寸）。

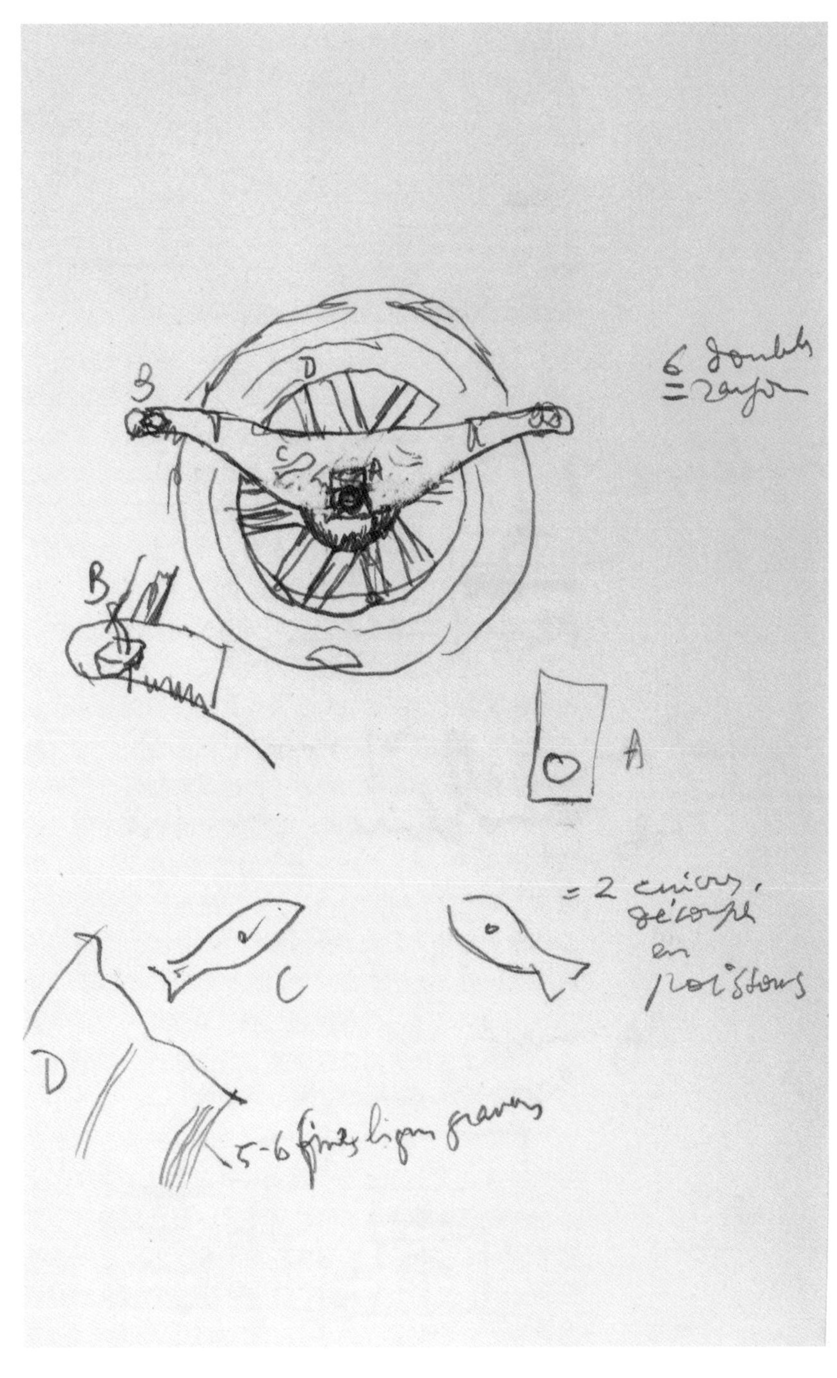

回应，像是有人居住的上层平台或甲板的水坝或航空母舰。昌迪加尔秘书处的椭圆形在尺度方面可与工厂或古代高架桥相媲美。为了这个秘书处的功能，勒·柯布西耶原本打算建一座摩天大楼。在第二版中，秘书处很像他为阿尔及尔设计的塔楼——立面上布满了用于遮阳的深深的板条，同时起阳台的作用；近期被否决的联合国秘书大楼（United Nations Secretariat）将会采用一个类似的体系。但是，尽管勒·柯布西耶渴望最终论证出摩天楼的“正确”形式，有一点却渐渐变得清晰，即这里并非合适的地点，因为高大的建筑会使仪式性建筑变得矮小。因此这座大厦被置于其一侧，在那里它可以起到首府的最终屏障以及议会大厦的背景的作用。

即使是这样，秘书处还是不得不通过挖掘来降低地面高度，从而缩小其庞大的体量。最终，这座板楼长约250米（820英尺），包含有8个子单元。各子单元间的结构结合点被隐藏在一块连续的遮阳板屏帐后面。模度和马赛公寓的近期经验在统一性与多样性，纪念性与人类尺度的平衡上都很有帮助。第四个子块在立面的处理上有一些变化，扩大了它上面的开口用来强调部长办公室的存在。完整的开窗布局体系包括了波动玻璃墙面（ondulatoires），带有防虫滤网的通风装置（aerateurs），以及遮阳板板片。空气的流动由风扇来辅助，空调被认为花费太高。此外，勒·柯布西耶可能还希望在处理气候的问题上证明他的自然设备。实际上，这些只获得了部分成功。这个巨大的办公楼必须要能应对庞大劳动力的每日变化。弯曲的坡道补充了电梯和楼梯，这些坡道突出在大楼外面，就像是耳朵和把手。这里也有一个提供遮蔽空间的屋顶平台，从这里可以欣赏俯瞰景观、城市和首府的长远景观视线。

最初是简·德鲁建议勒·柯布西耶应该设立一排象征着他的建筑与城市哲学的标志物：和谐的螺旋，模度的标志，表示太阳24小时日出日落的S形，显示太阳在二分点（春分和秋分）和至点（冬至和夏至）轨迹的曲线，当然还有从“沉思的山谷”升起的“张

［下图］
从秘书处的屋顶平台穿过国会大厦看向高等法院和喜马拉雅山麓小丘。

［对页上图］
从国会大厦前的水池看向秘书处。

［对页左下图］
在“张开的手”下的集会，作为纪念“昌迪加尔，50年的思想”纪念活动的一部分，1999年1月。

［对页右下图］
张开的手以及下沉庭院。

开的手”。类似的标志使得某些地方为之增色，包括勒·柯布西耶为高级法院设计的大胆用色的挂毯，以及议会大厦门廊下的大型瓷釉仪式大门。大门本身就是一件公共艺术作品，它以大胆的色彩得以实现，并阐明了勒·柯布西耶的某些宇宙哲学观点。对于议会大厦漏斗顶部更抽象的形状，艳黄色的行星轨迹是某种关键所在。门的外表面从大地过渡到水再到天空，同时其内表面则致力于夜间的主题。此外，勒·柯布西耶还设想了一个破碎的古典柱式的怪诞雕塑，柱子上这些主要建筑中间一只老虎正在凶暴地扑向它：这个画面意味着英国统治垮台，印度重新宣告自己的身份。[22]当总督府被放弃时，勒·柯布西耶决定用一座“知识博物馆”替代它；后来，他仍然构思了一座“影之塔”置于议会和司法之间——这是他的20世纪版本的简塔·曼塔（Jantar Mantar）天文台，用来在不同尺寸遮阳板上记录日照度。这个最后的精妙设计和“张开的手”都是在主要大楼已建成的多年后才得以建造，但是在总督府本来应该矗立的位置仍然有一块空地，因此首府在一些很重要的方面并不完整。

意在作为一种流行艺术，昌迪加尔的标志显得有些夸张和媚俗。“张开的手”具有一种泛文化的意义，这是一种介于表示接纳的佛教手势与一只盘旋的毕加索和平鸽之间的结合。愤世嫉俗的人看到的则是一个怪诞的棒球手套，以及“虚构了一种背后没有国家宗教的国家艺术”。[23]但是，勒·柯布西耶非常认真地（“打开以给予，打开以接受”）将其作为普世和谐的象征，这种普世和谐另外还代表着一种信念，即印度将在一个新的世界秩序中走向一条道德再生之路。这里可能勒·柯布西耶自己的乌托邦理想与尼赫鲁的“第三世界”的看法一致，这种“第三世界”与共产主义，以及冷战中互相对抗的资本主义阵营都无关。不管怎么讲，“张开的手”和在昌迪加尔以及勒·柯布西耶的《直角之诗》（Poeme de l'angle droite）中的其他几个象征符号一样，是他世界观的缩影，是他一种虔诚而不现实的希望的简略表达，他盼望着“第二机器时代”[24]，一个和谐的时代，有可能最终在某些前帝国主义国家的事物中产生。这种形式有着极其复杂的起源，或许可以追溯到远至罗斯金式的道德象征，他年轻时将这种象征附加到了杉树上。柯布西耶被报道这样描绘“张开的手”：

> “一个造型姿态充满了深刻的人性内容。这是一个非常适合一片解放了的独立土地的符号。这是一个呼吁世界上所有人和所有国家之间兄弟般友好的合作与团结的手势。同时这个雕塑姿势还……能够捕捉天空并占有大地。”[25]

到20世纪50年代后期，昌迪加尔还有充足的土地供勒·柯布西耶进行设计，世界各地的建筑出版社也纷纷开始开始评论建筑完成后会是什么样子。连同其他后来的作品一起，它们在鼓励人们抵制过去十年里钢铁与玻璃的滥用上起到了作用：20世纪60年代，在世

［下图］
20区的住宅。

［对页图］
20世纪80年代在17区的商业中心。

界的许多地方，粗野的混凝土门廊与支柱成为市政厅和文化中心的标准套餐。与此同时，柯布西耶转而致力于昌迪加尔相对较小型的建筑，如博物馆和游艇俱乐部。前者是一个红色砖盒，架在底层架空柱之上，通过光带槽实现顶部采光。坡道升到两层楼高的大厅的一侧，引导游客穿过展览序列。这个建筑和为艾哈迈达巴德（Ahmedabad）与东京设计的博物馆有着密切的联系。和它们一样，这座博物馆源于20世纪30年代设计的无限生长博物馆（Museum of Unlimited Growth）。在昌迪加尔，一些轻微的改善，如支柱和椭圆形底层架空柱的交互式系统（这同时产生了开间和自由平面）通过庄重的照明和严格的比例控制得以加强。游艇俱乐部甚至更简单，它从"印度语法"中提取出来用在一个精巧的混凝土框架展馆中，这个展馆具有自由平面式的分区，对抗着网格系统。基地位于湖的一端，瓦尔马坚持在此处进行建造。这里有一片长而宽的平坦空地，它具有面向群山的视线，并能瞥见远处首府的轮廓线，这绝对可以被计入昌迪加尔最美丽的观光胜地之一。

在昌迪加尔，在首府的纪念性建筑物与城市其他地方更现代化的功能之间，有一种很清晰的分级系统。[26]结构的基本方法是钢筋混凝土框架和支撑在支柱上或墙上的拱顶。这些主要建筑的遮阳伞代表了这些尺度巨大而夸张的结构类型，并赋予了它们尊贵的含义。相对较少的纪念性建筑由皮埃尔·让纳雷，麦斯威尔·弗里和简·德鲁或者是涌入昌迪加尔以学徒身份帮忙的印度建筑师团队，他们当中包括阿迪蒂亚·普拉卡什（Aditya Prakash）和曼莫汉纳·纳特·夏尔马（Manmohan Nath Sharma）设计，它们以一种更大的中立方式处理了同样的一套部件。多年以来，一种普遍性的城市术语在昌迪加尔发展起来，包含了混凝土框架、红砖填充物、通风格栅以及平屋顶。勒·柯布西耶将他自己的思想转移到简陋而低成本的"劳工"住房或农民住宅，它们基于带有小型院落的拱形居住类型，由便宜的手工砖建成。事实上，解决办法的范围沿着尺度从"高级"功能直到更低级些的功能，依赖于礼节和适宜的概念之上，而这两个概念则立足于几种城市传统中。假使勒·柯布西耶能够自行支配完整的古典语言，他可能已在首府设计中使用宏大的秩序，在博物馆上采用壁柱，

以及在住宅上采用拘谨的立柱。结果按照现在的情况看，社会使用和社会等级的整理被尝试使用了现代的材料和更抽象的意义。

勒·柯布西耶的“印度语法”在其他人手中并非总是奏效，即使在昌迪加尔，这种设计语汇的传播也时常狭窄难行。许多模仿者们仅仅复制了勒·柯布西耶建筑的外部符号而未能挖掘到表面背后潜藏的深意，不动头脑地再现着清水混凝土成品、底层架空、没有尽头的遮阳板立面。然而柯布西耶的作品和存在仍然为建立一种真正有价值的现代印度传统做出了贡献，包括巴克瑞西纳·多西（Balkrishna Doshi）、查尔斯·柯里亚，以及拉兹·里华尔（Raj Rewal）这种水准的建筑师。对他们来说，甚至对更年轻一代的建筑师来说，昌迪加尔都是一个大胆的开始，从其中得来的经验仍然需要更进一步地转化去应对气候的需求以及印度现实的复杂性，特别是在城市尺度上。对绝对主义的怀疑使人们对强有力的哲学说法的赞美有所缓和；而对牛津剑桥精英价值的怀疑则促成了昌迪加尔的存在。在寻找“印度建筑身份”的过程中，他们寻求一种更宏大的社会适应性和空间模糊性。乡村中的街道网络，以及杰伊瑟梅尔（Jaisalmer）的紧密结构与庭院空间，成为受尊崇的城市模型。

昌迪加尔的建造与尼赫鲁及国大党（Congress party）在印度独立并分治之后的几年里实行的国家建设政策密不可分。虽然用合理规划来引导企业的精神与当时放任主义的态度相去甚远，但是昌迪加尔作为新生国家的象征意义的重要性却与日俱增。尼赫鲁与勒·柯布西耶的意见虽不能在所有点上完全统一，但他们都致力于引导这样一个具有全球意义的现代化城市设计项目得以实现，以此来强调这是一个世俗化的、民主的政府体系。如果没有那些顽强而有决心的个人，例如委托人这方的PL·瓦尔马以及建筑师这方的皮埃尔·让那雷，这所有的一切都不会发生。[27]瓦尔马领会了勒·柯布西耶触及伦理问题的关于如何最好地生活的观点，而且他为了捍卫这个理念，由始至终都顶住了各方官僚主义的平庸思想的压力。皮埃尔·让那雷则搬到了昌迪加尔，协助组建了建筑师和工程师团队，并领导项目顺利进行。同时他还自掏腰包出资进行建筑设计与建造，皮埃尔相比于勒·柯布西耶与印度的关系显得更加直接与具体，体现在他为每个人都能买得起的木质家具所做的谦卑的设计。

现在对昌迪加尔的城市品质得出结论仍为时尚早：对大多数批评都会有回应的答案。[28]如果一方宣称昌迪加尔是新殖民主义的拙劣产物，另一方则会反击说这是之后判断印度规划必须参考的恒量基准；对于有些人指出其过于均质和僵化，则会发现有其他人指出状况良好的分区具有庇荫的街道，或指出其面对山脉的壮丽景色；有人批评指责其街道过宽，反对者则针锋相对，认为这样使昌迪加尔非常容易吸收日益增长的交通压力；指控它“非印度”的人遇到的不同观点提示大家，这个地方给传统人口中心的肮脏和过度拥挤提供了令人欢迎的缓解。但是有一点大家也普遍认同，勒·柯布西耶的离散分区原则与印度生活复杂的混合使用与混合经济异常不匹配，大家几乎普遍地批判位于17区的商业中心，其空间毫无生气且受太阳暴晒。勒·柯布西耶本来的意图是做成现代版的印度市场（chowk）或集市区域，最终却形成了一个荒凉的无人之地，其两侧是毫无感情的底层架空柱和粗暴的成比例的阳台。勒·柯布西耶似乎没有将时间精力投入他拟人化城市的“腹部”；弗里后来回到昌迪加尔时感到十分震惊，他惊讶地发现这些空间最后竟然变得如此荒凉。[29]

无论它有什么缺点，了不起的是昌迪加尔依然存在：表现了印度人民在经历了冲突和悲剧之后，发起了一场巨大的集体努力。在发展的初期，城市人口就远远超出最初的15万人口，达到了预期的最终目标50万人口。旁遮普省经过经济改革成为印度最富有的地区之一，其过程中昌迪加尔发挥了核心作用，在一定程度上是通过工业化及农业机械化达到了这个目标。[30]这种成

[左图]
位于苏赫纳湖的游艇俱乐部。

[下图]
位于昌迪加尔的博物馆，1957年。

功随之带来了一些问题。如果城市作为一个工业中心继续扩张，它的优良品质就可能会遭遇被投机主义、官僚贪污腐败以及无限制的建造渐渐破坏的危险。城市的增长同样还要受到政治的压力。在1966年，旁遮普省再一次被分割，新生的哈里亚纳邦（Haryana）现在占据了议会大厦的一半。20世纪80年代初期，锡克教心怀独立之志，这激化了旁遮普省的动荡不安，面临着进一步分裂的危险。按照多元论者的思想来看，世俗的省承受着来自各种宗教极端主义日益增强的冲击。“张开的手”仍然躺在预制的碎片中，在草地上锈蚀，它传递的信息越来越模糊，为人所不闻。后来，这个标志被建成，只能被认为是这座城市的一个品牌装置。在21世纪初期的印度，对昌迪加尔的最大威胁来自房地产开发商，他们希望打破在高度上的分区限制，在紧邻首府的地块上盖房子。[31]

正如城市是一个整体，首府的纪念性建筑物激起了一种矛盾性。这些关于权力的宏大表达过于拘谨就很自然地变得不易，只能恢复到容易的姿态用于填满建筑之间的空间，却没有意识到这样做会破坏这个场所，而这个场所具有与山脉和天空产生关联的魔力。可以争辩的是，其建筑本身要装下一个州的首府的功能还是显得太大了。但是之后，原来的委托方已不仅仅是当地官僚，或者甚至算上尼赫鲁，而是一个新涌现的国家意识，它与新的后殖民主义世界的秩序相一致。勒·柯布西耶选择了一种超越了政治修辞和沙文主义限制的准神圣方式去庆祝这种思想倾向。使昌迪加尔规划成为现实的意识形态已悄然逝去，但柯布西耶作为一个艺术家，他超越这些瞬时的状态看到了更长远的人文关联。昌迪加尔的纪念性建筑理想地描述了法律和政府所珍视的概念，而法律和政府根植于深厚的根基之上：它们跨越数个世纪，通过将现代和古代神话传说融合在象征形式中，它们具有惊人的真实性。尽管建造时间不长，但它们具有一种永恒性，而这种永恒将确保它们在文化记忆的血统中占有一个重要的位置。

15

第15章
艾哈迈达巴德的商人们

“纺织协会总部大楼（Mill owner’s Building）是一座小型宫殿，它是现代的建筑适应印度气候的真凭实据。和其他在艾哈迈达巴德的建筑一起……它将成为一种对印度建筑的真正启发。”[1]

——勒·柯布西耶，1953年

[前图]
纺织协会总部大楼，艾哈迈达巴德，印度，1951—1954年。穿过二层望向大礼堂。

[右图]
纺织协会总部大楼，艾哈迈达巴德，印度，1951—1954年。带坡道的西立面。

1951年的春天，勒·柯布西耶在来到印度后的几周之内，去参观了艾哈迈达巴德（Ahemedbad），印度西北部的纺织中心。市长希望勒·柯布西耶能为该城市设计一座新的博物馆和文化中心，并为他自己设计一座住宅。勒·柯布西耶同样还收到了纺织工厂主协会主席的委托，希望为其设计一栋住宅。由此，勒·柯布西耶开始和印度最精明也是最具前瞻性的城市之一的精英阶层们开启了一段充满风波的关系。尽管并非所有最初的委托都有结果，但新的任务总会出现。最后，勒·柯布西耶在艾哈迈达巴德建造了四座建筑，包括博物馆、纺织协会总部、肖特汉（Shodhan）的纪念性别墅，以及曼诺拉玛·萨拉巴伊（Manorama Sarabhai）别墅。

这些设计占据了勒·柯布西耶从1951年至1956年的时光。这是一个设计的高峰期，集中在他60多岁的中后期。在此期间，他还忙于拉图雷特修道院、朗香教堂、雅乌尔住宅以及昌迪加尔纪念性建筑群的设计。艾哈迈达巴德为勒·柯布西耶提供了相对较小的项目，因此他可以为他所谓的“适应印度气候的现代建筑”进行先驱工作，然后将经验教训转化到昌迪加尔这个更大更艰巨的项目中。但是，勒·柯布西耶并没有将艾哈迈达巴德归为“附带的小节目”之流。他的赞助人属于一个独特且高要求的团体。这个城市拥有自己的丰富文化和建筑遗产：这里有一种可识别的民族精神，作为艺术家的他可能会对此有所回应。

艾哈迈达巴德由苏丹艾哈迈德·沙（Sultan Ahmed Shah）于15世纪建于萨巴尔马蒂河的东岸。[2]这是一个交易货物和纺织品的贸易中心，同时还位于思想和形式交流的交叉路口。古吉拉特（Gujarati）建筑将引进的伊斯兰建筑类型与印度教和耆那教（Jain）本土的规则和手工艺相融合。这座城市先后被莫卧尔人（Moguls）和马哈拉施特拉人（Maharastras）吞并，然而却成功地使东印度公司陷入困境。19世纪中期，工厂主就开始了机械化，因此避免了英国纺织工业可能给本土手工业贸易带来的毁灭性影响。尽管甘地（Gandhi）对机械化持否定意见，但他仍将自己的修行处所（Ashram）选在了艾哈迈达巴德，并鼓励一种朴素的民族精神，其中手工的棉花在为印度独立而奋斗的过程中承担了道德和政治的双重作用；战争期间，国大党在这座城市进行了重整，并为国家的未来创立了一种世俗化民主的思想。艾哈迈达巴德的精英们，在摆脱英国统治获取自由的过程中发挥了自己的作用。印度独立之后，这座城市甚至被描绘成“新印度”的楷模，它结合了进步的观点、现代的技术，以及明智的传统认知。

勒·柯布西耶的业主，也就是工厂主们，形成了一种紧密的家族团体。作为公社自保策略的一部分，他们处在竞争与合作之间。他们中的大多数是耆那教徒，因此归属于一个至少和佛教一样根源深厚的宗派，强调所有生活形式的神圣性。从传统上，他们专攻贸易和金融业，通过对统治阶层灵活而有限的和解，作为一个小小的少数民族而幸存着。他们的剩余财富主要用于教学机构和寺庙建设。如拉那克普（Ranakpur）和阿布山上（Mount Abu，14世纪）的宏伟建筑，就是耆那教所信奉的精致的宇宙图解。在20世纪，慈善活动转化到了更世俗的渠道上——教育机构、图书馆和博物馆。

在艾哈迈达巴德的环境下，耆那教对建筑的赞助使得威望的个人展示与城市的熏陶之间处于良性的平衡状态。艾哈迈达巴德的商人们就像是现代的美第奇家族（Medicis），希望能将钱转化成更高尚的艺术货币。他们甚至可能已经培养出振兴这座城市过去在建筑上的辉煌的雄心壮志。视觉效果是纺织企业日常关注的问题，他们对技术和概念的创新持完全开放的态度。他们希望将印度的“曼彻斯特”（Manchester）转变为一座文化中心，而且他们知道勒·柯布西耶能赋予他们的企业巨大的声望。对柯布西耶来说，在被欧洲忽视了这么多年后重拾如此多的关注，这一点让他格外高兴。

和帕拉第奥在维琴察的赞助人一样，勒·柯布西耶在艾哈迈达巴德的赞助人基本上都彼此认识；很多人甚至还是亲戚。当地登上财富金字塔顶尖的是卡斯特巴伊·拉尔巴伊（Kasturbhai Lalhai），一个耆那教的工厂主，他资助着艾哈迈达巴德的教育学会。勒·柯布西耶接到的四个委托与卡斯特巴伊·拉尔巴伊的两个侄子有关，第五个与他妹妹有关。尺奴巴伊·奇曼巴伊（Chinubhai Chimanbhai）是当地的市长，他是卡斯特巴伊·拉尔巴伊的一个侄子，他利用职务之便给了他更深一步的公共建筑项目，如体育馆和图书馆。他委托勒·柯布西耶来设计博物馆，文化中心以及市长住宅。苏洛丹·胡赛僧（Surottam Hutheesing）是纺织协会的主席，他是卡斯特巴伊·拉尔巴伊的另一个侄子。[3]他给勒·柯布西耶写信请他在庞遮普设计一栋住宅。这些关联随后发展到了另一项委托，即纺织协会总部大楼（Millowners‘Association Building）。曼诺拉玛·萨拉巴伊是拉尔巴伊（Lalbhai）的妹妹，她同样也委托勒·柯布西耶为其设计一栋住宅。而最后承续了胡赛僧（Hutheesing）住宅设计的沙姆巴伊·肖特汉（Shyamubhai Shodhan）也与这个群体有所关联。

就整个艾哈迈达巴德的地理环境来说，勒·柯布西耶的选址表达了业主的一些愿景。这个古老的城市，它的市场、清真寺、关口，及其满是灰尘而又狭窄的街

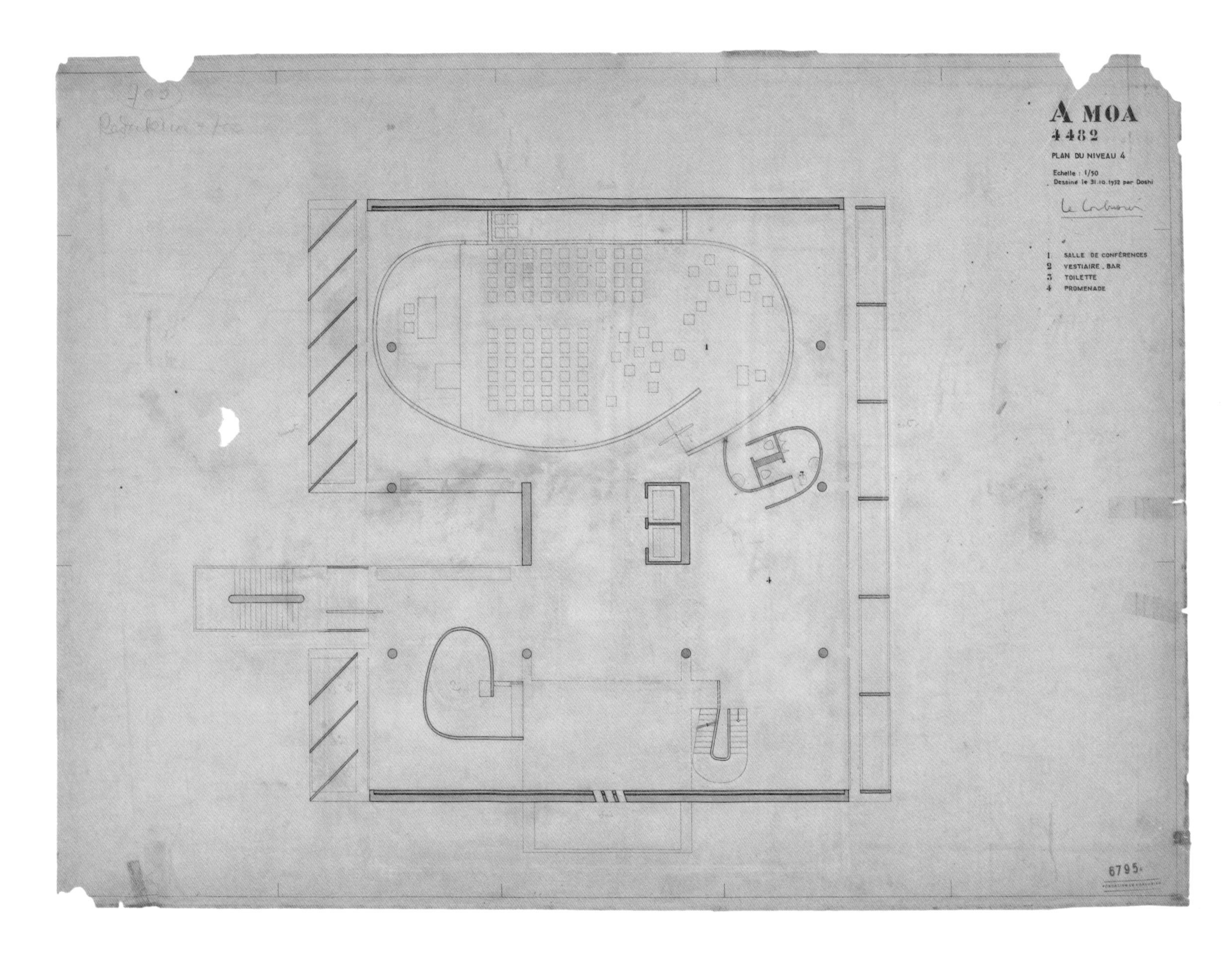

道，都位于萨巴尔马蒂河的东岸。很多工厂主的家庭联排别墅也都在那儿。19世纪，工厂向北发展，但仍然位于靠近河流与铁路的东岸。20世纪初，城市开始向西面的对岸发展，那里比东岸少了很多拥挤、肮脏和吵闹。20世纪50年代早期，拥有一座带花园的独立别墅是有一定社会声望的标志。讽刺的是，这种生活方式其实是从英国军营复制来的。这些建筑通常是有异国情怀的平房，房子上带有一些模仿自本地古迹的线脚装饰。勒·柯布西耶在艾哈迈达巴德的所有完成作品，当它们刚建成时，周边都有很大的空间。因此在设计过程中，他不用考虑现代建筑该如何嵌入到传统的印度城市肌理中的问题。

因为他的建筑都是独立的个体，他们必须通过引导盛行风向，以及通过窗洞和遮阳装置的巧妙布置，来处理严酷的环境所带来的问题。在一封1951年由基拉·萨拉巴伊（Gira Sarabhai）写给勒·柯布西耶的信中，表述了当地气候的一些首要问题：

> “在雨季期间，艾哈迈达巴德又湿又热，6月到8月这三个月的降水量大概有50英寸（127厘米）。然而，这里还有过24小时内降雨量就达到24英寸（61厘米）的情况。但这是非常罕见的，大约20年才会发生一次。季风季节的温度差不多有90华氏度（32摄氏度）。到了冬季，这里干燥凉爽非常宜人。温度会降到70华氏度（21摄氏度）左右。”[4]

她可能还有补充，在炎热干燥的季节，温度可能会飙升至120华氏度（49摄氏度），此时盛行风来自西南方；然而在凉爽的月份，盛行风则来自东北方。正如在

[左图]
纺织协会总部大楼，带有曲线形态会议厅的二层平面，1952年10月31日，1∶50比例（多西），铅笔与彩色蜡笔绘制于透明纸上，78.5cm×106.7cm（31×42英寸）。

[右图]
位于萨克亥的凉廊，靠近艾哈迈达巴德，印度，16世纪后期。

昌迪加尔所展示的那样，勒·柯布西耶在处理这些极端气候的策略上，分别适用相应的解决类型，这些解决类型涵盖了从他之前在炎热天气中做建筑的经验（阿尔及利亚、突尼斯、南美洲）到对印度建筑传统进行的多次成效良好的尝试的经验。勒·柯布西耶关于“印度语法”的综合概念，他从在艾哈迈达巴德周边看到的很多不同时期的历史范例中获得了诸多灵感。无论是木材还是石头，这些都共同组成了大进深的门和窗的侧壁、悬挑的窗台和窗框、不同尺寸的格栅纱窗、多柱式大厅，以及通风的庭院。老城区的商人住宅采用了格栅式门窗。苏丹时期（Sultanate，14—16世纪）的古吉拉特清真寺（Gujarati），将早期寺庙建筑的复杂柱厅和开放庭院融合在一起。水经常被整合成一种有视觉效果和冷却功能的装置：城市内部及周边的阶梯状的井，是一种拥有复杂剖面和空间特征的巨大阶梯，一直向下延伸到地下水池中。[5]它的西边是萨尔凯杰（Sarkhej，即Sarkhej-Okaf）的宫殿、清真寺与陵墓的综合体，带有一个面向水池的柱子支撑起来的帐篷状大厅。这些15世纪的构筑物中的某些结构非常清楚地说明了遮阳伞的原则。

勒·柯布西耶为艾哈迈达巴德博物馆所做的设计，是他试验遮阳伞概念的早期尝试之一。[6]展览空间被布置在一个纯粹的砖盒子中，清晰地架在底层架空柱上，建筑由庭院通过一条坡道到达，坡道下面是一个水池。光是间接引入的，首先通过挡板，再经过屋面板边缘的下方，继而从庭院的窗户进入。整个建筑由一条水平板遮阳，下面有一排阴影：事实上，这起到了檐口的作用，但同时还呼应了艾哈迈达巴德古迹类似的边缘，其立面上有悬挑水平板和遮阳门窗侧壁。水面花园的水槽和水池以几何形式布置在屋面板上面。他设想这些水用于帮助下面的楼层降温，并能提供一个20世纪版的莫卧儿花园。在勒·柯布西耶的方案中，这里有灌木丛和浮动的各种颜色的花。种植者在建筑底部附近种植了卷须状的攀缘植物，以构成建筑立面上的隔热屏障，同时

柔化立面的视觉效果。不幸的是，这些景观想法——其概念的关键所在——最终并未得以实施。

博物馆的基地位于萨巴尔马蒂河西岸，这里有建公园的空地。勒·柯布西耶的设计中，包括了自然史、考古学和人类学的附属品，以及一座露天剧场。他可能是从将艺术和人类科学相互统一的方面对该项目进行思考；在印度，培养民间工艺和当代表达方式之间的联系也是有可能的。工业化纺织企业已经对村庄设计进行了广泛的应用。博物馆可能成为一种结合了多种媒介，并阐释了形式是如何在语境下生成的直观视觉认知的机构。这种想法在勒·柯布西耶的大脑中已经演化了至少20年，同时这也是世界馆方案和1939年的无限生长博物馆方案的中心点。事实上，这座艾哈迈达巴德的建筑正是这种“发展文化的机器”（machine a cultiver）想法的初步剪辑版本，但同时又与印度的自然气候相协调。而文化中心和其他附属物被削减了，最后只有博物馆建了起来。最终的实现作品缺少他的“表亲”们如为东京和昌迪加尔设计的博物馆所具有的那种清晰性和显著的优雅。

纺织协会总部大楼的基地位于博物馆以北大约2.5公里（1.5英里）外，同样也在西岸，但是位于一个和老城区完全不同的地点上。此协会于1891年成立，为商业同盟、种姓联系以及家庭纽带提供了一个相对松散的组织。这座新大楼的实际设计用途从未被明确。[7]它曾被当作一个高等俱乐部，用于商业会议、接待和讲座。因此，它必须有大礼堂、餐厅、办公室、会议室、研讨室以及很多为聚会和展览服务的多功能空间。这座建筑含蓄地体现出工厂主精英阶层的社会威望与权力。《勒·柯布西耶作品全集》将这座建筑称为“纺织者之宫”（Palais des filateurs），并将其描述为具有一个“印度主要棉花纺纱工人团体”的代表性功能。

“建筑位置处在一个主导着河流的花园中，它给在沙地上清洗并晾干手工棉布的织染工们提供了如画般的景观，与之相伴随的是将半个身体沉入水中以保持清凉的苍鹭、母牛、水牛和猴子。其优势之处是一种创新，即运用建筑方式来为建筑日复一日的工作制定出来自不同楼层的视野，并迎合在大会堂或屋顶上举办节日晚会以及各种晚间活动。”[8]

从最开始，勒·柯布西耶就将这座建筑视为一个纪念性住宅，并通过一个坡道和一条仪式路线贯通其中。这是“一栋住宅，一座宫殿”主题的再现，但是在“一座宫殿”的方向上进行了扩展。一个早期的方案带有一个巨大的西向阳台的开口，后来被替换成了斜向遮阳板，以此阻挡中午的阳光，同时为街道立面带来一种壮丽的氛围。两边的墙体外部（南向和北向）几乎就是空白的砖面，内部则是粗糙的石头饰面。人们的注意力因此转移到后面的立面上（东面），这就有了面向河流和城市视野的机会。建筑通过向环境开放，并将纤细的遮阳板垂直于立面布置以避免视线被遮挡，这些措施将视野进行了最大化。在密集的城市街道和开放的河流之间暗含了一种二元性，也许这就是勒·柯布西耶对工厂主这个群体的模糊立场的一种回应——他们既排外，同时又博爱。工厂主们可以从列队行进式的平台和遮阳的柱厅看到对面的老城，并看到织染工们在萨巴尔马蒂河中泥泞的水池里劳作——提醒工厂主们不要忘记他们的财富来源。在街道一侧，坡道和唯一一排遮阳板几乎十分明确地将核心集团和其他人分离开来。

一排排的斜板以及各种平板标志着纺织协会总部大楼具有不同高度的楼层，而向上的坡道和突出的楼梯则暗示了“建筑漫步”，后者可以在内部的自由平面中来回穿梭。一张剖切到主体结构的剖面图显示出一条跨越平台通往一个特有领域的上升路径，象征着朝向顶端迈进的“工业贵族”。坡道上详细地设置了排水沟以及模度尺寸标注，就如同前门路径的做法一样，使得参观者在从底层平面沿着斜坡上升到二层的过程中获得一种连续的感觉。勒·柯布西耶曾说过“楼梯区分了不同的楼层……而坡道起到联系各层的作用”。[9]纺织协会总部大

[左图]
一层：透过东立面的遮阳百叶望向萨巴尔马蒂河以及艾哈迈达巴德旧城。

[右图]
二层：西立面遮阳百叶内侧的一排柱子。

[最右图]
二层：大礼堂入口，同时呈现了弧形墙面的内侧与外侧。

[下图]
纺织协会总部大楼，横向剖面，1952年10月31日绘制。
铅笔与彩色蜡笔绘制，1：50比例（多西），82.7cm×104.7cm（$32^{1/2}$×41英寸）。

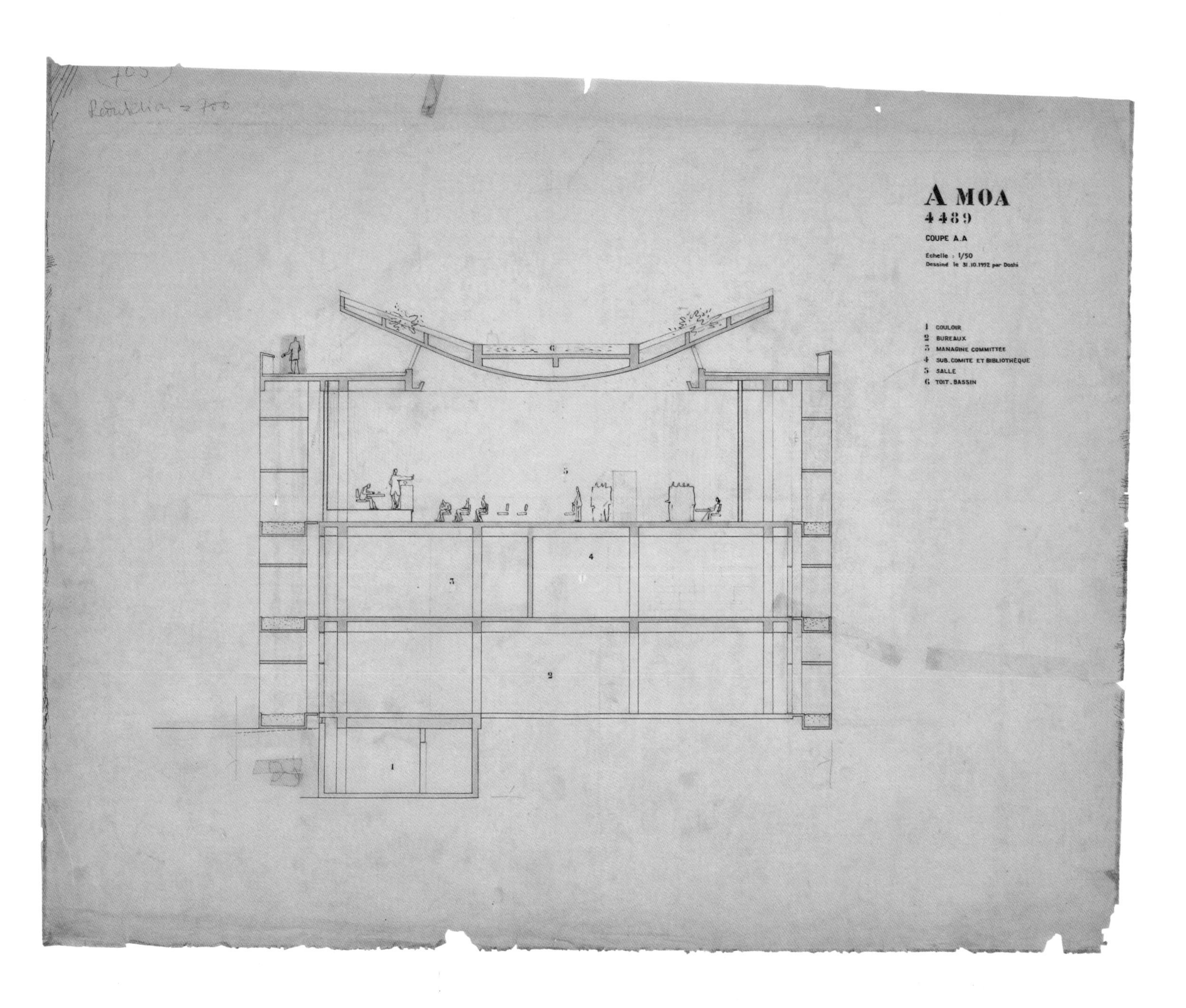

[左图]
二层大礼堂，展现了印度柚木贴面的动态弧线、新月形屋顶的弯曲效果（为了承载一座蓄水池），以及各种不同来源和效果的自然光。

楼“提供了一种毫不费力的平滑的运动过程，通过一种特殊的方式影响人们对于空间的感知”。坡道这一元素在20世纪20年代的许多住宅中通常处于一个私密的位置；而在这座建筑中，坡道成为一种公共性的元素，就像一个大台阶：它体现了一种制度性的想法。除了仪式感之外，这座建筑中还存在着一些休闲性的元素，例如坡道的一侧设置了一段倾斜的短墙座椅（人们可以在这里停留休息），在另一侧设置了一段空心金属栏杆。栏杆为人们的手提供了一种舒适的引导并产生了一种轻盈的触感，同时吸引人们进入建筑。

纺织协会总部大楼是对诸如自由平面、动态剖面以及运动组织等一系列著名的柯布西耶式主体的一个奠基性宣言，但它又通过无与伦比的高超技艺重新诠释了这些主题。这座建筑同样采用了革命性的创新，例如由斜向遮阳板组成的神圣的立面，迎面看来给人一种纪念性的、难以理解的存在感。参观者被头顶的坡道所投射下来的一小片方形阴影所吸引，结果这片阴影却是门房窗户形成的。当我们沿坡道而上的时候，遮阳板会具有透明性，视线透过结构可以看到另一侧矩形的天空。然后会看到一面混凝土墙，门厅处有一个荫蔽的矩形窗户，它阻挡了道路从而迫使人们向右移动——这种策略让人联想起莫卧儿宫殿转折处的掩饰和惊喜。一楼的主厅包括办公室、接待厅，以及电梯入口，都通过一个由柱子形成的开放通道连接。影子几乎是可触碰的，体量雕塑般的演绎非常具有张力，人们被河对岸所吸引，网格状的遮阳板在阳光下被切割成一个个暗格子。遮阳板形成了从河流到对面城市之间的视野。对于深度的感知因前景和背景之间距离的伸缩而变化。收与放之间相互交替。

人们在坡道顶部右转，之后进入一条指向通往楼梯相反方向的平行轴线。楼梯带领人们通往上一层的大厅（超过一层高度的1.5倍），从一个带旋转门的独立的柱廊进入。毫无疑问这就是一层主厅，即整座建筑的主要社交平台。在这里，空间在垂直和水平方向上延伸，似乎是围绕着左侧会议大厅的弧形体量流动，朝向穿过河流的背后蔓延开去。入口右手边的弧形鸡尾酒吧，戏剧性地让人突然想到迈索尔皇宫和工业烟囱之间的交叉。尽管在建筑的语境中，这更像一个巨大的混凝土织布机，也许还可以被解读为具有纪念性的梭子或线轴。这个玩笑通过本层东南角上一个大胆的无扶手的楼梯得到加强。这部楼梯在通往屋顶露台之前，切入在超过半层的阳台上。这决定性的妙笔使人想起位于法塔赫布尔古城（Fatehpur Sikri）的潘齐玛哈（Panch Mahal）上升起的怪异楼梯。和大厅一样，如果没有莎丽服的皱褶、权力阶层的喋喋不休、会意的点头和最初的惊鸿一瞥，它就不能算完整。

纺织协会联合大楼主立面上的锯齿状矩形和对角线丝毫没有暗示路径的高潮：顶层的集会大厅，这里处理成一个晦涩仪式的崇拜空间。这个房间在平面上呈卷曲状，它的两个终点并没有交合而是重叠在一起，留出一道缝隙当作入口。相似的形状还可以在勒·柯布西耶很多后期的绘画中发现。但是在此处，它们深深地嵌入了建筑主题之中，在弧形物体、水平楼板、结构网格、斜面和近乎方形平面之间的紧张对比中获得一种愉悦。在纺织协会总部大楼里，曲线引导着动线，压缩和扩张着室内空间，并在光影的游戏中产生一种强烈的可塑性。它们产生了对角的路径，使得人们的视线穿过后面的屏幕看到城市的轮廓线。从人类活动焦点的角度来看，曲线的使用也相当明智。首层的厕所被安置在两个背靠背的卷曲中，以此隔开男女入口。在高度的限制上，他们允许顶棚没有任何隔断地罩在头顶上。二层的酒吧则是另一个版本，但是这次它的上方被弧形的阳台所覆盖，它向上延伸形成一个连续的面，成为上方阳台的边界线。功能和形状的多种变形，都围绕着一个单一的主题协调地结合起来。

集会大厅成为通向建筑整个序列的终点，并通过一种旋转的运动方式加以解决，其中包括一条自由平面曲线以及一个放大体量。这种中心化且流动的空间邀请所有人的参与并庆祝统治阶层精英们在此齐聚。沿着缅甸柚木制的夹板片排列的极薄的墙向内倾斜，与朗香教堂的倾斜墙体相似。墙面穿透屋顶楼板的方式则让人想起昌迪加尔的烟囱。中央的顶棚向下凹陷成弧线形，这是新月主题的一种变体，从而表达了上面屋顶水池的重量：再一次，勒·柯布西耶希望能用上屋顶蓄水池。如果空间的力量来自于它舒展的张力，那么它的魔力就依赖于光的戏剧性效果。在边缘处，日光在檐板下反射，在悬挑的遮阳伞的遮蔽下，将斑驳的反射投射到水面上。在一天和一年中的某些时候，光线穿过空间触碰到墙体的曲线形内表面。当进入空间的时候，人们可以同时看到内部和外部，会感觉这里既是空间中的物体，又是物体中的空间——这种效果对于莫卧儿建筑师，甚至印度寺庙的建筑师来说一点也不陌生，即使此处是通过一种后立体主义的形式语言进行表达的。集会大厅是一个无与伦比的空间创造，它预示了数十年之后塞拉（Richard Serra）的扭曲抽象雕塑作品的出现。[10]最终的“声学”雕塑是勒·柯布西耶最有影响力的创作作品之一，通过一种单一的手势形状将几何体与空间模糊性结合在一起。

纺织协会总部大楼内部所使用的材料赋予结构以一种高贵的质朴。楼板由覆盖在混凝土板之上的莫拉克石板制成的饰板组成。同样的材料以一种更加纹理化的状态使用在侧墙内表面上。石材的颜色偏红褐色，有时候会变成红紫色，有着一种凹凸感和颗粒感；它被切割成不同尺寸的矩形方块，然后通过和坡道上所使用的相同种类的模度比率及图案组合在一起。在这里，楼板似乎转变成了墙壁。勒·柯布西耶将这种饰面体系称为“tapisserie de pierres”，一种“石质的挂毯”。[11]墙壁就如同意识形态上的帷幔，有着它们自己的纬纱和经纱。或许柯布西耶想到了“Khadi”，一种原始的手工棉花纺织编法，它在自由运动中被用作一种象征。在这一运动中，艾哈迈达巴德的纺织精英们是否起到了关键作用？在建筑的其他部分中，墙体通常被处理成白色表面、金属表面或是其他颗粒状的胶合板。其中一些装饰与建筑融为了一体，例如其中一间会议室中的纪念性月牙形的木质桌子，它通过自己的方式呈现出一种自由平面元素的特质。至于严酷的气候，勒·柯布西耶在处理这个问题时并不总是成功。混凝土储存并散发热量，没有玻璃的遮阳网格或许促进了风的流动，但是它们也使得建筑在雨季时出现雨水泛滥的情况。

纺织协会总部的粗混凝土和肌理立面和勒·柯布西耶后期的其他作品息息相关，但是很多早期的主题也同样浓缩进来。将遮阳百叶作为主立面的想法令我们回想起克鲁切特住宅，而利用坡道穿越建筑的想法在哈佛大学卡彭特视觉艺术学院的项目中得到了进一步的发展。

纺织协会总部大楼浓缩了勒·柯布西耶早期项目中的几种设计元素。空白街道立面和带有长条形视野的透明花园立面之间的二元性，作为一个主题最早出现于1916年的施沃布别墅中，随后又于20世纪20年代，在大量的别墅设计中借助自由平面而重新解释。

如果说平行墙面之间的之字形运动，以及在网格之中置入弧形物体让人联想起加歇别墅，那么一个序列空间通过扩展空间（伴随着一个小的通往屋顶的附加楼梯）达到高潮的概念则呼应了库克住宅。在纺织协会总部大楼中，萨伏伊别墅仪式性的坡道得以彻底重铸，是在新的基地上使用粗糙材料做成，然而这里将坡道的内部转到外面，以此作为机构的标志。勒·柯布西耶的后期作品常将新想法和思想遗存结构相结合。

纺织协会总部纯净的板和柱——尤其是背立面看起来像水平支架——标志着对多米诺骨架中示意的横梁式建筑元素定义的回归。20世纪20年代，勒·柯布西耶将现代建筑的结构类型和古典主义中某些要点的相似之处进行合并统一。在印度的项目中——特别是纺织协会总部大楼——开放柱厅与印度传统的遮阳悬挑和谐地融合在一起。靠近萨巴尔马蒂河边的高贵棱柱体，是为现代企业家所做的，它是印度游乐馆的杰出后裔，其踏步、坡道和平台通过微妙的轴线移动相连，都有着绝佳的视野与几何主题下的巧妙卷曲。在萨尔凯杰（Sarkhej）——艾哈迈达巴德西面的一座15世纪的清真寺和宫殿的综合体，甚至有一座这样的宫殿，它只有一面是由少量的柱子提供面向河边的风景，其他三面都是空白墙面。传统在底层空间结构的层次绝非在少数图案中才得到重新诠释；这些秩序的设计后来在现代语言和结构系统中进行了重新思考。勒·柯布西耶在一封自己的信上将纺织协会总部称为"一座小宫殿"——以及"向着印度建筑前进的真正启示"。[12]

奇曼巴伊（Chimanbhai）和胡赛僧（Hutheesing）住宅的设计（分别为市长，纺织协会主席）也探索了"住宅/宫殿"的主题，通过将家庭项目做得非常高贵来获得一种纪念性。这两个住宅都是对一个基本思想的变体：在立方体上开很深的洞口用于遮阳和空气流通，并通过悬挑水平遮阳伞来保护室内免受阳光和雨水的侵蚀。遮阳板通过模度划分比例，布置得十分精细，因此可以当成一个尊贵的立面。住宅较低的部分低矮、荫蔽，像洞穴一样。但是随着人往上移动，空间开始向天空和环境扩张。将光影进行对比的一系列精心设计的空间序列，则围绕着坡道、平台，以及穿过遮阳板朝着青翠花园和水池的视线进行布置。凉台被布置得能最大化地获取盛行风，并且夏季还可以作为睡觉的地方。这些设计，如实体墙面和深邃的孔洞，正交几何和漫步路径，垂直渗透和空间水平分层，都将建筑的二元性最大化。

勒·柯布西耶在市长住宅的项目上，投入了3年的心血，即便当时委托已经陷入了困境之中，却连室内镶嵌的大理石颜色也非要亲自挑选。奇曼巴伊（Chimanbhai）一家似乎从更为传统的方面去思考建筑，并试图改变一些在他的构思中非常基本的特征。[13]这个项目中，在后期的费用支付和旅行花费上也同样存在一些争吵。胡赛僧住宅的委托遇到了相似的困难，而且很明显的是业主并不希望再继续推进下去。勒·柯布西耶有时候得等上几个月才能拿到支票，但这更多的是因为迟缓的外汇管理条例而导致的，并非是由于剥削，但勒·柯布西耶还是感觉自己被怠慢了。他写了一封通告信，诉说了自己的不满和难堪，并威胁到要将此事告知总理。他之前认为印度是一个有高度道德的国家，但因为这些日复一日的问题变得有点动摇。他向巴甲伊（Bajpay，首相秘书）描述自己是一个有原则的人，他将自己的智慧用来对抗重要的挫折和不平等："我不是来印度赚钱的，我将建筑和城市原则、专业知识、一定的哲学带到这个国家……总之，在长期的职业生涯之后，一个65岁的男人可以获得这个梦想的果实。"[14]

萨拉巴伊一家坚持让勒·柯布西耶作他们的建筑师，即便他们斥责勒·柯布西耶将其卷入他自己所受

[左图]
肖特汉别墅，艾哈迈达巴德，印度，
1951—1954年。

[右图]
肖特汉别墅，从屋顶穿过弧形孔洞望向
露台和花园。

的广泛谴责。他们帮助勒·柯布西耶改善与艾哈迈达巴德的关系。市长住宅的委托最终不了了之，只在勒·柯布西耶全集之中留下一两页，但胡赛僧住宅被沙姆巴伊·肖特汉（Shyamubhai Shodhan）所挽救，他是另外一个工厂主，尽管其基地改变了位置，他仍然同意接手这个设计并且不做任何修改。[15]新的基地位于河西岸的埃利斯布里奇（Ellisbridge），与纺织协会总部大楼只有约1.5公里（1英里）的距离，置身于郊区的一大片土地之中，靠近铁路站场，有一条街道从西穿越基地。由于这里并没有什么特别的景观或感染力需要被保护（而在纺织协会总部是有的），因此勒·柯布西耶主要考虑的问题都在太阳、风以及入口和景观的关系上。相对于场地周界，他将立方体稍微倾斜放置，用有比较实体的东北立面和东南立面来阻挡日晒和火车噪声。其他两个立面更加开放地面向花园，并有遮阳板保护以阻挡下午令人讨厌的炫光：这些可以捕捉夏季的盛行风，有点类似巨型的散热器。对角线的布置方法，使人们在驶近建筑时，能够在3/4的角度下观察建筑。在人们的视线向纪念性混凝土柱廊延伸之前，首先会瞥到一个空间上的巧妙手法。基地景观的处理方式都是通过曲线形以及长满草的土堆，其中一个土丘的顶上放置了一个水池。这些都有助于建筑的雕塑体量与环境相联系，同时又与其形成对比。

肖特汉别墅的构建覆盖在保护性的遮阳伞下，遮阳伞则支撑在从结构升起的纤细的混凝土柱上。顶部的水平板清晰地悬挑于墙体与侧面的遮阳板上。和纺织协会总部大楼一样，肖特汉别墅中所展现的一些生机与活力也来源于剖面中的单个、双个甚至三个体量的并置。在一层平面中，两层高的起居室通向花园：彼得·谢雷尼将这个房间与雪铁汉住宅中的两层通高空间，以及老艾哈迈达巴德住宅的高大门厅（包括原始的肖特汉住宅）做了恰当的比较。[16]一条侧面的坡道引导人们通向上面的楼层，所有卧室都围绕着三层高的露台布置，这种方式让人隐隐想起加歇别墅。这是设计的主要所在，它迅速扩大的空间让人想起风格派的建筑，以及印度微型画（Indian miniature paintings）中难以捉摸的模糊空间。在其中一幅画中描绘了乡村生活的情景，以及人们在户外的小台阶上玩耍同时面对着天堂般的花园，勒·柯布西耶被画深深吸引，它体现了勒·柯布西耶为他最初的、风趣的单身客户所设想的天方夜谭（Arabian Nights）式的幻想。参与艾哈迈达巴德项目的多西（Balkrishna Doshi），当他将肖特汉别墅——

[左上图]
胡赛僧别墅（后来的肖特汉别墅），研究保护性阳伞屋顶的主题，草图本，1951年。
钢笔绘制，8.5cm×13.5cm（$3^{1/3}$×$5^{1/3}$英寸）。

[左下图]
一幅印度微型画中的一个露台的草图，注明了其与勒·柯布西耶对艾哈迈达巴德本土建筑的思想之间的联系。
草图本E23，1951年。钢笔绘制，8.5cm×13.5cm（$3^{1/3}$×$5^{1/3}$英寸）。

[右下图]
肖特汉别墅，从外侧望向遮阳屋顶、露台以及遮阳百叶。

[右图]
穿过深厚的遮阳百叶望向花园。

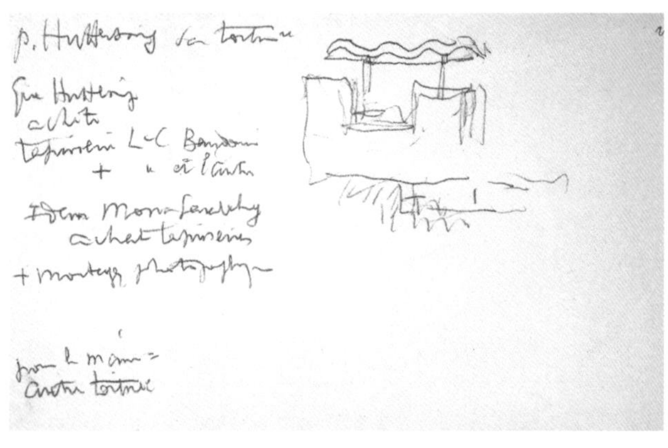

“带有多种为爱人们准备的露台的独身者宫殿：克里什那（Krishna），牧牛姑娘的化身”和更加朴素的萨拉巴依别墅——“一座为孀妇准备的安静祥和的住宅”作对比后，多西抓住了这个项目的精神内核：“两种相互对立而又同时具有一致性的建筑。”[17]

肖特汉住宅中更低一些的阳台板上有一个椭圆形洞口，与切入上面的遮阳伞板的相似形状的洞口相协调，我们可以像透过放大镜一样同时透过两个洞口看到天空。同样的形状还一语双关地出现在花园中的椭圆形水池，这种相似性使外部和内部更为紧密，而且当人们通过遮阳板的洞口瞥见外部片段式的景色时，赋予了周围环境以一种超现实的张力。通往屋顶的小径构成了平台和踏步的另外一种不稳定而古怪的旋转。从上往下看，我们可以领会到建筑的矩形几何是如何与弧形路的轨迹、与佣人房和厨房的附属建筑体量、与小土丘进行平衡和抵消。出水槽从楼板中刚硬地伸出来，指向覆盖着草皮的土丘上的柔软的凹形水池。这满足了一些建筑意义上隐蔽的引起情色的目的。在雨季期间，雨水戏剧性地从立面清晰地喷涌而出，流向下面的花园。

肖特汉别墅在勒·柯布西耶的作品集中有一条很长的谱系。它是1949年的库鲁切特（Curutchet）住宅的郊区表亲，并利用了未建成的1928年拉内默藏（Lannemezan）项目，其中设想了像板条箱一样的遮阳板。从长远看来，这是1928年迦太基的贝佐别墅的后裔，在这个项目中也同样探索了在遮蔽性的屋顶板下复杂剖面的概念。在勒·柯布西耶全集中，陈述肖特汉别墅的平面为“回想起萨伏伊别墅的独创性……在热带的印度环境中”。[18]远不止于此，肖特汉别墅还探索了多米诺体系和雪铁汉住宅的密实立方体之间的差别。勒·柯布西耶将雪铁汉住宅的后裔形容为“男性”建筑，保持着方正与刚硬，与环境对抗。另一方面，莫诺尔住宅的血统则代表着“女性”，其低矮的拱形空间完全融入环境之中。[19]艾哈迈达巴德的萨拉巴伊别墅属于后者。它由一系列平行的拱形开间构成，以朝向微风并进行捕捉。屋顶则是一个密集的草坪花园，带有汩汩地流着水的水槽。支撑着粗混凝土梁和拱的柱子由砖砌成。其内部空间很低但是通风性能良好，边缘处的柱子在混凝土顶盖下形成了遮阳的凉台。基地位于沙依巴格长满绿色植物的隐居处，是萨拉巴伊部落的一处飞地。建筑在一片绿海中几乎消失不见。建筑中非常显眼的是一个滑道，它从屋顶通往水池，但这也同样起到了区分母亲和长子住区的作用。

该建筑的客户，也就是曼诺拉玛·萨拉巴伊，当时才刚刚寡居。她希望有一个安静的住所可以让她和两个儿子居住。[20]勒·柯布西耶在这样一个轻描淡写的建筑中抓住了正确思想，即尽可能地不去干扰原本极佳的植物。也许从对自然的考虑中，勒·柯布西耶流露出一些耆那教的观点。低矮的顶棚和半张半闭的视线赋予了该住宅一种花园宫殿的气息，它带有高贵的比例却用着谦卑的材料：似乎是想在与自然环境的和谐相处中获得一种理想的简单生活。但是这种特别的“原始棚屋”仍包含西方艺术作品，这些艺术作品即便放在当代艺术博馆（MOMA）中也不会显得不合适，其某些位置还装有空调（这对20世纪50年代的印度来说是一种绝对的奢侈）。萨拉巴伊夫人属于这种类型的印度客户：这种客户既会在庭院里养鸡养牛，同时又拥有最新式的克莱斯勒（Chrysler）轿车。

对萨拉巴伊住宅项目的书面表达几乎和讨论的一样多。这座建筑是根据曼诺拉玛（Manorama）的精确需求塑造出来的。建筑中有她自己住的两层套房；另有给他一个儿子住的单层套间；以及给佣人作宿舍用的附属区。吉拉（Gira）以及高塔姆（Gautam）分别是萨拉巴伊的嫂子和姐夫，他们都在与勒·柯布西耶的交流中给予其不少帮助，甚至还拜访了勒·柯布西耶本人以及勒·柯布西耶在欧洲的一些作品。吉拉研究过赖特，并知道在欧洲和美国发展的现状；高塔姆后来则成为位于艾哈迈达巴德的国家设计学院的创办背后的重要力量。他们都为多种危机缠身的勒·柯布西耶清除了道路，并且都明白勒·柯布西耶经手的设计中艺术史的重要作用。在艾哈迈达哈德的旅途中，勒·柯布西耶经常和萨拉巴伊待在一起。曼诺拉玛是一位非常坚定的客户：在设计后期，她经常咨询现场建筑师让-路易斯·维瑞特（Jean-Louis Veret）。她还时常给勒·柯布西耶写信，询问细节中的模度尺寸，同时能巧妙地指出设计中自相矛盾的地方。

萨拉巴伊住宅基本主题元素的发现是在1951年末到1952年初：建筑中的一系列镂空部分与当地的光、阴影、空气以及热带植物等因素相互作用；低矮的拱形空间引导人们穿越场地，同时引入当季主导风。隔间相互平行且相互贯通，各个柱墩不均匀地布置在地面上，使得内部空间能够轻易地相互流通。萨拉巴伊住宅在设计过程中建立了一套体系，但同时又打破了这一体系，它将侧向以及斜向视角打开，同时定义了私属区域。在第一个方案中，车库位于滑道后方，就好像一段酷热驾驶后自然的目的地就是凉爽的游泳池，这个游泳池可以通过一个从屋顶上延伸下来的滑道进入。最终这个车库与佣人房及厨房体块一起合并到入口庭院的一侧。勒·柯布西耶通过这个小房子去探索保护性屋顶概念的新变体。凉台有很厚的土壤垫层，水槽穿布其中（这种隔热方法比混凝土遮阳伞要成功许多）。有机形态的游泳池带有悬浮其上的混凝土百叶是最后一个动人之处。

最初勒·柯布西耶试图展现室外的拱，并使用木质格栅或混凝土格栅来排除炫光，这是他在艾哈迈德巴德的老房子上所看到的做法。但是拱外露的想法最后被否定，因为这会使得房子看起来像是来自工厂的物件，而对于纱窗，因为虫子可能会吃掉木头而且雨季的雨会穿入格栅内，因此也不可行。[21]所以勒·柯布西耶想出用方形混凝土罩子来给室内一种被保护的感觉；并在内部跃升的拱和外部横梁式的支柱和板材组成的结构之间引入一种丰富的形式对比。然而方形的混凝土罩子却给予了建筑以一种私人，甚至神秘的特质。建筑中被遮盖的走廊与远处的海湾融为一体，走廊上设置了木材和玻璃制成的转门，打开时能够使自然空气在室内自由流动；关闭时能够保证部分房间的人工制冷。另外，勒·柯布西耶在建筑中设计了类似于拉图雷特修道院中的通风机的通风槽口，并在口部设置了防虫网。为使用者提供一座能够抵抗包括酷热、沙尘暴以及热带地区瓢泼大雨的遮蔽所是至关重要的。

人们很难从照片和图纸中理解萨拉巴伊住宅的室内空间。低矮的拱形大厅通过室外廊道与自然环境融合：人们很难界定建筑在哪里结束，室外环境从哪里开始。其中一些砖柱进行了抹灰并涂上了绿色、黑色、黄色、红色或白色，通过抽象的平面之间的重叠、前进或后退，展现出一种精妙的秩序。屋面中的隐藏结构支撑减少了中心的结构支撑数量，更进一步解放了室内空间。由于建筑中采用的元素的减少，节点和细部对于取得理想空间效果的重要性大大增加。建筑结构融合了优雅与轻盈的触感。柱子顶部支撑的混凝土梁略微退后，而砖拱从退入阴影处的不可见位置一跃而出。混凝土梁像是悬浮于空中，而拱形的结构形式在各个房间之间以一种缓慢的节奏移动。当大门关闭，人们能从嵌入在木板中的方形以及矩形小窗看到热带植物和花朵等自然景观。当大门敞开之时，住宅和花园合二为一。

建筑所使用的材料廉价，尺度适中，但是这座为富人设计的住宅仍然带有一种朴素、贵族式的意味。建筑氛围以宁静为主导。幽暗的室内环境带给眼睛以舒适的感受。当人们坐在低矮的靠垫上或是沙发床上时，这种室内环境所带来的好处更为明显。最后的成果是可触、可感受的。地板由抛光的暗灰色柯塔石构成，表面留下了由模度所限制的白色接缝以及大小不同的矩形。夜晚时分，曲线的吊灯将光线投射到拱顶的底面。木头和玻璃制成的滑门在由混凝土和暖红色所构成的主要结构系统中增加了一种二级系统。门框顶部横梁上部的可调节的旋转木板与拱顶的弧形形体契合。这些可移动、可调节角度的木板在建筑中引入了一种人体触摸的动作，形成了对穿过大厅的微风的多种不同方式的回应。古代的

瓶罐、吉吉拉特式的家具以及关于萨拉巴伊的现代绘画作品在这些流动的室内空间中与投射进来的光线完美地融合在一起。建筑隔绝了严酷的夏日气候，但空气仍然能够流入进来；而雨季时候倾泻下来的雨水被保留在海湾，通过水闸、水渠、檐沟以及滑片直接排入水池中。

萨拉巴伊住宅有很多个近亲，并不仅仅是勒·柯布西耶更早期的莫诺尔住宅。要说它令我们最先想到的表亲，莫过于他对地中海与北美民俗建筑的那些转化：罗克和罗伯住宅，1949年的富埃特住宅，以及1953年的雅乌尔住宅。1935年的珀蒂特周末小住宅就已经探索了低矮的拱形空间上方覆盖草皮屋顶的想法，而同一时期位于马特斯的住宅则探索了将柱子和墙面转化成阳台的建筑语法。在萨拉巴伊住宅中，侧面的柱子和遮阳板结合则创造了一种适应热带气候的结构类型。昌迪加尔和朗香教堂的蓄水池想法也在汩汩流水的水槽与滑道上得到了重申，屋顶花园则在勒·柯布西耶对自然力量——雨、植物和阳光，甚至月亮的颂扬中成为一个核心主题，因为他希望屋顶在夜晚的时候也可以使用。通过勒·柯布西耶对另一个项目的描述，可以传达出这座建筑的精神，即1942年未建成的“北非舍尔沙勒附近位于一片农庄之内的居住区”，其中拱形空间、郁郁葱葱的围墙花园、水槽和水池都交织到了一起：“柯布西耶已经发现如何用现代方式进行建造并与乡村、气候以及传统相和谐。”[22]

和勒·柯布西耶其他的印度建筑一样，萨拉巴伊住宅在印度传统上也有自己的试金石和类似物。斜面窗洞以及低矮遮蔽的空间同时显示的精神分别来自农民手中的乡土资源，以及英国人建造的功利性的公共工程部印度式平房（bungalow），与此同时粗砖和混凝土也呼应了它们在艾哈迈达巴德纺织工厂里的相似用途。从内部的遮阳空间看向外面的水和植物的宫殿愿景，让人想起德里和阿格拉（Agra）的红堡（Red Forts）里的皇家公寓，同时内部的遮阳则唤起了圣地般超脱凡俗的气氛。尽管占星几何已为“高级生活”提供了幽默的图形，占星几何变成了一幅描述高端生活的有趣的画面，滑道还是具有对简塔曼塔（Jantar Mantar）天文台的方位三角的神秘象征。这种建筑装置或许同样受到了一个儿童故事的启发：萨拉巴伊女士的儿子阿南德（Anand）与柯布西耶分享了他对于莫洛亚（Andre Maurois）的小说《胖子和瘦子》（Fattypuffs and Thinifers）中描述的一个巧妙的斜槽装置的喜爱——一种能够通过强迫人们直接起床洗澡的方式叫醒人们起床的闹钟。[23]在建筑师的许多晚期作品中，水是一项重要的考虑因素，在这座建筑中，水和流动空间或是光线调

[左图]
萨拉巴伊住宅，艾哈迈达巴德，印度，1951—1955年。从室内看向水池和花园，展现了拱顶、梁以及墩子。

[下图]
萨拉巴伊住宅草图，探究由一系列直接位于水池上的平行拱券组成的住宅形式，1951年。
钢笔以及彩色蜡笔绘制，21.6cm×27.7cm（$8^{1/2}$×11英寸）。

［右图］
萨拉巴伊住宅，从花园一侧穿过水池望向建筑。

节等想法同样重要。在评论萨拉巴伊别墅融入花园背景的方式以及鼓励人们相互交流的方式上，印度建筑师查尔斯·柯里亚曾经这样评论道："一个杰作——像一棵菩提树、一个印度大家族、印度本身那样的复杂、无固定形状和开放。"[24]

如果将萨拉巴伊住宅看成一个孤立而奢侈的项目，就错失了它太多的特点，还会误解它的巨大影响力。对勒·柯布西耶而言，这个小住宅是一个"地方主义假设"，是一次对适用于现代印度普遍状况的语言探索。它的元素将在昌迪加尔高等法院的拱顶、柱子、遮阳设备、水槽以及平展遮阳伞中再次被发现；但它们也同样出现在勒·柯布西耶对最便宜住房的研究中：他的"印度语法"必须能够同时满足让农民和法官都认为很有价值的能力。尽管萨拉巴伊住宅十分隐蔽，但它还是在印度引发了广泛影响。很多使用砖柱和混凝土梁的建筑仿造之，这些大多是陈词滥调，但也有精品进行了更深层次的转化。如位于艾哈迈达巴德的甘地纪念馆（1960），由查尔斯·柯里亚设计，他融合了萨拉巴伊住宅和路易·康的特伦顿（Trenton）公共浴室，但是这栋建筑同时有自己的规律。展览馆的漫游序列，伴随着视线从布满植被的庭院穿越到河流，使人想到圣雄（Mahatma）的精神探索与平静，同时低调的语汇与附近古老的甘地修行所相呼应，传达出一种谦卑与自律的恰当心境。巴克瑞西纳·多西（Balkrishna Doshi）的桑珈（Sangath）事务所（1980年落成）展示出勒·柯布西耶的"印度语法"即便在整整30年之后依然有丰富的转化能力。在这个案例中，萨拉巴伊住宅中的草皮平台和遮阳拱顶常常在多西的解决方案中出现。[25]

勒·柯布西耶粗野的印度建筑开启了一套新的表达可能性，并试图通过建立新旧之间的联系来处理后殖民身份的尴尬处境，同时又不回归到怀旧的多愁善感之中。这次探究的关联性在于它为光亮的陈词滥调而又被贬低的国际式风格提供了一种替代性的选择，在于它论证了一种在基本类型的层面上去阅读传统的方式。例如萨拉巴伊住宅，就使得将农民乡土建筑的持久智慧转化为现代术语的一种新方式成为可能。

勒·柯布西耶的印度认知需要从广阔的视野中来看待，包括巴拉干（Barragan）对墨西哥古代遗迹的抽象化再现，以及日本人试图将现代技术与从传统木建筑中提取出来的经验相融合。即便是现在，过去了半个世纪后，隐藏在勒·柯布西耶的艾哈迈达巴德建筑背后的思考过程的启示仍待进一步发展。他的"面向印度建筑的真正启示"，经常被用来回答一个始终与第三世界相关的问题："如何变得现代并回归源头；如何复兴一个古老的休眠文明并同时参与到普世文明中。"[26]

16

第16章
回顾与发明：最后的作品

“风格，像语言一样，在表达的序列上不太一样，它们允许艺术家进行的提问也不一样……”[1]

——E · H · 贡布里希

[前图]
勒·柯布西耶及其工作室成员（初步设计由卢西奥·科斯塔完成），巴西学生公寓，巴黎，法国，1957—1961年：从天窗向上望向居住区。

[右图]
巴西学生公寓，公共区域及一层报告厅平面图。

1957年勒·柯布西耶70岁生日时，他已经被很多人视为现代运动的世界领导者。各种奖状、奖章、典礼、回顾展等纷纷萦绕着他。但是，建筑教父这个位置除了随行的相关特权，也给他带来了问题。勒·柯布西耶在所处的高位上，看到自己的建筑信条被简化成一份满是陈词滥调的清单，他的城市哲学也变得平凡庸俗。整个建筑界的眼睛都盯着勒·柯布西耶的一举一动，记者们争相追逐着他，他们试图将柯布西耶变成一个跳梁小丑（就如同他们对毕加索那样），但并没有成功。不过勒·柯布西耶个人的标准属性——从他的牛角架眼镜到模度一样的手，所有这一切在媒体中都变成了公共财产。勒·柯布西耶对名声的看法具有相当大的矛盾性，尤其在它浪费了诸多时间的时候。1953年，在获得英国皇家建筑师协会颁发的金色奖牌时，他由衷地为之感动。他一直注重这种文化建设，但现在他对此持怀疑态度。勒·柯布西耶的小心翼翼在一幅生动的涂鸦中得以展现，它记录了1959年剑桥大学授予其荣誉学位的情景。在画中，他和亨利·摩尔（同样也被授予了荣誉学位）身穿长袍，骄傲地大步走着。而在附近的一个窗户外，一名学生正在大声叫着“打倒学院”。事实上，确实发生了这件事；也许勒·柯布西耶记录下这个，是因为它反映了勒·柯布西耶自己对待学院的复杂情感。[2]

勒·柯布西耶一直希望能找到一个传统，而在20世纪50年代他无疑是成功了的。但是这种辉煌同样暗含了危险。他在20世纪20年代取得的突破，激励了建筑师们如阿尔瓦·阿尔托以及朱塞佩·特拉尼进行他们各自的高超创造。但同时也引发了横向长窗、航空曲线、架空支柱等毫无意义的陈词滥调，在晚期的作品中有很多类似的事情。当然也不乏在此原则之上的很出色的发展，如路易·康、路易斯·巴拉甘、丹下健三（Kenzo Tange）、德尼斯·拉斯登以及保罗·鲁道夫等。但同样也有很多柯布西耶式的拙劣模仿，不得要领地使用遮阳百叶、凹进的门廊以及大量的粗混凝土。比这些更差劲的是对柯布西耶城市理念的夸张模仿，尤其是在公共住宅和摩天大楼方面。

出于领军人物的自觉，以及意识到自己的思想理念正在被拙劣地模仿，柯布西耶决定开辟一条新的道路。除了这个推动力之外，还伴随着柯布西耶想要重申他毕生工作基本原则的需求。1950—1955年期间设计的建筑，即使对柯布西耶本人而言也是难以追随的。他没有像年事已高的格罗皮乌斯那样迷失方向，也没有像赖特那样回归无力的手法主义，但是他再也没能设计出像昌迪加尔议会大厦那样的建筑。创作的焦虑——勒·柯布西耶这样称呼，并没有随着年龄的增长而减少。耶日·索尔坦甚至还暗示它们有所增加（耶日·索尔坦于1945—1949年曾在勒·柯布西耶的工作室工作）。这和“与日渐增的责任感，对永久卓越的期望……以及对无法超越之前作品的害怕”都息息相关。[3]

从1957年他完成拉图雷特修道院，到1965年的逝世，在勒·柯布西耶最后几年期间，很可能社会和个人因素都对其艺术激情的轻微退却有一定影响。人们可能有这样一种感觉，欧洲战后数年的贫困和印度的政治理想主义对柯布西耶造成的影响，要远大于20世纪50年代晚期开始的欧洲和美国日益兴起的消费主义带来的影响。项目以及它们的社会意义对他的吸引越来越少。随后，伊冯娜在经历了长时间的健康恶化后，于1957年逝世。这对勒·柯布西耶来说是个沉重的打击，而且据他的朋友所述勒·柯布西耶此后再不复当初。1960年，勒·柯布西耶的母亲刚过完100岁的生日后就过世了，这对他来说又是一个创伤。母亲在勒·柯布西耶事业的起伏和个人生活中，一直都是他的知己和精神支柱。当勒·柯布西耶的名声一天大过一天，他内心的孤独也同样滋长着。[4]

如果说勒·柯布西耶的追随者们，在将他的艺术探新转化成强有力的表现作品时会有困难，那么勒·柯布西耶自己有时候也会如此。在他晚年的时期，他会将自己的所有作品当作一种词汇，而这样有时会让他接近于自我模仿。后期的居住单位都缺乏第一个作品表

现出的英雄力量；巴西学生公寓（Maison du Brésil，1957年，原方案出自卢西奥·科斯塔）在附近瑞士学生宿舍的乌托邦情节映衬下黯然失色；菲尔米尼中心（Firminy-Vert）则是光辉城市的折扣版本。这些指责由于晚期作品的空间和几何的精湛技巧而有所补偿，如布鲁塞尔的菲利普馆（1958年），哈佛大学卡彭特视觉艺术中心（1959—1962年），或那些概念丰富的未建成方案，如威尼斯医院（1964年）以及米兰附近的奥利维蒂中心（1963年）。1965年8月，就在勒·柯布西耶去世几个星期前他还写了一篇文章，标题是令人费解的"除了思想，没有什么是可以传达的"，坚持传递的是原则而不是形式。[5]当解读勒·柯布西耶后期的作品以及未建成的项目时，我们最好能穿透表层去理解意图和空间概念。勒·柯布西耶留下了一堆想法，即使没有建成也拥有为他人提供范式的力量。

在勒·柯布西耶最后的十年中，他一直在建筑语言上探索潜在的可能。有时回顾过去的方案，然后再将其创造成一个新的形式。在重复运用相似的策略和类型时，他展示了出乎意料的空间和几何维度。有时他也会采用一个准则然后转化它的一些特性。位于巴黎大学城的巴西学生公寓（1957—1959年）就是这样一个例子。[6]它源于和瑞士学生宿舍一样的基础类型——底层托柱上的方盒子为学生提供住宿，下方的弯曲空间用于公共设施。但它又体现着后期作品的风格，有着素混凝土的突出体量，以及建筑底部对自由平面更复杂的演绎。这个委托最初是由卢西奥·科斯塔承接的，在菱形的平面上，他提出了一个有点细长的垂直板式方案，一层平面设计成连锁曲线的巧妙体系。自从20世纪30年代中期科斯塔和尼迈耶找到一种方法，将自由平面延伸至景观之中，蜿蜒的曲线就几乎变成了巴西现代建筑的标志。勒·柯布西耶的工作室本应实现科斯塔的方案，但最后他们修改了它，将上层结构的学生公寓和居住单位的一些概念混合在一起，如遮阳百叶阳台以及将底层的曲线设计得更为精细。

巴西学生公寓的外在形式是十分沉闷的，但是底层提供了一个大师级的空间表现，倾斜的顶棚和地板、凹凸的几何形状以及图形和背景的反转。这是一个蜿蜒的边缘，从街道一侧升起，包含了楼长办公室和公寓；接着又回绕形成一个外部区域，并向下弯曲提供主入口；然后从另一侧再次升起形成一个自由流动的大厅，一个楔形的礼堂，临近还有一个舞台用于非正式活动。不管是照片还是口头的描述，都不能表达出这些压缩空间和扩展空间的实体存在，它们鼓励社会互动，人们非常容易地从一个区域通往另一个区域。这是一种社会景观，有着水池状的天井以及港湾一样的圆形空洞，它们透明的边界有着波动的玻璃墙面。尽管细节并不精细，但是空间概念体现着拉图雷特修道院地下室中的几何复杂性在世俗中的模本。巴西学生公寓强调物质性：富有肌理的混凝土表面、彩绘鲜艳的顶棚、黑色石板地面、楼梯井处大块的半透明玻璃以及内嵌马赛克的弧形抛光混凝土桌子。

在朗香教堂、拉图雷特修道院以及印度的作品中，勒·柯布西耶探索了复杂的几何结构。它们从圆锥形的剖面、双曲抛物线基础上形成的体量，以及倾斜直线产生的蜿蜒曲面中获得。[7]最终产生的形式经常和一些反转体或另一个矩形框架或网格并置。通常它们会被整合在自由平面中，在建筑物的中心形成弯曲的实体或空间（如昌迪加尔议会大厦），或者向外突出以应对建筑内外的压力（如拉图雷特修道院的地下室）。在勒·柯布西耶最后的作品中，他继续着这些调查研究，有时候他甚至让这些曲线成为一个独立的个体（在朗香教堂中已经有所体现），有时又使用它们来体现运动。几何不是这些项目的生成者，而是一种对已经通过其他方法（通常是通过草图）直观地发现的思想的约束措施。几何表达在建筑价值的衡量上有一定的位置，但它并不能代替形式的起源和潜在意义。

勒·柯布西耶和工作室几位很有天赋的助手一起完成了这些研究，包括伊阿尼斯·泽纳基斯，来自希腊的

STRABED

［左图］
勒·柯布西耶和他的工作室成员以及伊阿尼斯·泽纳基斯的主要贡献，菲利浦馆，万国博览会，布鲁塞尔，比利时，1956—1958年。

［右图］
菲利浦馆，由伊阿尼斯·泽纳基斯绘制的几何构造图，结合了圆锥截面线以及双线马鞍面，1956年12月8日。
铅笔中线绘制，75.4cm×96.2cm（$29^{2/3}$×$37^{3/4}$英寸）。

［下图］
菲利浦馆，伊阿尼斯·泽纳基斯绘制的平面图和透视图，1956年10月19日。
钢笔绘制，42.2cm×58.4cm（$16^{2/3}$×23英寸）。

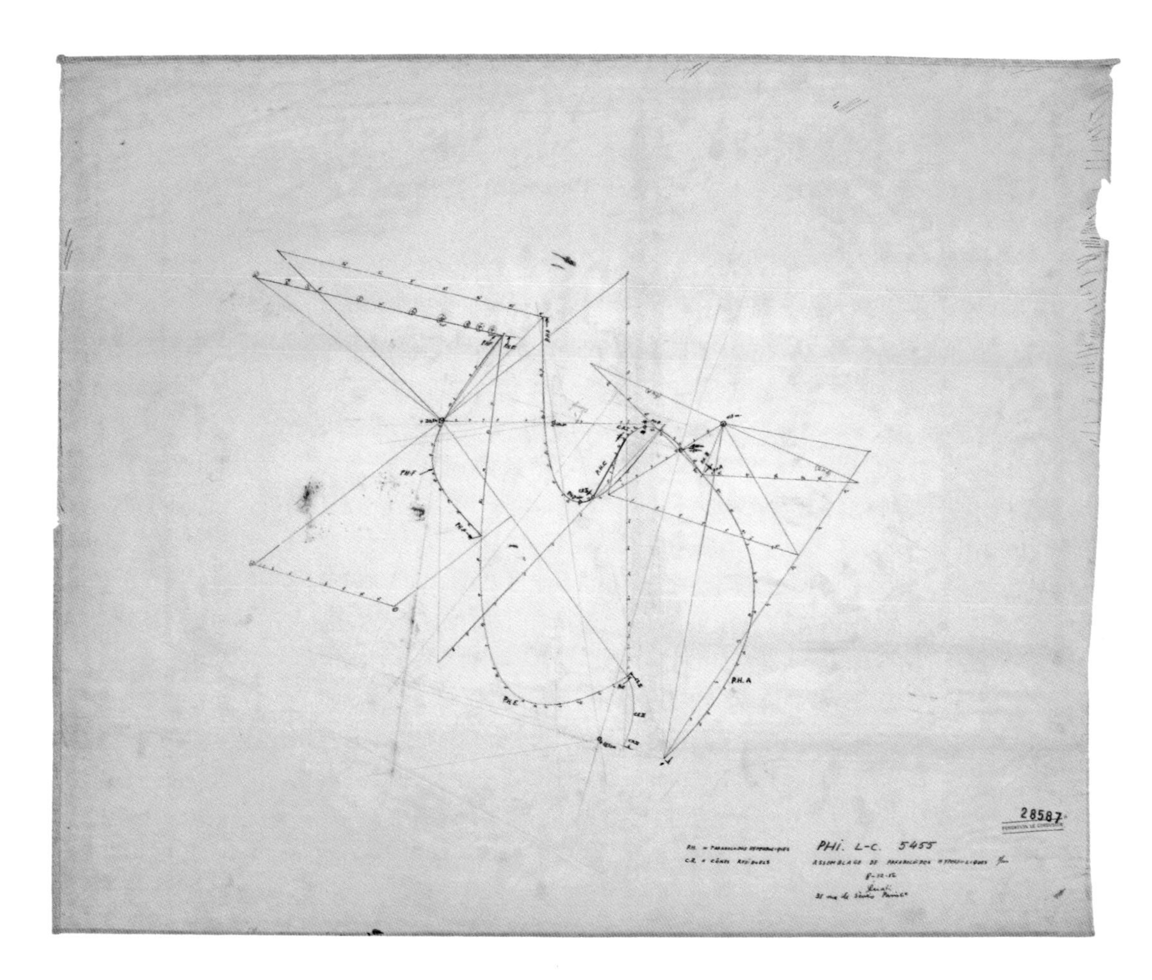

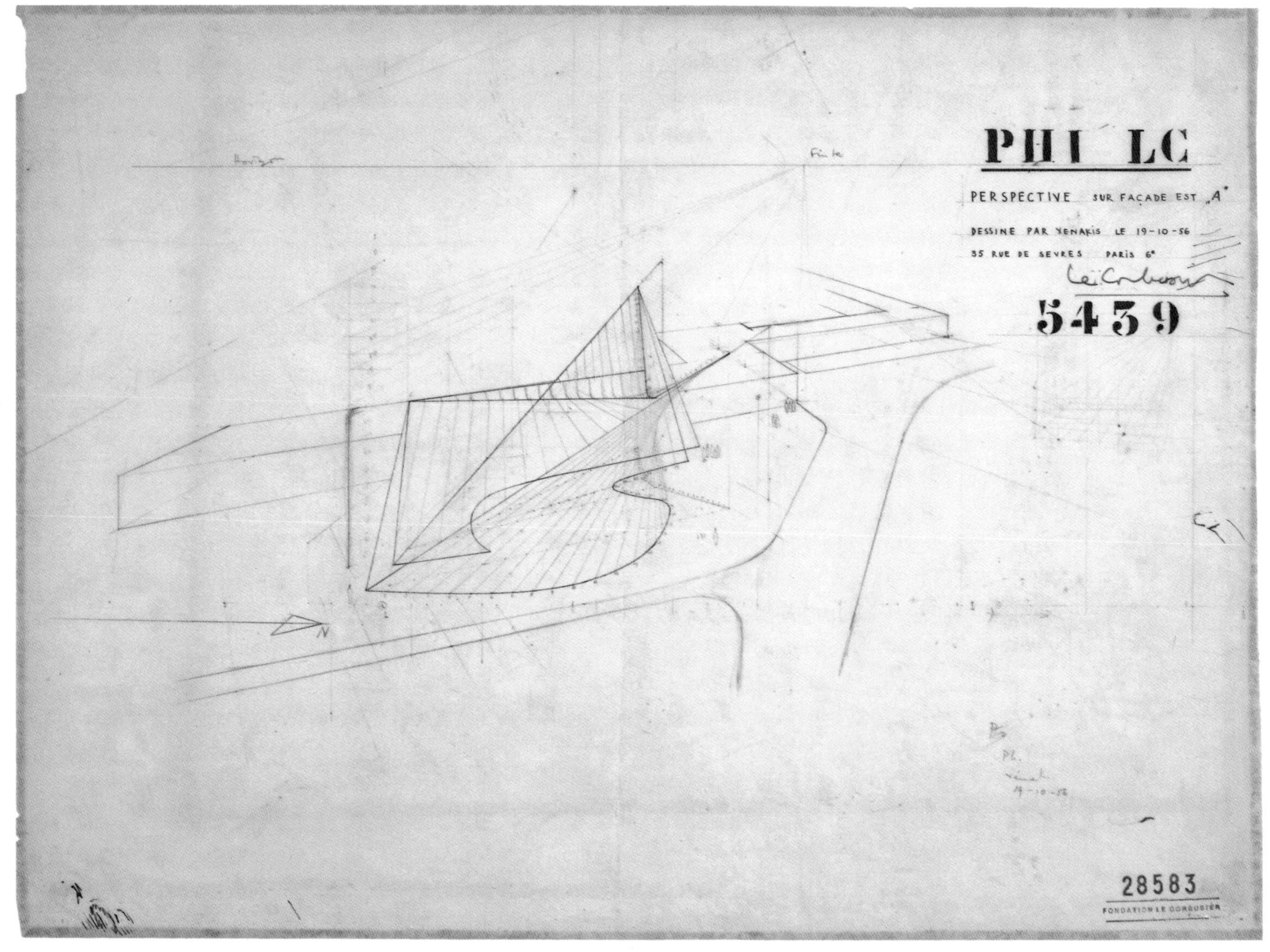

[右图]
勒·柯布西耶和他的工作室成员，海蒂韦伯博物馆，苏黎世，瑞士，1961—1964年。

音乐家和工程师，他帮助柯布西耶发明了拉图雷特修道院的波动的玻璃墙面。泽纳基斯还是1958年布鲁塞尔博览会菲利浦馆设计的灵魂人物。这个场馆容纳了电子音诗（Poème Electronique）[8]，包括先锋音乐家埃德加·瓦雷兹设计的一首编曲、泽纳基斯设计的一首名为《双曲抛物线混凝土》（Concert PH）的曲子，以及勒·柯布西耶编排的投射光和图像序列。瓦雷兹一直对空间音乐十分感兴趣，他相信科学可以展现新声音和新乐器，包括电子乐。菲利浦馆是一个动态的、类似帐篷的结构，由混凝土和钢构成，凹凸表面朝着每个端点的顶峰强烈拉伸。内部的空间十分高大，具有戏剧性的效果。图像直接投影在内表面上，内表面反射着各个方向的声音。参观者们由旋转的曲线指引，从一个端点涌入然后从另一个端点出来。建筑平面像一个变形虫或一些其他的流动形态的生物体。该体量在经历了外形上的蜿蜒曲折之后，产生了弯曲的表面。从结构上来说，菲利浦馆是一个奇妙的混合体，预制板悬挂在从混凝土肋骨伸出的钢拉索上。

第一眼看来，菲利浦馆像某种自由形态、表现主义的狂想曲。但事实上，它却是严格按照投影几何学而来：一个线形旋转的劈锥曲面。1956年，勒·柯布西耶从一副很小的草图平面开始进行设计，图中是一个咬合的曲线，更像是一个器官（工作室称之为"胃"）。在随后的一年半内，在金属丝和线性模型的帮助下，泽纳基斯研究了几种可替代的形式及结构方案。出于对模度的精通，在数学系列的基础上他已经创作了一首名为"变形"（Metastasis，1954）的乐曲。这个乐谱是在双曲抛物线和滑音几何学（glissandi ruled geometries）的基础上完成的。菲利浦馆也是类似的精神，将音乐和空间想象结合在动态的形式中。泽纳基斯和勒·柯布西耶可能本来选择的是一个轻质帐篷似的编织结构，但是这会让外部的噪声妨碍电子音诗的完成，因此顾问工程师霍伊特·达伊斯特（Hoyte Duyster）研究了更坚硬厚重的材料。紧绷的混凝土表面，用桁架支撑的多束金属线，最后完成的结构看起来像一种巨大且神秘的乐器，让人想起瑙姆·加博的空间线形结构，以及那些尼龙弦穿梭其中的旋转曲面。

菲利浦公司处于电子音和电视的技术前沿，希望在这些领域能广而告之他们的技术水平。在展馆内部，几百个扬声器按序列排列并和投影仪相连。观众笼罩在神秘的立体声中，建筑也在动态图像和闪烁灯光的多媒体展示中消解。勒·柯布西耶在"诗"（Poème）中加入了一些奇怪的事物，包括"起源""精神与物质""人创造了上帝""和谐"以及"致所有人类"等模糊的主题。他戏剧性地运用了启示性图片，并处理成忽明忽暗的效果，包括原子弹爆炸、查理卓别林的照片、动物剪影、部落面具和新生儿等。抽象模式的微观幻灯片通过连续的序列和全世界各个社会的人类学摄影报告片段并置在一起。事实上，这对实体和先锋音乐而言是一种视觉伴奏：瓦雷兹和泽纳基斯乐谱产生的鸣动和旋律，和那些让人不安或令人动容的声音一起，都是从很多现实层面而来，结构也是通过空间和时间的数学概念产生。瓦雷兹将低沉的钟声、刺耳的声音、尖叫声以及沉默合并在一起。这是前所未有的感官体验，将观众送到另一个世界中。对他们的工业赞助商而言，菲利浦馆为世纪博览会提供了一种科技形象，宣称了欧洲战后经济的复苏。对建筑师而言，这是一个建筑技能的证明，结合了动态的空间、复杂的几何、声音以及光线，使之成为一种综合的艺术。

1958年，勒·柯布西耶为斯德哥摩尔设计了一个展馆，采用了相互咬合的钢结构伞状体，这是他探索多年的一种类型的变体。这个建筑并没有实现，但后来柯布西耶在海蒂韦伯博物馆（1961—1965年）中又重新采用了这个想法。[9]该建筑位于苏黎世临湖的一块基地上。韦伯是勒·柯布西耶的一位朋友及仰慕者，收集了很多他的绘画和雕塑作品。她希望建造一个勒·柯布西耶式的圣地，去歌颂勒·柯布西耶的艺术作品、书籍以及建筑哲学和城市学说（最初这个建筑被称为"人类之家——勒·柯布西耶中心"）。出于这个意图，建筑师设计了一个钢屋顶构架，两个相连的阳伞立于支柱之上，玻璃展区则插入下方的次要系统里。这些都是基于2.26米（略低于7½英尺）的立方模块而成，所有的大小尺寸都和模度相符。穿越展览馆的坡道由清水混凝土制成，和该结构其他部分纤细的钢剖面形成强烈对比。大块的平板玻璃和红色、白色、绿色、黄色以及黑色的搪瓷面板都嵌入铝制框架中，并在建筑边缘直接展示。大胆的彩色方块建立起一种动态模式，抵抗着主体结构的战舰灰色以及阳伞底面的亮白色。在海蒂韦伯博物馆，勒·柯布西耶做了很多节点、扣环和螺栓，以展示建筑是如何被组装在一起的。伴随着裸露的管道，整个建筑看起来像一个轮船发动机室或一个闪闪发亮的金属玩具。这看起来似乎暗示着"高技"，但又没有过度的机械修辞。

当我们从靠近苏黎世湖的公园场地看海蒂韦伯博物馆时，它类似于一个临时的节庆构筑，但工业材料的使用又引起了一种永恒感。在屋顶边缘用最小的支撑将屋顶悬浮在半空中，角钢的形状看起来似乎摇摇欲坠。结构的稳定性，通过折叠、弯曲和隐藏的加强筋以及在关键点联接两个伞状物这一系列分解受力方式得到保证。海蒂韦伯博物馆是可溯的，在设计意图上几乎是自我参

照。虽然是一种创新，海蒂韦伯博物馆参照了先前的一个未建成项目，1938年的列日（Liège）临时展览馆（La Saison de l'Eau），它也是钢桁架屋顶，相互连接的阳伞悬浮在点支撑上，之字形的坡道横穿整个建筑。展览馆提醒着人们，在勒·柯布西耶的最后几年里，他并没有将自己限定在素混凝土和粗砖中，而人们可能会将这些材料和他晚期的作品联系起来。在构成他艺术质量的成分中，钢和素混凝土一样重要，柯布西耶也乐于将两者进行对比。1963年左右，柯布西耶被委托进行雅乌尔住宅扩建，他提出了一种轻型钢管框架结构，这和房子本身所体现的粗野原始主义相比，更接近琼·普鲁维或战前玻璃房子的审美标准。

在勒·柯布西耶大量缺席印度工作的期间，工作室的成员遵循着马赛公寓的类似方法，完全沉浸于一系列的居住单位设计。法国战后重建期间，又回归到艺术和工业的统一、建筑和标准化的主题上。为大量的人群设计住宅的需求，提出了一个问题，即美学形式的作用。勒·柯布西耶对“单位”思想的重复和变化，使他面临着类型和个体表现之间的张力。勒·柯布西耶经常表示应该要明确一种“标准化解决方案”，可以被普遍使用。但是当原型被复制，一定程度的贬值是无法避免的。20世纪50年代和60年代，在南特、林布里埃、柏林和菲尔米尼建设了一系列居住单位，在各自的地方上这些都是有力的社会表现，但它们都比不上第一个居住单位——马赛公寓的英雄力和雕塑美。毕竟，这是由勒·柯布西耶的地中海神话推动的。尽管理论声明相反，勒·柯布西耶最后是一个充满造型能力的诗人，他乐于个体的表现，尽管这其中包含了集体的示范。

菲尔米尼是一个煤矿开采和炼钢的城市，位于里昂西南方向70公里（45英里）远。这里的一个居住单位建于山坡上，可以纵览法国中央高原的景色。[10]这是在1965年8月柯布西耶逝世之前设计的，此后由安德鲁·沃根斯基（André Wogenschy）在1967年完成。这个项目是菲尔米尼市的市长，克劳迪斯·佩蒂先生委托的，他是上一任的重建部部长，在马赛公寓的项目中一直支持着勒·柯布西耶。由于吸收了勒·柯布西耶的某些城市理念，他想让城市表现某些政治改革思想。他宣称菲尔米尼应该成为一个为人类居住而非工业生产、一个绿色萦绕而非煤烟横行的城市，绿色菲尔米尼将会取代黑色菲尔米尼。[11]菲尔米尼这个城市饱受工业衰落、空气污染以及贫民窟的折磨，居住单位成为它可替代的且先进的愿景的一部分。该建筑沿用了常规模式，但马赛公寓底层的锥形支柱被替换成平角柱。公寓单元的设计在大量表面处理以及设备（管道、供暖等）方面明显相似，尤其是和这栋楼里的大多数工人阶级所来自的住所相比。最终完成的建筑是一个正确、但缺乏创见

[下图]
剖面图显示了文化中心和运动场以及之后未建成的菲尔米尼教堂之间的关系。由若泽·乌贝里和方提于1970年10月27日，即勒·柯布西耶去世5年之后绘制。

[底图]
勒·柯布西耶和他的工作室成员，菲尔米尼教堂早期方案，南北剖面，1962年12月12日（若泽·乌贝里）。
钢笔、彩色蜡笔绘制于彩纸上，91.1cm×88.5cm（35¾×34¾英寸）。

的居住单位的再现。建筑上最让人兴奋的是顶部两层，两层高的坡屋顶体育馆出现在露台上。这个倾斜的、雕塑作品创造出一种人工景观，回应了小镇之外的远山。菲尔米尼居住单位明确地宣称了“基本乐趣”的信条，在这个例子中对一个主要的工业社区来说，即光、空间和绿化。

该居住单位是，但也仅仅是“绿色菲尔米尼”（Firminy Vert，1954）这个更大的城市更新规划中的一个元素。20世纪50年代末期，克劳迪斯·佩蒂邀请勒·柯布西耶为这个城市规划设计一座体育中心，基地位于居住单位下面的一个山谷里，这里曾是一个采石场。体育中心包括一个体育场，左接文化中心，右临体育馆。最后，项目还包含了一个教堂，可能是由基督民主党的克劳迪斯·佩蒂促成的。总体的意图在大剖面上看最容易理解，从东边靠近山谷的斜坡到西边尽头的教堂，提供了一个垂直向的对应物和领土标记。基地是内凹且水平的，因此悬浮在体育场上方斜坡的文化中心，其动态轮廓似乎在和对面体育馆的悬臂屋顶打招呼。这两个建筑都处理成人工景观的一部分，有平台和多排座位的一种剧院。出于一种重建的理念，将工业革命破坏的地势转化成一种雕塑般的地形，和体育场周围的山脉联系起来。勒·柯布西耶似乎已经想到将绿色菲尔米尼的中心作为一个公共空间，并在其顶端设置一个神圣建筑。这就像是古老的罗马广场和竞技场已经被转化成光辉城市的术语。当然如果这真的发生了，那么菲尔米尼

［底图］
勒·柯布西耶和他的工作室成员，文化中心，菲尔米尼，1959—1964年。

将会变成一个罗马的居住地。

文化中心是菲尔米尼唯一一个在勒·柯布西耶去世（1965年8月）前完成的作品。这是一个又长又矮的素混凝土结构，一边朝着运动场的上方倾斜，另一个边则朝着后面的入口平台倾斜。这两个向外倾斜的立面通过一个钢索支撑的悬吊屋顶相联系。这个建筑有一个带尖角的外形，像一把穿透空间的刀片。山顶的水平线将周围的景观吸纳进来，让人想起昌迪加尔议会大厦内凹的门廊。剖面将结构的张力戏剧化，并在互锁的层面上提供了一个连续的社会景观，以及一个有着陡峭座椅和踏步的台阶式会议厅。建筑内部的大跨度结构，由于没有中间的支撑，可以创造出一个纵向的大厅，它被横向分成不同的部门。尽管业主和建筑师的意图是十分高贵的，但这栋建筑却似乎十分内向，并和城市的生活隔断开来。它散发着一种官方版本的休闲，即使在那个时代，和法国社会那些真正的渴望相比也并不和谐。勒·柯布西耶在菲尔米尼的作品，虽然有很多善意的情感，但也有一些审美疲劳。

菲尔米尼的教堂是在勒·柯布西耶去世整整40年后才开始建设的，它以1964年的项目图纸为蓝本，由于没有任何细节，因此关于其原真性一直有所怀疑。教堂的主要想法来源于1962年一个更早更高的项目，后来作为妥协被降低了一部分。这个教堂被构思成一个被光穿透的单体，一个方底圆锥形的塔。该形式反映了勒·柯布西耶对投影几何学的兴趣：倾斜的剖面切断了

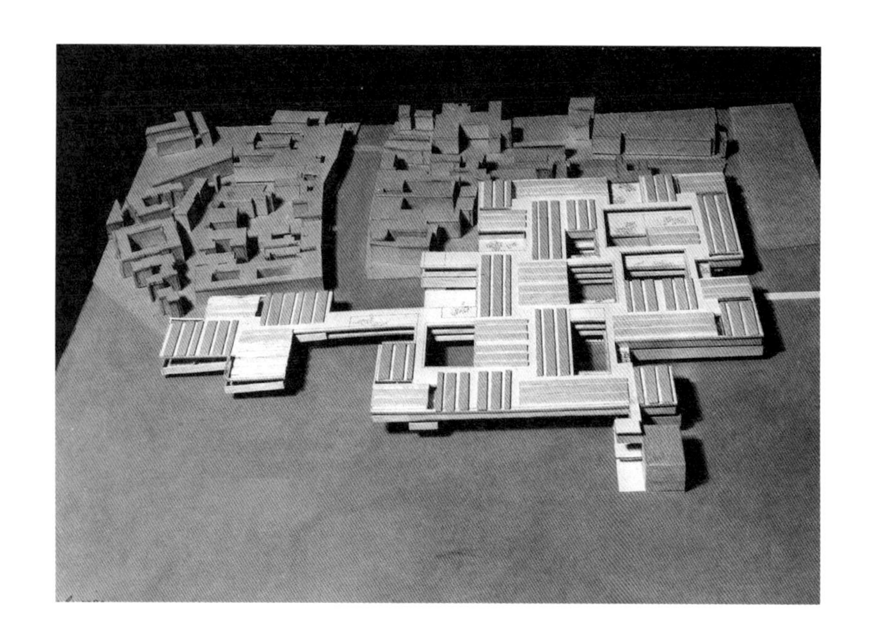

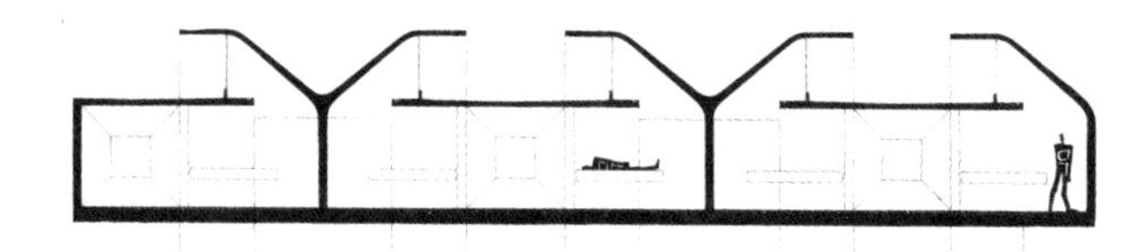

圆锥体、圆柱体以及双曲抛物面。塔楼一侧是垂直的，其他几侧是倾斜的，并且它的底部与罗盘指向对齐。建筑顶端朝南呈一定角度切割，看起来像是要刺穿天际。天窗和太阳在一年中不同时段的位置对齐。底层平面由坡道引导，插入到建筑的方形基座，形成一个自由形态的礼堂，有着倾斜的地板和集中在祭坛和讲坛的悬浮的混凝土板。这个项目因此结合了联系天空的纵轴，和延伸整个方案社会景观的水平轴线。雨水的旋转通过雨水管和外立面上螺旋的水槽变得戏剧化。勒·柯布西耶的想法融合了昌迪加尔的烟囱和宇宙象征意义，以及在一种神秘的、纪念性形式下朗香教堂顶部的采光效果。这显示出一系列可能的对比：工业烟囱、截断的火山锥、放大的天文仪器、被光束穿透的穹隆，甚至是一件超大型的现代雕塑。[12]

今天我们所看到的菲尔米尼教堂，有一部分是在20世纪70年代早期建造的，之后在若泽·乌贝里（José Oubrerie）的指导下，于2006年完工。若泽·乌贝里曾在柯布西耶工作室进行过这个项目。因此大部分的圆锥体是通过柯布西耶去世后的混凝土技术实现的。一些缺失的细节是乌贝里发明的或模仿柯布西耶其他的项目而来。功能上也有些变化，原本教堂是为了当地的主教辖区使用，但后来修改成一个单纯的教区教堂，底部有一个世俗文化中心。即使如此，最终完成的作品还是实现了一些最初的意图。光通过几个天窗进入室内，其中一个可以在复活节时将光线引导至祭坛上。东面倾斜的混凝土壳体根据猎户星座穿了很多孔洞。基座主要房间的周围是水平的狭槽，从彩色的表面上滤进光线，就如同拉图雷特修道院那样，但是效果较小。对圣皮埃尔教堂来说，并不具备勒·柯布西耶其他宗教建筑的力量。即使是作为一个制定项目，它还是遭受了轻微的自我意识的影响，就好像艺术家注定要重复由其命名的准则一样。从建造角度，它过度光滑的混凝土表面，笨拙的坡道细节以及令人不解的底层开窗，都让该教堂像是一件模仿品，而不是柯布西耶原真设计的建筑。它没能够在形式上再现柯布西耶的思想，也没有展现出材料适当的精神存在。它因此提出了一个问题，如果一个建筑作品是在建筑师过世几十年后完成的，那么该建筑还有没有可能保留其设计灵魂。

1965年8月，勒·柯布西耶在罗克布伦—马丁岬的地中海里游泳时去世，他还留下了一些其他的未完成项目，但没有一个主要项目被建成，这也可能是因为它们永远也没办法按最初的意愿实现。这些项目之间的联系相当一部分存在于它们的指导思想层面以及对长期建立的建筑语言的持续研究。回顾过去，它们被当作典范并被其他人重新解释。未建成的威尼斯医院项目，构思于1963—1965年之间，就属于这一类型。基地位于陆地和海洋交界处的一个火车站附近，勒·柯布西耶对威尼斯十分了解，挑选了它因为它是在人类尺度上城市地形运作十分成功的案例。在他的方案中，他尊重城市的天际线，将建筑看作是一系列聚集在一起的低矮盒子，通过重叠的通道、平台和空间等复杂模式，由支柱支撑在水面上延伸。这种形式抽象且加强了威尼斯关于水道、桥梁、河流、小型广场和道路的城市结构。医院方案的设想是高效且冷酷的：病人们被隔绝起来，房间通过顶部采光，没有一点景色可言。绘画中展现了一个黑色的模度人躺在地板上，好像整个是一座墓地或死亡之城。科洪观察到和大众社会的短暂价值观不同的是，该方案里弥漫着一种“仪式的严肃感”和庄严感。[13]

吉耶尔莫·朱利安·德拉富恩特是一位年轻的智利建筑师，曾在工作室里从事过威尼斯医院的设计。在勒·柯布西耶去世之后，他继续跟进这个项目，但是一直都没有将其真正实现。即使并未建成，该方案在思想方面也是十分丰富的。关于人们认为勒·柯布西耶无视语境这件事，他的批评者们从来没有停止过争吵。但是不管是威尼斯医院还是罗克和罗伯方案，都是在阅读了现有城市，包括建筑和建筑之间空间的基础上完成的。这些适应模式之后被转换成标准的现代建造系统，以细胞的方式来激发成长和改变。在地域或自然中，变化在

［最左图］
勒·柯布西耶和他的工作室成员，威尼斯医院方案，威尼斯，意大利，1963年。

［左图］
威尼斯医院，穿过病房的剖面图。

［右图］
勒·柯布西耶和他的工作室成员，奥利维蒂研究中心方案，米兰罗镇，意大利，1963年。

一系列有限的类型和结构的基础上获得。新一代的建筑师开始寻找秩序的新理念，使得勒·柯布西耶又一次紧跟时事，阿尔多·凡·艾克称之为“迷宫般的清晰”。在20世纪60年代早期，一些建筑师聚集在“小组十”，他们反对CIAM的信条，尝试空间的重叠、低矮水平的毯式建筑以及抬高的平台。威尼斯方案就表达了这些想法，但用的是一种谱系更长的建筑语言。无可否认，这里有着摩天大楼的影响。勒·柯布西耶仍然致力于这样的想法，建筑有着强烈的垂直姿态，和周围的环境没有任何联系。这一点我们从1963年巴黎的奥赛文化中心就可以看出。

在勒·柯布西耶最后一个项目中，他反复研究在建筑和周遭环境之间如何创造张力。在1964年未建成的巴西利亚的法国大使馆方案中，勒·柯布西耶将拟柱形的大使馆和低矮的方形住宅并置在一起，立面上都采用遮阳板来相互联系。仪式感和表现力通过立面形式和周围的游行路线以及结构的处理获得。遮阳板的尺寸经过调整来加强两个主要功能之间的尺度含糊性，将对比和张力最大化。住宅的门廊下方开了一个很大的洞口，像一个镜头一样，框住了大使馆和湖泊来回两个方向的景色。圆柱立面内的住宿，没有一点触及边缘。在容器和被包容者之间，平面产生了充满活力的雕塑般的变化。在艾哈迈达巴德棉纺织协会总部中，是方形的框架内部形成弯曲的物体，而在此处却刚好相反。在勒·柯布西耶晚期的作品中，有时他会使用一个修辞或准则，然后将其反转。

在勒·柯布西耶七十多岁时，他常常回顾过去近50年的解决方法，乐于用几乎是手法主义的方式去操纵精湛的技艺。爱德华·塞克勒尔指出：“自我引用、经常修改之前的未建成项目或非建筑作品是这种模式的一部分。”[14]显然，这是一种有自我模仿风险的方法；但同样地，这也有可能发现词汇的全新组合，勒·柯布西耶本人在这样的方法的运用上具有无法撼动的地位。1963年的奥利维蒂电子计算中心（未建成，基地位于米兰罗镇的高速公路旁）结合了弯曲的坡道和阿尔及尔奥勃斯的道路研究，以及晚期绘画中有机形状和玻璃盒子类型的一种新变化。该业主在办公建筑上作为现代建筑赞助人有很杰出的成就，勒·柯布西耶将这种精神转换成一座渗透着人文自然隐喻的机械宫殿；这也许是勒·柯布西耶对马歇·布劳耶的弧形联合国教科文组织建筑（1953—1958年，巴黎）的回应。他采取了相似的类型，但为此研究出空间和几何的新尺度。[15]

1964年的斯特拉斯堡国会大厦（同样也未建成）看起来似乎又回到20世纪20年代晚期莫斯科中央局大厦中的戏剧化的弧形外部坡道，但是道路上升并穿越建筑盒子在此处通过波动的玻璃墙面得到进一步加强，这和拉图雷特修道院的手法一样。国会大厦沿用了巴西学生公寓的底层自由平面，通过延伸倾斜的地板和顶棚直到它统治了整个剖面。“地面”的概念在这里有着前所未有的模糊性。建造一个连续的流动空间是完全可能的，通过坡道和倾斜面可以一路从建筑外部去到建筑各层平面以及屋顶平台。屋顶本身被“扭曲、倾斜、转动”。[16]无论是奥利维蒂还是斯特拉斯堡，这些项目似乎都暗示了“建筑五点”的新生，弯曲的元素被从网格或盒子中向外延伸出来，形成难以捉摸的景观或交通流动雕塑。它们证明了勒·柯布西耶的论点：“流动是作品的生物规律。”[17]

哈佛大学卡彭特视觉艺术中心（1960—1963年），是勒·柯布西耶一生中最后完成的建筑之一，和上述建筑属于同一类型。实际上，这个建筑在时间上还稍早一些，刚谈到的一些策略就是在该建筑的设计过程中被发现的。建筑中心是一个立方体，两个弯曲的工作室在对角线上彼此相对。整个建筑中间有一条S形的坡道通过，连接了前后两边的街道。卡彭特视觉艺术中心大胆打破了周围新乔治亚式建筑的正交几何学。建筑楼层在底部混凝土支柱之上来回游动，形成最大的悬挑来创造室内外的相互渗透，就和通过坡道的建筑漫步来联系一系列空间事件一样。与它作为视觉艺术中心的功能一

［右图］
卡彭特视觉艺术中心鸟瞰图，剑桥，马萨诸塞州，美国，1959—1963年。与周围的建筑和对面的哈佛园相关。

［最右图］
卡彭特视觉艺术中心：昆西街立面图和进入建筑二层的S形坡道。

致，这栋建筑体现了一种主要艺术的综合：绘画、雕塑以及建筑。蜿蜒的坡道使得人们可以看到室内的活动，并观察在不断变化的室内外关系下柯布西耶所使用的建筑元素。

平面上的生物类比、运动的雕塑表现、图像和背景、体块和空间之间的模糊性，将卡彭特视觉艺术中心和其他晚期作品联系起来：倾斜的遮阳板和昌迪加尔一样，坡道进入建筑让人想起艾哈迈达巴德棉纺织协会总部。但是光滑的圆柱形独立支柱和轮廓分明的楼板，包括“新建筑五点”的完整编排（此外，还有后期的要点如遮阳板、波动的玻璃墙面、通风机等），都引入了一种回顾性的基调。勒·柯布西耶似乎又回归多米诺的精神——他的混凝土体系的原型——并且非常严谨地重新考虑合适的开窗元素和空间概念。《勒·柯布西耶作品全集》中也声明该建筑体现了“一种勒·柯布西耶的理论”，并且“大量的经典元素都渗透在该建筑中”。[18]

如果有人再现整个建筑的设计过程，就会发现卡彭特视觉艺术中心的许多意图和多层次意义都变得清晰起来。勒·柯布西耶大约在1959年收到何塞普·路易斯·泽特（哈佛大学设计研究生院的院长）的委托，在哈佛创造一个合适的视觉艺术环境。何塞普·路易斯·泽特是勒·柯布西耶的一个朋友也是之前的合作者，同时也是CIAM的一位主席。阿尔弗雷德·圣·弗兰·卡彭特是哈佛的一位男性校友，应20世纪50年代后期校长普西的基金征募活动，捐赠了150万美元用于校园建设。在这个年代，很多精英的美国大学都在建造艺术中心，并通过国际知名建筑师的建筑作品来装饰他们的校园。剑桥镇、马萨诸塞州和现代运动都有特殊的联系，因为格罗皮乌斯和吉迪恩在泽特之前都曾在哈佛教学。每个部门都要有自己的教学楼，这是哈佛的传统。大约一个半世纪之前，哈佛大学聘请了不同时代和风格的最具代表性的建筑师，如查尔斯·布尔芬奇、亨利·威尔、威廉·凡·布伦特以及瓦尔特·格罗皮乌斯等。勒·柯布西耶的建筑需要在这个微型建筑博物馆中占有一席之地，并表现当代的艺术精华。[19]

在美国工作的想法触到了勒·柯布西耶的痛处。他曾有一段时间十分仰慕这个国家的技术潜力，但是他在20世纪30年代光辉城市中体现的拯救性思想却并不被理睬。美国的“资本家们”之后还“偷走”了他伟大的联合国大厦设计方案并有所贬低，对他造成了更深的伤害。这一切都让勒·柯布西耶对美国官员产生了深刻的不信任。勒·柯布西耶在和哈佛的合同上讨价还价，使得他的业主甚至感觉羞愧。最后是泽特的介入挽回了局面，他在信中同意执行勒·柯布西耶的方案。基地位于一片拥挤的新乔治亚式建筑中，当勒·柯布西耶在1959年第一次环视基地时，他耸耸肩叹道：“这么大的一个国家，这么小的一个委托。”[20]但是在哈佛园的方向仍有一块喘息之地，这是一块田园般的区域，轴线上分布着对称的建筑，树木环绕，还有斜向的小路穿梭其中。勒·柯布西耶被课间人群的流动所吸引，至少就这个建筑而言，这番景象对他的影响很大。协调大脑和手的崇高教育目的让人回想起勒·柯布西耶在拉绍德封的学习生涯。艺术、形式和感知的综合，被联系到勒·柯布西耶的信仰体系——文化再生这个更大的想法中。

在接到一个新的委托之后，勒·柯布西耶一般都是先全面深入对基地和项目进行调研，并通过粗制模型来帮助研究。在卡彭特视觉艺术中心这个项目中，基地是一个关键点，邻近哈佛园，并通过穿越建筑的路径来连接两条街道。另一个关键点是设计，不但需要等面积的二维及三维的工作室，还要强调公共展览空间的重要性，并可以将新的部门以某种方法和校园的其他部分联系起来。在这些本土的和实际的问题之外，还有很多无形的相关问题，如勒·柯布西耶的指导性神话以及他坚信这将是他唯一一个北美建筑等。在问题酝酿的同时，勒·柯布西耶继续他巴黎式的日常生活。在勒·柯布西耶的晚年生活中，他早上用来绘画，感受孤独；下午在2点钟之前抵达工作室，把他的涂鸦交给其他合作人员，并对早期提出的其他探索做出反应。[21]在这个思想

和形式的孕育期，一个新的实体融合了新与旧的表现，最终形成生命。而当它准备好了，就会浮现于勒·柯布西耶的脑海之中。

实际上，卡彭特视觉艺术中心的第一个想法产生于写作之中，那是勒·柯布西耶于1959年11月在速写本上写的一首短小的散文诗。交通是生成的推动力：“博物馆屋顶的螺旋体必须成为花园和密集假山中的通道，它存在于景观之中并形成景观。”[22]这个他对哈佛园路径的文学上的回应，在他1960年4月1日的笔记第60页中卡彭特视觉艺术中心的第一稿方案有过一个另类的、三维的形状。显示了视觉艺术中心作为一个弯曲的、自由形态的雕塑，立于独立支柱之上，其中坡道从第三层平面穿越。两边悬挑的弯曲体中包含了雕塑和绘画工作室，上层的圆形空间则用作展览。建筑的透明边界采用了波动的玻璃墙面，按照音乐的模度比例划分。屋顶花园充满了丰富的绿色植物。朗香教堂或艾哈迈达巴德棉纺织协会总部的主要弯曲空间的模糊性，和底层架空柱网以及复杂的剖面构想结合起来。建筑各层在坡道周围两层高的体量上来回延伸。“建筑五点”以一种新的方式得以强调：就像是萨伏伊别墅从内部爆炸开来，坡道和弯曲的部分延伸至四周的环境中。

勒·柯布西耶下午在工作室时，会在他的小房间和助理的支架台之间来回徘徊。他有时会干预一下他们的工作，用粗蜡笔或木炭速写，似乎想要捕捉或再次捕捉一个方案的主导推动力。随后，合作者们将这些粗略的设想转换成图纸，可以对即将到来的现状进行建筑测试。在卡彭特视觉艺术中心这个项目上，勒·柯布西耶选择了吉列尔莫·朱利安·德拉富恩特（Guillermo Jullian de la Fuente），朱利安的第一个任务就是研究坡道的坡度。将坡道安排在两条街道之间，同时又能维持法定的10%的坡度是很困难的。4月7日，勒·柯布西耶用粗体的彩色蜡笔在一张很大的描图纸上描绘，又回归了最初的螺旋坡道的想法。两个主要的曲线形工作室现在包含在椭圆的轮廓线中，一个呈90度放置在另一个之上。这些快速绘制的线条显示了一个动态的建筑被戏剧性的建筑漫步所环绕。流动正是这个想法的推动力。

很多符号的引用都被压缩在这些形状之中。椭圆，在昌迪加尔的浮雕、瓷釉和挂毯中，无疑代表了太阳

［下图］
卡彭特视觉艺术中心早期方案，椭圆于螺旋坡道重叠，1960年4月7日，1：200比例。
彩色蜡笔绘制于薄葱皮纸，91.5cm×92cm（36×36英寸）。

［右图］
勒·柯布西耶和吉列尔莫·朱利安·德拉富恩特，卡彭特视觉艺术中心，最初方案中展现的三层平面图，1960年6月。
钢笔与彩色蜡笔绘制于羊皮纸上，43cm×70cm（17×27 1/2英寸）。

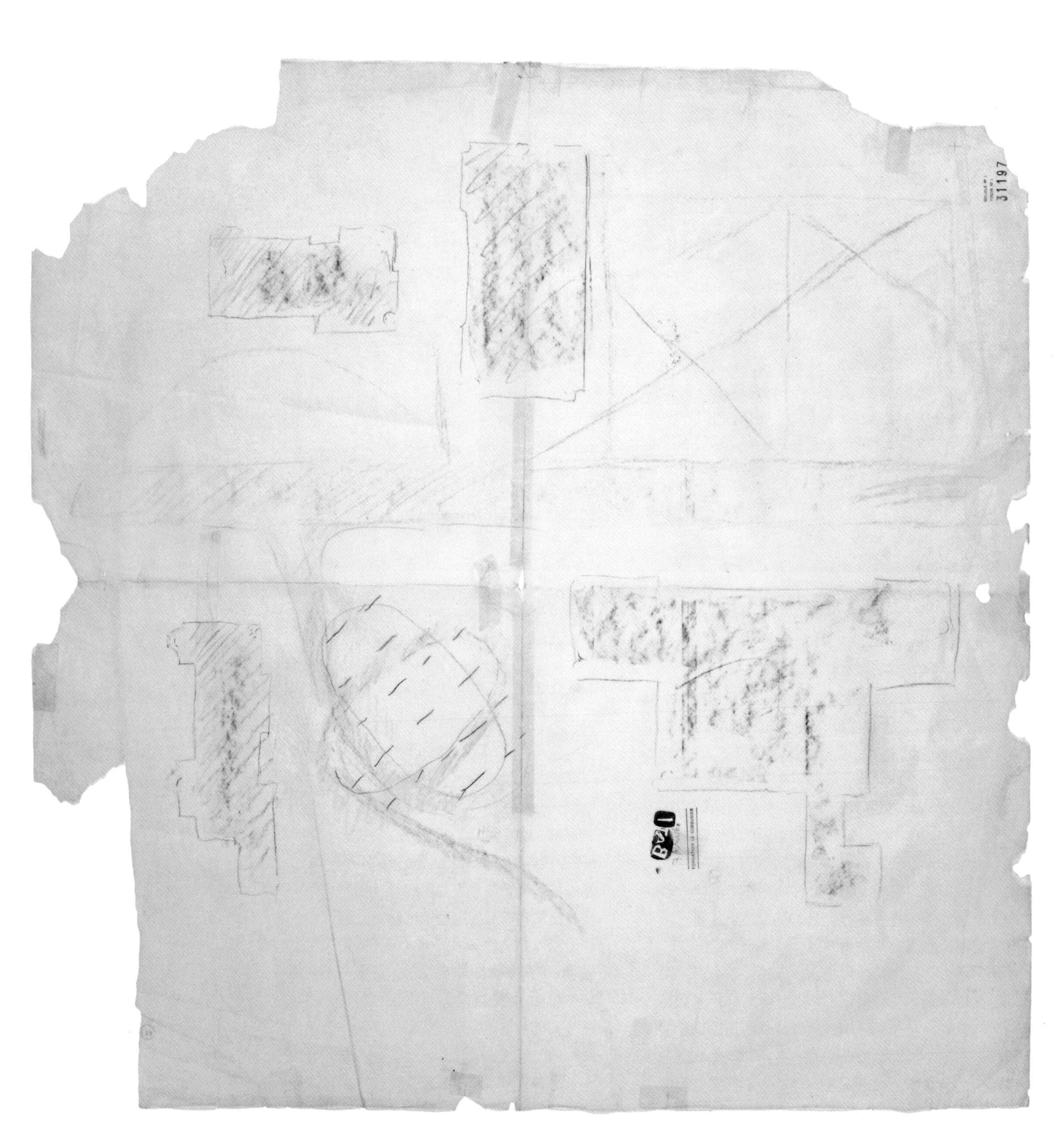

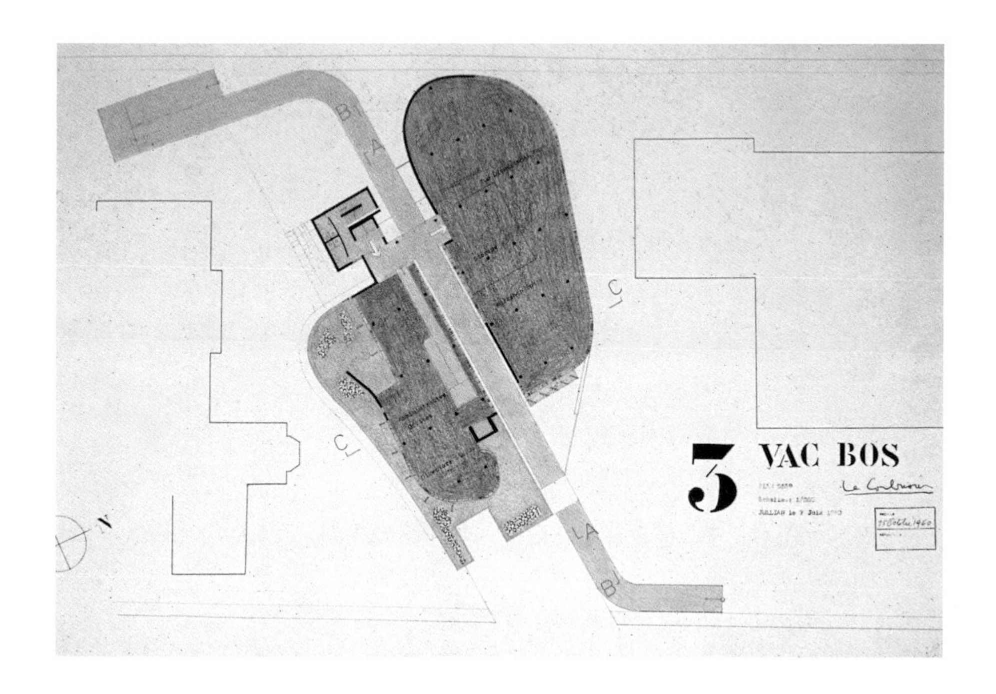

在春分/秋分点和冬至/夏至点的轨迹。螺旋坡道则和高速公路交叉口存在一种神秘的相似性。1935年在美国的旅途中，勒·柯布西耶曾将这些挑选出来作为光辉城市的必要工具。他甚至还赞美纽约周围的公园大道，因为它们将汽车道和绿化很好地结合了起来。在他的“唯一一个美国建筑”中，勒·柯布西耶似乎在挖掘和过去的联系，希望美国会接受他的城市思想，促进工业化和自然的和谐共处。事实上，该建筑是一种城市化的隐喻，体现了他珍视的乌托邦信仰。但是螺旋的坡道却被发现并不切合实际。[23]于是最后在集中化和水平的方案之间产生了一定妥协：S形的坡道在两个腺体状的工作室之间穿梭。形式上来说，这是对曲线的一个回应。实用上来说，它提升了坡度，成为基地的入口和连接。象征意义上来说，它吸收了柯布西耶大量的宇宙符号。S形意指太阳的升起和降落：大自然最基本的节律之一。在他英文版美国游记《当大教堂还是白色的》的序言中，他曾将该符号（以及它的附属含义）献给美国的精英们：“这是我们城市企业的措施。”[24]

1960年4月中旬，这个想法在绝妙的彩蜡速写中继续落实，方案中心出现了一个立方形。对勒·柯布西耶来说，徒手画绝对不是一个解决功能问题的工具那么简单，它们还记录了扎根于勒·柯布西耶心中的各种意愿。正是铅笔或蜡笔的速写，帮助勒·柯布西耶释放出他的创造力。他坚持绘画的“秘密劳动”对他的建筑创作来说极为重要，当然这并不是指他只是将令人愉悦的图形从巴黎16区的画架上同天转移到塞夫勒大街35号他的助手的图纸上那么简单。倒不如说他是指绘画是一种扫描想象内在景观的工具。每个新的设计过程，勒·柯布西耶都苦于抵制肤浅的模式，努力寻找适合现状的深度内涵。索尔坦回忆勒·柯布西耶非常清楚在制图过程中，虚假的轻松和困难的决议之间的区别。当勒·柯布西耶的想象自由流淌时——通过早晨绘画这种精神锻炼得到放松——他的眼睛转向内心：手将会记录下富含半意识联想的真实形态。[25]

卡彭特视觉艺术中心4月和5月实施的一些图纸有这种表意特征：5月1日的鸟瞰图一次性显示了所有楼层，通过彩色蜡笔轮廓线区分了彼此。不同的颜色同样用于区分开窗（蓝色）和墙体（黑色），以及表示哪部分的立面会接收直射光（红色）还有表现绿化（绿色）。重叠的边缘，类似吉他或其他乐器的形状，使人想起立体派绘画的层次感和模糊性。勒·柯布西耶有时将空间当成一个基地，它就像是一块画布，通过互动的形式与塑性的节奏变得栩栩如生。曲线形工作室和坡道的并置呼应了在“乌布”（Ubu）和“乌纵”（Ozon）雕塑中的超现实、生物形态的集合物，同时还显示了和肺的类比。这些在《明日之城市》中被挑选出来，作为城市的空气流通、交通疏导以及公园绿化的隐喻——总而言之就是“呼吸”的能力。在光辉城市和居住单位，相似的曲线经常被用来引入自然，和房屋的正交几何学做对比。再一次，卡彭特视觉艺术中心的平面形式似乎反映了勒·柯布西耶的城市化愿景。

一旦方案的主要思想和主导形状确定，勒·柯布西耶就不愿意再去改动。只要对核心概念没有影响，一个足够深度的概念可以进行一定程度的调节。1960年夏天，卡彭特视觉艺术中心的模型和图纸展深受业主和委员会的好评。但到了秋天的时候，在内部坡道和电梯之间、波动的玻璃墙面和保护它们不受烈日侵蚀的必要的遮阳板之间发现了一些冲突的地方。当业主坚持将办公室和主入口从三层移至一层时，事情也并没有好转，还削弱了坡道的意义。1960年秋天到1961年初这段时间，方案设计本身经历了一系列碰撞和冲突，需要一些重大的改变。1961年1月，主要的两个曲线形工作室经过重新调整，三层的那个被转移到后面，二层的那个则移至前面；反过来它们都设计成相同的形状。这一戏剧性的移动解决了一些内部问题，同时产生了斜向的对称，并恢复了早期螺旋想法探索出的旋转主题。

勒·柯布西耶用每个设计过程去测试新的想法并完善旧的。就卡彭特视觉艺术中心的结构框架来说，

[最左图]
卡彭特视觉艺术中心，昆西街立面，看向二层的坡道，使得游客能够透过建筑看到另一面的普雷斯柯特街："建筑漫步"的活力。

[左图]
卡彭特视觉艺术中心，从二层的展览空间看向坡道，展现了圆柱形的立柱和粗混凝土制成的光滑表面楼板：一种对多米诺骨架体系精神的致敬。

勒·柯布西耶在用光滑的地板和不同尺寸的圆柱形独立支柱解决问题之前，他先是研究了支柱和梁。波动的玻璃墙面和遮阳板在开窗方式上并不太吻合，因此他决定让它们彼此分离。在尝试了采用支柱支撑、像机翼一样的铝制遮阳板之后，勒·柯布西耶又重返经过多次试验证明的昌迪加尔和艾哈迈达巴德的解决方案，在建筑的边缘用斜向或正交的混凝土片遮阳。在剑桥镇，当然，玻璃必须被嵌入墙内，以应付寒冷的冬天。一套供热和通风系统被嵌入板片之中，并和转动的通风机结合在一起。这里有一些戏谑似的矛盾，就像在昆西街的立面上，平板玻璃出现在第三和第五层，而与此同时遮阳板却出现在第四层。这个不合逻辑的结合使建筑拥有了变化的景观，解决了内部的光线需求，看起来还很美观。但其实这种安排同时回应了设计的指导思想：尤其是勒·柯布西耶想在一个立面上展示他所有的开窗设备的意图。

1961年，建筑详图横跨大西洋送到泽特手中并转变成工作图纸。此时，将卡彭特视觉艺术中心的建筑元素作为一种纪念和宣言，在柯布西耶心中是最为重要的。这里有一个特殊情况，热忱的早期合作者和高雅的美国承包商们可以按照柯布西耶的需求给出精确的形状。甚至1961年4月的最终图纸呈现也十分盛大，是"关于我们时代的一些相关想法在建筑图纸中被具体化"：它们用淡赭色的混凝土、蓝色的玻璃和红色的结构来展现建筑的纯粹几何。[26]它们唤起了柯布西耶过去对建筑的定义："建筑是一些体量在阳光下精巧的、正确的和壮丽的表演。"它们根据模度进行仔细的调整。在风格上，它们和晚期的绘画以及设计过程中的草图相当不同，像是柯布西耶希望回归纯粹主义的理想数学。他认为它们赋予建筑以纯粹感。

混凝土框架的详细定义受到了极大的关注，勒·柯布西耶希望使用钢框架，却被告知造价太贵，因此使用索诺图布（Sonotube）的硬纸板圆柱。试验品的照片被送往巴黎，然而勒·柯布西耶却拒绝了那些哪怕只有很小一些螺旋切口的样品。他想要纯粹的圆柱、纯粹的平板，完全光滑、干净。柯布西耶的信件显示出他将这个框架想象成一种混凝土的绝对定义，一个唤起过去的理性主义信条的要点，甚至将多米诺体系拉回到佩雷和维奥莱-勒-迪克。然而，理性主义结构（实际上很不容易，很不理性地建造）也同样上升到精神上的建造，一个比例匀称的艺术作品，一个理想的启示录。勒·柯布西耶写信给泽特："所有的事情都大大地简化了。结构仅限于多种厚度的圆柱，没有柱头，支撑着伞状面板。这是钢筋混凝土解决方案的关键……"[27]

伴随着他对框架的经典解决方案，勒·柯布西耶以同样的专制武断地定义墙体和开窗。他说他希望混凝土是光滑的，坚持粗混凝土并不意味着粗糙的混凝土，而仅仅是"清水混凝土"，即直接从框架上现浇的混凝土。[28]他清楚地表明他非常期待技术熟练的美国开发商（波士顿的威廉·塔克）可以在裸露的混凝土面上形成精良的表面和纤细的节点。勒·柯布西耶建议在矩形墙体和外立面遮阳板的表面上做1/4英寸的脊线。这些接合的细线可以捕捉阳光并形成阴影网面，并同时表达结构方式和模度尺寸。弯曲的墙体通过垂直木板条边对边地铺设浇筑，可以留下木纹的印记和木板的接缝。最终，人们发现引进新斯科舍省（Nova Scotia）的造船工人来建造这些不规则曲线的框架是十分必要的，这点让勒·柯布西耶十分开心。

诚然，对勒·柯布西耶来说，结构框架作为建筑语言的发生器是其毕生的信念。然而在所有开窗元素的定义上，柯布西耶倾注了同样的精力。卡彭特视觉艺术中心的开口有四种主要的类型：落地窗（玻璃板）、遮阳板（同时也是墙的相关概念）、波动的玻璃墙面（赋予了开口最简洁的定义，即墙体在某些地方不再连续），以及通风机（带有纱窗的竖向的旋转门）。这些一起组成了一种立面的语法，这是20世纪20年代"新建筑五点"中提出的自由立面的升级版。这个想法是指每个元素都应该有其特定的功能，并且

［下图］
卡彭特视觉艺术中心，普雷斯柯特街一侧的带有倾斜遮阳百叶的立面。

［下图］
勒·柯布西耶和吉列尔莫·朱利安·德拉富恩特，卡彭特视觉艺术中心，第二套方案：普雷斯柯特街一侧的立面图研究，1961年1月31日到2月3日，1：50比例。钢笔、铅笔以及彩色蜡笔绘制，58.8cm × 112.7cm（23 × 44$^{1/3}$英寸）。

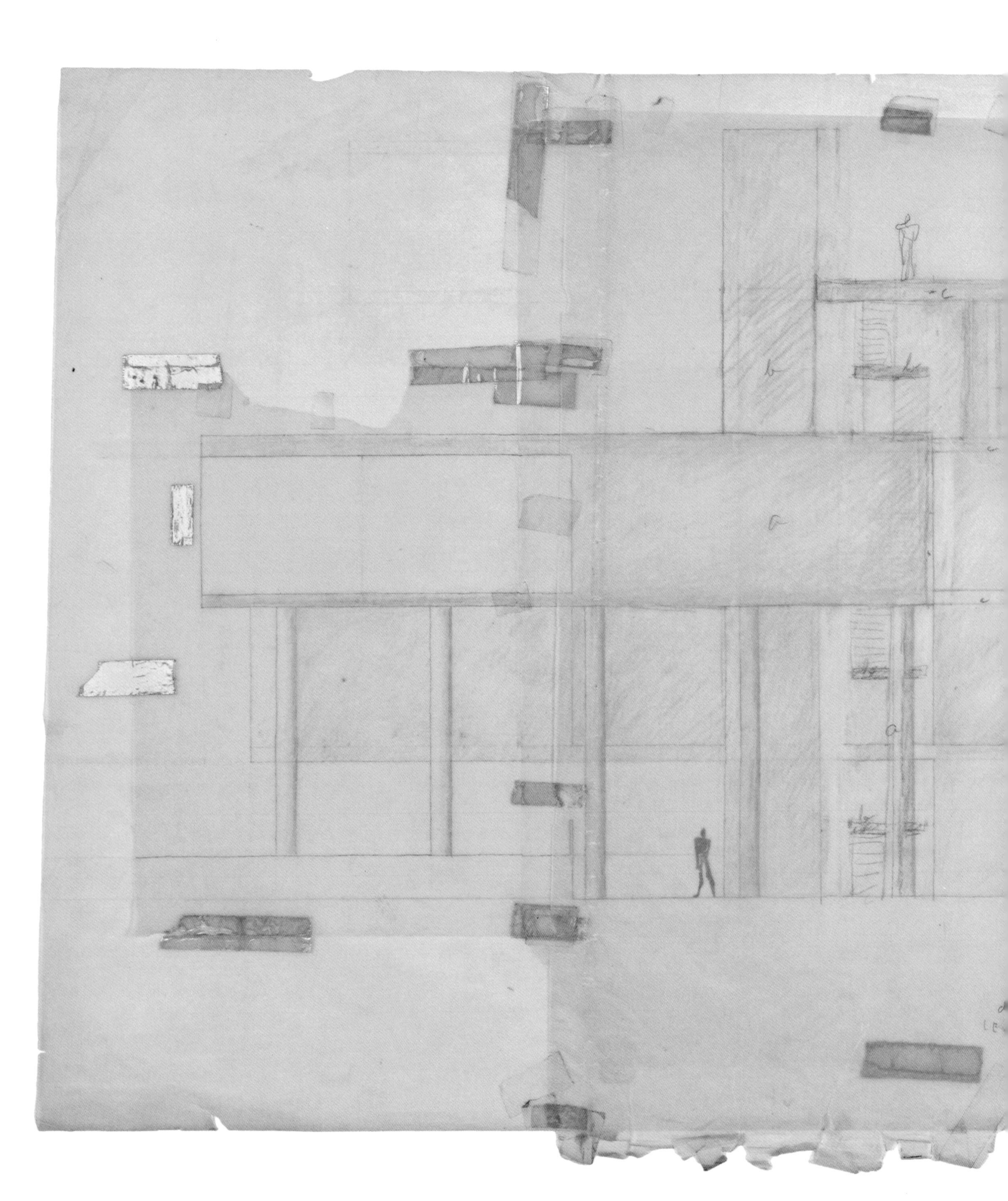

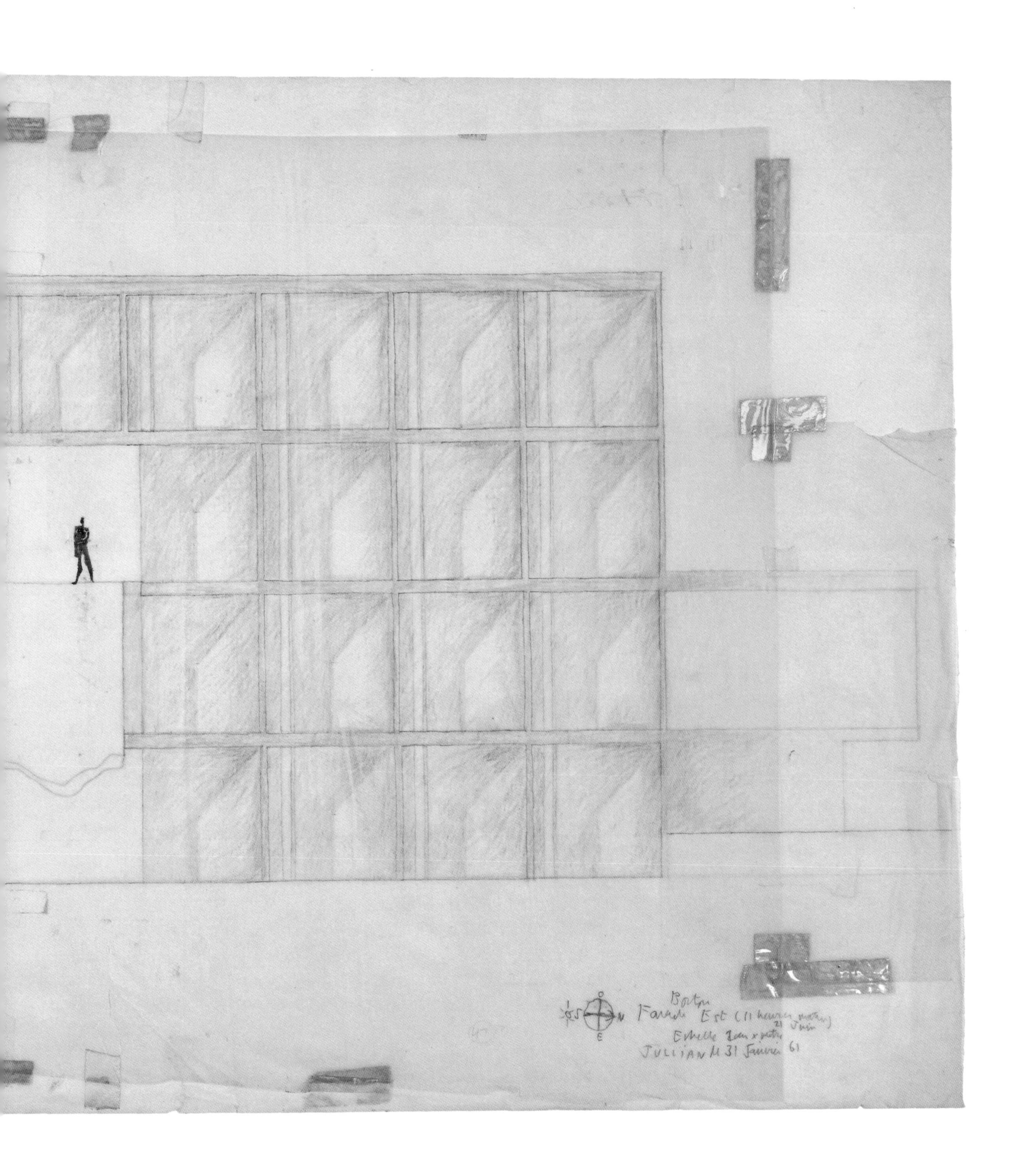
O
N
E
Est (11 heures
21 Juin
JULLIAN le 31 Janvier 61

每个都能体现并象征那种功能。勒·柯布西耶对泽特这样解释道：

> “在掌握了该建筑可能的最完美的比例之后，我的意图是要挑选出一种材料，经过50年的研究之后，我选定了钢筋混凝土这种典型材料。因此玻璃是固定的，密封在混凝土之中：它们是唯一的光源。通风机在这里通过重力和朝向的物理手段提供新鲜空气。”[29]

在卡彭特视觉艺术中心，勒·柯布西耶集合了他的所有发明；他毕生追求原则的结果。独立支柱、板式体、遮阳板、波动的玻璃墙面、通风机以及其他关于混凝土的建筑语言，都给出了它们典型的定义。这些发明让人想起柯布西耶在20世纪20年代发展的“标准”的概念，以及他对可以随着时间而日趋完善的典型类型的痴迷。也许，这些都是他对古典语言的必然性的现代回答：这些元素根植于建造，但又高于世俗，并接近自然事实的状态。

通过坡道人们可以从内到外地欣赏卡彭特视觉艺术中心的建筑元素，它们聚集在洞口或朝向哈佛园的立面。[30]通过动态的、塑性的构图和丰富的变化，以及模度赋予的崇高，它们超越现实，触及心灵，并达到了建筑的层次。

在《走向一种建筑》中，勒·柯布西耶曾写道：平面可能是一个“包含了大量想法”的抽象概念。[31]卡彭特视觉艺术中心的图纸是了解柯布西耶多层次意图的密码，并让我们更加了解勒·柯布西耶想象的神秘景观。在这个世界里，美国的高速公路可以与太阳的宇宙符号和谐融合，肺的形式和模度可以融入多米诺体系的概念中。卡彭特视觉艺术中心是一个“主要艺术的综合体”——绘画、雕塑和建筑——但同时暗示了柯布西耶式的中心主题，即城市本身作为一个艺术作品：是综合社会的象征和工具。S形、立方体、肺形曲线体支撑着绿化，无疑是对之前城市梦想的隐喻。在这个城市梦想中，人、机器以及自然和谐相处。

勒·柯布西耶从未真正实现他的理想城市，因此只能建造一些片段，或通过象征符号来引用它。他在美国的这栋建筑是他与大陆的交易纪念品，同时也是一个用半隐蔽密码谱写的有关其毕生主题的私人日记。乌托邦——无法实现的并且可能也不再合适的——只在一个封闭的小建筑平面中有所实现。明日城市变成了一个学术家们进行研究的珍藏品，就像是大学图书馆中一本晦涩的文本。勒·柯布西耶的建筑语言——远不足以影响世界改革——变成了一个古董、一个收藏家的藏品，以及在风格和符号的传奇中的另一种表演。勒·柯布西耶的立场是十分悲惨的：就像是一位老人已经在回顾他自己的生命，并将其视为一个完成的作品，一个已经结束的历史篇章。

[左图]
从哈佛园入口斜看昆西街道一侧的立面；勒·柯布西耶通过预应力混凝土制成的元素作为其建筑语言的一种隐喻式宣言。

[下图]
卡彭特视觉艺术中心，朝向昆西街的弧形墙工作室，展现了木模板在混凝土上留下的垂直印记。

法则与转化

17

第17章 建筑理念的领域

“所有的艺术作品和所有的哲学系统都反映了一种独特的宇宙论、一种物理世界的理念和人类的本性。建筑可能比其他任何艺术形式，更能体现三维的哲学。”[1]

——伯特霍尔德·卢贝特金（Berthold Lubetkin）

［前图］
建筑对感觉和思想的直接影响：拉图雷特修道院小礼拜室中的一束光线。

我们在研究勒·柯布西耶的建筑作品时没有任何捷径可以走。勒·柯布西耶的作品如同醇郁的诗歌文集，将许多层面的意义包含于封闭的内核之中。正当历史学家们以为找到了对于勒·柯布西耶作品的解释的时候，勒·柯布西耶所创造的新的建筑作品又脱离了他们理性认知的范畴，并再次重申其存在于空间、形式、光线、材料、经验等领域中的权利。勒·柯布西耶的建筑似乎拥有着将热情与怨恨融合在一起的无尽潜能。随着勒·柯布西耶的贡献消逝于历史长河之中，对于其作品的新的阅读和转化成为可能。勒·柯布西耶所创造出的建筑原型，无论是建成的还是未建成的，都将继续激发新的创作产生。勒·柯布西耶强大的创造能力显然能够激励后来的建筑师辩证地看待信条与形式之间的关系。这也许是因为勒·柯布西耶本人也乐于在两极之间摇摆。勒·柯布西耶持续扮演着镜子与透镜的功能，帮助每一位建筑师来定义他们自己的艺术身份并关注一般性的问题。[2]正如毕加索对于绘画与雕塑所做出的贡献，勒·柯布西耶重新定义了建筑学科的一些基本法则。

本书记录了勒·柯布西耶对于建筑坚韧追求的过程，重新建立起柯布西耶在创作其建筑作品包括一些未完成项目时所处的境遇和意图，并介绍了这些作品背后所包含的丰富的思想与意象。文章所采用的记述方式有意平衡了影响建筑形式生成的各种作用，无论是从美学、象征性、结构，抑或是从社会领域的角度。对于每一个作品所处的特定场地的详尽分析以及对于这些建筑思想生成过程的揭示是必不可少的。但是在研究建筑作品时同样也存在着许多其他的切入面，而勒·柯布西耶所采用的方法是将那些对他产生影响的诸如更大范围内的信仰世界以及视觉表达等因素都加以考虑，而这些因素也使得他的建筑更加独特。勒·柯布西耶的作品就像在空间或理想世界中构建的思想实体：他们体现了一种哲学思想或至少是一种愿景。在他的建筑作品中，勒·柯布西耶试图将他对于生命的深厚信仰赋予形式。除了对特定问题采取特定方法予以解决之外，勒·柯布西耶试图定义一种建筑语言中的基本元素以及相互关系。柯布西耶一直在寻找建筑的法则以及建筑形式。对于勒·柯布西耶来说，建筑思考本身就是一种哲学推论，只不过这种推论处于一种超越文字的领域之中。在20世纪20年代中期，勒·柯布西耶曾经写道："我们能够将建筑的定义提升到一个很高的层次：思维镜像。建筑就是一种思维系统。"[3]

建筑能够触及思想和感觉，勒·柯布西耶敏锐地认识到了这一事实。他的建筑激荡着无尽的想象力而又徘徊于旧时的记忆之中。勒·柯布西耶的作品拒绝迎合狭隘的历史范畴，而是跨越时间的长河向后传递，揭示出作品背后隐藏秩序中新的一面。拉图雷特修道院正是充当这一立场的绝佳案例。除了明显的几何以及粗犷的混凝土表面等特征之外，这件作品中还存在着非物质性的存在，一种依靠诸如比例、空间能量、光影移动效果等不可触及的因素所建立起来的特殊氛围。人们在体验这座建筑时，就如同经历了一系列的建筑事件、空间过渡和框景。拉图雷特修道院将形式结构所产生的力量感施加于观察者身上，同时将这种影响超越既定的场地散布到更远的地方，使建筑本身与远处的山峰以及地平线融为一体。勒·柯布西耶宣称建筑来自于其自身。它的多种和谐依赖于由重叠率、谱线、透明性、振动所组成的静谧音乐，勒·柯布西耶将它称为一种建筑肌理（une architecture texturique）。[4]就如同勒·柯布西耶所有的建筑作品一样，拉图雷特修道院中精心安排了观演序列，沿着一条建筑漫步的路径逐步展开戏剧场景。感知过程吸收了从立体派以来多年的经验，与混凝土中所蕴含的语法以及建筑历史上关于修道院的一些记忆融合在了一起。一座以现代的形式和材料建造的现代建筑，由于对历史的变形而变得更加丰富。

早期现代主义的宣传文章将那些现代主义大师纳入意识形态化与风格化的紧身衣中，从而抹杀了这些所谓的"现代主义大师"所做出的贡献。这些文章简化了大师们的重要意义，忽视了他们与传统之间的复杂关系。

[左图]
建筑本身的存在以及它们不断变化的情态：雪中的施沃布住宅。

[下图]
自然的抽象画；夏尔·爱德华·让纳雷，树木草图，1905年8月。
铅笔与水彩绘制于黄色纸张上，18.0cm×15.2cm（7×6英寸）。

对于勒·柯布西耶，过去就是现在，在其作品表面之下仍然隐藏着许多丰富的隐喻。勒·柯布西耶通过各种媒介将不同层面的意义融于他的建筑形式中。除了其建筑中所独有的明显的革命性之外，勒·柯布西耶创立了一些更为持久的东西。任何不同深度的建筑作品都存在于不同波长的时间长河之中。此刻的短波呈现为：建筑将当代的一切现状以及它所有的复杂性与矛盾性都结晶凝固。这些建筑作品产生于融合了个人以及某段时期的一段逐渐展开的历史画卷。个人的创造发明愈是尖锐，就越难将其限定于某一特定的年表中的某一时间节点。意义深远的建筑作品深入时间的长河之中，将古代的思想以及那些经历了时间考验的法则通过一种经过根本改变的形式加以转换。除了这些历史长河中的长波运动之外，人们有时甚至会触碰到河床基底，一种对于建筑自身来说更为基本的法则。[5]当处于这一阶段时，人与可见或不可见的自然界特征之间将会产生互动。

勒·柯布西耶的建筑作品明确表达了一种对于社会、历史、技术、自然的世界观，但这种世界观决不能简单理解为一种意识形态思想的直接表达。勒·柯布西耶将他所坚信的信仰转化为空间与物质形态，这种转化超越了简单的再现层面，而是以抽象的几何形态以及形而上学式的相互关系加以呈现。在每一个设计中，勒·柯布西耶都试图超越既定项目的即时需求去寻找其中潜在的社会内容，同时将这种社会内容以空间的形式加以转化。无论是想象一座郊外的别墅、一个集合住宅方案、一座修道院，或是一座国家纪念碑，勒·柯布西耶通过对于神话故事的理解以及一套象征性的形式语言所建构起的思想框架，来重新诠释既定的功能要求和社会制度。勒·柯布西耶有时会潜心钻研他的记忆宝库中的片断，研究基本的类型，随之产生的建筑通过建筑自身的手段来探究另一种可能的生活方式。勒·柯布西耶的作品具有一种令人魂牵梦萦的作用，在物质与非物质的领域中产生作用。这些作品令人想起路德维希·维特根斯坦（Ludwig Wittgenstein）的著名论断：“记住一个人从一座优秀建筑中所获得的印象，它

表达了一种思想。这种印象让人情不自禁地想要举起手打招呼。”[6]

勒·柯布西耶从未停止攻讦那些如同服饰变化的肤浅的“风格”，但从更深层次的意义来说，柯布西耶显然有着自己的风格：反复出现的视觉和空间思考的图形、易于识别的建筑元素，以及用形式构筑思想的持续不断的方式。[7]在设计建筑时，勒·柯布西耶经常摇摆于纯熟的解决手段和新的探索之间，同时将各种不同的图解融入每一个独一无二的作品中。勒·柯布西耶将许多的想法和意图

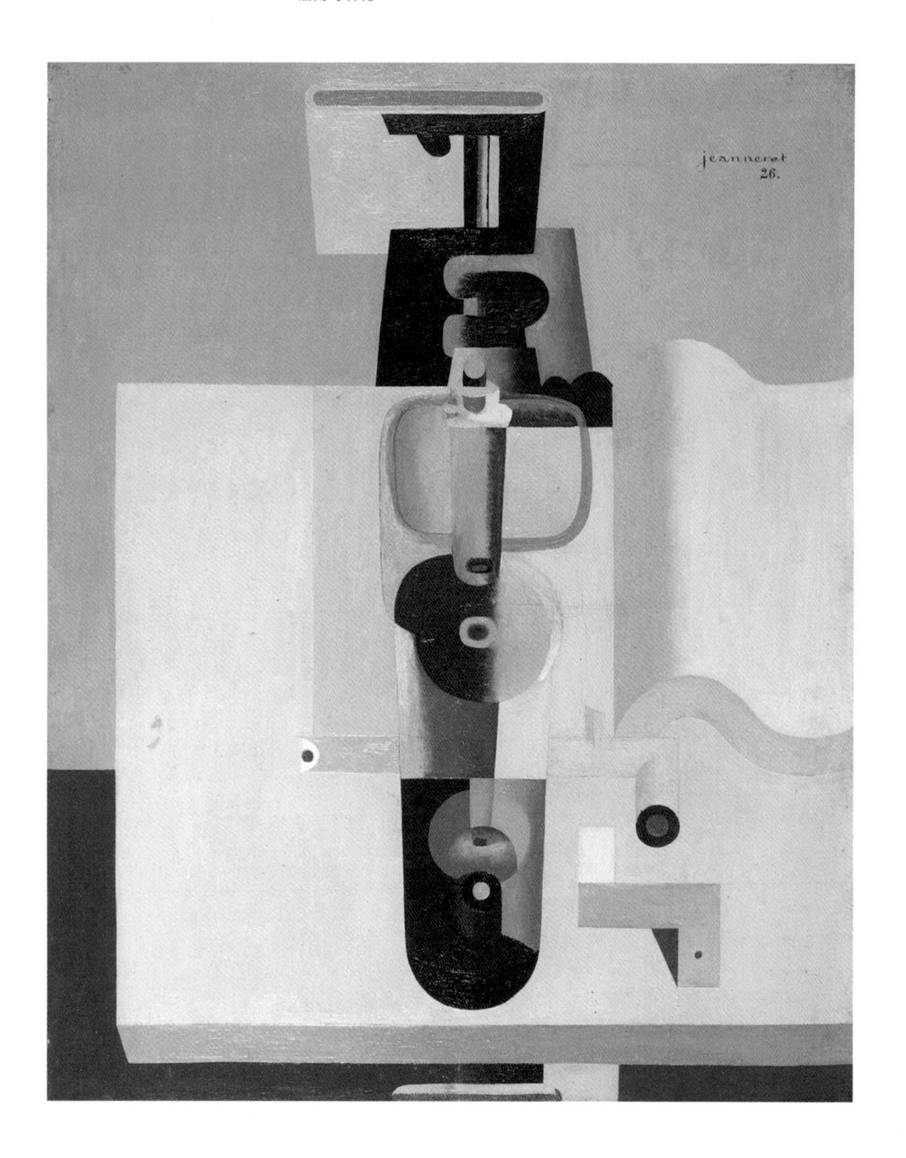

[左图]
绘画作为一个形式：夏尔·爱德华·让纳雷（勒·柯布西耶），“瓶子和粉红色的书”，1926年。
油画绘制于画布上，100cm×81cm（$39^{1/3}$×$31^{3/4}$英寸）。
勒·柯布西耶基金会，巴黎，法国。

[右图]
一种语法和一种语言：拉罗歇别墅的弧形画室一侧。

分层叠加于他的设计配置结构中，融合了实用、美学、神话的因素于一体。最终呈现出的形式所具有的表现力有赖于勒·柯布西耶对于意义和隐喻两方面的浓缩，它们中的许多深深嵌入建筑的基本法则之中。如同萨伏伊别墅、朗香教堂、昌迪加尔的国会大厦等一系列的创造，就像道德徽章，是一种理想化的生活方式，是表达世界存在方式的微观世界。勒·柯布西耶的建筑所具有的部分力量来自于这样一种能力：既体现了一种渴望理想化未来乌托邦式的愿望，同时又回到建筑与人类境况的原型之中。

勒·柯布西耶的作品在其表层现象以及显著的风格变化之外，更多的是某种持续且意义深远的建筑信念，这些信念大约形成于他的早年时期，甚至是在他学习建筑之前。勒·柯布西耶之后对于某些形式的偏爱，从某种程度上来说，依赖于他成长时期所形成的感知结构。年轻的让纳雷被普罗旺萨尔关于基本几何形体以及晶体形式的思想表现的观点所吸引，而这些知识来自于他的老师莱普拉特尼耶关于以装饰母题对自然加以抽象的艺术观点。尽管纯粹主义与新精神运动拒绝世纪末式的感知，但后来的柯布西耶依旧保持着对于基本几何形体以及自然和传统中的不变因素的坚持，并以机械主义的传统方式唤起人们对它们的回忆。这些深层的视觉结构和空间思考方式一直伴随着他的一生，并在其后来的作品中经历了更深层次的转化。我们也不应低估福禄贝尔式训练对于勒·柯布西耶的影响，特别是在建立形式感知关系、鼓励勒·柯布西耶以几何化的方式思考基本形式、灌输给他在图底关系含混不清时如何看透本质的方法。在一个艺术家的脑海中，不同层级的图解相互交叠，在不同的节点上，艺术家在图示之间建立联系，作为创造性探索的一部分。

为了了解勒·柯布西耶建筑作品的形式起源，我们需要理解这些形式是如何从柯布西耶的内心世界中产生的。这不可避免地包括对艺术家思考、想象、生成项目的方式进行推测。历史学家们需要透过一系列的事件以及艺术形式的内在生命来对艺术作品加以研究。本书试图通过深入阅读，超越惯常事物的表面，来研究艺术作品的隐藏含义以及艺术家的思考方式。本书探索勒·柯布西耶的超凡想象力以及形式思考的方式。建筑源于社会现实以及建筑学科历史之间的一系列相互作用。在某些特定的时刻，在一个项目或设计任务的解读过程中存在着一些需要跨越的障碍。建筑创造包括解决问题、图示思考、空间想象、对于图像的敏锐直觉以及融合和实现建筑思想。这些建筑思想融合了空间、神话以及材料等各个方面。它们超越了普通的符号和传统以及理论的范畴，在象征层面上取得了更深层次的生命意义。这些思想汲取多种历史思想于一身，凭借其自身的生命力以及内部聚合力，达到了一种新的综合。它们融合了各种或独一无二或具有典型性的思想，因为即使是最卓越的思想理念仍旧需要一种语言和语法来获得一种形状或形式。

然而，当人们试图对柯布西耶那充满创造性的设计方法做概括的时候，应该保持一种谨慎的态度。实际上他是否具有这样的方法，如果是的话，我们是否真的能够理解它？在思考这一问题时，采用这样一种思考方式是最为稳妥的，即在这一领域中只有通过广泛的近似估计才能有所收获，而这些近似的估计必须依赖于对实际作品、设计过程草图、相关的笔记、信件和文章进行详尽的分析。当我们试图依靠勒·柯布西耶自己所书写的文章来对他进行研究时，我们需要保持十分的谨慎。因

为柯布西耶擅长用过于整洁理性化的思考方式来掩盖他实际上所具有的直觉性和混乱的思考痕迹。勒·柯布西耶自己曾经声称，一件作品充满了隐含的寓意，并认为艺术家不应该说出全部的内容。也许连勒·柯布西耶自己也没能意识到，艺术作品逐渐脱离了艺术家的掌控，远离了最初的思想内容和美学内容，达到一种自主的状态。当艺术作品未落入温和的“接受美学”的陷阱之时，我们很显然应该以一种有别于艺术家最初创作意图的方式对艺术作品进行阅读。但是之后，艺术作品的意义就无法仅仅用意图来说明了。一种更加综合的诠释是有必要的，它包括一个建筑任务中的隐藏内容、对未来社会的想象以及建筑师和业主之间有时矛盾的意识形态立场。

本书从各种不同的角度关注勒·柯布西耶的理念与形式之间的相互作用，有时关注于单个作品，有时研究其作品中的一些反复出现的主题。但本书同样考虑到勒·柯布西耶作品中所具有的意义的模糊性与矛盾性，这些意义起源于业主的赞助以及政治接受方面的考虑。勒·柯布西耶的建筑给那些试图研究其设计过程的研究者提供了丰富的案例资料。一些研究者将勒·柯布西耶的绘画以及草图作为理解其富有创造性的形式探索的密钥。在所有的柯布西耶的设计活动中，包括一些建筑项目的初始阶段，他依靠对广泛的建筑现象的变形来展开设计工作，这些现象包括从建筑历史上的纪念性作品到诸如瓶子或贝壳这样的普通事物。勒·柯布西耶总是在不断地观察，总是试图弄清事物背后的原因。只要他吸收了新的体验（例如从他的旅行草图中），他就将这些经历储存在他的记忆中，这些经历在他的脑海中经过一系列的变化，被转译成他自己的梦、神话和创造。在研究勒·柯布西耶的作品时，从某种程度上来说，所有的感知力都被充分地调动起来：当我们在看时，同时也在观察、计划、扫描和编辑。勒·柯布西耶的作品给人留下的感知印象，远不是一种被动的给予，而是以内心感觉和知觉的方式承载于人们的内心世界。我们可以将他想成将自己的偏爱投射到各种事物中，并一直寻找他所中意的图像和布局。勒·柯布西耶对外部事物的某些特征语意回应强烈，因为这些特征和勒·柯布西耶内心的思考与想象方式相一致。在这个过程中，抽象化的手法在筛选经历以及将特定事物转化为普通的图像和标志等方面起到了非常重要的作用。[8]

那么是形象（images）先于形式（forms）出现，还是形式先于形象出现呢？这很难说，但是在勒·柯布西耶的例子中，视觉化思考的内部形式（例如结构），被赋予了不同层次的关联。这些思想综合体被外化为实体且经过了仔细的研究，这不仅体现在他作为一名建筑师所进行的活动中，也体现在他的图纸和绘画之中。绘画对于勒·柯布西耶来说就像一座实验室。这并不是说柯布西耶的建筑作品和其绘画主题之间有着一些直接的联系。如果是这样的话，其结果只会是一种陈腐且具有欺骗性的形式主义（就像人们实际上在勒·柯布西耶的一些模仿者的作品中所看到的那样）。我们最好是将他的绘画和建筑想成是从同样的根中生长出来的产物。绘画和建筑作为精神地图对其产生作用，指引他将内心的图示从一个物体转换到另一个。勒·柯布西耶大胆地采取了横向思想跨越，将事物抽离出原本所处的情境中，将它们转化为他自身的术语。因此一艘航海邮轮能够变为住宅方案，螃蟹壳能够变为一座教堂的屋顶，一条高速公路能够转化为S形的坡道。在这种特殊与普通之间的来回摇摆中，存在着一种抽象和提取之间的度。勒·柯布西耶那充满创造性的智慧能够区分出各种现象之中意想不到的类似性或一致性。如此一来，一双张开的手可以类比于一棵树和一只飞翔的鸽子；女性的身体曲线会与蜿蜒的景观轮廓相结合，然后成为一幅与先前事物没有特定联系的抽象的书法作品。

抽象化的手法甚至会使一种简单的形式具有复杂而多层次的内容，同时这种内容带有一定程度的不确定性。柯布西耶的一些草图表明，梦中发生的一系列事件具有一种视觉等价性。在梦中，图像立刻具有了某些

［下图］
通过文字和图像交流思想和学说——勒·柯布西耶的一系列书：《走向一种建筑》（1924年）、《城市规划》（1925年）、《今日的装饰艺术》（1925年）、《现代绘画》（1926年）。所有的书由克莱斯出版公司（Cres）出版（巴黎）。

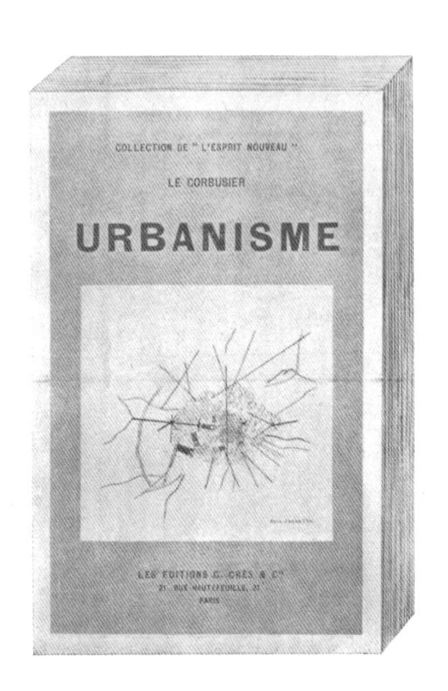

联系，从一种身份转换为另一种身份。勒·柯布西耶在创造形式时穿梭于不同的思想层次中。人们也不应该低估手、手势、图画中的积极线条、不同压力的笔触等一系列因素在发掘感知层面领域之下意想不到的联系。勒·柯布西耶或许一直被潜意识问题中的自由联系所吸引，而这些问题也为超现实主义者们所钟爱[摘选自洛特雷阿蒙（Comte de Lautréamont）著作中的一段为超现实主义者所喜爱的话中写道：这就和一架织布机与一把雨伞在解剖台上的偶然相遇一样美妙]，但是在勒·柯布西耶最初试图将不同事物之间的相似性以图示思考的方式融合在一起的时候，他却很少运用这种修辞性的方式。[9]一些研究者在勒·柯布西耶早期对自然母题的转换中察觉到了这一倾向。莱普拉特尼耶揭示出装饰物是如何成为类比于大自然结构的微型象征世界、年轻的让纳雷又是如何在其余下的生命时光中将这一知识运用于从建筑细节到城市规划的各种尺度的设计中的。勒·柯布西耶几何化的思考方式，使他能够来回穿梭于诸如自由平面这样的一种普通的方案以及运用典故和隐喻的方式所采取的特定的解决方式。

勒·柯布西耶同样依靠在相对的物体之间进行有意识的类比来表明他的学说。他使用摄影中的蒙太奇手法来使其观点更加鲜明，并通过杂志、广告、电影和立体主义的拼贴手法等手段阐明他的观点。《走向一种建筑》中所写到的古希腊神庙与汽车之间的冲突与并置是这种修辞性呈现方式的一个例子。在这里，勒·柯布西耶的意图是带有说教意味的：通过不同图像之间暗示性的类比来告诉人们关于不同时期设计的标准。图纸和照片都能够记录历史上的优秀建筑并将它们与所处的语境相剥离。1929年，正当勒·柯布西耶被奉为现代主义圣人之时，他写道“过去”（past）是他真正的导师。他从过去的优秀建筑中学习思想，将它们收集起来并加以转化，然后将它们合而为一，有时他甚至会反转它们。过去的事物被当成“拾得之物”（Objets trouvés）加以对待，就像勒·柯布西耶在沙滩上找到的卵石和浮木一样。一旦这些事物被勒·柯布西耶所采用，它们就会在勒·柯布西耶自己的一系列参照系中获得新的身份。随着时间的推移，勒·柯布西耶脑海中的各种资源之间建立起了新的联系。在他的设计过程中，就如同在他的绘画过程中一样，勒·柯布西耶会试图将所有收集到的信息融合成一个新的整体，一种新的形式和意义的混合体。勒·柯布西耶提取历史建筑案例中的精髓，将过去关于秩序的组合与后立体主义关于空间的概念融为一体。这些就是勒·柯布西耶充满创造性的思维中所蕴含的复杂性。[10]

勒·柯布西耶根据特定的理由对于建筑语汇中的单个元素进行严格定义的做法，与那种从一种身份非理性地跨越到另一种身份的晦涩的能力形成了强烈的对比。有时候，勒·柯布西耶作为一名崇高的笛卡尔信徒，追寻清晰的法则和适用的体系，来作为普适通用的定理。这些定理同样适用于建筑中的每个单独元素，例如底层架空柱或是水平横向长窗，也适用于诸如集合住宅类型或摩天大楼等大型建筑，或是对于整个城市或某个区域的规划。为了使得他的这些想法得以实现，柯布西耶（就像其他的艺术家一样）需要选择他偏爱的形式和组合方式，或是一种被人们称为风格的东西。这里同样可能存在着决定事物发展的其他种类的法则。其中一些法则纯粹是通过直观感受确定的，但其他的许多法则则具有一种近乎语法化的特性。在他所有的艺术活动中，勒·柯布西耶试图定义一些基本类型、一些自然界中难以描述的本质性的造型元素。[11]然而，他同样被一些组合体系所吸引。因此在柯布西耶的创作过程中通常包括了一种在完全直觉化的图像以及已知定式之间不断摇摆的过程。事实上，每一项新的创造都对一种关于艺术和建筑语言不断演进的研究过程做出了巨大的贡献。勒·柯布西耶的建筑常常有赖于某种形式的构成，而这种形式常常在不同的情况下被他予以使用；但是勒·柯布西耶常常试图给予这些形式以新的富有表现力的变化。同样的，在柯布西耶的设计中，诸如底层架空柱或是遮阳板等重复出现的元素，在每个项目中都呈现出一种新的生命力。

勒·柯布西耶的作品含有一种在独特性和典型性之间的内在张力，它们同时存在于他的作品中。我们几乎能够从他的作品全集中完整说出他的纵向研究时间轴。有时一项研究成果的发现与另一项之间存在着相当长的一段时间。[12]瑞士学生宿舍的毛石墙体，从各个角度来说，是朗香教堂弯曲墙体的始祖。一幅纯粹主义画家20世纪20年代绘画中所描绘的瓶子和曲线，在20年后可以被转变成勒·柯布西耶所画的一幅“公牛”（Taureaux）的牛角和鼻孔。底层架空立柱将立方体盒子举起从而释放了地下的景观，这种母题在经过了接近半个多世纪仍然以各种方式并在不同尺度的项目中被采用。在一个被方形体量所限定的网格中竖立圆柱形垂直塔楼的图示，能在萨伏伊别墅中找到原型，另一个则是在半个世纪之后的昌迪加尔国会大厦中。例如像勒·柯布西耶在1914年提出的由钢筋混凝土骨架组成的多米诺体系（最早是用于住宅的工具）这样的基本方程式，会在十年后再次出现，作为奥林匹亚式的“新建筑五点”发生器。这种方程式在20世纪30年代再次出现，成为一些宏伟的城市规划中的高架桥以及摩天大楼设计的一种城市规划工具，它同时也是勒·柯布西耶在20世纪50年代在印度的项目中所采用的方法，在这些项目中，伸展的混凝土平板被转变为遮阳设施以及保护伞。随着每一个新设计的推进，柯布西耶不断拓展他的探索，在有限的类型族中寻找意义和表达方式的新的可能性。回忆本身有助于对个人经历的提炼，从而使这些经历逐渐系统化。[13]

勒·柯布西耶的建筑作品不可避免地会反映出某种思维倾向。无论是从树木的外形中提取建筑元素、提取古罗马纪念性建筑的特征、分析乡土建筑的特质，或是试图理解美国工业化城市的基本特征，勒·柯布西耶都试图找出这些事物的基本图示并找到它们存在的理由。这种试图根据每一种单独的现象来提取建筑的一般形式的创作倾向很可能从柯布西耶出生之时就已经开始了，来源于福禄贝尔教育体系，它鼓励孩子开发对“形态语法”以及几何形式的感知。[14]这方面创作倾向很显然通过莱普拉特尼耶式的训练得到了加强，这种训练鼓励他寻找大自然背后的规律并将装饰定义为微观世界。这些形式训练都强调物体之间的空隙和物体本身同样重要。勒·柯布西耶一生喜爱反转图底之间的关系，无论是在绘画中还是在城市规划中。在他的形式宝库里，无论是在一幅纯粹主义绘画作品这样的小尺度创作中，还是在朗香教堂的平面设计这样的大尺度中，空间和体量之间总是试图进行至关重要的相互交流。

在勒·柯布西耶早期的学习过程中，年轻的让纳雷

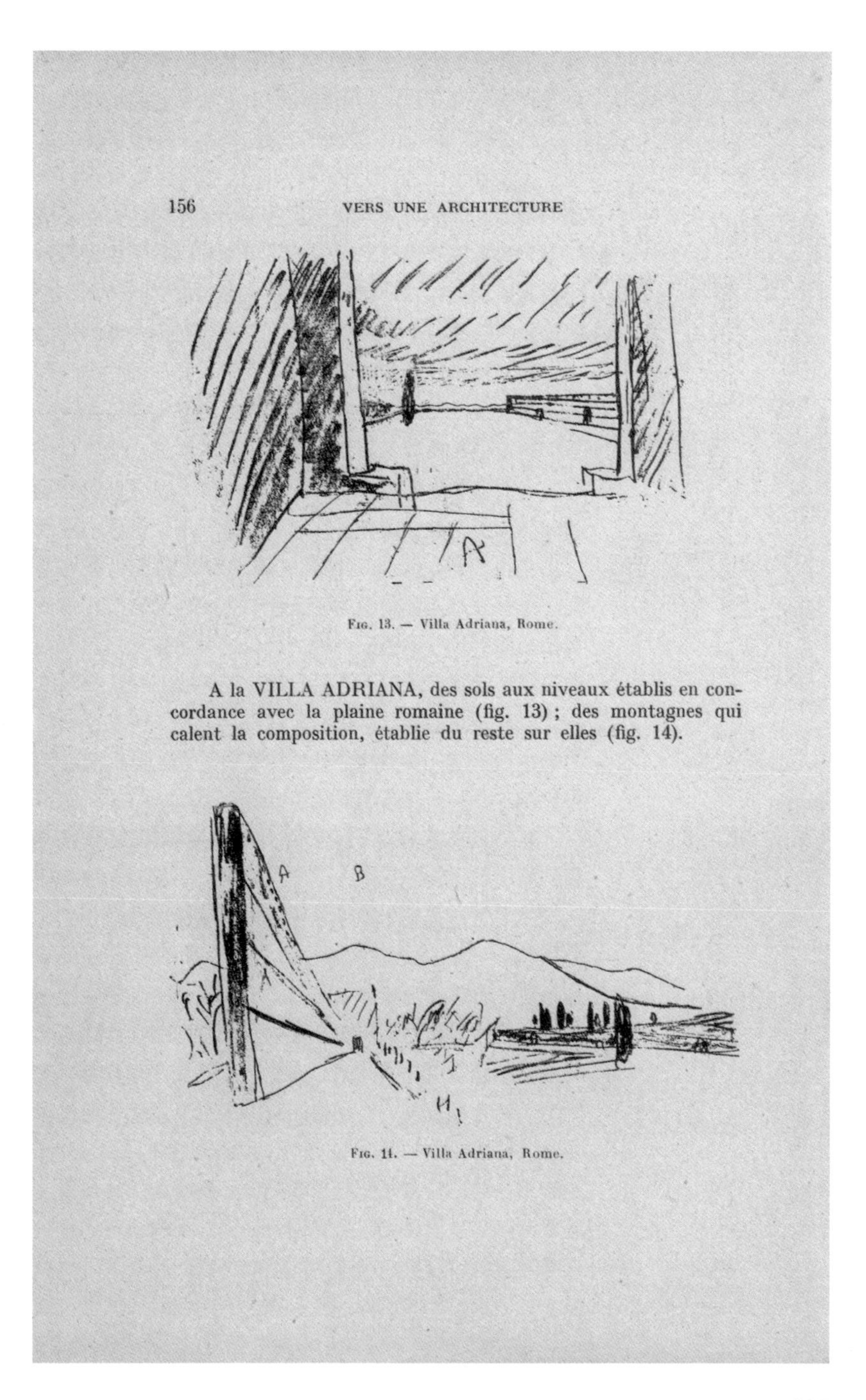
156　VERS UNE ARCHITECTURE

Fig. 13. — Villa Adriana, Rome.

A la VILLA ADRIANA, des sols aux niveaux établis en concordance avec la plaine romaine (fig. 13) ; des montagnes qui calent la composition, établie du reste sur elles (fig. 14).

Fig. 14. — Villa Adriana, Rome.

［下图］
通过重新思考历史来适应艺术家的偏好和神话：东方之旅（1911年）过程中完成并在《走向一种建筑》（1923年）“平面的错觉”一章中重新排版的哈德良离宫草图。在图中注释的文字中，勒·柯布西耶提到了山丘的视野构图以及前景中的楼板和背景中的平原景观之间的感知关系——所有的特征在他之后的作品中都能够找到。

［左图］
通过象征性形式表达建筑思想：萨伏伊别墅。

［右图］
《勒·柯布西耶作品全集》作为一种阐述建筑原则的建筑论文：第一卷整页，1910—1929年。用于介绍位于普瓦西的萨伏伊别墅的早期方案。《勒·柯布西耶作品全集》标准页面尺寸为22.5cm×28cm（8¾×11英寸）。

继承了建筑史上的理性主义者对于基本结构性以及几何形元素的研究方法，并通过与德意志制造联盟的接触，勒·柯布西耶吸收了适合于大规模生产的理想类型的观念。20世纪20年代，一种崇高的柏拉图主义与“普通”物体之间所形成的联系深刻影响了纯粹主义的思想核心，这种联系同时影响了勒·柯布西耶对于古希腊神庙的重新阅读以及他对于即将到来的机器化时代所提出的诸如摩天楼、底层架空立柱、带形长窗等一系列的建议。勒·柯布西耶的思考方式包含了一种在理想类型和特定情况之间不断来回的特点；通过每一项建筑设计任务，勒·柯布西耶不断发现新的偏爱的建筑形式，这些形式有时会与它们自身的局限性相冲突。在一些关键的时间节点上，勒·柯布西耶总是立身于所处世界的混乱之后，提出一些诸如乌托邦式城市规划的清晰备选方案。这些理想蓝图就像为了工作、休憩、交通等目的而重新形成的建筑类型的详细目录，这类想法总是出现在他进行特定项目的设计之后。勒·柯布西耶关于城市的概念以及建筑的概念常常纠缠在一起。勒·柯布西耶认为他正在提取一种新文化形式的精髓，而这些形式在机械化与工业化所带来的混乱中有着一种救赎的作用。

勒·柯布西耶对于设计的态度从家具领域延伸到新的城市类型的定义中，因此诸如救世军总部大楼或瑞士学生宿舍这样的单独建筑项目依靠底层架空思想的剖面结构。它将交通流线置于下方，在顶部形成屋顶平台，这一思想的形成早在十五年前的草图中就已经出现了。这两座集合住宅反过来又和同一时期勒·柯布西耶所提出的光辉城市中的凹凸曲线形态的住宅有着直接的联系，和它们是同一时期的。第二次世界大战后的许多“居住单位”运用了同样的类型学层面的整体，不过外部形态不一样，包含了一些如遮阳板和模度理论的运用。其他诸如雪铁汉住宅以及莫诺尔住宅这样的一般的建筑方案一直萦绕在勒·柯布西耶创作生涯的各个阶段。有些人或许会将柯布西耶的作品作为一系列诸如“当代城市”这样的包含广泛理论性命题的假设的一个极端例子；一种对于底层架空柱、百叶窗、波动性的窗户等建筑语汇中的单个元素的提炼。而所有的这些例子中蕴含着一种希望定义最普遍形式的志向：追求一种纯粹的类型，同时回应每一项设计任务中独特的设计意图。

“理论”在勒·柯布西耶的整个设计过程中起到了十分重要的作用。但在柯布西耶一生的设计作品中，理论与实践之间的关系并非简单而直接。勒·柯布西耶不断往返于某种特定的直觉与发现之间、一般化的体系或某种教条的陈述之间。勒·柯布西耶的文章充满了机智敏锐的观察力，但是如果期盼通过这些文章来解释他的作品，这种想法或许太过天真。勒·柯布西耶有时说的是一套但做的却是另一套，他能够做出“后合理化”的解释，但这些解释无法给出决定建筑设计的真正原因。勒·柯布西耶并不是一位恒常的思想家，但是他确实试图给予他的建筑作品以某种崇高的普世主义。勒·柯布西耶以众多出版物和展览来阐明一系列的准则、思考、教条，而不是仅从一种清晰的意识形态的角度出发。勒·柯布西耶试图以这种方式来为他作为一名建筑师、规划师、画家、作者等一系列身份而创作的作品提供一种更广泛的合理性。通过他的写作、讲座、展览，勒·柯布西耶为他一生的个人创作轨迹提供了一种神秘的结构。[15]在他所写的文章中，勒·柯布西耶十分擅长以吸引眼球的标语以及蒙太奇式的画面，以一种威严的口吻来传达他的思想以及夸张的宣言。即使像《走向一种建筑》（*Verse une architecture*）、《光辉城市》（La Ville Radieuse）、《模度》（*Le Modulor*）、《纯粹建筑创造精神》（*Architecture pure création de l'esprit*）、《一栋房子，一座宫殿》（*Une maison，un palais*）以及《不可言说的空间》（*l'Espace indicible*）等一系列简练的短语和标题，都被用来吸引观者的眼球并延缓他们的分析力。总之，勒·柯布西耶是一位修辞学的大师。

勒·柯布西耶本人远不是一位恒长的理论家。他通过自己本身的思想、偏好和意见，将各种不同学派的传统以折中的方式融合在一起。勒·柯布西耶几乎是下

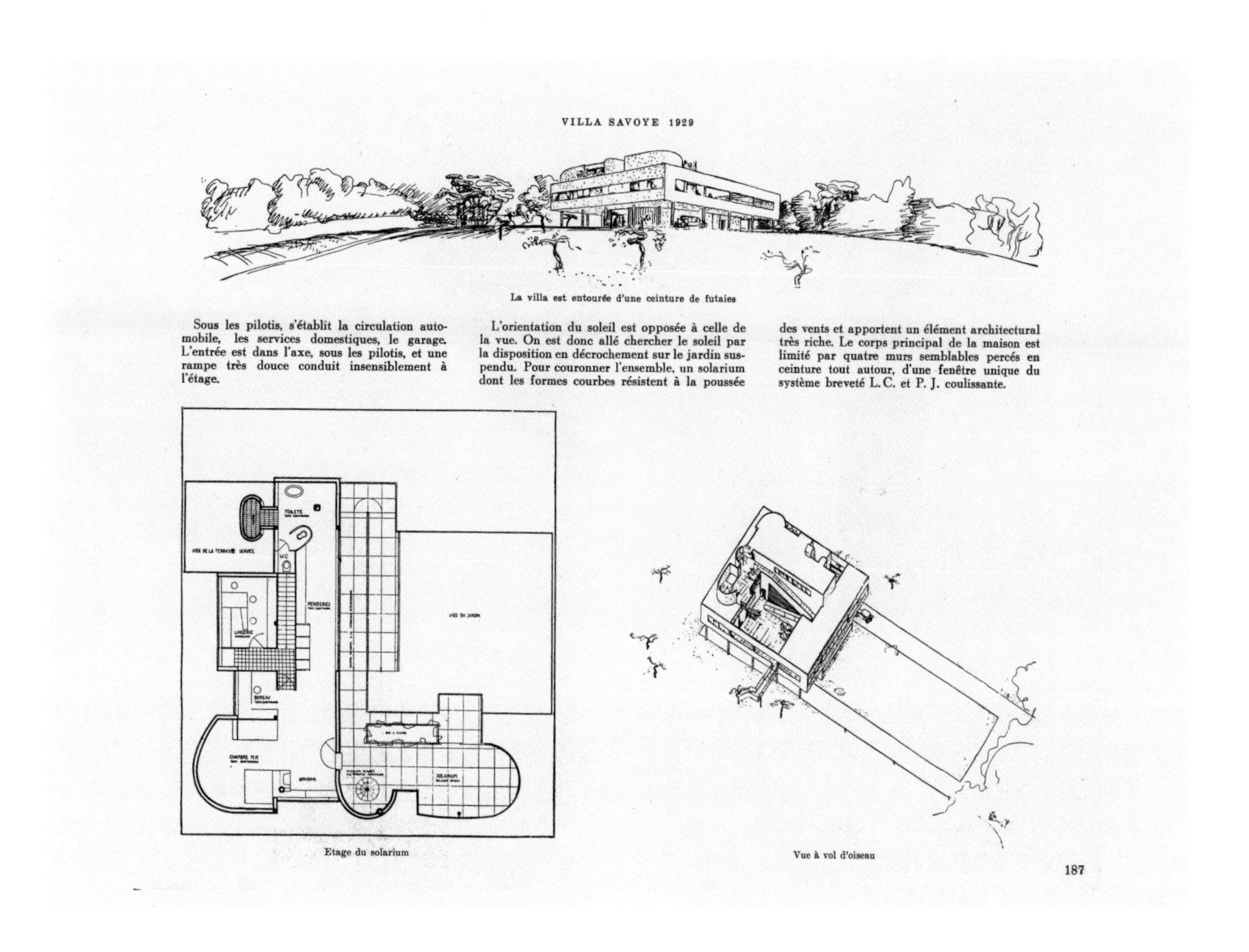

VILLA SAVOYE 1929

La villa est entourée d'une ceinture de futaies

Sous les pilotis, s'établit la circulation automobile, les services domestiques, le garage. L'entrée est dans l'axe, sous les pilotis, et une rampe très douce conduit insensiblement à l'étage.

L'orientation du soleil est opposée à celle de la vue. On est donc allé chercher le soleil par la disposition en décrochement sur le jardin suspendu. Pour couronner l'ensemble, un solarium dont les formes courbes résistent à la poussée des vents et apportent un élément architectural très riche. Le corps principal de la maison est limité par quatre murs semblables percés en ceinture tout autour, d'une fenêtre unique du système breveté L. C. et P. J. coulissante.

Etage du solarium

Vue à vol d'oiseau

187

意识地吸收了古典理论关于理想形式、比例和几何等方面的知识。勒·柯布西耶从包括那些所谓的乌托邦式的社会学家等社会改良理论中提取所需要的内容，然而他对于资本主义的技术特征充满了好奇的热爱。勒·柯布西耶从19世纪的理性主义者维奥莱-勒-迪克那里继承了这样一种观念：即建筑师应该剖析过去的建筑以获得其结构和指导原则，然后将这些因素转译为现代术语。通过莱普拉特尼耶的教授，勒·柯布西耶吸收了罗斯金的理论著作。勒·柯布西耶认为建筑师应该向“自然”学习，这是理所应当的。建筑师应该真正了解某位艺术家对于自然的理解，甚至是他所了解的自然神话故事，而不是以抽象的方式模仿自然。[16]对于勒·柯布西耶来说，“自然”有着许多的意义，其中的观念认为艺术或建筑作品应该以某种方式效仿那些根据法则建立的有秩序的宇宙世界。勒·柯布西耶或许同样会赞同歌德（Goethe）的观点：“通过思考永恒创造性的大自然，我们或许能够让自己有资格参与到它的生产过程中去”，或是他的其中一个论断即“人类所创造的杰作遵循着与大自然所创造的杰作同样真实与自然的法则”。[17]

从某种意义上来说，勒·柯布西耶是通过他早期所作的绘画来直观地体验并了解这些事物，这些绘画大多是为了探索大自然的功能与形式。勒·柯布西耶从未丧失观察、分析和提取自然现象的习惯，即使是当他的一些对于大自然所扮演的角色的观点受到机器时代的乌托邦式的观点所影响而朝着新的方向发展的时候，他依然坚持这一习惯。“冷杉民俗学”已经不在了，但是勒·柯布西耶并没有放弃他从速写绘画中所学到的知识，他临摹针叶树的树干与树枝的层级关系，或是松果和花苞的生长模式。普罗旺萨尔的文章表明诸如晶体这样的生态构成或许反映了一种自然秩序，同时作为建筑的一种启示，年轻的让纳雷当然没有忘记这一启示。在他的生命晚期，勒·柯布西耶对于自然的思考仍然对他所有的创造性作品是至关重要的。这里所指的自然并非只是我们眼中所看到的自然，这种自然作为一股积极的力量支配并创造万事万物。勒·柯布西耶一直试图在他的艺术创作中定义基本类型、生成性图示以及核心法则，这部分是因为他在自然世界中观察到了相似的事物。“法则”一词暗示了基础。探索第一法则意味着回到初始状态，对那些掌管事物起源和发展的法则加以考虑。假如勒·柯布西耶之后一直思考诸如骨骼、壳体、卵石以及其他“唤起诗意的物品”等一系列自然现象，这或许是因为这些现象能够帮助他创造真正的形式。戈特弗里德-森佩尔的定义此时涌上了我们的脑海中：“风格相当于一件艺术作品，包括了它的起源、前提条件以及形成的环境。”[18]

勒·柯布西耶的许多“理论方法”并没有像这样清晰地表达出来，它们大多是模棱两可的合理化并夹杂着一种根深蒂固的世界观，这种世界观将关于一系列问题的信仰文章结合在了一起，这些问题包括从建筑的精神性使命到机器化时代在不断演进的历史中的作用等一系列问题。这些文章大都基于同样的偏好并深深嵌入在一系列的假设之中。本质上，勒·柯布西耶的假设以及随意性的观点有时类似于寓言故事或是对事物的神奇解释。勒·柯布西耶可能会借助圣西门或是听起来像工团

主义者的观点来阐释他关于现代城市主义的概念，但是最终他对于城市的思考与信仰的基础来自于其他地方，这一基础超越理性化的解释，根据对实际的城市和过去的论著而获得的经验充满偏爱与拒绝的领域。反之，勒·柯布西耶乐于两极化以及相互对立事物之间的辩证式发展，就像人们在自然与机器之间所感受到的对比。勒·柯布西耶对于20世纪30年代“规划”的非理性的着迷，将一种摩尼教徒对于建筑师作为先知的幻想作用的着迷和他对于正在兴起的国际技术现代化的城市形式的敏锐分析相结合。他的由大萧条及之后第二次世界大战所引起的危机中令人担忧的激进的政治主张，在某种程度上产生于一种天真的乌托邦主义，这种主义将结果放在方法之前，罗伯特-菲什曼（Robert Fishman）称之为以一种技术化状态的朦胧版本代替“合理的状态”。勒·柯布西耶的理想化平面存在于日复一日的混乱政治层面之上，包括他所希望获得的贝当政权的法西斯主义。

勒·柯布西耶发表了许多的文章，但是这些书面的文字只是他用来表达思想的多种方式之一。他所发表的一些书籍非常依赖蒙太奇式的图片来传达信息。许多人会想起他在例如《走向一种建筑》（*Verse une architecture*）、《明日之城市》（*Urbanisme*）、《光辉城市》（*Ville Radieuse*）等出版物中所列出的照片、图解、徒手绘制的旅行草图。像“新建筑五点”这样的一般公式不仅是一种修辞性的表达方式，同时也是某种类型的理论或是某一系统，这些理论或系统都是由他的实际建造经验以及他对结构本质的思考所建立起来的。勒·柯布西耶或许会借助一些具有说服力的图解来引出或阐明一些普遍的规则，但是这些图解仍然无法代替生成项目的那种建筑想法。即使当他好像要开始提出例如支撑在独立支柱上的方盒子等一些事先已经存在的公式的时候，勒·柯布西耶仍然在他的设计过程中探索一种独一无二的秩序；这种研究常常包括扭转与翻转。就像莫扎特从重复的图示和对奏鸣曲形式的个人解读中取得情感深度，勒·柯布西耶将新的生活注入他自己的规则中并且在一个接一个的项目过程中用自己的语言揭示出一种新的可能性。勒·柯布西耶总是在寻找新的火花，这种火花能够将创造的精神融入工作中；勒·柯布西耶有时在发现灵感的关键时刻会采用扭曲的方式，这种灵感能够在工作的多种需要中找到一种更高的统一。

“理论”这一词涵盖了许多意义。这个词最初指一种经过训练的观察、集中的注意力以及专注的独到见解。这个词语与这样的一种观察方式有关：即用心地观察万事万物，用内心的眼睛透过肉眼所见的事物来获得真理。[19]这其中包含了透过事物的现象来获得真理并阐明这些现象背后的法则的寓意。其中甚至暗示存在着一种更高层次的洞察力，这种能力能够在单独的事物之外领悟到普遍的法则。勒·柯布西耶通过对各种现象的仔细分析以及对其起因和影响的沉思，获得了一些非常重要的知识。勒·柯布西耶似乎掌握了一种异常清晰的视野，这种视野使他能够从感知事物的表面看见最本质的特征。这种视野丰富了他观察真相以及将建筑思想转译为动人的形式的能力。勒·柯布西耶在他的视觉思考中反复来回于材料细节以及理想化的抽象之间。在《勒·柯布西耶作品全集》一书中所收录的图纸和照片将柯布西耶对崇高建筑学的追忆与每天的现实生活的详细描述结合在了一起：摆满书的书架、一张桌子上的一条鱼、插满鲜花的花瓶、农夫家中的一只长有胡须的狗、技术官僚办公室中的一张巨大的桌子及背景上的巴西自然景观。勒·柯布西耶的作品是想象中的王国、日常生活环境的舞台。有争议的是，勒·柯布西耶在描述及转译他的建筑观点方面比他的绘画更为成功，其中的一些绘画作品似乎在对比中受到了诘难。

勒·柯布西耶观察、记录以及理解事物的能力非常强大，而绘画正是他从各种经验中提取形式要素的主要手段，或者正如我们经常所说的“描绘事物所显现出的样子”。[20]绘画本身正是一种思索的形式，一种在所见中

[最左图]
通过移情作用感知结构中蕴含的力量：瑞士学生宿舍中的结构支撑。

[左图]
“物体作为一种诗意的回应方式”：自然创造物表达了自然界的隐含法则。带阴影的骨头草图，1933。
石墨铅笔、彩色粉笔以及水粉绘制，26.2cm×36.4cm（$10^{1/3}$×$14^{1/3}$英寸）。

[左下图]
“人体为一切事物的量度”：勒·柯布西耶站在模度人的混凝土印记旁边，居住单位，马赛，法国。

[右下图]
声学的数学表达方式以及光线的形而上学表达方式：拉图雷特修道院中的窗棂及其投影。

思考以及在思考中观察的方式。在勒·柯布西耶探索一种真正的语言的过程中，他试图理解一切现象的根本起因，不管是自然的还是人工的。[21]勒·柯布西耶希望能够深入事物的核心，理解事物运行的法则。这就是他的科学、他的艺术，但勒·柯布西耶想要的是两者合一。

当勒·柯布西耶在记录并转化他的一些经验的时候；在他构思建筑方案的时候，他会不停地往来于直觉和理智之间。勒·柯布西耶是一个探求现象背后本质和原初思想的无意识的柏拉图主义者吗？或者他是一个通过观察、分析和比较许多单个实例，来将一般种类和类型加以分类的后期亚里士多德学派的人？勒·柯布西耶或许会这样回答：形式世界使得这些推测变得无足轻

［下图］
通过能够引起人们共鸣的形式将多种意义融合在一起：总督府暗色轮廓，昌迪加尔，1954年11月25日。
黑色蜡笔、蓝色钢笔以及剪纸拼贴打印，69.2cm×94.1cm（27¼×37英寸）。

［右图］
从结构和材料出发的建筑思考：海蒂·韦伯馆的钢结构遮阳屋顶，1964年。

重，艺术作品能够在外部事物和想象之间、在特殊的感知以及普遍的想法之间架起一道桥梁。

勒·柯布西耶将他自己的职业比作“一位作者”。[22] 他不断地书写一系列广泛主题的文章，从绘画到城镇规划、大批量生产、飞机、摩天楼以及石材之美。写作为勒·柯布西耶关于社会以及建筑的一些争议性的观点提供了平台，同时写作也提供给了他一个审视自己作为一名建筑师所做的事情的切入视点。有时形式先于理论，有时理论会先于形式。但是他们都无法生成彼此。勒·柯布西耶喜欢建立影像的静态画面，但是这些都没能也不能代替视觉思考在创造建筑时的作用。作为一名建筑师、城市设计师、画家和作家，勒·柯布西耶所从事的活动能够加强他所从事的不同工作的进步，有助于促进整体的视野和文化项目，用一句话加以概括就是“艺术的集合”，但是他的想象力通过直接的观察，特别是通过绘画以及草图而得以滋养。就像达·芬奇那样强调知识获取过程中视觉与体验的重要性，柯布西耶通过对世界的丰富性和多样性的直接理解而获益良多。在1933年的一篇文章中他写道：“诗歌的精神在建筑构思中起到了什么样的作用？理性从未首先到来，它总是在过程中介入……我看着，我记录着。”[23]

当我们在思考勒·柯布西耶“认识事物”的方式的时候，我们不可避免地会立刻联想到他的写生簿，那些有力的线条记录着他旅行的全过程：古代遗迹、海上轮船、泥土砌筑的村落、钢铁摩天大楼、海滩上的裸体、穿着莎丽服的印度女人、公牛的角、工厂里的天窗、骨

骼的断面、贝壳的几何形状。这些如废料和被丢弃货物般的经历充实了勒·柯布西耶作为画家和建筑师的想象力。勒·柯布西耶同样也使用照相机来记录下各种类型的事物，从船舶和渔网到建筑和飞机。[24]通过一些急促的线条，勒·柯布西耶能够总结出一座城市的性格，这座城市可以是纽约、巴黎，或者是伊斯坦布尔。通过那些能够唤起人们对于山脉、海洋、英雄胜地以及遥远的地平线的散文诗，勒·柯布西耶展现了他在面对自然力量的时候所表现出的敬畏感。每一种单独的经历，通常是一些遥远的土地，都被勒·柯布西耶抓住并内化为自身的东西。之后这些经历在艺术家所构建的神话中被赋予了传奇色彩。人们将这种设计中的转化和海上邮轮的意象联系在了一起，这种意象成为一种新建筑的创作原型，然后成为勒·柯布西耶旅行经历中一个密不可分的部分；它被转化成理想化的集合城市的标志，直接影响了多年之后的马赛公寓的组织结构。之后勒·柯布西耶在阿尔及尔绘制的草图上画了一位裸体的女子，他吸收德拉克洛瓦（Delacroix）所画的宫女以及毕加索画的生物新形态，将现实的人物转变为画作。这一画作早于阿尔及尔的奥勃斯规划，勒·柯布西耶将女性的体态转换为象形文字，契合了北非的山脉与海岸线，并通过蜿蜒的高架桥以及生动的曲线来隐喻这一当地的自然景观。或是这里也存在着"蜿蜒的法则"，它将生命以一种小草图的形式展开，回应了从拉丁美洲上空所看到的宏伟的河水景象，但这种法则逐渐变成了自然景观中的曲线的一种普适性的图示，甚至与自由平面中的弯曲形状融合在了一起。[25]

勒·柯布西耶对于关键历史案例的吸收似乎追随着一条由直接体验到抽象和转化的类似过程。[26]当他在1911年第一次见到帕提农神庙的时候，他就被其所震撼。勒·柯布西耶画下了从不同角度看到的神庙速写，这对他产生了直接的影响。这就像一种精神启示，虽然它早已出现在诸如勒南的著作以及舒瓦西的图解之中。勒·柯布西耶逐渐将这次游历卫城的经历加以调整，来适应其内心和精神上的结构以及脑海中逐步形成的设计原则。在《走向一种建筑》一书中，希腊神庙从阐明"度量标准"的理性主义者的角度以及表明"建筑，一种纯粹的思维创造物"的理想主义者的角度被加以"理论化"。通过文字、标题以及从同样的书中引介的图片，柯布西耶赞扬了帕提农神庙那种将建筑本身的意义加以拓展的方式，这种观念在第二次世界大战后的《空间的新世界》（*The New World of Space*）一书中重获新生，而这一次是从"不可言说的空间"这一含混的提法中重新出现的。对于雅典卫城这段经历的回应，我们能够在所谓的朗香教堂的听觉形式中以及集合住宅屋顶的象征性景观中感受到，但之后这些回应方式经过了几次转换。在勒·柯布西耶的世界里，文字和事物以不计其数的方式相互交织在一起。

在他所有的设计活动中，勒·柯布西耶不断往返于某种特殊的感知和普世性的观点之间，这也使得他的文章经常会陷入一种空洞和程式化的修辞的危险之中。勒·柯布西耶总是借助诸如"新精神"或是"第二纪元机械师"这样的标语。有时勒·柯布西耶使用文字来表明过去、现在、未来之间不可避免的联系。在《走向一种建筑》一书中，勒·柯布西耶借用他在东方之旅中的经历和草图来表明某种一直存在着的价值，同时他也期待能够实现关于建筑复兴的现代计划。那些赞扬平面的首要性或是阳光下的纯净几何体量的章节或许会被天真地理解为导致了20世纪20年代一系列住宅的诞生，但这样的理解或许过于简单化了。有时形式先于理论产生，有时理论先于形式产生，但是他们都无法生成对方。一旦某种普世性的法则被宣扬开来，他们就会在恰当的时刻转而影响柯布西耶在未来感知问题以及提出解决方案的方式。但是这种理论性的议题仍然无法替代建筑创造以及建筑思想的视觉化。勒·柯布西耶的每一个设计过程都是独一无二的，每一个过程反过来都要依靠其思想和语汇的一般特征；但是形式世界和文字世界之间有着自己的逻辑类比，而且这种类比通常带有一定的

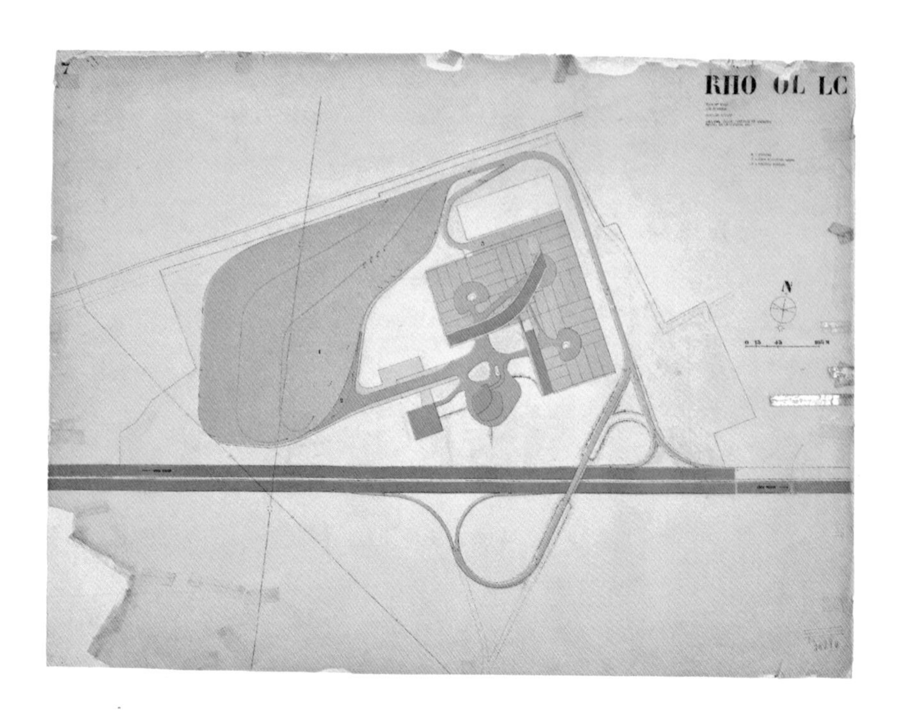

偶然性。勒·柯布西耶的建筑通常表现出特殊和一般、现实和理想之间的一种紧张对峙的状态。

对于勒·柯布西耶来说，文字充当了一些重要的作用。他有时会为了评价自己的作品并从中吸取有益经验而进行写作。在《精确性》（Précisions）一文中，勒·柯布西耶对于萨伏伊别墅的描述将一种个人对于作品的解读与激进的尝试以及对通用原则的试探性探索结合在一起。在纯粹主义的形成阶段，让纳雷甚至依靠奥赞方的文章来探索属于他自己的道路。奥赞方的一篇关于施沃布住宅的文章[署名朱利安·卡龙]，于1920年发表于《新精神》（L'Esprit Noveau）杂志上。这篇文章是一种对于建筑师原初意图以及完成建筑本身的思考方式，同时也推进了从最初的经典形式走向一种更加纯粹的机械美学、几何以及空间的过程。文章中使用了诸如"伟大的塑性常量是永恒的，因为它们总是也只依靠光（体量）、比例（数学）"、"空间中形式的游戏"等一系列的语句，并以某种预示了《走向一种建筑》所使用的语言以及修辞手法的方式进行了表达。在这种历史后理性化的时代中，一项早期的作品被转变为一座未来现代建筑的指路明灯。文章中使用了大量的混凝土平屋顶来支持一种能够提供屋顶绿化以及向内排泄融化冰雪的檐口。这一想法成为屋顶花园这一概念的雏形，而这一概念又成为20世纪末权威的"新建筑五点"之一，但是暂时这一想法只是一种孤立的探索，不能被宣称为某种体系的一部分。[27]通过某种方式得以建立一种图示之后被加以合理化，才能成为彻底的学说。纵观他的一生，勒·柯布西耶热衷于通过宏伟的公式来宣扬他作品中的"真理"。这些官方的解释时常会带有一定的误导性。例如"新建筑五点"是在建筑中得以实现之后（例如库克住宅）才在写作中提炼而成。

《勒·柯布西耶作品全集》中每一卷都由一段基于实际建筑实践的话语组成。它们记录了勒·柯布西耶理想化的设计意图并促进了他的作品质量，但是它们也有助于一种实际上是建筑论文的形成。[28]《勒·柯布西耶作品全集》实际上是以一种传统的方式进行叙述，这种传统可以追溯到文艺复兴的论述，例如帕拉第奥的《建筑四书》（Quattro Libri），这本书同样坚持方向选择的重要性，同时他还暗示这种方向扎根于建筑自身的本质之中。那些伟大的建筑师存在于他们那个时代之中，而勒·柯布西耶则处于他自己的时代中，他试图通过文字和图像来表明建筑形式"正确"但又具有创造性的使用方式。勒·柯布西耶以一种相似的明确性和可信度，通过黑白照片以及线描草图而非雕刻作品，将他的建筑和项目置于他所创造的抽象的历史走廊中，来勾画出他的作品中所蕴含的指引性原则。这些勒·柯布西耶作品集中的所选章节详细记录了他"悉心探索"的各个过程，阐明了其建筑语言中的组成元素和思想体系。反过来，这本《勒·柯布西耶作品全集》充当了一部对位于赛夫勒大街35号的勒·柯布西耶工作室的专业参考手册。我们不能忘记这个事务所的官方名称最初叫作"勒·柯布西耶与皮埃尔-让纳雷"，这一名称清楚地记录在至1938年为止的最初三卷的开头篇章。这本书的版式为狭长形，采用中性布料封面以及粗体外部字形，呈现出一种隐喻建筑技术的外观，有点像地理考察或是科学手册那样。

《勒·柯布西耶作品全集》一书采用横向排版，有助于不同图片之间的侧向比较，不管是照片、线描绘图或是徒手草图。实际上，《勒·柯布西耶作品全集》一书是一部"帮助思考的机器"，它依靠仔细排布的版面以及清楚明了的图片风格来产生不同思想之间的类比与联系。呈现的方式有时具有一种类似于剧本的特征或是某种学说要点的声明，就像当时建筑师在萨伏伊别墅的照片和图之中要强调"建筑漫步"、在库克住宅的照片中强调独立支柱对于解放平面的作用，或是在晚期作品中的照片中所呈现的素混凝土以及遮阳板在建筑表现方面的价值。马赛以及昌迪加尔的许多照片都是由赫尔维（Lucien Hervé）拍摄的，他是一位强调从形式、材质以及光影对比中提取价值的摄影师。柯布西耶喜欢作出

［左图］
将交通流线与自由平面进行生物类比：奥利维蒂研究中心方案，1962年12月28日。
纯色绘制于中等大小透明纸上，85.3cm×114.4cm（$33^{1/2}$×45英寸）。

［下图］
探究艺术家“形式族”中的原始主义与“有机”类比：勒·柯布西耶，《乌纵》（Ozon）雕塑水彩研究，1940年。
钢笔、铅笔、石墨、彩色蜡笔以及水彩绘制，27cm×21cm（$10^{2/3}$×$8^{1/4}$英寸）。

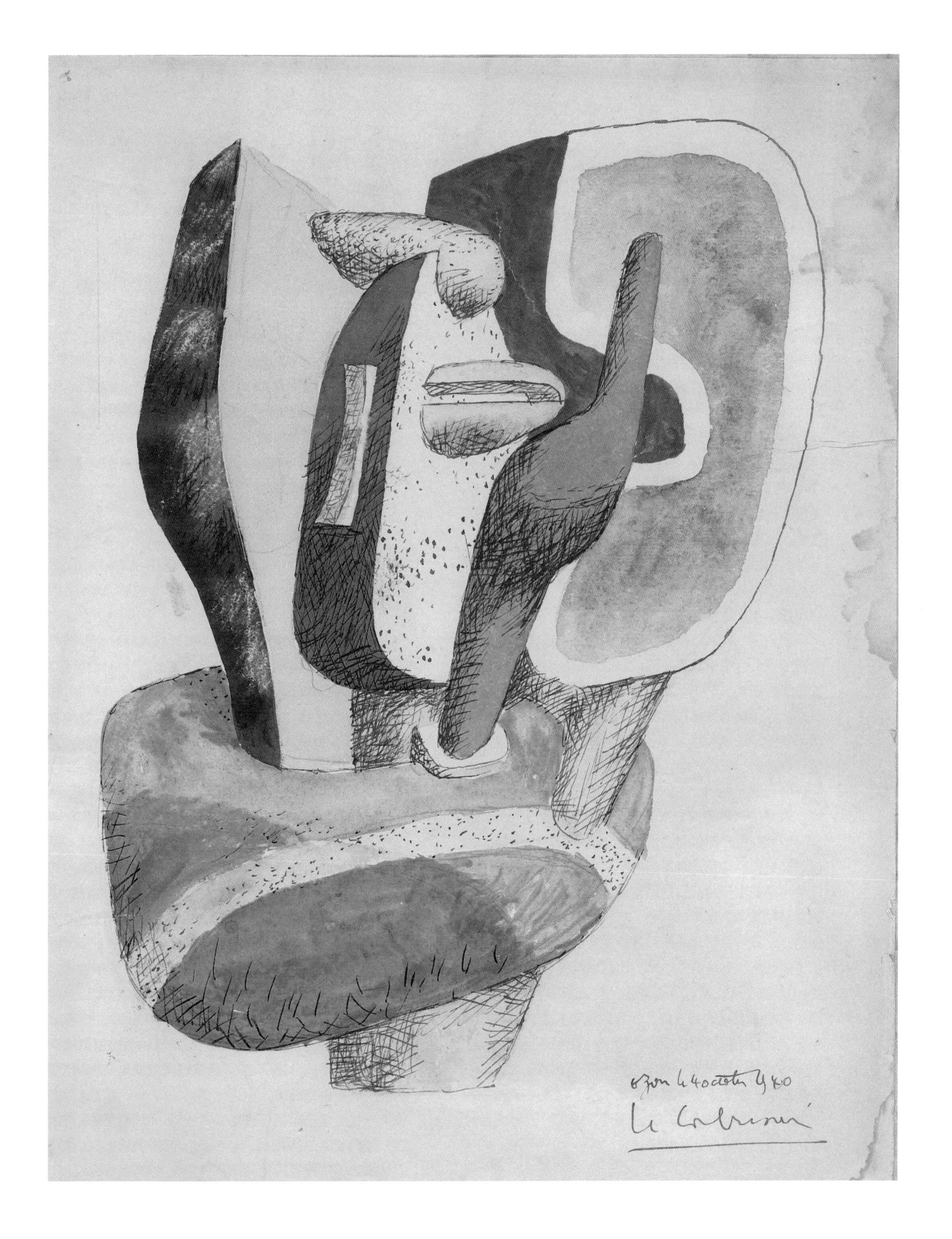

[左图]
景观中的空间展开：朗香教堂中延展的曲线。

[右图]
“声学形式”以及“艺术的综合”：朗香教堂室外礼拜空间。

提示并留下线索：朗香教堂的表达手段包括了项目早期的草图，然而在一幅后来的画作前拍摄的一个木制模型照片暗示了两者形式之间的类比。书中除了实际建成作品之外，还零星分布着一些未建成的城市规划以及建筑设计的图纸。某些作品本身就是宣言。在魏森霍夫住宅展上展出的住宅呈现了一种新的生活方式，同时也展示了“新建筑五点”，而瑞士学生宿舍则表达了一种通过用底层架空柱将巨型结构支撑起来从而解放地面的方式表达了一种一般的城市化原则。《勒·柯布西耶作品全集》前前后后收录了从标准类型到特殊建筑、从一般方案到单个具体项目的众多内容。总体来说，这本书就像柯布西耶个人世界的一幅地图。

尽管勒·柯布西耶的知识储备十分广泛，但他仍然会避免在实际建筑项目中陷入缺乏根据的叙述或是自发的修辞性描述。勒·柯布西耶的建成作品充满了一种矛盾性，尽管这些作品中蕴含了如此多的思想，但他们仍然能够凌驾于这些思想之上，通过建筑自身的语言来抓住观察者的想象和感觉。萨伏伊别墅和郎香教堂的作者也许会同意艾略特（T.S.Eliot）的观点，即“我们在理解一首好的诗歌之前，就已经和它产生了交流”，而建筑有能力通过自己的方式直接打动我们。在他年轻的时候，让纳雷希望用一种透明的形式来表达思想。在他的成熟时期的早期阶段，让纳雷接受了“建筑是一种纯粹的精神创造物”的思想。勒·柯布西耶一生都在寻找永恒的比例秩序并沉溺于一种建筑秩序的崇高概念之中。无论是什么设计任务，勒·柯布西耶都能够从悠久的历史中找到提示，并赋予创造性陈述以持久的形式感。勒·柯布西耶建筑的持久生命力依靠其丰富的表现力，超出了智慧所能解释的范畴。勒·柯布西耶深邃的思想和洞察力通过建筑这一媒介本身得以表达。在《走向一种建筑》一书中，勒·柯布西耶暗示了在物质世界之外还存在着一种精神领域，并认为建筑形式对于观察者的思想以及情绪有着直接的影响：

> “你们使用石头、木头和混凝土，凭借这些材料，你们建造了住宅和宫殿，这就是建造。天赋正在起作用……但是设想那些墙以这样令我感动的方式直插云霄。我感受到了你们的意图。你们的情绪是温和的、野蛮的、迷人的或是崇高的。你所建起的石块告诉了我这些。你们将我放入一片场地中，我的眼睛注视着它。他们注视着某种表达思想的东西。这种思想不依靠语言或是声音表达自己，而只是通过相互关联的形式来表达。这些形体清楚地在阳光下显现。他们之间的关系并不能在实际生活中或是书本的描述中找到任何的参照。这些形体是你们思想的一种数学创造。他们是建筑的语言。通过使用原材料以及从效用的角度出发，你们建立了某种关系，这种关系引发了我的思绪。这就是建筑。”[29]

勒·柯布西耶建筑诗意般的秩序隐藏在风格层面之下的更深处。这种秩序的力量部分来源于启发柯布西耶建筑作品的精神结构。柯布西耶将建筑视为一面“思维的镜子”，[30]但是他认为建筑的概念能够在经验中得以感知——“形状……和思想存在着某种关系，不需要文字或是声音就能表达自己”。勒·柯布西耶一直是一位理想主义者，他相信建筑的作用超越功能和结构，从而达到一种更高的统一。[31]勒·柯布西耶将他的设计意图转变为令人产生共鸣的空间和形式，能够在一种潜意识的层面感动观察者。勒·柯布西耶的建筑思想和形式的生命力以及建筑的材料表现是密不可分的。在建筑项目的开始阶段，勒·柯布西耶的建筑想象力的投射范围超越了图纸和模型的范畴，包括了光影的神奇关系，材料的情感力量，以及建筑漫步中不断变化的身体感知。勒·柯布西耶像一位雕塑家或画家那样塑造空间，但同时他又将时间纬度包含了进来。没有什么可以代替对勒·柯布西耶建筑的第一手体验以及非物质性的建筑氛围的感受。他们总是守护着某种神秘的事物，即使是在无畏的历史研究面前。但是这仍然值得我们尝试透过表象来寻找反复出现的思维形式。在每一个单独的案例之外，我们或许能够在勒·柯布西耶创造形式以及将建筑思想物质化的过程中找到某种一般性的原则。

18

第18章
形式的起源

“艺术的事情，不要将以往的老规矩照搬来用，而是应该把它看成一个作品的整体形成，一个纯粹的想法，它来自建筑师的灵魂深处。这个想法完全出自创作者自己，在世界上从未出现过。这样的建筑才会很快地让人们感到它具有独到的、高深莫测的使命。只有到了这个时候，我们才可以提出一个问题：用什么方法来完全自由地实现这个想法?”[1]

——卡尔·弗里德里希·辛克尔（Karl Friedrich Schinkel）

［前图］
萨伏伊别墅，普瓦西，1928—1929年。
西南立面细节，透过横向长窗展现了不同层次之间的透明性以及微型椭圆立柱。

［右图］
萨伏伊别墅研究，探究不同楼层的自由平面，草图本B5，1929—1930年。
铅笔绘制于草图本上，18cm×10cm（7×4英寸）。

当我们审视并试图揭示柯布西耶的作品时，找到其独一无二的表现形式及其创造性世界的整体特征这两者之间的平衡，这一点是十分重要的。为了达到这一目标，我们需要一张十分精细的地图，因为柯布西耶的“形式族库”似乎同时从几种不同的层面在起着作用。[2]他的每一个项目和建筑（或许他所从事的城市规划、绘画，甚至是书写文字也同样如此）都常常会回到一些惯常的主题中去。这些主题通过抽象化的方式将几种存在于某种秩序之下的图片和方案融合在一起。尽管柯布西耶的设计过程在某些阶段会依赖于不可预知的洞察力以及发明中所闪现的火花，但是他仍然受益于其自身原则的约束力和其自身建筑语言的“规则”。当他在解决问题的时候，勒·柯布西耶不得不解决诸如场地、项目、建造以及社会意义等外部世界的现实问题。但是勒·柯布西耶也需要调和他想象力中的创新力量和过去所获得知识之间的矛盾，这些知识包括了从之前的项目中获得的启示。在每一个设计过程中，勒·柯布西耶都会在新的意图和他自身形式体系中的内部法则之间找到一种调和的方式。他的“悉心探索”（recherche patiente）包含了柯布西耶在寻找每一项新的创造所蕴含的核心意义以及驱动力时所呈现的在普通和特殊之间的一种长期的摇摆。

勒·柯布西耶的建筑思想不是一种直接转换入建筑的固定不变的设计概念。设计过程本身就是一种发现和探索，这一过程有时会陷入无穷尽的状态。在他探求解决问题方法的时候，思想总是和图像以及直觉融合在一起。形式通过一种部分无意识的过程产生，之后通过理性和美学判定加以精细化。[3]绘制图纸对于揭开一个项目的真实情况是非常重要的，就如同绘画对于柯布西耶在设计时脑海中浮现的画面是至关重要的一样。勒·柯布西耶的绘画有时直接依靠一种预先设想好的轮廓。本书所研究的各种设计过程，例如萨伏伊别墅、瑞士学生宿舍、朗香教堂、昌迪加尔首都规划以及为视觉艺术展所设计的卡彭特视觉艺术中心，都表明在柯布西耶的建筑中不存在简单的起因和影响；在他的建筑中实际存在着核心意图以及次要意图，有时会存在着危机时刻，即建筑史和他的合作者不得不在前进过程中回到之前的某个点。有时，解决这一危机的唯一方式就是通过发明新的机制，或是修改已经存在的机制，就如同“狗骨”形状的柱子以及瑞士学生宿舍中自由平面的曲线，或是拉图雷特修道院中波动性的窗户一样。

卡彭特视觉艺术中心这一案例表明了勒·柯布西耶在一个项目的开始和发展过程中所进行的建筑思考的复杂性。他所提出的解决方案回应了教育类型建筑的要求、场地的要求以及提供一条穿越建筑的公共道路的要求。但同时勒·柯布西耶也强调一些他自己曾提出的问题，例如进行建筑语言的回顾性宣言的需要、在一项作品中综合各种艺术形式、在他的“一座美国式的建筑”中所指出的乌托邦主义城市规划的太阳以及宇宙特征。勒·柯布西耶建筑意图的多样性清楚地反映在S形坡道中，这一坡道同时将路径仪式化成为一种建筑漫步，类似于美国公园中蜿蜒的道路，让人回想起光辉城市中的理想规划，同时也隐喻了太阳的升起和下落：“我们都市事业的度量”。正是这种象征着他试图提供的城市学说的S形标志最终未能被美国的精英阶层所接受。许多思想和图片都因此被覆盖，其中有些比其他的更加醒目一些，有些在自然中可以清楚见到，还有些则带有自传体性质。这种特殊的设计过程表明了柯布西耶设计风格中的其他一些特点：不惜一切代价坚持迈向核心思想的趋向，即使是面对严酷的现实也不退缩。柯布西耶总是努力调和现实和理想之间的矛盾，而他在驾驭矛盾冲突的过程中所碰到的偶尔的失败也清楚地表现在一些建成作品中。[4]

假如能以一种正确的方式加以理解，柯布西耶的图纸或许能够帮助我们重建设计过程中所呈现的意图。它们使我们更加贴近建筑师的思想，向我们揭示出核心的形式以及象征性主题，暗示出设计者概念化以及解决建筑问题的方式。这些图纸甚至会暗示出作品中的隐藏含义以及崇高景象。它们就像探索之旅中沿途留下的一系列线索。通过进入建筑师的设计过程，我们或许能够理解为何采用某种路径而不是另一条路径的原因。如果历史研究最初目的之一是为了解释为何事物以这种方式发生，接着分析这一事件发生的过程似乎是不可避免的。这样的一种研究由于一种过于简单的社会决定论或形式决定论而不合适。一种建筑解决方案不会自动从功能或社会条件中产生，也不会直接来源于形式、类型或风格的历史“演进”。在勒·柯布西耶那里，创造绝不是一项简单的工作。有时在某一个单独的叙述中甚至包含矛盾性与两极化的综合，就如同瑞士学生宿舍或是拉图雷特修道院。

建筑图纸被视为绘图员脑海中的图像以及设计意图的图式化，它可以绘制在纸上或是一些其他材料上。图纸既不是这些图像的简单再现，也不是设计师所预期的现实的直接表现，而是这两种事物的一种浓缩，它被凝固在某种媒介之中，和精神生活或者建筑有着显著的区别。理解这些图式的第一步是重新建构起当时的呈现方式以及在创作时发挥作用的表达方式的私人代码。重新建构起特定图纸或草图的功能，在解决问题过程中是十分有必要的。[5]脑海中如果没有一个一般的解决方案的图示，同时对其他的图纸和假说在检查前后的相关内

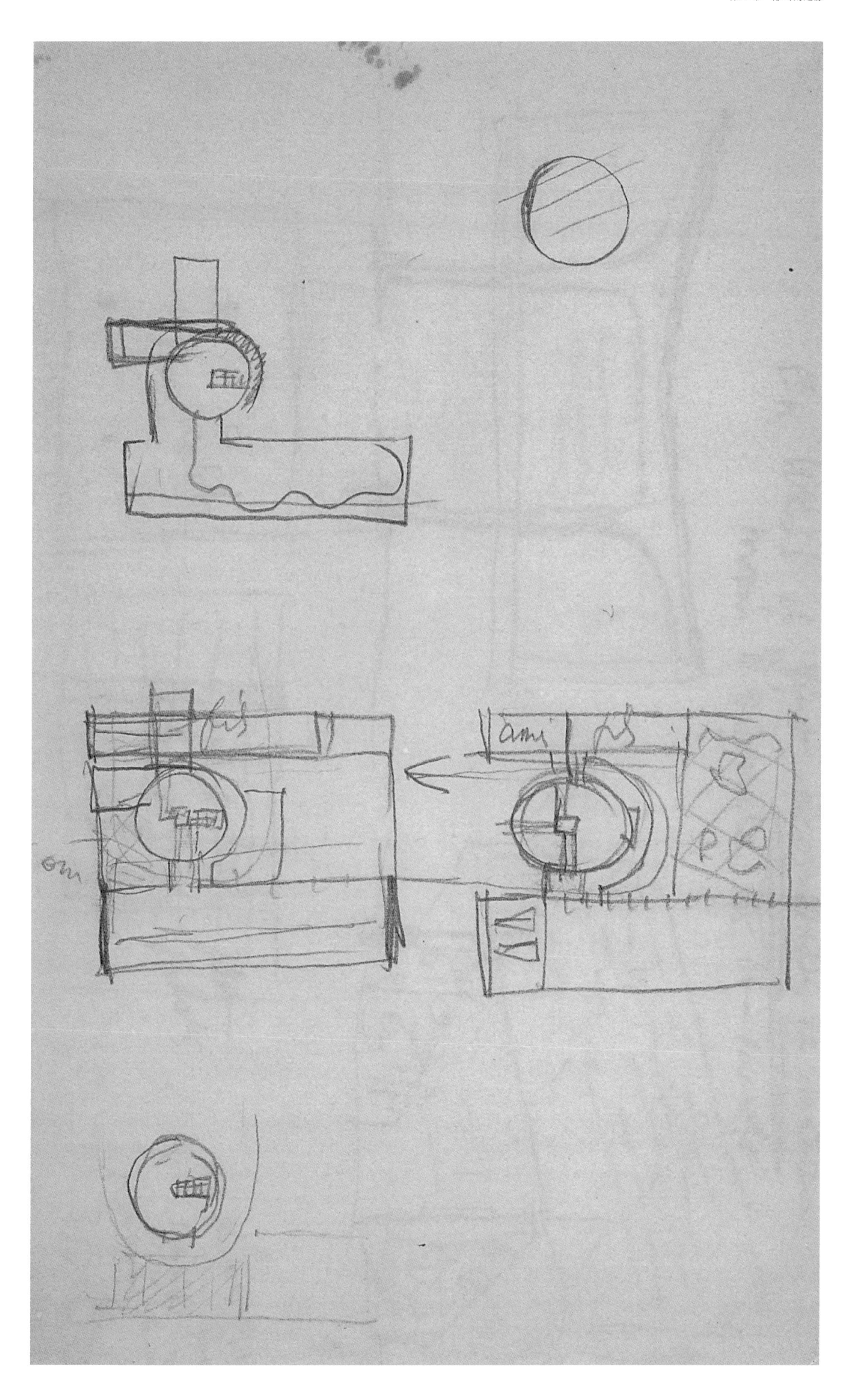
fils
ami
fils

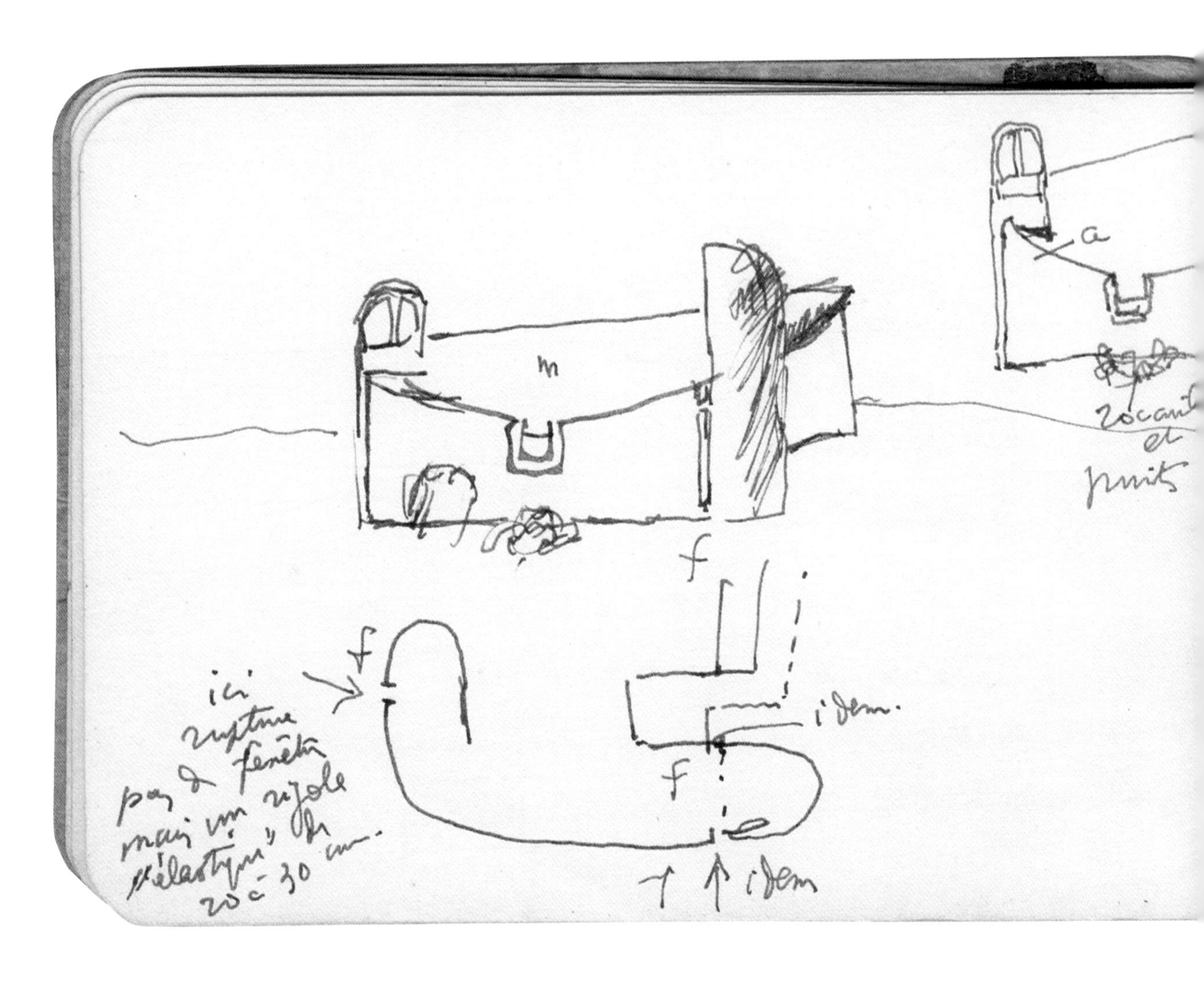

容时缺乏一定的了解，那么图纸的真正含义或许是不清晰的。对位于加歇的斯坦因别墅所做的中介性研究揭示了一种为调和对称与非对称两者之间的关系所作出的努力，或是关于施沃布别墅的研究显示了建筑师试图平衡自己的想法和客户多变的需求之间的关系。

再者，无论促使它生成的力量带有多么大的直觉性，一份草图的谱系或许都能够深深地延伸入过去的时光中。由于草图一直伴随着建筑师的建筑语言而发展，因此对它进行真正的解读能够使我们解密建筑师的绘图语言。这一“记号”转而通过逐渐获取表现的技法而成长：对于勒·柯布西耶的表现能力的欣赏带领我们去了解他的绘画经历、他关于自然的草图、他所绘制的古代建筑草图，以及他与立体派绘画、拼贴或是摄影中的蒙太奇手法等的联系。有时几种不同的表现方式会同时出现在一张纸上，就像在为萨伏伊别墅所做的第一次设计中结合了透视图、轴测草图以及平面图。在这些惯例之外，这些非凡的图纸似乎抓住了推动建筑想象的力量，同时设想穿越场地和建筑的运动。在这些图中，勒·柯布西耶期望改变人们关于空间以及视野的感知，同时以乌托邦的方式将住宅和景观理想化并暗示一种机器时代的神庙。

对一个项目最早的草图进行解读需要某种技巧，因为之后的图式化过程往往会发挥其最大的作用。但是这种图像式探索也最接近于本质的筛选和假说，影响着最终建筑结果的本质。尽管一份早期的草图只是一项复杂的精神活动的一小部分，但是它仍然会反映出建筑方案最早是如何从一个问题得出解决方案，并帮助我们解释某种布局为什么对于某种设计任务是合适的。

如果我们能解读出这样一份草图中所蕴含的神秘的抽象化因素，那么它将给予我们关于形式与建筑师作品中的意义之间相互关系的更深入的线索。在这里，我们想到了朗香教堂的早期图纸，特别是在柯布西耶草图本中所画的那些，因为这些图已经表达出地平线和景观的某种感觉，以及阳光照射下弧墙的视觉效果。从一小张纸上所绘的那些飞速勾勒、交叠在一起的曲线条，再联想到已经建成的作品，这一过程需要多年的分析、试错、几何研究以及建构能力。但是建筑作品中的核心思想在早期阶段就已经表现出来。或许这样的连贯性是足够精确的，因为这一过程早在形式生成之前就已经开始酝酿了。

哪种设计过程会出现在一个项目的最初草图出现之

［下图］
勒·柯布西耶，朗香教堂早期草图绘制在草图本E18对开页上，1951年。
钢笔绘制，每页10cm×15cm（4×6英寸）。

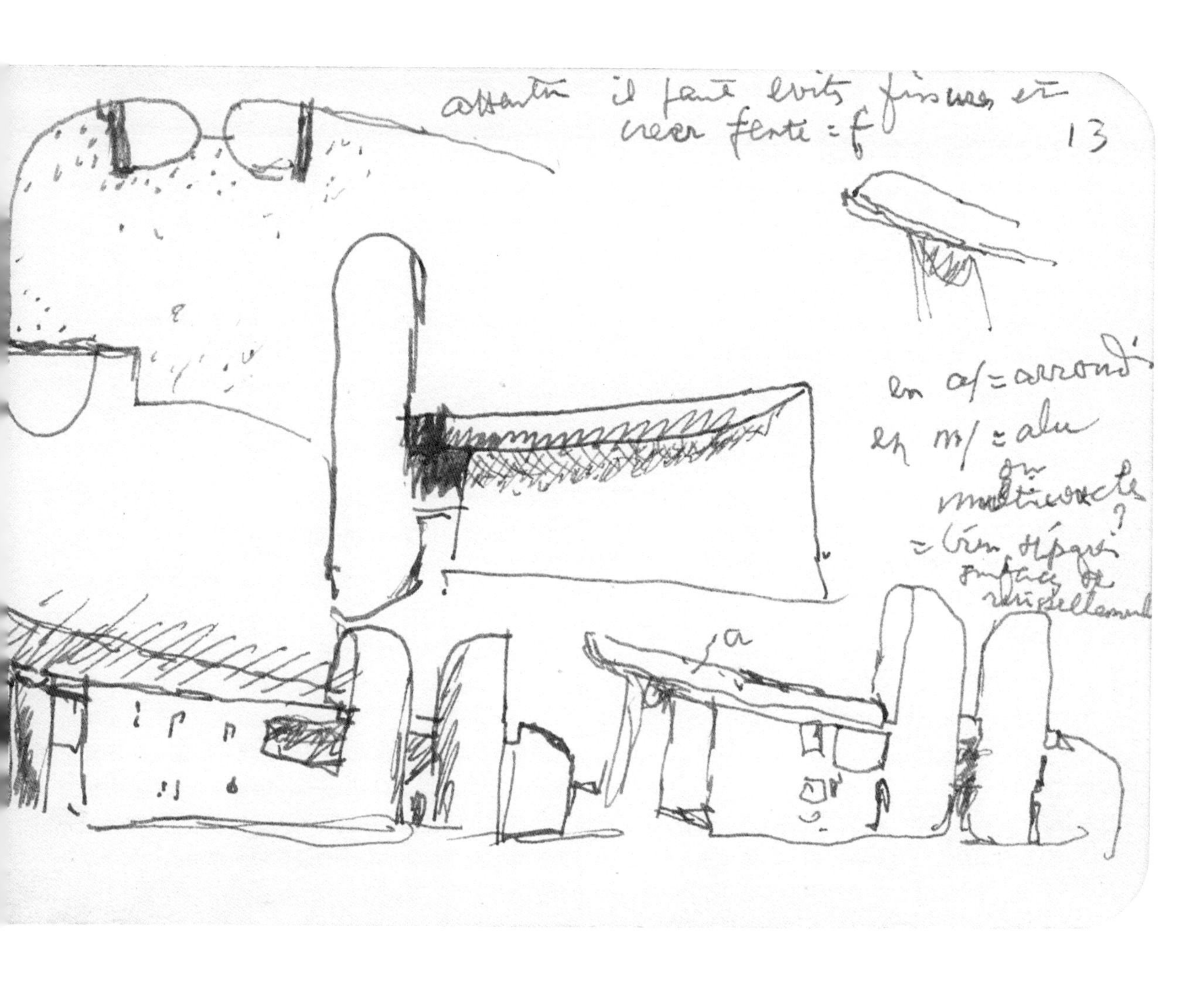

前？一幅描述解决某种视觉问题的粗略画面或许能为我们解答这一问题。建筑问题都不是“客观的”。许多项目都包含了对建筑布局与外观的设想。无论每个项目的设计参数有多么苛刻，每一位设计师都会以自身的经验以及所关注的要点的特有方式理解这些参数。建筑师个人的思维习惯以及风格特点都会使得一项设计任务发生变更以适应建筑师自身的专业术语及其优先考虑的问题。在每一个设计过程中柯布西耶都会沉浸在不同的“问题情境”中，而不仅仅局限于任何一种单独的方案，以此作为他“悉心探索”一般性原则的过程的一部分。[6]例如，在20世纪20年代设计的一系列权威性小住宅的过程中，柯布西耶不断提炼他关于一种现代建筑的概念，同时一步步定义出他自己的建筑语言的主要元素。在早期阶段，勒·柯布西耶有时会将给定的基地和项目赋以某种神话色彩，然后从象征性主体的角度加以重铸，例如雪铁汉住宅（奥赞方住宅及工作室），光辉城市规划（瑞士学生宿舍）、莫诺尔体系（例如周末住宅），或是地平线的感知（朗香教堂和拉图雷特修道院）。勒·柯布西耶的建筑不能被简单地理解成功能问题的机械式解决、理论主张的直接表达，或是某些类型的直接复制。这些建筑产生于一整套视觉以及空间思考的过程，这一过程奠定了这些建筑的指导性主题以及总体秩序。在思考某一方案的时候，勒·柯布西耶会从中先找出最基本的想法，然后逐渐将这些想法和设计任务的现实情况以及自身的建筑语言进行相互印证。

勒·柯布西耶建筑中的许多基础性法则在他早期思考以及酝酿的过程中就已经奠定了。人们只能在设计创造过程中，当其中一部分法则从潜意识层面发生时，才能大致猜测到设计者的意图。一旦一个新的问题被内化，这个问题就将进入一个由艺术家的“形式库”所统治的领域。这一过程扎根于传统之中并经历数年的时间发展壮大。其中一些思想源泉来自近期发生的事件，其他的思想则来自于古代；在这一部分的思想中，各个时期并非按照年代顺序排列。旅行的记忆会与空间以及形式的结构融合在一起。“形式库”能够反映出艺术家世界中核心的心理学方面的关注点以及神话。在最深层次上或许存在着某种原型的共鸣。一位艺术家所拥有的专业语汇是一座能够遵循某种合成“法则”进行新的综合的元素仓库。有些联系或许已经被发现，它们将形式、功能、意义融合在了一

[对页左图]
勒·柯布西耶，去日本访问期间在其中一本螺旋装订的草图本上绘图，20世纪50年代。

[对页右图]
卡彭特视觉艺术中心初稿，草图本第60页，1960年4月1日。
钢笔与彩色蜡笔绘制，17.5cm×11cm（$6^{3/4}\times4^{1/3}$英寸）。

起。这些联系成为艺术家的“类型元素”，有助于形成他的个人风格。它们控制了艺术家思想中否定以及肯定某件事情的力量。一种综合事物的过程或许会在某种力量（无论它们是什么）的指引下发生，这些力量指引着思维的活力。在一个整体以及局部深度融合的过程中，那些开始相互分离的元素会在某种诗意的必然性力量的作用下通过某种连接过程重新出现。假如一种新的图形的成长发生在一个足够深入的层面上，一种含有全新内容的真实形式就会出现。

当人们的潜意识中出现了某种画面的时候，没有人能说明它为什么会出现。但是在柯布西耶的设计中，草图是在项目开始阶段用以抓住转瞬即逝的灵感的常用方法。[7]就像在朗香教堂中所提到的那样，勒·柯布西耶有时候会在头脑中反复思考某件事物，直到想法成型之后，方案也就形成了。

最初的草图往往是以一种速写方式绘制的，它同时表明了形式背后的精神世界以及所期望的建筑现实的复杂性。但是图纸和脑海中的图像不是也不可能是同一种东西。当涉及描述建筑或是想象建筑不同的可能性的时候，草图是一种将某种媒介所施加的限制条件加以线性化抽象的一种方式。建筑从本质上来说是一种四维艺术，它包括序列、运动以及光线条件变化；而图纸通过二维方式以及一个幻想的第三维度起作用。空间和环境、序列以及体量之间的动势有关，它只能够通过草图中的图像幻想以及隐喻的张力加以暗示出来。材料、肌理、色彩以及光影的作用需要不同种类和尺度的呈现方式。最初的草图在处理需要处理的问题时具有特别高的重要性。

这种限制从某种角度来说或者会成为一种推进设计的力量，因为它使得建筑师能够关注于方案的核心思想。勒·柯布西耶在1960年4月1日为卡彭特视觉艺术中心第一次所画的草图是这种在一幅幅画面中将设计意图加以提炼的绝好例子。这份草图来源于对哈佛园旁的给定场地的数月分析以及项目所提出的设计要求，即将新建的视觉研究学院和校园以及城市公共空间相联系。对于项目的一个简单分析表明了建筑师通过引入一条支撑于底层独立支柱上并穿越一座半透明雕塑的坡道，并且通过悬臂结构将两个主要的工作室凸显出来并形成腺体的形状，以这两种方式回应了这些要求。但是正是建筑师自己指出了流线作为建筑生成的发生器，这或许是因为在他的一系列类型解决方法库中有着坡道这一元素。另外，坡道体现了几种建筑师所痴迷的图像元素——特别是高速公路——这和他的“一座北美的建筑”的思想有关。柯布西耶引入了他自己的一些神话元素并且回应了给定的要求以及客户所提出的任务中所隐含的要求。

就像勒·柯布西耶的许多早期草图一样，这幅图是一幅强有力的表意符号，它展现了旧形式的一连串新的意义。坡道、弧线形状、使用独立支柱的建筑体系、混凝土板、波动的窗户以及玻璃板，这些元素在艺术家的许多其他作品中以不同功能、形式以及象征性的语境出现。再者，这些自由形态表明了与建筑师其他的晚期作品之间的密切关系，而独立支柱以及一座更新版的“新建筑五点”式的建筑则表明了某种勒·柯布西耶早期主题的延续，甚至是一种重申。不管早期的作品有什么缺点，不管这些主张是什么，这些意图总能够通过其他形式得以表现出来，人们都被柯布西耶的合成能力所折服。已经存在的形式库中的元素中加入了更近期的形式元素，赋予了一种新的合成方法以生命力，它不是附加的也不是机械式的。这里实际上是一种建筑观点与“所有的诗意的必然性力量”之间形成的一种联系。

从这一点上来说，关注建筑师用以表现一种新创造的显著特征的图像意义是十分有必要的。由快速描绘所留下的钢笔印记以及不规则排列的条纹使得纸上的线条生动了起来，同时记录了脑海中的图像在纸上留下的印记、手上的肌肉运动以及建筑最终呈现出的雕塑力。勒·柯布西耶的建筑中使用了一种表现法则，它有赖于一种长期的柯布西耶式的符号传统。因此绿色蜡笔记号

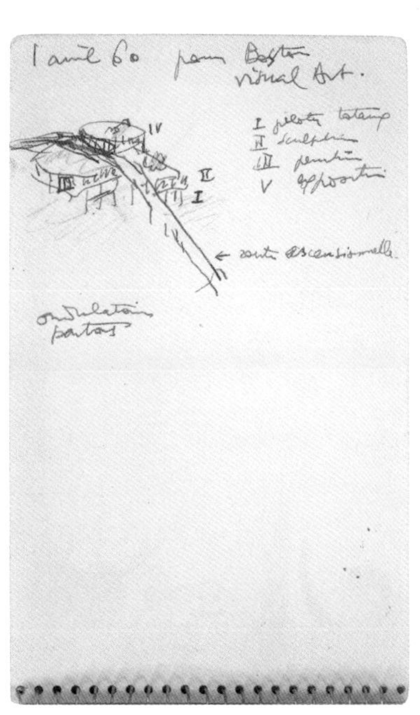

代表了绿色植物，黄色则代表了流线；垂直钢笔线条代表了结构中的独立支柱以及窗上的窗棂。有意思的是，勒·柯布西耶使用了一种斜向的俯视角度来捕捉层与层之间的相互渗透的关系，并且暗示了弧形体量与中空空间之间重要的相互作用。设计师在第一份草图中所使用的风格将会以牺牲其他特征为代价来重点关注某些特征。无论是剖面、平面还是透视，都无法充分地传达出柯布西耶复杂的形式与空间思想。勒·柯布西耶借用了一种传统方式，它能够将雕刻动作与概念渗透完美地结合在一起。

一位艺术家的建筑语言和他的绘画语言之间的关系通过长年累月不断地试验、失误以及反馈而得以形成。尽管这些联系十分粗略，但是勒·柯布西耶晚期作品的造型涂鸦，例如朗香教堂、昌迪加尔规划、拉图雷特修道院等作品，都以一种十分精确且意义深刻的速写方式记录了下来。建筑师的经验在图像记号和建筑事实或预期事实之间建立起了联系，这些联系使得他可以专注于每个方案的本质生成图像，甚至暗示出运动路线以及与周边空间的关系。一张平面能够用三维形式暗示出整个建筑语汇系统；一张剖面图则表明了在一段时间中所发生的一系列体验；一张缩略视图、一张总体视图甚至能够表现出建筑所处的场地在城市或景观中的位置。再者，勒·柯布西耶的草图和他之前画的以及其他人所画的草图之间有着一定的传承关系。比如卡彭特视觉艺术中心的草图，它不仅超越了晚期钢笔与墨水草图的风格，而且超越了20世纪20年代用来研究体量和序列（例如加歇别墅以及萨伏伊别墅的草图）的轴测图，并且几乎成为在第8章所探讨的“构图四则”的当代图解。同时，这些草图中也包括了对他在旅行中所画的草图的回应，这些草图展现了鸟瞰视野中的建筑形象，甚至还有舒瓦西所画的、将结构以及几何形体投射在平面上的图解示意图。柯布西耶处理建筑的方式依赖于他之前对这座建筑的描述方式。柯布西耶通过用自己的眼睛看建筑并将其画下，学会了想象建筑的方法。

一旦一个项目的基本规则确立了，原来项目的细节就会暂时被遗忘。最初的想法本身会成为感知存在问题的一面透镜。如今许多研究途径都被关闭了。人们正在探索一种特别的方式。这一想法借助不同的概念以及视觉模型加以检验，其中当然包括了不同比例和不同类型的图纸，这取决于所要研究问题的类型。根据柯布西耶不断演进的建筑语言，项目开始呈现出一种特别的外形。在探索一座建筑形式的过程中，潜在的建筑形象和联系会慢慢浮出表面，就如同在一些晚期作品中所使用的生物类比（例如卡彭特视觉艺术中心案例中所类比的肺）。[8]假说与设计任务之间的矛盾将会一点点显现出来。处于酝酿期的想法有时候需要从一定程度上加以调整，以符合外部需求甚至是项目中的变化。有时也会存在着涉及艺术家个人从这个特定项目的角度以及从他个体的建筑语言出发，对建筑应该如何发展产生的个人感觉。项目自身开始施加它自己的规则，并表明它所希望的最后结果。建筑师通过一种统治性的秩序并从整体的角度出发将对比与对立的元素统一在一起，从而维持整体思想的外部平衡。如果来自外部或内部的压力过于巨大，那么重新思考方案的可行性就是非常有必要的。

人们或许会试图勾画出柯布西耶设计过程的代表性阶段，从分析项目和场地出发，到开始将问题内化，接着开始研究作品的核心思想，试验各种可能性，之后对形式和细节加以优化，最终完成建造。但事实却是他的设计经历了许多的弯路、转向以及逆转。就拿萨伏伊别墅来说，在经历了一段迂回的矛盾之路，甚至在第二阶段的设计中作出了一些妥协之后，柯布西耶最终回到了方案初始的思想中。最早被称为“意图的结构”的思想暗指在项目的初始以及发展阶段蕴含着一种想法和图像的等级关系。拉图雷特修道院最初只是一系列表意的符号，表明了勒·柯布西耶对于坡地、太阳运行的轨迹、西面的景观以及他关于一座漂浮于场地之上的水平向的平屋顶建筑的意象。开始时，拉图雷特修道院是一个带有之字形坡道的纵向形方案，但是后来渐渐转变成为

31196

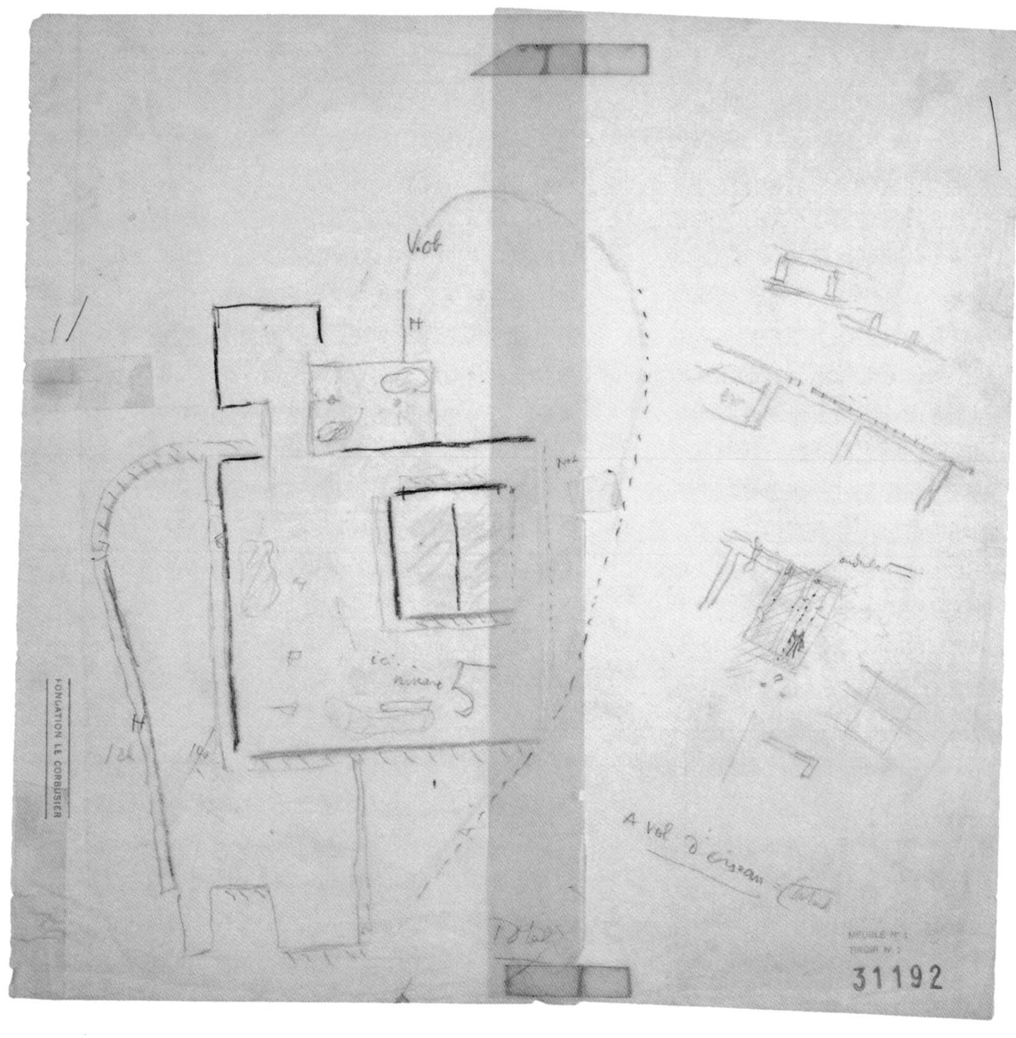
FONDATION LE CORBUSIER
A vol d'oiseau
31192

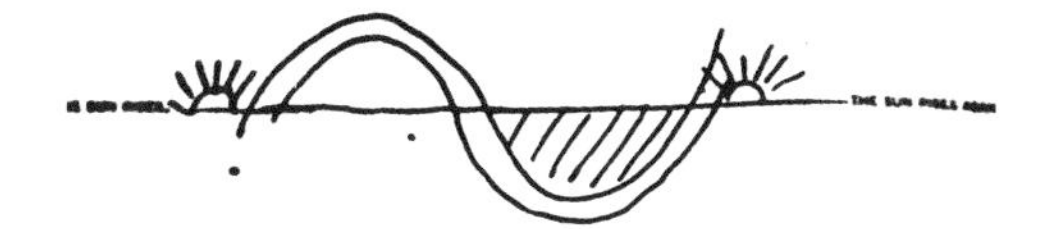

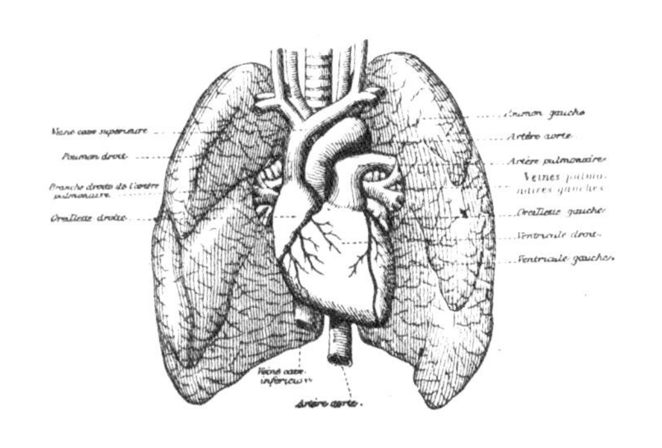

[对页上图]
卡彭特视觉艺术中心徒手草图研究，展现了S形坡道每一边与工作室空间的关系，1：200比例，1960年4月11日。
铅笔与彩色蜡笔绘制，46cm×61cm（18×24英寸）。

[对页下图]
卡彭特视觉艺术中心多层平面鸟瞰图，暗示了墙体（黑色）、不暴露在太阳之下的开窗（蓝色）、一天中的部分时间受到光照的开口（橙色）以及需要遮阳百叶保护的开口（红色），1960年5月1日，1：200比例。
铅笔与蜡笔绘制，39cm×38cm（$15^{1/3}$×15英寸）。

[左上图]
《光辉城市》（1935年）一书中的一座美国高速公路的照片，用来阐明机动车所带来的快速交通流线。

[左中上图]
勒·柯布西耶，《当大教堂还是白色的》（1947年）的美国版本的前言中的S形图解，表明了太阳的升起与落下，“我们所有城市事业的量度”

[左中下图]
《光辉城市》书中肺的图解，表达了一座能够自由呼吸和循环的城市的观点。

[左下图]
勒·柯布西耶（与木匠萨维纳一起），《乌布》木雕，展现了与卡彭特视觉艺术中心的“生物形式”的密切关系，1947年9月。自然桤木，91.5cm×49cm×47cm（36×19×$18^{1/2}$英寸）。

一个以长方形庭院与北侧教堂体量相接触的方案。许多细节都是在泽纳基斯（Xénakis）研究过方案之后形成的，例如混凝土窗棂的波动的窗户。修道院原型对于方案的影响可以说是无处不在，但很少有直接的影响。无论方案经过了多少变化，设计一个悬浮于景观之上的水平层的最初目标从来没有消失。

尽管柯布西耶是项目生成思想的主要负责人，但是他一直与皮埃尔-让纳雷以合伙人的身份一起工作（1922—1940年之间，然后在1950—1965年之间再次合作，后者之后大部分时间在印度），他与位于赛夫勒大街35号的工作室中的许多来来往往的成员都有过合作。这个卓越的群体包括了夏洛特·贝里安、坂仓准三、丹下健三、泽纳基斯（Iannis Xénakis）、冈萨雷斯-德-里昂（Teodoro Gonzálezde Leon）、多西（Balkrishna Doshi）、朱利安-德-拉-富恩特（Jullian de la Fuente）等，这个名单还能继续写下去。[9]一些战后的方案，例如马赛公寓，是和ATBAT以及安德烈·沃根斯基（André Wogenscky）合作设计的。在接受设计任务后，勒·柯布西耶会先研究客户提出的要求以及场地的优势和劣势。柯布西耶利用一系列的分析图来估量面积要求、流线、楼层高度、坡道坡度、土质状况、方位、光照方向、道路以及周围环境——所有这些因素都在建筑生成思想出现之前就加以考虑，但是尽管如此，对于这些因素的考量提前反映了一些优先要考虑的因素。在项目发展阶段，合作者们会提出一系列不同比例的平面图、剖面图以及立面图，来验证之前所提出的假说并研究现实层面与美学层面之间的相互作用。勒·柯布西耶使自己远离日常的琐碎细节，从而使自己保持对总体形式以及方案指导思想的清晰感。在勒·柯布西耶的晚年，他工作室的员工都习惯了他在位于依盖瑟和库里街（rue Nungesser et coli）的画室中画几个小时的画之后才出现在工作室。他会在他们的图纸上留下一些简练的记号，一些肯定的线条，或是留下一张使设计回归正轨的崭新草图，或是其他一些使得设计方向

［对页上图］
夏尔·爱德华·让那雷，阿尔卑斯山景观、针叶树以及松果的草图，1906年。
铅笔与水彩绘制于水印纸上，
21.2cm×27.3cm（$8^{1/3}\times10^{3/4}$英寸）。

［对页下图］
夏尔·爱德华·让那雷，法莱别墅南立面水彩研究，1907年。
水彩和铅笔勾勒水粉画绘制，
18cm×22.5cm（$7\times8^{3/4}$英寸）。

发生剧烈变化的图纸。

勒·柯布西耶尽自己所能维持自己设计的本质思想以及象征性元素，即使在遇到现实阻挠的情况下依然如此。勒·柯布西耶会谈到其正在进行的设计项目的“游戏规则”以及尊重这些规则的必要性。[10]在之后的设计发展阶段，勒·柯布西耶研究立面中的基本构成线条以及比例关系，这些元素暗示了色彩、光线和阴影。在20世纪20年代，这些立面研究所绘制的图纸是柯布西耶工作室所绘制的最优美的图纸之一，它们中的一些带有纯粹主义绘画的精确性。这些研究试图赋予建筑以纯粹感。有时候柯布西耶会使用模型来解决三维关系，并研究建筑的细部构造来完善整个设计。勒·柯布西耶的工作室在工程师的帮助下一直在研究结构以及材料问题，并通过一种经得起承包商检验的方式来呈现方案。这些交易过程同样包括了和业主沟通以及从业主的顾问那里得到重要反馈。人们或许会记得那位介入瑞士学生宿舍设计全过程的瑞士工程师，他迫使勒·柯布西耶放弃了以细长钢柱作为支撑的方案。建筑师必须确保建造与材料符合他的整体设计意图，甚至在现场施工的最后一刻依然加以干预。因此艺术家的“技巧”贯穿了从概念到最终实现的整个过程。

柯布西耶的设计思想源泉包括了空间和社会两方面的设想，并带有一种对现实的批判视角。柯布西耶从不会因为一个建筑项目的表面价值而接受委托。无论是为富人在巴黎西侧（斯坦因别墅）设计别墅，勾画一座世界议会（联合国总部）的美好愿景，设计一座修道院（拉图雷特修道院），还是从后殖民主义秩序的角度设计一座新共和国的标志（昌迪加尔规划方案），勒·柯布西耶都敏锐地观察每个项目的文化以及历史含义。他将既定现实加以转化，来适应他自己的社会观点和对适应性的见解。勒·柯布西耶处理问题的手段受到了诸如独立支柱支撑的立方体、多米诺体系、莫诺尔体系或是新建筑五点等基本公式的影响，同时也受到他那时正试图解决的基本建筑问题的影响。他的某些项目（例如马赛公寓）充分利用了一种先验的思想以及经过仔细研究的具有类型学意义的方案，但是这些内容依然需要被赋予躯体和灵魂，以作为对场地的单独回应。其他项目（例如朗香教堂）更可能从未知的角度出发。但是不管在哪一种情况下，一种诗意的转化都是必不可少的。完成作品的统一秩序不仅有赖于最初思想的力量，同时也依赖于将整体和局部、结构和材料等问题融合在一个更高的统一体中。

柯布西耶对于场地的阅读对他的创作过程至关重要。他研究不同比例的图纸和模型，考虑建筑的道路线形、太阳的方向、室外和室内的漫步路线以及对视野的取景。甚至在他的早期住宅设计中，例如法夫雷-雅科住宅（1912年）或施沃布住宅（1916年），柯布西耶都一直关心使用者在一个更大的景观中的体验顺序。位于莱芒湖边的住宅（1923年）通过在山上精心布置的墙体和开口，增强了空间体验。朝向地中海世界的带有神话色彩的南向视野在联合国总部方案（1927年）中被再次使用，通过巨大尺度的屋顶平台延伸向远处的阿尔卑斯山，这一尺度符合建筑的总体意图。斯坦因别墅和萨伏伊别墅都设计了从都市通向郊外的列队行进式的路径，通过水平向的长窗将外部景观框入室内，在萨伏伊别墅的案例中，建筑与远处的地平线产生相互作用。柯布西耶同样也会处理一些小小的城市用地问题，例如位于拉普拉塔的库鲁切特住宅（Maison Curutchet，1927年）；他也处理一些需要回应像河流这样的自然特征的场地问题，例如位于艾哈迈达巴德的纺织协会总部大楼（Millowner’s Building，1953年）。两种解决方案都包括了向上的坡道、蜿蜒转折的路径以及框景，通过遮阳板来加强项目各自所在地的建筑体验：一座位于拉普拉塔的公园、萨巴尔马蒂河以及位于对岸的古艾哈迈达巴德的全景图。

勒·柯布西耶能够快速地掌握场地的含义并从中分辨出历史的回音。朗香教堂的早期草图显示了勒·柯布西耶对于场地的四个方向、场所精神以及与圣地的类比的回应。那些为萨伏伊别墅所画的草图调节了场地与景观、远处和近处之间的关系。关于勒·柯布西耶对于空间的阅读能够在他对建筑、景观以及遗迹所画的草图中发现一些蛛丝马迹。在《东方之旅》中，勒·柯布西耶绘制了巨大的城市或景观全景图中的许多建筑，就像他为伊斯坦布尔的清真寺的研究所画的水墨渲染图，或是他所画的哈德良离宫的草图，这座建筑运用借景手法将远处的山脉纳入建筑内部。同样的叙述性能力在勒·柯布西耶为阿尔及尔以及20年后的里约热内卢构想巨大尺度的城市规划方案时发挥了重要的作用。勒·柯布西耶只需要勾勒几根线条就能抓住一种建筑思想的本质以及一座建筑存在于一个巨大的场地中所具有的凝聚力，就像他在20世纪三四十年代在拉丁美洲以及北非所做的对海滨场地的回应。将前景和背景之间的距离进行压缩的关键在于利用草图中黑色的钢笔线条将建筑和景观的轮廓相融合。当这些设计意图转化为真正的空间时，它们会在昌迪加尔的纪念碑与山脉之间表现出一种动态的关系，或是像在马赛公寓中将屋顶平台、远处的天际线以及大海以一种神奇的方式联系在一起：一块带有象征性的景观嵌入到建筑师脑中的地中海神话之中。

从过去的建筑中转化以及合并其中的建筑组织原则的能力在早期阶段就已经开始发展了，就如同从自然中

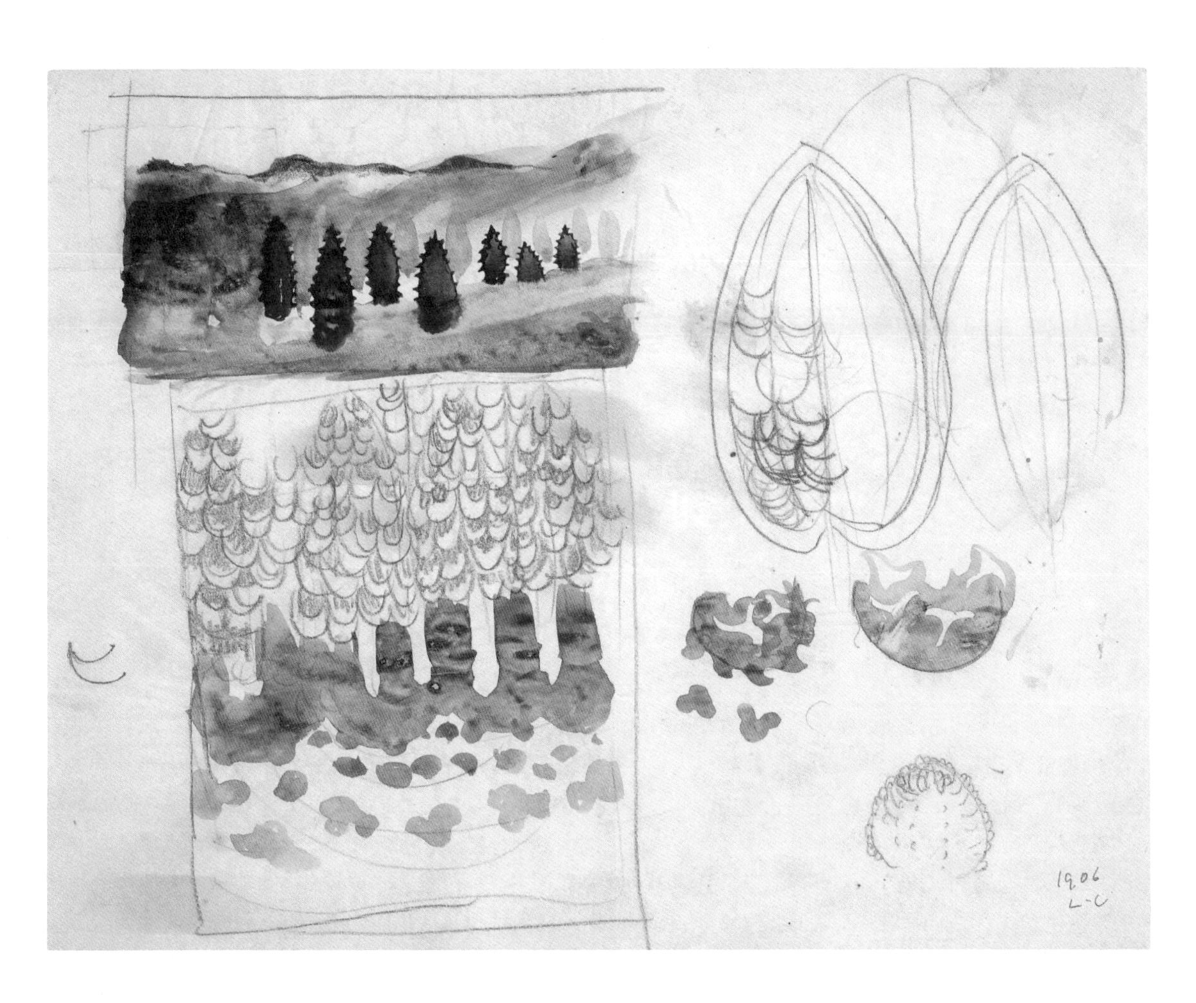
1906
L-C

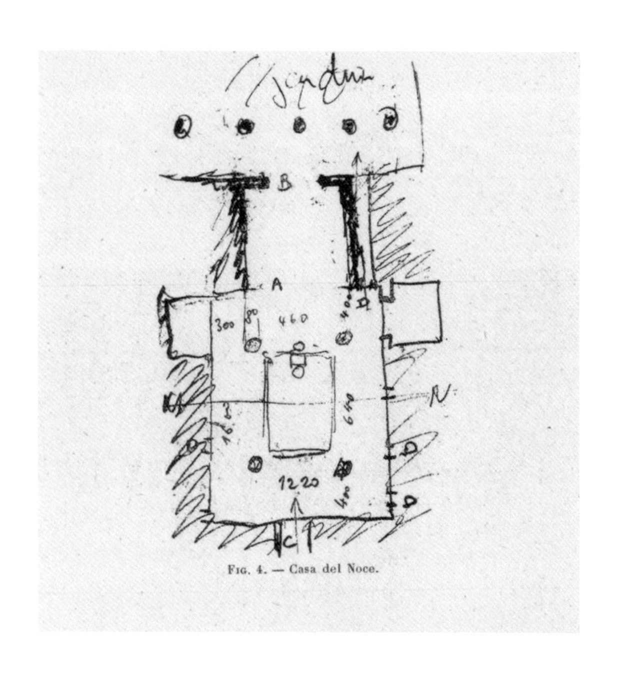

提取形式的能力一样。勒·柯布西耶的视觉化思考方式扎根于他最早的图纸以及表现图中。早在他20岁时绘制的法莱住宅（Villa Fallet，1907年）立面研究图中，勒·柯布西耶就已经建立了一种将复杂概念以一种简单的几何图形的方式表达出来的方法，这种图形充满了整体思想中的各个副主题。冷杉、松果、云彩都以三角形为母题的图案、一大片抽象元素的方式表现出来；这些元素通过一连串的思想和感觉被加以吸收，这些思想和感觉扎根于自然中的侏罗纪地域主义的总体主题之中。在《东方之旅》中，年轻的让纳雷在他精辟的草图中总结了过去建筑的经验及其核心理念，由此磨炼了他的建筑技艺。通过提取建筑案例中的精华，勒·柯布西耶能够感觉到不同时期和建筑类型之间的类似之处，就像他所画的位于布尔萨的绿色清真寺以及位于庞贝的住宅。这种提取过程和真正的创造只差一步之遥。

和法莱住宅的图纸相比，让纳雷在十年之后对施沃布住宅所做的研究反映了他在知识储备以及历史经验上的巨大提高，同样提高的还有他从三维以及基本体量角度出发来进行思考的能力。这些图纸反映了建筑师努力调和各方面需求的努力，包括客户对高贵住宅的需求、场地中面对阳光的朝向和景观朝向之间对比的要求、将东方之旅中的许多记忆和一种现代而古典且包围在预应力混凝土中的表达方式融合在一起的设计意图要求等。项目散落的图纸表明了年轻的让纳雷从不同的角度包括从花园一侧的鸟瞰视角构想建筑的能力，以及调节室内与室外的体量及平面的对称和不对称问题的能力。众多关于室内空间、模板浇注以及细部设计的情况表明了勒·柯布西耶对于建造相关的建筑语法的尝试探索。在单一建筑设计之外，勒·柯布西耶还存在着更大的野心，即将“汝拉山脉的古典主义”和一种预示现代建筑和谐几何关系的空间概念结合在一起。

在每一个设计发展阶段，勒·柯布西耶都会推演出一套适合他所追求的整体目标的符号系统。在这一过程中，勒·柯布西耶作为一名画家所从事的活动发挥了核心作用，他所具有的将愈发完善的空间可视化的能力起到同样的作用。勒·柯布西耶的想象力受到几何的启发，包括从立方体、球体、圆柱体、椭圆形以及四棱锥体，到诸如抛物面和之后的圆锥形剖面这样更加复杂的形式。一种风格并不仅仅是各个元素和母题的简单堆砌；它同样也是一种通过联系各个元素来反映内容、表达情感以及结构思想的一种方式。勒·柯布西耶从立体派中学到了关于感知的基础课程，这些课程在他之后的创作阶段一直发挥着作用。20世纪20年代的纯粹主义绘画拒绝立体派碎片式的做法，但保留了平面构成中的空间含混。立体派的拼贴原则在面对20世纪30年代建筑和项目中的工业化与历史之间的冲突时再次出现，这些方法同样能在柯布西耶超现实主义绘画中找到相似的例子。20世纪四五十年代的“乌布”（Ubus）和植物豆荚雕塑与例如朗香教堂这样的晚期作品之间有着大致的相似性，但同样也是传承于毕加索的生物形态绘画。勒·柯布西耶在他人生中的所有阶段都往返于建筑和其他媒体之间。一些早期的思考仍然位于之后的创作作品的表面之下。勒·柯布西耶的形式系统早期潜在结构思想甚至影响了之后作品的空间概念，例如《模度》的材质章节，或是《不可言说的空间》（l'espace indicible）中带有形而上学意味的空（voids）。

为了抓住建筑在头脑中的影像，勒·柯布西耶借助了几种不同风格的绘画作品。在20世纪20年代早期，勒·柯布西耶需要创造图像符号来表达他新的空间思想，特别是内外空间之间的模糊性。柯布西耶为莱芒湖边的父母住宅所绘制的草图表达了从条形长窗向外看到庞大山脉景观的无限性，同时传达出内部空间的私密性。拉罗歇住宅的平面图研究将平面图中图底关系的倒置和透视图中建筑层级关系的透明效果相结合。根据勒·柯布西耶所说的“每一个室外都是一个室内空间”，这种对虚体以及曲线的运用让人回想起勒·柯布西耶在当时所画的纯粹主义绘画以及草图中相互重叠的平面和轮廓，[11]特别是他画的瓶子和玻璃。勒·柯布西

［对页左图］
夏尔·爱德华·让那雷，银婚住宅平面草图，庞贝，意大利，1911年。在《走向一种建筑》“平面的错觉”一章中被重新绘制。
铅笔绘制于草图本上，17.0cm×10.0cm（$6^{2/3}$×4英寸）。

［对页右图］
夏尔·爱德华·让那雷，绿色清真寺平面草图，布尔萨，1911年。在《走向一种建筑》“平面的错觉”一章中也被重新绘制。
铅笔绘制于草图本上，17.0cm×10.0cm（$6^{2/3}$×4英寸）。

［下图］
夏尔·爱德华·让那雷，施沃布别墅研究草图和透视图，1915年。
铅笔绘制，21.2cm×27.0cm（$8^{1/3}$×$10^{2/3}$英寸）。

耶建筑思想的复杂性有时候需要他同时使用几种视觉表达方式，特别是当勒·柯布西耶试图游说某位客户的时候。凭借一系列带注释的草图，勒·柯布西耶为迈耶住宅（Villa Mayer，1926）提出的方案将整个立方体体量形容为一只优雅的旅行箱，并让人沿着向上漫步的建筑追寻一系列的建筑体验。这些草图更像是电影中的一块块故事板，一系列“静止的事物”在圣詹姆斯（Folie de St James）所框取的方形露台所营造的古代遗迹景象中达到了最后的高潮。[12]

同样的，勒·柯布西耶借助平面来表明他建筑中的空间和序列。勒·柯布西耶一直宣称：“平面是发生器”。[13]对于勒·柯布西耶来说，平面不仅仅只是纸上的二维图像，而且是一系列随着时间的推移在建筑中发生的塑性和空间性的事件。对库克住宅的研究表明了这样一种手法：自由平面在不同的楼层中会有变化，就像一块块拼图，一块叠着另一块，但是通过结构网格以及上升漫步式的建筑，每块拼图在垂直方向上保持连接。就像这些相互扣住的空间的体量含义一样，轴测图研究从上层楼层开始画起，并通过一种类似于风格派抽象构成的方式组织这些重叠在一起的不同色彩的平面。在晚期的作品中，勒·柯布西耶有时候会通过将绘制在描图纸上的各层平面重叠在一起的方式来对方案进行层层剖析，这种方式使得他能够同时看到所有的平面。勒·柯布西耶看待这些重叠在一起的轮廓就像它们是一幅画或一个浮雕空间中的三维曲线。结构系统尽管并没有很明显地表现在图上，但通常都会暗示在图中。在《走向一种建筑》一书中，勒·柯布西耶写道：

> “平面是一切事物的决定性因素：它是一种朴素的抽象形式……它是一场战争的平面……战争由空间中的各个体量之间的相互影响组成；而部队的士气则是一系列事先确定的想法以及驱动性意图……从最开始平面就暗示了它所使用的建造方式。”[14]

勒·柯布西耶的设计过程包括一种长期往来于艺术直觉和理性分析之间的过程。他所提交的设计方案必须找到建筑所服务的设计目标的正确特质、建筑价值的正

[下图]
阿贝·格雷戈尔，新精神馆景物研究，1925年。
水彩、石墨与钢笔绘制于卡纸，94cm × 112.5cm（37 × 44 1/3英寸）。

[对页上图]
拉罗歇别墅透视草图，1923年。
钢笔绘制，48.8cm × 62.4cm（19 × 24 1/2英寸）。

[对页下图]
斯坦因别墅平面研究，1926年。
蜡笔绘制，22.2cm × 27cm（8 3/4 × 10 2/3英寸）。

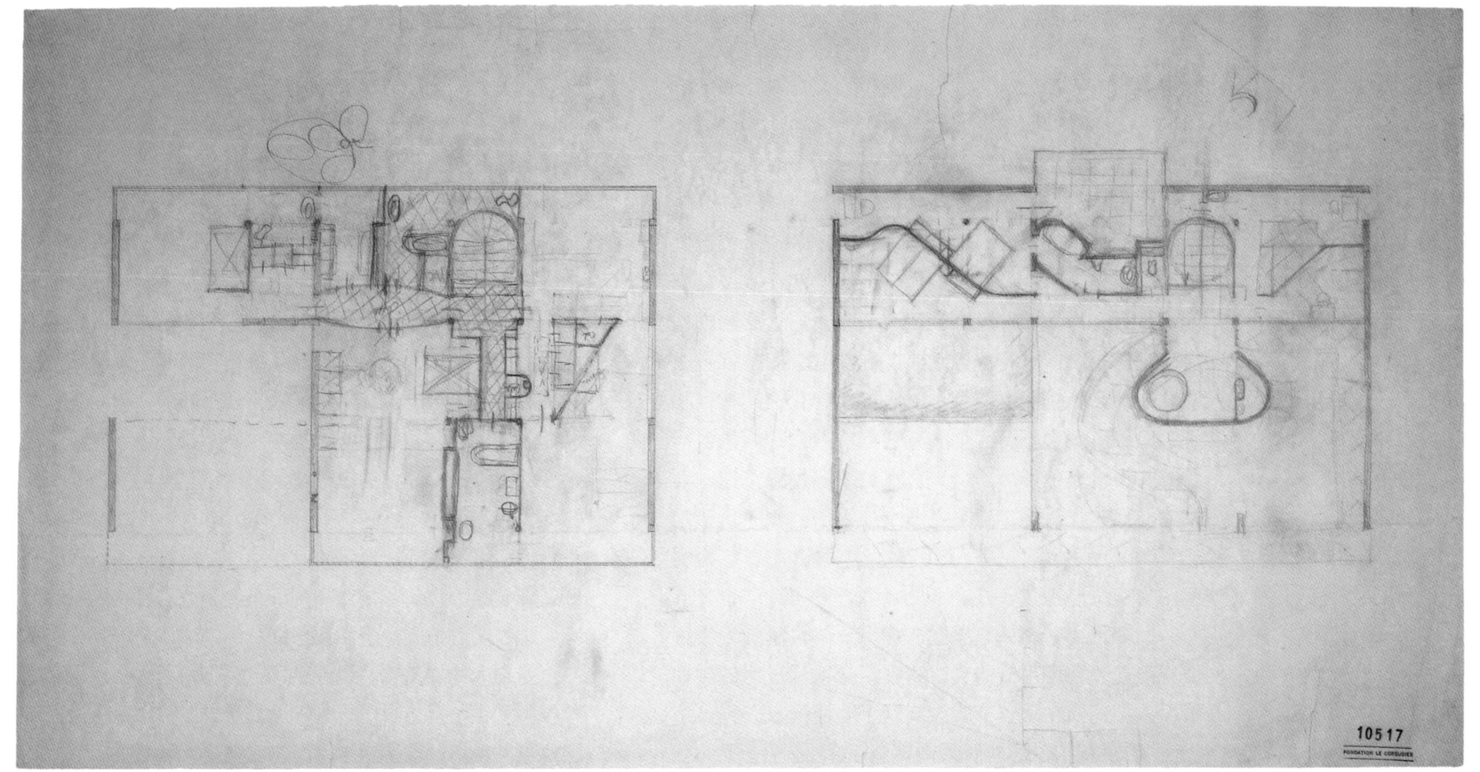
10517
FONDATION LE CORBUSIER

确点。这种方式不可避免地会使得勒·柯布西耶卷入与日常或传统偏好之间的矛盾，这种矛盾存在于他的整个职业生涯之中，特别是在公共项目中。但是设计同样意味着解决自身矛盾，每一个项目在某个环节无法正常工作时都会产生危机时刻。人们可以在建筑师的全部作品中一直追寻到这种危机历史的踪迹，例如在面对将拉罗歇住宅放入紧凑的场地中的矛盾时，或是在改变斯坦因住宅的方位时，或是在萨伏伊别墅设计中发生一连串矛盾时，即如何实现将各个部分放入经过删减的方案中，又或是当瑞士学生宿舍需要大幅度修改结构和形式的时候，或是在之后的卡彭特视觉艺术中心的方案中，建筑师需要将建筑分解开来解决内部矛盾，然后简化建筑的总平面。有时候，脱离某种束缚的唯一方式只有发明一种新的形式或一种新的元素，这些形式和元素同时又要能够适应艺术家思想中的形式库。例如在设计瑞士学生宿舍时遇到的僵局引发了部分创新：创造了底层架空立柱的全新的形式，创造了钢材、混凝土和石材新的结合方式，借助曲线将自由平面向外炸开，这种方式可以追溯到立体派绘画，他们甚至打开了一条通向未来建筑语言探索的道路。

柯布西耶认为修正一个平面就是提出想法。[15]但是其中一些想法显然比其他的更加重要。实际上，在柯布西耶的建筑意图中存在着等级序列，整个设计过程需要在这些等级中进行协调判断。瑞士学生宿舍就是这样的一个例子：柯布西耶愿意对底层架空立柱的材料和外形加以改变，但不会完全放弃它们，因为它们符合柯布西耶关于发表一篇城市主义宣言的最初意图，这一宣言是其提出的光辉城市方案中一个核心原则。萨伏伊别墅一直试图保持以下两者间的平衡：某种实用及结构要求和保持支撑于独立支柱之上的轻型方盒子悬浮于方形平面的景观之上的总体意象图。在昌迪加尔议会大楼案例中，双曲抛物面形式的会议室在整个设计过程的后期才被引入到建筑中。这一修改实现了项目的核心设计意图，比之前在方盒子中引入内向性房间的方法更为优越。当然，一旦这个形式得以最终实现，它将引入许多和国会大厦有关的、空间和宇宙的主题，并将它们形成一个统一的整体。柯布西耶的设计策略通常带有他所喜好的意象图、来源以及历史参照，但是这些因素在不同的设计阶段中以潜移默化的方式引入设计项目中，并带有不同程度的可见性。集会空间的设计和天文学中的天文台之间的相关性随着设计的逐步推进而逐渐明晰起来，尽管柯布西耶注意到这一启发性例子还是在他第一次去印度的旅行中。柯布西耶与历史的对话有时候会反映在一些小型的草图上，例如在他的拉图雷特修道院设计令人想起位于圣山岩石之上的修道院，或是他所设计的朗香教堂灯塔让人想起哈德良离宫中的塞拉比尤姆。

就和所有的建筑师一样，在设计建筑时，柯布西耶不得不兼顾局部和整体、单个片断和整体方案之间的关系。在处理小尺度建筑时，自由平面在重新分配和网格与边界有关的曲线元素时赋予了一定程度的可操控性，但是在处理更大尺度的建筑时，柯布西耶又发展出了另外一种设计技巧，包括首先定义每个功能性元素，然后将它们一起放入一系列大尺度的体量中，这些体量通过流线和轴线联系在一起。当柯布西耶、皮埃尔·让纳雷以及工作室的其他成员在试图解决联合国总部方案、莫斯科中央局方案以及苏维埃宫方案中的一系列问题时，关于统一体中的多样性问题从另一层面呈现在了他们的面前。在设计大型集会大厅时，柯布西耶会借助声学装置来探索被声学和可视性等问题所限制的建筑形式问题。但是将最终的曲线体量和矩形的办公空间以及被屋顶平台所覆盖的水平向长条带形空间结合在一起，这需要建筑师的逻辑分析能力和个人直觉。苏维埃宫的八个待选方案反映了一种近乎理性的设计过程，尽管最终选定的方案包括了超越理性层次的判断。柯布西耶也从整体透视图的角度研究了苏维埃宫的方案，透视图表达了建筑和克里姆林的河流以及天际线的曲线形状之间的相关性。毫无疑问，柯布西耶同样使用了建筑模型来评估建筑对于场地的总体影响。其中一个令人印象深刻的模型被建造出来用以方案汇报，并被临时运往莫

［最左图］
《走向一种建筑》中的汽车刹车插图：一套由相互关联的部分组合而成的机械装置中的工程精确性。

［左图］
消费合作社中央总部联合大楼，莫斯科，俄罗斯，1928年。立体主义拼贴和构成主义的影响。

［下图］
苏维埃宫假定场地平面图，莫斯科，1931年10月12日 到1931年11月1日 期间创作的8个变化方案中的其中一个：各个功能元素重新整合形成一个雕塑整体。
炭笔和黑色钢笔绘制，47.9cm×64.6cm（$18^{3/4}$×$25^{1/2}$英寸）。

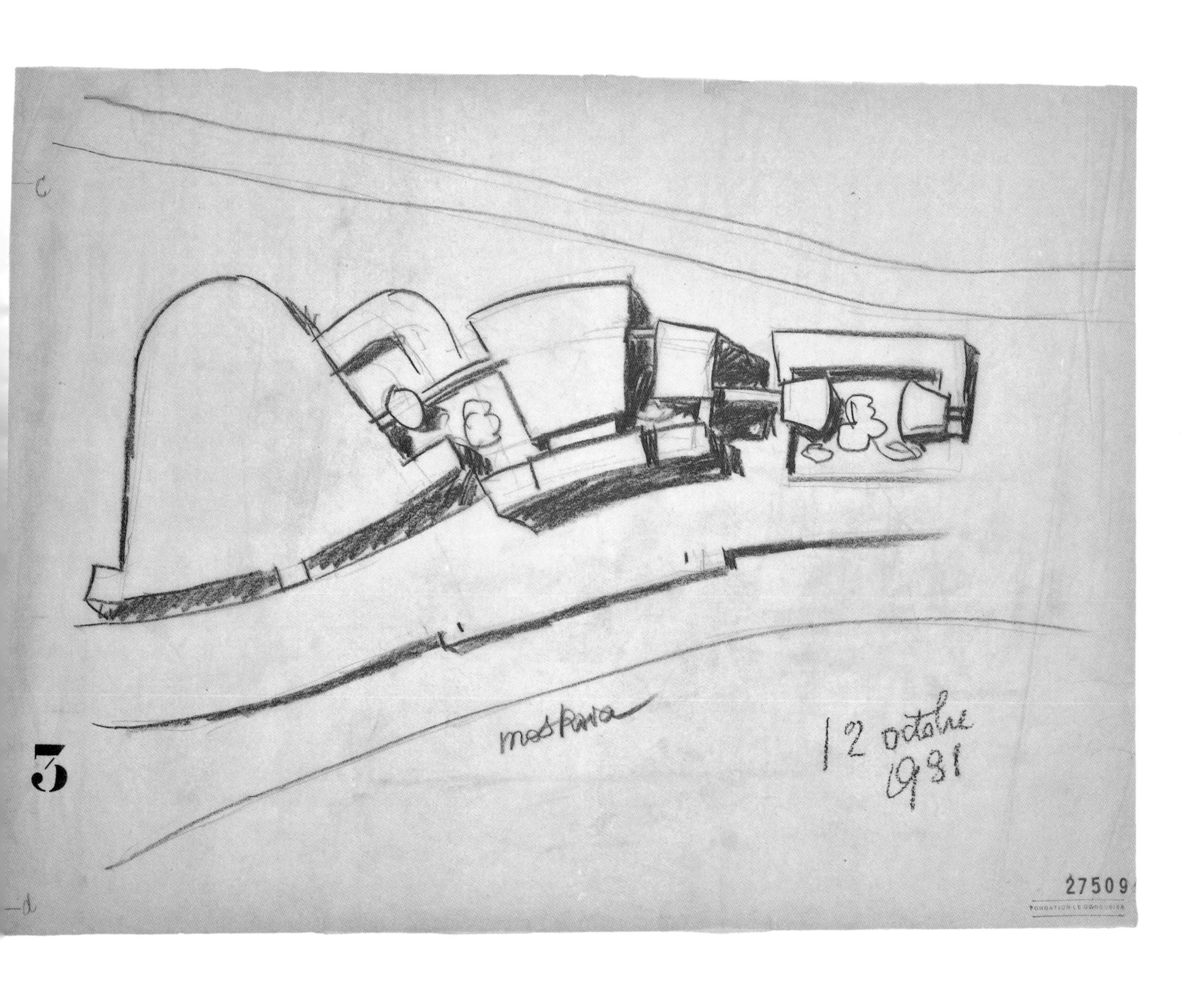

[下图]
朗香教堂透视图，包括山丘与更大范围景观的轮廓，1953年。
铅笔、彩色蜡笔以及粉笔绘制，
35.8cm × 77.9cm（14 × 30$^{2/3}$英寸）。

[右图]
建设中的朗香教堂，1954年。混凝土骨架之后被填充碎石、喷涂白色卵石涂层并切割出不同角度、尺寸和深度的开口。

［下图］
勒·柯布西耶和吉列尔莫·朱利安·德拉富恩特，最终表现图纸，卡彭特视觉艺术中心，昆西街一侧立面，1961年4月7日：“纯粹和简单的建筑体验”。
钢笔与彩色蜡笔绘制于厚牛皮纸，1：50比例，58cm×108cm（$22^{3/4}$×$42^{1/2}$英寸）。

［右图］
位于普瓦西的萨伏伊别墅西南立面研究，1929，关注于开口和立柱的构图与比例。
铅笔和白色粉笔绘制，75.5cm×126.2cm（$29^{3/4}$×$49^{2/3}$英寸）。

斯科。1934年，在途经比萨的旅程中，柯布西耶快速绘制了一张草图，并将他的苏维埃宫方案和比萨主教堂、洗礼堂以及斜塔这三者的整体效果相对比，就如同要确定他最近所提出的方案中关于公共空间与雕塑般的建筑形式之间的动态相互作用。[16]

“形式的解决”这一问题在柯布西耶的建筑中是一个十分耐人寻味的问题，因为它包括了许多经常不被记录下来的事后决定。从朗香教堂最初的草图开始一直到最后的方案，遵循这样的研究顺序对于研究这座建筑有着重要的启示性作用。[17]在所有的设计过程中，建筑师都会考虑建筑项目和景观、视野之间的密切关系。所有草图的主要视点都对曲线墙体以及兜帽形状的塔楼进行了研究，这些研究同样包括了对山坡地形的研究。其中一些模型以金属丝制成，另一些则以木材制成，用以研究复杂的几何形体。柯布西耶绘制出立面图来协调立面上的开口与模度理论之间的关系，同时研究这些开口在墙上的不同深度关系。柯布西耶绘制了一张又一张的平面图来探究凹凸体量之间的相互关系和肌理与比例之间复杂的重叠关系。在朗香教堂设计的其中一个阶段，教堂的屋顶并不是弯曲的，而是几乎平直的，这种效果在现在回想起来似乎并不舒服，和整体基调不太相称。至于那些回荡在柯布西耶脑海中的来自过去的记忆，都被隐藏在建筑表象之下并通过某种方式加以隐喻，和建筑作品的整体精神特质即一个光、影以及冥想的空间结合在一起。勒·柯布西耶给建筑注入生命的能力是无法在文献中找到的。除了有关形式、尺度以及材料等问题的明显决断之外，还存在着一些诸如比例与相互关系这样具有无形特质的直觉判断。柯布西耶通过思想和直觉的高度集中加强了建筑作品中的张力，这和他在绘画时高度集中注意力的状态类似。

柯布西耶的绘画风格以及基本体量和立面的表现方式和他的建筑发展过程协同演进。柯布西耶在20世纪20年代对于古典别墅的立面研究包括简洁的体量、尖锐切割的矩形、简洁的开口以及隐含的控制关系，这些研究采用了机械线条绘制的图纸。在此，我们不禁回想起奥赞方住宅与工作室的立面研究。这些研究采用了另一种表现形式，包括灰白色表面所投射的阴影于深蓝色背景之上，以及以棕色矩形方框表示窗户（例如对库克住宅、斯坦因住宅、萨伏伊住宅的立面研究）。当我们回想纯粹主义绘画的明晰表达形式时，这些图纸同样体现了柯布西耶在实体和虚体构成中对于“控制性和生成性”线条的偏爱，这点在《走向一种建筑》一书中有所提及。[18]如果我们快速前进35年，对柯布西耶晚期作品的立面进行研究，我们会发现他所强调的重点转向了控制线与被阴影划破的赭石色斜向表面，以及和一系列素混凝土遮阳板之间的构图平衡。绘制于1961年的卡彭特视觉艺术中心立面研究以及表现图中上上下下画满了黑色的模度人，就如同许

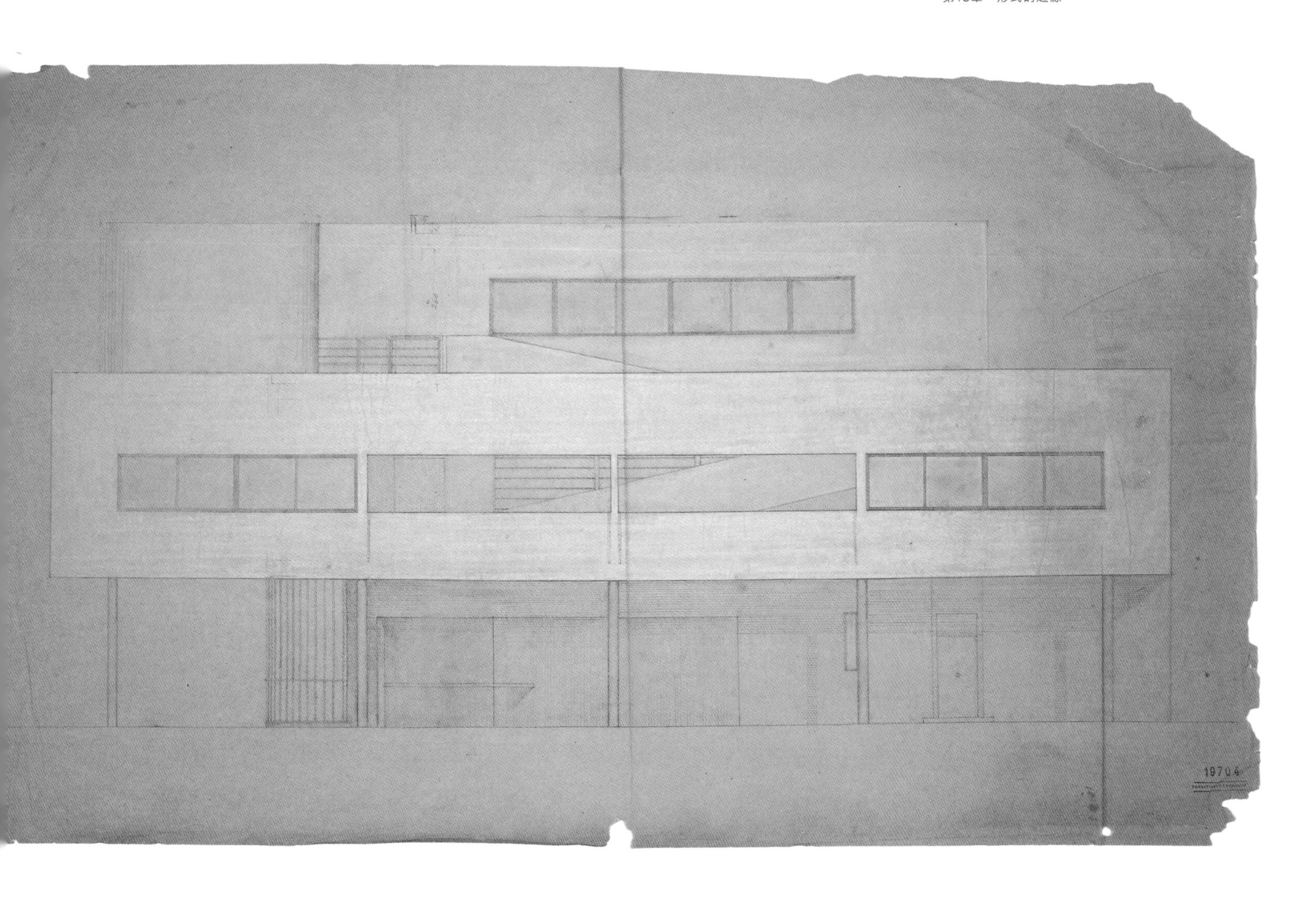

多哨兵守卫着绝对原则。这些草图让人们想起了建筑的基本定义：即“阳光下体量之间精巧的、正确的以及壮丽的表演”。

绘画正是柯布西耶用来勾画其建筑思想的重要方式，这一点恰好回应了阿尔伯蒂（Leon Battista Alberti）在他关于绘画与建筑的文艺复兴论著中所强调的“素描”这一概念。[19]人们或许同样会回想起瓦萨利（Vasari）坚持将绘画作为将艺术家脑海中的思想外化为实体的一种方式。[20]人们会记起让纳雷的形式构成理想主义、对于一种处于更高层次领域的思想和想象力的坚信、对于《走向一种建筑》一书中所提到的感知常量的着迷，以及对古典理论关于理想几何形式以及和谐比例关系等概念的几近无意识的吸收。柯布西耶的模度理论（这一理论在某一时期受到了一定程度的文人相轻式的对待）在其他所有理论中首先试图将一种最新的神圣比例秩序与命理神秘主义、人体尺度以及空间中音乐节奏的复调概念结合在一起。柯布西耶或许会同意由文艺复兴时期的人文主义者巴巴罗（Daniele Barbaro）所提出的情感表达理论：“建筑师在工作时首先从智力层面出发，然后在脑海中构想方案并将其象征化，接着在思考内部空间意象之后思考外部空间问题，尤其是在建筑学中”。[21]剩下的问题就只是关于何种形式和材料最适合包含或表达建筑师的设计意图。在这一转译阶段，柯布西耶这位雕塑家充分了解到形式的物质和感知影响力在表达一个项目的深层秩序时是至关重要的。因此，柯布西耶对菲迪亚斯以及米开朗琪罗这两位建筑历史上的伟大雕塑家非常着迷，他们分别赋予了帕提农神庙以及圣彼得大教堂的半圆壁龛以生命力。通过对作品轮廓、节奏，以及物质实体的视觉张力，同样包括对光影的情绪化使用，他们使得这种生命力能够被直接感受到。

在决定一件艺术作品时，柯布西耶也不得不平衡结构和材料的要求与他所追求的形式秩序之间的关系。柯布西耶的大多数项目都依赖于一个清晰的结构概念，例如混凝土立柱、梁以及支撑瑞士学生宿舍钢结构上层建筑的筏型基础，但是在这一过程中始终存在着通过某种方式清楚表达这一概念的问题：即协调作品中的各个潜在设计意图同时与建筑荷载以及结构支撑的感觉相呼应。在这里，有一种差异性不得不先加以说明，即在建筑中发挥作用的实际结构（这种结构通常被隐藏）和建构表达之间的差异，这种表达方式能够通过视觉被感知并且通过移情作用呼应人体的重量感与运动感。[22]几乎在柯布西耶的所有建筑作品中，他都努力试图以一种极为均衡的状态解决垂直与水平作用的视觉感受力。人们能够感受到重力与浮力之间的张力。究竟强调哪一点不仅仅取决于支撑荷载的立柱、框架和墙体，也同样取决于他们之间的关系以及作品的结构和象征性主题的表达。这些因素许多依靠开口与悬挑的深度、凹槽与节点、材质和轮廓的对比：总而言之就是一座建筑外部表皮的细节以及支撑与被支撑构件的相对强调。例如萨伏

[左上图]
《走向一种建筑》中的一架双翼飞机的插图，1923年。来自“看不见的眼睛”一章：机翼与支撑结构的轻盈在勒·柯布西耶20世纪20年代的一系列作品的形式和细节中能够找到类比物，例如萨伏伊别墅。

[左下图]
萨伏伊别墅，1928—1930年。西南立面细部，展现了条形窗中的小型椭圆形立柱以及建筑上部结构之下的圆柱形立柱。

伊别墅的建筑表达强调水平性、轻盈感、透明性以及悬浮于景观之上的感觉——所有的这些作用都强化了作品设计意图的结构以及它的更深层次的含义。

在柯布西耶的建筑中，“结构的思想以及思想的结构”[23]这两种思想不断地交织在一起并进行相互作用。瑞士学生宿舍中“狗骨”形状的立柱表明了柯布西耶试图通过一种伟大的形式与雕塑方式协调许多矛盾的要求。这种类型的单体研究有助于更大规模的建筑语言的调查，在“悉心探索”（Recherche patiente）中暗示了这一点：单体元素和元素间的结合都是以一种语法关系的方式进行的。柯布西耶尝试了几种可能的方式来表达他关于自由立面的概念，在这些方式中，柯布西耶在20世纪30年代早期设计了各种悬挂于混凝土骨架之外的玻璃幕墙。对于光辉城市中的理论性住宅方案的一个关键性概念在巴黎救世军大楼的方案中得以实现，人们能从最终的结果中了解到所有关于形式的优雅以及在实际中的不恰当性。悬挂于龙骨架以及结构框架之外的平面薄墙的概念隐含在20世纪20年代的许多作品中，非物质化的白色墙体悬浮于混凝土悬臂梁上，显然是多米诺体系的一种深化。勒·柯布西耶通过这样一种方式：在马赛公寓中对阳台以及外表皮进行详细刻画使得它们好像悬垂在空间中，就像飞机上带有材质的大型窗帘，处于幽暗的地下室以及巨大的立柱之前，使得他的建筑带有一种挥之不去的回忆。“幕墙”的概念回应了森佩尔理论中关于建筑起源于悬挂在骨架之外的表皮的概念，因此柯布西耶在一生的设计过程中都采用了不同材质和比例的不同形式。[24]

当涉及用某种形式表达结构关系时，柯布西耶会依赖于他作为一位材料雕塑家的技巧。人们可以在昌迪加尔的纪念碑的巨大能量以及宏伟轮廓中感受到这一点。高等法院项目的首次出现是在柯布西耶的一本草图本中，其形式是一个处于巨大遮阳伞之下的低矮长条形建筑，在场地中形成了一道水平向的风景。随着项目的发展，由遮阳板的隔扇所遮蔽的法庭次级系统被插入到

[下图]
勒·柯布西耶与皮埃尔·让纳雷，萨伏伊别墅的一幅椭圆形立柱、横撑以及窗户的施工图，1929年5月8日。
钢笔、铅笔与绿色蜡笔粗线绘制，111.5cm×150.9cm（$43^{3/4}\times59^{1/2}$英寸）。

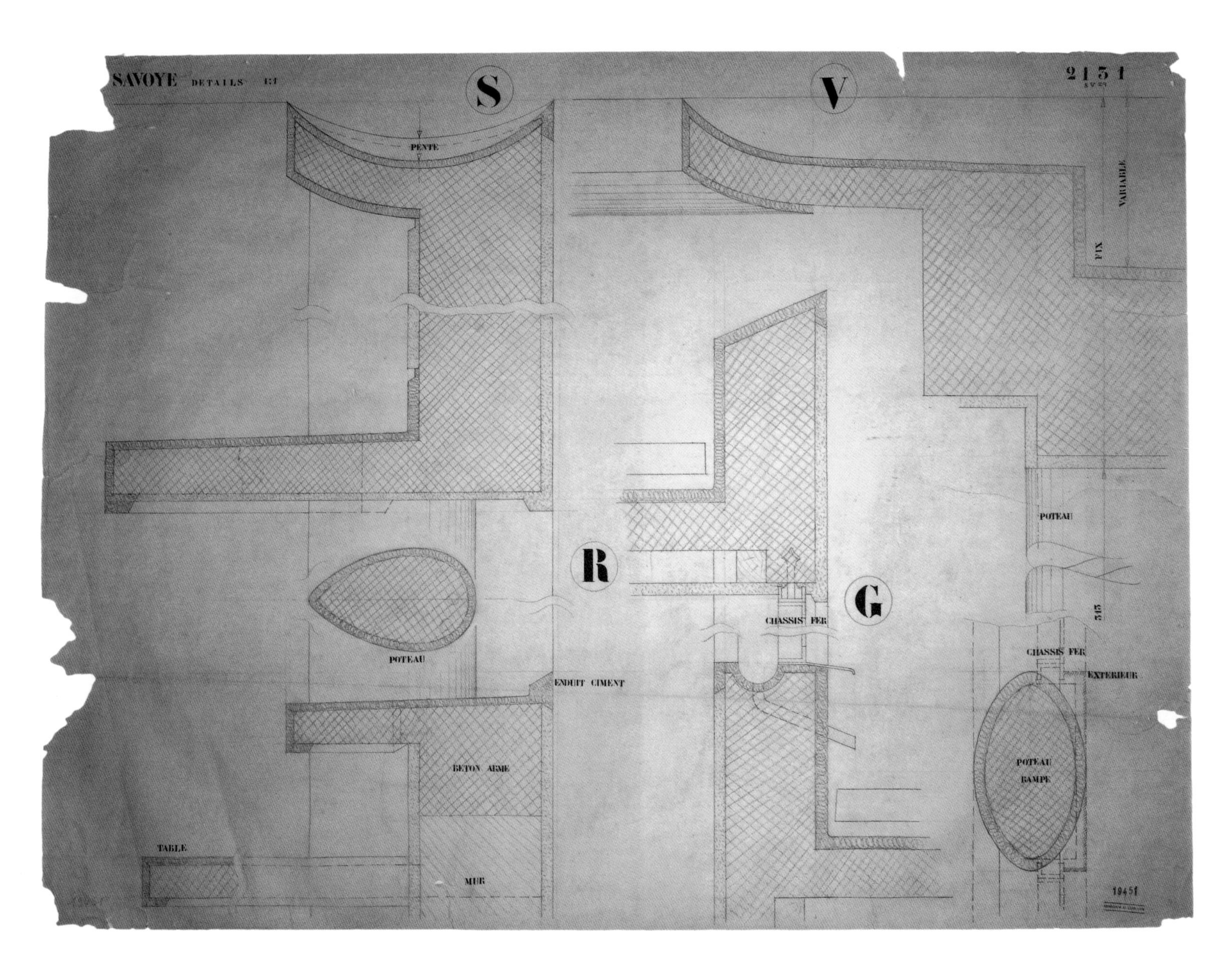

支撑主体结构的纪念性墩柱的“宏伟秩序”之中。由素混凝土构成的强有力的纪念性形式依赖于多年对总体体量、轮廓剪影、弧形轮廓、凹槽、缺口、间隔、遮阳百叶、纹理表面以及阴影切口的仔细研究。在高等法院中，上部的拱形结构事实上悬挂于屋顶平板之下，而主要的垂直结构要素被削弱或压缩以表达潜在图像的存在以及形式的生命力。国会大厦的建筑穿越长远的距离与其他建筑进行相互作用，将它们的能量传递到周围的景观中。柯布西耶通过塑造并削弱建筑体量使得建筑的姿态能够直接引起使用者身体的重量感以及通过移情作用而产生抵抗力。柯布西耶或许早已同意斯科特（Geoffrey Scott）在《人文主义建筑》（Architecture of Humanism）一书中论点：

“建筑艺术并非研究建筑自身的建筑结构，而是研究结构作用于人的精神所产生的影响。从经验角度来说，根据直觉和案例的分析，它本身能够知道放弃哪一部分、隐藏哪一部分、强调哪一部分，以及从何处模仿建造的事实。结构本身会逐渐创造出一种人性化的动力。”[25]

在《走向一种建筑》一书中，柯布西耶叙述了大量关于“外形与轮廓”的关键词，作为判断一座建筑是否是一座好建筑的区分标准。他早期在拉绍德封设计的一系列住宅中将一名家具设计师所具有的全部技巧应用于筑模工艺、支架以及结构框架的改进，这些元素起源于一系列的古典语言。20世纪20年代，建筑的形式被加以简化，但选择一种适合且清晰的表达方式的问题仍然存在着。一系列小住宅中的工业装配玻璃以及栏杆提高了机械师和建筑设计的关系，同时给那些基本体量增加了另一种程度的视觉强调。在他的晚期作品中，素

［下图］
昌迪加尔，高等法院，1950—1955年。
粗混凝土建造的雕塑般的英雄纪念性形式以及巨大的外形。

［右图］
昌迪加尔，高等法院，施工期间门廊处的遮阳屋顶，1954年。

混凝土的质感和模度理论的节奏感，以及诸如遮阳板、波动的窗户等立面语法构成元素打破了原有建筑体系的平衡。在其作品发展的各个阶段中，柯布西耶发展了抽象的装饰语汇，如同笼罩在抽象建造事实之上的面纱一般。[26]这些装饰语汇能够加以调整来适应每个项目不同的设计目的。在所有的建筑案例中，细部设计充当了图像化的目的，也包括现实和美学的目的。这些细部构造和每一个项目的核心思想以及建筑意象相关，也和柯布西耶关于建筑的结构自治以及建构表达等更广泛的设计概念有关。在晚期作品中，柯布西耶发掘出素混凝土的潜力，用以隐喻不同的设计思想。例如，在拉图雷特修道院中，建筑的上部楼板相对平滑，并根据模度理论在楼板上刻下线条。但是在洞穴空间以及地下室的坡地中，柯布西耶采用大型鹅卵石，使得地面变得极为粗糙，似乎是为了增强地面的感觉并回归到一些最原始的礼拜形式中。

探索恰当的细部构造包括了一个长期往返于概念意图和技术要求之间的过程。在设计的这一阶段，柯布西耶工作室的成员会利用许多工作图纸、1∶1的模型，以及用实际材料制作的实体模型。但是回顾每一个项目的生成思想以及隐含的形式秩序的过程仍然是十分重要的。一个简单的凹槽就能够在我们阅读荷载以及支撑结构时、通过一道光影而产生巨大的不同。萨伏伊别墅西南方向的开口处插入了一根椭圆形小柱，这根柱子充当了一定的实际用途，同时促进了方案中的感知幻象和模棱两可的设计意图。拉图雷特修道院中的波动的窗户为自由立面增加了遮挡装置，同时与这项特殊作品本身所具有的材料、尺度以及形而上学的维度加以融合。在他生命的晚期，柯布西耶声称在一项完成作品中不存在所谓的“细节”，这大概意味着建筑中所有的线条、轮廓、材料、颜色以及材质都应该有助于提高必然的整体感。[27]

现实往往更加混乱、更加即兴。在马赛公寓中发现的素混凝土来源于灌注混凝土时的错误配比以及对粗糙裸露表面可能具有的表现力的思考。柯布西耶通过接受带有材质肌理的建成作品，这些肌理赋予了整个作品以一种古代的甚至是“自然的”的锈迹，从而使得原本的一场灾难转化为了一种积极的利用。在这一过程中，柯布西耶不仅改变了他的设计方向，同时也改变了战后的建筑。为了做到这一点，柯布西耶必须发明关于材质、素混凝土表面的模板痕迹以及预制模板表面颗粒状纹理等的一整套设计语言。在朗香教堂的设计中同样也出现过在现场最后一刻修改设计的情况。柯布西耶花费了几个月时间制作了不同比例和材料（其中一个阶段利用绳线和布，其他阶段则使用木头）的模型来研究朗香教堂的屋顶。屋顶的轮廓和曲线借助了投影几何和模度理论而得以确定下来。即使这样，柯布西耶决定放弃使用和卵石抹面墙体同一颜色的米白色石灰浆来喷涂墙面，而采用一种粗板混凝土制成的更粗、更具对比度和质感的形式。[28]最终的屋顶结构表明了屋顶和下部白色墙体之间各自的独立关系。在内部，巨大的屋顶压低了室内的层高但是又通过光的引入降低了室内的压抑感。在外部，巨大的屋顶使得整个建筑就像是一艘灰色的小船漂浮在景观之上。

从早年开始，柯布西耶就对其建筑的室内室外的完成效果以及色彩、光线和材质对人的心理影响十分敏感。作为一名画家和前表壳雕刻家，柯布西耶非常在意完成品和装饰在强调外形或某种图像或是想法等方面的作用。有时候人们会讨论他在20世纪20年代的代表作品，就像它们不具有任何的物质性，但是它们经过粉刷和喷涂的平滑表面以及用钢和玻璃雕刻的细节，都是光亮和透明甚至非物质化的有意为之的物质表达方式。勒·柯布西耶在20世纪30年代对于石材表皮的尝试是乡土手工艺的现代等价物，通过使用钢材或混凝土框架和工业建造的结构情况相联系。马赛公寓中素混凝土的发明为裸露混凝土作品打开了一种新的表现方式。这些作品对光做出了回应，表达了某些和历史的联系，就像那些用其他“亲近人”的材料

[右图]
拉图雷特修道院，施工期间的金字塔形礼拜室，1958年。

[对页图]
拉图雷特修道院，教堂室内，从祭坛向西看向唱诗席：诗意的阴影以及“难以言喻的空间力量”。

所建造的作品——例如在雅乌儿住宅与萨拉巴伊别墅中所使用的砖。这些材料表达和呈现方式上的变化深深地嵌入在勒·柯布西耶变化的世界观中。作为一名艺术家，勒·柯布西耶习惯于从材料角度出发进行思考。我们不禁想起阿尔瓦·阿尔托关于“材料”一词的一段话：“因为它将一种纯粹的材料活动转化为相关的精神过程”，“通过和所选材料进行一场精神碰撞”来赋予思想以物质实体。[29]柯布西耶或许将光、影以及空间也视为材料的范畴。

柯布西耶声称建筑是一种精确到毫米的事物。[30]柯布西耶如此推崇帕提农神庙的其中一个重要原因是因为它通过形式、材料和细部完美地表达了建筑秩序。柯布西耶被帕提农神庙大理石铺装的精确性、完美的比例、惊人的压迫感以及优雅的曲线轮廓所倾倒。比例只有通过一种强大的建筑排布才能发挥其作为和谐关系关键因素中的一环。模度理论应该使得优秀的设计变得容易而糟糕的设计变得困难，但是如果没有一种相互关系的直觉感受就无法保证设计的质量。例如马赛公寓、朗香教堂、拉图雷特修道院以及昌迪加尔首都规划等晚期作品证明了当在设计中采用与空间的整体和谐相一致的建筑布局时，模度能够在设计中引入另一种层面的细节，这种细节通过体量、间距、体量表面的比例关系、混凝土地面上的画线，以及诸如遮阳板以及窗棂等波动的节奏方式而得以显现出来。拉图雷特修道院又是另一项几乎被野蛮施工毁掉的作品，但是就像柯布西耶所说的：“马赛公寓证明了一件作品即使被严重地搞砸了，只要它是经过精心构思的，那么它就能一直存在下去。”[31]柯布西耶的建筑具有许多特点，使得他的建筑区别于其他建筑师的作品。这些特点包括光的抒情性、形式的诗歌、空间的序列、景色的呈现，它们都无法在建筑图纸中展现出来。

完成作品本身就是对柯布西耶实现自己设计意图能力的最终测验。一种创造行为是无法被重新演绎出来的。[32]尽管如此，许多人可能会试图通过用以前的设计过程来重新创造出其中的一些设计步骤，并表明想法、图像、意图、幻想、记忆是如何转化为建筑空间和形式的。路易·康在谈起昌迪加尔的设计时曾简要地指出：柯布西耶在国会大楼的设计中成功地“将梦想凝固在建筑之中”。[33]诗意的草图无法代替一个诗意的结果：从想象世界过渡到材料世界的过程需要一种有效的转化方式。在他的每一幢建筑中，柯布西耶都对从不同的尺度清晰地表达基本的设计步骤充满了兴趣，从整体的体量到最细微的细节。柯布西耶一直在寻找一种使人产生共鸣的秩序，其中的一些可能和他在雅典卫城中所感受的形而上学式的“轴线”等价。柯布西耶正是在他晚期的作品中，特别是在一些神圣建筑中，创造了“不可言说的空间”一词，用以唤起建筑中的精神性存在。在拉图雷特修道院完成之后，他探访了这座建筑，被其非对称的石祭坛深深打动，它是整个空间和谐的关键所在。以下他概括了那些完成度极高的创造作品所产生的共鸣的特征：

> “当一件作品达到了比例精度、完成度、完美化的最大程度时，无以名状的空间现象就会出现：空间开始发光，发出物质上的光。这些空间决定了我所说的“不可言说的空间”，它不依靠空间维度而依靠完美品质而存在。它处于无法用语言表达的领域”。[34]

柯布西耶建筑中不可言说的品质远不是一系列分析以及理性的科学解释所能表达清楚的。柯布西耶的建筑在被理解之前就已经开始和外界进行交流，它们通过对光、影、空间、形式以及材料的仔细玩味来触动人们的思想、想象力以及感受。通过集中观察柯布西耶项目的形式生成阶段，人们或许能够更充分地理解一个具有创造性思维的大脑将对实际生活的关注转化到建筑领域之中的方式；但是人们永远无法充分透过作品本身所笼罩着的神秘面纱观察到作品真正的本体。每一种创造性思维以及从中衍生出来的每一种形式在一系列历史事件中都是独一无二的。通过表明柯布西耶作品中一以贯之的图解的重要作用，人们无法轻视柯布西耶创造行为中的个体精神的价值。为了了解柯布西耶合成各种因素的能力，我们有必要同时考虑柯布西耶形式语言中一脉相承的元素以及各种特殊创作意图和建筑师的独到见解，这些因素共同融合成一个新的整体。一种被福西永称为“形式生命的特有技巧，其自身的生物学发展过程”的更深层次的理解需要一种对传统与创造、一般和特殊之间平衡的恰如其分的欣赏。[35]对语言的抽象体系的描述并不能使用一种非凡的诗意般的表达方式。形式的遗产只有通过创造性思维能力以及存在于每个人脑海中模糊空间中的感觉才能够得以复兴。

19

第19章 独特性和典型性

“自然界充满着各种的主题，磅礴，无穷无尽，经常会重复她的基本形式，经常会根据她的生命模式特点大量地修改它们……所以艺术存在于少量的规范以及类型之中，它们来自于旧的传统，以多元的形式重复出现。”[1]

——戈特弗里德·森佩尔

［前图］
空间中的建筑物体之间的共鸣：昌迪加尔国会大厦屋顶形式。

人们或许会根据几种临时的长度范围来记述柯布西耶作品的发展历程，以一种线性的方式一步步追寻柯布西耶的发展脚步，展示其形式的变化，探究每一件作品的创作背景和创作源头，或是通过遵循基本元素和类型以及它们随着时间的流逝而产生的变化来对作品进行纵剖式的观察。[2]最后一种方法尤其有用，因为它展示了柯布西耶是如何将例如多米诺体系、雪铁汉住宅、莫诺尔别墅等一系列基本的想法进行浓缩提炼，然后从不同的设计背景中研究这一想法，在这一过程中解释意义的新的可能性。正如之前在书中所提到的那样，柯布西耶的建筑和项目的形式和概念结构体系中结合了不同的“层级关系”，其中一些层级关系较为稳定，另一些则经常变化。人们不应该轻视每一个建筑设计过程的不同阶段之间的对比，但是人们也不应该高估这种对比。在柯布西耶的作品全集中，每个项目的潜在建筑思想之间存在着十分密切的关系。正是这些“深层结构”被建筑师们一遍遍地重新使用，有时候会用在不同功能的建筑中。

柯布西耶的建筑——事实上还包括他的城市主义、绘画以及写作，都有助于这种典型母题和功能配置的分析，因为柯布西耶自己总是在尝试从各种尺度定义“标准”，从每一件日常事务，到建筑和城市。根据《走向一种建筑》一书判断，这些基本的、不可分割的设计元素在柯布西耶的眼里与汽车的轮子和底盘，或是希腊神庙中的柱子和三陇板一样，是固定不变的事物。柯布西耶的建筑和文化活动中的一部分是定义形式，他由衷地相信这些形式体现了时代精神。个人选择因此被赋予了一种历史决定主义的意味，好像这些选择是无法避免的。柯布西耶引用了进化的语言来表明他的建筑具有一种基于自然的形式适应功能的目的论状态。柯布西耶试图寻找一种能够在设计的过程中不断完善的建筑体系：某种类型的语法，根植于结构现实之中但是又超越这些现实，达到“建筑，一种纯粹的思维创造”的状态。[3]

在《新精神》杂志时期，柯布西耶提出了一种“类型”的观点，他将形式进化的观点和关于纯净几何形式与更高层次思想的崇高的柏拉图主义结合在了一起。[4]人们不应该寄希望于一位艺术家哲学思想的前后一致，柯布西耶作为一个折中主义者在遇到一些普遍性的概念时也不例外。他的形式构成法使他更倾向于基本的形式语法和一种与自然秩序的抽象类比。在涉及建筑的领域，柯布西耶继承了19世纪百科全书式的历史学家的观点，他们将建筑分解为几种基本类型和要素。就如同柯布西耶能够从舒瓦西的分析图解中或是维奥莱-勒-迪克的结构分析中看出一些端倪。柯布西耶同样吸收了科学文学的影响，这种文学依赖于对不同物种进行分类以及记述自然形式的形成和演化。森佩尔在19世纪70年代的文章中甚至指出艺术发展和自然发展之间的相似性：各种各样的创造物从所选的一系列有限的类型中产生。在这一文章写下的半个世纪后，纯粹主义者提出了所谓“机械选择法则”，根据这一法则，“事物倾向于某种类型……最终遵循自然的法则”[5]。

如果说柯布西耶着迷于对个体类型元素的定义，那他同样也关心这些元素之间的关系，无论是在他那交织着各种轮廓线条的画中，还是在他的建筑语言表述中，所有事物都有其适合的位置以及关系。“新建筑五点”表明了一种包含理论和实际关注的完整的建筑体系。300万人口的现代城市方案描绘了未来的建筑类型和交通流线系统。柯布西耶一生热衷于钟表。这些精密仪器的齿轮、杠杆以及发条都起到了它们各自的作用，同时又共同组成一个整体；它们最终和关于可度量的时间的抽象和普适的思想联系在了一起。柯布西耶的建筑和城市规划方案可以被认为是相互联系的组成部分，有助于形成和时代精神以及世界历史进程相一致的几何统一体。在勒·柯布西耶的宇宙观中，“机器”是一种材料创造物以及一种普世性的思想观念。“机器”能够促进或破坏历史进步，在这里，柯布西耶诉诸于他的“自然”概念来作为一种修正。在柯布西耶的世界中，“自然”由重复的循环以及潜在法则所掌控，大到日夜交替、四季循环，小到生长方式以及矿物、动物、植物世界中的变化。

这本书的开头引用了维奥莱-勒-迪克的一段话：“设计的第一阶段是了解我们要做什么；了解我们要做什么的目的是为了形成一个想法；为了表达这种想法，我们必须拥有法则和一种形式，那就是语法和语言。”勒·柯布西耶创造性的设计方法或许不像上述提到的那样系统和稳定，他的一部分“思想”嵌入在无意识世界的暗面，但是柯布西耶确实在探索“一种语法关系和一种语言”[6]，同样包括“法则和形式”。柯布西耶不断寻找建筑语言中不可删减的元素、历史元素包括哥特建筑中的飞扶壁或是生物骨骼的现代等价物。在柯布西耶的早期生涯，他养成了观察、描绘以及分析诸如松果或是岩石等自然事物的习惯，并从这些自然事物的形态、功能和结构中提取普遍的规律。这种看待世界的方式之后扩展到了最“普通”的事物，例如瓶子、眼镜、机器以及古代纪念碑。柯布西耶希望了解事物所呈现形式背后的原因。无论是切分骨骼、分析船只，还是研究贝壳和古典螺旋线中所包含的螺旋几何学，柯布西耶都试图找到这些物质实体背后所蕴含的普遍法则。一旦他确定了某件事物的特性，柯布西耶就会将这件事物转移到另一个“壁龛”之中，在此过程中揭示出意义的新维度。

就像保罗·特纳在40年前所指出的那样，柯布西耶

［下图］
勒·柯布西耶，《走向一种建筑》（1923年）一页中的一幅基本形体以及古代罗马的草图：对历史中的法则进行抽象、提出建筑史中的基本类型。在纯粹主义世界中，日常事务都能够归纳为“物体-类型”；从某种程度上，勒·柯布西耶将类似的思想应用在历史和自然中的“物体”，他试图从中提炼出最本质的形式。

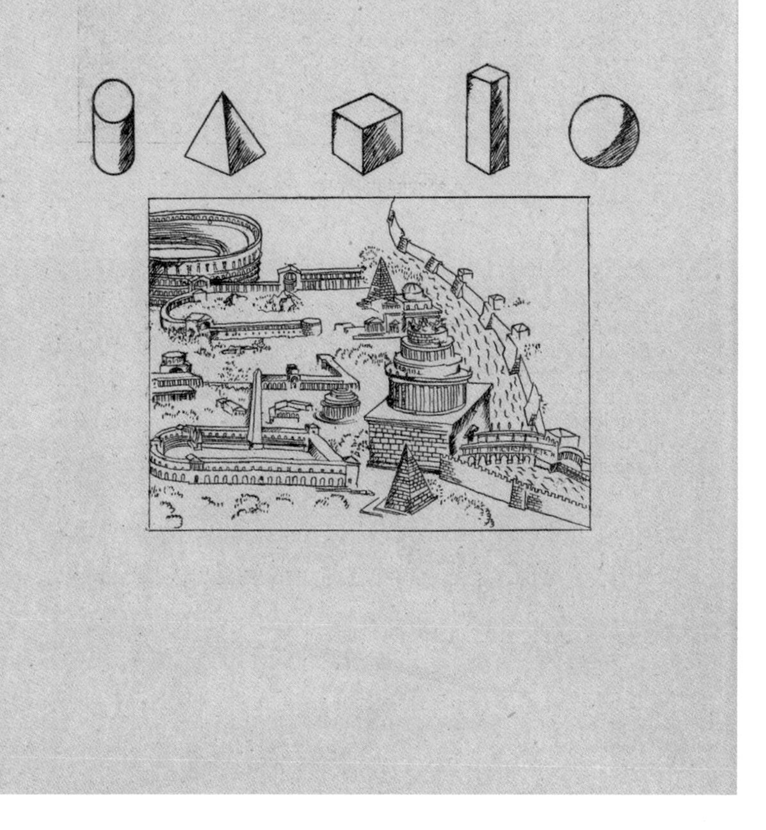
128　　VERS UNE ARCHITECTURE

d'une tournure d'esprit : stratégie, législation. L'architecture est sensible à ces intentions, *elle rend*. La lumière caresse les formes pures : *ça rend*. Les volumes simples développent d'immenses surfaces qui s'énoncent avec une variété caractéristique suivant qu'il s'agit de coupoles, de berceaux, de cylindres, de prismes rectangulaires ou de pyramides. Le décor des surfaces (baies) est du même groupe de géométrie. Panthéon, Colisée, aqueducs, pyramide de Cestius, arcs de triomphe, basilique de Constantin, thermes de Caracalla.

Pas de verbiage, ordonnance, idée unique, hardiesse et unité de construction, emploi des prismes élémentaires. Moralité saine.

Conservons, des Romains, la brique et le ciment romain et la pierre de travertin et vendons aux milliardaires le marbre romain. Les Romains n'y connaissaient rien en marbre.

在追寻独一无二的建筑元素的学术探索中将结构理性主义与哲学理想主义这两种对立的历史传统融合在了一起。但是如果将他的探索归类于（或是将他排除于）一种始终如一的学术方法，那就不合适了。最重要的是，柯布西耶是一位艺术家，而不是一位刻板的理论家：他自己就曾经宣称直接体验和直觉的重要性。但是柯布西耶确实在单个突破与普遍法则或概念之间来回游走。多米诺骨架体系本身就是这种综合方式的结果：将柱与板、荷载与支撑等概念进行提炼，展现了预应力混凝土的概念潜力和空间潜力。20世纪20年代对“新建筑五点”所做的定义：“底层架空、自由平面表明了柯布西耶对于将建筑中的结构元素进行分离的渴望，以及强调这些元素最普遍和理想的本质”。[7]其他诸如20世纪30年代所提出的遮阳板，或是20世纪50年代提出的波动的窗户和通风装置等一系列立面要素表明了定义独立建筑装置的需要，用以回应诸如遮阳、采光、通风等问题。[8]柯布西耶明确希望这些语汇元素能够以一种客观、不带有个人色彩的方式存在，就像在纯粹主义绘画中的瓶子、汽车轮子，或是那些在《走向一种建筑》书中所推崇的“标准”。

“新建筑五点”表明了在组合或放置这些相互关联的元素时所采用的广泛的语法规则，但这只是从图解层面解释而已。[9]每一项新设计的任务是表明两者之间更高层次上的相互关系，并融合在一个包含对比和两极化的新的创造性统一体中。在设计一幢建筑时，柯布西耶显然不仅仅只是将一套部件简单地拼合在一起。本书之前所提到的各种设计过程表明了同样的事物如何在每一种新的情境中呈现出不同的意义。底层架空立柱是这一观点的显著证明。作为柯布西耶建筑体系的核心结构支撑，底层架空立柱用以同时支撑单体建筑和城市上层建筑，它们作为一个整体悬浮于地面之上从而解放了地面的交通流线。根据柱子所处的情况不同，它可以是平滑、白色以及圆柱形的；在平面中具有方向性或是椭圆形的；像一块狗骨头；巨大而古老的；具有纪念性并由素混凝土制成。底层架空立柱能够唤起人们对于古典柱式的纯粹思考，一种带有方向性的墩子，甚至是一种蘑菇形立柱。底层独立支柱能够排成一列从而形成一个门廊；以网格状排列从而解放建筑平面；排列成线则能引导人流运动。在昌迪加尔国会大厦的设计中，立柱以一种纪念性尺度被放大，从而表明它作为古代多柱式大厅中的巨柱的现代等价物的身份，体现出一幅集会场所的理想图景。

“新建筑五点”决定了概念化的范围，就如同它们表明了精确的形式一般。这些要点使得建筑师和他的合作者能够在一连串的研究发现中将一个项目与接下来的项目联系在一起。因此“自由平面”仍然作为一个决定性原则贯穿于早期和晚期作品外观中，虽然它们有着显著变化。自由平面在20世纪20年代的住宅的制约下变得紧凑，甚至具有内向爆炸性（explosive）似的特点；之后在瑞士学生宿舍的设计中转变为弯曲的、类似于吉他形状的外部空间。在朗香教堂的设计中，建筑师在设计具有声学效应的建筑形式中采用了网格进行限定。到最后，柯布西耶甚至通过一种自发的、有些风格主义的方式来操作自由平面，在考虑更加复杂的空间思想的过程中探索图底关系的倒置和反转，就像在巴黎大学城巴西之家或是卡彭特视觉艺术中心的设计中。建筑师同样

[右图]
多米诺预应力混凝土骨架，1914—1915年。勒·柯布西耶建筑语言以及城市主义思想的一种“基因型”。

[下图]
类型元素被加以转化以适合每个作品设计意图：萨伏伊别墅中的立柱。

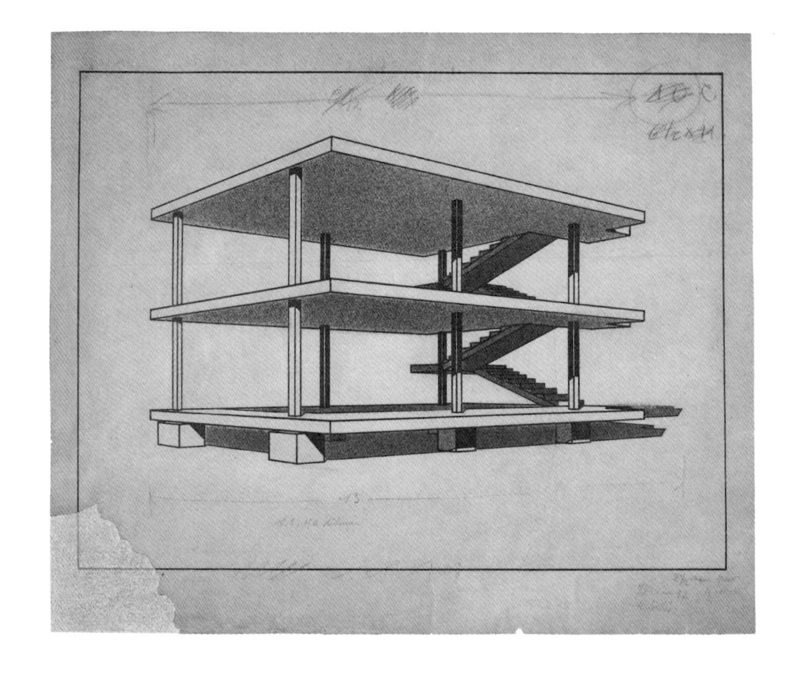

可能已经注意到了其他建筑师所发掘出来的更深层次的可能性。阿尔瓦-阿尔托毕竟继承了“自由平面”的思想，他在玛丽亚别墅（Villa Mairea，1939）的设计中将这一思想外化，从而对于北欧森林进行了隐喻性的阅读。另一方面，奥斯卡·尼迈耶和卢西奥·科斯塔采用自由平面通过比拟于生物形态的抽象形式，对巴西的热带景观做出了一种感觉上的阐释。从早期阶段开始，柯布西耶的发现便成为现代建筑通用语言中的一部分，这些发现使得建筑师们能够继续探索那些柯布西耶自己也未能探索的领域。柯布西耶的晚期作品甚至可能反映了他所受到的其他建筑师的发展影响。

人们应该有意识地想到柯布西耶提前将所有事物编纂成编码，之后就仅需要将这些编码应用到某项公式之中。水平带形长窗曾经直到20世纪20年代末期一直被视为“新建筑五点”之一，但是这一发现却出现在更早之前，最明显的就是在莱芒湖边的珀蒂特别墅的设计中，在这里，柯布西耶在使建筑获得最大化的阿尔卑斯山景观的同时，在狭窄的室内空间中解决了一系列的问题。横向长窗的设计明显符合多米诺体系的结构逻辑，但是这一思想或许被诸如在1911年看到的土耳其住宅中的屏风玻璃、奥古斯特·佩雷（August Perret）的杜布瓦宫殿（Palais du Bois）中的开口、轮船上的水平开口（包括莱芒湖边的建筑上的开口），以及在《走向一种建筑》的插图中所画的轻型组装的双翼飞机机翼等事物的直接经验所启发。[10]柯布西耶从直接观察中学到了许多东西，然后很快地将某种特殊的印象提升到某种普遍法则或思想的层次上。实际上，在1927年举办的位于斯图加特的魏森霍夫住宅展上被定义为神圣的“新建筑五点”之一之前，柯布西耶就已经发现了许多关于深色水平长窗的表达方式上的可能性，并在20世纪20年代的许多住宅设计中都起到了加强室内采光的作用。

“自由立面”是另一个柯布西耶不断调查研究的领域。最初这一思想只固定于水平带形长窗所呈现出来的图景中，但是在20世纪30年代，这一思想逐渐扩大，

［右图］
“新建筑五点”，在《勒·柯布西耶作品全集》第一卷中提起，1910—1929年。基于骨架体系的结构与空间潜能的整个建筑体系。

［右下图］
多米诺思想与自由立面随后的转化：肖特汉别墅的遮阳屋顶和遮阳百叶，1951—1954年。

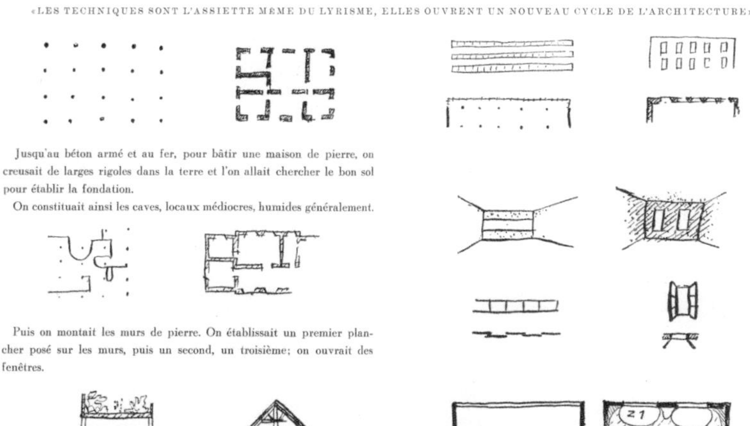

«LES TECHNIQUES SONT L'ASSIETTE MÊME DU LYRISME, ELLES OUVRENT UN NOUVEAU CYCLE DE L'ARCHITECTURE»

Jusqu'au béton armé et au fer, pour bâtir une maison de pierre, on creusait de larges rigoles dans la terre et l'on allait chercher le bon sol pour établir la fondation.

On constituait ainsi les caves, locaux médiocres, humides généralement.

Puis on montait les murs de pierre. On établissait un premier plancher posé sur les murs, puis un second, un troisième; on ouvrait des fenêtres.

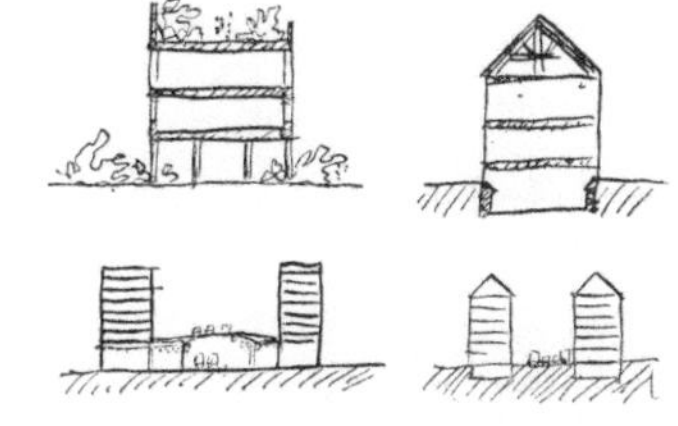

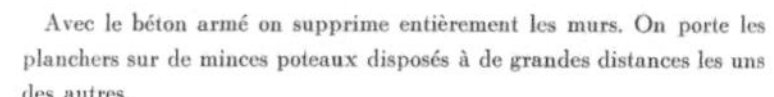

Avec le béton armé on supprime entièrement les murs. On porte les planchers sur de minces poteaux disposés à de grandes distances les uns des autres.

Le sol est libre sous la maison, le toit est reconquis, la façade est en-

La tabelle dit ceci: à surface de verre égale, une pièce éclairée par une fenêtre en longueur qui touche aux deux murs contigus comporte deux zones d'éclairement: une zone, très éclairée; une zone 2, bien éclairée.

D'autre part, une pièce éclairée par deux fenêtres verticales déterminant des trumeaux, comporte quatre zones d'éclairement: la zone 1, très

包括许多全玻璃立面，最著名的要数救世军大楼设计和瑞士学生宿舍的设计。当柯布西耶开始从事更大规模的设计方案时，他开始发现一些他所习惯的处理方式需要修正，就像在瑞士学生宿舍中的立柱设计发生的问题一样。面朝南方的全玻璃幕墙立面设计当然符合光辉城市中所提出的乌托邦式的设计构想，特别是绿色景观之上的凹凸曲线形态的住宅。这两项公共项目的设计过程表明了柯布西耶努力调和现实和理想之间的矛盾。最后，建筑师做出了一定的妥协，而执着于全玻璃立面的解决方式也显现出了一系列的环境问题。

通过寻找一种新的解决方式来保持更广泛的原则是典型的柯布西耶处理问题的方式，例如遮阳板就是这样的案例。[11]如同之前所展示的那样，这一发明反过来也受到了历史建筑的启发，尽管它采用了骨架系统建造。一旦某种新的装置得到了使用，即使是在一些未建成的项目中，随着它在实际生活、雕塑性以及象征性等方面的可能性得到更加深入的挖掘，这种新的装置将会出现一系列新的转化。

为了理解这一假说、试验以及发明创造的全过程，我们需要在仔细研究设计的创作轨迹和特定项目的特定设计过程之间找到一种正确的平衡，这一点是至关重要的。泽纳基斯（Xénakis）和柯布西耶在拉图雷特修道院中所发明的波动性的窗户正是这一观点的最好例证。这些构件解决了关于建筑中的悬垂单元和建筑下部之间的过渡交接问题，同时也实现了许多设计目标，从音乐模度节奏的可视化，到通过相互重叠的材质和构件尺度来激活神圣空间等。这些构件与建筑的总体主题相融合，并同其鲜明的混凝土建造方式相协调，特别是在那些需要依靠楼板水平悬挑的设计部分。但是除了这些针对这种特定设计任务的特定构件之外，波动性的窗户以及随之产生的通风装置同样也解决了关于采光和全玻璃立面的通风问题等一系列长期存在于柯布西耶作品中的问题。这些元素和他之前所总结出的横向长窗以及遮阳板有着相同精神内涵：他们将一种结构基本原理和某种

特定的功能结合在了一起。柯布西耶思想的背后或许隐藏着佩雷关于为混凝土定义一种古典语法的思想；事实上，波动性的窗户从某种程度上来说是一种更新了的古典装饰性线条，但又和现代空间感以及光、影、透明性和比例的崇高感觉相联系。[12]

柯布西耶的类型学解决方式受到了原型图像的影响，这些图像自身经历了不同程度的转变和修正。“高跷上的盒子”不仅仅只是一个盒子，它吸收了悬浮于景观之上的设计观念，以及某种身体感觉，当人们处于柯布西耶的建筑中时能够直接地感受到这种感觉。[13]这个“盒子”或许吸取了雪铁汉住宅变体的形式或更大的城市住宅的形式、凹凸曲线形态住宅的条状形式，但是在每一个项目中，建筑师都竭尽所能地将平坦的露台转化为一个屋顶花园。屋顶花园当然是“新建筑五点”中的另一个点，它在柯布西耶的职业生涯中经历了不同的表达方式，从萨伏伊别墅中的“室外房间”，到贝斯特古

[下图]
夏尔·爱德华·让纳雷，托柱式城市方案，出版于“走向一种建筑”(1923年)：勒·柯布西耶城市规划思想的本质剖析，地面层支撑于预应力混凝土上，解放底下的车行流线并在建筑屋顶创造出屋顶露台。

[底图]
一系列勒·柯布西耶的理想城市提案、集合建筑方案以及20世纪30年代早期实现方案的模型。

[右图]
勒·柯布西耶和皮埃尔·让纳雷，当代城市透视图，1922年。
水彩打印于纸上，45.8cm×66cm(18×26英寸)。

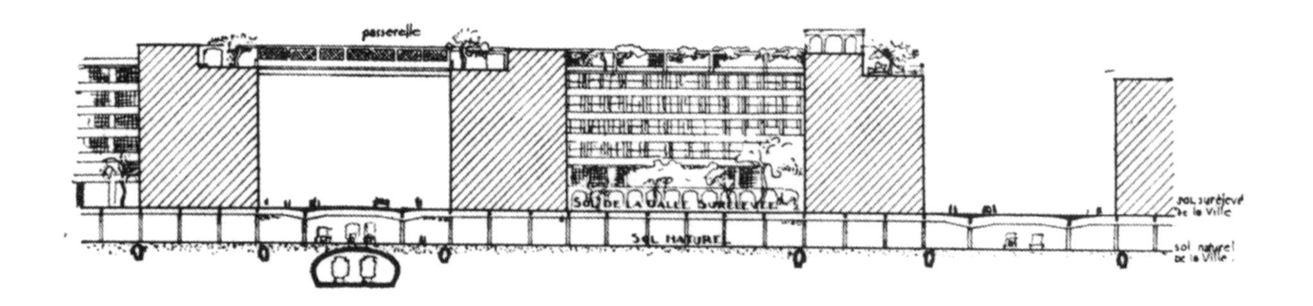

（Beistegui）的超现实主义场景，再到1927年联合国总部方案中的公共屋顶平台、邮轮的甲板、马赛公寓屋顶关于卫城的重新思考。在每一个案例中，设计思想的基本特征都会通过对场地、项目本身以及地形等要素的独特回应表现出来。屋顶花园的思想或许根植于建筑师的直接体验之中，例如巴尔干半岛地区住宅中的“夏季房间”、诸如哈德良离宫等古代遗迹中没有屋顶的“露天房间”以及邮轮的甲板。后来的许多屋顶平台的萌芽阶段早在1912年柯布西耶在拉绍德封为他的父母所设计的住宅旁边的一座朝向南方景观的抬升花园中就已经出现了。这一概念之后在柯布西耶的整个职业生涯中以不同的形式反复出现。

柯布西耶乐于将城市通过功能进行划分，例如“居住、工作、休憩、交通”。在他的城市规划方案中，柯布西耶关注于等量的建筑、景观或是工程类型，例如笛卡尔坐标式的全玻璃摩天大楼、集合住宅方案、公园或是高速公路。根据柯布西耶的观点，这些元素是工业化、现代化以及严酷的现实的必然特征，柯布西耶之后会通过新的形式定义以及不同乌托邦式方案的并置来形成他自己的思想。一旦这些抽象成分呈现在诸如300万人口的当代城市方案等早期的城市规划提案中，它们将会在图纸上或通过类似方案来进行许多的转化，在这一过程中，基本部分会得到拓展和修改。尽管柯布西耶从未建造过摩天大楼，但是他一直在为这种建筑类型发掘新的可能性，从1922年的第一座水晶塔楼到20世纪30年代所提出的阿尔及尔方案中带有遮阳板的“生物性”立面的摩天大楼，更不用说1947年的联合国总部方案了。不动产别墅（Immeubles-Villas）方案（它们本身受到了艾玛修道院中建筑单元的影响）同样为城市生活提供了一系列的建议，这种生活在1933年日内瓦的光明公寓的复式单元以及战后的集合住宅中得以实现。类型的转变中包含了创造发明，但是每一个建筑仍然必须达到某种独一无二的秩序，以回应某种核心驱动思想。

人们不能仅仅通过将他的各个建筑类型进行归类来阐述柯布西耶建筑的含义，也不能仅仅通过罗列一系列的主题、类别或是重复出现的图像母题来阐述他的绘画的重要意义。正是柯布西耶定义那些可能出现的最普通例子的思维方式（“如此广泛以至于我们不得不承认没有例外”）[14]起到了重要的作用，无论这些事物是房子、椅子、结构元素、摩天大楼，还是整个城市规划。柯布西耶的理想蓝图毫无疑问有着其自身的存在方式，即使它们大多仅存在于纸上。但是这些理想蓝图通过与每个项目的设计意图结构相联系，从而真正地变成了现实。其中一个相关例子是1919年设计的拱形的莫诺尔别墅，它是又一个为大规模批量化生产定义一种住宅原型的失败尝试。即使这样，这一类型在柯布西耶之后的建筑和图纸项目中经历了一系列的转化，从1935年的周末住宅，这一作品处于郊外与工业化乡土建筑之间的交接处；到光辉城市设计，这一设计是为社会重建所奠定的又一个基本原型。1942年在舍尔沙勒所做的农学家住宅未建成方案中同样回应了这些理想蓝图，这个设计令人回想起“最基本的地中海形式”；在20世纪50年代所设计的雅乌尔住宅和萨拉巴伊别墅中当然也回应了这些理想蓝图。前者是为一个精英巴黎郊区所做的关于“农民主义”的复杂尝试；而后者是一种对于亚热带印度气候的巧妙回应。在每一次的再生中，潜在方案的新的层面被挖掘出来。

柯布西耶对于“大批量生产住宅”的着迷使他不可避免地关注工业建筑形式与乡村建筑形式之间的相似点和区别。从他早期对瑞士乡村建筑和传统建筑的研究，到他在东方之旅期间所作的观察和他的多米诺住宅试验，柯布西耶更倾向于认为乡土建筑体系的关键在于类型学分析。从以往所设计的一系列建筑形式中掌握基本图式，建筑师或许会通过生产的方式而非手工方式设计一座历史建筑的现代等价物。20世纪20年代，雪铁汉住宅作为基本住宅单元在那段时期内经过一次又一次的转化形成了多种形式的住宅建筑；但是在接下来的十年中，柯布西耶试图寻找建筑与自然和地方传统之间新的关系。然而他在拉绍德封的

［下图］
勒·柯布西耶和皮埃尔·让纳雷，不动产住宅，1922年：单个单元的双层通高露台。
钢笔绘制，30cm×38.9cm（$11^{3/4}\times15^{1/3}$ 英寸）。

［右图］
夏尔·爱德华·让纳雷，艾玛修道院双层通高修士居住单元和毗邻花园的剖面草图，1907年。

第一次实践却被一种地域主义方式所指引，他随后对于乡土建筑形式的转换——无论是在地中海世界中见到的还是在其他地方——在整体基调上都更为基本和普遍化：一座过去农村乡土建筑的现代等价物，一种在工业主义和传统之间的重组转换，这一转变得益于诸如钢铁框架以及混凝土拱顶等所谓现代技术的“通用”工具。莫诺尔形式在位于昌迪加尔的劳工住宅项目中甚至进行了重新设计，这一住宅由最原始的砖和泥土制成，但是带有一个园子以及自然穿堂风。

这一设计之后转而被那些试图寻找乡土文化根源的印度建筑师所吸收。借助他的各种建筑类型，柯布西耶不仅踏遍了社会的各个阶层，同样也穿越了国与国之间的边界。

正如柯布西耶在他的画中改变各种物体的特性一样，他在建筑中依靠如阿兰·科洪所说的“概念置换”的方式从一种属性或类别横向转移到另一种属性或类别。[15] 混合了邮轮和宫殿两种意象的联合国总部大楼项目是柯布西耶从大尺度进行类比性思考的典型案例。柯布西耶善于将基本的秩序组合加以调整以适应不同场地和需求，例如在他的博物馆项目中。相互平行的展览空间大厅带有天光的剖面类型在威尼斯医院方案中也退居二线成为一个顶部采光室，或是在奥利维蒂项目（Olivetti project）中的一个带有顶部采光的实验室。有些类比只是从一种形式组合的角度出发，而不管功能以及规模之间的差异。我们可以举出许多例子来“解释”朗香教堂只是整整二十年之前阿尔及尔奥伯斯规划中设计的山坡上的弧形公寓建筑中的一个。这一对比和功能使用的相似性无关，而是和柯布西耶之后所称的“声学形式”的作品有关，这一形式中的曲线接收并传递场地景观中的能量—— 一种地形学上的抽象方式。

柯布西耶拥有一种形式才能，这种能力使得他能够创造出根本的视觉或空间“语汇”，但他又通过不同的媒介不断组合这些语汇，来传达不同的意义，无论是在绘画、雕塑、建筑、城市或是区域规划中。毫无疑问，摄影在建筑师寻找不同尺度的不同现实之间的一致性的过程中起到了一定的助力作用，就像在一幅将许多相互对立的图片拼贴在一起的超现实主义绘画中所表现的那样。柯布西耶一生都在发掘不同现象之间的相似之处，举个例子来说，他通过在岩石背景上拍摄他的晚期《乌布》（*Ubu*）以及《乌纵》（*Ozon*）雕塑作品的方式来探寻相似之处，这一背景在某种程度上强化了作品。通过视觉化的双关，柯布西耶能够传达出其作品的隐含信息，从某种程度上强化了作品的思想。例如，在周末住宅（1935年）的照片中，前景中的稻草篮子和背景中用金属丝编制的篮子通过某种方式产生了对比，这种方式强调了工业与农业价值观之间的对比这一总的主题。由背后的钢筋网格支撑的双曲面形式或许在20年之后的昌迪加尔的议会中心中找到了回忆，设计采用斜向交叉的网格支撑漏斗形

[左图]
勒·柯布西耶和皮埃尔·让纳雷，周末别墅，塞勒·圣·克劳德，法国，1935年。轴测图：1919年的莫诺尔拱顶原型的又一种变形。
钢笔粗线绘制，62.3cm×105.1cm（$24^{1/2}$×$41^{1/3}$英寸）。

[下图]
勒·柯布西耶事务所，雅乌尔住宅，塞纳河畔，法国，1954—1956年：通过粗砖和粗混凝土对拱顶类型的重新诠释——“处在农民主义的边缘”。

的结构——一个放大版的篮子。当然，国会大厦的设计中还存在着另一套联系，这与柯布西耶对太阳宇宙论以及冷却塔的兴趣有关。1938年，柯布西耶在书中写到了他所遇见的不同图像和形式以及这些事物之间出人意料的相似性所带来的启示：

> “从他们的表现形式、从他们不同的联系方式中，一种相互关系产生了。这种关系——简洁的、两种面对面的切实观念之间的巨大差异，或是彼此之间的对峙——这恰恰就是艺术家所发现的东西。它是一种启示，一种震动。”[16]

人们也不应该忘记柯布西耶对于盒子、抽屉柜子、瓶子、酒架、眼镜、绳子、钥匙、齿轮，以及其他此类寻常事物的兴趣。这些同样属于某种“类型”：日常生活中的有用器具，通常有着简单的形式。柯布西耶的书中充满了诸如此类的中性物品，有时候是蒙太奇照片、雕刻图形，甚至是广告上的图片。就如同在《今日的装饰艺术》（L’Art Décoratif d’Aujourd’hui）和新精神馆中所清晰表示的那样，柯布西耶敏锐地观察到了物质文化的创造，观察到了手工制造的日用品和工业生产的日用品之间的差别。“普通”（Ordinary）类型的置换在现代家具的设计中起到了重要的作用，柯布西耶、贝里安以及皮埃尔·让纳雷将诸如旅行椅等已经存在的家具加以改良，然后将它们转变为一整套的现代座椅，适应人体的不同坐姿。自行车技术转而被加以改良用来制造椅子的钢管骨架，并通过铬合金以及皮制坐垫加以包裹。模度理论本身就试图根据所有事物的最基本“类型”、将人体作为一种度量单位来调节事物之间的和谐关系。在这一体系中，标注的人体类型嵌入在和谐的数字之中，这些数字包括了向无穷方向延伸的、从小尺度到大尺度的一种空间增长。当涉及柯布西耶探寻宇宙秩序的问题时，几何是其中一项关键元素。黄金分割比例作为一种更高秩序的表现形式，是永恒不变的。每一种自然现象体验通过几何元素的抽象提取的方式被转化为

[右图]
勒·柯布西耶和ATBAT，马赛公寓东立面透视图，法国，1947年：一般类型与城市定理转化为某个特定建筑。
钢笔与铅笔中线绘制，87.9cm×132.1cm（$34^{2/3}$×52英寸）。

[下页图]
勒·柯布西耶和皮埃尔·让纳雷，阿尔及尔的奥博斯规划，1930年：表达了类似于后倾躺椅的弯曲形状，但是从更大尺度上融合了城市规划与景观。
钢笔粗线绘制，大约94cm×196cm（37×77英寸）。

ATBAT
ATELIER DE BATISSEURS
35. RUE DE SEVRES . PARIS · 6e
CHANTIER : M. M I
DESIGNATION
FAÇADE EST
PERSPECTIVE GÉNÉRALE
Dessiné par
Calqué par
Vérifié par
MODIFICATIONS
Nature
Dates
N° A.45
Echelle
L'ARCHITECTE :
L'INGENIEUR

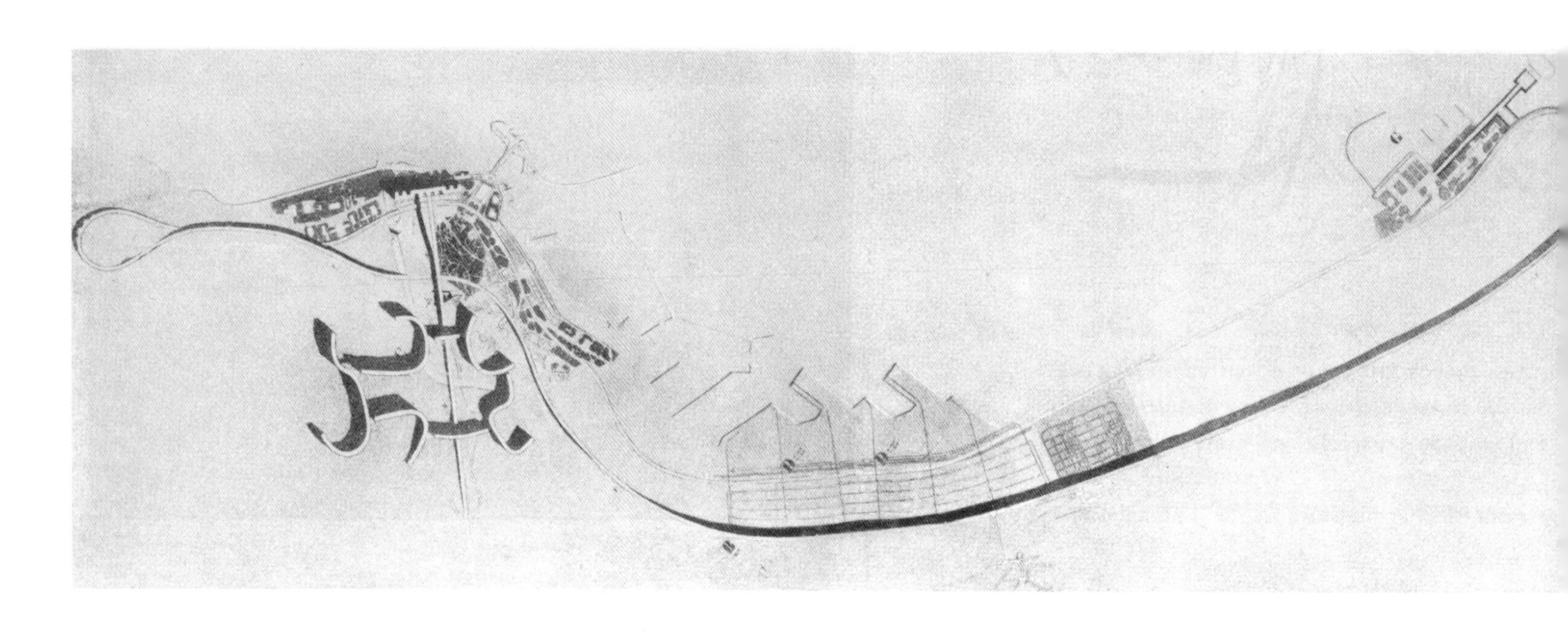

各种类型。但是当涉及设计建筑时，柯布西耶会依靠他自身的形式感来建立和谐的相互关系。

在这些对核心类型的调查和再调查过程之外，关于视觉和空间思考模式的迹象相对来说更不明显，这些思考源自建筑师自身风格内化而成的图解。柯布西耶不断回到建筑组织方式的探索中，例如方格网中的弧形分割物、矩形边界中的圆柱体、长方形中突出的耳状曲线、强调垂直性的主立面以及强调水平性的次要的侧立面，或是从空间、光线和视野中引伸出扩张性的剖面。事实上，建筑中存在着不断重复的、用来组织建筑体验的处理方式，例如建筑漫步，这种建筑处理方式通常从室外开始，然后使用者们依次通过室内的被压缩空间以及扩张空间。或许部分地受到雅典卫城的影响，这一建筑思想已经在柯布西耶的早期仿古典主义住宅中得到了完善的发展。法夫雷-雅科住宅（1912年）通过一条车道得以到达，之后穿过一条内部小径，小径通过变化的轴线和视角进行组织，最后到达后花园。这种穿过不同密度体量的流线设计方法可以在加歇别墅、联合国总部设计，以及在轻盈通透的萨伏伊别墅设计中找到。这些流线组织方式在诸如纺织协会总部大楼等晚期作品中又再次出现，尽管是通过一种由裸露混凝土以及斜向遮阳板组成的语言体系加以设计。穿梭于由圆柱体或自由平面中的要素所组成的路径这一主题在救世军大楼的方案中得到了深化，同时从背后进入建筑的方式是建筑师执业生涯中一个根深蒂固的设计方式。

柯布西耶善于同时将几种不同的图示融合在他的项目中。位于拉绍德封及其周围的早期住宅吸收了折中主义的影响，这些影响围绕着一种起源于东方之旅中的核心组织原则。

柯布西耶或许通过20世纪20年代简洁的白色形式放弃了历史参照系的外壳，但是在这些建筑立面的背后，柯布西耶依然坚持着众多的历史和个人的比例秩序组织方式，就像在晚期作品中所表现出来的那样。1907年在艾玛修道院中首次进行的2-1剖面研究只是一种重复出现的设计主题，起源于庞贝古城住宅的四柱思想同样也是这种重复的主题。事实上，柯布西耶从他自身的角度出发对这些主题进行了思考，将它们和他的现代语汇以及空间思想融合在一起。柯布西耶拥有重新思考自身作品的惊人能力，在前进过程中不断地回到之前的地方。典型住宅的空间概念以及组织顺序在20世纪四五十年代的作品中被重新诠释，例如克鲁切特（Crutchet）住宅或是肖特汉住宅（villa shodhan）。库克住宅的剖面中朝着阳光和屋顶平台不断上升的路径在纺织协会总部大楼的剖面中被再次发现。早期和晚期的作品是同一种空间智慧的表达方式，但是通过不同的外部形式加以表现。[17]

艺术家的作品中或许会有着重复出现的图像和组织方式的影子。柯布西耶在所有规模的建筑中不时地会回到基座、中端、顶部的三分法中。柯布西耶很可能在自然中第一次掌握了这种方式，例如从树的树根、树干和树枝中，或是在汝拉乡土建筑中岩石基座、中部以及悬挑屋顶中。柯布西耶对于古典主义的阅读——基座、柱子、檐部——只能起到加强那些已经深深嵌入在柯布西耶形式智慧和身体记忆之中的思想倾向。借助多米诺体系的解放作用以及其他现代建造技术，柯布西耶重新创造了三分法。这样一来，基座对应着底层独立支柱，解放了地面；中部对应着悬浮于空中的主要居住层；檐部或檐口通过不同形式的悬挑板或是屋顶平台加以重新诠释，补全了各部分之间的组合。[18]

快速越过早期作品，从20世纪20年代的住宅、萨伏伊别墅这一机器时代的神庙、诸如瑞士学生宿舍等更大规模的纪念性和公共作品，再到战后的马赛公寓以及拉图雷特修道院，这一过程展现了三分法这一基本方法所经历的变化，这一方式当然反转了传统砖石建造方式所带来的荷载感和支撑感。在他的晚期作品中，柯布西耶同样发展了遮阳板、波动的窗户以及不同尺度的模度体系，来生动地达到一系列相互重叠的节奏感，这些节奏感包括了柯布西耶从生物学中得到的立面启示以及

[左图]
勒·柯布西耶、夏洛特·佩里安以及皮埃尔·让纳雷，躺椅，B306，1928年。钢制管状底座和适应向后躺的人体曲线的座椅部分。

[左下图]
勒·柯布西耶，《今日的装饰艺术》（1925年）中的一页，图示说明例如杯子、眼镜以及折叠式躺椅遮阳的“普通”功能性物体：物体-类型启发了作为建筑师、设计师以及画家的勒·柯布西耶。

[右下图]
勒·柯布西耶，不同坐姿的人体草图，来自《精确性》（1930年），根据勒·柯布西耶在拉丁美洲的一个讲座中绘制的一幅大型绘画，1929年。
炭笔绘制于厚纸，101.1cm×71.1cm（39$^{3/4}$×28英寸）。

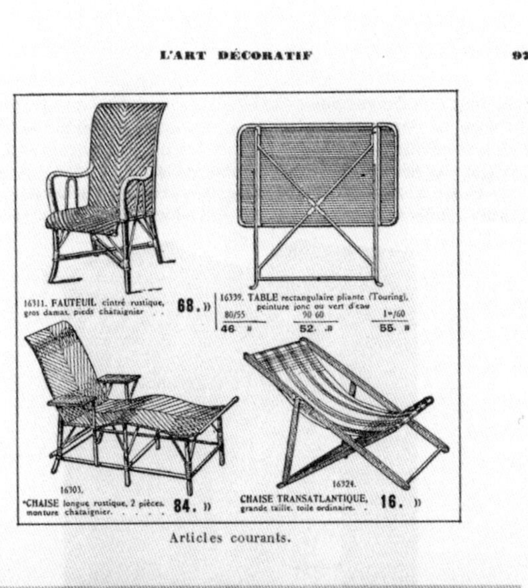

L'ART DÉCORATIF 97

16311. FAUTEUIL cintré rustique, gros damas, pieds chataignier . . 68. »

16339. TABLE rectangulaire pliante (Touring), peinture jonc ou vert d'eau
80/55 46 » — 90 60 52. » — 1=/60 55. »

16303. *CHAISE longue rustique, 2 pièces, monture chataignier. . . . . 84. »

16324. CHAISE TRANSATLANTIQUE, grande taille, toile ordinaire. . 16. »

Articles courants.

Verrerie du commerce.

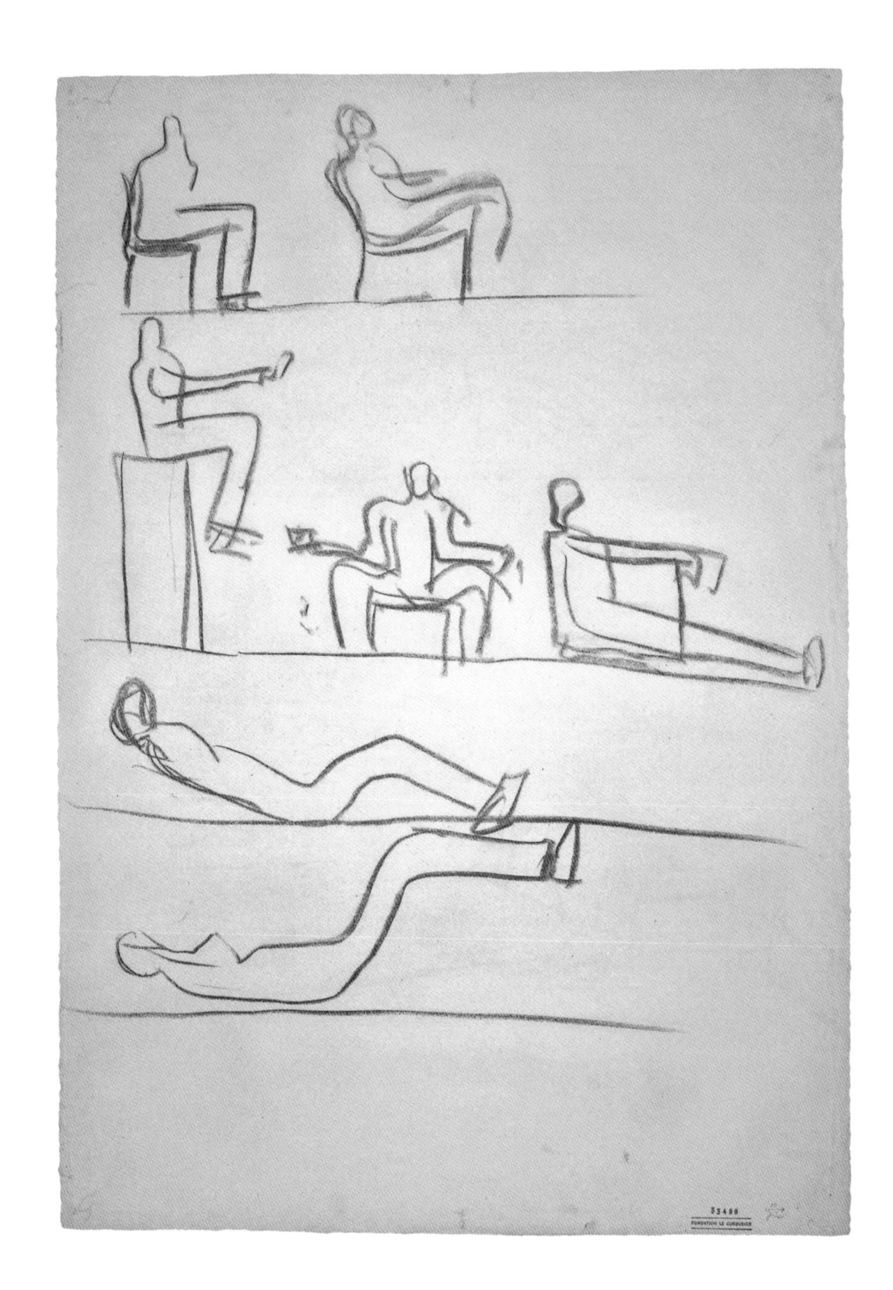

Jeanneret

［左上图］
夏尔·爱德华·让纳雷，雅典卫城草图，1911年。强调卫城与周围山脉、海洋以及地平线的相互关系。
铅笔绘制于草图本上，12.5cm × 20.3cm（5 × 8英寸）。

［左下图］
夏尔·爱德华·让纳雷，“壁炉”，1918年。油画绘制于画布，60cm × 73cm（$23^{2/3}$ × $28^{3/4}$英寸）。
当提到这幅纯粹主义静物画时，建筑师说道“我在1918年的第一幅绘画作品。‘壁炉’。这是卫城。我的马赛公寓呢？是其延续”。

［右图］
居住单位，马赛，法国：屋顶露台作为一种卫城，室外空间强化了周围景观的体验。

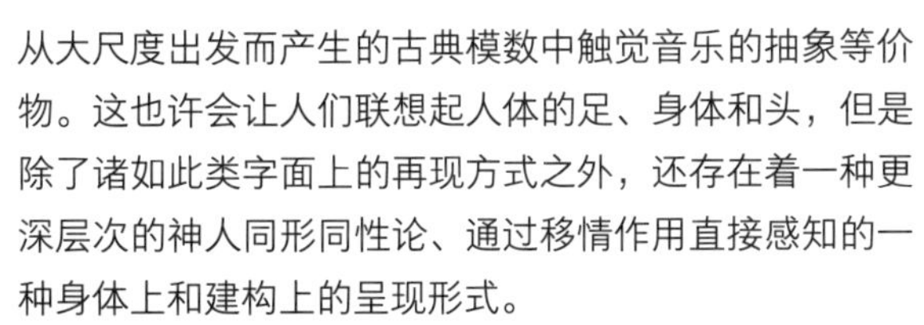

从大尺度出发而产生的古典模数中触觉音乐的抽象等价物。这也许会让人们联想起人体的足、身体和头，但是除了诸如此类字面上的再现方式之外，还存在着一种更深层次的神人同形同性论、通过移情作用直接感知的一种身体上和建构上的呈现形式。

在柯布西耶的建筑以及城市主义学说中同样存在着被称为感知经验的主题，在这些主题中肯定存在着对于水平视角的迷恋。[19]同样的，人们怀疑这和建筑师的童年经历、阿尔卑斯山脉远景的“海洋感受”有关，这些确实提供了一种崇高之感或是一种不可言说的空间感。当柯布西耶通过建筑抽象发现了这种感觉体验之后，这种感觉在《东方之旅》中转化为了理论文字——从位于圣山上的一座修道院中的一个房间中所观察的景色朝着远处的海逐渐扩散，产生了一种无穷之感，当然也包括了雅典卫城上的神庙与周围的山、海以及地平线之间的动态关系：高雅的建筑：帕提农神庙将它的影响力扩展到了远处的地平线——就像柯布西耶十年之后在《走向一种建筑》中所写到的那样。这些早期经历的影子可以在萨伏伊别墅中找到，建筑中将巴黎近郊的起伏的山脉景色通过横向长窗框入室内；也可以在以下的这一些地方找到：例如在朗香教堂的行进路线以及四个立面的不同体验，拉图雷特修道院悬浮着的上层建筑以及朝向西面山脉的框景，马赛公寓的屋顶露台以及借用的地中海景观，昌迪加尔首都规划中的巨大景观以及与天空、土地，以及远处山脉之间的关系中。地平线在柯布西耶的城市主义中同样起到了重要的作用，特别是在后退的透视图以及300万人口当代城市规划方案中的地平线的崇高的效果。

如果我们仔细观察柯布西耶的绘画作品集，我们会发现其中重复出现的主题类型以及视觉母题，但是除了这些之外，在柯布西耶的画中还存在着一些用来组织形式和绘画空间的一贯处理方式。在柯布西耶的建筑中，就像在所有的媒介中一样，他不断游走于抽象提取和形式表现之间，通常会在两者之间处于一种模棱两可的中立境地。正是在这种情况下，柯布西耶重新细化了基本图示并赋予他们以新的意义，有时候还会将其中的一些融合在一起。在这些图像化的“主题”之中，这些主题通常会以不同的形式重新出现，人们会将树也算作其中的一种主题，特别是针叶树。简而言之：在柯布西耶的成长阶段，他学习观察和描绘树木，同时通过适应于汝拉地区的地域主义文脉将这些树木转化为象征性以及装饰性母题。这一发展阶段非常依靠罗斯金的著作，树作为一种道德象征的观念，以及在世纪之交关于植物形式作为国家或地区身份象征的观念。[20]

随着法莱住宅中所使用的五彩拉毛粉饰的装饰形式，让纳雷已经展现了一种将不同图像融合在一个简单图案中的能力，就像用几何形式同时表现树木、松果以及云彩。

绿色植物随后作为柯布西耶城市主义中的一个崇高价值观被加以使用，特别是作为“本质的快乐”三位一体中的一部分：“光、空间和植物”。除了在20世纪20年代的一些作品中偶尔将树和柱子加以类比之外，最重要的是在城市规划方案中所涉及的公园以及纪念性花坛，以及基于“新建筑五点”的带有象征性意义的屋顶花园的建筑中，树木被赋予了一系列新的卫生和改良主义的含义。树木将自然带入城市，同时在这一过程中又重新创造了自然。它帮助城市呼吸，柔化机器带来的影响，是迈向工业化的一个重要的对应物。在20世纪30年代，柯布西耶从诗意性的自然界的事物中得到启示，例如贝壳和它们的螺旋几何形式。针叶树那舒展的树枝以及层次分明的树叶提供了树荫，同时引入了光线和空气，成为高层建筑的一种隐喻，通过它的核心树干以及富有肌理感的遮阳板回应了周围的光和空气。建筑师在草图中表达了某种类比，他将一棵冷杉的草图与为阿尔及尔所设计的摩天大楼相对比。我们甚至可以在马赛公寓的横截面中感受到这一思想的存在。在《人类的居所》（La maison des hommes，1942）一书中，柯布西耶用一幅树形图解来表示法国国家的等级秩序。战

[下图]
夏尔·爱德华·让纳雷，树木草图，分析树干、树枝以及枝杈的结构和层级，1905年。
铅笔绘制于黄色草图纸上，18.2cm×12.0cm（$7\times4^{3/4}$英寸）。

[对页右图]
勒·柯布西耶，不同角度的贝壳草图，探究连续的室内与室外弧形表面，1932年。
石墨绘制，36.5cm×26.5cm（$14^{1/3}\times10^{1/2}$英寸）。

[对页最右图]
勒·柯布西耶，“张开的手”结构和几何形体研究，昌迪加尔，印度，1954年2月27日。

[对页下图]
勒·柯布西耶，在草图本H33上的人手研究，来探究“张开的双手”方案，1954年8月2日。
铅笔绘制，8.5cm×13.5cm（$3^{1/3}\times1/3$英寸）。

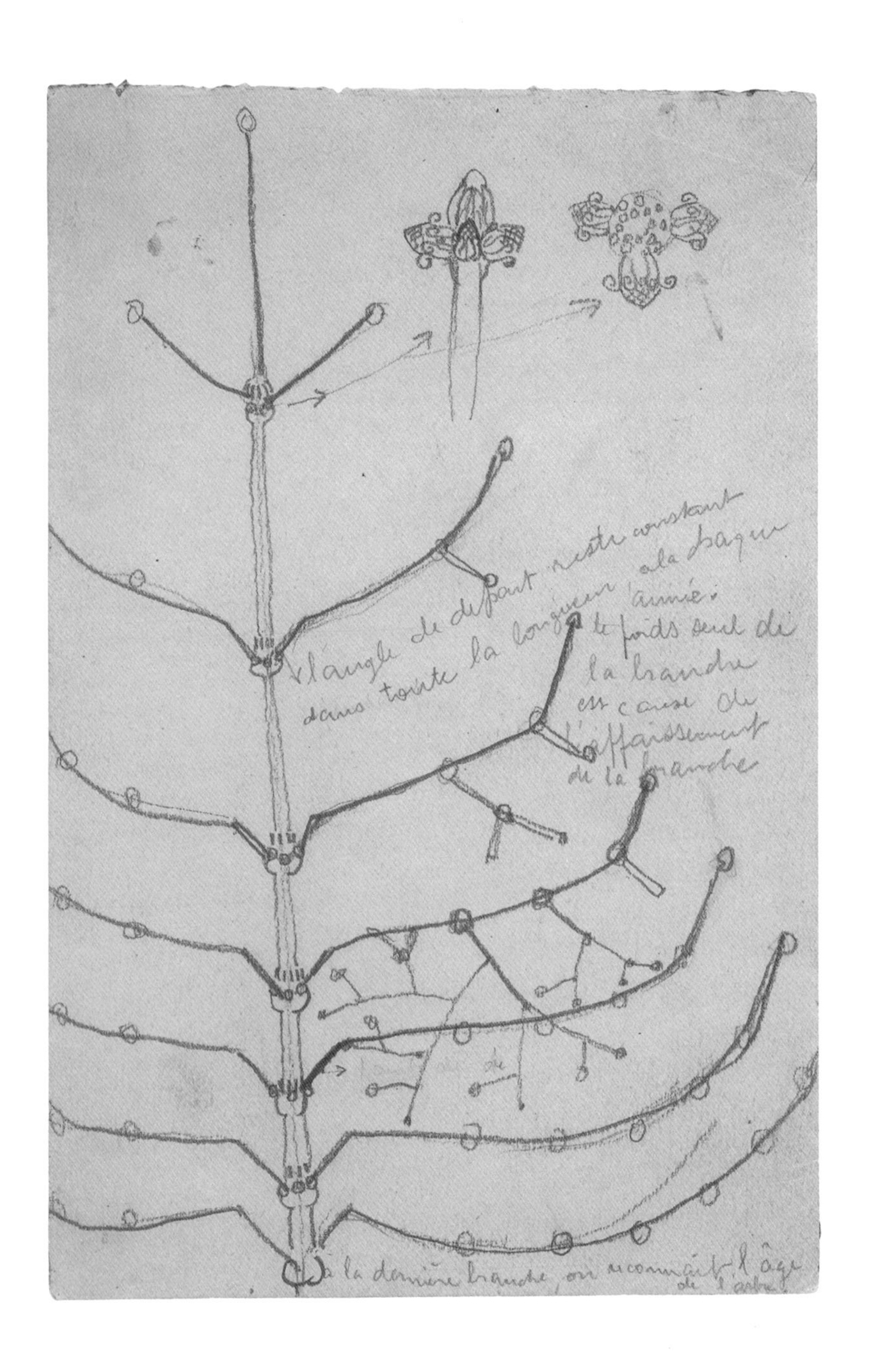

后，在他向自然所作的诸如《直角之诗》（Poéme de l'Angle Droite）等赞歌中，以及昌迪加尔国会大厦的搪瓷门上的宇宙图案中，树木转而作为一种自然和谐的普遍象征，甚至作为一种“生命之树”。

另一个例子是手，它同样出没于柯布西耶动感的叙述文以及象征性方案之中。[21]它是艺术家们在绘画和书写时借以在纸上传达其思想的工具。但也同样给予艺术家通过触觉感知世界的能力：柯布西耶其中一项最有说服力的解释是在1911年在雅典卫城上用手直接触摸了大理石柱和装饰物。20世纪20年代，在一张照片中，一只巨手闯入了瓦赞城市规划模型中，这一象征物或许象征着由法国上层政府所施加的一个众所周知的“象征性规划”（Plan derecteur）。相互交叉的双手以及握紧的手指从20世纪30年代起开始出现在绘画和象征性图解中，然而在1938年的瓦扬-古久里纪念碑方案（Monument to Vaillant Couturier）中，一只巨大的手代表着工人阶级团结一致，摆出一副朝向人性的姿态，这是柯布西耶最贴近社会主义现实主义的合法性这一主题的一刻。就像在14章中所提到的，在昌迪加尔项目的“张开的手”有着复杂的起源和谱系渊源，或许能够追溯到罗斯金的树，同时进入了另一种意义的意识形态领域，一种泛文化理想主义，它赞颂后殖民主义乌托邦中人和自然之间的和谐。但这同时说明了这只手最明显和最易理解的特征。后期的一些作品，诸如朗香教堂以及昌迪加尔的纪念碑等，以它们的形态体现了人类的姿态。国会大厦建筑的主要门廊就像一双抽象的大手大方地向周围的空间张开。月牙形的遮阳伞以及斗状的屋顶重复地展现着这种姿态，同时和一系列的宇宙和行星象征相呼应。

在柯布西耶的作品全集中充满了其他关于垂直性的主题，其中一些关于《新时代的第一批果实》（First Fruit of the New Age），发表在《走向一种建筑》一书中：粮仓、工厂、飞机、汽车以及轮船。邮轮作为一种建筑典范参与了这一道德剧，这种建筑应该是明晰的、健康的、有秩序的以及精确的。我们可以在20世纪20年代的作品中发现甲板、烟囱、梯子和扶手等事物的影子。但是轮船同样也是一座漂浮的城市，是光辉城市中的集合住宅的表亲，是救世军大楼中公共容器的典范。在《精确性》（Précisions）一书中，柯布西耶将邮轮与摩天大楼、巴洛克宫殿放在一起。而国联大厦的解决方式，就好像在表明一座集体纪念碑的模型：一座国际主义者的“机器时代的宫殿”。轮船，连同修道院和法郎吉一起，应该表明公共和私有之间的理想化的平衡，这一点在建筑师的乌托邦式的神话中同样得到了暗示。这一主题以及它的众多参照中的完美诠释当然要数马赛公寓，一艘满载社会救赎的轮船，上层甲板歌颂着地中海的神话。建筑顶部运动馆的屋顶暗示了一个带有龙骨的翻转

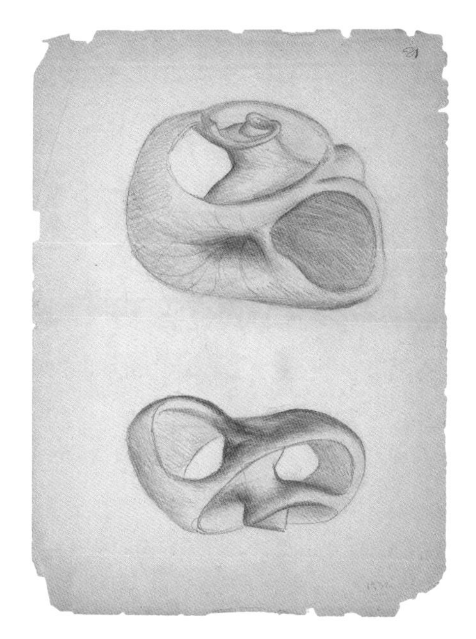

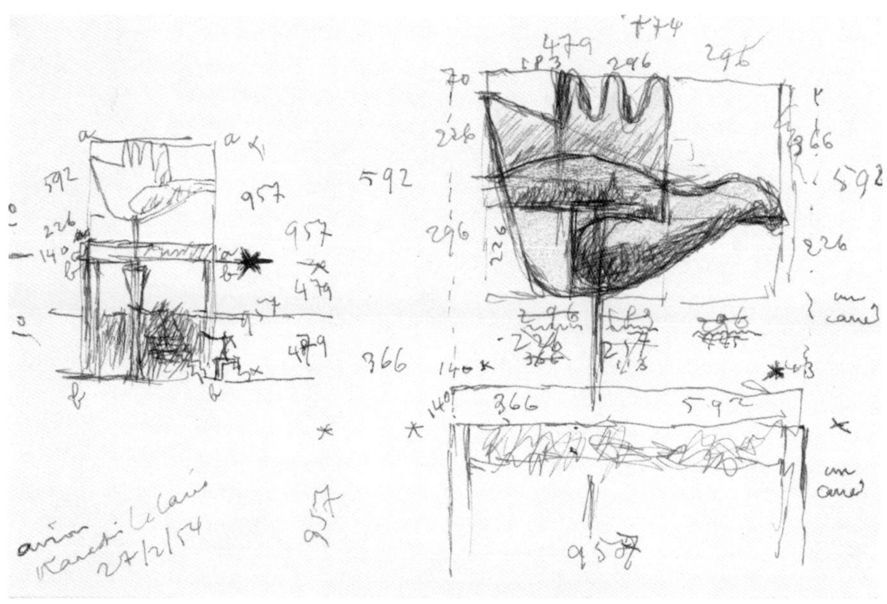

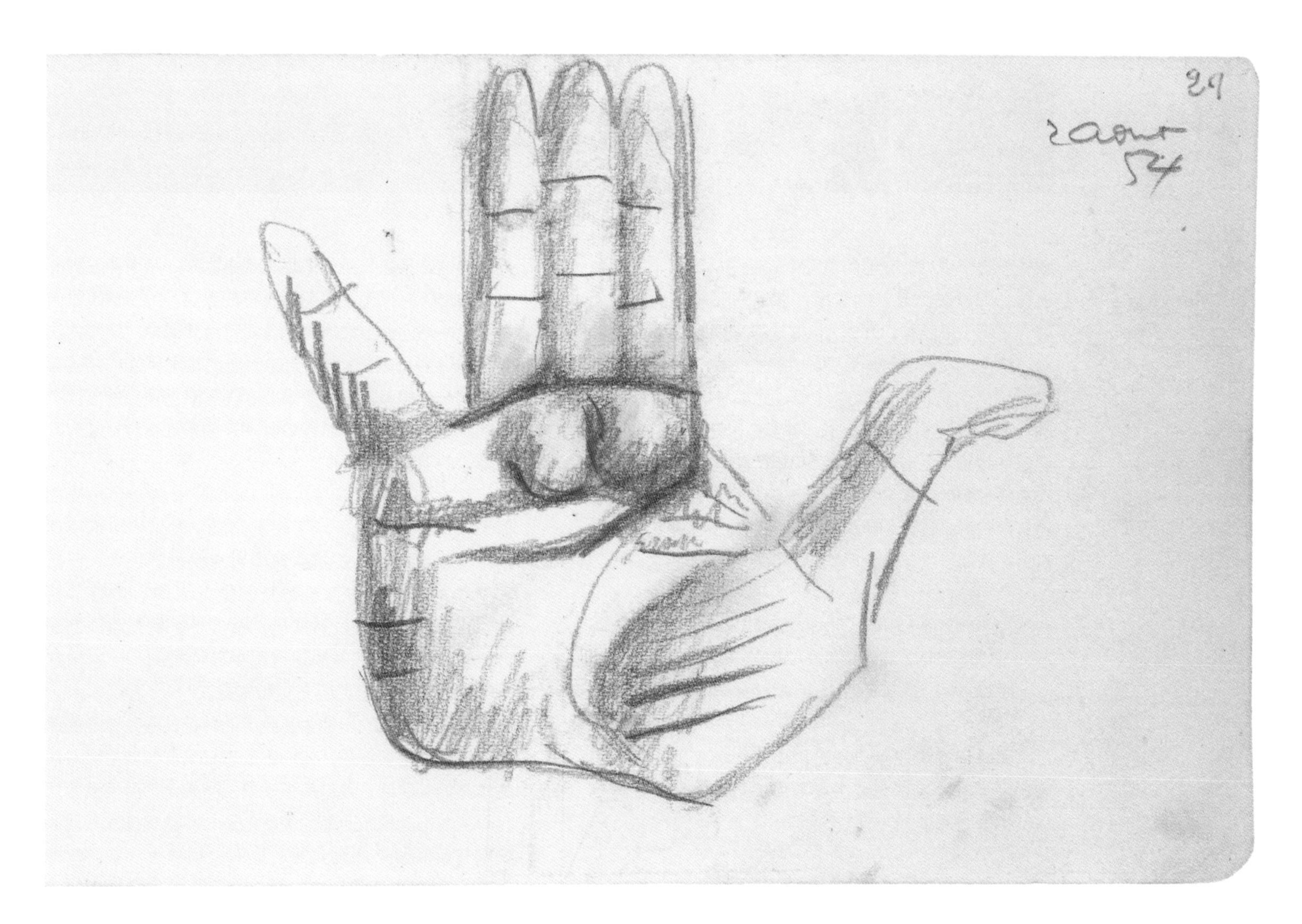

的船。朗香教堂的屋顶形式同样也表明了一种航海的类比，甚至是船体的复杂集合形，但是它是一艘赛艇而非邮轮：形式根据水流进行设计，但通过几何规则掌控。[22]

另外，柯布西耶创造了各种角色来表演他的剧目。这其中包括了公牛（Taureaux），它们出现在绘画、雕塑以及形式、轮廓和建筑细节中，当然包括在昌迪加尔设计中的这些元素，在这个设计中，公牛触发了另一套与印度有关的联系。这个主题产生于广为熟知的超现实主义主题之间，米诺陶（Minotaur）和毕加索的公牛，是由自行车的车座、手把、建筑师的个人秘密，以及对外界现实的观察，比如在印度的速写本上对公牛和牛车的随意乱画等组成的。柯布西耶永远都在那些看上去普通的项目中发现新的创作源泉。他会用一种反映出地理的、空间的、结构的或者体现超自然能力的方式来仔

细检查这个项目。在他的草图中，他分析延绵不断的地表面，海浪凹凸起伏的表面。在他1930年的画作中，有许多例子描绘被切开的骨头的表面及其复杂弯曲的轮廓。这些形状一直陪伴着他，在他后来的工作中不断再次出现，以转译的方式启发他，比如在40年代后期他的乌布（Ubu）雕刻作品中，甚至体现在朗香教堂凹凸起伏的墙面上。所以20世纪30年代初期在草图中第一次被捕捉到的结构分析得出的一种特征渐渐地整合到了建筑师的形式语言的家族中。自然物体像贝壳和骨头等对柯布西耶产生了巨大的影响。他在1935年写道：

> “一些被屠杀的骨头（不大的关节骨头或者是被屠夫的锯子锯开的肩部碎骨又被海水冲得发白）。同时我发现自己处于大量的移动财富之中，它们显示出宏大的自然信息和真正的法则。”

通过仔细考虑从自然过程中获得的类型，艺术家被启发了在作品的形式上去努力追求功能性的严整的以及视觉上和谐。

> “自然的物体……变得像潜能和神灵。通过他们可以进入自己的内心，进入一个人的自我世界，进入伟大杰出的宇宙普遍法则的节奏中。这些多种多样的普通的物体变成了思维的发生器。”[23]

柯布西耶卓越的观察和转译的能力再一次跟随“变形”的主题回归。正是在他的速写中，人们看到了工作中那些“创作的碎片”。就像达·芬奇在他的《笔记》（Notebooks）中认为的那样，从动态形状到墙体中碎片的构造，柯布西耶永远都在一种游走的状态中面对世界中的这些现象，所有的规模都是这样，从鹅卵石到高大的山峦，从贝壳和小船到不朽的建筑。一张从飞机俯瞰拉丁美洲河畔自然风光的速写可能转译成“蜿蜒的法则”。一张从莱芒湖上看到的山峦的轮廓风光的绘画可能给出一些思考水平长条窗或者国际联盟项目的屋顶花园的线索。一棵度假过程中画下来的多节树可能被转译成裸体的浴女。

女人的身体曲线有可能溶解成环状的山体风光的剪影，然后激发出一个工程例如阿尔及尔的奥伯斯规划。飞机航行中的拍打声可能会提供一些线索，以研究新型的遮阳板作为卡彭特视觉艺术中心的延伸铝片，这个建议后来没有实施。事实上，柯布西耶的设计过程不断地被那些旅途过程中碎片式的、涉及内在洞察力的草图和笔记所充实和丰富。

那些画作反映出他生活经历的转折过程，比他的速写本更晚也更加成熟。我们不该忘记莱普拉特尼耶对他的学生们的建议，他们应该观察、图式化然后创造微观世界的装饰。柯布西耶的画作也是一种微观世界，他的建筑作品和城市规划也是，只不过规模大一些。伴随着20世纪20年代的纯粹主义作品，艺术家们试图寻找与机器时代的物体和纯化类型更好的协调方法（他们可能是简单的玻璃制品或者机械化的形状），到达一种图底关系互换的完全循环式的空间领域，给建筑师提供了空间想象力。在20世纪30年代，从他的草图甚至照片中传达出了各种各样的“唤起诗意的物品”，比如一堆原木或者渔民的绳子，都太直接了，但是他们仍然帮助释放出一种触觉的感受，这关系到柯布西耶对农民形式和对自然调查的重新思考。他第二次世界大战后的《乌

[左图]
昌迪加尔，国会大厦的屋顶结构以及月牙形状，巩固了首都作为一种宇宙和政治景观的整个主题。

[下图]
勒·柯布西耶，昌迪加尔附近的公牛和农舍的草图，1951年3月。西姆拉专辑，旁遮普，印度，昌迪加尔首都项目。
蓝色钢笔绘制，18.5cm×13.8cm（$7^{1/4}\times5^{1/2}$英寸）。

[下图]
一座典型的汝拉农舍草图，关注于作为一种家庭集体取暖空间的烟囱，并表示这种居住类型起源于法国西南部，勒 · 柯布西耶声称此为昌迪加尔项目中的烟囱形式的早期来源。
1962年5月11日，黑色钢笔绘制。

[右图]
昌迪加尔国会大厦平面和剖面草图，光线从上方穿过会议大厅的“烟囱”。
1955年7月13日
钢 笔 绘 制，26cm × 21cm（10 × 8¼ 英寸）。

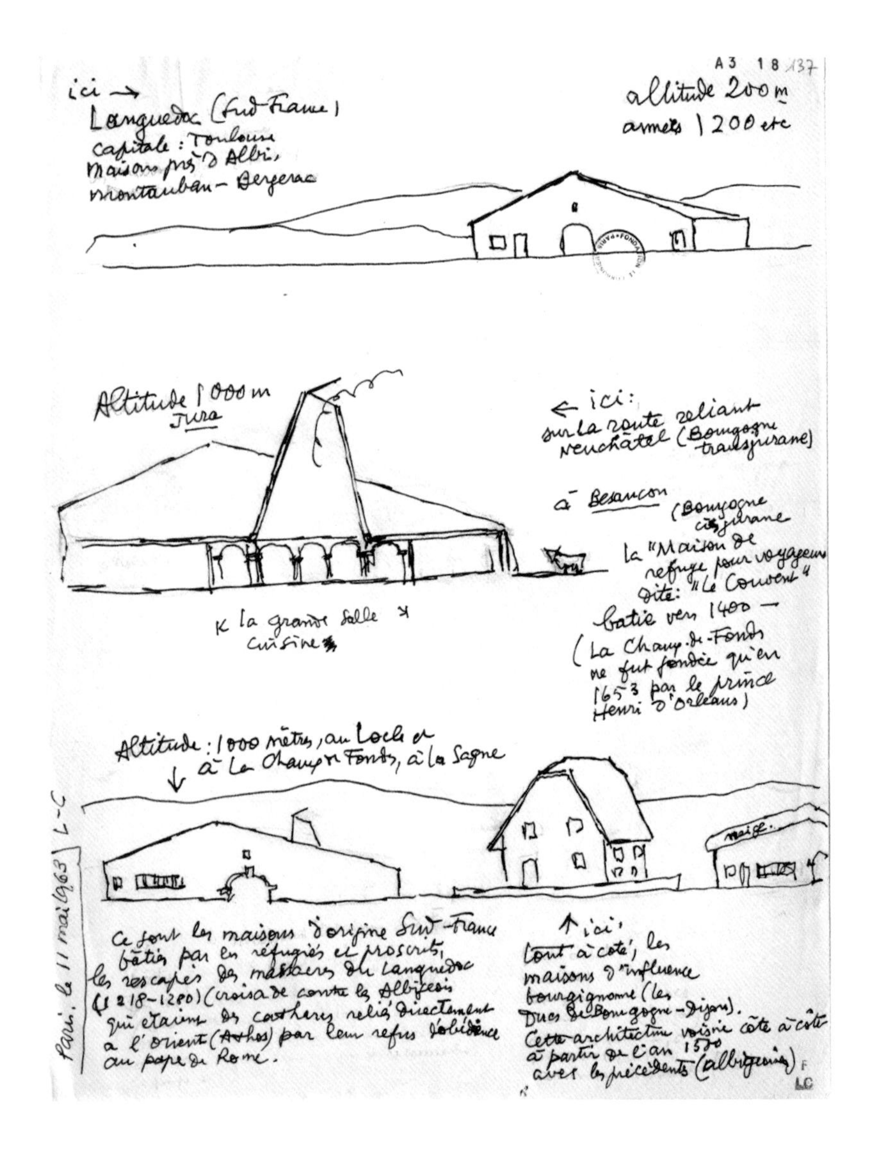

布》(*Ubu*)和《乌纵》(*Ozon*)雕塑和“公牛”绘画作品显示出一种生物形态集合艺术状态，包括豆荚、器官以及动脉，这些可能影响到自由形式的曲线和后期建筑作品的形式，对于柯布西耶，没有简单的原因和影响，这两者在他的多样的不可预测的工作活动中是相互关联的。

柯布西耶在他后期的工作中对不断复杂的空间构造和不规则的曲线表面的探索与他更宽广的对宏大影响相关的创新探索有关，这深深地根植于他早先关于不可言说的空间的思考图解。通常来说，艺术家的创新都深深根植于他对形式和空间的思考。朗香教堂不规则的倾斜曲折的墙体、昌迪加尔规划设计中双曲面的体量以及拉图雷特修道院下层部分倾斜且蜿蜒曲折的曲线，柯布西耶将他早期作品立体的曲线感转向动态的新的关系，这个关系包含鼓舞人心的运动中身体的感受，同时伸向遥远的自然景观。尽管模数允许多重的韵律，同时线性中的一次摆动和间歇（就像《波》中拉图雷特修道院的地板节奏和音乐比率的波动的窗户），这也是允许柯布西耶根据他的经验解决一个基本的问题：需要根据大自然启示的方式来调节数学秩序。

正是昌迪加尔的市政厅体现出宇宙和政治的风景，在其中这一系列的转译实现了他对抽象主义和表现主义的崇敬和颂扬。柯布西耶在印度的速写本，洋溢出他对印度农业生活的热情。公牛和牛车轮子的草图与行星和太阳的运行轨迹的象征性宇宙标记相结合。[24]这些元素可以在国会大厦的搪瓷门把手上看到他们最明显的形式，他们表明了土地、水、空气和火等基本元素、日夜的节奏、冬至夏至以及春分秋分和其他史诗般的主题。门的内表面装饰有夜晚的主题，引发了影子的世界。例如，门充当了为集会空间顶部的“太阳实验室”中所蕴含的类似信息提供更为抽象解答的关键。弧形形状与图像之间所产生的共鸣和交流穿越遥远的距离产生作用。国会大厦的设计体现了柯布西耶关于多种模度节奏的带材质的几何体的设计思想，并在所有的尺度中都能适用，从最小的细节到更大的景观感知领域。这一思想试图加强场地的形而上学式的存在，这一场地从交响乐式的尺度开始构思。

那一定是柯布西耶作为一名建筑师的理想中的一个：将想象和思想领域的事物转换成外部空间和真实世界的物质材料；将自然、历史以及文化所给予人类的一切转换成一个充满幻想的世界，从各个层面触动居住者或观察者，这些层面包括无意识层面以及显示现实的新的维度过程。在这场终身的冒险中，柯布西耶不断地求助于历史以获取灵感。昌迪加尔这个例子充分说明了柯布西耶创造力的丰富性，它融合了阳伞原则（可追溯到多米诺体系）以及对东方和西方传统的纪念性建筑类型的转化。柯布西耶对于历史的阅读将精准的体验和普遍的组织原则相结合。在《走向一种建筑》一书中的图解展示了古罗马遗迹以及与柯布西耶自身的思考和梦想有关的基本体量，同时主张一种超越时间的关于基本类型和普世价值的观念。

柯布西耶对于现代建筑语言的研究使他更加关注于其自身基本原型之间的对比与类比——例如像多米诺骨架体系以及建筑历史中的基本秩序体系。多米诺体系可以和古典主义建筑中的三分法，或是印度石制建筑的横梁式结构体系相呼应：它能够表明与某种木结构建筑或是由钢铁建造而成的摩天大楼所组成的整个城市之间的相似关系。有时建筑师会幻想回到建筑发展的源点，就好像重新创造平台和柱子。多米诺体系从某种程度上来说是柯布西耶对于“原始木屋”的一种类比，“原始木屋”来自于这位潜心研究原始住居形式的建筑师之手。“新建筑五点”思想在关于现代性的梦想中已经有了暗

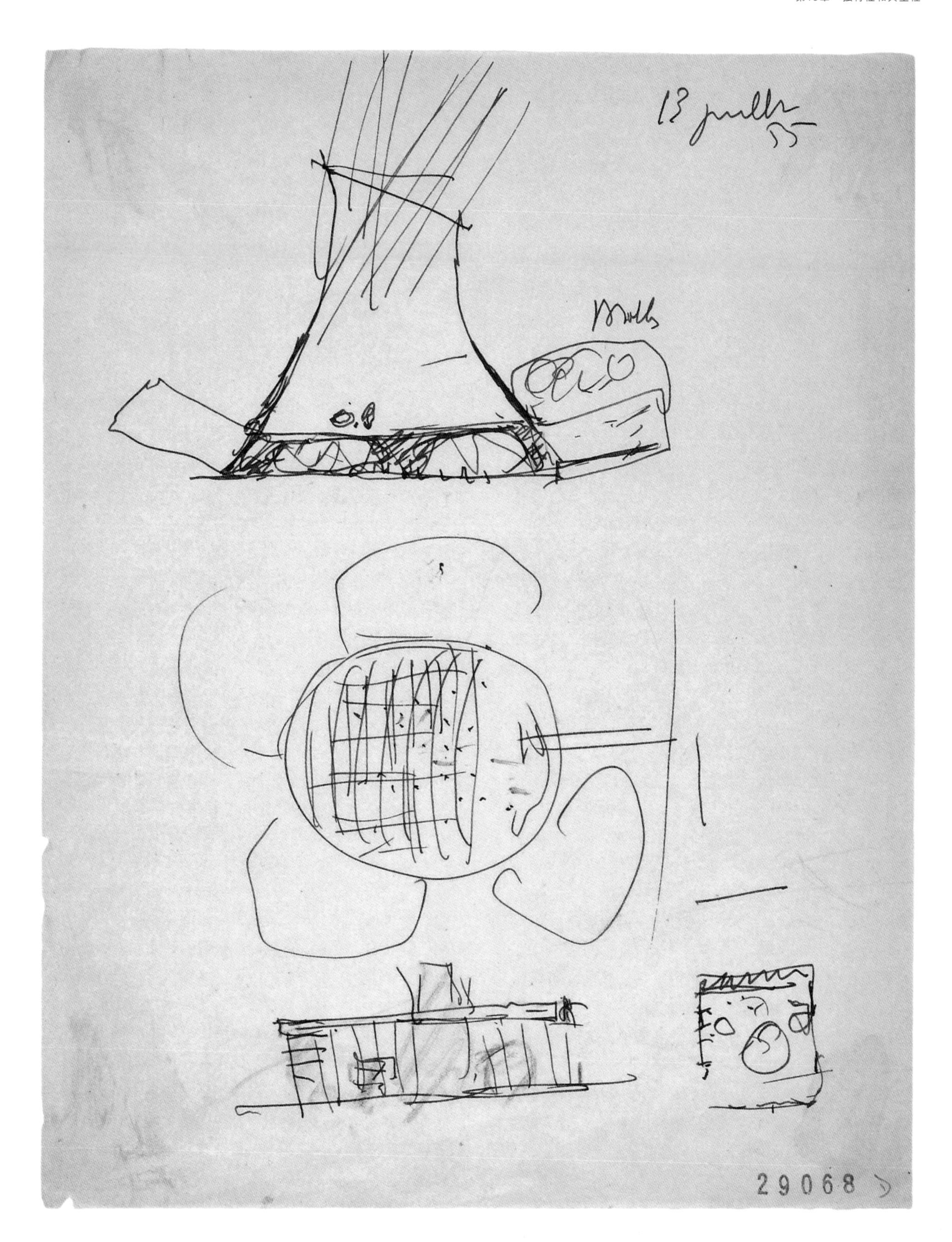

示，但是这些元素同样试图探究关于荷载与支撑、平台、围合结构、开口以及抬升地面等因素的一种基本语法关系。最重要的是，多米诺结构体系解放了新的空间概念，柯布西耶将这些概念转化成为一整套建筑与城市设计体系。

除了上述这些带有传奇色彩的建筑起源说，柯布西耶在他周游世界的旅行中研究了世界各地农民住居形式以及乡土建筑类型的根源。这些“没有建筑师的建筑”提供了许多基本知识，表明了几个世纪以来对于当地传统的提炼。莫诺尔拱顶原型使得建筑师能够在工业形式和乡土形式之间定义一种通用的“符号”，因此也帮助建筑师探寻并转化乡土传统，特别是那些使用拱顶的传统。柯布西耶希望建立一种可以和他一起传遍全世界、与不同地方传统、景观气候以及历史类型相杂糅的一种基本形式，而非建立某种“地域主义”。人们可以在一系列的转换成果中看到这种尝试，其中一些在上面已经提到，如1935年的周末住宅、1951—1954年的萨拉巴伊住宅以及雅乌尔住宅。除了私人住宅之外，还存在着

［右图］
发电站中的冷却塔鸟瞰图，艾哈迈达巴德，20世纪50年代。作为“物品”的工业形式。

［对页图］
昌迪加尔，由高等法院的柱墩和门廊看到的国会大厦。

一系列拱顶形式以及间隙之间的空间，这些形式表明了建筑师对于传统地中海聚落建筑的提炼，并与景观相协调[如1942年的舍尔沙勒方案，或是1948年的罗克和罗伯项目]。柯布西耶的核心类型使他能够将各种事物的特质加以转化，他相信这些特质对于建筑媒介本身是至关重要的，而这些转化成果是以现代的形式出现。

这就要说到建筑历史中的普适语言和语法关系，柯布西耶从中学到以理性主义者的角度进行分析，关注结构元素和结构体系，就像舒瓦西和维奥莱-勒-迪克在分析图解中所清晰总结的那样。他的脑海中同样萦绕着某些场所和建筑的直接体验，这些体验通常以草图的形式被首次捕捉下来并绘制成图，就像他在东方之旅的过程中所绘的草图。渐渐地，这些即时的感知与柯布西耶的形式世界相融合并储存在记忆中。帕提农神庙、艾玛修道院以及庞贝住宅经常出现在柯布西耶的草图中，但在他快速勾画的草图中还存在着其他转瞬即逝的历史片段：在研究朗香教堂顶部采光的小礼拜堂时所画的哈德良离宫中的塞拉比尤姆；在设计拉图雷特修道院时所参考的位于圣山的一座修道院；在绘制卡彭特视觉艺术中心的一个倾斜的坡道扶手时所参考的苏莱曼清真寺中的一个石凳。这些灵感来源被建筑师记录了下来，但是很可能还存在其他隐藏在柯布西耶思想之中的过去的例子，尽管它们起到了相对较少但又非常重要的影响。柯布西耶终生与历史展开对话的例子让我们想起了阿尔托的一句话：“没有什么古老的东西能够重生，但它们从未彻底消失，所有事物都以全新的形式出现在我们面前。”[25]

柯布西耶的转换变形能力依赖于他的一种特殊能力，这种能力使他能够往返于观察与概括、再现和提炼之间。关于柯布西耶如何直接重新使用历史上的原型或关于某种秩序的方案还没有明显的迹象。柯布西耶有时会将历史类型加以反转或是通过一种引用符号来代表这些类型，就像在救世军大楼入口处的钢铁雨篷一样，它使人联想到一座上下翻转的吊桥；或是总督府项目中倒置的新月形屋顶，它重新创造了穹隆式结构的贵族府邸以及佛教中的伞盖形制，作为新国家图腾的一部分。在拉图雷特修道院项目中，柯布西耶重新整合了古代修道院的片断；在纺织协会总部大楼中，柯布西耶重新创造出了一座印度河畔宫殿。柯布西耶试图掌握历史类型的最初意义并掌握它们的核心组织原则。之后他会将这些内容转化为现代空间和结构，就像在苏维埃宫项目中，柯布西耶通过相互嵌套的平台、倾斜的楼板以及坡道重新诠释了“剧场”的概念。柯布西耶会从一种类型学范畴转变为另外一种，探究它们之间的共同之处：萨伏伊别墅中关于住宅和神庙的比较、阿尔及尔规划中的高架桥与混凝土骨架、马赛公寓中的邮轮和修道院、斯坦因别墅中的住宅和宫殿。

但在处理和柯布西耶有关的问题上，我们可能过分强调了对于历史的讨论，忘记了他在为生活创造新的形式和框架的过程中所表现出的惊人创造性。柯布西耶有一种深厚的历史感，但他同时也欣赏那些起源于现代绘画、雕塑、摄影以及电影的一整套先锋派装置，它们颠覆了传统，粉碎了早已被承认的事物以及对包括建筑和日复一日的现实生活在内的简单定义。柯布西耶作品的部分张力来源于现在与过去之间的冲突对比，就像萨伏伊别墅大厅中神秘的洗手盆，它同时又是一种标准的工业设备，一种杜尚派的现成作品，一种神圣空间入口处的圣水池，以及一种来自庞贝的古罗马石造脸盆的回应。我们由此想到了毕加索：另一个违规者；他犯下了“许多破坏”，但又保持了一种深厚且普适的艺术史感。[26]

柯布西耶被充分赋予了许多分析工具，用来理解乡土、工业景观以及历史上的纪念物中的类型学图示。但这些只是图解操作，并不足以形成建筑方案。真正的创造过程是在另一个层面上，包括寻找一种新秩序、一种思想与形式的非凡融合。对于柯布西耶来说，建筑项目的起点同时包括了回忆和忘记。柯布西耶的视觉思考模式受到了他自身建筑语言内在图示的影响。他对于历史的深入解读依靠对于某些例子的直接体验以及对最初氛围的保存。这种变形过程出现在想象的共鸣空间中，使他能够从历史案例的学习中创造出现代空间。但是创造也包括破除原有的先例。在每一个项目中，柯布西耶都试图创造一个新鲜的全新统一体。这种潜在的精神通过形式操作、空间序列，甚至是光与氛围的波动表现出来。正是这种至关重要的品质，使得那些对柯布西耶建筑最严谨的历史解读也显得不充分。最终，一种坚定的作品破除了一切影响，建立了它自身的生命。[27]

20

第20章
勒·柯布西耶的转化

“每一项重要的艺术作品都既是一项历史事件，也是一个对某种问题的难得的解决方法……其他的解决方法可能会随这一方法被发明出来。当解决问题的方法积累起来的时候，问题本身可能已经改变了。解决问题的方法恰好揭示了问题。”[1]

——乔治·库布勒（George Kubler）

［前图］
勒·柯布西耶，马赛居住单位，1947—1952年。屋顶露台上的露天剧场的后墙：主要垂直方向抵抗水平方向。

拉斯登，国家剧场，伦敦，英国，1963—1976年。悬臂混凝土平台作为一种地质“层级”扩展了城市的公共领域——多米诺思想在半个世纪之后的重新思考。

在建筑学历史上重大的革命进步出现很少。这些革命性进步的出现通常是为了回应技术与文化变化所带来的一种新的象征性表达方式的需要。现实通过某种强迫性力量的形式以新的方式重新被定义，这些力量挑战那些已有的认知并改变了建筑学科的基本法则。这些富有创造性的建筑似乎揭示出一种新的信仰。这些建筑对于当时的社会有着直接的影响，因为它们似乎为那些悬而未决的问题提供了解答。这些建筑通常会以许多肤浅的方式被加以复制。但是随着历史的不断进步，它们逐渐脱离了最初的创造语境。建筑的视角变得更加长远，这些建筑的权威地位在历史光辉的照耀下被重新加以定义。它们甚至会在一种新的传统中被赋予一种基石的地位。[2]

一个世纪之前的现代建筑的发明从历史的角度来说是一种最近的“革命”。到目前为止，它还尚未被其他建筑创造所替代。当下的建筑继承了一种丰富且动态的现代传统，这种传统的潜力到目前为止还远未被消耗殆尽。从目前的视角来看，早期现代建筑中明显存在着几条发展线索并且一直存在着。这些富含创造性的作品所隐含的法则、思想以及形式在世界范围内广泛传播，并在现在仍在被转化。就如同历史上旧有的传统一样，现代建筑的发展中存在着分离和连续。这种情况或许可以比作一条有着几条支流的大河系统：一些已经干涸，一些已经发现了新的出水口，另一些则继续以新的力量流动。同时，这条河流受到了来自过去的深层泉水的滋润。

早期的现代建筑史学家们往往将现代建筑视为历史演化过程中的不可避免的统一表达方式。这种决定论充当了一种宣传的目的，但它事实上却将问题过于简单化了，就如同像“功能主义”以及国际式风格这样的带有修辞性意味的标签。现代建筑的起源、理论根基以及随之产生的建筑形式总是比官方版本所认可的要包含更多的多样性。那些贬低现代建筑价值的人同样借助许多带有讽刺意味的漫画来抨击神话般的“现代主义”，从不加思考的唯物主义，到对国家身份的破坏，再到一系列不适宜居住的住宅方案的破产。不用说，这些解释，无论是积极的还是消极的，都阻碍了历史性理解以及正确的批判性评价的道路。在现代主义运动的传说故事中，像柯布西耶这样的奠基人和领导者是以完整的图像出现在人们面前的。

历史中不仅仅只有柯布西耶，也不仅仅只有一种唯一的方式解读或转化他的建筑。[3]这是一个拥有庞大历史维度的人物，他呈现出多种不同的方面和身份。柯布西耶所建成的建筑只是其更广阔的思想和形式世界的视觉片断。柯布西耶式的原型在它们自己的时代中有着一种即时的现代性典范的力量，这些原型继续被体验、阅读、吸收、内化以及通过无法预测的方式被后来的建筑师加以转化。在这一过程中，这些原型和其他的设计意图以及社会目标、建筑传统相互交融。每一代人都会找到其自身的柯布西耶版本，通常是通过将其自身所关注的点投射到某种柯布西耶所留给世界的含混不清的形式。对于后来的建筑师来说，柯布西耶充当了一面镜子的作用，在这面镜子中，人们发现了自己；作为一个透镜使人们更加清楚地看到了现实。他的作品仍然充满了活力并继续刺激着那些离创作起点相隔甚远的建筑作品。这一传播过程逐渐表明了其自身的历史，包含了人类、社会以及建筑概念之间的交叉。多种影响路线或许现在能够追溯到全世界范围内，展现出柯布西耶创造性作品的充满鲜明对比的阅读方式。

那些希望探究一名伟大的创造者对于追随者的影响的历史学家在研究柯布西耶的过程中能够获得一种直接的体验。研究的结果涵盖了全部的方面，从丰富的转化到老套的模仿以及学院派的陈词滥调。在文字与精神之间有很大的不同，同样的不同存在于那些复制和降低了作品价值的人，存在于那些在影响他们自身的转化方式之前发掘建筑原则和建筑想法的人之间。所有的传统都包含了整个起源于强大原型的解决方法。无论他或是她想不想，之后的建筑师都很难逃脱柯布西耶的影响。就像毕加索在绘画和雕塑领域中的影响一样，柯布西耶将他的身影留在了世界各地。这里存在着一些具有高联系度的建筑作品，这些作品如果没有柯布西耶的作品为基础将很难存在。但是同样也存在着与柯布西耶联系较弱的复制品，某些非常了解柯布西耶的建筑师创作出了和柯布西耶作品毫不相似的建筑。[4]

如果柯布西耶真有如此广泛影响力的话，部分原因是他提炼总结了与其他建筑相关的问题的解决方式。柯布西耶在他的设计中从各个角度了解工业社会的转化方式，从小部件到单体建筑和城市规划。柯布西耶的部分作品具有典范作用，通过高强度的形式综合来强调现代化自身所存在的未解决的窘境和矛盾。这些作品就像带有神话般的结构，为复杂的现实提供了仪式化的解释，并且他们似乎能够将它们自身的元素投入到正在进行的项目中。机械与自然、现代和传统、普适性与本土性，

伊东丰雄，仙台媒体中心，日本，2001年。模型展示了由连续中空柱子支撑的水平楼板。多米诺原则通过技术和生物隐喻被重新加以创造。

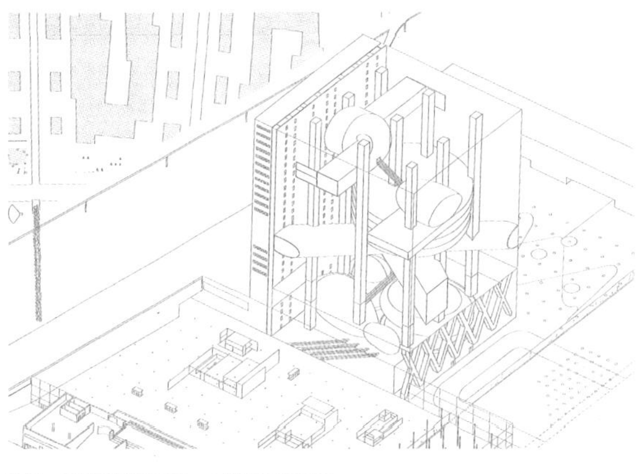

雷姆·库哈斯和OMA，国家图书馆方案，巴黎，法国，1989年。在一座“学习的机器”中重新探究结构骨架体系、自由平面和“自由剖面”。

这些因素作为力量同时存在于一个由思想、感觉和形式所组成的复杂结构中。正是因为柯布西耶的作品中包含了如此多的对立因素，持有对立观点的追随者才能够在这些对立中认识自己。他的建筑作品在几个概念层次上运作，它们呈现多种价值，抽象、向多种历史读物开放。柯布西耶提供了高度丰富的图式，其他人能够将他们自身的痴迷和意义投射其上。一些对柯布西耶基本原则的最有效的转化方式并没有明显地受到柯布西耶自身影响的痕迹。就如同他通过多年的研究定义了一套建筑语言，那些最强的后来者通过他们自身的个性化风格提取出多种多样的影响。

除了像柯布西耶这样确定存在的人之外（已经足够的复杂），如今还增加了许多之后的版本以及阐述方式，通过这些增加物，回顾性阅读方式得以折射出来。这些带有选择性的感知结合了无知、热情、偏好，或许会以文字、官方传记，甚至以建筑和项目等方式呈现出来，它们使得人们可以从不同的角度看待柯布西耶。对于热衷于建筑的原初创作环境以及创作意图的历史学家来说，这些折射是一件麻烦事；但对于想要探究一件伟大创造物对于后来创造的影响的历史学家来说，这些折射是主体的一部分。要想摆正柯布西耶的建筑在历史上的地位，我们有必要从几个当时的角度开始着手工作，包括建筑师自己的作品集中的先例以及从多种传统中转化而来的模型。柯布西耶回应了历史中的某个瞬间，同时打开了对于历史的广泛视野并影响了建筑的未来进程。从整体来看，柯布西耶的作品通过复杂的手段包含了历史。多年来它们不断展现出自身新的方面、部分历史以及他人对建筑的重新诠释。

随着艺术史上的每一次变革，一段时期的狂热发明之后往往是几十年的再次评估，在这一过程中，新原则的含义被不断追寻和发展。一旦一种新的传统被牢固地树立起来，它的许多根本原则都会被当作是理所当然，但是在这一过程中同样会有对权威作品以及核心概念的重新评估和重新诠释。[5]那些继承了重要革新的建筑师们以新的眼光看待前辈们的作品。他们所看到的从某种程度上来说取决于他们所追寻的东西，这有赖于他们的自我定位以及对当代局势的阅读。但是在肤浅的模仿和更深层次的转化之间仍然需要有一种区分。第一种情况仍然停留在风格的表面层次，第二种情况则进入到了隐含的原则以及思考过程。一种传统通过重新的诠释保持活力，这种诠释通常包括新旧思想之间、当前问题和更为普适性问题之间的出人意料的融合。即使是遥远的过去或许也能通过现代前辈们的视角以史无前例的方式加以“阅读”。

在一种传统的发展之初存在着许多高质量的作品，这些作品展示了崭新的法则和表达的可能性。[6]这些作品比起短期关注挖掘得更加深入，并拒绝融入官方运动的形式。矛盾的是，这些作品甚至或许会推翻和他们同时代的一些革新。艺术批评家安德烈·萨尔蒙（André Salmon）在写到现代艺术的开端时曾经表示：“学校的创始者，如果他们果真是大师的话，会超越学校自身的框架。毕加索在1908年已经有资格说他什么也不知道，希望对立体派能够一无所知。”[7]或许这句话同样也适用于赖特、密斯或是柯布西耶——他们是超越学院体系、对于现代主义一无所知也不想知道的大师。创造性作品超越同时代的其他各种运动，返回历史并打开通往未来的大门。像赖特的罗比住宅、格罗皮乌斯的包豪斯校舍、密斯的德国馆或是柯布西耶的萨伏伊别墅，他们具有一种罕见的力量，能够通过形式、光、空间、材料以及潜在设计的思想压力推动我们前进。依靠着现代技术、空间观念以及社会概念，这些作品组成了微观世界、深厚的象征世界，掌握了一种他们自身的独特正义感和真实性。

这些作品同样通过复杂的方式融入时间长河之中，就像柯布西耶对于传统根基的研究所展示出的那样。那些最有意思的建筑通过同时代的惯例但同样采用基本法则。我们不由得在脑海中回想起“激进”（Radical）一词：充满革命性又回归根本。就在赖特正在创造草原住宅新的空间概念的时候，他提到了“所有的伟大建筑中所固有的基本法则和秩序”。[8]在《走向一种建筑》一书中，柯布西耶不断参照历史并声称“建筑和各种各样的风格无关”。[9]现代建筑的重要作品不能停留在某些神话般的纯净时期，就像现代原教旨主义者所声称的那样，

摩西·金兹伯格和当代建筑师协会（OSA），纳康芬大楼，莫斯科，俄罗斯，1928—1930年。带有相互嵌套的公共住宅方案，受到勒·柯布西耶的影响，也影响了马赛公寓的组织关系。

伯托尔德·鲁贝金和特克顿组（Tecton Group），"制高点一号"，海格特，伦敦，英国，1933—1935年："未来的垂直花园"，根据勒·柯布西耶。

因为这不可避免地会导致令人厌烦的教条以及呆板的形式。一种传统通过批判性的评估之前的事物而得以保持活力。多种原型或许会在如今瞬息万变的现实中被重新学习。具有典范性的建筑充满了隐藏的含义，它们之间的相关性或许会在几十年后突然显现出来。它们甚至会对普遍问题提出解决方案，并在之后的建筑师不断努力探究类似问题的过程中被重新拾起，无论这些建筑是否与空间概念、社会任务、几何、材料、建筑类型、结构、城市或是景观等有关。

那些创始性的论述通过一系列之后的创造作品被加以阅读和重新阅读，通过每一次新的阅读，新的观点在初始观点的基础上发生了变化。密斯革命性的空间思想在20世纪20年代即刻产生了影响。20年之后，这些空间思想在墨西哥建筑师巴拉干（Luis Barragán）的手中被转变成形而上学式抽象的作品，从历史中提取记忆。20世纪50年代，人们发现了密斯的钢结构体系与古典秩序之间的类比。20世纪70年代，后现代主义者们因认为密斯缺乏对历史的兴趣而对其进行了妖魔化。10年之后，密斯被那些支持"少即是多"的支持者们所拥护而重新复兴，这一思想融合了抽象性和物质性。雕塑家理查德·塞拉（Richard Serra）和日本建筑师安藤忠雄（Tadao Ando）都需要依靠密斯的榜样来成就自己。更近段时间，诸如像RCR（Aranda Pigem Vilalta Arquitectes）建筑事务所等的更年轻的建筑师们将这一分支向外部更远地扩展，远远超越了建筑中的极少主义的限制，这种建筑强化了建筑中自然的感觉。这不是要宣传一种独特的影响——大多数建筑师将许多灵感来源混合在一起——而是为了说明各种研究方向是如何在表面之下开展的，不管肤浅的表面风格如何变化。

一种传统通过某些典型的主题、类型以及空间概念而得以形成。诸如柯布西耶在1914年提出的由预应力混凝土制成的多米诺骨架体系等的基本思想实际上每隔十年都会经过重新思考，就连柯布西耶本人也不例外：这其中包括他自身建筑语言的基因型、"新建筑五点"、他的城市主义基本工具。但是多米诺骨架同样也是在国际现代建筑试验性空间中的公共财产。20世纪40年代，奥斯卡·尼迈耶通过细长结构的建筑、流动性的空间以及与热带自然相协调的透明性在这一原型基础上对其作出了发展。20世纪60年代，拉斯登通过悬臂"层"将多米诺体系的其他可能性转化为一种公共纪念性语言，这种"层"受到了石质壁架、古典比例以及古代平台的启发。20世纪90年代，多米诺思想在仙台媒体中心项目中被伊东丰雄（Toyo Ito）加以改良，这一项目结合了技术和自然的隐喻，回应了信息社会中的高科技所带来的渴望。库哈斯项目中相互扣接、折叠的楼层（例如1989年的巴黎大图书馆的未建成竞赛项目）代表了这一核心思想的另一种重新诠释。[10]

显然现代建筑历史远比一系列形式演化蕴含更多东西。任何真正有趣的作品都有它自己独一无二的秩序。此外，不要忘记那些围绕在重要作品的创作过程周围的最初必须考虑的思想意识。这些相同的建筑浓缩了一系列的社会理想，甚至包括乌托邦式的梦想，回应了工业化、现代化以及城市化的迅速转变。他们代表了一种道德张力，一种世界存在方式的观念。如果人们将现代建筑历史简化为一系列优秀设计，那么人们只能得到优雅的风格以及空无一物的内容。更早期的现代建筑所具有的部分力量来自于它对已被承认的事实的挑战、它所提出的看待社会和城市的其他视角的提议。人们会想起1928年由金茨伯格和当代建筑师协会（OSA）设计的位于莫斯科的纳康芬大楼——一个集合住宅方案。如今，这座建筑却处在倾塌的边缘。但是即使作为一座等同于废墟的建筑，它仍然是一个令人信服的建筑宣言，通过悬浮于空间中的长条形水平带、独创性的带有室内街道的3-2剖面，以及嵌入主导性几何体中的公寓单元。没有过分的修辞，纳康芬大楼传递出一位社会主义者的梦想的乐观态度，即使现实从未被实现。这是一种社会想象行为，它通过建筑学上的意义而保持了自身的存在。当然这座建筑在柯布西耶作品中留下了痕迹，特别是在"居住单位"中。[11]

柯布西耶从未停止通过书本、图示、文章、演讲以及展览来传达他的建筑思想，这是始于20世纪20年代的激动人心的创作时期时柯布西耶影响力范围的一个关

特拉尼，法西斯宫，科莫，意大利，1933—1934年。在一座公共宫殿中对古典秩序进行一种理性主义的重新诠释，以及对勒·柯布西耶的一些原则的转化。

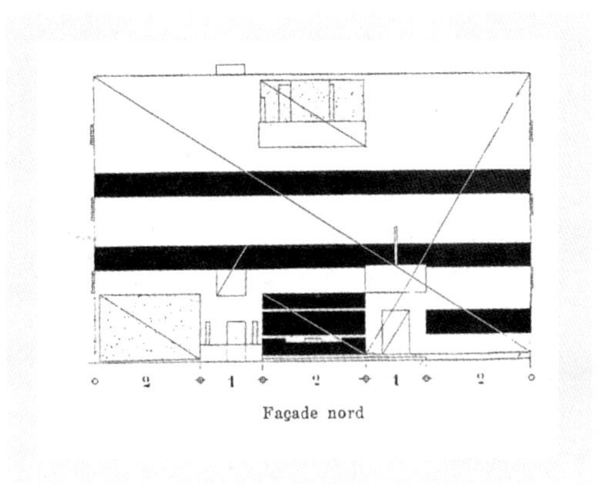

勒·柯布西耶，斯坦因别墅入口立面，根据黄金分割绘制的控制线："一栋住宅，一座宫殿"。来自《勒·柯布西耶作品全集1910—1929年》。

键因素。最初柯布西耶与奥赞方合作，之后又与皮埃尔·让纳雷合作，柯布西耶的作品以及理论在广泛的媒介中得到传播，这其中包括了国际杂志。柯布西耶的作品和学说得到社会广泛认可的过程包括了1925年的新精神馆及其艺术和城市方面的内容，同样包括了1927年斯图加特的魏森霍夫住宅展上的两座住宅方案。柯布西耶的国际地位通过他在CIAM这个由不同国籍的建筑师所组成的群体中所起到的核心作用而得到了加强，这一组织的成员将自己视为穿着盔甲守卫圣杯的骑士。诸如《新精神》、《走向一种建筑》、《明日之城市》以及《精确性》等出版物传播了建筑师自己的作品，这些作品从某种程度上被包括吉迪恩在内的批评家不断地重复，他们最初试图编纂一部和近一段时间有关的历史并从中选出具有代表性的作品。

冯·穆斯（Von Moos）指出柯布西耶是一个"展览建筑师"是有些根据的。他的建筑本身被构思为本质的展现，他在他的论文和展览中发展修辞的手法。他在1927—1929年的国际联盟事件至少让他走进了公众的视界。在他的自我提升中，他得益于身处巴黎，这是一个在艺术上处于世界领先水平的城市。无论在1932年纽约MOMA"国际式"建筑展览中，他的作品被多么的扭曲，柯布西耶都得到了世界性的瞩目。[12]当然也有出版杂志比如《生活建筑》（Architecture Vivante）、《艺术记录》（Cahiers d'Art）等在20世纪20—30年代给予他更宽泛的报道。记述1910—1929年的《勒·柯布西耶作品全集》第一卷于1930年在德国出版，清楚明白地展示了柯布西耶和皮埃尔·让纳雷在20世纪20年代的未建成的作品。就像早期作品表现出来的那样，《勒·柯布西耶作品全集》是一本建筑原则的文集，最终总共有八卷，并被翻译成多种语言。这对国际建筑有不可估计的影响。任何一个人都不该忘记赛夫勒大街35号工作室的力量，他们造就了一批外国建筑师，他们后来回到各自的国家实践和教授建筑以及传播那些建筑语汇。

传达是一回事，而接受是另一回事。柯布西耶的作品出现在一个正确的时间点，所有人都开始对建筑学院派和苟延残喘的建筑传统感到厌烦，但这并不是他影响力产生的单一原因。正如第七章中关于纪念性以及第八章关于萨伏伊别墅的介绍中表明的那样，对他作品的接收有着复杂的批判性。有些人过度奉承他，而有些人又过度怀疑他，传统主义者批判他为功能主义者，功能主义者把他看作形式主义者，沉溺于终年的体量的虚构。当柯布西耶的作品被传播到其他的国家时，通常发展他的理论的人划分成不同的阵营，有着各自的接受的理由。在苏联的项目中，他尽量用比较中立平和的方式但最终还是陷入激进或者斯大林传统主义的矛盾中。他在莫斯科的交易中有所得也有所失，他在纳康芬公寓中汲取到了永恒的经验，同时建造了消费合作社中心联盟大楼（Centrosoyuz），但是没有实现苏维埃宫的杰作。回应于俄罗斯的批评和争论，他也重新构建了他的光辉城市的城市理论。

20世纪30年代开始时，柯布西耶已经变成了一个国际人物，宣扬他关于未来城市的新的跨界城市观点。在这个传播过程中，他面对抵抗的同时也滋养他的理念。在英国，他因他的严苛却又豪放的性格、社会视野和深藏于底的传统情怀被伯特霍尔德·卢贝特金和特克顿组（Tecton Group）崇拜，柯布西耶相应地赞扬伯特霍尔德·卢贝特金1935年的"制高点一号"（Highpoint One）是"未来垂直花园城市"的典型。[13]在巴西，柯布西耶是建立现代建筑的主要灵感，尽管卢西奥·科斯塔和奥斯卡·尼迈耶避免因为社会或气候问题直接模仿他的作品。加泰罗尼亚的泽特（Josep Luís Sert）和日本的板仓准三也经常反映出把柯布西耶的基本经验发展和转译成新的更具表达性的东西，事实上将国际式的结构类型，如钢骨架，与民族或者地方特色融合在一起以应对气候和传统。柯布西耶的纯净形式在光影中徘徊，则能引起一系列关于北非的想象，在那里雷克斯·马汀森（Rex Martienssen）追求一种跟随地中海发展的现代建筑的理想，另一组在希腊的作品与地中海的立方体民居相似，这引起了对希腊文化的抽象看法，比如迪米特里斯·皮克奥尼斯（Dimitris Pikionis）的作品。在所有的这些实例中，柯布西耶提供了一种普遍的透镜可以折射现实。[14]

阿尔瓦·阿尔托，玛利亚别墅，诺尔马库，芬兰，1937—1939年。表明了对于勒·柯布西耶20世纪20年代所设计的别墅的回应，特别是斯坦因别墅，但是适应了自然而非机器。

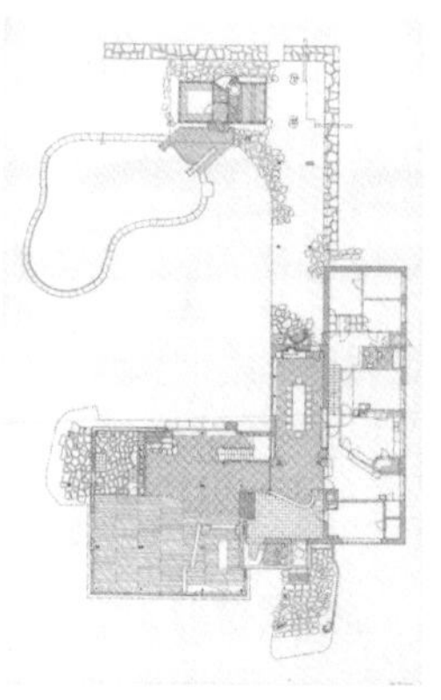
玛利亚别墅，自由平面向外爆炸产生一种后立体主义式的拼贴，暗示了一种北欧森林景观的纯粹。

奥斯卡·尼迈耶，卡诺亚别墅，巴西，1953年。骨架结构体系为悬挑曲线和透明开放空间提供了可能：自由平面作为一种生物形态的抽象，表明了与大自然的类比。

也有一些人对柯布西耶完成的个人作品有不同看法。1927年的斯坦因别墅，不仅以不同的方式启发了意大利建筑师朱塞佩·特拉尼，也启发了芬兰建筑师阿尔托。特拉尼把矩形结构网格、合乎比例的体系、空间层次、古典的引用等特征吸收到自己20世纪30年代的建筑创造中，他也是意大利理性主义的一员。[15]他感受到柯布西耶建筑中对于过去的共鸣，这也帮助他将古老的东西转译成新的形式运用到现代建筑中。泰拉尼在1933年建成的法西斯宫，再次重申了柯布西耶的主题“一栋住宅，一座宫殿”，成为一种公共性宫殿的类型，它有着框架性的立面，透明的层次性以及古典秩序性的集中体现。

阿尔托在1928年参观斯坦因别墅时就被其深深地吸引了，最初的萨诺玛特大楼（Turn Sanomat Building in Turku，1929年）模仿了它的立面和开窗方式。之后他深入了解自由平面的法则，在1937—1939年的玛利亚别墅中，他又重新碎片式地说明了自由立面的法则。阿尔托运用原型的做法，反复去试验规则的前部和不规则的后部之间的对比，他发展了一种迂回曲折的散步游廊般的建筑体验，而且再次发明曲线性的自由平面的分隔，以此来引导一种常规直接的桑拿浴室、游泳池和森林的视野。[16]玛利亚别墅类似于拼贴画，曲线的、矩形的元素活跃了室内外空间，它的生物形态的空间形状提供了有机体的比拟。那带有细柱的屏风的弯曲入口雨棚，是阿尔托的独创，北欧人和原始主义的处理回应了柯布西耶十年前机器时代加歇别墅入口处的雨棚。在这种装置之外，阿尔托重新思考了作为乡村别墅的意义，在那里城市人可以享受艺术和大自然。他的客户古力奇森斯（Gullichsens）和斯坦因一样是一个艺术收藏家。

瑞士学生宿舍被认为是“20世纪30年代的典范”[17]，这是柯布西耶建筑多样性发展的一个转向性作品。在基本的支撑柱上的板式体量建筑外，它拥有弯曲的体量和扩大的自由空间。它表明了新的分割空间的方法和调和机械论与有机论矛盾的方法。同时也反映出新的材质的调和方法，这些材质包括曲面后墙上的粗糙石头贴面。他的雕塑般的底层架空柱以及流动曲线体量，也体现在奥斯卡·尼迈耶的早期作品中，这些分布在潘普利亚（Pampulha）、巴西的作品，比如卡诺亚住宅（Canoas，1943）有着曲线形的大厅和旋转形的空间。尼迈耶在卡诺亚的住宅反过来利用了他在阿尔托的玛利亚别墅中有关有机性的一些发现。[18]丹下健三在广岛纪念馆（1950年）中将透明性的盒子置于粗野的柱子之上，这种运用是对瑞士学生宿舍的另一种解读。自由的板上附着着曲线空间，服务于公共功能的空间（本身是20世纪20年代俄国先锋派的改编），这种形式可以被重新复兴或者折中。柯布西耶最初的建筑在典型性和特殊性之间有着很好的平衡，当然适用于他的光辉城市住宅建设。因为有说服力的作品必须依靠翻译的深度以及翻译者的建筑素养，但也靠加入新的有说服力的内容。

瑞士学生宿舍对英国现代建筑的形成有一定的影响，尤其影响了建筑师德尼斯·拉斯登和詹姆斯·斯特林。十几年以后，拉斯登阅读了弗雷德里克·埃特切尔（Frederick Etchell）翻译的柯布西耶的《走向一种建筑》（对此书的名字不知为何翻译成了《走向新建筑》），并通过此书吸收了许多柯布西耶的精神和意象，认为其现代建筑的思想至少不仅可以歌颂机器时代而且可以转译传统。但是其真正的宗旨来自于对建筑的直接实践之中。在1934年的一次巴黎游历中，拉斯登确实被库克别墅（1926）、瑞士学生宿舍和救世军大楼（1933）感动了。他自己第三年的项目是在英国伦敦AA建筑联盟的殖民与统治学院（1934）：那是对瑞士学生宿舍的智慧的转译，仔细地运用了比例对立面进行了分层，重新唤起了对古典主义的兴趣。[19]他在牛顿路的住宅，1937年的帕丁顿住宅就是对库克住宅的有力的效仿。拉斯登很迷恋瑞士学生宿舍，他抛弃了乌托邦式的横扫一切的城市思想，但是吸收了柯布西耶的图像、理念、空间组织（可以追随到立体主义绘画）以及建筑漫步的原则。他的皇家医学院几乎设计于30年以后的1952—62年，在形式层次上有很多对正规传统原型的呼应，它的反材料和空间的构建呼应了身处城市的地方感。

理念可能会保持沉默一段时间，以后会因适用于新的需求而被再次发现。詹姆斯·斯特林20世纪50年代

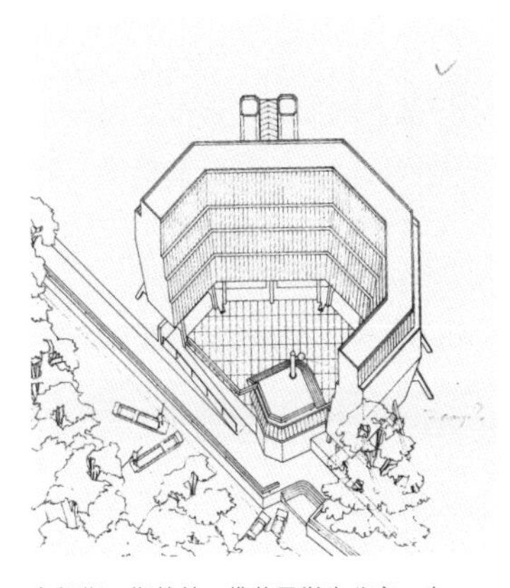

詹姆斯·斯特林，佛劳里学生公寓，牛津，英国，1968—1971年。轴测图：对包括瑞士学生宿舍在内的那些已经获得认可的现代建筑住宅原型的手法主义式的重新阅读。

史密森夫妇，金巷居住项目，伦敦，英国，1952年。对居住单位思想的批判性反思，回应工人阶级的社会背景：合成照片表现了“空中街道”这一概念。

阿丰索·雷迪，佩德雷古柳住宅区，里约热内卢，巴西，1947年。一整个社会景观，回应了地形，并让人想起了勒·柯布西耶未建成的弧形高架桥方案。

在利物浦大学建筑学院读书的学生时代的论文也基于瑞士学生宿舍的原型，但是在这个例子中，它被用更加具有距离感的方式重新解读，甚至有一定自我意识的特点。[20]斯特林的牛津大学女王学院的佛劳里（Florey）学生公寓项目（1968—1971年），融合了瑞士学生宿舍的主题，也有一些阿尔托在MIT的贝克（Baker）学生公寓（1947年）的特点，其他的一些特点来自于牛津和剑桥大学的乡村传统，他以知识性的手法融合了这些原型性的先例，这些带有一些诙谐和轻微愤世嫉俗特点的方法归功于建筑导师柯林·罗。这是一个典型的例子，建筑师远离于一些早期建筑师的作品，沉溺于和一个大师之间的引言和形式修辞的交流。在任何建筑传统之内，都有一个模式，这个模式可以被看作是一种集中语言技巧的关键点。在过去的许多年，已经有几个柯布西耶建筑学院，他们使柯布西耶的作品屈尊为公式般的技巧。他们传达了表面的风格特征，但难以达到创造性理念的层面。他们在没有领会精神的情况下重新创作表面含义。

令人注意的是，柯布西耶的建筑概念多么具有弹性，同时具有持久性。一个“谱系”开始于一个中心的原则或类型，之后经历持续的改革和影响他人的设计。这个过程有一个很好的例子，就是来自于马赛公寓的一系列解决办法，包括推导、模仿、评价和批判性地转译。[21]最后一项连接了对原则态度的钦佩和专制主义的拒绝。在20世纪50年代有广泛的需求，需要连接新的住宅形式以及巧妙地回应特殊的城市与社会问题，而不是那些常规的或者呆板的水泥板的问题。马赛公寓集结了几十年来关于理想社区的反应和问题，它再一次是一般类型与特殊表达的一次融合。它对战后世界的影响很具有戏剧性，因为它是早期现代建筑视野的重现，但是是以一种英雄式的略带古典意味的方式。1953年聚集起来，等待建筑开幕的人们肯定会惊讶于粗糙的混凝土和遮阳板，还有屋顶平台以及雕塑般的形体。就在这时，战后欧洲的重建迎合着一种图解式的城市规划主义，渐渐趋向于年轻一代人的带有形成其抱负的效果，探索新的敏感度倾向，表达出一种战后的状况。

对“居住单位”的接受程度在不同的地方是不一样的。比如在英国，社会主义者想要创造福利国家的公共住宅，呼应这种英雄的方式，尽管他们在英国的气候下转换有点困难。1955年的罗汉普顿公寓（Roehampton）是对原始模型的有力改造。而建筑师们比如拉斯登和史密森（Smithsons）更喜欢原型的力量感，尽管对自由矩形体量的思想有所看法，他们觉得这种方式对城市肌理、街道规模和伦敦公共住宅里的工薪阶级用户的社会模式不利。拉斯登在其1954年博斯奈尔·格林（Bethnal Green）小区设计中所运用的簇形街区的方式以及史密斯平台式街区（比如没实现的“金巷”居住项目）的概念，都试图去批判那种继承的类型，接受一些元素也拒绝一些元素。[22]在他的哈佛大学皮博迪（Peabody Terraces）已婚学生公寓中，约瑟夫·路易斯·泽特（Josep Luís Sert）在庭院周围安排塔楼，用外加屏风的遮阳板来打破规模。[23]又一代的建筑师组织起来和TEAM10一起反对板和块的城市规划思想，想要更加方便灵活的城市安排来回应社会空间的分层，也包括飞地和折线形建筑体块混凝土的真实表达。但是公寓原型依然萦绕心头，尽管他们很想拒绝。

“居住单位”不仅仅是关于居住，也是关于混凝土真实表达的具体形式，这里建筑也是一个逐渐显现的过程。尽管对柯布西耶来说混凝土板只是一种直接来源于木头工作的具体形式，但是一代人反复的使用将它变成一种陈词滥调。柯布西耶想要思考将素混凝土看作一种自然材料的纯洁形式，实际上是一种新的石头，但是粗野主义赋予它一系列新的与城市规划场景的粗糙、工薪阶级的现实、艺术的混凝土，甚至存在主义哲学等的联系。[24]更加具有普遍意义的模仿，是将准则作为标准化的住宅的降级，这发生在很多城市边缘地带，这实际上也是对柯布西耶的歪曲。同时在巴西，在他的里约热内卢的佩德雷古柳（Pedrogulho）居住方案中，阿丰索·雷迪（Affonso Reidy）成功地融合了集合住宅的特征和柯布西耶为里约热内卢和阿尔及尔做的蛇形高架桥的方案特征。雷迪的方案说明柯布西耶式的构造理念包括一个中层的连绵不断的街道，也被看作是一种地形

维拉纽瓦，加拉加斯大学城，委内瑞拉，1944—1970年。库比塔广场：一座为教育机构而设计的“艺术综合体”中的现代空间流动性。

学的范围。他意识到了柯布西耶的某些他自己尚未能了解的理念，但他没有采用模仿的手段，而是以一种重要的雕塑般的形式展现出来。

勒·柯布西耶建筑中的乌托邦气质促进了世界上很多国家的社会现代化进程和社会重建工作。有人只会想到他在职位和政治上的影响广泛普及，包括20世纪20年代对苏维埃政府的影响力，20世纪30年代的意大利和巴西，以及第二次世界大战后的印度和日本，让人想起来他在形成现代主义景象时的影响力。柯布西耶的作品有能力穿透意识形态的障碍但是也被一些政治因素拒绝。尽管他所创的原型的影响力部分归功于个人诗意情怀，他们也必须有能力用清晰可论证的类型来表明其演变的形势。这里所指的类型超出个人感觉之外，正如他们来自于新兴的科技、功能和工业化时代的建筑类型。毕竟柯布西耶没有单独创造出玻璃摩天大楼、集合住宅、高速公路和花园，但他找到方法在他们的城市设计和理论中将这些元素融合起来，比如从当代城市、光辉城市和许多未建成的城市规划建议，从20世纪30年代开始范围远至巴塞罗那、阿根廷布宜诺斯艾利斯和波哥大。

柯布西耶的进步性象征以及乌托邦式的城市图像的痕迹可以在卢西奥·科斯塔为巴西新首都所做的巴西利亚规划（1956—1960年）中感受到。[25]这一梦幻般的领土扩张项目由总统奥利维拉（Juscelino Kubitschek de Oliveira）所推动，包括了在一片全新的土地上创造一座全新的城市。科斯塔的总平面布置融合了一个十字架和一架飞机的形象、一种基础手势以及一种对国家未来的信念，在这个国家有一句座右铭：“秩序和进步”。光辉城市的原则与一部分线形城市原则互相交融，给予了一种乐观向上的社会理想和国家资本主义的意识形态以形式。尼迈耶设计的例如总统府（也被称作“黎明宫”）以及最高法院等设计追求在一块开放绿地景观中设计纯粹物体的主题。他所设计的位于主轴上的议会大厦由一对相同的摩天楼以及类似于盘子形状的抽象形式（其中一个反转过来）来容纳主要的房间。这些纯粹的形状在一片大陆上强调水平性。总体设计以创造一个新空间来容纳一个充满活力和进步的并且充满了有志于发展汽车的技术精英的社会为构思。巴西利亚因为其缺乏对步行尺度的考虑而遭到了强烈的批评，但是作为一个浓缩了具有前瞻性的特别时代的政策的象征性宣言，这一设计很好地完成了它的设计目的。

柯布西耶的改革主义者城市观点的影响同样能够在20世纪40和50年代位于墨西哥和委内瑞拉的城市大学设计中感受到。这些建筑是微型城市、校园、飞地，用以学习和社会发展。这反映了中央集权者的政策以及对启蒙世俗理想的继承。这些建筑为在公园之中设计多种类型的城市塔楼的建筑和城市提供了实验室。位于墨西哥城南部的墨西哥国立自治大学（UNAM），由包括了帕尼（Mario Pani）和莫罗（Enrique del Moral）在内的一队建筑师在1947—1954年之间设计，这座建筑利用了宽阔的平台提供了广阔的公共空间，这不禁使人想起了后哥伦比亚时期。由格曼（Juan O'Gorman）设计的中央图书馆在外表面装饰了由彩色石头组成的马赛克图案，将后革命时期以及民族主义主题与一种令人想起阿兹特克以及玛雅文化的主题相结合。

由维拉纽瓦（Carlos Raúl Villanueva）设计的加拉加斯（Caracas）大学城（1944—1970年）同样借助了塔楼，在这个案例中通过遮阳板的保护来解决热带气候问题。维拉纽瓦在一层设置了一个由铺装走道组成的社交网络，走道面向丰富的植物与凉爽的微风开放。道路汇集在库比塔（Cubierta）广场周围，一个非凡的曲线形集会空间转而进入玛格纳（Aula Magna）礼堂，一种艺术的综合，因为它将建筑师的空间和声学想象力与由亚历山大·考德（Alexander Calder）所设计的悬浮顶棚元素相结合。[26]柯布西耶关于协调城市与自然、高层建筑与开放空间、现代艺术与社会之间的关系的梦想在这里被给予了新的动力，但是立刻从普通的日常现实和为各个州与国家而服务的过程中被抹去。墨西哥与加拉加斯的大学表达了一种统一社会的理想，但是对于它们周围混乱的自由主义城市却几乎没有什么影响。

勒·柯布西耶关于摩天大楼的城市模型在现代建筑历史的几个不同时期被重新研究，他们的意义在各自不同的文脉中被重新加以定义。为纪念1989年法国大革命两百周年而建造的巴黎“宏伟计划”以巨型机械城市为设计构思，通过纪念物的形式来强调政治中心和官方关于现代性的概念。在1989年举行的建筑竞赛中，由多米尼克·佩罗（Dominique Pérrault）设计、密特朗总统选择的国家图书馆方案（1989—1994年）似乎直接借鉴了1925年柯布西耶的瓦赞规划中的十字形玻璃塔楼和绿地，而总体平面设计则根据都灵王宫的平面来塑造。[27]密特朗图书馆（就像它最后的名字那样）体现了总统的庄严概念而又通过一个共和国文化机构来体现。摩天大楼通常暗指某种个人的事业雄心，但是在这里，它们被用来象征一种公共功能。柯布西耶总是梦想找到一位近代科尔贝特（Colbert）来实现他的城市梦想。他一生未能成功建造摩天大楼城市，但是他的部分想法在他死后通过一种更加平凡的形式得以实现。

横向思维、在不相干的事物之间建立联系是柯布西

奥斯卡·尼迈耶，巴西利亚，巴西，国会大厦，1958—1962年。现代纪念性使得摩天大楼成为一种公共象征。

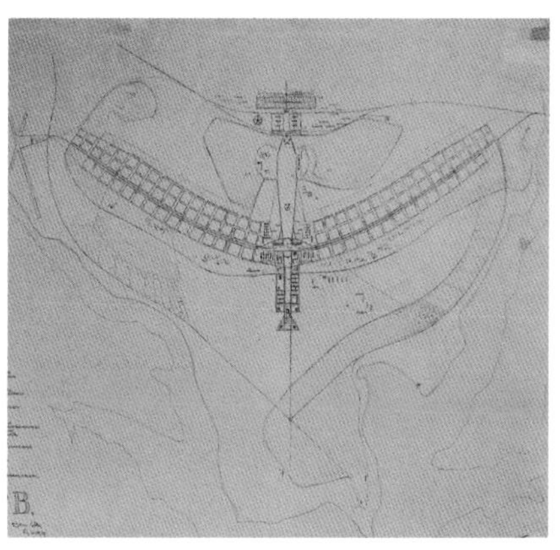

科斯卡，巴西利亚规划，巴西，1957年。一个乌托邦式的城市方案作为国家进步理想的象征，融合了勒·柯布西耶的一些城市规划思想。

耶创造性方法的一部分。柯布西耶在他不断进化的建筑语言中混合了不同的图解。对于柯布西耶作品最为深入的后期阅读透过表面直达各种隐含的原则和转化方式，以期在后来的个人风格"法则"的范围内影响其他的浓缩提炼成"新的整体"的方式。人们或许会在各种不同的场合和时间来追溯这些之后想法的组合和再组合。有时候一系列的发明创造会围绕着一个特别的建筑元素（例如独立支柱）、一个公式（例如曲线形排列的方形平板），或是一种普通的原则（例如自由平面）来展开。有时候他们必须和某个案例的整体氛围相协调。我们有许多种在世界地图上标注柯布西耶影响力的方式。为了理解他的建筑和城市概念的传播，我们必须将建筑场所的性质以及最后呈现的形式的本质考虑在内。这位权威建筑师的创造性思想通过不同的方式被吸收进国家轨迹之中。

除了创造现在和未来的作品之外，柯布西耶同样也创造关于过去的作品。柯布西耶吸收不同的世界传统并在自己的作品中进行转化。他将自己对于古代建筑的阐释融入了一种普适化的色彩。柯布西耶对于先例的阅读从不流于表面，而是依靠一种共鸣般的手段进行抽象。柯布西耶甚至影响了其他建筑师感知并吸取他们自身传统的方式。柯布西耶似乎能够破除界限，从其他文化中挖掘出半埋葬的记忆。晚期作品中所包含的古代品质启发了那些试图回归最初价值的建筑师的想象力。位于昌迪加尔的粗糙混凝土纪念碑为民族纪念性所设计的受到广泛感知的战后问题提供了解答。这些作品将力量感和开放性相结合，为早期和现在的独裁统治的具有压倒性的独裁主义标志提供了解决方式。它们同样通过一种带有国际视角的语言将东方和西方的传统融合在一起。

昌迪加尔的纪念物深刻影响了战后的日本建筑师。丹下健三、前川国男（Kunio Mayekawa）以及板仓准三（他们都曾在柯布西耶手下工作）从柯布西耶在印度设计的建筑中找到了有价值的线索，从而在一个日益西方化的亚洲国家中调和了现代主义与日本传统之间的矛盾。关于融合新与旧、国际和地方的思维和美学方面的问题对于日本来说并不是一个新问题，在战后时期，这些问题就已经得到重新思考，在一个越来越民主的社会中的每一个区县或是诸如博物馆等文化机构都需要有代表性的建筑。建筑师同样希望能够将木结构传统与现代混凝土结构相结合，通过一种纪念性形式达到两者的融合。柯布西耶在昌迪加尔首都的作品从建筑学层面帮助人们提炼了一种复杂的文化情况。

那些像大师学习的建筑师将他们自己的思想加诸大师之上，有时甚至曲解已经发生的事物。早在第二次世界大战之前，丹下健三就被柯布西耶未实现的苏维埃宫的中心空间所倾倒——巨大的公共平台以及为室外集会所设计的开敞剧院，他在脑海中将其转化为一种关于空无或缺失的禅宗思想。[28]丹下健三在20世纪40年代早期所设计的服务于日本国家主义以及殖民扩张目的的国家建设项目中探索了这一思想。丹下健三同样着迷于米开朗琪罗英雄式的雕塑形式以及日本传统中的寺庙屋顶。在所谓的美式和平的战后时光中，丹下健三在一种新兴的民主的遮蔽下发展出了一套现代纪念性语言。他的东京国立体育馆设计通过一种动态的对立部分统一体的方式将他长期研究的事物结合在一起。平面中相互交接的曲线创造出了积极和消极的形式，同时在由悬索支撑的巨大屋顶之下包容了一个巨大的室内空间。严格说来，这座体育馆在结构和形式上是现代的，在影响范围上是国际的，但是它引起了日本传统纪念性建筑的共鸣，潜在地唤起了人们对于寺庙建筑中的屋顶、立柱，以及绑扎技术的回忆。在战后和平的大环境下，这个享誉盛名的奥运结构标志着日本已经将第二次世界大战抛在脑后而成为"自由世界"中更大的国际大家庭中的一部分。

柯布西耶对于日本的影响起源于20世纪20年代。因此他的作品被日本建筑师通过多种方式加以重新阅读和转化。当一些人全神贯注于传统的时候，另一些人发展出了一种关于技术的未来主义观点。在20世纪60年代早期，柯布西耶的例如当代城市等"技术乌托邦"的设计成为日本新陈代谢派的关注核心，这一学派对于城市更新提出了巨型结构方案。槙文彦（Fumihiko Maki）追寻了在日本80多年以及四代人对柯布西耶作品的不同解读，考虑了柯布西耶作品的魅力和不断变化的现代文化。

槙文彦，藤泽市立体育馆，日本，1986年。回应了技术的未来潜力，同时扩展了现代传统并回应了日本的历史。

丹下健三，奥林匹克体育馆，东京，日本，1962年。鸟瞰图：相互作用的空间的主题——现代空间和结构通过传统日本概念和屋顶形式加以融合。

> “艺术影响力就如同一片云彩留下的影子：一片云彩能够在不经意间笼罩在人们的头上，直到人们直接身处其下，然后在下一刻它继续向前运动。艺术影响力……对于身处其下的人来说很难懂并不易察觉……或许那些伟大的大师从本质上来说就是在那些追随者身上施以符咒？为什么柯布西耶通过这种方式在如此多的方面影响了我们？首先，没有建筑师像柯布西耶那样创造出如此多的新的空间语汇，这些空间语汇正是时代所要求的同时为建筑学展现了一种新的、丰富的方向。柯布西耶为人们提供了一份清单，这份清单如此丰富，以至于任何有兴趣的建筑师都能从中发展出他们自己的东西。柯布西耶比任何其他的建筑师都要更好地告诉我们关于丰富的、多义的以及富有吸引力的空间的存在以及创造这样的空间的奥秘。在他的生命晚期，柯布西耶热衷于探究一种他自己也难以表述的空间：不可言说的空间。如果柯布西耶的意思是存在着一种从古代开始就一直存在的原型空间的话，那么他的终身旅程可以说带有了历史的意味。”[29]

影响力这个词有时带有一定的误导性，因为它暗示了一种从最基本的资源到之后追随者们的作品的单一流程。在现实中，学习转化的过程则更为复杂，从接受者的角度来说，它包含了对于案例的一种积极的、有时候带有批判性的阅读。槙文彦自己使用了薄板、透明层以及金属表面等元素来呼应他对于日本传统城市相互重叠关系的阅读，从而对于柯布西耶的空间思想作出了有效的转化[例如在1989年所设计的泰皮亚（Tepia）大楼]。他的藤泽市立体育馆设计扩展了二十年前丹下健三所设计的场馆的传承。该场馆曲线形、多面的巨型结构上包裹了一层光亮的金属表皮。未来主义的技术景象和传统寺庙屋顶以及武士盔甲等的巧妙隐喻相结合。根据槙文彦，日本建筑对现代建筑的吸收方式只是漫长的历史过程中的一个例子，而外部影响逐渐通过回应本国现实和传统得以内化：

> 在吸收海外新文化的过程中，日本总是能够将它们转化成带有它们自身特点的东西……在对待现代主义，特别是柯布西耶的建筑时，有时从潜意识的层面会采取同样的态度。

柯布西耶建筑中所蕴含的普适性品质使得他的建筑能够在不同国家和社会中跨越界限而同时得以转化。[30]但是这一传播的过程受到了这样一个事实的帮助，即柯布西耶的某些原型中同样包含了当地特质的种子，这使得他的建筑能够在外国土壤中扎根。现代化本身的过程往往将不同文化模板的逐渐国际化以及在单一民族国家的框架下对于本土传统的重新评估相结合。构建国家神话或是地域身份的过程有时候包括了在乡土文化中寻根，同时伴随着一种表达“现代”、国家化的渴望的需要。这些复杂的甚至矛盾的因素能够在不同国家的作品中找到。在这里，我们又一次碰到了柯布西耶建筑作品中的多义性问题，而不是模糊性的问题。如果人们在全世界范围内追寻他的影响力轨迹，就会发现和日本吸收模式相似的模式，特别是在像墨西哥、巴西、哥伦比亚以及印度这些关注与社会工程的现代性以及身份问题的国家。

现代建筑的基本定义在20世纪30年代就已经得到扩展和转化，以解决不同气候和文化所带来的问题。柯布西耶自己对于乡土建筑价值的调查提供了具有启发性的例子，即使是那些没有建成的建筑也是一样。柯布西耶为智利所设计的伊苏拉项目直接影响了雷蒙德（Antonin Raymond）在日本设计的住宅，他声称复兴了日本传统木结构建筑。柯布西耶的作品同样影响了由尼迈耶在20世纪40年代早期所设计的巴西潘普哈（Pampulha）的建筑，他声称通过一系列版本的巴西特点将国际和地方因素相融合。[31]柯布西耶对于巴西现代建筑的影响归功于他在20世纪30年代在里约热内卢所参与的教育卫生部建筑设计以及从景观尺度上为高架桥城市方案所提供的前瞻性规划。科斯塔和尼迈耶将他们导师的设计原则扩展到新的表达领域，来解决正处于快速现代化的国家的气候和特征。他们利用了诸如自由平面以及带有遮阳板的摩天大楼等基本设计主题并将他们转化为一种专门的巴西现代地方语言，吸收了巴西巴洛克建筑中的曲线、生物形态的抽象提取以及巴西的景观形式。在这个追寻一种“国际化”的自然概念的过程中，他们俩受到了建筑师罗伯特·马科斯（Roberto Burle Marx）所创造的景观的启发。从某种意义上来说柯布西耶关于一种通过塑性艺术得以活跃的文化综合的

格曼，里维拉和卡罗画室，圣安琪，墨西哥，1929—1931年：勒·柯布西耶式的“工作室-类型”与墨西哥乡土风格相互交融。

路易·巴拉干，洛斯·克鲁布斯，埃格斯崇住宅和马厩，墨西哥城，墨西哥，1964—1968：模仿勒·柯布西耶对于光、空间、记忆、形式以及材料的感知，但并非直接模仿。

观点，在一个具有自己进步和原创的神话故事的飞速发展的国家中被加以改编并给予了新的能量。

在墨西哥，就像日本和巴西一样，存在着对于柯布西耶影响的吸收的几个不同阶段。这些过程免不了要和墨西哥传统的延续性和现代主义的普适性相结合。在1930年对圣安吉尔城中的里维拉（Diego Rivera）和卡洛（Frida Kahlo）的作品的研究过程中，格曼（Juan O’Gorman）已经巧妙的转化了柯布西耶在1922年所设计的奥赞方住宅和工作室以及梅尔尼科夫（Melnikov）在装饰艺术博览会上设计的苏联馆，建立了一种先锋派观点的强大力量。格曼敏锐地注意到通过包容流行的和本土元素来建立一种国家身份的墨西哥后革命时期的议程。[32]里维拉和卡罗画室中被仙人掌栅栏所包围突出的红色和蓝色体量引发了对于机械管道以及工业玻璃的对抗，将墨西哥乡土建筑中鲜艳的颜色以及基本体量加以转化。墨西哥随之而来的现代主义的一项关键论述因此得以建立：将普通和当地的因素相结合的观点。这些观点被之后的建筑师所采用，例如路易斯·巴拉干，他采用了一种共鸣的抽象方式来唤起人们记忆中的诗歌；冈萨雷斯·里昂（González de Léon）将例如天井和平台等传统中的基本思想转化为一种由柯布西耶晚期作品所启发的现代纪念性。

柯布西耶的建筑范式借助一种更大的模式，以适应那些远离创始之地的地方建筑意图以及社会项目。柯布西耶广泛的影响力当然不能简单地概述为诸如国际式这样的简单标语。有时候正是他那些与乡村风土紧密联系在一起的粗犷设计，被证明易于向外输出并具有一定的影响力。位于圣克劳德的周末住宅（1935）在几十年中在世界各地受到了一系列的重新诠释。这座低矮的拱形建筑有着铺满草皮的屋顶并且同时拥有现代工业主义以及传统手工艺的特征。它对于“原始建筑”的调侃以及仔细控制的最终完成品证明了柯布西耶感知上的一个重大方向性转折。这一设计同样表明了在1919年设计的莫诺尔住宅中的低造价、工业化拱形屋顶如何能够转化成为一种神秘的、有点别致的原始主义建筑。实际上那些后来受到周末住宅影响的建筑师没有一个看到这一点。反之，他们从《勒·柯布西耶作品全集》中那些精心排版的照片方案中了解到了这一点，这本书展现了作品的多种对比和两极化，同时展现了花园中的混凝土小建筑作为“原始小屋”的一种，来提醒读者关于柯布西耶对于起源和自然的兴趣。

尽管这座小住宅主要通过印刷书以及照片复制品等缺乏语境的媒介而为大家所知，但是这并不影响它广泛的国际影响力。相反，这种方式使得这座建筑得以通过不同方式被加以阅读，然后重新赋予其具体的环境，来满足不同文化和建筑的要求。在20世纪40年代早期的日本，坂仓准三和夏洛特·贝里安就将周末住宅的照片和桂离宫的照片并列在一起，好像是为了表明这种比较对现代和传统、工业和手工、国际和国家的融合提供了一把钥匙，表明了一种日本身份。[33]20世纪50年代的荷兰建筑师凡·艾克（Aldo van Eyck）通过建立一种不同于战后数年中所流行的被低估的现代主义社会性的回应性语言，从而回归到了周末住宅。他需要找到一种转译方式，将他从次撒哈拉沙漠乡土建筑中所感受到的原型精神价值转化为一种结合了标准化和多样性的现代建造系统（他将这称之为“迷宫般的清晰”）。凡·艾克在1957—1962年设计的阿姆斯特丹孤儿院有着小尺度的拱形空间以及玻璃幕墙，是周末住宅的产物，是柯布西耶原型中潜在思想的转化。[34]

周末住宅本身属于柯布西耶对于拱顶住宅以及乡土建筑参照的一种更大尺度的研究。一份1942年为北非舍尔沙勒的一片农业基地上所设计的住宅的未建成草图拓展了拱顶这一主题，形成了一个完全由高墙包围的空间、有遮蔽物的空间、种植花园以及水渠组成的建筑。这个项目结合了传统的、地方的建造方式和一些工业元素，寻求回到一种从阿拉伯建筑以及古典建筑拱形遗迹中的几个不同时期中所感受到的某种地中海建筑原型。但是在对无尽的农业建筑价值的回忆性和普遍抽象提取过程中要避免过于精确的参照，这些价值包括了一种对于地域主义中的地方性、民间思想的批判。就像之后的罗伯与罗克住宅（Rob and Roq）一样，这个项目表明了统一现代和古代、工业与乡土的一种普遍性的方法，

多西，“桑珈”（Sangath）工作室，艾哈迈达巴德，印度，1979—1981年：对拱顶类型的重新思考来创造一个绿色区域，回应印度的历史范例并体现了身份的概念。

罗格里奥·萨尔蒙那，哥伦比亚豪斯匹德·鲁斯特之家，卡塔赫纳，哥伦比亚，1979—1981年：以拱顶、水道以及庭院共同服务于一个泛美洲的梦想。

这种方法可以结合到其他建筑师的作品中，以应对具有有相似问题的不同的传统。

我们可以在远至20世纪50年代的北非找到这些思想的影子[由罗兰-西莫内特（Rolan Simounet）在阿尔及利亚所设计的住宅区项目，提取了当地传统的原住民区域]；20世纪70年代的美国（由路易·康设计的金贝尔美术馆，宏伟的拱顶融化在银色的光线下，令人想起古罗马）；20世纪50—80年代的印度[由多西（Balkrishna Doshi）设计的位于艾哈迈达巴德的廉租房，他的事务所叫作“桑珈”（sangath），同样位于艾哈迈达巴德]；同一时期的哥伦比亚[由罗格里奥-萨尔蒙那（Rogelio Salmona）设计的“贵宾之家”（Casa de Huespedes Ilustres de colombia）]。多西和萨尔蒙那都能从柯布西耶的建筑中挖掘出对立的以及模棱两可的因素，同时探寻完全对立的知识与文化领域的意义：后殖民主义的印度是一个方面，拥有丰富历史的哥伦比亚又是另一个方面。更准确地说，有着几个世纪的建筑传承的艾哈迈达巴德受到了由柯布西耶和路易·康近期所设计的作品的影响；而卡塔赫纳拥有深厚的殖民遗产、加勒比记忆以及热带气候；这两个地区之间有着鲜明的对比。每一位建筑师都会深入调查自己所处社会的历史积淀并将地方原型转化为引发共鸣的现代形式。

“桑珈”（Sangath）的意思是“通过参与在一起工作”，这座建筑被设计为多西自己的事务所。[35]事务所一部分埋在地下，覆盖在纵向人工制作的混凝土拱顶之下，上覆盖以陶土砖。低矮的曲线形屋顶挡住了酷热，外表面允许季风带来的雨水流入水渠、水闸以及蓄水池中。实际上，多西建立了一种长满草的围合物，带有一座阶梯形剧场以及一个穿越古吉拉特人驻地的迂回的漫步建筑，暗示了某种关于起源的主题。在桑珈，多西将当地的黏土建筑转化为精巧的印度村庄的现代版本，同时借鉴了一系列世界各国的资源，例如位于梯里玛克（Tiilimäki）的阿尔托工作室以及位于西塔里埃森的赖特工作室。同时桑珈包含了对例如拱形的佛教寺大堂以及南印度寺庙的迷宫等古代印度先例的隐喻。总体思想受到了柯布西耶拱顶类型的影响，包括附近的沙罗白住宅；多西由于在柯布西耶的工作室工作过并在20世纪50年代早期监督位于艾哈迈达巴德的工程而对这一建筑十分了解。

萨尔默纳工作于赛夫勒35号的柯布西耶的工作室，同一时期多西也同样意识到了拱顶建筑的重要性。[36]和他的印度同事一样，他之后建立了一套他自己的建筑语言，以适应社会现实以及发展中国家的气候。“贵宾之家”（Casa de Huéspedes Ilustres）是作为哥伦比亚总统的官方招待所而设计建造的。一座低矮的建筑坐落于半岛上的一片浓密的植物之中，与卡塔赫纳的加勒比城相对应，这座建筑由从邻近泻湖采集而来的珊瑚石建成，带有钢筋混凝土、平台、砖砌台阶以及覆以暖色陶瓷面砖的带有不同曲率的加泰罗尼亚拱顶。一系列的院子、热带植物、水渠、拱廊、屋顶花园、坡道以及相互连接的楼梯创造出了一片安静的内部世界，唤起了人们的各种记忆：一幅梦幻般的场景，萦绕着西班牙殖民时期的修道院、阿拉伯的水院（经过安达卢西亚传入美洲）以及诸如位于尤卡坦半岛的乌斯玛尔等玛雅遗迹的记忆。简而言之，萨尔默纳的作品提取了当地的文脉并实现了泛美化（pan-American）的表达，而多西的作品拓展了艾哈迈达巴德的现代传统，探索了关于印度地域特性的观念。除了他们的外部形式之外，他们的建筑都唤起了某种封闭层面的意义。柯布西耶的拱顶原型通过对过去的转化提供概念性以及诗意的过滤，形成了这些无形的特质。

柯布西耶自己的创造过程依靠大胆、横向思考将多种不同层面的现实结合在一起。柯布西耶的建筑是独一无二且不可重复的，但是这些建筑都有赖于一种抽象提取方式，其中同时存在着几种不同属性。正是这种多义性使得其他人能够将他们自己的期望和痴迷投射到柯布西耶的建筑中，在这个过程中阐明他们自己的方向和图像。建筑师自己曾经表示：一件作品或许包含了许多的“隐含意思”。人们能够通过在一天或一年中的不同时间段，甚至在人生的不同时期重新游览例如拉图雷特修道院等柯布西耶的建筑，来感受这些隐藏的意义。随之而来的或许是一种充满了历史写照的秘密谈话。掌握拉图雷特修道院的价值不仅需要对于其中一个柯布西耶晚

安藤忠雄，光之教堂，茨城县，大阪，日本，1985—1989年：现代主义式的抽象形式服务于神性，到处存在着朗香教堂与拉图雷特修道院的影子。

理查德·迈耶，道格拉斯别墅，港泉镇，密歇根州，美国，1971—1973年：通过一种结合了雪铁汉住宅的垂直型以及多米诺体系的水平型的形式主义探索回归了20世纪20年代的“经典作品”。

妹岛和世与西泽立卫，SANNA，卢浮宫朗斯分馆，法国，2007—2013：一种当代的勒·柯布西耶式的自由平面以及密斯式的透明性的一种重新诠释，但是带有日本特点。

期作品的触觉的和原始的特质作出回应，同样也需要和中世纪的西多会修道院建筑的神秘的静谧与存在展开对话，这些建筑是建筑师的主要灵感来源之一。掌握建筑的精神同样意味着沉浸于神圣空间中的光影效果。

同时，我们想起了其他人对于拉图雷特修道院所作出的一些阐释。当人们身处大教堂所产生的静谧之中，感受到它的庄严以及昏暗的光线时，人们进入了建筑所带来的阐释性领域，例如安藤忠雄所设计的光之教堂。在这个案例中，存在着另一种由清水混凝土制成的神圣空间媒介，由皮特卡南（Pekka Pitkanen）所设计的位于芬兰的神圣十字殡仪馆；安藤忠雄曾经拜访过这座建筑而这座建筑又受到了柯布西耶的启发。[37]有时候人们会想起其他的例如由美特斯坦（Lsi Metzstein）和马克米兰（Andrew Macmillan）所设计的位于苏格兰的圣彼得神学院，这座建筑抓住了原始的精神和光线同时以混凝土结构回应了景观和当地严格的石造建筑形式。[38]由阿尔瓦罗·西扎（Alvaro Siza）设计的位于葡萄牙北部的圣马可·德卡纳维泽斯的教堂借鉴了朗香教堂与拉图雷特修道院对于天主教礼拜仪式的空间性和象征性阐释。除了特定的装置之外，这座建筑将一种神圣氛围加以转化。[39]另一方面，拉图雷特修道院同样影响了城市纪念性建筑，例如由卡曼（Kallmann）、麦金奈尔（McKinnell）以及诺尔斯（Knowles）所设计的波士顿市政厅，这座建筑由倒置的阶梯形剖面以及混凝土巨型结构，产生了另一种类型的檐部。拉图雷特修道院的地下室有着蜿蜒的曲墙以及从不同方向射进来的天光，令人在一瞬间想起了博塔（Mario Botta）的教堂以及库哈斯（Rem Koolhaas）的扭曲空间。长方形体量中出现圆形体量的设计主题在由詹姆斯·斯特林设计的斯图加特美术馆扩建项目[40]、由莫奈欧（Rafael Moneo）设计的位于帕尔马的米洛基金会以及阿尔托所设计的图书馆中得到了重新诠释。[41]事实上，所有的艺术家都从拉图雷特修道院中学到了这些东西，但是这个作品是如此丰富以至于它提供了多种多样甚至相互矛盾的阅读。

这些之后的转化从许多尺度上产生作用，从整体的形式到单独的元素。这些转化方式将使一些形式要素独立，例如网格或曲线等，探究在不同环境中使用它们的新方式。柯布西耶在研究期间获得了许多突破，但是这些突破很快便融入了现代建筑的国际潮流之中，有时候被简化为图片文字或是学术练习。人们会想起20世纪70年代柯布西耶在美国的复兴，特别是被叫作“纽约五”的建筑师，他们创造出一系列高度自主的“20世纪的白色住宅”等作品以及其他典范性现代建筑作品。这些新现代主义者的探索受到了那时的北美学术界的正统理论浪潮的推动。由迈耶（Richard Meier）在1973年设计的道格拉斯住宅位于密西根湖上的一片树林中，它代表了这一趋势的最高点。建筑的整体形象是一座处于一片景观之中的白色机器，层与层之间具有透明性，类比海上的船只；迈耶的作品对于两个基本的柯布西耶式概念作了重新的诠释：多米诺骨架体系（从水平性角度加以讨论）以及雪铁汉住宅（从垂直性角度讨论）。柯林罗，纽约五人组的教父级人物，正确地指出了从最开始（例如1932年MoMA举办的“国际式”展览）现代主义传入美国的过程包含了对最初的一些重要思想的放弃而热衷于风格的问题。[42]

20世纪晚期，法国建筑师展现了一系列对柯布西耶模型的阅读，从认真和字面的到讽刺和造作的。人们只需要考虑亨利-西里安尼（Henri Ciriani）对于“新建筑五点”的不断探索[例如他1989—1995年所设计的古代阿尔勒博物馆（Musee de l'Arles Antique）]和包赞巴克（Christian de Portzamparc）对于柯布西耶晚期作品中的曲线的天马行空的借鉴（例如他的拉维莱特音乐城项目）之间的对比，就能感受到这种方法的分歧。[43]回顾性阅读的风险在于将过去建筑师的深层含义简化为一种语法分析练习。同样的风险也适用于更广泛的诸如自由平面的建筑组织原则，而自由平面思想在20世纪30年代已经发挥了巨大的作用。自由平面从不同的角度以及不同的风格性表达方式的角度被加以“重新研究”，最近的要数日本建筑师SANAA的作品，他们拓展了这一思想并创造出某种蜿蜒的社会景观。他们的卢浮宫朗斯分馆将结构网格与玻璃曲线形分隔相结合并探索了现代空间和传统日本建筑之间光和透明性之间的类比。[44]雕塑

弗兰克·盖里，古根海姆博物馆，毕尔巴鄂，西班牙，1992—1997年：表现了一种来自于朗香教堂启发的雕塑般的复杂性。

安藤忠雄，普利茨克基金会，圣路易斯，密苏里州，美国，1995—2001年。理查德塞拉的“扭曲的椭圆线”，2000年：建筑师和雕塑家将现代空间概念延伸到新的领域。

冈萨雷斯，联邦法院，墨西哥，1986—1988年：通过混凝土表现共和纪念性，将勒·柯布西耶在昌迪加尔设计的纪念性建筑中的遮阳屋顶和门廊思想进行转化。

家理查德塞拉（Richard Serra）的钢片制成的“扭曲的椭圆”以及“扭曲的螺旋线”和许多建筑师相比，在精神层面上和柯布西耶的自由平面空间概念更接近。[45]一些探索复杂的曲线几何体的当代建筑师回归了柯布西耶的晚期作品，例如通过菲利浦馆来支持他们的想法。他们高举“参数化主义”以及计算机生成复杂性的旗帜，但是往往忘记了柯布西耶的几何体只是仆人而非主人。[46]

半个世纪前，乔治·库布勒在他的《时间的形状》一书中讨论了贯穿整个艺术史的传统结构问题以及主要陈述在改变艺术创造假设中的作用。这些创造性发明之后被多次加以复制，逐渐拓展了革命性创造的含义。他将“历史的时间”比作“由一些有限数量的类型所组成的无数种形式的海洋”。[47]这一论述回应了森佩尔在之前章节的开头所做的陈述，或许适用于现代建筑学传统的不断发展。显然柯布西耶一直是其中一位主要的形式赋予者，但是他对于思想的转化超越了简单意义上的个人风格而触碰到了对时代中的一系列基本问题的“类型解决方式”的继承和拓展。建筑中存在着明显的“建筑类型”感，例如柯布西耶关于摩天大楼的未建成方案所提供的例子：福斯特的香港汇丰银行如果没有20世纪40年代早期柯布西耶提出的阿尔及尔摩天大楼方案就不会是现在这个样子。但是对于“类型”一词有着更多的普通感受，在这里我们可以说柯布西耶帮助我们转化了基本的空间、结构、语汇以及形式概念。他的多种解决问题的方法例如住宅、城市规划、预应力混凝土、遮阳、神圣空间以及纪念性，仍然继续影响着全世界范围内的生产。

柯布西耶的“类型”有时候被重新通过一系列对于相似问题的解决方式而被重新解释。就拿现代纪念性这个议题来说。昌迪加尔国家纪念碑的其中一个核心主题是巨大、保护性、向公共空间开放的门廊：一种融合了预应力混凝土、对气候的回应、古代司法大厅以及遮蔽物的思想，提供了力量和可用性。这一思想的回应可以在30年之后的两个大型的共和国纪念性建筑中找到：由斯普里克森（Otto von Spreckelsen）设计的巴黎拉德芳斯凯旋门（1985—1989年）以及由冈萨雷斯（在20世纪40年代曾在柯布西耶的工作室中工作）设计的位于墨西哥城的高等法院（1988—1992年）。新凯旋门融合了门廊/阳伞以及对历史中的凯旋门的抽象提取，创造出了一种人性十字路口——人类普遍拥有的权利，以此纪念法国大革命胜利两百周年。[48]墨西哥城的最高法院结合了采用带纹理的混凝土所制成的纪念性门廊，隐喻了前哥伦布时期以及诸如多柱大厅以及绿廊等建筑原型。[49]伍重（Jorn Utzon）设计的位于科威特的议会大厦类似于一种平面上带有庭院和室内街道的传统沙漠城镇的抽象提取，但是采用了由宏伟立面上的预制混凝土立柱所支撑的巨大门廊。向上的曲线回应了位于建筑前面的大海，令人想起当地的一种叫作单桅三角帆船的船只形式，一种国家象征；以及提供荫凉的帐篷的形式，这种帐篷在传统上和沙漠中的部落领袖有关。建筑中同样也有对昌迪加尔的纪念碑的回应。[50]这三座建筑各自独立但是拥有着同样的根。

柯布西耶的建筑似乎有着无穷的能力，通过之间影响其他建筑的空间和形式来启发其他的建筑师。其中一个相关的例子是朗香教堂（1950—1954年）。在柯布西耶的所有建筑中，这也许是最难以模仿以及最难以捉摸的，因为没有任何明显的系统，超越了理性分析的范围。人们或许会把朗香教堂当作一件过去的事物，一个建筑历史上的闪耀时刻，但是这座建筑时时存在并通过多种方式加以体验。1933年，当盖里（Frank Gehry）展示他的毕尔巴鄂古根海姆美术馆方案时，他声称在法国有两座建筑对于他的建筑构成有着绝对重要的影响。其中一座是夏特尔教堂，另一座则是朗香教堂。几年之后，安藤忠雄宣称在欧洲传统建筑中有两座建筑对于他的建筑构成有着重要作用。其中一座是罗马的万神庙，另一座是朗香教堂。盖里继而说明如果没有教堂中复杂的凹凸几何体块，他可能永远不会成为现在这样的建筑师。另一方面，安藤忠雄从“光的抽象产物”的角度描述了万神庙，将朗香教堂描述为“光线和沉思的容器”。人们很难想象两位截然不同的建筑师同时深受同一座建筑的影响。[51]

伍重，科威特国家议会大厦，科威特，1979—1989年：带阴影和象征性门廊，令人想起帐篷和阿拉伯单桅帆船的形式，同时回应了勒·柯布西耶在昌迪加尔首都所做的规划中的手势形式。

路易斯·康，索尔克生物研究中心，拉荷亚，加利福尼亚，美国，1960—1965年：在康自己对于建筑中的永恒维度的探索过程中，勒·柯布西耶充当了“镜子”和“放大镜”。

对于柯布西耶作品的深入阅读回应了它们所营造的建筑氛围和建筑存在，同时重新解释了这些作品的潜在原则和设计思想。许多人不将墨西哥建筑师路易斯·巴拉干视为柯布西耶的追随者，但是他的沐浴在阳光下的开敞房间以及安静平台大大受益于贝斯特古屋顶公寓（1930年）的超现实主义的影响，而他自己位于塔库巴亚（Tacubaya）的住宅有着通往图书馆的狭窄楼梯、空间中的空间，包含了几种对于相同原型的回应。巴拉干设计的位于特拉尔潘（Tlalpan）的修道院（1957）希望通过形而上学式的抽象方式、强烈的色彩和光线来达到柯布西耶的神圣建筑的品质，同时充满了对墨西哥历史的回应。[52]他的位于圣克里斯托巴尔（San Cristobal）的住宅和马厩设计（1961）令人想起柯布西耶晚期作品的材质和痕迹。巴拉干能够根据已经存在的那些对于柯布西耶作品的吸收和转化成果进行建造，例如二十年前格曼设计的利维拉德·卡罗住宅已经达到的那样。宣称只是从柯布西耶处获得了独一无二的影响的做法是愚蠢的（巴拉干同样对平台这一建筑原型的重新研究过程中对于密斯的庭院住宅项目进行了充分的阅读）。但是关键在于一个更为普遍的方面：柯布西耶的建筑典范在一个带有不同发展方向的现代传统的建立中起到了核心作用，这一传统渐渐传遍全世界，对于丰富多彩的过去打开了崭新的视野。

柯布西耶向美国传播他的城市学说的过程并不成功，最终在那里只建成了一座建筑，但是他的影响力确实是巨大的。当然存在着各种各样的新柯布西耶式学院，将他的作品手法化；但是也存在着对于柯布西耶的建筑原则的更深层次的传播。路易·康的建筑语言中没有明显的“柯布西耶式”痕迹，但是没有了柯布西耶的作品和哲学思想，路易·康就不能成为他现在的样子。在他接受建筑教育期间，路易·康从《走向一种建筑》一书中吸收了重要的知识，然后通过抽象手法综合了现代与古典、物质和理想。路易·康成熟作品的重要特质中充满了柯布西耶的影子，而他则是从光线、空间、几何以及总体组织布局的层面入手，而非直接套用。位于拉荷亚的索尔克生物研究中心通过一条流向远处太平洋的水渠创造出了一片开敞空间。这座建筑的混凝土完成品令人想起了哈佛大学视觉艺术中心的混凝土，但是其与柯布西耶的真正联系却是在更深层面上，与作品中的潜在精神以及追求一种形而上学的秩序有关。[53]位于福特沃尔斯的金贝尔美术馆令人想起了柯布西耶的拱顶类型，但是这座建筑中的拱顶被赋予了一种崇高的古代感。康在一定程度上延续了柯布西耶的足迹，在追寻“起源”的过程中回归古代遗迹，寻求灵感。达卡议会中心由光影切割而形成的粗犷的多边形式当然是对柯布西耶在昌迪加尔的纪念性建筑的回应，并将现代与古代、东方和西方资源结合在一起，同时期望达成某种普世性。当柯布西耶在1965年8月逝世时，康说：“我现在应该为谁工作呢?”

柯布西耶一直从自然、天然物品以及历史中吸收新的灵感并融入他的创造性思维中。最终形成的思维结构充满了内部的对比和联系，他的作品以某种特定的形态出现但又对于其他人来说充当了精神地图的作用。柯布西耶建筑形式的象征性共鸣鼓励之后建筑师的思维和作品的变形。柯布西耶对于其他人的影响更多通过观看、思考以及想象最终建筑形式的方式进行。在柯布西耶离世前的1965年夏天，他写了一段关于思考他一生的建筑遗产的话，起名为“只有思想能够传递”。对于柯布西耶来说，建筑是一种复杂内容的外部表达方式、给予思想以物质形式的方式。很少有在世的建筑师没有受到柯布西耶建筑的影响。同时，更年轻的建筑师们以全新的视角看待柯布西耶。带着新的问题，年轻的建筑师们在这个充满挑战性和具有超凡魅力的任务中发现了前所未有的东西。就像神秘的斯芬克斯一样，柯布西耶的谜语和谜团萦绕在每一位观察者的脑海中。柯布西耶有可能在很长的一段时间里一直陪伴着我们。

21

第21章
结论：现代主义、自然、传统

“现代不是一种时尚，它是一种品位，必须要理解历史。理解历史的人才懂得如何在过去、现在和将来中找到延续性。”[1]

——勒·柯布西耶

［前图］
形式的秘密生命力：朗香教堂，法国，1951—1954年。檐沟以及流下的水落在金字塔形和圆柱形的形体上。

［右图］
机械时代的梦想：萨伏伊别墅中的神秘物体。

柯布西耶于1965年8月27日死于罗克布吕纳马丁岬（Roquebrune-Cap-Martin）的海中，可能死于心脏病。柯布西耶的棺材最初摆放于拉图雷特修道院中，之后转移到赛夫勒大街35号工作室中一幅柯布西耶最喜欢的挂毯之前。9月1日下午9：30分，文化部大臣马尔罗在卢浮宫前的卡里庭院发表了葬礼演说，追思柯布西耶的天才。法国在柯布西耶生前只给予了他少量的公共项目，从未给过他重大使命，而他死后却在法国名流册中榜上有名。希腊建筑师代表送给了他来自雅典卫城的土壤，印度政府则送给他来自恒河的水并洒在他的墓前。9月3日，柯布西耶被葬于罗克布吕纳马丁岬他妻子的墓旁，这座墓碑是他在1957年设计的。墓碑呈倾斜的长方体，紧靠在圆柱体旁边，整体位于一个露台之上，俯瞰整个海湾，柯布西耶在这里度过了他人生中最美好的一段时光并最终走向人生尽头。最后的离开方式以及安息之地都符合他的地中海式的宗教仪式。

柯布西耶的离开给世界建筑留下了一个巨大的空缺。柯布西耶不仅留下了一系列作品，也为世人留下了一套形式体系、思想、图像、传说、城市、未来的远景以及对过去的观点。没有其他的建筑师能够像他那样如此全面地掌握一系列面向现代新纪元的问题。就像任何范式的创造者那样，它改变了未来话语的基础。很少有20世纪的著名建筑师没有从他的作品中吸收灵感，有很多其他建筑师将柯布西耶的发明当作理所当然。格罗皮乌斯曾经正确地指出柯布西耶创造了“一种新的价值尺度，影响足够深远，足以丰富未来建筑师的设计”。[2]

柯布西耶没有受到标准的现代主义教条的影响，因此能够保持清醒的头脑，但他也没有离此太远而完全陷入历史主义。目前对于柯布西耶作品的评价仍然带有当代意识形态所遵奉信条的色彩：许多人都同意柯布西耶的建筑形式中存在精巧的诗意，但是人们依旧对形式和时代之间的关系争论不休。一些人将柯布西耶视为现代主义的模范，他们常常忽略了更深层次的历史维度并流于一种迂腐的形式主义。另一些人将许多现代城镇景观的丑陋和平庸归咎于柯布西耶，好像是柯布西耶一手创造了工业主义的糟糕方面。同时，柯布西耶的作品继续在全世界范围内被那些仰慕其创造性作品力量的建筑师以及那些寻求建筑学新方向的建筑师所拓展、评估与转化。就像在最后一章所表明的那样，柯布西耶的创造性思维的两极化如此丰富，以至于他的作品能够启发那些拥有截然不同社会背景和建筑目标的建筑师。

柯布西耶不仅用他的美丽和真诚的建筑形式来感动人，同时他也以坦率的态度来处理日益发展的科技时代中常出现的悖论和冲突。柯布西耶拒绝抛弃工业化，认为这会导致一场卢德运动（Luddite cul-de-sac）。反之，柯布西耶试图调和机器和自然、现代人和传统基本法则之间的矛盾。在他的城市规划方案中，柯布西耶接受正在兴起的交通系统以及白领阶层大都市的建筑类型：高速公路、摩天大楼、住宅区；柯布西耶试图给予这些世俗功能以一种诗意的形式。柯布西耶的各种战争期间的城市方案表明了一种关于资本主义者的创造性和自由主义改革之间的合作，假设艺术家的感觉是符合规范的，这些城市方案不安全地依靠一个艺术家的感觉：艺术家英雄、部分社会科学家、部分弥赛亚（Messiah），他应该凭借直觉感知真正的“时代精神”并给予这种精神以合适的形式，这一形式同时也是未来理想社会的蓝图。尽管柯布西耶的行为带有一定的独裁式的决定主义以及带有一定怀疑性的历史主义，但是柯布西耶对于城市的重新看待、考虑大众的基本居住问题、工作与休憩、公共和私有、交通和绿化、视觉秩序和力量表现等一系列问题的方式仍然十分卓越。柯布西耶十分精确地预见了未来工业城镇的典型模式并试图给予这不可避免的情况以更加清晰以及他所希望的更加人性化的形式。

柯布西耶当然从没有建成他的乌托邦城市，可能也永远不会建成了。第二次世界大战之后，人们意识到机械化自动为人们创造一个更好的未来这个想法是不现实的，柯布西耶也避免出现之前带有启示录性质的口吻。

但是正是在20世纪50年代和60年代的重建和经济飞速发展的时候，柯布西耶的思想和愿景对于实际建造产生了最大的影响。在那个时期所建造的建筑是光辉城市或是集合住宅方案的一种奇怪的讽刺画，缺少了许多柯布西耶认为是十分重要的因素，例如公园和屋顶花园。大型社会产生了许多柯布西耶所警告的问题，并且这些问题呈大规模增长。[3]牟取暴利的人和社会工程师们建造了一片荒芜的场景，忘记了自然和建筑艺术。对于柯布西耶的批评指责柯布西耶应该为平淡的城市更新和旧城镇的毁灭负有直接责任。柯布西耶成为丑陋的城市和缺乏城市性等问题的方便的替罪羊，而这些问题只是明显地反映了现代公共国家和社会主义官僚主义的狭隘目标以及工具主义。随着巨型城市和城市之外的发展以巨大的规模在全世界范围内出现，柯布西耶的某些设想，例如现存城市中心之间的线性城市，或是中央景观中的集合住宅，呈现出一种新的相关性。柯布西耶热衷于协调工业社会和自然之间的关系，这种观点曾经被视为过时，现在则被认为十分切中要害。

柯布西耶的城市主义由于他曾经提出的过于彻底和绝对的城市方案而很容易就能被辨认出：巴黎瓦赞规划像一条沉重的枷锁围绕在他的脖子周围。人们往往会忘记柯布西耶曾经考虑的许多线性城市思想（为阿尔及尔和里约热内卢所做的规划）、各种卫城形式[世界馆和圣迪（St. Dié）]，也表明了柯布西耶对于文脉和地形的敏锐感觉（威尼斯医院）。当柯布西耶真正拥有了在昌迪加尔设计整个城市的时候，他大大改变了原来的抽象方案，而着重解决场地、气候、文化以及传统等问题。首都城市空间在尺度上空前巨大，但是柯布西耶没有放弃他作品中的典型的20世纪版本的露天广场。发达工业国家中指导缝合旧有肌理的城市思想没有得到柯布西耶关于反对街道的激烈长篇演说的支持，或是柯布西耶对于“户外空间”的明显忽视的支持。但是在第三世界中，人口和城市的增长超过了可控范围，规划者不得不考虑与郊区基地有关的工业化的更广泛的议题。柯布西耶的一些假说被加以修改和调整，来解决全世界不同社会的问题：从集合住宅方案延续下来的有价值的优良居住传统表明了不重复柯布西耶所犯的错误而从柯布西耶的案例中学习到有价值的东西是可能的（见于第12章和第20章）

柯布西耶对于概念和形式的强大解决能力对于我们来说是毋庸置疑的：有着萨伏伊别墅或是昌迪加尔议会大厦的空间丰富性和象征性共鸣的建筑在建筑历史上十分罕见。但不是所有的柯布西耶作品都能达到这一高度。例如位于菲尔米尼的文化及青年中心与场地和社会目的完全不相适应，在形式上很普通。柯布西耶或许在材料的使用和最终成品的控制上疏忽了，有时候无法满意地解决极端气候。20世纪20年代的一些住宅在建成几年后就严重漏水，需要大范围地维修。马赛公寓和拉图雷特修道院中的素混凝土需要重新复原。柯布西耶对于理想形式和新颖的技术解决方法的追求导致他忽略了舒适性和尝试，就像巴黎救世军总部大楼中有问题的幕墙。朗香教堂年久失修，墙上的裂缝需要及时地关注，尽管已经花费了数百万元修复入口场馆、女修道院以及停车场，但是这些伤害了柯布西耶的杰作并且在山坡上留下伤痕。或许建筑师早已预料到其作品的不确定命运以及建筑肌理的恶化，但建筑师确信每一座建筑都定格在它最原初的状态：理想的设计意图永远保存在《勒·柯布西耶作品全集》中的黑白照片中。

对于柯布西耶建筑案例的转化有赖于实际的建筑以及书中的照片和图纸。建筑师们从单个项目（无论建造与否）或是一般理论开始吸收。柯布西耶后继者学会了掩盖他的错误，模仿他的建筑形式但失去了他的真正力量，而对柯布西耶作品最好的扩展是审查他的错误，吸收其永恒的品质并转化他的建筑原则。为了做到这一点，人们需要超越明显的风格层面而进入更深层次的建筑组织层面。这就是为什么这本书仅仅少量依靠诸如新艺术运动、新古典主义、国际风格或是粗野主义之类的标签。反之，本书主要关注柯布西耶建筑语汇的习惯和类型，以及他自己对于自然和传统的转化。一种个人语言隐藏在一个艺术家的脑海深处，形成一系列的图示和可能性：人们可以在建筑的内部秩序以及草图、绘画、设计过程图纸之间的联系中窥得一二。每一次创造一座新的建筑，柯布西耶都会动用他的形式库，在各种要素之间找到新的相互关系，有时候会引入新的装置或元素。

如果我们将柯布西耶的所有作品看成一个整体，我们会发现一些一般性的规律。从他的成长时期一直到大约1920年，柯布西耶自觉吸收了一系列同时代或相近时间的前辈的知识，例如莱普拉特尼耶、佩雷或是维奥莱-勒-迪克；但是柯布西耶同样转回到历史中，建立了一种个人神话。古典时期、中世纪以及伊斯兰世界所获得的重要印象深深地潜入了他的记忆之中并继续萦绕在他余下的生命中。在雅克住宅的平面中、多米诺骨架体系或是施沃布别墅的剖面中，年轻的柯布西耶开始发现真正属于自己的设计策略。巴黎和纯粹主义的影响使得柯布西耶建立了高度综合的形式和知识体系。在柯布西耶写下《走向一种建筑》一书并设计了雪铁汉住宅以及各种理想城市类型之后，建筑师准备好清楚地说明他认为合适于机器时代的建筑形式。

1922—1933年这段时间，是柯布西耶创作的巅峰时期，他此时探索和提炼出了自己的建筑语汇，主要是在住宅方面。在20世纪20年代中期，在库克住宅中，他成功地融合了混凝土结构的潜力、纯粹主义画派的特殊理念以及他独一无二极具才华的对新生活方式的社会观点。接着他做的经典住宅如斯坦因别墅和萨伏伊别墅都很成功，尽管从传统中提炼的一些品质也充实了这些住宅。在国际联盟和世界馆，他谈起现代纪念性的问题；瑞士学生宿舍和救世军总部大楼等社区规划中，他扩展了他的“新建筑五点”来回应都市化。他的建筑语汇和格罗皮乌斯、密斯或里特维尔德同样分享了时代特征的元素，但是柯布西耶注重强调的概念以及推动建筑发展的概念是他自己的。超越个人建筑，是柯布西耶自己的意愿来创造这样一类真正现代建筑的元素，它们毋庸置疑可以与过去的伟大风格相媲美。

20世纪30年代是一个重新评估柯布西耶建筑的时期，他改变了一些类型形式来回应地域、地理和气候问题，但是这时候他也在探求一种方式来把他逐渐上升的关于拟人论的绘画风格转译到更大规模的建筑或城市中。他对机器时代的普遍理论更加有兴趣了，重新思考那些要从乡村农民身上才能学到的适应的课程。勒普拉代和莱斯马泰的砖石房子，马塞公寓的绿化屋顶，阿尔及尔高架桥的蜿蜒形式都反映出情感上的转变，这些是由很多形式引起的：思想意识的转变；新的刺激物；改变了的意图。在20世纪30年代，柯布西耶扩大了他的建筑语汇，提出了一些旧的元素（比如瑞士学生宿舍的底层架空柱），也加入了一些新的元素比如遮阳板。

尽管他在20世纪30年代的大多数创作都停留在纸面上，它们提供了他晚年作品的基本原则。1947到1954年这段时期就和20世纪20年代一样硕果累累，但是令人着迷的昂扬向上的乌托邦此时被具有永恒价值的成熟的评价和对自然的协调融洽所取代。柯布西耶表达了个人的宇宙观，关于太阳月亮，男人女人，机器和地中海的秘密。马赛公寓描绘了他一生对理想社区的思考，但是通过一些凹凸不平的比喻来表达，混凝土、模度和遮阳板。朗香教堂和拉图雷特修道院反映出他们各自最初的机构含义，尽管印度的项目涉及的是次大陆建筑学传统之内的基本类型。面对过去最伟大的创造，在被风肆虐的昌迪加尔山脉，我们感受到了英雄式的立场。柯布西耶在这里似乎抓住了不朽的问题，或许他自己也承认面对普世原则时自己的雄心壮志从没有一个足够的社会基础。

柯布西耶不同阶段的形式和作品显示了大量变换的意义，但是其中也有一些始终如一的修辞手法处在他建筑语汇的中心位置。有些中心语汇经历了所有不同的阶段，比如理想住宅的2-1切分，受到艾玛修道院单元房间的启迪，也把它运用在了施沃布住宅中，从雪铁汉住宅和“不动产别墅”到20世纪30年代后的集合住宅，这变成了住宅的基本单元。正如前面所讨论的，也有一些主要的形式和类型，比如在底层架空柱子上的盒子和支撑柱上的拱形结构，他们有着各种伪装、材料和大小型号，展现着新的意义水准。当建筑的窗户、墙体、隔墙的位置是按照“新建筑五点”那样放置的时候，某些复制品在性质上几乎是符合规则的。另外一些在精神层面上更加接近他在绘画中呈现出来的他更喜欢的布置方式，比如耳状的物体重复地附着在长方形的厚板上，或者是漏斗状的物体被放置在格子里。那时候有一些基本的主题，就像汽车列队前行到达一个不透明的立面，接着步行前进的常规路线朝向一个更加透明的背立面。这些特别受喜爱的装置很少由功能决定。20世纪20年代一栋住宅里面用曲线来设置一部楼梯，这里曲线开始被运用，后来变形成1950年公共住宅里的某种单元房间的形式。

柯布西耶建筑语汇中的个人因素比如底层架空柱、遮阳板或者坡道更多是由某种特别的功能需求确定的，彼此之间也有更多可预见的联系。事实上，柯布西耶更愿意把他们看成好像他们本身具有不可改变和忽略的价值。在面对这个问题时，他背弃了对理性主义传统的忠诚，最重要的是，背弃了有可能在建筑混凝土骨架创作出一种完全的建筑基本语言的佩雷。也可能他在确定每一种问题的完美类型时有理想主义式的迷恋（支撑、光线、开洞等问题）。多米诺体系的结构采取了作为基因型的姿态，基本的建筑要素可能最后都是它引出的。“新建筑五点”的原则基于这种基本的结构问题，更晚的是音乐节奏窗棂和遮阳板的创作，更不用说城市规模的规划依靠骨骼型的结构。人们记得年轻的让纳雷在1910年德意志制造联盟大会后的陈述：

“我相信想要与我们所处的当今时代的建筑风格决裂，艺术家必须逻辑地了解材料的基础……这些构成了他建筑语言的基本词汇，也是他诗意表达方式的关键点。”[4]

对柯布西耶来说，结构是寻找建筑真正语言的一个出发点，乏味的结构现实问题开始上升到富有诗意的符号学层面了。底层柱子架空这种策略可以有很多形式、并置和意义，和圆柱一样是柯布西耶的重要使用手法，也是其城市设计的重要手法。它可以帮助把建筑实体抬起来到空中，来限定一种规则，来向内部空间引入一种韵律。平面上可以是圆形的也可以是椭圆形的，高度上可以是平行的也可以是渐变的，外表可以是光滑的也可以是粗糙的。同时，依靠即将生成的重要性和建筑群的意图，围绕它的使用，底层架空柱子有可能从经典的前厅廊到纪念碑式的多柱式建筑那里吸收灵感。

在探求现代建筑的过程中有一个范围更广的问题占据了核心位置：如何把呆板的技术工具比如结构框架转译成有陶冶情操意义的建筑，而不用一方面回复到无趣的功能主义，另一方面回到历史性的仿制品。一个类似的关于工程技术和美学的困境，德意志制造联盟早在第一次世界大战前就讨论过了。路易斯·沙利文、鲁特（John Wellborn Root）和芝加哥学派的建筑师们在19世纪80年代和90年代也遭遇过这个问题，当时他们致力于定义钢结构基础上的摩天楼。把无理性的建筑结构转换到具有表现力的结构，象征性和表现性涉足其中。一个如窗户这种一般的个人化的元素并不是结构的直接表达。它不仅将一个结构化的理念具体化，同时很多意象也被融入了。

一种“类型要素”一旦成立了，就会衍生出一系列的隐喻体和历史性的类似体。遮阳板系统（brise-soleil）在20世纪30年代早期被发明出来是一种遮挡装置来解决全玻璃立面的环境问题，但是逐渐地它反映了一系列新的雕塑般的和具有象征意义的可能性。它可以用一种形象来覆盖玻璃立面，或者以一种凉廊的形式参与到全部的结构上，或者是一个自由平面的表面被各种开口打上孔洞。它可以框住视线，给立面增加深度，创造阴影，表达功能，将一个完整的建筑转换成为巨大的遮阳装置和兼备雕塑般的形体和节奏。在柯布西耶晚年的作品中，遮阳板装置的原则运用了多种形式，也构成了纪念性语言的一部分。事实上，在每一种相关的建筑理念和形式之内，柯布西耶建筑语汇的任何一种要素都可以被改编成新的含义。历史学家迈耶·夏皮罗（Meyer Schapiro）精准地指出，个人风格就像是一种语言，有内在的秩序和表达方式，也承认各种程度和思想观点的周到练达。[5]

在这期间，年轻的让纳雷构想出一些满足有限的视觉需求的文字，它们可以表达更大范围的意义，同时在一种纯净正规的方式上来保护独立性。他更喜欢那些拥有“无限意义”的建筑要素。正如他的建筑作品，柯布西耶的绘画作品中反复运用少数的形体和关联性，这里的关联性是指，曾发现新的代表性基本图案和他们之间组合的可能性的关系。[6]开始被认为是吉他形状的一系列曲线可能后来才发现是一个女人的肩膀，被用来描绘瓶子和眼睛的线条原来是公牛的形象。理念可以表明形式，形式也表明理念。我们可以通过柯布西耶的建筑看到这一现象。国联大厦的凹状的总统大楼向远处群山召唤，就像一个巨大的触角，是一个柱廊和桥的结合体。25年以后昌迪加尔的当权者需要另一种政府的形象，柯布西耶转变曲线的方向变成了新月形，现在则向天空招手。在这个新的全局规划和方位中，它的形状结合了张开手掌的形象、行星轨迹、公牛的角和古老的遮阳伞的形象。

设计一座建筑的时候，柯布西耶没有仅仅把已经早就存在的类型以一种集结的方式呈现出来，而是重新思考当地的习俗来适应新的发明和综合体。在这个过程中，个人经历了炼金术般的变化，正如他们被融入直接的实体之中。他们可能会获得意义的新的层次，卡彭特视觉艺术中心的斜坡就是一个例子。柯布西耶的具有创造性的过程有时候依赖于潜意识模仿的时期，这个时候前所未有的联系就发生了。从他的草图本中可看出，他徘徊在对世界的新印象和类型的感知中。他的内心包含一些复杂的隐秘的结构，在其中物体从传统的壁龛中被独立出来，反复运用在他自己的特殊目的中。这些横向跳跃和相互对应之前也叙述过。螃蟹的壳可以和飞机的翅膀一起协调表达，船体可以作为小教堂的屋顶：对毁坏的罗马巴西利卡的记忆可能会融入遮阳伞的功能中，在混凝土建筑中来表达法律的庇护功能这种理念。这个过程让人又想起弗洛伊德对梦的分析：

“这些元素被冷凝成新的统一体。在把想法转变成绘画的过程中，偏爱将他们放在了一起。就好像作品中有一股力量，可以顺

[右图]
阴影的诗学：朗香教堂边的礼拜室。

从材料的意志进行压缩和集中……在呈现出来的梦境中更有一种要素作用在梦境中，联系起众多元素。”[7]

如果单独一种形式就能够包含许多的图像，那么单独一幅图也能够包含多种形式。柯布西耶所青睐的物体——汽车、飞机、树木、公牛和手——通过草图、绘画、雕塑、摄影以及建筑等不同方式被加以不同程度的抽象而转化成图标。事实上，这些事物成为符号，就如同海上的邮轮，它拥有纯洁、严格、移动以及国际主义的隐含意义。20世纪20年代的住宅中存在着对烟囱、甲板以及长窗的回应。从更大层面上来说，邮轮代表着一种新社会中的理想社区的重要意义。

巴黎救世军总部大楼打开了工人阶级的巴黎的旧城市肌理，向穷人引入光线、空间以及绿地；它同样是一艘由坚定的船长和船员所驾驶的救援船。在马赛公寓中，轮船类比物与自由独立支柱支撑、悬浮于理想景观之上的方盒子这一母题相互联系。轮船在这里重新成为艺术家笔下的地中海中的荷马史诗剧，这部剧的公开主旨是让机器时代的人回到西方文明的根基中。因此表现方式也相应地仿古。

对于意象的如此操作方式不是出于他们自己的目的，而是为了将和某个项目有关的众多思想浓缩在一起。象征性的形式正是柯布西耶阐释并思想化社会发展进程和社会制度所采用的方式。昌迪加尔议会大厦的集会空间令人吃惊的烟囱形状重复了一种古老的句法关系：曲线形物体从盒子的内部网格中升起。但是在这里，这种安排方式结合了多种顶部采光、穹顶、电站冷却塔、印度天文台以及聚集在烟囱形状房间中的童年记忆。通过创造出蕴含多种意义的象征形式，柯布西耶试图调和社会任务中的多种矛盾：东方和西方、古代和现代、宏大设计与世俗秩序之间的许多矛盾。

柯布西耶的创造性世界从不同层面起作用，结合了恒定和变化。他所发现的能引起人共鸣的象征以及充满高度人情味的形式或许吸收了深深嵌入在他的核心信仰和神话中的图像印象。柯布西耶对于建筑中超越时间维度的东西一直很感兴趣，他研究建筑本身媒介的重要性质，例如比例、序列、光线和空间。柯布西耶从存在性的角度思考空间：

“对于空间的占有是各种生物、人和动物、植物和云彩的首要动作，是均衡和持久的一种根本表达方式。占据空间是存在的首要证据……我们踌躇着，被自然中的如此关系所震撼……意识到我们正关注着光线的反射。建筑、雕塑以及绘画特别依赖于空间，受到控制空间的必要性的约束，每一种都有其对应的合适方式。”[8]

柯布西耶对于空间的理解包括了对建筑的逐步体验。从最开始，柯布西耶就将建筑视为空间和控制性视角的序列，这些特征由《东方之旅》中游览、绘制以及摄制的历史建筑所确定。在论述“建筑漫步”这个概念时，柯布西耶将不同传统的图示结合在一起：解决仪式行进路线的古典方式，包括雅典卫城中的迂回的行进路线以及巴黎美术学院中的不同轴线以及流线装置；拜占庭建筑和伊斯兰建筑中的体量顺序；文艺复兴时期的透视法在城市景观中引入了一种无限深远的感觉；立体主义和后立体主义的空间概念暗示了图底关系的模糊性、不同透明性的层级关系以及同时性；由机器时代全新的交通工具所引发的动态空间体验，无论是工业坡道、蒸汽船、飞机或是汽车。从轮船甲板和飞机上所看到的城市景色和地面景观促进了柯布西耶从区域的角度思考城市主义。

尽管柯布西耶的许多成熟的空间概念显然和现代主义运动中的其他建筑师和艺术家的探索有所重合，如风格派，但他通过纯粹主义几何和美学以及“新建筑五点”，特别是自由平面，定义了自己在历史中的位置。尽管自由平面解放了室内空间，促进了建筑中的运动，将新的生活方式这种观点加以具体化，独立支柱和屋顶平台暗示了一种革命性的城市概念，即一个悬浮在地面之上、全面解放了地面流线、公园以及休闲空间的巨型结构。在这个案例中，空间在意图上是乌托邦式的，但是柯布西耶作为一位雕塑家和画家，通过实际行动强化了这一意图。20世纪20年代的一系列项目，包括一座面向莱芒湖、为勒·柯布西耶的父母设计的小住宅，未建成的国联大厦以及世界馆等，依靠将水平的前景和远处的背景相互融合，借助对远处巍峨的山峰风景的仔细构图。这样的效果结合了空间的收放，或许令他回想起东方之旅中对于景观以及地平线的体验。但是这些经历同样与那些深深嵌入在柯布西耶脑海中的感知模式相一致。

在20世纪50年代的晚期作品中，柯布西耶通过马赛公寓的屋顶花园、宗教建筑以及昌迪加尔首都的宏大的政治性景观等一系列建筑实践，巩固了这种景观概念。柯布西耶一直对雅典卫城中各个建筑与周围空间相互作用的观点很感兴趣，他回到了贾科梅蒂（Giacometti）在20世纪30年代早期创作的雕塑幻境的超现实主义灵感，或是在他自己的贝斯特古屋顶平台中所浓缩的蒙太奇视角，这个平台将巴黎的纪念碑转化为“拾得之物”。朗香教堂和拉图雷特修道院都为游客提供了一种关于近与远、围合与扩张、建筑形式的雕塑感与远处的地平线之间的迷人的对话。也是在这些晚期作品中，柯布西耶从不同尺度研究模度如何应用于建筑材

质，好像要通过窗棂的起伏程度以及昌迪加尔首都规划中的巨大开敞空间的起伏程度来表现空间比率中所潜藏的复调。在这些晚期作品中，空间呈现出一种复古的形象，从深层次触动人们的思想。“不可言说的空间”是解释神圣性的关键之一。视觉音乐、空间以及光：所有这三种要素在朗香教堂和拉图雷特修道院中同时存在为一个整体，很难将他们区分开来。

光是柯布西耶追寻建筑永恒维度的另一个重要价值标准。从一开始光就是一种核心要素。柯布西耶通过一系列在阳光下聚集的体量的角度来定义建筑。建筑需要可以看见的光，但是建筑同样也通过光洒落在表面和材料上的方式以及与空间的相互作用，来表现光的存在。光的补充当然是影子，柯布西耶同样也是操纵影子的大师，就如同朗香教堂、拉图雷特修道院以及在印度的作品所展现出来的那样。柯布西耶通过光来触碰情感、组织序列并加强情感和意义。柯布西耶对于不同纬度的光、一天和四季中的不同时间段的光有着敏锐的感觉。在他最早在拉绍德封设计的住宅中，柯布西耶竭尽所能引入入射角较低的冬季光线，通过南向射入室内。在“东方之旅”中，柯布西耶发现了地中海地区的光线，在伊斯坦布尔的圣索非亚教堂中他注意到光线能穿过穹顶所形成的光影效果以及强烈的秋日光线照在帕提农神庙上的效果。柯布西耶的旅行日记和草图记录了他在罗马遗迹中穿过不同强度的光线和空间时所留下的感受。帕提农神庙唤起了柯布西耶对于一束光打在下面阴影世界中的想法的终身着迷。这些经历存储在他的记忆中，并在不同阶段出现在他的设计里，不只是在晚期作品中。

[右图]
吉萨金字塔和司芬克斯草图，埃及，草图本，F25，1952年。
铅笔与彩色蜡笔绘制，10.6cm×17.3cm（$4\times6^{3/4}$英寸）。

[后页图]
一生的主题：勒·柯布西耶在法国的罗克布吕纳马丁岬为伊冯娜和他自己设计的墓地，俯瞰地中海，1957。

20世纪20年代，柯布西耶将更均衡和纯净的法国近郊的光线通过带形窗、一系列的天光以及大型工业窗，洒在他所设计的住宅、别墅以及艺术家工作室的悬浮体量和平面上。柯布西耶加强了建筑和城市设计中的乌托邦式和革命式的信息，与黑暗和19世纪工业城市中的烟尘、传统石造城市的不健康状况做斗争。光、照明以及轻盈明亮一起交叠在这样的神话中。在构思建筑时会产生内在的想象力之光。这一要素通过图纸转化成三维空间，通过乳白色的平面来表现光线，就像在纯粹主义绘画中的精细的线条、色彩以及透明性。在他的完成作品中，柯布西耶发现了通过被骨架建造体系所解放的平面和剖面来扩散光线的方式，就像在萨伏伊别墅、巴黎救世军总部大楼以及瑞士学生宿舍中所展现出来的那样。在这些公共宣言中，金属玻璃幕墙里面以及玻璃砖过滤器传达出一种革命性的讯息。人们不能将20世纪30年代早期的作品和光辉城市中的放大版本以及“本质的愉悦”三要素（光线、空间和绿化）这两者分割开来。

20世纪30年代期间，柯布西耶遭遇了全玻璃幕墙的失败、北非的强烈光线的遮阳需要等问题，他通过各种类型的遮阳板对这些因素加以控制。同时，柯布西耶寻找一种新的与“自然”联合的方式。大型的垂直建筑，例如在阿尔及尔设计的未建成的摩天大楼方案中的深深的窗洞以及凉廊，之后运用在了马赛公寓中，大型的百叶和屏风过滤装置，令人回想起古代的“屏风”并像带有保护性树叶、嫩枝以及树干的大树一样起作用，柯布西耶在草图中记录下了这一点。在20世纪50年代的印度所创的作品中，柯布西耶以光影、气流以及雨季的降水情况来形成建筑创作的主题：遮阳伞这一基本原型将多米诺原则转化，使之能够形成历史甚至宇宙共鸣。在昌迪加尔高等法院深处的地下室中以及带有柱廊的荫凉的集会大厅中，柯布西耶探索光和影在英雄式层面的意义，触发了人们关于古代纪念性的记忆并展现出一种神秘氛围。集会大厅的烟囱形式带有宏大的屋顶景色以及戏剧性的顶部采光效果，融合了斋浦尔对于天文工具的赞美以及万神庙中关于天窗和宇宙之光的记忆。

在他的宗教作品中，柯布西耶使用光和影来产生神圣的感觉。朗香教堂中的礼拜室回应了一年四季太阳每日的行进路线，通过各种不同角度的开口收集调节光线。南立面中深深切入的洞口在夏天的正午消失不见，而外墙上的白色灰泥卵石涂层通过生动的光影变化采集入射角较低的冬季阳光。屋顶悬浮在一道日光之上，给教堂中殿的空间带来了一丝生气，顶部的烟囱采光口将天光引入旁边的礼拜堂，在曲线墙体上撒上了一层间接照明。光线激活空间，而影子使其静止：在朗香教堂中，光影协同作用，创造出一种内向和沉思的空间，和明亮开放的外部空间形成对比。突然穿过阴暗的室内空间的一道道日光具有某种永恒和古老的特质，好像建筑师在它们身上捕捉到过去岁月的记忆。建筑的情绪随着光线的变化时时改变。柯布西耶明确地表述：“对于我来说，光是建筑的根本。我用光进行创作。”[9]

在拉图雷特修道院中，柯布西耶利用影子进行创作。主教堂本身就是对比例、声学、素混凝土以及被不同光源所穿过的黑暗所具有的情感力量的研究。教堂的整个重量感像是支撑在几个缺口上，使得彩色的光线从唱诗班身后射入，倾斜的屋顶的一侧被白光切割；在主轴线上，方形的天光暗示了一种悬浮于下部空间之上的神圣存在。竖向音乐节奏的窗棂形成抽象的节奏并在地上投下不同图案的光影。跨越斜坡的厚重的混凝土体块在一些关键点上射入天光，例如金字塔形的演讲大厅、教堂以及带有彩色天光、有着行星般悬浮光线的地下室。在外部，这些同样的天光表现得就如同调好角度的光炮，朝向远处的地平线。在拉图雷特修道院和朗香教堂中，光线调节着空间体验，引发神圣的感觉，并通过一种抽象的建筑秩序的方式强化自然的精神。

柯布西耶的许多建筑思想和语汇的基础在人生早期就已经确立了，他在那时了解到透过自然表象“抓住起因”。自然表现了一整套庞大的充满意义的形式，每一

种在事物的秩序中都有其合适的位置。[10]建筑师试图在他自己的“物种”和类型中模仿这种适当性。柯布西耶同样直接进行类比，例如在肺和一座小镇之间，或是一棵大树的树干、树枝以及嫩芽和果实之间、结构和摩天大楼的遮阳板之间。自然除了提供任意的品位和习俗之外，还提供了确定性的基石。当柯布西耶试图将自然的内部法则与和谐秩序转化为数学公式时，就像模度理论，他的总体目的是将人与更大的秩序重新联系在一起，包括器官和植物的活动、行星的运动。柯布西耶必然会全心赞同帕拉第奥的观点：建筑师应该遵循“事物的本质所告诉我们的东西”，模仿“事物的本质所创造出的事物中所呈现的简单性”。[11]

除了自然和几何之外，柯布西耶的另一个伟大的渴望是传统，他的“另一位老师”。柯布西耶在这里同样试图透过生成性法则，经常使用草图为手段来简化他所看到的并储存在他的记忆中。在他的早期旅行中，柯布西耶将建筑视为容纳“悲剧诗歌”的庞贝住宅或是位于艾玛修道院中的房间单元，就好像它们是原型，帕提农神庙成为优秀形式的典范。年轻的让纳雷在一个没有顽固惯例的时代完成了他的建筑入门：甚至像新艺术运动这样似乎回答了创造新建筑的号召，最终也慢慢地消失了。柯布西耶以轻蔑的态度回过头来看待各种19世纪复兴运动的任意性，遵循了维奥莱-勒-迪克从一般角度出发寻找“风格”的特性。在他的个人风格成型时期，柯布西耶以自己的方式对待哥特、罗马风、伊斯兰、拜占庭、古典主义、文艺复兴、新古典主义以及同时代的建筑作品，试图从所有的不同时期提取某种重要品质，然后将这些转化为一种现代语汇。这种将世界各地的资源融合为一个新的混合体的方式对于一个半世纪以前的建筑师来说是无法想象的；从这个意义上，柯布西耶是从多元主义和广泛的历史知识中获得了这一成就，而这些历史知识通常伴随着“风格战争”。

在之后的生命中，柯布西耶的脑海中存储了大量历史的记忆。柯布西耶擅长于将各种类型从一种环境中转化到另一种环境中——巴洛克宫殿平面转化成平民住宅，金字形神塔转换为世界博物馆；柯布西耶在遭遇冲突时同样十分机智，就像在加歇别墅中将住宅和轮船结合在一起时或是中世纪时期的吊桥被转化为巴黎救世军总部大楼中的入口雨篷时。20世纪30年代，柯布西耶研究了北非乡土建筑关于处理气候问题的超凡智慧；20世纪50年代，他成功地快速掌握了许多不同时代的印度建筑的重要方面。除了特殊例子之外，柯布西耶试图了解类型；超越个人经验建造理想的建筑形式。在他的生命末期，柯布西耶试图了解例如教堂、修道院、法院等机构的原型。他通过将所有这些知识转化为一种带有自身活力和适宜性的词汇，来避免单纯的混合。

对于柯布西耶来说，现代主义的旅程允许人们描绘一种理想化的未来并回到根源。柯布西耶试图替换19世纪晚期的令人厌倦的美学惯例，代之以更基本和持久的东西。带着泛文化的理想，柯布西耶自由地漫步于世界各地的建筑，寻找一种具有更强普适性的原则。除了性格、时期、地区以及风格等不确定因素，柯布西耶希望挖掘出一套根植于思想中的固有结构的基本语言体系。这些“常量”正是现代建筑师应该复兴的。柯布西耶被一些人所崇尚和模仿，被其他人拒绝和怨恨。柯布西耶一直被比作集中营设计者，并被视为“时代的建筑试金石”。[12]柯布西耶对于印度来说意味着某种意义，对于法国则意味着另一种，每一个人都关注于其作品的不同创作阶段或不同特征。他的建筑呈现出国际典范的特质，这一点也有待于他的朋友或反对者的协商。柯布西耶自己正是传统的一部分，甚至改变了人们对于遥远过去的看法。当他渐渐在历史中远去，柯布西耶的现代性问题变得越来越不重要：正是其建筑中永恒的方面给予了未来最大的贡献。

Le Corbusier
le 1er janvier 1892
morte
le 5 octobre 1957
à Paris

参考文献注释

在我写这本书的时候，全世界大概有超过1500本关于柯布西耶的许
语言和版本的书籍。其中的一些带有重复性或意义不大。其他一些虽然
价值却已经绝版了。这些书，甚至是某些关键性的作品，往往在近期的
学界受到忽视，特别是在集体作者的目录和出版物中。这本书没有试图
盖所有关于柯布西耶的文献著作，这实际上也是不可能的；但是它确实
早期对柯布西耶建筑的研究做出了贡献，也帮助我更好地理解了柯布西
的作品。第二版经过修改和扩展，整合了过去三十年关于柯布西耶的研
文献，对一直以来关于柯布西耶的讨论给予了新的研究观点和视角。反
来，一些最近提出的文本并未影响到本书修改版的撰写，但是可能仍然
引起读者们的阅读兴趣。其中一些文本收录在尾注中，为本书提供了更
广泛的覆盖范围。

下列选取的参考文献主要关注那些在尾注中引用频率较高的图书，
得参考文献的范围得以精简。我在注明引用文献的问题上尽可能地保持
格；如果有任何疏漏的地方，我对此表示遗憾。第一版的序包括了对所
参与者的感激，同时参考文献注释解释了第一版之后的研究发现是如何
合到第二版中去的。本书同时试图阐明两个版本在学术上的优越性。在
看来，与历史有关的作品都会与假说产生联系。学识从某种程度上来说
一种公共性的运作，知识在这一过程中通过对共享的研究领域的互动而
步。人们从前人身上继承并拓展之前的研究成果，甚至是在人们批判性
回应这些成果的过程中。

同时，像《勒·柯布西耶：理念与形式》这样的书有着自己合适的
史身份以及自身的内在生命力，这依赖于一种对建筑的直接欣赏、一种
人的研究、分析以及诠释的轨迹。本书的第一版最初是根据将近15年关
柯布西耶的深入研究成果、讲座以及出版物等资料编辑而成。它同样吸
了我在1976—1982年在哈佛大学卡彭特视觉艺术（Carpenter Center
中心多年的教学过程中对于感知和创造有关的一系列理论问题的思考，
及一系列形式、意义、过程、风格、类型和技巧的概念。在诸如《工作
的柯布西耶》、《卡彭特视觉艺术中心的起源》（1978年）、《创作的片断
柯布西耶的草图本》（1981年），以及《1900年以来的现代建筑》（1982年
的第一版等一系列出版著作中，我已经开始从各个层面来思考柯布西耶
贡献。

《1900年以来的现代建筑》第一版于1979—1981年间写成，并
1982年秋天由Phaidon出版社出版。柯布西耶不可避免地成为这项
究中的一位核心人物。为了正确地定位柯布西耶作品的历史地位，我
用了从广角镜头到近拍镜头等一系列历史研究镜头。本书吸收了多
来的思考心得，包括关于柯布西耶的几次系列讲座（详见William J
Curtis,'Intersections: On Re-reading Le Corbusier' in *AA Files58*
Thomas Weaver ed. London, UK，2008）。在一篇名为“一位历史学
对于现代建筑的研究视角”的文章（在西班牙出版时被称为Conversa
voltant llibre La arquitectura moderna desde 1900, Barcelona, Col.le
d'Arquitectes de Catalunya, Cooperativa d'Arquitectes Jordi Cape
2007）中，我回顾了《1900年以来的现代建筑》的第一版与第三版背
隐藏的核心概念。

本书第二版的目的是为了保持第一版的核心思想以及理论框架，同
拓展内容范围并使其与时俱进。文章的主体部分被重新修订，包括多
来的介入性研究，同时本书最后4个新的章节对于柯布西耶作品的总体
义、核心原则以及创造力等方面提出了新的见解。几种关于柯布西耶对
其他建筑师的影响以及他的理念和形式跨越不同学科边界进行传播的新
研究主题开始出现。本书更加深入和详细地对柯布西耶进行研究。一件
史作品应该超越事件本身从而形成清晰的洞察力以及一种连贯的书面
式。这些正是有助于提高一本书生命力的重要品质，即使缺乏了一些最

当代的研究细节。这个修正版本需要对新的信息和观点进行正确的筛，正是从这个角度出发，我们应该正确理解参考文献和尾注。

早期的大部分参考文献记录在第481页上。我们有必要注意到，现在界上已经有超过半个世纪的关于柯布西耶作品各个角度的详细研究。通因特网快速获取信息的时代存在着一些危险，一些只记录在卡片目录中关键文本可能会被人们忽视。最近出版的一些书籍给人留下了这样一种象，即这些书的作者并没有意识到书中的某些主题在几十年前就已经被锐地注意到了。记忆是短暂的，之后又出现了一些对建筑历史以及那些较为生僻的语言写成的文字的直接忽视。当代的研究工作得益于通过互网快速获得文本和图像的能力，但是这种如此肤浅地使用档案资料的方存在着一些风险，导致一种信息的重组并未伴随着深刻的见解和更好的合。

查目工具

电脑搜索可以帮助我们找到大量与柯布西耶有关的标题和文字，但是第一版有关的早期查目工具仍然有被提及的价值。例如我们会引用《在布西耶处工作，斯特罗奇府邸》（L'Opera di Le Corbusier, Palazzo rozzi）（佛罗伦萨，1963）；贝塞特（Maurice Besset），《世界艺术科全书》第九卷的“柯布西耶”（纽约，1964）；贝塞特（Maurice esset）著《柯布西耶是谁?》（Who was Le Corbusier?）（日内瓦，68）；佩蒂（Jean Petit）著《柯布西耶：他自己》（Le Corbusier: Lui-ême）（日内瓦，1970）；道马特（Lamia Doumato）著《柯布西耶传精选》（Le Corbusier, A Selected Bibliography）（蒙蒂塞洛，1979）；拉迪（Darlene A Brady）著《柯布西耶传记注释》（Le Corbusier, An nnotated Bibliography）（纽约，伦敦，1985）；彼得·谢雷尼（Peter erenyi）著《真正的勒·柯布西耶》（Le Corbusier in Perspective）（恩尔伍德山脉，1975）；沃尔顿（Russel Walden）编《张开的手：柯布耶论文集》（The Open Hand: Essays on Le Corbusier）（剑桥，马萨塞，1977）。

在最近的一系列关于柯布西耶的文献之中，冯·莫斯（Stanislaus n Moos）的《柯布西耶合集》（Le Corbusier, Une synthèse）（马赛，黎，勒·柯布西耶基金会，2013）是不能被忽略的，这本书是他《柯西耶作品元素合集》（Le Corbusier, Elements of a Synthesis）（剑，马萨诸塞，1979）的法文版，是他早期所写的《柯布西耶作品元素集》（Le Corbusier, elemente einer synthese）（弗劳恩菲尔德和斯图特，1968）的最新译本。在最新的版本中，莫斯选择不去修改早期版的文字（除了稍加修改），而是选择增加内容，一节接着一节，附言部从不同角度论述了这些内容并讨论了一些最近的文学作品。事实上，版本提供了一系列的分类文献。另一个重要研究成果是《勒·柯布西的著作，勒·柯布西耶原版手稿》（Le Corbusier et le livre, les livres Le Corbusier dans leurs editions originelles）（巴塞罗那，COAC和黎，勒·柯布西耶基金会，2005），这是一本展览目录，主要由德塞利rnaud dercelles）（目前是巴黎勒·柯布西耶基金会图书管理员及档案理员）、斯迈特（Catherine de Smet）、马扎（Fernando Marza）以奎特格拉斯（Josep Quetglas）组织出版。这本书简洁而优雅地向我们现了柯布西耶本人庞大的文学产量。

位于巴黎的勒·柯布西耶基金会图书馆以及位于马萨诸塞州的哈佛大设计研究生院对于柯布西耶的资料进行了有效的编目整理。这些资料同也在不断地更新。我们在这些机构的网站上能够找到相关的信息，但是们同样有必要从卡片目录中欣赏关于柯布西耶的广泛的研究成果，其中些内容充实，在三四十年前就已经取得了成果。

一位历史学家的视角

建筑是一种复杂的现象，从许多不同的层面触动着人们的情感。建筑融合了概念与形式、图像与材料、功能与结构、社会习俗与诗意空间。建筑通过多种复杂方式来利用时间，提炼当代，转化不同的历史以及预知未知的未来。建筑与权力有关，但它从来不会直接表达某种意识形态：它是一种社会与政治的运作过程以及各种制度的理想化产物。建筑根植于社会但又拥有属于它自己的现实。作为一位历史学家，我热衷于探究某件作品内在的设计想法、思维结构以及建筑史通过建筑语言转化各种社会现实的方式。建筑师所创造的东西远比他们所说的要更加重要。我一直坚持认为，对建筑本身的直接体验是十分重要的。那些真正有意思的作品超越单纯的某种运动，并拥有他们自己独一无二的秩序。

对于我来说，思考历史和书写历史的过程包括在事实与看法、仔细分析与广泛的诠释、归纳与演绎之间不断地摇摆。我对于一种整体的研究十分感兴趣，这种方法将实际问题、社会问题、技术问题以及象征问题都一起考虑进来。建筑一部分来源对哲学世界观的归纳总结以及对与历史和自然相关的人类境况的思考。建筑通过具有表现力的空间和形式来赋予虚构事物以物质形态。我们需要一种巧妙的方法来解释建筑。历史的建构需要理论框架的支撑，但是这些框架无法取代历史思考或是对于建筑本身的理解。多年来，我在许多名人身上学到了不少知识，例如阿尔伯蒂、瓦萨里（Vasari）、托克威尔（de Tocqueville）、汤普森（D'Arcy Thompson）、柯林伍德（Collingwood）、波普尔（Popper）、福西永（Focillon）以及潘诺夫斯基（Panofsky）、贡布里希（Gombrich）、库布勒（Kubler）、耶茨及鲍德温-史密斯（Yates and Baldwin-Smith）等，这个名单还能够继续增加。但是我的作品无法被归类于某个特定的学术派别。尽管理论起到了一部分作用，但它们仍然需要渐渐退入幕后。最后，历史写作本身就是一种特殊的艺术。

《勒·柯布西耶：理念与形式》第一版，1986

第一版于1986年秋天由Phaidon出版社出版。第一版的写作时间从1984年秋至1986年的最初几周。这本书包含了我多年的研究成果以及思考心得。书背后的思考过程在第一版的序及引言部分已经说明清楚。本书的写作目的是提供一种容易理解的、对于柯布西耶作品的整体综合，其中包括了我自己的以及其他人的研究成果。本书的写作意图是通过详细研究每一个作品并思考他的建筑语言和长期的创作主题，从而探索柯布西耶的创作过程和转化过程。本书将柯布西耶放在建筑历史中的长远位置，避免现代主义和后现代主义的狭隘的意识形态式定义。三部分结构几乎都来源于我之前几年所作的许多讲座。在写作过程中有一件很奇特的事，事情发生在1983年四月泰国海湾的一座小岛上，那天清晨我正坐在竹屋里，书的整体思路一瞬间在我的脑海中出现，我立刻将它记录在一本小笔记本上。书和建筑一样，会有一种最初的创作冲动以及一系列核心思想在作品创作的整个过程中不断回想，并从不同的尺度上被清晰地表达出来。

在《勒·柯布西耶：理念与形式》一书中，我试图打破每个建筑独有的设计意图和建筑师作品中不断演化的设计语言及主题之间的平衡。本书关注于柯布西耶通过象征性形式将想法和虚构的事物形成体系的方式，同时也思考柯布西耶对于自然和传统的转化方式。第一版引言的标题为“创造的注释”，然而最终的结论被叫作“法则与转化”，是关于建筑师设计过程和视觉思考过程的调查研究的连续性的一种证明，而这项研究经过多年时间已经采用了许多的形式。事实上，这些研究真正开始于15年前我对柯布西耶在北美洲的建筑——哈佛大学卡彭特视觉艺术中心所进行的深度研究和撰写的文章。

本书是在位于巴黎南部的阿尔代什省的一座旧农场中书写的，农场周围环绕着地中海崎岖的自然景观，我们经常能在柯布西耶的作品中发现地中海对于他的影响。我经常停留在拉图雷特修道院和中世纪西斯教团的勒·托罗那修道院，这座中世纪的修道院是其中一个最早影响柯布西耶的建筑。在对柯布西耶"现代性"的重新评估的过程中，历史同时也变成了当下。在这一时期我也参与到探索印度的现代与古代建筑的活动中，其中当然包括柯布西耶在昌迪加尔和艾哈迈达巴德的作品。我深深地意识到柯布西耶在印度的作品中融合了东西方的文化传统。这些作品出现在后现代主义出现之前的许多年，我们有必要证明所谓的现代建筑大师实际上和历史有着深刻的联系。这一时期的许多文章中都表达出这种批判性观点的论调，包括"真实、抽象与古代意义：柯布西耶与路易·康对于国会大厦的想法"Authenticity, Abstraction and the Ancient Sense: Le Corbusier's and Louis Kahn's Ideas of Parliament（1983）、"法则与模仿的对抗：对近期一些古典主义的看法"（Principle versus Pastiche: Perspectives on Some Recent Classicisms）（1984）。我在那段时间对于柯布西耶晚期的作品特别感兴趣，例如朗香教堂、拉图雷特修道院、马赛公寓，当然也包括位于昌迪加尔的国会大楼，我曾经不断拜访这座建筑，并认为它是一座政治和宇宙式的景观。

《勒·柯布西耶：理念与形式》第二版，2015

从1993年到1995年之间，我写了《1900年以来的现代建筑》第三修订版，其中包括了新增的7个章节、许多的变化、新的书后附录以及经过大幅修改和扩大的版面设计，给予了图书以新的生命力。这次改进的尝试早就在我的脑海中开始酝酿，大约在2005年，我开始热心地与Phaidon出版社商议我所写的关于柯布西耶的书的第二版的出版想法。最初的想法只是希望改进配图、重新设计图书、重新书写结尾部分，以及对文字进行小范围的修改。随着工作的进行，我越来越清楚我所希望的是什么，我们应该更加有雄心壮志并着手于大范围的修改以及一种完全的重新设计，一部分用以使书的内容与时俱进，一部分用以更加充分地实现最初的雄心和设计意图。第二版的序这样写道："这本书总被认为是对勒·柯布西耶所参与的各种活动的一个综合，但是主要的关注点还是柯布西耶的建筑。第二版保持了核心主题，同时通过新的知识对这些主题加以发展。这加强了本书的初衷。"

校订一本书几乎和初次写书一样困难，因为它需要自我批判以及重新验证那些已经根深蒂固的假说。在本书的修订中也是这样，问题的关键在于要在尽可能广泛地扩展书的内容的同时保持书本最重要的本质。在第一版完成与第二版开始撰写期间，我撰写了许多专题文章来思考勒·柯布西耶在其他方面是如何影响一些作家的作品，包括《巴克里希纳·多西》（Balkrishna Doshi）、《一座位于印度的建筑》（An Architecture for India）（1988）、《冈萨雷斯：创造者的意志》（Teodoro González de León: La Voluntad del Creador）（1993）以及《德尼斯·拉斯登：建筑、城市、景观》（Denys Lasdun: Architecture, City, Landscape）（1994）。另外，这段时间正处于大量的旅行和文化交流的时期，因此柯布西耶的思想有可能传播到如墨西哥、印度，以及日本等不同的国家。

我在这一时期同时也对其他建筑师进行了相同的研究例如关于赖特、密斯、路易·康、阿尔瓦·阿尔托的一系列文章。这些研究促使我思考我对柯布西耶的诠释。在这些作品之中包括了《阿尔瓦·阿尔托：在七座建筑中》（Alvar Aalto: In Seven Buidlings）的文章"阿尔瓦·阿尔托：现代主义、自然、传统"（Alvar Aalto: Modernism, Nature, Tradition），对这篇文章的回应在本书的结尾部分能够找到。在过去的10年中，关于柯布西耶的研究出现了许多新的研究方向：例如在《抽象与再现》（Abstractions et représentations）、《昌迪加尔国会大厦，标志性景观》（Le Capitole, de Chandigarh, paysage de symboles）（室内事务所，巴黎，2008）等书中讨论了柯布西耶对于景观的想法；对于纪念性（斯勒德讲座，剑大学，2003）以及自然的研究。一些研究项目对关于柯布西耶的相关识在过去一段时间是如何被拓展的这一问题（详见第20章引用的《草图杂志中的一期）进行了研究。另外，我出版了关于勒·柯布西耶建筑遗的、带有强烈激情的捍卫性文章（详见第二版序部分的尾注"勒·柯布耶的作品正处于危险之中"）。我作为当代建筑评论家、作为《精神景观（Mental Landscapes）（阿尔瓦·阿尔托学院，2000）一书中的画家以《光之结构》（Structures of Light）（2007）一书中的摄影师等一系列身丰富了我对于勒·柯布西耶的理解。

路易·康曾经说过："建筑是经过精心思考后所创造的一系列空间"从这个意义上来说，本书坚持认为建筑思想是极其重要的。在重新校订本书的过程中，勒·柯布西耶的作品本身成为最先被重新思考的基本研对象。这种"重新审视"的过程，一部分依靠直接的经验，一部分依靠影，其目的在于通过图像来捕捉建筑的某种存在感及氛围。在过去的30间，柯布西耶的一部分建筑成了我生命中的一部分，例如20世纪70年代计的卡彭特视觉艺术中心。我想起了由里昂（Antoine Lion）神父组织在拉图雷特修道院中举行的会议，其中召集了超过100人，让大家居住修道院中，分享例如对中世纪艺术中的蓝色或是柯布西耶的建筑，或者多年来和学生们所进行过的旅行，教导他们如何看、画、分析、内化及化一系列主题的思考。建筑需要被使用，没有什么能够替代在萨伏伊别中的建筑漫步的体验，或是突然看到的一束从拉图雷特修道院祈祷室中射进来的光线，或是体验马赛公寓屋顶花园上的人造景观与远处的山和之间的相互作用。对于我来说，建筑本身就是历史学家们需要破译的重"文本"，是那些深陷行文通顺等细节问题中的艺术家所忽视的一个事实他们忘记了勒·柯布西耶首先，也是最重要的，是一位建筑师。

回顾文学作品及向他人学习

即使是这样，我们依然有必要回顾关于勒·柯布西耶的庞大的文献作，这些著作不可避免地在特征和品质上会有所不同。有时候某个专论著会对建筑史的研究开启新的研究途径，例如特雷比（E Marc Treib关于菲利浦馆的研究《电子诗歌》（Poème Electronqiue），或是拉齐娜（Alejandro Lapunzina）关于柯布西耶的位于拉普拉塔的克鲁切住宅（Maison Curutchet）（1997）的研究。有时专题性研究也会给们以启发，例如我在"时代文学增刊"（Times Literary Supplement中所读到的英伯特（Dorothee Imbert）所写的《法国现代主义花园（The Modernist Garden in France）一书。有时候，拥有更加普通质的作品会对柯布西耶作品中的某个特征给予启发，例如罗宾·埃文（Robin Evans）在他的文章"投影画法：建筑和他的三个几何体"（Th Projective Cast: Architecture and its Three Geometries）（1995）中析了朗香教堂中所使用到的投影几何体。我这本书的核心思想仍然保持变，但经过了更深入的发展，在整个主题之下融入了其他人有价值的研发现以及看法。

之后出现了由许多专家撰写的文章梗概或目录条目。1987年，《勒柯布西耶：理念与形式》一书出版后的一年，为了纪念勒·柯布西耶诞一百周年举行了许多重要的展览。我为《勒·柯布西耶：时代建筑师（Le Corbusier: Architect of the Century）一书写了引言"勒·柯布西耶自然和传统"（Le Corbusier: Nature and Tradition），同时在伦敦的沃德美术馆（Hayward Gallery）举行了一场展览；而另一本巨著《勒·布西耶百科全书》（Le Corbusier, une Encyclopédie）也在巴黎的蓬杜艺术中心举办了一场展览。像这类的选集提供了大量新的信息。在同，《勒·柯布西耶与地中海》（Le Corbusier et la Méditerranée）一书版，几篇富有深度的论文仍然值得我们关注。另一本出版量更少的、萨迪（Pierre Saddy）所写的《勒·柯布西耶：一种诗意的回顾历史方式》（Le Corbusier: Le Passé à Réaction Poétique），仍然是理解·柯布西耶作品的其中一个重要的研究成果，就如同《新精神运动，·柯布西耶与工业，1920—1925》（L' Esprit Nouveau, Le Corbusier l' industrie 1920-25），部分由冯·莫斯（Stanislaus von Moos）编和书写。

另一份出版的书籍由1989年开始的"勒·柯布西耶基金会会议"负责版。这些书籍的出版工作由各类学术研讨会组织，围绕着例如"勒·柯西耶与自然"（1991）、"勒·柯布西耶和日本"、"勒·柯布西耶与可塑作品"（2004）以及"勒·柯布西耶，瑞士与瑞士人"（2006）等主题开。在日本和瑞士所做的几卷文章由柯布西耶基金会组织编写，对传柯布西耶的国际影响力做出了一系列贡献。几本经过修订的论著被选，用以参加于1997年夏天在联合国教科文组织举办的一次活动，名为h·柯布西耶，旅行，国际影响力"，并在活动之后以相同的标题出版了关的书籍。其中一些文章由柯布西耶从前的合作伙伴所写，例如沃根斯（André Wogencsky）、贝里安（Charlotte Perriand）。我自己所写文章题为"勒·柯布西耶：透射镜与反射镜"（Le Corbusier, Objectif Miroir，一种与英文原版"勒·柯布西耶，反射镜与透射镜"相反的翻），这篇文章探索了柯布西耶开创与他人不同的创作方式的能力。这一究主题在本书第20章"勒·柯布西耶的转化"一章中被再一次提及。

另一个致力于研究柯布西耶的出版杂志是《马萨利亚》（Massilia），本杂志创刊于十年前，有奎特格拉斯（Josep Quetglas）以及德塞利rnaud Dercelles）共同编辑。这本杂志的各期往往围绕着某个主题展（例如2004年的景观主题以及2012年的剧院主题），并配以丰富的图片料。《马萨利亚》为来自西班牙语和葡萄牙语国家的年轻研究者们打开全新的大门。其中的文章涵盖范围广泛，受到柯布西耶研究者们的强烈赏。同时，柯布西耶成了许多种类的出版物和评论文章的热门主题，从如《建筑评论》（Architectural Review）以及《居住建筑》（Arquitectura va）等专业性的杂志，到各类主流报刊媒体。后现代主义专制统治下出的对柯布西耶的妖魔化被某种文化旅游以及品牌营销时代下的"柯布西式狂热"所取代。

关于勒·柯布西耶的出版物不可避免地会反映学术圈和博物馆圈中断变化的研究方向。最近几年这种趋势开始变为共同编目，辅以和柯西耶有关的一些偏门的或其他方面的文章。《柯布西耶，建筑的艺术》e Corbusier, The Art of Architecture）（莱茵河畔威尔，维特拉设计物馆，2007）是一本设计精美的文献著作，但是其中的内容主要引起家们的兴趣。《柯布西耶，一幅景观地图》（Le Corbusier, An Atlas of ndscapes）（纽约和伦敦，2013）同样是一本汇编概要，间或有一些趣的新鲜观点。最近几年，由单个作家所写的一般著作的数量很少。我或许会想起韦伯（Nicholas Fox Weber）所写的《勒·柯布西耶的一》（Le Corbusier, A Life）（2008），或是博伊尔（M Christine Boyer）的《勒·柯布西耶，文人墨客》（Le Corbusier, Homme de Lettres）011）。其中还包括弗兰普顿（Kenneth Frampton）写的《勒·柯西耶》（2001）以及詹克斯（Charles Jencks）的《勒·柯布西耶，筑学领域的持续革命》（Le Corbusier, The Continual Revolution in chitecture）（2000），这本书是《勒·柯布西耶，建筑学的悲观视野》e Corbusier, The Tragic View of Architecture）（1979）的修订版，是于勒·柯布西耶的一系列专题文章。

重新思考《勒·柯布西耶：理念与形式》

这么多年来出现了许多其他的书籍、文章和目录册，在这里我特别关注那些真正教会我新东西的文章。就像在第二版序中提到的那样，本书在各个方面经过了完全的修订，尤其是在某些部分更是这样。开始的3个章节将柯布西耶的教育经历和旅行经历与他的早期作品分析结合在一起。现在人们对这整段经历有了更多的了解，因此我努力在书中加入新的发现，同时保持一种平衡感。第5章和第6章也是同样的情况，其中的文章内容以及插图内容经过了大量的增加。之前关于现代纪念性的第7章经过了彻底修改，之前的第8章被拆分成两部分，因而关于萨伏伊别墅的第一部分现在有了更多的章节进行叙述。同时，关于巴黎救世军总部大楼以及瑞士学生宿舍的第8章的第二部分现如今也有了单独的章节进行介绍。通过这种方式，我们得以更深入地探究这些作品的设计背景、设计过程以及最终验收，并将萨伏伊别墅作为整本书的核心。

在处理每一个具体的建筑时，我们现在更多地关注场地与客户、项目的性质、社会背景和思想背景、项目初始时的设计过程，这一设计过程包括从图纸阶段到建造实现阶段。在例如萨伏伊别墅等案例中，我们同样考虑了历史性和批判性的验收过程。总的来说，第二版比第一版更加能够引起人们对于柯布西耶建筑的空间体验和形式结构以及作品背后复杂的设计意图的感受。本书的研究方法避免了一种单纯探索明显的符号和类比的方式，而是试图透过表象深入作品的符号意义以及潜藏的设计概念——因此整本书一直坚持以"建筑思想领域"为侧重点。除了分析建筑作品外，我一直在思考柯布西耶建筑语言的本质以及他的形式思考的"各个层面"，其中一些经过了改变，而另一些则继续潜藏在作品的外表之下。本书真正从文字的角度组成了一篇风格分析的研究成果：嵌入在反复出现的意义和思考模式之中的典型元素和独特组合方式。

书中的一些章节对柯布西耶的建筑进行了极其深入的研究，来引发读者对于建筑的体验，特别是在第13章中的朗香教堂以及拉图雷特修道院，而其他章节更加关注政治问题和意识形态问题，或是技术问题和社会问题，例如第11章节。由柯布西耶基金会所有的收藏集"柯布西耶，平面"（Le Corbusier, Plans）中的35000幅电子图片当然丰富了我们对于柯布西耶所有作品背后的思考理解。为了第二版的出版，我们增加了高质量的图纸复制图，增加了书的丰富性，特别是在第10章和第11章，这两个章节主要处理20世纪30年代的相关问题，需要大量依靠图纸和图片文本。第12章和13章同样也经过了大量的扩充，因此现在能够提供更多的关于战后关键作品的经验。关于印度方案的章节（第14章和15章），同样在各个方面都进行了丰富，而关于柯布西耶最后几个作品的第16章几乎被完全修改了。

本书在新增的5个章节中加入了极大的创新内容，组成了第四部分"法则与转化"。在这里，本书的目的是通过一种探究性的方式来探索柯布西耶建筑和思想中长期存在并重复出现的主题。第17章"建筑理念的领域"思考了柯布西耶的想象力、视觉思考以及一般性思想之鉴定的相互联系。第18章"形式的起源"回到了我最喜爱的主题之一：柯布西耶创造、发展并建构建筑的方式。在这里我试图绘制一些柯布西耶在探究形式过程中的一些典型图式。第19章"独特性和典型性"探究柯布西耶建筑语言与其风格的一般性特征的内在运作机理。第20章"勒·柯布西耶的转化"研究另一个我十分喜爱的主题：柯布西耶影响他人的方式，或是他人通过不同方式回应他的重要建筑和项目来重新阅读柯布西耶的方式。事实上，这种研究方式和更广泛的现代建筑传统的形式问题产生了交集。最终我们得出了第2章"现代主义、自然、传统"这个结论。这一结论把研究推向了一个更加具有普遍意义的层面，包括柯布西耶的核心信仰以及他对于建筑基本法则的理解。

参考文献、尾注、图注与图片

前面曾经提到过，参考文献是有选择性的，与每一章的优先顺序相适应。尾注参考文献的数量大幅度扩大，一部分是为了解决文本量的增加以及相关出版物数量的增加，另一部分是为了引入一些与文章主要内容相似的反思。文字注释同样也经过重新修改，使得它们能够提供更多特别的信息，特别是当插图是一张草图的时候。在面对这些情况时，我会增加一些和论文、媒体有关的尺寸标注、细节；在了解具体情况时，还会增加一些尺寸标注。在一些特殊情况下，我们很难找到这样全面的信息，因为相关的图纸或草图大多在私人收藏机构的手中。大多数的图纸来自勒·柯布西耶基金会，尽管有一些来自位于瑞士拉绍德封的城市图书馆，另一些来自哈佛大学档案馆。

从第一版出版之后，图片的储存、复制和打印技术有了巨大的提高，同时也包括建筑图纸。当我在1971年的春天和夏天开始研究柯布西耶的时候，勒·柯布西耶基金会才刚刚开放不久，我有幸通过一个放大镜、一把尺以及一个带近摄镜的相机来得到最初的第一手图纸资料。这次直面柯布西耶工作室中所使用的材料的机会对于理解柯布西耶的创造过程以及与合作者的工作方式是至关重要的。《工作中的勒·柯布西耶》(Le Corbusier at Work)一书于1978年出版之时只有少数几张有些模糊的彩色插图。20世纪70年代晚期在勒·柯布西耶基金会进行研究期间，我不再被允许接触原稿，而只能盯着屏幕上模糊不清的黑白微缩胶卷上的照片。许多重要的信息都遗失了，我们再不能获得与原稿直接的触感。最近几年，许多事情发生了剧烈的变化。柯布西耶的大部分图纸以高分辨率进行彩色扫描并存储在磁盘上。人们能够在选择某个特定的例子之前先粗略扫一遍图片的缩略图，借助高分辨率的图像进行仔细地研究。但是这种方式仍然和探索解密真正的建筑图纸“考古学”有极大的不同，当时的整个过程揭示出了其他的方面。新技术对于图片的传输、图书的设计以及复制的质量有着许多其他的意义。在这个第二版中，我们能够通过某种方式来呈现每一页上的图纸，即表明这些图纸作为图像文件的原始物质性和形状。这种方式在20年前是不可能做到的。

“设计”(dessin)这个词带有双重含义，同时表示“草图”和“设计”。如果人们了解如何通过自己的见识、知识以及谨慎的心态来阐释草图的意义的话，那它们会使我们更加靠近建筑师的思想和设计意图。因此第二版比之前的第一版更加贴近副标题“理念与形式”所代表的意义，因为第二版更加深入地探究了柯布西耶创造性的设计过程、他的工作技巧以及那些在巴黎赛夫勒大街的工作室中的工作人员。另外，本书还囊括了各种拍摄于不同时期的柯布西耶建筑的照片。每一章的开头部分都对该章的主题做出了暗示，同时潜在地向人们传递出柯布西耶建筑的视觉特征和空间特征。本书希望唤起建筑中的某种精神，这一点是无法用言语来形容的。

《勒·柯布西耶：理念与形式》的第一版共有240页以及242张图片，其中只有32张彩色图片。第二版在页数和图片数量上都是第一版的两倍多，而且许多是彩色图片。复制和打印的质量也比之前的更高。书中还收录了一些我自己拍摄的照片，这些照片记录了我“观看”柯布西耶建筑的方式。其中一些照片是最近拍摄的，其他一些则在更早期拍摄。后者被刊登在了诸如《艺术知识》(Connaissance des Arts)、《建筑评论》等杂志中，其他的照片则在诸如1987年在蓬皮杜艺术中心举办的百年纪念等展览中展出。其他许多照片被收录在最近举办的个人展览中，例如2007年在芬兰阿尔瓦·阿尔托博物馆举办的“光之结构”展览，之后出版了相同名称的书籍。在我看来，照片提供了另一种“了解”建筑的方式。同时，一张好的照片就如同一次探索发现，揭示出体验过程中出人意料和无法预测的因素。

一种历史研究方法的基础：工作中的勒·柯布西耶，1971-1978年

我关于柯布西耶的许多研究方法的基础，事实上主要是关于他的建筑，实际是在我写《工作中的勒·柯布西耶：卡彭特视觉艺术中心的起源》(Le Corbusier at Work: The Genesis of the Carpenter Center for the Visual Arts)(1978)这部关于我对于柯布西耶的研究成果的书籍过程中打下的。爱德华·塞克勒尔(Eduard Sekler)教授，即这本书的编辑，为这本书写了引言以及一份建筑评估报告；泽特(Josep Lluís Sert)撰写了序言，阿尔汉(Rudolf Arnheim)撰写了一篇关于柯布西耶创造过程的论文。我在1971年春天到1972年末的这段时间调研并写下这本书的主体部分，基于图纸、文献以及个人回忆详细地重新建构了任务委托、设计起源、设计过程以及建筑建造过程。这本书同样研究了柯布西耶建筑语言中的指导性思想和设计意图、多个层面的含义以及典型元素。另外，在1972-1973年间写了一篇“建筑说明”(Building Discription)，将在建筑中移动过程的体验和对建筑形式及空间关系、材料与细部的分析结合在一起。

以这种方式来“通过显微镜”观察某个单独的样本，我们希望能够发现出勒·柯布西耶的建筑法则以及他的一些设计意图。1971年8月，我拜访了位于巴黎的柯布西耶设计的拉罗歇住宅所在地的勒·柯布西耶基金会，并非常详细地研究了其中收藏的原始草图。当我们在分析图纸和草图时，我们需要在寻找某个项目独有的秩序的过程中重新还原建筑师的设计意图和处理方式。这个过程需要历史想象力、一种对于事实和观点之间不同点的敏锐感觉，以及对于建筑师、建筑师的惯用设计主题以及特有形式的深刻理解。历史学家需要透过历史的表面，深入发掘每一个决定时间的潜在重要意义。回过头来看便是对作品本身的深刻阅读，这需要一种对建筑思想以及建筑形式来源的直觉性理解。

科学式的严谨态度以及文献资料在研究过程中是至关重要的，但是它们都无法替代敏锐的洞察力以及诠释技巧。建筑作品本身就是一份历史文献，其中包裹着许多秘密。理解柯布西耶建筑的重要意义需要对他的世界观、他的转化能力以及创造性思维中的某些内部运行机制有一个深刻的理解。对卡彭特视觉艺术中心的深入研究对于我来说是一次全新的尝试，在这一过程中我建立了作为一名历史学家所应具备的指导性原则。最后完成的文章在1975年被哈佛大学艺术系收录为博士论文，题为《勒·柯布西耶的哈佛大学卡彭特视觉艺术中心的历史和设计》。我这几年写作的关于柯布西耶论文《一种历史的历史，工作中的勒·柯布西耶：卡彭特视觉艺术中心的设计起源》[William J R Curtis, ‘The History of a History. Le Corbusier at Work: The Genesis of the Carpenter Center for the Visual Arts’, *Massilia 2013, Le Corbusier, Ultimes Pensées / Derniers Projets 1960-65* (Paris, Fondation Le Corbusier and Marseilles, Editions Imbernon, 2014)]。论文的引言部分是关于历史方法，并强调过程作为一种理解思想表达方式以及建筑作品中所体现的多种设计意图的一种方式。论文也包括了根据11种图纸说明而组成的一份详细目录清单。

勒·柯布西耶，20世纪30年代的英国建筑，1973-1975年

我关于勒·柯布西耶的下一步探索是这本《勒·柯布西耶，20世纪30年代的英国建筑》(Le Corbusier, English Architecture 1930s)，其中包括了开放大学现代建筑课程中的A305研究方向的两部分内容：《勒·柯布西耶建筑语言的演化及其在普瓦希的萨伏伊别墅中的凝练过程》(Le Corbusier, The Evolution of his Architectural Language and its Crystallization in the Villa Savoye in Poissy)，和《20世纪30年代的英国建筑：1930-1939年的英国现代运动：对于国际式风格的政治内容和组织结构的思考》(English Architecture 1930s: The Modern

ovement in England 1930-39: Thoughts on the Political Content
d Associations of the International Style)。两篇文章写于1973年并
1975年出版。我写的关于萨伏伊别墅的文章探究了勒·柯布西耶早期
品中的形式和意义之间的相互关系。文章开始通过对萨伏伊别墅进行
述，继而列举出历史学家们对这座建筑的不同解读，并在回应文章开
记录了柯布西耶建筑语言中的指导性主题以及典型元素的演化发展。
章思考了萨伏伊别墅中的几种不同层次的意义："居住的机器"、乌托
式的梦想、理想别墅、"新建筑五点"的宣言、古典价值的提取、一篇
于建筑起源以及机器时代的神庙（勒·柯布西耶版本的帕特农神庙）
论文。引言部分坚持"象征性形式"的观点，为之后的关于现代建筑
以及柯布西耶的文章埋下了伏笔。

20世纪70年代早期，我开始和拉斯登（Denys Lasdun）进行激烈
对话，这无疑有助于我提炼关于柯布西耶以及他所造成影响的一些想
，参见《一种语言和一种主题》(A Language and a Theme）的引言、
拉斯登及其合伙人的建筑》(The Architecture of Denys Lasdun and
rtners, London, RIBA，1976)。1976年到1982年间，我在哈佛大学卡
特视觉与环境研究学院教授秋季学期的课程。在课程中间有一门课叫作
向一种完整的设计理论"，教授学生从某个物体到建筑、城市、景观等
个尺度看、分析以及解释周围的环境，同时向学生灌输与形式、意义、
介、再现、抽象、风格、类型、过程以及意识形态有关的基本概念。另
，我还教授相关的历史课程以及一个名叫"从思想到形式"的研究生讲
，这个讲座主要和创造、过程、意象、图像学以及象征主义有关。1979
春天，我回到勒·柯布西耶基金会来研究瑞士学生宿舍的设计过程。按
之前对卡彭特视觉艺术中心的研究过程，我借助文献资料、信件以及图
，重新建构了当时的项目情况、原始的场地条件、设计过程、设计意图
及意义。这次研究以文章的形式发表在1981年的《建筑历史学家协会期
》(Journal of the Society of Architectural Historians）中，题目为"结
的想法与想法的结构：勒·柯布西耶的瑞士学生宿舍，1930-1931"
deas of Structure and the Structure of Ideas: Le Corbusier's Pavillon
uisse, 1930-31)。

展览与名录，"创造的碎片"，1981年

1981年出现了一次更深入挖掘勒·柯布西耶的创造性设计过程的理
机会，这次是以在卡彭特视觉艺术中心举行的一次展览的方式，题目为
创造的碎片：勒·柯布西耶的草图本"(Fragments of Invention: The
ketchbooks of Le Corbusier)。为了准备这次展览，我研究了草图本的
本并在诸如"旅行和城市方案""关于建筑形式起源的几点注释""卡彭
视觉艺术中心与其他晚期作品""一份印象笔记""抽象和类比"以及"创
的碎片：昌迪加尔的意象图"等主题中做出了一个选择。展览通过将建
思想转化为一种空间布局，为我们提供了一种探索建筑思想的方式。处
前景的建筑草图和处于背景中的更庞大的图纸和图像，以及建筑本身的
明性和独立支柱等主题相呼应。在引言中我这样写道："勒·柯布西耶
草图本为我们提供了建筑师工作时的思想活动的一个片断……它们有着
种未经删减的品质，好像将我们比平常更接近地带入了建筑师的个人精
世界。那些通常以一种精心修饰的以及隐晦的状态出现的主题，在这里
片地出现。那些草图本提供了许多在柯布西耶的伪装之下的设计动力以
思想习惯的隐秘线索——作为建筑师、城市规划师、画家以及雕塑家。
重要的是，它们揭示出柯布西耶将日常生活中的事件以及建筑传统中的
例转化为自身精神世界中的重要符号的其中一些方式。"

文字继续以勒·柯布西耶的"变化转型"为主题，这是他设计过程的
心："勒·柯布西耶的思想打破一种单纯的技术性文化的乏味定义，寻
找意义与事件更深层次的来源。草图本为我们展现了一个巨大的想象性世
界观的冰山一角，而建筑的象征性形式只是其中的一部分。不同的比喻以
及意义的凝练，形成了一些具有表现力的形态装置，使得柯布西耶能够在
短暂的思考过程中同时掌控从不同地方和时代吸收的各种碎片；这些碎片
之后将通过一种奇妙的抽象力量被融合成新的形式和思想的复合体。"

"创造的碎片"是一篇小文献，但充满了对于未来的预示。它扩展了
从《工作中的勒·柯布西耶》开始的一种研究方法，但是这篇文章同样
希望读者能够在阅读过《勒·柯布西耶：理念与形式》这本专著之后进
行思考，这一愿望在第一版的序言和引言中已经表达了出来。这本书甚
至影响了《1900年以来的现代建筑》第一版的写作方式，因为这本书的
初稿大致写于同一时期。这些作品的形成过程中都包括在某个研究和对
建筑和历史的一般性思想之间的不断摇摆的过程中。但是这些作品同样
也受益于柯布西耶的建筑本身、对其建筑的日常体验，以及我第一本书
的主题。我常常回到卡彭特视觉艺术中心，最近的一次是在2013年的春
天，是为了纪念建筑诞生五十周年。每当我游走在坡道上，我都会回想
起我在1970年9月9日第一次来到美国时在瓢泼大雨中与这个作品的第一
次接触。我们栖居于建筑之中，但在某种意义上建筑也影响着我们。它
们会长久存在于我们的记忆中。就如同图书那样，建筑开拓了那些思考
所见所闻者们的眼界和思想。维特根斯坦（Wittgenstein）曾经简要地
阐述过这个问题："记住人们从好的建筑中所获得的印象，这种印象表达
出一种思想。它使得人们想要用某个手势去回应它。"

多角度、长远地看待勒·柯布西耶

如果我提到这些对于柯布西耶所做的早期研究的话，那我有必要提醒
大家，本书的第二版汇聚了我各个时期的研究成果。当然，要解开柯布西
耶建筑的秘密的方法并非只有一种。相反，从早期开始，我一直试图平衡
各种力量、决定、意图、事件，甚至是那些影响建筑最终成果的意外。我
坚持形式起源以及建筑师的灵光一闪所给予一个项目以生命，但这并不是
忽略解决问题、建造问题，甚至建筑造价问题等一系列实际的现实情况。
从一定程度上关注"建筑思想领域"并不是削减客户需求、场地、制度、
领域、文化、社会力量以及政治等因素的重要性。也不是低估合伙人的重
要作用，这其中包括从事务所中的建筑师到各个工程师。但是如果没有这
些深厚的最初冲动、对草图和平面中的设计意图和建筑思想加以解决，那
么最后的建筑结果或许会完全不同。因此，研究设计过程中的不同阶段是
很重要的。因此，图纸和草图也是很重要的。

因此本书第二版比从前更加关注一种完整的研究方法，这种方法采
用多种角度观察柯布西耶的建筑，研究他的创造性思维过程。我在研究
过程中的一些方面比其他人有一些优势，这点从我不断思考柯布西耶的
形式语言以及复杂的各层意义的过程就可以明显看出；但是我们的本意
并不是为了将建筑师的作品以一种教条的方式加以限制。也不是提出一
些能够帮助提供可供测验以及可供反驳的假说的理论。不同的问题和不
同的观察方式会产生不同的研究结果。研究柯布西耶这样一位复杂的人
物，我们需要采用不同的研究视角。历史学家在研究一位如此全方位的
建筑师和艺术家的时候，应该避免陷入一种教条式的研究方法之中。在
这里，对建筑本身的体验会产生一种解放效应。最终的结论以斯芬克斯
式的神秘草图为特征并不是毫无意义的。在超过40年对柯布西耶建筑
的仔细观察以及深度思考其中的意义之后、在几十年寻找最适合解开柯
布西耶建筑意义的方法之后，我仍然留有这样的一个印象：他的建筑守
卫着许多的秘密。毫无疑问，关于柯布西耶的文章数量将会持续增加，
但是柯布西耶的建筑中存在着某种无法被分析的东西。这样的情况是理
想的。

载有有用原始资料的出版物选编

Œuvre complète, eight volumes (all translated into English and other languages), all credited to Le Corbusier and to others dependent upon span of dates:

Volumes credited to Le Corbusier and Pierre Jeanneret:
1910–1929, Stonorov and W Boesiger (Zurich, Editions d'Architecture, 1937).
1929–1934, W Boesiger (Zurich, Editions Girsberger, 1935).
1934–1938, Max Bill (Zurich, Editions Girsberger, 1939).
Volumes credited *Le Corbusier* only:
1938–1946, W Boesiger (Zurich, Editions Girsberger, 1946).
1946–1952, W Boesiger (Zurich, Editions Girsberger, 1953).
Volumes credited *Le Corbusier et son atelier rue de Sèvres 35*:
1952–1957, W Boesiger (Zurich, Editions Girsberger, 1957).
1957–1965, W. Boesiger (Zurich, Editions Girsberger, 1965).
See also:
1910–1965, Boesiger-Girsberger (Zurich, Editions Girsberger, Zurich, 1965); and *Le Corbusier Dernières Œuvres*, W Boesiger (Zurich, Editions d'Architecture, Zurich, 1970).

Le Corbusier, *Œuvre plastique, peintures, dessins, architecture* (Paris, Editions, Morancé, 1938)
Alberto Izzo and Camillo Gubitosi, *Le Corbusier Drawings* (Rome, Officina Editioni, 1978)
H Allen Brooks, ed. *The Le Corbusier Archive* (NY, Garland, and Paris, Fondation Le Corbusier, 1982) – 32 volumes of drawings with some texts which were later collected as an anthology,
see H A Brooks, *Le Corbusier* (Princeton, NJ, Princeton University Press, 1987)
André Wogenscky (Preface), Maurice Besset (Introduction), Françoise de Franclieu (Notes), *Le Corbusier Sketchbooks* (Cambridge, MA, MIT and New York, Architectural History Foundation, 1981) – four volumes: Volume 1, 1914–48; Volume 2, 1950–54; Volume 3, 1954–57; Volume 4, 1957–64.
Naima and Jean-Pierre Jornod, *Le Corbusier, Catalogue raisonné de l'oeuvre peint en deux volumes* (Skira Editore, 2007)
Jean Jenger, ed. *Le Corbusier, Choix de Lettres* (Basel, Birkhauser, 2002)
Rémi Baudoui and Arnaud Dercelles, eds *Le Corbusier Correspondence, Lettres à la famille, Tome 1: 1900–1925* (Paris, Gollion, 1911)
Marie-Jeanne Dumont, ed. *Le Corbusier, Lettres à Auguste Perret* (Paris, Editions du Linteau, 2002)
Marie-Jeanne Dumont, ed. *Le Corbusier, Lettres à Charles L'Eplattenier* (Paris, Editions du Linteau, 2006)

For the archive of c.35,000 architectural drawings at the Fondation Le Corbusier: *Le Corbusier, Plans The Collection, Echelle 1 Internationale* (Tokyo) on sixteen disks in four sets of four. These include the majority of Le Corbusier's and his atelier's architectural drawings. There are some short commentaries which supply information about individual projects. When relevant, they are referred to in the endnotes.

勒·柯布西耶著作选编

Charles Edouard Jeanneret and Amédée Ozenfant, *Après Le Cubisme* (Paris, 1918)
Charles Edouard Jeanneret and others, *L'Esprit Nouveau*, vols 1-28 (1920–25, reprinted NY, Da Capo Press, 1968)
By Le Corbusier:
Vers une architecture (Paris, Vincent, Fréal, 1923), translated into English by Frederick Etchells in 1927 as *Towards a New Architecture*, and republished frequently in many languages. In this case I am using the third French edition (Paris, Crès, 1928). See Chapter 4, note on Le Corbusier, *Vers une architecture* for 2007 translation as *Toward an Architecture*.
Urbanisme (Paris, Vincent, Fréal, 1925), translated into English as *The City of Tomorrow*.
L'Art décoratif d'aujourd' hui (Paris, Vincent, Fréal, 1925)
Almanach d'Architecture moderne (Paris, Crès, 1928)
Une maison, un palais (Paris, Crès, 1929)
Précisions sur un état présent de l'architecture et de l'urbanisme (Paris, Vincent, Fréal, 1930)
La Ville Radieuse (Paris, Editions de l'Architecture d'Aujourdhui, 1935), translated as *The Radiant City*.
Quand les cathédrales étaient blanches (Paris, 1937), translated as *When the Cathedrals were White* (NY, 1947)
New World of Space (NY, Reynal and Hitchcock, Boston Institute of Contempoary Arts, 1948)
Le Modulor (Paris, Editions de l'architecture, 1948), translated as *The Modulor* (Cambridge, MA, 1954)
Modulor 2 (Paris, Editions de l'architecture, 1955), translated as *Modulor 2* (1958)
Creation is a Patient Search (NY, 1960)
Le Livre de Ronchamp (Paris, 1961)
Le Voyage d'orient, Le Corbusier (Paris, Editions Forces Vives, 1966)

参考书目选编：注释中经常引用的书籍

Reyner Banham, *Theory and Design in the First Machine Age* (London, Architectural Press, 1960)
Tim Benton, *Les Villas de Le Corbusier et Pierre Jeanneret 1920–1930* (Paris, Editions Sers and Fondation Le Corbusier, 1984)
Brian Brace Taylor, *Le Corbusier, La Cité de Refuge, Paris 1929/1933* (Paris, 1980)
Brian Brace Taylor, *Le Corbusier at Pessac* (Cambridge, MA, Harvard, Carpenter Center, 1972)
Maurice Besset, *Who Was Le Corbusier?* (Geneva, Skira, 1968)
H Allen Brooks, *Le Corbusier's Formative Years, Charles-Edouard Jeanneret at La Chaux-de-Fonds* (Chicago, IL, University of Chicago Press, 1997)
M Christine Boyer, *Le Corbusier, Homme de Lettres* (Princeton, Princeton University Press, 2010)
Jean-Louis Cohen, ed. Tim Benton (section texts), *Le Corbusier, Le Grand* (London, Phaidon, 2008)
Jean-Louis Cohen, ed. Barry Bergdoll (introduction), *Le Corbusier, an Atlas of Modern Landscapes* (NY, MOMA, London, Thames and Hudson, 2013)
Peter Collins, *Changing Ideals in Modern Architecture* (London, Faber and Faber, Montreal, McGill-Queens University, 1965)
Alan Colquhoun, *Modernity and the Classical Tradition, Architectural Essays* (Cambridge, MA, MIT Press, 1991)
Alan Colquhoun, *Collected Essays in Architectural Criticism* (Cambridge, MA, MIT Press, 1985)
William J R Curtis, *Le Corbusier, English Architecture 1930s* (Milton Keynes, Open University, 1975)
William J R Curtis, *Modern Architecture Since 1900*, 1st ed (Oxford, Phaidon, 1982; Englewood Cliffs, NJ, Prentice-Hall, 1983; 3rd fully revised edition, London, Phaidon, 1996)
William J R Curtis, *Fragments of Invention, The Sketchbooks of Le Corbusier* (NY, Architectural History Foundation, Cambridge, MA, MIT Press, 1981)
William J. R Curtis, *Balkrishna Doshi, An Architecture for India* (Ahmedabad, Mapin and NY, Rizzoli, 1988)
William J R Curtis, *Denys Lasdun, Architecture, City, Landscape* (London, Phaidon, 1994)
William J R Curtis, *Modern Architecture, Mythical Landscapes and Ancient Ruins* (London, John Soanes Museum, 1997)
William J R Curtis, *Structures of Light, Photographs by William J.R. Curtis* (Helsinki, Alvar Aalto Academy, 2007)
Joanna Drew, Susan Ferleger Brades, eds William J R Curtis (introduction), *Le Corbusier, Architect of the Century* (London, Arts Council of Great Britain, 1987)
Norma Evenson, *Chandigarh* (Berkeley University, California, 1966)
Claude Eveno, Jacques Lucan, eds *Le Corbusier, une encyclopédie* (Paris, Centre Georges Pompidou, 1987)
Robert Fishman, *Urban Utopias in the 20th Century: Ebenezer Howard, Frank Lloyd Wright and Le Corbusier* (New York, 1977)
Kenneth Frampton, *Le Corbusier* (London, Thames and Hudson, 2001)
Kenneth Frampton, ed. *Oppositions 15/16 and 19/20* (New Y Institute for Architecture and Urban Studies, 1978 and 19 respectively). Special double issues of the magazine on Le Corbusier.
Françoise de Franclieu (introduction), *Le Corbusier et la Méditerranée* (Marseilles Editions Parenthèses and Musée de Marseilles, 1987)
Sigfried Giedion, *Space, Time and Architecture: The Growth o New Tradition* (Cambridge, MA, Harvard University Press, 1944). Fifth printing.
Giuliano Gresleri and Italo Zannier, *Viaggio in Oriente, Gli Ine di Charles Edouard Jeanneret, Fotografe e Scrittore* (Venice and Fondation Le Corbusier, Paris, 1984)
Henry Russell Hitchcock and Philip Johnson, *The Internationa Style, Architecture Since 1922* (NY, WW Norton, 1932)
Dorothée Imbert, *The Modernist Garden in France* (New Hav CT, London, Yale University Press, 1993)
Eduard F Sekler, ed. and William J R Curtis, *Le Corbusier at Work, the Genesis of the Carpenter Center for the Visual Ar* (Cambridge, MA, Harvard University Press, 1978)
Eric Lengereau, Guillemette Morel Journel, eds, Bruno Reich (introduction), *Le Corbusier, L'Atelier intérieur, Les Cahiers la Recherche architecturale et urbaine, 22–23* (Paris Editio du Patrimoine, Centre des Monuments Nationaux, 2008)
Danièle Pauly, *Ronchamp, lecture d'une architecture* (Paris, 1980)
Pierre Saddy, ed. and introduction, Claude Malécot (catalogu *Le Corbusier: le Passé à réaction poétique* (Paris, Caisse Nationale des Monuments Historiques et des Sites, Minist de la Culture et de la Communication, 1987)
Adolf Max Vogt, *Le Corbusier, The Noble Savage: Towards an Archaeology of Modernism* (Cambridge, MA, MIT Press, 2000)
Charles Jencks, *Le Corbusier, The Continual Revolution in Architecture* (NY, Monacelli Press, 2000)
Eric Mumford, *The CIAM Discourses on Urbanism, 1928–196* (Cambridge, MA, MIT Press, 2000)
Gérard Monnier, *Le Corbusier, Les Unités d'habitation en Frar (Les destinés du patrimoine)* (Paris, Belin Herscher, 2002)
Gérard Monnier, ed. *Le Corbusier et le Japon* (Paris, Editions Picon, 2007). Translated into French from the original Japanese edition, *Le Corbusier et le Japon* (Tokyo, Kajima,1999) based upon (Rencontre, Tokyo, 1997)
Christian Pattyn (introduction), *Le Corbusier, Voyages, Rayonnement International, VII Rencontre de la Fondation L Corbusier, UNESCO* (Paris, Fondation Le Corbusier, 1997)
Michel Richard, dir. and Arnaud Dercelles ed. *Le Corbusier, Ultimes Pensées, Derniers Projets – 1960–1965, Massilia 2* (Paris, Fondation Le Corbusier, Marseilles, Editions Imbernon, 2014)
Max Risselada, ed. *Le Corbusier and Pierre Jeanneret, Ontwerpen voor de woning* (Delft, 1980)
Colin Rowe, *The Mathematics of the Ideal Villa and Other Essa* (Cambridge, MA, MIT Press, 1976)
Mary Patricia May Sekler, *The Early Drawings of Charles Edouard Jeanneret (Le Corbusier) 1902–1908*, Harvard Thesis, 1973 (New York, Garland Press, 1977)
Peter Serenyi, *Le Corbusier in Perspective* (Englewood-Cliffs, NJ, Prentice-Hall, 1975)
Martin Steinmann and I Noseda, eds, *La Chaux-de-Fonds et Jeanneret (Avant Le Corbusier)* (Niederteufen, Arthur Nigg 1983). Exhibition catalogue.
Paul Venable Turner, *The Education of Le Corbusier, A Study o the Development of Le Corbusier's Thought 1900–1920*, Harvard Thesis, 1971 (New York, Garland Press, 1977)
Russell Walden, ed. *The Open Hand, Essays on Le Corbusier* (Cambridge, MA, MIT Press, 1977)
Stanislaus von Moos, Arthur Rüegg, eds *Le Corbusier, La Suisse, les Suisses, XII Rencontre de la Fondation Le Corbus* (Paris, Fondation Le Corbusier, Editions de la Villette, 1906)
Stanislaus von Moos, *Le Corbusier, Elements of a Synthesis* (Cambridge, MA, MIT Press, 1979). Originally published as *Le Corbusier: Elemente einer Synthese* (Frauenfeld and Stuttgart, 1968). See Bibliography above for 2013 French

dition.
nislaus von Moos, ed. *L'Esprit Nouveau, Le Corbusier et Industrie, 1920–1925* (Zurich, Museum für Gestaltung, trasbourg, Les Musées de la Ville, 1987)
nislaus von Moos, Arthur Rüegg, eds *Le Corbusier Before Le Corbusier, Applied Arts, Architecture, Painting and Photography 1907–1922* (New Haven, London, Yale University Press, 2002)
Nicholas Fox Weber, *Le Corbusier, A Life* (NY, Alfred A Knopf, 2008)
Ivan Zaknic, ed. Zaknic and Nicole Pertuiset, trans. *Journey to the East* (Cambridge, MA, MIT Press, 1987). English version of *Le Voyage d'orient* (1966).
Ivan Zaknic, *The Final Testament of Père Corbu, A Translation and Interpretation of Mise au Point by Ivan Zaknic* (Paris, Fondation Le Corbusier, New Haven, Yale University Press, 1995)

注释

除了一份带编号的参考书目外，在尾注中放入一份正文文本的带有着重加粗的参考指引。

某些已经列在参考书目中的书及作者以缩写形式提及，另外一些书和作者姓名在第一个注释后被缩写。

书

OC= *OEuvre complete*《勒·柯布西耶作品全集》

VUA= *Vers une architecture*《走向一种建筑》

作者

CEJ= Charles Edouard Jeaneret夏尔·爱德华·让纳雷

Le C= Le Corbusier勒·柯布西耶

WJRC= William J R Curtis威廉·J·R·柯蒂斯

其他缩写

FLC=巴黎勒·柯布西耶基金会

Le C Plans=参考相关的“说明”文章，及巴黎勒·柯布西耶基金会收集的16张光盘上的建筑图纸。

第一版序言

1 以历史为师 : Le C, *Précisions*, 34.

2 Frank Lloyd Wright, 'In the Cause of Architecture', *Architectural Record*, 23 (March 1908), 158.

3 现代建筑历史学家 : Henry Russell Hitchcock and Philip Johnson, *The International Style, Architecture Since 1922*. See also Giedion, *Space, Time and Architecture*.

第二版序言

1 勒·柯布西耶的作品处于危险之中 : 参见 WJRC, 'Vandalism in the Land of Patrimony, *Architectural Review* (May 2012); 关于受质疑的伦佐·皮亚诺建筑工作营对勒·柯布西耶的朗香教堂的干预，参见 WJRC, 'Ronchamp Undermined', *Architectural Review* (August, 2012); 关于勒·柯布西耶在艾哈迈德和昌迪加尔作品的易损性问题，参见 WJRC, 'Nothing is Sacred: Threats to Modern Masterpieces in India', *Architectural Review* (April 2014), also WJRC, 'Protecting Modern Masterpieces in India: a Conversation between noted architectural historian and critic WJRC and an Unknown Indian', *Architecture + Design, An Indian Journal of Architecture* (September 2014), 38–53.

引言：关于创造的几点注释

1 题词 : Eugène Viollet-Le-Duc, *Discourses on Architecture*, Boston, 1876.

2 绘画，将经验转化为图像和形式：参见参考书目上关于以下内容的注释：威廉·J·R·柯蒂斯对研究勒·柯布西耶长久以来的兴趣、勒·柯布西耶的多媒体视觉思考，以及勒·柯布西耶关于建筑师的设计过程的多本著作和文章。关于转化的主题，参见 for example WJRC, *Fragments of Invention, The Sketchbooks of Le C*: 'Le C's sketchbooks furnish us with vignettes of the architect's mind at work ... (they) offer numerous intimate clues to Le C's impulses and habits of mind in his various guises as architect, urbanist, painter and sculptor... the ways he transformed incidents of daily life and examples from architectural tradition into his own vital mental world of symbols.' 请见参考文献注释中关于余下引用的内容和关于形式起源的讨论。

3 勒·柯布西耶的“蜕变”和综合：请见参考文献注释中威廉·J·R·柯蒂斯对柯布西耶的创造性过程的多项研究，包括他的草图所扮演的重要角色，例如《创造的片段》（*Fragments of Invention*）探究了勒·柯布西耶对“不同现象中蕴藏的意义和神话的来源”的探索。他的草图尤其揭示了：“一个广阔的富于创造力的世界观的片段，在这个世界观中，建筑的象征性形式只是其中一个部分。将多种隐喻和意义的浓缩转化为一些形状，这都是十分显著的措施，使得勒·柯布西耶能够同时在一种脑力悬浮中掌控许多从不同的地方和时代提取出来的片段，这些片段将会被结合在一起，通过一种奇妙的抽象力量，转化为形式和思想的新的复合产物”。请见参考文献注释中关于余下引用的内容和关于形式起源的讨论。

4 平面思想： Le C, *VUA*, 45 where he writes: *Faire un plan, c'est préciser, fixer des idées.* 在这些尾注中，我引用了 1928 年出版的法语版第三版。

5 草图：Henri Focillon, *La Vie des Formes* (Paris, 1934), 59–60. Translated as *The Life of Forms in A*
(New Haven, CT, Yale, 1949).

第 1 章
家庭基础

1 题词 : André Malraux, *The Voices of Silence*, trans Gilbert (NY, 1953), 281.

2 成长岁月：最有用的原始材料位于拉绍德封的城镇图书馆（早期的通讯，草图和旅行照片），以及巴黎的勒·柯布西耶基金会。第二重要的资料和早期的价值探索： Maximilien Gautier, *Le Corbusier ou l'architecture au service de l'homme* (Paris, 1944); MPM Sekler, *The Early Drawings of CEJ*; P Turner, *The Education of Le Corbusier*; Le C, *L'Art décoratif d'aujourdhui*; Petit, *Le Corbusier: Lui-Même*; von Moos, *Le C, Elements of a Synthesis*; Steinmann, ed. *La Chaux-de-Fonds et Jeanneret (Avant Le C)*; Allen Brooks, 'Le C's Formative Years at La Chaux-de-Fonds', *The Le C Archive*, Vol. 1, XV. For more recent general coverage: *La Chaux-de-Fonds et Jeanneret Avant Le C*, (Musée des Beaux Arts, La Chaux-de-Fonds 1987), exhibition catalogue; Geoffrey Baker, *Le C, The Creative Search, The Formative Years of CEJ* (NY, Van Nostrand Reinhold, 1996); H Allen Brook *Le C's Formative Years: CEJ at La Chaux-de-Fonds* (Chicago, IL, University of Chicago Press, 1997); von Moos and Arthur Ruegg, eds *Le C Before Le C Applied Arts, Architecture, Painting and Photograph 1907–1922* (New Haven, CT, London, Yale Univers Press, 2002). See also Naïma Jornod, Jean-Pierre Jornod, 'Biographie', *Le C (CEJ), Catalogue raisonn de l'œuvre peint, Tome 1* (Geneva, Skira, 2005), 30

3 关于城市环境 : Marc Solitaire, 'Le C et l'urbain: la rectification du damier froebelienn', *La Ville et l'urbanisme après Le C* (La Chaux-de-Fonds, E. Trip and I A Humpoi) 93–97; see also Marie-Jeanne Dumont, ed. and introduction, *Le C, Lettres à Char L'Eplattenier* (Paris, Editions du Linteau, 2006).

4 Karl Marx: 'On the Division of Labour and Manafacture', *Das Kapital* (Hamburg, Verlag van Otto Meissner, 1867), Section 4, Chapter 4. 关于制表业经济的地方性方面上的思考，参见 WJRC, 'La Chaux-de-Fonds: a Social Geography', Advisory Board Evaluation, UNESCO World Herita Application, no 1302, *La Chaux-de-Fonds, Le Locl Watchmaking, Townplanning* (UNESCO, 2009). 在这些文字中，我思考了这些复杂和矛盾的现代化它原来是一个栖息于汝拉山区高坡上的农村区域。这些文字还考虑了那些围绕在一个境外区域的经典城镇的想象物，这个区域在瑞士的城镇中相对位于边缘位置，但却通过手表贸易的全球扩张得以与更大的世界联系起来。此外还有些相关问题，南向景观与太阳路径的关系，当然还包括与当地自然景观的植物和地理特征的关系。参考文献的书写倾向于更多的有关于夏尔·爱德华·让纳雷的家庭和父母，这是可以理解的，然而，对于一个像夏尔·爱德华·纳雷的人，他在年轻时代受到“冷杉民俗学”影响，我们非常有必要在他童年的城市和景观环境的基础上进行推测，而且他可能已经将这些事物内在化，随后将在他之后的生涯中对其进行转化。

关于福禄贝尔教育方法的哲学基础：参见 Wilhelm August Fröbel, *Die Menschenerziehung* (Keilhau-Leipzig, Wienbrack, 1826). 福禄贝尔认为"所有事物的目标都是为了发展自己的本质，这是它们圣洁的本性"。如果缺乏对其具体应用的精确认识，对"福禄贝尔方法"抽象概念的讨论是一种冒险的行为。

关于弗兰克·劳埃德·赖特与"象征手法化"：参见赖特的书 *The Japanese Print: an Interpretation* (Chicago, Ralph Fletcher Seymour, 1912), reproduced in Bruce Brooks Pfeiffer, ed. *The Essential Frank Lloyd Wright, Critical Writings on Architecture* (Princeton University Press, 2010), 66. 赖特将"conventionalization"称为一种"纯化精神的过程"，而且他认为艺术家应当渗透到"一件事物的永恒思想中"。

家庭棋盘：Le C, *The Modulor*, 182.

母亲的建议：*OC*, 6, letter by Le C dated 5 September 1960.

顶峰：Le C, 'Confession', *L'Art décoratif d'aujourdhui*, 198 (trans. WJRC).

1887 年学校报告：MPM Sekler, *The Early Drawings*, 11.

手表案例设计：see Naïma Jornod, Jean-Pierre Jornod, 'Biographie'.

艺术学校的哲学: see Luisa Martina Colli, 'Jeanneret und die Ecole d'Art', in Steinmann, ed. *La Chaux-de-Fonds et Jeanneret*, 16. See also Colli, *Arte, artigiano e tecnica nella poetica de Le C* (Bari, Rome, 1982); Jacques Gubler, 'CEJ 1887-1917, ou l'accès à la pratique architecturale', *Le C, une Encyclopédie*, 222.

早期客户：Jacques Gubler, 'Die Kunden von Jeanneret', Steinmann, ed. 33-37.

拉斯金与树：see MPM Sekler, 'Le C, Ruskin, the Tree and the Open Hand', in Walden, ed. *The Open Hand*, 42.

法莱（住宅）设计过程：MPM Sekler, *The Early Drawings*, 530.

国家浪漫主义与当地景观：如需更广阔的国际性文脉，参见 WJRC, *Modern Architecture Since 1900*, 3rd ed. (London, Phaidon, 1996), 'Chapter 8, National Myths and Classical Transformations', 131; for Swiss context, Jacques Gubler, *Nationalisme et Internationalisme dans l'architecture moderne de la Suisse* (Lausanne, L'Age de l'Homme, 1975).

艺术运动：letter CEJ to L'Eplattenier, 26 February 1908, cited MPM Sekler, *The Early Drawings of CEJ*, 249 (trans. WJRC). See also Marie-Jeanne Dumont, ed. and introduction, *Lettres à Charles l'Eplattenier* (Paris, Editions du Linteau, 2008).

让纳雷的早期阅读：参见 Turner, *The Education of Le C*, 对柯布西耶读书库的内容以及 19 世纪理想主义对他的影响的更详细的分析。

普罗旺萨尔、晶体、地质学、几何学：see Henry Provensal, *L'Art de Demain* (Paris, 1904), 158.

蒙塔纳绘画：letter from CEJ to L'Eplattenier, early November 1907, MPM. Sekler, *The Early Drawings*, 212.

1907 年意大利之旅：Giuliano Gresleri, 'Partir et revenir, le Voyage d'Italie', *Le C et la Méditerranée* (Marseille, Musées de Marseilles and Edition Parentheses, 1987), 23. See also Marida Talmona, ed. *L'Italie de Le C* (XVème Rencontre de la Fondation Le C, 2007, Fondation Le C and Editions de La Villette, 2010).

22 艾玛修道院草图：这些都来自一个私人收藏。关于对它们的思考，参见玛丽妲·塔尔蒙娜的目录文章 Marida Talmona, *L'Italia di Le C* (Rome, Milan, Electa, 2012).

23 艾玛修道院：夏尔·爱德华·让纳雷给父母的卡片，1907 年 9 月 4 号，Allen Brooks, 'Le C's Formative Years...', 19. (trans. WJRC). 夏尔·爱德华·让纳雷用了这样的短语 '*la solution de la maison ouvrière type unique*'，表意很模糊。布鲁克斯认为："对工人个人住宅的回答"。在一封 1907 年 9 月 19 日由夏尔·爱德华·让纳雷寄给莱普拉特尼耶的信中，他宣布："啊！修道院！我想让我的医生都住在那些被称为居住单元的单元里！"另参考 Le C, 'Une cellule à l'échelle humaine', *Précisions*, 91, 在这里他将这座修道院称为一个"给整座山加冕的现代城市"；他还提到了 1922 年不动产别墅的起源。关于这座修道院对勒·柯布西耶的集合住宅思想的长期影响，参见 Peter Serenyi, 'Le C, Fourier and the Monastery of Ema', *The Art Bulletin* (XLIX, 1967), 277-86.

24 Jaquemet and Stotzer: Gubler, 'Die Kunden...', 获得具体的客户信息。另参考 E Chavanne and M Laville, 'Les Premières Constructions de Le C en Suisse', *Werk*, 50 (1963), 483-88. See also Klaus Spechtenhauser, 'Commentary: Villa Jaquemet, 1907-08', Disk P1; 另参考上面的注释 2，尤其是 Brooks and von Moos and Ruëgg.

25 纽伦堡：关于夏尔·爱德华·让纳雷旅行的详细重构，MPM Sekler, *The Early Drawings of CEJ*, 178; also note 1, Brooks.

26 自然是真：Le C, 'Confession', *L'Art décoratif d'aujourdhui*, 198 (trans. WJRC).

第 2 章 探索个人准则

1 题词：Eugène Viollet-Le-Duc, *Dictionnaire raisonné de l'architecture française du XII ème au XVI ème Siècle* (Paris, 1854-68), Vol 8, 447 (trans. WJRC).

2 浪漫主义：John Summerson, *Heavenly Mansions* (London, 1949); Viollet-Le-Duc, *Discourses on Architecture*, Chapter 10. For detail on Perret, Peter Collins, *Concrete, the Vision of a New Architecture, A Study of Auguste Perret and his Precursor* (London, 1959); see also Giovanni Fanelli and Roberto Gargiani, *Perret et Le C Confrontés* (Bari, Laterza, 1990); see also Collins, *Changing Ideals*, 198.

3 骨架，佩罗：cited by P Turner, 'Romanticism, Rationalism and the Dom-ino System', Walden, ed. *The Open Hand*, 25 (trans. WJRC).

4 舒瓦西的绘画：see Auguste Choisy, *Histoire de l'architecture* (Paris, 1900).

5 让纳雷在巴黎：在拉绍德封城镇图书馆，有一处对让纳雷早期巴黎照片的收集，包括凡尔赛宫，埃菲尔铁塔和机器拱廊。这些照片有可能摄于 1908-1909 年。另参考 *Le C and Paris* and Nicholas Fox Weber, *Le C, a Life* (NY, Knopf, 2008), Chapter V, 57, for evocations of Jeanneret's Parisian stay.

6 信件：CEJ to L'Eplattenier, 22 October 1908, see Petit, *Le Corbusier: Lui-Même*, 34-36. For early readings, P Turner, 'The Beginnings of Le C's Education, 1902-1907', *Art Bulletin*, June 1941, 214-44.

7 汝拉烟囱：the connection with Chandigarh is made by H Allen Brooks, 'Le C's Formative Years at La Chaux-de-Fonds', 15.

8 城镇构造：unpublished manuscript analysed by H Allen Brooks, 'Jeanneret and Sitte: Le Corbusier's Earliest Ideas on Urban Design', Helen Searing, ed. *In Search of Modern Architecture: A Tribute to Henry Russell Hitchcock* (Cambridge, MA, MIT, 1982). See also Christophe Schnoor (Introduction), *La Construction des Villes, Le Cs Erstes Städtebauliches Traktat von 1910-11* (Zurich, GTA Verlag, 2008).

9 William Ritter: Christoph Schnoor, 'Soyez de votre temps – William Ritter et Le C', *Le C, la Suisse, les Suisses*, 105-27.

10 德意志制造联盟，风格：for Osthaus, Fischer, see *Durchgeistiging der deutschen Arbeit*, 1911, 23 and *Ein Bericht von deutschen werkbund*, Iena, 1911, 23; for intellectual background and possible influence upon Jeanneret of theories of proportion by August Thiersch and Teodor Fischer, see Werner Oechslin, 'Allemagne: Influences, confluences et reniements', *Le C, une encyclopaedie*, 23.

11 关于德国的报告：CEJ, *Etude sur le mouvement d'art décoratif en Allemagne* (La Chaux-de-Fonds, 1912). Trans. WJRC.

12 Hermann Muthesius: 'Wo stehen wir', *Jahrbuch des Deutschen Werkbundes*, 1914. Trans. Banham, *Theory and Design*, 73. See also Stanford Anderson, 'Modern Architecture and Industry, Peter Behrens, the AEG and Industrial Design', *Oppositions*, 21 (NY, 1980), 79-97. 关于夏尔·爱德华·让纳雷认为建筑师是思想者，参见他于 1910 年 12 月 28 日写给里特尔的信。

13 赖特的影响：保罗·特纳于 1981 年 11 月在 MIT 的一个讲座上提出这之间微妙的联系，后来加以拓展于 'FL Wright and the Young Le C', *Journal of Society of Architectural Historians*, XLII, 4, Dec 1983, 350-60. See letter from Le C to HT Wijdeveld, 5 August 25 in which Le C refers to seeing Wright's work around 1914 and thinking it *si épurée et si novatrice*. See also Thomas L. Doremus, *Frank Lloyd Wright and Le C, The Great Dialogue* (NY. Van Nostrand, 1986).

14 Alexandre Cingria-Vaneyre: *Les Entretiens de la Villa du Rouet, Essais dialogués sur les arts plastiques en Suisse romande*, (Geneva, 1908).

15 德国控制：特纳进行了讨论，*The Education of Le C*, 85. (trans. WJRC). CEJ uses the word *l'etau* which could be translated as 'vice' as well as 'grip'. 在一封日期为 1916 年 5 月 19 日给佩雷的信中，让纳雷表达道，*Entretiens était la défense du latinisme en Suisse.*

16 东方之旅：see Le C, *Voyage d'Orient* (Forces Vives, 1966); English version, *Le C, Journey to the*

East (Cambridge, MA, MIT Press, 1987) edited with commentary by Ivan Zaknic, trans. Zaknic and Nicole Pertuiset; Gresleri, *Viaggio in Oriente*（意大利语版），对让纳雷的草图和摄影进行广泛再现，以及对他旅行的详细重构。同时参考 the collection of essays in *L'invention d'un architecte. Le Voyage en Orient de Le C* (Paris, La Villette, 2013) with collective authorship under the direction of Roberta Amirante, Burcu Kütükçoglu, Panayotis Tournikiotis and Yannis Tsiomis，在这本书中，专家们着力于柯布西耶旅行中的突发事件。

17 Albert Jeanneret: letter to his parents, 18 May 1911, Bibliothèque de La Ville, La Chaux-de-Fonds. 关于其父亲的质疑论，参考让纳雷先生本人的日记（同样位于拉绍德封城镇图书馆），1911 年 4 月 4 号的条目：'When will the day arrive that my sons settle down somewhere?'

18 和声，"滴答"作响的时钟：夏尔·爱德华·让纳雷给他父母的卡片，1911 年 6 月 17 日，展览于拉绍德封城镇图书馆，1983 年夏。

19 民俗：让纳雷的发现最初载于 1911 年 6 月到 11 月给拉绍德封的《资讯之叶》（*La Feuille d'Avis*）写的文章，后来在他去世后出版于法语版《东方之旅》（*Le Voyage d'orient*）（巴黎，1966）。

20 砖石立方体：Le C, 'Carnet de Route, 1910, Les Mosquées', *Almanach d'Architecture Moderne* (Paris, Crès, 1925), 61 (trans. WJRC).

21 勒·柯布西耶，绘画与摄影：Le C, *Creation is a Patient Search* (NY, Praeger, 1960). 同一章中，勒·柯布西耶猛烈抨击摄影，声称"照相机是专门给懒惰的闲人用的"。然而，在东方之旅中，他大量地使用照相机。在 1911 年 7 月 17 日，他给拉普拉特尼亚写了一封有关他的新丘比特相机："多么了不起的额外的眼睛"。关于设备和他态度的详细分析，参见 Tim J Benton, *LC Photo, Le C, Secret Photographer* (Zurich, Lars Müller Publishers, 2013), in particular 'Jeanneret's First Photographic Campaign, 1907–12', 21.

22 伊斯坦布尔，月光照耀的晚上：*Le C, Journey to the East*, 95 (trans. Zaknic).

23 阿托斯圣山（Athos）：关于让纳雷的反应，参见夏尔·爱德华·让纳雷于 1911 年 9 月给里特尔（Ritter）的信，另参考 *Le C, A Life*, 86.

24 地平线，阿托斯圣山，拉图雷特：关于让纳雷对从阿托斯圣山看到的长远视景，参见《东方之旅》，与地平线的约会是勒·柯布西耶作品的永恒主题，例如萨伏伊别墅（参见第八章）、马赛公寓中的住宅单元（参见第 12 章），以及朗香教堂和拉图雷特修道院（参见第 13 章）。有关拉图雷特，他激发了"建筑顶部的水平性，这种水平性与地平线主题互相交互"，让·佩蒂特(Jean Petit)，《Un Couven de Le Corbusier》(巴黎，Minuit 出版社，1961)，28-29. 当设计拉图雷特修道院时，勒·柯布西耶还画了一幅小速写，回应了一个矗立于阿托斯圣山山顶上的修道院，他将此与他自己的作品相比对（参见第十三章结尾）。关于将地平线作为反复使用的主题，参见第十九章。

25 帕提农神庙：*marbre pentélique*, Ernest Renan, *Prière sur l'Acropole*, (Athens, ND, 1865) 1–2.

26 帕提农神庙：comparison to a machine, see Turner, *The Education of Le C*, 101; supreme mathematics, Le C, *Voyage d'orient*, 166. 关于雅典卫城对让纳雷的影响以及他对雅典卫城的一生痴迷，产生了多种变形（包括马赛公寓居住单元的屋顶平台，1947-1952），参见 WJRC, 'The Classical Ideals of Le C', *Architectural Review* (September, 2011).

27 雅典卫城：Le C, *VUA*, caption, 166. (trans. Etchells).

28 对废墟的速写和转化：see WJRC, *Modern Architecture, Mythical Landscapes and Ancient Ruins, The Annual Soane Lecture, 1997* (London, Sir John Soane's Museum, 1997); also 'Le C, La modernité et le culte des ruines', *La Méditerranée de Le C* (1987), Université de Provence, Aix, Marseille, 1991, synopsis of a lecture given in Marseilles in 1987.

29 勒·柯布西耶与历史：see for example WJRC, 'Modern Transformations of Classicism', *Architectural Review* (August, 1984); WJRC, 'Le C, Nature and Tradition', *Le C, Architect of the Century* (London, Arts Council, 1987), 13–23; also the seminal study, Pierre Saddy, ed. Yves Malécot (catalogue), *Le C, le passé à reaction poétique* (Paris, Ministère de la Culture et de la Communication, Monuments Historiques, 1987), with contributions by several authors on Le C's appropriation of diffent features of the past; see also Benedetto Gravagnuolo, ed. *Le C e l'Antico Viaggi nel Mediterraneo* (Naples, Electa, 1987).

30 西方人的欧洲：关于让纳雷的反应，在他 1911 年 10 月 7 日给父母的信中；他还报告说他在希腊古都德尔菲严重腹泻，并通过吃意大利面成功地停止了自己的腹泻。

31 古代遗迹：这位文艺复兴历史学家是詹姆斯·阿克曼（James Ackerman）。

32 卡萨的诺斯酒店：Le C, *VUA*, 148–49 (trans. Etchells).

33 历史遗迹废墟：Rudolf Wittkower, *Architectural Principles in the Age of Humanism* (London, Warburg Institute, 1949), 63.

34 米开朗基罗：for an interesting reflection see Rita Bertucci, 'Le C et Michel-Ange', *L'Italie de Le C*, 63–75.

35 意大利，墓地和罗马斗兽场：夏尔·爱德华·让纳雷于 1911 年 11 月 1 号寄给威廉·里特尔的信。参见 Eleanor Gregh, 'The Dom-ino Idea', *Oppositions*, 15–16 (Cambridge, MA, 1979), 61. Gregh 的研究对于再现让纳雷 1911-1915 年阶段的生活非常有价值。

第 3 章
汝拉古典主义

1 题词：Alexandre Cingria-Vaneyre: *Entretiens de la Villa du Rouet, Essais dialogués sur les arts plastiques en Suisse Romande* (Geneva, 1908).

2 法国，德国：Jean-Louis Cohen, *Le C, France ou l'Allemagne? Un livre inédit de Le C* (Paris, Editions de la Maison des sciences de l'homme, 2009).

3 冷杉，严酷的乡下：letter from CEJ to William Ritter, 25 November 11, cited by Gregh.

4 让纳雷·佩雷别墅：数篇有关让纳雷早期住宅的解释性短文出版于 the first edition of *Le C: Ideas and Forms* (1986). 然而，从那时起，许多人提供了额外的细节，例如 Klaus Spechtenhauser and Arthur Rüegg, eds, *Maison Blanche, CEJ Le C History and Restoration of the Villa Jeanneret Perret 1912–2005* (Basel, Birkhäuser, 2005) and Leo Schubert, *La Villa Jeanneret-Perret di Le C 1912, L Prima Opera Autonoma* (Venice, Marsilio Vicenza, Centro Internazionale di Studi di Architettura Andr Palladio, 2006).

5 四结构柱：有趣的是，当这座房子于 1919 年 付销售的时候，让纳雷自身非常关注其结构特征和分区的独立性：("四根 50×60 厘米的内柱，其他部分完全由分区的隔墙制成")，CE 'Notice de Vente', 21 January 1919.

6 申克尔（Schinkel）：在他停留在德国的时候，让纳雷当然曾研究过申克尔在柏林和波茨坦的作品，他甚至拍摄过 1834 年的夏洛滕霍夫宫（Charlottenhof）的庭院园林师住房。此外，对于古典价值、思想的纯净性、形式与表现，申克尔当然是回归"本原"的关键性人物，其中括在中庭带有四根柱子的庞贝式住宅（很明显启发了申克尔的罗马浴室），以及基本要素，例如墙体、立柱、壁柱、柱子、屋顶、过梁、绿廊，以及一种简化的古典语法。尤其庭院园林师住房，恰恰书写了位于田园环境中的一个古典别墅：一篇乡土和高度古典传统融合的既成篇章，这些注定吸引了年轻的柯布西耶——他自身便试图探寻如何调和多种古典来源、地中海来源以及乡土来源。

7 Favre-Jacot: 客户的细节引自 Gubler, 'Die Kunden. von Jeanneret'.

8 让纳雷书信：Bibliothèque de La Ville, La Chaux-de-Fonds, exhibited at Musée des Beaux Arts, Summer 1983.

9 新部门：see CEJ, *Un mouvement d'art à La Chau de-Fonds* (La Chaux-de-Fonds, 1914) and MPM Sekler, 'Un mouvement d'Art à La Chaux-de-Fonds à propos de La Nouvelle Section de l'Ecole d'Art', Steinmann, ed. *La Chaux-de-Fonds et Jeanneret.*

10 新古典主义风格的家具设计：see Arthur Ruëgg 'Charles-Edouard Jeanneret, architecte conseil pou toutes questions de decoration intérieure', *La Chau de-Fonds et Jeanneret (avant Le C)* (La Chaux-de-Fonds, Musée des Beaux-Arts et Musée d'Histoire 1982), 39.

11 Ditisheim 设计和新古典主义的抽象：与此相关的，以及对法夫尔 - 雅克（Favre-Jacot）和让纳雷住宅的早期研究，参见 *Le C Archive*, vol. 1, 5, 9, 10. 关于古典方面，参见 Francesco Passant 'Architecture, Proportion, Classicism and Other Issues', in von Moos, Ruëgg, *Le C before Le C.* 有关更广泛的古典主义趋势，参见 WJRC, *Modern Architecture Since 1900*, 3rd ed. (London, Phaidon, 1996), 'Chapter 8, National Myths and Classical Transformations', 131.

12 Banque Cantonale Neuchâtel: see Geoffrey Baker, Jacques Gubler, *Le C, Early Works by CEJ-Gris*, Architectural Monographs, 12 (London, Academy Editions, 1987).

13 Walter Gropius: 'Die Entwicklung moderner Industriebaukunst', *Deutscher Werkbund Jahrbuch*, (Jena, 1913), 19–20, trans. Tim and Charlotte

Benton, *Architecture and Design 1890–1939* (Milton Keynes, Open University Press, 1975). 有关让纳雷 1914-1915 年的情况和活动，以及与 Garnier 的联系，参见 Gregh。

14 Garnier, Tafuri: see Manfredo Tafuri and Francesco dal Co, *Modern Architecture* (NY, Abrams, 1979), 110. Garnier's *Une Cité Industrielle* was ready for publication years before 1917 when it finally appeared.

15 一本有关于极端现代建筑的小册子：夏尔·爱德华·让纳雷，1914 年夏一封未署日期的信，参见 Gregh, footnote 19, 81.

16 美国风与让纳雷：see WJRC, 'Le C, Manhattan et la Ville Radieuse', *Archithèse 17 Metropolis, 1, New York: ein eropäischer Mythos. New York: un mythe européen* (1976), 23, and Patrick Leitner, *Le rêve américain de CEJ* (Paris, 2006).

17 信息：Trans. Banham's, *Theory and Design*, 129–30.

18 摩天大楼之城：早期项目，参见 Sketchbook A2, in *Le C Sketchbooks*, vol. 1, 89.

19 G. Benoît-Lévy: *La Cité jardin* (3 vols), Paris, 1911.

20 多米诺：see Turner, 'Romanticism, Rationalism and the Dom-ino System'; Gregh, 'The Dom-ino Idea'; Joyce Lowman, 'Corb as Structural Rationalist', *Architectural Review* (October 1976), 229–33. For detailed analysis of construction see Elena Corres, 'Proyecto Dom-ino: el sistema estructural', *Massilia 2002, Anuario de Estudios Le Corbusianarios* (Barcelona, Ed. Fundacion Caja Arquitectos and Paris, Fondation Le C, 2002), 4.

21 勒·柯布西耶，多米诺骨架及来源：see WJRC, 'Maisons 'Dom-ino', Original Concept and Aesthetics', unpublished paper (August 1972), Denys Lasdun Archive, RIBA Collection, London; also WJRC Archive; see also WJRC, 'Le C, The Evolution of his Architectural Language and its Crystallisation in the Villa Savoye at Poissy', *Le C – English Architecture 1930s* (Milton Keynes, Open University Press, 1975). 在 20 世纪 70 年代早期，曾在伦敦建筑协会教历史的萨姆·斯蒂文斯（Sam Stevens），揭示出现代骨架结构与 18 世纪洛吉耶长老的思想之间的相似关系。如需更近期的猜测，参见 Adolph Max Vogt, in *Le C, Der edle Wilde* (Wiesbaden, 1996), 'Le C, the Noble Savage'，其中对同样的相似之处进行了探索，同时加入了新鲜的解释——勒·柯布西耶建立在架空柱基础上的建筑概念可能部分来自对新石器时代湖上居民所居住的建立在立柱上的房子的解释，例如 Neuchâtel 湖，在这个案例中，一种关于起源的"普遍主义者"论点与一种瑞士身份的国家主义概念相联系，这种概念据猜测融合了这片领土上早在罗马人的到来与凯尔特部落很久之前的建成环境。

22 底层架空别墅：VUA, 45; Fox Weber, *Le C, A Life*, 129.

23 Butin 桥 : see David Lucien, 'Commentary: Pont Butin', Le C Plans 1.

24 La Scala: for some sources see Allen Brooks, 'Le Corbusier's Formative Years at La Chaux-de-Fonds'. For the role of Chapallaz, Marc E Emery, 'Chapallaz versus Jeanneret', *La Chaux-de-Fonds et Jeanneret (avant Le C)*, 23–28.

25 施沃布住宅：关于客户，参见 Gubler, 'Die Kunden von Jeanneret'; 关于设计过程，参见 unpublished sketches, Bibliothèque de La Ville, La Chaux-de-Fonds, also *Le C Archive*, vol. 1; also Julien Caron (alias Amédée Ozenfant), 'Une Villa de Le C, 1916'. *L'Esprit Nouveau* (Paris, 1920), 679–704. 关于古典对这座建筑的影响，参见 Colin Rowe, 'Mannerism and Modern Architecture', *Architectural Review*, 107 (1950); also WJRC, 'Omm att transformera Palladio' ('On Transforming Palladio'), *Palladio Idag*, ed. Christer Ekelund, (Liber Förlag, Stockholm, 1985). 关于其他可能的影响，参见 MPM Sekler, *Early Drawings*, 597, 有关纽伦堡窗户的草图；*Le C Sketchbooks*, vol. 1, 108, Sketchbook A2 for studies after Dieulafoy of Persian columns; Gresleri, *Viaggio in Oriente*, 有关巴尔干房屋、伊斯坦布尔喷泉的描绘（原版照片来自拉绍德封城镇图书馆）。有关他与客户之间的交易讨论细节，以及他的设计过程，参见 Brooks 的著述。

26 施沃布立面：Colin Rowe, 'The Provocative Facade and Contraposto', *Le C, Architect of the Century*, (1987), 24.

27 Frank Lloyd Wright: see for example von Moos, *Le Corbusier. Elements of a Synthesis*, 'Origins, Youth, Travels'; also Paul Turner, 'Frank Lloyd Wright and the Young Le C', *Journal of Society of Architectural Historians*, 42 (December 1983), 350–59.

28 布尔萨"绿色清真寺"：: VUA, 146 (trans. WJRC).

29 施沃布法律案件：Maurice Favre, 'Le C in an Unpublished Dossier and a Little-Known Novel', *The Open Hand*, 97.

30 Julien Caron（即阿梅德·奥赞方）：'Une Villa de Le C', *L'Esprit Nouveau*, 6 (1920). 这篇文字提供了相当实用的细节问题: 有关混凝土结构、双墙、保温用的装配玻璃，以及近乎平整的向内倾斜的屋顶，其目的是使排水能够通过穿透内部的管道来避免结冰。同时，它上升到修辞学的高度赞扬了此别墅的永恒价值，它从基本原则的角度进行了讨论，例如光线、比例、空间。事实上；奥赞方虽然毫无疑问不能与勒·柯布西耶比肩，但在这里他给施沃布住宅构建了一段可追溯的历史，这座建筑成为一个某种程度上预示着根本性突破即将于 20 世纪 20 年代发生的建筑。另参见第 17 章"建筑理念的领域"。

第 4 章
巴黎、纯粹主义和《新精神》

1 题词：Amédée Ozenfant, *The Foundations of Modern Art* (London, 1931).

2 巴黎语境 1916–1920：参见 Russell Walden, 'New Light on Le C's Early Years in Paris. The La Roche-Jeanneret House of 1923', *The Open Hand*, 117.

3 黄金分割画派：see Christopher Green and John Golding, *Léger and Purist Paris* (London, 1970); also Green, 'The Architect as an Artist', *Le C, Architect of the Century*, 110–30.

4 不变量：CEJ and Amédée Ozenfant, *Après Le Cubisme* (Paris, 1918); trans. Banham, from *Theory and Design*, 207. See also *L'Esprit Nouveau, e Purisme à Paris, 1918–1925* (Grenoble, Musée de Grenoble, 2001).

5 类型：CEJ and Amédée Ozenfant, *La Peinture Moderne*, Paris, 1926; trans. Banham, from *Theory and Design*, 211.

6 从绘画到建筑：这个主题已在几十年中从许多角度探究过。这里是某些核心基础文字：Giedion, *Space, Time and Architecture*, 1st ed. (Harvard University Press, 1941); Henry Russell Hitchcock, *Painting Towards Architecture* (Sloan and Pierce, NY, 1948); Stamo Papadaki, *Le C, Architect, Painter, Writer* (NY, 1948); John Summerson, 'Architecture, Painting and Le C', *Heavenly Mansions and Other Essays on Architecture* (London, 1949); Banham, *Theory and Design* (1960); Robert Slutzky and Colin Rowe, 'Transparency: Literal and Phenomenal', *Perspecta 8, The Yale Architectural Journal* (New Haven, CT, Yale, 1964); Peter Collins, *Changing Ideals in Modern Architecture* (London, Faber and Faber, 1965). Later contributions by Stanislaus von Moos, Eduard Sekler, Bruno Reichlin and others, are discussed in endnotes as referenced in the text.

7 逻辑、文化：von Moos, *Le C, Elements of a Synthesis*, 40.

8 性感绘画：有关奥赞方对让纳雷女性水粉画的回忆录，287; see also Sketchbook A3 'Paris 1918–19', in *Le C Sketchbooks*, vol. 1, 189.

9 新建筑：see bibliography for journal; also Roberto Gabetti and Carlo Olmo, *Le C et L'Esprit Nouveau* (Turin, Einaudi, 1975); also *L'Esprit Nouveau, Le C et l'Industrie* 1920–1925 (Zurich, Ernst und Sohn, 1987), see particularly essays by von Moos, 'Dans l'Antichambre du 'Machine Age', 12; Beatriz Colomina, 'Le C et la Photographie', 32; Françoise Ducros, 'Le Purisme et le Compromis d'une Peinture Moderne', 66.

10 勒·柯布西耶，《走向一种建筑》：(Paris, Crés et Cie, 1st ed. 1923, 3rd ed. 1928), 1927 年由弗里德里克·埃切尔斯（Frederick Etchells）翻译为《走向新建筑》，但是有不少谬误。See also *Le C, Toward an Architecture* (London, Frances Lincoln, Los Angeles, CA, JP Getty Trust, 2007), 载有约翰·古德曼（John Goodman）翻译的新版本，以及让·路易·科恩（Jean-Louis Cohen）写的一份很有价值的绪论，科恩在绪论中讨论了最初出版的文脉、页面布局的构成、这本书的国际影响，以及多种后来的翻译版本。古德曼与科恩有理有据地对埃切尔斯的不准确之处进行批判。See WJRC review of *Toward an Architecture* in *Times Literary Supplement* (March, 2008).

11 有影响的、广泛的阅读：Banham, *Theory and Design*, 220.

12 巧妙地，修改：Le C, *VUA*, 16 (trans. WJRC). "我使用了 'Volumes' 来表达体量，而埃切尔斯使

用了 'Masses'"。

13 帕提农神庙与汽车：Le C, *VUA*, 111 (trans. Etchells).
14 Christopher Wren: *Parentalia* (London, 1669). 有关古典几何与勒·柯布西耶之间暗示性的关联，参见 Emil Kaufmann, *Von Ledoux bis Le C: ursprung und entwicklung der autonem architektur* (Vienna & Leipzig, Verlag Rolf Passer, 1933).
15 雅典卫城照片：see Frédéric Boissonnas, Maxime Collignon, *Le Parthénon, l'histoire, l'architecture et la sculpture* (WA Mansell and Cie, Librairie centrale de l'architecture, 1910); see also Gustave Fougères, *L'Acropole d'Athènes, Le Parthénon* (Paris, Albert Morancé, 1910).
16 石头，木头：Le C, *VUA*, 165 (trans. Etchells).
17 雪铁汉：如需要简明精粹的讨论，参见 Banham, *Theory and Design*, 'Progressive Building in Paris'; 有关雪铁汉概念作为勒·柯布西耶建筑语言的一个基础，参见 WJRC, *Le C – English 1930s*; 关于雪铁汉体系多种变型的详细分析，参见 Tim J Benton, 'Commentary: Citrohan 1 and 2', Le C Plans 1; 关于雪铁汉与雪铁龙汽车 A 型之间的类比，参见 von Moos, 'Citroën', in 'Pages Choisies: produits industriels', *L'Esprit Nouveau*, 259.
18 Besnus, Vaucresson: for architect's sketches and notes, see *OC,1910–1929*, 48.
19 小特里阿农宫：parallels with Besnus discussed by von Moos, *Le C, Elements of a Synthesis*, 78.
20 Amédée Ozenfant: *Mémoires* 1886–1962 (Paris, Seghers, 1968). For the connection to Hennebique and the saw-tooth industrial roof of the factory designed by him in the 1890s, see Françoise Ducros, 'Jeanneret et Ozenfant, Correspondance à l'age du Purisme', Anne-Marie Châtelet, Michel Dunés, eds *EAV* (*Enseignement, Architecture, Ville*), no. 15, 2009–2010 (Ecole nationale de Versailles, 2010), 78.
21 潘特尔·奥赞方住宅：有关机器美学和对工业现实的升华，参见 William Jordy, 'The Symbolic Essence of Modern European Architecture of the Twenties and Its Continuing Influence', *Journal of the Society of Architectural Historians*, 22 (October 1963), 87.

第 5 章
为新的工业城市定义类型

1 题词：Victor Considérant, cited by Le C, *Looking at Townplanning* (NY, Grossman, 1971), 71.
2 Karsten Harries: 'Thoughts on a Non-Arbitrary Architecture', *Perspecta 20*, The Yale Architectural Journal (1983, Cambridge, MA, MIT, and London), 16.
3 关于对勒·柯布西耶的城市主义的简介：Le C, *Urbanisme*; Le C, *La Ville Radieuse*; Evenson, *The Machine and the Grand Design*; Fishman, *Urban Utopias in the 20th Century;* and von Moos, *Le C Elements of a Synthesis*; see also Manfredo Tafuri, *Progetto e Utopia* (Bari, Laterza, 1973).
4 泰勒主义与技术统治论：see Taylor, *Le C at Pessac*; also Mary McLeod, '"Architecture or Revolution": Taylorism, Technocracy, and Social Change', *Art Journal*, vol. 43, no. 2, summer, 1983, 132–47; see also von Moos, 'The City as a Machine', in von Moos, ed. *Le C, Album La Roche* (NY, Monacelli Press, 1996), 79–89.
5 路易十四：Le C, *Urbanisme*, 285.
6 摩天大楼与泛大西洋神话：参见 WJRC, 'Der Wolkenkratzer – Realität und Utopie', von Moos, ed. *Die zwanziger Jahre, Kontrastes eines Jahrzehnts* (Zurich, Kunstgewerbemuseum, 1973), 43–45; WJRC, 'Le C, Manhattanet le Rêve de la Ville Radieuse', *Archithèse*, 17 (February 1976); Franceso Passanti, 'Des gratte-ciel pour la Ville Contemporaine', 54.
7 街道：Le C, 'La Rue', *OC 1910–1929*, 112–15; article originally published in *L'Intransigeant* (Paris, May, 1929).
8 Fourier, Ema, 不动产别墅：参见 Peter Serenyi, 'Le C, Fourier and the Monastery of Ema', *Art Bulletin*, 49, 1967, 277–86. See also Pierre-Alain Croset, 'Les Origines d'un type: 'l'Immeuble-villas', Claude Prelorenzo, ed. *Le Logement Social dans la Pensée et l'œuvre de Le C* (Paris, VIIIème Rencontre de la Fondation Le C, 2000).
9 路易十五：see Pierre Patte, *Monuments érigés en France à la gloire de Louis XV* (Paris, Rozet, 1765).
10 古典城市主义与笔直的街道：参见 Le C, *Urbanisme*, especially 192–93, where he compares his geometry to that of the Tuileries and the Palais Royal. See also Anthony Vidler, 'The Idea of Unity and Le C's Urban Form', *Architect's Year Book*, 15 (1968).
11 凡尔赛宫与视线：Antonio Brucaleri, 'The Challenge of the Grande Siècle', *Le C Before Le C*, 尤其是以下的文字："关于崇高建筑的理想，发轫于他对空间几何的阅读，这个空间几何只在水平线上消失"。
12 社会更新的曼陀罗：有关当代城镇的象征性几何意义的多个层次，参见 WJRC, *Le C – English Architecture 1930s*.
13 圣西蒙，傅里叶：对勒·柯布西耶的城市主义的意识形态基础的最深入犀利的分析，来自 Anthony Sutcliffe, 'A Vision of Utopia: Optimistic Foundations of Le C's 'Doctrine d'Urbanism', *The Open Hand*, 217, and Robert Fishman, 'From the Radiant City to Vichy: Le C's Plans and Politics, 1928–1942', *The Open Hand*, 245.
14 新精神馆：关于他对此展馆的描述，参见 Le C, *Almanach d'architecture moderne* (Paris, 1925); 关于他对露营家具的描述，参见 *L'Art décoratif d'aujourdhui*, 83；关于容器与内容的关系，参见 Arthur Ruëgg, 'Le Pavillon de l'Esprit Nouveau en tant que musée imaginaire', *L'Esprit Nouveau, Le C et l'Industrie*, 135. 冯·莫斯使用了术语"生活方式营销"与勒·柯布西耶在 20 世纪 20 年代的推销活动相关联。See also Beatriz Colomina, *Privacy and Publicity, Modern Architecture and Mass Media* (Cambridge, MA, MIT, 1994) which explores the mechanism employed by both and Le Corbusier to engage with 'new media' such as photography and with the entire visual world of publicity, reproductions, advertisements and persuasion through marketing.
15 对勒·柯布西耶城市主义的批判：see especially Jane Jacobs, *The Death and Life of Great American Cities* (NY, Random House, 1957) and Norris Kelly Smith, 'Millenary Folly', *On Art and Architecture in the Modern World* (Victoria, British Columbia, 1971). See also Colin Rowe and Frederick Koetter, *Collage City* (Cambridge, MA, MIT, 1979) and Manfredo Tafuri, 'Machine et mémoire': The City in the Work of Le C', *Le C* (Garland, 1987), 203. 同时，柯林·罗与弗里德里克·克特尔提供了一个脚注解释 Karl Popper 对乌托邦思想的权威性批判，*The Open Society and its Enemies* (Routledge, 1945), Tafuri 当时是从新马克思主义的角度来写的。
16 Von Moos: Le C, *Elements of a Synthesis*, 187.
17 法语翻译：see Fishman, 'From the Radiant City to Vichy', *The Open Hand*, 251–53.
18 Pessac: see Taylor, *Le C at Pessac*, also Taylor, 'Le C at Pessac: Professional and Client Responsibilities', *The Open Hand* for problems of construction.
19 Steen Eiler Rasmussen: 'Le C, the Architecture of Tomorrow?', *Wasmuths Monatshefte für Baukunst 10* (1926), 382. Trans. Serenyi. 有关建筑的变化，参见 Philippe Boudon, *Lived in Architecture* (Cambridge, MA, MIT), 161–64.
20 Stuttgart: 有关密斯·凡·德·罗与勒·柯布西耶之间更深入的细节问题，参见 Franz Schulze, *Mies van der Rohe, A Critical Biography* (Chicago and London, 1985), 131; 有关整段历史，参见 Karin Kirsch, *The Weissenhofsiedlung Experimental Housing Built for the Deutscher Werkbund, Stuttgart 1927* (NY, Rizzoli, 1987); also Richard Pommer and Christian F Otto, *Weissenhofsiedlung 1927 and the Modern Movement in Architecture* (Chicago, IL, University of Chicago, 1991). See also Winfried Nerdinger, 'Standard et Type: Le C et L'Allemagne 1920–27', *L'Esprit Nouveau, L'Art et l'Industrie 1920–25*, 44, 关于例如格罗皮乌斯案例中仅仅标准化的概念与勒·柯布西耶案例中更高的"类型"的概念的对比，参考第 19 章对类型的注释。
21 魏森霍夫住宅展，勒·柯布西耶与佩雷·让纳雷的两座住宅：see Alfred Roth, *Zwei Wohnhäuser von Le C und Pierre Jeanneret, Funf Punkte einer neuen Architektur* (Stuttgart, Akad. Verlag Wedekind, 1927), 前言由汉斯·希尔德布兰特（Hans Hildebrandt）所作，这篇前言认为这些建筑及其基本概念构成了未来住宅的一种新形式。希尔德布兰特是一个艺术历史学家以及勒·柯布西耶的忠实拥护者，他曾将《走向一种建筑》翻译为德语，名为 *Kommande Baukunst* (Stuttgart, Deutscher Verlags Anstalt, 1926). See also Franzizka Lentzsch, 'Le C et Alfred Roth: regard sur une relation intéressée', *Le C, La Suisse, les Suisses*, 167.
22 批判性的接受：H Schmidt, 'Die Wohnung', *Das Werk*, vol. 19 (Basel, 1927); Paul Bonatz, *Schwäbische Merkur* (1927): Walter Riezler, 'Die Wohnung', *Die Form* (1927); Hermann Muthesius, *Wasmuths Monatshefte* no. 2 (1927). For translations into English see 'Reactions to the Weissenhofsiedlung Exhibition, 1927', *Open University, Documents*, 20.
23 穆特休斯与平屋顶：see note 22 above.
24 新建筑五点：关于勒·柯布西耶自己对框架结构允许下的要素的构思，参见 Le C, 'Architecture

d'époque machiniste', *Journal de Psychologie Normale et de Pathologie* (Paris, 1926), 325–50. See also *OC, 1910–1929*, 其中有文字陈述道："几年的工作中，在现场的依次发现中的理论性总结"。有关对"新建筑五点"的重要性的思考，参见 Werner Oechslin, 'Les Cinq Points d'une architecture nouvelle', *Assemblage*, 4 (1987), 82–93 (trans Wilfried Wang)，本文认为"新建筑五点"的明确表达"代表着能够满足建筑理论的经典功能的仅有的独立性标准作品：它致力于实践问题，而且想建立一个理论基础与汇编"。有关更深入的讨论，参见第 19 章"独特性和典型性"。

与五柱式的对比：von Moos, *Le C, Elements of a Synthesis*, 74.

种族主义者的批评：Barbara Miller-Lane, *Architecture and Politics in Germany 1919–1945* (Cambridge, MA, 1968), 69.

第 6 章
住宅、工作室和别墅

题词：Henri Focillon, cited in Denys Lasdun, ed, *Architecture in an Age of Scepticism*, (London, 1984), 142.

工程师、承包商、客户：关于客户，参见 L Soth, 'Le Corbusier's Clients and Their Parisian Houses', *Art History 6* (June 1983). Benton, *Les Villas de Le C*, recreates the conditions of practice in Paris of the 1920s; 关于一个类似的方法，另参见 Benton 'Six Houses', *Le C, Architect of the Century*, 44.

La Roche-Jeanneret: see Benton, *Les Villas de Le C*, 45; also Benton, 'La Collection et la Villa La Roche, Vers le cristal / Vers une architecture', *L'Esprit Nouveau, Le C et l'industrie*, 88.

风格派：see Yves-Alain Bois and Nancy Troy, 'De Stijl et l'architecture à Paris', in Bruno Reichlin and Yves-Alain Bois, eds *De Stijl et l'Architecture en France* (Liège, Mardaga, 1985), 25–90. Theo van Doesburg, 作为风格派的关键人物，对勒·柯布西耶建筑的空间效果持怀疑态度。更深入的讨论参见 Reichlin, 'Le C vs De Stijl: verso la scomposizione in piani della compagine parietale. La Villa Laroche a Auteuil, 1923–1925', in Annalisa Viati Navone ed. *Bruno Reichlin, Dalla 'soluzione elegante' all 'edificio aperto' Scritti attorno ad alcune opere di Le C* (Mendrisio Academy Press, Silvana Editoriale, 2013), 55–86. For a useful collection of essays on related themes see Eva Blau and Nancy Troy, *Architecture and Cubism* (Montreal, CCA, and Cambridge, MA, MIT Press, 1997).

屋顶平台种植设计：see *OC, 1910–1929*, 65. Sigfried Giedion, 'Das neue Haus-Bemerkungen zu Le Corbusier's (und P Jeanneret's) Haus Laroche (sic) in Auteuil', *Das Kunstblatt*, X, 4 (1926), 153–57. See also Giedion, *Bauen in Frankreich, Bauen in Eisen, Bauen in Eisenbeton* (Leipzig & Berlin, Klinkhardt & Biermann, 1928), 有关他对 20 世纪 20 年代法国先锋建筑作品的"谱系"建立于 19 世纪的工程之上 — 他后来的历史编纂学的一个核心主题，请参考此书。

对过去的回应：see Kurt Forster, 'Antiquity and Modernity in the La Roche-Jeanneret Houses of 1923', *Oppositions* 15–16, 131. 有关将遗迹的平面墙和开口向现代空间概念的转化，参见 WJRC, *Modern Architecture, Mythical Landscapes and Ancient Ruins*.

8 历史事件：see Benton, *Les Villas de Le C*, 43.

9 拉罗歇给勒·柯布西耶的信：letter 13 March 1925, Fondation Le C; later letter on prisms, January 1927, also Fondation Le C. See 'Le C, Album La Roche' (essay von Moos) (Paris Gallimard, Electa, 1996) and *Le C Le Grand*, 102–03

10 如画式，运动：*OC 1910–1929*, 189, 'The Four Compositions' (see illustration in Chapter 8).

11 勒芒湖畔的父母住宅，框景，空间压缩与扩展：Le C, *Une Petite Maison* (Zurich, 1954). 这座小住宅集合了多年以来堆积如山的信息，主要聚焦于通过长条窗的视觉框景。其他的主题有勒·柯布西耶的水平窗与奥古斯特·佩雷（Auguste Perret）通常倾向的竖向窗，尽管佩雷曾在 1923 年巴黎的比奥宫（Palais de Bois）使用过水平窗。See for example Reichlin, 'L'intérieur' tradizionale insidiato dalla finestra a nastro. La Petite Maison a Corseaux, 1923–1924', (Reichlin), 86–131. For a résume of diverse texts, Guillemette Morel-Journel, 'Vie d'une grande "petite maison": trente ans de présentation de la Villa Le Lac', *Massilia 2005*, 32–40. 其中一个最好的分析来自 Dorothée Imbert's, *The Modernist Garden in France* (1994), 'Chapter 8. The Landscape versus the Garden', where she suggests that the house 'not only regulated views but also established a critical distance between man and nature', 174. See also von Moos 'Commentary: Villa Le Lac (Petite Villa au bord du Lac Architecture), Landscape, Views', Le C Plans 1. Le C himself put the matter succinctly: 'So that the landscape counts it is necessary to limit it by a radical decision: blocking the horizons by raising walls and revealing them only by interrupting the walls at strategic points'. 关于判断正确的框景的进一步讨论，请参考第 8 章有关萨伏伊别墅的内容。

12 库克住宅：*OC 1910–1929*, 130, for Le C's own statement; Benton, *Les Villas de Le C*, 155 for client and design process.

13 混凝土与绘画：*OC 1910–1960*, 267.

14 库克住宅作为城市主义的实证：see WJRC, 'The Formation of Le C's Architectural Language and Its Crystallization in the Villa Savoye at Poissy', in *Le C – English Architecture 1930s*, 32; Le C's quotation, *OC 1910–1929*, section on Maison Cook.

15 库克的满意：letter, postscript by Madame Cook to Le C, 19 March 1927, Fondation Le C. For relationship with client, see Benton, 'Commentary: Maison Cook' (Le C Plans 1).

16 勒·柯布西耶与皮埃尔·让纳雷的工作方法：有关其组织与合作者，参见 Marc Bédarida, 'Rue de Sèvres, 35, Envers du décor', *Le C, Encyclopédie*, 354–59.

17 Baizeau 抛弃的设计：see Harris J Sobin, 'Le C in North Africa: The Birth of the *Brise-Soleil*', *Desert Housing*, ed. Clark (University of Arizona, 1980). See also Benton, 'La Villa Baiseau et le brise-soleil', *Le Corbusier et la Méditarranée*, 125–29.

18 信件：Le C to Madame Meyer, October 1925, *OC 1910–1929*, 89.

19 Planeix: 客户的角色，Benton, *Les Villas de Le C*, 129; (Quatro Colonne, 130).

20 Loos: 受到勒·柯布西耶影响，正如他影响勒·柯布西耶，参见 Moller House, Vienna, 1928, which has a protruding blank panel in the centre of the facade.

21 作为家居设计师的 Charlotte Perriand：有关她于 20 世纪 20 年代末及之后在赛夫勒大街 35 号勒·柯布西耶与皮埃尔事务所中所做的重要贡献的自身说法，参见她的自传 *Charlotte Perriand, A Life of Creation* (NY, Monacelli Press, 2003). See also Charlotte Benton, 'Furniture Design', *Le C, Architect of the Century*, 158–65.

22 客户：Gabrielle de Monzie (Née Colaço-Osorio) 与斯坦因一家（Steins）决定两家共同修建一个住宅，参见 Alice T Friedman, *Women and the Making of the Modern House, A Social and Architectural History* (New Haven, CT, and London, Yale University Press, 2006), 'Being Modern Together', 92.

23 作为艺术收藏家的斯坦因一家：see *The Steins Collect, Matisse, Picasso and the Parisian Avant-Garde* (San Francisco Museum of Modern Art, New Haven, CT, and London, Yale University Press, 2011).

24 特拉斯别墅：设计过程参见 *The Le C Archive*, vol. 5, and Risselada, *Ontwerpen voor de woning* 1919–29; 'cadence of repose', *OC 1910–29*, 140 (trans. WJRC).

25 总平面与景观：see Imbert, *The Modernist Garden in France* (1994), 155–59.

26 James Stirling: 'Garches to Jaoul: Le C as Domestic Architect in 1927 and 1953', *Architectural Review*, 118, 1955.

27 勒·柯布西耶自己对斯坦因别墅的评价：see drawing no. 31480, Fondation Le C, on which he wrote the annotation on 25 July 1959.

28 国际式风格：see James Ward, 'Le C's Villa "Les Terrasses" and the International Style', PhD (NY, Columbia University, 1983), and Ward, 'Les Terrasses', *Architectural Review*, 1985, 64–69.

29 古典主义的抽象：Colin Rowe, 'The Mathematics of the Ideal Villa', *Architectural Review* (March 1947), reprinted in the book of the same title; WJRC, 'On Transforming Palladio'; WJRC, 'Modern Transformations of Classicism', *Architectural Review* (August 1984).

30 柯林·罗，斯坦因-德·蒙奇别墅与帕拉第奥的梅尔肯顿别墅：事实上，这对特殊的对比可能有些过度，因为可能后来有其他影响对勒·柯布西耶造成影响，并将这座别墅的概念总结为一种样式。然而在柯林·罗的思想中还保留着许多需要讨论的。更可能需要讨论的是勒·柯布西耶对法国古典传统宫殿的反应，例如凡尔赛宫（1762-1779）中的小特里阿农宫。超越个别案例，他似乎已经吸收了某些法国古典创新用于将城市宫殿与田园宫殿区分开。勒·柯布西耶的园林样式，如当代城市这种城市项目的尺度，或如斯坦因-德·曼奇别墅的个人住宅的尺度（在规划顺序上，前者在前，蜿蜒的小路在后），揭示了他对巴黎及巴黎附近的公园、城堡，及宫殿中的景观层次的理解深度。在加歇别墅中，穿过自由平面的内部曲线的建筑漫步对于景观情景来说是完整的，同样的还有穿过萨伏伊别墅的路径。照例，勒·柯布西耶做出了他自己的区别，例如给汽车通行的直行路及给行人用的蜿蜒道路。超越对文艺复兴的回响，在郊区别墅的遗迹中具有更大的意义，依我的意见，勒·柯布西耶都以其自己的方式来进行掌握。任何人都不能轻视 Schinkel 在他对柏林和波茨坦的整体愿景中对城市和田园的对比进行的结合。在这里，具有与弗兰克·劳埃德·赖特作品（他完全理解了 Schinkel 的层次），以及密斯·凡·德罗作品的相似之处，密斯也建立了将正式的城市纪念物区分于与自然空间相融合的更加非正式的作品的惯例。关于此的某些讨论，参见 WJRC, 'Reputations: Mies van der Rohe', *Architectural Review* (November 2011).

31 图解：深入洞察勒·柯布西耶的转化能力，来自 Alan Colquhoun, 'Displacement of Concepts', *Architectural Design*, 42 (1972), 236; and Colquhoun, 'Typology and Design Method', *Perspecta 12*, Yale Architectural Journal, 1969. 然而，从我自己对《勒·柯布西耶在工作，卡朋特视觉艺术中心的起源》（*Le Corbusier at Work, The Genesis of the Carpenter Center for the Visual Arts*）（1978）中勒·柯布西耶的设计过程之一的密切重建与分析出发，我在自己的作品中用心努力坚持这样一个观点：如果一个人真正想理解勒·柯布西耶的创造过程，没有任何捷径，或简单的类型学，或其他先验的机制。参见第 18 章“形式的起源”。有关他的创造性过程的其他方面——草图中的观察、分析与转化 — 参见 WJRC, *Fragments of Invention: The Sketchbooks of Le C* (Architectural History Foundation and MIT, 1981). See also Bibliographic Note.

第 7 章
机器时代的宫殿与公共机构

1 题词：Sigfried Giedion, 'The Need for a New Monumentality', *Architecture You and Me* (Cambridge, MA, 1958), 25.

2 相互连贯的大型公共建筑：see Alan Colquhoun, 'The Strategies of the Grands Travaux', in the section entitled 'Traditions and Displacements, Three Studies of Le C', *Modernity and the Classical Tradition, Architectural Essays* (1980–1987).

3 国际联盟或 'Société des Nations' (SDN): 作为终结第一次世界大战的巴黎和会产物的政府间组织，建于 1920 年 1 月 10 日。这个国际性组织的主旨是保证世界和平，其中包括美国总统威尔逊于 1918 年 1 月 8 日发表的“14 点”。那个时候战争仍在继续，并趋向于暗示冲突是为了争取一个道德原因；威尔逊还号召欧洲战后和平。在这场大会上，美国参议院投票否决了参与国联的提案。

4 国际联盟：Kenneth Frampton, 'The Humanist Versus the Utilitarian Ideal', *Architectural Design*, 38 (1968), 134–36. Hannes Meyer declared in 'Building, 1928' that 'all art is composition and, hence, is unsuited to achieve goals ... building is not an aesthetic process'. See also John Ritter, 'World Parliament; the League of Nations Competition', *Architectural Review*, 136 (July 1966), 17–24. 关于对空间分层和穿越场地知觉随之变化的正式分析和讨论，参见 Colin Rowe and Robert Slutzky, 'Transparency, Literal and Phenomenal', *Perspecta 8*, Yale Architectural Journal (1964), 45–54.

5 文脉与表现绘画：see Werner Oechslin, ed. *Le C and Pierre Jeanneret, Das Wettbewerbsprojekt für den völkersbundspalast in Genf 1927. A la recherché d'une unité architecturale* (Zurich, GTA, ETH, 1987). See particularly Oechslin, 'Kleinliche Begenheiten-und ein grosses Projekt', 8; and Alfred Roth (who participated in the design of the project as well as that of the two houses at the Weissenhofsiedlung), 'Der Wettbewerb die Projektbearbeitung und Le Cs Kampf um sein preisgekröntes Projekt', 19.

6 设计策略：see Kenneth Frampton, 'Le Corbusier's Designs for the League of Nations, the Centrosoyuz, and the Palace of the Soviets, 1926–1931', *Le C* (Garland, 57–81). 有关他对雕塑群意义的解释，另参见 Frampton, *Modern Architecture a Critical History*, 200.

7 景观与水平线：有关“概念脑海”，参见 Le C, *Une Maison, Un palais, à la recherche d'une unité architecturale* (Paris, 1928), 95; 有关水平线与湖和远处群山相关的抒情性，参见 152; 有关水平线代表着和平，参见 162. Le C stated: *Nous avons reconnu que le site impliquait l'horizontale: conclusion de l'ordre lyrique.*

8 流言蜚语：for the architect's version, Le C; see also Martin Steinmann, 'Der Volkerbundspalast: eine chronique scandaleuse', *Werk / Archithèse*, 23–24 (1978), 28–31, Oechslin and Roth.

9 苏维埃发展：El Lissitzky, *Russland, Die rekonstrktion der Architektur in der Sowietunion* (Vienna, Verlag Anton Schroll, 1930); Berthold Lubetkin, 'Architectural Thought Since the Revolution', *Architectural Review* (May 1932), 201–14; Anatole Kopp, *Town and Revolution, Soviet Architecture and City Planning 1917–35* (NY, 1970); Giorgio Ciucci, 'Le C e Wright in URSS', *Socialismo, città, architettura URSS 1917–1937*, ed. Tafuri (Rome, 1971), 71–93.

10 勒·柯布西耶与苏维埃政府的交易：see Jean-Louis Cohen, *Le C at la mystique de l'URSS Théories et projets pour Moscou, 1928–1936* (Brussels, Liège, Pierre Mardaga, 1987).

11 Narkomfin 与艾玛修道院：1927 年 3 月 5 日，勒·柯布西耶给自己的母亲写信：“艾玛修道院是一个住宅模板，莫斯科人在新住宅项目中并没有刻意模仿，却与此非常接近”，引自 Fox Weber, *Le C, A Life*, 322.

12 有关具有可变内容的形式概念：Alan Colquhoun, 'Formal and Functional Interactions, A Study of Two Late Works by Le C': *Architectural Design*, 36 (May 1966), 221–22.

13 世界馆：Otlet's intentions, *OC 1910–1929*, 190; Le Corbusier's intentions, *OC 1910–1929*, 192. and Le C, 'Un projet pour un centre mondiale à Genève', *Cahiers d'Art* (1928), 307–11. For cultural and political background, Giuliano Gresleri, Dario Matteoni, *La città mondiale. Anderson, Hébrard, Otlet, Le C* (Venice, Marsilio, 1982), also Jean-François Fuëg, Valérie Pretre, 'Otlet, Le C at la Cité Mondiale', *Le C et la Belgique* (CFC Editions, Brussels and Fondation Le C), 123.

14 景观、自然与人工：在《精确性》49 页，勒·柯布西耶这样表述：“大量的牛注视着这里和那里。我绝不想打扰这种运动的乡村场地，这里回应着让·雅克·卢梭的感伤书页”，然而他的项目，事实上横穿于一座雅典卫城和宇宙景观平台，在其上端是一座世界山（博物馆）。另参见 Giuliano Gresleri, 'Commentary: Mundaneum 1929', Le C Plans 1.

15 所罗门神庙：'Dr. John Wesley Kelcher's Restoration of King Solomon's Temple and Citadel, Helmle and Corbett Architects', *Pencil Points VI* (November 1925), 69–86; Saqqara, see unpublished essay by Andreas Kultermann, 'The Conception of the Great Public Institution in the Work of Le C', in WJRC, ed. *The Architecture and Thought of Le C* (Washington University in Saint Louis, Fall, 1983), 149. 对我来说在这里似乎勒·柯布西耶从不同的古代文明的建筑史中总结了数个纪念性总体。

16 Frank Lloyd Wright: 'In the Cause of Architecture', *Architectural Record*, 23 March 1908.

17 El Lissitzky: 'Idoli I idolopoklonniki', *Stroitel, naja Promyslennost*, nos 11–12 (Moscow, 1929), 854–58. Cited by Jean-Louis Cohen, 'Lisickij', *Le C, Encyclopédie*, 233–35.

18 Karel Teige: 'The Mundaneum', *Stavba* 7 (1928–29),151–55. Le C's reply, 'Défense de l'architecture was published in *Stavba* in 1929.

19 苏维埃宫竞赛：*Architectural Review*, 71 (May, 1932), 199; Giorgio Ciucci, 'Concours pour le Palais des Soviets', *VH*, 1001, 768, 1973.

20 勒·柯布西耶的苏维埃宫项目设计：design process sketches are in *OC 1929–1934*, 130; comparison to Pisa, 132.

21 诱人的美丽：*OC 1929–1934*, 12.

22 创造的巨大快乐：Le C, *Une Maison, un Palais*, 8[illegible] (trans. WJRC).

23 在斯大林统治下对现代建筑的抵制：有关苏联建筑发展方向的转变，参见 Hans Schmidt 'The Soviet Union and Modern Architecture', in English version of Lissitzky's *Russland, Russia, Architecture for a World Revolution*, 218 (see note 9) (originally published in *Die Neue Stadt*, VI-VII, Frankfurt/M, 146-8). 有关在斯大林主义俄国的传统主义者的形象，参见 *Art and Power, Europe under the Dictators 1930–45*, exhibition catalogue, (London, Hayward Gallery, 1995). 有关现实主义者对现代主义者抽象的批判，参见 WJRC, 'Modern Architecture, Monumentality and the Meaning of Institutions: Reflections on Authenticity', *Harvard Architectural Review*, 3, (Cambridge, MA, MIT Press, 1983), 65.

第 8 章
意图的结构：萨伏伊别墅

1 题词：Le C, *Précisions*, 33.

2 《走向一种建筑》翻译版：1926 年德语版，1927 年英语版，1929 年日语版，有关《走向一种建筑》的国际影响与翻译的讨论，参见 Cohen, Introduction, *Toward an Architecture*.

CIAM: see Giedion, *Space, Time and Architecture: the Growth of a New Tradition*, 5th printing (1944), 696–706; and Leonardo Benevolo, *A History of Modern Architecture* (Cambridge, MA, MIT, 1971), vol. 2, 497. See also Eric Mumford, *The CIAM Discourses on Urbanism, 1928–1960* (Cambridge, MA, MIT, 2000).
国际式风格：see Henry Russell Hitchcock and Philip Johnson, *The International Style, Architecture Since 1922* (NY, WW Norton, 1932). 有关对超越统一阶段的作品的诠释，参见 WJRC *Modern Architecture Since 1900*, 3rd edition, Chapter 13, 'The International Style, the Individual Talent and the Myth of Functionalism' and Chapter 14, 'The Image and Idea of the Villa Savoye'.
吉迪翁对萨伏伊别墅的解释：In *Space, Time and Architecture: the Growth of a New Tradition* (Cambridge, MA, Harvard University Press, 5th printing, 1944), '*The Villa Savoie 1928–30*', 412, 525, 吉迪翁重申了"新建筑五点"并陈述道："如果只从一个视角来看萨伏伊别墅是不可能理解萨伏伊别墅的，非常不夸张地说，萨伏伊别墅是一个空间——时间的构筑物"。此外他还写道："可能性潜藏于结构的骨架系统中，但是骨架必须像勒·柯布西耶利用它那样被利用：服务于一种新的空间概念。"这是他将建筑定义为活泼的构筑物的时候所表达的意思，416 页。有关"空间 - 时间"概念的进一步讨论，以及对视差要素的感知，参见 Collins, 'New Concepts of Space', *Changing Ideals in Modern Architecture*, 286–94.
柯林·罗对萨伏伊别墅的阐释：see 'The Mathematics of the Ideal Villa, Palladio and Le C Compared', *Architectural Review*, 101, March 1947, 101–04, 在文中柯林·罗将萨伏伊别墅与帕拉第奥的圆厅别墅进行类比（1566）并唤起别墅的柏拉图主义思想。有关这方面更深入的思考，参见第 6 章对柯林·罗的注释。有关其他的古典主义反响和原型，参见下方对"机器时代神庙"的注释。
萨伏伊别墅的颜色：see *The International Style* (1932), 13:"处于圆形柱上白色的第二层看起来似乎没有重量。它的数个对称是对抽象形式、无结构限制的上层蓝色和玫瑰色的档风凭墙的绝妙研究的衬托。"
建筑语言：see WJRC, 'The Formation of Le C's Architectural Language and its Crystallisation in the Villa Savoye at Poissy', *Le C – English Architecture 1930s*, 1975.
古典主义的三分法、翻转荷载、支撑：see Colquhoun, 'Displacement of Concepts', *Architectural Design*, no. 43 (April 1972), 220–43.
机器时代的神庙：WJRC.
庞贝的水池：see Josep Quetglas, *Les Heures Claires, Proyectos y arquitectura en la Villa Savoye de Le C y Pierre Jeanneret, Massilia 2009* (Barcelona, 2009)，有对这座建筑的透彻研究，在其中作者多次提到了与庞贝的联系。
赤裸裸的现实、精神化：at the beginning of Chapter III, 'Trois Rappels à Messieurs les Architectes, Le Plan', *VUA*, 35. A slightly different version is found on *VUA*, 15–16.
建筑，一种艺术：'*L'ARCHITECTURE est un fait d'art, un phénomène d'émotion, en dehors des questions de construction, et au dela. La Construction, C'EST POUR FAIRE TENIR ; L'Architecture, C'EST POUR EMOUVOIR*'. *VUA*, 9 (Le C's emphases), see note 23 on Architecture to move us.

14 桌子上的静物画：Reyner Banham, *Theory and Design in the First Machine Age*, 323–25.
15 场地与客户：Eric Basset, 'Commentary: Les Heures Claires', *Le C, Plans* (Disk) 可以找到有关项目委任及场地的历史和特征的有用信息。
16 视野、光线、草地：Le C, *Précisions*, 'The Plan of the Modern House', 138–39. 这篇文字基于他 1929 年在布宜诺斯艾利斯的一个讲座，在这个讲座中他设想将几个萨伏伊别墅置换到阿根廷乡村里，在那里它们的生命将被"一个维吉尔式的梦想"笼罩。
17 别墅、简洁：*OC 1929–1934*, 24.
18 运动：*OC 1929–1934*, 24. Le C also writes of the 'ever-changing aspects' and the *promenade architecturale*.
19 设计过程：see Benton, *Les Villas de Le C*, 191 and *The Le C Archive*, vol. 7. See also Risselada, *Ontwerpen voor de woning*.
20 别墅作为历史中的一个类型：James S. Ackerman, *The Villa, Form and Ideology of Country Houses* (London, Thames and Hudson, 1990), basic concept of villa, 9–34, the modern villa including Frank lloyd Wright and Le C, 253–285.
21 平面、意图：*VUA*, 145.
22 四种构成：*OC 1910–1929*, plate 96, 189.
23 建筑感动我们：*VUA*, 9, see note 13 above on Architecture, a thing of art.
24 萨伏依别墅的结构：useful information in the guidebook, Jacques Sbriglio, *Le C: the Villa Savoye* (Paris, Fondation Le C, Basel, Birkhäuser, 2008), 96.
25 借景：Dorothée Imbert, *The Modernist Garden in France* (New Haven, London, Yale University Press, 1993), 147.
26 记载了萨伏依别墅的杂志、Posener、Giedion、Raphael: Julius Posener, 'La Maison Savoye à Poissy', *L'Architecture d'aujourd'hui*, 2 (Dec, 1930), 21; Sigfried Giedion, 'Le C, l'Architecture Contemporaine', *Cahiers d'Art*, no. 4, 1930; *L'Architecture Vivante*, Summer 1931 (Editions Albert Morancé, Dir. Jean Badovici); *L'Architecture*, Editions Albert Lévy, some photos; Max Raphael, 'L'Oeuvre de Le C', *Davoser Revue*, no. 6 (March 1930), 187–90. 有关拉斐尔更多有趣的图片，参见 excerpts from writings of around 1930 proposed by Josep Quetglas, *Massilia 2005*, 65.
27 Frank Lloyd Wright: 'The Cardboard House', *Modern Architecture, The Kahn Lectures* (Princeton University, 1931).
28 国际式风格：希区柯克与约翰逊在定义此风格中所使用的标准很广泛，并首先是视觉性的；他们没有区分质量和个体强调；而且他们也没有讨论有关意义的事情。另参考上方注释 27。
29 Martienssen, Palladio: see Chapter 20, note on Martienssen, Mediterranean.
30 革命性的古典主义：Emil Kaufmann, *Von Ledoux bis Le C, Ursprung und entwicklung der autonomen architektur* (Vienna, 1933), 在书中作者唤起了巴洛克体系的衰退，以及对感觉有直接影响的纯净几何体的"自主性"建筑的紧迫性；另参见 WJRC, *Le C – English Architecture 1930s*, 39, fig 22, 在这里作者将萨伏伊别墅与勒杜（Ledoux）的球形"农村警卫之家"进行对比。另参见 Claude-Nicholas Ledoux, *L'architecture considérée sous le rapport de l'art, des moeurs et de la législation* (Paris, 1804).
31 古典主义类比与来源：柯林·罗发展了与帕拉第奥和"别墅类型"的比较；还可以有另外一个案例，凡尔赛宫中加布里埃尔（Gabriel）的小特里阿农宫与"宫殿类型"；奎特格拉斯（Quetglas）追溯了对庞贝的数个要素；我自己的思想总是朝着帕提农神庙和机器时代神庙的概念方向前进，参见 *Le C – English Architecture 1930s*; 例如萨伏伊别墅，在建筑创造中对旅行记忆的转化之外，回归抽象在达到通用的古典品质中起到的作用。
32 多立克道德，纯粹的思想创造：*VUA*, 165.
33 机器时代的神庙：see WJRC, *Modern Architecture Since 1900*, Chapter 14, 38 'The Image and Idea of the Villa Savoye'. 有关与在雅典卫城上的列队行进的联系，参见 WJRC, *Le C – English Architecture 1930s*; 在二十世纪古典主义的抽象语境中，WJRC, 'Modern Transformations of Classicism' and WJRC, 'On Transforming Palladio'.
34 思想的统一，圆柱体：这篇文字出现在 the chapter 'Architecture Pure Création de l'Esprit', *VUA*, 167，其中一张卫城山门的柱础照片的说明中。
35 原始茅屋：for origins, see Joseph Rykwert, *On Adam's House in Paradise, The Idea of the Primitive Hut in Architectural History*, 2nd ed. (Cambridge, MA and London, MIT Press, 1981); MA Laugier, *Essai sur l'architecture*, (Paris, 1755); William Chambers, 'The Primitive Buildings', *A Treatise on Civic Architecture*, London, 1758. 勒·柯布西耶通过奥古斯特·佩雷（Auguste Perret）继承了古典主义的理性主义，以及他本人受古典语言的基本定义的吸引。钱伯斯（Chambers）的例子是作为一个提示性类比，而不是一个假想的直接来源。
36 新石器时代湖滨住宅：Vogt. See also Chapter 2 note 3 on 'Le C, the Dom-ino Skeleton and Origins'.
37 密斯·凡·德·罗的巴塞罗那德国馆：有关与萨伏伊别墅的经典对比，参见 Banham, *Theory and Design*, 321; 有关密斯、古典主义和有可能相关的原始茅屋思想，参见 Fritz Neumeyer, *Mies van der Rohe. Das Kunstlose Wort: Gedanken zur Baukunst* (Munich, Siedler, 1986).
38 隐藏的意义："在一个完整和成功的作品中，有大量的隐藏含义，一个真正的世界将自己展示给它可能涉及的事物"，Le C, 'Ineffable Space', *New World of Space* (NY and Boston, 1948), 8.

第 9 章
集体主义的示范：救世军总部大楼和瑞士学生宿舍

1 题词：Le C, 'Introduction', *OC 1929–1934*, 11.
2 非正式的宣言：Colin Rowe, cited by Reyner Banham, 'Frontispiece', *James Stirling* (London, RIBA Drawings Collection, 1974).
3 Loucheur: Tim Benton, 'La réponse de Le C à la Loi

Loucheur', *Le C, Encyclopédie*, 236–39.

4 救世军总部大楼：有关对其社会背景、项目和结构的详细研究，见 Brian Brace Taylor, *Le C, La Cité de Refuge* (Paris, 1980).

5 生产"善"的工厂：Le C, 'L'usine du bien: La Cité de Refuge', unpublished manuscript c.1931 (Fondation Le C).

6 Van Nelle: Le C, *Plans*, 12, February 1932, 40.

7 堡垒：Jerzy Sołtan 回忆了勒·柯布西耶如何做出这个联系，他于 20 世纪 40 年代末在其事务所工作 (letter to WJRC, March 1984).

8 船：von Moos, 'Wohnkollektiv, Hospiz und Dampfer', *Archithèse*, 12 (1971), 30–34.

9 巨大的玻璃窗：anonymous article in *Le Temps*, 8 December 33 (trans. WJRC).

10 社会规范：see 'Taylor, Technology, Society, and Social Control in Le C's Cité de Refuge, Paris 1933', *Oppositions* 15/16, 169. 泰勒的分析似乎受惠于米歇尔·福柯关于制度控制的理论。

11 环境缺陷：see Reyner Banham, *The Architecture of the Well-Tempered Environment* (London, 1969), especially *Machine à habiter*, 143. 勒·柯布西耶在 1933 年于雅典举行的一次 CIAM 会议上，反复宣传所谓的美德以及全球与他的"精确的呼吸系统"的关系，然而与此同时，他还赞美希腊岛风土的气候适应性。

12 勒·柯布西耶，我们的任务：see letter to Armée du Salut, 9 November 1934; polemics discussed in Taylor, *Technology, Society, and Social Control in Le C's Cité de Refuge* (Paris, 1933).

13 瑞士学生宿舍：see *OC 1929–1934*, 74–89. For detailed treatment of design process, see WJRC, 'Ideas of Structure and the Structure of Ideas: Le C's Pavillon Suisse, 1930–31', *Journal of Society of Architectural Historians* (December 1981), no. 4, 295.

14 John Summerson: 'Architecture, Painting and Le C', *Heavenly Mansions and Other Essays in Architecture* (NY, Norton, 1948), 191–92.

15 项目的社会历史及其感受：see Ivan Zaknic, *Le C Pavillon Suisse: The Biography of a Building, Biographie d'un bâtiment* (Basel, Birkhäuser, 2004).

16 和谐：'Comité' de la Colonie Suisse de Paris Pour la Fondation d'une Maison à la Cité Universitaire', 5 December 29, see WJRC.

17 创新的火花：in *Précisions*, 218–19, Le C evokes 'the instant of creation'. See Chapter 18 Note 7: 'Image emerging in consciousness'.

18 统一体的概念：letter R Fueter to Le C, 18 January 1931, Fondation Le C.

19 以它现有的形式是毫无用处的：letter M Ritter to L Jungo, 3 February 1931, Fondation Le C.

20 曲线：有关曲线凹凸的重要发明，参见 *The Le C Archive*, vol. 8, 212 (drawing number 15423) and 233 (drawing number 15469).

21 M 形柱子：*The Le C Archive*, vol. 8, 222 (drawing number 15441).

22 狗骨：戈登·斯蒂芬森（Gordon Stephenson）给威廉·J·R·柯蒂斯的信，1978 年 12 月；斯蒂芬森于 20 世纪 30 年代初在工作室工作，他解释了这个术语。在 1979 年的一次电话通话中，当时也在工作室中工作的韦斯特小姐告诉我勒·柯布西耶为了寻求他走廊末端的窗，大规模地追溯狗骨的形状。

23 意图的层次：WJRC, see 'The Image and Idea of the Building' in the article 'Ideas of Structure and the Structure of Ideas', 307–10.

24 没有想象力的人：*OC 1929–1934*, 84.

25 大学与理想城市：现代大学建筑中的城市展示主题，WJRC, 'L'Université, la Ville, et l'habitat collectif: encore des réflexions sur un thème de l'architecture moderne', *Archithèse*, 14 (June 1975), 29.

26 大型作品时代：*OC 1929–1934*, 19.

27 最后的报告：'Cité Universitaire de Paris, Maison Suisse, 14 September 1931', Fondation Le C.

28 各方面都是完美的：letter R Fueter to Le C, 27 December 1932, Fondation Le C.

29 复杂的秩序、空间层次：对于建筑的较低空间唤起一个"水下领域"的建议，参见 Dagmar Matyka Weston, 'Le C and the Restorative Fragment of the Swiss Pavilion' in Mari Hvattam and Christian Hermansen, eds *Tracing Modernity, Manifestations of the Modern in Architecture and the City* (London, NY, Routledge, 2004), 173.

30 投影曲线的空间效应：see Le C, *New World of Space* (NY and Boston, Reynal and Hitchcock, 1948).

31 游戏规则：Le C, 'Nothing is Transmissible but Thought', *Late Works* (NY, 1970), 174.

第 10 章 机器化、自然与"地域主义"

1 题词：Marcello Piacentini, 'Le C's "The Engineer's Aesthetic: Mass Production Houses"', *Architettura et Arti Decorative*, II (1922), 220–23.

2 保守的批评：Alexander von Senger, *Krisis der Architektur* (Zurich, 1928).

3 婚姻：see Fox Weber, *Le C, A Life*, 328. The wedding took place on 18 December 1930.

4 肌理化的立面，巨大化的体量：Peter Serenyi, 'Le C's Changing Attitude Toward Form', *Journal of the Society of Architectural Historians* (March 1965), 15.

5 历史学家与 20 世纪 30 年代：有关对现代建筑的国际化传播，参见 WJRC, 'International, National, Regional: the Diversity of a Modern Tradition', *Modern Architecture Since 1900*, 3rd ed. 371. 另参考注释"早期历史学家"，707，其中讨论了早期（20 世纪 20 年代末）的历史学家们的作用，他们尝试定义现代建筑，例如 Ludwig Hilbersheimer、Gustav Platz、Walter C Behrendt、Bruno Taut 和 Sigfried Giedion。See also Werner Oechslin, 'A Cultural History of Moden Architecture 2, Modern Architecture and the Pitfalls of Codification: the Aesthetic View', *A+U* (Tokyo, June), 190. 在第一版的《Modern Architecture Since 1900》（1982）注意力集中在避免对现代建筑的任何大而无当论和决定论，第三版（1996）中甚至聚焦了更多的注意力于此。第三版尤其将 20 世纪 30 年代表述为这样一个阶段：不断增长的现代传统的不同线索，作为对变化状态和背景的回应被发展起来。

6 勒·柯布西耶，重新评估：see Chapter 9, 'Regionalism and Reassessment', *Le C: Ideas and Forms*, 1st ed. 108. 本章节的标题导致某些误解，好像在说勒·柯布西耶在某种程度上是一个"性主义者"；与之相反，目的是展示他是怎样密地处理当时非常流行的文字和民俗的地域主义的概念。事实上，他尝试通用化和本地化的融合，但用的是现代建筑的术语。

7 纯粹主义之后的绘画：see Christopher Green, 'The Architect as an Artist', *Le C, Architect of the Century*, 110–30. 有关尝试将艺术的变化与 20 世纪 30 年代的保守意识形态与政治变化联系起来，参见 Romy Golan, *Modernity and Nostalgia, Art and Politics in France between the Wars* (New Haven, CT, London, Yale University Press, 1995), particularly 'Rusticity and the Modern' and 'A Crisis of Confidence: from Machinism to the Organic'.

8 勒·柯布西耶的草图本或旅行通关卡：André Wogenscky, (1981).

9 变形记：在 1981 年秋天，威廉·J·R·柯蒂斯在哈佛大学卡朋特视觉艺术中心组织了一次与上面提及的草图本的出版有关的展览，连同目录，*Fragments of Invention, the Sketchbooks of Le* (Cambridge, MA, MIT and NY, Architectural Histor Foundation, 1981). See Bibliographical Note.

10 视觉语言、视觉词语：有关一种对勒·柯布西耶的视觉语言，形式与意义的交互的深刻分析参见 Eduard Sekler, 'The Carpenter Center in Le C Oeuvre: an Assessment', *Le C at Work*, 229.

11 我的竞赛：letter from Le C to Beistegui, 5 July 29 Fondation Le C.

12 光明、钢铁、Wanner: see Le C, 'Un nouvel ordre de grandeur des élements urbains, une nouvelle unité d'habitation', *Ossature métallique*, no. 5, Brussels (May, 1934), 224. See also Catherine Courtiau, *L'Immeuble Clarté Genève Le C 1931–1932* (Berne, 1932). 关于客户及其公司，参见 Christian Sumi, Wanner (Edouard), 1898–1965, *Le Corbusier, Encyclopédie*, 477–78.

13 Chareau: Frampton, 'Maison de Verre', *Perspecta 12, Yale Architectural Journal* (1969), 77–126. For probable influence of Chareau on Le C, von Moos, *Le C, Elements of a Synthesis*, 92. For 'Ma Maison', see *OC 1934–1938*, 131; also Frampton, 'The Rise and Fall of the Radiant City 1928–60', *Oppositions 19/20*, 22.

14 依盖瑟与库里大街 14 号，租客，玻璃墙：quotation from *OC 1929–1934*, 144 (trans. WJRC) 在这里这座建筑被称为 *Immeuble Locatif à la Po Molitor*.

15 勒·柯布西耶的绘画工作室：see Christopher Green, 'The architect as artist at home. Porte Molit Apartments, 24, rue Nungesser-et-Coli', *Le C, Architect of the Century*, 127–30.

16 De Mandrot、住宅与客户：*OC* 1934–1938, 135 'Villa de Mme de Mandrot, 1930–31'. See Antoine Baudin, 'Le C et Hélène de Mandrot, une relation problématique', *Le C, La Suisse, les Suisses*, 149.

17 以水晶点缀的石头：quotation from Le C, *Croisa ou le crépuscule des académies* (Paris, Crès, 1933) 63. 有关建筑师对石头更综合的思考，见 Le C, 'La pierre, Amie de l'homme', unpublished essay dated 23 October 1937（打算用于译本将由 Denoel 出版社出版的有关石头的书）, cited by M Christine Boyer, *Le C, Homme de Lettres* (Princeto

Architectural Press, 2011), 428, note 158.
本地与国际、乡村与工业化：see Bruno Reichlin, '"Cette Belle Pierre de Provence", La Villa de Mandrot', *Le C et la Méditerranée*, 136–41; Laura Martinez de Guerenu, 'A Vernacular Mechanism for Poetic Reactions: the Villa Mandrot in le Pradet', *Massilia 2005*, 56; also Tim Benton, 'Commentary: de Mandrot', *Le C* (Le C Plans)，在这里他提出"石头与钢铁，工业化与手工业，中心与边缘的逻辑辩证法"。有关对此别墅的严厉批评（含有巨大漏洞），参见 Colin St John Wilson, *The Other Tradition of Modern Architecture: the Uncompleted Project* (London, Academy Editions, 1995).
Errazuriz: 'Maison de M Errazuris à Chili, 1930', *OC 1929–1934*, 48–52; 有关项目背景、场地和客户，参见 Cristiana Crasemann Collins, *La Casa Errazuriz de Le C, Encuentro entre dos Culturas Ficticias* (Universidad Catolica de Chile, 1987).
20 世纪 30 年代的现代主义、乡土、"自然"：see WJRC, Chapter 18, 'Nature and the Machine: Mies van der Rohe, Wright and Le C in the 1930s', *Modern Architecture Since 1900*, 3rd ed. 346. See also Francesco Passanti, 'The Vernacular, Modernism and Le C', in Maiken Umbach and Bernd Hüppauf, eds *Vernacular Modernism, Heimat, Globalisation and the Built Environment* (Stanford University Press, 2005), 在这里作者提出有关风土是"一个概念性的模型，有关社会及其人工产品之间的自然关系，因此也是社会与建筑之间的自然关系"，155。有关阿尔托，玛利亚别墅（Villa Mairea），参见第 20 章。
马赛斯、诚实的、尽责的：see *OC 1934–38*, 'Maison aux Mathes (Océan)', 134–39. 文字描述了 *maçonnerie en moellons du pays*（当地环境的碎石堆中的别墅），就好像说这种应用石头的方式根植于法国西部那片区域的乡下风土，但是马赛斯住宅的石工工艺非常接近于沿海岸线伸展的滨海异国风情资产阶级住宅，后者可以追溯到 19 世纪晚期和 20 世纪初。
男性、女性：Le C, *The Modulor*, 224. See also *OC 1934–1938*, 124, 在这里这座房子被描述为 *Une maison de weekend en banlieue de Paris*（一座巴黎郊区周末度假别墅）。有关城郊，而不是比这个项目更常见的日程安排，参见 Tim Benton, 'The Little "maison de weekend" and the Paris Suburbs.' *Massilia, 2002*, 112.
讽刺性的岩穴：Vincent Scully, 'Le C 1922–1965', *The Le C Archive*, vol. 2, 13.
自然法则：Le C, *La ville radieuse*, 6.
光辉农场：see statement in *OC 1936–1938*, 186, where it is described as a 'Réorganisation Agraire, 1934'; see Mary McLeod, 'La Ferme Radieuse, le village radieux', Jean Jenger, ed. *Le C et la Nature* (Rencontres de la Fondation Le C, 1991).
巴塞罗那、乡村、城市：see *OC 1934–1938*, 95–199, where it is described as 'Barcelone, Lotissement Destiné à la Main d'œuvre Auxiliaire, 1933'; see also Josep Quetglas, 'Commentary', Le C Plans 1. 这个被低估的项目在对遮阳百叶的探索中非常关键，但它也考虑了从乡村到城市移民的场地设施、日常安排，以及气候与社会空间，这些将在后来的几代西班牙建筑师中重新出现。在这里，德曼洛特（Mandrot）、伊拉祖瑞兹（Errazuriz）以及马赛斯（Mathes）都是为城市富裕居民度假居住用的"乡村主义"考究建筑小品，这些都是与下列相反的案例 — 集体主义住宅提案是用来吸收从乡下前来的移民的危机，具有宽敞的空间布置和小农业配置，令人想起他们出身的乡村场所。

27 遮阳板：Harris J Sobin, 'Le C in North Africa: the Birth of the *Brise-Soleil*, *Desert Housing*, eds K. Clark, P Paglore (Tucson, AZ, University of Arizona Press), 155 ; also Le C, 'Problèmes de l'Ensoleillement: le *Brise-soleil*', *OC* ,1938–1946, 103. For universal *respiration exacte*, Le C, *Précisions*, 64. See also Chapter 19 note: '*Brise-soleil*, from experiment to doctrine'.
28 北非建筑风格：Le C, 'Le Lotissement de l'Oued Ouchaia à Alger', *Architecture Vivante*, Autumn 1933, 48–56.
29 Zervos: letter to, cited in *OC 1910–1960*, 214.
30 1937 年国际展览、Sert: see Catherine B. Freedberg, *The Spanish Pavilion at the Paris Worlds Fair of 1937* (NY, Garland, 1986).
31 勒·柯布西耶、意象结构、现代的与原型的：see Pierre Saddy, 'Temple Primitif et le Pavillon des Temps Nouveaux', *Le C, le passé à réaction poétique*, 40. Le C's pavilion was part of a larger 'Exposition d'art et technique' and was accompanied by his book *Des canons des munitions? Merci des logis SVP* (Paris, Editions de l'Architecture d'aujourd'hui, 1937).
32 Cherchell、反对后退的地域主义，地中海传统最基本的形式：see *OC 1938–1946*, 'Résidence à l'intérieure d'un domaine agricole près de Cherchell, Afrique du Nord (pour M Peyrissac)' 116–123. 有关保守的地域主义；景观、气候、传统；地中海传统的基本形式的引用——所有都出现在伴随着这个项目的文字中。有关对勒·柯布西耶曲线形式及其与其他人后来转化的更深入的思考，参见第 19 章"独特性和典型性"以及第 20 章"勒·柯布西耶的转化"。

第 11 章 政治、城市化和旅行

1 题词：Frank Lloyd Wright, 'Broadacre City: a New Community Plan', *Architectural Record*, 77, no. 4, April 1935, 243–44.
2 现代建筑协会（CIAM）: 'Declaration of Aims, La Sarraz, Switzerland 1928', see Leonardo Benevolo, *History of Modern Architecture*, vol. 2, 497. See also Eric Mumford, *CIAM Discourses on Urbanism, 1928–1960* (Cambridge, MA, MIT, 2000).
3 光辉城市: see Le C, *La ville radieuse*: Frampton, 'The City of Dialectic', *Architectural Design*, 39 (October 1969); Sutcliffe, 'A Vision of Utopia'; Fishman 'From the Radiant City to Vichy'; Serenyi, 'Le C, Fourier and the Monastery of Ema'.
4 光辉城市的意识形态基础：Fishman, *Urban Utopias in the Twentieth Century*, Mary McLeod, 'Le Corbusier's Plans for Algiers 1930–1936', *Oppositions* 16–17, 1980, especially concerning Syndicalism; Manfredo Tafuri, 'Machine et Mémoire: The City in the Work of Le C', *The Le C Archive*.
5 勒·柯布西耶政治观、给伊莲娜·德曼洛特（Hélène de Mandrot）的信：: 18 June 1930, listed in Jean Jenger, ed. *Le C, Choix de Lettres, Sélection, introduction et notes de Jean Jenger* (Basel, Birkhäuser, 2001), letter 80. 勒·柯布西耶的政治姿态从未清晰过，尤其是他曾为有政治冲突的客户和机构工作过。有关 20 世纪 20 年代与 30 年代中他的城市主义思想与法国保守运动之间有可能的联系，参见 Matthew Affron and Mark Antliff, eds *Fascist Visions: Art and Ideology in France and Italy* (Princeton University Press, 1997). 有关同一阶段及 20 世纪 40 年代中法国的知识分子的含糊，参见 the seminal study by Zeev Sternhell, *Ni droite, ni gauche: L'ideologie fasciste en France* (Paris, Editions du Seuil, 1983).
6 飞机、巴西、蜿蜒的法则：Le C, *Aircraft* (London, 1935). 'From Far Away', Le C, *Précisions*, 'Corollaire brésilien', 244. For 'law of meander', *Précisions*. 该书中几张插图是勒·柯布西耶用来图解他在 1929 年 10 月与 12 月间在蒙得维的亚（乌拉圭首都）与巴西的讲座的大图表的复制品。通常，他用炭笔和蜡笔在厚纸上绘画。如需要相关选择，参见 *Le C Le Grand*, 225.
7 Josephine Baker: see Sketchbook B4 in *Le C Sketchbooks*, vol. 1, 239, for Le C's self-portrait with Baker on board a ship with Rio in the background; 274 for a nude study. See also section entitled, 'Josephine Baker – Goddess of Dance', Jencks, *Le C: the Continual Revolution in Architecture*, 195.
8 雅典宪章：Le C (with Jean Giraudoux), *Urbanisme des CIAM, La charte d'Athènes* (Paris, 1943); also Josep Luís Sert, *Can Our Cities Survive?* (Cambridge, MA, Harvard, 1940). For details of the 1933 CIAM meetings on *SS Patris II* and in Athens see Mumford, Joseph Hudnut, preface, Sigfried Giedion, intro, Josep Luís Sert, *Can Our Cities Survive?* (1942).
9 Reyner Banham: for CIAM doctrines, *The New Brutalism – Ethic or Aesthetic?* (NY, Reinhold, 1966), 70.
10 有关勒·柯布西耶的讲座、修辞学：see Tim Benton, *Le C Conférencier* (Paris, Editions du Moniteur, 2008).
11 Macia 规划，巴塞罗那：Jordi Oliveras Samitier, 'Le Plan Macia de Barcelone', *Le C et La Méditerranée*, 162; see also Antonio Pizza, *Josep Lluís Sert and Mediterranean Culture* (Barcelona, COAC, 2003).
12 意大利，墨索里尼：see Rémi Baudoui, 'Le planisme et le régime Italien' and Marida Talamona 'A la recherche de l'autorité', *L'Italie de Le C* (Fondation Le C, Editions de la Villette, 2007), 160, 174.
13 巴西：有关旅行草图、项目和往来信件的收集，参见 *Le C e o Brasil* (São Paulo, Tessela Projeto, 1987), with collective authorship including Cecilia Rodrigues dos Santos, Margareth Campos da Silva Pereira; also Roberto Segre, 'Le C en Rio de Janeiro, 1936. Los proyectos del Ministerio de Educacion y Salud: Santa Luzia y Castelo', *Massilia 2002*, 123. For interesting parallels between Le C's 'reading' of Algiers and Rio, see Yannis Tsiomis, 'Rio – Algiers' *Rio 1929–1936*, Transfers, *Le C, Visions d'Alger*, 84.
14 阿尔及尔，信件：Le C to Brunel, December 1933, *La ville radieuse*, 228.

15 奥博斯规划：有关勒·柯布西耶自己的愿景，参见 Le C, *La Ville radieuse* and *Poésie sur Alger* (Paris, Falaize, 1950). 有关社会和政治背景，参见 McLeod, 'Le Corbusier's Plans for Algiers 1930–36'. 有关平面绘图的影响，见 von Moos, 'Von den Femmes d'Alger zum Plan Obus', *Archithèse* 1 (1971). 有关历史和地理背景，参见 contributions in Jean-Lucien Bonillo, ed. *Le C, Visions d'Alger* (Fondation Le Corbusier, Editions de la Villette, 2012). See also Antoine Picon, 'Algiers; City, Infrastructure and Landscape'. 有关勒·柯布西耶对景观和传统沙漠建筑的反应，见 Guillemette Morel Journel, 'Ghardaia, Seeing and Writing in a Desert Oasis', *Le Corbusier, An Atlas of Modern Landscapes*, 300 and 308 respectively.

16 Jean Cottereau: 'Un nouveau bombardement d'Alger', McLeod, 71. *New York Times* 'Ideal Metropolis', 3 January 1932.

17 美国：有关勒·柯布西耶对美国的态度，参见 Le C, *Quand les cathedrals étaient blanches, Voyage au pays des timides* (Paris, 1937). 有关建筑问题，参见 Henry Russell Hitchcock, 'Le C and the United States', *Zodiac*, 16 (1966). 有关他的跨大西洋讨论和失望，及他对美国城市的反应，参见 WJRC, *Le C at Work*, especially chapters 3 and 4, and WJRC, 'Le C, Manhattan et le rêve de la ville radieuse', *Archithèse*, 17 (February 1976). 有关他的旅行、他本人阐释讲座的草图，以及对'美国主义'的思考的详细重构，参见 Mardges Bacon, *Le Corbusier in America, Travels in the Land of the Timid* (Cambridge, MA, MIT Press, 2001).

18 郊区：Le C, 'What is the Problem of America?', *OC 1934–1938*, 65–68.

19 大学校长住宅：*OC 1934–1938*, 132–33.

20 阿尔及尔，海军社区：*OC 1938–1946*, 44–65.

21 勒·柯布西耶在阿尔及尔的摩天大楼：*OC 1938–1940*, 50.

22 勒·柯布西耶：*Des canons, des munitions? Merci. Des logis SVP* (Paris, Editions de l'Architecture d'Aujourd'hui, 1937).

23 Vichy: The seminal research has been done by Fishman, 'From the Radiant City to Vichy'.

24 Alexandre von Senger, 'L'Architecture en péril': *La Libre Parole*, Neuchâtel, 5 May 1934, reprinted in *Travaux Nord Africains*, 4 June 1942.

25 平面：Fishman 'From the Radiant City to Vichy', 279.

26 勒·柯布西耶的出版物：*Déstin de Paris* (Paris, Clermont Ferrand-Sorlot, 1941). *Sur les quatre routes* (Paris, Gallimard, 1941); *La Maison des hommes* (with François de Pierrefieu) (Paris, Plon 1942). *Entretiens avec étudiants des écoles d'architecture* (Paris, Denoel, 1943); *La charte d'Athènes* (Paris, Plon, 1943); *Les trois établissements humains* (Paris, 1944). *Propos d'urbanisme* (Paris, Bourrelier, 1946); *Manière de penser l'urbanisme* (Paris, Editions de l'Architecture d'Aujourd'hui, Paris, 1946).

第 12 章
模度、马赛以及地中海神话

1 题词：Le C, *When the Cathedrals were White*, 30.

2 过去作品概述：see WJRC, 'Maturité; le moderne et l'archaique, les dernières oeuvres', *Le Corbusier, Une Encyclopédie*, 354.

3 合作者的回忆录：see Jerzy Sołtan: 'Working with Le C', *The Le C Archive*, vol. 17, 9; 另参考墨西哥建筑师特奥多罗·冈萨雷斯·德·莱昂（Teodoro González de León），他曾经在 1947 到 1949 年之间在柯布西耶的事务所工作并参与了圣迪瓦工厂和马赛联合单元住宅的设计，'Le C vista de cerca', in Ocatavio Paz, ed. *Vuelta*, 132 (Nov 1987), republished in *Massilia 2006*.

4 有关 ATBAT 和工作室：see Bédarida, 'Rue de Sèvres, l'Envers du décor', also Gérard Monnier, *Le Corbusier, Les Unités d'habitation en France* (*Les destinés du patrimoine*), (Paris, Belin Herscher, 2002).

5 模度：see Le C, *Le Modulor* and *Modulor 2*, also Peter Collins, 'Modulor', *Architectural Review*, 116 (July 1954), 5–8; Rudolf Wittkower, 'Le C's Modulor', *Four Great Makers of Modern Architecture* (NY, Da Capo, 1970), 196–204.

6 爱因斯坦：*OC 1938–1946*, 103.

7 对模度的禁止：波兰建筑师索尔坦（Sołtan），11，并在 2013 年 4 月巴黎 Lutétia 酒店由威廉·J·R·柯蒂斯对特奥多罗·冈萨雷斯·德·莱昂的一场冗长地被记录下来的采访中得到了证实，随后二人在巴黎赛夫勒大街 35 号附近的街区行走，就和特奥多罗·冈萨雷斯·德·莱昂记忆中 20 世纪 40 年代末的它一样。

8 不可言说的空间或妙不可言的空间：see Le C, *Le Modulor*, 32.

9 学术界的注意：Henry A Millon, 'Rudolf Wittkower, Architectural Principles in the Age of Humanism: Its Influence on the Development and Interpretation of Modern Architecture', *Journal of the Society of Architectural Historians*, 31, no. 2 (May 1972), 83–91. 寻求关于威特科尔与勒·柯布西耶在比例上的观点的有可能联系的一种非常洞察性的思考，参见 Alina A Payne, 'Architectural Principles in the Age of Modernism', *Journal of Society of Architectural Historians*, vol. 53, no. 3 (September 1994), 322–542.

10 联合国：for evidence of project 23-A, George Dudley, 'Le C's Notebook Gives Clues to United Nations Design', *Architecture* (September 1985), 40. 有关建筑师对项目的早期参与，参见 Le C, *UN Headquarters, Practical Application of a Philosophy of the Domain of Building* (NY, Reinhold, 1947). 有关尼迈耶曾影响勒·柯布西耶，是由达德利（Dudley）的文章以及威廉·J·R·柯蒂斯与格尔顿·本夏夫特（Gordon Bunshaft）于 1985 年 4 月的一次讨论中提议出来的。See also Victoria Newhouse, *Wallace K Harrison Architect* (NY, Rizzoli, 1989) for his role. 有关联合国大厦项目的草图，参见 *Le C Le Grand*, 388–94.

11 比利牛斯山，公牛，树的木桩：Le C, *Poème de l'angle droit* (Paris, 1955).

12 Eduard F Sekler: 'The Carpenter Center in Le C's Œuvre: An Assessment', *Le C at Work*, 240; see also Le C, *Creation is a Patient Search*, 247, 有关图腾；有关对 1946-1952 作品全集中要素的再利用的引用，参见 *OC 1946–1952*, 225.

13 抽象、转化：WJRC, *Fragments of Invention: the Sketchbooks of Le C* (Architectural History Foundation and MIT, 1981). See also WJRC, 'Le C Transformations', in Yukiko Harada, ed. *Crossing th Parallel* (Tokyo, Mori Museum Project, 1999).

14 勒·柯布西耶，挂毯：*OC 1910–1960*, 281.

15 雕塑：Petit, *Le C Lui-Même*, 246. See also Franç de Franclieu, 'Introduction', *Le C Savina, Sculptures et Dessins* (Paris, Pillippe Sers and Fondation Le C, 1984), 8.

16 圣障：for fanciful interpretation of *Poème de l'ang droit*, Richard A Moore, 'Alchemical and Mythical Themes in the Poem of the Right Angle 1947–196 See also Juan Calatrava, ed. *Le C y la Syntesis de l Artes, El Poema del Angulo Recto* (Madrid, Circulo de Bellas Artes, 2006).

17 库鲁切特（Curutchet）：有关对项目、场地和 图的深入分析，参见 Alejando Lapunzina, *Le C's Maison Curutchet* (NY, Princeton Architectural Pres 1997).

18 索尔坦，库鲁切特住宅设计过程：'Working Wi Le Corbusier', 14–15.

19 Roq and Rob: 有关勒·柯布西耶的叙述性意向 见 *OC 1946–1952*, 54. See also Jean-Lucien Boni 'L'Architecture et le site', *Le C et la Méditerrannée*, 143.

20 Cap-Martin: impressions of Le C on holiday from interviews with Josep Luís Sert, 1971. See also Robert Rebutato, 'Après-midi tranquille au cabanor *Le C, Moments biographiques* (Paris, Fondation Le and Editions La Villette, 2008), 171.

21 居住单位：有关勒·柯布西耶的意图，见 Le C, *L'Unité d'Habitation de Marseilles* (Souillac-Mulhouse, 1950). 有关对设计过程的回忆，见 Sołtan, Roggio Andréini (interviews 1972), Téodor González de Léon (discussions 1985, 2013), Andr Wogensky 'The Unité d'Habitation at Marseilles' i *The Le C Archive*, vol. 16. See also Reyner Banham '*La Maison des hommes* and *La misère des villes*: L C and the Architecture of Mass Housing', *The Le C Archive*, vol. 21. 有关对概念的影响，参见 Seren 'Le Corbusier, Fourier and the Monastery of Ema'; von Moos, 'Le C, Elements of a Synthesis', 157. 有关在马赛其他场地更早期的单元式项目，参见 Jacques Sbriglio, 'Les projets pour Marseille', *Le C et la Méditerranée*, 169. See also David Jenkins, *Unité d'Habitation Marseilles* (Architecture in Detai (London, Phaidon, 1993) for a useful overview.

22 公寓单元室内：see Charlotte Perriand, *L'Art d'habiter*, 1950; also Mary McLeod, ed. *Charlotte Perriand: An Art of Living* (NY, Harry N Abrams and the Architectural League, 2003), particularly McLe 'New Designs for Living, Domestic Equipment of Charlotte Perriand, Le C and Pierre Jeanneret 1928 29', 67; for Perriand's recollections, 242. Jean Prouv 也为室内设施及家具的设计做出了贡献。

23 结构、构造、材料：see Le C, Unité d'Habitation Marseilles', *OC 1946–1952*, 189, 在其中他将混凝土称为一种"天然材料"，其重要地位与石材、木头、瓦片相比肩，认为这是一种"石头的重构 另外他谈到由对比产生的美：粗糙与灵巧、精确与意外。我对勒·柯布西耶的清水混凝土的解释基于与安德瑞尼（Andréini）（1971）及特奥多罗·冈萨雷斯·德·莱昂（1988），二者都曾参与马赛公寓设计工作。事实上，当勒·柯布西耶到的时候，特奥多罗·冈萨雷斯·德·莱昂那时正致力于第一根架空柱的浇筑，柯布西耶命令将模具拆走。事务所中的年轻成员曾很确定地认为勒·柯布西耶会十分讨厌这种外表高度有纹理的最终结果；然而恰恰相反，柯布西耶十分欣赏之。

粗野混凝土、素混凝土：参考一封 1962 年 5 月 26 日由勒·柯布西耶写给卢瑟·路易斯·泽特（Josep Lluís Sert）的一封解释性的信，收录于 WJRC, Sekler, *Le C at Work*, appendix 20。在一封更早的写于 1961 年 5 月 29 日寄给泽特的信中，勒·柯布西耶注释道"素混凝土并不是粗野主义的混凝土，而仅仅是直接从模具中浇筑的裸露的混凝土"，附录 16。换句话说，素混凝土并非必须是粗糙的。有关勒·柯布西耶后来在混凝土中用的语言、要素和细节，参见 WJRC, 'History of the Design', *Le C at Work*, 37, in particular 'Le C's Definition of Concrete', 131. See also, 'Transatlantic Details and the Modulor', 170, and 'Construction', 200.

一系列混凝土成品：有关他在后期作品中对一系列成品的运用来强化不同的意义和感觉，参见 WJRC, 'Le C's Concrete', Masters of Concrete Lecture Series (London, DOCOMOMO, 2007). 更多有关混凝土的信息，参见第 16 章。

单元构造：see Roberto Gargiani and Anna Rosellini, *Le C, Béton Brut and Ineffable Space 1940–1965* (Lausanne, EPFL, 2011); 寻求与这方面相关却不用粗野主义的含义来定义的系列文章，另参见 Jacques Sbriglio, ed. *Le C et la question du brutalisme* (Marseille, Edition Parenthèses, 2012).

景观中建筑的位置：see Vincent Scully, *Modern Architecture, The Architecture of Democracy* (NY, George Braziller, 1961), 45:"所以感受到它是一个人文主义的建筑，因为我们移情地将我们自己与建筑联系起来，在对比的景观中，作为与我们自己相类比的固定物体"。

屋顶露台：see Le C, *L'Atelier de la recherché patiente* (Paris, Vincent Fréal et Cie, 1960), 其中勒·柯布西耶将屋顶称为"家庭场地"，165；他将雅典卫城和壁炉作比较当追溯到 1965 年 7 月，仅仅在他去世前一周，尽管它可能已于 1954 年被记下来了部分。这是他对思想、图象和形式出人意料的横向飞跃的另一个例子。See *Le C: Ideas and Forms*, 1st ed. also Jacques Lucan, 'La Théorie architecturale à l'épreuve du pluralisme', *Matières* (Lausanne, EPFL, 2000), 59. 有关一种假设，即庞贝广场的废墟可能影响了马赛公寓的屋顶露台，参见 Marta Sequeira, 'A concepçao da cobertura da Unité d'Habitation de Marselha: três invariàvers', *Massilia 2005*, 69; for Le C's panegyric on the sites of Provence see *The Modulor*, 142.

毕加索的参观（马赛公寓的基地）：see Fox Weber, *Le C, A Life*, 569–70; for photographs see *Le C Le Grand*, 419.

住宅单元的影响：see WJRC, *Modern Architecture Since 1900*, Chapter 24: 'The Unité d'Habitation at Marseilles as a Collective Housing Prototype'; also Banham *The New Brutalism*, especially for Team X. See also Roger Sherwood, *Modern Housing Prototypes* (Cambridge, MA, Harvard University Press, 1978).

31 庸俗：Banham, '*La Maison des hommes*, Le C and the Architecture of Mass Housing', *The Le C Archive*, 18.

32 批判：see for example, Lewis Mumford, 'The Marseilles Folly', *The Highway and the City* (NY, Harcourt, 1963), 53–66, 在看到街道里所有的商铺正常运作之前，他抵制这种内部街道。有关当地对马赛住宅单元的或积极或消极的反应，参考莫尼尔（Monnier）。在同一本书中，莫尼尔提供了有关所有住宅单位的创造和批判周边的政策的许多有价值的信息。

第 13 章 神圣的形式、古老的联系

1 题词：Ribard de Chamoust, *L'Ordre françois trouvé dans la Nature* (Paris 1783).

2 Maisons Jaoul: Smithson, Alison and Peter, *Ordinariness and Light* (London, Faber & Faber, 1970), 169. James Stirling, 'Garches to Jaoul: Le C as Domestic Architect in 1927 and 1953', 147. See also Caroline Maniaque, *Le C et les maisons Jaoul: projets et fabrique* (Paris, Picard, 2005), which follows the design process and construction of the project.

3 冥想的容器：*OC 1946–1952*, 72.

4 凹表面、激活周围空间、"建筑声学"：Le C, *The New World of Space* (NY, Reynal and Hitchcock and Boston Institute of Contemporary Arts, 1948). In the same text he writes: '*ACTION OF THE WORK (architecture, statue, or picture) on its surroundings; vibrations, cries or shouts (such as originate from the Parthenon on the Acropolis at Athens) ... the near or distant site is shaken by them, touched, wounded, dominated or caressed ... a true manifestation of plastic acoustics*', 8.

5 斯特林：'Ronchamp: Le C's Chapel and the Crisis of Rationalism', *Architectural Review*, 119 (March 1956), 155–161.

6 赞助、Couturier: see Martin Purdy, 'Le C and the Theological Program', *The Open Hand*, 286. Also Pauly, *Ronchamp, lecture d'une architecture.*

7 MA Couturier: 'Le C Ronchamp', *L'Art Sacré* (July–August 1953), 29–31.

8 不可言说的空间：Le C, *The Modulor*, 32.

9 设计过程：see Danièle Pauly, 'The Chapel of Ronchamp as an Example of Le C's Design Process', *The Le C Archive*, Vol. 20, 13; also Le C, *Le livre de Ronchamp* (Paris, 1961), 17; for quotation, *Student Publications of the School of Design of the University of North Carolina*, 14, no. 2 (1964), on Firminy church. Some of the earliest sketches of Ronchamp are in Sketchbook E18, *Le C Sketchbooks*, vol. 2.

10 声学形式、*oeuvre plastique*: 有关后期建筑、绘画和雕塑之间的图像的可视化类比，见 *OC 1952–1957*, 11.

11 朗香教堂的来源：有关西班牙教堂，参见 Sketchbook C11, *Le C Sketchbooks*, vol. 1, 55. 寻求一系列其他影响（例如 the Serapeum at Hadrian's Villa), Pauly, *Ronchamp, lecture d'une architecture*, and Stuart Cohen and Stephen Hurtt, 'The Pilgrimage Chapel at Ronchamp: Its Architectonic Structure and Typological Antecedents', *Oppositions*, 19–20, 143. Laura S Abbott, 'Le C's Ronchamp Chapel: Analysis and Influences on Design Development' (unpublished essay); WJRC, ed. *The Architecture and Thought of Le C* (Washington University in St Louis, 1983). See also, Robin Evans, *The Projective Cast, Architecture and its Three Geometries* (Cambridge, MA, MIT Press, 1995), particularly 'Comic Lines', 227, much of it on the geometry of Ronchamp. 他认为在《飞机》（1935）中描绘的一个带有面向不同方向的收容器的军事测听设备可能已经影响了朗香教堂的塔。《飞机》中的描述带有一段注释这样写道：'Like the ear of a dog or of a horse, the three sounding conches turn their tympana to various quarters of the horizon'. 有关贝壳可能产生的影响的进一步讨论，另参见 Niklas Maak, 'The Beaches of Modernity, Le C, Ronchamp, and the "objet à réaction poétique"', *Le Corbusier, The Art of Architecture*, 293.

12 投射几何与直纹曲面：埃文斯（Evans）陈述说屋顶"是一个侧面为两个双曲线表面的圆锥体"，385.

13 意义的分层：参见例如罗伯特·库姆斯（Robert Coombs），他声称"最后这个教堂是勒·柯布西耶的一个神秘拼贴游戏，这是个在三个层面上死亡和再生同时发生的游戏：玛利亚、炼金术与天主教"，*Mystical Themes in the Chapel of Notre Dame du Haut at Ronchamp, The Ronchamp Riddle, Mellen Studies in Architecture*, vol. 2 (Lewiston-Queenston-Lampeter, The Edwin Mellen Press, 2000).

14 最近有关朗香教堂的文章：see Jean-Louis Cohen, ed. *Manières de Penser Ronchamp, Hommage à Michel W Kagan* (Fondation Le C, Editions de la Villette, 2011), especially Josep Quetglas, Ronchamp, les lieux d'un projet', 47; and Michel Kagan and Nathalie Regnier Kagan, 'Ronchamp: l'acoustique du paysage', 15. See also WJRC, 'Ronchamp Undermined', *Architectural Review* (August, 2012) for a criticism of Renzo Piano's Visitor's Center, Parking and Convent for the Clarisses nuns at Ronchamp.

15 基督教美学：see Martin Purdy, 'Le C and the Theological Programme', *The Open Hand*, 286.

16 费里神父、基督教的神秘性：see Jean Petit, *Le Livre de Ronchamp*, 70.

17 2000 年前的奇特景象：see letter from Le C to M Tjader Harris, 15 February 1955, cited in Fox Weber, *Le C, A Life*, 672.

18 个体性、集体性：Le C, *The Marseilles Block* (London, 1953), 45.

19 拉图雷特：see Jean Petit, *Un couvent de Le C* (Paris, 1961), 其中也包括一则勒·柯布西耶的文字，以及一封由库蒂里耶（Couturier）于 1953 年 7 月 28 日写的一封信，提到他造访了勒·托罗那，22。有关其它的描绘，见 A Henze, B Moosbrugger, *Le C, La Tourette* (Fribourg, 1966). Also Peter A Di Sabatino, 'The Dominican Monastery of La Tourette: Synthesis and Maturity for Le C' (unpublished essay); WJRC ed. *The Architecture and Thought of Le C* (Washington University in

Saint Louis, Fall 1983). Sergio Ferrer, Chérif Kebhal, Philippe Potié, Cyrille Simmonet, *Le C, Le Couvent de la Tourette* (Marseilles, Edition Parenthèses, 1987), 其中有对研究设计过程和构造有用的资料。

20 对场地和地平线的反应：Le C wrote of: *l'horizontalité du bâtiment en sommet, laquelle composera avec l'horizon*, Jean Petit, 28–29. See Chapter 2, Note 24, Horizon, Athos, La Tourette.

21 Colin Rowe, 'Dominican Monastery of La Tourette, Eveux-sur-Arbresle, Lyons', *Architectural Review*, 129, 1961.

22 波动的玻璃墙面，Xénakis: Le C, *Modulor 2*, 321 解释了"音乐感的玻璃板"，see also Iannis Xénakis, 'The Monastery of La Tourette', *The Le C Archive*, Vol 28, 9; 另可找到有关这些要素的起源以及模度的使用。另参见 Xénakis, *Musique de l'architecture. Textes, réalisations et projets architecturaux, choisis, présentés et commentés par Sharon Kanach* (Marseilles, Parenthèses, 2006), 73–121，关于与勒·柯布西耶的合作及波动的玻璃墙面（*ondulatoires*）的发明。

23 精神的机器：Le C, *VUA*, 173，尤其是在说明中将模具与机器进行对比。另参见 Johan Linton, 'Le C at l'esprit mathematique', *Le C, Le Symbolique, le sacré et la spiritualité dans l'oeuvre de Le C* (Fondation Le C, Editions de la Villette, 2004).

24 冥想空间：Le C, *Le Couvent Sainte Marie de La Tourette à Eveux* (Lyons, M Lescuyer et Fils, 1971), 84; also Petit,18.

25 完全的贫穷：*OC 1957–1965*, 49.

26 祭坛作为重力中心：Petit, 29。在教堂设计中的一点上，祭坛在一个如此高的平台上，有这样一种担忧，即可能有点像异教徒的牺牲板。实际上，教堂的最东端是教区居民们来听弥撒的斜坡，从祭坛下行离开。从这个被冠名的视点来看，神父的轮廓戏剧性地通过明显直接照射在他头上的白色日光被感觉到（事实上光线隔得相当远）。

27 圣经、新约全书与基督之死的时刻：例如圣马太福音 27/50、51、52："耶稣再次大声呼喊，宣讲他的精神。注视着神庙的面纱从上到下裂成两半；大地震颤，石头劈裂。坟墓被打开了，许多圣徒的身体从睡梦中起来。"圣路加福音 23/44、45："这几乎是第六个小时；所有的土地都是黑暗的，直到第九个小时。太阳没有光亮，神庙的面纱从中间裂开。"

28 希腊圣母堂：Le C, *VUA*, 129.

29 贫穷的政权：see Couturier, *L'Art Sacré*, 11–12 July–August (1950) *Au régime de la pauvreté* (Editions Cerf, 1950); see also Antoine Lion, ed. *Le Père Couturier: un combat pour l'art sacré, Actes du Colloque de Nice* (Editions Serre, 2005).

30 Le Thoronet: Peter Buchanan, 'La Tourette and Le Thoronet', *Architectural Review* (1987) 是对这座建筑最有知觉力的分析之一，包括它与景观的关系、它的空间秩序，以及对过去的回应。

31 真理、宁静：Le C, Preface to François Cali, Lucien Hervé, *La plus grande aventure du monde: l'architecture mystique de Citeaux* (Paris, Arthaud, 1956).

32 迷人的要塞墙体：Le C, *Voyage d'orient*, 127.

第 14 章
勒·柯布西耶在印度：昌迪加尔的象征主义

1 题词：Sir Christopher Wren, *Parentalia*, (London, 1750).

2 昌迪加尔城市主义：有关这项任务的细节和总体规划，见 Norma Evenson, *Chandigarh* (California, Berkeley, 1966); 有关意识形态的矛盾，von Moos, 'The Politics of the Open Hand: Notes on Le C and Nehru at Chandigarh', *The Open Hand*, 412; 有关导致项目选址和引导了项目的政治和区域决定，参见 Ravi Kalia, *Chandigarh, The Making of an Indian City* (Oxford University Press, 1987); for an overview, Sunand Prasad, 'Ch 6. Le C in India', *Le C Architect of the Century*, 278–307; 有关对各方面文字叙述的丰富选文，见 *Celebrating Chandigarh. Proceedings of Celebrating Chandigarh: 50 Years of the Idea*, 9–11, January, 1999 (Chandigarh, Chandigarh Perspectives, 2001); 有关最近的研究和多部门的概述，见 Rémi Papillaut, *Chandigarh et Le C, Création d'une ville en Inde*, 1950–1965 (Toulouse, Editions Poiesis, AERA, 2011). 威廉·J·R·柯蒂斯引用了很多于1983-1988年间与PL·瓦尔马(PL Varma）的谈话，他是旁遮普省前首席工程师，一方面作为"业主"，另一方面又启发了这个项目的精神。

3 新印度的神庙：尼赫鲁的话被引用于 Shedev Kumar Gupta, 'Chandigarh: After 20 Years', *Proceedings of EDRA III* (Los Angeles, 1972); 另参考卡利亚（Kalia）的文章，可以找到尼赫鲁的演讲和主要作用。

4 Maxwell Fry: reminiscences in 'Le C at Chandigarh', *The Open Hand*, 350, also Jane Drew 'Le C as I Knew Him', *The Open Hand*, 364.

5 星星下面的床：Le C Sketchbook E21E, 7–14 July 1951.

6 尼赫鲁、现代化抱负：von Moos, 'The Politics of the Open Hand', 416 ; see also Gupta 'Chandigarh' for Nehru's speeches, and Kalia.

7 印度哲学：勒·柯布西耶"没有什么是可传达的，除了思想"，*Le C Last Works.* 瓦尔马回忆说勒·柯布西耶声称他自年轻时代就一直对印度宗教信仰感兴趣（1983 年 3 月与威廉·J·R·柯蒂斯的谈话）。另参考 1983 年 3 月勒·柯布西耶给尼赫鲁的信（勒·柯布西耶基金会）。

8 速写本：勒·柯布西耶旅行时经常在口袋里装着彩色蜡笔和一只钢笔，以及一本带有螺旋装订的小速写本。在其他物品中，它们作为日记本，供柯布西耶在草图中记下对事物的印象。尺寸通常是大约 15 x 10 厘米。有时候为了项目的发现，小速写本成为移动的实验室，比如朗香教堂和卡彭特艺术中心。有关昌迪加尔的早期阶段，尤其参见速写本 F24,1952 年 3 月，在 *Le C Sketchbooks*, Vol 2, 702. See also WJRC, 'Fragments of Invention: the Imagery of Chandigarh' in *Fragments of Invention.* 展览"创造的片段: 勒·柯布西耶速写本"于 1984 和 1985 年间巡回展览到艾哈迈德和昌迪加尔。

9 印度书：在他 1951 年到 1953 年间第一次印度之旅中，勒·柯布西耶有时带着他的相册，比他的小绘图本稍大一些。这些版式大一些的书中最重要的是一些标有"西姆拉昌迪加尔项目"并标有日期 1951 年 3 月、18.5 x 13.8 厘米的相册，以及两本标有 "Nivola 1" 和 "Nivola 2" 的相册 16.3 x 12.5 厘米，勒·柯布西耶基金会。后者包括许多给昌迪加尔的原始想法与草图。毫无疑问，勒·柯布西耶在内衬上写道：重要文件。在草图中，有一张绘于《Nivola 1》册子第 96 页用蓝色墨水描绘的一个门廊阳伞，看起来像是一个蓄水池，各边端部都往外喷出水。在它边上，他这样涂画 "*C'est un problème d'hydaulique de barrages et non de toit des palais*"（这个问题是大坝的水力学，而非宫殿的屋顶）。

10 Pinjore: see Peter Serenyi, 'Timeless but of Its Time: Le C's Architecture in India', *Perspecta 20*, 111.

11 首府作为象征性的景观：see WJRC, 'Authenticity, Abstraction and the Ancient Sense: Le C's and Lou Kahn's Ideas of Parliament', *Perspecta 20* (Yale, New Haven, 1983); WJRC, 'Modern Architecture, Monumentality and the Meaning of Institutions: Reflections on Authenticity', *Harvard Architectural Review*, no. 4 (1984); Caroline Constant, 'From the Virgilian Dream to Chandigarh', *Architectural Review* (January 1987); WJRC, 'The Capitol in Chandigarh as a Cosmic and Political Landscape', *A+U* (1999); Dario Alvarez, '"Ici pas d'autos = un parc" El Capitolio de Chandigarh, un jardin de la Memoria', *Massilia 2004*; WJRC, 'Abstractions et représentations; Le Capitole de Chandigarh, paysage de symboles', *Le C, L'atelier intérieur* (Editions du Patrimoine, Paris, 2008).

12 将首府的建筑空间协调成一体：Le C, *Modulor 2*, 214, 在这里他还提到了"模度的结构财富，基准线的算术比率的同步性"；另参见 Pierre Riboulet, 'Concerning the Composition of the Capitol in Chandigarh', *Architecture in India*, 51.

13 总督官邸，Fatehpur Sikri: see WJRC, 'L'Ancien dans le Moderne: Le C en Inde', *Architectures en Inde*, ed. JL Véret (Paris, Moniteur, 1985); see also Alexander C Gorlin, 'An Analysis of the Governor's Palace of Chandigarh', *Oppositions* 19-20, 161 有关将勒·柯布西耶的象征主义与印度传统进行联系的一次尝试。在 1999 年 1 月的"昌迪加尔，理念的 50 年"活动中，一座总督官邸轮廓的复制品被彻夜树立，来展现尺度的理念；它由竹子和织物制作而成。其照片和一个木质的精致的早期模型可以在昌迪加尔的勒·柯布西耶中心被找到。这个中心在一座简单的建筑中，这座建筑在昌迪加尔城市的设计和建造中曾作为主要的建筑场地办公司，它藏有大量由皮埃尔·让纳雷设计的文件、照片、模型和家具案例。

14 法律的庇护所，巴西利卡，公共听众大厅（Diwan-I-Am）：柯布西耶的意图于 1983 到 1984 年间在昌迪加尔的谈话中由 PL·瓦尔马传递给了威廉·J·R·柯蒂斯。有关与被毁坏的罗马康斯坦丁巴西利卡之间的类比，参见 Serenyi, 'Timeless but of Its Time'.。在《东方之旅》的时候，勒·柯布西耶拍了一些巴西利卡的照片（以及帕提农神庙和古罗马大斗兽场），这座巴西利卡我曾于 1984 年在拉绍德封城镇图书馆中"发现"过；这些现在是有关勒·柯布西耶的讲座的主流。有关与德里红堡的公共听众大厅的联系，我们只需要看册子：Nivola 和 Nivola 1（1951 年之前）中的页码，在其中勒·柯布西耶发明了首府的大多数核心理念。在那里，到处散布着他自己的思想，我们可以发现德里公共听众大厅的草图，在另一页上又可以看到Cairo的伊本土伦（Ibn Tulun）清真寺（9世纪）的草图（他在印度的某次旅行中中途停留中参观过），并描绘了其螺旋形的回教尖塔。在同一集的草图中，我们可以发现在前言中展示的将国会大厦与冷却塔对比的草图，以及展示由一个漩涡围绕的大会场之上的大漏斗。

15 永恒而属于其自身时代：see title of Serenyi article.

16 圣索菲亚大教堂：参见于1974年哈佛大学卡彭特中心展出的Jullian della Fuente的私人藏品中的草图（现在属于蒙特利尔巴拉迪恩建筑中心）。另参见catalogue, Anthony Eardley, *Atelier Le C, 35, rue de Sèvres*，有关设计过程中对草图的运用的暗示。

17 太阳之子：有关宇宙之音，参见Le C, *OC 1952–1957*, 94. 有关太阳和珐琅门的其他象征，参见Mogens Kustrup, *Le C: Porte Email* (Paris, 1991).

18 汝拉地区的农舍：H Allen Brooks, 'Le C's Formative Years', 15。另参见第19章，后来与冷却塔及昌迪加尔议会大厅漏斗的类比。

19 Jantar Mantar天文台：Le C notes from Sketchbook E18, *Le C Sketchbooks*, Vol 2, 330.

20 Schinkel: see Rowe, *The Mathematics of the Ideal Villa*.

21 象岛石窟，古代柱厅：这些追溯到5-8世纪，围绕着湿婆的象征，将非凡的岩刻雕塑浮雕融合在一起。这个场地是一个从孟买过来的快捷船路，在勒·柯布西耶的Nivola册子第130页上有一张草图描绘了洞穴内的雕塑。我们可能依据他对场地和建筑布置——包含一个带有莲花形的垫形柱头——的反应来猜测，一个主要的朝向湿婆组团的主轴线，以及一个内部含有神圣林伽（印度教男性生殖器）的穿越了胎室或子宫腔的交叉轴线。正如平面所表达的，这个腔被阅读为好像是一个插入柱子领域的物品，一个"物体嵌入一个网格"的空间主题，勒·柯布西耶预先有意想去注意它。在《勒·柯布西耶作品全集1946-1952》第29页，在处理为了拉·圣-波美（La Sainte-Baume）而设立的洞穴的章节，有一个错觉（明显是由客户特鲁安准备的）是将一个带有纪念性柱子的石刻印度神庙洞穴的明信片（有可能位于Ajanta），与勒·柯布西耶重复使用的塞拉皮雍（Serapeum）的阿德里亚纳住宅（Villa Adriana）的采光系统的草图（参见第13章）进行对比。在这个错觉上用特鲁安的笔记涂写的是："*Voilà de quoi vous rattacher à des précedents*"（在那里，你有你想与祖先联系起来所需要的东西）。

22 老虎、柱子：这个模型目前在昌迪加尔首席建筑师办公室的展览厅里。

23 张开的手：fiction of state art, von Moos, 'The Politics of the Open Hand', 445.

24 张开的手、起源与意义：Le C, *Modulor II*, 254, 包含了一些有关于从1948年开始出现的张开的手的理念，甚至更早前勒·柯布西耶就被昌迪加尔吸引。Mary Patricia Sekler's article 'Ruskin, the Tree and the Open Hand', *The Open Hand*, 42, 在理解勒·柯布西耶的象征性思考和对图案的转化上具有重要意义；尤其参考脚注87。有关对恩赐的佛教象征的参考以及建在喜马拉雅山脚（在许多印度本地神话中是关键点），参见intervention of Sumet Jumasai, *Celebrating Chandigarh, 50 Years of the Idea*, 127. 在1948年，美国雕塑家伊萨姆·野口勇提议尼赫鲁政府一个细长的类似桅杆的纪念物，被称为"伸出的手"以纪念当时刚被刺杀的甘地，矗立在新德里的一个公共场所，但未能实施。参见Juan Luis Trillo de Leyva, 'Interferencias', *Circo* 199 (Madrid, 2014).

25 一个造型手势：鲁斯·尼沃拉（Ruth Nivola）想起的引用，作为给玛丽·帕特里夏·塞克勒（Mary Patricia Sekler）的汇报。勒·柯布西耶还将张开的手称为一个承托见证"在人类中和谐很有可能"的"和平与和谐的象征"。

26 从纪念性建筑物到住宅的层级：如果不说这个，为了解决从"高"到"低"的建筑类型的涵盖问题，勒·柯布西耶的昌迪加尔规划将包含过时的传统（参见，例如里昂·巴提斯塔·阿尔伯蒂的文艺复兴理想城市理论）。有关昌迪加尔纪念性较低的方面的有价值研究，参见例如Kiran Joshi, *Documentary Chandigarh: the Indian Architecture of Pierre Jeanneret, Edwin Maxwell Fry, Jane Beverly Drew* (Chandigarh, 1999); 另参见Maristella Casciato and Stanislaus von Moos, *Twilight of the Plan: Chandigarh and Brasilia* (Mendrisio, Accademia, 2007)，有关于两座城市的一般性城市语言的特性；另外对建筑分区的研究以及对日常生活的召唤非常有价值的是Papillaut的研究。另参见Chhatar Singh, Rajnish Wattas, Harjit Sing Dhillon, *Trees of Chandigarh* (Chandigarh, BR Publishing, 1998).

27 PL Varma, Pierre Jeanneret: 仍有很多工作需要做，以再造他们在昌迪加尔的实现中起到的作用。有关一个信仰的研究，参见Hélène Conquil, 'Pierre Jeanneret in India', *Architecture in India*, 105.; 另外一个重要人物是工程师Mahendra Raj (b 1924)，他曾致力于所有重要结构的工作。

28 有关尚不确定的方面：参考以下各位批评家的批判：Sten Nilsson, *The New Capitals of India, Pakistan and Bangladesh* (Lund, 1973); of Madhu Sarin, 'Chandigarh as a Place to Live In', *The Open Hand*, 374; Lawrence J Vale, *Architecture, Power and National Identity* (New Haven, Yale University Press, 1992); and Vikramaditya Prakash, *Chandigarh's Le C, The Struggle for Modernity in Post-Colonial India* (University of Washington Press, 2002).

29 Maxwell Fry, 'Le C at Chandigarh', 有关对商业中心的批判，"张开的手"最终于1985年被竖立起来。

30 险峻大胆的开始：有关20世纪60年代到20世纪80年代的印度现代建筑，参见*Architectures en Inde*, *Architecture in India*; see also WJRC, 'Towards An Authentic Regionalism', *Mimar* 19 (February 1986) and WJRC, 'Modernism and the Search for Indian Identity', *Architectural Review* (April, 1987), for work by Balkrisna Doshi, Charles Correa, Raj Rewal and others.

31 勒·柯布西耶作品和其他现代建筑受到的威胁：see WJRC, 'Nothing is Sacred: Threats to Modern Masterpieces in India', *Architectural Review* (April 2014); also WJRC, 'Protecting Modern Masterpieces in India: a Conversation between noted architectural historian and critic WJRC and an Unknown Indian', *Architecture + Design, An Indian Journal of Architecture* (September 2014), 38–53.

第15章
艾哈迈达巴德的商人们

1 题词：letter from Le C to Mr Kaul (Nehru's secretary), 17 March 1953. Fondation Le C.

2 艾哈迈达巴德：有关社会背景，参Serenyi 'Timeless But of Its Time', also Kenneth L Gillion, *Ahmedabad, A study in Indian Urban History* (Berkeley, University, California, 1968). 威廉·J·R·柯蒂斯已在该市内用很多时间与勒·柯布西耶之前的客户和合作者进行探讨。

3 Hutheesing请求房屋：letter to Le C, 19 March 1951. Fondation Le C.

4 气候：letter from Gira Sarabhai to Le C, 1 October 1951. Fondation Le C.

5 古吉拉特阶梯状的井和水池：WJRC, 'Déscente aux sources de la vie: puits souterrains et bassins sacrés en Inde', *L'Architecture d'Aoujourd'hui*, 340 (May–June 2002), 54–57.

6 艾哈迈达巴德博物馆：勒·柯布西耶打算创造一个整体的文化区，但到最后，仅有中心博物馆区得以建成，而且并没有高处的水景花园。See Maria Cecilia O'Byrne, 'La Boîte à miracles en el centro cultural de Ahmedabad', *Massilia 2008*, 266.

7 纺织协会总部大楼：对项目和设计过程的描述，来自1983年到1984年间由威廉·J·R·柯蒂斯与巴克里西纳·多西探讨过的内容。多西于1951到1954年间在巴黎与勒·柯布西耶一起工作，然后又于1954-1957年间在艾哈迈达巴德一起工作（在昌迪加尔一段简短的时间后）。See also Doshi's memoirs, *Paths Uncharted* (Ahmedabad, Vastu Shilpa Foundation, 2011). 让·路易·威雷（Jean Louis Véret）也是一位供职于艾哈迈达巴德的事务所的场地建筑师。他于20世纪80年代中期在巴黎，1999年初在艾哈迈达巴德，两次与威廉·J·R·柯蒂斯分享了自己当年在印度的回忆。See also Rémi Papillaut, 'Suivre un chantier à plus de 8000 kms: le Millowner's à Ahmedabad', *Le C, Moments Biographiques*, 222.

8 场地，萨巴尔马提河：*OC 1952–1957*, 146.

9 坡道、楼梯：有关萨伏伊别墅的文字，见*OC 1929–1934*, 25.

10 Serra、倾斜的面、动态的曲线：see WJRC, 'Spaces Between', *Abstractions in Space. Tadao Ando, Ellsworth Kelly, Richard Serra* (Saint Louis, Pulitzer Foundation for the Arts, 2001).

11 石头挂毯：*OC 1952–1957*, 144.

12 一座小宫殿：参见上方题词的注释。

13 奇曼巴伊住宅（Chimanbhai house）：see *OC 1946–1952*, 163. 纺织厂主的早期项目在第162页。

14 在费用问题上产生的争吵：勒·柯布西耶与他艾哈迈德的客户们之间通讯的一个反复出现的主题，参见for example, 'Note Pour Les Clients d'Ahmedabad', 9 January 1954; also letter from Le C to Bajpay, 20 June 1952. 有关萨拉巴伊（Sarabhai）与勒·柯布西耶之间诚恳的关系，参见尤其是1951-1955年吉拉（Gira）和马洛马（Manorama）

与柯布西耶之间的信件。以上所有信件现存于勒·柯布西耶基金会。

15 肖特汉（Shodhan）: see Balkrishna Doshi, *Sarabhai House, Ahmedabad 1955, Shodhan House, Ahmedabad 1955, photos Yukio Futagawa, Global Architecture* (ADA Edita, Tokyo, 1974). 有关对设计过程的尝试拆解，参见 Maria Candela Suarez, 'El proyecto definitivo para la Villa Hutheesing-Shodhan', *Massilia 2005*, 170.

16 传统大厅与肖特汉：Serenyi, 'Timeless But of its Time'.

17 巴切勒的宫殿（Batchelor's palace），印度印彩画：参见 Balkrishna Doshi, Interview with Carmen Kagal, 'Le C, Acrobat of Architecture', *Vistara: the Architecture of India* (Bombay, 1986). 印度的草图本验证了勒·柯布西耶对印彩画的兴趣。

18 热带的萨伏伊别墅：*OC 1910–1960*, 86.

19 男士，女士：Le C, *The Modulor*, 224.

20 萨拉巴伊（Sarabhai）：1984 年由马洛马·萨拉巴伊女士、吉拉、高塔姆·萨拉巴伊，以及巴克里西纳·多西给威廉·J·R·柯蒂斯传达的项目委托的细节。表达对萨拉巴伊一家合作的谢意。

21 设计过程：see *The Le C Archive*, Vol 26, 114，有关木格栅的设计。

22 Cherchell: Le C, *OC 1938–1946*, 116.

23 萨拉巴伊水滑道：Sunand Prasad, 'Villa Sarabhai, Ahmedabad', *Le C, Architect of the Century*, 302–303.

24 菩提树：see Charles Correa, 'Chandigarh: the View from Benares', Brooks ed. *Le C*, 197.

25 Doshi Sangath, Correa: see WJRC, *Balkrishna Doshi, an Architecture for India* (Mapin, Rizoli, 1988); also WJRC, 'Modernism and the Search for Indian Identity', *Architectural Review* (1987). See Chapter 20.

26 Paul Ricœur: 'Universal Civilisation and National Cultures', *History and Truth* (Evanston, IL, Northwestern University Press, 1961), 276.

第 16 章
回顾与发明：最后的作品

1 题词：Ernst Gombrich, *Art and Illusion, a Study in the Psychology of Pictorial Representation* (London 1961), 78.

2 剑桥：*Le C Sketchbooks*, Sketchbook N57, 49. 在 1983 年，威廉·J·R·柯蒂斯在曼谷遇到了泰国建筑师苏米特·朱姆塞（Sumet Jumsai），偶然提到这个草图和这件意外。结果竟然是，那个在窗边大声叫喊出“打倒学院”的学生竟然就是朱姆塞。

3 创作的焦虑：Jerzy Soltan, 'Working with Le C', 13.

4 孤立：有关勒·柯布西耶晚年的心境，来源于 1971-1972 年间一系列与约瑟夫·路易·泽特（Josep Luís Sert）的采访。

5 勒·柯布西耶：“除了思想，没有什么是可以传达的”，*OC 1965–1969*, 173.

6 巴西学生公寓：see *OC 1957–65*, 192–99; see also Gilles Ragot and Mathilde Dion, *Le C en France : Réalisations et Projets* (Paris, Editions Electa Moniteur, 1987), 76–77. 在这栋建筑的大堂，有一个永久性的展览用于展示这个项目从科斯塔（Costa）的最初理念开始的逐步演化，在最初理念中有一个位于首层的板件，覆盖了在自由形式的交往空间上悬浮的空间（整体形式是柯布西耶形式，但是在其凹凸面几何体中带有许多令人兴奋的可能性）。勒·柯布西耶在给东立面加入组成了这些单元的百叶窗阳台时，加入了某些思想。

7 后期作品中的复杂形式：see Evans. 273–320.

8 1958 年布鲁塞尔博览会菲利浦馆：有关构思过程和实现，参见 Marc Treib, *Space Calculated in Seconds* (Princeton University Press, 1996). See also Xénakis, *Musique de l'architecture.*

9 海蒂韦伯（Heidi Weber）博物馆：有关展品和建筑，参见 Juan Calatrava, ed. *Le C, Museo y Colleccion Heidi Weber* (Madrid, Museo Nacional Centro de Arte, Reina Sofia, 2007); 另有关海蒂韦伯博物馆的前因，参见 von Moos, *Elements of a Synthesis*, 'Le Toit Parasol', 'Pavillons d'Exposition'.

10 菲尔米尼（Firminy）居住单位：有关政治姿态对项目完成前后的支持和反对，参见 Monnier, *Le C, Les unités d'habitation en France*, 147.

11 绿色菲尔米尼：see Gilles Ragot, *Le C à Firminy Vert. Manifesto pour un urbanisme moderne*, (Paris, Editions du Patrimoine, Centre des Monuments Nationaux, 2011).

12 菲尔米尼教堂：Anthony Eardley, *Le C's Firminy Church* (New York, 1981); 另参考第 13 章。要了解勒·柯布西耶为教堂做的原设计的复杂象征主义，以及由乌贝里（Oubrerie）意识到的对建筑真实性的一些疑虑，参见 WJRC, 'Is it Possible to Keep the Soul of an Architectural Idea Alive in such Conditions?', *Architects Journal*, 13 (April 2006), 28; see also Ales Vodopivec, 'Le C / José Oubrerie, Church in Firminy – Cardboard Architecture?', *Oris* 48 (Zagreb, 2008), 132–38.

13 威尼斯和法国大使馆：Colquhoun, 'Formal and Functional Interactions, A Study of Two Late Works by Le C'; see also Jullian della Fuente, 'The Venice Hospital Project of Le C', *Architecture at Rice*: no. 23 (Houston, 1968). See also Hashim Sarkis, ed. *Le C's Venice Hospital. Case: Le C's Venice Hospital and the Mat Building Revival* (Cambridge, MA, Harvard Design School, and Vienna, Prestel, 2001).

14 自我引用：see Eduard Sekler, 'The Carpenter Center in Le C's Oeuvre: an Assessment', *Le C at Work*, 230.

15 Olivetti: see Girgio Ciucci, 'Le C et Adriano Olivetti', Marida Talamona, ed. *L'Italie de Le C*, 217. See also Silvia Boder, 'Intorno alla genesi del progetto per il centro di Calcolo elettronico Olivetti (RHO OL LC)', *Massilia 2013, Le C, Ultimes Pensées / Derniers Projets, 1960–1965* (Marseilles, Editions Imbernon, 2014), 157.

16 扭曲、倾斜、转动：Peter Eisenman (Ariane Lourie, ed.), Forward, Stan Allen, *Ten Canonical Buildings 1950–2000* (NY, Rizzoli, 2008), see 'Chapter 3 Textual Heresies. Le C, Palais-des-Congrès, Strasbourg, 1962-64'. 埃森曼（Eisenman）这样评说勒·柯布西耶的最后期作品：这些建筑有时依赖于将他自己的早期建筑语言的倒置，及求助于他自身设备的内部批判。

17 生物规律：Le C, *Talks with Students* (NY, Orion Press, 1961), 46.

18 对理论的表达，包含许多勒·柯布西耶的经典元素：*OC 1957–1965*, 54. 有关卡彭特艺术中心的设计过程、意义和意向的详细分析，参见 WJRC, 'History of the Design', *Le C at Work*, 37–226; 有关最终实现作品的详细分析，参见 WJRC 'Description of the Building', 9. I studied and worked in the Carpenter Center between 1970 and 1982 (see Bibliographical Note). See also Sekler, fo[r] position in Le C's oeuvre.

19 卡彭特艺术中心在当地文脉中：see WJRC, *Boston Forty Years of Modern Architecture* (Boston, Institute of Contemporary Art, 1980).

20 对场地的回应：WJRC, *Le C at Work*, Chapter 2; for Le C's disappointment at the small size of the commission,. 47.

21 工作室和合作者：这些对勒·柯布西耶日常生活的评论基于威廉·J·R·柯蒂斯多年进行的与 Soltan、Andréini、Gonzalez de Léon、Jullian dell Fuente 之间的谈话。

22 螺旋的理念：note 'à l'Attention de Jullian', 2 February 60, Fondation Le C. A spiral concept was anticipated in written notes scawled in Sketchbook P59, 7, during the site visit of 12–15 November 195[9]

23 美国协会：这个案例由威廉·J·R·柯蒂斯详细地记载在《工作中的勒·柯布西耶》（*Le C at Work*）第 3 章和第 11 章。有关对意义阐释和设计过程的重构，参见 WJRC, 'The History of a History: Le C at Work, The Genesis of the Carpenter Center for the Visual Arts', *Massilia 2013, Le C, Ultimes Pensée / Derniers Projets, 1960–1965* (Marseilles, Editions Imbernon, 2013), 110–155.

24 S 符号：Le C, *When the Cathedrals Were White*, introduction.

25 真实形态，半意识联想：Soltan, 'Working with Le C', 12.

26 表现图纸，纯粹和简洁的建筑感：letter from Le C to Sert, 29 May 1961, Fondation Le C. *Le C at Work*, Appendix 16 (trans. WJRC).

27 骨架的简化，纯粹的圆柱和平板，“钢筋混凝土的关键”：letter from Le C to Sert, 28 February 1961, *Le C at Work*, Appendix 13 (WJRC translation).

28 粗制混凝土，但是光滑：letter from Le C to Sert, 29 May 1961, *Le C at Work*, Appendix 16 (trans. WJRC). 有关混凝土的更多信息，参见第 12 章。

29 完美的比例，通风机：letter from Le C to Sert, 29 May 1961 (trans. WJRC)。有关勒·柯布西耶建筑语言“类型 - 要素”的更多信息，参见第 19 章。

30 发现的总结，《石锤》（*coup de poing*）：1972 年春，在与威廉·J·R·柯蒂斯的讨论中，朱利安·德拉·福恩特（Jullian della Fuente）多次回归到“他唯一的美国建筑”中对勒·柯布西耶所有要素的一种示范（当然表达的是北美建筑的意义）。事实上，从哈佛园到昆西大街的对角视线包括一种对独立支柱、板式体、梁、全玻璃面、遮阳板、波动的玻璃墙面、通风机、屋顶平台的修饰性展示，这些元素有一个绿色滨海大道（绿化大道，意为伸出边缘上的灌木丛），以及一个坡道。事实上是一个升级版的“建筑五点”以及在一个作品中表现毕生原则和发现，而且同时是一个城市规划师的隐喻——个回顾性作品以及一个带有浓厚的某种程度上讲是自传的“文字”。

勒·柯布西耶：*VUA*, 145, 'To make a plan is to determine and fix ideas. It is to have had ideas ... A plan is to some extent like an analytical contents table. In a form so condensed that it seems as clear as a crystal and like a geometrical figure, it contains an enormous quantity of ideas and the impulse of an intention.' (Etchells' translation).

第17章 建筑理念的领域

题词：Berthold Lubetkin, 'Notes on a Talk Given at the AA in London in 1967', Peter Coe and Malcolm Reading, *Lubetkin and Tecton, Architecture and Social Commitment, A Critical Study* (London, 1981), 76–79.

镜子和透镜：see WJRC, 'Objectif et Miroir', *Le C, Voyages, Rayonnement International* (Paris, Fondation Le C, 1997), 47. See also WJRC, 'Intersections: On Re-reading Le C', Thomas Weaver, ed. *AA Files* 58 (London, Architectural Association, 2008), 50–55.

建筑，思维体系：Le C, *L'Almanach d'Architecture Moderne* (Paris, Editions Crès, Collection de l'Esprit Nouveau, 1925), 5. 勒·柯布西耶词汇 *"pensée"*（思想）进出于多个定义，从书面的理念到空间及富于想象力的概念。在他的许多视觉创作中，他将自己的道路引向有表现力的层面，“在其被了解前交流”（借用TS Eliot用于诗句中的词汇）。

建筑肌理：一个柯布西耶术语，带有含糊的重叠含义。在《模度2》中，他从拉鲁斯（Larousse）那里引用了一句定义：“一件作品构件的联系和组成部分，或者是一个团体的组成部分”，210。然而，这个词语在他思想中也与“人类的一个命运：由许多人推动的空间形态的设计”相关，207。勒·柯布西耶貌似辨别了由“基准线”提出的“数学”规则，以及后期作品中由多维度和模度的韵律控制的“肌理”规则。后者有可能适合所有尺度，从扶手栏杆到整个景观，例如昌迪加尔国会大厦。超越了器具性，一种建筑纹理蕴含了一种隐喻的秩序，将感知、视觉音乐，以及“不可描述的空间”联系起来。这让我们回想起了让纳雷在年轻时代对毕达哥拉斯的钦慕。

历史长河中的长波运动：see WJRC, 'Abstractions et representations. Le Capitole de Chandigarh, paysage de symboles', *Atelier Intérieur*, see also Octavio Paz, 'The past reappears because it is a hidden present history ... contains certain invariable elements, or certain elements whose variations are so slow as to be imperceptible', *The Labyrinth of Solitude* (NY, Grove Press, 1961).

建筑思想、手势：Georg Henrik von Wright, ed. *Ludwig Wittgenstein, Culture and Value* (London, Wiley-Blackwell), 22.

风格：最好的基本反映仍然是Meyer Schapiro, 'Style', AL Krober, ed. *Anthropology Today: Encyclopaedic Inventory* (Chicago, University of Chicago Press, 1953), 287–312, 如他所言，“一般来说，对一种风格的描述涉及艺术的三个方面：形式元素或图案、形式关系，和质量（包括我们可以称之为“表达”的总体质量）”。另参见恩斯特·贡布里希 Ernst Gombrich, *Art and Illusion, A Study in the Psychology of Pictorial Representation* (NY, 1960)，特别是关于内化‘图式’的概念，这种概念也影响了感知，表现和创造。另参考第18章中关于Focillon的注释。在《走向一种建筑》一书最前面，题为 *Trois Rappels à Messieurs les Architectes, I, Le Volume* 的章节第一句，勒·柯布西耶声明：*L'architecture n'a rien à voir avec les 'styles'*（建筑与“风格”无关）。在这里，他可能意为谴责建筑师求助于肤浅的表面风格图案和表皮的深入历史参考。但他对“风格”有更深入的兴趣。在日期为1936年9月23日致Rex Martiennsen的一封信中（并通过他进入一个刚刚发布宣言的约翰内斯堡的现代建筑师团体）他写道：“打破‘学校’的概念（Corbu拥有的特殊学校并不亚于‘Vignola学校’）。学会了规则、交易的技巧，及圆滑。我们即将发现现代建筑。让我们从全球各个角落提出崭新的建议。在一个世纪的时间里，我们可以开始谈论一种‘风格’。今天我们并不敢。我们所能做的只是思考‘风格’本身——也就是说，每一件真正具有创造力的作品都具有道德上的正直”。参见 *OC 1910–1929* (first French edition of 1937), 6 for English version, 5 for the French.

8 抽象与转化：WJRC, *Fragments of Invention*, 参见对引言和参考书目的注释。

9 缝纫机、雨伞：Comte de Lautréamont, *Les Chants de Maldoror* (Balitout, Questraye et Cie, 1869).

10 天然艺术品与转化：see WJRC, *Fragments of Invention*; 另见第19章关于自然物体、骨骼和贝壳的说明。

11 造型元素：勒·柯布西耶坚持认为它们在性质上不具有可描述性。相反，它们是高度充满感情的视觉图案，充满象征意义的潜能，能够吸引多种含义。See for example Le C, 'Introduction', *Le C: Oeuvre plastique, peintures et dessins d'architecture* (Paris, Editions Albert Morancé, 1938).

12 反复出现的视觉思维模式：see Eduard Sekler, 'The Carpenter Center in Le C's Oeuvre; An Assessment', *Le C at Work*, particularly 230–231.

13 经验、记忆和类型：Letter from Le C to Ritter 14 January 1926: 'But when the distance is great enough, and your forgetting is complete enough, you construct a type'. Fox Weber, *Le C, A Life*, 228.

14 Fröbel与视觉思维：Fröbel自己宣称：“从物体到图片，从图片到符号，从符号到思想，引领了知识的阶梯”，*Die Menschenerziehung*, 1826; 他本来可以补充说，他的系统同时引入并鼓励了触觉和空间想象力。我们不知道让纳雷的Fröbel训练究竟是什么形式，但是我们不难在几何形状和块体间距、L'Eplattenier所鼓励的对自然现象的结晶抽象，与勒·柯布西耶后来在他成熟的创作世界里在发展整个符号形式系统和表达图像方面表现出的天赋，之间建立横向联系。

15 提供神话结构、修辞的文本：关于勒·柯布西耶文本中的修辞问题，请参阅Guillemette Morel Journel的几篇文章，有关讲座中的修辞参见Tim Benton, *Le C, Conférencier* (Paris, Editions du Moniteur, 2008).

16 勒·柯布西耶对“自然”的概念：我们可以从物理学家Werner Heisenberg的警示性言论开始，“我们必须记住，我们观察到的不是自然本身，而是暴露在我们质疑方法下的自然”（1958）。在更大的世界观中，勒·柯布西耶有几个“自然”概念，包括进步和机器化。在这种情况下，“自然”具有稳定和协调功能。在他对自然世界的直接体验中，他在崇高的惊奇到深入的分析之间来来回回。特别是在20世纪30年代，他想到了诸如贝壳和骨头之类的物品作为“自然法则”的证据。参见collection of essays in *Le C, la Nature* (Paris, Fondation Le C, Editions de la Villette, 1991). 有关在一系列文章中探究的平行主题进行的更深入研究，参见Linda Seidel, ed. Vincent Scully, Introduction, *The Nature of Wright* (1988). 有关形而上学及大自然的启发，另参见Sarah Menin and Flora Samuel, *Nature and Space, Aalto and Le C* (London, Routledge, 2003).

17 歌德与自然：see Johann Wolfgang von Goethe, 'Intuitive judgement', *Goethe's Botanical Writings*, trans B Mueller (Woodbridge, CT, Oxbow Press, 1989), 232–33; also *Goethe, Gesamtausgabe Sämtliche Werke: Nach den Texten der Gedenkausgabe des Artemis Verlages* (Munich, 1961–63), 11; 453–56.

18 风格与起源：Gottfried Semper, 'Über Baustile' (1869) in Hans and Mannfred Semper, eds *Gottfried Semper, Kleine Schriften* (Mittenwald: Mäander Kunstverlag, 1979), 402. See Mari Hvattum, *Gottfried Semper and the Problem of Historicism* (Cambridge University Press, 2004).

19 “理论”：有关一个貌似与勒·柯布西耶坚持观察和分析有关的定义，参见George Steiner: 'The word "theory" has lost its birthright ... it tells of concentrated insight, of an act of contemplation focused patiently upon an object ... A "theorist" or "theoretician" is one who is disciplined in observation.', *Real Presences* (Chicago, Chicago University Press, 1989), 69.

20 绘图作为一种工具：Le C stated *Dessiner c'est d'abord regarder avec ses yeux, observer, découvrir. Dessiner c'est apprendre à voir.*', Jean Petit, *Le C, Dessins* (Geneva, Forces Vives, 1966); see also Danièle Pauly, *Le C, le dessin comme outil* (Nancy, Musée des Beaux Arts, 2006–07).

21 草图和转化：see Michael Graves, 'Le C's Drawn References', *Le C Selected Drawings* (London, Academy Editions, 1981), 8, originally published as Alberto Izzo, Camillo Gubitosi, *Le C, Dessins, Drawings, Disegni* (Rome, Officina Edizioni, Paris, L'equerre, 1978).

22 勒·柯布西耶作为作者：在他的法国身份证上，他被列为 *Homme des Lettres*（文人），而且在他的一生中，他创作了许多书籍、小册子及许多未发表的文本。为了追踪勒·柯布西耶的文学思想和风格，参见M Christine Boyer, *Homme de Lettres* (Princeton, 2010); 有关他书籍的所有方面，包括设计，参见Arnaud Dercelles, *Le C et le Livre* (Barcelona, Actar, Paris, Fondation Le C, 2005). See also Catherine de Smet, *Vers une architecture du livre: Le Corbusier édition et mise en pages 1912-1965*, (Baden, Lars Müller, 2007).

23 诗歌的精神、建筑构思：Le C, *L'Architecture d'aujourd'hui*, 10, (1933), 63–64.

24 照片作为捕捉和置换物品的一种手段：有关勒·柯布西耶在 20 世纪 30 年代构建的各种物品，参见 Benton, *Le C, Secret Photographer*; 有关综合的看待，参见 essays in Nathalie Herschdorfer, Lada Umstätter, eds *Construire l'image: Le C et la Photographie* (London, Thames and Hudson, 2012).

25 蜿蜒的法则：*Précisions*, 142.

26 吸收直接经验到后来的思想框架中：WJRC, *Modern Architecture, Mythical Landscapes and Ancien Ruins*, 例如帕提农神庙等古代建筑物，和它们后来在文本中的"重构"，以及它们在建筑图像中的转化。有关建筑师终其一生的蜕变在各种形式中的原始体验，参见 WJRC, 'Le C's Acropolis: the Classical Ideals of Le C', *Architectural Review* (October 2011). 类似的内化和反复出现的"心理结构"应用于物体和空间体验：例如，对地平线的痴迷可能已经追溯到了阿尔卑斯山高地的某种海洋感，但它确实被雅典卫城和阿托斯圣山的体验所激活。然后，主要的"顿悟"以各种形式被重新考虑，在萨伏伊别墅、朗香教堂，而最重要的是在马赛公寓的屋顶露台上。

27 理论、Julien Caron (Amédée Ozenfant): 'Une Villa de Le C, 1916', *L'Esprit Nouveau*, no.s 4–6 (1920). 据说被问到的文字是由奥赞方写的，但我们可以推测勒·柯布西耶与它有关联。无论如何，它设定了一种模式，即勒·柯布西耶常常根据在实际建筑领域中所取得的发现，向理论的方向进行归纳总结。例如，参见"新建筑五点"（第 5 章）或遮阳板系统（第 10 章）。对于勒·柯布西耶，有必要避免任何简单的理论决定形式的概念。写作有时具有锚定和神话化经验的功能，有时具有引导理论公式和学说的功能。他还用文本来探索新闻剪辑中的观念，比如《模度》一书中对印度作品的反思。在他的所有活动中，勒·柯布西耶不断游荡于特殊和一般之间。

28 《勒·柯布西耶作品全集》作为一项专著：从 1930 年德国出版的第一卷开始，它就建立了一个策略，用于将已实现的建筑和未建成的项目、特殊的案例和通常的理念、照片和线图关联在一起。从效果上来讲，超过了其各个部分的总和，因为它在潜意识中，在超出理性水平的情况下，传达了整个世界观。勒·柯布西耶在他的著作和演讲中使用了修辞，但他也在其出版物的蒙太奇及其实际建筑的展示中，使用了视觉修辞。有时，建筑本身就是他学说的展示或宣言，除此之外，它们还是具有独特美学秩序和存在感的个体作品，例如，瑞士馆就是其中之一。

29 建筑的语言：这段文字来自《走向一种建筑》一书中 'Architecture, Pure Création de l'Esprit' 这一章开头的斜体文字，165.

30 思维的镜子：Le C, *Almanach*, 参见上面的注释。

31 以更高的统一性超越功能和结构：see for example Colquhoun's observation 'Le C, more than any other architect of the modern movement insisted that architecture was the product of the individual human intelligence. The order it created was ideal, not pragmatic', 'The Significance of Le C', 17.

第 18 章 形式的起源

1 题词：Schinkel, see Goerd Peschken, *Das architektonische Lehrbuch: Karl Friedrich Schinkel Lebenswerk* (Munich, Deutscherkunstverlag, 1979), 34 (Berlin and Munich, 1979), 50.

2 形式族库，Focillon: see Henri Focillon, *La Vie des formes* (Paris, 1934), in which he poses the question 'What then, constitutes a style ?' and replies that it is made up of 'formal elements' a 'repetoire' a 'series of relationships', 'a syntax', 12. See Chapter 17, note on Style and Chapter 19, note on Type.

3 设计思维：Alan Colquhoun's article, 'Typology and Design Method', *Arena, AA Journal*, London (1967)，这有时被认为是设计过程的"关键"；但是对于像勒·柯布西耶这样的人物，存在的风险在于过度简化其形式起源，而其创造性过程是如此层次繁多和复杂；最重要的是，它遵循了卡彭特艺术中心、瑞士学生宿舍等设计过程中时而曲折的路径，这些路径并不适于这种易于定义的类别。有关整个创作问题，请参阅参考书目注释。

4 现实与理想：see WJRC, *Le C at Work*, 'Chapter 3, Finding the Building's Form', 57–83: 另参阅参考书目注释，了解有关设计过程草图和图纸分析的思考。

5 图纸、过程、意图：see WJRC reflection on method, 'Introduction', *The History and Design of Le C's Carpenter Center for the Visual Arts at Harvard University, A thesis presented by William Joseph Rupert Curtis to the Fine Arts Department in partial fulfilment of the requirements for the Degree of Doctor of Philosophy in the Subject of Fine Arts* (Harvard University, Cambridge, MA, May 1975); 对于整个历史中对图纸的设计过程和解释的通用反思，参见 WJRC, 'Notes on the Genesis of Architectural Form' (unpublished paper, 1977), WJRC Archive; see also WJRC, 'The History of a History', *Massilia 2013*.

6 "问题情境"：这个术语来自 Karl Popper, *The Logic of Scientific Discovery* (London, Hutchinson, 1959) (trans. *Logik der Forschung*, Vienna, 1934)，在其中他谈到通过可测试性的假设对"问题的结构性区域"进行调查从而推进的研究。对于每个设计，事实上勒·柯布西耶在几个层次上探索问题，从场地和项目的直接问题，到他自己更广泛的内部问题、形式中的内容表达、其类型解决方案中新维度的探索，或是重新定义他的语言和原则。因此，即便是一个地处偏远的、未建成的设计提议，例如位于舍尔沙勒（Cherchell）的农学家庄园住所（1942 年），也可以恢复大量与气候、文化、传统、金库、法院、工艺、记忆和地中海原型有关的通用性问题。如果他重新考虑特定问题以适应通用的"问题情境"，那么他的解决方案也会带来远远超出单个情况的意义和影响。这增加了它们作为陈述范式来影响他人的潜力。见第 20 章"勒·柯布西耶的转化"。

7 意识中出现的形象：朗香教堂和卡彭特艺术中心的设计过程展示了经过一段时间的孵化之后出现的第一个想法。在《精确性》，218-219 页，勒·柯布西耶谈到了创造行为："建筑放大了思想，因为建筑是一个不可否认的事实，它在创造的瞬间产生，当时心灵正专注于确保构筑的坚固性，怀着对舒适的渴望，发现自身意图被提高到超出了简单有用的本意，并倾向于展示诗意的力量，激励我们并给予我们快乐"（原文中勒·柯布西耶的话为斜体）。

8 卡彭特艺术中心，生物类比，肺：see WJRC, Chapters 3 and 4. 我们并不是说勒·柯布西耶是通过直接引用或明显的类比来进行设计，而是他的形式同时呼应了多种图像，同时又保持了作为形式的独立性。也就是说，他倾向于直觉联系，这能将他的主要意图或中心思想相结合，在这种情况下他过去的尝试涉及将新鲜空气和通风引入令人窒息的工业城市，尤其是美国城市。有关一般性反思，参见 Peter Collins, *Changing Ideals in Modern Architecture*, 'The Biological Analogy', 149.

9 工作室和第二次世界大战后的合作者：Soltan, 'Working with Le C'; Teodoro González de León, Le de Cerca; Roger Aujame, 'Une journée à l'atelier de 35 rue de Sèvres' and ' Marc Bédarida, 'Une journée au 35 rue de Sèvres, *Le C Moments Biographiques* (Paris, Fondation Le C and Editions de la Villette, 2008), 53 and 27. For photos see *Le C le Grand*.

10 游戏规则：Le C, 'Nothing is Transmissible but Thought', *OC 1965–1969*.

11 室内、室外：see title to sub-section 'Le Dehors est toujours un dedans', Chapter II 'Architecture, L'Illusion des Plans' *VUA*, 154.

12 绘画，迈耶：有关更近的分析，参见 Victor H Velasquez, 'Un dibujo de la villa Meyer', *Massilia 2002*, 71.

13 平面、发生器：'Le plan est le générateur', see prefatory page, Chapter entitled 'Trois Rappels à Messieurs les Architectes, III, Le Plan', *VUA*, 33. Le repeats this encantation several times in *VUA*.

14 平面、确定一切：see Chapter, 'L'Illusion des Plans', *VUA*, 145–46.

15 平面、想法：Le C, 'Faire un plan, c'est préciser, fixer des idées', *VUA*, 145.

16 苏维埃宫，组合策略：对于处理个性化功能元素和互锁空间的思考，参见 Jacques Lucan 关于坎波广场、大教堂和斜塔作为一种可能模型的讨论，'Athènes et Pise, Deux modèles pour l'espace convexe du plan libre', *Le C, L'Atelier Intérieur*, 59.

17 朗香教堂设计过程：see Danièle Pauly, *Ronchamp, Lecture d'une architecture*.

18 控制性和生成性的线条：'les *accusatrices*, les *génératrices* de la forme', see beginning of Chapter entitled 'Trois Rappels à Messieurs les Architectes, I La Surface', *VUA*, 25.

19 阿尔伯蒂，*De Pictura, 1435, On painting*, trans. JR Spencer (Yale University Press, 1966). 阿尔伯蒂关于绘画的首要观点和限制性轮廓似乎已被勒·柯布西耶和奥赞方在他们的文章《新精神》（*L'Esprit Nouveau*）中吸收。有关"理想主义"创作理论的评论，参见例如 Erwin Panofsky, *Idea: a Concept in Art Theory* (original German edition, 1924), trans. JSJ Peake (Harper Collins, 1975).

20 Vasari，绘画：在他的 *Le Vite de' più eccellenti architetti, pittori et scultori italiani, da Cimabue insino a' tempi nostri* (Florence 1568) 中，Vasari 使用术语

disegno 作为一种概念来指代绘画和设计。他认为作品的概念是在艺术家的灵魂中形成的，然后在形式和物质上进行外化，有时需要借助于绘画才能完成。

1 Daniele Barbaro, interior image: Preface to *I dieci libri dell' Architettura di M. Vitruvio tradutti e commentati* (Venice, 1556), 9.

2 实际结构、建构表达：see Eduard F Sekler, 'Structure, Construction, Tectonics', in Gyorgy Kepes, ed. *Structure in Art and Science* (NY, Braziller, 1965), 89–95.

3 结构的思想以及思想的结构：see WJRC article with this title on the conception of Pavillon Suisse, see note Chapter 9.

4 骨架覆层，编织：参见 Gottfried Semper, *Die Vier Elemente der Baukunst* (1851)。四个元素是火炉、屋顶、基座和围墙，最后一个名称可能来源于最早期结构上的编织。没有确凿的证据表明勒·柯布西耶受到这些想法的影响，但是他的自由立面的概念使他能够想到用灰泥和油漆、平板玻璃或纹理化遮阳板覆盖的外表面。无论如何，在他的建筑物外表面的重量感和失重感之间经常会有一种戏弄式的感知游戏。

5 结构、人类精神：see Geoffrey Scott, *The Architecture of Humanism* (London, 1914), 96.

6 面纱，装饰：自从阿道夫·路斯（Adolf Loos）在他的辩论性文本 '*Ornament und Verbrecken*'（"装饰与罪恶"，1908）中对装饰进行批评以来，有一种奇怪的现象，即拒绝讨论装饰在现代建筑中的作用，或者说用另一个名字来称呼事物，比如"细节"。事实上，勒·柯布西耶用较小的元素来表达形式，例如 20 世纪 20 年代别墅的水平条纹的工厂式窗户、巴黎救世军总部大楼的玻璃砖、瑞士学生宿舍的毛石墙、朗香教堂上附着的钢制楼梯扶手或砾石石灰表面，或在马赛的粗制混凝土上粗糙木板的印记，都表示"装饰"，但都用了另外的名字。保罗·瓦列里（Paul Valéry）认为"诗人的谎言是为了说出真相"，并且可能与勒·柯布西耶一样，他为了澄清一种形式、一种意义甚至表达一种材料的"诚实"和特征，必须进行压制或强调。马赛的纹理"面纱"实际上需要传达粗制混凝土中的元素的雕塑感及力量，例如建筑物下巨大的支撑结构。没有这种纹理的清晰度，它们的建构表现和力的感觉就会少得多。历史上的每一个石匠都知道这样的事情已经有几个世纪了，但是在石雕的凿刻、刮削或抛光以及关键的处理方面，所有这些都可以改变整个立面的感觉。对于装饰的作用进行深思熟虑的研究，主要是在伊斯兰建筑中——但带有一些相关的一般性反思——参见 Oleg Grabar, *The Mediation of Ornament* (Princeton, Princeton University Press, 1992).

7 勒·柯布西耶，不存在所谓的细节：Jane Drew, 'Le C as I Knew Him', *Open Hand*, 365.

8 朗香教堂的屋顶：有关朗香教堂的施工过程和材料使用的一些细节，参见 Roberto Gargiani and Anna Rosselini, *Béton Brut and Ineffable Space, 1940–1965*, 133.

9 阿尔托，"材料"：see Alvar Aalto, 'The Relationship between Architecture, Painting and Sculpture', 1970, in Harry Charrington and Vezio Nava, eds *Alvar Aalto, The Mark of the Hand* (Helsinki, Rakkennustieroi, 2011), 93.

30 毫米：'*Les proportions architecturales se mesurent en millimètres. Ictinus était bien de cet avis*', see Julien Caron, *Esprit Nouveau* (1920), 702. See also *VUA*, 177, caption to photo of detail of Parthenon entablature: '*La fraction de millimetre intervient*'.

31 马赛公寓、搞砸：recalled by Julian della Fuente, *Correpation with Antler*, 1971; for precise source see letter Le C to J L Sert, 15 October 1962. See Appendix 21 WJRC, *Le C at Work*, 303.

32 一种创造行为是无法被重新演绎出来的：this sentence repeats word for word the first sentence of Eduard Sekler, 'Introduction', *Le C at Work*, 1.

33 Kahn 对昌迪加尔的回应：recalled by Balkrishna Doshi in conversation with WJRC in 1987, see also Doshi, *Paths Uncharted*.

34 比例，完美，不可言说的空间：参见勒·柯布西耶的介绍文字，Jean Petit, ed. *Un Couvent de Le C* (Paris, Editions du Minuit, 1961).

35 Focillon, 形式生命的技巧：参考引言部分的注释。

第 19 章
独特性和典型性

1 题词：Gottfried Semper, *Kleine Schriften* (Berlin, 1884), 269. On nature's 'norms and types' it may be relevant to add a phrase from Charles Darwin, *The Origin of Species by Means of Natural Selection* (London, John Murray, 1859): 'endless forms most beautiful and most wonderful have been and are being evolved'.

2 类型：在拉鲁斯（Larousse）中的定义是 '*Modèle idéal, défini par un ensemble de traits, de caractères essentiels*'。然而，像往常一样，勒·柯布西耶以与他的信仰体系相对应的特定方式使用"类型"一词。有时"类型"接近"标准"，这反过来又与工业标准化相重合，并可能继承自德意志制造联盟（特别是穆特休斯）的想法，需要通过批量生产定义明确的模型（如汽车）来解决住房问题，到目前为止已通过向工业产品注入良好形式，以某种方式将当代机器时代文明提升到了更高的水平。有时候"类型"呈现出理想主义，更不用说新柏拉图式的泛音，似乎艺术家可能可以感知甚至描绘经验对象和现象的特殊性背后的基本理念和典型想法。有时，"类型"与这样一种观念有关，即个体的人造物体可能通过某种进化改良和适应而达到一种纯粹的自我定义状态。有时，"类型"会逐渐演变成勒·柯布西耶对自然物体（比如松果和贝壳）的功能、形式优雅、经济的赞赏。在他的建筑和城市学说中，"类型"与从底层架空到城市规划的各种尺度下的通用元素的定义有关。让我们回到特纳（Turner）关于勒·柯布西耶思想中的唯心主义的观察结果，而这些观察反过来又几乎无意识地吸收了文艺复兴时期艺术理论中的"理念"和"理想"，这些都体现在《新精神》杂志的文本中，当然也体现在《走向一种建筑》一书中。在更高的类型概念下，勒·柯布西耶对帕提农神庙的联想，是否还有一种希腊式的对柏拉图的回应，或古希腊雕塑家对完美人体形象的理想的回应？在《走向一种建筑》中，他不断地提到建筑的"理念"，好像这是一个灵魂或一个有启发的精神，然后他努力抓住自然创造的本质。让纳雷在拉绍德封（La Chaux-de-Fonds）的训练实际上教会他观察自然现象，比如树木，然后将它们抽象为概括性的或者说是"典型的"形式。有趣的是弗兰克·劳埃德·赖特也有类似的想法。在他的文章"日本版画解读"（The Japanese Print an Interpretation，1912）中，他这样陈述道："在日式的感觉上使用'自然'这个词，我当然不是指作为场景的视觉形象或者冲击相机的磨砂玻璃的外表，但内在的和谐穿透了外在的形式或字母，而且这是其决定性特征：物质中的品质（重复我们之前所说的），这是它的意义和它对我们的生命——柏拉图称之为（我们所看到的理性，心理上的，如果不是形而上学的）事物的"永恒的理念"。理念借助于形式的作用而独立展现给我们。形式永远不会脱离于理念；方法必须被完美调整至最后"。

3 纯粹的思维创造：an approximate translation into English of the phrase contained in the chapter heading 'Architecture Pure Création de l'Esprit', *Vers une architecture*, 161: 'mind' does not capture the full meaning of *ésprit*.

4 纯净的几何形式，更高级的理念——来自《走向一种建筑》，包含基本实体和古罗马的素描：这幅画是神秘的，勒·柯布西耶在《走向一种建筑》中重复使用了几次。它可能意味着从过去的经验教训中进行抽象。它提出了一种超越历史时代的类型的永恒世界。它使人回忆起年轻的勒·柯布西耶从东方之旅回程途中获得浮动形式的梦想（见第 2 章）；它回应了文艺复兴时期建筑师 Pirro Ligorio 的罗马废墟素描，他是《罗马安蒂卡》（*Roma Antica*，1561）的作者，让纳雷在 1915 年访问巴黎国家图书馆期间发现并描绘了这幅画。也与勒·柯布西耶在《走向一种建筑》，16，名为 "Trois Rappels，le Volume" 的章节中的赞美诗相对应，它将立方体、圆锥体、球体、金字塔椎形体描述为"美丽的形式，最美丽的形式"。这段文章直接跟着他对建筑的定义 '*le jeu savant, correcte et magnifique des volumes assemblés sous la lumière*'.

5 类型，自然法则：见第 5 章的注释 4。

6 Viollet-Le-Duc：参见引言题词的注释。

7 多米诺，体验：the illustration of the skeleton in the *OC 1910–1929* is accompanied by a text which states: 'The intuition works through unexpected illumination. Here in 1914, we have the pure and total concept of construction'.

8 结构元素，一般，理想：Turner, *The Education of Le C*, 176

9 "新建筑五点"：参考第 5 章对 Oechslin 的注释。

10 长条窗口，概念和经验：see Le C, 'Etude d'une fenêtre moderne', *Almanach*, 97. 在 1943 年 12 月 7 日由奥古斯特·佩雷在 *Paris Journal* 上发表的一篇文章中，勒·柯布西耶的导师攻击了他关于水平条形窗户的概念，并捍卫了垂直窗户的概念。勒·柯布西耶随后参观了佩雷设计的迪布瓦宫殿（Palais de Bois），它显然有很长的水平窗户，因此很有讽刺意味。参见 Pierre Saddy, Perret, Auguste 1874–1954, '*Deux héros de l'époque machiniste ou le passage du témoin*', *Encyclopédie*, 300. 在《一栋住宅，一座宫殿》（*Une Maison Un Palais*），97，勒·柯布西耶出版了一幅勒芒

湖的景观草图，其被长长的窗户和湖上轮船的遮阳篷所包围，并将其与他的一些横向的窗进行了比较。他的标题声称，从“表象”的角度来看，轮船孔确认了“长条窗的原则”。与勒·柯布西耶一直以来一样，有人会提出这样的问题：首先出现的是什么？是某种事物的直接体验，还是事物的一种先验概念？抑或这种区别是错误的？

11 遮阳板，从实验到学说：在《勒·柯布西耶作品全集 1938-1946》中，勒·柯布西耶提到了 1933 年为巴塞罗那的 Lotissement 发明的遮阳百叶窗，声称这些实用设备“后来代表了教条的元素”。

12 波动性的窗户和混凝土中的类型原素：see WJRC, 'History of the Design', 'Chapter 8 Le C's Definition of Reinforced Concrete', *Le C at Work*; see also Chapter 16 note on '*Coup de poing*'.

13 “高跷上的盒子”：关于‘类型’的进一步思考，参见 Stanislaus von Moos, 'Between Function and Type', Elements, and Alan Colquhoun, 'Typology and Design Method'.

14 如此广泛，例外：see Louis Sullivan, *The Autobiography of an Idea* (Cicago, 1924), 221, 他在其中回忆了教授几何体描绘的老师 M · Clopet，1874 年在巴黎时他使用了这个词语。

15 概念置换：Colquhoun.

16 一种启示，一种震动：Le C, 'Introduction', *Oeuvre plastique peintures et dessins architecture* (Paris, Albert Morancé, 1938). 他还谈到了 *mots-notions*（单词 – 概念）之间的相互冲突，每次两个甚至十个。值得一提的是，安德烈·布莱顿（André Bréton）的建议是“诗意的类比，与神秘的类比有共同之处，即它超越了演绎的法则，目的是使思想理解位于不同层面的两个思考对象相互依赖，其二者思维的逻辑功能不太可能架起一座桥梁”，Bréton, 'Rising Sun', in F Rosemont, ed. *What is Surrealism? Selected Writings* (London, Pluto, 1978).

17 同一种空间智慧：将早期图式，例如库克住宅的剖面转换到后来的项目中，例如纺织协会总部大楼的项目，参见例如 Serenyi, 'Timeless but of Its Time'; Lapunzina 讨论了在克鲁切特（Curutchet）项目中对之前的空间思想进行浓缩的类似现象；这在《勒·柯布西耶：理念与形式》第一版第 210 页中有所讨论。

18 三分法秩序与古典主义：see WJRC, 'Modern Transformations of Classicism', *Architectural Review* (1984); also Colquhoun, 'Displacement of Concepts'. 再一次回到勒·柯布西耶的成长岁月，最重要的就是他在旅行期间，以及他在“汝拉古典主义”的早期试验中，甚至是他早期的一些家具设计中，吸收了“古典价值”。从本质上讲，他理解基座、中部和悬垂的檐口的概念，无论是在语法上，还是在对人体形象的诉求方面。尽管这种基本关系始于他在砖石建筑方面的工作，但后来这种关系依靠钢筋混凝土的结构而转换到他的作品中。所以“基础”不再是坚固或质朴的砖石结构，而是变成了细长的架空体和由此产生的自由化的平面组成的区域。没有大的重量向下产生压力，他使用了悬浮在空间中的横跨的水平线条，例如在萨伏伊别墅。在更大的尺度上（例如瑞士学生宿舍），他需要调整支撑体的尺度，并引入中间性的节奏和清晰度，以保持连贯性。在更大的尺度上（如 1939 年的阿尔及尔摩天大楼项目，或第二次世界大战后的联合国大厦），他需要引入一些重叠的尺度和节奏，在这里遮阳板（*brise-soleil*）被证明非常有用，最终形成了模度。在《走向一种建筑》，170，在一幅帕提农神庙的台阶和柱础的图像说明中，勒·柯布西耶写道：“希腊人发明了一种形式体系，直接而有力地对我们的感官采取行动：柱子、凹槽、一个充满了意图的复杂的檐部、一部成系列并与地平线相连的楼梯。”(trans. WJRC).

19 地平线、雅典卫城：VUA, 151, in this section entitled 'Ordonnance' and the chapter 'Architecture, l'illusion des plans'. 另见上文第 2 章“地平线，Athos，拉图雷特”的注释。

20 树木：我们没必要再提醒勒·柯布西耶在汝拉的青年时代的“冷杉民俗学”民间传说，或者树木在象征性的装饰语言中的重要性，例如弗莱别墅（Villa Fallet）。正如 Patricia Sekler 所表明的那样，小勒·柯布西耶（Jeanneret）可能受到拉斯金（Ruskin）关于绘制树木的指示，以及与之相关的道德联系的影响（见第 1 章，注释 14“拉斯金与树木”）。他还详细研究了他们的结构和层次。后来，在调研遮阳板带有纹理的格栅与塔体的核心结构和垂直流通时（当然包括联合国大厦），这些方面一直困扰着他。

21 手，手势，符号，轮子：我们再一次注意到当他痴迷地回归到时常使用一种具有图标特征的相同主题时，勒·柯布西耶如何在表现与抽象之间来回徘徊。有关张开的手的案例，勒·柯布西耶在《模度》一书中详细讲述了这个故事，1948 年，他在波哥大首次想出了漂浮在地平线上的一只手的图像，它看起来没有任何特殊含义。四年后，在最初的昌迪加尔国会大厦草图中，他将开放的手作为空间中的雕塑之一（其中包括建筑本身），占据了通往喜马拉雅山脉的希瓦里克（Shivalik）山前的平原。从那以后，它对其国会大厦的理念来说变得不可或缺。逐渐地，当勒·柯布西耶锁定尼赫鲁的“第三世界”概念时，它的意义从“开放给予，开放接受”转变为一种近乎政治的象征，而作为建筑师，他认为自己的想法是一种与“第二机器时代”不能割裂的思想。除了意义的方面之外，还有手的直接手势方面。在这里，我们感觉到勒·柯布西耶有时会将一种手工的能量感传递到雕塑、绘画，当然还有建筑物中——不仅仅是昌迪加尔的手势形式，而且还有其他的，例如，轻型大炮的弯曲“手指”从弯曲的方向上伸出拉图雷特修道院的地穴，与地平线动态地交互起来，并且在某种程度上还崇高地回应了三个受难的圣母的痛苦姿势。勒·柯布西耶构成了一种或许可以被称为强大的触觉记忆：他通过他的双手探索并描绘了世界。他详细回忆了在帕提农神庙上触摸大理石造型的感觉。有关综合起来对手的有趣思考，参见 Juhani Pallasmaa, *The Thinking Hand* (Wiley, 2009). 我们可以追踪其他图案（例如车轮）的形式和重要性的类似变幻。勒·柯布西耶对印度的牛车车轮着迷，并将其绘制在他的速写本中。但是，轮子在印度国旗上已经有了很多重要的意义，因为它在国旗上同时令人想起尼赫鲁的工业轮子、甘地的农村纺车，以及古代佛教的“法轮”概念。轮子和轮似乎已经被抽象到议会大楼的议会烟囱的盖子中，在那里他们可能会感受到支撑着行星并载着太阳划过天空的战车。我们想知道勒·柯布西耶是否了解佛家佛塔的图像，例如桑奇窣堵波（Sanchi）（公元前 1 世纪）的图像，其结构上的轮状元素、它们的宇宙象征、它们的垂直世界轴，和它们与主要罗盘点的对准关系；又或者是他掌握了印度教寺庙中，向上升高穿过内部 *garbha griha* 或说子宫室的锡克教理念？根据他的速写本来判断，勒·柯布西耶也被埃及的太阳神们所迷住，例如 Horus（有时被描绘成戴着新月形头饰，上面承载着太阳），这是通过参观开罗的埃及博物馆并在那里勾勒出雕像和象征图案而引起的兴趣，他在印度和法国之间的旅途中停留至少有一次是在这里。

22 赛艇和轮船：如前所述，远洋客轮是在勒·柯布西耶的工作和文本中以多种形式重现的常见主题之一。在整个神话中，概念、符号和经验再次交织在一起。在《精确性》（这本书部分写于他从拉丁美洲的讲座回程途中的船上）中，他激发了上层甲板的社会性和健康性以及漂浮的社区的感觉。除了已经提到的那些，在他对远洋客轮的选择中可能还有其他几个重要的层次，其中包括航行进入乌托邦未来的概念。我们想知道他是否受到了爱森斯坦（Eisenstein）的电影《波特金号战舰》（*Battleship Potemkin*，1925 年）的影响，后者将这艘船视为对论题的辩证法和历史进程的对立后，对革命后更好未来的预期的一种隐喻（一系列对比建立在非常蒙太奇的电影中）。显而易见的是，勒·柯布西耶对他在一些照片中所拍摄的所有与船只、号角、栏杆等有关事项都很感兴趣。至于赛艇，他在 20 世纪 30 年代初的假期期间，在大西洋沿岸画了许多这种草图，包括船体、绳索和钓具。船似乎再次下意识地出现在朗香教堂的“壳体”中（侧向与“贝壳形装饰”或贝壳相联系），甚至在屋顶的上部凹陷处，其横向支撑像划艇上的类似构件。此外还有船体设计上，严格而可变的弯曲几何形状，他确实渴望将其应用在（在工人的帮助下）教堂的几何形体中。马赛联合公寓顶部的体育馆屋顶类似于带有龙骨的向上翘的船。

23 自然物体、骨骼、贝壳：Le C, article in the Artist and Literary Review *La bête noire*, 01 July 1935. 有关对贝壳的猜测及其对教堂的可能影响，参见 Niklas Maak, 'The Beaches of Modernity, Le C, Ronchamp and the 'objet à réaction poétique', *Le C, The Art of Architecture*, 293.《勒·柯布西耶：理念与形式》第一版第 180 页，及 *Fragments of Invention* 一章中提出了类似的观点。1984 年 3 月当我在艾哈迈达巴德的 Hutheesing 中心布置名为 "Fragments of Invention" 的展览时，我们在朗香教堂的草图前放置了一个来自印度洋里的大海螺的贝壳，而在昌迪加尔的草图前放置了一个真正的印度车轮。

24 印度速写本，冷却塔，烟囱：有关勒·柯布西耶对昌迪加尔的起源绘制草图所用的捕捉体验的小型速写本和较大的相簿，参见第 13 章的注释。在他的草图中，有一个艾哈迈达巴德的发电站的冷却塔吸引了他的注意力；在其他一处，他记录了一篇关于英国的 Calder Hall 发电站的对曲面冷却塔的结构系统的文章。除了结构和几何问题之外，我们忍不住想在这里看到为了应对尼赫鲁对印度的进步愿景，而对工业对象寻求的占用。在他关于遮阳伞和门廊的笔记中，昌迪加尔的门廊是关于暴雨的观察以及将这些建筑物视为水坝或水闸的必要性。至于他写于20世纪60年代早期的页面中有关汝拉烟囱的起源及法国西南部乡土建筑的设定影响，这是他在晚年中倾向于在他的建筑中构建回顾、自传和建筑小说的典型常见做法。

Alvar Aalto: 'Painters and Masons', *Jousimies* (1921).

Picasso: 'A picture was a sum of additions. With me a picture is a sum of destructions', see Natasha Staller, *A Sum of Destructions, Picasso's Cultures and the Creation of Cubism* (New Haven, Yale, 2002).

创造行为，内在形象：see Schinkel 'History has never copied earlier history, and when it has done so... history in a manner of speaking comes to a halt. The only truly historical act is one that introduces in some way an extra, a new element into the world, from which a new history is produced and hatched forth.' Goerd Peschken, *Das architektonische Lehrbuch*: *Karl Friedrich Schinkel Lebenswerk* (Munich, Deutscherkunstverlag, 1979), 34.

第 20 章 勒·柯布西耶的转化

题词：George Kubler, *The Shape of Time, Remarks on the History of Things* (New Haven, Yale University Press, 1962), 33.

延伸一种现代传统：see WJRC, 'The Idea of a Modern Tradition', in *Functionalism – Utopia or the Way Forward?*, The Fifth Annual Alvar Aalto Symposium, Jyväskylä, 1992, ed. Marja Kärkäinen; also WJRC, 'Contemporary Transformations of Modern Architecture', *Architectural Record*, NY (June 1989). See also WJRC, 'Transformation and Invention: On Re-reading Modern Architecture', *Architectural Review* (March, 2007).《1900 年后的现代建筑》这本书的第一版甚至更多在第三版上，发展了一个动态的现代传统的概念，其中包含众多的线索和转化。可能在最初制定它的时候，我受到了乔治·库伯勒（George Kubler）《时间形态》（*The Shape of Time*）一书的影响，尤其是他主要陈述的概念在一系列后来的解决方案中被复制；也许还有TS Eliot的影响，'Tradition and the Individual Talent', *The Sacred Wood, Essays on Poetry and Criticism* (NY, Alfred Knopf, London, 1921).

重新解读勒·柯布西耶：see WJRC, 'Intersections, On Re-reading Le C', Thomas Weaver, ed. *AA Files*, 58 (London, 2008), 50–55; WJRC, 'Le C, objectif et miroir', *Le C, voyages, Rayonnement International* (Paris, Fondation Le C, 1997), 49. Proceedings of the meeting at UNESCO, Paris, June 1997. 'On Transforming Le C', *Le C et le Japon* (also in Japanese) (Kajima, Tokyo, 1999). Proceedings of the meeting on 'Le C and Japan' held in Tokyo in February 1997. Translated as '*De l'imitation à la transformation critique: l'interpretation des oeuvres de Le C*, G Monnier ed. *Le C et le Japon* (Paris, Picard, 2008), 99; see also WJRC, 'Le C, The Life of Forms', *Architectural Review*, October (2008).

4 关于影响：这里并未声称勒·柯布西耶是所有被引用建筑师中的唯一一个。在这里引用法国画家 Roger de la Fresnaye（1885-1925 年）的一句话很恰当："生于我们本能的最神秘的倾向，艺术灵感仍保持完全自由；没有人能够以过去的名义为其指定方向或对其施加限制。它总会通过某种别人从未想过的路径来规避规则和理论，但就像我们睡眠中最意外的梦一样，总是与反思有关，源于我们在清醒时所经历的一些事件或一些想法，所以这种灵感所产生的作品总会在以后高于它们的事物中找到其解释。"

5 示例与范例：有关在科学史上的相似之处，参见例如 Thomas Kuhn, *The Structure of Scientific Revolutions* (University of Chicago, 1962); for 'prime objects and replications' see Kubler.

6 延伸传统中的新原则："古典的舞台无法被提升是其基本特征；它只能被扩展于双重意义上，一是在越来越多的领土上传播，二是被带到越来越多的个人问题上，以努力思考各种表现形式的新原则"，Paul Frankl, *Principles of Architectural History, The Four Phases of Architectural Style 1420–1900*, trans. James F O'Gorman, introduction James S Ackerman (MIT, 1968), 190 (originally published as *Die Entwicklungsphasen der neueren Baukunst*, 1914).

7 André Salmon: *Souvenirs sans fin*, Vol 1, 1941, cited by Roland Penrose, *Picasso, His Life and Work*, 3rd ed. (University of California Press and Gollancz), 198

8 Frank Lloyd Wright: 'In the Cause of Architecture', 1908.

9 勒·柯布西耶，风格：*VUA*, 25.

10 多米诺的转化：关于多米诺在他的语言形成中的作用，参见 WJRC, *Denys Lasdun*: *Architecture City, Landscape* (London, Phaidon, 1994)；有关于空心柱与多米诺，参见 WJRC, 'Pritzker Grade Inflation: Toyo Ito', *Architectural Review*, April (2013); 对于库哈斯、多米诺和连续的地平面和坡道，参见 WJRC, '"Synthetic Landscapes" and Sloping Floors: Notes on Recent Dutch Architecture', *Archis*, Rotterdam (September 1998), also WJRC, 'Rem Koolhaas: the Ghosts of Le C', *RIBA Journal*, London (November, 1995). 有关理论的解释，参见 Peter Eisenman, 'Aspects of Modernism: Maison Dom-ino as a Self-Referential Sign', in Frampton, ed. *Le C 1905–1933, Oppositions* (NY, 1979), 118–129.

11 Narkomfin: see WJRC, '1926–1932, Housing', in Eduard Sekler, ed. *Search for Total Construction, Art, Architecture and Townplanning, USSR 1917–1932, Fragments of a Development* (Cambridge, MA, Carpenter Center for the Visual Arts, Harvard University, 1971); see also Stanislaus von Moos, 'Un architecte d'exposition?, Post scriptum au Chapitre 7', *Le Corbusier, une synthèse*, 372.

12 国际式风格：see Terence Riley, *The International Style Exhibition, 15 and the Museum of Modern Art* (NY, Columbia, 1992).

13 Lubetkin and Tecton, 制高点：see Le C, 'The Vertical Garden City of the Future', *Architectural Review*, January 1936, 9–10; also WJRC, 'Berthold Lubetkin: Socialist Architecture in the Diaspora', *Archithèse* 12, Das Kollektivwohnhaus, la maison collective (1900–1930) (Zurich, Arthur Niggli, 1974). Relevant also is Irena Murray and Julian Osley, *Le C and Britain, An Anthology* (London, Routledge, RIBA, 2009).

14 马汀森（Martienssen）, 地中海：see Herbert Gilbert, *Martienssen and the International Style*: *the Modern Movement in South Africa* (Capetown, Rotterdam, AA Balkema, 1975). 马汀森非常清楚勒·柯布西耶作品的古典基础，他们以"帕拉第奥的精神"交换对现代住宅的看法。他们甚至于 1933 年在雅典见过面。关于南非建筑本身，即使在赫伯特·贝克（Herbert Baker）时代，也保持与地中海世界并行，恰恰是因为开普（Cape）地区在气候、光线和植被方面提供了类似这样的并行性。在他的建筑中，马汀森以柯布西耶式的形式更新了议程。马汀森的书 *The Idea of Space in Greek Architecture* (Johannesburg, Witwatersrand University Press, 1956) 出版后，必定被视为受《走向一种建筑》启发最深刻的文本之一。

15 Terragni, 斯坦因别墅：see Thomas L Schumacher, *Surface and Symbol, Giuseppe Terragni and the Architecture of Italian Rationalism* (NY, Princeton Architectural Press, 1991). 1990 年，我在 SCIARCH，卢加诺（Lugano）附近的维科莫尔科泰（Vico Morcote）举办了一场座谈会，名为"有关对勒·柯布西耶的转化"，会上舒马赫（Schumacher）非常有力地展示了 Terragni 对斯坦因别墅的借鉴。

16 阿尔托，斯坦因别墅，玛利亚别墅：关于拼贴的讨论，参见 Juhani Pallasmaa 'Image and Meaning' and Kristian Gullichsen, Preface', *Alvar Aalto*: *Villa Mairea 1938–1939* (Alvar Aalto Foundation, Mairea Foundation, Helsinki, 1998), 70, 11; for relationship of Villa Mairea to Villa Stein-de Monzie, and in fact the House by Niemeyer at Canoas, see WJRC, 'Marking Time at the Villa Mairea', *Theory Free Zone, Kristian Gullichsen 80 Years* (Helsinki, 2012).

17 作为典范建筑的瑞士学生宿舍：see anonymous dialogue, 'Thoughts in Progress: Pavillon Suisse as a Seminal Building', *Architectural Design* (July 1957). In fact the text was written by Denys Lasdun and JHV Davies.

18 Niemeyer, 卡诺亚住宅，曲线：see Hugo Segawa 'Oscar Niemeyer: a misbehaved pupil of rationalism', *The Journal of Architecture*, vol 2, Winter, 1997; see also WJRC, Oscar Niemeyer, 1907–2012, *Architectural Review*, January 2013, 10–11.

19 Lasdun 与瑞士学生宿舍：see WJRC, *Denys Lasdun*: *Architecture, City, Landscape* (London, Phaidon, 1994)，其中广泛讨论了 Lasdun 对勒·柯布西耶的借鉴，包括他对瑞士学生宿舍和多米诺原则的重新解释。

20 Stirling, Florey 和瑞士学生宿舍：WJRC, 'L'Université, la Ville et l'Habitat Collectif; encore quelques réflections sur un thème de l'Architecture moderne', Archithèse, 14 June 1975.

21 作为范例的建筑单元：WJRC, 'Chapter 24. The Unité d'Habitation as a collective housing prototype', *Modern Architecture Since 1900*, 3rd ed. 437.

22 金巷：see Alison Smithson, ed. *Team Ten Primer* (Cambridge, MA, MIT Press, 1968). 关于早期建筑史上“甲板街”的主题，参见 Martin Steinmann, Das Laubenganghaus', *Archithèse* 12, 3.

23 Sert, Peabody Terraces: see Catherine J Dean, 'The Design Process and Meaning of JL Sert's Peabody Terraces at Harvard' unpublished senior thesis (Harvard Fine Arts Dept, 1975); also Sherwood, *Modern Housing Prototypes*.

24 Reyner Banham: *The New Brutalism – Ethic or Aesthetic?* (NY, Reinhold, 1966).

25 巴西利亚：see Laura Calvacanti, 'When Brazil was Modern; From Rio de Janeiro to Brazilia', and Carlos E Comas, Report from Brazil', in Christophe Pourtois, ed. *Cruelty and Utopia, Cities and Landscapes of Latin America* (Brussels, CIVA, NY, Princeton Architectural Press, 2005), 160, 172; for urban structure, Farès-El-Dahdah, *Lucio Costa, Brasilia Superquadra, Case, Harvard GSD* (Cambridge, MA, Vienna, Prestel, 2005).

26 Caracas，市立大学城：有关空间概念的分析，参见 Carlos Brillembourg, 'Architecture and Sculpture, Villanueva's and Calder's Aula Magna' in Brillembourg, ed. *Latin American Architecture, Contemporary Reflections* (NY, Monacelli Press). 勒·柯布西耶自己在 1936 年为里约热内卢的城市大学设计了一个项目，该项目虽然未建成，但却影响了其他项目。See 'Rio de Janeiro, Plan pour la Cité Universitaire du Brésil, *OC 1934-1938*, 42–45.

27 宏伟计划，Colbert，勒·柯布西耶：see WJRC, '*Machines d'état: le spectre de Colbert et le fantôme de Le C', Vingt Années de l'architecture en France, Les rendez-vous de l'architecture*, 2–3' Octobre, 1997 (Paris, La Villette).

28 丹下健三，空无和屋顶：Terunobo Fujimori, 'Une question de filiation: de Le C à Antonin Raymond et à Kenzo Tange, *Le C et le Japon*, 121.

29 Fumihiko Maki: 'The Le C Syndrome. On the Development of Modern Architecture in Japan', ed. Mark Mulligan, *Fumihiko Maki, Nurturing Dreams, Collected Essays on Architecture and the City* (Cambridge, MA, MIT Press, 2008), originally presented in Colloquium 'Le C and Japan', (Tokyo, 1997).

30 现代建筑及原型跨越边界的传播：see WJRC, 'Chapter 21 International, National, Regional: the Diversity of a new tradition' and 'Chapter 27 The process of absorption, Latin America, Australia, Japan', *Modern Architecture Since 1900*, third edition.

31 巴西：有关勒·柯布西耶的影响，参见 Margareta Campos da Silva Pereira, ed. *Le C e o Brasil*, Tessela/ Projeto Editora (1987); see also Hugo Segawa, *Architecture of Brazil 1900–1990*, 2012 and Davilo Matozo Macedo, *De Materia à invencao, As obras de Oscar Niemeyer ena Minas Gerais, 1938–1955* (Brazilia, 2005).

32 墨西哥，O'Gorman，普世，当地：see Edward R Burian, ed. 'The Architecture of Juan O'Gorman: Dichotomy and Drift'; also WJRC, 'The General and the Local': Enrique del Moral's Own House, Calle Francisco Ramirez 5, Mexico City', Edward R Burian, *Modernity and the Architecture of Mexico* (Austin, University of Texas, 1997); for Barragán see below.

33 小房子，桂离宫，现代性，传统和工艺：for exhibit of 1941 'Sélection, Tradition, Création' in which this juxtaposition was made. See Yasuto Ota, 'Le Corbusier, Charlotte Perriand et Junzo Sakakura', *Le Corbusier et le Japon*.

34 小房子，Van Eyck，孤儿院：see WJRC, 'Objectif et Miroir'.

35 Doshi, Sangath: 有关对多层含义的详细解读，参见 WJRC, *Balkrishna Doshi: An Architecture for India, Ahmedabad* (Mapin Press, and NY, Rizzoli, 1988).

36 Salmona, Cartagena: 有关唤起地点、记忆和来源，参见 WJRC, 'Materials of the Imagination, Rogelio Salmona', *ARK* 4 (Helsinki, 2003), 21.

37 拉图雷特修道院，安藤忠雄，抽象：see WJRC, 'A Conversation with Tadao Ando', *Tadao Ando 1983–2000. Space, Abstraction and Landscape, El Croquis* (Madrid, 2000), and article in the same issue, WJRC, 'Space, Abstraction and Landscape: Tadao Ando'. 安藤忠雄从未加入任何建筑学校，但他花了很多时间追踪《勒·柯布西耶作品全集》中的建筑平面一参见 *Tadao Ando, Le C Houses* (Tokyo, Toto, 2001)。在与威廉·J·R·柯蒂斯的谈话中，安藤忠雄透露，他的第一次欧洲之旅是通过西伯利亚铁路横跨欧洲，终点在赫尔辛基。在参观了阿尔瓦·阿尔托的一些作品之后，他出发前往图尔库（Turku），参观了 1938 年至 1941 年的 Bryggman 的葬礼复活礼拜堂和皮特·卡南（Pekka Pitkanen）最近建造于 1964 年至 1967 年的圣十字教堂，后者受到了拉图雷特修道院的影响。

38 拉图雷特修道院，Metzstein，McMillan: 关于 Carcross 神学院和其他宗教作品的设计，参见 Johnny Rodger, ed. *Gillespie, Kidd & Coia: Architecture 1956–1987* (Glasgow: Lighthouse, 2007).

39 拉图雷特修道院，西扎（Siza）: 在设计葡萄牙圣马可·德卡纳维泽斯（San Marco de Canaveses）的圣玛丽亚教堂时（1996-2000 年），西扎非常了解现代案例，如巴拉甘在特拉尔潘（Tlalpan）的圣方济会姐妹教堂（Chapel of the Capuchinas Sisters）（1953 年）、勒·柯布西耶的朗香教堂和拉图雷特修道院。这里有光线、行进等问题，但也有诸如十字架之类的陈设和符号（西扎专程前往拉图雷特修道院学习主教堂的钢制陈列和符号）。See WJRC, 'A Conversation with Alvaro Siza', *Alvaro Siza, 1958–2000, El Croquis* (Madrid, 2000), 148 and Siza's statement 'it is evident that memory plays a crucial role in my process of invention', 239; see also WJRC, 'Notes on Invention, Alvaro Siza', 246.

40 拉图雷特修道院，Stirling，手法主义：有关 Stirling 对勒·柯布西耶拉图雷特修道院的倾斜曲面教堂以及阿尔托的图书馆的曲折曲线的讽刺性和手法主义的“引用”，于斯图加特国家美术馆，1978—1984 年，参见 WJRC, 'Virtuosity Around a Void', *Architectural Review* (November, 1984).

41 拉图雷特修道院，莫奈欧（Moneo），类型学：在莫奈欧为马略卡岛（Majorca）的米洛基金会（Miro Foundation）提供的解决方案中，将矩形体积的“类型 - 形式”与附加的曲线融合（这种曲线在拉图雷特修道院和阿尔托的图书馆中可以找到），参见 WJRC, 'Rafael Moneo, Pieces of City, Memories of Ruins', *Rafael Moneo 1990–1994, El Croquis* (Madrid, 1994). 有关莫奈欧对其基本形式结构的先例的“阅读”，参见他的文章 'On Typology', *Oppositions* (NY, 1978).

42 “纽约五”see Colin Rowe, 'Introduction', *Five Architects: Eisenman, Graves, Gwathmey, Hejduk, Meier* (NY, Wittenborn, 1972).

43 法国、Ciriani: see WJRC, 'Out of Antiquity: Arles Museum of Archaeology, Arles, France, Henri Ciriani, *Architecture*, (Washington DC, 1975). Ciriani 作为一名教师发挥了强大的影响，我们几乎可以说法国的年轻一代，包括 Michel Kagan、Laurent Beaudouin 和 Laurent Salomon 等人，都在延伸柯布式的语言和信条。

44 自由平面，SANAA: see for example Xavier Costa, ed. *SANAA, Kazyo Sejima, Ryue Nishizawa, Intervention in the Mies van der Rohe Pavilion, Barcelona* (Actar, 2010), 在这个案例中，探索插密斯的网格中的自由平面中的曲线分隔墙；对于空间概念和日本的回应，参见 WJRC, 'Musée du Louvre, Lens, by *SANAA*, *Architectural Review* (March, 2013). 2014 年 3 月，我在艾哈迈达巴德重新参观了勒·柯布西耶的纺织厂主大楼，并看到妹岛和世和西泽立卫在那里专心地研究这座建筑。

45 塞拉对弯曲几何体的建筑和空间探索：see, WJRC, 'Spaces Between', *Abstractions in Space: Tadao Ando, Ellsworth Kelly, Richard Serra* (Pulitzer Foundation for the Arts, Saint Louis, Missouri, 2001). 塞拉的“扭曲的椭圆”钢制构件灵感部分来自博罗米尼（Borromini）在罗马的教堂，同样适用于圣路易斯的“扭曲的螺旋线”；在我看来，塞拉也可能已从现代建筑中复杂的弯曲空间里汲取了灵感，例如勒·柯布西耶的纺织厂主协会总部的礼堂。

46 复杂的几何体：see Rodrigo Garcia Alvarado, Jaime Jofre Munoz, 'The Control of Shape: Origins Parametric Design in Architecture in Xénakis, Gehry and Grimshaw, *Middle Eastern Technical University, Journal Faculty of Architecture*, 2012.1.6, 107.

47 无数种形式，有限的类型：see George Kubler, The Shape of Time, (New Haven CT, Yale University Press, 1962), 32.

48 巴黎拉德芳斯拱门：有关其意义及对勒·柯布西耶和路易·康的借鉴，参见 WJRC, '*Machines d'Etat: les Grands Projets Parisiens*', *Techniques et Architecture* (September 1989).

49 Gonzalez de Leon，墨西哥：see WJRC, 'Modern Architecture, Mexican Realities', Miquel Adria, ed. *Teodoro González de León, Obra Reunida, Collected Works* (Mexico City, Arquine, 2010); for Gonzalez de Leon on Le C, 42; see also note, Remeniscences of collaborators in Chapter 12.

50 Utzon Kuwait: 有关对类似帐篷的门廊产生的阴影的象征性意义的讨论，参见 Utzon, 'A House of Work and Decisions: Kuwait National Assembly Complex', in Denys Lasdun, ed. *Architecture in an Age of Scepticism* (London, Heinemann, 1984),

222-225. 有关历史背景和政治表述，另参见 WJRC, 'Modernity and Tradition, Twentieth Century Architecture in North Africa, the Near and Middle East', (Arab Contemporary, Humlebaek, Louisiana Museum of Modern Art, 2014), 148-63.
盖里、安藤忠雄对朗香教堂的对比阅读: 1993年，在毕尔巴鄂与威廉·J·R·柯蒂斯的一次谈话中，盖里长篇阐述了自己对朗香教堂和夏特尔大教堂（Chartres Cathedral）的钦佩，他表示"朗香教堂就是这一切的开始"，1999年，当我问安藤忠雄关于西方传统上的重要作品时，安藤忠雄对朗香教堂和万神庙表示非常钦佩，参见 WJRC, 'A Conversation with Tadao Ando'.
Barragán: WJRC, '*Laberintos intemporales: la obra de Luis Barragán*'. 'The Timeless Labyrinths of Luis Barragán', *Arquitectura y Vivienda*, Madrid (July 1988); re-printed in *Vuelta*, ed. Octavio Paz, Mexico City, Feb. 1989, as an Obituary for Barragán.
路易·康对永恒价值的探求: see WJRC, 'Authenticity, Abstraction and the Ancient Sense: Le C's and Louis Kahn's Ideas of Parliament', *Perspecta 20* (Yale University Department of Architecture, Student Journal, New Haven, Yale, 1983). For quote on Le C, conversation between WJRC and Doshi, 1984; see also WJRC, 'The Space of Ideas: Louis Kahn', *Architectural Review* (November, 2012).

第21章
结论：现代主义、自然、传统

1 题词: Le C, 'Réponses à des journalistes', Petit, *Le C Lui-Même*, 184 (trans. WJRC).
2 Walter Gropius: in Petit, *Le C: Lui-Même*, 186.
3 城市丑陋: see Norma Evenson, 'Yesterday's City of Tomorrow Today', *The Le C Archive* Vol. 15, 9.
4 时代的风格，材料，语言，诗意表达: See CEJ, *Etude sur le mouvement de l'art décoratif en Allemagne*, La Chaux-de-Fonds, 1912, see Chapter 2 for context.'
5 Meyer Schapiro，"风格": *Anthropology Today*, 1951, 291.
6 具有无限意义的视觉"文字": 见 LC, *Voyage d'orient*, 176，在这里有一段特殊的文字，他说："我对自己内心深处符号的迷恋，就像渴望一种只限于几个词的语言。其原因可能是因为我的职业：石头和木材的组织，体积、实体和空间的组织，给了我一种对于垂直和水平，以及长度、深度和高度的过于笼统的理解。我认为这些元素，这些具有无限意义的词语，并不需要澄清，因为这样一个词，在其完整而有力的统一中，表达了所有一切意义"（Zaknic 译）。他随后继续讨论帕提农神庙（"体量，柱子和柱顶的过梁"），来满足他的欲望，"就像海洋本身一样"。
7 Sigmund Freud，"梦想理论的修正": *New Introductory Lectures on Psychoanalysis*, trans. JStrachey (Norton, 1965), 20.
8 空间: see Le C, *Modulor*, 31-32.
9 光线: Le C, *Précisons*, 132.
10 自然: see WJRC, 'Le C, Nature and Tradition', *Le C, Architect of the Century*, 12-23.
11 Andrea Palladio: *The Four Books of Andrea Palladio's Architecture*, ed. Isaac Ware, MDCC (London), 26.
12 集中营: '*L'Univers de M Le C c'est l'univers concentrationnaire*', Pierre Francastel, *Arts et Techniques* (Paris 1956) cited by Petit, *Le C: Lui-Même*, 186; Touchstone of the age, see Kenneth Frampton, editor's 'Introduction', *Oppositions* 15-16.

图片来源

Note

References to building levels in the text and captions follow European practice: the bottom floor of a building is the ground floor; the floor above it is the first floor.

Illustration Credits

All reasonable efforts have been made to contact and credit the copyright holders for images used in this publication.

If there are any inadvertent omissions, the publisher will remedy this in future editions if informed.

Numbers indicate page number;
L= Left, R= Right, T= Top, B= Bottom, C= Centre

Front cover, William J R Curtis
Back cover, Fondation Le Corbusier, Paris

A.F. Kersting/ak-images, 452 R
akg-images, 51 T
akg-images / RIA Nowosti, 159 L
akg-images / Schütze / Rodemann, 462 L
Alvar Aalto Museum (AAM), 454 C
Archivio Terragni, 453 L
Bauhaus-Archiv Berlin, 75; 151 L
Bibliotethque de la Ville, La Chaux des Fonds, Fonds Le Corbusier, 409; 56; 68; 70 T; 73; 80; 82 T+B; 83 B; 117; 270; 29; 31; 41; 42
Brian Sechrist, 317 CL+TL
Casa De Lucio Costa, 457 R
Catherine Dean Curtis, 275
Centre Pompidou, MNAM-CCI, Dist. RMN-Grand Palais / Philippe Migeat, 455 C
Collection Centre Canadien d'Architecture / Canadian Centre of Architecture, 321 L
DACS, 119 L; 462 C
Fondation Le Corbusier, Paris, 11; 15; 32 R; 33 B; 37; 39; 48 R; 50 B; 50 T; 52; 53; 54 T+B; 55; 57; 58; 59; 60; 65; 67; 72; 76 T+B; 78 T+B; 79; 84; 85; 88; 91; 92; 93 (ALL); 95 TR+TL+BL+BR; 96; 99 B+TL; 100; 101 B; 102; 106; 109 T+B; 110; 111; 116; 120; 123 R+L; 124; 133 B; 134; 136; 137; 138 B; 140; 141; 146 TL+TC+B; 147; 148; 150; 151 B; 152; 153; 155; 157 T+B; 158; 160; 162; 164; 165 T+B; 170 TL+TR+B; 173; 174; 177 T+B; 178; 180; 181; 182; 183; 191; 192; 194 T+C+B; 195 B; 198; 200; 201; 202; 203; 204; 205 B; 212; 213; 217; 219; 220; 223; 224; 225 L; 226 L+R; 227; 228 B+T; 229; 230; 231; 232; 235 B; 238; 239; 241; 242 B+T; 246; 247; 248; 255; 257; 258; 260 R; 261; 262; 263; 272 R; 273; 279 B; 281 T+B; 285 TL+TR+B; 286; 287; 292 R; 293 TL+B; 297; 302; 308; 310 T+B; 312 R; 313; 315 L; 317 R; 320; 321 R; 325 B; 327 BL; 336; 339 B; 346 TL+BL; 351; 357; 358; 359 T+B; 362 T+B; 364 L+R; 365; 368; 369; 372; 381 B; 382; 384; 385; 387; 388 R; 389 L; 390; 392; 393; 399; 400; 401; 403 L+R; 404 T+B; 405 T+B+C; 407 T; 408 L+R; 410; 411 T+B; 412 R+L; 413; 414; 415 T; 417; 418 T; 419; 421; 422; 427; 428 T; 429 T; 430 B+T; 431; 432 L+R; 433 T; 434; 436; 437 T+BL+BR; 438 T+B; 440; 441 TL+TR+B; 443; 444; 445; 453 R; 473

Fondo A. Sant'Elia, Pinacoteca Civica Como, 112 L
FR Yerbury Architectural Association Photo Library, 129; 144; 145; 118 B; 452 L;
Getty Images, 458 R
Her Majesty Queen Elizabeth II 2014 / Royal Collection Trust, 185
James Stirling/Michael Wilford fonds Collection Centre Canadien d'Architecture/Canadian Centre for Architecture, Montréal, 455 L
John Donat / RIBA Library Photographs Collection, 450
Leonardo Finotti, 455 R
Louise Curtis, 216 TR
Lucien Hervé, 98; 99 TR; 101 T; 103; 115; 130; 131; 133 T; 139 T+B; 142; 172; 199; 211; 214; 216 B; 218; 222; 235 T; 260 L; 265 L; 278; 467
Mies van der Rohe/Gift of the Arch./ MoMA/Scala, 113
Nelson Kon, 454 R
Novosti Press Agency, 195 T
OMA, 451 R
Pierre Joly et Véra Cardot, 292 L
Roger Last, Bridgeman, Scanpix, 463 L
Roger Whitehouse/Architectural Association Photo Library, 433 B
Scott Frances/OTTO, 461 C
Tomio Ohashi, 451 L
UAI 15.99.17, Harvard University Archives, 416
William Hailiang Chen/Architectural Association Photo Library, 461 L
William J R Curtis, 2; 22; 26; 34; 40; 43; 44; 47; 49; 61; 62; 66; 69; 70 B; 71; 81; 87; 118 T; 121 L+R; 122 T+B; 128; 135; 138 T; 166; 169; 175 T+BL+BR; 176; 186; 187; 188; 193; 196 TR+B+TL; 197; 205 T; 207; 208; 215 T; 215 B; 216 TL; 221; 225 R; 252; 264; 265 R; 267; 268; 271; 276; 279 T; 280; 282; 284; 288; 291, 294; 295 R+L; 296; 299; 300; 303; 304; 307; 309; 312 C; 314; 315 R; 316; 317 BL; 318; 319; 322; 324; 325 T; 326; 327 BR; 328; 329; 330; 331; 332; 335; 337 T+B; 338; 339 L+R; 340; 344; 345; 346 R; 347; 350; 352; 354; 361; 363 B; 367; 370 R+L; 371; 374; 375; 378; 381 T; 383; 386; 388 L; 389 R; 391; 394; 395; 396; 418 B; 420; 423; 424; 428 B; 429 B; 439; 442; 447; 448; 454 L; 456; 457 L; 458 L; 459 L; 460 L+R; 461 R; 462 R; 463 R; 464; 471; 475

著作权合同登记图字：01–2016–4979

图书在版编目（CIP）数据

勒·柯布西耶：理念与形式 /（英）威廉·J. R. 柯蒂斯著；钱锋，沈君承，倪佳仪译．—北京：中国建筑工业出版社，2019.11（2021.1重印）
书名原文：Le Corbusier: Ideas and forms
ISBN 978-7-112-24007-4

Ⅰ．①勒… Ⅱ．①威… ②钱… ③沈… ④倪… Ⅲ．①建筑艺术–研究–印度 Ⅳ．①TU-863.51

中国版本图书馆CIP数据核字（2019）第146240号

LE CORBUSIER: IDEAS AND FORMS (NEW EDITION)
William J R Curtis
ISBN 978-0-7148-6894-3

责任编辑：戚琳琳　孙书妍
责任校对：王　烨

勒·柯布西耶：理念与形式
（原著第二版）
［英］威廉·J·R·柯蒂斯　著
钱锋　沈君承　倪佳仪　译
*
中国建筑工业出版社出版、发行（北京海淀三里河路9号）
各地新华书店、建筑书店经销
北京锋尚制版有限公司制版
北京富诚彩色印刷有限公司印刷
*
开本：965×1270毫米　1/16　印张：31¾　字数：1095千字
2020年1月第一版　2021年1月第二次印刷
定价：498.00元
ISBN 978 – 7 – 112 – 24007 – 4
（34302）